走在运河线上

大运河沿线历史城市与建筑研究（上卷）

Walking on the Canal Line

A Study of the Historical Cities and Architectures along the Great Canal

陈薇 等著

中国建筑工业出版社

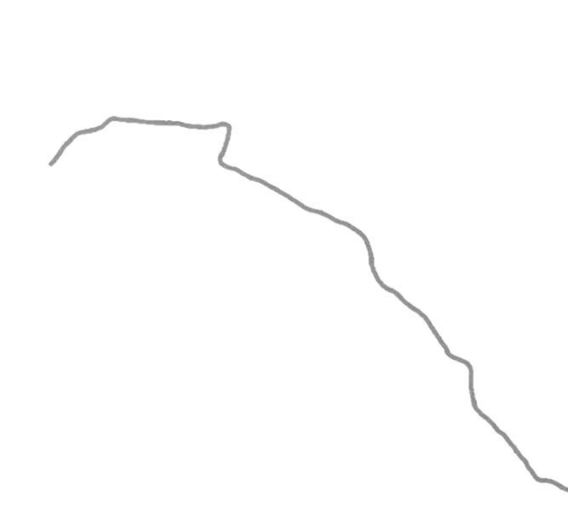

国家出版基金项目
NATIONAL PUBLICATION FOUNDATION

『十一五』国家重点图书出版规划项目

Preface

A Revolution that Looks Down

Chen Wei

In the summer of 1995, I took my students to map the ancient architectural structures in Gaoyou, a canal city in ancient times. Gaoyou, known for having an ancient post office, still keeps a plain and honest aura at the end of the 20th century, though commercial activities became increasingly important to the city. When visiting the dam between the river and the city, I would always wonder about the historical development of the canal, the city, and the architectural structures in the city. That starts my study of the topic.

Before embarking on the study, I was part of a National Natural Science Foundation project led by Professor PAN Guxi that studies the historical rendezvous cities bordering the Beijing-Hangzhou Grand Canal built in the Yuan and Ming Dynasties, which enlightened me to the fact that these canal cities and their architectural structures have played an important role in shaping up the development pattern of the late feudal society. At that time, the Grand Canal was the most important means of transportation, which not only controlled the lifeline that ships food grains from the south to the north and served as an important channel for delivering the emperor's orders or instructions to the local authorities, but also provided the momentum to spur up the development of canal cities and their architectural structures. To deepen my understanding of this, I applied in 2002 for a National Natural Science Foundation project to study the historical cities bordering the Beijing-Hangzhou Grand Canal built in the Yuan and Ming Dynasties and their architectural structures. I was granted in 2003 to start the study together with my students. The project was successfully completed in 2005. However, the study will not simply stop at that point, as the topic involves numerous historical facets that one needs to sort out the core, in an attempt to view the things from a historical perspective.

Fundamentally speaking, the development of the canal cities and their architectural structures manifests a core value that is bound to trespass the traditional boundaries or concepts about the north and the south, created a greater region for the political, cultural and economic integration, which in turn played an important role in the development of the late feudal society. One of the changes brought up by the canal is a revolution that looks down. That means the growth and development of the canal cities and their architectural structures became less affected by the hierarchy system,

序
眼光向下的革命

陈薇

1995年夏，我带领学生在中国古代运河边上的江苏高邮市测绘古建筑。高邮，这个因邮驿而得名的城市，在20世纪末仍民风淳朴、市民商贾活动频繁。每日往返于河、城之间的堤坝，脑中时常萦绕这样一个问题：运河与城市及建筑的历史发展是怎样的？这是我真切关注这个课题的开始。

之前，我曾在潘谷西教授主持的国家自然科学基金重点项目《中国建筑史研究·元明卷》中承担“元明时期京杭大运河沿线集散中心城市”的研究工作，认识到沿运河城市和建筑在中国封建社会晚期，承担着重要的社会转型职能。因为当时大运河作为最重要的交通方式，不仅是南粮北运的命脉、上传下达的孔道，还是带动沿线城市和建筑变化发展的动因。在此认识基础上，我于2002年向国家自然科学基金委申请开展“元明清时期运河沿线城市与建筑研究”，2003年获准，并和我的研究生们一起展开工作。2005年项目顺利结题，但研究并未止步，这个题目实际牵涉广泛，如何抓住核心，在史学层面层楼更上，始终萦绕于心。

从根本上说，大运河沿线城市与建筑发展，核心价值是跨越了传统南北的界限和概念，呈现政治、文化和经济一体的地文大区格局，在封建社会晚期发挥了重要作用。其中之一是它们因水路一线而带来“眼光向下的革命”，即城市生长和发展、建筑转型或新类型出现，较少受等级制左右，而呈现迅猛、多元和融合的趋势，尤以商业为主导、漕运管辖为带动的城市和建筑发展特点为突出。

but rather enjoyed a rapid, diversified and integrated development. The development is dominated by commercial activities, with the canal economy as the momentum.

When viewing the canal cities from the perspective of architectural history, one has to admit that architectural structures built to serve commercial or functional activities are traditionally ignored in architectural history studies due to the inherent Chinese traditional concept about architectural structures. As a result, it is extremely difficult for one to find the traces of commercial or functional architectural structures in ancient literatures or in the papers dealing with the history of architecture. They are barely mentioned even in generic monographs, such as The History of Chinese Architecture. However, history reveals the fact that the majority of intelligentsias in the Song Dynasty and after came from merchants' families, which blurred the demarcation between intelligentsia and merchants. The novelty of Complete Works of YANGMING written by WANG Yangming is that the author believes the equal footing of intelligentsia, farmers, workers, and merchants before Taoism, and that they are not superior or inferior from one another. His philosophy of conscience became known to intelligentsia, farmers, workers, and merchants, and is the theoretical basis for the doctrine of "people in the streets are the saints". As a result, the way of doing business becomes a social conscience. In the context of social development, the commercial economy that made its debut in the late feudal society played an irreversible role in promoting commercial activities. In this context, the canal cities and their architectural structures can serve as the best platforms to study and examine the phenomenon. They are also the voids that need to fill in when writing a generic history for ancient Chinese architectures.

Canal is an artificial river dug out by humans for survival, for development, and for changing nature. There are numerous canals in diversified forms in the world. While created to meet the needs of economic development, they also bred out and spread the cultures. Some of the canals have been abandoned or simply disappeared. However, the intangible cultures created by these canals survived the time and space. It works like an old philosophical saying "constantly flowing water never stops". While discussing the canal cities and their architectural structures, we would also bring to our readers the changed intelligentsia cultures because of the revolution that looks down.

从建筑史研究的角度来看，商业性或功能性城市和建筑，由于受中国自先秦以来的传统观念影响，历来不受重视，史书亦鲜见记载，从而在建筑史研究领域没有一席之地，在“中国建筑史”这类的通史专著中，我们会发现它十分苍白。然而，中国历史史实是，从人本来讲，宋以后的士多出于商人家庭，以致士与商的界线已不能清楚划分。王阳明《阳明全书》最为新颖之处，是肯定士、农、工、商在“道”的面前处于平等的地位，更不复有高下之分。“其尽心焉，一也”一语，即以他特殊的良知“心学”，普遍推广到士、农、工、商四“业”上面，是“满街都是圣人”之说的理论根据，“贾道”已是社会的一种自觉。从社会发展来讲，商业经济在中国封建社会晚期，起到不可逆转的推动作用。而沿运河的城市和建筑，无疑是研究和剖析这种现象的最佳切入点，也是我们补阙中国古代建筑通史部分空白的首选研究对象。

运河，是人类为生存和发展以改造自然的智慧和力量开凿成的人工河流。世界上各种运河，在担负经济发展重任的同时，也都孕育和传播着文化。有些运河固然业已湮没，但无形的文化却跨越时空留存下来。一如人们关于“文化”和“水”的比喻及烂熟于心的哲理：流水不断。本书在探讨大运河沿线城市和建筑的同时，也将展现一些“眼光向下的革命”而带来的“阳春白雪”文化的变化和更新。

运河，在中国古代是变化的，其兴盛或衰败往往不由人力，但其发展过

In ancient China, canals were changing. Their rise or decline is not entirely the results of human doing. However, the cultures stemmed from the development of the canals have a surprisingly strong vitality. The street culture prevailed in the canal cities in ancient China became so eye-catching and gorgeous in the late stage that it influenced and enriched intelligentsia cultural system. The street culture has played a role quite similar to the one played by the unique Florence urban culture in Italy that had a direct bearing on the uprising of the European Renaissance. This makes another facet of my interest to understand a revolution that looks down.

On the other hand, one would wonder if there had been a history from below in the late Chinese feudal society. This depends on if the grassroots structure has eventually shaped up grassroots politics. The answer is apparently No. Farmers and citizens in the grassroots did not create their own politics, neither did the intelligentsia class. They have developed the consciousness of fighting the power politics, and the self-awareness of seeking for truth. However, they never went beyond that. That explains the fact that ancient China bred out the seeds of capitalism, but never came to the point that would further to a renaissance campaign, let along the capitalism.

Today's China enjoys a flourishing economic growth. One would wonder if the development would also bring out a great culture. The purpose of studying history is to learn ancient wisdoms while focusing on the reality on the ground, promoting the progress and development of human society. I hope the publication of this book will achieve the purpose.

Chenwei

Drafted in the winter of 2007

Revised on December 12, 2009

Finalized in the summer of 2012 at the Orchid Garden, Nanjing

程中所蕴含的文化传播却赋予蓬勃生命力。中国古代沿运河城市中的市井文化，到了晚期更是醒目和绚烂，以至于影响和充盈了如士大夫阶层的文化体系。这种情形和意大利佛罗伦萨深厚的市民文化背景直接导致了欧洲文艺复兴运动的兴起，十分相像。这也是我关注“眼光向下的革命”的兴趣所在。

另一方面，中国封建社会晚期，是否真的存在“自下而上的历史”（history from below）呢？这取决于“下”（底层）的意识的独特结构是否塑造了底层政治。显然，其时并没有。底层中的农民、市民没有，即使是士大夫阶层，也没有。他们有抵抗权力的意识，甚至有寻求理想的自我觉醒，但从未有真正的自主。这使得我们理解为何中国古代即使在学界认为有资本主义萌芽、但并未真正诞生文艺复兴和资本主义的原因。

中国如今正经历经济发展的岁月，能否应运而生和整合出更优秀的文化？治史的真正意义，就在于能够把握古人智慧并关爱现实，从而增进人类的进步和发展。我希望本书的出版能产生这样一点启示意义。

草于2007年冬

2009年12月12日整理

2012年夏修改于南京兰园

Contents

目录

FOREWORD

In the Center or on the Edge

Chen Wei

绪言

中心与边缘

陈　薇

Fig.1. The Grand Canal in the Yuan Dynasty

Fig.2. The Grand Canal was built to connect four provinces, joining the political and economic centers in the east part of the country
The original map is shown in *An Atlas of Ancient Chinese Maps* by LI Xiaocong, collected by the Library of the United States Congress. Cultural Heritage Press, October 2004, Fig. 93.

Chinese ancient canals had their heyday in the Sui, Tang, Yuan and Ming Dynasties. The Beijing-Hangzhou Grand Canal, also known as the Grand Canal, was mainly built and heavily used during the Yuan, Ming and Qing Dynasties. The Grand Canal made a sophisticated water shipping route that involves not only the rivers but also the land and the sea. It runs from Beijing in the north to Hangzhou in the south, covering a course as long as 1800km that connects four major river basins, including the Yellow River, Huai River, Yangtze River, and Qiantang River (Fig. 1). Technically, it runs the shortest distance covering the most prosperous coastal areas in eastern China, facilitating the communications between the political and economic centers in the country (Fig. 2). The time frame covered by this book, though basically focusing on the dynasties mentioned above, would stretch a bit further to refer to the origin of the Grand Canal and some major events occurred after that. In this context, when referring to Yangzhou that has a close link to the canal, we prepared some historical facts on the Han City and Hangou in the Spring and Autumn Period. Meanwhile, an alley named Rong in Wuxi that used to be the cradle of modern industry started by the Rong's Family also has a canal story. These 'edges' would betray the traces of ups and downs of the Grand Canal, and hence became a natural part of the study.

Spatially speaking, the Grand Canal is a national 'highway' that runs from the north to the south, covering the country's political and economic centers in the east. Before the Yuan Dynasty, China's political center would be shifted here and there along the Yellow River and the Yangtze River, suggesting that at the time major historical cities were built along the east-west river systems, including the Grand Canal built in the Sui and Tang Dynasties. In this context, the rise of these cities and the construction of new buildings along the Grand Canal in the Yuan, Ming and Qing Dynasties started a process that would change the role of the edge and the center, though bit by bit. A revolution that looks down as such brought up system renovation, cultural diversity, and economic development that left a huge impact on the development afterwards. This book is designed to show the cities and their architectural structures that are barely mentioned or simply neglected, and became an 'edge' in the studies of Chinese architectural history.

When studying the management system of the Grand Canal, one became sensitive to the combination of the center (central) and the edge (local), an exemplary model of duality in ancient Chinese history of management. For example, the then canal transport management is something like today's Ministry of Communications, under the direct jurisdiction of the central government. In the early Yuan Dynasty, a canal transport management division was created to take care of the relay of canal water and land transport from the south to the north under an agency called Zhong Yang Hu Bu, a central government

中国运河的重要发展时期是隋唐和元明时期。京杭大运河习惯称为大运河，主要为元明清时期建设、发展和使用。大运河经历水陆联运、海河转运、漕河贯通的过程。开通后的大运河，北至北京，南到杭州，全线以长约1800km的距离，把我国黄河、淮河、长江、钱塘江四大流域连接起来（图1）。它以最短的距离，纵贯当时最富庶的东部沿海地区，实现了国家政治中心和经济重心的结合（图2）。本著作研究的时间段主要集中于此，不过由于大运河前有发源，后有接续，因此本著作所述内容也不完全拘泥于该中心时段限制，如和运河密切相关的扬州，可追溯到春秋时期邗城与邗沟的开启，而无锡荣巷与荣宗敬家族开启的近代工业发展，则和运河不可分割，这些前推后延的“边缘”内容，恰能表达大运河的继承创新与生生不息，自然成为研究框架的一部分。

从空间而言，大运河是南北向的国道，也是当时国家政治和经济的中心区域，位于中国东部。但由于元代以前中国的政治中心多沿黄河和长江沿线迁移，即其时重要的历史城市沿中国最主要的东西向水系存在，包括隋唐大运河。因此，元明清大运河沿线城市的兴起与发展、新建筑类型的出现，在当时乃新生事物，也是从边缘逐步走向中心的一个过程。其中蕴含的“眼光向下的革命”而带来的制度更新、文化多元、经济发展，对后世的影响是巨大的。本著作研究的城市和建筑对象，多为中国建筑史中属于边缘的或被忽视的，是故呼之欲出。

在研究大运河管理制度中，我们敏感地发现，其双重性在中国古代管理历史上堪称典范，即中心（中央）和边缘（地方）的结合。漕运管理相当于如今的交通部，由中央管辖，元初遂在中央户部设京畿都漕运使司，其下有若干仓库、新运粮提举司以及若干仓库隶属，在外设有分司，分管漕运相关事宜，主要解决南方“承运”和北方“接运”的系统管理。河道管理则相当于如今的水利部，除有专门水利官员管理河道外，多依赖沿运河地方官员参与河道管理，尤其在河道落差大、设闸多的地方，管理机构建筑就多。从这个角度出发，就能够理解为何我们会开展一些小城镇诸如太仓和南旺的研究，因为前者为南方漕运“承运”之地，后者则为大运河地形落差最大之处，为河道管理重镇。而淮安是漕、河两套管理系统交合的重地。虽然我们研究的是物质层面的城市和建筑，但有了中央和地方相关管理制度的认识，有了与之相对应的地理认识，物质形态的逻辑便清晰起来。

就沿运河的具体城市与建筑关系而言，也有着从边缘到中心的迁移过

agency equivalent to today's Ministry of Finance. The river course management is the responsibility of a government agency equivalent to today's Ministry of Water Resources. Apart from the management exercised by central government officials, local officials played a large part in managing the river course in the locality. Management bodies were mostly set up for the sections that have a large water level gap and numerous water gates. That explains why we would choose some small townships, such as Taicang and Nanwang as the objects, as the former started the water transport, while the latter started another water transport course having the largest water level gaps. Huai'an stands as the conjunction between the two. When studying the physical urban areas and their architectural structures, one has to deal with them along the management practice exercised by the central and local authorities. Meanwhile, some geographic knowledge is needed to define the logic lines of the physical things.

One also can see the shift from the edge to the center in the context of physical urban areas and their architectural structures. For example, clubs would be initially built on the edge of a city that borders the river, or a place that sees bustling commercial activities, such as in Suzhou. Thanks to their increased contributions to the city, the increased preferential treatments offered by the local government, and their enhanced social and political status, merchants would later prefer to build their residence or clubs near the city center, such as Huai'an canal governor's residence. The residence was initially built nearing the canal, before moving to the city center, and further to the central axis of the city. Consequentially, the cities, sections, and architectural structures along the Grand Canal would present a landscape that shows the development pattern and tastes of the cities, or the 'edge style' as I termed. This book spared quite some space to discuss the 'edge style'. On the one hand, the cities, sections, and architectural structures discussed would have an 'edge style' one way or another. On the other hand, they are defined by the local culture. The communications between the north and the south, the marriage of different cultures, and the rapid economic development brought up a political stability that led to the final dazzling magnificence of the Chinese feudal society.

图1．元代大运河

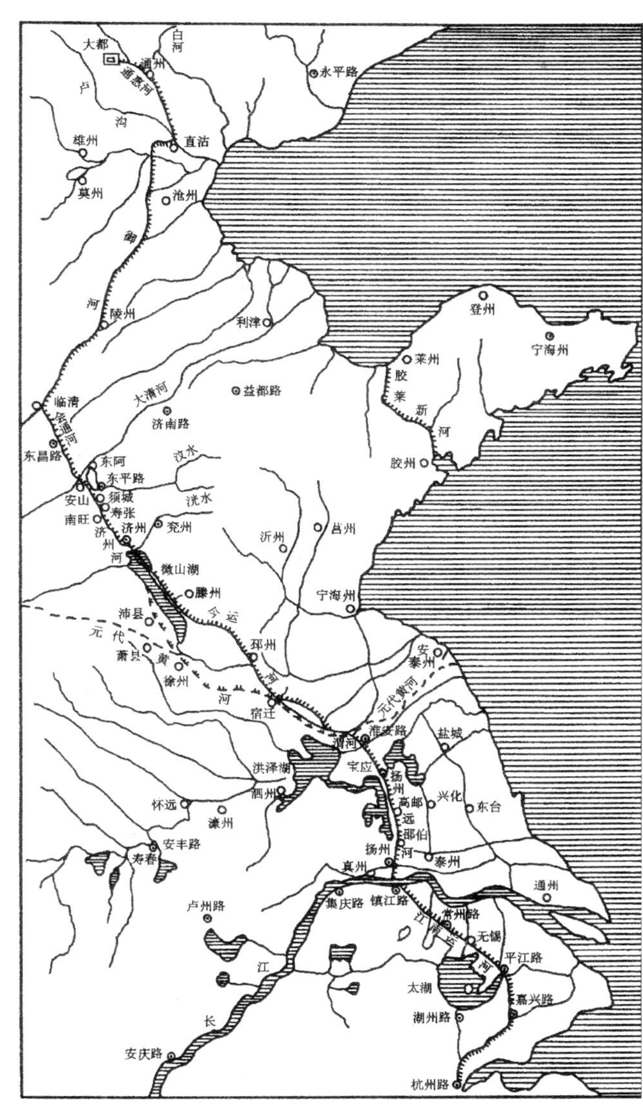

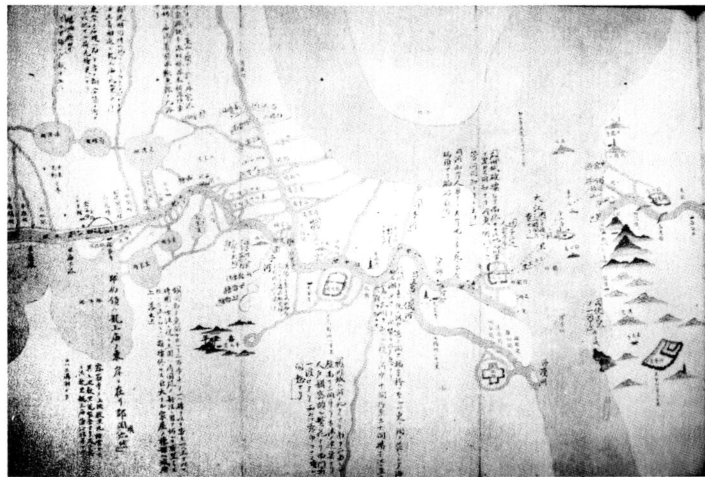

图2．大运河联系下的四省，形成政治和经济中心在国家东部的重合
原图：四省运河水利泉源河道全图（局部）（李孝聪 编著．美国国会图书馆藏中文古地图叙录．文物出版社，2004年10月：图九十三）

As the fruits of the collaborations between my students and me, the book is compiled in two parts. One discusses the Grand Canal and the bordering cities, and the other the Grand Canal and architecture. The former pays more attention to the relationship between the formation and development of the cities and the canal, especially the internal momentum and patterns. The latter takes up most space of the book to discuss the interactions between the Grand Canal and the architecture. I encourage my students to study the architecture or gardening and people's life in the context of an urban environment. As a result, one can see from time to time in Part II the interactions between the city and architecture structures that served as each other's center or edge. We collected quite a number of stories for that, allowing the readers to see both the trees and the forests.

Fig.3. Canal sections running from north to south: Cangzhou, Linqing, Tai'an, Taierzhuang, Zaozhuang, Shaobo, Yangzhou, Wuxi, Suzhou, and Hangzhou

Fig.4. Historical names of the south–north canal: Jiangnan Canal, Jiangbei Canal, Huitong River and Tonghuihe River

The book starts from the spatial history of a range of cities from the north to the south (Fig. 3), before touching the architecture that have an inseparable history with the canal. When reading the book as a whole, one would be able to have a systematic perception of the cities and their architectural structures, from internal to external, and from inside and to outside. To facilitate the understanding of the interactions between the canal cities and their architectural structures, we add some stories on the Jiangnan Canal, Jiangbei Canal, Huitong River, and Tonghui River (Fig. 4). The stories are compiled in such a manner that it allows the readers to feel the busy communications between the canal cities and their architectures.

程。如苏州会馆建筑建设伊始，往往在城市边缘近河道和交易繁华处，随着商人对城市贡献趋大，当地政府给予优惠遂多，客商也随着地位提高和参政能力加强，会馆和他们的住宅就向城市中心靠近；又如淮安漕运总督公署，其建筑位置也经历了从城市边缘的近运河处、到中心、再到城市中轴线上的移动过程。因此，大运河沿线的城市、地段和建筑别有一番情形和风景，也有着另种发展规律和况味，我称之为"边缘格调"。本著作研究的话题也通常关系此。无论是探讨城市，还是地段，抑或建筑类型，都有着一种边缘的性质和特点，但它们又维系或定格在一个特殊的地文大区，随着南来北往的交流，文化得到整合，经济快速发展，政治得以稳定，是封建社会晚期最灿烂夺目的中国中心。

本著作分为上、下两部，一曰"大运河与城市"，一曰"大运河与建筑"，是我及我的研究生团队合作的成果。前者比较注重探讨城市格局的形成、发展与运河之间的关系，以及侧重内在动因和规律的发掘；后者所占篇幅较大，最主要的原因和特点是，我一直倡导将建筑或园林及相关生活始终放在城市的背景下进行考察，并指导研究生如此思维和实践，因此可在下篇中不时看到城市和建筑的交错，互为中心、边缘与交接，要见树见林，字数也就多起来。

从编排结构而言，上部"大运河与城市"基本上依从自北而南的历史城市空间为序（图3）；下部"大运河与建筑"主要围绕与运河密不可分的建筑类型展开。上、下两部有时结合起来阅读，可以建立关于大运河沿线城市与建筑的、外部和内部的、机制和场景的系统认识。为了有助于理解应运而生的大运河沿线城市和建筑的互动，补充如下案例，大致以从南到北贯穿的江南运河、江北运河、会通河和通惠河为例（图4）。如此穿梭，希望有助于触摸与感受到大运河沿线历史城市与建筑的繁忙与交织，特色与精彩。

图3. 自北而南的运河段与城市空间系列：

3-1. 沧州段

3-2. 临清段

3-6. 邵伯段

3-7. 扬州段

3-8. 无锡段

图4. 从南到北的运河在历史上的称谓：
江南运河、江北运河、会通河、通惠河

4-1. 江南运河

. 泰安段

3-4. 台儿庄段

3-5. 枣庄段

3-9. 苏州段

3-10. 杭州段

4-2. 江北运河

4-3. 会通河

4-4. 通惠河

Hangzhou and Gongchen Bridge

The Grand Canal that runs from Beijing in the north to Hangzhou in the south reached its heyday through an arduous development course.

In the early Yuan Dynasty, the central government shipped food grains via a meandering canal built by Emperor Sui Yang and his successors. The canal runs through the Jiangnan Canal and the Jiangbei Canal, before entering the Huai River. It meets the Yellow River in the west, and reaches the Luan River in the middle section. At that point, food grains would be further shipped by land to a destination named Qimen Luan, before embarking on the waterway again through the Yu River, Zhigu River, and Bai River to a land destination called Tongzhou, from which grains would be carried by land vehicles to Beijing. It is apparently an inconvenient shipping route that involves the repeated relays between the land and water transportation. In 1280, the Yuan government started to dig a 150-mile long Zhouji River that was completed in August 1283[1]. In 1280, a new river was dug out to flow to the sea[2]. Unfortunately, both rivers failed to make the canal an easier transportation route, due to the huge expenses but poor results[3].

After several attempts, the Yuan government started to plan for a canal that runs from the north to the south. In 1289, at the suggestion of digging a gated river to divert the water of the Wen River to the Yu River, facilitating both the public and private waterway shipping[4], the local authorities of Shouzhang County (in the northwest of today's Mount Liangshan in Shandong) hired labors to dig a 250-mile long gated river starting from Mount An northwest of today's Dongping in the south, passing today's Liaocheng in Shandong, stretching further to Linqing in the northwest, before flowing into the Yu River. The river was named Huitong River upon the completion. In 1291, a water supervisor named GUO Shoujing made a suggestion to channel through the waters of the Tonghui River that runs from Tongzhou to Beijing, which facilitated the completion of a north-south Grand Canal that runs 164 miles.

Beijing is not only the capital of the Yuan Dynasty, but also the capital of both the Ming and Qing Dynasties. People say Beijing is the head of the canal. As a matter of fact, at that time Beijing kept its water system running mainly relying on the meandering Cao River. The Grand Canal makes Hangzhou the terminal destination. Theoretically, Hangzhou started the canal economy. As early as in the Sui Dynasty, YANG Guang dug out an 800-mile long Jiangnan Canal that travels from Jingkou to Hangzhou, connecting to the Jiangbei Canal. Furthermore, Hangzhou used to serve as the capital of the Southern Song Dynasty, prior to the Grand Canal that was built in the Yuan and Ming Dynasties, enjoying an economic affluence that toped the country (Fig. 5 and 6). The rich natural resources and historical heritages allowed Hangzhou to have a

Fig.5. Map of Hangzhou Bay in an upper south and lower north setting. The upper right part shows the Hangzhou City and West Lake
An Atlas of Ancient Chinese Maps by LI Xiaocong, collected by the Library of the United States Congress, Cultural Heritage Press, October 2004, colored illustration 30.

Fig.6. The inner-city canal of Hangzhou stems from the southeast and exists to the north, with east-west water systems connecting to West Lake
The original map is part of *The Latest Hangzhou Street Maps* published in February 1930, compiled by Hangzhou Archives Registry, *An Atlas of Ancient Hangzhou Maps*, Zhejiang Ancient Books Publishing House, September 2006: 178.

1 History of Yuan Dynasty, Vol. 64, Rivers and Canals.

2 History of Yuan Dynasty, Ancestors.

3 History of Yuan Dynasty, Vol. 93, Food Commodities, Sea shipment.

4 History of Yuan Dynasty, Vol. 64, Rivers and Canals, Huitong River.

杭州与拱宸桥

大运河作为贯通北京至杭州的南北向运河，其完整形成过程经过一个发展阶段。

元初利用隋炀帝以来所凿通的迂回曲折的运河，漕粮经江南运河过江北入淮，西逆黄河至中滦，然后陆运至淇门入御河，再经直沽转白河达通州，又陆运方能至大都（北京），曲折绕道，水陆并用，十分不便。至元十七年（1280年），元政府首议开济州河，二十年（1283年）八月河成[1]，全长150里；至元十七年（1280年）又开胶莱新河通海[2]，但都因“劳费不赀，卒无成效”[3]，而不能使漕运畅通。

经过多次尝试后，元朝政府产生开凿纵贯南北运河的设想，至元二十六年（1289年）用寿张（今山东梁山西北）县尹韩仲晖等建议“开河置闸，引汶水达舟于御河，以便公私漕贩”[4]，是役于年内开工，南起东平路须城县（今山东东平）西北的安山，经寿张西北至东昌路（今山东聊城），又西北至临清，达于御河，全长250余里，凿成后定名会通河。至元二十八年（1291年），都水监郭守敬建议疏凿通州至大都的通惠河，缩短了距离，以全长164里许，贯通了南北大运河。

由于北京在元朝为大都，继而在明清又复为都城，所以我们通常说北京是运河之头，不过其时北京一直依靠绵长的漕运来维持它的肌脉。运河尽头杭州，从道理上说应该才是大运河经济的真正起始。早在隋朝，杨广便凿通江南运河，自京口至杭州800余里，并与江北运河相接，而且，元至明朝贯通大运河之前，杭州在南宋时已是都城，经济富庶程度达全国首位（图5、图6）。所以后来尽管国破山河在，经济几起几伏，但由于天然资源富饶又有历史积淀，明清时富裕依旧。

杭州城北面的拱宸桥便是一重要明证。这是京杭大运河最南端的一座古石桥（图7），始修建于明崇祯年间，“拱宸”表示对帝王的迎接和敬意，可见元以后杭州已降为从属都城的地位，但桥壮观宏伟，实力犹在。桥全长有138米，三孔石桥呈三个半圆的拱券，高大而饱满，石砌桥墩逐层收分，桥面两侧作石质霸王靠，在这座朴实无华又气势雄伟的大桥下，有不停穿梭的船只，仍可以依稀想象古时漕粮源源从这里运往北京的景象（图8）。

当年从桥下运往北京的不仅有粮食，还有茶叶。不仅如此，杭州作为著名茶叶产区，龙井、旗枪等茶中名品，在作为贡品经大运河送到北京皇室的同时，也还由北京转销西北牧区以换取马匹，从而形成“茶马古道”。所以说，大运河一端杭州的影响力，流淌于运河又超越于运河，有更深远的延伸。

sustained affluence and wealth throughout the Ming and Qing Dynasties, even amid wars, chaos, and economic ups and downs.

The Gongchen Bridge in the northern part of Hangzhou makes a piece of evidence showing the historical connection between Hangzhou and the Grand Canal, as it is an ancient stone bridge sitting on the southern tip of the canal (Fig. 7). Built in the years of Emperor Chong Zhen, 'Gongchen' means the greeting and respect to the emperor, suggesting Hangzhou's reduced status to an ordinary city after the Yuan Dynasty. The bridge, however, remains spectacular and grand in look. The three-hole bridge is 138 meters long, with three semicircular arches, tall and affluent. The stone layers become narrower over height, with two solid stone sides. Under the unpretentious bridge run busy vessels. One still can faintly imagine the grain shipping operations that started from here and destined to Beijing in ancient times (Fig. 8).

Fig.7. Gongchen arch bridge in Hangzhou

Fig.8. A busy scene of the Grand Canal in Hangzhou

At the time, the goods shipped through the canal are not only food grains but also tea. Hangzhou is a well known tea producing area with top brand names, including Longjing and Qiqiang. Tea could be a tribute to the royal family, or a bargain for the pastoral horses shipped from the northwest part of the country to Beijing. Consequentially, Hangzhou, one of the Grand Canal terminals, produced a far-reaching impact that flows with the canal but also goes beyond the canal.

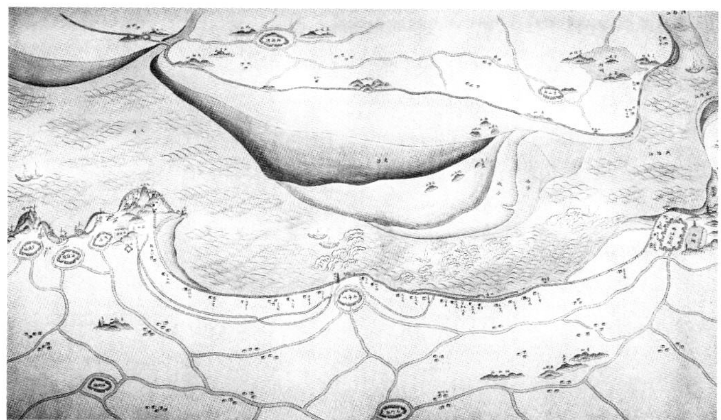

图5. 杭州湾图. 上南下北. 图上右侧为杭州城与西湖
李孝聪 编著. 美国国会图书馆藏中文古地图叙录. 北京：文物出版社, 2004：彩图三十.

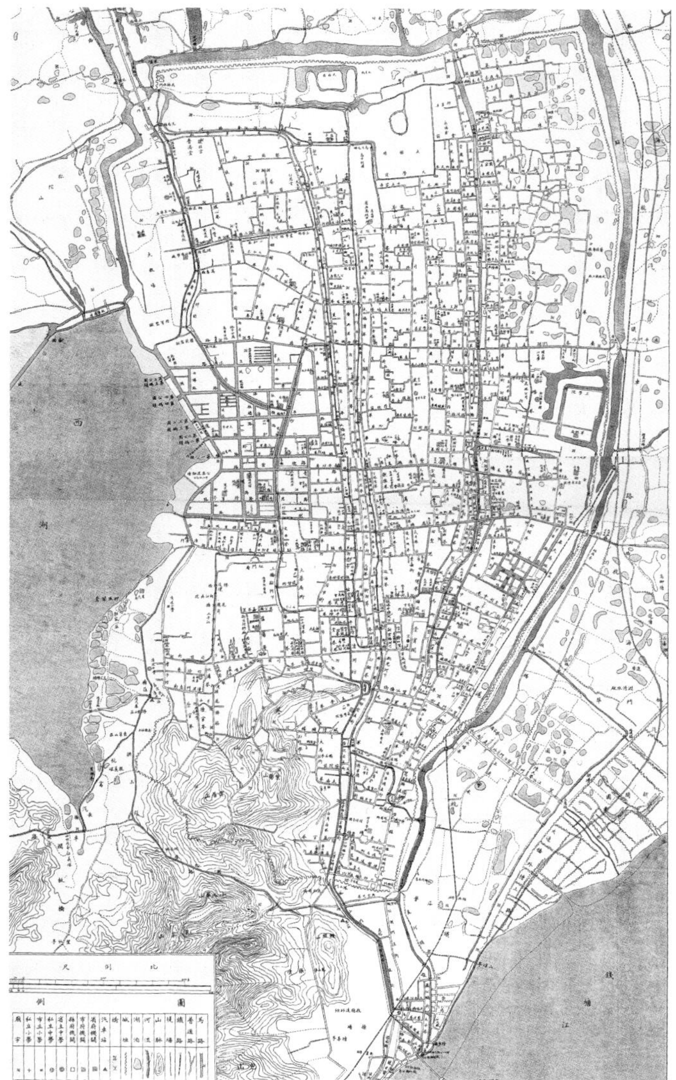

图6. 杭州城内运河自东南进、北侧出，又有东西向水系联系西湖
原图为"最新实测杭州市街图"民国19年2月出版. 杭州市档案馆 编. 杭州古旧地图集. 杭州：浙江古籍出版社, 2006：178.

图7. 杭州拱宸桥与桥面

图8. 杭州运河繁忙依旧

Suzhou and clubs

Suzhou sits on a conjunction that connects the Jiangnan Canal and the Taihu Basin. In the Song Dynasty, Suzhou enjoyed an economic and cultural prosperity, which makes it a par with Hangzhou. There is an old saying depicting the wealthy status of the two cities as "Up above there is heaven; down below there are Suzhou and Hangzhou". During the Ming and Qing Dynasties, Suzhou became a metropolis in the southeastern part of the country. It was a rendezvous of businesses, commodities, and stores[5]. It earned a major status among the canal cities using its own strength.

During this period of time, the canal area witnessed a silent but rapid growth of a type of architectural structures that are inseparable with the economic development: clubs, built to entertain the visitors or the people living on the edge of the city.

First, the geographical advantage and convenience brought up by the canal produced the fertile soil for the growth and development of commercial activities. During the Yuan, Ming and Qing Dynasties, there were three stretching axis between the canal and Suzhou in the west that run from Changmen to the Maple Bridge, or to the Tiger Hill, or to Xumen. The finger-shaped business area makes a major rendezvous for clubs (Fig. 9). The site is selected for the convenience of business activities on the one hand, and for the convenience of waterway on the other. For example, there are a cluster of clubs bordering the canal outside Changmen in Suzhou, including Wuan Club, Jiaying Club, Chaozhou Club, Shaanxi Club, Shandong Club, Lingnan Club, Baoan Club among others. These clubs are built either facing the canal with their own piers, or a couple of blocks away from the canal.

Fig.9. The Feng qiao Bridge and the canal in the west of the external part,Suzhou

Second, the clubs are built to enhance the feelings and trust among the visiting merchants that came from the same hometown outside Suzhou[6]. They shared not only the traditional practice prevailed in their hometown, but also something that would allow them to do as the Romans do. The clubs would be set up for diversified functionalities, including gathering, residence, warehouse, home theater, worship among others. Architecturally, these clubs would be built with tall and beautiful brick gatehouse, screen wall or stone lions on both sides of the door to show the grandness and magnificence, in an attempt to enhance the owners' visibility or simply to show off.

In a traditional Chinese society, "learning makes you an official" prevailed. In a city that is economically and culturally developed, like Suzhou, the visiting merchants initially did not have much status to show about. As a result, they would like to build their clubs on the edge of the city. On the other hand, they would wisely contribute money to paving the roads and constructing the bridges. The longer they stayed in a non-hometown place, the greater the contribution

5 Shaanxi's Clubs and Their Inscriptions by Suzhou Museum, Collection of Industrial and Commercial Inscriptions in the Ming and Qing Dynasties, Jiangsu People's Publishing House, 1981: 331.

6 Shaanxi's Clubs and Their Inscriptions by Suzhou Museum, Collection of Industrial and Commercial Inscriptions in the Ming and Qing Dynasties, Jiangsu People's Publishing House, 1981: 331.

苏州与会馆

在江南运河这段，由于苏州处于运河和太湖流域的汇集点，更是在宋代就曾以经济文化发达而与杭州比肩，有“上有天堂，下有苏杭”之说，至明清时期，苏州已“为东南一大都会，商贾辐辏，百货骈阗，上自帝京，远连交广，以及海外诸洋，舳舻毕至”[5]。从而在大运河沿线的城市中占有举足轻重的地位。

在这一时期，沿着运河无声并迅猛地生长着一类与经济发展密不可分的建筑——会馆。它作为联络广大客籍人士的场所，也作为城市中边缘人物的聚合地，在城市边缘地带悄然而生。

首先，运河交通便利的地理优势，是商业滋生和发展的因素。元明清三代，在苏州和运河之间，也是在苏州城市西面这一边缘地带，主要生长出阊门—枫桥、阊门—虎丘、阊门—胥门三条伸展轴，这呈指状布局的商业带，便是会馆主要集中地（图9）。一方面，如此选址方便商人活动；另一方面，在古时水路交通便捷的情形下，也顺理成章。如苏州阊门外沿运河一带，除武安会馆外，其余会馆均距河道不远，嘉应会馆、潮州会馆、陕西会馆、山东会馆、岭南会馆、宝安会馆六家更是面河而筑，并设有河埠码头及水边踏道。

其次，会馆的建造主要是为客商“联乡情，敦信义”[6]，所以在建造倾向上，有“他乡遇故知”的取向，既存有客商主人家乡的传统风格，但同时毕竟身处异地，也会入乡随俗，从而形成多元并存的胶着状态。从功能上说，会馆有聚会商讨、居住、寄存货物、唱家乡戏、祭祀等功能。在建筑风格上，商人往往为建立自己的形象而不惜血本，会馆多有高大的门楼，门楼上还有精美的砖雕，财力雄厚的在门边两侧设有照壁和石狮子，气度非凡。

再则，客商在中国传统社会“学而优则仕”的氛围下，于苏州这样的经济文化发达城市，开始时地位是较为低下的，建会馆择址在边缘地带也是一种反映，但他们有钱后往往修路造桥，在异地时间越长，贡献越大，地位益升，建造会馆的地点也逐步由边缘向中心靠拢。因此会馆的建立和发展，在无形中也促进了苏州城市聚落和街巷的形成，甚至部分格局的改变。如苏州山塘街一带，原为城市外围，后来由于会馆渐多，便形成街巷，在紧挨着宝安会馆的一条很小的弄堂入口门楣上，现在还留有“会馆弄”三字。又如，全晋会馆原为山西钱商于乾隆三十年（1765年）建于阊门外山塘街半塘桥畔，咸丰十年（1860年）毁于兵火，于光绪五年（1879年）至民国初重建时，便迁址至城内东面中张家巷，现为苏州戏曲博物馆（图10），成为苏州一重要文化点。其规模之大、雕饰之美（图11），为苏州会馆之最，特别是精华所在的戏台，穹隆藻井，大红底色上镶红嵌金，十分华美。

would be to the place, which in turn raised their social status, allowing them to move the site of club nearing the center of the city. Consequentially, the construction and development of clubs in Suzhou accelerated the formation of settlements, streets and lanes, and even partially changed the layout of the city. For example, the Shan Tang Street area used to be the outskirts of the city. It became an area interwoven with streets and lanes, thanks to the mushroomed presence of clubs. One still can find the traces of club influence in the city. For example, there is a 'Club Lane' nameplate on the gateway that would lead you to a narrow lane close to the Bao'an Club. Another example is the Shanxi Club built in 1765 by a banker from Shanxi nearing a bridge outside Changmen. The club was destroyed in 1860. When rebuilt, it was moved to Zhong Zhangjia Alley in the east of the city. The club is now an opera museum. The old club tops others for the massive scale and carving beauties it has enjoyed (Fig. 10). In the club complex, a stage built with a caisson fornix against the gold inlay on a bright red background makes a gorgeous scene (Fig. 11).

Fig.10. The hall plates and gates of a Shanxi Club in Suzhou

Fig.11. Intricate carvings at the Shanxi Club in Suzhou Woodcarvings on the pillars of the performing stage, brickcarvings in the rear building, and intricately designed windows
By Zhu Gejing, 2006

The development of clubs, from a small number to a large one, from diffusedly to densely distributed, and from edge prone to center prone, mirrored the process in which Suzhou became commercialized and started to absorb foreign cultures, and reflected the changes of the visiting merchants from the edge to the center.

会馆由少到多、由点成片、由边缘向中心，也反映出苏州接纳商业化、吸收异乡文化的过程和边缘人客商的某种改变。

图9．运河在苏州城西穿枫桥而过

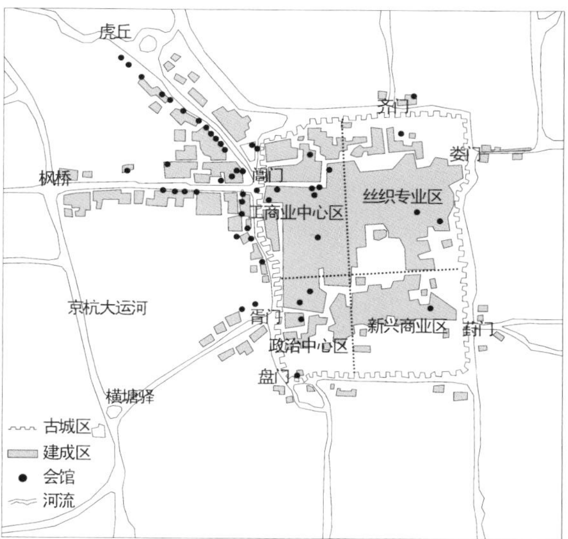

图10．苏州全晋会馆碑、大门

图11．苏州全晋会馆雕刻精美戏台吊柱木雕、后楼砖雕和精美的窗扇（诸葛净摄于2006）

Wuxi and Jichang Garden

Fig.12. A map of Wuxi County in the years of Emperor Guangxu in the Qing Dynasty (1881) , showing that the water systems running through the city constituted major traffic routes
Chronicles of Wuxi County

Fig.13. The historic streets in Wuxi aligned along the canal

Fig.14. An ancient kiln site on the Kiln Road bordering the river in Wuxi

Fig.15. Qing Ning Bridge and the canal in Wuxi

Fig.16. One can directly head for the Jichang Garden from the Wuxi section of the Grand Canal

Wuxi is a city that runs through the Grand Canal, though Taihu Lake in the west part of city also connects to the canal (Fig. 12). Above the canal stands a famous bridge named Qing Ming linking the old town and Taihu Lake, surrounded by a neighborhood that has kept ancient canal landscapes till today (Fig. 13 and 14). The bridge, formerly called Qing Ning (Fig. 15), was built in the years of Emperor Wan Li, financed by the two sons of Qin Yao[7], the owner of Jichang Garden in Wuxi. The canal connects to Jichang Garden in the further south.

Jichang Garden sits at the foot of Mount Hui in the western suburb of Wuxi, nearing the canal pier (Fig. 16). The site, used to be part of a monastery, was rebuilt and renamed Phoenix Palace by Qin Jin, a former minister of defense served in Nanjing during the period of 1506-1521. In 1591, Qin Yao changed the garden's name to Jichang.

According to the family tree, Qin Jin (1467-1544) was the descendant of Qin Guan, a famous lyricist in the Northern Song Dynasty. Born in Daiguishan, Wuxi, Qin Jin used to serve in varieties of official posts, and is a dedicated cabinet minister to the royal court. There is a set of couplets on the gate of his residence reading: "Being the mentors to the prince and the emperor for three dynasties" and "Making five ministers in the two capitals", which summarized the political honors he had received all his life. Qin Jin is also good at poetry, and has published a number of poem collections in his life, from which he displayed his fine knowledge about the canal. His Phoenix Palace that used to be a venue for meeting other poets is physically located at the edge of the city surrounded by the river, enjoying the relaxing and beautiful nature.

Phoenix Net, the earliest form of Jichang garden, was created with relatively simple scenes. Phoenix Net, though humble the name is, was basically rebuilt on the original site with a 2-acre pond decorated by some ancient trees on the sides and a hillock in the rear. After the death of Qin Jin, the garden was inherited by a grandson of Qin's family named Qin Liang. Qin Liang and his son made some improvements to the garden in 1560, where they dug the pond and raised the hillock. After the death of Qin Liang, the garden was repossessed by his nephew Qin Yao, who remodeled the garden, and changed the name to Jichang Garden.

Qin Yao (1544-1604) became a scholar in 1571, and was promoted in 1586 to a post similar to today's deputy attorney general. Qin Yao was later banished, and returned to Wuxi. Though banished, Qin Yao, a descendant of a rich family that has sustained for several generations, is already a wealthy man with huge assets, which drove him to build a desired landscape garden to rest and comfort himself. He spent a lot of time remodeling the garden. It took several years for him to conceive a garden with twenty intricately designed scenes. To celebrate the accomplishments, he bestowed a five-word poem to each scene. He

7 The two sons' given names separately contain the words of Qing and Ning. So the bridge was formerly named "Qing Ning Bridge". In 1666, a county magistrate named Wu ordered to rebuild the bridge, and changed the name to Qing Ming Bridge. The bridge is 43.2m long, 5.5m wide, and 8.5m tall, with an arch span up to 13.1m. It has kept a Ming style, plain but spectacular.

无锡与寄畅园

无锡是大运河穿城而过的城市，与西侧太湖又有运河联系（图12）。位于古城、太湖之间的运河上有一座著名的清名桥，周围的街区至今还保留运河沿线的格局和风貌（图13、图14）。清名桥，原叫清宁桥（图15），始建于万历年间，是无锡寄畅园主人秦耀的两个儿子捐资建造的[7]。运河再往南，就联系上了寄畅园。

寄畅园位于无锡西郊惠山山麓、运河码头附近（图16）。明正德年间，兵部尚书秦金利用惠山寺的僧寮"南隐"改建成别业，取名"凤谷行窝"，至隆庆间秦耀一代，改称寄畅园。

秦金（1467~1544年），字国声，号凤山，据秦氏宗谱所述，为宋大学士秦观之后。祖居无锡埭归山，屡任官职，是位封建社会的忠臣，他在西水关的宅邸有门联云:"九转三朝太保，两京五部尚书"，概括了他一生的荣禄。秦金又雅好诗文，一生著有《凤山诗集》、《通惠河志》、《凤山奏稿》等集，可以了解秦金对于运河十分谙熟，"凤谷行窝"择址于城市边缘、通河地带、又接近自然，遂成自然之事。

最早建造的"凤谷行窝"比较简单。行窝，当含自谦之意。"凤谷行窝"，据记载，中有大池，宽广可十余亩，旁多古木，后倚一墩，实际上是秦金利用原有形胜，稍作收拾，简朴地点缀一些亭桥而已。秦金死后，园归族孙秦梁，嘉靖三十九年（1560年），父子俩曾将园子作一次修整，凿池筑山，费一番心机。秦梁之后，园"再转而属中丞公"，便是秦梁的侄儿秦耀，改筑园林，成寄畅园的主人。

秦耀（1544~1604年），字道明，号舜峰，隆庆五年（1571年）进士，万历十四年（1586年）升为右副部御史，后被劾罢归。但秦耀一代，素为官绅门第，其时家已富甲锡邑。这些都驱使他以山水园林为寄托和自慰，日夕徜徉于"凤谷行窝"之中，并倾注心力改筑旧园。经过几年的专心致志，构思摆布，终于完成夙愿。共得二十景。秦耀心中欣慰，每景题五言诗一首，并总名为寄畅园。"寄畅"者，取王内史"寄畅山水阴"诗句："取欢仁智乐，寄畅山水阴，清泠涧下濑，历落松竹林"[8]。以山水比君子之仁德，由寄托而畅心。

《鸿雪因缘图记》[9]所载寄畅园与今日园址规模相似，面积14.8亩。园门临惠山街，入园后是一片竹林，之后可看到迎面耸立的惠山和位于园中心数亩之广的水陂"锦汇漪"，一园山水悉呈眼前（图17）。向南，有廊映竹临池，长达百步，与三面接水的知鱼槛相接，再往南亦为廊，长200步，古木荫覆，名"郁盘"。廊端接书斋"霞蔚"、"先月榭"，"凌虚阁"高三层，峙立在后，可瞰园内和周围景

图12. 清光绪七年（1881年）无锡县城图，图中穿城的水系是城市的主要交通线
《无锡金匮县志》

图13. 无锡沿运河形成的历史街区

图14. 无锡清名桥沿河的大窑路窑址

图15. 无锡清宁桥与运河

图16. 无锡运河上岸乃直抵寄畅园

图17. 无锡寄畅园位于惠山脚下

renamed the garden Jichang Garden, inspired by the lines written by Wang Xizhi to the effect that:

Enjoy a wise man's fun, Amid the mountains and waters, Where one could watch, The cold streams, Flowing downhill and, Hitting the pine groves

In the poem, the mountains and rivers are borrowed to imply the virtue that a gentleman shall stick to on the one hand, and to comfort himself from the gloomy sadness of being banished on the other[8].

In an ancient album[9] that collects the sketches of beautiful landscapes and gardens, there is a picture about Jichang Garden with a description that basically agrees with the scenes one saw in today's Jichang Garden. The garden occupies a land of 2.4 acres. The garden opens its gate to a street named Huishan. Entering the garden, one would see a bamboo grove. Out of the grove, one catches the sight of the towering Huishan Mountain in the distance and a large wavy pond in the center of the garden. Here one engulfs a whole picture of the garden (Fig. 17). In the south of the garden lies a covered walk that stretches one hundred steps, aligned with bamboo trees and a pond on the side. The walk leads to a Knowing Fish Veranda bordering the waters on three sides. Further south shows another covered walk that puts out two hundred steps under the shade of large old trees like a 'shade disk'. At the end of the walk stands a three-storied library building, from which one can have the bird's-eye view of the garden and surrounding environment (Fig. 18). Further south, an arch stone bridge leads to the Sleeping Cloud Hall, and further to an adjacent building named Lin Fan that borders Hui Shan Temple. On the northern tip of the garden, one sees a pavilion in the water. Further west erects a towering structure in the woods. In a quiet and secluded landscape environment as such, Qin Yao, enjoyed the daily stroll around the scenes and forgot the world of vanity. He spent the rest of his life there.

Fig.17. The Jichang Garden at the foothills of Huishan Mountain

Fig.18. Scenes in the Jichang Garden

Fig.19. The Octave Stream in the Jichang Garden

After Qin Yao, the garden was shared by his sons. In the early Qing Dynasty, Qin Dezao, the grand grandson of Qin Yao, took over and remodeled the garden. He invited Zhang Lian, a famed gardener, to perfect the garden.

The garden's fame attracted many people's attention, including the royal family. Emperor Kangxi would visit the garden whenever he had a southern tour along the canal. Emperor Qianlong visited Jichang Garden six times, and bestowed a poem to the garden. He also ordered folks to build a Huishan Garden at his Summer Palace, mimicking the scenes and aesthetic effects of Jichang Garden. Even the name of 'Knowing Fish Bridge' is borrowed from the 'Knowing Fish Veranda' in Jichang Garden. However the imitations are, they always taste somewhat different from the originality of Jichang Garden. Interestingly, the author of Chronicles of Tonghui River is also the owner of the garden. He built Jichang Garden perhaps based on his unique insights of the river system. Meanwhile, the developments and accomplishments achieved by Jichang Garden had an influence on the design and development of the royal gardens, of which the Grand Canal makes an important intrinsic link.

8 QIN Yujun, A Study of Jichang Garden.

9 LIN Qing, WANG Chunquan, Hong Xue Yin Yuan Landscapes, July, 1947, Yangzhou.

色（图18）。出凌虚阁往南，有石拱桥跨过水涧，至卧云堂，再前为邻梵楼，已临惠山寺界。园的北端，有置于锦汇漪水中的涵碧亭，靠西，林木之中有高耸的环翠楼。在这样的一个山水俱胜、幽僻清旷的环境里（图19），秦耀“竟日欣游陟，都忘名利场”，度过余生。

秦耀之后曾分园予子，一直到清初，秦耀曾孙秦德藻主持加以合并并改筑，结束分裂残局，并请了当时造园高手张涟，使寄畅园趋于完美。

寄畅园名噪一时，康熙南巡，沿大运河而至，每次都要到寄畅园驻跸。乾隆六次游寄畅园并题诗，还在北京的清漪园（颐和园）内建惠山园（谐趣园），模仿寄畅园的景色和意境。“一亭一沼皆曲肖，古柯终觉胜其间”。连“知鱼桥”名称也源于“知鱼槛”。有趣的是《通惠河志》的作者作为园主，创建寄畅园或许是有着独到的关于水系见解的，而后来的寄畅园发展和成就，又自下而上溯流影响到皇家园林的构思和建设。其中，大运河便是重要的内在纽带。

图18. 无锡寄畅园景色

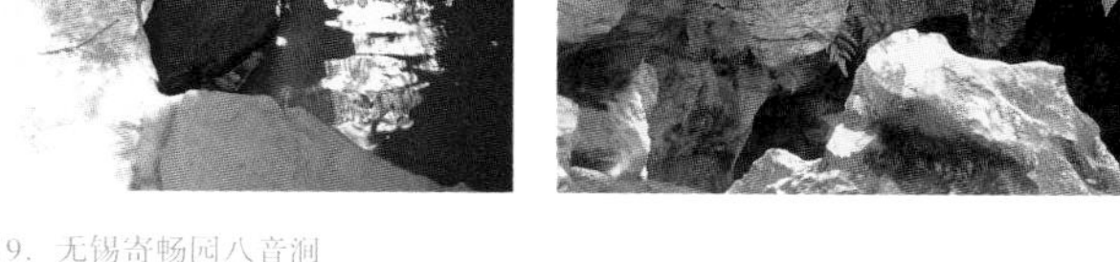

图19. 无锡寄畅园八音涧

Gaoyou and post office in Yucheng

Fig.20. *An Atlas of Yangzhou Maps* in an upper south and lower north setting
July 1831, by CHEN Shuzu, *An Atlas of Yangzhou Maps*, Vol. I, Yangzhou Ancient Bookstore.

Fig.21. Gaoyou Lake and the inner Canal

Fig.22. South Gate Avenue of Gaoyou
Fig.23. A Yucheng post station in Gaoyou

Gaoyou has an explainable bond with post service largely due to the presence of the Great Canal. In 223 BC, the local government erected a pavilion on a raised terrace to provide post service, even before the time when Emperor Qin Shi Huang unified China. The site was then named Gaoyou (a post office on a high ground). In the Western Han Dynasty, the post office was a busy transit that relays the mails from the capital Chang'an to other parts of the country through the Yangtze River trunk roads. The construction of the Grand Canal in the Sui Dynasty facilitated the sustainable operation of this 'Post Service Road' for thousand years. (Fig. 20) In the Tang Dynasty, Gaoyou was built with a hostel. Gaoyou became a township in 971 under the jurisdiction of the Northern Song Dynasty. The town was built on a high base with lower terrains in the surrounding, like a 'Yu' (a Chinese word for jar). So the town was named Yucheng (Yu Township). The local government set up a Yinghua post office in the downtown street, which is the oldest post office in the town. During the period from the Song Dynasty to the Ming Dynasty, Gaoyou was repeatedly attacked by catastrophic flooding. In the Ming Dynasty, folks built a moat embankment to fence off the flooding water. At that time, the canal water ran through the city, with the northern and southern water gates being the conjunctions of the urban waterway (Fig. 21). It consequentially accelerated the development of both Southern and Northern Avenues, though the Southern Avenue was built later than the northern one. In 1375, local authorities set up a Yucheng Post Office outside the Southern Gate, which prompted the development of the Southern Avenue (Fig. 22 and 23). One still can find the traces of the post office in the geographic names. For example, there is a place called Ma Yin Tang (horse drinking pond), implying that the site is named after the fact that the horses that employed by the postmen would drink their water here. In the south of Ma Yin Tang, there is a Yan Tang (salt pond), suggesting that it used to be a transit venue for salt shipment. Opposite to Yan Tang sits a Yan Tang Lane. The lane where the post office sits is named Post Lane.

Standing on the conjunction of the Chengzi River in the south of the town and the Jiangbei Canal, the Yucheng Post Office is a post office using the means of waterway and horses to relay the goods destined to Beijing. According to historical records, "The Yucheng Post Office was built outside of the Southern Gate by magistrate Huang Keming in 1375. The post office was burned to ashes by the Japanese invaders in 1557[10]," and was rebuilt and expanded in 1568 with a post hostel. The expanded post office has a main hall and 5 back rooms, with 3 warehouses, 14 side rooms, 20 horse stables, 3 drum racks, 1 screen wall, and 1 residence. In the heyday, the well-equipped post office had more than 100 rooms, 65 horses, 18 boats, and more than 200 horse or boat riders. Unfortunately,

10 Annals of Gaoyou in the years of Longqing

高邮与盂城驿

高邮与邮驿有着不解之缘，这在很大程度上得益于运河。公元前223年秦始皇统一中国前，就在此地“筑高台置邮亭”，高邮由此得名。西汉时期，在由京师长安通往淮泗而达长江的主干驿道上，高邮亭承担繁重的邮传任务。隋代大运河的开挖，此为山阳渎，为高邮此后绵延千年的“邮之路”创造了很好的条件（图20）。唐代设有高邮侯馆。高邮城最早建于北宋开宝四年（971年），其城基独高，四面地形低下（图21），状如覆盂，故名盂城，并在商贸发达的北门外都酒务街设迎华驿，这是高邮最早的驿站。自宋至明，高邮城屡受洪患之灾，明代始筑护城河堤，但由于运河水（在大运河中这段属里运河）穿越城市，南北水关遂成为城市水运联结点。也因此，南门和北门大街迅猛发展。不过，南门大街兴起晚于北门大街，直到洪武八年（1375年）高邮州在南门外设盂城驿，才快速发展起来（图22、图23），至今从驿站一带的地名和街巷名还可见痕迹。如马饮塘，因驿马饮水而得名，马饮塘的南部还连着盐塘，是食盐中转集散之地，直对盐塘的又称为盐塘巷，驿站遗址所在巷名称官驿巷。

盂城驿选址位于城南外南澄子河与大运河之江北运河的交汇处，是一处重要的水马驿站，肩负繁重的进京物资的调集和运输。据记载，“盂城驿在南门外，洪武八年（1375年）知州黄克明开设”[10]。嘉靖三十六年（1557年），倭寇犯境，南城门外街区及盂城驿毁于战火，隆庆二年（1568年）重修，在一旁还建有秦邮公馆，规模宏大，其时整个驿站有正厅、后厅各5间，库房3间，廊房14间，马房20间，前鼓楼3间，照壁楼1座，驿丞宅1所等，鼎盛时期厅房100多间，另有驿马65匹，驿船18条，马夫、水夫200多名。驿站运输工具齐备，运输快速安全。其后，战火纷飞，驿站虽存但辉煌不再，南门外曾只保留一接待客人的皇华厅。

20世纪90年代，由东南大学潘谷西教授担纲主持盂城驿的复原设计，他依据记载和遗构，反复推敲、斟酌提炼，使厅堂、库房、廊房、马神祠、前鼓楼等古建筑（图24），再现世人面前。在此基础上，设立了中国唯一的邮驿博物馆，作为水路和陆路曾经的节点和特殊场所，得到了再现和传达。

图20.《扬州营志》图，上南下北
［清］道光十一年七月，陈述祖撰，《扬州营志》（第一册）卷二舆图，江苏扬州古旧书店刊印

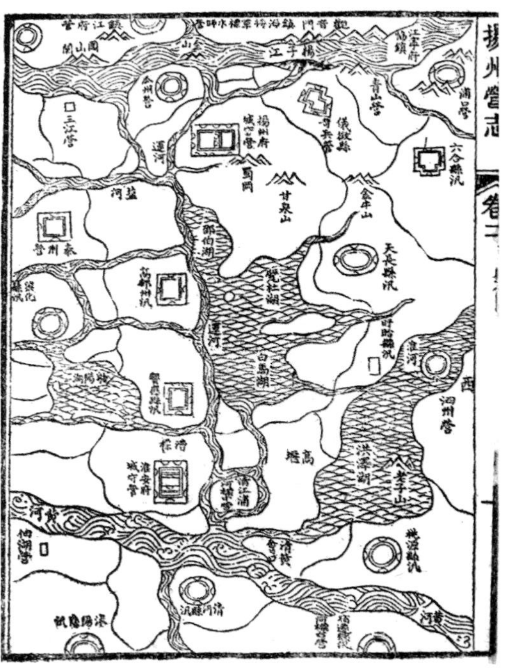

图21. 高邮湖与里运河

most part of the post office was destroyed by the war. Stemmed from the remains is only a hall outside the Southern Gate that used to serve the guests.

In the 1990s, Professor PAN Guxi of Southeast University made a design plan to rebuild the post office. He designed a range of ancient structures for the post office, including halls, warehouses, side rooms, horse shrines, drum racks among others, based on historical records and the relics (Fig. 24). The rebuilt site is now a Post Office Museum, the only one of its kind in the country, reproducing the scenes of ancient post offices that relied on both land and waterway transportation.

Fig.24. The complex of Yucheng post station makes a transit between land and water and between boats and horses

图22. 高邮南门大街

图23. 高邮盂城驿

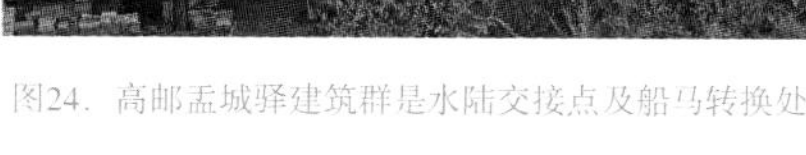

图24. 高邮盂城驿建筑群是水陆交接点及船马转换处

Jining and mosques

Among the canal cities, it seems that Jining has a love for a particular architectural structure, as the city has an impressive number of mosques. In the Ming and Qing Dynasties, there were nine large mosques, or seven for men and two for women. According to historical records, the city used to have altogether some 20 mosques.

People would wonder how Muslims came to the city?

The story has to start from the canal. There is a long canal that runs from the Cao River throughout Shandong, This part of the canal is named the Huitong River that runs 710 miles before flowing into the Wei River. From there it travels further 400 miles to Beijing[11]. Jining sits in the middle section of the Huitong River, a conjunction that controls numerous rivers and streams, including the Yellow River and the Huai River. Meanwhile, Jining has a topography featured with high in the east and low in the west, with vast plains in the west, rolling hills in the east, and beautiful lakes in the south, connecting to the Yellow River Plains, Huai River Plains and Haihe River Plains. As a result, the western part of today's Weishan Lake was called at the time Daze Marshland or Pei Marshland with waters running through (Fig. 25). From a larger perspective, the Grand Canal has its high ground in Jining, or the 'water ridge' in Nanwang, although making Nanwang a watershed is the doing after the Ming Dynasty. Before that, major operations, including shipping and setting up gates, were made in Jining.

Fig.25. Weishan Lake and the canal section in Shandong

As early as in 624, a defense official in Xuzhou named CHI Jingde hired labors to dig a canal, in an attempt to divert the waters from the Wen River and the Si River to Jining, before making a northward and southward split of water, facilitating the waterway shipment of grains and defense logistics. In 1283, a senior defense official named AO Luchi presided over the construction of a canal section that would allow the waters in the south of Jining to merge with the Si River, making it a Jizhou Canal that runs from Jining to Dongping. In 1289, efforts were made to channel through the Huitong River section from the northern part of Dongping to Linqing. Meanwhile, in the south of Jining, the Si River was made a canal section leading to a suspension bridge nearing today's Beizhengkou in Xuzhou, allowing the Huitong River to reach Xuzhou in the south and Linqing in the north. According to historical records, the shipment of goods from the Southern Yangtze River Delta region to Beijing has to go through the Huitong River. The Huitong River was then equipped with 14 water gates to offset the water level gap between Zaolin, Luqiao, Shijiazhuang, Zhongjiaqian, New Gate, Xindian, Shifo, Zhaocun, Zaicheng, Tianjin, Xiaxin, Zhongxin, Shangxin, and Water Division Gate[12].

As a hub connecting the waters originated from the south and north through a range of water gates, Jining enjoyed an impressive growth

11 Annals of Shandong in the years of Jiajing, Vol. 13, The Cao River.

12 Annals of Shandong in the years of Jiajing, Vol. 13, The Cao River, Jining.

济宁与清真寺

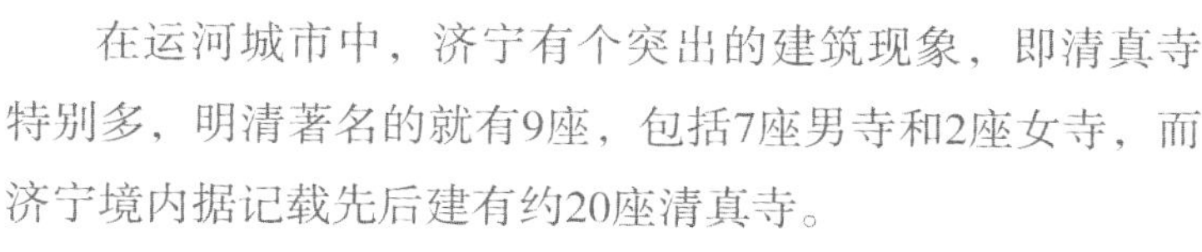

在运河城市中，济宁有个突出的建筑现象，即清真寺特别多，明清著名的就有9座，包括7座男寺和2座女寺，而济宁境内据记载先后建有约20座清真寺。

那么，穆斯林怎样来到济宁呢？又为何而来呢？

这便要简述这段运河。“漕河自大江瓜洲埭、仪征堰，俱入邗沟，经广陵至淮阴渡淮入清河，经吕梁彭城至沛，乃为山东境由疏凿而成者，名会通河，凡七百一十里入于卫河，又四百里始出境达于京。”[11]在会通河段，济宁又居运道之中，控江淮黄咽喉，是泉、泽、水、河汇聚转换之地。济宁地处黄淮海平原与鲁中南山地的交接地带，整个地势东高西低，西部平原坦荡，东部山丘起伏，南部湖光秀丽。是故，今微山湖西畔原被称为大泽、沛泽的低洼沼泽地，泗水纵贯其中（图25）。从更大范围看，大运河全线的制高点也在济宁境内，即“水脊”南旺，不过于南旺分水是明代以后的事情，之前，沟通、设闸，主要在济宁。

图25．微山湖及其联系的山东运河水系

早在唐武德七年（624年），徐州经略使尉迟敬德，为运输粮饷，便开挖运河，将汶、泗二河之水引到济宁，然后南北分流，北顺济水故道北去，南顺泗水下流，经今微山境，南达徐淮。元代至元二十年（1283年），兵部尚书奥鲁赤主持兴工开河，疏导了济宁以南的一段洸水，入泗水，重点开凿了从济宁至东平的济州运河。至元二十六年（1289年）开挖从东平北至临清的会通河，济宁以南借泗水为运河，直通大浮桥（今徐州市北镇口附近）。这样，就形成了南抵徐州、北达临清的会通河。《元史・河渠志》载：“江南行省起运诸物，皆由会通河以达于都”。济宁段因为水位高差大，相继建成了枣林闸、鲁桥闸、师家庄闸、仲家浅闸、新闸、新店闸、石佛闸、赵村闸、在城闸、天井闸、下新闸、中新闸、上新闸、分水闸14个[12]桥闸。

of both population and economy. Thanks to the development achieved since the Tang Dynasty, Jining became a developed area in the Yuan Dynasty[13]. The famous Italian traveler Marco Polo felt dizzy when he saw the bustling waterfront scenes. He wrote in his travel log that I reached Jining in the evening on the third day since my departure from Jinan. Jining is a magnificent and beautiful city, with affluent commodities and handicraft products. All the residents are worshipers. They are the people of Qing Dynasty, using banknotes. There is a deep river running through the southern section of the city. Local residents split the river into two tributaries. One runs eastwards through the northern province, and the other flows westwards through the central province. The sheer number of the boats on the river is unbelievable. The river accommodates the shipping activities of the two provinces. The tonnage of the boats and the quantity of the valuable commodities the busy boats are carrying are amazing. Around this period of time, Muslims who deliver their tributes to the royal family in Beijing or do business had to make a transit in Jining. Many of them eventually chose to settle down in the city. Muslims takes the largest number of ethnic minorities living in the city, mostly dwelling by the canal or on the banks of the Yue River. The Yue River is an east-west flowing river that connects the old canal built in the Tang Dynasty in the eastern part of the city and the canal section built in the Yuan and Ming Dynasties. It is the deep river in the southern part of the city mentioned by Marco Polo in his travel log (Fig. 26).

Fig.26 Jining and today's canal

Muslims who live in Jining have to be accommodated with the facilities for worship. That came with the presence of mosques in the city, though the process is long from a transit passenger to a settler in the city. Major mosques in Jining that have been documented were built either in the Ming or in the Qing Dynasties. Nine major mosques are Liuxing West, Liuxing East, Yuehe South, Yuehe North, Yangjiayuan, Yuehe South for women, Yuehe North for women, Santongbei West, and Shunhe East. Of them, six sit on the bank of the old canal, and three others nearing the Yue River (Fig. 27). It is apparent that the mosques are closely associated with the trade, business, production activities and people's life in the city. These mosques are not only the spiritual sites for Muslims, but are also part of the community life. The Shunhe East Mosque that is best preserved among others borders the canal in the east, with the main entrance facing the river. There is a large market in the rear of the mosque, selling the bamboos originated from the southern part of the country (Fig.27 and Fig. 28). Other mosques, either located in the residential areas, or bordering the Cao River, or sitting in the downtown area, are also the busy sites of people's daily life.

Fig.27 The rear gate of an ancient temple leads to the city proper of Jining
Fig.27-1 When viewing from the inside of the temple, the rear gate looks solemn
Fig.27-2 The city market outside of the temple
Fig.28. The bamboo lane and the market outside of the temple's rear gate
Fig.29. The temple's canal-facing entrance gate The temple is named Shunhe East Temple for its east-acing position
Fig.30. A bunker house at the Temple

The Shunhe East Mosque has a 500-year history. The mosque starts from the canal in the east (Fig. 29). Its central axis is aligned with arches, gates, Mi'dhanah, main prayer hall, moon watching structure(Fig. 30), back door

13 Annals of Shandong in the years of Jiajing, Vol. 2, Facilities , Jining.

因为这里南北交汇，水闸繁多，所以人驻留时间长，经过自唐以来的发展，元时济宁已十分发达[13]。意大利著名旅行家马可·波罗来到济宁时，繁华水景令他目眩，他后来在《马可·波罗游记》中写道："离开济南府……第三日晚上便抵达济宁，这是一个雄伟美丽的大城，商品与手工业制品特别丰富。所有居民都是偶像崇拜者，是大汗的百姓，使用纸币。城的南段有一条很深的大河经过，居民将它分成两个支流，一支向东流，流经契丹省，一支向西流，流过蛮子省。河中航行的船舶，数量之多，几乎令人不敢相信。这条河正好供两个省区航运，河中的船舶往来如织，仅看这些运载着价值连城的商品的船舶的吨位与数量就会令人惊讶不已"。大约也就是在这个时期，穆斯林朝贡进京或做买卖，均转输济宁，不少后来便定居于此。穆斯林（汉化后叫回民）是济宁少数民族中人数最多的，他们大都在运河边以及越河两岸定居。越河是联通济宁东侧老运河（唐开凿）和西侧元明运河的东西向河段，应该就是马可·波罗所说的城南很深的大河（图26）。

穆斯林在济宁生活，礼拜成为必要的内容，清真寺由此诞生，不过，从跨域抵达、认同、定居到大规模建设，需要有个过程，记载中济宁重要的清真寺都是明清时期的。9座清真寺分别是柳行西寺、柳行东寺、越河南寺、越河北寺、杨家园寺、越河南女寺、越河北女寺、三通碑西大寺和顺河东大寺。其中6座位于老运河边，3座位于越河附近。可见清真寺和经商贸易、生产生活密不可分，既是穆斯林的精神场所，也是其生活社区的一部分。其中顺河东大寺保存最好，东为运河，正门入口临河，后门紧依竹竿巷，专销南方的竹竿,也是一很大的市场（图27、图28）。其他清真寺也是如此，和居区或漕河或市场密切关联，成为济宁城市生活的重要场所。

顺河东大寺至今有500 多年的历史。这座清真寺自运河上岸，从东而入（图29），中轴线上有牌坊、大门、邦克楼（图30）、全寺主体建筑礼拜殿、望月楼、后门等，共三进院落（图31）。礼拜殿居中心，由抱厦卷棚 、正殿和窑亭（后殿）构成一个大空间，可同时容纳2000名穆斯林面西礼拜。该殿有金丝楠木门20扇，均刻有阿拉伯文及花纹图案，门上悬有清乾隆御笔所赐"清真寺"匾额，后殿高三层，为六角形攒尖窑亭，整个大殿顶为黄绿琉璃瓦，景观奇特（图32）。寺内还有讲堂、浴室等，庄严肃静，苍松翠柏，芳草如茵；但是寺外车水马龙，繁忙异常，东连接运河、西毗邻市场，所以后门也很正式，从寺内出入，犹如正门一般。

图26．济宁与运河及现状

图27-1．寺内看后门，庄重严谨

图27-2．寺外为城市市场

图27．济宁顺河东大寺后门与城市连为一体

图28．济宁顺河东大寺后门外的竹竿巷与市场

Fig.31. The temple layout carved in the inscriptions

Fig.32. A worship hall at the temple

among others in a three-layer complex (Fig. 31). The prayer hall, supported by other structures, makes a center that accommodates the westward facing pray for some 2,000 visitors . The main hall has 20 doors made of golden hard wood, engraved with Arabic words or patterns. Above the door hang a hand-written inscription plaque by Emperor Qianlong for 'Mosque'. The rear hall is a pavilion-styled three-storey structure, covered by a hexagonal pyramidal top with yellow and green glazed tiles (Fig. 32). The mosque is also equipped with auditorium and bathroom, with solemn pines and cypresses standing amid the green grasses. Once outside the mosque, one would see a busy stream of people and vehicles that flows into the canal in the east or the marketplaces in the west. The rear entrance of the mosque is built to look as formal as the main entrance .

图29. 面向运河的东大寺入口，朝东，故叫顺河东大寺

图30. 东大寺邦克楼

图31. 东大寺内碑刻的寺庙布局

图32. 大寺礼拜殿

Beijing and its 'external city'

Fig.33-1 The west part of the external city
Fig.33-2 The east part of the external city
Fig.33-3 The central part of the external city, where the Temple of Heaven and other worship sites are aligned along the axis of the city
A Summary of the Relics in the Old Capital, the former municipal secretariat of Peking, China Building Industry Press, June 2005, pp. 113, 112, 115.
Fig.33. External city maps of Beijing

This remote sensing picture of Beijing shows the faint convex shape of Beijing in the Ming and Qing Dynasties. The lower half of the picture is the 'external city' that Beijing used to have (Fig. 33).

The development of this part of Beijing dates back to the Yuan Dynasty where the Grand Canal was constructed. In the late Yuan Dynasty, GUO Shoujing, a water supervisor, channeled through the Tonghui River that connects Beijing to Tongzhou, where the waterway shipment starts. At that time, the area outside of the three major city gates in the south of Beijing became prosperous. An ancient literature on Beijing states that outside of the city gates, one can see flocks of people in beautiful clothes boating in the river. Most of them are the merchants from the south. In front of the Wenming Gate is the anchorage area of the Tonghui River, a venue that gathers businessmen and travelers. Unfortunately, the smooth waterway operation of grain transportation did not last long, as some powerful dignitaries would cut open an outlet here or there along the canal to irrigate their rice fields or gardens, resulted in a blocked waterway, which forced the local authorities to look for more suitable water sources in 1341.

In the early Ming Dynasty, Nanjing was made the capital of the country. Beijing became a subordinate city, named Beiping, and the canal became abandoned. In the years of Emperor Yongle, Beijing was again made the capital, and the canal was rebuilt and put into operation. However, the Tonghui River was not rebuilt for operation until the years of Emperor Chenghua. At the time, the Tonghui River area already became dense populated. The large population, plus poor management and insufficient water supply, once again made the river blocked. The river was unblocked and put into shipping operation in 1527, allowing a direct waterway shipment to Beijing[14]. What has been changed about the river is the terminal of the waterway shipment that was shifted from the inner city to the Chongwen Gate and Chaoyang Gate area in the southeast part of the city.

Thanks to the flourishing southern suburbs, including Zhengyang Gate, Chongwen Gate, and the external part of Xuanwu Gate, and to the presence of royal worship sites, such as Temple of Heaven and Temple of Agriculture, efforts were made in 1553 to enhance the southern external part of the city for defense purpose, though insufficient funds prolonged the construction. The external city was finally completed in 1564 with a main entrance named 'Yongding', meaning 'forever peace and stability'. The external city runs 28 miles long with seven gates. The conception to make Beijing a safe and peaceful place has a major influence on naming the city gates. Most of the gates would have a name implying peace or stability, such as Zuoan Gate (Peace Gate Left), Youan Gate (Peace Gate Right),

14 History of Ming Dynasty, Rivers and Canals.

北京与外城

从北京的遥感照片中，我们仍依稀可见明清北京是呈“凸”形的。其下半部就是北京曾经的外城（图33）。

这个区域的发展，要追溯到元朝大运河的开凿。至元末年郭守敬开通了连接元大都（明永乐后称北京）和通州的运粮漕渠通惠河，大都南侧的三门外渐成繁华之地，黄文仲《大都赋》曰：“若乃城闉之外，文明为舳舻之津，丽正为衣冠之海，顺承为南商之薮”。文明门前是通惠河的漕运泊地，所以商旅云集。不过，水路顺利运漕粮的好景并不太长，上游权势私决堤堰，以灌溉稻田和园圃等，致使漕运不畅。到至正初年（1341年），不得不另找水源。

明初建都南京，大都降为北平，漕渠废弃不用。永乐迁都后漕渠开通，但通惠河仍未恢复，直到成化年间，因漕运总兵建议才修复这一段，但此时这里已人口稠密，管理不善加上水源不足，不久又阻塞如故。嘉靖六年（1527年）终于又告通航，“自此漕艘直达京师，迄于明末”[14]。但漕运终点已从城内移至城东南崇文门、朝阳门一带。

嘉靖三十二年（1553年），在“增筑外城以便防御”的长期呼吁下，率先在需要加强管理的南面加筑外城。因为当时南郊（明正阳门、崇文门、宣武门外）比较繁华，又有皇家祭坛天坛和先农坛，所以首先开工。由于资金不足，明嘉靖四十三年（1564年）北京外城才建成，正门命名为“永定门”，寓意“永远安定”。外城总长28里，开有7座城门。因增建外城的动因，是为了加强北京的安全，所以城门命名多带有追求“安定”、“安宁”的色彩，如“左安门”、“右安门”、“广宁门”（清代为避道光皇帝旻宁名讳改称“广安门”）。至此，形成外城在南、内城在北的“凸”字形平面，即从1553年到1949年，保持了近四百年的北京城。

再说嘉靖年间漕运在北京的改道和加筑外城，原通惠河在外城的一段便成为内城的排水渠道，而外城排水依靠正阳门外的三里河、天坛背后的“龙须沟”等沟渠引至外城的南濠。

外城是先有居民后有城墙发展起来的，所以明清北京外城别具特色：

一是重视管理设大栅栏。明北京外城计有8坊，包括原北京宣武区、崇文区大部分地区，统治者在各坊按居民多少设置若干铺。每铺立铺头，有伙夫三五人，隶属总甲，专掌地方捕盗等事。清康熙九年（1670年），以京师不靖，责令内城和外城每日巡缉，外城各巷口照内城设立栅栏，定更后官员不许行走。

二是外城街道不同于内城的规则和排列有序，外城东半部因系在城郊自然发展起来的居民点（图34），大多事先未经规划，所以街道不够规整，特别是正阳

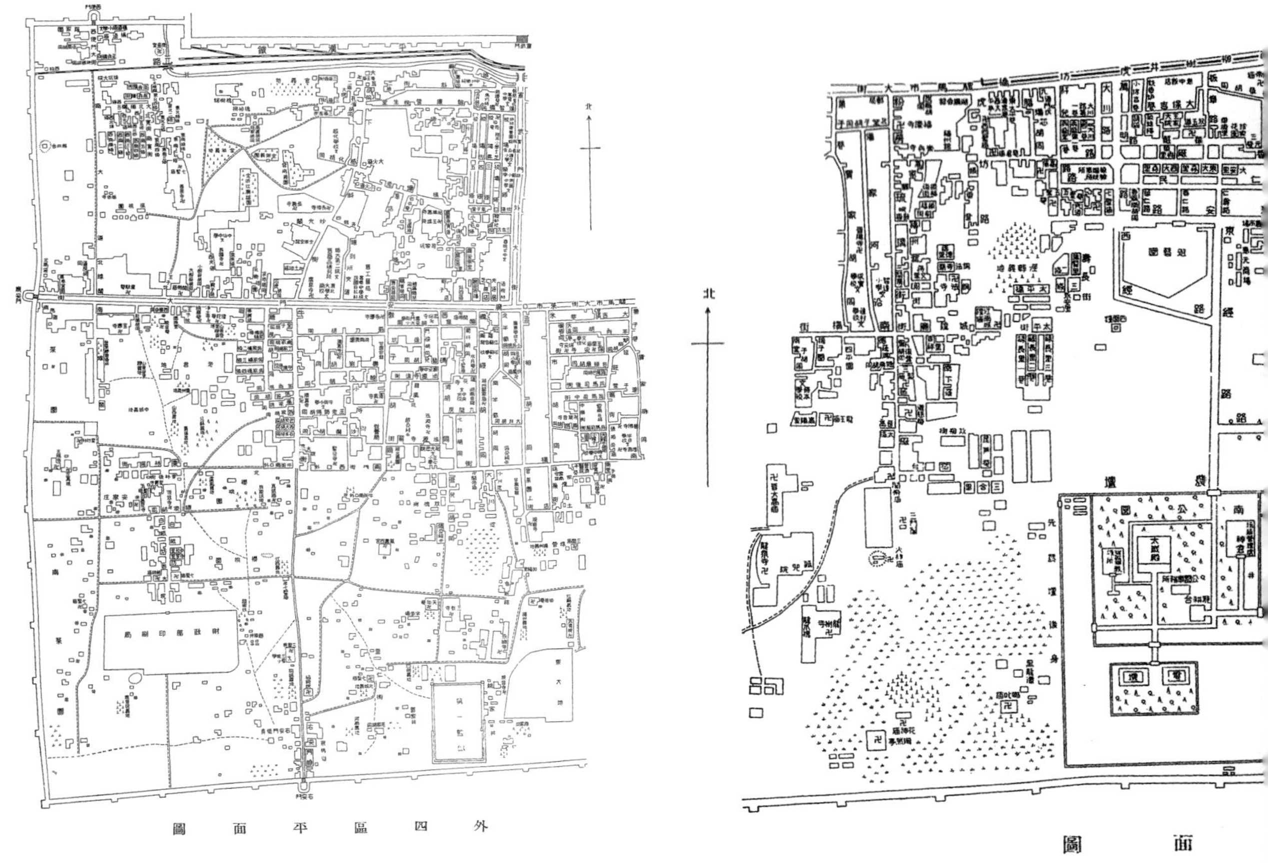

图33-1．北京外城西部

图33-2．北京外城中部，天坛和社稷坛遵照都城规制布局于城市中轴线东西侧

图33．北京外城图

原北平市政府秘书处 编．旧都文物略．北京：中国建筑工业出版社，2005：113，112，115．

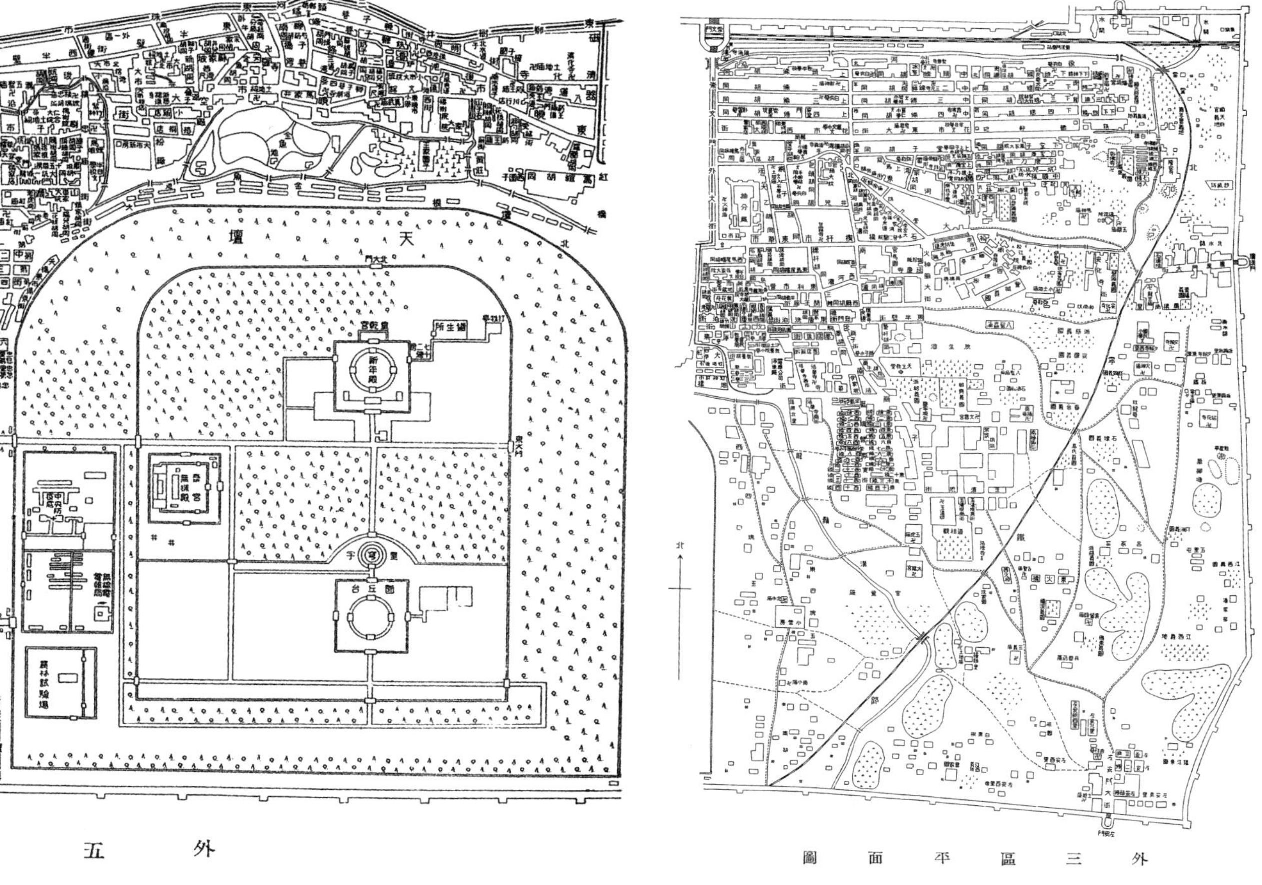

图33-3. 北京外城东部

Guangning Gate (Broad Peace Gate) among others. The development as such eventually resulted in the city's 'convex' shape, featured with an external city in the south, and the inner city in the north. The pattern lasted for some four hundred years from 1553 to 1949.

In the course of changing the canal waterway and developing an external city, the original section of the Tonghui River in the external city became a drainage channel for the inner city, while the drainage system of the external city was built on a range of small ditches behind Sanlihe and Temple of Heaven outside Zhengyang Gate.

The external city became flourished because of the booming population rather than because of the city wall. Consequentially, the external city built in the Ming and Qing Dynasties is different from others in the following aspects:

Fig.34. Unplanned distribution of residential sites in the external city of Beijing
Western Eyes: Historical Photographs of China in British Collections, 1860~1930, Vol. I, National Library of China, British Library, National Library Press, October 2008: 68.

First, a Dashanlan area was defined to enhance the management (Fig. 34). In the Ming Dynasty, there were eight administrative areas in the external city, including today's Xuanwu District, most part of Chongwen District. Under these administrative areas, a range of parts would be carved based on the size of population. Each part has its chief and 3-5 cooks, taking care of the securities under its jurisdiction. In 1670, an order was issued to exercise daily inspection tours both in and outside the city. In the external city, each lane would be blocked by fences as was in the inner city. After seven o'clock in the evening, no officials were allowed to walk across the fence.

Second, unlike the inner city, the streets and lanes in the external city are not regular or orderly in shape, due to the initial unplanned development of the population in the east part of the external city. At that time, there were numerous streams in the eastern area outside of Zhengyang Gate. As a result, residents would find their shelters in between. Eventually, long and meandering streets would appear after the streams dried up and became a land surface.

Third, the external city enjoyed the flourishing businesses in the commercial areas and categorized markets. During the years of Emperors Jiajing and Wanli, the external city witnessed a vigorous development of the commodity economy. A special large area made up of several thousand residential houses and warehouses was built to accommodate the needs of doing business and dwelling. One still can find the traces of the said business area in a lane named Langfang outside Zhengyang Gate. In the external city, the area closest to the canal pier is Chongwen Gate, which prompted the rapid development of the area outside Zhengyang Gate into a huge business zone. In the Qing Dynasty, Han and Hui people moved their home to the external city, due to the implementation of the socalled Banner system that allowed the domination of royal families in the inner city, which also spurred up the development of the external city. The convenient waterway allowed the businessmen who deal with a given commodity to gather together.

门外东部原有许多河道，居民往往夹河而居，待河水枯竭成为陆地后，便形成一条条曲曲弯弯的斜街。

三是商业区和专业市场在此形成。嘉靖、万历以后商品经济蓬勃发展，外城建有廊房，今北京正阳门外廊房胡同即其遗迹，北京外城最接近运河码头的崇文门、正阳门外地区，在当时很快发展为巨大的商业区。清代以后，因实行八旗驻城措施，汉民和回民多移居外城，也促进了外城开发，由于水路方便，同行业商人聚集在一起经商，所以外城形成大量专业市场，如猪市（今北京珠市口）、骡马市、煤市、柴市、米市、蒜市等。

在城市边缘，最难得看到的就是皇家建筑，恰恰是在北京的外城，我们可以一睹帝王坛庙的风采——天坛和先农坛。它们建造之初，是作为皇家郊祀场所（图35），有否后来的外城规划呢？没有。这就是“边缘格调”。

图34. 北京外城居民杂处，不是开始便有规划
中国国家图书馆，大英图书馆. 1860~1930英国藏中国历史照片（上）. 北京：国家图书馆出版社，2008：68.

图35. 经过精心规划设计的天坛
在天坛西部上空500米拍摄. 乌尔夫·迪特·格拉夫·楚·卡斯特 著. 王迎宪 译. 中国飞行. 北京：中国旅游出版社，2008：31.

As a result, an array of categorized markets appeared to sell or buy pigs, mules, horses, coal, firewood, rice, garlic among others.

On the edge of a city, it is traditionally difficult to spot royal architectural structures. However, one can see such structures, including Temple of Heaven and Temple of Agriculture in the external city of Beijing (Fig. 35). People would wonder if there was a plan for the layout as such. The answer is no. It is simply the "edge style" .

Fig.35. The carefully and intricately planned and designed Temple of Heaven
500 meters above the west part of the Temple of Heaven by Wulf Diether Graf zu Castell. *China Flug*. translated by WANG Yingxian, China Tourism Press, February 2008: 31.

Walking on the canal line would constantly provoke people's thoughts and expands their vision. Along the canal line, one would see ancient canals, long and meandering rivers, shuttling boats, graceful willows on the dam, and vegetable beds in the field. However, what an architect would concern most is the physical pattern of the city and their architectural structures. Of course, this will be a huge topic beyond the capability of this book.

However, this book reveals a fact: a city's edge, a structure's edge, or a population's edge, they represent an insignificant part of the society, especially in an imperial state focusing on the centralism. Meanwhile, they represent a changing course, a vital force that promotes the flow of economic activities, the exchange of commodities, the diffusion of cultures, and the unity of politics. The edge, as such, if ignored, would leave a history that is incomplete. The edge, when missed, would make the center meaningless. The relevance between the city and its architectural structures lies not only in the results they produced, but also in the initial inner momentum that is sophisticated and interactive. One can see such a role played by the Grand Canal in spurring up the development of a city or in influencing the design of an architectural structure. When applying for the title of world cultural heritage for the Grand Canal, we release this book to show the historical part of the Grand Canal, in which one can enjoy the interesting historical, cultural and philosophical thinking about the Grand Canal.

走在运河线上，是思绪不断穿梭、眼界不断开阔的过程。运河古道、长河流水、穿梭船只、堤坝垂柳、菜畦田野之外，作为建筑学人，关注最多、欣喜最丰的是沿运河的聚落形态——城市与建筑，但这是一个庞大的课题，远非本著作可以囊括。

我们只是发现：城市的边缘、建筑的边缘、人物的边缘，在一个强调“中心论”的封建专制的帝王国家，它们或他们也许微不足道，但这些边缘充满了变化和活力，尤其依托大运河这条黄金水道，经济得到流通、商品得到交换、文化得到传播、政治得到统一。忽视了边缘，历史就不完整，错过了边缘，中心乃不复存在。而城市和建筑的关联，不仅在于结果的存在，更在于建造之初的、内在的、复杂的、关联的动因，从由城市而及的建筑片段中，我们可以看到大运河在其中的重要作用。在今天中国大力和合力进行大运河研究以申请世界文化遗产的时辰，本著作整理的心得和十余年前布点选题的立意，或许不是非常重要的，但显然是洋溢着对历史认知和智慧追求的热情与新意的。依此，可以略得本著作的有趣探讨和史学倾向，所谓前言或导读矣。

注释：

1 元史，卷六十四，河渠志.

2 元史·世祖纪.

3 元史，卷九十三，食货志，一，海运.

4 元史，卷六十四，河渠志，一，会通河.

5 陕西会馆碑记，苏州历史博物馆编，明清苏州工商业碑刻集，南京：江苏人民出版社，1981：331.

6 陕西会馆碑记，苏州历史博物馆编，明清苏州工商业碑刻集，南京：江苏人民出版社，1981：331.

7 秦耀两个儿子分别名为太清、太宁，是故桥原名各取一字曰“清宁桥”，康熙八年（1669年），县令吴兴作重建，至道光年间为避讳道光名改为清名桥。桥长43.2米，桥拱跨13.1米，桥宽5.5米，桥高8.5米，保留明代遗风，古朴壮观.

8 秦毓钧，寄畅园考.

9［清］麟庆著文，汪春泉等绘图，鸿雪因缘图记，道光丁未秋七月重雕于扬州.

10（隆庆）高邮州志.

11（嘉靖）山东通志（上册），山东通志卷之十三，漕河.

12（嘉靖）山东通志（上册），山东通志卷之十三，漕河，济宁州.

13（嘉靖）山东通志（上册），山东通志卷之二，建置沿革上，济宁州.

14 明史·河渠志.

PART Ⅰ

GRAND CANAL AND BORDERING CITIES

上篇

大运河与城市

Chapter 1

Commercial Activities in Beijing's External City and Associated Urban Layout in 1553

Chen Wei

第一章 天朝的南端

——嘉靖三十二年（1553年）前后北京外城商业活动与城市格局

陈 薇

北京是中国古代都城之一，也是中国现在的首都。它以独特的城市格局和深厚的文化积淀，为世界所瞩目。帝国风光、城市轴线、城郭形制和皇家建筑等，无一不成为学界和世人关注的焦点。但是作为天朝的南端——外城，却鲜有研究[1]。然而，这个连接京城和大运河的特别边缘地段，却是大运河与城市研究中必须仔细考究的，尤其是城市的经济生活如何借助城市建设载体进行活动的，进而从社会经济活动考察中国封建晚期城市的社会结构，有其特别重要的价值。

鉴于此，本章着眼于北京的外城部分，希冀通过对它的演变过程、与大运河的关联互动发展，认识城市丰富的发展途径对帝都城市格局变化过程及完善的影响和渗透作用，从而从一个侧面了解大运河沿线的城市或地段的生长特点，也加强对帝都北京城的认识。

北京外城建于明代嘉靖三十二年（1553年），嘉靖四十三年（1564年）修建完成。以此为标志，由元大都而明永乐的北京帝都发生了较大的变化，这里以前后的时间进程兹述如下。

一、嘉靖三十二年（1553 年）修建外城以前北京天朝南端的城市格局和活动

北京外城是相对内城而言，而明代北京内城的建都基础是元大都。“元世祖至元四年（1267年），始定鼎于中都之北三里筑新城，九年（1272年）废中都，名称改名大都。”[2]可见元代建城之初，金中都城址尚存，处于旧城向新城的过渡阶段。而再往前推，金中都和辽燕京的关系又非常密切，“辽开泰元年（1012年），始号为燕京。海陵贞元元年（1153年）定都，号为中都。天德三年（1151年），始图上燕京宫阙制度。三月，命张浩等增广燕京”[3]。即中都是在燕京的基础上扩建而成。如此考察，要了解明外城形成之前的城南侧的情形，元大都的南垣是一关键。它上接辽金，下迄明代（图1-1）。元大都的南墙东西宽6650米，上开有三门：东为文明门（又称哈达门[4]。）；中为丽正门；西为顺承门。

1. 南垣外西部：辽金格局遗存依旧

根据《京城古迹考》“元之南城，即金之故基……相传土城关是其遗址，多在郊外。今人呼宣武门为顺承，阜成门为平则，及所谓齐化门者……”[5]可知，

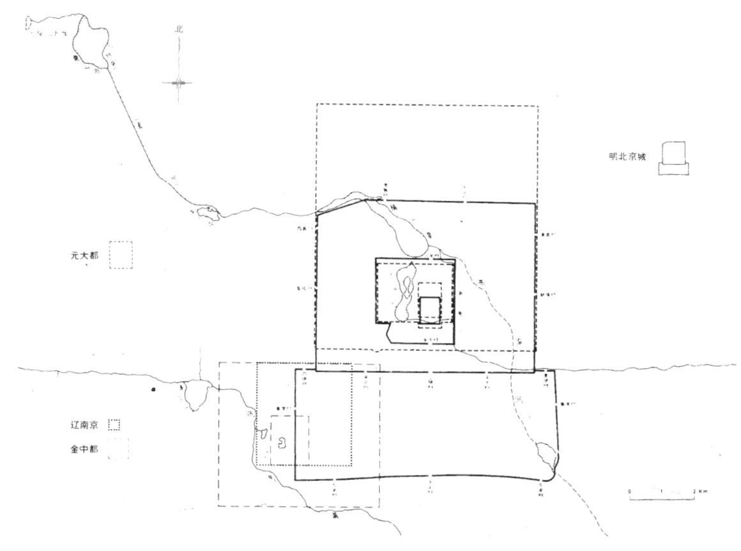

图1-1. 元大都和辽金旧城及明清北京的关系图示
地图参照："北平城的发展与迁移" 陈正祥，中国文化地理，木铎出版社，1983：108

元大都南面金中都、明清城门称谓和元大都城门称谓的关系。此外，在大都南垣西城门顺承门外，有一桥名析津桥[6]，从"析津"名称上，我们自然想到元大都城南外西面和辽燕京的关系。辽时，"太宗将古冀州之地升为南京，又称燕京。至辽圣宗耶律隆绪开泰元年（1012年），取古人以星土辨分野的办法，以为燕分野旅寅，为析木之津，故又改称南京析津府。……其治所在析津宛平，即今北京城的西南。"[7]可见，"析津"之名源于辽代，当时"筑城方三十六里，崇三尺，广丈五尺，每方各二门，共八门：东曰安东、迎春，西曰显西、清音，南曰开阳、丹凤，北曰通天、拱宸。"[8]其中安东和迎春二门便落在后来元大都城南垣外的西面。而辽南京皇城的东北角楼，其基址在明代叫"燕角儿"，大致位于广安门内的南线阁和北线阁街，其"阁"名称由角楼嬗化而来。

具体到街道，辽南京的东路南北大街，与长椿街、牛街、右安门内大街基本重叠；东西向路往早推，清晋门与安东门之间的道路是辽南京的东西大街，沿用了幽州的檀州街，其北有今之报国寺。金中都最繁华的是从正西门彰义门到东门施仁门的大街，落在外城处即明清的广安门大街，俗称"彰义门大街"[9]，基本与唐幽州的檀州街，即辽南京的清晋门与安东门大街重叠，只是延长了。向东延至今虎坊桥以西，向西延伸至今湾子以东。东二门之间的大街，即今日的南横西街与枣林前街[10]（图1–2）。

由是可知，辽金的街道在元代以后甚至迄今仍延续着。也可以说，元初城南外的西面较东面发展为甚，多因元代城南外西面的辽金街坊尚存、人居是处之故。该处也是旧城（辽金城）市场聚集之地，《契丹国志》载："（南京）户

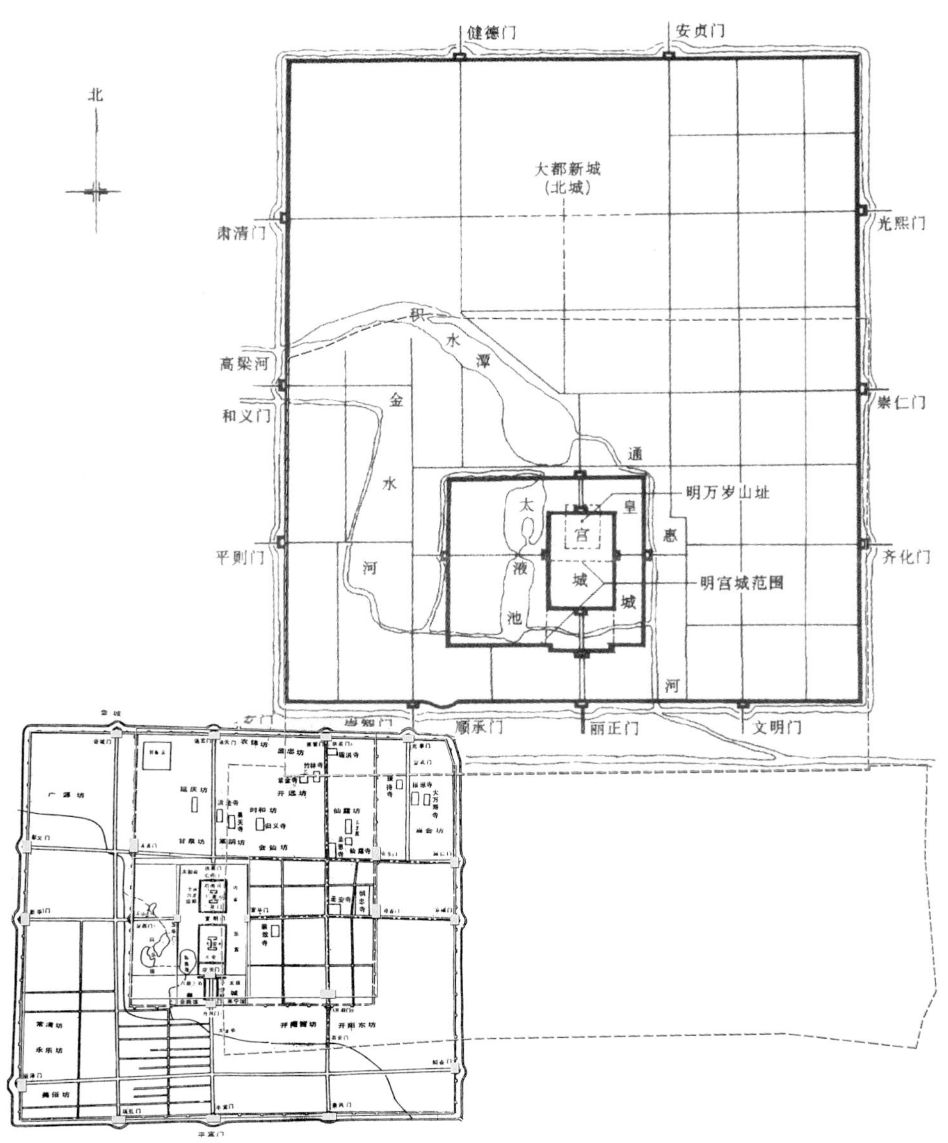

图1-2. 辽南京和燕下都的道路与北京外城道路的关系
地图参照："元大都新旧二城关系图"，潘谷西 主编，中国古代建筑史（第四卷），中国建筑工业出版社，2001年3月：18；"辽南京总体布局"，郭黛姮 主编，中国古代建筑史（第三卷），中国建筑工业出版社，2003年9月：64；"金中都复原图"，北京市文物研究所编，北京考古四十年，北京燕山出版社，1990年；"明清北京城图"，徐苹芳 编著，中国社会科学院考古研究所编辑、地图出版社出版，1986年6月

口三十万，大内壮丽，城北有三市，陆海北货，聚于其中……水甘土厚，人多技艺”。又如牛街，建有著名的清真寺，颇为宏阔，一说营构于辽圣宗十三年（994年），占地颇大，周围是回族的聚居之地。金代漕运，主要是来自东面的通州开凿的连接通州的金口河[11]，自西而东，因此在北京外城的地段也就不乏人烟。元代从旧城至顺承门一段河道（所谓“顺承门西南新河”），初开挑时“大废民居房舍、酒肆、茶房、若台榭墟墓”等[12]，也反过来说明元初因旧城之故这里即繁华不已。

2. 南垣外东部：元代相对发展较多

城门外，建设记载有下：

元代，在城南垣外有不少市场，如“菜市，丽正门三桥”[13]；“柴炭市集市，一顺承门外”[14]；“果市，……顺承门外”[15]；“穷汉市……一在文明门外市桥”[16]；“猪市，文明门外一里；鱼市，文明门外桥南一里；草市，门门有之”[17]。

元代，在城南外也有祠观，如“真元观，在文明门外。有江东大王祠，近河西北岸”[18]；“冲和观，在顺承门外”[19]。

元代，在城南外还有亭台楼阁，如“郊天台，在京城之南五里……金大定十一年（1171年），拜郊所建。国朝因之，事实备载太常”[20]；“野春亭，在大都文明门外，俗号刘十二之别墅也”[21]；“太平楼，在丽正门外西巷街北”[22]；“庆春楼，在顺承门外”[23]。

元代还在后来的外城西南角白纸坊设税副使，其发展之早，遂成为明清南城（外城）的最大坊，嘉靖筑新城后白纸坊划分为二。[24]

如上记载，元城南垣外有诸多发展，从所建建筑性质而言，基本属于市井生活类型，尤东门文明门外市发展较多，而记载中少见元代于此有重要寺庙建设，这也和《析津志》载元大都建城时，规定居民迁入新城者以赀高及有官者为先、在外城居住者一般地位偏下的内容相符合。而从这些建筑或场所所处的位置看，几乎均与门、桥、河有关。

至于城南垣外的街巷和河闸桥梁，记载如下：

正中千步廊街“出丽正门，门有三。正中惟车驾行幸郊坛则开。西一门，亦不开。止东一门，以通车马往来”。[25]可知其时城外主要交通发展是在东面。确实，“世祖筑城已周，乃于文明门外向东五里，立苇场，收苇以蓑城……至元十八年（1281年），奉旨挑掘城濠，添包城门一重”[26]。这样，加强苇城和文明门、丽正门之东门的联系遂成必然。

从水路而言，河闸在元大都城南外的，有“文明闸四，在哈达门第二桥下。有皇后水磨一所。惠和闸二，在魏村苇场官柴阜”[27]。桥梁在元大都城南外的，有“龙津桥，在丽正门外，俗号第一桥”[28]，析津桥和中和桥在顺承门外，“文会桥，在文明门外”[29]。另外，还有一些无名桥，“丽正门外二……文明门内外三……顺承门内外一。”[30]至于功用，“丽正门南第一桥、第二桥、第三桥，此水是金口铜锸水，今涸矣。文明门南桥二所，于上发卖果菜杂物等货”[31]。

参照“大都运河研究”[32]和《元史·河渠志》记载，以元大都城和明清北京城的相对关系为蓝本，可以大致推测出元代城南外的主要道路、河系与零星建筑场所或聚落的相对位置（图1–3）。从中可以发现，在城外东部相对发展较多。

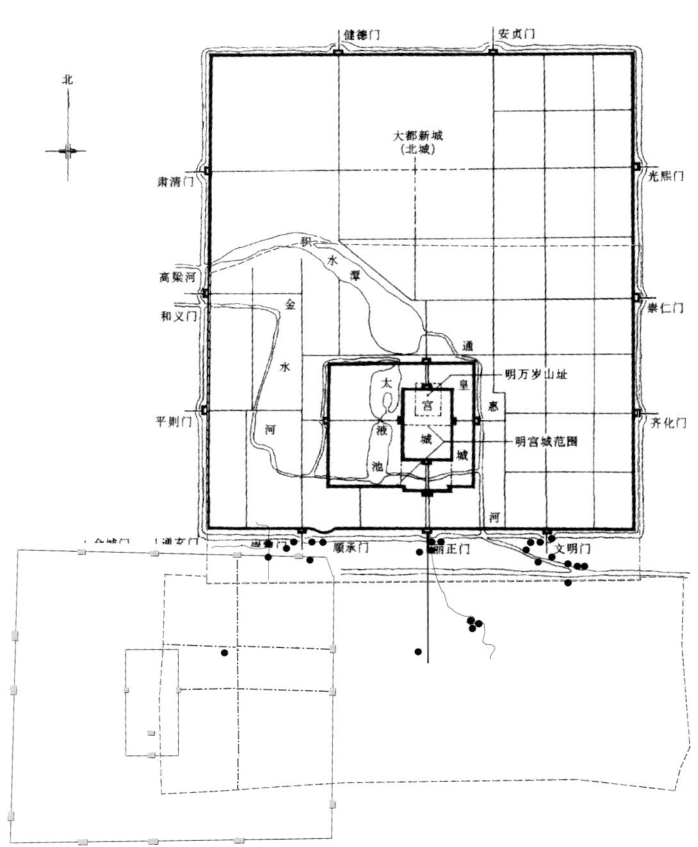

图1–3. 元大都城南垣外的主要道路、河系与零星建筑场所或聚落的相对位置

依据：[元]熊梦祥 著，北京图书馆善本组辑，析津志辑佚，北京古籍出版社，1983年9月。地图参照同图说明2

3. 明代南垣南移，中间道路为官街

明洪武元年（1368年），明军攻破元大都城后，将安贞门改为安定门，健德门改为德胜门。因元大都北部人口稀少，为易于防守，明洪武四年（1371年）将元大都北墙向南移了五里，新建的城墙即明、清北京内城的北垣。明永乐十七年（1419年），又将元大都南墙南移二里，形成以后内城的城垣轮廓。明正统元年到正统四年（1436~1439年），重修北京内城九门城楼及城墙，此次工程浩大，各城门前均设立了牌楼，城墙四隅修建角楼，城墙内加砌了砖石，还挖深护城河，将河上木桥改为石桥，还改定了各城门的名称，一直沿用至今。正阳门，位于内城南垣中段，为内城正门，建于明永乐十七年（1419年），初建成时，仍名丽正门，后更名为正阳门[33]。

在正统年间修建时，增建瓮城及箭楼，城外建石桥三座，名正阳桥，中间主桥为御路，桥南建有五牌楼，为各城门牌楼最大者。明一统志：南城兵马司在城外正阳街[34]，正阳街西侧建廊房一至四条，招商为市。

这条大街连接着通往明代郊祀场所天坛和先农坛（山川坛）的天桥（图1-4）。

图1-4. 明代嘉靖朝以前的外城发展与官街

依据：《明会要》和《明会典》

地图参照同图说明2

天桥建于明初，桥身很高[35]，跨龙须沟而建。天坛在正阳门外，天桥南迤东，明永乐十八年（1420年）所建，初遵洪武合祀天地之制，“明嘉靖九年（1530年），初建圜丘方泽，分祀天地”[36]，天坛形成现在规模。先农坛一名山川坛，“永乐十八年（1420年），建山川坛于正阳门南之右，”[37]与天坛相对，它和天坛当时同处明北京的南郊。郊祀时，自正阳门往南经五牌楼直抵天桥，再向左往天坛或向右往先农（山川）坛。

这样自正阳门往南，由于官建牌楼、政府机构、廊房，加上祭祀时必走的天桥大街，北京的中轴线在南延，在城外实成为一条重要的官街。

概括说来，嘉靖三十二年（1533年）修建外城之前，北京南垣之外由于辽金格局遗存、元代随运河交通繁忙产生的市民活动而来的聚落发展，加上明代初期为皇帝郊祀等而形成的官街，已基本构成后来外城的主要区域和布局特点。

二、嘉靖三十二年至嘉靖四十三年（1553~1564年）修建外城的必然性和偶然性

明永乐年间，移元大都南墙，至嘉靖年间建外城，时滞一百三十余年，在此期间，除上述基本活动区域已成格局外，内城南垣城门外及北京其他几个关厢地区已自发形成了不少聚居区，且有些颇具规模，因为从成祖开始，便有令从征军人从事耕种以建立黄堡仓（叫作“宫庄”[38]）的做法，又皇戚宦官环城百里之间喜建寺庙[39]，这样外城建设便提到议事日程[40]。

首先是为加强防卫。“外城虽由徐达命叶国珍设计，并未修筑。永乐间加修内城，于外城亦未遑计及，至嘉靖三十二年（1553年）始修筑外城。先是嘉靖二十一年（1542年），边报日亟，御史焦琏等请修关厢墩堑，以固防守”[41]。据《明实录》记录嘉靖二十一年—嘉靖三十一年（1542~1552年）这十年，灾难频仍，有案在册的天灾人祸有18项[42]，其中4次记录是虏犯[43]。嘉靖三十二年（1553年）无记录。嘉靖三十三年—四十三年（1554~1564年）这十年，虽然灾难依旧频繁，载有17项[44]，但记录已不见虏犯，这足以证明外城加建的必要性。

其次，加强管理。如《武宗实录》卷108载：“自逆璟用事，创立皇店，内自京城九门，外至张家湾、河西务等处，拦截商贾，横敛多科，无藉之徒势张威，私藏厚殖。皆宜查革”，又“京城南面，民物繁阜，所宜卫护，今丁夫既集，板筑方兴，必取善土坚筑，务可持久”[45]。

再则，通过补恤方式加强外城居民的稳定以促进发展也是一个因素。如“（嘉

靖四十二年十月丁卯）尚书高耀言：‘流民多自东来，城东大通桥，见有漕粮，近似虏警，移顿左便门内，更可移至崇文门外空处，人给予五升。’上是之，命锦衣卫遣官三员，会巡视南城御史及户部委官给散，仍命发太仓米二百石，往朝天寺、四宫庙，每处五十石给赈”[46]；又“（嘉靖四十三年四月甲午）募民有愿筑室重城者，官与之地，永不起租，仍禁各门税课额外重征诸弊，以通商货”[47]。

根据嘉靖三十二年（1553年）兵部等衙门尚书聂豹等言：“……京城外四面宜筑外城，约计七十余里。臣等谨将城垣制度、合用军夫匠役、钱粮器具、兴工日期及提督工程巡视分理各官，一切应行事宜……随本进呈……一、外城基址，臣等踏勘。得自正阳门外东道口起，经天坛南墙外及李兴王金箔等园地，至荫水庵墙东止，约计九里”[48]。出于城西“地势低下，土脉流沙，稍难用土”，遂“宜先完南面，由南围东北而西，以次相度修理”[49]，这样便开始了南外城的建设。

原各向外城均有计算，而且因地制宜，内有旧址则堪因之，无旧址则应新筑，“间有迁徙等项，照依节年题准事例拨地给价，务令得所”[50]。对于外城规制，“臣等议得外城墙基应厚二丈，收顶一丈二尺，高一丈八尺，上用砖为腰墙垛口五尺，共高二丈三尺。城外取土筑城，因以为濠”[51]。对于楼制，“每门各设门楼五间，四角设角楼四座。其通惠河两岸各量留便门，不设门楼”[52]（图1–5、图1–6）。

图1–5. 北京水门，20世纪初拍摄
北京大学图书馆 编，国家清史编纂委员会图录丛刊，烟雨楼台，中国人民大学出版社，2008年6月：11.

但是，外城建设进程缓慢，当时负责建城的严嵩询之各官，云：“前此难在筑基，必深取实地，……盖地有高低，培垫有深浅，取土有远近，故工有难易，大抵上板以后，则渐见效矣”[53]。严嵩了解情况后认为“且做看。此非建大事者之思也。或仍以原墙说正，先作南面，待财力都裕时再因地计度以成四面之计”[54]。后来由于经济之故，修建南城也有调整，“前此度地画图，原为四周之制，所以南面横阔，凡二十里。今既止筑一面，第用十二三里便当收结，庶不虚费财力。今拟将见筑正南一面城基东折转北，接城东南角，西折转北，接城西南角，并力坚筑，可以克

图1–6. 北京城墙下的水关
北京大学图书馆 编，国家清史编纂委员会图录丛刊，烟雨楼台，中国人民大学出版社，2008年6月：11.

完报。其东西北三面，候再计度以闻”[55]。后来的朝鲜景宗年间（1721~1724年）纸本墨绘的“大明一统山河图”中还表达有北京外城四周环绕的格局，估计是绘者依据中国都城常见格局的想象和误笔（图1–7）。

可是，这样的残局情形一直就保持了下来，也就是说，南外城和内城呈“凸”形的格局是由于当时外城必须修建，但又怕“虚縻财力”姑且为之导致的偶然性结果（图1–8）。外城接至内城的东、西两段城墙是临时性的，这两段城墙墙体较薄，城楼也较其他城门小而简单，分别称为东便门和西便门。外城共有七个门，除两个便门外，南有永定门、左安门、右安门，东有广渠门，西有广安门。可是这种临时处理，因为后来再无外城建设，当时形成的“凸”字形城墙轮廓便一直留了下来。

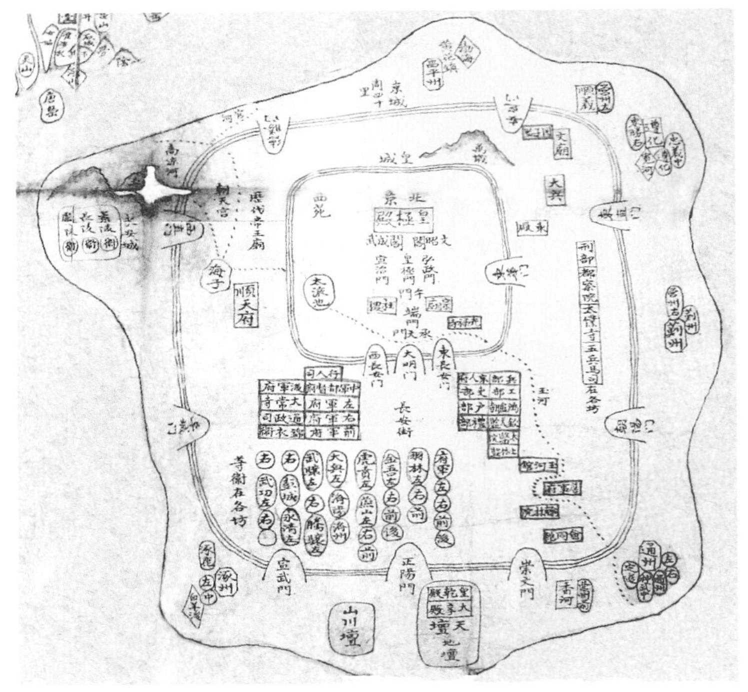

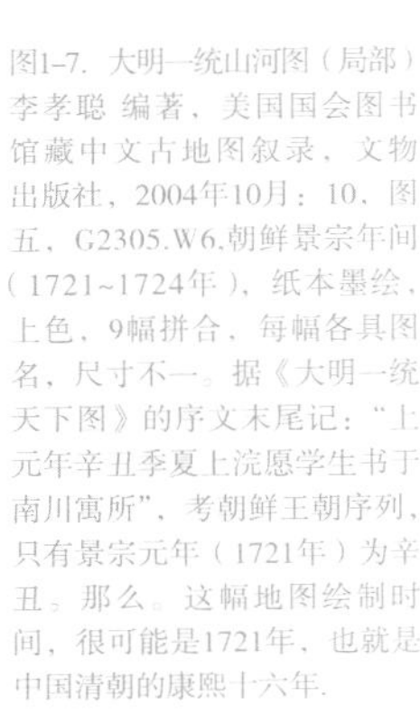

图1–7. 大明一统山河图（局部）李孝聪 编著、美国国会图书馆藏中文古地图叙录，文物出版社，2004年10月：10、图五、G2305.W6,朝鲜景宗年间（1721~1724年），纸本墨绘，上色，9幅拼合，每幅各具图名，尺寸不一。据《大明一统天下图》的序文末尾记：“上元年辛丑季夏上浣愿学生书于南川寓所”，考朝鲜王朝序列，只有景宗元年（1721年）为辛丑。那么，这幅地图绘制时间，很可能是1721年，也就是中国清朝的康熙十六年。

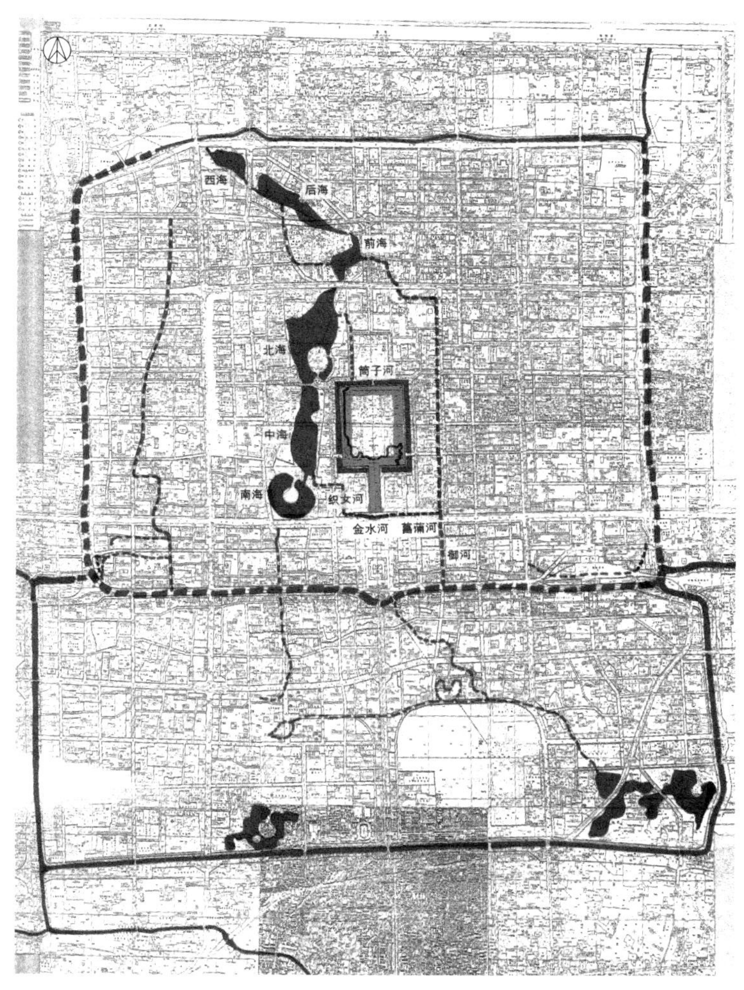

图1-8. 明北京城郭及水系复原示意图
董光器 编著. 古都北京五十年演变录. 东南大学出版社, 2006年10月: 78. 图2-26. 旧城河湖水系示意图

三、外城完成后的商业活动对城市格局的影响

作于明嘉靖三十九年（1560年）的《京师五城坊巷胡同集》和纂于清光绪十一年（1885年）的《京师坊巷志稿》[56]是我们了解有关外城（《京师五城坊巷胡同集》称为南城）内街巷发展的两部重要史料，其间，乾隆十五年（1750年）的《乾隆京城全图》[57]有最直观的北京外城内的街巷格局图示和建筑名称与内容。这是我们考察外城完成后内部变化的最重要的参照。

明人张爵所作的《京师五城坊巷胡同集》中，总图可见将外城分为7坊："正东坊"，"正西坊"，"正南坊"，"崇北坊"，"崇南坊"，"宣北坊"，"宣南坊"（图1-9）。

"正东坊，八牌四十铺，正阳门外东河沿，至崇文门外西河沿。"[58]

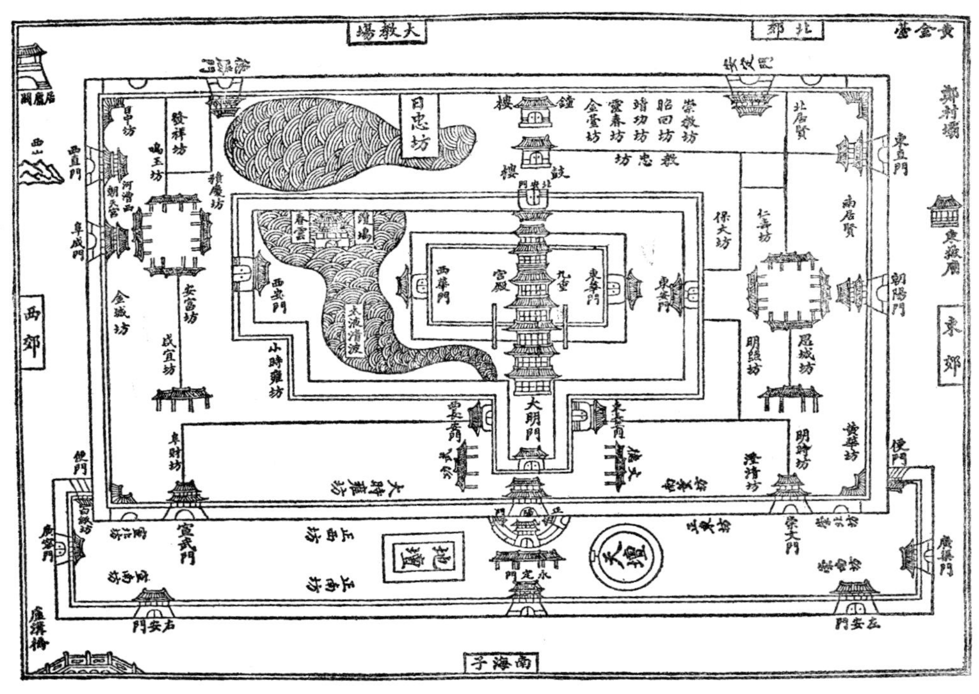

图1-9.《京师五城坊巷胡同集》图示北京外城分为7坊

[明]张爵．京师五城坊巷胡同集．北京古籍出版社，1982年1月：图

“正西坊，六牌二十四铺，正阳门外西河沿，至宣武门东乡闸桥东。”[59]

“正南坊，四牌二十铺，在新城中门里，天地坛西[60]。”[61]

“崇北坊，七牌三十七铺，在新城广渠门东北角里。崇文门外，东河沿往东，至都城东南角外，新城便门东北角里。”[62]

“崇南坊，七牌三十三铺，在新城广渠门、左安门东南角。”[63]

“宣北坊，七牌四十五铺，在新城广宁门里西北角。宣武门迤东，乡闸迤西，至都城西南角外新城便门口西北角。”[64]

“宣南坊，五牌二十七铺，在新城右安门里东，宣武门大街南。”[65]

这7个坊，除对范围有介绍、对坊内店铺有总结，还有具体的建筑和场所及街巷的名称。除7坊外，《京师五城坊巷胡同集》还对南城内的最大坊白纸坊和南城外的南海子有相应介绍和记录。

清人朱以新的《京师坊巷志稿》较明人张爵所作的《京师五城坊巷胡同集》翔实，分上、下两卷，不仅较全面地辑录了街巷名称变化，而且也有掌故传说。关于南城（外城），占下卷多半，也足以说明外城街巷之丰富。

相对于明街巷布局，清时北京的最大变化，主要是在内外城街巷数量的增加。根据明人张爵《京师五城坊巷胡同集》，北京有1170条街道胡同，清人朱一新《京师坊巷志稿》有2077条，增加了907条。其因有二：一是往往根据方位细分以便管理，如《乾隆京城全图》，原来的四条胡同分解为十二条，即：上头条胡同、上二条胡同，上三条胡同，上四条胡同；中头条胡同，中二条胡同，中三条胡同，中四条胡同；下头条胡同，下二条胡同，下三条胡同，下四条胡同。增加了两倍，但街道实体并无改变。二是随着居民增多和商业发展，聚屋成巷或侵占大街，显著例子乃正阳门大街[66]，在外城道北端有五个门洞的“五牌楼”，原门洞均清晰可通，街衢宽敞，明末“正阳门前搭盖棚房居之为肆”[67]，后至乾隆年间，席箔棚房逐渐改建正式房，其时五牌楼前已出现五条街巷，东边是肉市、果子胡同、布巷子，西边是珠宝市和粮食店街，巷名变多，而原大街变窄，两侧门洞也被遮掩（图1–10）。

再就是东西向的道路，在嘉靖年间修建外城之前，北京南城垣外的西部仅存辽金格局有明显道路，但外城东部尤以广渠门附近，因地域偏狭尚无主要道路，外城建成后榄杆市以西才有街道，蒜市口以西才渐多店铺，当时蒜市口至猪市口（后来改为珠市口）一段，道路狭窄而弯曲，过猪市口后道路才逐渐变宽。基本上，外城的东西向道路形成。另外，在清代乾隆京城图中，我们也可以看到内外城南垣上的诸城门基本也形成与东西向的通街垂直联系的道路[68]，这些大街应该是按照传统城市格局，加上规划和有意识地连接自发形成的道路而逐渐形成的（图1–11）。

比较《京师五城坊巷胡同集》和《乾隆京城全图》，最大的区别就是，外城在明嘉靖年间还无任何街坊标示，而清代的外城街坊已十分稠密和清晰了。这个发展的具体过程和动因没有文献完整地记录下来，但重要的区域还是有案可稽。这里以琉璃厂为代表实例，探讨自上而下的建设和自下而上的街坊发展所形成的外城对整个城市格局的影响。

琉璃厂是北京一条古老的文化街，辽、金时期，这一带地方是京城东郊燕下乡的一个村庄。清乾隆三十五年（1770年）窑户掘土时，在这里发现一座辽墓，出土的墓志，清楚地记载着这里名叫“海王村”[69]。辽时这里寺庙密集，经济繁荣，是一个繁华场所，但后毁于兵火。至明代中叶，这里还是一片郊野。

明初永乐年间定都北京建造宫殿时，琉璃瓦需求量很大，虽然之前北京已有从山西潞安迁来的赵姓设窑于京西琉璃渠村，专门烧造琉璃瓦件，但赵家窑无法全面承担，因而明政府便在城南侧设琉璃厂，俗说“内厂”，外厂即“琉璃渠村”（清乾隆年间窑厂移至门头沟的“琉璃渠村”）。于是琉璃厂附近，就堆满了沙土砖石，琉璃厂附近的地名如沙土园、西北园、东南园、八角琉璃井等，就是从这个时候得名的。从明万历至崇祯年间外城西部地图中可以看出，当时琉璃厂的范

1-10-1北京前门大街五牌楼
柯焕章 主编，北京旧城，北京市城市规划设计研究院编制，深圳雅昌彩色印刷有限公司承印，1996年9月：7.

1-10-2北京前门大街，1901年拍摄
北京大学图书馆 编，国家清史编纂委员会图录丛刊，烟雨楼台，中国人民大学出版社，2008年6月：234.

图1-10. 北京前门大街五牌楼两侧门洞被遮掩

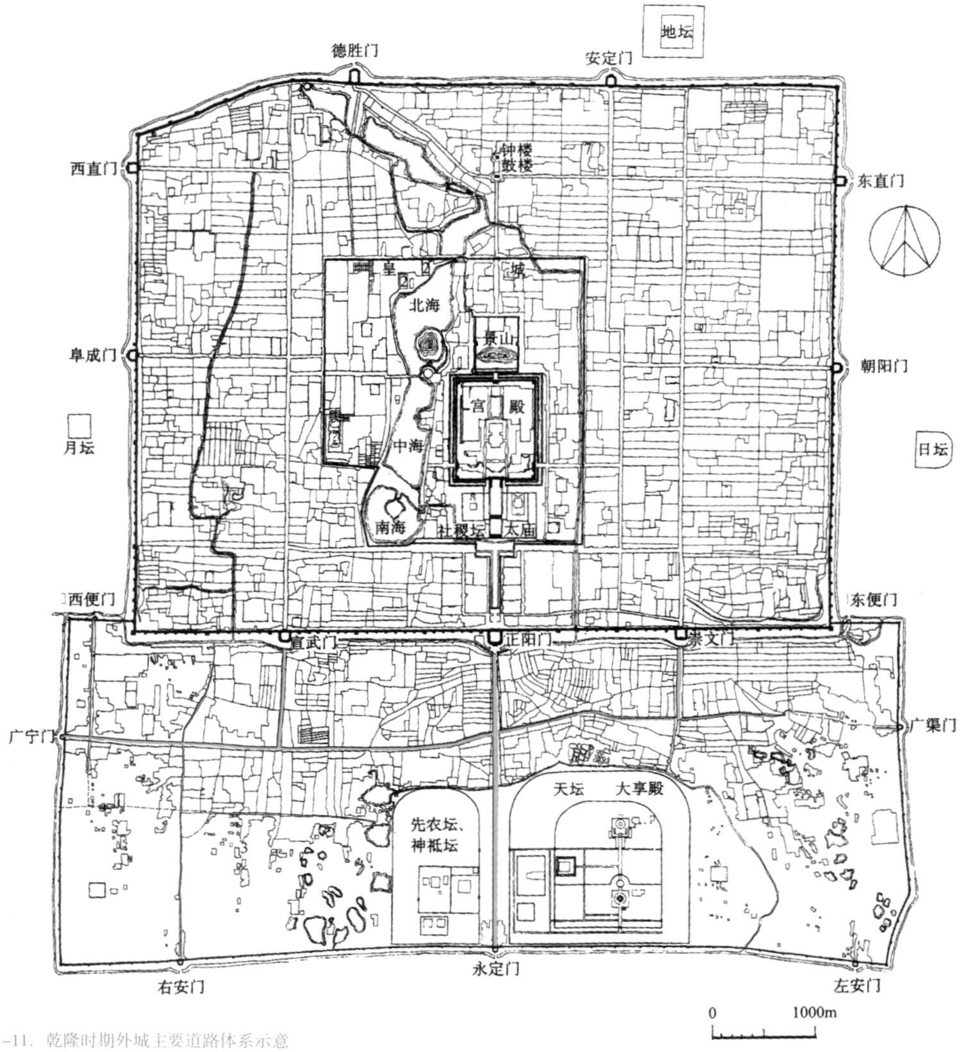

图1-11. 乾隆时期外城主要道路体系示意
地图参照："清代北京城平面图"，孙大章 主编，中国古代建筑史（第五卷），中国建筑工业出版社，2009年11月：11.

围已很大，北至西河沿，南至章家桥（今臧家胡同），东至筒子胡同（今桐梓胡同），西至南北柳巷，有一条凉水河支流由北向南从琉璃厂中间穿过，因此琉璃厂有厂桥[70]（图1–12）。

明末清初，琉璃厂附近是一些流动摊贩的集中地，并设有小旅店，厂甸（店）就是在这个基础上发展起来的。清康熙年间，经窑厂监督汪文柏之倡议，对窑前之隙地的建筑房屋，招商承租，乃成喧市。康熙后期，官方为了皇宫安全，将内城的灯市（灯会和书肆）移至琉璃窑前[71]，于是琉璃厂就有了春节逛厂甸的活动，遂有光厂之称。因此琉璃厂也被称为厂市、厂甸和厂肆。特别是到了乾隆三十八年（1773年），朝廷开“四库馆”编修《四库全书》，全国文人聚集北京，加上考据学派的兴起，琉璃厂就成了文人集游的场所，书籍店铺多至三十多家，京城书肆也逐渐集中到琉璃厂地区，又“江浙书贾奔辏辇下”[72]，商业活动十分兴盛。其时“厂内有官署。厂外余地颇广，林木茂密。有石桥。度桥而西，土阜高数十仞，足供登眺。街厂里许，百货毕集，玩器书肆尤多”[73]。从《乾隆京城全图》可知其四至：北至西河沿，南至庄家桥（章家桥，今臧家胡同），东至延寿寺及桶子胡同（筒子胡同，今桐梓胡同），西至南北柳巷，自西河沿而来的水，南达虎坊桥（图1–13）。此情形大约与明中后期，甚至到清末无大变更。而且自清代中叶以后，琉璃厂已不从事大量生产，清末又就窑址改建优级师范学堂和五城学堂，从此琉璃厂仅存其名。不过经过这样的一个过程，一方面，大量士人学者在琉璃厂至虎坊桥一带聚居；另一方面，商人居此并建会馆众多。

由此可见，琉璃厂本为一个官办的作坊，但在后来的发展过程中，其活动内容和性质已发生很大变化，其间，自上而下的官方指定建设和自下而上的快速发展交织反复，遂形成一种综合丰富又特色鲜明的区域，这种情形在民国后一直保持下来。

1917年在厂甸建造了海王村公园（图1–14），就厂甸原有地基，绕以围墙，该公园是逛厂甸的主要场所，火神庙、吕祖祠、观音阁、仁威观、地藏庵、土地祠、玉皇阁等庙宇，也是游玩之处。根据《北平庙会调查》（见表1–1[74]、表1–2[75]、表1–3[76]），在北京7大庙会中，土地庙、花市集、海王村公园均在外城，而且都有集会。土地庙在宣外下斜街，金代建庙，每月逢三日庙会；花市集在崇外花市大街，每月逢四日庙会，花市集庙为火神庙，明代建庙；至于海王村公园，庙会时，庙内外一片繁华。

另外，从表1–1和表1–2中，我们也了解到东岳庙和海王村公园的集会面积较小、活动频率较低，所以当时认为表1–1中前五处是最重要的庙会。“这五大庙会，散布于城之四隅，若以瀛台为中心、五里为半径作圆，此五处庙会分布于圆周界内外近处，这些城内边隙之地，市廛盖寡，而中下等人家，则多群居

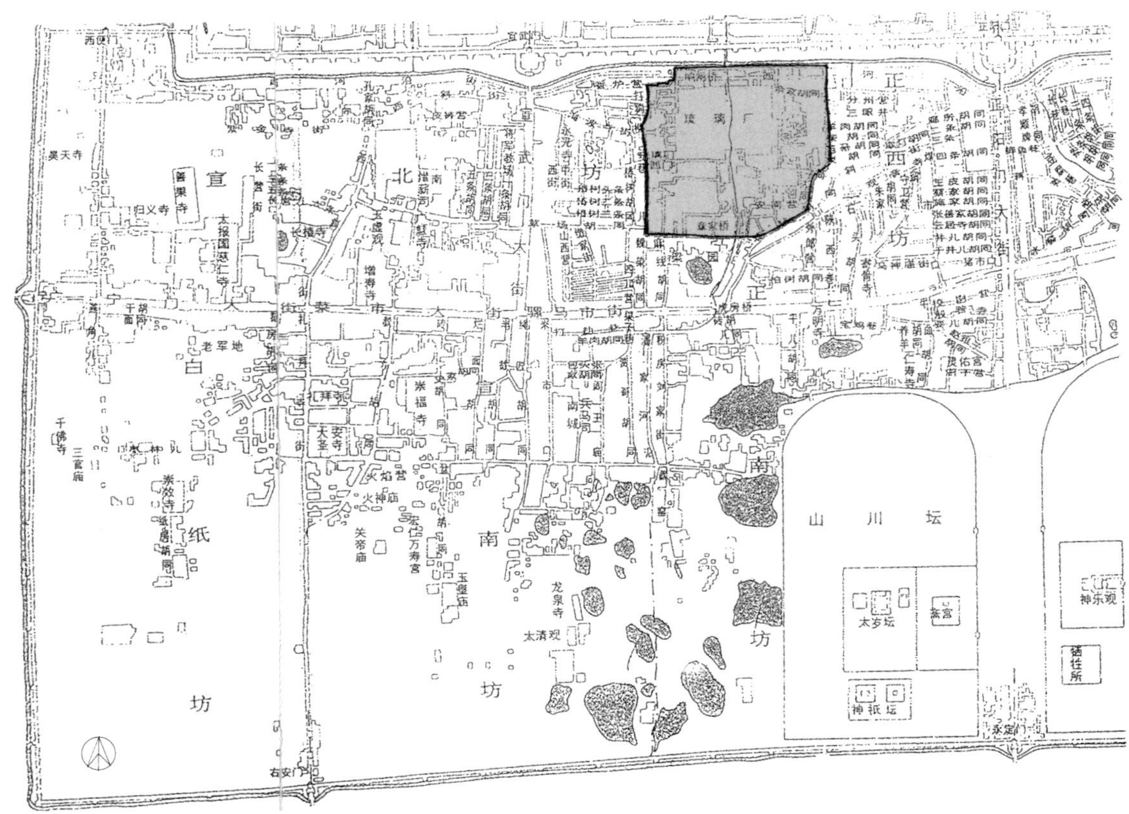

图1-12. 万历至崇祯年间（1573~1644年）地图中外城西部的琉璃厂范围
转引自："明北京城外城西部地图"，沈念乐 主编，琉璃厂史画，文化艺术出版社，2002年6月：12.

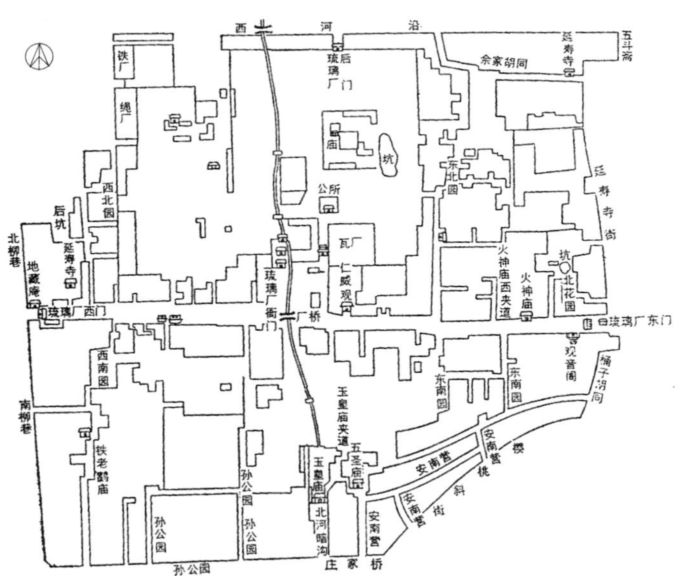

图1-13.《乾隆京城全图》中外城琉璃厂范围
地图参照：乾隆京城全图，第十一排和第十二排

图1-14. 1917年在厂甸建造了海王村公园
转引自：沈念乐 主编，琉璃厂史画，文化艺术出版社，2002年6月：111图片

是等地带，日用所需，每借庙会市集供给，庙会也成必须。而人烟稠密的百货大商业集中地之东安市场、西单商场、正阳门大街至天桥此三角形区域，无任何庙会之存在，盖此商业鼎盛之区，百货充斥，文化开通，无庙会市场存在之必要”[77]。这个分析是非常有趣的（图1–15），反过来也说明以琉璃厂为基础的海王村公园，是既不完全同于为满足日常所需而成的庙会，也不同于纯为商业贸易活动而开展的经营场所。琉璃厂的复合性和复杂性，是外城在历史发展进程中表现出的渐进发展、功能复合、活动多元等特点的代表。

北平庙会名称、规模 **表1–1**

庙会名称	庙宇面积（方丈）	庙内集会面积（方丈）	庙外集会面积（方丈）	集会面积合计（方丈）
土地庙	500	230	1500	1730
花市集	220	—	540	540
白塔寺	1600	240	700	940
护国寺	3000	700	140	840
隆福寺	3000	700	520	1220
东岳庙	2000	80	140	220
海王村公园	700	400	360	760

北平庙会活动特点 **表1–2**

庙会名称	剧场场数	杂耍场数	其他	合计
土地庙	2	10	5	17
花市集	—	—	2	2
白塔寺	4	3	7	14
护国寺	9	10	3	22
隆福寺	9	5	2	16
东岳庙	—	1	3	4
海王村公园	—	10	1	11

北平庙会辐射范围 **表1–3**

庙会名称	庙内集会	庙外集会街名
土地庙	有	下斜街、广安门大街、庙后广场
花市集	—	花市大街、铁辘轳把街、庙后广场
海王村公园	有	琉璃厂街、厂甸、南新华街、并包土地祠、火神庙及吕祖祠

琉璃厂桥之南北，本为通渠，后渐淤塞，东西两岸，积土如丘，淤泥污水，臭气熏天。厂桥废于民国时期，1927年开辟了和平门，拆除了厂桥，改明沟为暗沟，新增了南新华街，从此把琉璃厂分成东西两半，即东琉璃厂和西琉璃厂（图1–16）。

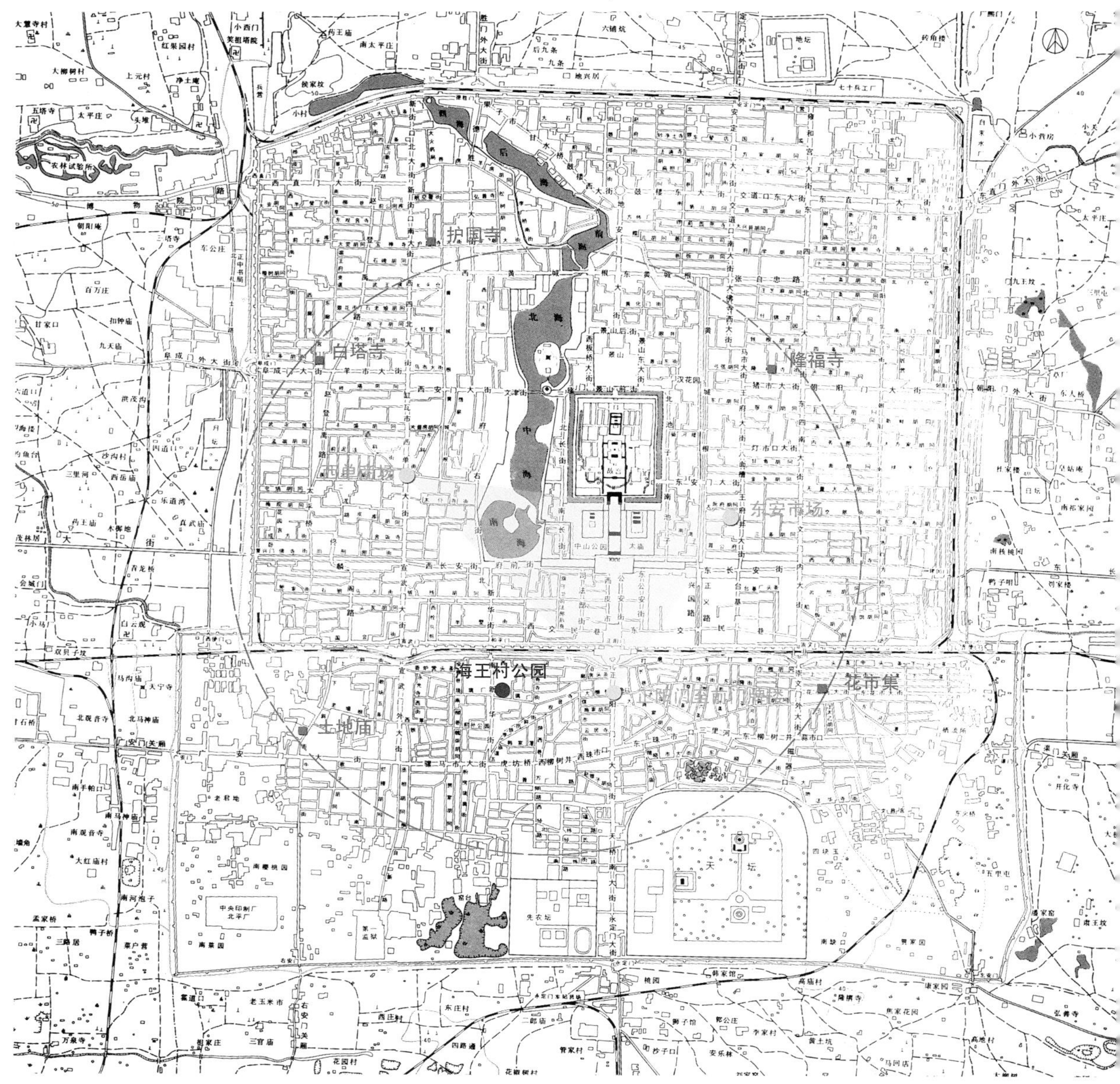

图1-15. 民国时北京五大庙会和三大百货商业集中地的关系图示
地图参照："一九四九年北京街道图"，柯焕章 主编，北京旧城，北京市城市规划设计研究院编制，深圳雅昌彩色印刷有限公司承印，1996年9月：2.（非正式出版物）

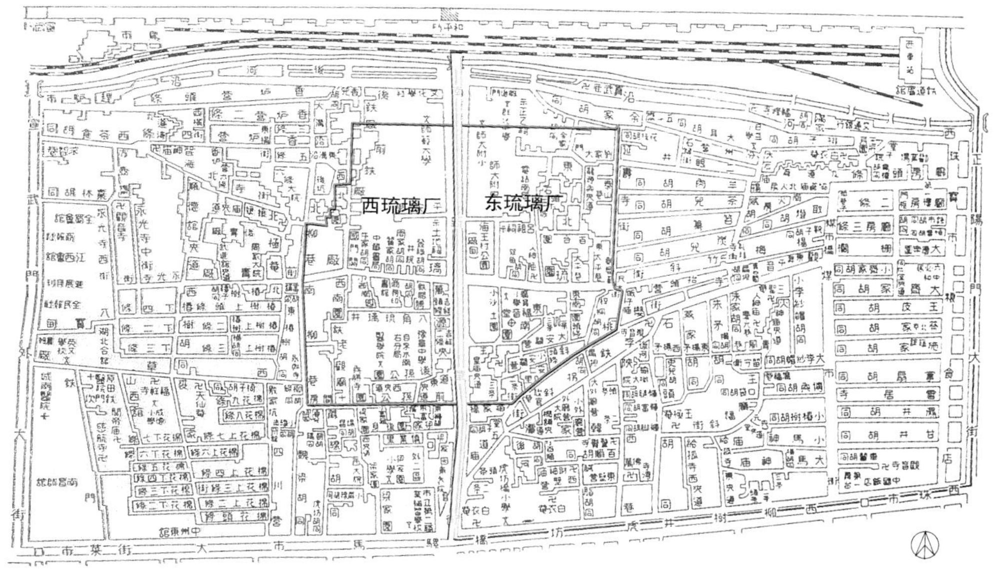

图1-16. 民国时期的北京琉璃厂格局改变
地图参照："外二区平面图"——民国二十四年（1935年），原北平秘书处 编，旧都文物略，中国建筑工业出版社，2005年6月：110

琉璃厂的缘起、兴盛和后来的衰弱，和整个明清北京的发展及在向前工业文明过渡期的变化均息息相关。在明清时期，琉璃厂所在的外城由于地理位置发展起的关厢因素，交往便捷而宽松带来的商业活动兴盛，人口的增加和多元，官私兼容的管理方式等，均使修建完成后的外城快速成长、充实，并形成一个新的中心。如前所述，这里有中轴形成的大型商业区，也有以集市、祠庙、厂甸等发展成的庙会，还有比较专业的市场和比较综合的区域、街道等。这个新的中心的产生，使北京由元而明初存在的钟楼商业中心的活力减弱[78]，也使整个北京的商业活动大面积南移，从而外城的发展在封建社会晚期达到一个高峰。

总体来说，北京外城一直到民国时期，基本保持原有的主要格局和特点，这从《旧都文物略》之"坊巷略"的图文中可以一一领略到。其时分为"外一区"、"外二区"、"外三区"、"外四区"、"外五区"（图1-17），和明《京师五城坊巷胡同集》的"正东坊"，"正西坊"，"崇北坊"与"崇南坊"，"宣北坊"与"宣南坊"（另："白纸坊"）、"正南坊"及北京大学徐苹芳先生所作的明代北京复原图中坊之划分，有所合并但基本相对应（图1-18）。唯城内活动内容在变化和丰富、建筑密度在加大，最主要外城作为一个整体，对北京内城的商业活动重组和调整，起到很大的作用。

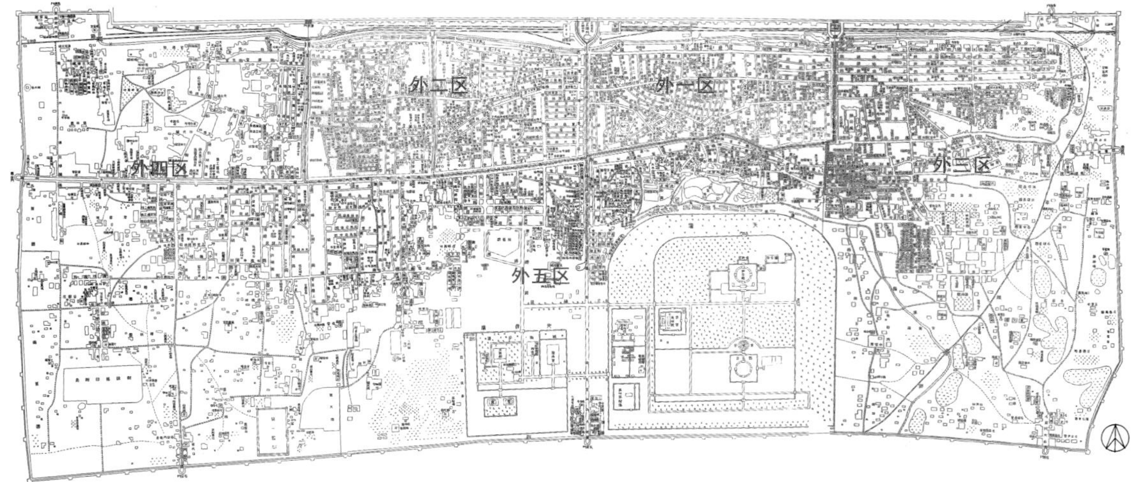

图1-17.《旧都文物略》中的外城分区与地图
根据原北平秘书处 编，旧都文物略，中国建筑工业出版社，2005年6月：
109、110、112、113、115，地图绘制

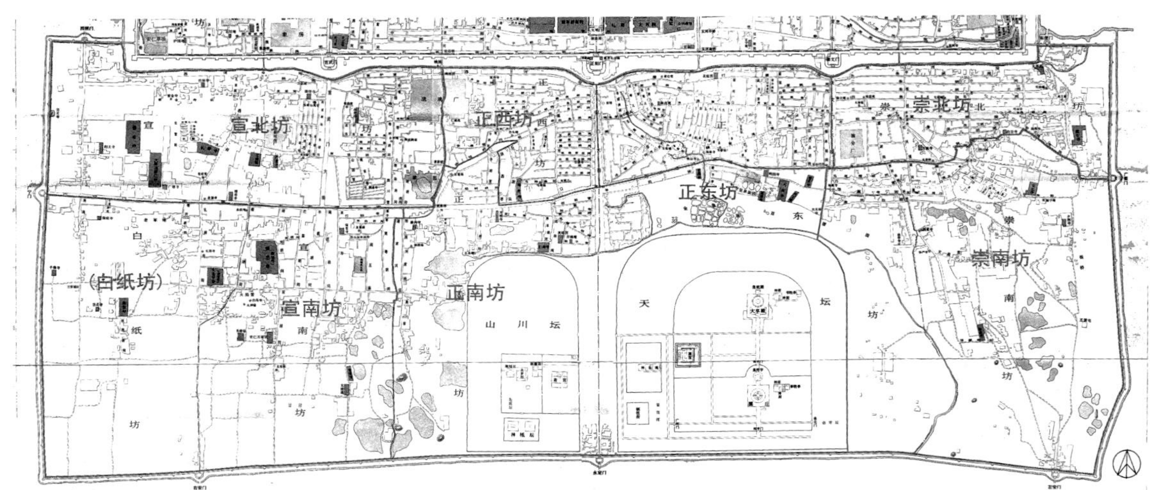

图1-18. 徐苹芳所作的明北京城外城分区
地图参照：徐苹芳 编著，明清北京城图，中国社会科学院考古研究所 编辑，地图出版社，1986年6月

四、作为城市南缘的北京外城与运河

经过围绕嘉靖三十二年（1553年）前后长时间跨度的描述和分析，大概可以了解北京外城主要架构的形成过程，但外城的充实和丰满，如琉璃厂所例，动因多而复杂，非一言能蔽之。如果从普遍的规律概括，大致有如下四个方面。

1. 城市边缘交通的便捷性

首先，中国古代城市的选址常考虑和河系的密切关系，因为在古代，水道作为主要的交通方式之一、城市给排水的主要孔道，对城市形成和发展十分重要，于城市边缘有丰富的水系更是情理之中，方便而不有碍聚落发展。像北京外城东南部的许多地名，诸如南北深沟、芦草园、薛家湾、南北桥湾、东西三里河、河泊厂、水道子、缆杆市、大石桥、南北东西河槽、纪家翘、火桥等，沿西北至东南走向一线排列，便是和古代运河三里河[79]密切相关。三里河在明正统年间修通后，商业活动日益频繁，到正德、嘉靖时候，三里河西侧已成了京城最繁华的商业区，东侧也成了人烟稠密的居民区。但由于嘉靖三十二年（1553年）始建外城，漕运功能渐丧失，嘉靖末年“三里河之故道，已成陆矣，然时雨则渟潦，泱泱然河也”[80]。有的地方，如天坛北芦草园，“草场九条巷，其地下者俱河身也”[81]；有的地方则依河建园[82]。从这里，也解释了草场是处巷道弯曲的缘由。

又如大栅栏的兴起和兴盛，与交通便捷等因素密不可分。一是正阳门外西面的斜街或更早的河道，直接连接自北京西南卢沟码头而入京城的古道[83]，商品货物可以方便抵达正阳门外廊房；二是明初从南京迁工匠抵北京[84]，南垣外是主要居住地，廊房一至四条胡同就是这样发展起来的；三是正阳门是北京内城的正南大门，也是内外出入的最主要孔道，外省进京述职和办理事务，于正阳门外较方便，会馆也云集于此乃此理；四是明代大运河的终点已由元代的积水潭处移到北京内城外东南角的大通桥下，货物和人流自东便门而入，西交汇于外城商业中心遂成自然。

另外，城垣门道的来往成为税关发展的地点。“永乐初元，都城设立都税司、九门宣课司，专掌一应货物之税，验值为差，不知何时革去各门之稍僻者并入都税司，正阳门、崇文门二宣科司，安定门、德胜门二税课司，共五处，俱隶户曹掌行，凡宫府所需，及各衙门大小杂费，咸取办之。”[85]

2. 商业活动的弹性

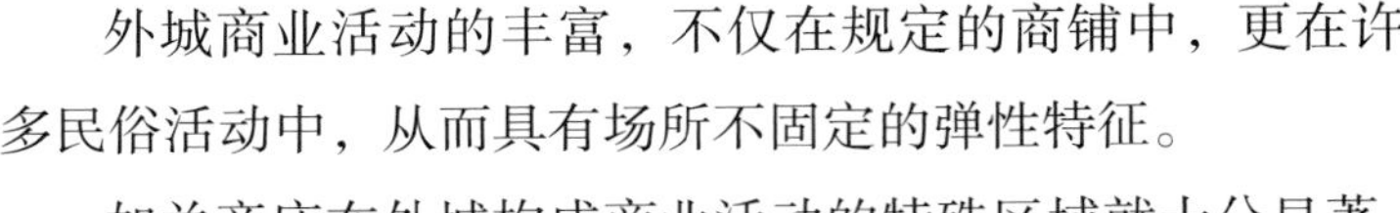

1-19-1前门大街鸟瞰
柯焕章 主编. 北京旧城. 北京市城市规划设计研究院编制. 深圳雅昌彩色印刷有限公司承印, 1996年9月: 22. 前门大街, 1954年摄

1-19-2北京30年代大栅栏一带
徐城北. 老北京. 南京: 江苏美术出版社, 1998: 98.

图1-19. 北京外城旧影留下的繁华景象

外城商业活动的丰富，不仅在规定的商铺中，更在许多民俗活动中，从而具有场所不固定的弹性特征。

如关帝庙在外城构成商业活动的特殊区域就十分显著。一是紧靠正阳门西侧城墙而建的关帝庙[86]，规模虽小，但因庙系明建、庙中所供关帝雕像又系明代大内靖宫旧物，因而香火最旺。正月初一自五更即有香客前往烧香求福者，抵暮不绝，行贾坐贾求利市，赶考举子望功名……[87]车水马龙，络绎不绝。另外像广渠门外的十里河关帝庙，每至五月，自十一日起，开庙三日，梨园献艺，岁以为常，六月二十四日致祭关帝，场面同样热闹。[88]而宣武门和崇文门瓮城内各有关帝庙一座，不见商市记载，原因可能是宣武门外菜市口为明、清两朝的刑场，每次处决犯人均从宣武门出内城，而崇文门则是重要税关需严格把守，故这两处关帝庙的作用可能相对比较纯粹。这也反衬出外城正阳门附近关帝庙赋弹性商业活动的必然性。

3. 商业人群的多元性

图1-20. 北京天坛圜丘，约1875年
中国国家图书馆，大英图书馆. 1860~1930英国藏中国历史照片（Western Eyes: Historical Photographs of China in British Collections,1860-19300）(上). 国家图书馆出版社, 2008年10月: 182.

外城的商业活动也表现出人群多元变化、“商贾去来无常，资本消长不一”的特点[89]（图1-19）。第一表征是外城商贾多遂会馆亦多，像东部草厂头条至十条胡同，计有会馆27个[90]，西部校场上、下头条至七条胡同，计有会馆14个[91]。第二表征是贵人和平民同处一地，前者如梁家园和芥子园的主人[92]，后者在外城众甚。第三，外城还有税关和皇家建筑坛庙（图1-20），也住有官方管理人员。不同等级的人群和消费水准的不一，也促成商业活动的多层次发展。

4. 商业管理的多样性

“大栅栏”比较典型。它起初在明朝初年的发展便是官私因素共成，永乐初在这里建廊房有相当于今天国家政策导引的成分，即“召商居住，召商居货”，而成大廊房头条、二条、三条和四条，就业于此的主要是外来的匠人和有工艺技术的市民；到嘉靖年间，四条商业街已十分繁华，汇集了江南的锦缎、三梭布、纸张、瓷器，以及其他地方的药材、茶叶、干果、海味、香料、桐油、染料、生铁等物品，这样对私营作坊就有管理的必要，有“锦衣卫”、东厂和西厂（审问可疑人之处）；明正统年间，流民（主要是没田种的农民）日增于城，为了便于进行监视及兵马巡司捕对“盗贼”的追捕，明弘治年间于大街小巷设立栅栏。外城正阳门外，商业繁华，防盗必须，大都采用民办官助的方法，官方指导，私人购材，犹廊房四条，建起的栅栏又大又高，遂叫“大栅栏”。这种官私共建共管的方式，在外城十分突出。

还有像崇文门，它周围的发展和税关密不可分。据《大明会典》记载：“成化二十一年（1485年）令顺天府委佐贰官一员，于正阳门外税课司，崇文门宣科分司监收商税。”[93]又“弘治六年（1493年）令崇文门宣科司商税，止差主事监收，不必御史巡察”[94]，地位已有提高。嗣是遂有“京师九门，皆有税课，而统一崇文一司”[95]之称，即随着商品贸易的日益发达，崇文门的地位也愈来愈重要。崇文门定在本门征税，总局下设分口税局[96]，这都是官方管理。

而琉璃厂则更加复杂，有官办作坊、私营店铺、民间社团式的庙会集市等。外城的商业管理呈现多样性的局面[97]。

城市的发展是如此的复杂，至此，于北京外城可见一斑。我们也许不能完全阐释清楚它的形成过程和缘由，但外城所处的城市边缘位置以及与运河的关联，还是给我们认识一个完整的城市有了一个新的角度。第一，从历史纬度看，旧城的积淀和有效的运用，即使在鼎新革故建新城时，于城市边缘仍是最常见的做法，而一个完整城市的形成既有必然也有偶然的因素，同时不能忽略“筑城以卫君，造郭以守民”始终是中国古代建城的基本要则；第二，从内城和外城的互动关系看，可以说内城是相对稳定的，而外城则充满了变化，但外城或城市边缘的商业活动是城市人口增长[98]、规模扩大、格局形成与完善等的重要动因，没有边缘，中心也不能真实地存在；第三，自上而下进行的政府官方投资、控制、建设与管理，即使在外城也不曾淡化，所不同的是对于城市边缘这块有待开发的地段，着重的是给政策和进行引导，而其中的商业经营内容和具体街巷的形成与调整，则多因自下而上的发展和因地制宜而成。

嘉靖三十二年（1553年）北京外城的兴建，是一个必然，它大力维护先前的发展，也启动和保证了后来的商业繁华；它也是一个标志，是一个帝都发展到一定阶段的必然产物。

注释：

1 重要的有：王世仁主编，北京市（原）宣武区建设管理委员会、北京市古代建筑研究会合编，宣南鸿雪图志，中国建筑工业出版社，1997年8月.
2 原北平秘书处 编，旧都文物略，中国建筑工业出版社，2005年6月：3.
3 见：城池街市，[元] 熊梦祥 著，北京图书馆善本组辑，析津志辑佚，北京古籍出版社，1983年9月：1.
4 "文明门，即哈达门。哈达大王在门内，因名之"。见：城池街市，[元] 熊梦祥 著，北京图书馆善本组辑，析津志辑佚，北京古籍出版社，1983年9月：2.
5 [清] 励宗万，京城古迹考，北京出版社，1964年1月：4.
6 见：河闸桥梁，[元] 熊梦祥 著，北京图书馆善本组辑，析津志辑佚，北京古籍出版社，1983年9月：98.
7 整理说明，[元] 熊梦祥 著，北京图书馆善本组辑，析津志辑佚，北京古籍出版社，1983年9月：1~2.
8 析津志，转引自原北平秘书处 编，旧都文物略，中国建筑工业出版社，2005年6月：2.
9 [清] 朱一新，京师坊巷志稿（卷下），北京古籍出版社，1982年1月：228.
10 参见：王彬、徐秀珊 著，北京街巷图志，作家出版社，2004年1月.
11 金代金口河凿于大定十一年（1171年），金口闸位置在今石景山发电厂院内所谓"地形缺口"处。元代改造金口闸，也重修金口河。参见：蔡蕃，金口新河考辨——大都运河研究，北京社会科学研究所、《北京史苑》编辑部 编，北京史苑（第二辑），北京出版社，1985年6月：269~281.
12 参见同上.
13 见：城池街市，[元] 熊梦祥 著，北京图书馆善本组辑，析津志辑佚，北京古籍出版社，1983年9月：5.
14 见：城池街市，[元] 熊梦祥 著，北京图书馆善本组辑，析津志辑佚，北京古籍出版社，1983年9月：6.
15 见：城池街市，[元] 熊梦祥 著，北京图书馆善本组辑，析津志辑佚，北京古籍出版社，1983年9月：7.
16 同13.
17 同14.
18 见：寺观 [元] 熊梦祥 著，北京图书馆善本组辑，析津志辑佚，北京古籍出版社，1983年9月：88.
19 见：寺观 [元] 熊梦祥 著，北京图书馆善本组辑，析津志辑佚，北京古籍出版社，1983年9月：92.
20 见：古迹 [元] 熊梦祥 著，北京图书馆善本组辑，析津志辑佚，北京古籍出版社，1983年9月：103.
21 见：古迹 [元] 熊梦祥 著，北京图书馆善本组辑，析津志辑佚，北京古籍出版社，1983年9月：105.
22 见：古迹 [元] 熊梦祥 著，北京图书馆善本组辑，析津志辑佚，北京古籍出版社，1983年9月：107.
23 见：古迹 [元] 熊梦祥 著，北京图书馆善本组辑，析津志辑佚，北京古籍出版社，1983年9月：108.
24 [清] 朱一新，京师坊巷志稿（卷下），北京古籍出版社，1982年1月：241.
25 见：城池街市 [元] 熊梦祥 著，北京图书馆善本组辑，析津志辑佚，北京古籍出版社，1983年9月：2.
26 "世祖筑城已周，乃于文明门外向东五里，立苇场，收苇以蓑城。每岁收百万，以苇排编，自下砌上，恐之致摧塌，累朝因之。至文宗，有警，用谏者言，因废。此苇只供内厨之需。每岁役市民修补。至元间，朱、张进言：自备已资，以砖石包裹内外城墙。因时宰言，乃废。至今西城角上亦略用砖而已。至元十八年（1281年），奉旨挑掘城濠，添包城门一重"。见：城池街市，[元] 熊梦祥 著，北京图书馆善本组辑，析津志辑佚，北京古籍出版社，1983年9月：1.
27 见：河闸桥梁 [元] 熊梦祥 著，北京图书馆善本组辑，析津志辑佚，北京古籍出版社，1983年9月：95.
28 见：河闸桥梁 [元] 熊梦祥 著，北京图书馆善本组辑，析津志辑佚，北京古籍出版社，1983年9月：97.
29 见：河闸桥梁 [元] 熊梦祥 著，北京图书馆善本组辑，析津志辑佚，北京古籍出版社，1983年9月：98.
30 见：河闸桥梁 [元] 熊梦祥 著，北京图书馆善本组辑，析津志辑佚，北京古籍出版社，1983年9月：99.
31 见：河闸桥梁 [元] 熊梦祥 著，北京图书馆善本组辑，析津志辑佚，北京古籍出版社，1983年9月：101.
32 蔡蕃，金口新河考辨—大都运河研究，北京社会科学研究所、《北京史苑》编辑部 编，北京史苑（第二辑），北京出版社，1985年6月：269~281.
33（正统二年十月丁卯）"行在户部奏，丽正等门已改作正阳等门，其各门宣科司等衙门仍冒旧名，宜改从今名，仍移行在礼部，更铸印信；行在吏部，改书官制，从之。"明实录・英宗实录 卷35.
34 转引自 [清] 朱一新，京师坊巷志稿（卷下），北京古籍出版社，1982年1月：184.
35 清光绪三十二年（1906年）整修永定门到正阳门之间的道路，将原来路上铺的石条拆去，改建为碎石子路面，天桥高度也大大降低.
36 [清]龙文彬纂，明会要（上册）卷八礼三，中华书局，1957年7月：105.
37 [清]龙文彬纂，明会要（上册）卷八礼三，中华书局，1957年7月：121.
38 [明] 沈榜 编著，宛署杂记，北京古籍出版社，1982年4月：63.
39 [明] 沈榜 编著，宛署杂记，北京古籍出版社，1982年4月：32.
40 最早见明实录・世宗实录 卷368记载"（嘉靖二十九十二月甲申）筑正阳、崇文、宣武、三关厢外城。"
41 原北平秘书处 编，旧都文物略，中国建筑工业出版社，2005年6月：9.
42 见明实录. 世宗实录 卷260、261、265、290、299、311、314、315、329、340、349、353、358、365、366、367、371、389.
43 见明实录. 世宗实录 卷349、358、367、371.
44 见明实录. 世宗实录 卷411、413、429、439二条、440、442、452、455、477、481、482、488、493、494、495、533.
45 明实录. 世宗实录 卷397.
46 明实录. 世宗实录 卷526.
47 明实录. 世宗实录 卷533.
48 明实录. 世宗实录 卷396.
49 明实录. 世宗实录 卷397.
50 同注37.
51 同注37.
52 同注37.
53 明实录. 世宗实录 卷397.
54 明实录. 世宗实录 卷397.
55 明实录. 世宗实录 卷397.
56 [明] 张爵. 京师五城坊巷胡同集. [清] 朱一新，京师坊巷志稿. 北京：北京古籍出版社，1982年1月.
57 本文参照东南大学建筑学院古籍图书馆藏，乾隆京城全图，编纂兼发行者：兴亚院华北联络部政务局调查所，昭和十五年七月十日印刷，非卖品.

58［明］张爵. 京师五城坊巷胡同集. 北京：北京古籍出版社，1982年1月：14.

59［明］张爵. 京师五城坊巷胡同集. 北京：北京古籍出版社，1982年1月：14~15.

60《京师五城坊巷胡同集》中此语交代不详。看“正南坊”中内容包括“天坛即南郊，……在正阳门外永定门内东。地坛即山川坛，……内有先农坛籍田，在永定门内街西”。应包括天坛、山川坛。作者注.

61［明］张爵. 京师五城坊巷胡同集. 北京：北京古籍出版社，1982年1月：15.

62 同61.

63［明］张爵. 京师五城坊巷胡同集. 北京：北京古籍出版社，1982年1月：16.

64 同63.

65［明］张爵. 京师五城坊巷胡同集. 北京：北京古籍出版社，1982年1月：17.

66《京师坊巷志稿》称正阳门外大街，清宣统年间北京城图称正阳门大街，今俗称前门大街，正阳门外五牌楼于1955年6月拆除.

67［清］朱一新. 京师坊巷志稿（卷下）. 北京：北京古籍出版社，1982年1月：183.

68 从民国和今天的地图上，由位于正阳门与宣武门之间的和平门，是民国初期为方便交通而开辟的两个门洞，初称新华门，后来中南海宝月楼被辟为中南海南门新华门，此两门洞便改称和平门，城内外街道分别称为北新华街和南新华街，这条南北向道路也直抵外城东西向横贯街道.

69 见钱大昕《潜研堂集》卷十八：《记琉璃厂李公墓志》及朱筠《笥河文集》卷十《改葬故辽李公墓记》。按此墓志全名为“辽故银青崇禄大夫检校司空行太子左卫率府率兼御史大夫柱国李内贞墓志铭。”

70 沈念乐 主编，琉璃厂史画，文化艺术出版社，2002年6月：12。又《明实录・世宗实录》卷304载“（嘉靖二十四年十月）癸巳，上谕工部建桥与琉璃河，从是月十一日兴工”，可知，该桥明代即有.

71［清］朱一新. 京师坊巷志稿（卷下）. 北京：北京古籍出版社，1982年1月：251，“宸垣识略：灯市向在东安门外，今散置正阳门外、花儿市、琉璃厂、猪市、菜市诸处，而琉璃厂尤甚。”东安门外灯市位置即北京东城灯市口，又注.

72［清］朱一新. 京师坊巷志稿（卷下）. 北京：北京古籍出版社，1982年1月：251.

73［清］朱一新. 京师坊巷志稿（卷下）. 北京：北京古籍出版社，1982年1月：251.

74《北平庙会调查》，北平民国学院，民国二十六年5月印行，转引自王玉甫编著，隆福漫笔，中国档案出版社，1998年8月：48.

75《北平庙会调查》，北平民国学院，民国二十六年5月印行，转引自王玉甫编著，隆福漫笔，中国档案出版社，1998年8月：59.

76《北平庙会调查》，北平民国学院，民国二十六年5月印行，摘录并转引自王玉甫编著，隆福漫笔，中国档案出版社，1998年8月：48.

77《北平庙会调查》，北平民国学院，民国二十六年5月印行，摘录并转引自王玉甫编著，隆福漫笔，中国档案出版社，1998年8月：46.

78“洪武初，北平兵火之后，人民甫定，至永乐，改建都城，犹称行在，商贾未集，市廛尚疏。奉旨，皇城四门、钟鼓楼等处，各盖铺房”。见［明］沈榜编著. 宛署杂记. 北京：北京古籍出版社，1982年4月：58，“廊头”.

79 三里河是明正统年间开凿的，其前身是元至正的金口河，“起自通州南高丽庄，直至西山石硖铁板开水古金口一百二十余里，创开新河一道，深五丈，广十五丈，放西山金口水东流至高丽庄，合御河，接引海运至大都城内输纳”（《元史・河渠志》）。而元金口河的前身是金朝修建的闸河（金代金口河），在中都以西的金口诀开卢沟河（永定河），向东修渠导入北护城河，然后再开渠直达通州接潞河，沿河建闸，名为闸河，也就是金口河。参见：孙玉山，北京三里河考，北京市社会科学研究所、《北京史苑》编辑部编，北京史苑（第三辑），北京出版社，1985年11月：219~231.

80 帝都景物略 卷三“李皇亲新园”.

81［清］朱一新，京师坊巷志稿（卷下），北京古籍出版社，1982年1月：187.

82 同73.

83［清］朱一新，京师坊巷志稿（卷下），北京古籍出版社，1982年1月：217~218“上斜街”，和221~223“下斜街”，中有诸多和水相关的建筑诗咏、井、水闸、水关、臿口等的记载，很可能斜街旧为水道。又“下斜街”载刘（秉忠）太保第及广福宫所在（下斜街下端），在奉先坊、旧城通元门内。通元，金之北门也。可见，斜街和旧古道的关系.

84 明实录・宣宗实录 卷57.

85［明］沈榜 编著. 宛署杂记. 北京：北京古籍出版社，1982年4月：93“契税”.

86［清］朱一新. 京师坊巷志稿（卷下）. 北京：北京古籍出版社，1982年1月：189.

87 张敏. 北京关帝庙. 北京市社会科学研究所、《北京史苑》编辑部 编，《北京史苑》（第一辑）. 北京：北京出版社，1983年12月：340.

88 张敏. 北京关帝庙. 北京市社会科学研究所、《北京史苑》编辑部编，北京史苑（第一辑）. 北京：北京出版社，1983年12月：341.

89［明］沈榜 编著. 宛署杂记. 北京：北京古籍出版社，1982年4月：103~104“铺行：嘉、隆间，收支数无可考，大约铺行全征，每年约一万余两。万历七年，该审编科道题请：商贾去来无常，资本消长不一……”.

90 根据［清］朱一新. 京师坊巷志稿（卷下）. 北京：北京古籍出版社，1982年1月：209，记载统计.

91 根据［清］朱一新. 京师坊巷志稿（卷下）. 北京：北京古籍出版社，1982年1月：219~220，记载统计.

92 梁家园的创建者是梁梦龙，字乾古，嘉靖年间进士，万历间官至兵部侍郎、尚书、加太子太保。芥子园主人是李笠翁（名渔）.

93 见《大明会典》卷三十五载，这可能是崇文门税关的肇始.

94（光绪）《顺天府志》关榷.

95 同94.

96 见《清朝续文献通考》卷三十，征榷二.

97［清］朱一新. 京师坊巷志稿（卷下）. 北京：北京古籍出版社，1982年1月：251，“会典事例：康熙四十年，议琉璃亮瓦厂房屋例征地租，今改为按间收租，交大兴县征解户部。凡官员有力之家征银，贫困小民准按季征钱。四十一年，议征钱者量免其半，只身贫寒之人免征房租，仍以官地起租。雍正三年谕，嗣后止征地租，免其按间计檩，逐月输纳。”

98 韩光辉，北京历史人口地理，北京大学出版社，1996年，85~129，结论是：“与明代相同，外城人口密度较低仅是表象，如不考虑外城的非建城区面积，这里的人口密度仍然最高，其中前三门人口密度已超过每平方公里4万人”。转引自大阪市立大学文学部 中村圭尔，中国社会科学院历史研究所 辛德勇，中日古代城市研究，中国社会科学出版社，2004年3月：229.

Chapter 2

Linqing: an Emerging Canal City

Chen Wei

第二章

大运河沿线
集散中心城市的兴起

——临清

陈　薇

一、集散中心城市兴起描述

运河是人类为生存和发展以改造自然的智慧和力量开凿成的人工河流。水是生命的创造，运河水不仅承载着穿梭繁忙的船只，而且孕育和滋润了沿线的一座座城市。如北京、天津、开封、洛阳、扬州、无锡、苏州、杭州等等。元明时期大运河的开通，带动形成了一些作为集散中心的新兴城市。本文以临清城为代表，兼论元明时期京杭大运河沿线集散中心城市发展的特点和规律。

元朝时，大都作为全国的政治中心，“去江南极远，而百司庶府之繁，卫士编民之众，无不仰给于江南”[1]。元朝岁入税粮的54%来自江南三省[2]。开通南北大运河势在必行。

元代新运河的开凿为南北交通和物资交流提供了有利条件，同时也形成一些作为集散中心的新兴城市。最典型的靠大运河起家城市是临清。在京杭大运河未开之前，临清不过是个小村镇，据《临清县志》载：“临清自东晋迄五代……无商业可言”[3]。是元代开凿会通河，才发展成为北方重要水运内河港，水上航行可南通江浙，北上京津，西达中原。山东的济宁、东昌、德州等也是大运河沿线的新城（图2–1）。

明初定都南京，运河曾一度淤塞，明成祖定都北京后，又不惜用十五年时间把大运河全线打通，修成一条既宽且深、河道工程和航运设施相当完善的内河航道，真正成为南北水上运输的大动脉。永乐十三（1415年）开清江浦，建四闸，解决了黄河夺淮后河床升高而造成的过船困难，改善了漕运条件。这样沿运河又出现了一些新城，如淮阴（现名清江市）在明代以前还称不上是村落，清江闸建成后，这里成为黄河、淮河、运河的交会处，南来北往的船只在此停泊，等待过闸。管理河道、闸坝、堤防、漕运的机构在这里驻守，还修建了大批粮仓，形成人烟稠密的居民点，“舳舻毕集，居民数万户，为水陆之孔道”[4]，成了著名的繁华集镇清江浦。又如夏镇（今山东微山），原名夏村，本是昭阳湖滨的渔村，嘉靖三十年（1551年）因新河通漕，该地遂为冲要，万历时，中河工部分司、徐仓户部分司均驻扎夏镇，数十年间，夏镇由偏僻渔村变为沿运河的名镇，明万寿祺《夏镇诗》云：“夏阳全盛日，城阙半临河；夜月楼船满，春风玉珮多”[5]，就描绘了当时的盛况。山东蒙阴县为西汉建置，县城很小，为军事把守之地，也因近汶河而通漕得到发展（图2–2）。此外，一些原来经济基础较差的城镇于此时得到发展，如临清、德州、徐州等地，因明政府设仓储运漕粮，于是舟车鳞集，贸易兴旺，城市得到迅速发展。一些原来基础较好的城镇也有所发展，如淮安，经元末明初的战乱，“城廓丘墟”，“土著之

图2-1. 山东运河全图（局部）中最宽的是大清河，而在全漕运道图（局部）中，可见临清、东昌、夏津等城、镇、县的建置和运河的密切关系
李孝聪 编著. 美国国会图书馆藏中文古地图叙录. 北京：文物出版社，2004年10月：彩图三十二、彩图三十一.

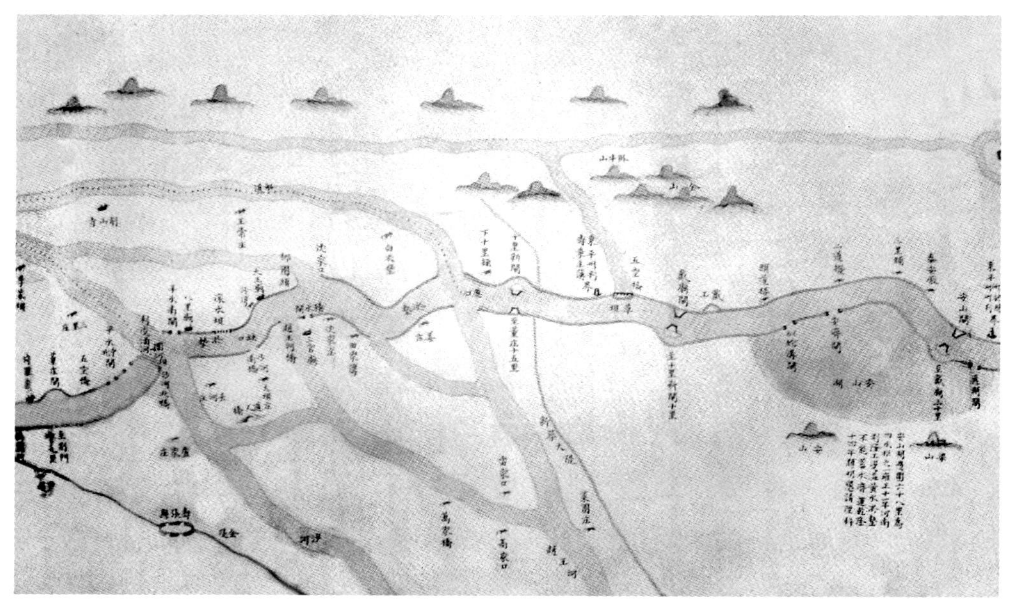

图2-2-1山东通省运河情形全图（局部），夏镇近微山湖
李孝聪 编著．美国国会图书馆藏中文古地图叙录．文物出版社．2004年10月：图一O七．

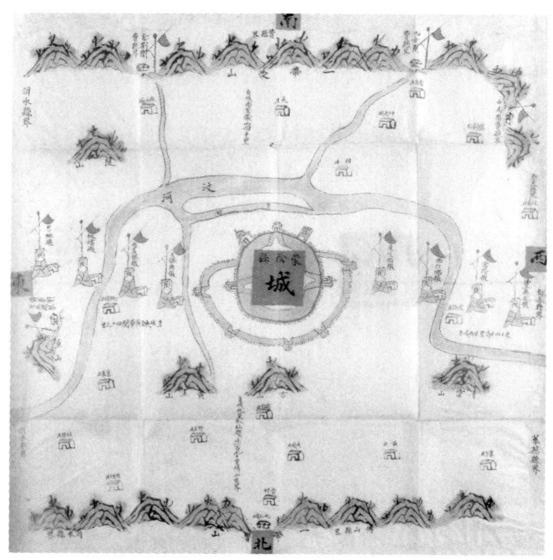

图2-2-2"山东蒙阴县舆图"可见县城和汶河的关系
北京大学图书馆 编．国家清史编纂委员会图录丛刊．皇舆遐览．北京：中国人民大学出版社．2008年9月：119．

图2-2．运河和城镇

户荡析，鲜有存者”[6]，此时又重新兴盛。扬州原来就是大运河的转运枢纽，明以后又是江淮盐运的集中地，设有盐运使衙署，因而成了江淮间最大的工商都会和集散中心。

二、临清城市案例

临清的名称始于南北朝，因临大清河而名（苏秦说赵东有清河），后废。北魏复为清渊县，开始筑城。隋开皇六年（586年）与清泉县俱属贝州。宋为恩州。大观中卫河（即大清河）决，遂移临清十里，属大名府。元初属东昌路，至元七年（1270年）改属高唐州。明洪武二年（1369年）徙县治北八里，汶、卫环流之，属隶东仓府，未及筑城。正统十四年（1449年）兵部尚书于谦建议筑城，但由于年荒而罢。直到景泰初年（1450年）方建城于汶河（会通河）之北、卫河之东，并移县治。弘治二年（1489年）升为州，领馆陶和丘县二县[7]（图2-3）。

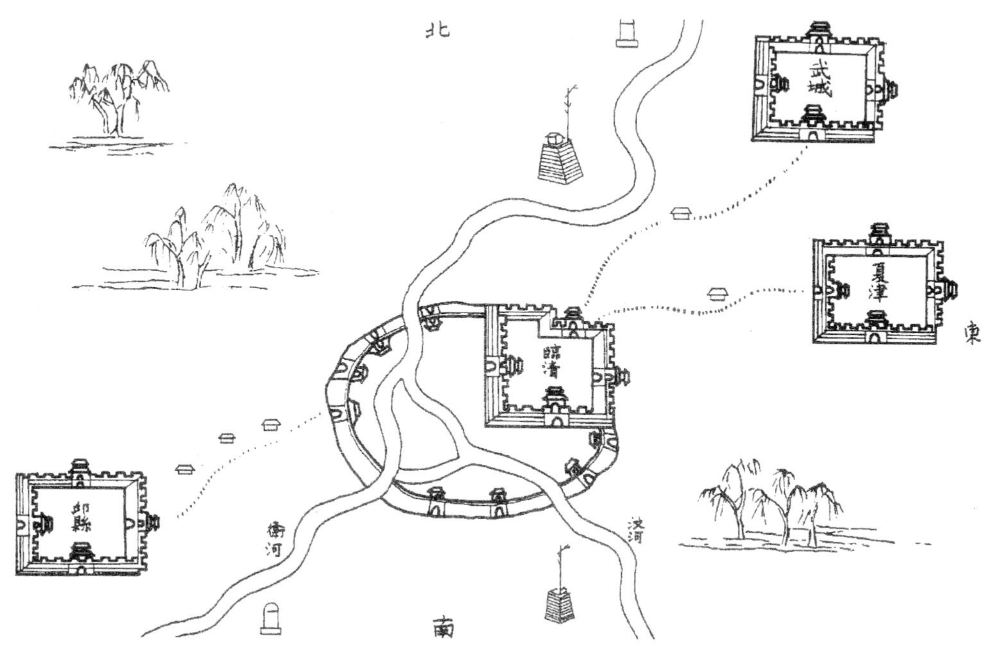

图2-3. 临清与汶河、卫河关系图
《临清直隶州志》

1. 漕运与建城

明代临清城的形成与发展和漕运密不可分。

首先，特殊的历史地理位置，决定了临清是重要置仓地。临清“连城依阜，百肆堵安，两水（汶水、卫水）交渠，千樯云集，关察五方之客，闸通七省之漕”[8]，是会通河的咽喉。洪武三年（1370年）于此置仓储粮。永乐十三年（1415年），重疏大运河成，会通河在城南分为南、北二河，至中州合流入卫，县治恰在汶、卫环流之中，运输十分方便。宣德时，又增造临清仓，“容三百万石”[9]，为户部所属诸仓之冠。河南、山东的税粮，则由临清直接运往北京[10]。

其次，漕运政策使临清成为土宜物货的集散中心和转运枢纽。明代漕运“法凡三变”，先支运，次兑运，后长运。支运者，即民户运粮至淮安、徐州、临清、德州诸仓，再由官军节节转运北京。宣德六年（1431年），改行兑运法，成化七年（1471年）改长运法[11]。转漕兵卒和民户终年在外，十分辛苦，“及其回家之日，席未及暖，而文移又催以兑粮矣”[12]，所以运卒、民户视漕运为畏途，致使京师仓储不时匮乏。为了提高运卒的积极性，明政府采取了一系列优恤措施，其中之一便是准许漕舟免税搭载私货，在沿运码头贩卖[13]。景泰、成化时，又鼓励商人运粮输边，换取盐引。因此踞汶、卫之冲的临清转运与集散更为繁忙。

这样，就为明代临清城的选址、建造和发展奠定了基础。景泰元年（1450年）卜地，移治于会通河东，并以原广积仓为依据，形成东北凸出的城圈，俗称“幞头城”。周九里一百步，高三丈二尺，厚二丈有奇，甃以砖，作门四：东曰威武，西曰广积，南曰永清，北曰镇定。门上及角隅为戍楼八，戍铺四十六，人马陟降处为蛾眉甬道（坡道）。凿濠深广皆九尺，形成明代临清城的最初形式。“兵卒有舍，商贾有市”[14]。弘治八年（1495年）兵备副使陈璧增置女墙，筑月城。跨濠垒桥，因门命名。随着漕运的日益发展及往来客商的增加，城西及南隅人稠市集，“弘治而后生聚日繁，城居不能什一”[15]，于是正德五年（1510年）兵备副使赵继爵予以增葺，六年（1511年）筑边墙于原城外西南（边墙又名罗城），八年（1513年）兵备副使李充嗣补葺城的圮损部分。嘉靖年间，于旧城的西北至东南，缘边墙扩筑延袤二十余里的土城，跨汶、卫二水，呈弧状与幞头城连接，俗称“玉带楼”，又名新城。设门六，东曰宾阳、景岱，西曰靖西、绥远，南曰钦明，北曰怀朔。还有汶、卫二水门共三座，戍铺三十有二。二城面积相当景泰时的三倍，街市扩展至城区之外。二十八年（1549年）水门增建翼楼二座，新城西墙增辟一门。三十年（1551年）又建新

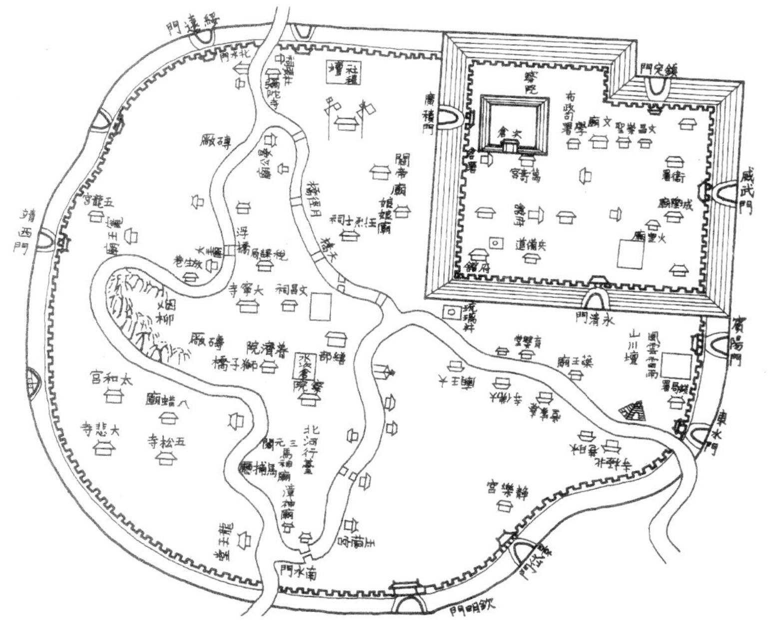

图2–4. 发展完善的临清州城图《临清直隶州志》

城敌台三十二座。从而使新建的明代临清城经历景泰幞头城、正德罗城、嘉靖新城三个发展阶段而完成其最终格局（图2–4）。

2. 市衢与河渠

临清城的建造和发展离不开漕运，市衢的兴盛则相应地离不开河渠。境内的汶、卫交会构成商贩、行旅、帆樯结集的主要市衢，其位置在幞头城西南的新城内。

沿河市场最为繁盛，有马市街、盐市街、锅市街首尾相连，南接汶水，北通卫河。其他几个主要市场有：幞头城永清门外循城而东的柴市；汶河而南的本土米款籴粜所在地车营；锅市街之西的果子巷；卫河浮桥稍南的白布巷及转东的箍桶巷；马市之西的粮食市和东夹道西夹道；卫河之西岸的羊市等，多是商贾聚集之地（图2–5）。明万历初，临清还有众多的大小店铺，如缎店有三十二座，布店有七十二座，杂物店六十五座以上[16]。整个临清市场繁华，物资丰富，从而也带动了周围地区的贸易发展，四乡各有集市，虽有牙税，仍交易频繁。另一方面，临清作为州治，地方不大，娼妓建筑却占有一定的分量。《金瓶梅词话》第九十二回描述说："这临清闸上，是个热闹繁华大码头去处，

图2-5. 保留下来的临清历史商住区，街道的石板路透出时代的久远

商贾往来，船只聚会之所、车辆辐辏之地，有三十二条花柳巷，七十二座管弦楼”。第九十四回叙述孙雪娥被卖到该地酒家店“那里有百十间房子，都下着各处远方来的窠子行院娼的”。虽是文人描绘不足为证，但此时似乎是有商必有娼，这个行业存在于临清是肯定的。

临清的衢有陆路和水路两种。水路乃汶河、卫河主流及连属的支流（图2-6）。水路的调节有板闸若干[17]和水门三座。水路和陆路的连通主要靠桥和渡口。在转换处有歇马亭，歇马亭内道教和佛教建筑共处，可供不同信仰的人祭祀（图2-7~图2-9）。桥计有永济桥、弘济桥、广济桥和浮桥，渡口有新开街渡、真武庙渡、长虹渡、窑口渡、通济渡、新开口渡和沙湾渡。浮桥的作用主要是解决河水暴激迅奔时操渡易覆的问题[18]。新城的陆路以中洲的学宫为中心，各有大街抵城门构成主要道路网。如钦明门至学宫曰南门街，其他有北门街、西门街和东门街。次级道路主要以建筑或市场命名，以市场命名的有马市街、盐市街、锅市街、线子市街等，以建筑命名的有州前街、司前街、户部街、帅府街等。还有一些小巷多以商市或作坊称名，如皮巷、香巷、油篓巷、后铺等。这些大小道路纵横交错，穿插于民居和商贾市场之间，并和水路一起，构成漕运、市易、生活十分方便的城市交通架构。

3. 城市布局与建筑设置

全城大致分为两大区：景泰年间建的幞头城和正德始建、嘉靖年间扩大围合成的新城。前者主要以署、学、司、馆、仓为主，后者则为商市和居民的集中地。其建筑设置及分布情形如下[19]：

行政和文化建筑。州署在幞头城的中心位置，县治在中州（图2-10）；秀林亭在州署东；学署在州署北；学宫在新城中心中洲（图2-11~图2-13）；清源书院在新城；府馆一在新城西南隅，二在州署西南；恭襄侯祠在幞头城

图2-6. 临清城中水系

图2-7. 临清歇马亭和马道

图2-8. 临清歇马亭建筑院落门厅

图2-9. 临清歇马亭建筑群中的道教建筑和佛教建筑

图2-10. 临清县治遗址

图2-11. 州学位于临清中洲，水陆相冲处，有独占鳌头之说

图2-12. 鳌头矶及碑刻

图2-13. 临清州学鳌头矶内院

西南新城内；晏公庙在新城中洲有三，一在会通闸，一在新闸，一在南板闸；大宁寺（图2-14）、静宁寺、观音阁均在中洲近水附近；临清清真寺原有3座，均于河道边，现保留较好的是北寺（图2-15），位于罗城北部，形制规整（图2-16），而寺外则是清真市场，与城市生活相关（图2-17）；其他庙宇如城隍庙、大王庙、大悲寺等分置于城中多处。

商业和军事管理建筑。广积仓和常盈仓在幞头城西北；税课局在中洲，钞关在中州南向的水路旁，从南水门进城后的不远位置，钞关遗址仍然很大，可以一窥原有规模（图2-18）；漕运行台在卫水东浒；工部北河行署在中洲；户部督饷分司署在州署西北；鼓铸局在东水门外，有吏役炉三十余座；布政司、按察司、都察院各有行台在州署西北；山东卫河提举司在板闸南；兵备道署在州署西南，附近有蓄锐亭；卫署在州署东，中有演武之台；教场在靖西门外。

生活设施。除市场、居住建筑为新城主体外，还有医学、阴阳学在州署西；养济院在中州；漏泽园在汶河东浒（瘗埋触刑毙决、疫死他乡或死于非命而无主者的场所，围以垣墉，树以榆柳）；清源水马驿在汶河南岸；清泉水驿在州城西南五十里；递运所在州城南二里；还有诸多作坊、窑厂散布城内，尤以砖厂为多。临清是明代京师营缮的烧造中心，万历时，三大殿工程多用临清砖[20]。

概括说来，临清建筑功能分区不很明确，在城市中的分布随临清经济发展而逐步形成，无总体的规划设想。市衢的设置，多受地理因素的影响。城池的形式，也表现出不规则的、渐进的、与环境相适的、顺应经济发展的显著特征。

4. 城市变化与建筑的补足

临清的兴盛时期为正德、嘉靖时期，但万历二年（1574年）时，所辖的馆陶水已流绝，城市也渐衰落，于是就应运而生了临清舍利塔。

舍利塔建于明万历三十九年（1611年），建塔初衷实质并非为安放“舍利”，而是源于风水。塔内石刻题记对塔修建缘由和经过，留下翔实记述。当时文人缙绅聚议，认为临清衰落属风水不利，并告当时钦差官员，最后决定将观音大士像移至城北水关下，即汶、卫两河汇流北去的“天关”，可“扼塞两河水口”（图2-19），十年后舍利塔建成。塔应“灵收八表”的意象（图2-20），平面呈八边形，塔高61米，九层楼阁式（图2-21），登临凭眺，八面风光尽收眼底，自河而望，在地处平原的临清亦成旷古奇景（图2-22）。它与通州的燃灯塔、杭州的六和塔、扬州的文峰塔，并称为“运河四大名塔”（图2-23）。

图2-14. 临清大宁寺御碑

图2-15. 从运河边看临清清真北寺，规模很大

图2-16. 临清清真寺规制完整

图2-17. 临清清真寺外的回民市场

图2-18. 临清钞关

图2-19. 临清舍利塔位于城北卫河东岸

图2-20. 临清舍利塔挺拔俊美

图2-21. 临清舍利塔外部和内部均为砖砌

图2-22．登塔远眺和从水上观览

图2-23．运河四大名塔
伍联德 主编．中华景像．上海：良友图书印刷有限公司，民国二十三年．

图2-23-1．通州燃灯塔（互动百科网）

图2-23-2．扬州文峰塔

图2-23-3．临清舍利塔

图2-23-4．杭州六和塔

三、集散中心城市的普遍特征和规律

临清城的特点，是沿运河集散中心城市的代表。以此为拓展，概括这类城市的普遍特征和规律如下：

1．选址受地理条件影响较大

如临清、济宁等，均邻近漕运线，可以有效地将货物疏、集、运、易。

2．城市的扩展或发展，多与储粮护仓和市场及人口增多有关

如明景泰五年（1454年）“筑淮安月城以护常盈仓，广徐州东城以护广运仓”[21]，临清随西南临河人口和市场频增扩建新城等。改造后的城区往往转运非常方便，如通州扩筑西城后，运河支津可北达通惠河、东通白河、西接大运仓[22]。

3．形制自由，灵活多变

城池轮廓多呈不规则形，以和周围环境及交通运输线协调。城内多有蜿蜒的河道穿过，道路和水系密切相关，城中街、巷、坊交错复杂。市场繁多，并和转漕、运道、坊巷有关，有的沿河，“两岸旅店丛集，居积百货”；[23]有的设在城门外口，隆庆仪征“商贾贸易之盛，皆萃于南门外”（图2-24）；[24]有的设在街巷中，如临清的羊市、马市等。

4．有一些特殊的建筑内容不可缺少

如：（1）仓库，据《明漕运志》载“淮滨作常盈仓五十区，贮江南输税。徐州、济宁、临清、德州，皆建仓，使转输”；（2）运输管理机构，如明代通州置盐仓检校批验所和宣课司[25]，扬州有“国都两淮都转运盐使司”[26]，其作用是管理、批验、纳税、巡检盘诘私货等；（3）市、场、坊、厂，如万历通州有料砖厂、花石板厂、铁锚厂[27]，清江厂辖卫厂八十二所，厂房延绵二十三里，岁造船五百只有奇[28]；（4）卫、所、楼、台、铺等防御设施，如临清演武台是为登高望远、了解泛流之舟情的，还有一些墩台主要为防潮患，如淮安设立峰墩二百二十座[29]。

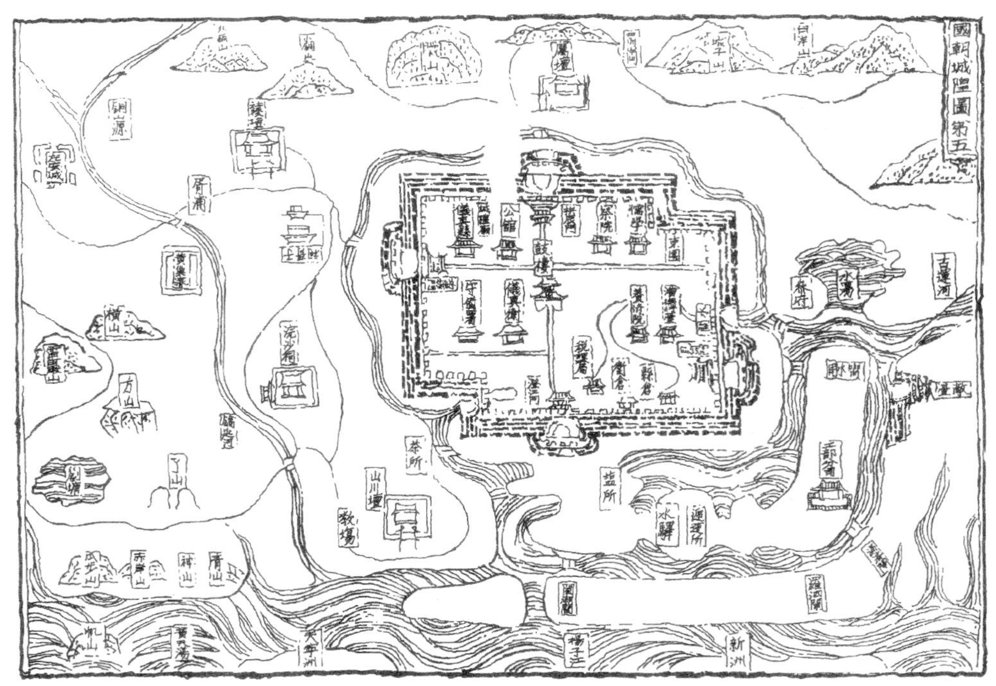

图2-24．明仪真卫城
摹自天一阁藏明代方志选刊·(隆庆)《仪真县志》

5．城市兴盛或衰败不由人力

从城市的成长至兴盛的过程来看，多呈现出渐进的、自下而上的自然发展模式。而其衰败，也多由自然条件改变所致，如淮安，明初运道由旧城西折而向东，由新、旧二城间折而北至古末口入黄河，从而带来“新城西瞰运河，东控马家荡，北俯长淮，得水之利，财赋倍他处”[30]，但后来运河改走城西，由靖江浦入黄河，万历时黄河又在草湾改道，于是新城地利尽失，“人烟寂寞顿异”[31]。相反，临清在万历二年（1574年）时，所辖的馆陶水已流绝，但在后来清康熙三十六年（1697年），临清南徙至馆陶合卫时，由于自然条件变化，又出现“临清社火”的繁盛景象，对此，《鸿雪因缘记》的作者麟庆曰：“盖列圣敬天事神，感通呼吸，是以漳神显灵效顺”[32]。对自然的谦恭和无奈可见一斑（图2-25~图2-27）。在临清运河东侧还有一株永乐年间所植的松柏，曰“五祥松”（图2-28），为人们祈福盼祥的心愿表达。

岁月沧桑，尽管当年沿运河的一些城市的兴盛已成历史，但大多数城市后来成长壮大起来。

图2-25. 曾经兴盛时的"临清社火"
[清]麟庆著文，汪春泉等绘图.《鸿雪因缘图记》十四. 北京古籍出版社

图2-26. 临清尚使用的运河

图2-27. 临清已废弃的运河

图2-28. 临清五样松

注释：

1 危素，元海运志.
2 元史·食货志.
3 临清县志.
4 天下郡国利病书，上海涵芬楼影印昆山图书馆藏稿本.
5 夏镇诗.
6 小方壶斋舆地丛钞第六帙·山阳风俗物产志.
7 参见：嘉靖山东通志，上册卷之三，建置沿革下，天一阁藏明代方志选刊续编，临清直隶州志十一卷·首一卷·卷之一，沿革，[清]张度、邓希曾修，朱钟纂，清乾隆五十年（1785年）刻本.
8 天一阁藏明代方志选刊续编，临清直隶州志十一卷·首一卷·卷之一，沿革，[清]张度、邓希曾修，朱钟纂，清乾隆五十年（1785年）刻本.
9 明史·食货三.
10 明史·食货三.
11 兑运法，即民运粮至附近府、州、县，兑给卫所官军，由官军运往京师；长运法，即令官军直接到江南码头兑粮，参见：明史·食货三.
12 行水金鉴卷一七五.
13 明会典卷二十九.
14 吏部尚书王直临清建城记，临清直隶州志卷之二，建置，城池.
15 同14.
16 皇明经世文编，卷四一一，赵世卿，关税亏减疏，中华书局影印本.
17 嘉靖山东通志，上册，卷之十三 漕河.
18 嘉靖山东通志，上册，卷之十四 桥梁.
19 参见：嘉靖山东通志，上册，卷之十五——卷之二十一，临清直隶州十一卷首一卷，卷之二，建置.
20 明史，食货六，“烧造之事，在外临清窑厂、京师琉璃、黑窑厂皆造砖瓦，以供营缮。”
21 [清]张燮，明通鉴，卷二十六.
22 [清]李培祐，通州志，卷十，重修通州新城记.
23 [明]蒋一葵，长安客话，卷六.
24 [明]杨洵，扬州府志，序.
25 明会典，卷三十五.
26 嘉靖惟扬志.
27 [明]沈应文，顺天府志，卷二.
28 [明]席书、朱加相，漕船志，卷一.
29 嘉靖淮扬志.
30 [清]吴玉搢，山阳志遗，卷一.
31 [清]金秉祚，山阳县志，卷四.
32 [清]麟庆著文，汪春泉等绘图，鸿雪因缘图记，第三集，北京古籍出版社.

Chapter 3

Operation and Management of Nanwang Water Distribution Hub

Zhong Xingming

第三章

南旺分水枢纽的管理运作

钟行明

一、南旺分水枢纽在京杭大运河中的地位

1. 京杭大运河之咽喉——会通河

元代先后开凿济州河与会通河，“会通河，起东昌路须城县安山之西南，由寿张西北至东昌，又西北至于临清，以逾于御河……诏出楮币一百五十万缗、米四万石、盐五万斤，以为佣直，备器用，征旁郡丁夫三万，驿遣断事官忙速儿、礼部尚书张孔孙、兵部尚书李处巽等董其役。首事于是年（至元二十六年，1289年）正月己亥，起于须城安山之西南，止于临清之御河，其长二百五十余里，中建闸三十有一，度高低，分远迩，以节蓄泄。六月辛亥成，凡役工二百五十一万七百四十有八，赐名曰会通河。”[1]

会通河自开凿以来范围不断变化：元时会通河指自安山至临清板闸。明初宋礼重开会通河，因济州河之名不著，至明代遂合二河通称会通河，其范围扩大至临清至济宁南60里许的鲁桥段[2]。明后期又对会通河进行了改道，为避免黄河对闸漕南段河道的冲阻，在鱼台县之南阳至沛县之留城之间开凿南阳新河，长141里88步。嘉靖六年（1527年），因黄河决口，命官开濬，“垂成而止”。嘉靖四十四年（1565年），黄河又决，乃因旧迹疏凿，八个月修成。隆庆元年（1567年）山水冲决复淤新河之三河口，因而又对新河进行整治，至隆庆三年（1569年），先后修建石坝、石堤、减水闸等[3]。由于夏镇以南河道逼近黄河，易受黄河之灌，明后期开通泇河，清又开凿中河，清代作为运道的仅为南阳至夏镇[4]（图3-1、图3-2）。

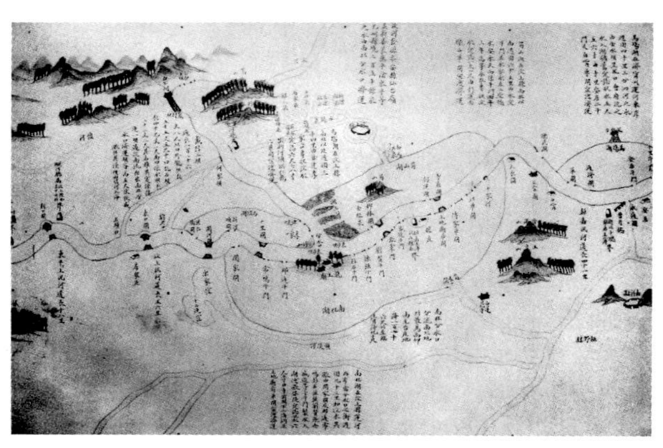

图3-1. 山东运河全图（局部）
引自：李孝聪 编著. 美国国会图书馆藏中文古地图叙录. 北京：文物出版社，2004年10月：图一〇八.

图3-2. 山东全省河图（局部）
引自：李孝聪 编著. 美国国会图书馆藏中文古地图叙录. 北京：文物出版社，2004年10月：图一〇五.

会通河全线均为人工开凿而成，在整个大运河河道中特色鲜明，该段运河的畅通与否直接关系到整个大运河的运转，有“会通一河，譬则人身之咽喉也，一日食不下咽，立有死亡之祸”[5]的评论。然而该段运河由于自然条件限制等原因，是通航最为困难的一段，因而必须辅以人工设施和完善的管理制度来克服自然条件的限制，这就决定了它必然成为大运河管理的难点和重点。除了借助当时一系列先进的水利工程技术外，还和成熟的管理制度有关，从而使得该段运河在明清两代大运河南北转输中起到举足轻重的作用，康熙帝曾曰：“山东运河转漕入京师，关系紧要，不可忽略”[6]。大运河管理制度的完备之于大运河的重大作用在此段得到较好的诠释。

2. 南旺分水枢纽在会通河中的地位

济宁以北汶泗之间有一片高阜地带，为汶泗二水下游冲积物堆积而成，也是这一地区汶泗二水系的分水岭，古代称为“东原”。元代在这里开凿沟通南北的运河时，就必定要爬过这个高坡，从而给航运带来困难[7]。这样的地形地貌使得会通河两端低、中间高，南旺恰处于这个高坡，是会通河的最高点，被称为整个大运河的“水脊”。从南旺向北至临清相距300里，地势下降90尺（约28米），自南旺向南至镇口相距390里，地势下降106尺（约33米）[8]（图3-3）。

由此可见河道比降特别大，比降分别约为1/5000~1/6000，地势高差产生了水位落差，故而漕船在此段运河不能畅行，只有沿河设置船闸，通过掌控船闸的启闭控制蓄泄，才能使漕船克服水位高差，顺利航行。

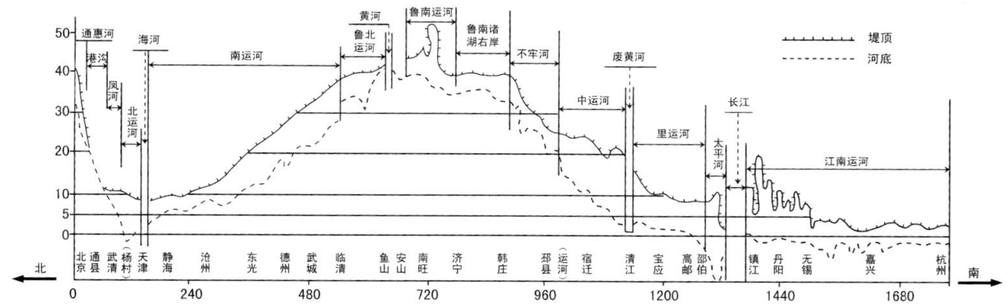

图3-3．会通河沿线地形

摹自：陈桥驿主编．中国运河开发史．北京：中华书局，2008年9月：126.

由于会通河地处北方，年降水量少，地表径流少，会通河水源主要靠汶泗水系补给，其中汶河则是非常重要的补给河流。南旺分水枢纽地处汶河、运河交界处，担负着引汶济运并调节南北流量的重任，通过合理启闭船闸、斗门等设施，使得南旺分水岭南北两侧水量均可保证船只顺利航行。南旺分水枢纽的最大作用在于它解决了会通河南北分流的问题，从而解决了水源补给，保证了会通河的正常运转。

二、南旺分水枢纽的建置沿革

1. 由济宁分水到南旺分水

元代开通济州河后，为解决水源问题，引汶水济运，把分水点选在了济宁的会源闸（即后来的天井闸），该做法没有充分考虑山东运河的地势条件，济宁地势虽与“徐境山巅齐”[9]，但并非山东运河最高处，济宁以北的南旺地势比济宁更高，明人万恭曾指出，南旺地势“与任城太白楼岑齐”[10]，济宁分水“北高而南下，故水之往南也易，而往北也难”[11]，使北运漕船经常浅阻。事实证明，把分水口选在济宁是不合理的，“汶水西流，其势甚大，而元人于济宁分水，遏汶于堽，非其地矣”[12]。

明永乐九年（1411年）重开会通河时，宋礼采用汶上老人白英的建议，在东平筑戴村坝，遏汶水使其不入洸而尽出汶上，“至南旺中分之为二道，南流接徐沛者十之四，北流达临清者十之六”[13]，自此，分水口改在南旺。“南旺分水，地形最高，所谓水脊也”[14]，把分水口设于此处十分合理，对调节南北运水量发挥了重要作用，正如明人潘季驯所言“南旺地高，决诸南则南流，决诸北则北流，惟吾所用耳”[15]。

2. 南旺分水枢纽构成及建置

南旺分水枢纽由小汶河、南旺湖（包括南旺西湖、蜀山湖、马踏湖）及相关口门、闸坝、分水龙王庙、分水口、南旺上下闸、开河闸、戴村坝、堽城坝、坎河口坝等组成（图3-4）。

图3-4. 南旺分水枢纽构成
地图摹自：姚汉源著. 京杭运河史. 北京：中国水利水电出版社，1997年：198，南旺分水示意图.

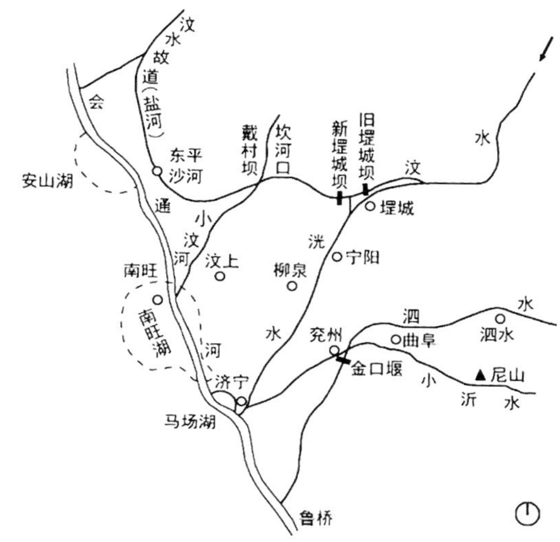

（1）小汶河

小汶河为戴村坝至南旺分水口之间的河道，即南旺分水枢纽的引水渠。两岸筑堤，上端与汶河相接，下端穿过南旺湖东侧，分其为南北两湖面，即北侧的马踏湖和南侧的蜀山湖。

（2）南旺湖

南旺湖位于汶上县西南30里，初置水柜时周围150里，运河纵贯其中，而汶水自东北向西南流把运河之东水面分为二[16]。整个南旺湖区由运河堤及汶水堤分为三部分，运西为南旺西湖；运东由汶水堤分为南北两部分，北为马踏湖，南为蜀山湖。三湖之中，蜀山湖蓄水济运，"冬月挑河时将汶河之水尽收入湖以备春夏之用"，因而"较他湖为最紧要"[17]。

（3）堽城坝

堽城坝，在宁阳西北三十里[18]。明代宋礼采纳白英之计，在宁阳筑堽城坝，以遏汶河之水入洸河，汶水不断南趋，冲击大坝，雍正七年（1729年）诏于坝下筑土堤一道护坝，堤长二百九十丈[19]。

（4）戴村坝

戴村坝位于在东平州东六十里四汶集，明永乐九年（1411年）宋礼建，横截汶水趋南旺，由分水口入会通河济运[20]。戴村坝建成600余年，历朝屡加整修改

图3-5．戴村石坝

图3-6．与戴村石坝相连的窦公堤

建。现存戴村坝由戴村石坝、窦公堤、灰土坝三部分组成，全长1599.5米。石坝由南到北又分为滚水坝、乱石坝、玲珑坝三部分，共长437.5米（图3-5、图3-6）。“明宋礼先建玲珑坝，后万恭建乱石坝，潘季驯又建滚水坝，三坝接连”[21]。

（5）坎河口坝

坎河口坝，在东平州东，戴村坝东五里[22]，是汶水泄入盐河之处[23]。河口两旁用石裹头，各长十丈、高一丈二尺，中间用滚水坝二十二丈二尺，仍留石滩四十九丈一尺，名乱石坝，遇汶河涨溢，由此泄水北入大清河归海[24]。明万历十七年（1589年）潘季驯筑石坝一道，长六十丈，“水涨则任其外泄，而湖河无泛滥之患；水平则仍复内蓄，而漕渠无浅涸之虞，利赖甚重，防守当严。必每岁六月初旬，即令东平州管河官驻札坝上，备料集夫，相机捍御，九月初旬始得撤守，着为定例”[25]。

（6）分水口及分水龙王庙

分水龙王庙，位于在汶上县西南六十里南旺湖上运河西岸，汶水自戴村坝转西南流至庙前，南北分流，明初建庙于其上以镇之，天顺二年（1458年）主事孙仁重修[26]。分水龙王庙主要用作祭祀治水功臣，如宋礼、白英等，同时兼作管理之用，成为南旺分水口的标志性建筑（图3-7~图3-10）。

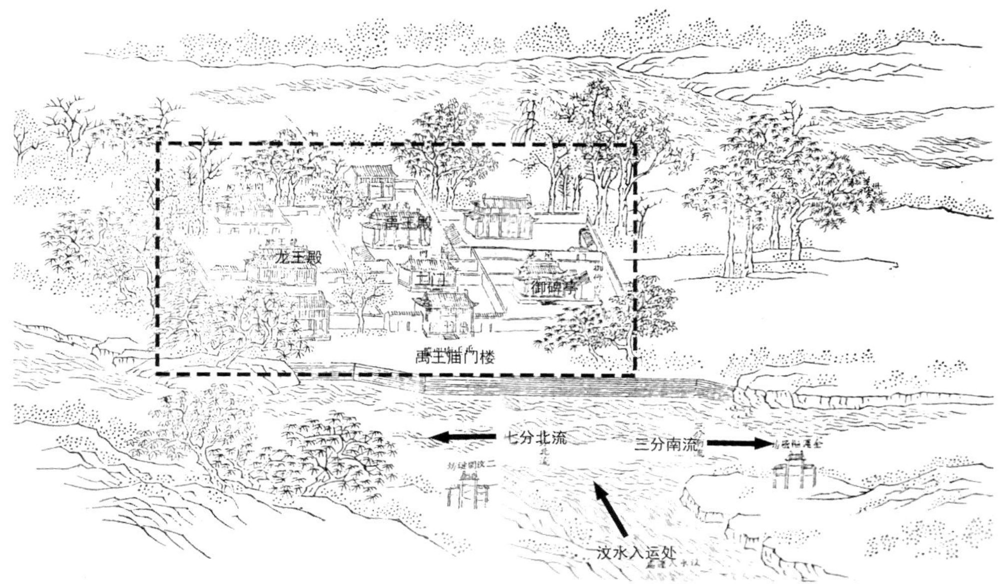

图3-7. 南旺分水口及分水龙王庙
地图引自：刘托、孟白主编，清殿版画汇刊（十），［清］高晋辑. 南巡盛典图，卷96，《名胜》，分水口图

图3-8. 分水龙王庙

图3-9．考古发掘的河道砖石驳岸及铭文

图3-10．分水龙王庙附近被淹没的堤坝

三、南旺分水枢纽的管理运作

南旺分水枢纽是一个系统的水利工程，虽然每个组成部分都有自己一套相对成熟的管理运作方法，但它需要各组成部分的相互协调和配合运作，才能使南旺分水枢纽发挥作用，视不同情况引汶河水济运。这里按水流的方向、自东而西探讨各组成部分是如何发挥作用的，同时又是如何根据不同情况与其他组成部分相互配合共同完成引水、分水的。

1．南旺湖管理运作

南旺湖由蜀山湖、南旺西湖、马踏湖三湖组成，三湖之中，蜀山湖蓄水济运，“冬月挑河时将汶河之水尽收入湖以备春夏之用”，因而“较他湖为最紧要”[27]。

蜀山湖北侧临汶河，南岸在明代有刑家林口、田家楼口[28]，而清代则为永定（即徐家坝）、永安（即田家楼）、永泰（即南月河）三斗门[29]，这些设施均用来收蓄汶河之水入蜀山湖。清时规定，蜀山湖必须蓄水至九尺八寸，才能足全漕之用[30]。蜀山湖蓄水期有二：一为冬季，冬月汶河煞坝至次年春开坝，共三个月，此期间为挑河期，泉流微弱，到春时蓄水约二尺左右；二为秋汛时，每年汶水伏秋水涨三、四次，每次五、六日，此时水大，全开三斗门，以尽量多蓄水。两次蓄水相加，总量约至九尺八寸[31]。

湖之西侧紧临运河东岸，有金线、利运二单闸，用以宣泄湖水入运河，其中以利运闸尤为关键，“为蜀山湖之门户”，此闸“专节宣蜀山湖水，湖水若小则此闸宜坚闭，万不可开。湖水若大，则将闸板全启”[32]。蜀山湖本来用来济南运（南旺分水口以南之运道），然“见南来济运之水甚多而北运每苦无水”，因而用于济北运（南旺分水口以北之运道），“坚闭利运闸不令开放，使蜀山湖水由田家楼口、邢家林口入汶河，出南旺分水口济运至初夏”[33]。可见，通过对水闸的有序、合理启闭，可以控制蜀山湖补给南运或北运，这反映了当时治水技术的成熟。

马踏湖，“在汶河堤北、漕河东，周回三十四里”[34]。湖南侧临汶河北岸，有徐建口、李家口收纳汶河之水，而湖西侧临运河，有新河头、宏仁桥二放水口以济运[35]。马踏湖用于补流北运，当北运河水势小时，开宏仁桥或新河头闸以放马踏湖之水补济运河；若运河水势足，则宜堵闭此二口[36]。

南旺西湖，在运道之西，明后期渐称南旺湖。运道西堤“设计斗门为减水闸十有八，随时启闭，以济运河”[37]，此记载表明有18座减水闸，而蔡泰彬研究认为有10座减水闸，自北而南依次为关家口、常家口、刑家口、孔家口、彭秀口、刘玄口、张全口、焦栾口、李泰口和田家口[38]。《山东运河备览》载清代有八斗门，分别是“焦栾、盛进、张全、刘贤、孙强、彭石、邢通、常鸣，俱明永乐年建，国朝康熙五十六年（1717年）、乾隆十七年（1752年）修。”[39]关于斗门数量，说法各有不同，实际上明清两代斗门多有兴废，姚汉源在其著作中曾对此问题进行研究[40]，本文在绘图标注斗门时引用其研究成果。南旺西湖调节运河水量的方法与其他两湖相同，每逢伏秋汶水泛涨致运道水涨时，则开斗门放水入湖，等至湖水开始入河时则下板蓄水，至秋后无水可收时，在湖口筑坝，不使水泄；至春夏运河水少之际，则开斗门放水入运[41]。此外，每年重运过后，如遇汶河水发，则严闭柳林闸与寺前闸，让水从各斗门入湖，入湖后若水势不大，则亦将开河闸、十里闸严闭；若此时湖水势大，则将十里闸、开河闸及迤北各闸全部开行，让湖水向北入海，因北行入海相较南行为近[42]（图3-11）。

2. 堽城坝、戴村坝管理运作

堽城坝的作用是阻止汶河水入洸河，其作用与元代所建堽城坝正好相反，元代所建堽城坝是导汶水入洸河。汶水在堽城坝受阻后不入洸河，而径西南流至戴村坝处。戴村原为汶河与盐河之交界之处，汶河本自此西北流入大清河然

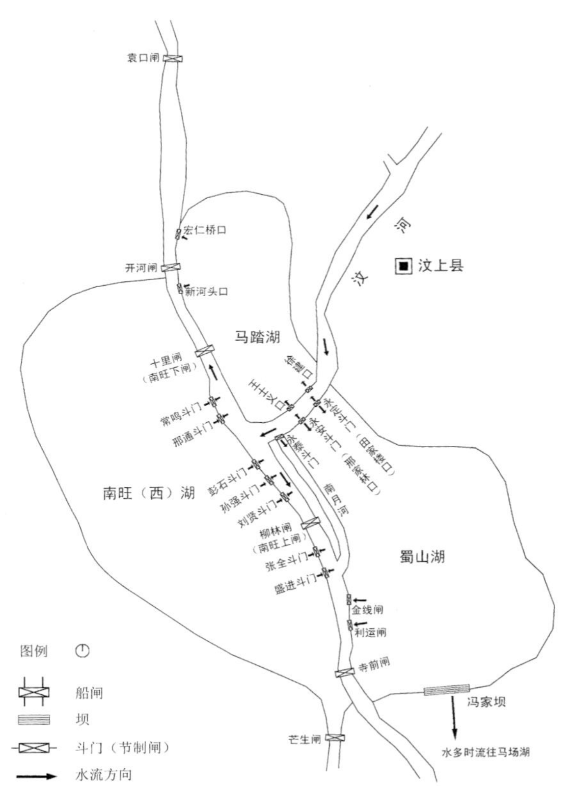

图3-11. 南旺湖运作示意图

后归海，戴村坝建成后，迫使汶河尽流南旺分水，因而戴村坝可谓南旺分水枢纽的关键所在，“系运河第一吃紧关键”[43]，“漕河之有戴村，譬人身之咽喉也。咽喉病，则元气走泄，四肢莫得而运矣”[44]，“东省漕河为粮艘经行要道，全赖汶水济运，而汶水又以东平州之戴村坝为关键”[45]。戴村坝的主要运作方式为“每水潦，则掘坎河口以杀之，不足则开滚水坝，又不足则开减水诸闸，或顺之入海以披其势，或蓄之入湖以纳其流；水微则尽塞，使余波悉归于漕，此戴村坝所由来也”[46]。

然而，由于汶河含沙量大，每年伏秋水涨之时会挟带大量泥沙，此时漕河水多，为保障漕运不得不使汶河由戴村坝入海，或由马踏湖、蜀山湖之斗门入二湖，使得戴村坝前及两湖内易于淤积，因而南旺有大小挑的定例。建戴村坝的初衷是“利在用其水而去其沙，泄其有余而蓄其不足”，因而“明臣宋礼先建玲珑坝，后万恭建乱石坝，潘季驯又建滚水坝，三坝接连，俱仅出水三尺，盖汶水挟沙而行，上清下浊，伏秋涨发水，由坝面滚入盐河归海无虑泛滥，其沙即从玲珑、乱石坝之洞隙随水滚注盐河；冬春水弱，则筑堰汇流济运，不致浅阻，是但收汶水之利不受汶水之害”[47]，这一制度本来已经十分周密，但清代“齐苏勒因彼时干旱之后汶水甚微，不能济运，随将玲珑坝洞隙堵实。至雍正四年（1726年），内阁学士何国宗又议增筑石坝一道，计高七尺长一百二十余丈，紧贴玲珑、乱石、滚水三坝，高厚坚实，滴水不泄"，如若水大一时并涨，河水归海无路，必尽归于运，而运河又不能容纳，必致水漫溢，则济、汶、鱼、沛以及东昌、临清等处均有水患[48]。

故而有大臣提出仿元代堽城坝之制，在坝旁建多处减水闸，闸坝配合使用，春秋水小而清时开闸济运，伏秋水大而浊时闭闸泄水归海，如此则无水患而又可济运，"南旺塘河沙不得淤，亦可免岁岁大小挑之费"[49]。《居济一得》载："于汶河建堽城坝以蓄水，又于汶河南岸建堽城闸引水至济宁济运，故当冬春水小之时，则闭堽城坝开堽城闸引水入运，又系清水河不得淤；及至伏秋水涨之时，又系浑水带有泥沙，则闭堽城闸开堽城坝泄水入海，而运河不致泛滥，制诚善也……宜于戴村建闸如堽城闸之制，冬春水小而清，则开闸放水以济运；伏秋水大而浊，则闭闸泄水以入海，庶民田无淹没之患，运河收利济之功。或谓会通河初开之时，运粮无多，故闸水可以济运，今日运粮数倍于昔，建闸放水恐水不足用，奈何？予曰闸可多建，照堽城闸制先建三闸，如不足用再建一闸，又不足用再建一闸，五闸想无不足之理，而再于坎河口下多建数闸如堽城坝制，水大则泄之入海，将闸板尽启放水北行；水小则蓄之济运，不止各闸下板，仍将石坝上加一沙坝，或一尺高，或二尺高，务使足以济运而止"[50]。

3. 南旺分水口运作

小汶河出南旺分水口济运，"四分南流，出柳林闸至济宁一百里合于泗沂；六分北流，出十里闸至临清三百五十里合于漳御。分水之法柳林闸石底高三尺许，十里闸石底低三尺许，以此作准，故南少而北多也。水口积沙为患，按年大小挑以导之"[51]。此说法为四分南流、六分北流，而《泉河史》则记为三分南流、七分北流[52]，虽南北流比例略有不同，但均是北多南少，这是因为北运水源较南运少。然而到了清初，"不知始自何年，竟七分往南，三分向北"[53]，主要原因是分水口以北段运河因泥沙淤积而致河床升高，"遂遏北行之水，尽归南下"[54]，故而每遇天旱之年，七级、土桥带常浅阻，而每遇雨涝之年，济宁、鱼台一带则受水患，因而张伯行提出应恢复"南三北七"之制[55]。

南旺分水口通过南旺上、下两闸，用轮番之法实现分水。若漕船浅阻于南，则闭南旺下闸而开南旺上闸，使汶水南流，更发滨南之湖水济运；若漕船浅阻于北，则闭南旺上闸而开南旺下闸，使汶水北注，因安山湖后来淤积，使马踏湖以北并无湖渠可以辅助济运，宜于坚闭蜀山湖之金线、利运二闸，蜀山湖之水出田家楼口、邢家楼口入分水口以济运[56]。或者亦可导马踏湖或南旺西湖之水济运，因分水口位于南旺湖之中，故南旺分水与南旺湖济运往往是互有你我（图3-12）。

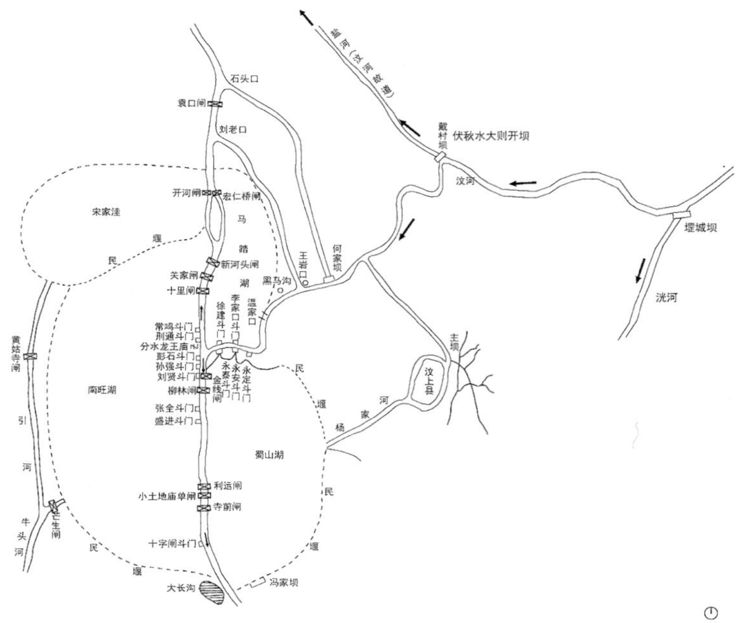

图3-12. 南旺分水枢纽运作示意图
底图摹自：姚汉源. 京杭运河史. 北京：中国水利水电出版社，1997：199：[清]乾隆时南旺分水枢纽形势示意图

注释：

1 ［明］宋濂等撰，元史，卷64，河渠志一·会通河.
2 姚汉源著，京杭运河史：144，中国水利水电出版社，1997.
3 ［明］王圻撰，续文献通考，卷38，国用考·漕运中·南阳新河.
4 ［清］载龄等修，福趾等纂，钦定户部漕运全书，卷40，漕运河道·新河考："然夏镇以南，地逼于黄，不胜黄水之灌，于是李化龙等复议开泇河以导之，故至今用为运道者，惟自南阳迄夏镇焉。"
5 ［明］丘浚撰，大学衍义补，卷34，漕挽之宜下.
6 清圣祖实录，卷220，闰四月甲寅条.
7 邹逸麟，山东运河历史地理问题初探，见邹逸麟著，椿庐史地论稿：天津古籍出版社，2005年5月：150~183.
8 ［清］张廷玉等撰，明史，卷85，河渠志三·运河上："自南旺分水北至临清三百里，地降九十尺，为闸二十有一；南至镇口三百九十里，地降百十有六尺，为闸二十有七。"
9 ［明］谢肇淛撰，北河纪，卷8，万恭《重修报功祠记》.
10［明］谢肇淛撰，北河纪，卷8，万恭《重修报功祠记》.
11［清］张伯行撰，居济一得，卷1，运河总论.
12［明］胡瓒撰，泉河史，卷1，图纪，《东平州泉图》图中之文字.
13［清］张廷玉等撰，明史，卷153，宋礼传.
14［清］傅泽洪撰，行水金鉴，卷126，运河水.
15［清］张伯行撰，居济一得，卷2，南旺分水.
16［明］申时行等修，赵用贤等纂，大明会典，卷197，河渠二，运道二·湖泉："漕渠贯其中，西岸为南旺西湖，东岸为南旺东湖。汶水自东北来，界分东湖为二,二湖之下北为马踏湖，又北为伍庄湖，南为蜀山湖，又南为马场湖。"
17［清］张伯行撰，居济一得，卷2，蜀山湖.
18［清］岳濬、法敏等修，［清］杜诏等纂，山东通志，卷22，桥梁志.
19［清］岳濬、法敏等修，［清］杜诏等纂，山东通志，卷19，漕运.
20 大清一统志，卷142，泰安府，戴村坝.
21［清］世宗宪皇帝朱批谕旨，卷126之22，朱藻为奏明戴村坝工程仰祈圣鉴事.
22 大清一统志，卷142，泰安府，坎河口石坝.
23［清］张伯行撰，居济一得，卷3，坎河口.
24［清］岳濬、法敏等修，［清］杜诏等纂，山东通志，卷19，漕运，戴村坝.
25［清］傅泽洪撰，行水金鉴，卷126，运河水.
26 大清一统志，卷130，兖州府，分水龙王庙.
27［清］张伯行撰，居济一得，卷2，蜀山湖.
28［明］胡瓒撰，泉河史，卷1，图纪，南旺湖图.
29［清］陆耀等纂，山东运河备览，卷5，运河厅河道下·蜀山湖。而［清］张伯行撰，居济一得，卷2《蜀山湖》中则仍称邢家林口、田家楼口。乾隆兖州府志，卷18，《河渠·蜀山湖》载："蜀山湖……汶水上流有收水口三，徐家坝口、田家楼口、南月河口……雍正四年（1726年）修堤筑堰并将徐家堤等三口改建石闸，名曰永定、永安、永泰。"
30［清］陆耀等纂，山东运河备览，卷5，运河厅河道下·蜀山湖.
31［清］陆耀等纂，山东运河备览，卷5，运河厅河道下·蜀山湖.
32［清］张伯行撰，居济一得，卷2，利运闸.
33［清］张伯行撰，居济一得，卷2，利运闸.
34［明］谢肇淛撰，北河纪余，卷2.
35［清］觉罗普尔泰修，陈顾瀞纂，乾隆兖州府志，卷18,《河渠·马踏湖》"汶水上流有收二口，徐建口、李家口。湖之西堤东临运河有放水二口，新河头、宏仁桥。"居济一得，卷4,《马踏湖》记入水口为徐建口、王士义口，推测李家口与王士义口所指相同.
36［清］张伯行撰，居济一得，卷4，马踏湖.
37［清］傅泽洪撰，行水金鉴，卷105，运河水·南旺湖.
38 蔡泰彬撰，明代漕河之整治与管理，台湾商务印书馆股份有限公司，1992年1月：178.
39［清］陆耀等纂，山东运河备览，卷5，运河厅河道下·南旺分水口.
40 姚汉源著. 京杭运河史. 北京：中国水利水电出版社，1997：204.
41［清］张伯行撰，居济一得，卷2，南旺各斗门.
42［清］张伯行撰，居济一得，卷2，南旺主簿.
43［清］潘季驯撰，河防一览，卷3，河防险要.
44［明］胡瓒撰，泉河史，卷3，泉河志，戴村坝条.
45［清］世宗宪皇帝朱批谕旨，卷126之22，田文镜为奏明戴村坝工程仰祈圣鉴事.
46［清］傅泽洪撰，行水金鉴，卷141，运河水.
47［清］世宗宪皇帝朱批谕旨，卷126之22，田文镜为奏明戴村坝工程仰祈圣鉴事.
48［清］世宗宪皇帝朱批谕旨，卷126之22，田文镜为奏明戴村坝工程仰祈圣鉴事.
49［清］傅泽洪撰，行水金鉴，卷141，运河水："使宋尚书得终其事，改河既完，自必仿堽城坝之制以建戴村坝，仿堽城闸之制以建戴村闸，南旺运河分水口上流亦如洸河之制，止纳清流而不纳浊流，则南旺塘河沙不得淤，亦可免岁岁大小挑之费矣。"
50［清］张伯行撰，居济一得，卷3，戴村坝.
51 同19.
52［明］胡瓒撰，泉河史，卷3，泉源志，"初，尚书宋公坝戴村，浚源，穿渠百里，南注之达于南旺，以其七比会漳卫而捷于天津，以其三南流会河淮。"
53 同11.
54［民国］潘守廉、唐烜、袁绍昂纂修，民国济宁县志，卷1，疆域略.
55［清］张伯行撰，居济一得，卷3，分水口上建闸.
56 同19.

Chapter 4

Liaocheng and its Water

Li Guohua

第四章 聊城与水

李国华

一、聊城概述

聊城坐落于黄河下游广袤的冲积平原上，地势平坦。

聊城春秋始建，之后城址屡经变迁，宋迁于现今城址，明代为府治兼县治，今划入“聊城市东昌府区”。聊城为著名水城，曰其水城，是因黄河、运河、环城湖这几个重要的水系与城密切相关（图4-1）。尤其京杭大运河穿城而过，使明聊城成为重要的物资集散地，交通便利，商业繁盛，为“江北水城”。对此，万历年间于慎行曾撰文：“国家转漕江南，通渠两京之间，自淮以北，长不下三千里，夹渠而治者，星罗珠贯，不下数十城”，唯有聊城“枕其间，独号为府，辟河渠以卒，然则，其要云清源绾毂，御漳万货辐辏，江北一都会也”[1]。清代沿用明制，辖九县一州。康乾年间随着漕运的繁盛，聊城声位愈增。秦晋江南商家云集，八大会馆沿运河毗邻相望，雕梁画栋的山陕会馆便是遗留给今人的见证。至咸丰年间，黄河侵运，聊城因之而起的商业随漕运的废弃和津浦铁路的开通生机渐消（表4-1）。

图4-1．聊城现状鸟瞰 http://ditu.google.cn/maps?hl=zh-CN&tab=wl

聊城建置沿革表 **表4–1**

建置时间	名称	隶属	治所地	备注
唐虞三代		兖州		
商代末期	微子城		今城东北十八里，绳张庄一带	殷商纣王之庶兄微子启受封之地
西周	摄城/郭城		今绳张庄一带	
春秋	聊摄	齐国	今绳张庄一带	
战国		齐国	聊古庙	与赵，魏接壤
秦	聊城县	东郡	聊古庙	
汉	聊城县	东郡，治濮阳，东汉后其改治武阳	聊古庙	
三国	聊城县	曹魏平原郡		
晋	聊城县	冀州部平原国	平原（今聊古庙）	永嘉后陷于五胡
南北朝		先属魏郡，后复属平原郡	聊古庙	北魏太和二十三年，县治迁于王城
隋	定州县，聊城县	开皇十六年置博州，大业初改属武阳郡	王城	
唐	聊城县，聊邑	初属河北道魏州，武德四年重置博州	王城	
五代	聊邑，聊城县	博州，博平郡	巢陵	后晋开运二年河决城圮，州县治所迁至巢陵
宋	聊城县	博州	孝武渡（又名崇武渡，今古城址）	淳化三年河决，巢陵县毁，迁于今址
金	聊城县	博州	孝武渡	
元	聊城县	初隶东平路，至元四年（1267年）属博州路总管府，十三年（1276年）改属东昌路总管府	孝武渡	
明	聊城县	东昌府	崇武渡	洪武元年（1368年）改路为府
清	聊城县	东昌府	崇武渡	
中华民国	聊城县，筑先县	东临道，民国十七年（1928年）废道直属山东省辖。民国二十五年属山东第六区行政督察专员公署。	现址	民国元年（1912年）改府为道
中华人民共和国	聊城县，聊城市，东昌府区	山东省聊城地区，1998年改地级市。	现址	

注：制表资料来源：嘉靖山东通志[2]，东昌府志[3]，聊城县志[4]，地方史志资料丛书·聊城[5]

二、黄河迁徙对古城址的影响

聊城自古隶属于黄河流域，东昌府内河道多有变迁，或因河水泛滥改道，或为泄洪排水开挖。民国以前，府境主要有南北滚动的黄河及其支流徒骇河、马颊河[6]、郭水，排涝河道有赵王河、羊角河、湄河、小湄河等（图4-2）。自鲧禹治河起，人们开始对河水进行利用和治理。“禹以为河所从来者高，水湍悍，难以兴平地”[7]，是以流经华北平原时在大邳“迺釃二渠，以引其河，北载之高地过洚水至于大陆，播为九河”[8]。

夏禹所开二渠，“孟康曰，二渠其一出贝邱西南，南折，其一则漯川也。河自王莽时遂空，唯用漯耳”[9]，大禹疏浚洛川向东分洪，流经聊城，对此方地形产生重要影响。黄河主流自东周定王五年在宿胥口南决口，东行漯川改道而行，第一次流经东昌境内，之后多次经漯东行，直至宋庆历八年（1048年），黄河间断性行漯近1650余年。后在高唐以下的黄河与商河之间开挖“土河”（俗名大土河）对行漯的黄河分流泄洪。金元至明中期，黄河水道常数道并行，其东流则南

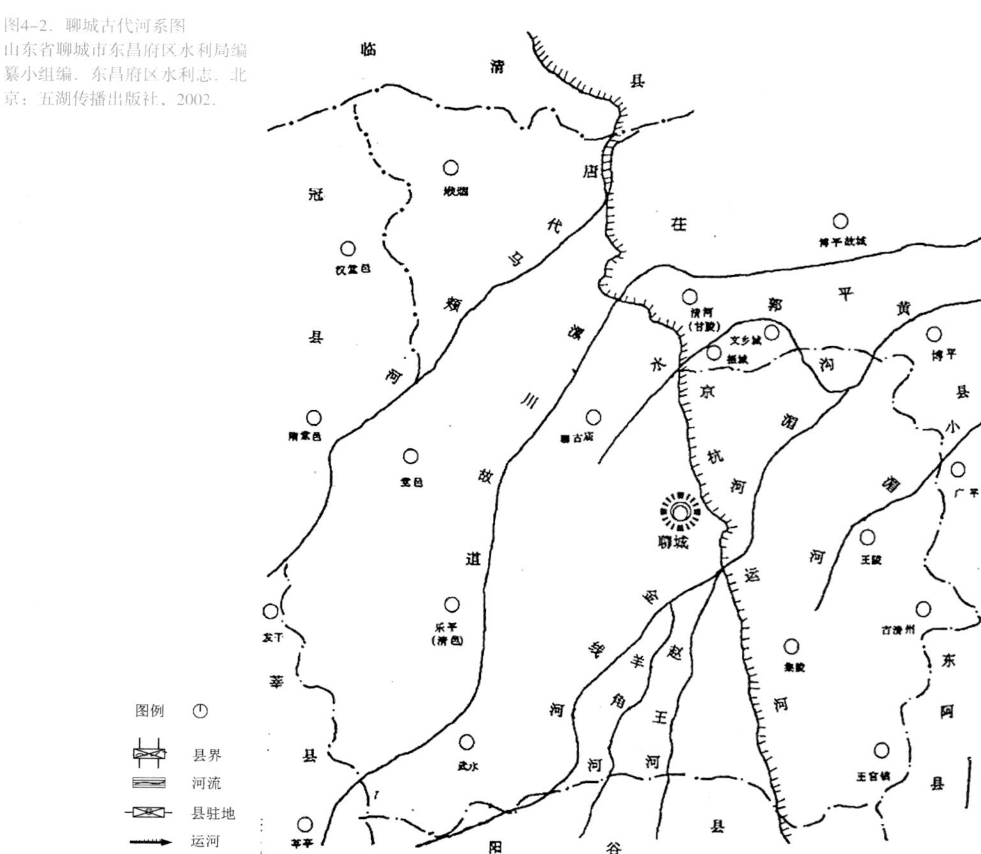

图4-2．聊城古代河系图
山东省聊城市东昌府区水利局编纂小组编．东昌府区水利志．北京：五湖传播出版社，2002．

北摆动频繁，直至万历初年，“南合于淮，去郡始远”，漯川故道经修整与下游土河贯通，成为徒骇河主流。

在黄河流经东昌的2000多年间，主流曾七次流经东昌府，41次河堤决口患及聊城古城（表4–2）。

东昌府境内黄河变迁表 **表4–2**

序号	年代		事件		黄河流经路线	备注
	纪元	公元	地点	影响及治理		
1	夏禹	约前2033年前	黄河流域洪水泛滥	大禹治水，改“障水”为“疏导”，分疏九河，导入渤海		
2	东周·定王五年	前602年	河南浚县宿胥口南岸决堤	河水漫及全境	黄河改道东行漯川至长津，经渭县北、濮阳南转向东北，经大名东、发干故城西，堂邑城北、清平西南、博平故城（今博平镇西北30里）东北，高唐南，折北经平原（今聊城）西至河北交合县合于漳河，复归黄河故道而入海[10]	黄河第一次改道，流经东昌北部470余年
西汉						
3	文帝前元十二年	前168年	河决酸枣，东溃东郡金堤	东郡大兴卒塞之		
4	武帝元光三年	前132年	决于顿丘，五月黄河又于濮阳西南决口	泛滥二十余载，漫及十六郡，聊城南部和济宁地区多年颗粒无收	黄河主流自内黄东北行，过观城西，至朝城西南流入漯川，经聊城西、博平北又东北经禹城，至滨县入海，五月自濮阳瓠子南岸决口，东南流入泗、淮	黄河第二次大改道，流经东昌西部及北部23年
5	元封二年	前109年	发卒十万堵决口修整河道	恢复周定王五年黄河故道	经元城县（今大名东）东南，经发干县故城西，又折北向东经贝丘县故城南，又东经灵县故城南、平原故城西，东北至河北东光县西合于漳水，至黄骅县入海	黄河第三次改道，流经府境120年
6	成帝建始四年	前29年	河决馆陶及东郡金堤	泛滥兖豫，凡灌四郡三十二县		
7	鸿嘉四年至永平年间	前17~58年	河水横流东郡	为患八十余年		

续表

序号	年代		事件		黄河流经路线	备注
	纪元	公元	地点	影响及治理		
8	新·王莽建国三年	11年	河大决于魏郡	泛清河以东数郡，黄河改道	河水主流徙入漯川，流经南乐、观城、范县、朝城、阳谷、聊城西、茌平北、禹城西南离漯北行，又经平原东、陵县西、乐陵南、高苑北，至利津东北入海	黄河第四次改道，流经东昌58年
东汉						
9	建武六年	30年	东郡以北大水	民大饥		
10	永平十二年	69年	王景治河	河决魏郡后六十余年，河水不断南侵，汴渠决败，景分别修筑黄河大堤、治河工程和汴渠	河自濮阳北向东北，流经范县西、东阿故城西，又东北经东昌东南，茌平南、高唐故城西，东经千乘北，至利津入海	第五次改道，流经东昌南部、东部886年
11	永光元年	153年	黄河水溢	漂害数十万	此时黄河流经聊城东部	
三国·魏						
12	黄初四年	223年	黄河溢漂	济州城毁，洪水漫及聊城		
13	景初元年	237年	九月淫雨，黄河水出	溺杀居民，漂没财产		
隋唐						
14	仁寿二年	602年		河南，河北诸州大水，漫及境内	此时黄河流经聊城东部	
15	开原十年	722年	博州（聊城）、棣州河决	冲毁博州黄河堤		
16	开原十二年	724年	博州大水			
17	开原十四年	726年	黄河南、北大水			
18	天宝十三年	754年		济州为黄河所陷没，洪水泛滥聊城东部		
19	大中十二年	858年		八月魏、博等州水害稼		
五代						
20	后梁·末帝贞明四年	918年	杨柳（今东阿城北）决口	弥漫数里，漫及聊城		梁大将谢章彦决黄河，以限晋兵
21	后晋·高帝天福四年	937年	河决博平	漫及聊城		

续表

序号	年代		事件		黄河流经路线	备注
	纪元	公元	地点	影响及治理		
22	后晋·出帝开运二年	945年	河决博州	王城城毁，南徙巢陵故城		当时博州与聊城县治均在王城
23	后晋·开运三年	946年	秋七月河决杨柳、朝城、武德；八月河溢历亭	淹聊城东部		
24	后汉·隐帝乾祐三年	950年	河决博平	漫及聊城		
25	后周·太祖光顺二年	952年		武水城（今沙镇）毁		
26	后周·显德元年	954年	河水自杨柳至博州，连岁溃决	河水汇成大泽，弥漫数百里，聊城受害		
27	后周·显德二年	955年	阳谷决口	黄河改道	河经阳谷北、武水、聊城南、博平南、又东南流至东阿杨柳，至长清以下入大河向东北入海	黄河第六次改道，流经东昌93年
宋						
28	开宝五年	972年	河决朝城	河之南北诸州皆大水		
29	淳化三年	992年	河决巢陵	巢陵城毁，移至孝武渡西（今古城址）		
30	景祐元年	1034年	河决澶州（今濮阳）横陇埽	水经聊城高唐一带，在唐大河之北分数支入海		
31	嘉祐五年	1060年	南乐一带决口	黄河向东冲出新河名二股河，再次改道	黄河北流入唐代马颊河，又东北经冠县、莘县，过堂邑、清平之北，至平原入笃马河，又经乐陵南、无棣北，向北入海	黄河第七次改道，之后河道变换频繁，常数道并行，流经东昌府境513年
32	熙宁元年	1068年		毁堂邑城，东徙十里		
明						
33	正统十二年	1447年	河决张秋沙湾	东阿、东平、观城、聊城、曹州、东昌诸州洪灾		

续表

序号	年代		事件		黄河流经路线	备注
	纪元	公元	地点	影响及治理		
34	正统十三年	1448年	大决大变，由原武决口	冲张秋，溃沙湾，毁运河	原三股河道全改，北股经延津、封丘抵东昌	
35	正统十四年	1449年	河决	漫及聊城		
36	万历二十五年	1597年	水溢		黄河正流南下淮泗，支流在徒骇河、马颊河上滚动	
37	万历四十一年	1613年		水由莘县、堂邑流至馆陶东北归卫河，人传为黑羊滩水，漫及县境西部		
清						
38	顺治七年	1650年	河决封丘金龙口	溃金堤，入漕河，水入东昌城内，西南房屋陷没		
39	顺治九年	1652年	封丘北岸大王庙决口	由长垣趋东，坏平安堤，北入海，二十二县百姓漂泊流离达五年之久		
40	顺治十年	1653年	河决封丘金龙口	泛莘县及聊城		
41	咸丰五年	1855年	河决兰封（今兰考）铜瓦厢，在张秋入运	侵入运河水道，漕运中断，东昌大水	黄河改道（见注 ②）	
42	光绪二十四年	1898年	黄河东阿王家庙大堤决口	东阿西北各村及茌平、高唐、临清等聊城各县均被淹		
43	民国26年	1937年	徒骇漫溢，冲破护城大堤	城墙浸塌五处，城关各街毁民房3000余间，农村人畜伤亡无数		

注：①制表资料来源：《东昌府区水利志》,《黄河大事记》,《东昌府志（清嘉庆十三年）》,《聊城县志（清宣统二年）》。

②表中“黄河改道”的称谓与学界定义的黄河大改道略有不同，参考了东昌府内相对位置的改变。

③表中1、5为河道治理疏浚；所以通过文献梳理黄河为患聊城次数达41次，并整理于上表。《东昌府区水利志》第92页及《聊城》第2页均为“黄河改道决口漫及境内32次”，与表中数字有出入。

从上表中可以明显看出聊城古城址的变迁主要因于河患频繁，又因其重要的军事防御需要而屡迁屡建。聊古庙和崇武渡城址延续的时间长，而且二者均位于黄河东南方的位置，河患相对平稳（表4-3）。

聊城城址变迁表

表4-3

城址名称	创建时间		建城原因	治所延续时间	与黄河的位置关系
	纪年	公元			
聊古庙	［春秋］齐国	约前500年	军事战争需要，屯兵固守	1021年	位于黄河东南向
王城	［北魏］太和二十三年	499年	分封王驻守建城	446年	位于黄河西北向
巢陵	［五代］开运二年	945年	河水泛滥，城毁而迁址重建	47年	位于黄河西北方
崇武渡城址（今城址）	［宋］淳化三年	992年	河水泛滥，城毁而迁址重建	1018年	位于黄河东南向
	［宋］熙宁三年	1070年	筑土为城，掘土为壕		
	［明］洪武五年	1372年	军事需要，为防御元军修筑砖石城墙		

通过表4-2与表4-3的梳理，可见聊城城址的延续与演变与黄河密切相关，因河患毁城而重建的有2次，便以此为分界点，分为三个时段。

1. 聊古庙城址和王城时期：治所延续时间近1500年。曾经5次黄河改道，前4次均在城之东北蜿蜒而过，历水患18次（图4-3）。

2. 巢陵故城时期：治所延续时间仅47年，在五代繁乱的时代，很快便又因水患城毁而迁址（图4-4）。

3. 崇武渡城址时期：治所延续千余年。宋淳化三年（992年）迁于此后，又经历了995年~1060年的黄河第六次改道，熙宁三年（1070年）“筑土为城，掘土为壕”，形制已具雏形。洪武年间的始甃砖石使城防体系基本完备，有了外堤、护城堤、城壕和城墙的多重城防体系，固若金汤，虽然城市也经历了11次黄河水患，但灾后修复城池民宅，城址一直延续使用（图4-5）。

在古城址三迁过程中，自然水的力量二毁故城，之后屡筑城池，城镇本身形制逐渐完善，防御能力也逐渐增强，城市在早、中期主要发挥军事作用[11]。

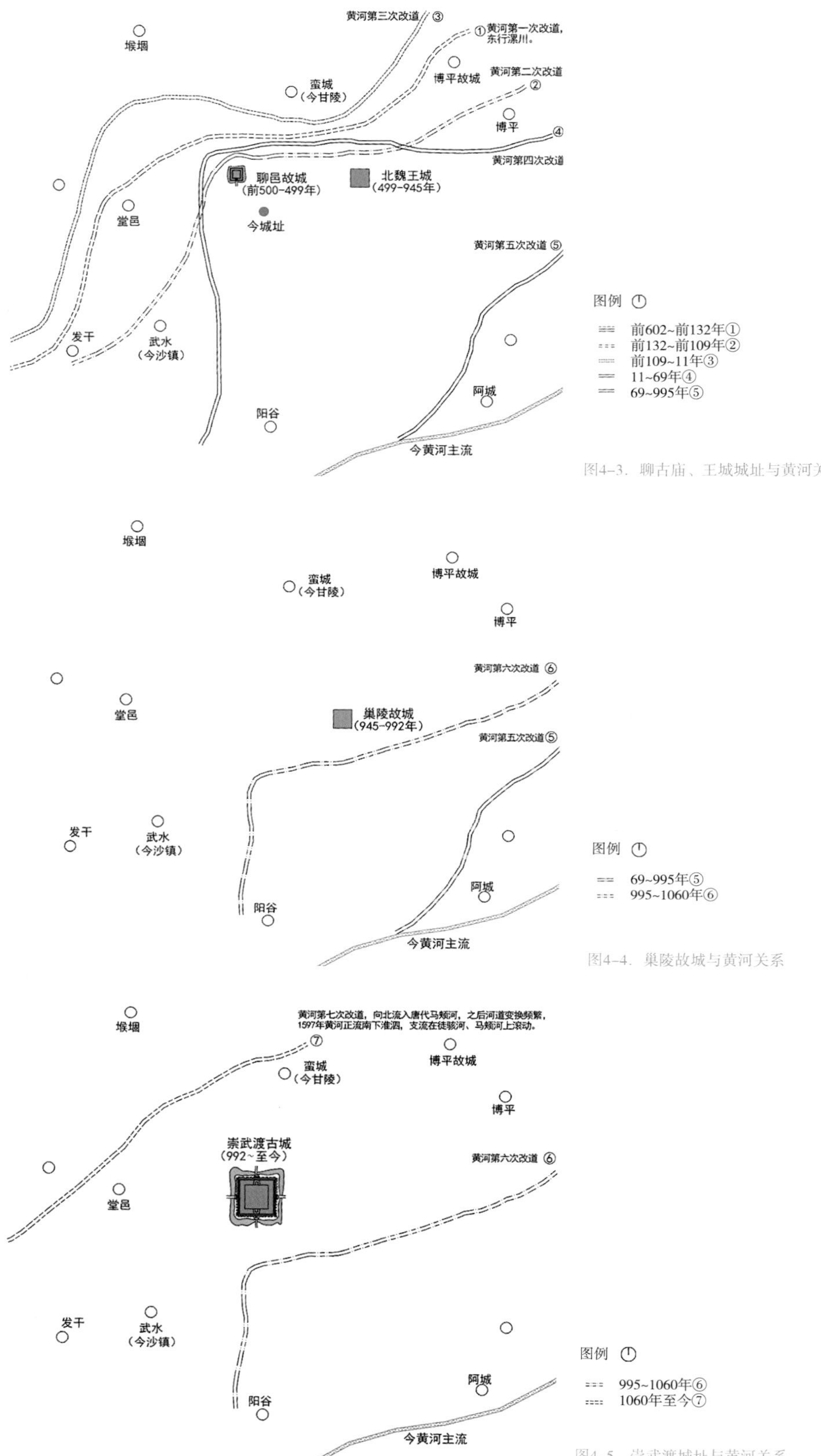

图4-3. 聊古庙、王城城址与黄河关系

图4-4. 巢陵故城与黄河关系

图4-5. 崇武渡城址与黄河关系

三、大运河影响下的商业聊城

元世祖定都大都，而供给皆仰赖于富裕江南，如何解决物资从南到北的大转移呢？在聊城这段，先从济宁开渠经东阿至利津入海，借助海运；因海口多沙难行，又从东阿借助陆运二百余里至临清下卫河；再到开凿会通河，南起东平、中经聊城、北至临清。大运河在聊城东绕流而过，与东门间近里余的地段形成繁华的东关。明清国都在北京，漕运的川流不息带动了明清时期聊城的繁荣，从而聊城成为华北重要的商业城市。

1. 城池修建与城防体系

自北宋崇武渡城址建设伊始，历经700余年的使用，城池本身也在不断地修缮中变化（表4-4）。但可以确定，聊城城防体系建设的五个时期，主要在元明清三朝。

古城城池建设表 **表4-4**

年代		城池修筑情况	修建者	出处
纪年	公元			
宋				
淳化三年	993年	迁于此城址		
熙宁三年	1070年	筑土为城，掘土为濠，宽约四、五十尺，并四门修有吊桥可以起落		《聊城》
熙宁九年	1076年	重修护城堤，护城河相应扩大		
明				
洪武五年	1372年	“陶甓甃焉。周七里有奇，高三丈五尺，基厚以二丈。门四，东曰寅宾，南曰南熏，西曰纳日，北曰锁轮。楼橹二十有五，环城更庐四十有七。附城为郭，郭外各为水门，钓桥横跨水上，池深以二丈，阔倍之三，护城堤延亘二十里”	守御指挥陈镛	（万历）《东昌府志》卷三城池
		“始甃砖石，周七里，一百九步。高三丈五尺、厚二丈，地阔三丈、深二丈。门四，东曰寅宾，南曰南熏，西曰纳日，北曰锁轮。楼橹二十有五，绿云在西北，望岳在东北，最为擅名。环城更庐四十有七。附城为郭，郭外各为水门、钓桥横跨水上。水深二十尺，广加十尺，阔倍之三，护城堤延亘二十里以御水涨，金城倚之”		（宣统）《续修聊城县志》建置志卷二

续表

年代		城池修筑情况	修建者	出处
纪年	公元			
正德十年	1515年	“城连湮于水”，守修之	知府李钰，通判张瀚	《山东通志》卷十二城池《莆阳林俊撰记》
嘉靖元年	1522~1524年	“壬午首新东门，越二年乙酉营全城之役”“为门凡四，东春熙，西清远，南正德，北宣威。城上眺望之，楼凡二十有七，前代所谓绿云望岳二楼在焉。栖卒之舍凡四十有八。每门有水门、有钓桥、有潜洞、有暗门。池深二十尺，广加十尺，盖指拓旧而新之”	知府叶天球	《山东通志》卷十二城池《吏部侍郎李廷相撰修城记略》
万历七年	1579年	*“凡修楼橹二十有五，护城神祠五，环城更庐四十有七，城之高以三丈五尺，厚以二丈，隍之深以七尺，广以十七丈，堤之高以八尺，厚以二丈，长桥虹跱高楼，翚拱奕奕霍霍，博敞宏壮，称金汤之险焉”	知府莫兴齐	（万历）《东昌府志》卷二十艺文志《于慎行东昌府城重修碑记》
清				
雍正九年	1731年	“遂发帑金三千八百二十七两以成其事，长共二千二十三丈，高一丈，堤脚横量六丈而广二丈……工竣计用人工二十五万五千一百七十有六”		（嘉庆）《东昌府志》卷之五城池《蒋尚思聊城修护城堤碑记略》
乾隆五十七年	1792年	修筑城垣	巡抚长麟奏准修筑通省城垣，两年后知县科普通武承修	（嘉庆）《东昌府志》卷之五城池
道光		捐修南面	邑人杨以赠	同上
光绪十年		筹款补修	邑人朱学笃	同上

注：标注*者，（嘉庆）东昌府志，卷之五城池记载：“重修敌楼二十七座，垛口二千七百有奇，窝铺四十八座”，所述敌楼数字与表中所引有出入，应是将绿云、望岳二楼计入，加二十五座敌楼，共二十七楼。

南宋《武经总要》记载城市规制的相关内容在明代备受重视，成为重要的建城标准，“凡城高五丈，下阔二丈五尺，上阔一丈二尺五寸”，城高宽比为2/1。《武备志》作为明代较为成熟的建城标准：“大凡城高，除垛城身必四丈，或三丈五尺，至下亦三丈，面阔必二丈五尺，底阔六丈”。聊城府城建于洪武时期，高度接近《武备志》记载，城墙高宽比为1.75/1，接近《武经总要》记录，是由宋而明城防体系变化过程的佐证。

城墙四门均有瓮城，并设门楼。城东、南、西三城门因与瓮城门相错而被称为“拗头门”，北门则城门和瓮城门相对。水门是开设在城门外侧的拱券小门，东南西三侧水门与城门相对，北侧水门则开设在瓮城东向城墙。四门城墙内侧均设有马道。

自明洪武砖石筑城以来，靖难之师曾力战城下而不克，成化元年（1465年）河北清丰马凤起义攻打东昌府城亦以失败而告终，与池深城高有密切关系。后城壕拓宽至十余丈，吊桥设置有困难，遂更改为长桥，但城防依然坚固。清咸丰十一年（1861年），堂邑县农民起义军万余人三攻不克；1946年解放战争时解放军三万余人包围聊城一年有余，最终因守敌军司令王金祥弃城逃跑才占领聊城，1947年解放军为防止敌军重占聊城而拆除城墙。

“府地平土沃，无大川名山之阻，而转输所经，常为南北孔道”[12]。府城在明初重建，整体的城防体系由十字道路中心位置的“余木楼”作为中央调控点，对外料敌对内守控，组成一个由内统筹、城防严整的体系（图4–6）。

2. 明清城市格局与商业生活

聊城自明洪武五年（1372年）以砖石筑城以来，便环以城濠，但之后屡经修缮城濠历有拓宽而成湖，却是聊城特色。直至今日，方一公里的古城周边环以面积达4.2平方公里的环城湖中，城水面积近1：4，为中国北方城市少见。运河在城东自北而南蜿蜒而过，河湖在古城东北、东南两处连通，丰枯相济，减少水患（图4–7）。古城墙遗址现存墙基础环绕故城周，残存高度约2~2.5米，为三合土夯筑，现已辟为滨湖景观大道，并在南门复建南门楼，西南城角部修复角楼。

明洪武年间修建的城市格局为“十字形”，道路相交处即城中心，以建城余木修建了高达33米的光岳楼，“严更漏而窥敌望远”（图4–8）。城墙与光岳楼中间位置有环形道路，城墙内侧有顺城路，与十字形道路垂直相交为四口（东、南、西、北口），向外延伸至城墙位置为四门（东、南、西、北门），而四门至护城河边的范围为四关（东、南、西、北关），主要道路格局为“回”形与“十”形套叠，其他则为“井”字形次要道路与以上各道相连（图4–9）。严整的道路，通过城门直接连接水运，是城市商业繁荣的基本保障。

“东昌为山左名区，地临运漕，四方商家云集者不可胜数”[13]。聊城在明代的发展逊于临清和德州，至清康熙年间地位日重，乾隆时成为东昌最为重要城市之一，人口也在此时迅猛发展，从乾隆三十一年到五十七年（1766~1792年），人口

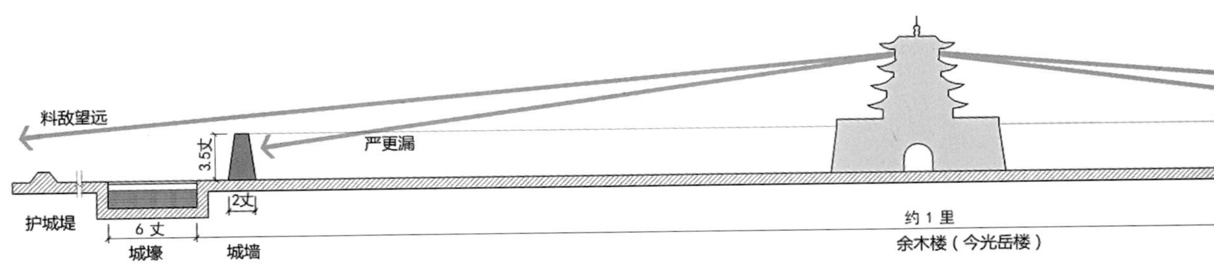

图4–6. 明洪武年间城防整体分析

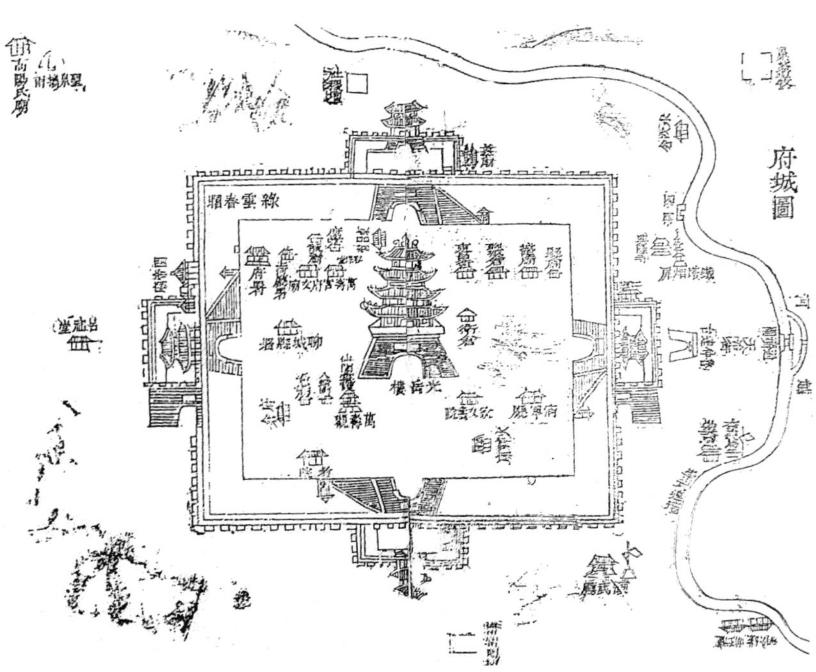

图4–7. 东昌府城
[清]《东昌府志》，卷一·图考·府城图，嘉庆十三年。

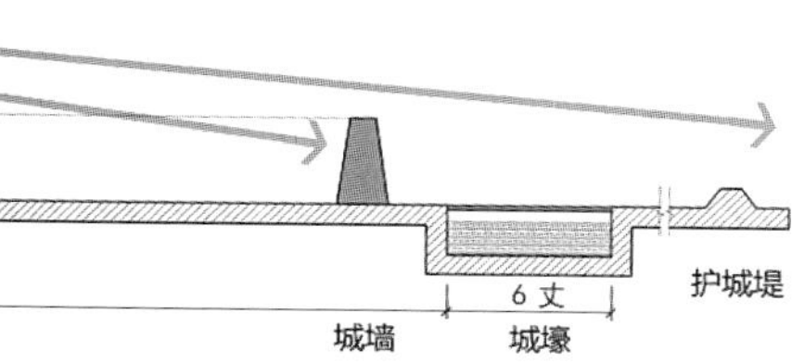

图4-8. 2003年自光岳楼东望古城

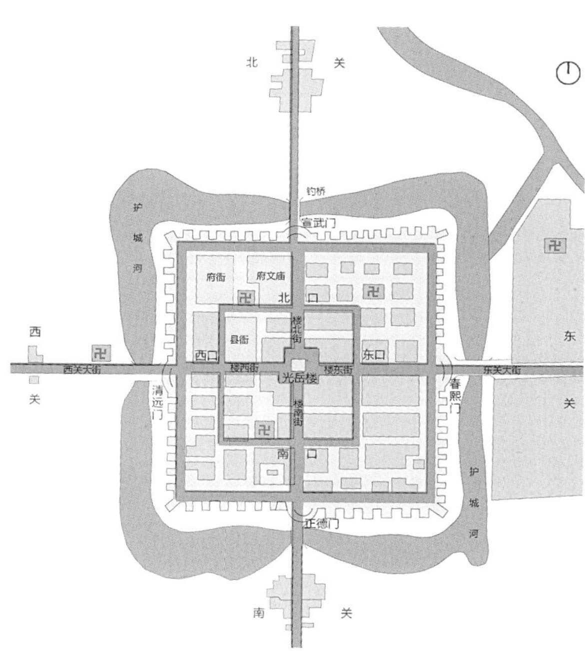

图4-9. 府城平面格局示意
地图来源：[清]《续修聊城县志》，宣统二年（1910年）。

图4-10. 2003年北大街上行驶的地排车

从1135人增到206242人。商铺众多，涵盖各行各业[14]，还有众多粮行、衣帽店、钱店、当铺、炭店、纸局、烟铺、酒店等民生百货用品店，及茶楼、酒楼、客栈等，道光二十五年（1845年）古城的商业店铺已多达1000余家。各行业商铺与集市多选址于交通便利处、古城与运河相邻地带和街巷，以及城市内部官署附近人流量大的地方（图4-10）。

客商居聊城购屋置房成为入籍的坐商，组建会馆，为大量行商提供方便的居留地，主要集中在运河岸边的东关大闸口和御码头一带，现存有山陕会馆，及无迹可循的太汾公所，苏州、赣江、江西、武林等会馆。其中晋商最多，山陕商贾经营的店铺，根据山陕会馆碑刻，乾隆年间名号可考者达389家，实力雄厚。此外，诸行业成立行会组织，较大者如“色纸公所”、“钱业公所”，在不同的庙宇进行集会的有理发业、毛笔业、印书业等。

这种分布态势造就了“金太平、银双街，铁打的小东关”，即越河地带的“金太平”，闸口南运河西岸的“银双街”和东关东北修筑坚固的当铺区“小东关”，这几个最为繁华的商圈均集中在古城与运河相交地带（图4-11），成为

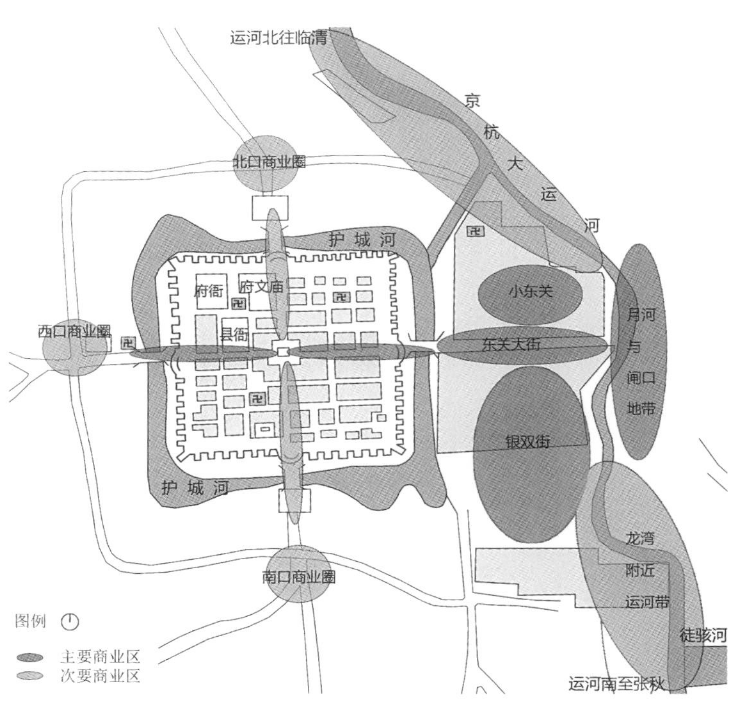

图4-11. 清代商业分布
地图来源：[清]《续修聊城县志》，宣统二年（1910年）。

聊城商业发展依托运河的显要特征。而运河沿岸的李海务、周家店闸口等地也逐渐形成市镇[15]。此外，古城内以光岳楼为中心，向四个方向形成的街道亦十分繁华。尤其是通向运河的楼东大街和连接府县衙门的楼西大街。明清时期聊城征战较少，瓮城内也设置许多商铺，并向外延伸，运河河道流经古城东关，南起龙湾、北迄北坝近5公里的范围，一片繁荣。明清聊城商业功能日益突出，居于主导，逐渐取代原政治、军事职能。

3. 城市重要建筑与分布

（1）衙署

聊城兼东昌府治和聊城县治，衙署众多，包括地方政务、河漕管理类衙署以及镇守军方的衙署（表4–5）。

府城衙署建置一览表 **表4–5**

<table>
<tr><th>衙署名称</th><th>位置</th><th>修建情况</th><th>出处</th></tr>
<tr><td>东昌府署（府衙）</td><td>城西北</td><td>洪武三年创建，天顺七年知府徐琅重修，吏部侍郎彭时为记</td><td>［明］《山东通志》卷之十五·公署</td></tr>
<tr><td>东昌卫署</td><td>府治东北</td><td></td><td>《聊城》第65页</td></tr>
<tr><td>清军同知署（清军厅）</td><td>府治东南司马街</td><td>嘉庆二年同知徐国才重修</td><td>［清］《东昌府志》卷五·官署</td></tr>
<tr><td>推官署</td><td>通判署南</td><td rowspan="3">清中期皆废</td><td rowspan="3">［明］《东昌府志》</td></tr>
<tr><td>管马通判署</td><td>府治南</td></tr>
<tr><td>管粮通判署</td><td>府治西北</td></tr>
<tr><td>上河通判署（上河厅署）</td><td>府署东</td><td>嘉庆元年通判顾光晋重修</td><td>［清］《东昌府志》卷五·官署</td></tr>
<tr><td>崇武水马驿</td><td>东门外河西</td><td></td><td rowspan="3">［明］《山东通志》卷之十五·公署</td></tr>
<tr><td>税课司（清大闸税局）</td><td>在城东门通济桥右</td><td></td></tr>
<tr><td>东昌邮运所</td><td>东门外河东</td><td>清代情况不详</td></tr>
<tr><td>*聊城县署（县衙）</td><td>府治东南（城东北）</td><td>明洪武二年县丞蒋子昭建，天顺元年知县毛骥重修，罗彦洪有记</td><td>［清］《东昌府志》卷五·官署</td></tr>
<tr><td colspan="4">粮仓</td></tr>
<tr><td>府仓</td><td>城西南，南门内</td><td>顺治年建5间，雍正八年建新仓49间</td><td rowspan="4">［清］《东昌府志》卷一·疆域图考·府城图
《聊城》第65页</td></tr>
<tr><td>卫仓</td><td>卫署西南</td><td>始建年代不详，雍正八年建新仓10间</td></tr>
<tr><td>水次仓</td><td></td><td></td></tr>
<tr><td>*聊城仓</td><td></td><td></td></tr>
</table>

注：浅灰色底框者是与运河管理相关的衙署；②标注*者为县衙署，其他均为府衙署

图4-12. 清代衙署分布
地图来源：[清]《续修聊城县志》，宣统二年（1910年）。

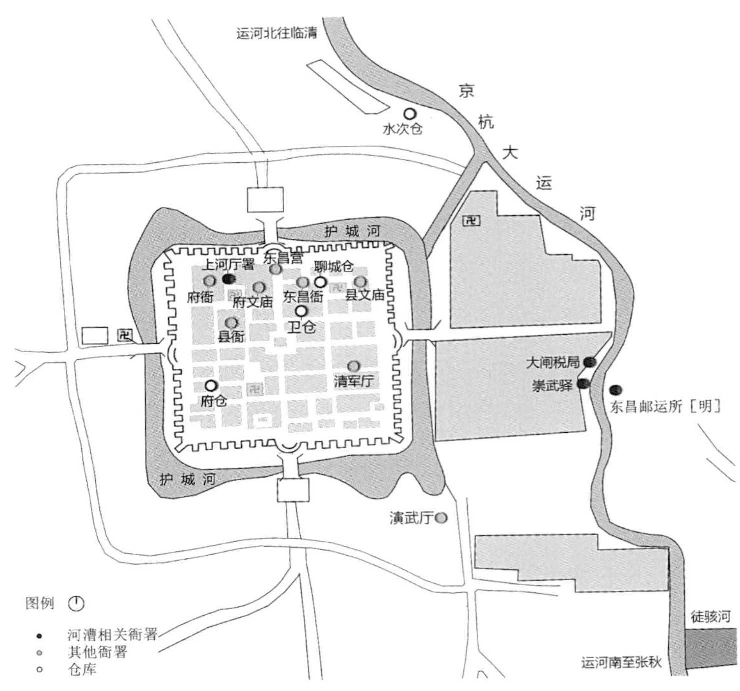

聊城内衙署在清中期大多集中在府城北部和东关运河沿岸（图4-12）。运河管理营运相关的衙署主要有五：府署东侧的上河厅署管理河道事务，府署内的管粮通判署分级管理漕粮事务，以及东关运河西岸的崇武驿和大闸税局，运河东岸的东昌邮运所。同时与其府衙、县衙、漕运卫所、河道管理相对应设有粮仓，即府仓、聊城仓、卫仓、水次仓等。管理漕河的衙署设置在城内，而依托运河日常运营事务的税局、驿站则位于运河沿岸，分级管理。

（2）庙宇

经济繁盛也带来多种信仰崇拜，除了佛教寺庙和道观，内供奉圣贤的祠庙也极为盛行，府城周边有寺庙、道观达30多处（表4-6）。此外，清光绪年间随着欧洲传教士布道，鼓楼东北白衣堂街以及南关街均设置天主教堂。而元代回民定居聊城，亦建有8座清真寺，今府城复建有西寺、东寺，“文革”期间均废。

府城周边庙宇一览表 表4–6

庙宇名称		位置	修建情况
寺庙	*隆兴寺	东关运河西岸	相传建于唐。坐北朝南，主要有山门、钟鼓楼、大殿、后阁及东西跨院等，殿宇宏阔，寺东南为13层铁塔，塔建于北宋早期。兴于明初，为洪武帝朱元璋八大护国祝圣道场之一。民国间寺渐败颓，仅存铁塔
	*静业禅林	城东南3里的龙湾村东南角，临运河	明代创建，清嘉庆年间重建，颇负盛名。寺院坐北朝南，由山门、前殿、正殿、藏经房、偏廊、僧舍、斋堂、知客室及其他辅助用房组成
道观	万寿观	光岳楼西南方，海源阁旁	前身为房老庵，明洪武二十九年（1396年）后军都督金荣奏该今名。主要由昊天阁、三清殿、郁罗萧台、九龙钟特室等组成
	*玉皇阁（皋）	闸口桥东，迎春桥北的小东关街东首	始建年代不详，解放战争时围城被拆除。坐东朝西，主要由山门、钟楼、大殿、配殿、玉皇阁组成
	吕祖堂	府城西关路北	坐北朝南，主要建筑有山门、大殿、后楼。毁于战火
	*三霄宫	闸口东南猪市街南首的二龙山北，与莲花池相对	始建年代不详，原有正殿五间，歇山灰色琉璃屋顶。内壁四周布满绘画
	*文昌宫	东关通济闸东	
	城隍庙	府城东北隅	
	火神庙	府城东南，蔡胡同西口	
	八蜡庙	府城西南	
	龙王庙	城内西北，万寿观西	
	*龙王庙	崇武驿北河东岸	
	*龙王庙	李海务闸西	
	*东岳庙	府城东关	
	真武庙	北城墙城门旁	
	二郎庙	东城墙城门旁	
	*三皇庙	旧米市街	
	*三官庙	运河东岸	
	*泰山行宫	府城东门外闸口东	
民间信仰	*赤帝当阳（关帝庙）	东关大街古运河西岸，清孝街南头	始建于清初，顺治年间刑部左侍郎任克浦书“赤帝当阳”，刻于牌坊。主要建筑有山门、正殿、后殿、后院等。供奉刘备、关羽
	西城关庙	西城墙上下各建一庙	始建年代不详，金大定年已有。城下关庙由山门、正殿、偏殿、两庑、戏台等组成。城上关庙亦建筑精细。1947年随城墙拆除
	三关庙	城南门外护城河吊桥之南	跨街有一高阁，阁下台基有券洞，歇山绿琉璃屋顶；阁之东西各有一庙，三座庙均为关帝庙

庙宇名称		位置	修建情况
民间信仰	三义宫	东门外东城墙下，与城头二郎庙上下呼应，与鲁仲连台隔河相望	山门坐西面东，宫内大殿南向，供奉刘关张三神像
	*大王庙	东关馆驿前河岸	
	*龙神庙	在城东南龙湾西岸	原名杨公祠，乾隆五十五年改为龙神庙
	*太公庙	在龙湾	明郡人李隆、王彦忠、曹元、赵臣、谢氏建
	*将军庙	运河西岸	
	羊史君祠	府城东关湄河东5里	供奉水患时，代民捐躯的刺史羊史君

注：①浅灰色底框者是与水崇拜相关。②资料来源：[清]东昌府志，卷一·图考·府城图，卷十一·秩祀；聊城：355~365、374。③标注*者，位于东关及运河沿岸。

共计庙宇有16座，位于古城东关与运河相交地带和运河沿岸；位于城墙或邻近者有5座；府城内有5座；西关1座、南关3座。其中与水崇拜相关者有6座，龙王庙和龙神庙是对行云布雨的龙王进行供奉，太公庙和羊史君祠则供奉与水相关的圣贤，佑护行商者水运畅通（图4–13）。

“聊城有三宝，鼓楼、铁塔、玉皇皋。”这是当地流传甚广的俗语，作为地方的标志性建筑，三建筑均宏伟壮丽，建筑精美。鼓楼即古城中心位置的光岳楼，1988年列为全国文物保护单位。玉皇皋即玉皇阁，解放战争时被拆除。而

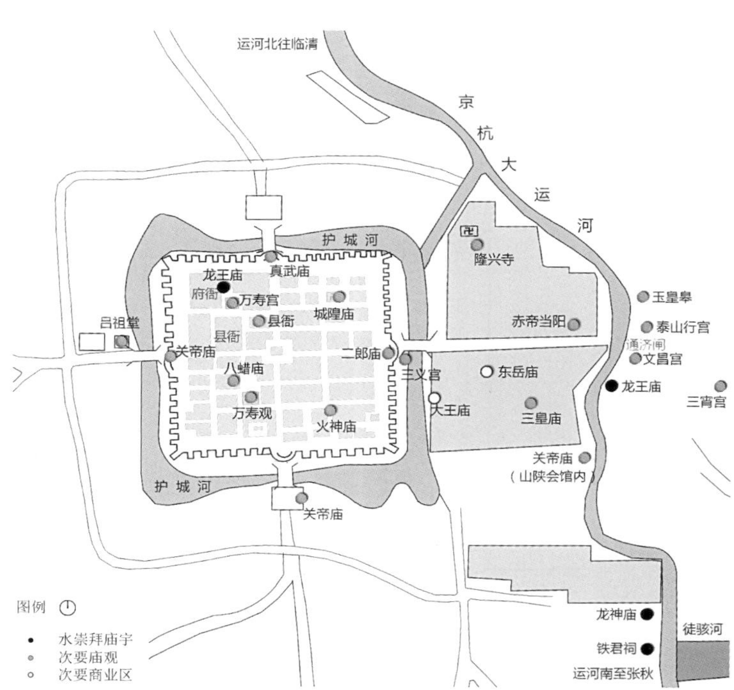

图4–13. 清代庙宇分布
地图来源：[清]《续修聊城县志》，宣统二年（1910年）。

图4-14．左为2003年的铁塔，右上为1947年东大街春光岳楼，右下为2003年的光岳楼
左：诸葛净摄，右上：《聊城市志》插图，齐鲁书社，1999年，右下：陈薇摄

铁塔依存的“敕封护国隆兴寺”也已无存，仅留存的铁塔在2006年被列为全国文保单位（图4-14）。

（3）会馆

借助漕运，聊城的商业得到迅猛发展，在府城与运河相交的城东关及其南北形成商业最为繁华的集中区域，作为商业联盟的会馆和行会是商业发展的重要表征（表4-7）。

府城会馆一览表　　表4-7

会馆名称	位置	修建情况	修建者
客商会馆			
太汾公所	东关米市街路东	清康熙年间，议立公所，谋之于众，捐厘醵金，购旧家宅一区，因其址而葺修之，号曰“太汾公所”	山西太原府、汾阳府商人
*山陕会馆	东关古运河西岸	清乾隆八年（1743年）始建，后逐年扩修。坐西朝东，由山门、戏楼、夹楼、钟鼓二楼、南北看楼、碑廊、三大殿、春秋阁等组成	山西、陕西商人合资而建
苏州会馆	东关大码头南路西	始建于清嘉庆十一年（1806年），清道光四年（1824年）陆续扩建。主要建筑有山门、钟鼓楼、看楼、大殿、春秋阁等	苏州商人
江西会馆	东关闸口北古运河东岸路东	主要建筑有山门、魁星楼、戏楼、看楼、大殿、春秋阁等。另原有碑刻17处，后毁坏	江西商人
赣江会馆	楼东大街路南		江西商人

续表

会馆名称	位置	修建情况	修建者
武林会馆（浙江会馆）	东关闸口南运河西岸双街南头，现山陕会馆南邻		
行业行会			
色纸公所	东关太平街路南	供奉葛仙翁，殿宇广阔	色纸染坊业商人
钱业公所	东关米市街路西		金融业商人
东关龙王庙	崇武驿北河东岸，即闸口东越河圈路北		理发业、木匠业等在此议事宴聚

注：①标注*者，今存；②资料来源：［清］东昌府志，卷十一，秩祀上；聊城：266、366、77

清中后期，伴随聊城商业发展，太汾公所难以容纳众多山陕商人，于是集资修建了规模宏大的山陕会馆（图4–15）。当时秦晋、江南商贾云集，筹建了20余家会馆，最有名者是“八大会馆”，但史籍可考者仅6处，除了位于城内楼东大街的赣江会馆以外，均位于运河东岸的东关地带（图4–16）。

图4–15–1. 山陕会馆入口与戏台间的连廊
图4–15–2. 会馆戏台
图4–15–3. 会馆主院观戏楼
图4–15–4. 会馆透视门楼精美的斗栱
（陈薇摄）

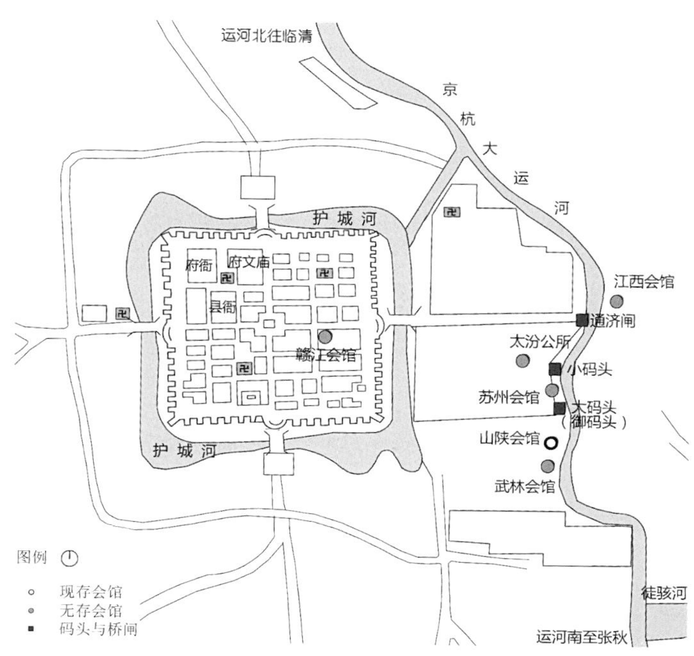

图4-16. 清代会馆分布
地图来源：[清]《续修聊城县志》，宣统二年（1910年）

四、聊城水体与水工及管理

聊城水体十分丰富且极富特色。城四边环水，既承担城市防御职能，也对城市水循环的组织提供了重要依托。

1. 水体及组织

聊城湖、河环绕。基于潜水、明水水位的密切关系，可以推断出古城内地下水位较高，利于井泉的建设与使用。水井与泉水是城市生产生活用水的主要来源，如位于城西南的“玉环井”，城内小隅头西玉女坊内的“玉女井”，以及东关的“双井”，南关外的“济众寒泉”[16]，多有记载“水皆甘冽”。此外，许多重要的建筑群中也有自己的井泉，如东关寺内的“龙寒泉”，学宫学府门旁侧的“女明泉”，府城隍庙中的“普济泉”[17]等。

城市整体地势为中间高向四边渐缓降低，以光岳楼为制高点，四向排水至东、南、西、北四条顺城街，每边城墙有2个排水涵洞，雨水较大时将水直接排入护城河中，城墙内外地平高差较大，非水涝时期不易形成反水（图4-17）。而

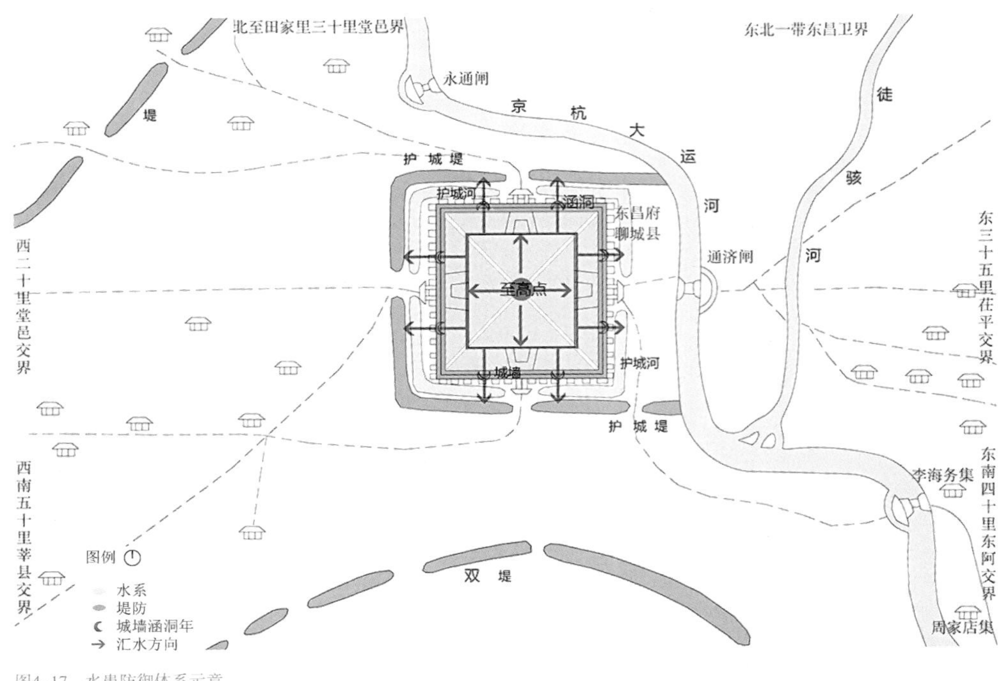

图4-17. 水患防御体系示意
地图来源：[清]《东昌府志》，卷一·疆域图考，嘉庆十三年（1808年）。

环城湖自新中国成立后多次疏浚，逐渐拓宽，渐成今日规模，从而形成河、湖、城相依相容的独特格局。

2. 水患防御

聊城防治水患是一关键。早期黄河与古城之间设置数道堤坝进行防护。“双堤在城南五里，护城堤在城四围”[18]，再外围就是县境外的堤坝，如北面的博平棱堤等。它们兼顾军事防御与水患防御。

古城自外而内有5重防护措施：

（1）城南双堤，阻于黄河与古城之间；

（2）护城堤，环绕城周“二千二十三丈，高一丈”；

（3）护城河，环绕城周，与运河相通，必要时的泄洪渠道；

（4）砖石城墙高伟宏壮，必要时阻挡洪水侵袭；

（5）城内地势中间高四周低，利于自然降雨的排放。

雍正年间大水冲毁湖城堤，“为一城计，则护城之堤高且坚，而后得免于水患”[19]。雍正九年（1731年），蒋尚思筹资修整修城濠外侧的护城堤，主要目的即增强城防的防水患能力。

3. 水工建筑与分布

图4-18-1. 2003年的四河头水闸
诸葛净摄

图4-18-2. 闸前的徒骇河
陈薇摄

山东运河段自然地理条件复杂，水源紧缺使会通河借助汶泗诸水及周边湖泉进行水量调剂，因地势较高，水源不足的问题，明代开辟水源，兴修水柜，相应建设闸坝控制水量丰枯。河道高差变换很大，造成密集船闸的设置，这使水利工程与河道疏浚繁杂，于是会通河段又被称为"闸漕"。

相对于山东南部的山区地形而言，聊城地处黄泛平原西部，淤积沉淀的土层深厚，境内低平宽广，地形主要为高差的缓慢变化，西南高东北低，高差在7米左右；水系明确，水闸、涵洞、桥梁等相关水利工程的修建使引水与排水系统相对完善，为会通河段漕运畅通提供了重要支撑。

（1）水工：水闸与涵洞

顺应自然地势，水自西南流向东北，西岸配置进水闸，引伏秋霖涝坡水入漕，东岸则修建排水闸，漕水大涨泄入徒骇河入海，用以与东西向河道的水流相接，同时亦可调节水位，在古城附近与大运河相交的主要河流是徒骇河（黄河支流）。大运河河道上修建跨河的节制闸，渠化通航（图4-18）。聊城县河道"自官窑口至双堤铺北"[20]，长63里，元代始设置李海务闸、周家店二道跨河闸，明代聊城运河段始堪完备，增建多处制水闸、进水闸和排水闸，之后有废有建，至清代有所增益，仍在使用的节制闸有三：通济桥闸、李海务闸和周家店闸。其中通济桥闸距古城仅三里，百姓称之为"闸口"，周边形成繁华的商业地带（图4-19）。

县境内主要是自西向东的徒骇河与运河相交，龙湾处西岸设置进水闸，东岸建龙湾滚水坝及减水桥两座。明代新建进水闸二：龙湾、西柳行，明前期有减水闸5座，后废弃，新建4座。清代康熙年间，入海水道淤塞，导致河底不断升高，运河流水不出，9座减水闸多废，水患频发，雍正年间重修此段两岸水闸，龙湾进水闸和三空减水桥、二空

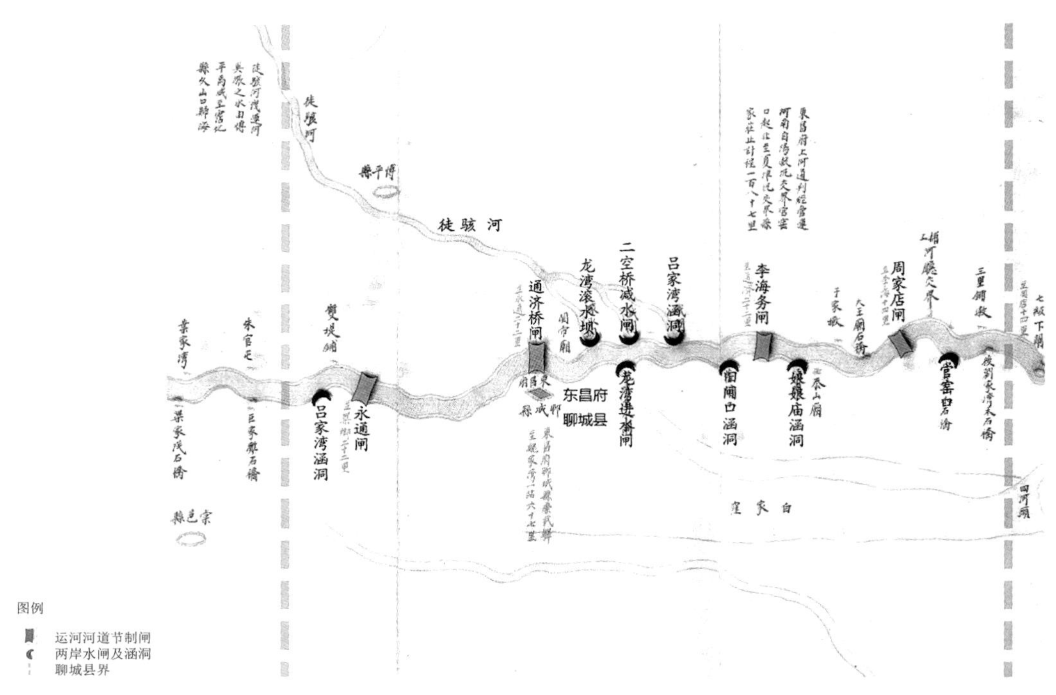

图4-19 清代聊城县运河水闸与涵洞分布

地图来源：《清代京杭运河全图》. 北京：中国地图出版社，2004年8月。

减水桥以及桥北的龙湾减水坝。所有闸旁均立水则，测量水位，借以控制闸阀启闭。聊城县历代水闸设置的详细情况见表4-8。

聊城县运河水闸建置一览表 **表4-8**

修建时间			闸名——制水闸	规模与形制	位置或流向	修建情况
朝代	纪年	公元				
制水闸						
元	元贞二年	1296年	李海务闸	头闸长一百尺，阔八十尺，两直身各长四十尺，两燕翅各斜长三十尺，高二尺，闸空阔二丈。	溢船闸南152里	
	大德四年	1300年	周家店闸		李海务闸南12里	
明	永乐十六年	1418年	永通闸（辛闸）	金门宽一丈九尺五寸，高二丈一尺六寸，月河长一百六丈	距梁家乡20里，西岸进水有大寺东涵洞和十里铺闸	清乾隆五十年（1785年）拆修

续表

修建时间			闸名——制水闸	规模与形制	位置或流向	修建情况
朝代	纪年	公元				
明	永乐九年	1411年	通济桥闸	金门宽二丈，高二丈四寸，月河长三百八十丈	治东3里，距永通闸25里。西岸进水有涵洞二，破闸口涵洞和龙湾闸，东岸减水有二空桥、一空桥	沿用元代旧闸，形制均为清雍正六年（1728年）重修数值
			李海务闸	金门宽一丈九尺五寸，高二丈一尺六寸	治东南20里，通济桥南20里	
			周家店闸	金门宽一丈九尺六寸，高一丈九尺二寸，月河长六十五丈	治东南31里，李海务闸南20里	
清	沿用前代四闸，雍正六年（1728年）俱重修					
进水闸（西岸水闸或涵洞）						
明	景泰四年	1453年	龙湾	治东南，漯水与运河相交处	清代废弃	明前期无进水闸
			西柳行			
清	雍正九年	1731年	吕家湾（涵洞）		乾隆二十三年（1758年）重修	治河方略运河图
	乾隆四年	1739年	房家口			
	雍正六年	1728年	十里铺/涵洞		乾隆十八年（1753年）重修	
			七里铺（涵洞）			
			大寺桥（涵洞）			
			龙湾	阳谷坡水入运		
			龙湾（涵洞）			
	雍正九年	1731年	旧闸口（涵洞）		乾隆二十三年（1758年）重修	
			娘娘庙（涵洞）			
排水闸（东岸水闸或涵洞）						
明	正统六年	1441年	裴家口		山东按察司佥事王亮建	
	景泰四年	1453年	龙湾减水闸	水势泛涨，泄漯河（此段又名七里河）入海	左佥都御史徐有贞治理广运渠修建，有一至五空桥，后一空桥为滚水坝，五空桥废	
	景泰七年	1456年	米家口		山东布政司参议陈云鹏建，明后废弃	山东通志
	景泰七年	1456年	官窑口		工部主事孔诩建，清代废弃	

续表

修建时间			闸名——制水闸	规模与形制	位置或流向	修建情况
朝代	纪年	公元				
明	正统六年	1441年	方家口		同裴家口闸	
	成化八年	1472年	柳家口		东昌府通判马聪建，明后期废弃	
清			龙湾滚水坝	治南，泄入徒骇河入海	雍正六年（1728年）改闸为坝	
			三空桥减水闸		乾隆四年（1739年）重修	
			二空桥减水闸		乾隆十七年（1742年）重修，五十九年（1794年）拆修，嘉庆五年（1800年）拆修	
			李家口	位置不详	清新建	
			耿家口	位置不详		

注：①制表资料来源：元史·河渠志；［明］（嘉靖）山东通志，卷之十四桥梁；（顺治）治河方略，运河图；（嘉庆）东昌府志，卷之七建置三·桥梁；［清］（宣统）聊城县志，卷一方舆志·漕渠；京杭运河史：191、339、414、427。②表中水闸按照自北而南的地理位置排序

（2）交通：桥梁[21]、码头、渡口和护堤

东关运河通济桥闸有越河，自闸口南向东折北通向闸口北侧，疏通船只，纵横贯通多个街巷和湾坑，有大小不等桥梁12座，是为“十二连桥”。越河区商铺林立、小桥流水人家，一派江南风光。

合理的水工设施是保证漕运通畅的技术支撑，而交通功能的完善才能真正发挥运河多方面功能，为保证古城与周边联系，桥梁、码头有所兴建。明清时期，跨河桥梁已有通济桥、2座浮桥、迎春桥和白玉桥，都集中在府城东门的运河上。明永乐九年（1411年），通济桥改桥为闸，并设置孝武渡，解决东西交通的问题。漕运废弃后，通济桥得以重建，而白玉桥原址亦修建新桥，名曰东升桥，现已拆除。

根据《南巡盛典》记载[22]，乾隆帝南巡至东昌，在通济桥闸南的龙湾码头登岸，出城则由北城门外的码头登船，由南而北返京。而龙湾码头则被当地百姓称为“御码头”，今有遗址留存（图4-20）。在御码头南有一座小码头，由苏州商人出资修建，属于私人码头。渡口则有通济闸上的孝武渡和府城北的北坝口渡。详见表4-9。

图4-20. 御码头遗址与现状
右：陈薇摄

聊城运河桥梁一览表 **表4-9**

类别	名称	位置	修建情况	出处
桥梁	白玉桥⊕	在府东兴隆寺前	靖难兵过东昌，盛庸铁铉举兵兴战，燕大将张王死于此桥上	[清]东昌府志，卷之七建置三
	通济桥⊕	府城东门外会通河上	永乐九年改为闸	[明]山东通志，卷之十四桥梁
	浮桥	崇武驿北	俱明知府李举建，岁久坝坏。正德九年知府李钰重修，以二桥相距甚近，并邮运所西一处	
	浮桥	邮运所西		
	迎春桥	通济桥东，跨越（月）河		[清]东昌府志
	官路石桥	府城南堤外	嘉靖年间侍郎许成名建	[明]东昌府志
	大王庙石桥	周家店闸北，河东岸		《清代京杭运河全图》
	官窑口木石桥（真武庙木石桥）	周家店闸南，河西岸		
	刘家湾木石桥			[清]山东运河备考
码头	龙湾码头*	通济桥南	御码头	[清]《南巡盛典》卷九十三程涂图
	北门码头	北城门北		
	小码头		客商兴建	
渡口	孝武渡	府通济闸上边		[明]山东通志
	北坝口渡	府城北二里		

注：①表中各桥梁按照自北而南的地理位置排序；②标注*者，仍有遗存；③标注⊕者，原址已建新桥。

此外作为大运河的围护结构，有东西两水岸以及护堤。第一道是两侧水岸，明前后期堤岸除却岁时挑浚的修整，变化不大，“河之东岸北至博平之梭堤儿三十里，西岸北至堂邑之南梁家乡，南至阳谷之官窑口三十五里。”[23]东岸有减水闸，遇水涨，泄水入徒骇河归海，西岸有进水闸和涵洞。第二道乃为减少水患在城墙及护城河外围建堤坝。

聊城运河在山东运河管理的大背景下，通过各项水工设施，截流西侧河流而入运，漕运之利显而易见，但对于鲁西平原，却成为制约农业发展的不利因素，限制了水利灌溉能力，使农产品产量受损，同时水源的限制也不利于城市产业的发展，朝廷只能相应颁布一些减免税赋和促进垦荒种植经济作物的法令进行弥补。

4. 漕运管理与运营

元明清漕运的管理制度基本都采用总部、差巡、监司、分司、丞倅五类职官设置[24]。明清时期逐步完善，将河道治理与漕运、盐运管理分设不同体系。

明正统三年（1438年）增置东昌通判一员，聊城段的运河管理隶属于“东昌府管河通判”[25]。嘉靖时期在东昌府城知府下有通判3人，其一为管粮通判、一为管河通判；县城则有管理运河事务的主簿一人、闸官三人、浅老人二十三人以及夫数百人[26]。设“东昌府管河通判”的244年后，清康熙年间添设下河厅通判一员，原东昌通判改为上河厅通判，仍驻东昌府城（即聊城），“兼管聊城等十四州县粮务”，因“收漕监兑”与“挑挖运河”彼此难以兼顾，乾隆六年（1741年）总河“奏令专管河道，其粮务归清军水利同知管理”，之后归属东昌管粮通判。明代设有驻守东昌的平山、东昌二卫，在巡管地方的同时，亦分担二卫汛河务管理和漕运领运之责，清后期裁并平山卫入东昌卫，并设有千总、把总分防各汛与水闸，见图4-21。从永乐年间至万历三十年（1602年）近二百余年的时间，东昌通判有79任，平均任职仅二年半。

自元代运河开挖一直到清末的河道淤塞，保持运河畅通是保证漕运和政局稳定的关键，而黄河长期南决夺淮，河道在黄淮平原南北摆动，使黄、淮、运三条河道关系错综复杂。聊城作为黄河平原的运河城市，其发展又有其独特性。

聊城在运河开挖以前，主要受黄河主、支流水系的影响，并因水患三迁其城。

明代，黄河因宋代河道南迁距聊城渐远，下游流向与元代同，但河道主要在东昌府以南的德州、徐州等地变化，决溢改道更加频繁。徐州以南直至清河黄淮相交处，借用黄河河道，是以黄河水患多影响徐州以北至临清的运河河道，而聊城亦在其中，常因黄入运而殃及。“保运”大计在明朝被统治者定为“国计”，以维持南粮北运，这决定了治河方略就是利用一切资源确保漕运畅通。政府在黄运治理上始终存有两难，既想借徐州以南的黄河水接济运河，又怕徐州以北的运河河道被冲淤，于是黄河自徐州至清河段的河道就成为不得不确保的运道，但黄患

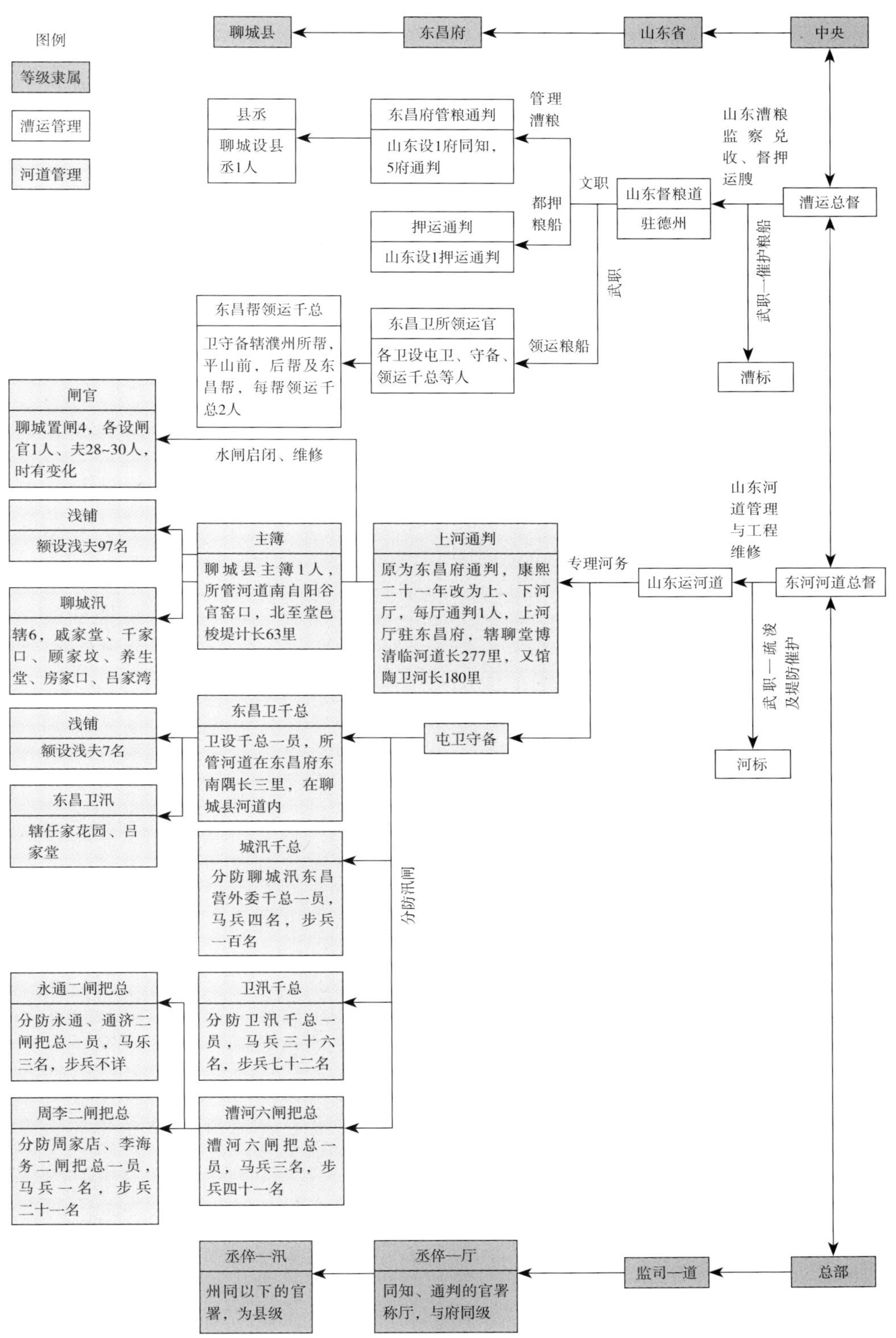

图例
等级隶属
漕运管理
河道管理
聊城县
东昌府
山东省
中央
管理漕粮
县丞
聊城设县丞1人
东昌府管粮通判
山东设1府同知，5府通判
文职
山东督粮道
驻德州
漕运总督
山东漕粮监察兑收、督押运艘
都押粮船
押运通判
山东设1押运通判
武职
武职—催护粮船
东昌帮领运千总
卫守备辖濮州所帮，平山前、后帮及东昌帮，每帮领运千总2人
东昌卫所领运官
各卫设屯卫、守备、领运千总等人
领运粮船
漕标
闸官
聊城置闸4，各设闸官1人、夫28~30人，时有变化
水闸启闭、维修
山东河道管理与工程维修
浅铺
额设浅夫97名
主簿
聊城县主簿1人，所管河道南自阳谷官窑口，北至堂邑梭堤计长63里
上河通判
原为东昌府通判，康熙二十一年改为上、下河厅，每厅通判1人，上河厅驻东昌府，辖聊堂博清临河道长277里，又馆陶卫河长180里
专理河务
山东运河道
东河河道总督
聊城汛
辖6，戚家堂、千家口、顾家坟、养生堂、房家口、吕家湾
武职—疏浚及堤防催护
浅铺
额设浅夫7名
东昌卫千总
卫设千总一员，所管河道在东昌府东南隅长三里，在聊城县河道内
屯卫守备
河标
东昌卫汛
辖任家花园、吕家堂
城汛千总
分防聊城汛东昌营外委千总一员，马兵四名，步兵一百名
分防汛闸
永通二闸把总
分防永通、通济二闸把总一员，马乐三名，步兵不详
卫汛千总
分防卫汛千总一员，马兵三十六名，步兵七十二名
周李二闸把总
分防周家店、李海务二闸把总一员，马兵一名，步兵二十一名
漕河六闸把总
漕河六闸把总一员，马兵三名，步兵四十一名
丞倅一汛
州同以下的官署，为县级
丞倅一厅
同知、通判的官署称厅，与府同级
监司一道
总部

图4-21. 清晚期聊城运河管理隶属职官体系表

常干扰漕运，遏黄保运、引黄济运的政策效果并不明显。于是明后期，开挖运河新河道以避黄河水患。无论前后，聊城都位于黄运相交核心区外围，所受影响均多因黄患而有所殃及，并未受到灾难性的毁灭，所以聊城得以借助漕运而迅速繁盛起来。

明清时期，黄河南行极大地消除了华北平原水患的受灾程度，但另一方面却又极大限制了运河北段地区的发展。有史以来，黄淮中下游的华北平原虽受水患，但以农业为根基的黄淮平原皆仰赖于黄淮河水；但是政府强行的“保运抑黄”使黄河河水无法惠及运河北段的黄河下游地带，农业发展受到极大约束，从而为城市的发展也带来一些消极的影响。聊城同样难以逃脱这样的命运，农业发展的受限从另一方面造成了过度依赖于大运河带来的商业发展，城市繁盛失去了坚实的根基。水对于聊城，可以载舟，亦可覆舟。

注释：

1 （万历）东昌府志，卷二十·艺文："尚书于慎行东昌府重修城碑".
2 （嘉靖）山东通志·天一阁藏明代方志选刊续编，五一，《山东通志》卷之三·建置沿革下，上海书店，1990年：193~206。以下简称为《山东通志》.
3 ［清］东昌府志，卷一·历史沿革.
4 （清宣统二年）续修聊城县志，方域志卷一·沿革.
5 张竟放主编，地方史志资料丛书·聊城：39~45.
6 据《山东通志》卷之六·山川下记载："《尔雅》云：上广下狭状如马颊，禹贡九河之一亦名。"《续山东考古录》第797页载："鲁北防洪排涝主要河道之一……现河系唐武则天久视元年（公元700年）人工开凿，源于今濮阳市金堤以北，流经山东聊城、德州、惠民三地区。"
7 司马迁，史记，卷二十九·河渠书.
8 《尔雅》载九河之名为：徒骇、太史、马颊、胡苏、简、絜、钩盘、鬲津。班固，汉书，卷二十九·沟洫志记载：许商以为"古说九河之名，有徒骇、胡苏、鬲津，今见在成平、东光、鬲界中。自鬲以北至徒骇间，相去二百余里，今河虽数移徙，不离此域。"二者记载徒骇、马颊与聊城境内同名二河溯源，本不相干.
9 ［清］东昌府志，卷之二·山水·水.
10《黄河大事记》记载黄河第一次大改道路线，从滑县附近向东，至河南濮阳，转北上山东冠县北，折向东流至茌平北，又向北流经德州，经河北沧州，在今河北黄骅县以北入渤海.
11"府地平土沃，无大川名山之阻，而转输所经，常为南北孔道。且西连相、魏，居天下之胸腹，北走德、景，当畿辅之咽喉，战国时东诸侯往往争衡于此。后汉末旬彧说曹操曰：'将军本以兖州首事，且河、济天下之要地，是以将军之关中、河内也，不可不先定。'晋室之乱，郡境被兵者百余年。唐藩镇称兵，魏博最为强横。明朝靖难之师，亦力战于城下。岂非地形四通，郡为战守必资之处哉"，见［清］顾祖禹撰，贺次军、施和金点校，读史方舆纪要·四，卷三十四，山东五，中华书局，2005年：1591~1592.
12（清嘉庆十三年）东昌府志.
13 张竟放主编. 地方史志资料丛书·聊城. 香港：金陵书社，2002年：285~287.
14 同上，第72页.
15（万历）东昌府志，卷二风俗记载："由东关溯河而上，李海务、周家店，居人陈椽其中，逐时营殖。"
16（宣统二年）续修聊城县志，方域志·卷一·古迹.
17（嘉庆十三年），东昌府志，卷一·图考中的"学宫图"、"府城隍庙图".
18 古今图书集成，第255卷，东昌府部汇考·七古迹考.
19［清］东昌府志，卷之五·城池，《蒋尚思聊城修护城堤碑记略》.
20 同19.
21 山东通志，卷之十四·桥梁："漕河上下枯潦不常，启闭蓄泄，为坝为闸为津为渡者，亦桥梁之属也"，所以基本所有拦河、跨河所建构筑均为桥梁，本文所分类桥梁，主要指普遍意义上的交通联系桥，而泄水桥、闸桥则按照其功能在"水闸"小节中分析.
22 南巡盛典，卷九十三程涂图："圣驾幸东昌府城，自龙湾马头登岸，入寅宾门，出锁轮北门马头登舟，计九里。"
23 山东通志，卷之十三·漕河.
24 山东运河备览，记载运河管理的职官分类，元代分为总部、差巡、分理、丞副、掾属，明清均分为总部、差巡、监司、分司、丞倅.
25 山东运河备览，卷第七，吴江陆.耀郎甫纂"东昌府管河通判原管德州等十余州、县、卫河道计六百余里"。本段所引未标注者均出于此.
26 山东通志，卷之十三·漕河：809~810，"聊城县河之东岸北至博平之梭堤儿三十里，西岸北至堂邑之南梁家乡，南至阳谷之官窑口三十五里，置浅铺二十有三。北坝口浅、徐家口浅、柳行口浅、房家口浅、吕家湾浅、龙湾儿浅、宋家口浅、破闸口浅、林家口浅、于家口浅、周家店浅、北坝口浅、稍张闸浅、柳行口浅、白庙儿浅、双堤儿浅、裴家口浅、方家口浅、李家口浅、米家目浅、耿家口浅、蔡家口浅、官窑口浅二十三铺，老人二十三人，夫二百三十人，守口夫二百人。置闸三……闸官一人，夫三十人。"

Chapter 5

Yangzhou: a City Bordering the Canal

Chen Wei　Liu Jie

第五章　运河从城市边缘流过

——扬州

陈　薇　刘　捷

扬州建城之始，可追溯到三千多年前古邗国的建立，而扬州之名肇于隋代、定于唐代[1]。确实，扬州发展最重要的时期是隋代，规模最大和辉煌的时期是唐代，而城防最好的时期是宋代。也可以说隋代之前，扬州是有历史的城市，宋元之前，扬州已是成熟的历史城市，后来如何发展呢？这种情形在中国古代城市发展中十分普遍，由久远的历史发展而来，以后成熟、变化。它的盛与衰，积淀与淘汰，变化与发展，遵循着怎样的规律，有哪些内在逻辑，是值得我们关注的。

历史城市只是一个相对的概念。古人经历过的，也许我们现在正在经历；城市演绎过的，或许当下还在演绎。扬州能给我们什么借鉴呢？城市的变化和发展往往是多方面的，其内在和外在原因也不尽相同，本文将从影响扬州的最主要因素——大运河入手，考察这座历史上一直和运河及水系发生密切关系的城市的变化与发展，进而发现一些轨迹和规律，积累一些经验和智慧。

一、大运河曾经从历史城市扬州边缘流过？

大运河是指贯通中国古代南北向的运河，历史上隋代大运河和元代大运河最为著名。在以水路为主要交通方式之一的古代，大运河通常作为一条黄金水道，成为国家经济、政治、文化的重要命脉。扬州非常有幸，在两朝大运河中位置关键（图5-1），而扬州段运河处南北大运河和长江交汇点（图5-2），其历史发展也无不与运河及水系密切关联。

1. 春秋至南北朝时期：古邗城和广陵城滨江临河倚蜀冈

春秋时期长江入海口在扬州和镇江附近，其时江面较宽，江北是一条黄土冈，称作蜀冈。吴王夫差十年秋（公元前486年），“吴城邗，沟通江淮”[2]，于蜀冈高地上建起一座邗城，即今扬州城的前身。邗城是吴王为北上伐齐的军事目的，并伴随着沟通长江和淮河的邗沟的开凿而建造，邗沟在邗城边经过，直接通江，引江水北流入淮，并可作为邗城的护城河，实用和防卫结合，是明智之举（图5-3）。可以说，扬州建城伊始，城址即和人工运河——邗沟紧密联系在一起，且滨江临河，形成交通枢纽之势，对扬州城后来的发展，具有十分重要的意义。

至于邗城的范围，要从汉广陵城甚至唐宋的城址向前追溯。经考古发现，比较明确的是汉代以后的城址范围：现蜀冈上存在着的城分为两部分，暂且称之为东城和西城，两部分之和即是汉广陵城，也就是以后的唐子城，西城即是后来

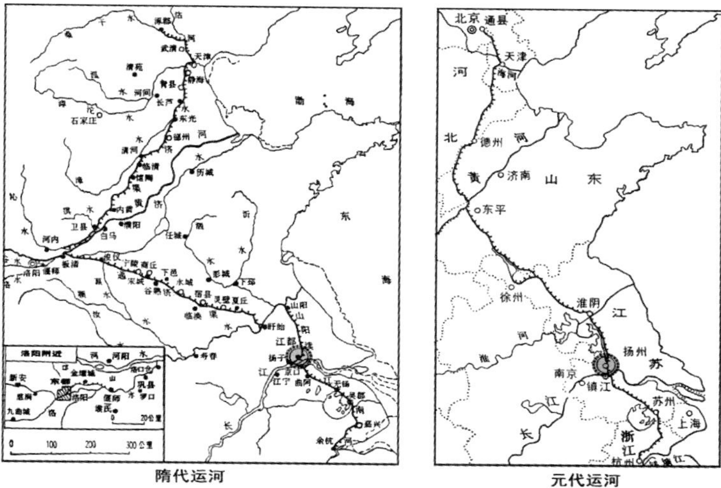

图5-1. 扬州在隋代运河与元代运河中的位置
地图整理自欧阳洪. 京杭运河工程史考. 江苏省航海学会出版发行, 1988年12月: 插图

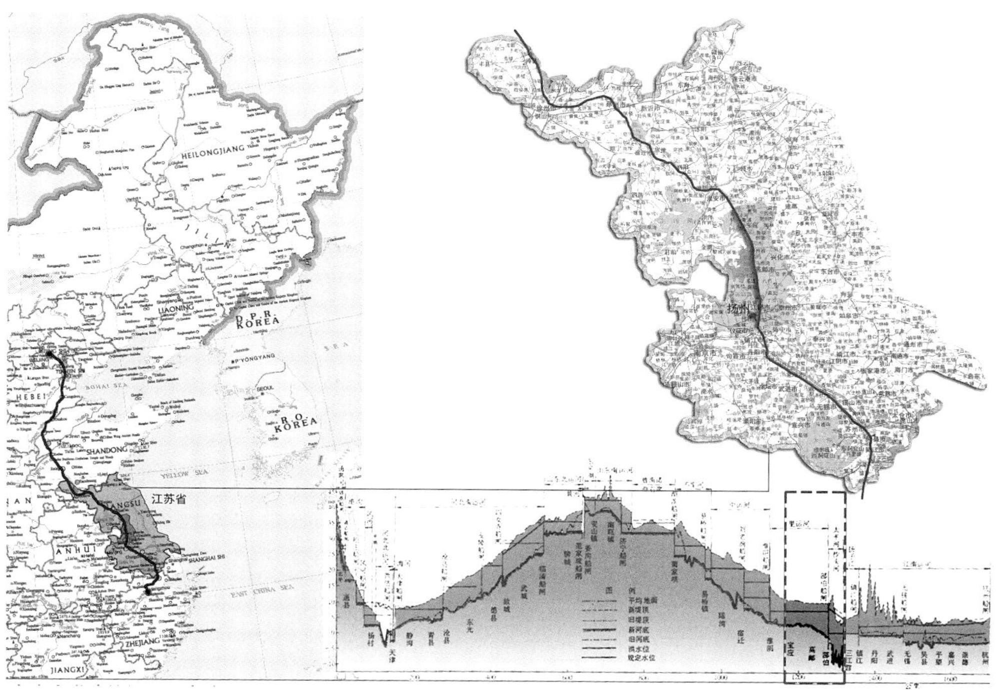

图5-2. 扬州段运河与大运河的关系
《大运河遗产（扬州段）保护规划2010-2030》(2009年), 东南大学建筑设计研究院编制. 负责: 陈薇、诸葛净、白颖

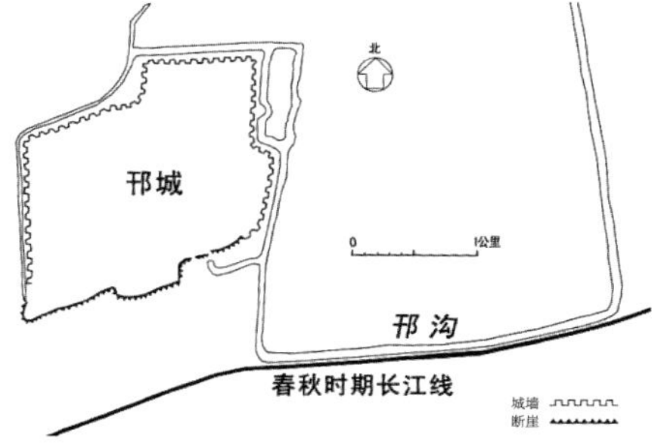

图5-3. 春秋时期的扬州城与运河
整理自王育民. 中国历史地理概论. 北京: 人民教育出版社, 1985年10月: 插图

宋宝祐城的范围。而邗城和汉广陵的关系有三种说法：一、邗城应在汉广陵城的东侧[3]；二、邗城与汉广陵城的范围一致[4]；三、汉广陵城的内城乃邗城遗址，内城之东为扩筑之城[5]。无论如何，邗城和汉广陵城的城址均倚蜀冈无疑。

再看运河和长江的关系。三国时，魏文帝曹丕于黄初六年（225年）"如广陵故城，临江观兵"，见"波涛汹涌"乃望而生叹[6]，说明当时江面仍十分宽广，而且城与大江相距并不遥远。到东晋、南朝时，附近"土甚平旷"[7]，这时广陵附近江岸南移，长江北岸边滩大幅度淤长，蜀冈下已形成"土甚平旷"的长江冲积平原。长江岸线向南延伸，著名的瓜洲在晋时也已出水成陆。东晋穆帝永和中（345~356年）发生了"江都水断"，广陵太守陈敏改建了邗沟的南端，就由其西南的欧阳埭引水。欧阳埭在现在江苏仪征县，引水口距广陵城六十里[8]（图5-4），这就是后来真扬运河的前身，也是今天的仪征到扬州的仪扬运河（图5-5~图5-7），它后来利用了瓜洲与长江北岸的夹江。这条河到唐开元二十六年（738年）齐瀚开挖伊娄河之前，一直是漕运的干渠。

而六朝时的广陵城，主要的变化是南朝刘宋竟陵王诞于大明二年（458年）时，又"发民筑广陵城"，并在城墙南面新开了南门[9]。其因推断是：长江江岸不断南移，运河的入江口随之南移，从而在蜀冈下运河两岸的长江冲击平原地带已有居民活动，有力的证据是东晋谢安镇广陵时，曾建宅于今天宁寺，后舍宅为寺，天宁寺址在蜀冈下平原上。近年来考古也发现在今蜀冈下扬州城内有六朝青瓷出土[10]，说明六朝时人们已居住于蜀冈下并从事生产活动了，新建南门便于蜀冈上下的联系。不过，至此城址基本无大变。

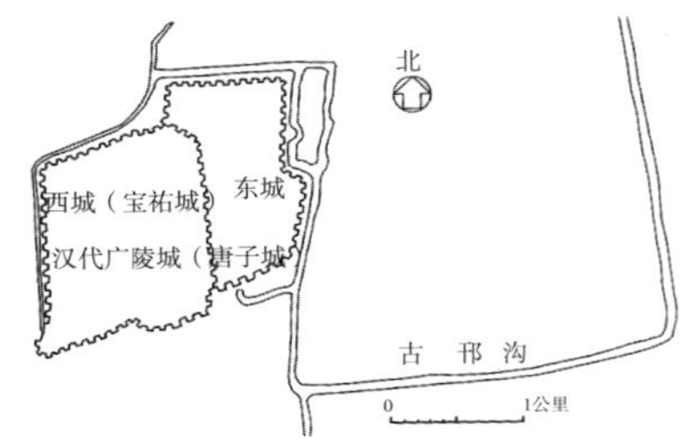

图5-4．汉代扬州城
整理自王育民．中国历史地理概论．北京：人民教育出版社，1985年10月：插图

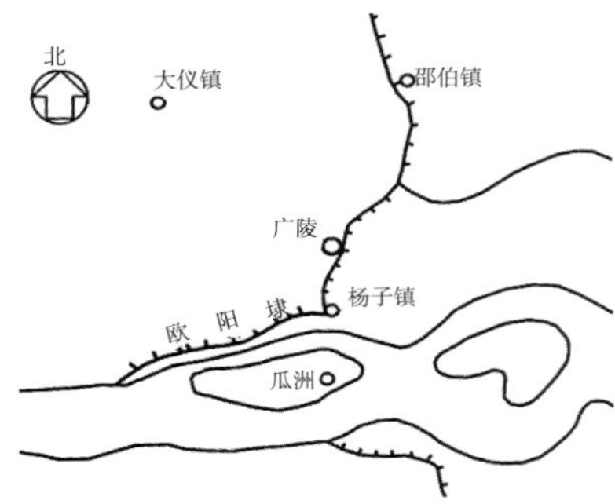

图5-5．欧阳埭
整理自王育民．中国历史地理概论．北京：人民教育出版社，1985年10月：插图

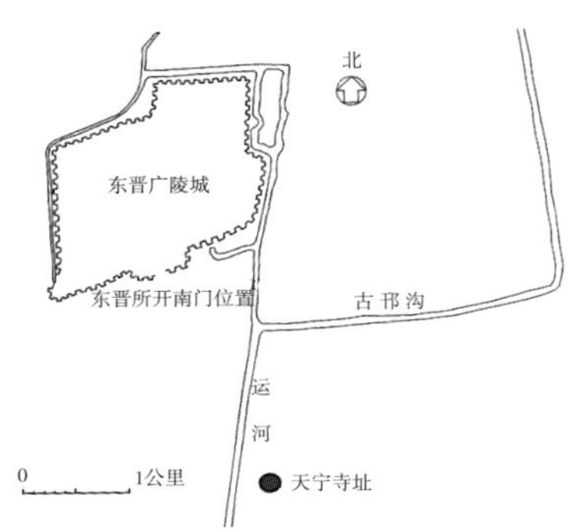

图5-6．东晋广陵城与天宁寺址
整理自王育民．中国历史地理概论．北京：人民教育出版社，1985年10月：插图

图5-7．仪扬运河
陈薇摄于2009年

2. 隋唐时期：江都通漕发展拓罗城

图5-8. 炀帝陵及雷塘，汉代曰雷坡，为高地形成整体

隋代文帝时始广陵郡变扬州之名，时人名江都，沿用汉、六朝广陵城故址，并为宫城所在地。炀帝三幸江都，宫城之外，又在邗沟的茱萸湾造了北宫，在江边扬子津造了临江宫，江都城北迤西数十里内，辟为皇家禁苑。炀帝不仅大力发展江都，故去也葬于此地（图5-8）。隋代蜀冈下平原则不断发展，对于扬州而言，重要的就是隋炀帝开凿的大运河从当时的城市边缘流过，从而带来城市人口聚集和范围扩大，进而产生城市性质的变化。

开皇七年（587年）四月，隋文帝为南下灭陈，“于扬州开山阳渎，以通漕运”[11]，即重开已淤浅湮塞了的邗沟，因其入淮口由末口移至山阳（今江苏淮安），故名山阳渎。接着炀帝又开凿通济渠。而从大业元年至六年（605~610年），在春秋、战国以至汉、魏时期各段运河的基础上，又有计划地加以疏浚、改造和扩展，使之相互沟通，遂形成一条以洛阳为中心的、联系我国北方和南方的，由永济渠、通济渠、山阳渎和江南运河组成的运河，这就是所谓“控以之河，固以四塞，水陆通，贡赋筹”[12]的隋代大运河，它在政治军事更在经济上发挥了重要作用。

如此，交通便利的江都有了面江、背淮、临海、跨河的巨大优势，也使江都迅速发展繁荣起来，并成为漕粮和手工业产品的生产基地和转运基地。“炀帝巡幸乘龙舟而往江都”以后，“公家漕运，私行商旅，舳舻相继”[13]。盛世繁华可见一斑。

一是人口迅速集聚。从《隋书·地理志》中可以了解到，当时全国共有189郡。据统计，户口在10万以上的郡就有34个，主要集中在北方的中原地区，南方户口超过10万户的城市，除了地处西南的蜀郡以外，只有江都郡了[14]。

二是城市范围扩大。大运河流经的边缘地带，如在蜀冈下六朝“土甚平旷”的基础上，一方面由于长江岸线继续南移，长江与蜀冈之间平原更加开阔，另一方面，运河穿流，人群活动增加，从而有可能建罗城。在考古调查中，也发现子城下的地带有东西相对的门址，有学者认为其形制与位于蜀冈上的隋宫城南门相近，而与唐罗城内另外一些仅有一门洞的门址存在着一定的差别，有可能是隋代遗址[15]。在近年出版的傅熹年先生的《中国古代城市规划、建筑群布局及建筑设计方法研究》[16]一书中，对隋代江都城作了较详细的复原，书中明确提出隋代罗城的大小（图5-9）。

这种情形至唐代则比较明确了。由于长江泥沙在江北的淤积，平原扩大，这样又加强了蜀冈下的活动和聚落向南部的发展。同时，唐王朝定都长安，经济很仰仗于江淮，“今赋出天下，江南居十九”[17]。经济中心转移到南方，而政治中心仍在北方，南方米粮布帛等物资北运供应王室及其所属官僚机构和驻防军队就非常必要。江都位于南北水路交通之要冲长江与运河的交汇点，成为重要的江南物资转运集散港埠，蜀冈下河道两侧逐渐形成市街和码头，并形成了

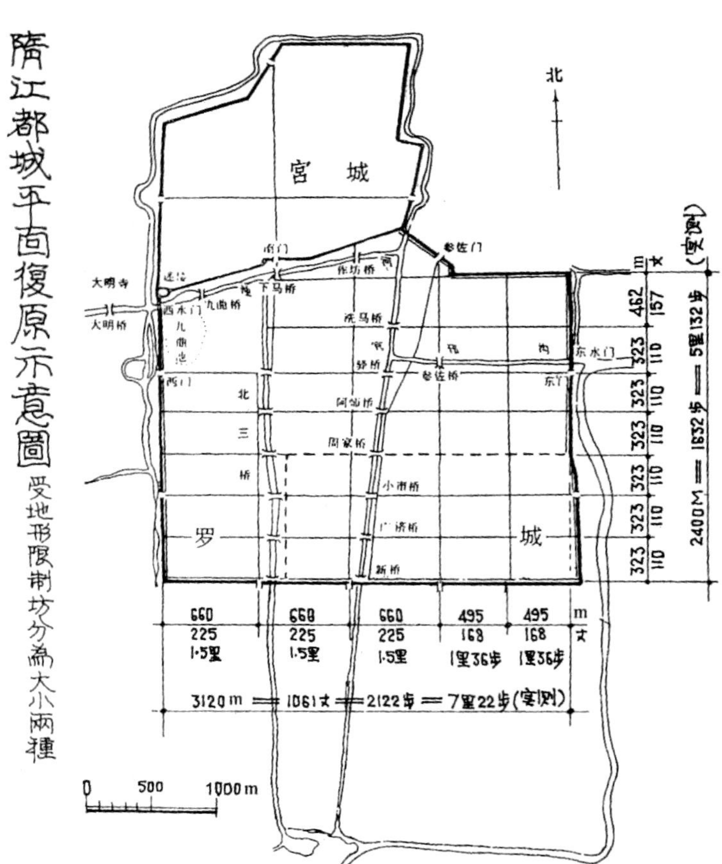

图5-9. 傅熹年隋江都城平面复原示意图
傅熹年著. 中国古代城市规划、建筑群布局及建筑设计方法研究（下册）. 北京：中国建筑工业出版社，2001：5

初步的路、桥布局，至中晚唐在罗城修筑城池并规划街道[18]，定名扬州也是在这时期。时人称："江淮之间，广陵大镇，富甲天下"[19]，又"富庶甲天下，时人称扬一益二"[20]。

这样，唐代扬州遂由子城和罗城组成。子城在蜀冈上，沿用了汉、六朝广陵城址[21]，并利用隋江都宫城作为扬州大都督府、淮南节度使等地方长官之府署，子城至今保存较好，城墙与护城河清晰依旧，子城中十字街东北侧有据称为唐节度使衙门的遗存（图5-10~图5-12）。罗城范围比隋代进一步扩大，子罗两城呈"吕"字形布局，这种格局遗址保留至今，是中国古代地方城市中十分珍贵的（图5-13、图5-14）。如果说唐代扬州的子城是延续前代而建，那么罗城的生长应是与运河的贯通密不可分。罗城有两条主要的运河：一条称"市河"，即汉代以来的邗沟，从城市中流过，周围形成了著名的商业街"十里长街"；这条运河在唐代罗城形成之前，一直作为城外运河而存在，唐代建罗城时将其包在城内，南侧建有南城门和水门，2007年考古发掘证实了曾经的存在（图5-15）。唐中期以后，市河因两岸布满市井、作坊而时常淤塞，如淮南道节度观察使杜亚时期（784~789年），"扬州官河填淤，漕挽堙塞，又侨寄衣冠及工商等多侵衢造宅，行旅拥弊，亚乃开拓疏启，公私悦赖"[22]。但这并没有解决根本问题，以至于运河主航线不得不另辟他途：宝历二年（826年），"时扬州城内官河水浅，遇旱即滞漕船，（王播）乃奏请自城南阊门七里港，开河向东屈曲，取禅智寺桥通旧官河，开凿稍深，舟航易济，所开长十九里"[23]，这就是城外的东南运河。这条河采用了过境交通避开市区，改作绕城而过的手法，非常值得借鉴，运河的主航道从此由城市边缘流过，发挥了重要的转运作用，同时作为城市东、南的护城河（图5-16）。另外罗城内市河西侧还有一条南北向的河道，也对城内交通、商业起到了不小的作用，这条河在后周和宋代被利用作为护城河，称保障河。

另一方面，隋唐扬州在人口增加、规模扩大的同时，关键是城市性质发生了变化，它由地方行政性的城市发展为对统治者有重要意义的商贸城市和对外港口，和国际交流加强，1976年在罗城范围内出土的扬州惠照寺经幢，建于唐咸通十四年（873年），刻有《佛顶尊胜陀罗尼经序》（图5-17）。可以说，扬州已是具有相当规模和发展相对成熟的城市了。

3．五代至宋时期：沿河设防军城巩固

唐末五代之际，扬州经历了数次兵燹之害，繁荣的经济受到严重破坏，"江淮之间东西千里，扫地尽矣"[24]。至杨行密892年攻入城时，居民只残存几百家。

图5-10．唐子城位于高地，现状保存较好
陈薇摄于2008年

图5-11．唐子城城墙、城壕及遗址

图5-12．唐子城的十字路走势清晰
左：东西向道路；右：南北向道路
陈薇摄于2007、2008年

图5-13. 唐代子城和罗城的格局保留至今

图5-14. 位于唐子城可以下瞰罗城
上：子城；下：原罗城范围
陈薇摄于2009、2011年

图5-15. 扬州考古发掘的南门遗址及西侧尚存的水门
陈薇摄于2009、2007年

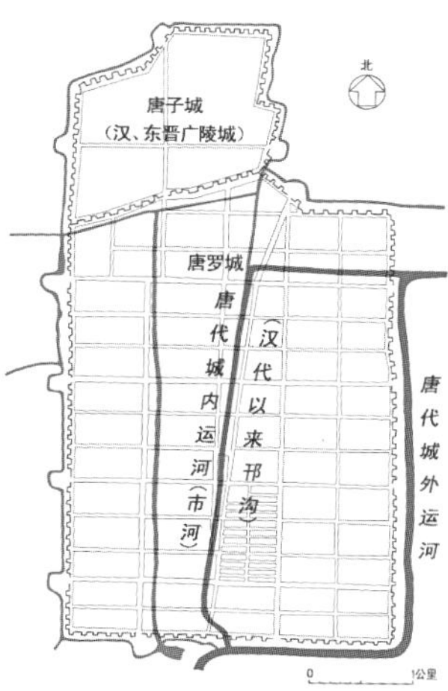

图5-16. 唐代扬州城与运河
整理自蒋忠义. 隋唐宋明扬州城的复原与研究. 中国社会科学院考古研究所编著. 中国考古学论丛. 北京：科学出版社，1995. "唐代扬州城图"；以及李久海. 扬州唐宋城遗址的考古与研究. 东南文化. 2001年增刊. 扬州博物馆建馆五十周年纪念文集. "唐代扬州城图"

图5-17. 1976年出土的扬州惠照寺经幢，建于唐咸通十四年（873年）

图5-18. 扬州宋夹城城壕遗址

杨行密据扬称吴王，复加修葺，扬州稍恢复。杨行密之子杨溥自立为帝，国号为吴，是五代十国之一。吴国建都扬州，后又以南京为“西都”。后政权被部下徐温养子徐之诰所夺，徐之诰建南唐，建都南京，以扬州为东都。在战乱割据的形势下，扬州与南京的关系变得十分密切，而无论是杨行密还是徐之诰，都将南京和扬州列为战略上相互依赖的关系，而主要原因乃扬州和南京分踞大江两侧，唇齿相关。

就扬州城的变化而言，后周世宗于955~958年出兵南唐，后周显德五年（958年），周世宗占据扬州，此时扬州由于战乱，城大空虚难守，“遂于故城内就东南别筑新垒”[25]，新筑的城比唐城小，因而称周小城，周小城的范围北濠即柴河，南濠、东濠为运河，西侧以保障河作为护城河[26]。

北宋的扬州城东南周小城，称为“宋大城”。宋室南渡后，扬州成了南宋皇室的北门，军事防御地位变得十分重要。南宋建炎元年（1127年）宋高宗南迁扬州，“命吕颐浩修城池，二年（1128年）十月，命扬州浚河修城，旧城宋大城，周长二千二百八十丈”[27]。这时，扬州不仅是南宋政权的临时都城，而且也是抗金淮河前线的后方。次年十月又命扬州浚河修城[28]；孝宗乾道三年（1167年）又修过两次[29]。这时，一方面把原北宋的州城进行了大规模的修筑和加固，使宋大城的防御能力更加坚固；另一方面，淳熙二年（1175年）郭棣知扬州，认为蜀冈上的汉唐故城“凭高临下，四面险固”可以据以防守来犯之金兵，所以又在蜀冈唐子城废墟上修筑“宝寨城”（又名宝祐城、堡城），与作为州城的宋大城南北对峙；不久又在其间筑夹城，疏两濠[30]（图5-18），形成南宋扬州三城——宋大城、宝祐城和夹城的格局（图5-19）。咸淳五年（1269年）以李庭芝为两淮制置大使，“始，平山堂瞰扬城，大元兵至，则构望楼其上，张车弩以射城中。庭芝乃筑大城包之”[31]，该城又称“平山堂城”。这样，使宋大城的防御能力更加坚固[32]。这样的布局和结构坚固的城墙、城门一起，加上利用运河和人工修筑的完整城濠，在战争中发挥了重要的作用（图

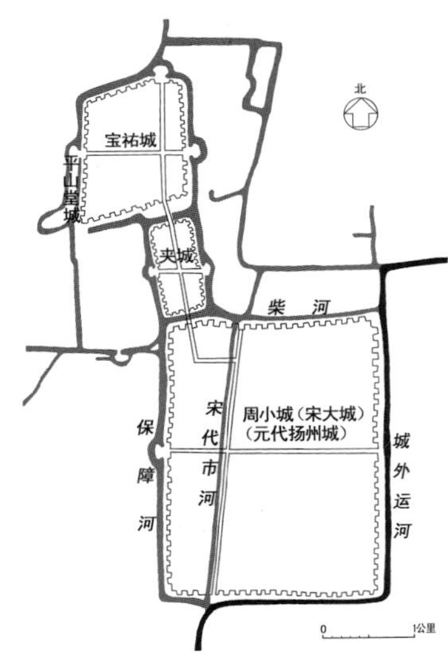

图5-19. 后周至宋代扬州城与运河
整理自扬州城考古队. 江苏扬州宋三城的勘探与试掘. 考古1990年7期. 插图

5-20）。城门均为瓮城，城墙和水道交接处设水门，如北门（图5-21）和南门，东门外则有浮桥（图5-22）。元兵为扬州久攻不下，而且在南宋朝廷降元后，扬州的宋将李庭芝仍孤垒抗元，足以说明宋大城作为军事城市的防御能力之强。

宋代城中的运河——“市河”周围仍然是繁华的商业区，特别是南北、东西大街交会的开明桥附近沿袭了唐代繁华的商业区河市场，从“宋大城图”中可以看到：开明桥以东有众乐坊、都酒务，路北有新街、庆丰楼、明月楼、东酒库等许多店铺；商业区基本呈线形分布在南北大街两侧，这与市河的影响有很大的关系；运河主干道继承唐代，从周小城（宋大城）东南流过，在周小城（宋大城）、夹城、宝祐城周边，分别开挖护城河，其中周小城（宋大城）北护城河称柴河，周小城（宋大城）西侧的护城河利用了唐代城中西侧的一条运河保障河，亦发挥较大运输作用。而宝祐城与夹城的城濠则更多起到了军事防御的作用。

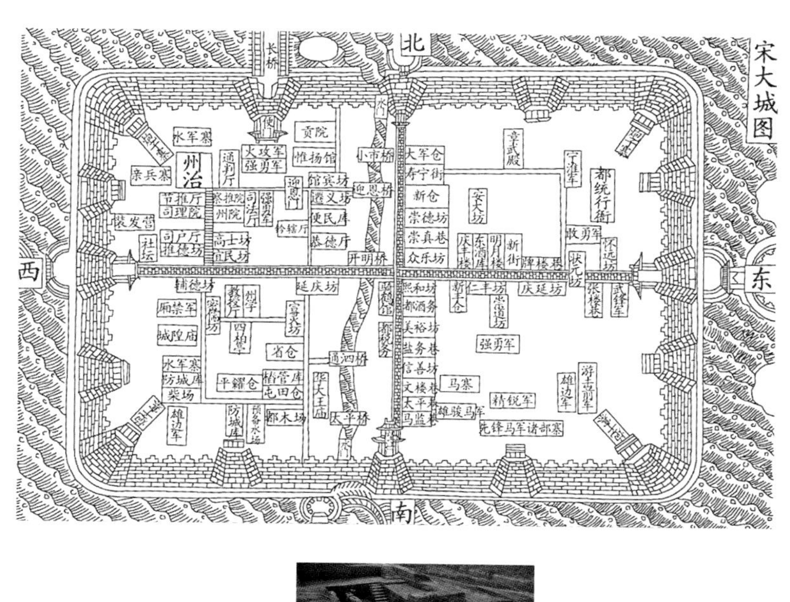

图5-20 嘉靖《惟扬志》中宋大城图和考古对应的四向城门遗址

图5-21. 宋大城北门有水陆平行的城门，水门下的水道驳岸桩基围护

图5-22. 宋大城东门遗址，原城外有浮桥 陈薇摄于2008年.

如上所述，在这个历史过程中，扬州城市起始、发展、兴盛、转变，均未离开过运河。不仅如此，可以说和运河开凿、流通、利用是唇齿相依的关系，尤其是隋代大运河在流过已有历史的城市边缘时，全面地带动了隋唐两代的城市繁荣和富有生命力的城市格局形成，是一典型的自下而上的、规划结合自然的、因地制宜的生长与发展。

二、大运河从历史城市扬州边缘流过……

大运河再一次从扬州这一历史城市边缘流过，已是元朝。

元代建都北京，"元都于燕，去江南极远，而百司庶府之繁，卫士编民之众，无不仰给于江淮"[33]。元代至元十六年（1279年）起，先后开凿了今山东济宁至安山的济州河，安山至临清的会通河，以及今通州区至北京的通惠河，对扬州所处这段运河，元代有几次疏通[34]，加上江南运河，它们彼此联通，此乃京杭大运河。这条大运河较隋代大运河由"弧"形变为"弦"形，路程大为缩短，水路运输更为便捷。这条运河在后来的国家政治生活中发挥了不可替代的重要作用，并深刻影响了沿线城市的变迁。

不过由于长期以来镇扬间长江水道的变迁，长江江岸继续南移，长江南北运河的入江分支也都有增加。如长江以南运河时而淤塞，直接影响漕粮的运输，运河入江口东移至常州孟渎，迂回三百里才达瓜洲。鉴于这种情况，明宣德年间（1426~1435年），陈瑄开凿了扬州白塔河，使长江北岸运口亦东移，江南漕船"从常州府西北孟渎河过江，入白塔河至湾头达漕河，以省瓜洲盘坝之费"[35]。另白塔河之东，泰兴附近又有北新河，南与常州府的德胜新河相直。漕舟由北新河经泰州北上，较白塔河尤为便利（图5-23）。直到正统四年（1439年），白塔河一度水溃闸塞，才又复疏浚扬州附近的瓜洲运口。

这样，大运河实质一直是从扬州边缘经过。明代形成的瓜洲运河、白塔河、泰州新河与原有水系及江南运河相接，形成在扬州外围的漕运通道和网络（图5-24），在扬州边缘

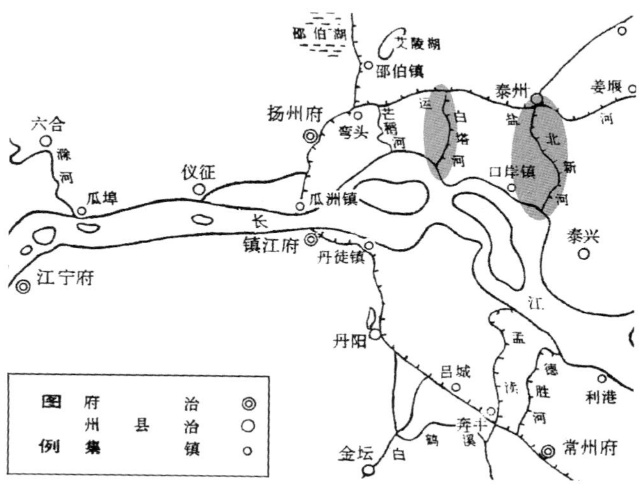

图5-23. 白塔河和北新河
整理自王育民. 中国历史地理概论. 北京：人民教育出版社，1985年10月，插图

图5-24. 白塔河、芒稻河、仪扬河、瓜洲渡口与长江形成扬州周围的水网
陈薇、钟行明摄于2009年.

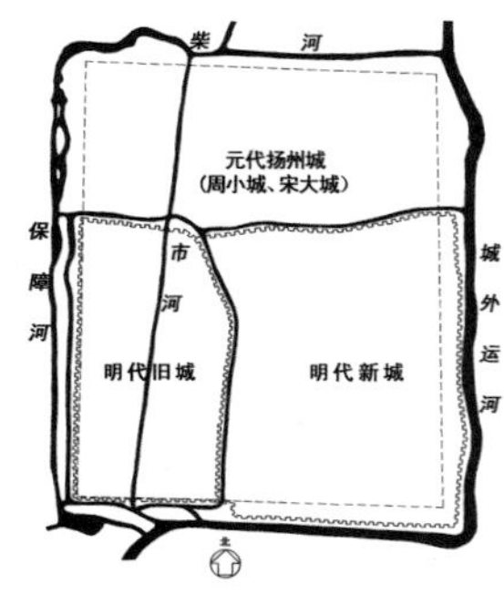

图5-25．元代至明清扬州城与运河（综合整理绘制）

也就逐渐形成一些新的生长点。扬州城作为一历史城市，则在其中起核心作用。这种情形延续到清代，嘉庆《扬州府志》序曰："东南三大政，曰漕，曰盐，曰河。广陵本盐策要区，北距河、淮，乃转运之咽吭，实兼三者之利。"

对扬州而言，由于它的枢纽作用加上历史悠久，元明清以后，虽有再度繁荣，但就城市自身而言，整体上不复唐代兴盛，仅局部有发展。从规模上看，这在城址大小范围上表现得十分明显。

元代扬州城袭用宋大城，蜀冈上的宝祐城以及夹城逐渐荒废。运河从城东南流过，西、北分别以保障河与柴河作为护城河，原来流经城市中的市河仍然存在，周围形成繁华的市井，市河在唐代至宋代的主要是以城内交通、商业组织的形式存在着，元代也应该是这样（图5-25）。

元末明初，扬州历经战火，元至正十七年（公元1357年），扬州归朱元璋所有，命张德林守扬州，"以旧城虚旷难守，乃截城西南隅，筑而守之"[36]，形成明初的扬州城。这次筑城显然有些仓促，保留下来的区域恰是由唐至元代都非常繁华的市河南部，而运河则距城市一定距离由东南部流过。

在城市发展的过程中，城市和运河之间的地带由于运河的巨大影响发展起来，先是宣德四年（1429年），广陵钞关[37]设于旧城东南濒临运河处，钞关是明代政府设立对往来船只收税之处，在城东大东门外，关务所在，游民骈集，"司址东、北民居鳞集"[38]。旧城与运河之间由于运输、关税、商业等便利聚集了大量人口[39]，到嘉靖二十一年（1542年）前后，江都县城厢人口在城四里，东厢一里，南厢一里[40]，关厢人口大致占城厢总人口的三分之一。

如此看来，在旧城和运河之间形成城市就是十分必要的了。嘉靖三十四年（1555年），倭寇侵掠扬州，"外城萧条，百八十家多遭焚截者"[41]，为防倭寇而建新城，新城又称"东城"或"石城"。城池"外城巍然，岸高池深"[42]，此时新城东南两侧较宋元原址一直拓展到运河，运河从此又从城市东南边缘流过，清代乃及民国，袭用明代新、旧两城。新

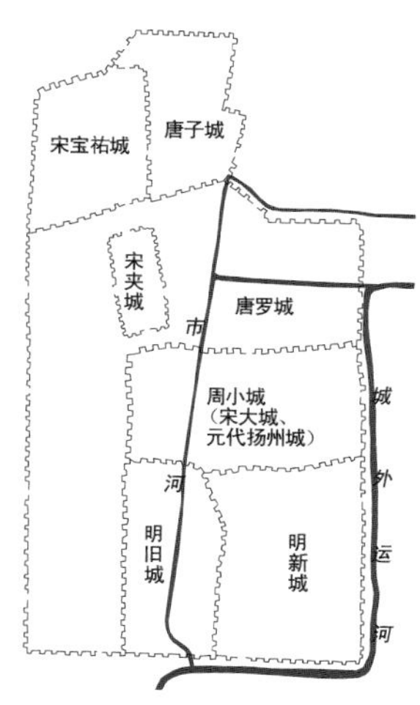

图5-26. 唐代到清代扬州城变迁与运河（综合整理绘制）

旧两城功能明确，西侧的旧城区可以说是以行政区为主，近运河的新城主要是居民、商业区，形成市肆中心，新城的街道、房舍、会馆及园林改建新建很多，生长很快。

从唐代至清代扬州城与运河演变可以看到（图5-26），运河从城市边缘流过，既满足了过境交通的需要，方便码头的设置和城市的转运，同时避免了运河从城市中流过的交通堵塞，还能承担一定的防御功能。可以说是被历史证明为十分有效的运河和城市关系的组织方式。

至于大运河从历史城市边缘流过给城市带来的变化，我们主要考察明清时期的情况。大运河虽然在元代已经全线贯通，但由于种种原因，元代运河未能发挥重要的漕运作用[43]；在明朝时期，特别是永乐迁都之后，屡次对运河进行治理，建立了一套行之有效的运输、管理方式，运河在国家政治生活中才真正发挥了不可替代的作用。直到清咸丰之后海运取代河运，运河一直是最重要的漕运组织方式，对沿线城市的影响非常深刻，因此我们主要探讨的是明初至清末大运河从扬州城市边缘流过的情况。

明清大运河从扬州城市边缘流过，对城市特别是边缘和运河沿线地区的建设，及运河沿线景观和新市镇的形成，起到了极大的，甚至是决定性的作用，下分述之。

1. 对城市生活及建设的影响

运河的繁忙造就了运河沿线的繁荣，对城市建设也产生了显著的影响。在运河的各种影响下，扬州尤其是边缘地带城市建设有了很多特殊性。

（1）新的建筑类型出现

因运河而出现并发展的、最重要的建筑类型是钞关（图5-27）。明初，扬州钞关设置于从南流入扬州城的运河边缘处，作为整个运河税收系统的一部分，行使对往来船只的税收功能。钞关旁设置码头，船只在此上岸缴税，众多船只的过往与停留对城市布局产生很大影响。

图5-27.“扬州营钞关汛”，可见钞关位于道口
［清］道光十一年七月，陈述祖撰.《扬州营志》（第一册）卷二舆图，江苏扬州古旧书店刊印.

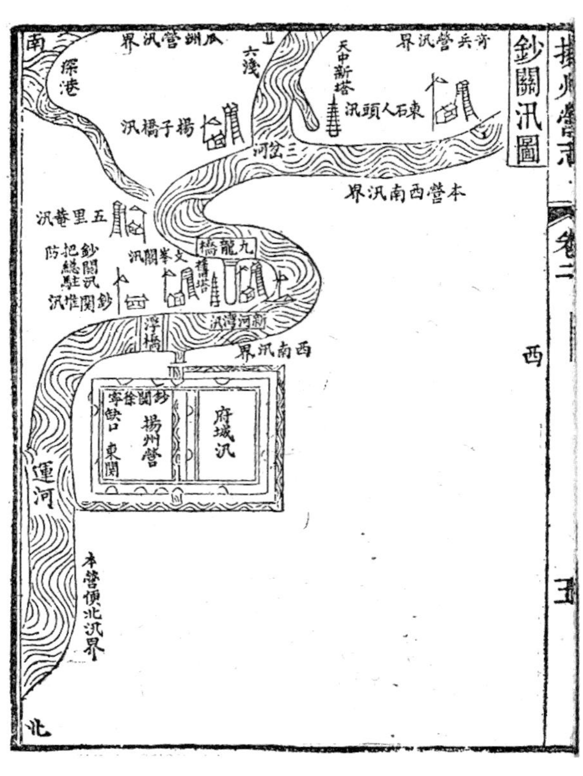

（2）码头分布

靠近运河地的城市边缘地带，集中了与运河转运作用密切相关的功能建筑，如钞关、仓库[44]等。运河流经城市边缘并与城市进行交流，码头的设置成为必需，城东、城南运河上分别设置小东门码头、缺口码头、南门码头、钞关码头，均与城门相联系，“码头林立。专供官家船只停泊的码头称官岸，民间船只停靠的码头称民岸。货船运载的大批物资，包括食盐、粮食、南北货、生活用品等，分别在缺口、钞关、南门等码头停泊装卸”[45]，其中“小东门码头在外城脚……每逢良辰佳节，群棹齐起，争先逐进，河道壅闭，移晷不能刺一篙”[46]（图5-28）。码头也对城市建设、商业街分布等起到重要影响。

图5-28. 扬州小东门码头（1930年代）
韦明铧. 绿杨梦访. 北京：百花文艺出版社，2001：248.

（3）街道布局

明代旧城基本保持了南北向的道路网，小巷的分布也较有规律，相比之下，新城的街道受运河的影响较大，街

道布局具有明显的自发性和不规则性。码头和城门之间，主要大街之间，都出现了方便联系的斜街，形成相对不规则的道路网。最主要的一条斜街连接了运河上的钞关码头与东关码头。这条斜街是明初驿站报马所经之捷径[47]，“湾子上为城中斜街……新旧二城斜街，惟湾子上一街，如京师横街、斜街之类，盖极新城东北角至西南角之便耳”[48]，街道间距也不均匀，都因需要而形成。

（4）商业区分布

商业区受运河等影响，主要分布在码头、钞关附近，以及连接码头、城门之间的交通要道上，“东关街、南门街、便益门街、钞关、埂子街等街道因有古运河或内河码头，物资运输和水路交通方便，街市也很繁忙”[49]。以主要商业街为主干，辐射出其他商业街道，构成商业网络（图5-29）。

最主要的商业街有：

小东门码头外三里长的街道上，“近东关者谓之东关大街”，“近大东门者谓之彩衣街”，“市肆稠密，居奇百货之所出，繁华又甲两城”[50]；“小东门街多食肆，有熟羊肉店，前屋临桥，后为河房，其下为小东门码头。就食者鸡鸣而起，茸裘毡帽，耸肩扑鼻，雪往霜来，窥食腰，探皮阁，以金啖庖丁。”[51]

钞关往北通往天宁门有埂子街，又称钞关街、埂子上，“埂子上——为钞关街，北抵天宁门，南抵关口……其上两畔多名肆，如伍少西毡铺，匾额‘伍少西家’四字，为江宁杨纪军名法者所书；戴春林香铺（图5-30），‘戴春林家’四字，传为董香光所书云”[52]。

从缺口码头往西是左卫街，“扬州真正称得上商业街的只有辕门桥、新盛街、多子街、左卫街等”[53]。左卫街是扬州一条较热闹的街，书店有不少开在这街上[54]。

河下街，指钞关东沿内城脚至东关的长街，分为南河下（自钞关至徐凝门）、中河下（徐凝门至缺口）、北河下（缺口至东关），因沿河而成为繁华之处（图5-31）。如此等等。以这些主要的商业街为骨干，商业网点几乎遍布新城的每一个角落。

（5）手工业、商业按行业集中于各街巷

新城的许多街道都为自发形成，很多街道成为某一行业的聚集地，从街道的命名中就可以看出。如剪刀巷、彩衣街、饺肉巷、灯草巷、皮市街、芝麻巷、打铜巷、翠花街、苏唱街、多子街等等。

其中，彩衣街（图5-32）集中了许多制衣店铺；苏唱街中聚集有许多苏州艺人；多子街，原称缎子街，缎铺林立，“多子街即缎子街，两畔皆缎铺。扬郡著

图5-29．扬州清代商业街分布
底图为刘捷．扬州城市建设史略．东南大学硕士论文．2002年．图45清代晚期扬州地图

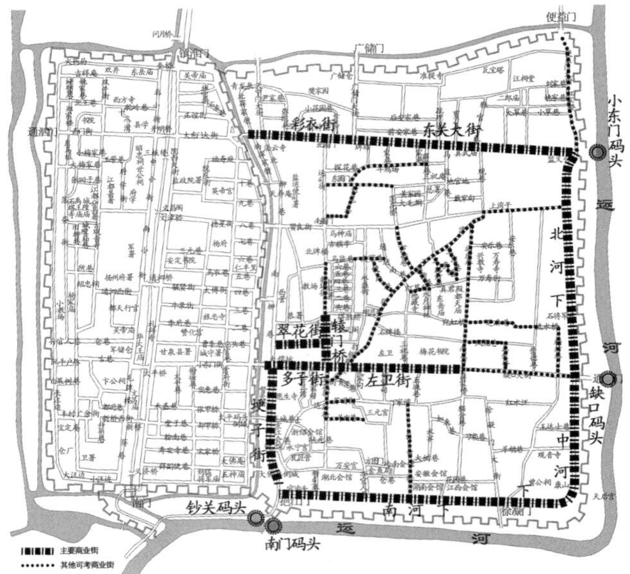

图5-30．戴春林香铺
韦明铧．二十四桥明月夜——扬州．上海：上海古籍出版社，2000年12月：158．

图5-32．彩衣街某砖雕门楼
刘捷摄于2001年4月

图5-31．扬州河下街巷与民居

衣，尚为新样……每货至，先归绸庄缎行然后发铺，谓之抄号[55]。”

翠花街又称新盛街，位于南柳巷口大儒坊东巷内。巷内“肆市韶秀，货分队别，皆珠翠首饰铺也。扬州鬏勒，异于他地，有蝴蝶、望月、花篮、折项、罗汉鬏、懒梳头、双飞燕、到枕松、八面观音诸义髻及貂覆额、渔婆勒子诸式。女鞋以香樟木为高底，在外为外高底，有杏叶、莲子、荷花诸式；在里者为里高底，谓之道士冠。平底谓之底儿香。女衫以二尺八寸为长，袖广尺二，外护袖以锦绣镶之，冬则用貂狐之类。裙式以缎裁剪作条，每条绣花两畔，镶以金线，碎逗成裙，谓之凤尾。近则以整缎折以细缝，谓之百折。其二十四折者为玉裙，恒服也。硝皮袄者，谓之‘毛毛匠’，亦聚居是街”[56]。

（6）会馆

运河亦给扬州带来了盐业和商业的昌盛，旧有“扬州繁华以盐胜”之称，此外，“扬州为南北通都大邑，商贾辐辏，俗本繁华”[57]。因此，以盐商和南北货商为主，建置了众多会馆[58]。南河下和南门码头、钞关附近，相当于运河进入城市的“过渡地带”，盐商和众多的商人在此兴建会馆，如旌德会馆、京江会馆、浙绍会馆、银楼会馆、湖北会馆、湖南会馆、嘉兴会馆、岭南会馆、安徽会馆、江西会馆等。在清代可考的十二座会馆中，有十座位于南门、钞关进入城市的这个地带[59]（图5–33、图5–34），足见运河对商人的会馆位置选择起到了决定性的作用。

（7）盐商聚落

扬州明清的繁盛和盐业的发展密切相关。南河下往北的引市街的得名，则与“盐引”有关。“盐引”是盐商取得贩运食盐专利权的凭证，又称“根窝”或“窝单”。按规定，每引可贩卖食盐四百斤，窝单本身在商贾之间也是有价证券，可以买卖[60]。而引市街正是商人们交易“盐引”的地点。盐商也因河下一带行盐方便，主要居住在新城沿运河一线，形成了盐商聚落。据统计，新城建成后，至清康熙年间，除了个别盐商还宅居旧城外，绝大多数盐商都集中在扬州新城，其中一半以上位于北河下到南河下长达四里的狭长地带[61]。这些盐商不仅宅居宽敞阔绰，而且多有园林，并具有立意独特、用材崇新、制作精美等特色（图5–35~图5–37）。

（8）市场等

明清在城外运河附近有几个固定的市场，如凤凰桥的米市，黄金坝的鱼市，以及南门的柴市、米市等。运河沿线还有众多的渡口、水利建筑，如瓜洲古渡、邵伯船闸等（图5–38、图5–39）。

图5-33．清代扬州会馆分布
底图为刘捷．扬州城市建设史略．东南大学硕士论文．2002年．图45清代晚期扬州地图

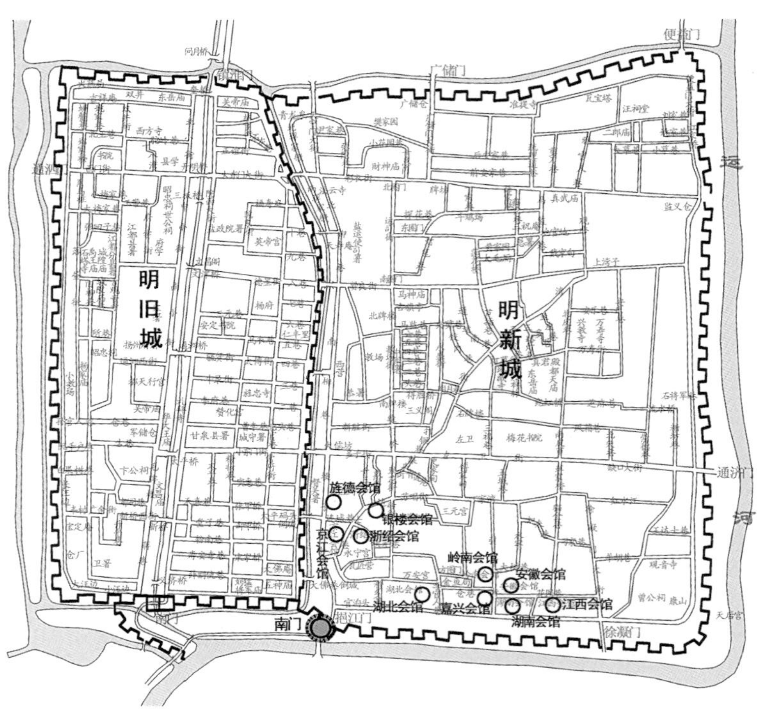

图5-34．扬州清代湖南会馆

图5-35．扬州黄氏宅园

图5-36．扬州何氏宅园

图5-37．扬州汪氏宅园

图5-38. 邵伯闸一带

图5-39. 邵伯大码头

2. 对景观建设及文化的影响

由于游览和景观的需要，运河沿线兴建了一些著名的景观建筑，在清代尤其突出。其中最典型的是为康乾南巡所修建的景观建筑。另外还有些是为了满足富裕阶层的奢侈消费。它们有的位于运河干流，也有的位于城市中的分支水道上，与良好的地形与环境合在一起，形成了优美的空间，还起到一定的标识作用。

康熙帝与乾隆帝都曾六下江南，尽管他们均强调南巡之主要目的在于河工，但却不可避免地对所经地区的社会生产、生活、城市建设造成一定的影响。在城市边缘地带，康乾南巡给扬州留下最多的是行宫和园林建设。在《扬州行宫名胜全图》中标明的扬州城及其附近行宫名胜就有10余处之多，其中最著名的是天宁寺和高旻寺行宫。天宁寺行宫位于运河支流与城市边缘交界处，可从码头登陆进城；高旻寺行宫则位于运河干流旁，景观极佳，康熙皇帝对其视如珍宝，亲笔题了“敕建高旻寺”。

康乾南巡还促进了扬州城中的园林建设，其中很大一部分是临运河或支流而建的滨水园林。最为著名的是乾隆二十二年（1757年）利用运河分支在扬州城的西北边缘，建设新的景观带。这条景观带从天宁寺码头开挖新河，直达平山。两岸景点共有二十四处，这样，城内去瘦西湖可从天宁寺登舟，直至淮东第一观，两岸楼台掩映，朱碧辉煌，夕阳返照，箫鼓灯船（图5-40）。乾隆帝抵达扬州，游览蜀冈三峰，又观看诸园亭，说道：“眺览山川之佳秀，民物之丰美，江南名胜甲天下”[62]。

康乾多次南巡经扬州，使扬州出现了自唐代以来的又一次繁荣景象：经济发展，百业兴旺；楼台画舫，十里不断。有趣的是，这些由事件引起的城市建设均主要在城市边缘地带，既松散又充满活力。

除了受到皇家影响的景观建设之外，当地富商也利用运河及其支流之独特的景观大兴泛舟之趣，《扬州画舫录》中绘声绘色地记述了这些奢华的游憩，“贵游家以大船载酒，穹篷六柱，旁翼阑楹，如亭榭然。数艘并集，衔尾以进，至虹桥外，乃可方舟。盛至三舟并行，宾客喧阗，每遥望之，如驾山倒海来也”，“迨至灯船夜归，香舆候久，弃舟登岸，火色行声；天宁寺前，拱宸门外，高卷珠帘，暗飘安息”[63]……可见运河对于城市的社会生活产生了巨大的影响。

运河还承载着南北文化交流的使命，使得沿线有寺庙等建筑出现，这些建筑有些分布于城郊，有些在城市边缘，持续地与城市进行着文化交流。

例如，著名的普哈丁墓修建在城外运河东岸，包括墓园和清真寺，是伊斯兰文化沿运河传播的见证（图5-41、图5-42）；文峰寺是鉴真东渡首航地，是水路进

图5-40. 天宁寺行宫与高旻寺行宫的位置及景观. 御码头与河道
上图截自《南巡盛典》. 下图摘自《扬州》. 刘流主编，中国建筑工业出版社，1991年9月

图5-41. 普哈丁墓位于扬州运河东畔

图5-42. 普哈丁墓

入扬州的标志，其选址配合弯曲的河道，已成为扬州的标志性建筑（图5-43）。

图5-43. 仪扬河上的文峰塔

3. 运河沿线新市镇的形成和发展

在运河的影响下，扬州周边地区在一些有条件的地方形成了新的市镇。

如扬州城南部的瓜洲，原为水下沙碛，逐年积涨，晋代露出水面，形如瓜，故称瓜洲。《瓜洲名胜志》云："瓜洲渡昔为瓜洲村，扬子江之沙碛也，或称瓜埠洲，亦称瓜洲步，沙渐长，连接扬州郡城。自开元后遂为南北噤喉之处"。自春秋以来，由于长江南岸的南移，运河入江口也逐步南移，瓜洲作为扬州运河继续南下的入江口，地理位置相当重要，唐开元以后成为南北噤喉要地，取代了扬州的一些转运功能。《乾隆江都县志》记载："瓜洲虽弹丸，然瞰京口，接建康，际沧海，襟大江，实七省咽喉，全扬之保障也。且每岁漕艘数百万，浮江而至，百货贸易迁涉之人，往还络绎，必停泊于是，其为南北之利，讵可忽哉？"可见作为扬州南面的屏障，瓜洲的发展同样受益于运河，并由运河把其和扬州、隔岸的镇江等城市连为一个运输系统（图5-44），唐末渐有城垒，宋代筑城，明清经济繁荣，康乾时期城市建设、园林建设可谓"极盛一时"，这些与扬州城市的发展几乎都是同步的，说明了运河的重要作用。

图5-44. 瓜州看镇江

概括说来，京杭大运河从历史城市扬州边缘流过，由于条件改变，不再如隋代大运河那样单纯对扬州人口聚集和快速发展起十分重要的作用，在周边其他聚落形成、扩大时，仅在与运河关系密切的东南边和西北景观带发展最为典型，不过仅此还是推动了城市的复兴。如果我们把隋唐宋时期的扬州作为一成熟历史城市的话，那么元明清时期的扬州则是在历史城市边缘的再生，依托它，城市再次繁荣。历史城市边缘的松散性、改造的方便性和对外交通的易达性，都是它再度发展的内在因素。

三、大运河依然从历史城市扬州边缘流过?

运河作为中国古代交通的重要方式之一，与历史城市扬州有着不解之缘。尤其是隋代大运河从城市边缘流过而带来的罗城建造和宫苑建设，以及元代大运河从城市边缘流过而带来的建筑类型丰富的园林兴建等，是历史城市扬州发展的重要阶段，同时随之形成城市繁华。这种运河和城市发展的互动关系，其规律就是城市边缘充满了变化和生机，而其内在规律就是自然地理条件和交通在古代通常是城市发展的契机。

从城市史研究的角度看，城市边缘地带的建筑类型变化多、充满活力，但也往往不受重视，易遭受变动和破坏。就扬州而言，大运河还能依然从历史城市边缘流过吗?

1949年后，扬州新、旧城垣全部拆除，成为现在主城区，运河仍主要作为交通运输工具而存在；1958年新开运河是现代扬州航道的主要部分（图5-45），运河周边城市边缘也形成大量的工业企业和仓储用地（图5-46）。然而随着改革开放后，一些老企业经营状况恶化和闲置产业建筑增加，公路铁路条件快速改善，人们对“让城市生活重新回到滨水”的认识逐渐加深，城市边缘地带重又面临新的挑战。不过，现在交通方式已不再以水路为主，因此扬州城市远期规划取消了扬州段运河的航道功能，增强了其作为城市“绿肺”、文化、旅游等方面的功能。对运河沿线进行新的有效开发和利用，便成为城市建设中的重要课题。2004年，扬州市启动了古运河东岸风光带规划，我们也做了相应的工作，目的是希望通过规划，发展旅游，振兴经济，发掘城市边缘与运河密切相关的潜力，促进历史城市的复兴。目前已初见成效，在运河沿线陆续兴建和改造了绿地、商业、文化等休闲设施，开发了一些新型住宅，以满足市民的生活和娱乐的需要，逐步实现运河沿线地段在发展中的转型。另外，一些文物遗存借此机会也得到了充分的保护，较大程度复兴了运河文化和城市历史。希望从整体上提升历史文化名城的环境品质和文化品质，并以此带动扬州在不久的将来形成继古代之后的又一次繁华。

也许，将来有一天大运河不再从历史城市扬州边缘流过，而是成为历史城市中的一部分，就像隋唐和明朝时期扬州曾经经历的那样。但是历史城市经历的和古人创造的，又何尝不是我们今天正在遭遇和将来就要发生的呢？本文也旨在揭示城市和运河的互动留给我们的积淀、经验和智慧，从而能对历史文化名城的保护提供一点学术上的借鉴。

图5-45．1958年新开运河扬州段

图5-46．扬州沿运河外侧的仓储用地和邗江船厂等待置换，边缘成了城中。一如古运河在城市外围，现已被城市包围一样

注释：

1 徐谦芳，扬州风土记："广陵郡被扬州之名，肇于隋文帝开皇九年，再见于唐高祖武德九年，三定于唐肃宗乾元元年。"
2 左传，周敬王三十四年.
3 从考古发掘看，东部城冈的筑城年代，较西部为早，而东城钻探所见的春秋时代的几何印纹陶片，相对较西区丰富。参见：王勤金，试论运河对唐代扬州城市建设的影响，扬州文博，1992年.
4 其引用论述西城西侧城墙与东城北侧城墙土层结构类似。参见：南京博物院.扬州古城1978年发掘简报，南京博物院集刊三："整个古城（邗城）范围应包括东城和西城"，因"西城西侧城墙最下层亦为纯净的黄褐色夯土层，与东城北墙所见一样。"
5 胡明主编，扬州文化概观，南京出版社，1993年7月：7.
6 资治通鉴，卷七十，魏纪二.
7 南齐书，卷十四，州郡志上.
8 "其水上承欧阳，引江入埭，六十里至广陵"，刘文淇，扬州水道记.
9 "广陵旧不开南门，云：'开南门者，不利其主'；诞乃开焉。"南史，卷一四，竟陵王诞传.
10 罗宗真，扬州唐代古河道等的发现和有关问题的探讨，文物，1980年第3期.
11 隋书，卷一，帝纪第一高祖上.
12 隋书，卷三，帝纪第三炀帝上.
13 元和郡县志，五，汴河.
14 当然这是包括了江都郡所统16县的总户数，虽不能完全说明扬州城市人口，但多少也能反映作为江都郡驻所的扬州的繁盛.
15 扬州城考古队，扬州城考古工作简报，考古，1990年1期：自象鼻桥附近蜀冈南沿经桑树脚向南至扬州市第二人民医院西南角的一道南北向的土岗，另外在唐城考古钻探中，位于双桥乡的杨家庄西和江苏省化工学校校园内发现了东西相对的两座三门洞的城门门址.
16 傅熹年著．中国古代城市规划、建筑群布局及建筑设计方法研究．北京：中国建筑工业出版社，2001年9月第一版，2003年2月第二次印刷.
17 全唐文，卷五五五，韩愈，送陆歙州诗序.
18 中国社会科学院考古研究所、南京博物院、扬州市文化局、扬州城考古队，扬州城考古工作简报，考古，1990年1期："罗城从初步发掘资料来看，未见隋唐以前的遗迹，初步判定建于中唐或晚唐"；又见王勤金，扬州唐宋城址的发现，东南文化2001年增刊，扬州博物馆建馆五十周年纪念文集："在解剖罗城北城冈时，城墙基之下发现有唐代墓葬群，表明罗城之始建只能晚于唐早期"。唐罗城的城墙建造最早的文献记载为资治通鉴，卷二二九云："唐建中四年（783年）十一月，淮南节度使陈少游将兵讨李希烈，屯盱眙，闻朱泚作乱，归广陵，修堑垒，缮甲兵。"与考古发掘的结论大致相同.
19 旧唐书，卷一八二，秦彦传.
20 资治通鉴，唐昭宗景福元年条.
21 南京博物院，扬州古城1978年调查发掘简报，文物，1979年9期.
22 旧唐书，卷一百四十六，列传第九十六，杜亚传.
23 旧唐书，卷一百六十四，列传第一百一十四，王播传.
24 资治通鉴，卷二百五十九，景福元年（829年）七月条.
25 旧五代史，卷一百一十八，周书第九世宗纪五，显德五年（958年）二月.
26（万历）江都县志，古迹.
27（嘉庆）重修扬州府志，城池志.
28 宋史，卷二十四，高宗本纪一.
29 宋史，卷三十四，孝宗本纪二.
30 王象之，舆地纪胜，卷三七，扬州新旧城.
31 宋史，卷四百二十一，列传第一百八十，李庭芝传.
32［清］李斗撰，周春东注，扬州画舫录，山东友谊出版社，2001年5月，卷七，城南录：（扬州）"开元（713~741年）以后襟喉要，乾道（1165~1173年）之间城堡兴。"
33 元史，卷九十三，志第四十二，食货一.
34 元史，卷十三，本纪第十三世祖十："至元二十一年二月辛巳，浚扬州漕河"；元史，卷二十六本纪，第二十六，仁宗三："延祐四年十一月己卯，复浚扬州运河。"
35 行水金鉴，卷一零七，引南河全考.
36 明太祖洪武实录.
37 钞关是明代政府为征收船只过税建立的税收机构，绝大多数分布于运河沿线，为明代的财政作出了巨大贡献。这和运河往来船只之多，漕运之繁忙有必然的联系。参见：明史，卷八十一，食货五，商税；明会典，卷三十二，户部十七；黄仁宇，十六世纪明代中国之财政与税收，北京：生活·读书·新知三联书店，2001年6月第1版，2004年8月北京第3次印刷.
38（嘉庆）两淮盐法志，卷三十七，职官六庙署.
39 明代的运河治理使南北运河运输江南物资至京城较为通畅，当时政府规定允许漕船可携带附载一定数量土宜，可自由在沿途贩卖，免征钞税，为沿岸城市经济的发展奠定了基础。这些运输都是经过城东南的运河的.
40［明］朱怀幹修，盛仪纂，（嘉靖）惟扬志，明嘉靖二十一年（公元1523年）刻本，卷七，公署志.
41［清］五格，黄湘纂修，（乾隆）江都县志，清乾隆八年（1743年）刻本，卷三，疆域城池.
42 同41.
43 主要原因是运河初创，技术问题尚未完全解决，尤其是运河山东段，虽经多次开凿、疏浚，却效果不佳，运河河道狭而水浅，因此终元一代，漕运不得不冒风涛之险以海运为主。加之元代运输的粮食数量不多，漕额最多的天历二年也只有三百五十二万石，故终元之世，运河并未在漕运方面发挥应有的效用.
44［清］李斗撰，周春东注．扬州画舫录．济南：山东友谊出版社，2001年5月，卷三，新城北录上：新城北门广储门在雍正年间（1723~1735年）建立广储仓，利津门附近设监义仓.
45 李家寅编著，名城扬州纪略，江苏文史资料编辑部出版发行，1999年1月：246.
46［清］李斗撰，周春东注．扬州画舫录．济南：山东友谊出版社，2001年5月：卷九，小秦淮录.
47 董鉴泓主编．中国城市建设史（第三版）．北京：中国建筑工业出版社，2004年7月版：196.
48 同46.
49 王鸿著文．老扬州．苏州：江苏美术出版社，2001年3月.
50［清］焦循，扬州足征录，卷二十五.
51 同46.
52［清］李斗著，蒋孝达校点，《扬州名胜录》，苏州：江苏古籍出版社，2002年12月：卷三.
53 王鸿著文．老扬州．苏州：江苏美术出版社，2001年3月.
54 韦明铧编．绿杨梦访．北京：百花文艺出版社，2001年9月：85.
55 同52.
56 同46.
57 碑刻《建立岭南会馆碑记》，存于扬州仓巷小学.
58 傅崇兰．中国运河城市发展史．成都：四川人民出版社，1985年版：341.
59 参见：沈旸，明清大运河城市与会馆研究，东南大学硕士论文，2004.
60 王振忠．明清徽商与淮扬社会变迁．北京：生活·新知·三联书店，1996年4月.
61 同60.
62 转引自李家寅编著，名城扬州纪略，江苏文史资料编辑部出版发行，1999年1月.
63［清］李斗撰，周春东注．扬州画舫录．济南：山东友谊出版社，2001年5月：卷十一，虹桥录下.

Chapter 6

Gaoyou and its Changing Border

Jiao Zeyang Chen Wei

第六章 高邮边界的消长

焦泽阳　陈　薇

中国古代都城建设是中国城市文明的杰出反映，但并不能代表中国城市发展的总体成就。从城市发展表现为“人为的力和自然的力互动”这一观点来看，都城的发展中人为作用的比重较大。尤其在封建强权主导下，往往举全国人力物力建设都城并维持支撑。表现在城市边界上，开始时都城外围多是帝王将相的陵寝、离宫和园囿，并无城市经济意义，只是发展到一定程度，城市边界会膨胀性扩大，规模增大、人口增多，繁华而热闹。但这并不是现代意义上的城市化，因为它光有人口的集聚，而并无吸纳农村剩余人口的城市产业机制。庞大的城市规模，依赖的还是低级的农耕产业。应感谢“漕运”制度的倡导和设立者们，“漕运”连接了都城和主要经济区，完成了都城的经济能力同自身膨胀规模的嵌合。

封建统治发展到唐宋时期，随着城市里坊制的解体，经济和地理等自然力因素逐渐在城市、特别是在中小城市发展中确立其地位，元明清大运河的开通和物资流动，进一步推动了中心城市的发展。不过这些中小城市和地区的经济积累大部被征调进贡，支持膨胀的都城消费，原本可以推动城市化进程的经济力量被消解，中小城市边界最有活力和发展潜力的部分，也是消长变化最多的。

广大的地方中小城市数量很多（从汉代到清代，以建有县治一级或以上为界定的城市就达1300多），而且分布广泛，同自然因素结合的形式也多种多样。在城市边界这一层面，一方面表现为线性的、围合的城防特征，形态稳定；另一方面在城市边界，往往人工和自然互动突出，也是中国古代酝酿城市化文明前奏的场所。这里选择个性较鲜明的地方中小城市高邮作为研究对象，尤其侧重其边界形态分析，力求发现其发生的动因，考察它形成和演变的过程，探讨其兴衰的规律。

一、运河－城市的发展和城市边界的形成

1. 邗沟的开凿——高邮城的初现

高邮地处淮河流域下游、里下河浅洼平原的西部边缘。距今五六千年前，这里是黄海南部的一个浅海湾。后来由于淮河和长江三角洲的不断东进，海湾退缩，同时东部又受海浪横向冲击，形成南北走向的沙堤，海湾又逐渐演变成潟湖，以后潟湖形成河湖交叉、水网密布的浅洼平原（图6-1）。

距今5000年前，即新石器时代，在高邮城址的东北面，今一沟乡龙虬庄就有新石器时代原始人部落分布。周文王时期，公元前11世纪左右，当地还是农田一

图6-1. 水网密布的高邮平原
陈薇摄于2009年

片，无商贾出没。城市出现的契机来自于春秋末年，公元前486年，吴王夫差开凿邗沟[1]，沿境内诸湖进入淮河。邗沟南接长江，傍邗城东，向北由陆阳湖和武广湖之间穿过，经高邮城西，北注樊良湖，继而在今界首附近转向东北入博之湖，再入射阳湖，最后又折向西北至末口入淮。

邗沟开凿利用了高邮境内的湖汊，将其连为一条贯通南北的水路交通干道，并第一次将淮河和长江两大水系联通起来。这条交通干道的出现给当地发展注入了活力。战国时代，高邮地区是湖汊成片的水乡洼地平原，西南部有武广湖，东南是陆阳湖，中部偏北有樊良湖，北有津湖，东北方向是博之湖。环湖一带是依靠打鱼和种田为生的农田村落。邗沟的开凿将这些湖泊贯通，同时也打破了各个以湖泊向心分布的村落圈，农村经济生活圈落被沟通组合。公元前223年，秦灭楚。境内筑高台，置邮亭，高邮城因此得名。三年之后，秦始皇大修驿道过邮境，秦“亭”所辖行政区已具一定军事、政治职能，摆脱一般农村田庄的职能模式[2]。及至汉文帝五年（公元前175年），吴王刘濞开邗沟以利盐运，高邮运盐河出现，这是一条东西向河流，这条河流的意义正如其名称一样，将里下河地区东部盐场的海盐由东向西和邗沟交汇后北上，而运盐河[3]和邗沟的交汇地区便是高邮城的城址所在。其交通地位的确立促进了城市的形成；同时，水运交通的改善带来的人流和物流的聚集，成为城市形成发展的原动力。西汉武帝元狩五年（公元前118年）始设高邮县，属广陵国。一个运河哺养的城市诞生了，而城市的位置便是后来形成大运河之雏形的两条河流的交汇点。此后这座城市便和水结下了不解之缘。

2. 东西二道并通——高邮城兴起

高邮境内始凿的邗沟，因东绕射阳湖，历史上称之为“东道”，东汉顺帝永和年间（136~141年），为使来往船只避射阳湖风涛之险，邗沟改道，北出樊良湖后入津湖，然后直北由末口入淮，称之为“西道”。隋代大开运河，开皇七年（587年），开山阳渎[4]，自扬州湾头东绕宜陵，北经樊汊，由高邮东部地区北入博芝湖，而此道为故邗沟东道。大业元年（605年），复开邗沟，循东汉所开西道经邮城西部直通淮河，当时此道“渠广四十步，旁植树木”。至此东西两条运河并通。西道线路较直，航船多取道于此，但其所连湖泊众多，有风浪之险。而东道虽绕路入淮，但较平安。西道的发展因其航线平直运输量大于东道，成为后来京杭大运河高邮段，也是高邮古城的西部边界河。东道即后来的三阳河，不及西道繁荣，但沿河也产生了一方市镇——三垛镇（图6-2）。

唐代，江南的物资皆由长江入水门通过高邮境内的运河渡淮北上，宪宗元和三年（802年），淮南节度使李吉甫在邮境筑平津堰，即运河东堤。为保证航道安全，开“富人”、“固本”二塘置闸门以调蓄泄，灌溉农田。运河的交通和灌溉作用奠定了邮城西部边界的城市经济地位。唐代正是漕运制度设立的时代[5]，而漕运制度的建立给沿运河地区的城市发展确立了基础。

此时东西二道并通，但西道由于河湖相连，除安全性略逊外，其发展势头已明显。

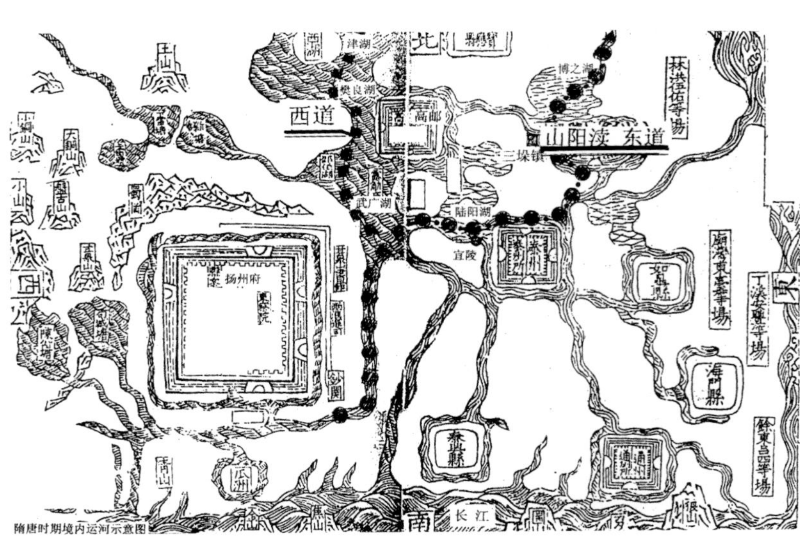

图6-2．隋唐时期高邮境内运河示意图
［明］（隆庆）《高邮州志》

3．河湖分隔——运河（西道）的完善

宋代邮城境内城西运河得到发展。由于运河西部为新开湖，河湖一体，湖面多风涛，影响南北航运。真宗大中祥符二年（1009年）江淮发运使李溥下令东下粮船运载石头送入湖中形成长堤，河道和湖面遂始分开，但是此时运河西堤还未形成，大部河段还是实行河湖间运，湖泊对运河河道和城市西部的压力并未减轻。直至明代中期由于实行南北二京制度，南京为陪都，二京并设，六部人员留守，南北两京之间公文不断，物资运输繁忙。永乐十二年（1414年）停罢元代伯颜实行的海运，恢复河运。但由于邮城境内航道河湖间运的方式已经不能满足要求。明孝宗弘治三年（1490年）户部侍郎白昂于高邮诸湖的老堤东面，越农田三里，开康济河，长40里。首尾与湖相通[6]，新的运河航道形成，河湖之间相隔1.5公里，其间为农田，农田河道之间的为中堤，东为东堤，农田和湖泊之间分隔线是西堤。这样三道堤岸线形成的防线抗御着湖水泛滥，缓冲洪水对运河航道和城市西部边界的压力。而西堤和东堤之间圈入了农田万亩，灌溉方便而且又是运河和城市西部抵御洪水的缓冲地带。后代继续延续河湖分开的治理框架，继续完善运河的航运能力。万历二十八年（1600年）总河刘同星开界首越河5公里，运河航道和界首湖分离。清康熙十七年（1678年），总河靳辅幕僚陈潢在清水潭（邮城北部）段湖中筑长堤形成永安新河，北段航道河湖分离（图6–3）。

运河航道的完善使高邮城西部水路运输通畅安全，河湖之间良田万亩，城市西部边界交通和经济局面大为改观。而西道水运交通地位的确立也将城市的发展吸附在这条后来的京杭大运河的主轴上。

4．澄子河、运盐河、运河从南、北、西三面框定邮城的边界

明代后期，邮城边界与河流的关系愈加密切，从隆庆年间《高邮州志》中绘制的州境图可见：邮城南部华严寺东马饮塘连接着南澄子河，南澄子河向东45里便同山阳河相连，山阳河即山阳渎——古运河“东道”，它连通着甘泉、泰州地区。城市的北部也有一条东西向的大河——运盐河，向东经蛤蚜坝在三垛镇同三阳河相连，接通兴化、东台县；向西汇入护城河经通湖闸进运河。澄子河和运盐河都是历史上形成的，又经过了历代开挖和疏浚，是里下河东部沿海纵深地区物资进出京杭大运河的要道，这两条东西向的河流同南北向的山阳河（古运河东道）、大运河（古运河西道）形成一“井”字形河道构架。由于古运河东道衰弱，西道兴盛，邮城的发展在井字构架中重心西渐，其边界形态也渐同河流构架嵌合（图6–4）。

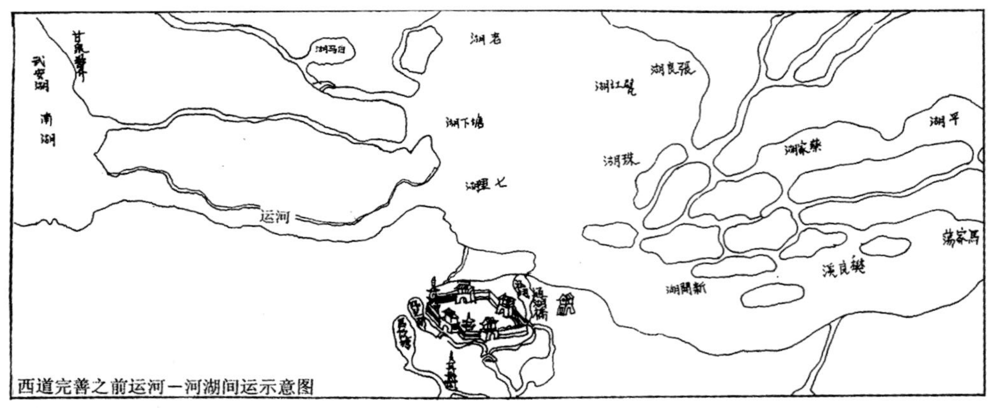

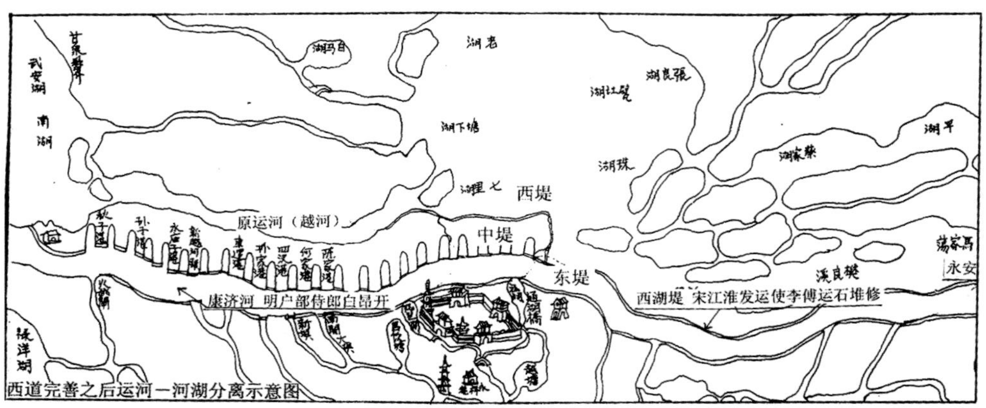

图6-3. 河湖分隔西道完善示意图，及河、湖之间堤坝现状

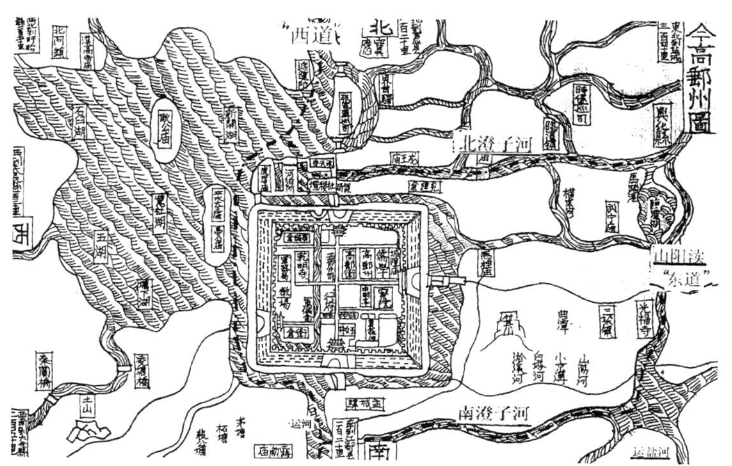

图6-4. 南北澄子河、运盐河界定高邮州城边界示意图
［明］（隆庆）《高邮州志》

图6-5. 湖—运河—城河在高邮城西侧形成的水系关系

澄子河和运盐河对城市的意义在于：

（1）二河将苏北东部纵深地区的粮食、食盐及其他物资由东向西运达邮城的西南角和西北角，后由运河转运北上，澄子河与运盐河形成了邮城的南北边界的限定方向，其与运河的交点在明清时期成为里下河地区粮食和食盐的集散地，并且是城市边界分别向南北沿运河呈线性延伸的发展点。

（2）二河也是泄洪的通道，对于频发的高邮西部洪水，在城市的一南一北进行疏浚，使城市直接避开洪水的正面冲击，保障城市安全和运河航道的畅通（图6–5）。

5. 运河东移，城市边界改变

从明代到清代的地方州志看高邮城的城市边界，其城墙轮廓如同一个马面一样伸出，运河、西部湖泊、护城河同城市之间关系是一种凹凸咬合形态关系，而这个形态的南北两端正是城市边界交通、经济、文化的生命活力点。城市边界和周边湖泊、运河的嵌合形态是有机的。1956年大运河改造，参与者以战天斗地的气概抹消了这一形态，当时城市西部突出于运河，受洪水冲击大，而且运河在城市边弯曲造成河道狭窄不利于航运。1956年11月至1957年6月，从县城内的镇国寺塔到界首的四里铺，运河从城市中穿过，将城市一切两块，河堤东移至城内，运河被拉直了。始建于唐代的镇国寺塔（古有镇水之传说），在干部、群众的呼吁之下，经批准得以保留，至今被孤零地隔在运河中的一孤岛上（图6-6），但其外砖内木的结构和收分突出的外观特征，标识出塔的古老和久远（图6-7）。而城墙、城楼、宋明以来的护城堤、水坝闸门都在千万民工们的口号声中湮灭了（图6-8）。

历史上高邮城市边界形态保证了城市的生命之河——运河与城市边界形成最大限度的嵌合，恰恰是这种河道的弯曲给来往船只以更多的驻留机会，而这也正是城市南北门物资市场繁荣和交易的条件。运河的改道使之与城市的边界关系由历史形态的嵌合关系变成了分离关系——大运河与城市变成直线分离的过境关系。南北门大街也由于运河穿城改道，大片民居和商业店铺沉入水中，剩余百米长的街道也从此衰落，城市变迁再加上公有化改造、“三反”“五反”等各种政治运动，原有的市井繁华成为昨日黄花。

二、高邮城市边界要素与特征

高邮城市边界的要素比较特殊，包括城墙和城防设施，也涉及水系和堤坝等。

1. 筑城沿革

高邮城池最早的筑城记载是北宋开宝四年（971年），当时位于运河要道上的高邮县城地位日升，航运交通繁忙、物资交流扩大的同时，盗贼也日渐增多。为加强航运和城市安全，高邮建置升为军，隶属淮南东路，知军高凝祐筑城，城略呈方形，周围11里316步，高2丈5尺，四周有壕堑[7]。城位于里下河地区，地势低洼，西部又有诸多城基受湖泊洪水压力，故城基的抬高有助于防洪，且有利防卫。形是四面低下而城基独高，状如覆盂，故名盂城。

城池的发展和巩固在南宋时期。宋王朝同北方金朝的拉锯战在淮河一带展开，淮河下游的里下河地区成为宋金战争的前沿。南宋建炎四年（1130年）高邮军建置升为“州”，改称“承州”，辖高邮、兴化二县。建制的升级反映了高邮城市职能的边境军事意义的加强，表现在城市边界上便是城防加固，形制健全，城墙分隔城市内外的性质突出，城市安全得以确立。此时期城防设施建设见表6-1。

图6-6. 孤岛中的高邮镇国寺塔
陈薇摄于2003年

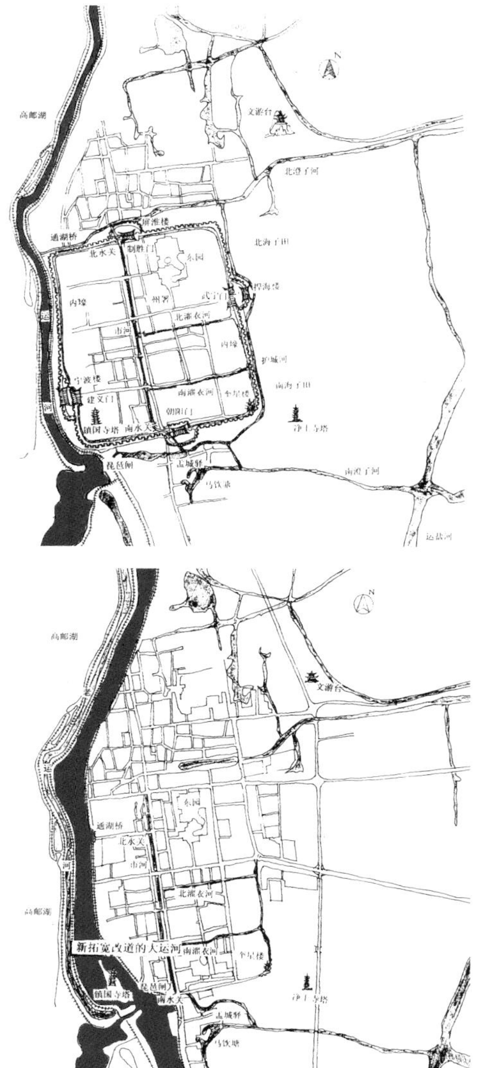

图6-8. 高邮段运河破城改道前后对照示意图

图6-7. 高邮镇国寺塔建于唐代，外壁砖砌体，内结构为木构
陈薇摄于2003年

南宋高邮城防设施建设情况 **表6–1**[8]

时间	修筑内容	意义
绍兴五年（1135年）	韩世忠命郡守董文营缮城防，并囤积粮草	军事堡垒，城市的要塞功能突出
淳熙十二年（1185年）	郡守范嗣蠡四门建楼，并开南北水门连通市河	城市内外水系相连通，城防形制完善，防守性能加强
嘉定七年（1214年）	四面设库城，防城库建在城墙内，储藏兵器和隐蔽士兵	屯兵和屯粮，城防能力加强
咸淳元年（1265年）	扬州制置使毕候在邮城北门外，建堡城名新城	新城与大城相呼应，成为预警防卫的一线阵地

2．城防设施对城市的边界意义

（1）宋金时期的军事对抗，使城墙、城壕等城防设施得以完善，城市被明显地分隔成城内和城外。城市的建置升级，由“县”升为“军”，后又升为“州”。城墙成为当时城市的边界线，城楼、敌台等制高点又强化了边界线的围合性。城市形象由此确立。边界分隔防卫意义突出，从心理意义上看，城市是内向的。

（2）城墙对城市围合的形成和防卫设施的完备，一方面抵御了外界的侵袭，另一方面又完成了对城市的一种物质和心理上的界定。原先城市里的各组成要素被统一限定于城墙范围内，政治和军事的压力强化了城市各要素的聚合、发展，城市内部的形制和功能也日益完善。同时城市对周边地区的吸引力增强，城楼的高大和城墙的坚固代表着安全与祥和，一批批居民和物资进入城内，给城市发展注入活力。

这一时期是邮城城市建设和发展的时代，有一批文化、宗教、经济和娱乐的城市设施建立。这些设施的建立，是城市文明进步的标志[8]（表6–2）。

宋代高邮城市设施建设情况 **表6–2**[9]

时间	城市设施建设的内容
太平兴国年间（997~984年）	州城外东北建东岳庙，道教寺观
至和二年（1055年）	城内建新学和武学，新学舍房180间
元丰七年（1084年）	苏轼、秦观、孙觉和王巩在城东郊泰庙后台把酒论诗。郡守题名“文游”。淳熙二年（1175年）修建文游台，一时为淮海名胜
元祐元年（1086年）	州治东建众乐园，亭台楼阁，摇辉玉水，为一时之胜
淳熙年间（1174~1189年）	州治北建天王禅寺，佛教庙宇
庆元六年（1200年）	重建激犒库、酒库，所在区为商贾贸集之地
开禧二年（1206年）	扩建儒学学宫
嘉定四年（1211年）	龚基创建淮海书院

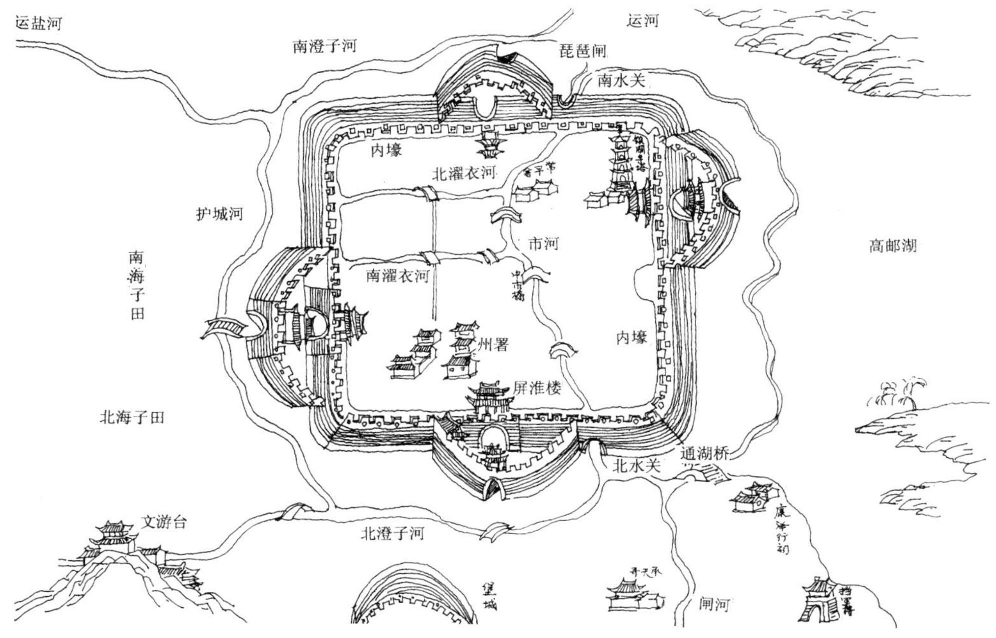

图6–9. 宋代高邮城防形成的城市边界特征结构的示意图

宋代以后，高邮州的军事地位下降，交通和经济发展成为城市生活的主题。但西部湖泊日益严峻的洪水形势却威胁着运河航道和城市安全。为扼制由于黄河夺淮入海而造成的城市边界水患，城市西部的城墙被运河和河湖堤坝取代了外围的同时，运河、堤坝成了明清时期城市西部边界的生命线。城市也从城墙的围合中，伸出触角沿运河向城外发展（图6–9），城市形象不再是高墙的耸立，而是城外沿运河伸展堤坝、码头和街市两旁的屋宅。

3. 西部湖泊——城市洪水压力之源

位于邮城地域的湖泊，最早是海岸东退、古潟湖形成低洼平原后留下的，战国时境内湖泊有武广湖、陆阳湖、樊良湖、津湖和博之湖。汉末三国时，县城西有三阳池，界首西有津湖。唐时樊良湖分为珠湖和甓社湖。从北宋太平兴国八年（983年）开始，黄河南泛掠泗入淮，黄淮合流历时661年，黄河的多次泛滥，造成高邮境内湖泊水面的不断扩大，原有的6个湖泊到明隆庆年间时（1567~1572年），除禄洋湖（战国是陆阳湖）、武安湖（战国时武广湖）和南湖外，州城地区的5荡12湖已相互联通。洪水对城市的压力加大[10]。

明万历二十四年（1596年），为治理黄淮水患，总河杨一魁倡导分黄导淮，建武家墩闸、高良涧闸和周家桥闸。其中周家桥闸疏导的黄淮之水分两路，一路由草子湖—宝应湖—子婴沟—广阳湖入海（流经州城北部），一路由宝应湖入高邮的5湖12荡，经人工开挖的茅家港水道入邵伯湖，再从金湾下芒稻河入长江（图6-10）。

由于入长江的这条水道比较狭窄，每遇水势暴涨，洪水往往不得宣泄，便停滞于5湖12荡，并使之联成一大湖泊（今高邮湖，图6-11）。

洪水对州城的压力源自于黄淮泛滥，《明·隆庆州志》记载“黄河之道濒年瘀塞，而淮水不得入海，千流万派毕汇于邮，而高邮遂成巨浸也”。黄淮合流，泄入高邮湖，带来了大量泥沙，历年淤积于湖床，终使湖泊成为一“悬湖”，湖水水面以及部分湖底比运河东堤和城市所在的里下河地区还要高，城市西部的“悬湖”经常冲决堤防危害城市的安全。洪水的威胁作用过程如下所示：

这样，洪水对城市的威胁经过水闸、湖泊、堤防和城防，如同撞倒多米诺骨牌一样冲击着高邮城，给城市发展带来巨大破坏。历代以来州城所遭洪水泛滥一览如下[11]：

唐贞观八年（790年）江淮大水，漂没人民庐舍；

宋政和六年（1116年）秋大水，居户流移2000家，聚于扬州；

明天顺元年（1457年）高邮湖堤岸冲决；

明万历二十一年（1593年）水注高邮湖，通湖桥毁，堤决500丈；

明崇祯四年（1631年）雨五六尺，堤决南北共300丈，南门吊桥闸崩，城市行舟，人多溺死；

清康熙四年（1665年）大水，堤决，城市水涌丈余，一片泽国；

清康熙三十五年（1696年）城南水关决，冲断北街外街市，舟渡人于市，上下河相连；

清乾隆七年（1742年）六月大雨，开五坝，田庐尽淹，百姓皆居河堤城头；

民国20年（1931年）运河决口10处，西堤4处，东堤6处，仅泰山庙处捞尸2000具。

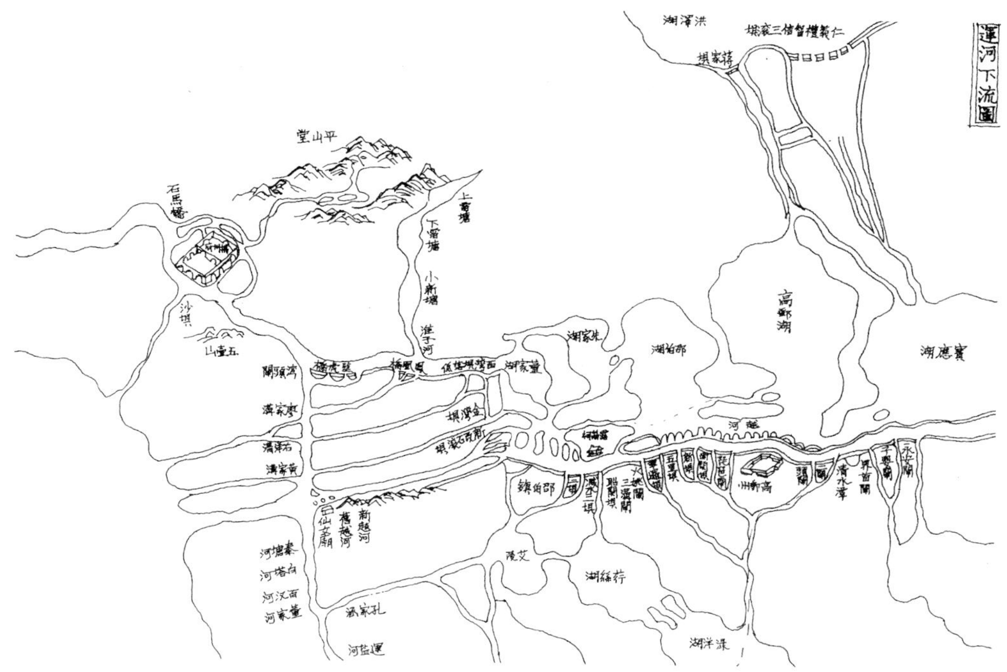

图6-10. 高邮城周边地区水系示意图
[清]（嘉庆）《高邮州志》

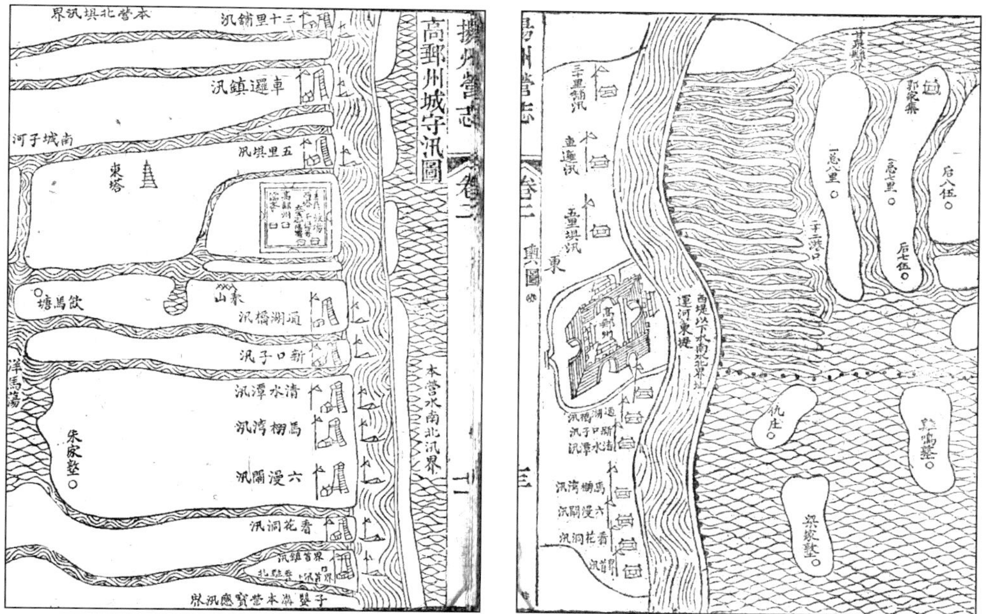

图6-11. "高邮州城守汛图"
[清]道光十一年七月，陈述祖撰，《扬州营志》（第一册）卷二舆图，江苏扬州古旧书店刊印

图6-12．高邮调度闸遗址在城市外围水道外侧，和镇国寺塔隔水相望

4．城市边界的防洪设施

诚如上述洪水流向过程，历代防洪措施亦根据黄淮之水的来犯方向和过程进行制定，分为疏浚和筑堵，城市边界的构成要素诸如运河、堤坝和城防设施，便围绕这两方面各自完善。

（1）运河及两岸堤防

运河的防洪措施首先是疏浚，疏通河道及连接运河的东西向河流，确保洪水来犯时得以宣泄。例如元大德十年（1306年）浚高邮等处漕河。

其次是加强堤防，城市边界上西部共有三道堤坝，分别是湖堤（湖泊与运河之间，又称西堤），运河两岸堤防（分别称中堤和东堤），堤岸除加高外，明洪武年间开始“奏准烧砖甓岸”加强防渗处理。在增修拦水大坝的同时，堤岸许多地设置水闸（图6-12），联通边界东西向河流作为泄洪通道。另外于运河河道边开挖蓄水塘，旱则放水维持航运、灌溉农田；涝则蓄水保持水位，如唐元和三年（808年）建“富人”、“固本”二塘。《旧唐书·卷一四八》云：“唐宪宗元和年间，李吉甫为淮南节度使，在高邮湖筑堤为塘，灌田数千顷，又修筑富人、固本二塘，不仅保证了山阳渎水力的充足，又增灌溉万顷之田。”古平津堰的位置基本确定（图6-13），2014年已进行考古发掘，堰为石砌。

第三是建立管理机制，健全地方制度，从明洪武元年（1368年）运河堤坝“每隔5里设一浅，每浅设浅夫40名，捞湖泥以补岸”[12]。明正德元年（1506年）工部南河廊署从徐州萧县迁至高邮，主管南方水利工程。

图6-13．古平津堰遗址碑
钟行明摄于2009年

（2）护城堤及护城河

护城河堤的修筑始于明代，当时州城西部以运河为护城河，城墙兼有堤坝功能，“西门渡外，田地皆为湖陂，西门城根河水啮去过半，其为患正未有涯也”。明万历十三年（1585年）工部郎中许应达筑州城护城堤。长1650丈，砖高

15~20层不等。清代修东城护城堤，乾隆二年（1737年）知州傅椿因“琵琶闸下之水所堵束，东城负郭多淹没，又邮邑城外旧无驿路，椿乃于东城外以浚濠筑长堤1100余丈，植柳护堤，成而田皆丰稔，行旅称便”[13]。

护城堤的意义一是保护城墙免于洪水侵蚀，保障城防安全和城市生活。二是城外长堤修筑并“植柳护堤”形成的城郊道路，改善了城市边界的交通，为城市外扩提供了契机。三是保障了城市边界的农业生产，水利得以保证，田地产量提高，吸引并固定了城郊人口，有利于城市边界的发展。

（3）城墙和水门

州城的城墙“四周有壕堑，地形四面下城基独高，状如覆盂”[14]。这种城墙的形状古称“斗城”[15]。斗是衡量粮食的容器，引申勺形为斗，其剖面利于排水流畅，减少城基的渗透。

城墙的外围是护城河，城内环绕城墙设有壕沟。内外两河与城内河道联通，供给生活，保障安全。南面通过琵琶闸、南水关同南澄子河和运河连接，北则通过通湖桥闸、北水门引运河之水进入市河，琵琶闸和通湖桥闸分别从南北连接城市内外水系，这样水流经南水关和北水关蜿蜒汇入内壕和市河。这样的系统自古至今发挥着作用（图6–14）。

内外一体的水系对于城市意义有三：

军事设防，外有深堑，中有高墙，内设沟壕三层障碍，易守难攻。

城内的水系通过城市南北的琵琶闸、通湖桥涵洞和南北水关连接外部水源（运河与城市西部湖泊）。南北流入的水汇入市河，蜿蜒流经城内供城市居民日常饮水和洗涤（市内有南、北濯衣河），昔日城内街市周围均有稻田和蔬圃，这些田园苗圃的灌溉之水也有保证。

防洪作用，城外护城河和南北水关泄洪作用突出，明清时期，每值洪水逼城，南北水关琵琶闸和通湖桥涵洞闸门关闭，洪水进不了护城河，而经由护城河、南北澄子河泄入下河网，南北水关至关重要，城市市河与内壕形成的内水系面积较大，其蓄水能力也可缓冲洪水的冲击。

图6–14．高邮的古闸遗址、民国闸遗址和现代闸口
钟行明摄于2009年

（4）修筑泄洪坝和圩子[16]

泄洪坝修筑在城市以南和以北的西部运河大堤上，坝下一般是地势低洼、沟渠纵横的地段，洪水来势迅猛时，为避免堤防全面崩溃，城市的南北泄洪坝主动炸毁，引导洪水沿人们预定路线区域下泄，躲过洪水锋芒，是为减轻洪水压力而采取的牺牲城市边界的消极手段。

泄洪区域是城市抗御洪水的最后一道防线，但对于城市的代价是使边界吸引力下降，农田道路和村落街道毁了又建，建了又毁。生产和经济受到严重打击，对城市边界发展形成严重桎梏。经年的水患动摇了边界发展基础，城市的自然发展触角虽然挣脱城墙的束缚，但却无法跨越河流湖泊和人工堤坝形成的界线。

三、城市边界的轴——北门和南门大街

南门和北门商业大街是随运河兴旺发展起来的，南北水关是城市内外物资水运连接点，城市内部的主要交通也是以市河为主线展开的，南门和北门大街依傍市河延伸到城外，陆路水路并行，成为沟通城市内外交通的主轴。而东门和西门，因无水关设置，两门的发展远逊于南北门。

在城市周边东西向的河流，同运河在城市的南北端相接，而运盐河、澄子河又是州城同里下河腹地地区交往的要道（图6-15）。志书中记载，市在城中有4处，而城外沿城市边界分布的有23处，大多分布于南北门大街及其附近区域，并指出城外之市“俱系长市，与村墟赶集者不同，商贾列廛似有定所[17]。”

1. 北门大街的兴起

北门大街的兴起早于南门大街。南宋初年，宋金在淮河一带展开拉锯战，北门重要性得以提高，绍兴四年（1134年）伪齐帝刘豫纠合金兵南犯，韩世忠派解元率兵三千，增援高邮，经激战全歼金兵于北门，为纪念此次大捷，淳熙十二年（1185年）修建城楼，北门命名为制胜门，城楼为屏淮楼。后宰相张浚常来北城门，检阅军队，督察战备，后人又在城上其下榻处建瞻衮堂纪念[18]。这样北门制高点的建筑形制完备，名声大增。又由于屯兵屯粮，城市的重心偏北向，城内北门一带街区得到繁荣。

到元时北门大街伸出城门向外发展，到明清时已形成一贯通城内外的街区，成为显现城市边界活力的地段，这片街区从运河堤上的御码头开始，到通湖桥涵

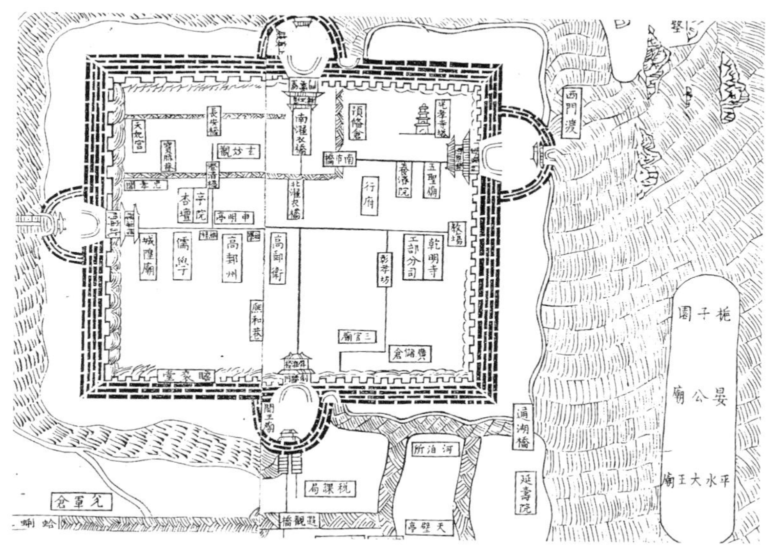

图6-15. 南北水关与城市内外水运示意图
[清](道光)《高邮州志》

图6-16. 高邮北门大街与老正大席庄、慈幼堂
白颖摄于2008年

洞，过制胜门，延伸至城内。

北门大街城外，“东分东台街，新巷口街，西分多宝楼街又至太平街”[19]，沿护城河延伸的还有通湖桥街。街巷密度高于城内大部地区。

2. 北门大街的商业与建筑

北门大街的店铺，最早兴起的是著名建筑多宝楼，因古玩珠宝市场而得名，位于“北门外太平街西，商贾云集，竞售珍异”[20]，后此市衰落，清时楼倒废，仅存多宝楼桥。随后有天王寺的竹木市，蛤蜥坝的蒲草市，多宝楼桥西的毡货和毛皮市，庙桥的鱼蟹市。至清末东台巷、通湖桥和新巷口一带兴起了估衣店和当铺十几家。商业经营内容由高档古玩珠宝，转到普通商品甚至是以穷人为对象的估衣和当铺业，反映出城市经济从元明到清末，由盛转衰的情形，还出现了席庄和慈幼堂，均为底层平民服务（图6-16）。

北门大街在繁盛时期，街区内建筑形制众多，宗教建筑规模较大的有承天寺（元末张士诚曾将大周国的王府设于此）、善因寺（寺房99间，树木荫翳）、放生寺（建于宋，曾是乾隆下江南的下榻之处），此外还有天王寺、浪息庵、关帝庙、三圣祠等，寺庙庵祠分布密集，总数占志书记载的城市内外建筑总数的50%[21]。北门地区寺庙的繁荣与城市边界水灾频繁有一定联系，北门外的清水潭段是堤防经常决口处。从浪息、按龙、长生、水陆寺庵的取名，到三圣祠（供奉治水官员）、龙王庙、平水大王庙设立，都反映出城市北部边界居民的敬畏自然、祈求神灵保佑的心态。

北门大街的兴盛也伴随着文化的兴起。

珠湖书院最早设于北门月城内，规模形制完善（图6–17）。书斋有古茶，内有200余年山茶一株。裕园，位于北门外西大街，原为李氏私园，后夏氏购之并东扩，更名向日园，园中有养根书屋、绿天吟舫、数帆楼等处。十灰阁，在北门城河西侧，乾隆年间邑人沈氏建楼，落成时梅花盛开，宾朋联咏用十灰韵，故名[22]。

除此之外，位于北门大街的还有同善会馆（北门越城内大街），社仓（北门外），小菩萨台（北门外，元代建），天壁亭和九里亭，迎华驿（北门外，建于宋代，四周商贸发达，有都酒务街，后废）等。

3. 南门大街和盂城驿

南门大街的兴起晚于北门大街，但在明代迅速发展，这得益于盂城驿的设立。明代洪武元年（1368年）高邮撤县建州，洪武四年（1371年）高邮守御所升高邮卫，同扬州卫同级，设三个正三品指挥使。由于地方军政机构升级，往来军政人员和公文信件遂也增多。洪武八年（1375年）高邮州在南门外设盂城驿[23]。

盂城驿的设立带来了南门大街的发展（图6–18、图6–19）。驿站选址位于城市南部，南澄子河与大运河的交汇处，明永乐十二年（1414年）罢海运为漕运，境内运河再度复兴，广大里下河的上贡粮食、海盐和其他物资经澄子河运至南门后，转经运河北上。盂城驿是水马兼备的中上等驿站，肩负繁重的进京物资的调集和运输，当时的驿站规模影响了南门街区，至今从驿站一带的地名和街巷名还可见当时一斑，如马饮塘，因驿马饮水而得名，马饮塘的南部连着一盐塘，盐塘是运盐船舶停留之地，食盐中转、集散在此。驿站遗址所在的巷名称馆驿巷，其正南第一条巷名运粮巷，而直对盐塘的又称盐塘巷。

明代高邮“地当广陵、涟水交衢，两京通津。郡国之输将，华裔之朝贡，使节之巡行，咸取道焉”[24]。而盂城驿的设立，加强了南门大街城市边界交通的重要地位，推动南门外城市边界的发展，其意义在于：

（1）城市流动人口的增加及外来人口的聚集和交流，给城市发展注入了活力，这包括南来北往的官员、运盐官兵、水手和商人等。

图6-17．高邮珠湖书院
［清］（乾隆）《高邮州志》

图6-18．高邮盂城驿鼓楼和接续的南门大街
陈薇摄于2009年

图6-19．南门大街商店及生活
陈薇摄于2003年

（2）交通的便利，带来商业的繁荣，驿站运输工具齐备，运输快速安全。明代中叶，商贾“往往计赂过客，泱求夹带”，官用驿路也公私并举[25]，腐败状况客观上也促进了工商业的发展，增强了城市的经济实力。

当时的南门大街是“一个古今繁华所在”，驿站附近，商贾如云，贸易兴隆。店铺最多的是“六陈行”，“历年输出稻谷，就南门外一处调查，岁约30万石，麦及芝麻等半其数”[26]。

考证州志，南门大街的兴起繁荣之日，也正是城市大发展的时期。城市边界的繁荣同城市的发展是同步进行和相互作用影响的。洪武元年（1368年）城墙加固，砖包砌。建州府，恢复学宫。洪武八年（1376年）建社学72所。隆庆六年（1572年）扩建杏坛，城内建青云楼。万历四十年（1612年）城外建净土寺塔。天启三3年（1623年）建魁星楼。

嘉靖三十六年（1557年）倭寇犯境，南城门外盂城驿和街区毁于战火。后盂城驿暂迁城中中市桥西北公馆。隆庆二年（1568年）重修，并一旁建秦邮公馆，但驿站繁华不再。到了清代，盂城驿迁至城内州府西偏的州署马厂，南门外只保留了一接客的皇华厅。后洪水泛滥，驿站及房屋颓败，乾隆年间终废弃。南门大街也随之衰落。

南、北门大街的兴衰主要还是随着运河的繁盛和颓败而变化，作为城市边界的街道这是必然的。不过，作为底层居民生活的场所，还是保留了许多传统建筑和生活习俗（图6-20~图6-25：1996年测绘的高邮北门大街和南门大街商业建筑，指导教师：陈薇、李海清、方遒、焦泽阳）。

4. 民国年间南门大街的复兴

南门大街于明末随运河衰落，但传统的粮食交易市场一直延续到民国时期，旺季日成交量40石左右。1921年后，军阀混战，津浦铁路受阻，运河重新成为南北交通要道，苏南麦粉厂纷纷来邮设庄收购粮食，南门一带运河水面宽阔，便于粮船停泊，而南门又有传统市场基础，于是南门粮食市场迅速发展兴旺起来。

在南门开栈设庄的商人分外地和本地两种，外地有30多家，上海阜丰，南京有恒、福新，镇江怡成等；本地有60多家，规模较大的，如赵恒南、乾泰来、永太昌、永顺来、陆文记、吴荣兴、钱义兴等，鼎盛时期，粮行职员有千余人。南门运河停泊来自河南、安徽、山东、苏北的上千条船只。每年从麦收到年底为旺季，日成交最高时期200万斤[27]。

南门粮行一般雇外地人接船，专为粮行接同乡的粮船，接船后先吃饭，然后

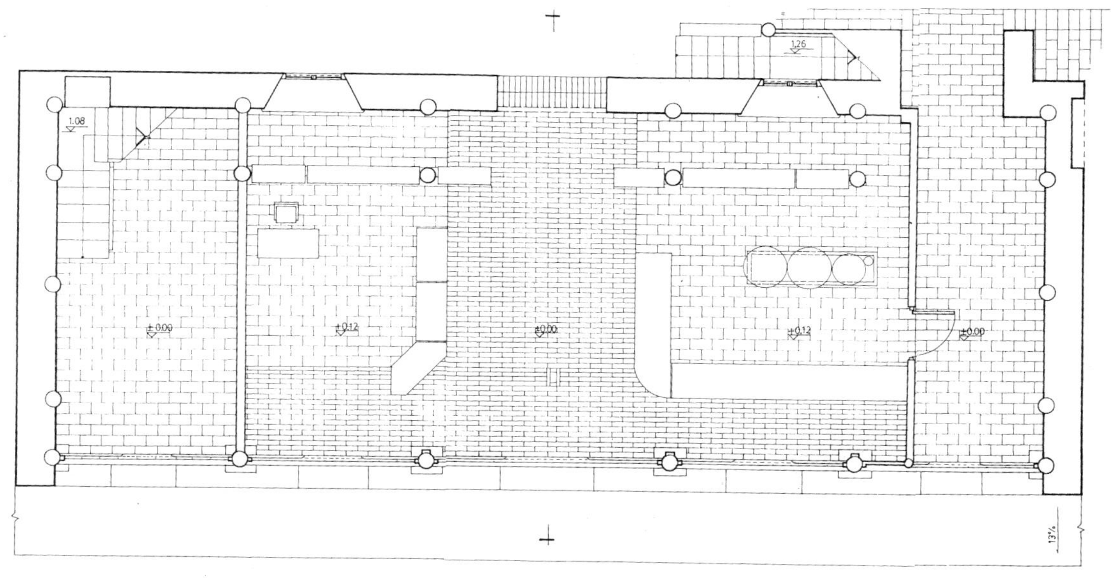

首层平面

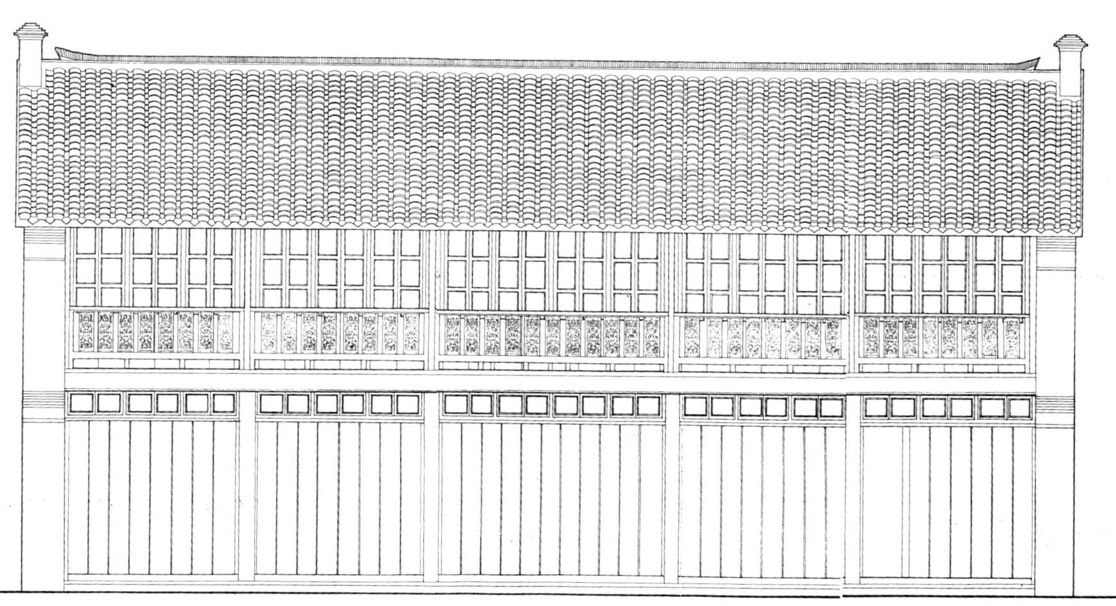

正 立 面

图6-20. 酱油店首层平面和立面图（测绘者：冯炜、杨扬、李开然）

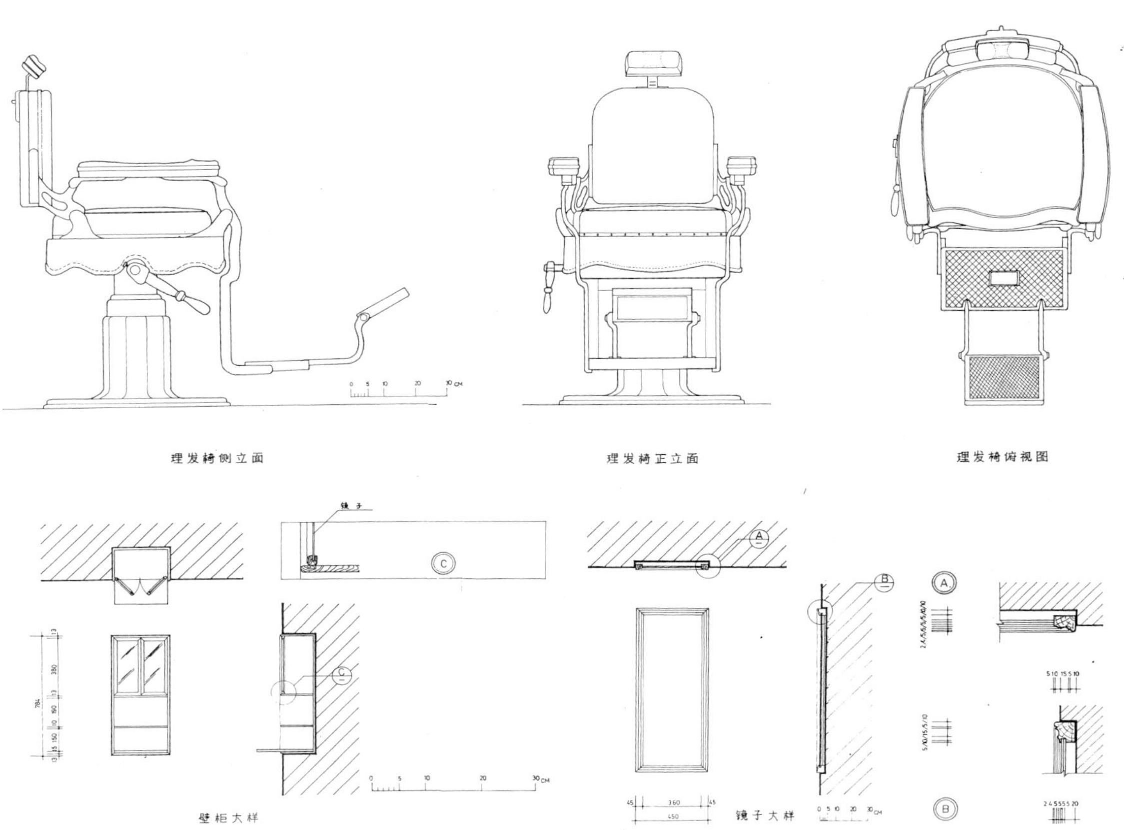

图6-21. 理发店剖面图和理发椅（测绘者：谢秋花、顾永涛、郭艺）

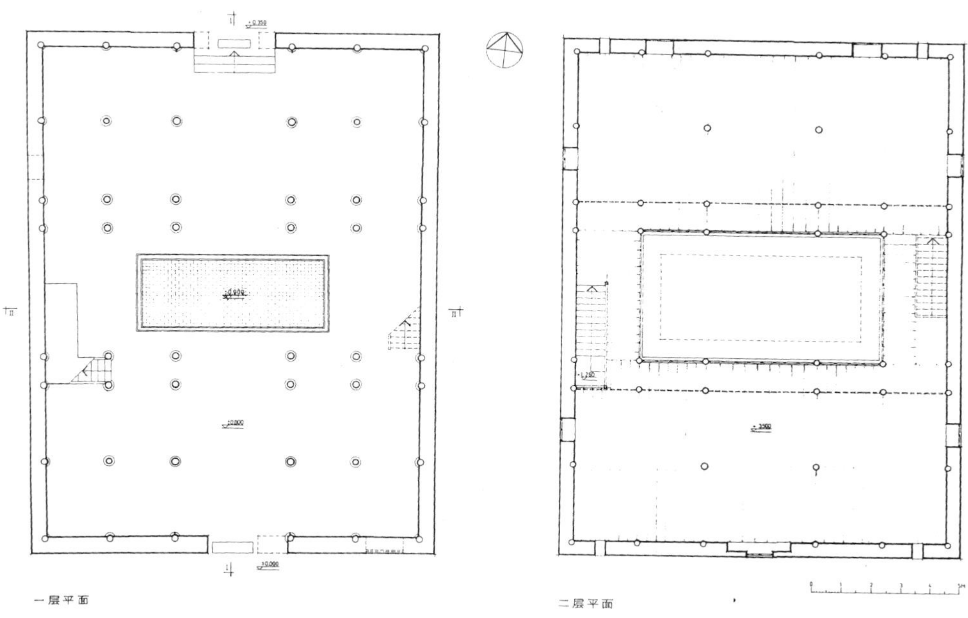

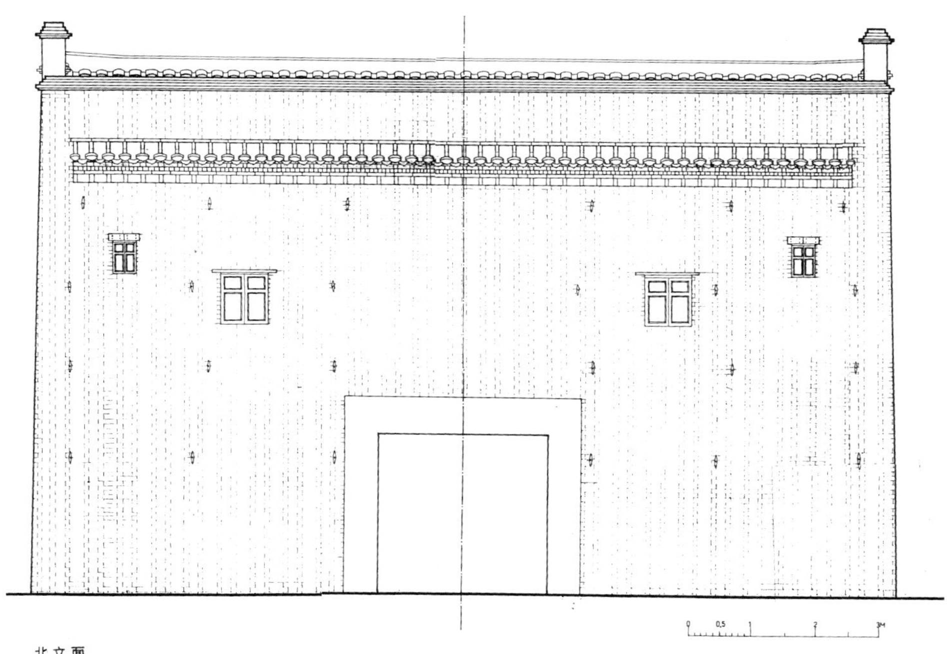

图6-22. 当库平面和立面图（测绘者：王晴、朱静、马彦龙）

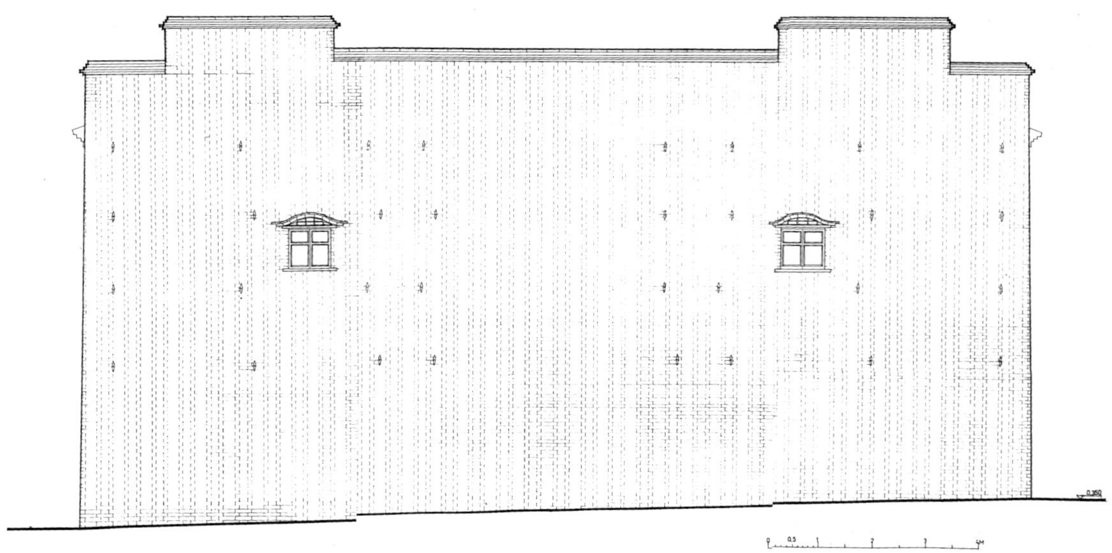

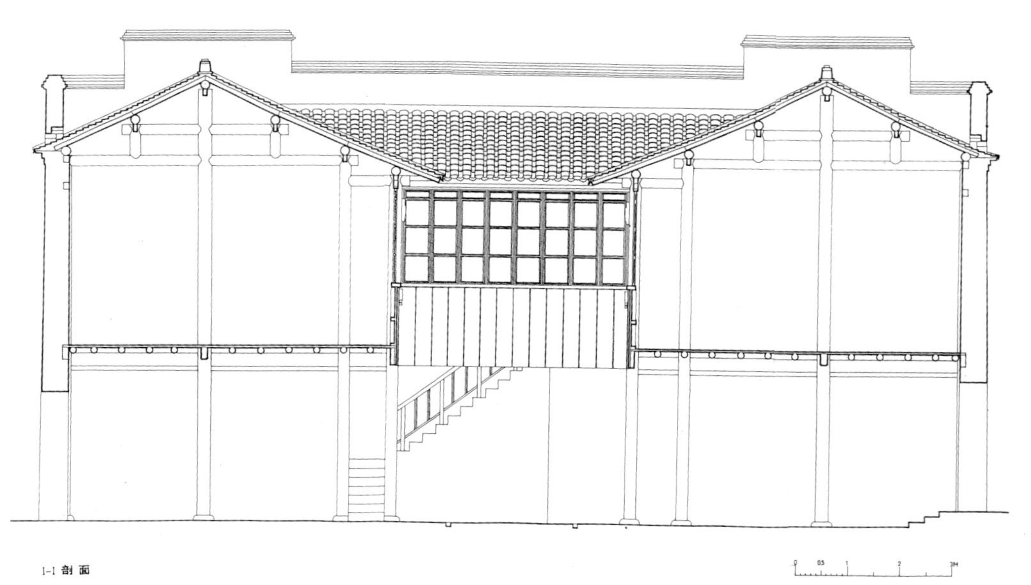

图6-23. 当库立面和剖面图（测绘者：王晴、朱静、马彦龙）

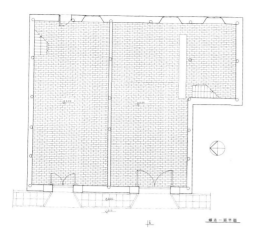

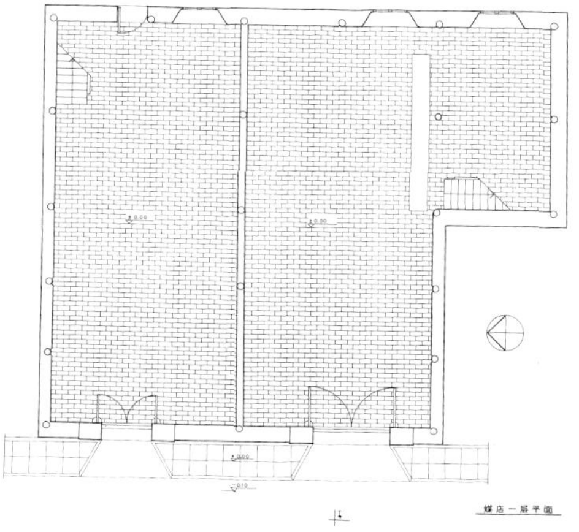

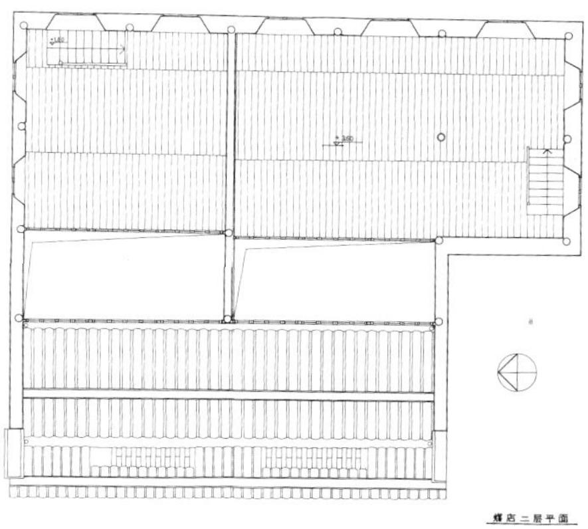

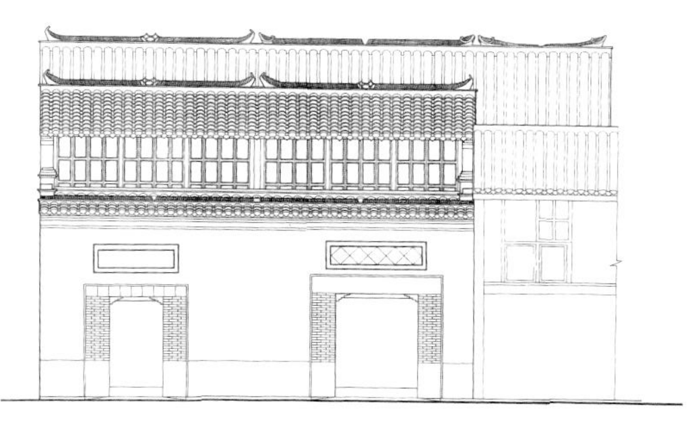

图6-24. 煤店平面、立面图
（测绘者：徐洪涛、祝明熙、顾珺珺）

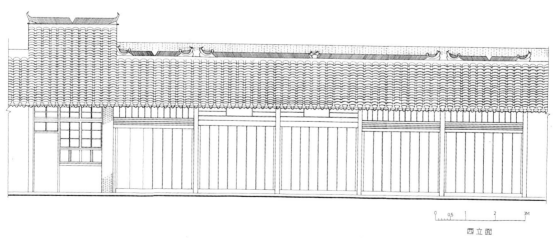

0 0.5 1 2 3M

西立面

图6-25. 清代民居立面图（测绘者：杨璠、王子彤、吴志勇）

看样、议价、成交，船主交易后经常游逛南门大街，街区的杂货、客栈、饭庄和茶馆也随之兴旺。南北货店有裕源、广成等，棉布店有元昌、天福祥等，茶馆有盛兴园、小林园等，饭店有菱香园、三层楼酒店等。

1931年起，南门街区受洪水影响，1937年抗日战争爆发，许多外地粮行倒闭。后津浦铁路交通回升，淮北粮食不再沿运河运输。新中国成立后粮食统购统销，残存店铺也被割资本主义尾巴风潮一扫而光，南门大街从此不振。南门大街的复兴是城市边界的内外条件变化的产物，也是高邮城市发展的一次契机，可惜的是众多因素扼杀了这一城市边界的发展萌芽，可见中小城市的发展对外界的依赖，因为城市本身往往无主导产业。

四、“湖光帆影”与城市边界景观

邮城从秦代设邮亭，到明清时成为运河畔一方重镇，历经2000多年，其城市边界景观，与里下河水乡风貌和悠久历史文化融为一体。

1. 城市东北郊的文游台和寺庙群

城市东北郊景观构成：以东门外净土寺塔、东北部东山上的文游台、西北运河堤上三元阁为三个制高点，形成以文游台为观景核心的相互呼应三点，由统一线性元素城墙和护城河串联。

东郊景区的控制中心是文游台（图6-26），选址位于州城东北隅的东山上，东山高仅5丈，但在地势低洼的城东平原上，十分突出。山下建有东岳庙。山后还有竹林寺，为一方繁盛之地。历史典故：宋元丰七年（1084年）苏轼过高邮，与秦观、孙觉、王巩载酒论诗于东岳庙后台上，郡守群贤毕集，颜曰“文游台”，后人作图刻石，为淮海名胜之地。历代均修葺。清咸丰三年（1853年）知州魏源改制书院（文台书院），光绪二十九年（1903年）大修，添游廊，后楼加二耳楼，东曰“观稼”，西曰“湖天一览”[28]。

由于地势高视野开阔，这里是游玩登高远眺佳处。东郊田园和西部湖泊呈于眼前，明代张延有诗《东山春望》：“东岳山头共望春，风光摇荡客伤神；平田水绕空飞燕，古屋花开不见人；风外黄鹂音自好，雨余杨柳色还新；荒烟野草城边路，谁请詹帏更一巡”[29]。而东山下的寺庙群，由于突出于城市边界的轮廓线，又上为古台楼阁，从而在周围农田屋舍陪衬下，形成被观的视觉焦点。

图6-26. 高邮文游台示意图
[清](乾隆)《高邮州志》

这里还是重要的活动场所:(1)文人吟诗会友，如台后楼对联“酒气吞湖月；诗怀涌塔云”，便是明证；(2)盛会，每年州守在春季乡试，率全州举人秀才拜谒四贤，“每当迎春东郊云麾暂驻，又值岁科二试，取吉帅新进诸生预集文游台，甚盛典也”[30]；(3)游玩，登高赏月，庙会烧香，人流不断。

与文游台对应的是位于东城外的净土寺塔——明神宗年间(1573~1619年)建的砖砌楼阁式塔，和城西运河堤上的玩珠楼，一东一西，从视觉上控制文游台东西向景域。向东看去，东城墙的蜿蜒和南北海子田的宽大，衬托着东塔的高耸。向西则见北门屋舍层叠，一道大堤勾出湖面的粼粼波光。“酒气吞湖月；诗怀涌塔云”，正是这一情景写照。

2. 环城墙景观带

环城墙景观带以城楼和城东南的魁星楼为控制点，城墙为连线，与城内沿城墙一带的田园、书院和祠庙共同组成。从城内看，城墙上的魁星楼耸立峻拔，是众人向往处。

魁星楼楼址位于州城的东南隅，明代在建址上有文昌书院(图6-27)。天启三年(1623年)郡人王自学等建楼，后多次修缮。清嘉庆九年(1804年)知州孙源潮于楼北建聚星堂三间，西廊三间，重檐曲槛，轩窗四启，修竹随廊，池荷环绕，为一邑胜境(图6-27)。是年，州府拨田60亩为维修之费[31]。

图6-27. 高邮魁星楼示意图
[清](乾隆)《高邮州志》

图6-28. 高邮边界景色
陈薇摄于2003年

魁星楼选址亦为满足东南巽位“昌盛”、“繁荣”之风水意味。从而也确立了城市东南角文风胜地的地位，后人在楼下建有书斋园圃——蝶园。立于楼上可一览城内外景观，清人任兴人有诗：“高阁不知暑，凭阑思渺然；虫喧两岸雨，月堕一湖烟；种水多于地，载荷半当田；陂塘七十二，让于白鸥眠”[32]。

3. 城西风光带

该景观带由“二线一面”组成，一线为城墙，人工砌筑，城墙后的镇国寺塔又强调了其竖向之势；二线为河堤，自然蜿蜒，呈水平向延伸；一面为高邮湖，是完全的自然形态，湖面宽阔，波光粼粼，同天空遥相呼应，呈现出自然的广博和深远。三者一体，时称“一线危堤路，岩城对社湖”[33]，自然之美尽现其中。高邮湖的水面是主角，寂静之时，烟波浩渺，水平如镜。若遇风飙，则见雪浪涛涛，急如万马奔腾，激起水珠，仿佛雪花飞舞。明人有诗描述“银山高涌雪花峰，商帆尽落眼望穿”（图6-28）。其次是蜿蜒河堤上的柳树林。虽为人工栽种，仍添自然之色。清人贾氏《河堤新柳》诗：“官堤杨柳逢时发，半是黄匀半绿芽；弱干未堪春击马，从条且喜暮藏鸦。鲁罾渡口沾细雨，茅屋溪门衬晚霞；最是鸾旗萦绕处，深林摇曳有人家”。

此外，许多优美的传说赋予景观以独特韵味。如“甓社珠光”，甓社湖是城西诸湖之一，有“百里珠光际天碧，芳草佳树竹荫连”之誉。湖边建一亭，名“玩珠”。北宋时，邑人孙觉在湖边居住，常临湖夜读，夜间常见湖里有一含珠大蚌，蚌壳初开时射出珠光，光芒四射，灿烂似旭日，令人目眩神驰，十里外树木皆有影[34]。又如“耿庙神灯”，耿庙，又名七公殿，宋仁宗时官员，后归隐城西湖边，筑屋而居，常置一明灯，通宵不熄引导航船。死后追封康泽侯，并建庙。后人传说庙中灯光依旧，每值月黑风高，湖上行舟自有灵光指引。

在这里，大珠的传说为感受景观提供了联想的线索，平添一层朦胧。而耿公长明灯的湖泊夜景，在观景的同时，则体会助人为乐的道德之美，是一种美的升华。

中国古代中小城市的边界形态富含地方个性，在漫长的发展过程中逐步形成。高邮城的边界与周边自然环境的互动关联，展现了其城市发展的个性和历史特征，对今天倡导中小城市多元化建设发展，展现地域历史和文化有一定的启示。

同时，高邮作为运河城市之一，具有显著的边缘特征。城市的边界不仅是城市发展的重要佐证，同时在这里发生的变化及事件和功能的丰富性，也反映着城市生长的深刻动因。这种与水系密不可分的关联性，是研究运河城市中特别需要注意和重视的。

注释：

1 郦道元，水经注："邗沟，自广陵北出武广湖，陆阳湖西，二湖东西相值五里，水出其间，下注樊良湖，旧道东北，出博之、射阳二湖，西北夹耶，乃至山阳矣。"

2 王汉昌、林代昭著，中国古代政治制度史略，人民出版社，1985年。秦代的地方机构是郡县制，郡下分设若干县。万户以上的县设县令，县以下有乡里组织，里设里正，掌管一百家。亭为一乡里单位，每十里为一亭。由此可见当时筑高台的邮亭辖区内应有一千户人家左右，并设亭长，专门负责侦察和维持社会治安.

3 古今图书集成，川考三，扬州府志十二："南下河，北下河之间，东西长八十里，通兴化".

4 庄辉明，大运河，中华文明宝库丛书，上海古籍出版社，1995年.

5 参见：旧唐书，食货志和旧唐书，裴耀卿传。唐代的漕运制度，首先是在沿运河各地建立粮仓，如巩县河口仓、三门东集津仓，并规定江船不入河，河船不入江，诸仓之间递向转运。水通则漕运，水浅则储仓以待，漕船既不停滞，漕粮也无耗失。这是一种"节级转运法"，节省人力和财力却大大提高了运河的运输能力。漕运从此有一定的章法并为后代仿效.

6 [明]（隆庆）高邮州志.

7 [清]（雍正）高邮州志，秦观诗"吾乡如孟覆，地处扬楚脊；环以万顷湖，粘天四无壁。"

8 [明]（隆庆）高邮州志.

9 高邮县志，江苏人民出版社，1990年.

10、11 高邮县志，江苏人民出版社，1990年.

12、13 [清]（嘉庆）高邮州志.

14 茹竞华，彭华亮主编. 中国古建筑大系—10，城池防御建筑，中国建筑工业出版社.

15 [清]（雍正）高邮州志.

16 位于城市周边泄洪坝下的圩子，在城市危急的情况下，官府往往下令扒开，开辟泄洪通道，保全城市。《高邮县志》，大事记："嘉庆十三年，连开五坝，决荷花塘，里下河11州县具淹。道光二十八年，江淮水涨，高邮于六月起开坝，里下河农民千人怒登大堤护坝，清军开枪射击，死者众多"。江苏人民出版社，1990年.

17 [清]（雍正）高邮州志.

18 高邮县志. 南京：江苏人民出版社，1990.

19 [清]（道光）续增高邮州志.

20、21 [清]（嘉庆）高邮州志.

22 高邮县文史资料研究会，高邮文史资料，第十五辑.

23 江苏高邮文化局，古盂城驿："当时盂城驿的规模，驿门三间，正门五间，后厅五间，廊房十四间，前鼓楼三间，库房三间，照壁、牌坊各一座，马神祠一间，马房二十间，驿丞宅及夫长各一所。"

24 [明]（隆庆）高邮州志.

25 刘广生主编，中国古代邮驿史，人民邮电出版社.

26 [民国] 三续高邮州志，物产篇，"六陈"指稻、米、麦、豆、高粱、芝麻.

27 高邮县文史资料研究会，高邮文史资料，第十五辑.

28 高邮县志，江苏人民出版社，1990年.

29、30 [清]（嘉庆）高邮州志.

31 [清]（雍正）高邮州志.

32 [清]（道光）续增高邮州志.

33 [清] 孙惠，盂城杂感："一线危堤路，岩城对社湖；鱼龙晴近郊，风雨夜明珠".

34 [北宋] 沈括，梦溪笔谈.

Chapter 7

Port City Taicang and Canal City Huai'an

Chen Wei　Zhong Xingming

第七章

海运港口城市太仓和漕河管理城市淮安

陈　薇　钟行明

一、海运与港口城市

海运，是指国内近海运输。元朝从江南运粮到大都，中间道里遥远，各地漕渠时常败坏，或因水灾淤塞，或因水源不足，难保畅通无阻，其间曾改为运河与海路联运，也无成效。至元十九年（1282年），丞相伯颜追忆海道载送亡宋图籍抵达大都之事[1]，提出海运粮食的建议。是年，造底船六十艘，运粮四万六千余石，由海道运抵京师。

元朝海运航行路线，先后有三条[2]（图7–1）：

最初航路（1282~1291年），自刘家港（今太仓县浏河）入海，经海门县开洋万里长滩，抵淮安路盐城县，再北历东海县、密州、胶州、放灵山洋，投东北抵成山，然后通过渤海南部向西进入界河口（海河口）抵直沽。但初期海运，“沿沙行使，潮长行船，潮落抛泊……两个月余，才抵直沽，委实水路艰难，深为繁重”[3]。

1292年的新航路，自刘家港万里长滩一段，和以前航路相同，但自万里长滩附近，即利用西南风，向东北航过青水洋，进入黑水洋，又利用东南风，改向西北直驶成山，避免了近海浅沙，又利用了东方海流。

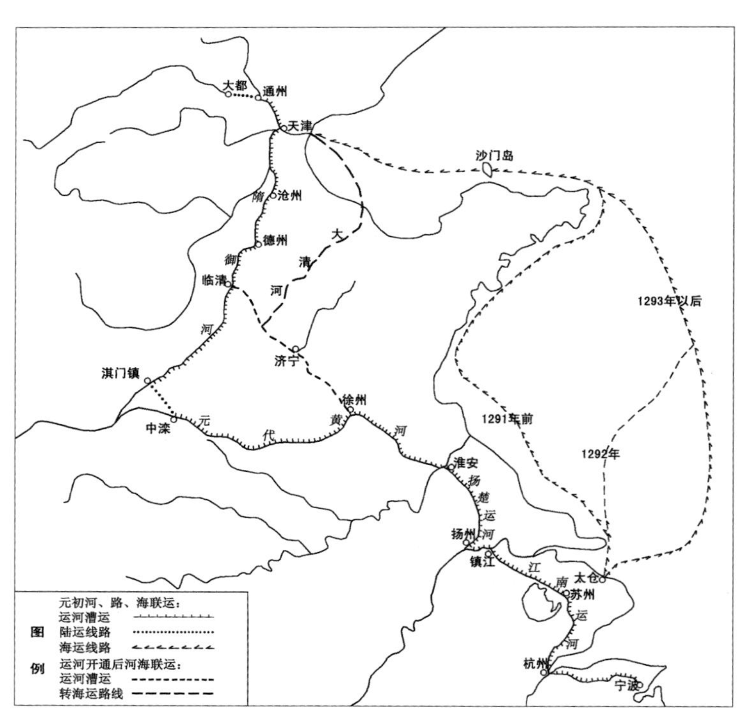

图7–1．元代海运和漕运结合变化示意图
刘捷绘

1293年以后的航路，“千户殷明略又开新道，从刘家港入海，至崇明州三沙放洋，向东行入黑水洋，取成山转西至刘家岛，又至登州（山东蓬莱）沙门岛，于莱州大洋入界河”[4]。它比前二条航路更为便捷，主要是沿海岸线较远，取道较直，航期大大缩短。

元代海运的开辟是中国海运史上划时代的大事，它加强了南北经济交流，促进了城市发展，太仓便是随着海运业发展起来的港口水系城市和管理城市。此地“旧本墟落，居民鲜少，海道朱氏翦荆榛，立第宅，招徕番舶，屯聚粮艘，不数年间，凑集成市，番汉间处，闽广混居，各循土风，风俗不一”[5]，“市民漕户云集雾滃，烟火数里，久而外夷珍货棋置，户满万室”[6]。元代海运也增加了北方沿海城市的发展，唐宋时海上航线和商港多在东南沿海，元代海运开通后，北方沿海的密州、登州也随之而发展起来，特别是刘家港和直沽，作为起讫港，成了海运线上南北两端的大港。刘家港到明代仍是扬子江口的重要海港和重要管理部门设置所在，明末才淤塞衰落。直沽自元朝以来，则始终保持其为华北重要海港的地位。

明初朱元璋在政治和经济上严酷打击东南地区，明令规定“片板不许下海”，沿海筑防，实行海禁，遂使元代发展起来的一些东南沿海城市遭受夭折命运。直到永乐三年（1405年）六月明成祖朱棣命郑和出使西洋，才又带来海上交通及贸易的复苏。郑和首航仍是从刘家港启程。至于海运，嘉靖“二十年（1541年）黄河南徙，言者请复海运及浚山东诸泉。上曰，海运难行，决浚泉源乃今日要务。或请复支运，或请行寄囤”[7]，终未成气候。甚至到康熙年间，还有“胶莱河辩议图说汇辑”（图7–2），呈折漕运通海，雍正年间则有制止之谈。其实，东南沿海的港口城市，明后不再有元代的繁荣。

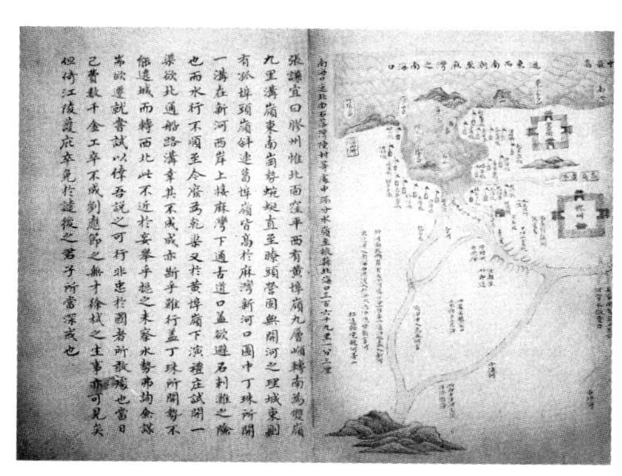

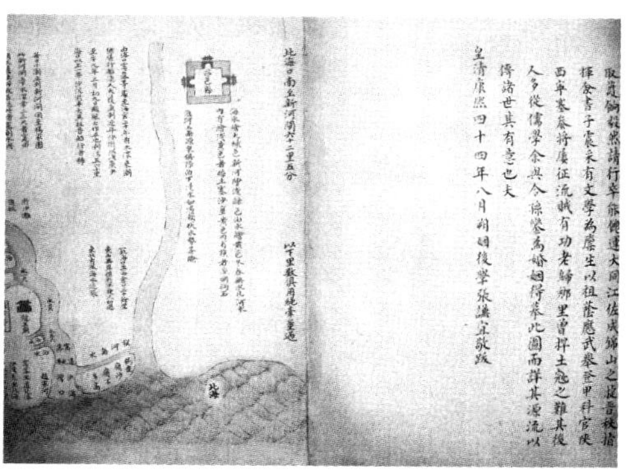

图7–2. 胶莱河辩议图说汇辑（局部）

清雍正三年（1725年）纸本彩绘。图说原为康熙四十四年（1705年）胶州人张谦宜详其源流，摹绘而成。清雍正三年（1725年）再勘胶莱河以济漕运形势，补录明潘季驯《河防一览》有关制止疏凿胶莱河工程疏议，推测此图说可能为雍正三年摹写补录

（李孝聪 编著．美国国会图书馆藏中文古地图叙录．文物出版社，2004年10月：164．图一一七．“海岸图”《胶莱河辩议图说汇辑》）

二、港口城市太仓

太仓之名，始于春秋，吴王即其地置仓，名太仓。元初，朱清自太仓开海运通直沽，舟师货殖，通达海外，遂成万家之邑。“元元贞二年（1296年）昆山县升为州，延祐元年（1314年）徙治太仓。至正十三年（1353年）台州城方国珍由海道犯境，民罹兵燹，立水军万户府以镇之。十六年（1356年）伪吴张士诚据吴，始城”[8]。先以木栅围之，十七年（1357年）改为砖城。吴元年立太仓卫，洪武二年（1369年）改州为县，洪武十二年（1379年）又立镇海卫，集二卫于一城之中。弘治十年（1497年），割昆山、常熟、嘉定三县的部分地段立为太仓州，领崇明县，属苏州府。

1. 刘家港与太仓城的相互关系

太仓在元、明时期主要为州城，介于昆、嘉二邑之中，它带江控海，被称为吴中雄镇，其兴盛与发展实得益于娄江（刘家河）的出海口刘家港。

刘家港在太仓城东七十里娄江口，南连因丹泾，西接半泾，东流出大海。因“或曰乡音刘、娄互呼，刘者娄也”[9]而得名。刘家港以太湖平原为腹地，联结着密如蛛网的内河航道，又是南北海运的起始港，还可外通琉球、日本等国，号称“六国码头”，是元朝时期的著名良港。太仓和刘家港有娄河和诸塘泾相通，所以刘家港的兴盛直接影响到太仓的发展（图7–3）。

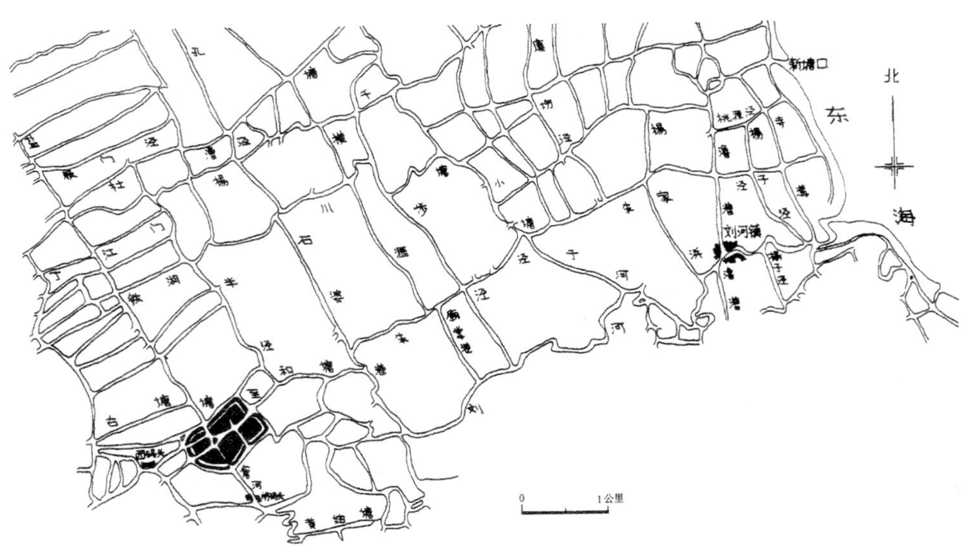

图7–3. 元明时期刘家港与太仓地理位置图

元初，太仓还是一个不满百户的村落，自刘家港兴起后，日益蕃庶，“外夷珍货棋置，户满万室”[10]，“名楼列布，番贾如归”[11]，逐渐发展成为一座港口城市，繁荣景象一直延续到明代。最初城内主要建筑只有元政府为专管海外贸易于至正三年（1342年）设立的庆元市舶司，以及为防海盗于至正十三年（1352年）建立的水军万户府等，到明代已发展成为具有功能齐全的多种建筑类型的规制完整的城市。

在城市功能上，太仓和刘家港相互依存，密不可分：对于经营海外贸易、南粮北运的海运港口刘家港，太仓城是它的后盾；对于带江控海、卫戍要冲的州城太仓，刘家港又是它的海防前卫。

2. 形胜与城市主架构

在历史上，太仓俗称为岗身。《续图经》云：濒海之地，岗阜相属，谓之岗身。明太仓州城外南北西三面曾有岗门遗址，是大禹凿断岗阜、流为三江、东入于海的历史变迁标志。故太仓形胜是水穿城而过，山则因人文需要值城而生，并由此而构成城市的主架构。

首先，太仓周围的水路决定了城郭的特殊形制和朝向。据记载，元至正十七年（1357年）建太仓城，高二丈，广三丈，周一十四里五十步，濠深一丈五尺，广八尺。陆门七：曰 大东、小南、大南、小西、大西、小北、大北。水门三：曰大东、小西、大西[12]。比照嘉靖太仓州志图，是一致的，只是增加了小南水门（图7-4）。此城郭呈“钟”形，主轴线为东西向。东墙正中设大东门，通张士诚时开凿的九曲河，西墙有大西门引至和塘入城，小西门引陈门泾入城。九曲河实为至和塘尾，至和塘和陈门泾均引娄江水。所以东西向的城郭形制是娄江水东西贯城的必然结果。为配合东西向的主导水路，在大东门水关外设大东门闸，嘉靖九年（1530年）建，在大西门水关外设大西门闸，小西门水关外设小西门闸，两闸皆嘉靖十年（1531年）建，借此可以很好地控制城市需要的水位。南北向的水门则起到分流作用。城郭西北和西南角呈弧形，整个城郭和正东西还呈一角度。它们均为受周围水路环境限制而因地制宜的做法。

其次，城内外水路相连，构成太仓的主要水网和道路骨架。在东西向：城外至和塘入大西门，于城中央折而南；城外陈门泾入小西门于城中央折而北；城外九曲河入大东门并至和塘尾。这样三条水路呈东西向的Y形交于三尖口会，并设三尖九闸加以控制[13]。在南北向：亘南北而稍偏于西者为盐铁塘，稍偏于东者有周泾、旱泾、樊村泾，它们将东西向的水分流至南北城下[14]。从而构成太仓城有主流、有分流的城市水网。城外沿城墙有“钟”形的城壕一圈，也有水网相通。

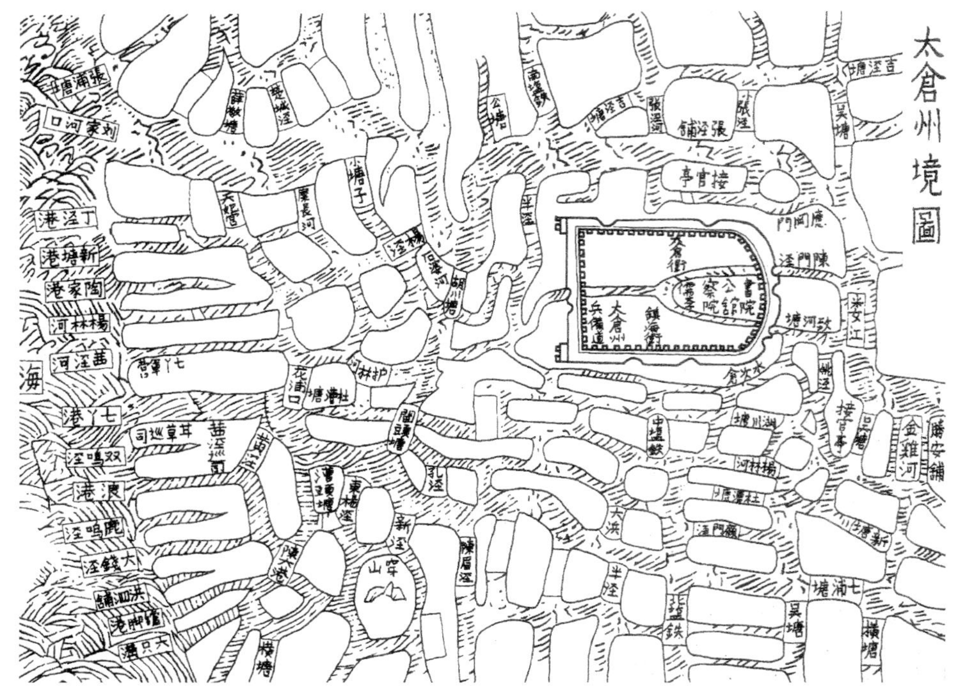

图7-4．太仓州境图
（嘉靖）《太仓州志》

由于水多，桥梁也多，据记载，跨至和塘有十一座，跨陈门泾有七座，跨盐铁塘有七座，跨其他河泾的还有二十三座[15]。城中干道和上述水网基本上是平行地进行布局，也有小路和水的支流进行延伸或和干道呈“T”字形穿插和连接。

太仓的山则更多地因人文需要在建城以后由人工筑成，其用途是改善风水和供人游览[16]。镇洋山建在城东北，知州李端筑认为，城东“沧溟环输，摇汩滔糕，万古不休”，需要仁山“联络地轴，支控鲸渤”[17]。又效法苏东坡在徐州造黄楼的故事，取雄镇东海之意，在州治后隙地因陵为高建镇洋山，土冈蜿蜒三百步，植桧百株，高峙三峰，垒以湖石，山下甃池，前有三亭，曰迎仙、东仙、游仙，山麓为集仙洞，其上亭曰醒翁，稍西边有亭曰吏隐。可见镇洋山除镇厌外，还有效颦东坡意趣的内涵。仰山和文笔山建在城内东西向主河道的连接中心地带，和进大东门的轴线成对称状，形如双阙。仰山偏北，正德八年（1513年）学正梁亿积土为之，高丈余，长五六十步。文笔（文壁）山，嘉靖十年（1531年）知州陈璜积土为之，与州学泮池隔陈门泾相映，高二丈许，广百余步，上插峰石，名曰文笔，以示兴盛文风。二十六年（1547年）又垒湖石为五峰，峦磴纡绕，十分险奇。这样，太仓三山除具有人文意义外，也构成城内的空间景观。

3. 建筑设置与城市布局

主要分为三类（图7–5）：

第一类：署学院庙等行政和文化建筑，分布在太仓城的重要位置上，成为城市形象的主体。进大东门的轴线两边是天妃宫、城隍庙、长生道院、养济院等；轴线和大西门、小西门内的道路交会处，及与大南、大北门相通的道路构成的城市中心地带为儒学、察院、土地祠等，两边有仰山和文笔山相拥；再后而近西城墙下为三弇州祠、公馆、书院等。这些建筑规模较大，如天妃宫在元代朱旭建时，就“门庑殿寝，秩秩有严”[18]。察院成化七年（1471年）重建时有正门、仪门、正堂和轩耳、穿堂、后堂、厢房及厨蝠等[19]，从而构成东西主轴线完整的城市形象。州治背倚镇洋山，弘治十年（1497年）巡远朱喧始建，凡门堂库牢等，也十分高大，以示“人心所在，天亦随之”[20]。

第二类：司馆仓市等商业和管理性建筑，散布于太仓城内外，构成港口城市不可或缺的重要成分。这类建筑有：

司、局。元政府于至正三年（1342年）在太仓设立庆元市舶提举司，专管海外贸易，在武陵桥北。到明洪武初年（1368年），太仓置黄渡镇市舶司，后因海夷出没无常，出于安全考虑，洪武三年（1370年）遂罢而不设。两淮都转盐运使司分司署，在太仓长春桥西，永乐十年（1412年）建。还有税课局，元和明初相

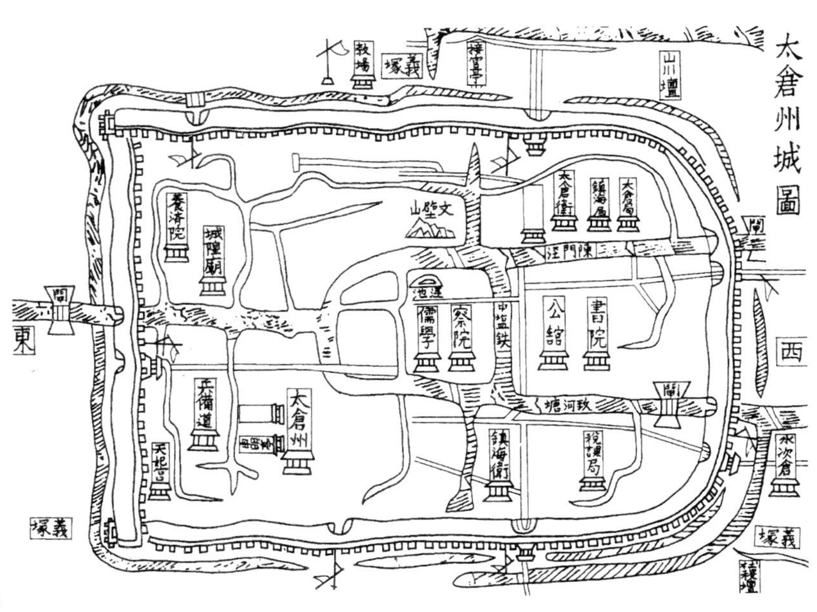

图7–5. 太仓州城图（嘉靖）《太仓州志》

因设在太仓，到明中叶在昆山置局，设子局五，太仓为子局之一，位于城内西至和塘北。这种海贸机构功能为“掌海外诸番朝贡市易之事，辨其使人表文勘合之真伪，禁海番，征私货，平交易，闲其出入而慎馆谷之”[21]。

馆、驿。海运总兵馆，在城东半泾上，洪武七年（1374年）靖海侯吴祯建。“太仓城西门外三里许，旧有海守驿。正统初年（1436年），驿移至马鞍山之阳，后人即旧址构屋为馆，以便迎送，号曰‘西馆’”[22]。另有“海道接官厅，在灵慈宫山门之左，扁曰景福，元至元二十九年（1292年）元万户朱旭创，今（明）并入天妃宫”[23]。这些建筑是接待过往宾客和海运官员的场所。

仓、库。洪武年间，城内有太仓军储仓和镇海军储仓。“太仓军储仓在长春桥西南，洪武二十年（1387年）指挥高晓建，旧隶嘉定县，门房三间，仓厅三间，天、地、月、积、盈、洪六廒，共五十间。镇海军储仓，在长春桥，旧为武宁庵，洪武三十年（1397年）贮粮于此，遂增建为仓，旧隶昆山县，正门一间，仓厅三间一轩，天、地、玄、黄、丰、盈六廒，共六十一间”[24]。在太仓大南门外娄江北岸南码头，又建仓廒九十一座，共九百一十九间，名“海运仓”，俗呼“百万仓”（收贮浙江、南直隶各地粮食至数百万石）。可见，太仓仓廒之多，贮量之大，是南粮北运及海运起始港必不可少的设施。在小南门外，洪武七年（1374年）靖海侯吴祯建用仗库，贮海运军器等物。

市、场。太仓的市主要在正门大东门外，约二里许，“水阔二三里，上通娄江，东入于海”的半泾处，人皆呼为“亭子头”的地方，“海运时，靖海侯吴祯于此构亭”，“亭之四周高柳扶疏，每残月挂梢，荒鸡三唱，则东乡之民担负就市者，毕集亭下，有顷日出，各散去。盖东门总路，近时垄断尤多[25]。”市十分繁华，以至于交通不便。随着太仓这个港口城市的兴起，与此相应的造船业和其他商业也发展起来。洪武五年（1372年）靖海侯吴祯在太仓小北门外建苏州府造船场。在今太仓公园内还留有当年浸篾缆用的一口大铁釜，口径达178厘米。在今太仓城内五零街，有东、西铁锚弄，是元明二代铸锚工场遗址。在太仓小北门外东南处，还建有抽分竹木场。

第三类：卫所楼铺等军事建筑和防御设施，层层设防以御海盗。

首先，城内设两卫，同城而守。太仓卫，置于洪武元年（1368年），隶前军都督府，初设十千户所，共统军七万一千二百名。洪武四年（1371年）并为左右中前后五所。卫署在太仓城中镇民桥西，即元水军都万户府。洪武十二年（1379年），分太仓卫军之半，置镇海卫，指挥使署在太仓武陵桥西北，设左右中前后五千户所，统军五千余，隶中军都督府。洪武二十年（1387年），又在小北门内建教场，中有点将台及演武亭（后为州治，教场迁至张泾关东）[26]。这些都是城内的军事机构，分置于城市轴线的外围。

其次是城墙、城门、铺等设施，由太仓、镇海二卫分别担任卫戍。沿城墙自大南门西历大小西门、大小北门，抵东北隅，陆门四，水门二，铺三十五，敌台十四，属太仓卫。自大南门东历小南门，抵东北隅，陆门三，水门二，铺三十，敌台十四，属镇海卫。这里的铺实指城上设的巡警铺，又名“倭铺”[27]。

再次是在城四周再设四关，即张泾关（城南三里）、半泾关（城东三里）、吴塘关（城西三里）、古塘关（城北三里）、元时以水军万户府分官防守，洪武间由军卫掌守。正统七年（1442年）半泾、吴塘、古塘三关由于水道湮塞俱废，仅张泾关由镇海卫防守。

这种重重设防的布局方式，主要是针对太仓“河通潮汐，界无山险”的港口城市进行的。有些军事建筑随着海夷侵扰的减少，性质也产生一些变化，如州治东南的兵备道（正德七年，1512年建），负责分治水利。这种“守土之责，兵防之寄”的功能向生产设施性质的转变，充分体现出太仓这一港口城市的特色。

三、元代海运河漕管理向明清漕运管理的转变

1. 元海运河漕管理机构空间分布特征

元代漕运虽以海运为主，但河漕也获得发展，尤其在管理方面。元代河漕管理机构较宋代有了较大进步，管理机构的设置更为细化，职责更加明确，明代运河管理机构多在此基础上完善（图7–6），可以说元代是运河管理机构走向完善之始（表7–1）。

元代运河管理机构分布表　　**表7–1**

类型	管理机构名称	治所
内河漕运管理	京畿都漕运使司	大都
	都漕运使司	河西务
	江淮都漕运使司	瓜洲
	新运粮提举司	大都
	通惠河运粮千户所	大都
	临清分司	临清
	济州漕运司	济宁
	淮安分司	淮安

续表

类型	管理机构名称	治所
内河漕运管理	荆山分司	荆山
	瓜洲行司	瓜洲
	京师二十二仓	大都
	河西务十四仓	河西务
	通州十三仓	通州
	河仓十七	—
海运管理	海道都漕运万户府	平江闻德坊
	昆山崇明海运千户所	平江万户府后乔司空巷
	杭州嘉兴海运千户所	
	常熟江阴海运千户所	
	松江嘉定海运千户所	
	平江香莎糯米海运千户所	
河道管理	都水监	大都积水潭侧
	大都路河道提举司	大都
	山东分都水监	东阿景德镇
	河南分都水监	汴梁
	江南行都水监	平江/松江
	郓城行都水监	郓城
	河南行都水监	汴梁

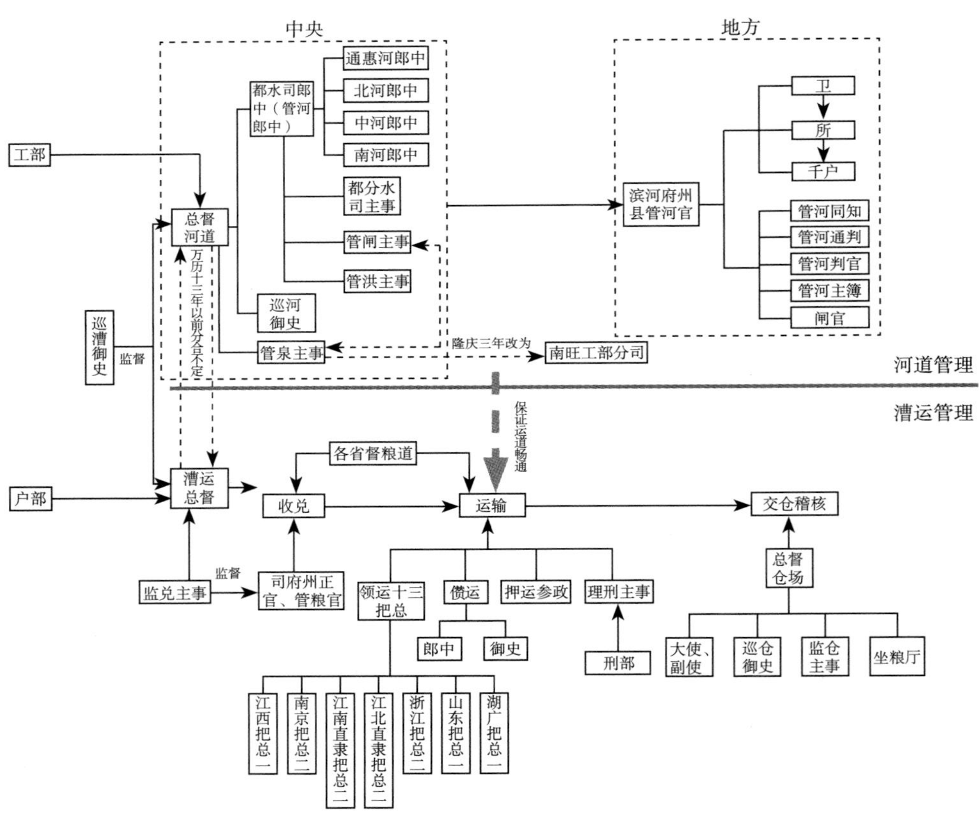

图7-6. 明代运河管理组织架构

据《钦定历代职官表》、《明史》、《大明会典》绘制

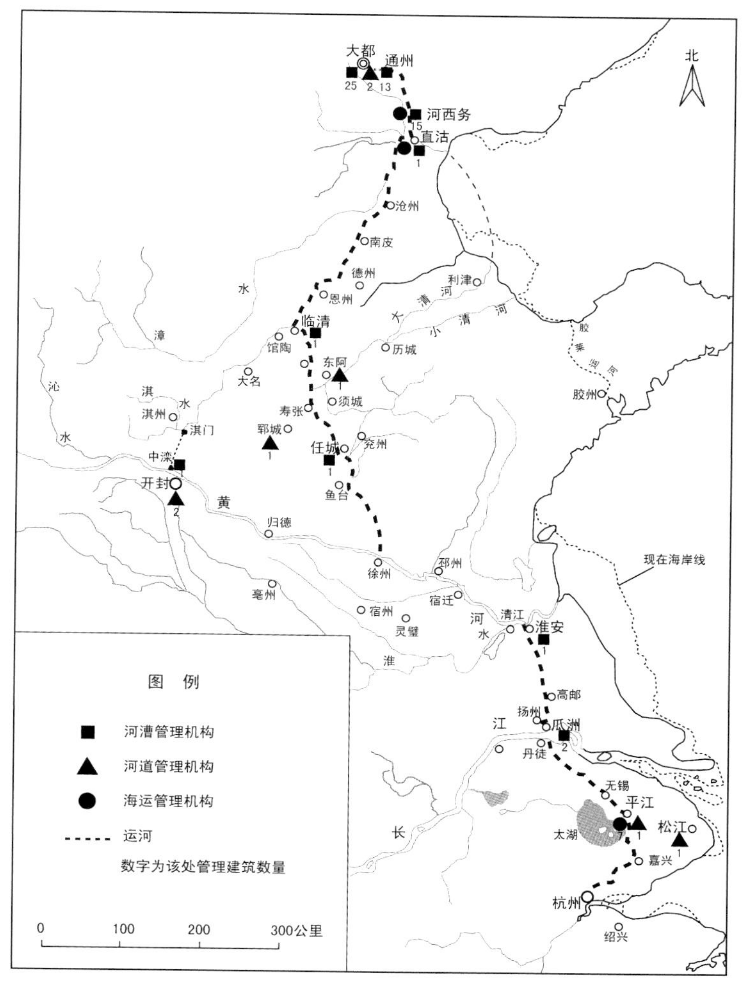

图7-7. 元代运河海运管理机构空间分布图
地图摹自：王育民著. 中国历史地理概论. 北京：人民教育出版社，1998：292，元代京杭大运河

其中，海运管理机构集中分布在平江（今苏州，当时太仓属苏州府），在直沽、河西务则有接运管理机构，呈现端点型分布特点（图7–7）。

而河漕管理机构在长江以北段运河沿线，主要以大都、瓜洲两个漕运管理为中心，且都位于河道交汇或漕运路线转换的关键节点处，仓库则主要分布在大都、通州两地，最高管理机构设在大都。之所以呈现这些特点，原因有二。其一，长江以北段漕运路线在至元三十年（1293年）以前多有变动，河道水源不足、地势存在高差等技术难点，要求通过合理有效的管理来克服，同时为配合陆运、河运、海运的交接与相互转换，势必在相应节点设置管理机构。而长江以南河道在元代以前就形成，水源充足，河道运输条件好，漕运相对容易。大都作为漕运的终点需要大量仓廒存储运来的漕粮，而作为京畿重地的通州是重要的漕运中转站，又加上距大都较近，此处多有仓廒也就在情理之中。其二，河漕最高管理机构设在大都，从一个侧面说明了元代河漕压力并不大，元代以海运为主，河漕只是补充，把最高管理机构设在漕运的末端仍可以统帅距离如此之长的运河漕运。

海运与河漕管理机构在空间分布上的差异，表明管理机构的设置与保证漕运的有效运作有着莫大关联。

2. 明清河漕管理机构的空间分布

明永乐九年（1411年）重开会通河，解决了南旺水脊问题，使元末中断的南北大运河重新贯通。后来又通过疏理、整治山东境内的泉源，修建水柜等措施，使得山东段运河的水源问题得以解决。大运河全线贯通后，海运基本取消，虽然海运与河漕之争不断，也曾出现过短暂的、小规模的海运，但明清两代运河漕运始终占据主导地位。明清两代的运河管理已具有了流域管理的性质，从中央到地方有一套完整的管理机构体系（表7–2、表7–3）。

明代大运河管理机构及其位置 表7–2

类型	管理机构名称	治所
漕运管理	漕运总兵	淮安
	漕运总督	淮安
	十三省督粮道	驻各省城
	总督仓场	通州
	押运参政	
	理刑主事	
	巡漕御史	
	领运十三把总	
	监兑主事	户部监兑主事分往浙江、河南、山东及南直隶，与当地府州县正官并管粮官

类型		管理机构名称	治所
河道管理		总理河道	济宁
		通惠河郎中	通州，河西务有行署
		北河郎中	东阿张秋，济宁有行署
		夏镇管理河郎中	沛县夏镇
		中河郎中	吕梁洪
		南河郎中	成化七年（1471年）驻徐州，正德三年（1508年）迁于高邮。仪真有行署
		巡河御史	
		漕河道副使	淮安
		管理河工水利济宁兵备道副使	济宁
		分巡东昌兵备河道副使	临清
		天津兵备河道参政	天津
	管闸主事	通惠河管闸主事	通州
		济宁管闸主事	济宁
		沽头管闸主事	沽头上闸
		南旺管闸主事	南旺

续表

<table>
<tr><th>类型</th><th>管理机构名称</th><th>治所</th></tr>
<tr><td>漕运管理</td><td>监兑主事</td><td>户部监兑主事分往浙江、河南、山东及南直隶，与当地府州县正官并管粮官</td></tr>
</table>

<table>
<tr><th>类型</th><th colspan="2">管理机构名称</th><th>治所</th></tr>
<tr><td rowspan="9">河道管理</td><td colspan="2">管洪主事</td><td>吕梁洪</td></tr>
<tr><td colspan="2">管泉主事</td><td>宁阳</td></tr>
<tr><td colspan="2">管泉同知</td><td>兖州府</td></tr>
<tr><td colspan="2">南旺工部分司</td><td>南旺</td></tr>
<tr><td rowspan="4">滨河府州县管河官：管河通判、同知、主簿</td><td>兖州府运河同知</td><td>济宁</td></tr>
<tr><td>兖州府捕河通判</td><td>张秋</td></tr>
<tr><td>东昌府管河通判</td><td>聊城</td></tr>
<tr><td>河间府管河通判</td><td>泊头</td></tr>
<tr><td colspan="2">闸官</td><td>闸旁，一般一闸设一官，若二闸相近或闸板运作需相互配合者，则一官兼理数闸</td></tr>
</table>

注：①本表据《历代职官表》卷59、60,《明会典》、《明史》、《北河纪·河臣》等整理；

②各管理机构的沿革复杂，兴废不一。因此凡曾出现过之管理机构即列入表中；

③各省督粮道、领运把总以及滨河府州县管理河道官员、闸官等，表中不一一列出。

清代大运河管理机构及其位置 **表7-3**

<table>
<tr><th>类型</th><th colspan="2">管理机构名称</th><th colspan="2">治所</th></tr>
<tr><td rowspan="14">漕运管理</td><td colspan="2">漕运总督</td><td colspan="2">淮安</td></tr>
<tr><td rowspan="4">粮道</td><td>江南、江安粮道</td><td colspan="2">江宁</td></tr>
<tr><td>苏松粮道</td><td colspan="2">常熟</td></tr>
<tr><td>山东粮道</td><td colspan="2">德州</td></tr>
<tr><td>河南、江西、浙江、湖北、湖南粮道</td><td colspan="2">驻省城</td></tr>
<tr><td colspan="2">管粮同知、通判</td><td colspan="2"></td></tr>
<tr><td colspan="2">押运同知、通判</td><td colspan="2"></td></tr>
<tr><td colspan="2">各省监兑官：同知、通判</td><td colspan="2">山东省、江南省、湖广省、浙江省</td></tr>
<tr><td rowspan="6">巡漕御史</td><td>巡视南漕御史</td><td>镇江</td><td rowspan="2">顺治初设，雍正七年裁</td></tr>
<tr><td>巡视北漕御史</td><td>通州</td></tr>
<tr><td>通州巡漕御史</td><td>通州</td><td rowspan="4">乾隆三年（1738年）将四史御史分立</td></tr>
<tr><td>天津巡漕御史</td><td>天津</td></tr>
<tr><td>济宁巡漕御史</td><td>济宁</td></tr>
<tr><td>淮安巡漕御史</td><td>淮安</td></tr>
</table>

<table>
<tr><th>类型</th><th>管理机构名称</th><th>治所</th></tr>
<tr><td rowspan="14">河道管理</td><td>总河</td><td>济宁，康熙十六年（1677年）移驻清江浦</td></tr>
<tr><td>总督江南河道（雍正七年（1729年）由总河改）</td><td>清江浦</td></tr>
<tr><td>总督河南山东河道</td><td>济宁</td></tr>
<tr><td>直隶河道总督</td><td>天津</td></tr>
<tr><td>河库道</td><td>清江浦</td></tr>
<tr><td>江南淮徐河道</td><td>徐州</td></tr>
<tr><td>淮扬河道</td><td>淮安</td></tr>
<tr><td>山东运河道</td><td>济宁</td></tr>
<tr><td>直隶通永河道</td><td>通州</td></tr>
<tr><td>管河同知、通判</td><td></td></tr>
<tr><td>漕河道副使</td><td>淮安</td></tr>
<tr><td>管理河工水利济宁兵备道副使</td><td>济宁</td></tr>
<tr><td>分巡东昌兵备河道副使</td><td>临清</td></tr>
<tr><td></td><td></td></tr>
</table>

续表

类型	管理机构名称	治所	类型	管理机构名称	治所
漕运管理	十三运总		河道管理	滨河州县管河官：同知、通判、主簿	
	各省押运通判			闸官	
	总督仓场	平时驻崇文门内，收粮时驻通州			
	各省巡抚	山东、河南、安徽、江苏、浙江、江西、湖北、湖南巡抚八员			

注：①本表据《历代职官表》卷59、60，《北河纪·河臣》，《钦定户部漕运全书》等整理；

②各管理机构的沿革复杂，兴废不一。因此凡曾出现过之管理机构即列入表中；

③各省督粮道、领运把总以及滨河府州县管理河道官员、闸官等，表中不一一列出。

其中，最突出的分布规律是漕运管理机构多沿州县城市分布，而河道管理机构除了这一特点外，更多地表现出"技术节点"规律，即分布在河道存在技术难点，需要重点进行治理以及设置重要的水工设施处，因此河道管理机构多离运道本身较近，或有行署，在运期驻扎河边（图7–8、图7–9）。

四、明清大运河管理机构与淮安城地方建设

（一）淮安作为运河管理中心的演进轨迹

淮安地理形势险要，地处黄、淮、运交界之处，从而使得大运河在开凿之始就与淮安关系密切，随着运道的不断延伸和完善，淮安与大运河的关系也日渐重要，直至明清成为维系南北大运河的关键之处。

开凿于公元前486年的邗沟，作为南北大运河最初的一段河道，其入淮口就选在了末口（今淮安城区）。隋唐时期山阳渎与淮水的交界处也在末口，淮安成为运河由南北向（山阳渎）转为东西向（通济渠）的重要节点城市。在隋代时已是"运漕商旅，往来不绝"[28]。从唐至宋，运道基本无变，只是进行局部修浚。北宋时设转运使管理漕运，"乔维岳为淮南转运使，权知楚州，驻山阳"[29]，应为淮安最早设置的漕运管理机构。宋室南迁以后，宋金以淮水中流为界，楚州成为宋金军事战略要地，漕运重点转移。

元代对运河进行裁弯取直，改变了隋唐形成的"杭州—洛阳—北京"运河格

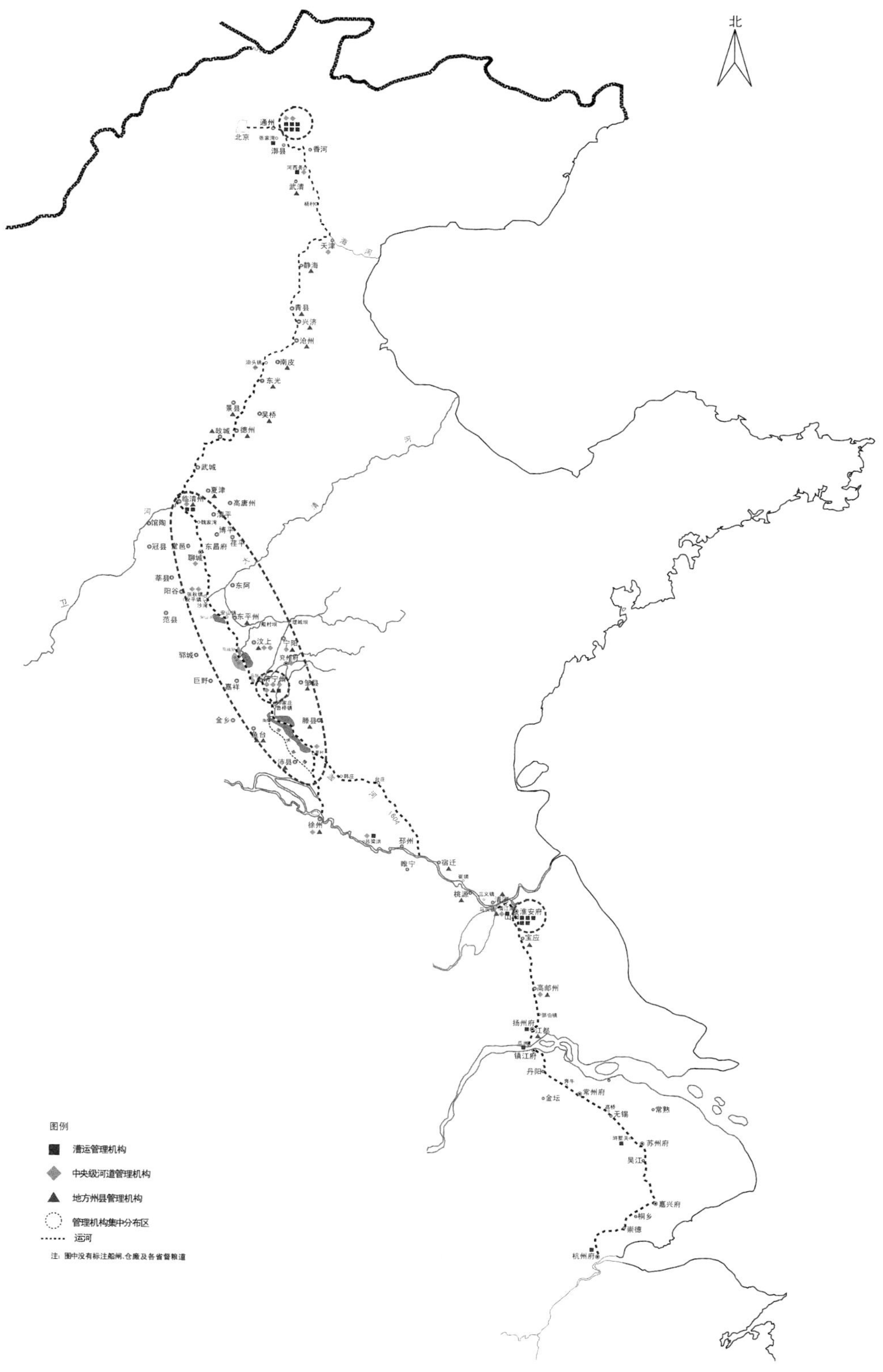

图7-8. 明代大运河管理机构空间分布图
地图：据谭其骧，《中国历史地图集》，明代各省图拼合

图7-9. 清代大运河管理机构空间分布图
地图：据谭其骧、《中国历史地图集》，清代各省分图拼合

局，转变为“杭州—北京”的南北大运河，而淮安也因此处于大运河南北适中之地（图7-10）。虽然终元一代以海运为主，但大运河的许多管理机构和规章制度在此时开始走向完善，在淮安设立“淮安分司”等机构。

明代会通河成后，成祖将原交往太仓的粮都运赴淮安仓，且行在户部更议将浙江布政司所属嘉、湖、杭三府及直隶苏、松、常、镇等府粮食运往淮安仓[30]。很明显，支运法使南粮北运的起点北移到了淮安（图7-11）。随着兑运法和长运法的实施，淮安作为中转仓的地位逐渐消失。明清两代，“凡湖广、江西、浙江、江南之粮艘，衔尾而至山阳，经漕督盘查，以次出运河。虽山东、河南粮艘不经此地，亦皆遥禀戒约，故漕政通乎七省，而山阳实咽喉要地也[31]。”淮安府“居两京之间，当南北之冲，纲运之上下必经于此，商贾之往来必由于此，一年之间搬运于四方者不可胜计[32]。”明清两代地方漕运最高管理机构漕运总督均设于淮安。

明清时山东段运河因水源不充足，地势有起伏，运河上设有很多船闸。为保证漕船能按时抵达通州，能否按时通过山东段闸河至关重要。淮安之所以成为漕运总督驻节之地，除了历史是漕运必经之处外，一个重要原因是淮安所处的地理位置使其向北便于控制漕船过黄河、入闸河，向南可以控制来自湖北、湖南以及江南、浙江、江西的漕船。而与其地理位置相似的运河城市扬州却只能做到后者，而不能控制进入山东闸河的时间（图7-12）。

清代因淮安地处黄、淮、运交汇处，为治理黄淮运的关键之地，使淮安成为治河大臣的驻节之地，河道最高机构河道总督在康熙十六年（1677年）由济宁移至淮安清江浦（图7-13），有“天下九督，淮居其二”之誉，至此淮安之于治水和漕运的地位达到极致。明清两代漕运关乎国家经济命脉，于淮安设立大量河道和漕运管理机构也就理所当然，除因其地理位置外，淮安在整个漕运管理运作中所起的作用也是重要原因。此外，淮安还设有钞关、造船、盐业等管理机构，使淮安“故自元明以来，数百年中，督抚部司，文武厅营，星罗棋布，与省会无异”[33]。

（二）明清淮安运河管理机构

“明永乐间，陈恭襄总督漕运，开府淮阴”[34]。后“景泰二年（1451年），始设漕运总督于淮安与总兵参将同理漕事”[35]，自此始用文臣督漕，漕运总督自设立后，明清两代一直驻节淮安。除漕运总督外，淮安还设有许多漕运管理机构，以协助总漕处理漕运事务。

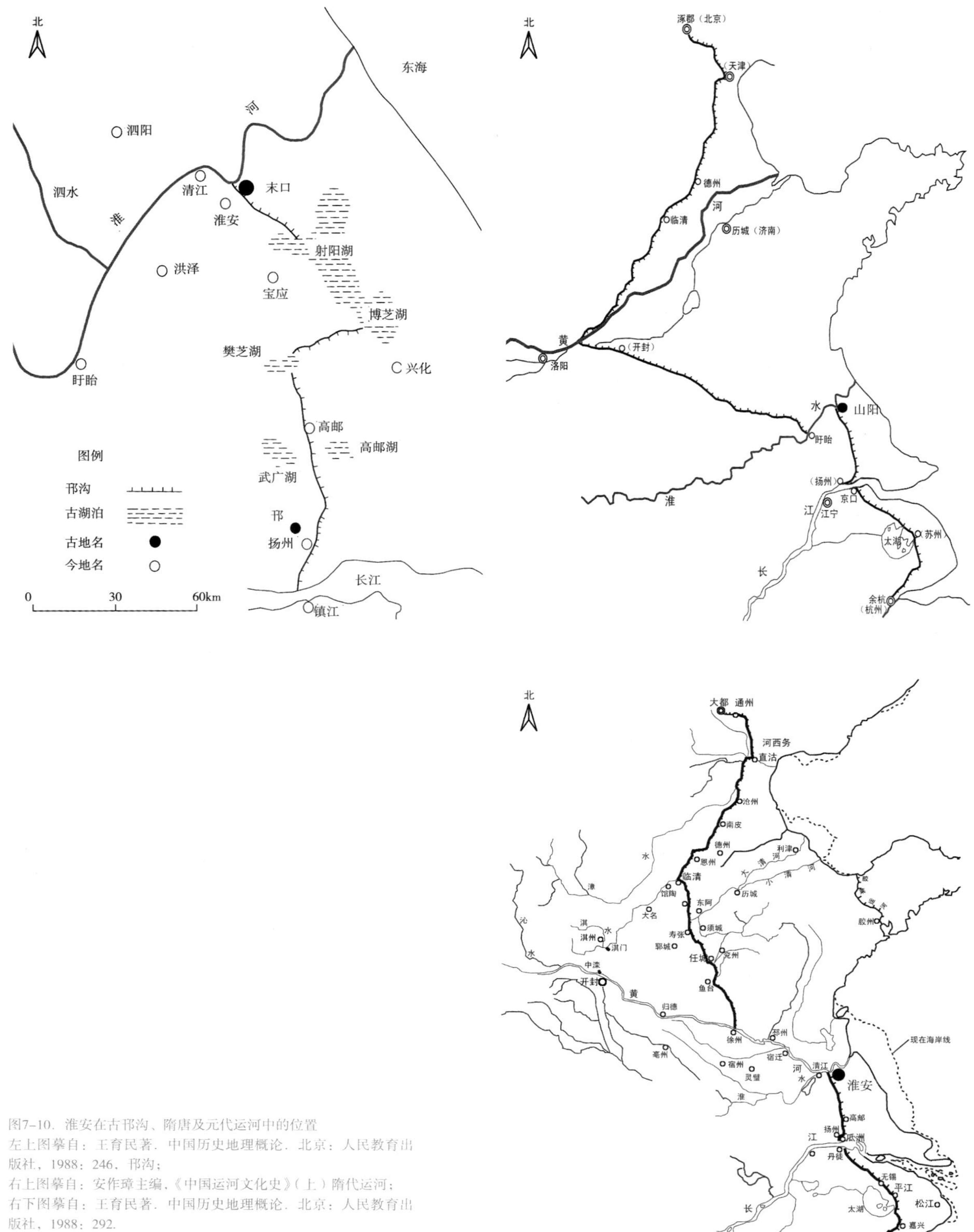

图7-10. 淮安在古邗沟、隋唐及元代运河中的位置
左上图摹自：王育民著. 中国历史地理概论. 北京：人民教育出版社，1988：246. 邗沟；
右上图摹自：安作璋主编.《中国运河文化史》(上) 隋代运河；
右下图摹自：王育民著. 中国历史地理概论. 北京：人民教育出版社，1988：292.

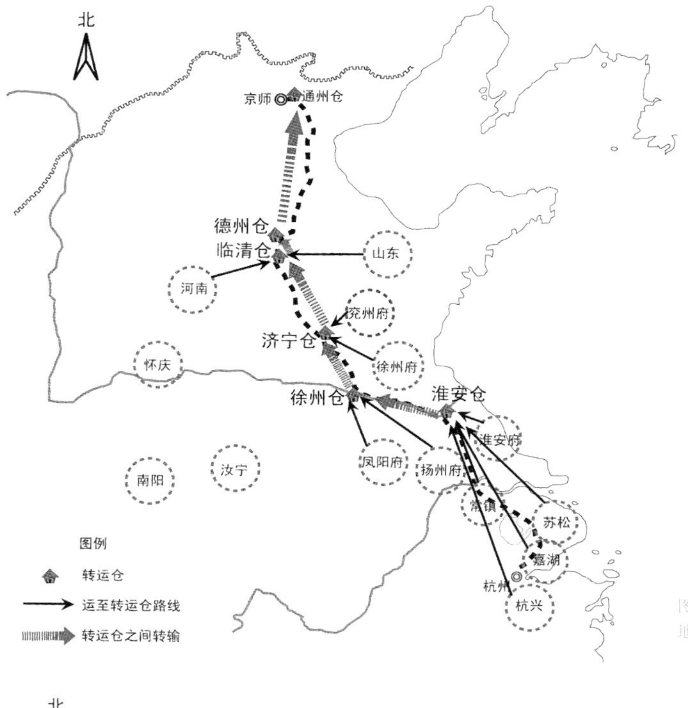

图7-11．明代前期支运法示意图
地图摹自：谭其骧《中国历史地图集·明》，明万历全国地图

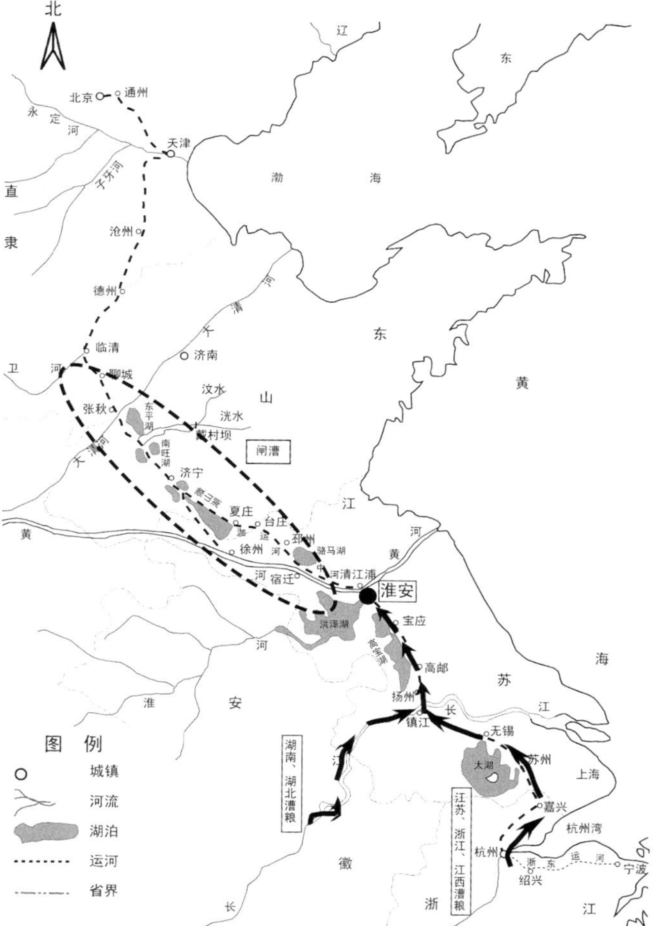

图7-12．明清淮安在漕运运作中的空间位置
地图摹自：安作璋主编，《中国运河文化史》（下），明清京杭运河图

图7-13．清江浦
陈薇摄于2003年

总河明代驻扎济宁，“康熙十六年（1677年），以江南工程紧要，移驻淮安清江浦”[36]，自此以后长驻清江浦。

淮安钞关始设于明宣德四年（1429年），其后废复不断，成化七年（1471年）复设后不再废止。清顺治二年（1645年），“照明例设置钞关，驻扎板闸”[37]。钞关原有三处，后并为一处，“自明代中叶及国朝初年，山阳自板闸至清江浦，十里之内设三关：一为户部钞关，驻扎板闸；一为户部储粮，一为盈仓与抽分厂，驻扎清江。康熙九年（1670年），漕督帅公颜保，始请撤常盈仓与抽分厂，其二关事例皆归并钞关，即今板闸之淮关也[38]。”雍正五年（1727年）、七年（1729年）宿迁关、海关庙湾口归并淮关[39]（表7–4）。

淮安城内分布如此众多的运河管理机构（图7–14），公署机构庞大，文官武校人数多达2万余人[40]。这些管理机构的运作对明清淮安城的建设产生了巨大影响。

图7–14. 明清淮安运河管理机构公署分布图
地图引自：“淮安城市附近图”，光绪三十四年（1908年）

淮安漕运管理机构、职责及公署位置 表7–4

	管理机构名称	职责	治所（公署）位置
漕运管理	漕运总督	佥选运弁、修造漕船、派发全单、兑运开帮、过淮盘掣、催攒重运、查验回空、核勘漂没、督追漕欠并随漕轻赍行月等项钱粮	旧城府治前
	漕运理刑分司	处理漕运相关案件	府治西南隅
	漕运参将		
	巡漕御史	派往稽查官吏人等向旗丁需索及旗丁夹带私盐并违禁等物，严查淮安与白洋河东八闸等处地方光棍勾通催漕弁丁、勒添纨夫、加价分肥、累丁等弊，俟漕船过淮出临清之后，随漕直抵天津，沿路查看，如遇运河石块木桩，该管官起除不净，以致抵触漕船及官弁需索稽留	
	监仓户部分司	负责粮仓驻在的漕粮保管事宜	清江浦
	盘粮厅楼	总督在此查验漕船	旧城西门外北角楼运河南岸
	漕河道公署		
	三部公署	旧为三部分司往来会集之所，今为左营守备署	旧城西长街
漕运管理	漕储道		中察院西
	漕厂公署		清江书院后
	漕务工部署		
	漕标中镇副总兵		旧城内十王堂
河道管理	河道总督		清江浦
	河库道	专理河务钱粮	清江浦户部街
	清江闸官		清江浦河南闸口
	山清里河同知		清江浦
	河标中营副将署		清江浦工部前地方
	河标中营都司署		清江浦工部前地方
	外河主簿署		清江浦苏家嘴
	河标右营游击署		白洋河
造船管理	监厂工部分司		清江浦
	清江提举分司		移风闸西
	西河船政同知		清江浦东河厅之东
	东河船政同知		工部署东北
钞关管理	监钞户部分司（督理钞关公署）		板闸
	常盈仓		清江浦
	清江抽分厂	督造运船，征收船料	清江浦

（三）明清淮安大运河管理运作与淮安城市建设

1. 运河管理活动与淮安经济

（1）过淮盘验

为保证漕船能够顺利如期到达北京，漕运总督的一项重要职责是在“过淮盘掣”，漕船需在规定期限内如期过淮。明代万历元年（1573年）规定“军兑粮江北各府州县，限十二月内过淮，应天苏松等府县限正月内过淮，湖广江西浙江限二月过淮”[41]。清代基本相同，《钦定户部漕运全书》载：康熙三十四年（1695年）“江北各府州县，限十二月内过淮，江南、江宁、苏松等府限正月内过淮，浙江、江西、湖广限二月过淮。康熙四十一年（1702年）题准江北、江南、浙江、江西、湖广等各省展淮限一月。五十一年（1712年）江南漕船题复原限过淮。五十七年（1718年），江北、江西、浙江、湖广题定悉依原限过淮[42]。”漕船（包括“重运”与“回空”）过淮，总漕率属逐一盘验。盘验是一项极其复杂的活动，每次总督都要率领大批队伍进行。据清代漕运总督奏称：“每年春初，檄调附近卫备数员来淮协同签盘”，乾隆准“嗣后责令淮安府粮捕通判，并参、游、都、守及檄调之卫备，分头查验签盘”[43]，后再由总督核实。漕船抵通交粮后，回空船只也需在淮安盘签。

过淮盘验所需时间较长，使得大量船只在此逗留，大量的押运、儹运、领运官员以及运丁需要上岸消费。就清后期而言，仅江苏苏松道、浙江、江西、湖南、湖北通过淮安漕船就有：苏松道计525只，浙江1138只，江西638只，湖北180只，湖南178只，计共2659只；运丁苏松道5250人，浙江11380人，江西6380人，湖北1800人，湖南1780人，计共运丁26590人。[44]同时，运粮各官与漕运总督衙门之间有大量的文书往来，如此庞大的消费人群对带动淮安的经济发展起着推动作用。

此外明清两代都允许随船夹带“土宜”，在停留期间，必然到淮安进行销售，这对促进淮安商品经济的发展起着重要的作用。据清乾隆《淮安府志·城池》记载，淮安有“古东米巷、粉章巷、竹巷、茶巷、花巷”等商业性色彩浓厚的街巷，这些商业街巷名称与当时的漕运活动关系密切。同时出现了专门销售某种商品的市场，如米市、柴市、姜桥市、古菜桥市、兰市、牛羊市、驴市、猪市、冶市、海鲜市、鱼市、莲藕市、草市、盐市等；还有销售各种货品的市场，如西义桥市、罗家桥市、相家湾市、西湖嘴市、窑沟市、新丰市、长安市、大市、小市等，这些商业街巷与集市的出现是商品经济发展的产物，这与漕运船只所带的数量巨大、品种繁多的

"土宜"是分不开的。而漕运管理机构的设置及其相关的管理活动则为"土宜"的交换提供了条件。

每年漕船停泊于城西运河以待盘验，"秋夏之交，西南数省粮艘衔尾入境，皆泊于城西运河，以待盘验牵挽，往来百货山列"[45]。而"城西北关厢之盛，独为一邑冠"[46]，城西北关厢即为粮船停泊之处，这从另一侧面反映了漕运管理活动之一的"过淮盘验"对淮安经济发展所产生的联动效应。

（2）漕船过闸

淮安下辖的清江浦位于运河与淮河的交汇处，漕船在此处由运入淮。明永乐十三年（1415年）陈瑄在清江浦上修建移风、清江、福兴、新庄四闸，以此控制水患，使漕船安全由运入淮。明清对船闸的启闭有严格的规定，船只需聚集到一定数量以后才能开闸放船，清江四闸在明代时"运河只许粮船鲜船应时出口，都漕遣官发筹，或三五日一放，运船过尽，口即筑塞五闸，匙钥掌之都漕。口之出入监之工部，其大小官民船只悉由仁义等五坝车盘以出外河清江瓜仪口子"[47]，宣德四年（1429年），"令凡运粮及解送官物并官员、军民、商贾等船到闸，务积水至六七板方许开"[48]，而景泰四年（1453年）则规定："军民船只各一日轮流过闸"[49]。清政府对运河船只过闸规定仍然非常严格，漕运繁忙时，"运舟过尽，次则贡舟，官舟次之，民舟又次之"[50]。清江浦作为大运河入淮的主要通道（图7–15），是往来船只的必经之处，因过闸的诸多规定，必然致使大量船只在此等候，服务于漕运的官丁、纤夫及往来商旅在此大量聚集，在此消费，促进了清江浦商业经济的繁荣，清康熙年间，清江浦一派繁荣景象："千舳丛聚，侩埠蟺集，两岸沿堤居民数万户，为水陆之康庄，冠盖之孔道，阛阓之沃区云"[51]。

图7–15. 清江口河道与桥梁、闸口

（3）运河河道整治

清代每年下拨大量银两用于修理运河，但真正用到河工上的不到十分之一，大部分被贪污，驻扎清江浦的官员奢侈成风。清人薛福成“余尝遇一文员老于河工者，为余谈道光年间南河风气之繁盛：维时南河河道总督驻扎清江浦，道员及厅汛各官环峙而居，物力丰厚。每岁经费银数百万两，实用之工程者十不及一，其余以供文武员弁之挥霍、大小衙门之酬应、过客游士之余润。凡饮食衣服、车马玩好之类，莫不斗奇竞巧，务极奢侈”[52]。薛文中还以宴席为例，介绍了极尽奢侈的菜肴做法。

（4）淮安钞关收税

随着淮关管辖范围不断扩大，为有效控制船只，防止绕逃，设立多个关口及分口，分别管理，总关驻板闸。钞关的管理运作有一套严密完整的管理制度和运作方法，在板闸设大关（淮安钞关，图7-16）、关署，河道关口、津要设关口、分口，各分口、大关之间相互配合、协调运作，大关、关署处于整个运作系统的核心地位（图7-17、图7-18）。

在板闸运河北岸，“临河设有关楼三间，后厢楼左右四间，官厅三间，厨房三间，关楼东首方亭一座，水印房二间，对岸关房三间。关楼之前设有桥船五只，联以篾缆，横截河身。每日放关，暂撤南岸，过后仍即封闭”[53]。分口则填注号贴让客贩投报关署和大关。以天妃口为例，凡北来船只，除查验有无北钞外，“进口船货开报二纸，一送署内，一交大楼查核”[54]。从地理位置分布上看，各关口及分口对大关及关署形成拱卫之势，这与整个淮关运作机制相匹配（表7-5）。

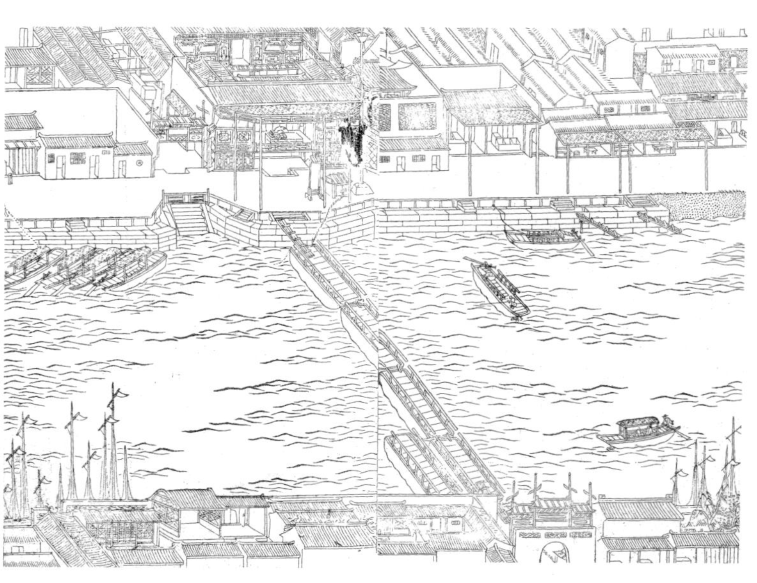

图7-16. 淮安大关图
引自：［明］马麟修、［清］杜琳等重修，李如枚等续修，《续纂淮关统志》，光绪刻本，淮安大关图

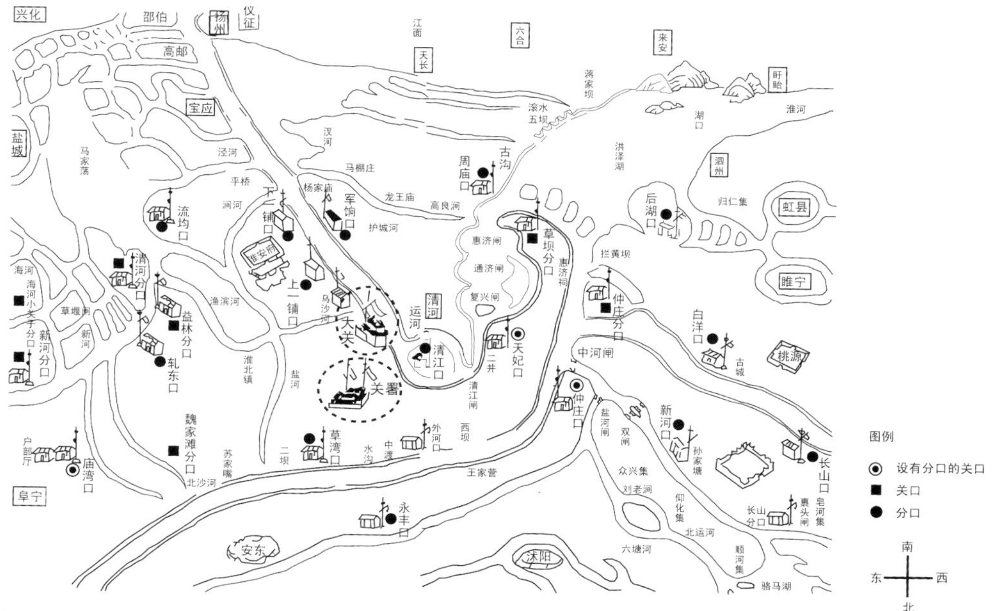

图7-17. 淮关各关口及分口图

地图摹自：[明]马麟修，[清]杜琳等重修，李如枚等续修.《续纂淮关统志》. 淮关分图

图7-18. 关口码头、车道、仓库

淮安钞关各关口及分口 **表7-5**

关口名称	所在地	关口管理建筑	距大关的距离（里）	分口名称	所在地	分口管理建筑	距关口距离（里）
天妃口		住民房九间	35	草坝分口		住民房七间	3
外河口		住官房三间、民房六间	15				
草湾口		住官房十间	10				
仲庄口		住官房五间	40	仲庄分口		租住民房五间	10
永丰口		住官房四间	15				
下一铺口		住民房七间	15				
上一铺口		住民房七间	7				
周闸口	山阳县高家堰	住民房六间	120				
庙湾口（工部厅）	阜宁县城外	住官房七间	160	海河小关子分口	海河小关子		60
				新河分口	串场河		3
长山口	宿迁皂河集	里、外河关房二处，共民房十六间	280				
白洋口	桃源县洋河镇	住民房九间	200				
新河口	桃源县	住民房六间	200				
后湖口	桃源县	住民房五间	220				
轧东口	阜宁县东沟	住民房九间	120	魏家滩分口			
				益林分口			7
				清沟分口		民房三间	30
流均口	山阳泾口（原在盐城流均沟）	住民房六间	80				
军饷口	山阳县南湖所	住民房八间	20				
乌沙河口	山阳县乌沙河	住民房九间	3				
清江口	清江闸口	住民房八间	15				

2. 管理机构对城市的影响

庞大管理机构的运作刺激了淮安的经济发展。明清时期，淮安的漕运总督、河道总督以及下属机构，再加上盐务、船务等机构，使得淮安城官署林立。据薛福成记载，“每署幕友数十百人”[55]，文官武校人数多达2万余人，这些官僚处于社会的上层，官俸以及其他收入使得他们成为高消费能力人群，他们过着奢靡的生活，催生了服务于该群体的多种行业。有大量人员服务于该阶层，“清江浦板闸镇一带，民人大半在官”[56]。以板闸钞关为例，钞关设有榷使、吏书、员役、夫役等，据《淮关统志》所记内容统计，清淮安关役职人员有268人[57]。因钞关关署设于板闸镇，对板闸的社会经济起着重要作用，“榷关居其中，搜刮留滞，所在舟车，阛咽利之所在。百族聚焉，第宅服食，嬉游歌舞，视徐、淮特焉侈縻”[58]，而“赖关务以资生者，几居其半”[59]。

对明清时期在淮安驻节的运河管理机构公署的空间位置进行分析，可以看出，这些管理机构公署构成了淮安城市的骨架脉络，且呈现出相对集中分布的特征，以漕运总督公署为核心的淮安旧城区和以总河公署为中心的清江浦地区。这些管理机构公署在对淮安城市的产生及演进并对其城市形态产生了重要影响，以漕运总督公署为例分析其对淮安旧城格局的影响。

漕运总督公署位置曾有三处：其一，在淮安旧城南门内，与漕运总兵府一堂治事；其二，在城隍庙东；其三，在城市中心，淮安府署前，此位置时间最久，持续了280多年。漕运总督公署最初位于旧城迎远门内，后移至城隍庙东，又至中长街上，位于城市中心，前临镇淮楼，北靠淮安府署，其变迁轨迹是从淮安旧城城市边缘到城市中心。移至城市中心以后，其对淮安旧城产生了一定影响（图7–19、图7–20）。

（1）确定并强化了旧城轴线

淮安旧城为不规则长方形，北门与南门并不在一条直线上。南门、镇淮楼与淮安府署形成了城市的中轴线，而漕运总督公署位于镇淮楼与府署之间，在空间上确定并强化了旧城轴线，同时形成了淮安城市的“行政中轴线”。总督公署的大观楼可“俯视合郡”，成为城市轴线上的制高点。

（2）对城市道路的影响

漕运总督公署迁至城市中心后，对周边城市道路的影响主要表现在两个方面。其一，道路名称更改。迁署前，署前道路称“西门街”（自西门至西长街转东经县学、卫前抵东长街）[60]，乾隆间则称“漕院前街”（东自青龙桥，西长街）[61]，公署对道路名称的影响体现了其对城市认知元素的辐射力。其二，道路尺度改变。顺治十八年（1661年）总漕蔡士英拆毁县学棂星门外照壁、红栅、牌坊，“让出街道丈余”[62]，使漕院前道路变宽，漕运总督公署繁杂事务所带来的人流增加是道路变宽的重要原因。

（3）周边扩张

漕运总督公署对周边建筑影响记载不多，据笔者推测，由于漕运总督署因淮

图7-19. 漕运总督公署位置变迁图
底图引自："淮安城市附近图"，光绪三十四年（1908年）江北陆军学堂测绘，东南大学沈旸老师提供

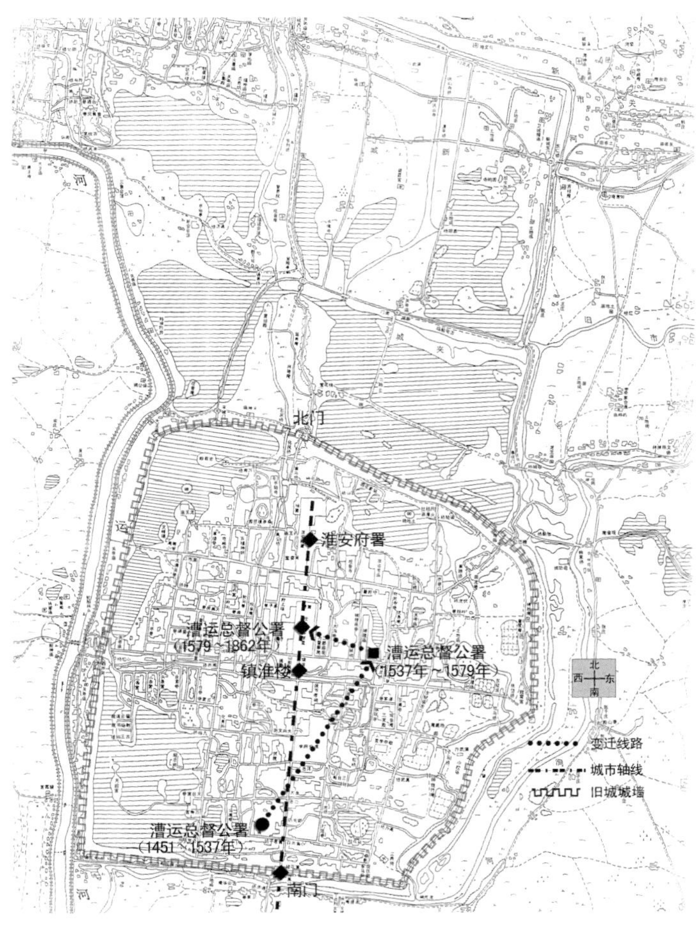

图7-20. 漕运总督署和镇淮楼构成的城市轴线

安卫所建，原有建筑应基本能满足要求，规模基本无变化，但亦有扩张。如总漕李三才曾侵占西侧山阳县学之地，“取学中射圃等地为院署闲地”[63]。

3．管理官员对城市建设的影响

设在淮安的河、漕、榷、盐等管理机构的首脑有很多由中央政府直接委任，多为朝中大员，驻节淮安后，以其特有职权、影响力和号召力对淮安城市建设产生影响，并体现了朝廷官员之于地方城市自上而下的强势作用。

（1）修筑城墙，确立三城并立的城市格局

城墙是城市形态的重要组成部分，自漕运总督驻扎淮安后，淮安城墙的修筑活动，由漕运总督主持或亲自捐资占了绝大部分，据地方志中记载，景泰后至清末，淮安城墙修筑活动有明确记载的有20次，其中由地方官主持的有9次，而由漕运总督主持的有11次，且记载的几次大范围修筑都是由漕督主持的，如朱大典崇祯间“遍修三城”、兴永朝重修旧城，周天爵大修旧城等，其中明嘉靖三十九年（1560年）由漕运总督章焕题准修建联城，从而最终确定了淮安三城并立的独特城市格局（图7–21、表7–6）。

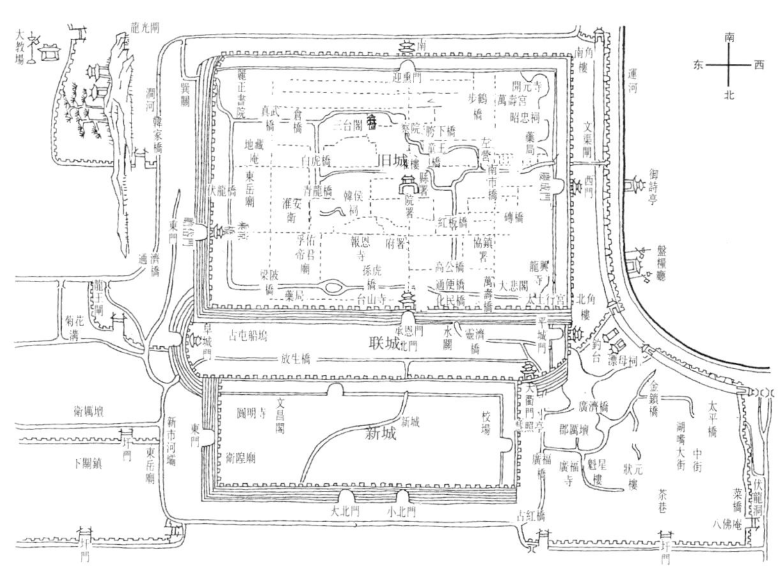

图7–21．淮安三城图（地图引自：《同治重修山阳县志》所载“山阳城隍圩砦图”）

漕运总督修筑城墙活动表 **表7-6**

漕运总督	修筑城墙活动	出处
章焕	明嘉靖三十九年（1560年），倭寇犯境，漕运都御史章焕题准建造，连贯新旧两城	（天启）淮安府志
王宗沐	隆庆间（1567~1572年）建楼于西门子城上，额曰“举远”。筑护城冈	（乾隆）淮安府志，卷五・城池
朱大典	崇祯间（1628~1644年）遍修三城	（乾隆）淮安府志，卷五・城池
蔡士英	重建城东南隅角楼——瞰虹楼	（乾隆）淮安府志，卷五・城池
林起龙	康熙初设费鸠工，尽撤而新之（城楼），城垣残缺者，悉修补坚	（乾隆）淮安府志，卷五・城池
邵甘	康熙二十三年（1684年），率属重建西门楼	（乾隆）淮安府志，卷五・城池
董讷	康熙二十八年（1689年），捐资率属重建（南门楼）	（乾隆）淮安府志，卷五・城池
兴永朝	康熙三十一年（1692年），重修旧城，有碑记在西城楼下	［民国］续纂山阳县志，卷二・建置・城池
兴永朝、桑格	屡加修理	（乾隆）淮安府志，卷五・城池
周天爵	道光十五年（1835年）捐资建西南二城楼，二十二年复集资大修（旧城）……又造东北城圈及东北二城楼	（同治）重修山阳县志，卷二・建置・城池
文彬	同治十二年（1873年）重建城西二楼	（同治）重修山阳县志，卷二・建置・城池
谭钧培	光绪七年（1881年），重修东南北三门楼	（光绪）淮安府志，卷三・城池

（2）对地方教育的影响

明清运河管理官员积极参与地方文化教育事业，修建儒学，开浚文渠，建文运福祉类建筑，祈祝文运，促进官方教育发展。同时创办、修葺书院，兴办义学，繁荣民间办学，全面促进淮安地方教育的发展（表7-7）。

运河管理官员对淮安教育的贡献 **表7-7**

教育类建筑		位置	运河管理官员相关贡献	出处
文运祈祉类	魁星阁		蔡士英、林起龙重建	（乾隆）淮安府志，卷五.城池
	文渠		清顺治十三年（1656年），漕院蔡士英浚文渠 康熙四十年（1701年）后，漕院桑格捐资重浚	（乾隆）淮安府志，卷五.城池
			杨锡绂“疏通文渠”	淮城信今录，卷四.杨锡绂传
	龙光阁	郡城南郭外	旧有龙光阁，前明漕督朱烈愍公所刱建也	石亭纪事，重建龙光阁记

续表

教育类建筑		位置	运河管理官员相关贡献	出处
儒学	淮安府儒学	郡城南门内	弘治十七年（1504年），漕抚张缙建兴贤、毓秀二坊 崇祯十三年（1640年），漕抚朱大典重修 顺治九年（1652年），总漕沈文奎重修 康熙十八年（1679年），总河靳辅捐俸修 康熙二十八年（1689年），总漕董讷首倡捐赀募修	（乾隆）淮安府志，卷十.学校
			同治光绪中，总漕张之万、文彬先后拨欵重建大成殿	（光绪）淮安府志，卷二十一.学校
儒学	山阳县儒学	察院西	成化五年（1469年），漕抚都御史滕昭、知府杨昶易民居地二十余丈益之。建聚奎亭，录科第名氏于石 康熙三十一年（1692年），董公（总漕董讷）追前议，命廪生邱闻衣监理，修复棂星门外栅栏，一遵旧制，并修棂星门内甬道、东西垣墙，清两斋，逐居民，徙学役	（光绪）淮安府志，卷二十一.学校
	清江浦学	漕厂署左	嘉靖九年（1530年），工部主事邵经济建崇景堂 嘉靖二十一年（1542年），工部主事叶选建文会堂、退省轩及诸生号房十二间，置祭田数十亩 隆庆六年（1572年），工部主事龚廷璧重修 万历五年（1577年），工部主事张誉增修，建大观楼 万历三十四年（1606年），工部郎中沈孝征、主事魏时应于圣殿东南建文昌楼、钟楼 万历四十二年（1614年），工部主事王莅重建先师殿并尊德堂 天启六年（1626年），工部主事顾元镜重修，建格物、致知、正心、诚意四斋，斯文在兹坊一座 崇祯六年（1633年），工部主事赵光抃增修 顺治六年（1649年），工部主事张安茂重修 顺治十八年（1661年），总漕蔡士英檄行船政同知孔贞来，重建两庑、斋房 康熙十六年（1677年），总河靳辅捐俸百金重建先师殿、文会堂 康熙二十三年（1684年），淮徐道常君恩重建尊德堂于文会堂之右，并建木栅、棂星门，开浚泮池，植桃柳	（乾隆）淮安府志，卷十.学校
书院	忠孝书院	在旧城东门外	明正德十四年（1519年），巡按御史成英同漕抚都御史丛兰，属知府薛鍪张锦，同知田兰、推官张赏毁尼寺建	（光绪）淮安府志，卷二十一.学校
	文节书院		明嘉靖十五年（1536年），漕抚都御史周金、巡按御史苏杨瞻，知府袁淮、孙继鲁、周洪范毁旧开元废寺为书院	（光绪）淮安府志，卷二十一.学校
	正学书院		明万历二年（1574年），都御史王宗沐建。有记。今废为大云庵	（光绪）淮安府志，卷二十一.学校
	嘉会堂		雍正元年（1723年），总漕张公大有加意造士，萃郡中有文行者数十人，勖以好学修身，每月课制义兼及诗古文辞，名曰“嘉会”。始集于院署东韩侯祠，继乃移于县治东节孝祠	（光绪）淮安府志，卷二十一.学校
	淮阴书院	在郡城西南隅天妃宫后	乾隆六年（1741年），总漕常公安命知府李璋建为淮阴书院。 乾隆七年（1742年），总漕顾公琮、知府傅椿益振之，延先达之有道而文者为诸生师	（光绪）淮安府志，卷二十一.学校

续表

教育类建筑		位置	运河管理官员相关贡献	出处
书院	丽正书院	旧城东南隅	乾隆丙戌（1766年）漕帅杨勤悫公（杨锡绂）新建书院于旧城东南隅 道光乙巳（1845年）新建程公任漕督，见书院日形颓败，先提公欵一百五十两，属余及何君锦修葺之	石亭纪事，重修丽正书院记
	清江书院	清江浦龙王闸之南	顺治十八年（1661年），总漕蔡士英檄船政同知孔贞来重建两庑斋房	山阳志遗，卷一
义学	秋礼堂	在院西南市桥北	总漕兴公永朝隆重其事 董于漕院，康熙三十二年（1693年）建，雍正九年（1731年）总漕性桂重修	山阳志遗，卷一

（3）建设城市文化景观

漕运总督多为进士出身，本身有着极高的文化修养，除了繁杂政治任务以外，他们多有附庸风雅之举，在公署内、城市、城郊修建园林、游赏场所、寺院等，促进了淮安当地文化景观的建设（表7–8）。淮安的运河管理官署多有花园，如漕运总督公署西花园及东北角花园、总河署的清晏园、榷关署的小隐斋。同时他们还在城市及城郊塑造了大量文化景观。

运河管理官员兴造的城市、城郊文化景观 **表7–8**

城市、城郊文化景观	位置	运河管理官员的塑造活动	出处
郭家池	城西北隅老君殿前、龙兴寺后	顺治间，漕院蔡士英建大士阁于墩上（位于郭家池中）……又建亭临水，长桥卧波，为游赏胜地，今尽颓废	（乾隆）淮安府志，卷5.《城池》
万柳池	城西南隅	康熙五十年（1711年），漕院施世纶重加修葺，寺院亭阁，焕然一新，今复就圮矣	（乾隆）淮安府志，卷5.《城池》
天妃宫	郡城西南隅，初名灵慈宫	明万历癸巳（1593年）甲午（1594年）之际，漕抚刘公东星捐俸银若干，庀材伐石，造水亭，创木桥，名正厅，为君子堂。政事之暇，即与宾从游宴于此，而士大夫家有游船画舫，亦一时并集 康熙己未（1715年）丙申（1716年）间，漕抚施公世纶亦尝修之，建两仪亭于水中，金碧焕烂，横桥数折，可直达三仙楼，乃未久即坏	山阳志遗，卷1
龙兴禅寺	治西北清风门里	总漕蔡士英筑广数亩，建大悲阁于上，设桥数十丈以通往来。四周筑堤，种柳数百株	（乾隆）淮安府志，卷26.《坛庙》
圆明寺	新城东北隅	明成化三年，漕运都指挥佥事戴惟贞等修建	（乾隆）淮安府志，卷26.《坛庙》
三界庵	在城东南隅	漕抚吴公维华建	（乾隆）淮安府志，卷26.《坛庙》

太仓和淮安，作为大运河漕运不可缺少的两个城市——一个在元代组织南方物资的“承运”方面，一个在明清进行漕运和河道的管理方面，均发挥了重要作用。其中，“地利”是它们之所以成为大运河重要节点的重要因素，历史上的运河、河系、与海路相通的枢纽与交叠位置，是它们应运发展的缘由；“天时”则是元明清时期在整个大运河的系统中时代赋予它们的地位和责任；“人和”主要体现在官员和民众在因地因时的过程中进行的建设和参与。从而，这两个大运河沿线的城市，虽变迁起伏，但十分重要，因为除进行漕运组织和管理之外，它们还交流海外、沟通南北，同时发展出特别的地方文化，如天妃文化与儒学文化的一体，如官署文化与文人文化的一体，它们往往超越于一般的地方色彩，因为大运河的给予，有了更深远和久远的影响。

注释：

1 至元十三年（1276年），伯颜率军攻破临安后，掠取南宋的“库藏图籍物货”，曾诏朱清、张瑄由崇明州（今上海崇明）入海道运往直沽，转至大都。“朱清、张瑄者，海上亡命也。久为盗魁，出没险阻，若风与鬼，劫略商贩，人甚苦也”。罗洪先，广舆图，这是元代海运之始.
2 古今图书集成，食货典第一百五十九卷，运丛考五之十.
3 引用顾炎武，天下郡王利病书，商务印书馆影印原稿本第二二册.
4 元史，卷九十三，食货志一.
5 昆山郡志，卷一，风俗.
6 太仓州志，卷一〇下，《新建苏州府太仓州治碑》.
7 古今图书集成，一百七十六卷，漕运部总论四之四.
8 ［明］桑悦纂，（弘治）太仓州志，卷一“沿革”，光绪缪荃孙，《汇刻太仓旧志五种》本.
9 ［明］张采纂，（崇祯）太仓州志，卷七“水道”。明崇祯十五年（1642年）钱肃乐定刻本.
10［明］钱谷纂，吴都文粹续集，卷十.
11［清］王祖畬纂，（光绪）太仓州．镇洋县志，卷十七.
12 参见：［明］王鏊纂，（正德）姑苏志，卷十六，明嘉靖间刻本.
13（崇祯）太仓州志，卷二，闸口.
14（嘉靖）太仓州志，卷一.
15 同上卷三.
16［元］舍里性吉，天后宫记，［清］长州顾三元，吴郡文编，卷九十二.
17（嘉靖）太仓州志，卷四.
18 明史，职官志四.
19（嘉靖）太仓州志，卷九.
20［明］桑悦纂，（弘治）太仓州志，卷十.
21 同上卷二.
22 参见：［明］王鏊纂，（正德）姑苏志，卷二十五兵防.
23（嘉靖）太仓州志，卷三.
24《御制大诰续篇》内注明市井之民有两种：“或开铺面于市中，或作行商出入”，第七五《市民不许为吏卒》万历时，工科给事中郑秉厚在上奏中也说：凡应买物料“责令宛、大两具召买，或在商人，或在铺行。”沈榜，宛署杂记，卷一三，铺行.
25 雪堂丛刻、大元海运记二卷.
26“宣德、正统年间，商贾占籍者亿万计”。（嘉靖）汉阳府志，卷三《创置志》、《黎淳记》.
27 转引自：王培棠，江苏省乡土志，下卷，1937年版.
28 杜祐，通典·州郡典·河南府：“通济渠，西通河洛，南达江淮，炀帝巡幸，每泛舟而往江都焉，其交、广、荆、益、扬、越等州，运漕商旅，往来不绝。”
29［清］卫哲治等修，叶长扬等纂，（乾隆）淮安府，卷9，漕运.
30［明］王琼，漕河图志，卷4，《始罢海运从会通河攒运》，续修四库全书史部835册.
31［清］孙云锦修，吴昆田、高延第纂，（光绪）淮安府志，卷8，漕运.
32［明］丘浚，大学衍义补，卷30，《制国用·征榷之课》.
33［清］孙云锦修，吴昆田、高延第纂，光绪淮安府志，桂嵩庆序.
34［明］杨宏、谢纯撰，漕运通志，卷3，《漕职表》都察院条.
35 历代职官表，卷60，文渊阁四库全书本.
36［清］卫哲治等修，叶长扬等纂，（乾隆）淮安府志，卷18，职官·总河部院.
37［明］马麟修，［清］杜琳等重修，李如枚等续修，续纂淮关统志，卷2，建置.
38［清］卫哲治等修，叶长扬等纂，（乾隆）淮安府志，卷14，《关税》。［清］（光绪）淮安府志卷8，《漕运·关榷附》中亦有类似记载：“关榷之设始于明代，一为户部钞关，驻版闸，一为户部储粮，一为工部抽分，驻清江浦。国朝康熙九年，漕督帅公颜保，请撤常盈仓与抽分厂，二关事例皆归并钞关。”
39［明］马麟修，（清）杜琳等重修，李如枚等续修，续纂淮关统志，卷2，建置.
40 倪明等，历史文化名城淮安古城空间演化历程[J]，淮阴工学院学报，2008年第2期.
41［清］龙文彬撰，明会要，卷53，食货四·漕运.
42［清］载龄等修，福趾等纂，钦定户部漕运全书，卷13，《淮通例限》.
43 清实录，卷178，乾隆七年十一月上.
44（光绪）漕运全书，卷28~30，转引自：江太新、苏金玉，漕运与淮安清代经济[J]，学海，2007.2.
45［清］孙云锦修，吴昆田、高延第纂，（光绪）淮安府志，卷2，疆域.
46［清］张兆栋、孙云修，何绍基、丁晏等纂，（同治）重修山阳县志，卷1，疆域.
47［明］郭大纶修，陈文烛纂，（万历）淮安府志，卷5，河防.
48［明］杨宏、谢纯撰，漕运通志，卷8，《漕例略》.
49 明英宗实录，卷234，台北中研院校印本.
50［清］傅泽洪撰，行水金鉴，卷120，运河水，文渊阁四库全书本.
51［清］高美成、胡从中等纂，（康熙）淮安府志，卷10，山川.
52［清］薛福成，庸盦笔记，卷3，河工奢侈之风.
53［明］马麟修，［清］杜琳等重修，李如枚等续修，续纂淮关统志，卷5，关口.
54［明］马麟修，［清］杜琳等重修，李如枚等续修，续纂淮关统志，卷5，关口·天妃口.
55［清］薛福成，庸盦笔记，卷3，河工奢侈之风.
56［清］萧文业撰，永慕庐文集，卷1，《答包慎伯书》。见［清］冒广生辑，楚州丛书，民国26年（1937年）铅印本，第八册.
57［明］马麟修，［清］杜琳等重修，李如枚等续修，续纂淮关统志，卷8，《题名·职役附》.
58［清］孙云锦修，吴昆田、高延第纂，（光绪）淮安府志，卷2，疆域.
59［明］马麟修，［清］杜琳等重修，李如枚等续修，续纂淮关统志，卷4，《乡镇·板闸》.
60［明］薛鐾修，陈艮山纂，（正德）淮安府志，所记旧城街道：中长街、东长街、西长街、西门街、东门街、都察院前街、府前街、县前街、卫前街、双寨街.
61［清］卫哲治等修，叶长扬等纂，（乾隆）淮安府志，所记旧城街道：东长街、西长街、东门街、西门街、中长街、漕院前街、县前街、双寨街、刑部街、旧南府街、大清观街、东岳庙街.
62［清］卫哲治等修，叶长扬等纂，（乾隆）淮安府志，卷十·学校·县学，记载棂星门南向，“棂星门外正面有照壁一堵、红栅一围、牌坊二座，横亘大街。”
63［清］邱闻衣，山阳县学旧制说，见［清］丁晏，石亭纪事.

Chapter 8

Wuxi's Rong Alley and its Morphology

Li Guohua

第八章　无锡荣巷形态研究

李国华

荣巷位于无锡城西梁溪河畔，无锡城作为“布码头”和“四大米市”之一，明清以来成为江南大米和棉布的主要集散地，漕粮的转运集市主要集中在城北运河两岸的北塘一带。清末大运河南北淤塞，津浦铁路逐步取代了大运河的贯通南北，但是运河南段仍然畅通；不同于诸多沿运城镇的没落，无锡迎来新的繁荣时期。近代民族工商业在战隙中得到蓬勃发展，而运河尚存的生命力为工商业的发展提供了廉价的交通运输模式，各式的工厂、仓库、码头争占河岸。

以荣宗敬、荣德生昆仲为代表的梁溪荣氏，为中国近代民族工业的发展做出了巨大贡献，堪执民族工业之牛耳，对推动中国社会的发展起过相当重要的作用，其后裔荣毅仁位至国家副主席，从而也带来荣氏及荣巷的声望提升。难能可贵的是荣氏在成功之余不忘造福桑梓，投资办学、修路、建桥、造园、置办公共图书馆等，同时为实业的巩固发展提供了智能储备。

荣巷古镇的中心、梁溪荣氏聚族而居之处，南临梁青路（路南为梁溪河[1]），北跨梁溪路，东抵洪桥路，西接驻锡部队，面积约为0.82平方公里（图8–1），保留有大批近代建筑（清末至民国）分布于荣巷，建筑类型丰富。荣巷老街旧巷的格局犹存，粉墙黛瓦，高耸的马头墙，层叠交错的屋顶，充分体现了江南水乡的民居特征。保存较好，重建或改造较少，但如同诸多历史街区，荣巷生活设施落

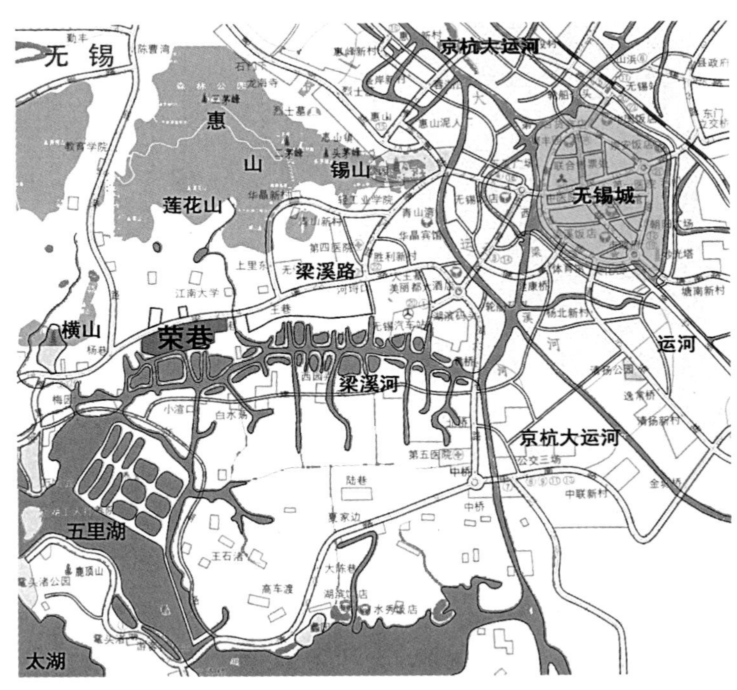

图8–1. 荣巷区位
底图来源：中国分省交通图册，星球地图出版社，1998年：51.

后。街区内景观空间杂乱，只有点状绿化，公共活动空间亦少，水系填塞殆尽，仅存西浜头一湾水塘。自明正统年间创建迄今已近600年，几经沧桑巨变，荣巷在喧嚣的城市边缘静静守望着古镇遗风，长约380米的老街和近160幢近代历史建筑见证着荣巷的历史变迁。

一、荣巷的早期聚落形态

1. 明初荣巷的选址——家族聚居的自然村落

无锡境内西南有河名曰梁溪河，又称梁清溪，据谈高祐《锡山别考》，自县城西太保墩分流，经西城下西定桥到太湖长约30里的河流都称作梁溪。有荣氏家族聚族而居于梁溪河畔，称为梁溪荣氏。荣氏家族迁址卜居于无锡荣巷，时属元末明初，这期间的社会背景、始迁祖荣清及其对选址因素的思考（包括自然环境、人文环境、交通环境等），均对梁溪荣氏创建聚居村落有巨大的影响。

梁溪河北岸的九龙山山水形胜不仅是荣氏迁锡选址的主要因素，更吸引诸多文人志士在元末明初时隐居于此间山林，并将其赋于笔端，或为诗赋或为画作。倪瓒[2]于戊申（1368年）三月五日所作《雨后空林图》（图8-2），以一河两岸的构图，表现出九龙山山林的静谧深远。

（1）始迁祖荣清及其影响下的迁址

梁溪荣氏族人自康熙年间至民国曾五次修撰《荣氏宗谱》。据康熙乙丑修《原序》[3]记载："粤稽荣氏之始，始出自周昭王庶子平公，食采于荣，因以为氏。历代以来其为名族也，久矣。翘然天下知有荣氏也。"又称"先贤子祺[4]子实平公之后，为统宗之祖。自宋集贤殿修撰仲思公[5]徙居湖广，传至明徵士水濂公，复由广迁锡。"其后各代宗谱[6]中记载大致如上，可见荣氏家族远世始祖是"先贤子祺"并确立了世系；近世祖是宋代的"仲思公"，传至十四世"水濂公"（图8-3）便是梁溪荣氏的始迁祖了。

陈幼学[7]所撰《水濂公传》记载："荣清，字逸泉，号水濂，为荣友谅之次子，宋真宗时仲思公之十四世孙。"他亲历了元亡明兴的历程，目睹了战乱、官僚的诛杀、百姓的横死，使其看透官场的黑暗腐败和统治者的残忍无道，所以洪武末期，对于朝廷"著作郎"[8]辞而不作。元末至正二十二年（1362年），泉州赛

图8-2.《雨后空林图》
《中国传世名画》第二卷. 济南：济南出版社：171.

明水濂先生像

图8-3. 水濂公像
宣统二年（1910年）《荣氏宗谱》卷二

甫丁[9]攻占福州路时，其父荣友谅为保福清县而殉难，荣清纯孝，年少丧父，哀恸欲绝，为父择地营墓而习堪舆之术，阅读书籍游历山川苍径，遂精擅于此，推测当时荣清至少已十余岁。

荣清参禅佛道，游历名胜，而擅于堪舆相地的逸泉对于所揽山水自然会有所识。数年后与胡陈二友游览“锡麓、梁溪”时，见山水环绕，“文风高雅，民俗醇良”，内心为之所动，而无锡自然气候宜人，水土肥美，确实是一安身立命、颐养天年的鱼米之乡，决定迁居占籍。明正统初年（1436年），距其父殉节已有74年，是故荣清已至少80余岁，推测其家中已有四或五代人。根据《宗谱·近祖世表总纲》查证，清有三子，长子荣继先、次子荣承先、三子荣念先；有七个孙子，长孙便有两曾孙，加上夫人及未入族谱的女儿，人口至少已30有余。

梁溪荣氏自迁锡后，直至清同治的数百年间，耕读传家，安守贫孝，无人入仕，使得荣巷缓慢发展，渐成规模，子孙繁衍，至清末民国时成为无锡大宗世家。

（2）荣氏村落的选址

荣巷依托的邑城形似龟背，西南有太湖，运河环城而过，水绕山城网结为“一弓九箭”的河网水系；西郊诸山西自间江蜿蜒东行，山有九峰，形若苍虬缥螭，云雾缥缈，称为“九龙山”，惠山为第一峰，而九龙山东侧的锡山，被视为龙头，并作为县城依托之主山，正是“介处江湖之间，其岗峦绖亘、烟波浩渺，控兰陵而引姑苏。有事则凭高阻长当南北咽喉之寄，无事擅鱼稻之利服先畴以供国租”[10]（图8-4）。

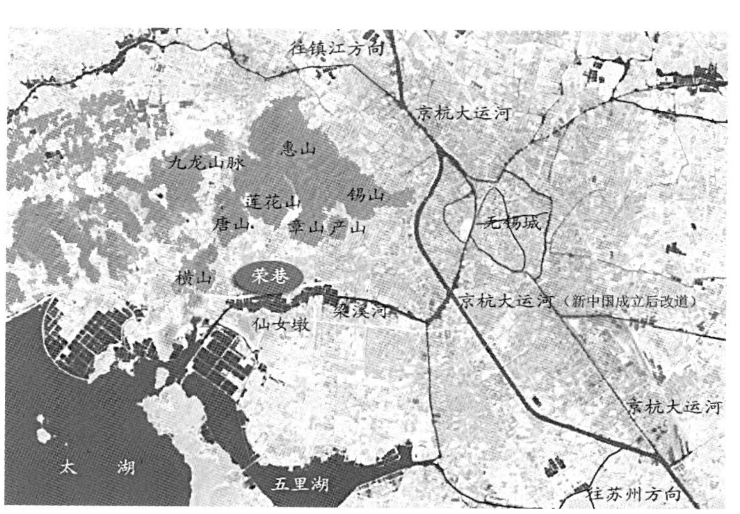

图8-4. 无锡荣巷选址地形
地图来源：http://photo. thmz. com/look. php?id=522

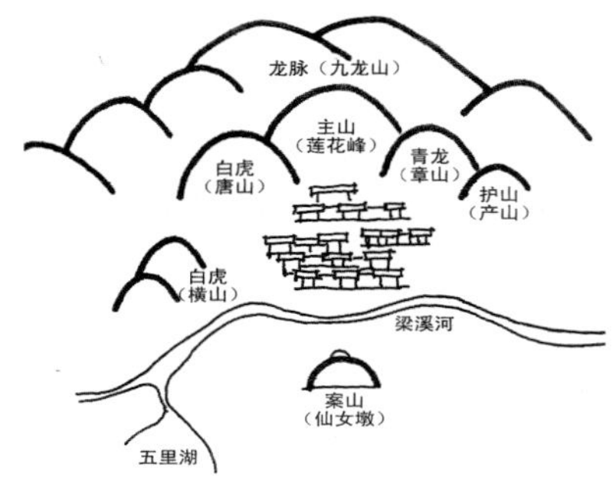

图8-5　无锡荣巷选址风水示意

审视无锡西郊的山川形胜和荣巷选址时，发现其遵从传统风水观念中背山面水、负阴抱阳的形态。“往来锡麓，俯仰二泉九峰间”，对当地的地文、水文、气候、景观等一系列自然地理环境因素均有考虑，作出整体的判断后选择迁址，并依此采取相应规划措施，确保长期居住所需的优质环境，“嗣乃卜宅于县治直西九龙山莲花峰之西南梁清溪之北，隐居不仕，徜徉终老”。而莲花峰即今之莲花山，是九龙山一支陇。九龙山第三峰之阳为章山，山下有两池曰东大池、西大池；西面的唐山与东向章山相望，“皆背负九龙山面临清溪”，而二山之间环抱九龙之峰即为莲花峰。如此的山川布局对荣巷选址而言，正是以莲花峰为主山，东向章山为青龙，西向唐山为白虎，面临梁溪河，而众山所依之九龙山正是基址的龙脉，自西而东绵延九峰，处于“九龙山下梁溪水”的山环水抱中（图8-5）。

荣巷的选址以自然地理环境因素的优势为基础，不仅构建了良好的自然环境，也形成赏心悦目的自然景观和和谐的人文环境。在生态环境方面，背山屏挡冬日寒风，面水迎接夏日清凉；坐北朝南可争取良好日照；远山近水而避水患，既得生活、灌溉用水，又可发展水中养殖，更得水运交通便利之宜；“九峰入青天，环山树苍苍”[11]，丰茂植被利于保持水土，调节温湿度，形成宜人的小气候，亦便于生活取材，这使后来族人在发展农、林、渔等多种经营中形成良好的生态循环（图8-6）。在优美的自然景观方面，其基址周围山外有山，重峦叠嶂，形成多层次、立体的轮廓线，增加了景致的深度和空间的层次；梁溪河和仙女墩为基址前景，“旷然明远，遥山黛色隐隐波上”[12]，形成开阔平远的视野，而隔水回望山水相映，形成绚丽的画面。而人文环境方面，更是人文荟萃，古迹名胜众多，历代赋咏九龙山各脉（如惠山、锡山）及山中寺庙、梁溪河、二泉等景致的诗作举不胜举，从《水濂公传》亦知当地民风淳朴、敬文崇德。明代高攀龙作《水居》：“九龙山似翠屏立，五里湖如明镜开”；汤显祖（1550—1616年）曾作《梁溪》诗曰：“横山断尾若龙蹲，烟雨平芜势独尊。日暮

图8-6. 无锡荣巷选址与环境生态关系
资料来源：王其亨主编. 风水理论研究. 天津：天津大学出版社：28

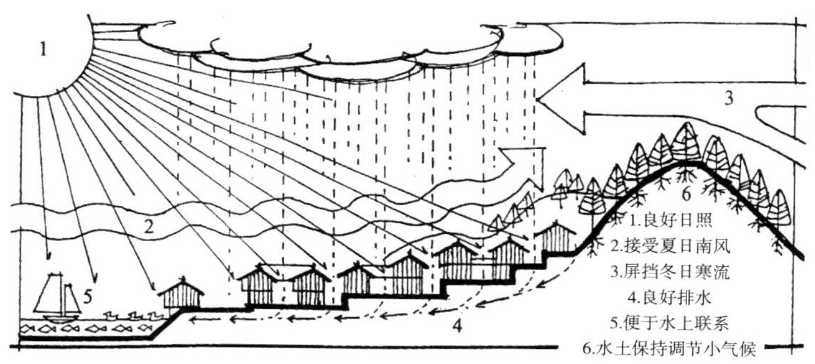

花溪泛桃水，太湖西去有双门。”既描述了九龙山之逶迤绵延，水之辽阔旷远，又体现了当地文风昌盛。

“梁溪岩壑之美莫过乎龙峰，而其山之蜿蜒衺迤、曲折旋绕，而南则开原荣氏之乡，远挹其秀，其地风俗醇美，习尚敦庞”[13]，正是荣巷选址极佳的写照，即天时、地利、人和皆备，促成荣清举家迁址于荣巷。

（3）三个自然村落的创建

村落依存的自然条件谓地缘，决定了族人生活方式、环境及未来的发展空间；而其血缘则凝聚了一族之力，形成聚族之地。

据《无锡县志》记载，无锡县城下属二十二乡，荣巷便旧属开元乡[14]。荣巷所在约一平方公里的范围在明代尚名“长清里”，南临梁溪河，除少数较高的土墩外大部分是沼泽、芦苇池塘，是“野稻自生，野茧自成”的荒芜土地。明王立道在《清溪庄》中讲道：“沿洄清溪侧，迢迢见孤村”，而且“幽寻极廖郭，理棹清溪长”，可以推测是时梁溪河岸村落稀少，村民居于丰茂的土地上，以农耕为乐。荣氏选址确定后，村落建设是一个不断改进、不断完善的过程。

迁居于九龙山下、梁溪河畔时，安家立业为首要之事，营建房舍以遮风雨、避寒暑，农耕渔织以聚集繁衍。明初时奖励垦荒，各处荒田听民自行开垦为己业，于是荣清带着子孙首先辟荒草平土地，划片垦荒为良田，筑修塘沼为鱼池。几十余人在尚属荒凉的无锡西郊垦荒兴宅，因地制宜地建设村落，在北面较高的地方筑屋，南向临河低洼池塘养殖鱼鸭，垦荒地为农田。临近梁溪河，生活用水富足，利于引水灌溉农田，而且梁溪连通着大运河和太湖，水运交通极为便利，在“南船北马”的时代，为荣巷未来的发展提供了空间。

村落中荣清三个儿子居所的顺序排置，形成了家族聚居的初始形态。沿龙山山麓由北向南、自长而幼，称为上荣、中荣和下荣，形成三个小的自然村落，上荣近山而下荣临河。有溪水自龙山而下，流经上、中、下荣三个村落，在下荣浜口汇入梁溪河（图8-7）。最初建村的规模由人口多寡决定，下荣人口最多，建宅和领垦耕地亦多，所占范围最大；上荣次之，中荣最小。荣氏一族初建宅舍田园后，即办设私塾。陈幼学之祖乃无锡名儒，与荣清“有同砚之雅”，受邀为荣家私塾的师长，“不辞而为之傅”，使得荣氏子孙“时而耕，进而读”，知书识史，曲尽孝道。设家塾课读子孙不为使其入仕，只为使子孙知书达理，这种潜德勿曜、隐而不仕的教育目的，为的是保存自身，护佑后人，亦在之后几百年内为荣氏子孙所尊奉。

2. 清代荣巷的发展——聚落向集镇的初步转变

荣氏村落初建时期，外界社会经历了明后期强力弥缝的张居正改革，趁乱而起的李闯起义，满清入关君临中原，而梁溪荣氏秉承着“潜德勿曜、明哲保身”的祖训，守望着家族聚居的村落，躲过了数次战乱的波及。康乾盛事，作为四大米市之一的无锡仰赖漕运得到极大的繁盛，这一过程亦为西乡的荣氏家族带来商

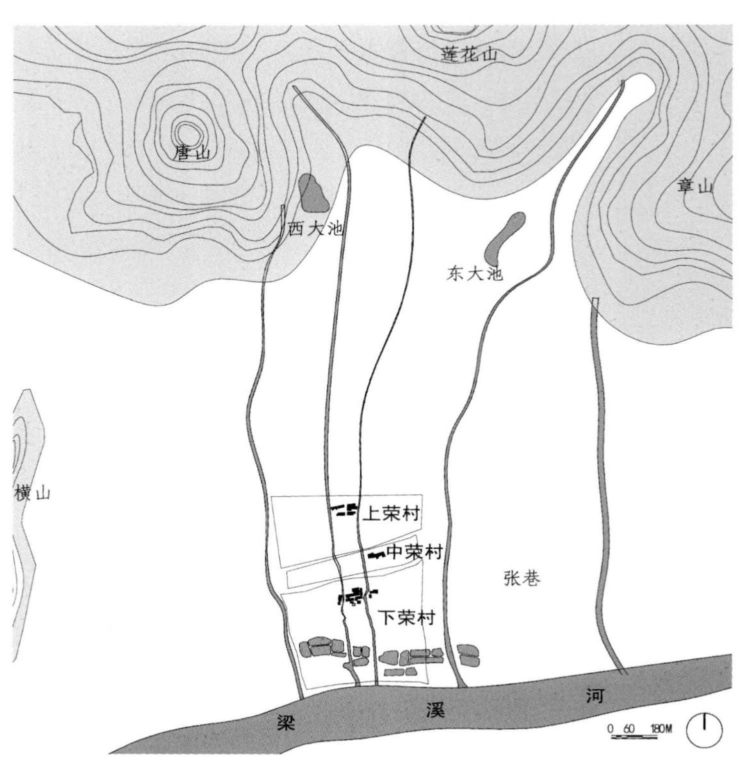

图8-7. 明代初建无锡荣巷推测平面

机，促使荣巷从自然村落逐渐成为重要的西乡集镇。清中后期，国家内忧外患，1851年爆发了太平天国的反抗运动，攻克南京并将其周边城镇一一占领，无锡亦成为战场，生灵涂炭，而荣巷作为战场遭到毁灭性的灾难。

（1）荣氏经济结构的转型——由农耕经济转为以商辅农

荣氏在开元乡“长清里”定居后，一则宗族延传数百年持续的繁衍壮大使地狭人多，耕地相对不足，族人多寻他业补足家用；二则近山就水的地理优势使其除却农耕纺织的典型生产模式外，还为族人开发多种生存发展方式提供了可能。梁溪河“广十丈，深三丈”[15]，自太保墩双河口抵太湖长约30里均为梁溪，较今天的梁溪宽广而深博，而且河两岸遍布塘沼。河水与下荣相毗邻，族人熟悉水况，利用近水的优势，一方面很早便已从事天然捕鱼，逐步利用河边水塘，围水筑池养鱼植菱；另一方面在梁溪河上进行摆渡，并利用水运的便捷从事航运。荣巷位于梁溪河口，西接太湖水系，东溯运河可通达各重要城市。

自明嘉靖年间，族人便零星从事商业活动，至清乾隆、嘉庆年间，下荣春珊公支荣致远沿袭父业，精于从商，远出荆湘，利用时间、地域进行差价予取，“或先之，或后之，故莫我若也”[16]。途中获荣氏大统谱，倡议并主持修撰康熙族谱，建设荣氏宗祠，成为荣氏望族，其从商兴家的历程极大地影响了族人，并为后人积累了宝贵的经验和财富。19世纪末上海开埠后，下荣春珊公支二十六世族人荣耀亮与荣剑舟合资创办了荣光大花号。同支二十八世族人荣安国在荣巷东街开设了一个杂货店，颇受欢迎，成为荣巷建设商业建筑的起点；之后又在荣巷西街开设三开间门面的百货商店，名“润记商行”，所营品种齐全，成为无锡西乡最大的百货店，商行兼营中药，便民利乡。而且族人利用梁溪河与运河、太湖的交通便利条件，进行航运业的开发。中荣派怡德公本支荣升泰“因商于申浦”，离吴淞30里，为“出洋扼海口岸，海艇环泊，帆樯林立”，贩运奇货，其子荣畹香继承父业，“内通江汉，外达重洋，梯航万里，转输百货”。而下荣春益支荣耘堂“尝置海舶，南走闽广，北达天津烟台”[17]，与志同道合之人购船经营海运，“开吾邑商务风气之先”。荣氏在艰苦的航海业中养成了勤劳勇敢、智慧机敏的作风，既拓宽了视野又建立了广泛的社会关系；而且航运经营使数代荣氏宗人积累了一定的财富，自身乃至地方的经济都受到影响而发展起来。

随着社会的发展，无锡经济繁荣，人口聚集增加，城市在城外逐渐形成关厢和集镇，也刺激了荣巷族人商品经济意识的增强，于是族人将注意力从男耕女织的生产模式转向了商品的开发和流通上。荣巷族人以荣巷为基点，利用无锡便利的水运交通，在锡沪间形成纽带进行创业和发展。经济的发展促成了荣巷住宅建筑和宗族公共建筑的建设，形成颇具规模的地方之重要集镇——荣巷。

虽有逐步经商致富者，但多数族人仍平静地过着男耕女织的生活，静观世事变迁，直至太平天国运动时，“咸丰庚申（1860年）之夏，贼遂至……，以粤寇[18]之凶，滔即吾下荣，被毁民居十六七”，荣巷成了太平军和清兵鏖战的战场，战火使荣巷损毁殆尽，荣氏族人也伤亡过半，屋毁人亡，许多人迫于此外逃避难。此次劫难使荣巷遭到极大的破坏，但是也为世代定居于梁溪的荣氏家族开启了另一扇窗，延传数百年的传统——“耕读传家、潜德勿曜”得到重新的发展。在外的荣氏家族多以经商作贾谋求生计，使前人积累的经验得以发扬。

（2）荣巷功能的完善

荣巷经过几百年的繁衍发展，族人逐渐由农转商，随着家族的繁盛、交通的便利、财富的积累，使荣氏逐渐成为西乡大族，三个自然村落扩张相接，“荣巷”作为这一地方的名字，成为无锡西郊重要的集镇。

荣氏宗祠的修建是宗族聚落完善的重要体现，选址于下荣西浜西端，南临梁溪河。随着荣氏家族的生长，以血缘为纽带的族支关系日渐庞大，加强宗族凝聚力成为必要，作为宗族制度象征的宗祠也得以陆续修建，如荣宗祠、上荣继先公祠，每年举行的春秋二祭成为族人重要的宗族活动。

荣巷有两条东西向的主要街道：北街与荣巷街，它们将其划分为上荣、中荣和下荣，且随着人口的增多而不断扩建，最终形成关系明确又相互咬合的形态（图8-8）。上荣地处龙山南麓，东西向展开，在中部跨过北街伸入中、下荣之间，呈凸字形，东至“七子坟”，西到今荣巷居委会西侧巷弄，南迄居委会北面小道。中荣人丁单薄，范围最小，仅为北街南到荣巷街的东片，西接“七子坟”，东邻张巷。下荣范围最大，北街以南直至梁溪河北所余大部分地区都属下荣，由垂直于荣巷街的东、西水浜划分并以之为名。荣巷当时的整体格局尚称舒朗，宅院周边多为空场，宅前为活动场地，宅后则种植蔬菜。荣巷街是荣巷繁华的商业街，街旁商铺林立，周边村民均在此采买生活用品及农渔等生产工具。临街建筑凹凸不齐，因建造时间不一，财力有所差距，以及宅基限制，风水影响等因素，建筑犬牙交错成锯齿状蜿蜒铺陈；一般为院落式布局，前店后宅。

荣巷以水为纽带，连接着民居、农田和鱼塘，古镇承载的功能，由单纯的农渔生产、居住，发展到生产、祭祀、教育、商业，福利兼备，功能基本完善。上荣近山远水，生活及农田灌溉用水取给不便，雨季时流水顺地势下泄难以储存，

图8-8. 清晚期荣巷推测平面

用水季节又因缺水而使农作物旱枯；有鉴于此，上荣自建蓄水库[19]、开沟渠，引导东大池的山水入库，同时挖通排水沟泄水入梁溪，有排蓄得宜的水源，不仅解决了上荣村的生活、农作用水，若建筑失火亦能得以迅速的救熄；下荣则水系交织成网，典型的小桥流水、江南水乡，但宅院为避水害一般距河浜十余米。

二、近代荣巷的兴盛——功能多元化的西乡集镇

近代中国的社会结构逐步从传统社会向近代社会转型。尤其是鸦片战争后，随着帝国主义的经济侵略与国内资本主义经济因素的逐步发展，出现了机器工业化的生产方式和现代化的交通运输，为荣氏由农商转向工业生产的经济方式提供了契机及效法的对象。

1. 荣氏工商业集团的崛起

无锡的发展是中国近代经济变化的一个缩影，其近代工业的发展是中国民

图8-9-1. 无锡茂新面粉厂现状
陈薇摄于2003年

图8-9-2. 无锡茂新面粉厂内院现状
陈薇摄于2003年

图8-10. 无锡茂新面粉厂兵船牌面粉的标语
陈薇摄于2003年

族工业发展的典型，对于江南甚至中国近代经济具有较大影响，到抗战前夕，成为中国第五位的工业城市，被誉为“小上海”。而无锡发展最具代表性、影响最大的当属荣氏兄弟建立的工业帝国。20世纪上半叶，荣氏借鉴西方先进的经营制度并发挥中国经营固有的传统，以无锡为根据地，上海为扩展地，西部内陆为延伸地，经历了迅速崛起、发展壮大、又逐渐萎缩的曲折过程。作为家族的根脉，荣巷亦随着荣氏工业经济的发展而产生诸多变化，逐渐步入城市化。

下荣二十七世族人荣锡畴初于梁溪河上摆渡为生，后受族人影响，在上海和无锡两地从事商贩盈利，家产渐丰，但太平军的战火使家境每况愈下，其子荣熙泰入铁肆学习，遂精于会计，后由族叔推荐而识朱仲甫，在其协助下就任于厘金局掌管厘务税收，多年辛苦积攒了一千五百元，成为儿子创业的第一桶金。1896年，荣熙泰带领儿子荣宗敬、荣德生在上海南市鸿生码头（今城隍庙一带）开设“广生”钱庄，利用钱庄资金周转的周期时间差投资茧行，和族人荣秉之（广大花号创办者荣剑舟的儿子）合资在荣巷创办公鼎昌茧行，本地收购生茧转而售往外地。这种利用现金流进行物资收购的运转方式在今天已成为诸多大集团重要的经营方式，以现金流的方式维持资金链的连接。

1901年荣宗敬、荣德生兄弟集资创办了“保兴面粉厂”，两年后改组为“茂新面粉厂”，成为荣氏实业发展的基石；1906年集资创办振新纱厂，毗邻茂新面粉一厂（图8-9）。在保证所收购小麦品质的基础上，通过引进美式最新型的机器、自己改良配套机器不断更新技术设备，大大提高了面粉的产量和质量，茂新的“兵船牌”面粉以其优良品质成为国内标准粉（图8-10），供不应求，该厂也成为国内最大的面粉厂。而振新纱厂所产棉纱可与日产的“蓝鱼牌”相匹敌，并在1910年南京劝业会上，荣氏获得面粉与棉纱两块奖牌。对于荣氏兄弟而言，兴办实业目的不是盈利，而是“薄利多做”、利人利己、利国利民的宏大目标，这促使荣氏不断将盈余投资办厂，扩大生产规模，而不是用于奢侈消费的重要原因。

1912年于上海新闸桥创办福新一厂，在沿苏州河交通便利的闸北光复路段租地租屋欠机，以最低成本由小至大发展福新系统。之后20年间，建立起了“茂新面粉一至四厂”、“福新面粉一至八厂”和“申新纱厂一至九厂”的三新系统[20]，成为中国最大的民族面粉、纺织工业集团，使梁溪荣氏家族成为震动全国的西乡巨族。

抗日战争给荣氏企业和荣巷都带来巨大的灾难，荣氏锡沪产业除在租界的工厂，其他都损毁严重。荣氏在无锡各厂均遭严重破坏，所有工厂停产待整；上海因租界而成为江南战区中的“孤岛”，荣氏位于租界内的工厂继续开工维持生产，取得一定繁荣。国民政府对开发西部政策的倾斜，以及西部相对和平和有广阔市场的背景，使李国伟（荣德生长婿）在武汉主持的“福五”、“申四”[21]得到突飞猛进的发展，成为荣氏总公司拓展的重点。而后以武汉“申四”、“福五”为基点，在武汉、重庆、宝鸡、天水等西部城市建立了机器制造、采煤、粉纱生产、废棉造纸、销售、运输的整套生产系统。

荣氏工商业集团是典型的家族式企业，中西管理方式在此得到很好的融合。兄荣宗敬任荣氏实业总公司的总经理，坐镇上海主持沪厂一切事宜；弟荣德生则镇守家乡无锡，主持无锡各厂的兴建、生产运营；沪锡二者既相对独立又合而为一，厂多、产量大、成本低、质量优，风险时分则保存实力，稳定时合则事半功倍。荣氏经营企业，不断将盈利用于扩大再生产，积极改进生产技术，进口最先进的设备，并对不适宜之处自行改良，使其生产力一直保持国内优势地位，质量逐步提高，而产量也迅速扩大，然后继续增产建厂。荣氏产业的生产水平一直高于社会平均生产水平，保证其获取利益最大化，市场萧条时，可保不赔，市场走俏时，获取更多盈利。而且荣氏重视教育，积极培养各种专业人才，在其开设的企业中，创办职工子弟学校、工人夜校、女工养成所、机工养成所、职员养成所以及艺徒训练班等，使工厂内的员工科学合理地进行生产，使劳动力因素得到有效的提高，智能力量的储备也为荣氏企业迅速发展提供了动力。荣氏的现代化家族管理以企业为根本，发展了中国传统社会家族企业的格局，对我国民族工业、文化教育及无锡地方发展产生深远的影响。

2. 荣巷形态的城市化

清末民国时期由于荣氏家族在民族工商界的崛起，族人经济条件得到极大改善，修建老屋或新置房产者颇多，带来了荣巷前所未有的繁荣，不仅有占据大部分区域的民居，还有宗祠、义庄、学校、图书馆、商店、酒肆、当铺、茧行、钱行、医院、救熄会等，凸显了荣巷功能的多元化和城市化趋势，遗留下珍贵的近代建筑群。但这种变化主要集中于下荣，上、中荣支系因各种原因自然发展，与繁盛的下荣相比，则势单力薄，走向衰落，于是荣氏宗族事务与发展主要由下荣族人承担，而族益建筑也建于下荣为多。

根据《无锡荣氏族益会会务汇报·第一辑》对荣巷公益、竟化小学学生家长职业统计图可看出，经商者占59.6%，为工者占13.7%，务农者仅占7.5%。由此显示，荣氏在近代大部分族人经营工商业，仍务农者甚少，支撑宗族生活发展的生产方式有了根本的变化。经济结构从农耕经济转向工业经济，于是族人生活大部分不再依赖农耕鱼桑，农田与池塘不再是族人必不可少的生产资料。荣巷周边许多农田被经商富户征购或建屋、或办学校、或修路，于是村中桑田和空场逐步缩减，建筑密度增大（图8-11），族益事业蓬勃发展，荣巷在形态的发展上缩影了荣巷经济结构的转型，而工业经济的发展亦促进了荣巷的城市化进程。

荣巷历来水网环绕，而陆路交通闭塞。随民族工商业的蓬勃发展，荣氏经济实力日益增强，接受并使用了先进的交通工具——汽车。交通工具以车代船意味着交通方式和路线的改变，适合汽车奔跑的马路得以辟筑。北街被辟筑为开原路，以煤渣屑铺就，弹石路面；荣巷街亦由乡董荣鄂生规划整治，拆除街道参差突兀的建筑，使能通车，也铺弹石路面，现荣巷街西端尚有遗存（图8-12）。街道的拓宽改变了古镇的空间比例，而交通的便利从时间上缩小了荣巷的规模。

荣巷初期是以居住为主的聚落状态，形态完善后建立了宗族体制的核心——祠堂建筑，之后商业功能得到发展，由零星状态扩展为功能较为集中的商业街；到近代，涌现出大量新的建筑类型，如学校、图书馆，钱庄、医院、救熄会及各类族益建筑，而荣巷街的集市是西乡十余个村镇中唯一各业齐全的长街。当时中国由于和西方的沟通而传入大量西式建筑的装饰手法，荣氏在荣巷的建设中亦采用了曲线山花、瓶式栏杆及券拱门等（图8-13）。

3. 近代荣巷形态解读

自明代初创到民国时期，荣巷从聚落向市镇逐步发展，兼具了村和镇二者的特点，其中近代荣巷（以中荣、下荣为主）形态最能代表荣巷聚落的独特性。

（1）自由布局的路网

荣巷地处九龙山麓之南，梁溪河北，地势由北向南倾斜，街区中街道西高东

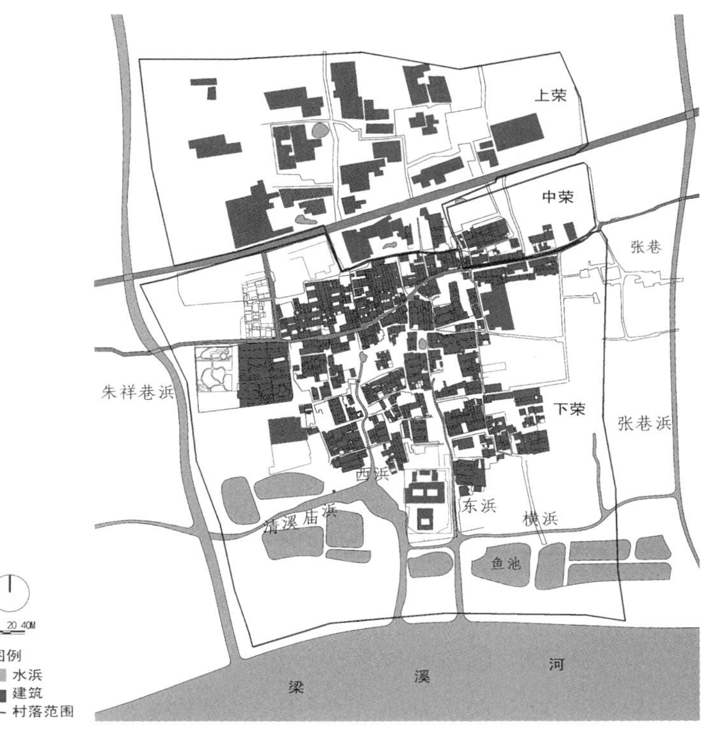

图8-11. 近代无锡荣巷推测平面

图8-12. 无锡荣巷现存弹石路面

图8-13. 无锡荣巷中西合璧的绳武楼
陈薇摄于2003年

低，蜿蜒曲折，纵横交错，呈现坡地自由的网络状态。以贯穿荣巷东西的开原马路和荣巷街为主要道路，串接着荣巷所有道路。

荣巷街是荣氏族人最重要的街道，各分支宗祠和祖坟多集中在此街，而且也是荣巷镇的主要集市。老街原为青石板路，1910年，荣鄂生任乡董时进行规划整治，拆除临街凹凸较大的房屋，铺以能通汽车的弹石路面，长约380米，宽约7米，并在沿街空地形成专营的小市场。1914年荣德生投资修筑开原路，弹石路面，宽5.5米，之后屡次拓宽加固，成为荣巷与无锡城连接的主要通道。东、西水浜两侧为南北向主要街道；其他则大部分为2~3米的巷弄，连通几条主要道路，交织分隔出大小各异的街区，形状多为不规则方形。街区交通网顺应地势，沿宅院曲折自然延伸相交，跨河建桥，形成自由式布局的道桥网（图8-14）。

（2）水系

荣巷位于梁溪河下游，发源于九龙山山麓的溪水顺应地势由北向南流入梁溪河，临河地带多为池塘、浜头，但随着山水的日渐减少，原贯通山麓和梁溪河的南北向小河浜，上荣段大多干涸，下荣段因与梁溪相接得以保留，而这些河浜皆成为梁溪支流。水系的变化影响到宗族的发展，人丁兴旺的下荣日渐繁荣，而上荣则逐渐萧条。

荣巷由山水形成的河浜主要包括四条（图8-15），最东者为张巷浜，它是承接龙山湾山水的主要泄洪浜；荣巷东首是念号船浜，它北起荣巷南端，南至横浜，主要用于渔业养殖；荣巷的东、西浜承接龙山水后流经荣巷，穿过池塘而入梁溪河，是和荣氏日常生活、农耕养鱼息息相关的母亲河；荣巷西首便是朱祥巷浜，浜上建三节桥；朱祥巷浜北端到公益中学的南面有座石板桥，名杨丝桥。

族人为了泄洪及围筑鱼塘的生产，在梁溪河北岸开挖了东西向的河浜形成连通的水网，西有清溪庙浜，东有横浜。庙浜东接荣巷西浜，经朱祥巷浜止于杨木桥，因社庙“清溪冯大王庙”建于荣巷与朱祥巷交界处，以之命名为清溪庙浜。横浜贯串起各条山水浜，抗战结束后，东浜汇入梁溪的河段被填埋，其航运和泄洪均通过横浜转至西浜和张巷浜。庙浜与西浜交汇的浜口港湾，在开原路修筑以前，是族人登船入城的主要港口。

荣巷除了交织的河浜水系，尚有许多散乱布置的池塘，对于离河浜较远的居民，是重要的生活水源。

（3）建筑的风水意向

在荣巷流传着一首歌谣，“溪水向西流，夫妻不到头，兄弟如寇仇，家无三

图8-14. 近代无锡荣巷路网

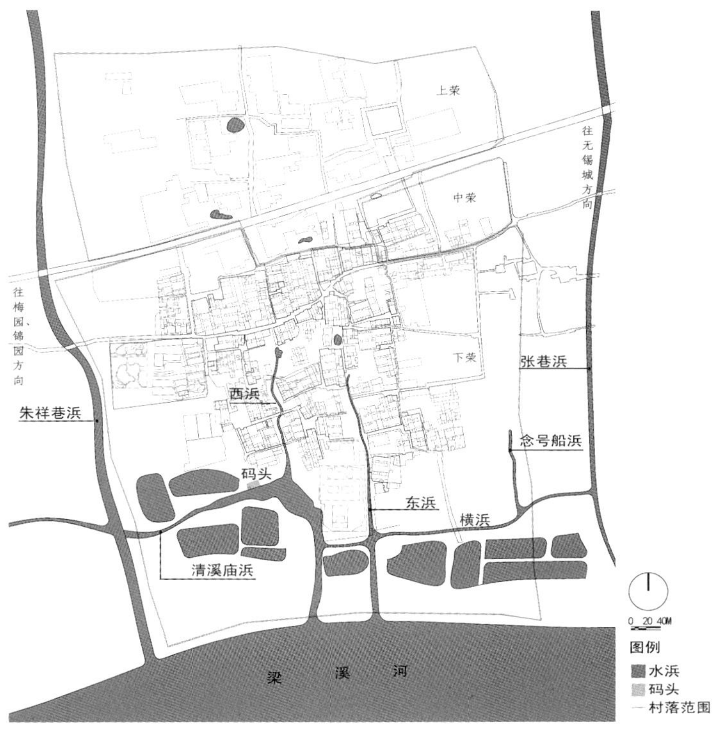

图8-15. 无锡荣巷近代水系

代富”。“溪水”代指财富，歌谣利用不吉的事情警示着族人，聚积了财富不能善用，会使夫妻间因“饱暖思淫欲”而反目；兄弟间因财产处理不善而如仇敌；子孙因祖产丰裕而不事生产，导致家族衰败。在荣氏看来，财富如同溪水向西流，故而以“西”方位作为财富的流向而成为荣氏注重守护的“聚财口”，即以西为财运方位。

祭祀建筑在聚落中呈现出特有的风水格局，上、中、下荣的支祠和祖坟沿荣巷街布局，而宗祠则在西南端守护着族人西端的“财口”和南端的“水口”（图8-16）。

明中后期尚未修建祠堂时，各分支祖坟置于村落西端，并沿荣巷街分布，如中荣西侧的“七子坟”，下荣西端的“老虎坟”，是族人追思先人举行祭祀活动的主要场所。清中后期始创荣宗祠后，各支祠堂陆续修建。荣宗祠位于下荣西浜西端，南临西浜和庙浜相交的浜口，与社庙相望，守护着向南流的水系和向西流的财富。而荣巷街如龙行串接起各宗支祠，若以东头“上荣继先公祠”[22]为龙头，今日仍得以保留的西端“春益公支祠”则是龙尾了，中荣无力筹建支祠，其祖坟“七子坟”代替中荣支祠位于荣巷街中段偏北，点缀龙身。每逢清明冬至两节，

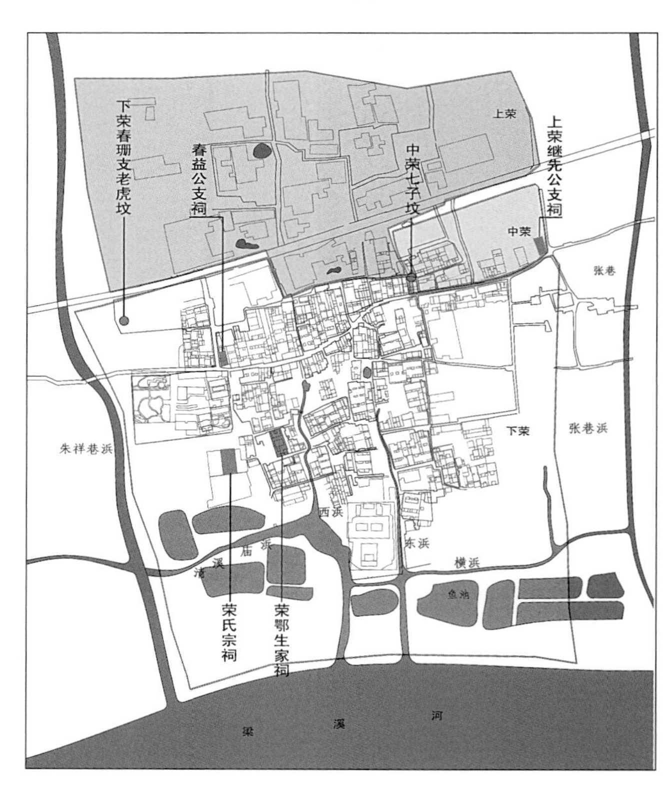

图8-16．近代无锡荣巷祭祀建筑分布

图8-17. 荣巷民居门楣雕刻八卦

图8-18. 荣巷门头雕饰精美

图8-19. 原东浜风水壁

族人进行祭祀活动，在祠堂、祖坟进行祭拜。

此外，下荣许多富户大家尚有自己的家祠，有的设于自宅，如荣德生家祠；有的独立于宅外，如荣鄂生家祠；而荣福龄因其叔父荣永叔取得进士功名得以在惠山祠堂区设立家祠。

在荣巷的民居中，利用传统趋吉避凶的风水处理成为乡里约定俗成的做法，在街道、院落、门楼等地方都能一窥而现，主要表现在迎合、避让、符镇等方面以获取精神慰藉。宅院的出入口是防守的门户，具有特殊的精神意义。里人常在门楣上雕刻、装饰可镇宅的“八卦图”以移凶化吉（图8-17）；或是安设镜子避邪解煞；有门楼的则雕饰富贵华开、福寿绵长（寿桃蝙蝠）、子孙万代（葫芦蔓藤）等吉祥图案（图8-18），或镌刻岁寒三友和花之四君子象征主人高洁。凡道路冲宅，用大石一块，书“泰山石敢当”镇宅避煞，亦有建影壁者起到泰山石的作用；临街的房屋角部以石块保护；有人在门两侧放置石磨盘代替瑞兽镇宅。下荣东浜河系尚存时，蜿蜒而行入梁溪河，乡民在其转向处营建风水照壁，阻挡直接来自河流的强气流，现在河浜虽已被填埋成道路，但风水壁依然起着镇护民宅的作用（图8-19）。一般民居讲究屋式四周端正整齐，不偏不斜无尖角，但在无锡却以斜房可聚财富，所以从工、经商者常将房屋做成“菱形”平面，招财进宅。这种菱形住宅：采用近于平行四边形的平面形制，建筑轴线与主体建筑形成非垂直的关系，而是形成一定的夹角，一般在1.5°~3.5° 之间，这不仅因为房屋地块的不方整，更重要的是取其“元宝聚财”的含意。在无锡，斜向的菱形被称为“橄榄”形，而橄榄又被认为是“元宝”，故而经商者常借鉴“元宝”的宅院形式为自己招守财富，取得心理上的慰藉。

（4）各类型建筑特点

生产方式的改变使族人逐渐远离了自然经济依托的耕田和织机，于是农田失去了必然存在的理由；经济实力雄厚的族人便买来建设族益建筑或是修筑新宅，规模宏大而做工精美，建筑质量和密度都得到提升。荣巷街商业繁盛，沿街建筑和小广场白日里熙熙攘攘；而西化的教育制度亦随着工业经济的发展渗透入荣巷，荣氏创建了三所学校，一所乡村图书馆，为荣氏启智育才提供了依托，并为荣氏工商企业的兴盛提供了智能储备。荣巷是一典型的江南水乡，粉墙黛瓦，马头山墙高耸，门楼砖雕细腻。

祠堂是荣巷最重要的建筑，院落布局、建筑风格及用材同荣巷的住宅建筑类似，只是做工更加精良考究。

商铺则沿老街呈线状分布（图8-20），前店后宅，商住结合；毗邻建筑少共用山墙，一、二层交错布置，一层是通长可移动木板门，二楼木栏杆上为可开启窗扇。

教育文化建筑是近代荣巷的亮点，引入新式的建筑类型、建筑材料和技术，体现了荣氏与时俱进的开拓精神。不同于传统的文昌方位（东南向），荣氏学校均选址于聚落西侧和南侧邻水处（图8-21），而西向正是荣氏的财运方向。各小学虽沿用中国传统院落的平面布局，但学校的重要建筑，如转盘教学楼、风雨操场、大礼堂等均采用新建筑类型，在同时期国内学校中尚属首开风气者。建筑形式的转化必然以新技术的应用为前提，钢筋混凝土结构、框架结构、桁架系统都随新建筑形式的引入而得以使用。为了获取大跨度的建筑空间，荣氏在风雨操场中采用了木桁架结构，以更稳定的三角形结构代替中国传统的抬梁、穿斗结构承托屋顶（图8-22）；荣德生故居的转盘楼和大公图书馆均采用钢筋混凝土的框架结构，形成宽敞的室内空间（图8-23）。

住宅占据了荣巷大部分地块，呈明显的块状分布（图8-24）。多数建筑朴素简洁，各构件讲求实用安全，不追求考究的装饰，以谦逊的姿态衬托出散落各点的精制宅院。住宅通常有几进院落，前厅堂中宅楼后灶房，间以庭院或天井连接；建筑为木构砖墙，边贴为穿斗结构，山墙则以钉搭加固木构，形成整体的稳定（图8-25）。开间较多者，为获取较大的空间，常在明间采用抬梁结构，二者结合使用经济实用。

因毗邻山水河浜与梁溪河，既需防范河水泛滥，又要注意山洪肆泄，所以建筑的防水性是荣巷抗灾的关键。宅第多离河边十余米，一般民居用黄石做外墙基础（图8-26），砌筑高度0.6~1.8米不等，富户则用花岗石砌墙群。大门常用石制门槛，柱础亦为石制，材料近地面处以防水为要则。荣巷地势呈北高南低，便于水流汇集入河。

图8-20. 商业沿荣巷主街线形分布

图8-21. 学校于荣巷西、南侧点状分布

图8-22. 荣巷风雨操场的木桁架

图8-23. 1928年的荣巷大公图书馆
《荣德生与公益事业》

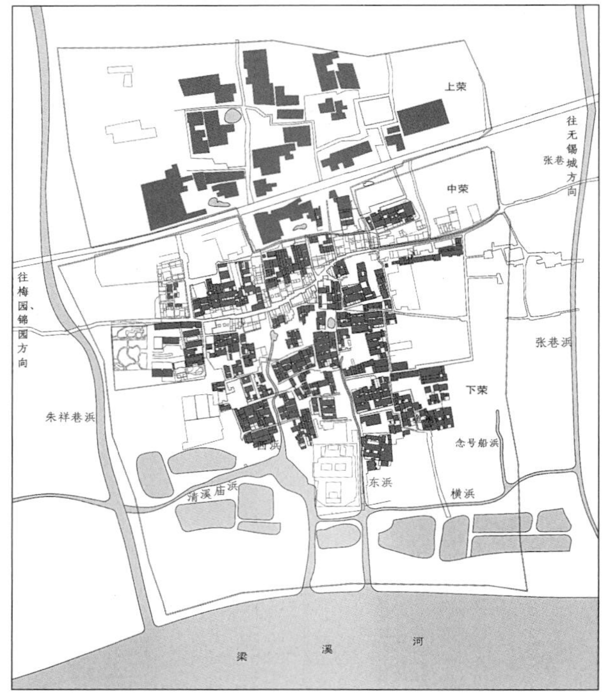

图8-24. 无锡荣巷住宅呈块状分布

图8-25. 无锡荣巷多进院落的民居
陈薇摄于2003年

图8-26. 无锡荣巷住宅建筑塘石墙群

（5）荣巷形态成因

城市化

荣巷城市化的表现主要体现为人口城市化、道路交通的城市化以及功能的城市化。

荣氏家族在近代已基本脱离了原有的田间生活，大量劳动力流向工商业。经营工商业的荣氏族人，除了被国人称为“面粉大王”和“棉纱大王”的荣宗敬、荣德生昆仲，还有颜料巨商荣梅莘一族，以及荣瑞馨、荣福龄等，这为许多族人提供了离乡入厂的机会。富户大家创办工厂钱庄，从事工商业经营，逐步成长为资本家；而大部分中下层族人亦摒弃了“日出而作，日落而息”的田耕生产方式，转为在机器化工厂中从事管理或现代化机器操作的人员，这极大地促进了荣巷的人口城市化。生活方式的改变，使承载族人生活的荣巷随之出现许多新的功能，如工厂、学校、图书馆、医院等，并出现了教师、医生等职业。

荣氏工业经营规模的扩张和财富的急剧积累使其有需要、亦有能力使用当时先进的交通工具——汽车，也因此筑路架桥成为必然，并极大缩短了城乡距离，与族人城市化趋势的生活相适应。荣巷的陆路交通原依赖于步行和黄包车，需30分钟走过的荣巷，交通改进后，行车只需5分钟，从时间的角度看缩小了荣巷的范围。

多元化

荣巷在近代的发展中，在功能、建筑形式、建筑结构等方面均呈现出多元化的趋势，而根源在于荣氏经济结构的转型，即实业的兴起，引发了一系列的变化，成为导致荣巷多元化的直接原因，如族人生活方式和工作性质的改变、眼界的开阔以及财富的迅速集聚等。

清中期荣巷从聚族而居的村落，发展为以族人耕住为主，集市交换为辅的集镇型聚落；到了近代，富庶的荣巷基本已无农田，未外出经营工商的便做些小本生意，繁华的荣巷为其提供了恰当的场所，连周围许多村落的山民、渔民都来老街讨生活。老街经营品种可谓齐全，从吃饭穿衣到柴市药堂，从农产工具到寿衣冥纸一应俱全，不仅解决了荣巷族人的生活需要，亦成为方圆十余里最重要的商业街，从喧闹的早市开始迎接周围村镇的居民买卖商品。街上的经营主要是满足日常生活，而售卖的商品基本都是传统手工业产品，与产业性经营有着本质的区别，它不以盈利为主要目的，而是维持荣巷镇与周边村落的正常运转。故而沿街建筑一般为前店后宅式院落布局，商住结合。

以“耕读传家”为祖训的荣氏，在近代经济实力陡增，办学校兴教育就成了兴宗睦族的重要体现，于是荣巷建设了许多新式教育建筑，如公益第一小学、竟化第一女校、公益工商中学以及大公图书馆和绳武楼藏书室等。实业起家的荣氏看重教育的实用性，教育体制及课程设置与传统塾学教育相比有了很大变革。而且荣巷还有义庄、庙堂、工厂等功能建筑，其城市化的发展趋势为村镇式的荣巷带来新的功能。

创办实业需引进西方的机器设备，男耕女织的农业生产方式跳跃性地发展到了机器化规模生产方式，这必然带动与之相关的一系列问题的突变。引进西方的生产方式后，其生产所依托的管理经营、厂房的布局设计、建筑材料及建筑风格等，受已发展成熟的西方模式的影响，进而学习模仿。在工厂建筑的建造过程中，荣氏族人较早地接触并开始使用了西方的建筑形式、技术和新型材料；在赴外又返乡族人的带动下，也自然地将外来文化应用于荣巷的建设，促使了建筑形式和建筑结构的多元化。于是荣巷在这一阶段兴建了许多中西合璧式的住宅，并在晴雨操场和公益中学大礼堂，利用木桁架系统获得大跨度空间。伴随建筑功能和技术的多样化，新式的建筑风格亦被引入荣巷，在传统的粉墙黛瓦中出现了清水砖墙的集中式小洋楼，在传统院落中装点着西式的栏杆、拱券及室内的石膏雕饰等。

凝聚性

荣氏宗族自卜居建村到新中国成立前的近五百年间，由家到族扩大发展，以家庭为基本单位组织生产并延续着新的血缘关系，形成同血脉、通骨肉的宗族，并通过祠堂、族谱、族产形成完善的宗族体制，由族长来主持管理。

在这生长的过程中，血缘关系必然随着时间的推移和社会的改变而日趋淡薄，宗族凝聚力亦会随之有所松散，于是祠堂和宗谱就成了联系族人的纽带。春秋二祭，同宗族人共同参与祠堂的祭祀，一则唤起对祖先的尊崇，作为同一祖先的后人，有着相同的血缘，会产生强烈的家人间的亲切感；二则为不常见面的族人提供了一个交流聚会的机会，增进感情。聚族而居的家族日渐庞大，家庭单传者较少，人口以倍数关系增长着，为了明确族人间的宗族关系，族谱的修撰就显得极为重要，可以“辨亲疏也，别长幼也，数祖典也，永家声也”[23]。通过族谱的定世次辨昭穆，庞大的宗族有着明确的世系传承，维系着家族的每一个成员，而且将名字写入族谱是对其身份的肯定，尤其对于外迁者，家族的认可使其有着强烈的归属感。宗谱、祠堂在血缘关系日渐复杂的情况下，条理清晰地链接着族众，强化着同宗共血的凝聚力。

一切的宗族活动都需要以财力为基础开展，故而宗族有族产、祠产、祭田、义田、学田等各种资产，这些产业为宗族公有，任何私人不得析分、无权买售。从文献中可推测荣氏族产极为丰厚[24]，周边的许多田产、山林均隶属于族产；族产收入用于族祭、修葺祠堂、编撰族谱，或是济赡贫苦孤独，对于宗族的稳定起到极大的作用，使族人对宗族具有强烈的依赖与信服感。出外经营工商的族人与宗族间有着血浓于水的关联，他们对宗族祠堂、家族教育及族益事业进行鼎力捐助，并以此来实现自我在宗族中的价值；这又促使了宗族的繁荣，进一步增强了家族凝聚力。

为了维护族人聚居地的稳定团结，保持荣氏族人的利益不被侵犯，荣巷族人的房屋虽为私产，却也不能私自转售。但是若苦于生计，族长会利用族产济贫使其度过难关；若因故一定要卖，房主要优先考虑同族宗亲；若无族人购买，族益会便购为公产，无论采取何种措施，房产的姓氏一定要尽力为“荣”。中国传统认为，子孙不能守住祖宗产业，是为不孝；而且荣氏宗族内部这种不成文的规定对于族人来讲，如同维系尊贵血统的纯正，充分激发了同宗的荣誉感，使其会主动地尽力保留祖屋。新中国成立前荣巷房屋绝大部分姓荣，少部分属外姓人，荣氏关系密切的亲朋好友，或是服务于荣氏大户人家的仆人、佃农等。

能者多劳

荣巷由上、中、下荣三个自然村落经过数百年的发展，各支的枯荣不一，不同于上、中荣自然生长，下荣日渐繁荣，从清中期荣致远的经商致富，到近代荣德生兄弟办实业享誉盛名，各支发展不平衡。能者则多劳，贡献整个家族。

荣巷下荣近水，上荣近山，而中荣位于中间，溪水自龙山南下流经荣巷。

卜居之初，即按人口垦荒建宅，下荣有四子占地最广；上荣有二子，范围次之；中荣单传，规模最小。

随时间的发展，宗族人口渐多，添加宅基，是故自明晚期开始至近代，中荣外迁支系最多，而中荣仅怡德公单支繁衍，本就人口式微。清中叶，上荣族人因从事海运业而达者，名闻乡里；上荣人口较少，至近代自然环境逐渐改变，山麓间的水源不足，“大祥河”亦干涸，周围农田常得不到灌溉，外迁者增多。下荣是梁溪荣氏家族最繁盛的一支，地理环境最优，人丁兴旺、人才辈出，既有春沂公支的荣宗敬、荣德生、瑞馨家族等；又有春珊公支的进士门第（荣福龄家族）、润记大门（荣安国家族）、荣月泉家族等；也有春泗公支的举人门第（荣鄂生家族）、荣兰亭家族等。

荣巷各支的枯荣不一，有多方面原因，在男耕女织的自然经济状态下，近水的下荣极占地理优势，引水灌溉农田十分方便，同时临近梁溪河，亦利于渔业养殖，可极大补足生活，或者沿梁溪河进行摆渡运输，也可维持家用。梁溪作为交通要道，水运繁忙，还兼带起两岸的商机，也因此下荣族人稳定发展，有实力进行教育的普及，提高族人的素质，从而形成良性循环。如嘉庆年间，任笔泉在梁溪河南设立私塾，使族中孩童自小便入塾读书。但荣氏族人认为“名誉日起，作事较易，思想宽大，义务亦增”[25]，下荣的繁盛使其支承担族务愈多，晚清近代时，《宗谱》的修撰、祠堂的修葺皆由下荣发起主持。

三、荣氏家业的拓展与水系的连带

1. 荣氏产业的拓展

工厂的设置为集团的发展提供了物质基础，而各大中小城市设置的经销处为其发展打通了销售的通道，从而形成一个良性循环的网络，维持荣氏工业帝国的运转与扩张，使荣宗敬和荣德生兄弟能在近代10年内成为中国的“面粉大王”和“纺织大王”。荣氏工业集团能迅速建立，除了荣氏经营意识的超前和对商机的把握，工厂与经销处的选址也是极为重要的，水陆交通的便捷与否关系着产销是否畅通，是否能以最低的成本获取最大的利益。创办实业的方向明确后，对于新建厂房的选址建设，不得不考虑的是原材料的采购问题，以及成品销售运输过程的复杂性的问题，也就是原料和交通两个方面。另外为了使集团可持续发展、工厂有扩大生产的空间，荣氏在购地建厂时，除却建厂所占基址，往往会在旁边留有空地，当实力增强、时机成熟时，可迅速扩建厂房或另建新厂，充分扩大生产。

荣氏办厂看重地利优势，尤其是得水系之便，尽人力预先做好准备，果敢地把握时机或投资建厂或租赁借贷以扩大生产，是荣氏实业王国建设的指导思想。这种办厂因借天时、地利、人和，在以后一直贯穿于荣氏实业厂址的选择定点和建设过程中，其合理性和科学性被一再验证。倘若条件不成熟宁可放弃，另寻他途。如1914年曾选茂新分厂厂基于郑州车站西首地块40余亩，邻近小清河，在道口办麦亦近、适宜建厂、在立案购机时，当地绅士王君作梗，后来虽经与之官司收回土地，但是“人地不宜，营业必败”，于是改建于山东济南。

（1）无锡厂址分布

京杭大运河和太湖水系使无锡的水运交通便捷畅通，梁溪河将二者贯通，而河畔的荣氏无形中具有了得天独厚的地缘优势。随着近代梁溪荣氏工业的大发展，荣氏兄弟创办了粉棉实业帝国，许多族人在工厂中负责管理或是入厂工作，有厂之地便有荣氏宗人。

荣氏家族在无锡设厂的重要基址位于西水门外太保墩一带，包括了茂新（改组前名“保兴”）面粉厂、振新纱厂、申新纺织三厂，以及1948年创办的开元棉纱厂（表8-1）。锡地其他厂房，如茂新二厂，虽以租赁、购买的方式，取自他人之手，厂区建筑本身的建设有其可利用之处，其厂基的地理位置亦位于交通便利之地，北塘区吴桥西古运河边（无锡城北黄埠墩以北），依托运河，水运亦为便利（图8-27）。荣氏兄弟认为面粉厂选址宜为“产麦之区设厂”，于是以富饶的鱼米之乡——无锡为点建设面粉厂，将生产加工厂设于原材料生产地，购买原料价廉物美，省却交通转运的费用，有效地降低了成本；另一方面梁溪是荣氏家乡，在故乡办实业，兼备地利人和，亦可解决当地从业问题，造福家乡。

无锡荣氏工厂选址一览 **表8-1**

工厂名称	创建时间（年）	厂　址	与水系的关系	备注
保兴面粉厂	1902~1903	无锡西水门太保墩	三面环水，位于运河与梁溪河交汇处	
茂新面粉厂	1903	无锡西水门太保墩	三面环水，位于运河与梁溪河交汇处	保兴股本重组
振新纱厂	1907	无锡西水门太保墩	毗邻茂一，东西两面临水	二十八亩
申新纺织三厂	1915	无锡梁溪河边五洞桥	跨河而建，北临梁溪河	
茂新二厂	1916	北塘区吴桥西古运河边	西临大运河	收购惠山浜惠元面粉厂
茂新三厂	1917	无锡西水门太保墩	毗邻茂一	

表格资料来源为：乐农史料选编，《荣德生文集》，上海古籍出版社，2002年7月；
许维雍，黄汉民，《荣氏企业发展史》，人民出版社，1985年；
上海社会科学院经济研究所编，《荣氏企业史料》，上海人民出版社，1980年；
上海中支建设资料整备事务所，无锡工业事情，《编译汇报》第七十三编，昭和十六年十月.

茂一、茂三、振新均位于太保墩，“太保墩前名窑墩，形家所谓地轴，以运道北来治水至是分流入梁溪，而墩实当其冲也”[26]。京杭大运河从无锡城北江尖分流而下为外城河，西路至太保墩有分流，一沿城南下为外城河，一则西行为梁溪河。可见太保墩的位置地处水路要冲，水运便利，茂新一厂三边临水，码头即设于仓

图8-27．无锡工厂沿运河分布

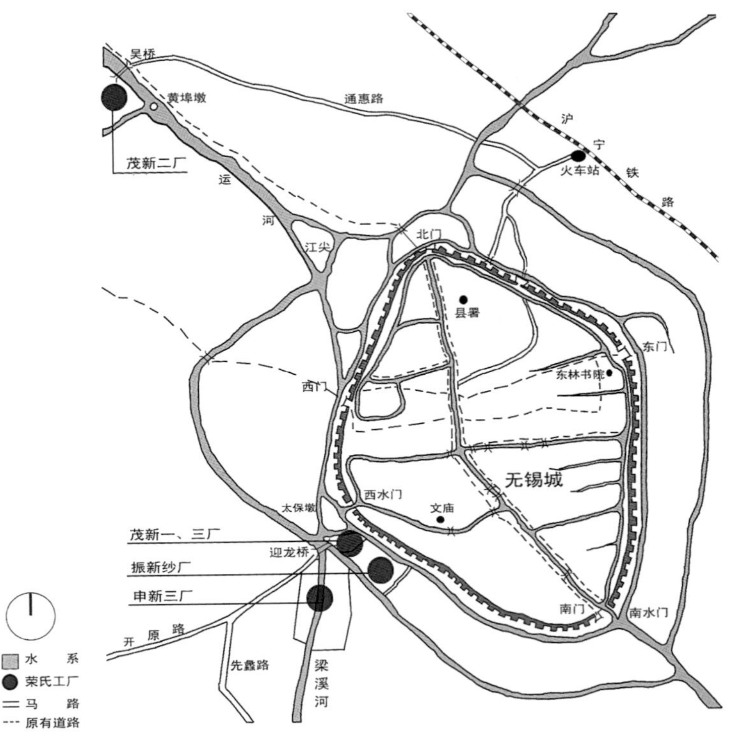

图8-28．毗邻运河的茂新一厂
陈薇摄于2003年

库边缘，货物上下运输方便无碍（图8-28）；而且厂中职工大多为居住于荣巷的族人和乡民，乘船沿梁溪河边可直接联系工厂和住家，省时省力。此地兼具天时、地利、人和，是荣氏创业的最佳地段。申三位于西水门外迎龙，跨河梁溪两岸而建，除了水运交通外，公路运输和铁路运输都得到一定的发展，荣氏为加强申三的交通优势，三面筑路、建桥连通大路，规划便利。

（2）上海厂址分布

梁溪荣氏自明后期便有族人往来于锡沪间，从事水运和贸易，祖辈相传，随着海运的逐步开拓，申浦作为长江入海口的城市，境内水系与太湖流域其他地区的河湖渠港贯通，成为通达国土东西、内外的重要港口，荣氏族人在沪经商，航运者渐多。如果把梁溪喻为荣氏“圣都”，那么上海便是荣氏的“陪都”了，荣氏实业集团的迅速崛起在

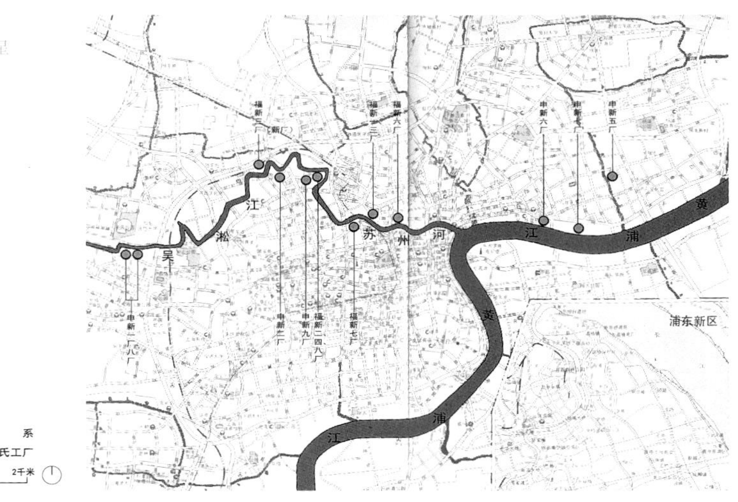

图8-29. 上海工厂沿苏州河分布
地图来源：中国分省交通图册. 星球地图出版社. 1998：45

于在上海开埠后的扩张。第一次世界大战前后，荣氏家族的“福新面粉系统”和“申新纺织系统”迅速扩大建厂，厂基均沿苏州河布局设置（表8-2），水运方便，主要集中在苏州河沿岸的新闸桥、莫干山路地块、杨树浦地块、周家桥地块及其他交通便利之处（图8-29）。苏州河又名吴淞江，是黄浦江最大的支流，横贯上海市区，上溯可达苏州宝带桥，与京杭大运河相接，可便利地到达运河沿岸城市；下通上海港港区，是上海沟通苏沪、皖沪的主要河道，为沿河工业区的形成和发展，提供了天然的运输水道。

上海荣氏工厂选址一览 **表8-2**

工厂名称	创建时间（年）	厂址	与水系的关系	厂基面积（亩）	备注
福新面粉一厂、三厂（老厂）	1912 1914~1925	闸北区光复路新闸桥	苏州河北岸		
福新面粉二厂、四厂、八厂	1914 1917 1918	普陀区西苏州路河畔、莫干山路北	苏州河南岸	占地四十余亩	
福新面粉三厂（新厂）	1926	小沙渡浜北、西光复路	苏州河北岸	占地三十余亩	购兴华制粉厂
福新面粉六厂	1917	北苏州河新垃圾桥（即西藏路桥）东首	苏州河北岸	占地四亩有余	购华兴面粉厂
福新面粉七厂	1918	西苏州路大通路（今大田路）口	苏州河南岸	占地三十余亩	购德产波弥文洋栈、打包厂等

续表

工厂名称	创建时间（年）	厂址	与水系的关系	厂基面积（亩）	备注
申新纺织一厂、八厂	1914 1929	吴淞河周家桥、白利南路（今长宁路）	吴淞河（苏州河上游）南岸		购陈家渡公立被服厂原址
申新纺织二厂	1917	普陀区宜昌路			购恒昌源纱厂
申新纺织五厂	1925	杨树浦高朗桥、长阳路南	临近杨浦树港、黄浦江		购德大纱厂
申新纺织六厂	1931	杨树浦路			购厚生纱厂（常州申六租满解约）
申新纺织七厂	1929	杨树浦路	黄浦江北岸	占地近七十亩	购英商东方纱厂
申新纺织九厂	1931	澳门路北，毗邻福二、四、八厂		占地六十余亩	购三新纱厂

表格资料来源为：许维雍，黄汉民，《荣氏企业发展史》，人民出版社，1985年；
上海社会科学院经济研究所编，《荣氏企业史料》，上海人民出版社，1980年；
薛顺生，娄承浩，《老上海工业旧址遗迹》，同济大学出版社，2004年3月；
上海中支建设资料整备事务所，无锡工业事情，《编译汇报》第七十三编，昭和十六年十月；
徐新吾，黄汉民，《上海近代工业史》，上海社会科学院出版社，1998年；
《上海纺织工业志》编纂委员会编，《上海纺织工业志》，上海社会科学院出版社，1998年9月；

（3）其他城市厂址

除了锡沪，荣氏在国内很多交通便利的重要城市购地设厂，同样注重棉麦产销的畅通，厂址邻近城市重要河流，交通便利之地（表8-3）。

1917年，在武汉购置建厂的基地是位于硚口上游宗关区的40余亩地，此地位于京汉铁路的硚口岔道终点，南临汉水，东与京汉铁路毗邻，既可利用铁道线直达厂内，又可兼收汉水船运之便，于此地创建“福新五厂”，购麦销货通过水陆两线交通极为便利。之后的地理之便，有效地减少了运费，降低了生产成本，“福五”产销两旺，不断扩大再生产，增建厂房，成为华中地区最大的面粉厂。1920年，毗邻“福五”建“申新四厂”，解决福五所需面粉袋，又针对市场生产适销对路的呢布等产品（图8-30）。

其他城市荣氏工厂一览 **表8-3**

城市	工厂名称	创建时间（年）	厂址	与水系的关系	备注
武汉	福新面粉五厂	1917~1938，1945~1956	硚口上游宗关区	汉水北岸	占地四十余亩
	申新纺织四厂	1920~1938，1945~1956	毗邻福五	汉水北岸	
济南	茂新面粉四厂	1920	馆驿路十王殿		

续表

城市	工厂名称	创建时间（年）	厂 址	与水系的关系	备注
常州	申新纺织六厂	1925~1931			租用常州纱厂
重庆	福五分厂	1939~1956			武汉福五内迁
	申四分厂一	1939~1956			武汉申四内迁
	申四分厂二	1940~1956			
	公益面粉纺织机器厂	1941~1956			
	宏文造纸厂	1944~1956			
宝鸡	申四分厂	1940~1954			窑洞式工厂
	福五分厂	1941~1954			窑洞式工厂
	宝鸡铁工厂	1941~1954			
	宝鸡运输队	1941~1954			
成都	申四分厂	1941~1956			
	建成面粉厂	1941~1956			
天水	福五分厂	1941~1956			
陕西白水县	宝兴煤矿公司	1941~1956			
广州	福五分厂	1947~1956			
香港	九龙纱厂	1948~1956			

表格资料来源为：乐农史料选编．荣德生文集．上海：上海古籍出版社，2002年7月；

许维雍，黄汉民．荣氏企业发展史．北京：人民出版社，1985年；

上海社会科学院经济研究所编．荣氏企业史料．上海：上海人民出版社，1980年；

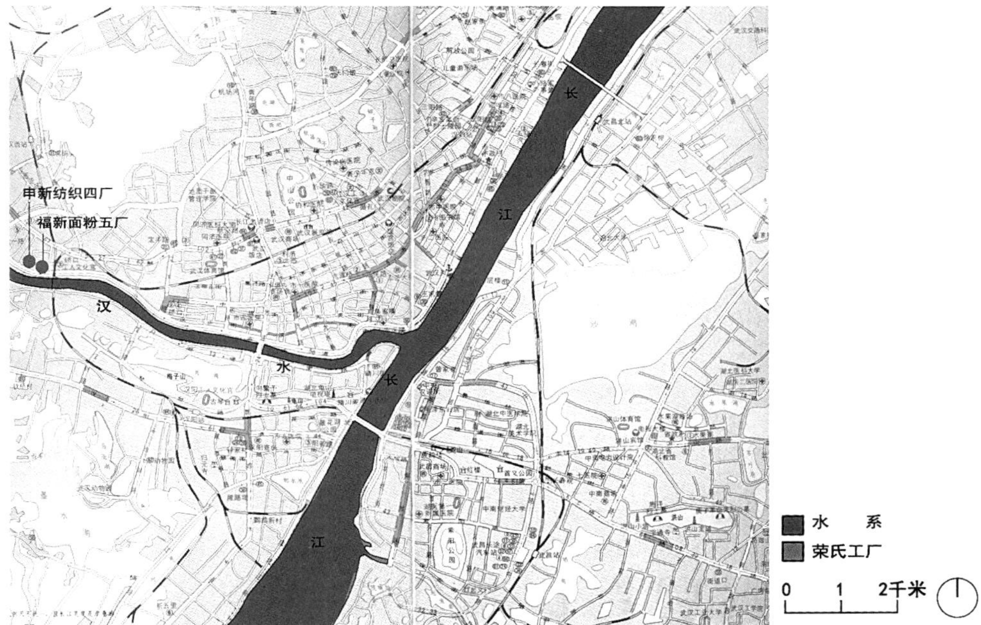

图8-30．武汉工厂沿汉水分布

1920年在济南，"买地决定十王殿"，创建茂四，位于今纬二路东馆驿街西端的区域。

1925年，荣氏租用常州纱厂为"申六"，1931年到期归还；数月后买进厚生纱厂，替补申六。

抗战时期，武汉"福五"、"申四"抓住时机，扩大生产，获利丰厚。之后工厂内迁重庆和宝鸡，以二厂为基础迅速扩建，在重庆、成都、宝鸡、天水等地建厂，创立五公司总管理处，脱离总公司自成体系。抗日战争胜利后，李国伟（荣德生长婿）着手建立以武汉为中心，川、陕、沪为两翼的企业体系，并将五公司总管理处迁至汉口，增设上海办事处，加强同总公司和海外的业务联系。1947年，五公司在广州建立了"福五广州厂"；1948年把国外到货的纱锭改运香港，创建了"九龙纱厂"。而上海荣鸿元等陆续迁申新资产至香港开办大元、南洋和伟伦纱厂，以及投资美国、巴西、菲律宾、泰国等地，产业规模不断扩大。

荣氏在选择实业公司各地建设的栈房、办麦处、经销处[27]等分点时，一则选择有市场的城市或货物集散集中的城市；二则选择城市交通便利之处，尤其是近水道，航运可直达各工厂的地方。如苏州，早在1902年即设批发处于阊闾门内大街，运货时"驳驳费事，非改在城外航船必经之处不可。"于是迁至新民桥洞，"坐南朝北，沿河，上下便利"。1905年时，在苏州购地，造栈房及批发所于钱万里桥，取其交通便利。

（4）工厂选址小结

所谓"仁者乐山，智者乐水"，自古国人便对自然山水有着崇敬、依赖的心态，对堪舆之术更是看重，而荣氏自水濂公迁至背山面水的梁溪河畔，到20世纪初期荣宗敬兄弟在无锡、上海、武汉创办实业，无不选自交通便利、水运发达之地。荣氏工业首先在无锡创建，并成为以后发展的基石；上海则是其大力发展的根据地；武汉、济南、重庆等便是其遍及国内的据点了。

工厂选址的合理性在生产过程中得到极好的体现，购麦、棉后，通过水路以第一时间运至厂区，抵达后从船上卸货直接入厂加工生产，成品出厂可直接入船，由厂方或客户通过水运便捷地运至目的地城市和区域，缩短了交货周期，以最短的循环周期使资金回笼，使运营成本在现有社会生产水平下尽量降至最低。在同样的时间内，企业所获利润与其生产周期成反比，周期越短利润越高。生产周期短则产品输出快，库存时间短，即有更少的材料等待下一个生产运作，当市场需求变化时废弃的材料也就越少，调整适应变化的能力越大。而且荣氏一直注重采购优质原材料，改进工厂生产技术以及机器设备的及时更新，使其产品质量优、产量大。中国自古以来，航运价格就远低于陆路运输的价格，所以产业厂房毗邻交通顺畅的江河为最佳。在国内购麦、选棉可通过运河、长江、江南太湖水脉等航运水系，便捷地运至厂区。三新系统厂多、机器多，统购原材料时需求量极大，常需进口大量洋麦、洋棉，数量的优势使其可整船装运至中国，运费比拼船便宜许多，相差约一倍以上，外销时亦省。荣氏的“绿兵船”牌面粉在东北、华北极为畅销，荣宗敬在上海总公司统一调度，上海近海口而且厂多产量大，产品直接装船，海运至天津转运北方各地，水运费用远较陆运便宜。如济南茂四，虽离天津距离较近，但货需陆运，比上海水运抵津更贵，可见厂址临近水系的重要性。

2. 荣氏聚居点的外延

（1）荣氏在梁溪的迁徙分布

梁溪荣氏家族自明代定居起，支系繁衍，各支荣枯不一，聚族而居的族人不断以倍数增长着，造成周围土地与人口的比例也越来越小，人口的逐渐增多使有限的土地日渐局促，族人因计业渐有分房外迁者，另寻居住生产的地方。而荣氏族人的迁移一般是先近后远的，荣氏在梁溪的迁移是以地缘为纽带的，迁居于较近的地方，利于和氏族聚居地的联系并借助于家族的保护，所以初期会在合宜的地点中选取离荣巷较近的位置（表8-4）。

在荣巷创建并逐步形成的农耕经济阶段，族人在有限土地的局限下，迫于生计离乡从业，这种源于贫困的迁徙是一种被动行为；随着荣氏经济结构由农耕转向工商，经济实力的增强使族人离乡由被动转为主动，寻求财富的更大化。

自水濂公起“四传而焕公分徙于彭祖墩，五传而敔公分徙洛社，于是苏常两郡之间遂有各支之别焉”[28]。时间上应为明正德、嘉靖年间，中荣族人渐有外迁者，怡德公十八世族人荣焕始迁于彭祖墩；十九世荣敔迁居洛社。之后族人逐渐分徙他处，上荣的愉斋公支有迁于郑巷者、仁斋公支有迁于白水荡者、城中的大成巷者；中荣怡德公支陆续有族人又外迁至胡巷、横山、柴船浜；下荣的春益公支有迁于大徐巷者、春沂公支有迁于浒溪桥（今浒泗桥）及邑东东亭等地，而各分迁支徙系亦随着发展而继续迁徙者（图8-31）。

1935年前荣氏在梁溪范围内迁徙

支系名称		迁　徙　情　况（包括直接迁徙和间接迁徙）	
上荣｜继先公	愉斋公支（怡）	二十五世：天相公徙郑巷；天叙公徙东码头；	
		二十六世：申琳公徙扬名东顾巷	
		二十八世：和煦公徙邑南门塔潭下	
		二十九世：锦文公徙邑城北门外；泰来公徙大蒋巷	
	仁斋公支（喜）	十九世：廷机公徙邑城大成巷	二十四世：辅公徙东大街
		二十一世：森兰公徙扬名白水荡	二十二世：尊伯公徙三节桥
			二十七世：才宝公徙川沙
中荣｜承先公	怡德公支（悦）	十七世：通公徙横山	
		十八世：焕公徙彭祖墩	二十六世：明德公徙杨家桥
			二十九世：文奎公徙荡口陆家桥
		十九世：敔公徙洛社	二十六世：世蓉公徙北村桥
			三十世：茂祥公徙檀树绛；茂顺公徙梅村大张巷
			三十一世：朝林公徙张镇桥；盛公徙印桥俞巷
			三十二世：瑞喜公徙石塘湾
		二十一世：恩公徙柴船浜大蒋巷	二十四世：廷彩公徙谢巷
			二十五世：华庆公徙闾江
			二十六世：文华公、文英公自谢巷徙丁港
			二十七世：大林公徙下俞巷
			二十九世：明发公徙北门江阴港
			三十世：士培公、寿生公徙郑巷；正昌公徙西门仓桥下
			三十一世：涌泉公徙老县前
		二十二世：念田公徙胡巷	二十四世：嘉琳公徙东码头
			二十五世：元发公自东码头徙邑城毛竹桥
下荣｜念先公	春益公支	二十三世：世章公徙朱祥巷	
		二十四世：敬美公徙镇山头徐巷	
		二十五世：学先公徙洛社香花桥	
		二十六世：其昌公徙朱祥巷	
		二十七世：万芳公徙孙巷	
	春沂公支	二十一世：万钟公徙浒泗桥；万里公徙邑城东门	
		二十二世：圣道公徙邑城东门	
		二十四世：永通徙朱祥巷；若芷徙横塘	
		二十六世：正瑞徙八字桥	
		二十七世：秉文公、秉刚公徙邑城迎溪桥	
	春珊公支	二十三世：伯时公徙东亭后舍巷	
		二十七世：锦兴、福兴公徙阜宁县徐家桥	
	春泗公支	二十八世：汝彬公徙大徐巷	

表格资料来源为：[民国]荣福龄．荣氏宗谱三十卷．无锡：三乐堂活字本，民国24年（1935年）；
荣敬本、荣勉韧．梁溪荣氏家族史．北京：中央编译出版社，1995年；
梁溪荣氏家族史丛书编委会．梁溪荣氏世系散编首编．上册，内部资料仅供保藏研究用；
荣勉韧、荣翠琴、荣耀祥．梁溪荣氏人物传．北京：中国华侨出版社，1996.

图8-31. 荣氏在梁溪迁徙分布
底图来源：2003版无锡旅游图

新中国成立后，聚居于荣巷的荣氏家族在土改、破四旧运动中许多族人分迁于各地，到今天族中所留居的荣氏后裔仅为常住人口的四分之一，且多为老年人，而年轻一代的荣氏族人大多工作于城中并迁于城内置宅。

（2）荣氏迁居城市分布

荣氏由近及远的迁徙，从梁溪逐渐发展到周边城市，自清中期开始方有族人徙居其他城市，荣氏对经济敏锐的感知力，使其因时代差异而迁于不同的城市。

明清时期，江南的繁华姑苏吸引汇聚了大多迁于外地的荣氏族人，开办商铺从容度日，如荣阳春（荣鄂生曾祖）在苏州开设猪行、钱庄、书坊，并独资兴建了毗陵会馆，成为苏州商号中常州帮的领导人。中国社会进入近代化的发展阶段时，开埠后的上海凭借其地理、经济各方面的优势，成为中国对外贸易第一大港口城市和中国最重要的商业城市，荣氏工业的大发展使族人与上海的关系日渐密切，为族人提供了更为广阔的舞台，许多在沪经商办实业，经年累月工作在外。荣氏族人的迁徙以无锡荣巷为根脉，1935年以前多选址于长江流域的苏州、上海、芜城和阜宁等地。抗日战争的爆发使许多族人迁出荣巷避难，多数工作于上海的族人定居于沪，随着国民政府迁都重庆，族人依托荣氏产业在西部的发展安居于武汉、重庆等地（表8-5），产业重心从华东向西和西北拓展。荣氏逐步迁徙至长江中上游和黄河流域，包括陕西宝鸡和西安、甘肃天水、河南郑州和新乡、济南等地成为族人的迁居地。此外，族人还远徙至北京、宁夏石嘴山、新疆石河子等

图8-32. 荣氏在世界迁徙分布 世界地图来源：http://www.hkba-travel.org/travel_tools/tools_map.htm

地。新中国成立前，国家政局动荡不安，社会濒临崩溃，荣氏许多族人纷纷迁往香港、美国，现在荣氏后裔散居于中国各大城市和世界各地，如荣宗敬、荣德生家族，荣福龄家族，荣梅莘家族，荣瑞馨家族等，为中国与世界的沟通打开了另一扇窗（图8-32、表8-6）。

1935年前荣氏迁徙其他城市一览 **表8-5**

支系名称			迁徙情况
上荣 继先公	愉斋公支（怡）		二十五：世瑞嘉徙江西芜城
			二十七世：启廷公、启昌公同徙浒墅关
			二十八世：浩锦徙上海
	仁斋公支（喜）	白水荡支	二十八世：元基济公徙苏州山塘
中荣 承先公	怡德公支（悦）	彭祖墩支	二十九世：瑞和公徙苏州司监弄
			三十世：文学公徙苏州大市桥
		洛社支	三十一世：川大徙苏州仓街
			三十三世：富宝公徙苏州彩云街
下荣 念先公	春益公支		二十二世：道合公三子俱徙宜兴
			二十六世：廷勋公徙苏州山塘
			二十八世：任宝公徙姑苏
			三十世：连观公徙姑苏
	春沂公支		二十七世：茂皋公徙姑苏 增宝公徙姑苏
	春珊公支		二十七世：锦兴、福兴公徙阜宁县徐家桥
	春泗公支		二十八世：汝楠公徙上海

1935年后荣氏迁徙其他城市一览 **表8-6**

家族名称	迁徙情况	
荣宗敬、荣德生家族	宗敬自1912年长期工作于上海，新中国成立前移居香港	
	荣鸿元1948年举家迁居香港	荣智康迁居巴西
	荣鸿三1949年举家迁居美国	
	荣鸿庆定居上海，现工作于台湾居香港	荣智权迁
	荣卓仁1938年随夫薛寿萱迁居美国	
	荣卓霭移居上海	
	荣卓如寓居香港	
	荣伟仁经营申新迁居上海	荣智谦、智鑫迁居香港
		四个女儿均寓居海外
	荣尔仁迁居美国，在巴西有纺织、面粉、橡胶等产业	后裔均寓居海外
	荣伊仁、荣漱仁迁居上海	后裔均寓居海外
	荣毅仁移居北京	荣智健定居香港，其他子女均寓居海外
	荣研仁寓居美国	后裔均寓居海外
	荣鸿仁移居澳大利亚	
	荣慕蕴移居武汉	
	荣茂仪移居香港	
	荣毅珍定居南京	
荣福龄家族	1948年荣大本移居香港；后荣孝本亦移居香港	荣鸿增移居美国匹兹堡
	荣仁本、绛蓉、绛春、绛明、宏模等移居上海	
	1950年荣成本移居香港，1972年全家迁于美国	
	荣敬本长期工作在北京	
	荣绛平移居杭州	
荣瑞馨家族	荣广明、荣君立寓居上海	荣兆沨、兆汶迁居美国
		荣兆清迁居香港
	荣广亮从香港迁回无锡	荣维蕃、兆菖、兆芸、兆茵移居美国
		荣兆箐嫁去印尼
	荣广宏移居安徽合肥	荣兆棪迁居美国
	荣耀馨、泉馨移居上海	
荣吉人、荣鄂生家族	荣金声移居河南郑州	荣曾稀、曾三迁居上海
		荣曾慈迁居河南新乡
	荣秉更从南洋回重庆	荣振益旅居加拿大
		荣志益迁居四川成都
		荣葵益迁居武汉
	荣秉隆移居上海	

续表

<table>
<tr><th>家族名称</th><th colspan="5">迁 徙 情 况</th></tr>
<tr><td rowspan="5">荣月泉家族</td><td colspan="2" rowspan="3">荣志惠移居上海</td><td colspan="3">荣敬信、敬安、敬宪均定居加拿大</td></tr>
<tr><td colspan="3">荣美贤定居美国加州</td></tr>
<tr><td colspan="3">荣美光移居新疆石河子</td></tr>
<tr><td colspan="5">荣志宏移居上海</td></tr>
<tr><td colspan="3">荣志仁现定居美国加州，曾因工作长期旅居于上海、宝鸡、香港、新加坡</td><td colspan="2">荣敬伟、美立定居美国</td></tr>
<tr><td>荣梅莘家族</td><td colspan="3">荣梅莘1952年赴港，1973年移居美国</td><td colspan="2">后裔均寓居海外</td></tr>
<tr><td rowspan="10">荣国安家族</td><td colspan="3">荣独山定居上海</td><td colspan="2"></td></tr>
<tr><td rowspan="9">荣蓉初定居无锡</td><td colspan="2" rowspan="4">荣宝椿定居上海</td><td>荣德舆寓居上海</td><td>荣维随夫迁居美国</td></tr>
<tr><td colspan="2">荣德年、德彬寓居北京</td></tr>
<tr><td colspan="2">荣佩华移居苏州</td></tr>
<tr><td colspan="2">荣佩文、佩芳、佩平移居美国</td></tr>
<tr><td colspan="2" rowspan="3">荣宝鉴定居无锡</td><td colspan="2">荣德言、德勋移居上海</td></tr>
<tr><td colspan="2">荣佩珍定居苏州</td></tr>
<tr><td colspan="2">荣佩明迁居宁夏石嘴山</td></tr>
<tr><td colspan="4">荣宝铨迁居武汉</td></tr>
<tr><td colspan="4">荣霞云迁居济南</td></tr>
</table>

中国近代经济模式由传统的农耕经济转为工业经济，荣氏族人把握时代的浪潮，出现迁徙的转折，而抗日战争前后正是族人举家迁居的关键点，因此以1935年为分界点，将族人迁徙于外地分而汇总，以便更明晰地认识荣氏的对外拓展。1935年刊印了最后一版《荣氏宗谱》，之后族人世系未有明确记载，而当代荣氏更重要的是代表性家族迁徙的地方，所以荣氏迁徙表采用不同的方式梳理，1935年前以支系为主线，之后的则以家族长幼传承为脉络。

结语：“变”与“不变”

荣氏家族的精神传承数百年，为族人所尊奉，支撑着族人经风历雨，是谓“不变”，荣巷正是作为这种传统精神的物质载体；荣氏族人在各历史阶段，在不同影响因素下又形成变化的行为方式，如外出经商从业，设塾散居各地等，是谓“变”。二者既相对独立又辩证统一，既相辅相成又互相矛盾，以传统（不变）支撑家族的延续，以“变”适应社会的发展。

1. 荣氏家族传承

荣氏延传数百余年的安贫乐苦，尊奉着始迁祖“耕读传家，潜德勿曜”的祖训；随宗族的发展壮大，经济实力的增强，“睦族爱乡”成为族人信守的家训。致富的族人仍坚持着水濂公耕读传家的传统，勤俭生活、戒奢戒惰，他们宗族观念极强，聚敛的财富不仅用于自身事业家庭的发展，更将其用于族中的公益事业，修宗祠，办学塾育子孙。近代荣氏旁泽乡里，正是其“立身、齐家、睦族、爱乡”价值观的体现。

荣氏自清乾隆时期，荣致远利用时间、地域进行差价予取，到荣广大花号的建立，再到荣宗敬昆仲创立荣氏企业帝国，无不显示出梁溪荣氏在把握商机上具有独到的眼光，并善于创造机会，对商业敏锐的感知力，使荣氏在不同历史时期选择不同的方式进行开拓。明中后期，族人不畏艰难从事航运；清中期时中国商品经济发展渐盛，族人经商者渐多，利用京杭大运河和长江穿行于大江南北，在无锡、苏州创办了许多商行，成为常州帮的支撑；清末民国时期，中国的近代化为荣氏提供了广阔的市场来创办工业集团，以荣宗敬兄弟为代表的荣氏登上国际的舞台；而现代荣毅仁开创性地建立了中国信托投资集团，为国家的发展作出巨大贡献；其子荣智键被称为“红筹巨鳄”，以独特的眼光创办了美国CADY软件开发公司，有收购港龙公司等惊人的举措，成为香港信托集团董事长。在荣氏历代成功的商人、企业家身上，不难看出荣氏一族对商业机遇敏锐的感知力和把握能力，是荣氏成为名门望族的内推力。

以血缘为纽带的荣宗族人，在家族传承的规范准则下由稚及长，形成共同的理念、价值观和人生观，使同宗易沟通、形成统一认识，这样在面对危机时，族人能合力抗之。荣氏家族在近代建立起民族工业的旗舰集团，正是在“变”中寻求“不变”以达到二者的协调统一；既遵循家族信奉的儒家伦理原则，在企业人事组织上又仿效西方企业的管理模式，形成由荣氏家族成员和同乡同族共同组成的家族网络组织体系，使合伙制的企业克服了初创的困难，逐步扩大经营走向成功。为了确保经营决策的贯彻实施，减少董事会的消极阻力，荣宗敬成为企业集团的“家长”——决策者，在企业发展时期起到了积极的作用，能够及时把握时机发展企业，以制度的形式确保生产效益大部分用于扩大生产经营，从而使荣氏在短短10年间一跃而为中国的“面粉大王”和“棉纱大王”。但荣宗敬一人独掌大权使企业的运转和发展过分地依赖于个人，在他去世后，企业必然会面临不可克服的内部矛盾，高层管理者各为其政，家族企业的分家析产导致了后期的分裂和衰退。这正体现了变与不变之间既协调又矛盾的关系，二者统一协调推动家族的发展，反之则产生矛盾使其衰落。

2．荣巷的根脉性

无锡西南境的荣巷是梁溪荣氏世代繁衍的族居之地，宗人继承了始迁祖“耕读传家”的祖训。随着社会的发展，族人渐有外徙迁居者，明中后期，中荣外迁于周边小镇者较多，如洛社、彭祖墩、柴船浜等；清代族人经济结构的转型使族人有能力和意愿迁移至较远的城市，如苏州、上海；到了近代，荣氏宗人缔造了民族工业的粉棉王国，把荣氏后人也带到了全国各地；当代中国时局的纷繁变化，又导致了许多族人散居于世界各地。以张光直先生“圣”和“俗”的界定，借用于荣氏家族的发展，更能解析其发展脉络。对于梁溪荣氏家族来说，族人多有为生计、为事业迁徙异处，寻找适合发展的“俗都”；而荣氏聚居的荣巷，载传着是荣氏家族的精神传统，成为以血脉凝聚梁溪荣氏的“圣都”；故而圣者体现为“不变”精神之物质载体，俗者为变化的物质表现。

了解了荣巷的发展历程后，回眸再看荣巷如同一棵大树在风雨中摇曳成长。始迁祖荣清的举家迁徙像一颗种子种在了龙山南、梁溪北的肥沃土地上，逐渐破土而出、发芽、长大，经过几百年的时间，小树成为一棵枝繁叶茂、经得住风雨的大树，其根脉深深地扎在梁溪荣巷的土地上。各种影响因素（包括自然因素和社会因素）的合力就像风时时吹拂着这棵大树，而荣氏宗族的每一个子孙都是大树的种子，有的依附于大树，有的被风吹向远方，风向和风力的差异，将种子吹向不同的地方。承袭了根脉赋予的勤俭和顽强的生命力，随风飘远的种子无论落在哪里，都会生根发芽、茁壮长大，但他们的根脉仍系于梁溪。荣巷的发展首先是生存的发展与自我的逐步完善，内部结构的稳定使其有了向外发展的能力，然后它由近及远、由小到大地扩充自己的范围和影响；远离的动力由被动变为主动。初时，只有极少的种子离开大树，而且所去不远，均在无锡附近；渐渐地大树长得更强壮了，到了近代，风力也更猛烈了，强壮的种子做好了准备在中国的广大土地上开花结果；抗战时期，翻动的飓风把成熟落蒂的种子送过了海洋，吹向了世界各地，虽远离了，但仍保持着根脉的传统品质。

3．荣巷的独特性

荣巷是一个村落，又是一个古镇，这种村镇合一的形态，与普通的传统村落和传统古镇相比较，是独特的。

与传统聚落相比较：相同的是皆以血缘和地缘为纽带，维系发展，如荣巷是通过血缘为纽带的宗族和地缘守望相助的邻里建立的聚居形态，形成了以祠堂、家谱、族长、义庄为核心的家族制度，维系血缘相亲；而且都选址于山水环绕的自然环境中，注重优质地理环境的选取，随宗族的扩张而出现以副助农的经济结构。荣巷不同于传统聚落的是，城市化特点突出，地理位置上距城仅五里，而且随荣氏经济结构由农转商，形成了繁华的街道，大量人流、物流在此集散，与周边村邑的联系广泛；再由以商辅农转为发达的工业经济，荣巷的城市化程度不断提高，与无锡城的关系也日渐紧密。

与传统古镇相比较：乌镇、周庄以及景德镇是明清时期发展起来的江南古镇的代表，商品经济的发展是该镇生长的根本动力；无论是以商品交换为主的乌镇和周庄，还是以专项瓷器产业产销为主的景德镇，其市镇形成的内驱力都是对财富利润的追求，并在市镇内部建设作坊和店铺，形成商品生产和交易的场所。而荣巷形成的根本原因在于荣氏家族经济结构的转型，荣氏在荣巷之外的广大区域和城市建立起庞大的工业帝国，在全国范围内形成机器化生产和销售的网络，其影响力是普通古镇所不可比拟的；而荣巷范围内却并未创建机械化生产的工厂，仅作为荣氏族人聚居的故乡而得以建设和充实，也因此荣巷集镇形成的主要目的，在于提升弃农从商的族人基本的生活品质，也就自然带动了周边村落的发展。

另一方面，荣巷是血脉相连的同姓族人聚居之地，是“荣”氏族人的“圣都”，具有更强的精神凝聚力。而一般古镇，往往以集市为核心，许多姓氏宗族因商品经济的冲击而使宗族关系日渐淡薄，如周庄“宗祠为近地所鲜，故祭礼愈略”[29]，商业性、世俗性愈见突出。

对于荣巷这一位于运河边上的特殊文化遗产，如何进行保护?这只有在深入研究后才能形成思路。面对城市化进程在中国，特别是在东部发达地区的加快，也针对国际国内日益关注的遗产保护热的情形，本研究所做的仅是基础工作，但真切地希望这一工作能发挥作用，作出贡献。

注释：

1 尺木堂藏版，（康熙）无锡县志·卷第三·水，记载："吴地志梁大同中浚，故名；或言以梁鸿曾居此而名。"另一种说法则是梁大同中（约在公元540年）疏通此河，故而得名。据《锡金识小录》记载，和前类同，因梁鸿隐居而溪名"梁鸿溪"，又称梁溪.

2 倪瓒（1301~1374），字元镇，号云林，别号有荆蛮民、幻霞生等，无锡人，元代著名画家，为"元四家"之一.

3 内阁典籍邑人顾贞观撰，荣氏宗谱·卷一·康熙乙丑修原序，清宣统二年.

4 清宣统二年（1910年）《荣氏宗谱·远祖世表》中记述，"荣祈，字子祺，春秋末期孔子七十二弟子之一，鲁人；唐开元中封雩（古代求雨的祭礼）娄伯，宋真宗时加封厌次侯，明嘉靖时改称先贤，从祀文庙东庑，清代因之。"

5 清宣统二年（1910年）《荣氏宗谱·卷六·近祖世表总纲》，"原籍济州任城人……宋真宗时举进士，授官监铁判官，擢广东转运史，复入为开封府判官，加直史馆知澶州，改京东转运史，又迁成都府路，再入户部副使，以集贤殿修撰知洪州。累官秘书监，历著政绩，宋史有传，卒年六十五，占籍湖广，是为湖广始迁祖。"

6 清嘉庆十二年（1807年）荣汝宁在《合修宗谱记》记载："吾宗自周先贤子祺公后数千余年，子姓繁衍散居不一，而我仲思公系宋真宗时集贤殿修撰，擢广东转运使，占籍湖广，为吾第一世祖。"又谓"明初吾祖水濂公为第十四传之祖，又自湖广徙于梁溪九龙山之阳。"

7 明史·列传第196卷，记载"陈幼学，字志行，无锡人，明嘉靖二十年生，万历元年中举，十七年中进士。天启三年（1623年）被授予南京光禄少卿，后改太常少卿。"

8 明代著作郎典文籍，掌撰碑志、祝文、祭文、与佐郎分判局事.

9 引自：元史·本纪第四十六·顺帝九.

10 引自：（康熙）无锡县志·卷第二·山川.

11［明］华长发，前题.

12 引自：（康熙）无锡县志·卷第三十二.

13 引自:宣统二年，荣氏宗谱·卷一·嘉庆庚午原序.

14 西郊开元乡在县西二里，东到城西，西为布政乡，南抵扬名乡，北达万安乡.

15 引自：（康熙）无锡县志·卷第三·水.

16 引自：［清］荣汝棻主修，荣事宗谱，卷二十一·艺文·致远公传，宣统二年.

17 引自：［清］荣汝棻主修，荣事宗谱，卷二十一·艺文·国学生荣君耘堂家传，宣统二年.

18 因洪秀全生于广东，起事于广西，故太平天国的军队被荣氏视为"粤寇".

19 由上荣仁斋公支荣大祥出资建设，被里人称为"大祥河".

20 所谓"三新系统"，是茂新面粉系列、福新面粉系列和申新纺织系列几十家荣氏工厂的合称.

21 对荣氏工厂的简称，以工厂的第一个字和工厂的排位数字组合成，如"福新面粉五厂"简称"福五"，"申新纺织四厂"简称"申四"，同理，茂新系列如"茂新一厂"简称为"茂一"，下文同.

22 清嘉庆年间，由撑沙航海员荣大祥捐建，位于今荣巷街193号，原祠堂已被拆除，改建住房.

23 引自荣汝棻，宣统二年《荣氏宗谱》卷一·重修宗谱序，三乐堂版.

24 从文献中可确定如下族产：宗祠附近桑田及西横山大片山林均为荣宗祠祠产；义庄及义学均购进许多义田，如胡埭邵巷附近山麓有多亩族田，并建成义庄庄屋来储稻碾米；而且对于荣氏具有独特意义的风水山、墓林大多尽力购为祠产，只是未能考证具体位置；荣大祥捐建上荣继先公支祠时，曾在荣张巷交界处购买田产为支祠产。未被记载述及的族产及各支祠产究竟如何便不得而知了.

25 上海古籍出版社编. 荣德生文集. 上海：上海古籍出版社，2002：71页.

26 引自：（康熙）无锡县志，卷二·之附墩.

27 荣德生文集：第128页，乐农1936年纪事中对联络点的回顾，除经营的二十余家工厂外，在全国各大小重要城市及有市场存在的地方均有分店及联络站。浙江省有杭州、宁波、绍兴、温州、台州、枫泾、平湖、嘉兴、湖州；在广东省则有广州、汕头；福建省则有福州、厦门；长江沿线则有镇江、南京、芜湖、安庆、九江、南昌、武汉、沙市、宜昌、万县以及重庆。国内重要铁路和公路沿线也设置了许多经销点，如平汉路的驻马店、许昌、郑州、新乡、彰德；陇海路有海州、徐州、开封、灵宝、西安而至咸阳；津浦路则有浦口、蚌埠、济南、德州，而到天津、北京。在关外则有沈阳、营口、旅顺、大连；山东省尚有青岛、烟台、济宁；湖南有长沙、衡阳。在江苏省内大部分市县都有经销点，苏北之东台、南通、高邮、泰州、溱潼、姜堰、海门、扬州；江南则有太仓、江阴、常熟、苏州、宜兴、溧阳、川沙、崇明，以及浦东之大团、周浦等地。以上城市中所设各办事处，非办麦即销粉，非办花即销纱、销布.

28 引自：荣汝宁，1807年《合修宗谱序》.

29 引自：［清］（光绪）周庄镇志，卷一·市镇.

参考文献：

1 《大清一统志》，《文渊阁四库全书》（电子版），《史部・地理类・总志之属》

2 ［元］熊梦祥著，北京图书馆善本组辑，《析津志辑佚》，北京：北京古籍出版社，1983年9月

3 ［明］张爵，《京师五城坊巷胡同集》，［清］朱一新，《京师坊巷志稿》，北京：北京古籍出版社，1982年1月

4 ［明］袁宗儒修，陆釴等纂，（嘉靖）《山东通志》，明嘉靖十二年（1533年）刻本

5 ［清］岳濬、法敏等修，［清］杜诏等纂，《山东通志》，《文渊阁四库全书》（电子版）

6 ［清］觉罗普尔泰修，陈顾㶚纂，《乾隆兖州府志》，《中国地方志集成》山东府县志辑第71册，凤凰出版社，上海书店，巴蜀书社

7 ［清］王俊修，李森纂，（乾隆）《临清州志》，清乾隆十四年（1749年）刻本

8 ［清］张度、邓希曾修，朱钟纂，（乾隆）《临清直隶州志》，清乾隆五十七年（1785年）刻本

9 张自清修 张树梅 王贵笙纂，［民国］《临清县志》民国二十三年（1934年）铅印本

10［明］袁宗儒修，陆釴等纂，（嘉靖）《山东通志》，明嘉靖十二年（1533年）刻本

11［明］桑悦纂，（弘治）《太仓州志》，光绪缪荃孙《汇刻太仓旧志五种》本

12［明］张采纂，（崇祯）《太仓州志》，明崇祯十五年（1642年）钱肃乐定刻本

13［清］王祖畲纂，（光绪）《太仓州》

14［明］薛斌修，陈艮山纂，（正德）《淮安府志》，明正德十三年（1518年）刻本

15［明］郭大纶修，陈文烛纂，（万历）《淮安府志》，明万历元年（1573年）刻本

16［清］卫哲治等修，叶长扬等纂，（乾隆）《淮安府志》

17［明］（隆庆）、［清］（雍正）、［清］（嘉庆）《高邮州志》，［清］（道光）《续增高邮州志》

18［明］朱怀幹修，盛仪纂，（嘉靖）《淮扬志》，明嘉靖二十一年（1523年）刻本

19［明］杨洵修，徐銮纂，（万历）《扬州府志》，明万历三十三年（公元1605年）刻本

20［清］五格，黄湘纂修，（乾隆）《江都县志》，清乾隆八年（公元1743年）刻本

21［清］李斗纂，周春东注，《扬州画舫录》，山东友谊出版社，2001年5月

22［清］李斗著，蒋孝达校点，《扬州名胜录》，江苏古籍出版社，2002年12月

23［清］宣统二年（1910年），《荣氏宗谱》

24［明］王鏊纂，（正德）《姑苏志》，明嘉靖间刻本

25［明］宋濂等撰，《元史》，北京：中华书局，1976年

26［清］张廷玉等撰，《明史》，北京：中华书局，1974年

27［明］王圻撰，《续文献通考》，《续修四库全书》史部第761 ~ 767册

28［明］申时行等修，赵用贤等纂，《大明会典》，《续修四库全书》史部第789 ~ 792册

29［明］谢肇淛撰，《北河纪》，《文渊阁四库全书》（电子版），《史部・地理类・河渠之属》

30［明］胡瓒撰，《泉河史》，《四库全书存目丛书》史部第222册

31［清］傅泽洪撰，《行水金鉴》，《文渊阁四库全书》（电子版），《史部・地理类・河渠之属》

32［清］张伯行撰，《居济一得》，《文渊阁四库全书》（电子版），《史部・地理类・河渠之属》

33［清］陆耀等纂，《山东运河备览》，故宫珍本丛刊，海口：海南出版社，2001年

34［清］载龄等修，福趾等纂，《钦定户部漕运全书》，故宫珍本丛刊，海口：海南出版社，2000年

35 蔡泰彬撰．明代漕河之整治与管理．台北：台湾商务印书馆股份有限公司，1991年．

36 姚汉源著．京杭运河史．北京：中国水利水电出版社，1997年．

37 王世仁主编，北京市宣武区建设管理委员会、北京市古代建筑研究会合编．宣南鸿雪图志．北京：中国建筑工业出版社，1997．

38［美］施坚雅主编，叶光庭等译，陈桥驿校，《中华帝国晚期的城市》，北京：中华书局，2000年

39 李孝聪编．美国国会图书馆藏中文古地图叙录．北京：文物出版社，2004．

40 邹逸麟著．椿庐史地论稿．天津：天津古籍出版社，2005．

注：本书中照片未标注者均为本书第一作者拍摄，时间：2002~2012年．

图书在版编目（CIP）数据

走在运河线上——大运河沿线历史城市与建筑研究 / 陈薇等著.
—北京：中国建筑工业出版社，2013.12
ISBN 978-7-112-16140-9

Ⅰ.①走… Ⅱ.①陈… Ⅲ.①城市史—建筑史—研究—中国—古代
Ⅳ.①TU-098.12

中国版本图书馆CIP数据核字（2013）第284981号

责任编辑：李　鸽　王莉慧　徐晓飞
书籍设计：付金红
责任校对：姜小莲　关　健

走在运河线上——大运河沿线历史城市与建筑研究

Walking on the Canal Line——A Study of the Historical Cities and Architectures along the Great Canal

陈　薇　等著

*

中国建筑工业出版社出版、发行（北京西郊百万庄）
各地新华书店、建筑书店经销
北京锋尚制版有限公司制版
北京顺诚彩色印刷有限公司印刷

*

开本：880×1230毫米　1/16　印张：41¾　插页：4　字数：820千字
2013年12月第一版　2013年12月第一次印刷
定价：238.00元（上、下卷）
ISBN 978－7－112－16140－9
（24911）

走在运河线上

大运河沿线历史城市与建筑研究（下卷）

Walking on the Canal Line

A Study of the Historical Cities and Architectures along the Great Canal

陈薇 等著

中国建筑工业出版社

『十一五』国家重点图书出版规划项目

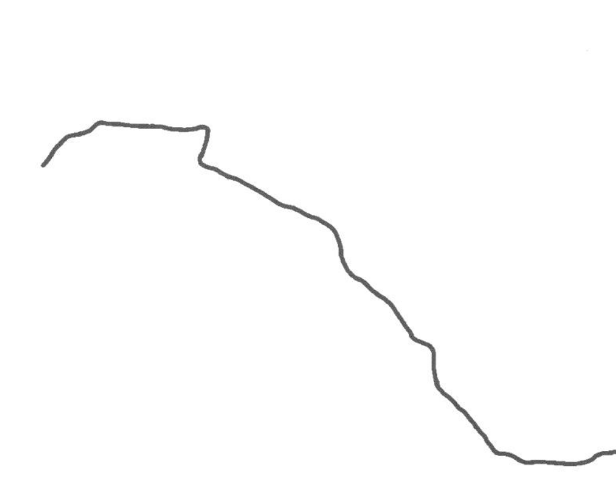

Contents

目录

PART Ⅱ

GRAND CANAL AND ARCHITECTURE

下篇

大运河与建筑

Chapter 9

A Study of Selected Architectural Structures along the Grand Canal

Liu Jie

第九章 大运河沿线若干建筑类型研究

刘　捷

元明清京杭大运河是我国南北交通的大动脉，对沿线区域的政治经济发展、物质文化交流起到了巨大的促进作用。运河造就了一个新的自然环境和生态环境，沿线集中了一些建筑类型，主要有：因漕运需要设置的转运仓、因商品流通发展产生的钞关、与运河相关的祠庙以及运河管理机构等。这些建筑类型因运河而生，同时对运河沿线的城镇建设和社会生活产生了重要影响。本文对这些运河沿线建筑类型展开研究，发掘其特点，分析其产生、发展、兴衰的动因，揭示其对所在区域的作用。

一、元明清运河沿线的转运仓

1. 元明清漕运概述

转运仓是为漕运而设的建筑类型，其作用是贮存各地收缴租赋，并向京城中转。转运仓的变迁与漕运密不可分。

元初运河尚未打通，漕粮运输曾尝试水陆联运、海运等许多方式。水陆联运利用现有水道，效率不高。江南漕船到达淮安后，转入黄河（当时黄河由泗入淮，合并在淮河下游东流入海），逆流上行，直达中滦旱站，然后车载牛运，经陆路向北达御河南岸的淇门镇，入御河北上，经临清、直沽，由白河抵通州，再由通州陆运至大都。至元年间，完成了运河的改造工程，运河南北贯通。但由于运河初创，尤其是山东段，虽经多次开凿、疏浚，但效果不佳，运河河道狭而水浅，因此终元一代，漕运不得不冒风涛之险以海运为主，运河并未在漕运方面发挥应有的效用。

明代会通河重开之后，运河全线贯通，而“海陆二运皆罢”[1]，运河成了统治者获得江南丰庶物资的必要条件。直至清末，运河承担了主要的漕运功能，保证了国家政治生活的顺利进行。

清嘉庆后，黄河屡次决口致使运河淤阻严重，又兼漕运制度弊端百出，运河已难保证京师对于漕粮的巨额需求。道光六年（1826年）清政府为改变京师漕粮供不应求的状况，将江苏省所属四府（苏、松、常、镇）一州（太仓）的漕粮改为海运，是为清代海运漕粮之始。咸丰五年（1855年），黄河在河南铜瓦厢大决，改道北流，经山东夺大清河入海，运河被截为两段，南北隔绝不通，海运终于取代运河而成为清末漕粮运输的主要形式。

2. 漕运制度与水次仓

有元一代运河尚未全线通航，漕运主要通过海运进行，海运的始迄地太仓浏家港和直沽的中转仓库非常重要[2]。明代会通河重新疏浚后，漕运主要依靠运河完成，为漕运需要，运河沿线设置中转仓库，保证了漕运的顺利进行。

明代转运仓称“水次仓”。《明史》载：“历代以来，漕粟所都，给官府廪食，各视道里远近以为准。太祖都金陵，四方贡赋，由江以达京师，道近而易。自成祖迁燕，道里辽远，法凡三变。初支运，次兑运、支运相参，至支运悉变为长运而制定。”[3]

“支运法”是永乐十三年（1415年）漕运总兵官陈瑄推行漕运政策：“时淮、徐、临清、德州各有仓。江西、湖广、浙江民运粮至淮安仓，分遣官军就近挽运。自淮至徐以浙、直军，自徐至德以京卫军，自德至通以山东、河南军。以次递运，岁凡四次，可三百万余石，名曰支运……”[4]各地漕粮就近运至淮、徐、临、德四仓，再由运军分段接运至通州、北京，一年转运四次。支运法“军民分任其劳”，“纳者不必供当生之军支”，“支者不必出当年之民纳”[5]，民运的比重约占支运的四五成。但此法实行后“不数年，官军多所调遣，遂复民运，道远数愆期。”[6]支运法一方面江南百姓要运粮至淮安或徐州、临清，另一方面，湖广、江西、浙江及苏、松、安庆官军每年又驾空船赴淮安等地载粮，在一定程度上造成运输人力资源的浪费。

于是“宣德四年（1429年），瑄及尚书黄福建议复支运法，乃令江西、湖广、浙江民运百五十万石于淮安仓，苏、松、宁、池、庐、安、广德民运粮二百二十四万石于徐州仓，应天、常、镇、淮、扬、凤、太、滁、和、徐民运粮二百二十万石于临清仓，令官军接运入京、通二仓……山东、河南、北直隶则径赴京仓，不用支运。寻令南阳、怀庆、汝宁粮运临清仓，开封、彰德、卫辉粮运德州仓，其后山东、河南皆运德州仓。”[7]

兑运法令百姓就近兑于附近的卫所官军转运，军运的费用由农民承担。次年，始定漕粮“加耗则例”，即按地区的远近计算运费，随征粮加耗征收，于兑粮时交给官军。兑运法缩短了百姓运粮的距离。起初兑运与支运并行，其后兑运渐居优势，但毕竟没有使农民得到全面的解放，同时“如有兑运不尽，仍令民自运赴诸仓，不愿兑者，亦听其自运”[8]。兑运法虽然解决了江南驾空舟赴淮安运粮问题，应天、苏、松等处税粮又有不少要通过民运抵达瓜州、淮安兑军。于是明朝廷又有改兑之议。

“至成化七年（1471年），乃有改兑之议。时应天巡抚滕诏令运军赴江南水次交兑，加耗外，复石增米一斗为渡江费。后数年，帝乃命淮、徐、临、德四仓支运七十万石之米，悉改水次交兑。由是悉变为改兑，而官军长运遂为定制”[9]。

“改兑法”（即长运法或直达法）由兑运的官军过江，径赴江南各州县水次交兑。农民可免除运粮，但要增纳一项过江费用，成化十一年（1475年）改淮安等四仓支运粮为改兑。自此，除白粮仍由民运外，普遍实行官军长运制度。

明代先后实行支运、兑运以及改兑等方式转运漕粮，在支运和兑运情况下，运河沿线每隔一段距离设置粮仓确为必需。而水次仓在明初的漕运制度下，也发挥了重要的作用。

《明会典》中记载水次仓云：“水次仓五处，天津左右三仓（永乐二年建，今一十八廒）；德州常盈仓二仓（宣德五年建，今二十八廒）；临清广积常盈仓三仓（永乐四年建，今四十八廒）；徐州永福、广运二仓（永福洪武元年建；广运永乐十二年建，今四廒）；淮安常盈一仓（永乐十三年建，弘治二年存二十七廒）”[10]。

《明史》所记的淮安、徐州、临清、德州四处转运仓，而《明会典》中还提及天津仓，概将海运之转运仓也包含在内。

水次仓还有设管理机构，成化年间设立“监仓户部主事四人，分驻淮、临、徐、德”[11]。

3. 水次仓的分布

明代这几座水次仓均位于漕运枢纽之地。淮安仓因“漕自一岁四运，军民各任其半，谓之支运，而里河民运不习河事，以至失陷劳费”[12]，而设于运河与淮水交汇处；徐州仓置于运河与黄河的交汇处；临清仓位于会通河与御河的交汇处：“漕艘飞挽以为咽喉，储积庾廪以备仓卒，商贾辐辏，税颜充盈”[13]；天津仓位于海运与河运的转运处；德州仓较为特殊，沿袭了金代的转运仓，在明初成祖夺权的战争中发挥了重要作用，此后利用原来仓廒的基址建转运仓，并进一步发展。总的来说，这几座水次仓都设置于运道转换之枢纽，便于物资中转，提高漕运效率（图9-1）。

4. 水次仓的放弃

明代前期漕运行支运法，漕粮分别经各仓中转，以至各仓存储颇多。宣德四年（1429年）实行兑运法，“山东、河南、北直隶则径赴京仓”，而离京城远的民

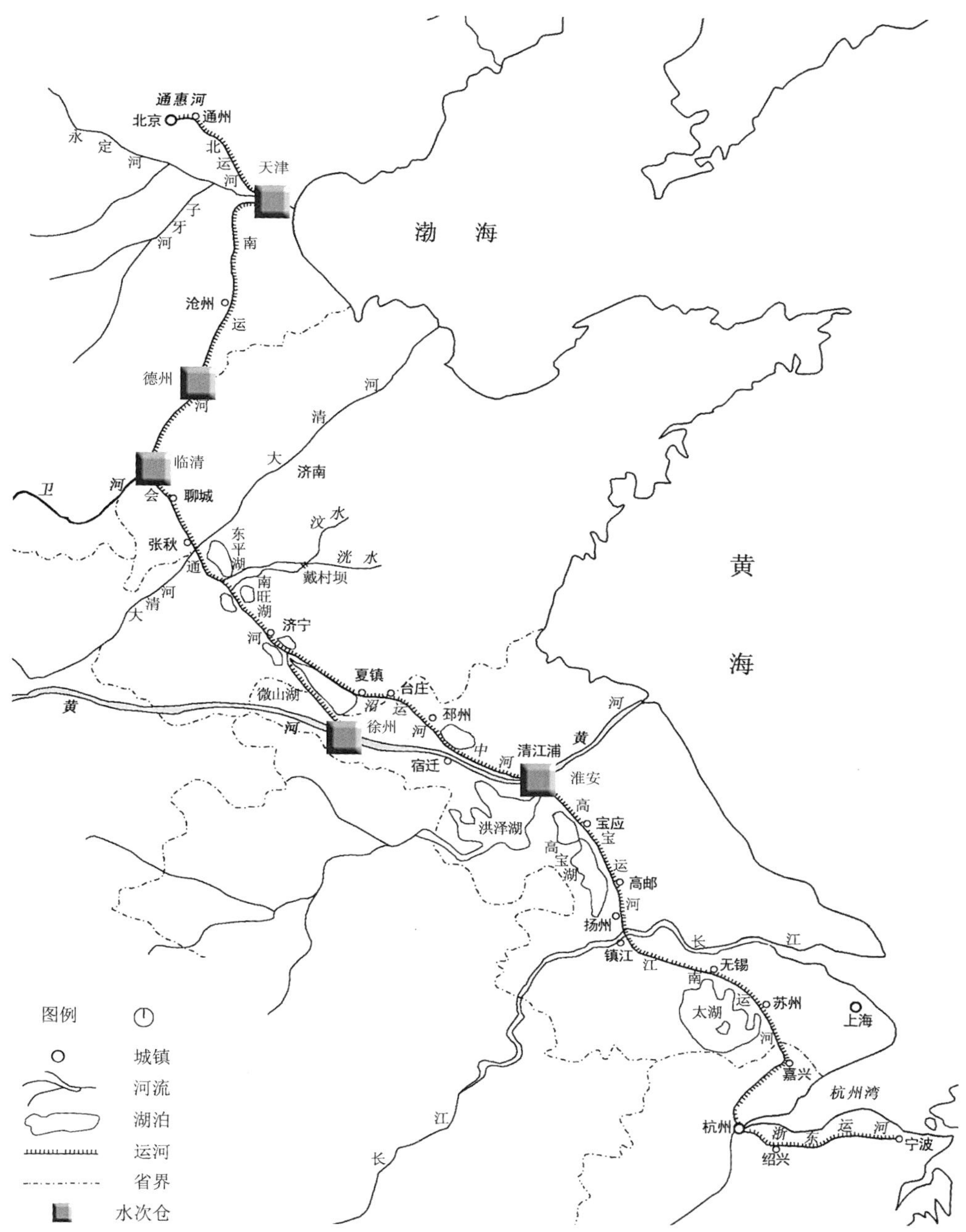

图9-1. 明代运河沿线水次仓所在城市
底图摹自：安作璋主编《中国运河文化史》"明清京杭运河图"

运至水次仓，然后“令官军接运入京、通二仓”。

初行兑运法时，支运并不废止，转运仓也仍然发挥作用，因此在景泰年间，有“筑淮安月城以护常盈仓，广徐州东城以护广运仓”[14]之记载。但已经有部分漕粮实行兑运，不经四仓中转，临、德诸仓所储渐少，而京通仓则移不能容。于是，临清、德州、河西务仓各废弃三分之一，同时扩大京仓。

至成化七年（1471年）进一步减少民运，又将原来仍行支运的七十万石改为兑运，称改兑。转运仓逐渐失去了原有的作用，徐州、淮安二仓形同虚设，至万历时“无粒米”[15]。临清、德州二仓情况稍好，但成化年间，临清城外的预备仓也废置不用，而用城内仓厂储存预备米[16]，万历时二仓仍岁受税粮，积至50万石[17]。

清代前期的漕运因袭明制，康熙帝确立了“倚漕为命”的方针，用屯丁长运。“令瓜、淮兑运军船往各州、县水次领兑。民加过江脚耗，视远近卫差”，同时又将“淮、徐、临、德四仓仍由民运交仓者”一并“兑运军船”[18]。

明清的漕运方式决定了水次仓的兴衰，明代早期实施的支运法、兑运法漕粮要经过中转仓库，而改兑则漕粮大多不经水次仓中转而直接运达京通。清代继承了明后期的做法，军运漕粮直接运京仓的称“正兑”，运通州仓的称“改兑”[19]，运河城市的水次仓多废弃不用。

水次仓的作用变化在很多方志的记载中也可看出，如淮安仓：“成化七年（1471年）都御史腾昭请罢瓜淮兑，令附近卫军就本仓兑，加贴过江耗，视远近以差。并淮、徐、临、德亦行改兑，由是军运就本地直抵北、通而四仓转运之制遂罢。其时号轻赍，军在卫所支月粮出运给行粮”[20]，“自漕用军运，直达京通而此仓止贮”[21]；明末清初谈迁《北游录》中载淮安常盈仓已是“圮甚，仅存数楹”，规模“五十区”，“坚墉广厦，倍于常制”[22]。

由此可见，明清漕运制度经历了支运、兑运（与支运同时兼行）和长运三个发展阶段，其总趋势是：民运逐渐减少，而军运逐渐增加，最后则是军运取代了民运，长运代替了分程接运。水次仓制度是这些探索中的重要部分。早期，水次仓在漕运过程中发挥了重要的作用，随着漕运制度进一步改革、完善，军队长运证明是较为有效的漕运组织方式，一直沿袭至清代，水次仓遂退出了历史舞台。

5．通州仓

除了上述水次仓外，明清时期通州亦在运河沿线设置仓库。通州仓具有转运仓库的功能，但与水次仓并不完全相同[23]。一方面位于通惠河之端的通州仓也有转运仓库的职能，且与运河关系紧密，另一方面通州仓与京仓一同被看作漕粮最终的接收地，其管理也与京仓相同："其漕运之廒仓也，在京通者则有总督太监、户部尚书或侍郎，巡仓则有御史，拨粮则有员外郎，监收则有主事，以至仓使、攒典各有人焉。"[24]因此虽然运河沿线的水次仓随着漕运方式的改变逐步废弃，通州仓却一直发挥着重要作用。出于通州仓的转运性质以及仓库与运河的密切关系，在此一并研究。

6. 转运仓的选址

明代仓廒的选址一般是"南向择高阜之处，以避水湿"[25]，为漕运服务的转运仓选址需尽可能利用滨河临水的便利交通条件，并兼顾地势、水患、防卫等因。

（1）天津转运仓选址

天津一地本是"海滨荒地"[26]，元代及明初河运、海运漕粮在此经过并交卸[27]，遂成漕运重镇。漕运的发展使"大直沽"、"小直沽"、"三汊沽"（三汊口）等地都成为繁华地带（图9–2）。大直沽建有接运厅、临清运粮万户府等衙署治所[28]，小直沽建转运仓："小直沽……为南仓，为北仓，元朝储积之地"[29]；至元二十五年（1288年），"增立直沽海运米仓"[30]，又设"直沽广通仓"[31]。明初命平江伯陈瑄在此基础上"充总兵官总督海运，输粟四十九万余石，饷北京及辽东，遂建'百万仓'于直沽"[32]，明代永乐二年（1404年），在这里筑城设卫[33]。天津南仓、北仓、广通仓均选址小直沽，并在此基础上建城，显然是利用河口处方便的运输条件。小直沽位于三汊河口南，三汊口即潞河（北运河）、卫河（南运河）汇流入海河处，另外还有一条流入大河淀的东河，在三汊河口不远处与北运河合流，这里成为南北东西水运枢纽、河海漕运咽喉。除此之外，小直沽相对地势较高，有利于防止水患[34]，也是选址的有利条件。宣德年间（1426~1435年），天津又增加三仓，均位于已经形成的城内[35]，其中"天津卫大运仓六廒，三十三间，官厅三间，门楼一座；天津左卫大盈仓九廒，计四十五间，官厅三间，土地祠一所，门楼一座；天津右卫广备仓七廒计四十五间，官厅三间，关王庙一所，门楼一座"[36]，明宣德十年（1435年），在天津卫城设户部分司，派户部主事一员监督、管理漕运及仓储收放事宜。

（2）德州转运仓选址

明代德州的水次仓是在金代仓廒的基础上发展起来的，"金都于燕，通山东、

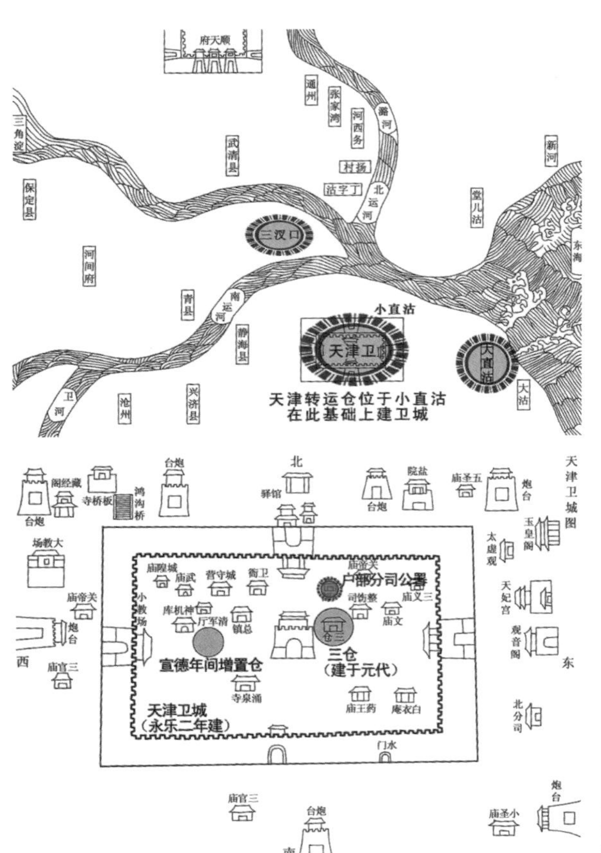

图9-2. 天津转运仓与三汊口津渡

左上底图摹自：（康熙）《天津卫志》"府境图"，左下底图摹自：（康熙）《天津卫志》"天津卫城图"，http://tianjin600.enorth.com.cn

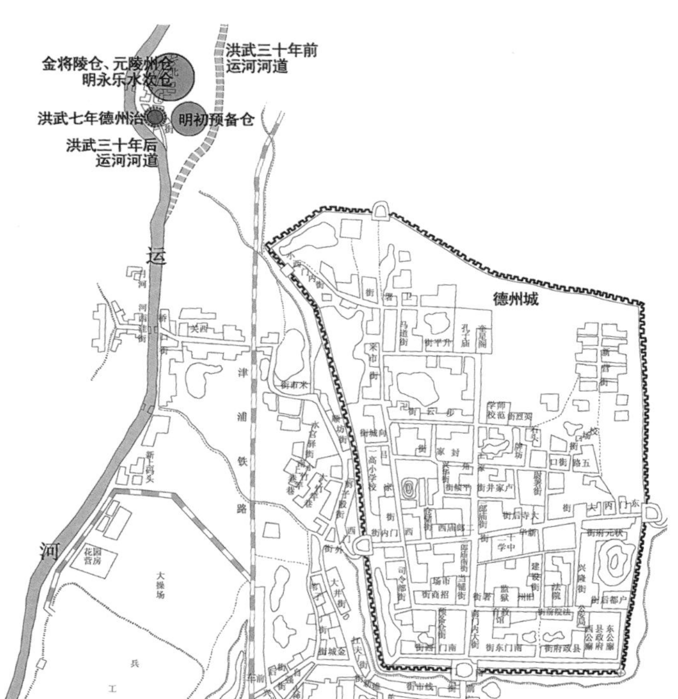

图9-3. 德州的水次仓与水道

底图摹自：［民国］《德县志》"德县第一区分图"

河北之粟，凡诸路濒河之城则置仓贮之。若恩州（即汉清河郡）之临清、历亭（隋分武城及鄃县，置历亭县），景州之将陵、东光皆置仓之地”[37]。金代德州“将陵仓”建于金天会七年（1129年）[38]，贮存由御河运来的“豫省粮”[39]，元代“因金旧，而署漕仓”[40]，“至元三年（1266年）改将陵仓为陵州仓”[41]，其地“在今（乾隆）州城之西北”[42]。成祖取得政权后，在元代陵州仓的基础上建德州水次仓，称广积仓，储存山东河南粮：“广积仓，明永乐九年（1411年）会通河告成，十三年（1415年）于陵州仓故址建广积仓，即德州水次仓，以备淮、徐、临、德起运南粮赴通。运军递换，暂驻于此……在今之北厂”[43]。德州的转运仓早在金代就发挥了漕粮转运的作用，选址在运河边，这座仓因转运方便在元代至明初一直被利用。

“明洪武三十年（1397年）截河一湾筑城，河移而西”[44]，此次筑城，改变了运河的走向，原在运河西的仓变为在运河以东，但仍旧位于运河旁，由此也可看出水道对于转运仓的重要作用（图9–3）。

（3）临清转运仓选址

临清水次仓原为解决平定北方用兵的粮饷所建，“建临濠、临清二仓以供转运”[45]，洪武二十四年（1391年），建仓“储粮十六万石于临清”[46]，称水次兑军仓[47]，水次仓有西廒三连，南廒、东廒各五间[48]。洪武所建仓位于汶卫交汇的中洲[49]，交通十分便利。

中洲是汶河（会通河）与卫河（御河）交汇处的一块狭长陆地，会通河在此分为两支，分别在南北两处流入卫河。中洲水陆交通极为便利，且地势高起：“……乃会通河之极处，诸闸与此乎尽，众流于此乎会。且居高临下，水势易泄而涸速”[50]，会通河分支处被形象地喻为“鳌头矶”（俗谓之“观音嘴”）[51]，明初临清转运仓选址中洲，实为成功。

（4）徐州转运仓选址

徐州“楚山以为城，泗水以为池”[52]，交通便利，汴水与泗水在城东北交汇南流入淮，是重要的漕运通道。（乾隆）《徐州府志》言：“三面阻水，即汴泗为池，独南可通车马”[53]。

“徐州古有四城，一曰外城，相传即古大彭国，内有金城，又东北有小城，其西又有一城，刘宋初皆尝更筑，王元谟称为‘城隍峻整’，魏尉元亦称其险固。唐贞观五年（631年）重筑，宋熙宁中，郡守苏轼增筑各门于城。金完颜仲德复于南面增筑浚隍元改置武安州于东南二里许”[54]。

元代京杭大运河贯通，徐州位于运河与黄河的交汇处，成为大运河沿线扼制南北的要冲，地理位置尤为重要。明初定都南京，徐州是京师的北大门，出于军事上考虑，洪武时废弃了元代的武安州城，“复治旧城”[55]，明永乐十三年（1415年）利用废弃的武安州城建造徐州转运仓——广运仓[56]，此处地势较高，且“东临河干”[57]，宣德五年（1430年）增设廒，有仓廒百座，房舍千余间[58]。

可见徐州仓也选址在临河、地势高亢之地，并利用了原来武安州城故址（图9-4）。

（5）淮安转运仓选址

“淮安常盈仓位于淮安城西北三十里的清江浦，永乐初平江伯陈瑄因旧渠开通置闸蓄池，更名清江浦，后于浦旁置仓积粮以备转兑，为公私便，今常盈仓是所建也[59]。”

清江浦河是永乐十三年（1415年），平江伯陈瑄为改善运河入淮利用原来河道而疏通的，自淮安城西管家湖凿渠二十里，导引湖水由鸭陈口入淮。清江浦河开凿后，舟楫进出河淮，改走此道，自此清江浦成为运河入淮主要通道，淮安常盈仓就设在清江浦旁，“淮滨作常盈仓五十区，贮江南输税”[60]，仓廒与运河关系紧密（图9-5）。

7. 转运仓与所在城市建设

转运仓的设置对所在地区的发展产生一定影响，其中较为突出的是影响到城墙建造、城市规模、政府机构分布等；有些城市甚至是因仓建城，转运仓对城市的发展起到决定性的作用。分析转运仓廒与运河城市的关系，对于进一步认识转运仓的作用十分重要，且有助于了解运河城市的发展变迁。

（1）通州

通州在元代就是仓储要地。元初通惠河打通之前，漕粮由水运至通州，再陆运至大都，作为水陆转运处的通州置有储藏漕粮的仓库，“成宗（1295~1307年）时期……有通州八仓，即有年仓、富有仓、广储仓、盈止仓，及秭仓、乃积仓、乐岁仓、足食仓”[61]，位于后来的通州城的北部。但这时“通州至大都陆运官粮岁若千万石，方秋霖雨，驴马踣毙，不可胜计……费多民劳”[62]，元代通惠河开凿之后[63]，通州更成为运河漕粮进入北京的门户之地，北运河与通惠河在此交汇，在通州“深沟、乐岁五仓积藏粮石”[64]，又增加庆丰仓、延丰仓、富储仓、富衍仓，及衍仓五仓，计十三仓。通州城建于元末[65]。此城“北通惠河积水至深

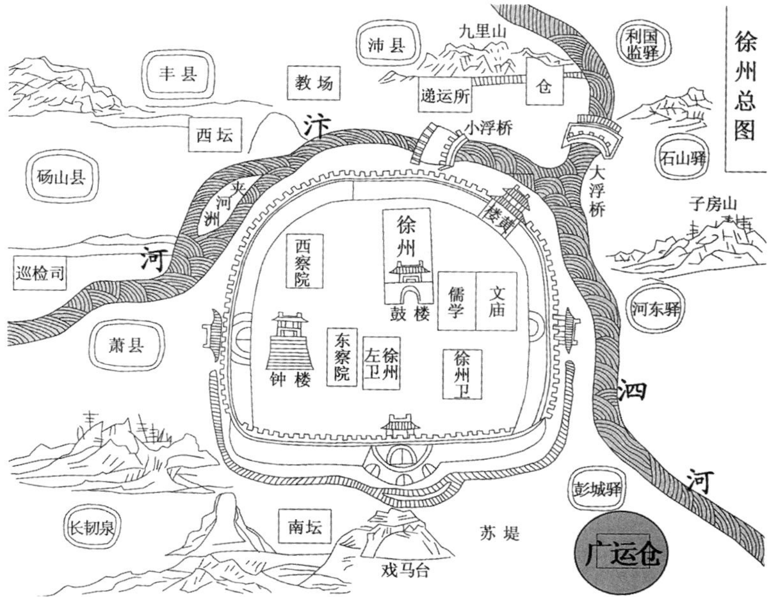

图9-4．徐州转运仓选址
底图摹自：（弘治）《徐州府志》“徐州总图”

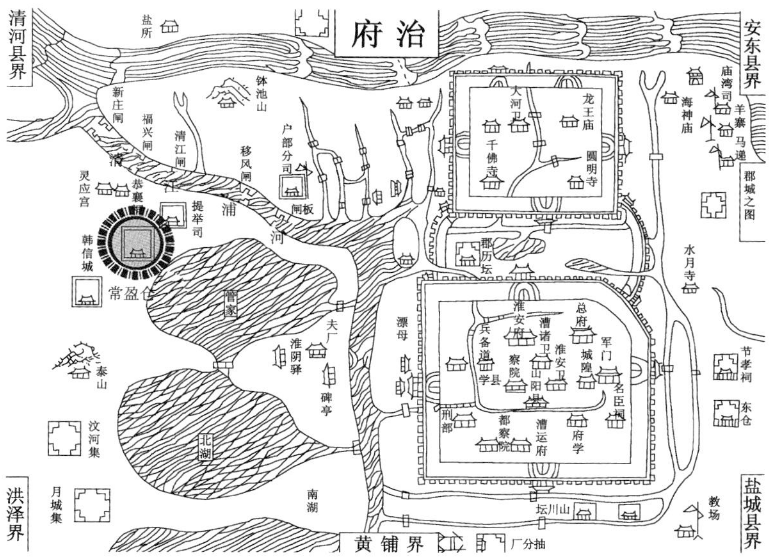

图9-5．淮安转运仓选址
底图摹自：（万历）《淮安府志》“郡城之图”

沟村西水渠，去乐岁，广储等仓甚近，拟自积水处自通州城北至乐岁西北，水陆共长五百步”[66]。城市选址特别强调了与仓廒的关系。

元末明初，通州粮仓毁于战乱。明初通州城得到修缮[67]，永乐迁都后，漕运量大增，通州作为南北漕运的尾闾，不时修建仓库，永乐五年（1407年）“淮安、河南漕运皆至通州”，“建仓庾以贮所漕运之粟”[68]，永乐七年（1409年）设通州卫仓[69]，“自文皇帝定都以来，肇立京府并置州卫。东南漕运岁入四百万，析十之三贮于州城，既久且富，乃于城西门外僻地为西南二仓”[70]。通州粮仓的增建与运河贯通后漕运量迅速增加有关；永乐中期，又在南门内建中仓和东仓[71]；之后“宣德六年（1431年），增置北京及通州仓”[72]，“正统元年（1436年），定通州五卫仓名，在城中者为大运中仓，城内东者为大运东仓，城外西者为大运西仓，又令修通州等仓一百四十三间”[73]；“景泰二年（1451年），移武清卫仓于通州；四年（1453年），造通州大运中仓；六年（1455年），增置通州仓”[74]，“天顺三年（1459年），令增置通州大运仓，又令增盖通州仓廒三百间；四年（1460年），在通州草场旧址新盖仓廒，名曰大运南仓：五年（1461年），增置通州大运仓一百间”[75]，“弘治八年（1495年），户部奏请于通州旧城西增置仓廒一百六十八间”[76]。

这时通州仓中，大运中仓和东仓位于城内，大运西仓和大运南仓均位于城外：“大运东仓在旧城南门里以东，永乐中建廒十五连四十一座，计二百五间，囤积一百八十个，内有神武中卫仓小官厅一座，挈斛厅一座，神南北右三门各一间”[77]；“大运西仓在旧城西门外，俗呼大仓，永乐中建，廒九十七连三百九十三座，计二千一十八间。囤积八百四十四个。内有大督储官厅一座，监督厅一座，各卫仓小官厅六座，筹房各二间，井二口。各门挈斛厅各卫仓小官厅五座，各筹房二间，井一口。东南北三门各三间”[78]，“大运南仓在新城南门里以西（旧城外），天顺中添置廒二十八连一百二十三座，计六百一十五间，内板木厂一处，门一间，官厅一间，每年收贮各运松板楞木专备铺垫各廒用”[79]。

通州仓所储物资直接供给中央机关和驻军之需，地位十分重要，城外的转运仓日益受到重视。为保护粮仓，“明正统十四年（1449年），总督粮储太监李德，镇守指挥陈信，以大运西、南二仓在城西门外，奏建新城护之，新城实始于此”[80]。新城“甃以砖，周围七里有奇，东连旧城，西面为门二，一曰南门，一曰西门。各有楼，高止丈余，不及旧城之半。正德六年（1511年），巡抚李贡奏请增修新城，筑高五尺”[81]。

明代通州的四所粮仓（中仓、南仓、东仓、西仓）有廒七百六十二座、三千五百五十九间，储粮九百余万石（每座廒可储正粮一万二千石）。在（光绪）

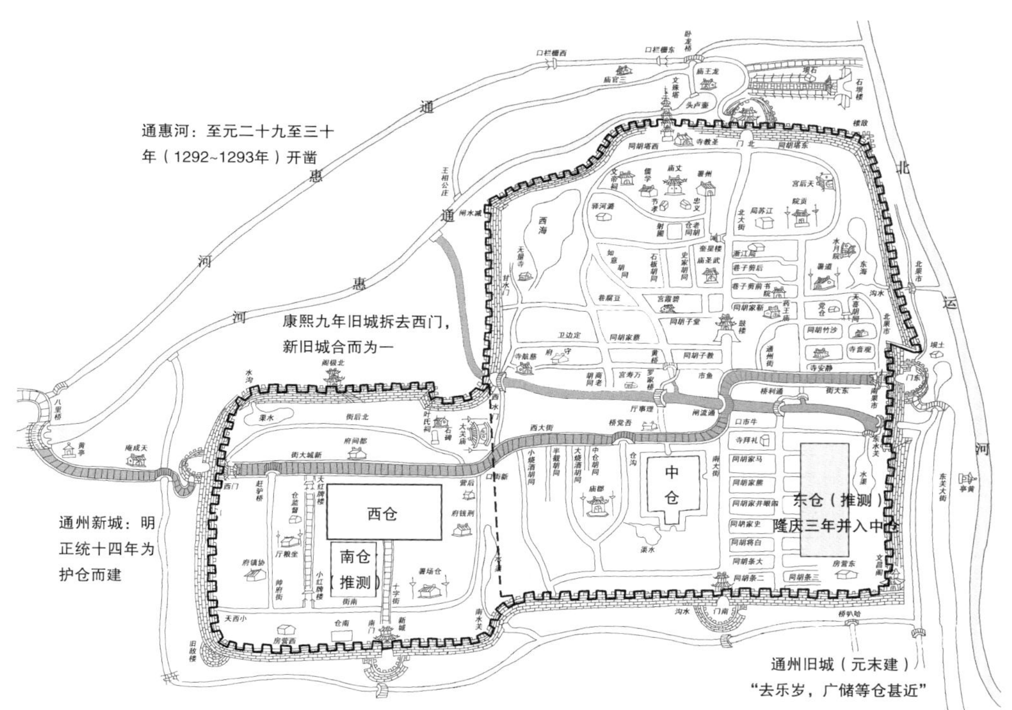

图9-6. 通州仓与城市的关系
底图摹自：（光绪）《通州志》“城池图”

《通州志》“城池图”中，有西仓和中仓位置；旧城东南角有大片空地，很可能是永乐时东仓所在（隆庆时并入中仓）；另据“大运南仓在新城南门以西”之记载，推画出南仓的位置（图9-6）。

永乐年间，每年入通仓漕粮百余万石；隆庆（1567~1572年）初，通仓年入仓漕粮三百万石，即约达漕运至通漕粮总量的十分之七。嘉靖二十八年（1549年），大运西仓、南仓、中仓、东仓分别有廒三百九十三座、一百二十三座、一百四十五座、四十一座，到万历三十三年（1605年），大运西仓、南仓、中仓（东仓已经并入）盛粮廒分别为一百五十八座、五十七座、七十八座[82]。

清代初期通州有三座粮仓，即西仓、中仓、南仓，“康熙九年（1670年）知州宁完福详奏修新旧二城……旨旧城西门应拆去，新旧合而为一”，因此“旧城西面城墙拆去一百八十二丈”[83]，两座城之间的联系更加紧密。

漕粮在通州的转输还影响城市道路的设置，“通州漕粮入廒，自土坝码头盘入各仓，或水运，或陆运”[84]，漕粮由北运河而来，经通州转运，再经通惠河运往京城，在通州城内形成了两条运粮通道：陆路从旧城东门进入，穿过旧城及新城，由新城西门出，通往八里桥。这条道路成为城市的主要干道[85]，仓库均位于道路的南侧，光绪《通州志》“城池图”中把这条路用不同于其他道路的画法强调出来；水路从旧城东水关进入，基本和陆路平行而西，穿过旧城，从旧城西水门通往通惠河。两条通道互相配合，方便城中粮仓的转输。

通州城市建设与漕运仓库关系十分密切，通州元代就是漕运的尾闾，明初通州城（后称旧城）建造与元代仓库有密切关系；明代仓库扩建之后，为保护粮仓建新城，如李东阳所言：“文皇建都，治必南向，州名曰通，作我东障。高城巍峨，有兵有民，漕河北来，饷粟云屯。储盈庾增，新城是筑”[86]。为保护仓库而建的城池十分坚固“……望之严严，即之巉巉，河流在阳，其水潭潭，前有连城，后有□嵲……越百余年，既崇且广，古亦有言，安不忘危，惟台有臣为藩，为维金汤高深，同彼带砺守在四方传于万世。”[87]

城市道路也受到储运、转输粮食的仓库的影响，通州城最重要的陆路、水路道路都是围绕仓库而设。可见仓廒作为一个主导因素决定了通州城的形成与发展，并对城市布局产生了重要影响。

（2）德州

明代德州转运仓——广积仓建于永乐十三年（1415年），是在金代将陵仓即元代陵州仓的基础上发展起来的。仓廒所在之处金代和元代就有所发展，附近已有不少建筑，“金元立昭惠庙、高真观，皆在御河西湾内”，“东岳庙、禹王庙、永庆、慈氏二寺、张祐墓俱在河西”[88]。洪武七年（1374年）将远离运河的陵县迁至此而设州治，洪武九年（1376年），设德州“正卫”，“设兵以护卫德州也”[89]，“仓库钱粮俱府州治，不可无护卫，故七年（1374年）移州，九年（1376年）遂设卫”[90]。

明洪武三十年（1397年）筑砖城[91]，“周围一千九百五十六丈许，计一十里零一百八十步，高三丈七尺，池深一丈，阔十五丈，有门五，东曰长乐、南曰朝阳、正西曰定边，偏西曰广川，北曰拱极”[92]。

德州水次仓不在洪武所筑砖城内，因仓廒的重要作用，“建文元年（1399年），都督韩观筑十二连城于卫城北，以护北厂仓储”[93]，所建的十二连城的确切边界尚不可考，但从仓廒的位置可推测其大致范围（图9-7）。“靖难之役”中，由于所储仓米之故，德州成为建文帝必守、朱棣必争之地，这场战争在德州争夺十分激烈[94]，军事上的重要性固然是一方面，但更重要的是为得到德州仓充足的给养。正因为此，燕军几次得失德州，取得的最主要的战果就是“收粮百余万石”[95]，这成为燕王取胜的坚实物质基础。

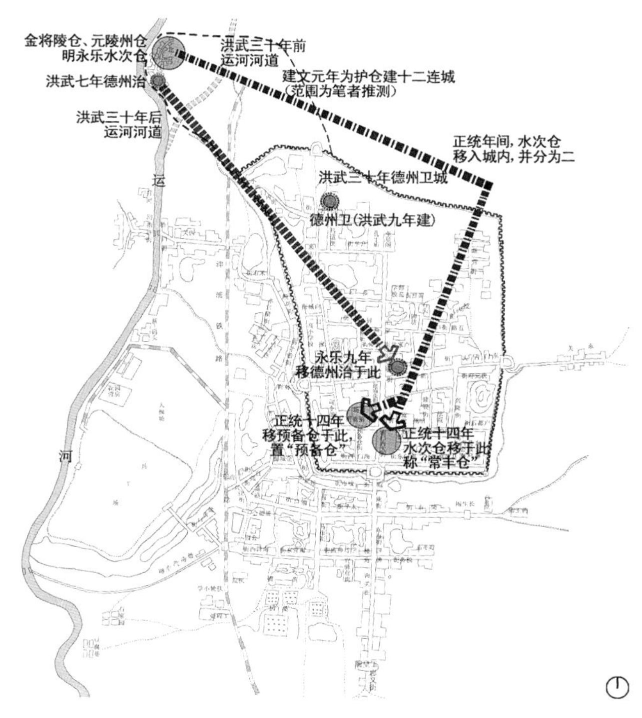

图9-7．明代德州仓与德州城变迁示意
底图摹自：[民国]《德县志》“德县第一分区图”，仓及州治位置由（民国）《德县志》记载推画

正统十四年（1449年），建文帝时建造的十二连城已年久失修，为保护仓廒，将水次仓移至城内：“移德州水次仓于南门内者名常丰仓，移在城隍庙南者名预备仓”[96]。

由上所述，明代德州的转运仓最初利用元代仓库遗址，建在运河旁以便转运，这里同时也是州治所在地。建文帝时，建十二连城为保护仓廒。永乐年间州治移到砖城内[97]，正德年间护仓的十二连城年久失修，考虑到仓廒的重要性，便将仓库也移至砖城中，连城遂被废弃，到了清代只留下部分废址形迹[98]。

德州转运仓的位置选择与运河、城市变迁都有密切的关系，并相互影响。仓廒加强了城市的重要性，并曾因此建城。另外，仓廒的位置也受城址影响，当护仓的十二连城废弃后，仓廒遂转移至已经形成的新城中。

（3）临清

元代临清城在明临清城以南八里，距汝、卫二水交汇处尚远。洪武二年（1369年）临清县治“自曹仁镇移置中洲”[99]，靠近运河获取了十分优越的发展条件；次年（1370年）遂于临清中洲建仓储粮[100]。明代运河全线贯通以后，随着转运漕粮的增加，宣德年间（1426~1435年）增造临清仓，可容漕粮三百万石[101]。宣德中的新仓规模加大，原来中洲的水次仓址已不能容纳，扩建的仓廒选址于卫河以东、汶河以北地势较高的大面积空地处，“以程远物多，因而率五七百里严储峙之区”[102]。临清、广积[103]二仓俗称大仓，共“寄留备缓急之虞，补缺够京通之数，时给续挽牵之食”，常盈仓俗称小仓，其储“乃有司卫所官吏军旗暨养济月粮米也”[104]（图9-8-1）。

“正统十四年（1449年）秋，虏寇侵犯”，“临清为两京往来交会咽喉之地……财赋虽出乎四方而输运以供国用者，必休于此而后达，商贾虽用于百货而懋迁以应时需者，必藏于此而后通。其为要切也”[105]，“如此而可以无城池、兵戎之保障乎？”，出于“保障人民，拱卫国家”[106]的需要，景泰年间（1450~1456年）修建城墙。景泰筑城放弃了县治所在且繁华的中洲，城址“缘广积仓为基”[107]，因此砖城西北方向凸出。这里较高的地势可防水患，并“移县治”于砖城中[108]。显而易见，景泰城市选址的主导思想是为了储粮护仓。城址地势高亢，城周仅九里有余，全部用砖砌成，粮仓占地“四分之一”[109]多。由此可见作为转运城市，仓廒在临清城市发展中的地位重之又重，对于临清的砖城选址、建造起了决定性的作用。

转运仓的存在还影响到临清粮食市场的分布。临清仓明代成化年间（1465~1487年）成为运河沿线的第一大仓，不少粮户在临清购买粮食，形成几个

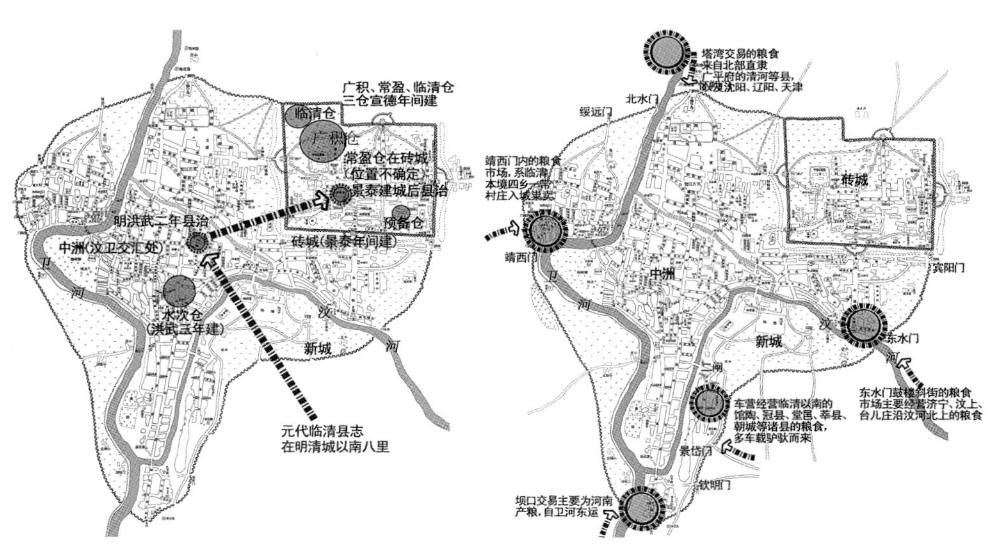

图9-8-1．明代临清仓廒及临清城变迁示意
底图摹自：[民国]《临清县志》“临清县城区图”，各仓、明初县治位置据民国《临清县志》记载推画。预备仓、户部督饷分司署、景泰建城后县治位置根据康熙《临清州志》“府城图”及乾隆《临清直隶州志》“府城图”相对位置推画

图9-8-2．清代临清的粮食市场
底图摹自：[民国]《临清县志》“临清县城区图”

大规模的粮食交易市场[110]，一直延续到清代。

临清市场的粮食来源有四：南路而来，主要产自济宁、汶上、台儿庄一带，"每年不下数百万石"，在东水门鼓楼斜街附近形成集中的粮食市场[111]；西路而来，主要为河南所产，年亦"不下数百万石"[112]，在坝口交易，自卫河东运；北路而来者，产自沈阳、辽阳、天津，年数万石，"自天津溯流而至"，在城北塔湾交易，这里还有来自北部直隶广平府的清河等县，"日卸数十石"；临清本境及附近州县所产运入州城交易者，为数亦在不少，如：临清以南的馆陶、冠县、堂邑、莘县、朝城等诸县的粮食，多车载驴驮而来，于车营一带出售，"日卸数百石"；靖西门内的粮食市场，也系临清本境四乡一带村庄入城粜卖，亦"日卸数十石"（图9-8-2）。乾隆年间（1736~1795年），经营粮食的店铺多达百余家，年交易量达五六百万石至一千万石。粮食品种则包括米、麦、粟、秫、豆类等[113]。

（4）徐州

徐州广运仓明初位于城外，随着仓库在转运中地位的日益重要，景泰五年（1454年）为便于储粮护仓，"广徐州东城以护广运仓"[114]，将原来在城外的广运仓圈进城内（图9-9）。

明代黄河水患常影响徐州城附近运道的漕粮运输，并且使徐州城受到威胁[115]。天启四年（1624年）六月甲申，奎山堤决口，黄河大水从东南水门灌入徐州城，顷刻城内一片汪洋，水深一丈三尺。"官舍民庐尽没，人溺死无数。"八月又大雨，河水再次泛滥，居民避居云龙山，水浸徐州城，三年不退，城全部被冲毁。兵备道杨廷槐署州事，请于州南二十里堡重建新城，建了十多月，给事中陆文献上书"徐州不宜迁六议"，结果新城罢废。其中谈到的六点徐州不宜迁城址的理由为：一为运道不当迁，二为要害不当迁，三为有费不当迁，四为仓库不当迁，五为民生不当迁，六为府治不当迁。

其中特别提到了徐州地理形势的重要：迁城必定妨碍运道："每当粮艘由清河而入，近虽有泇河可行，然河势狭窄，冬回空必资黄河故道。黄水多泥沙而塞走。六十年前，徐州以下号为铜帮铁底，以河至此安澜也，嗣后吕梁之间当者去其中流，石挫以为利，于行舟不知河无关镇，常至泛滥，所恃者官以仓库钱粮，民以身家性命为防御。故不至他徙，倘城一变迁，则缮修防守必疏溃决之室，其妨运道不小也"，如迁城"民方失庐舍之安，又无滨水鱼盐舟车之利，民生无赖而国计妨矣"[116]。

另外，迁址还会失去有利的战略位置："徐城三面阻山，一泻千里之势，以障江淮险要之设旧矣，金陵恃徐为南北咽喉，且黄河自西而东，闸河自北而南，

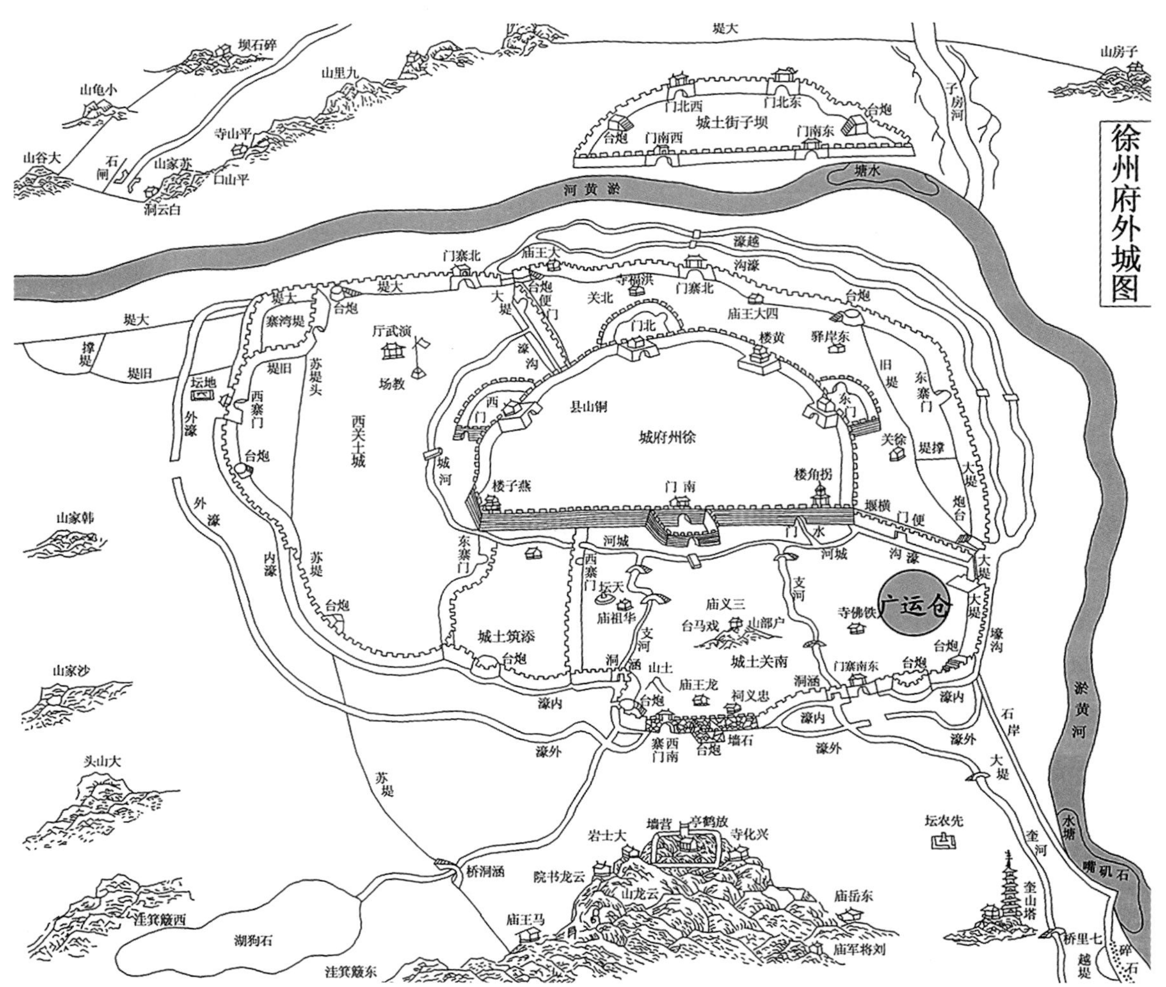

图9-9. 广运仓与徐州城的关系
底图摹自:(同治)《徐州府志》"徐州府外城图"

皆合于徐城之东北。而下阻河势，居然一重镇也。如近岁运妖发难，环攻浃月而不得渡，以故河南江北得免于难，倘道镇远移，余孽鼠伏而扼要以限之，无地方官督率，居民以捍之。万一奸宄不测，乘旧城之虚而据其内，是又藉寇以窟，而自失其天造地设之险也”。此外还谈到了费用、劳民等方面原因：“国用既匮，民力愈疲，不如守此扼要”[117]。

城址不宜迁，漕运与仓库也是一个重要原因。“……仓库不当迁。徐设卫所，宿重兵贮库运仓兑米一十九万六千有奇，差户部漕郎领之，今城迁则仓储将徙之新城乎，将因仍旧地乎，图新则仓粮之旱脚滋繁，如仍旧则积贮之防卫谁属。况部司兼摄税务则部署不能远河，仓廒又岂能远河。至官军之防卫道镇之，弹压其不能去河又明矣”[118]，最终城址未迁。

明代中叶泇河运河开凿后分流了漕粮，徐州漕运的地位有所下降，后由于黄河水患，曾考虑过迁址，但最终考虑多方原因没有迁城，位于运道要冲，“徐为天下襟喉”[119]是重要原因之一。虽然漕运输往徐州仓的粮米数量已不如明初，但在迁址的问题上仍考虑了元代到明中期由于漕运设置转运仓的重要作用。

8. 小结

转运仓是运河沿线为漕运设置的重要建筑类型，包括“水次仓”和通州仓。通州仓未列在水次仓之中，但由于其转运的性质以及仓廒与运河的重要关系，把它归于“转运仓”一并研究。

转运仓是漕运制度的产物，其分布、选址与漕运密不可分。明清漕运制度在继承前代的基础上日渐成熟，水次仓分布在运河与淮河、黄河、御河、海河等河流交汇处，以便于转运。通过对天津、德州、临清、徐州、淮安转运仓选址的分析，这些仓库均和运河发生密切关系，选址在通航便利之处，并考虑地势因素；有的转运仓并非新建，而是在原有基础上发展，利用了现成的建筑设施等；转运仓选址考虑转运这一性质，并综合利用其他条件。

明初到明中叶，由于漕运转运仓对所在城市建设影响较大，是城市选址、发展过程中必定会考虑的问题，对所在城市城址、衙署分布、道路走向、城市规模、粮食市场等起着重要甚至是决定性的作用。

明代后期，随着转运制度的变化，大多数漕粮不需经过水次仓转运，运河城市的水次仓逐渐废弃，只有通州仓是个例外。

二、元明清运河沿线的钞关

1. 钞关概述

钞关又称榷关，是明代出现的一种建筑类型。明代随着社会经济的发展和大运河的重新开通，南北之间的商品流通量显著增加。运河是一条非常重要的商运路线，因而统治者在其沿线设置钞关对舟船与其运载的货物征收“过税”：“宣德四年（1429年）……舟船所载料多寡、路近远纳钞”[120]，“钞关之设自此始”[121]。最初钞关主要设置于江北运河一线：“令南京至北京沿河漷县、临清、济宁、徐州、淮安、扬州、上新河客商辏集处设立钞关”[122]，景泰以后逐渐扩展到江南运河和长江中游。钞关在发展的过程经过不断调整[123]，最终河西务、临清、淮安、扬州、浒墅关（苏州）、北新关（杭州）、九江等七座钞关构成了明代钞关系统的骨干[124]，《明会典》在记叙钞关时，就仅开列了这七座[125]。这七座钞关税收日益增多，制度比较完备，成为明政府的重要税收来源[126]，其中六座位于运河沿线，由此亦可见运河对于商品流通的重要作用。

清初继承了明代的各个钞关：“我朝（指清朝）从未创立一关，多委一人”[127]，钞关的诸种管理制度也多沿用明代。后期增设了一批钞关[128]，钞关分布范围延伸至沿海、沿江、内陆多处[129]。

2. 钞关的分类

明代钞关主要征收以下三种过税：船钞、商税和竹木抽分。

船钞由户部向运输者征税，基于船的宽度收取，原“以装载货物多寡为率。后从简便，乃验船梁阔狭，定收料银重轻。大抵自五尺以上榷其料至有一、二丈者”[130]。

商税是先向船户征收，再由船户向商人收取“纳料等项”。“凡各处车辆船只装载货物经过，或彼发卖，各照货物精粗，定收银多寡，具有则例可遵”[131]。

起初钞关（杭州的北新关、苏州的浒墅、扬州、淮安、临清、河西务以及九江关）均只征收船税，每个钞关都由户部派出的官员管理[132]。后来，钞关开始征收商税，如北新关在正德六年（1511年）开始征收商税[133]，临清关也随后征收商税，其他码头仍然只管理船钞[134]。到隆庆三年（1569年），钞关已经征收商税，钞关由户部和各省官员共同管理[135]。

除此之外，明代还征收竹木抽分[136]。竹木抽分仅向造船原料征税，由工部管理[137]。起初是实物交纳，仅仅加征于竹、木，明代后期项目不断扩大，对于造船厂的所有可以想象到的项目，包括麻绳、钉子、石灰、炭和桐油都要征课税[138]。

明代征收商税和船钞的钞关清代发展为户部关；明代的工部竹木抽分清代发展为工部关，分隶于户、工二部。

总的来说，户部钞关较工部关数量多，税额也多，对商品流通影响大，因此相对重要[139]，且从设置到发展均与运河有密切关系，因此这里主要探讨的是户部钞关，即明代所称钞关，清代所称户部关。

3．运河沿线钞关的地位

明初钞关多设在运河沿线，足以说明运河钞关的重要性。作为南北唯一的航道，明清时期运河在全国商品流通中占有重要地位，政府的税收活动和这一商品流通线密不可分。

明清时期运河的商品流通量是非常可观的，沿线的临清、淮安、扬州、苏州、杭州等城市“俱系客商船集辐辏之处”[140]。如万历二十一年（1593年）春季，扬州关每日过关商船多则百余，“少者四五十只”[141]。清代临清关，乾隆九年（1744年）过关商船计有9738只，十年（1745年）为5816只[142]，浒墅关更是“商船往来，日以千计”[143]。

明代七大钞关除九江位于长江外，其余六个都位于运河上。明代万历（1573~1620年）和天启年间（1621~1627年）运河钞关税收占钞关总税额的80%~90%，成为政府财政收入的主要来源[144]。

清代的商税制度继承明代旧法，将河西务移到天津关，其余临清关、淮安关、扬州关、浒墅关、北新关都保留下来[145]。随着社会经济的发展，运河的商品流通量不断扩大，商税收入也逐渐增加[146]。清代钞关数量随着商路不断开辟、扩展有所增加，运河钞关税额总数虽然有所增长，但比重已降至全国钞关税收的50%~30%[147]。即便如此，运河钞关仍占有相当重要的地位（表9-1）。

清代运河钞关岁税收及占全国钞关税收比例统计表 **表9-1**

年代	康熙二十五年（1686年）	雍正三年（1725年）	乾隆十八年（1753年）	嘉庆十七年（1812年）	道光二十一年（1841年）
运河诸关税岁入（万两）	67.1	62.0	151.9	141.1	140.9
占全国钞关税总额（%）	50.6	40.9	33.1	29.3	33.5

资料来源：康熙、雍正、乾隆、嘉庆《会典》关税，《史料旬刊》27~30期

4. 钞关的一般形制

钞关的形制与其行使的税收职能密切相关。明代钞关所征之税是政府的重要财政来源[148]，征收对象是往来于水道之中的船只和商货，因此钞关主要职责是保证过税的缴纳，并对过往船只纳税情况进行稽查。一般说来，运河上来往的船只的缴税和过关是分开进行的。商船及货物通过钞关，需要有报税、纳税和过关几个步骤。崇祯年间的《北新关志》对此有比较详尽的记载，所谓报税："凡商出入，具单报所有货物（如某府某县商人某人，或出入本关，或出入三小关，或经某务，或项关，或告报某处住卖，或往某处货物，开具于后），船出入亦开单报船名、梁头及所载米麦货物之类（如某府某县船户某人，或出关，或入关，梁头若干，装某处商人某人或米麦若干，或货若干，或有票有缴照，或顶关报埠头，某人写单，某人大抵船载米麦者为多，若载货物，务与商人所报者相同，以便查对）"[149]。

船主和商人填好报税单之后，赴公署纳税："查对相同，依见行则例算该纳钞贯、折银数目，登号填牌，论众赴委官公署挨次上纳"[150]，由钞关公署发给交税证明，其上内容非常细致，规定十分严格："给商人以票（如果本商报到货物该纳钞贯折银，除发该官吏收解外，合给票执照，仰关务员役验实截角，即时放行。经出本关务要货票查照关外埠头类缴，如过期限诈冒影射者，不准照计开或出关，或入关。第次号某处某商人某人某货若干，经某关务，该钞若干，折银若干。守把员役但有留难、需索者即时赴告拏究。如客商票内既已填定，由某关务经过至某关务，撤销及出别路越行者，许诸人盘获，以匿税论。限某日某时某关务照过缴票，过期不准照）"[151]。船户就凭这个交税证明过关："船户以筹（入关黑筹一百根，出关红筹一百根，编定号数，每日照单给筹，挨次验放，先入后出，不得混乱，执照过关）"[152]。

钞关建筑的一般形制受到钞关职能与船只过关过程的影响。通过对留存资料相对丰富的杭州北新关、苏州浒墅关、淮安关[153]进行研究，钞关主要由钞关公署（主要职能是收税及官员办公）、"棚"或"楼"（稽放船只）、小关（防漏税）等部分组成，三部分之间互相联系和制约，有效行使征收过税职能，下分述之。

（1）钞关公署

钞关公署就是通常所说的"户部分司署"[154]，其规制"按公署之设，以彰朝廷之体制"[155]，"法度攸司交政有所政，以之成礼，于是具焉，故受之以公署"[156]。钞关公署有明显的中轴线，轴线上分布着牌坊、仪门（大门）、大堂、二堂、后堂等建筑，规制整齐，等级分明。

北新关公署轴线上依次为牌坊（题名“北新关”）、大门（即仪门，又称前厅）、大堂、后堂、再后有临池楼台。此外“关之前建鼓楼一座，高三丈，以警晨昏”[157]。主轴线两侧还有辅助建筑如：大门外委官小署[158]听事官房[159]，门外置有枋亭[160]（图9–10–1）。

浒墅关公署中轴线上分布着牌坊、头门、仪门、大堂、二堂、三堂以及馨祐楼、望雪楼；轴线最前，“万历七年（1579年）主事赵惟卿左建钟楼，右建鼓楼”[161]。轴线两侧还有其他用房，“仪门右立土地祠，正堂三楹，左右为吏舍”，“弘治六年（1493年）主事阎玺建库于堂侧”，“二堂左为清册房，三堂后有楼”[162]等（图9–10–2）。

淮安钞关轴线上建置有辕门（另有东西辕门）、大门（即头门）、仪门、正堂、中正堂、望淮亭[163]。轴线两侧的建筑分布为：辕门内东西各有鼓亭[164]；大门内东侧有土地祠[165]；委官厅即收钞厅，在仪门之西，门由外出[166]，正堂之东有库楼[167]，库楼南有皂隶房[168]；正堂西南有东房[169]，有粮房与东房相并，仪门内与东皂隶房相对有马快班房[170]等（图9–11）。

钞关公署有明显的中轴线，明确了这里是国家机构，行使国家权力。轴线尽端多有园林、亭楼，是官员居住区。此外，轴线两侧有次要轴线，是办公用房和其他辅助用房（图9–12）。

临清、天津钞关公署从记述来看，也基本符合了这样的设置。

临清钞关公署“大堂三间，在为科房，其下为皂隶房，右下为巡澜房，堂后有轩，轩后为二堂三间，堂左下为厅，北为关仓厅各一，后为内宅，仪门之外南为舍人房，后为单房，北为小税房，为船料房，为土神祠，为协理官宅，又前为正门坊二，曰裕国，曰通商，中为坊一，曰如水坊，之左为税课大使署，南北为则向刊榜，前为玉音楼，毁于右，又前为坊一，曰以助什一，又临河为坊一，曰国计民生。坊之北为官厅，右为阅货厅”[171]。

“天津钞关公署在户部街前，大门、仪门、大堂、二堂、后楼、左右厢房、耳房、关房、土地祠、书役各房共计八十间”[172]。

钞关公署除满足官员的办公要求外，还行使收税功能，一般在仪门前两侧有收税处，征收船税和商税。在“北新关公署图”中，我们可以看到仪门外左右两侧有“船钞”、“税钞”房间，是缴纳船税与商税之地；“浒墅关公署图”中也有“税房”，在仪门一侧；淮安关有官厅：“即收钞厅，在仪门之西，门由外出”[173]。

由此可看出钞关的分区：仪门之外是对外部分，收取船税和商税，仪门之内则是户部官员办公与居住区，有园亭等分布（图9–13）。

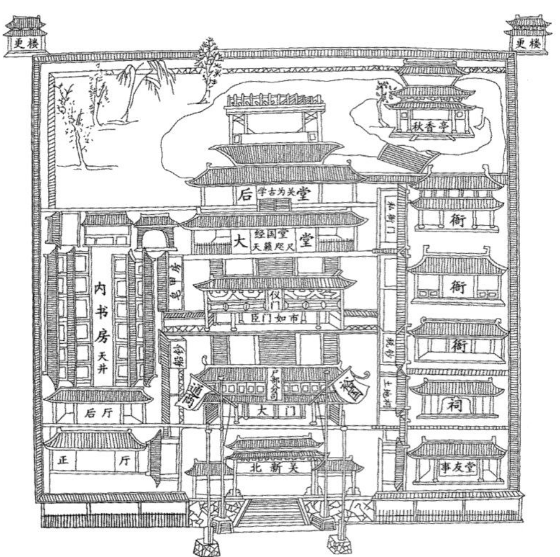

图9-10-1．北新关公署
摹自：（崇祯）《北新关志》“杭州北新关公署图”

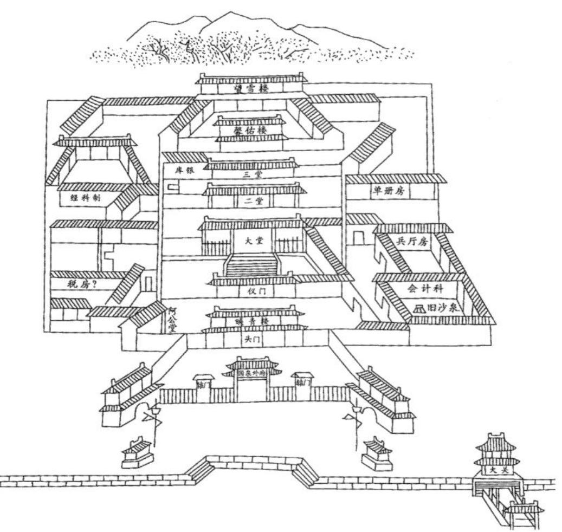

图9-10-2．浒墅关公署
摹自：（康熙）《浒墅关志》“官署图”

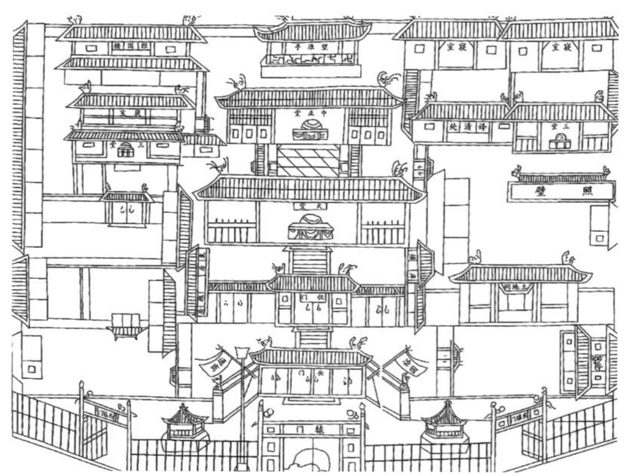

图9-11．淮安关公署
摹自：《淮安三关统志》“公署图”

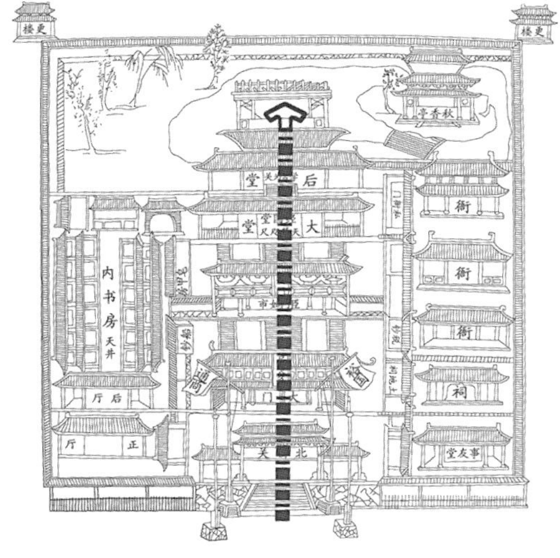

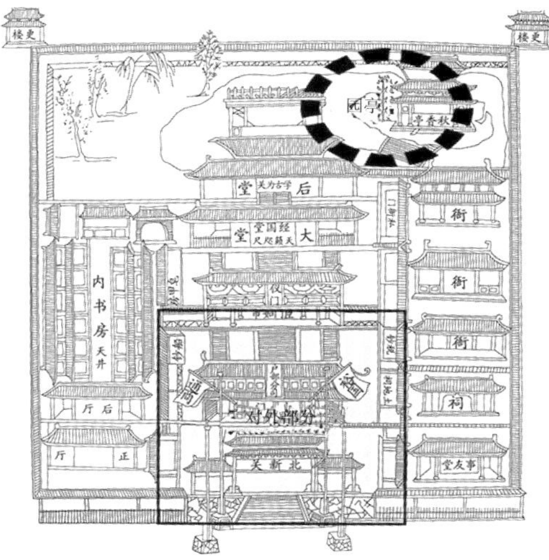

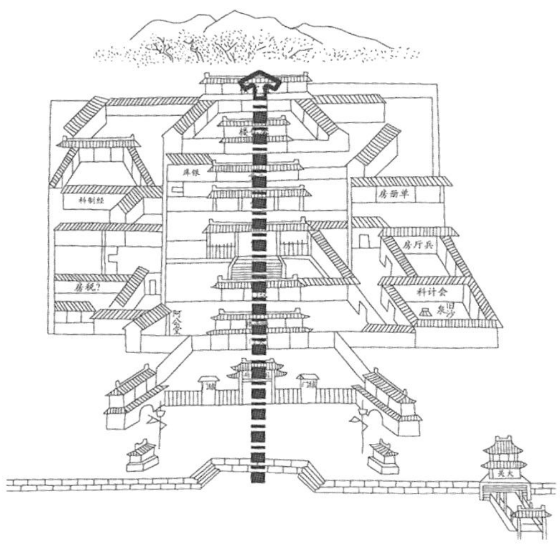

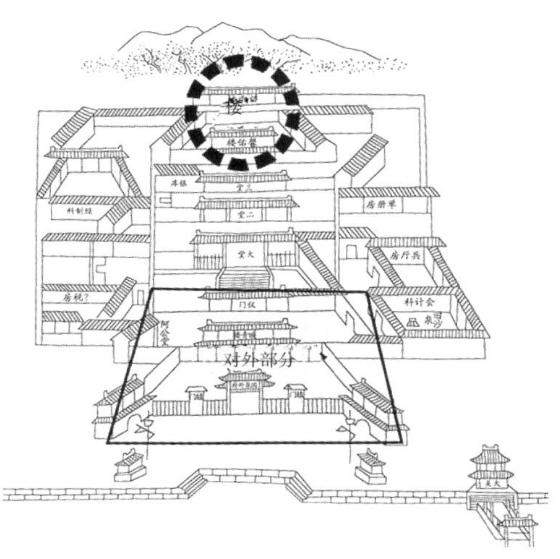

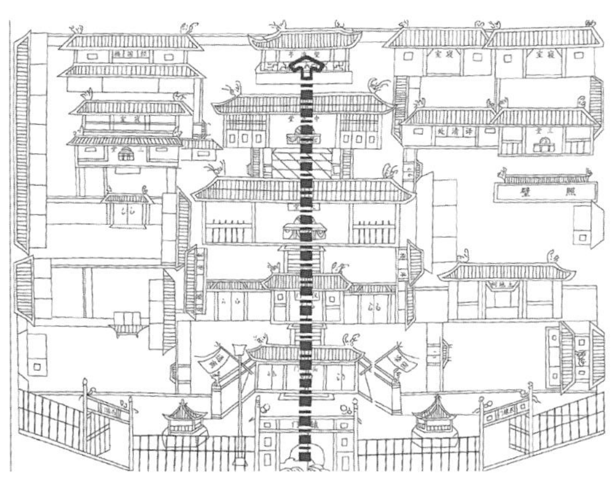

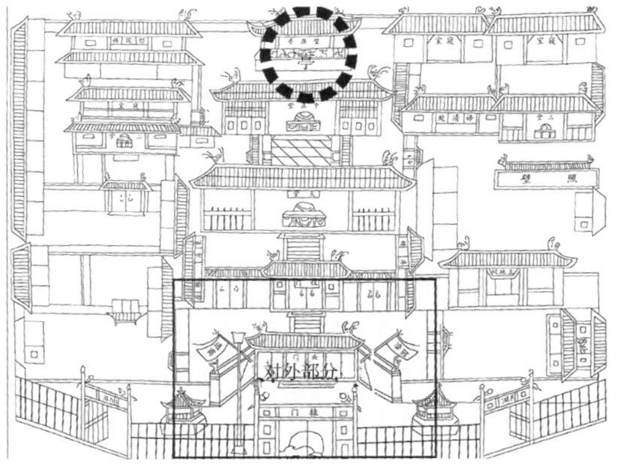

图9-12．北新关公署、浒墅关公署、淮安关公署的主轴线分析示意

图9-13．北新关公署、浒墅关公署、淮安关公署的分区分析示意

（2）稽放船只的“栅”

船只在钞关公署缴税之后，经把栅人查验、收缴船筹，方能过关。

在北新关：“关有栅，栅上连木作平台、卷篷以蔽风日，于此稽放船只”[174]；“商人赴柜纳银毕，即给印票”，“凡船装载税货既投报单．即令大栅家人督同差役丈量，给以小票，先赴船厂房写单，赴船柜书纳船税，发船书排号，照依船梁头同船单给筹，如船五尺，即给五尺木筹者。是放关之时，值日船书一名，赴栅唱船户某人，装载某货，梁头几寸，以便本官查对开放”[175]，“船筹俱在栅上收缴”[176]。过关的过程非常清楚，缴税后商人发给票，船户给筹，在栅验放（图9–14）。

在浒墅关“……署之左右建楼，而庋钟鼓其上，稍仿周官修闾氏互橐之制。于以节晨昏，而表讥察”[177]，“浒墅关官署图”中可见稽查船只的楼的位置。

在“淮安关总图”中，也有“放关楼”验查船只缴税情况：“淮安关大楼有三位相当于科长职务的督检在楼上办公。每次查验货船、报税时，由督检率领各班各行业人员，如‘扦子手’、‘钞户’以及卫队等乘巡船到货船上办理报关各项手续”，“在查船时，由督检一人率领扦子手、钞户、卫队各班人员乘巡船到商户船上进行检查货物报税手续，每只船查讫后发给税单才能放行。关上关下经常停靠二三百条货船等候报关，未经办理报关手续的船只，不能通过关口”[178]（图9–15）。

临清钞关“后有厅堂有仓库有巡栏舍”，“河内沉铁索达两岸，开关时撤之”[179]，也设置稽查验放的“栅”。

由于缴税、查验的密切关系，稽放船只的“栅”与钞关公署的位置关系十分紧密。

（3）小关

船只有时为逃避缴税会绕过钞关另走他途，为防止船只绕道而行，在钞关周围的水道支流还多设有“小关”。开始小关仅稽查来往船只，后其权力逐渐扩大，有的也兼收商税。

最为典型的是杭州北新关，设有几处小关，而北新关署则被称为“大关”：“东新关，在大关之东，去关五里”[180]，“此关去大关颇远，商人利于此走漏，故有不由大关而专出入此关者，且船户尤多。包送近而严为之禁，且不时巡稽，禁治一二，以警其余。又于东新桥置立一栅，庶几小船偷剥之弊稍不得肆矣”[181]。其余小关有“打铁关在大关之东南，去关九里……此处原系上河小径，因去东新关路遥，不能稽查，故另设此关；观音关在大关之西，去关三里；良亩关在大关

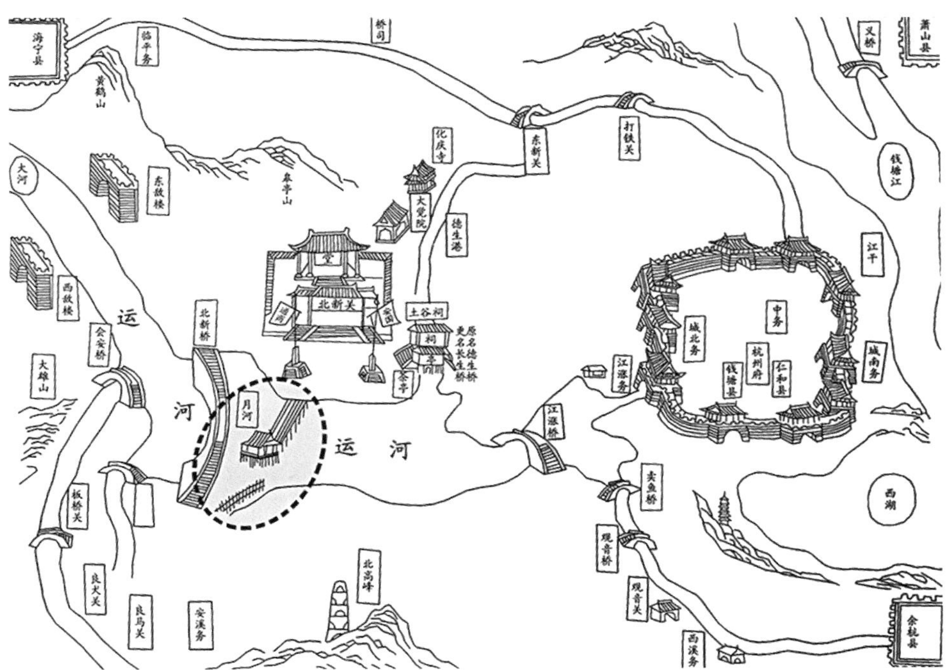

图9-14. 北新关境域图中的“栅”
底图摹自：（崇祯）《北新关志》“北新关境域图”

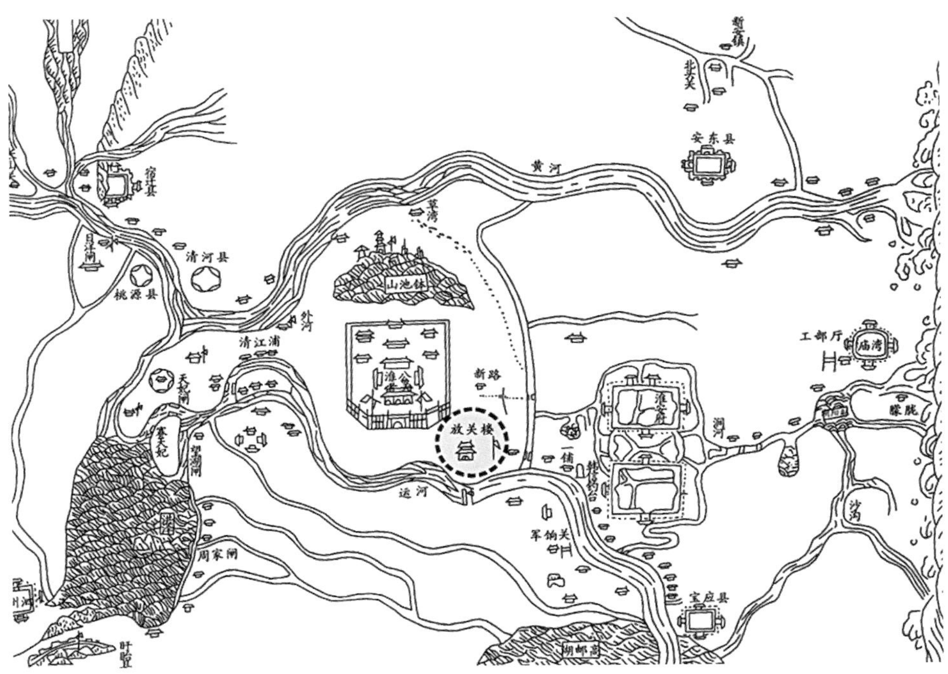

图9-15. 淮安关总图中的“放关楼”
底图摹自：《淮安三关统志》“淮安关总图”

之北，去关十七里……此关上通余杭，上达苏、松，故设此关；良马关在大关之西北，去关二十七里，东南至板桥二十里”[182]等。

这些小关作为北新大关的分关，主要负责稽查，“各差官看守桥门，仍置木栅，以防走漏焉”[183]；“水路设置木栅，看守盘验，早晚两次启闭”[184]。有些“小关”兼收船税和商税：“六小关内，东新、观音、打铁三关，因在各务中，税俱报过，止收料银。其料不论船只大小，按税起料。板桥、良亩、良马三关，税料兼收”，东新关“设关以稽查商税，兼收船料”[185]。

浒墅关也设立小关，称巡检司：“职专盘诘，察捕，隶浒墅关分司差遣，提督每月填报，循环稽考经过船只，巡检司督同典吏弓兵总甲栅，每天共同验放，如无本部印信、由票及不明开进港字样与梁头丈尺不合者即将人船拏解赴部，按律治罪”[186]。

在临清，除了设置在中洲的大关。沿运河各处还设有分关：“分关在境内者曰前关，曰南北关，曰北桥口，曰樊村厂，曰尖塚口。凡五处”[187]，“关署之前曰前关，稽查闸河来往空重船只签盘，货物验票放关。南水关距大关六里，稽查卫河来往空重船只，签盘货物验放。北桥口距大关八里，稽查南北来往空船只验放。德州口距大关旱路一百八十里，水路三百三十里，查收大关以北由河路装载到口一切货税，其陆路货税向不征收。魏家湾口距大关旱路六十里，水路七十里，查收东昌等处绕道货税，尖庄口距大关旱路五十里，水路九十里，查收一切绕道货税，樊村厂口距大关旱路二十里，水路三十里，查收一切绕道货税”[188]。小关的稽查限定为水路，“其陆路货税向不征收”，清晰地表明了运河钞关的职能。

天津钞关也设有小关：“本关税凡有十二，曰苑口，曰东安，曰三河，曰五摆，曰张湾，曰河西务，曰杨村，曰蒙寮村，曰永清，曰独流，曰海下，曰杨家坨”[189]；“又稽查之口凡七，曰西沽，曰东沽，曰西马头，曰东马头，曰杨柳青，曰稍直口，曰三岔河”[190]。

钞关公署、稽放船只的“栅”或“楼”、小关这三个基本单位紧密配合，有效地征收水道沿线的过税。

5. 运河钞关位置的选择

运河钞关设置的初衷是收取水路运输的过税，因此钞关在具体位置的选择上，必须关注与水系的关系。既称“关”，就有“关卡”之意，钞关通常选在河流汇集的主干道上，尽量选择船只唯一可以通行之地，而小关则是为了防止漏税，在支流上设置，稽查船只纳税情况。

（1）北新关

北新关“上通闽、广、江西，下连苏、松、两京、辽东、河南、山陕等处”[191]，其地理位置十分重要：“按本关系黄鹤山脉即天目两耳之一湖也，自黄鹤而亭踊跃而来龙遏水即止，因跨为关，左有德生港回环而绕其侧，右有大雄山映带而拱其旁，堂对北高峰如望天，阙后有上塘河，系海宁直逝而临平，东新打铁桥司居其东，环而若带，杭城为之峙。湖上会叙，因而设义桥，务有城南、城北。江涨而中，务居其中央。西湖发源疏流而下，则西溪务、观音关会源于月河而始出南湖，浚湖溯流而上则安溪务、良马、良犬、板桥关合湖于月河而始入山围水绕，百物猬集，商旅肆出纷沓难纪，唯北关扼其要津，去城之北十余里，因名北关”[192]，这里特别强调了“北关扼其要津”。

扼守大运河最南端的北新关位于杭州城北，东南是钱塘江，西边被山地包围，在东北、北边、西北三面是平原及发达的水路。

大运河以杭城北郊为终点。运河长江以南经丹阳、常州、无锡到浒墅关，东南经苏州到达吴江，再南下到达嘉兴，东南经崇福到塘栖镇，南下到达终点杭州府，与城北护城河相接。在杭州城北，还有几条河流与城北运河相汇，其一是上塘河，处于杭城东北面，经艮山门水门可通城内，该路东北面可经过临平镇到达长安镇及海宁县城，是百余里的重要水路。担当着杭州府与其东北地区连接的重任，还与江苏南部网状式的水路连接。

再次是下（宦）塘河，它在杭州府西北武林水门外，北上可抵湖州，东行至江苏省平望与自嘉兴府北的大运河汇合。它与东侧的大运河平行北上，流贯浙江北部平原，将该地区与杭州府连接起来。

还有余杭塘河汇流苕溪，作为杭州西四县与杭城直接连接的重要水路，在杭州城西汇入运河。

这些河流经杭州城，在城内外形成几条重要的城内水道，城内主要是中河与东河，城外就是护城河。城河虽然可达闸口钱塘江岸附近，但因为杭城周围各水路水位与闸口等河港水位有相当大的差异[193]，加之海潮的影响使河水水位变化，使得只有小船可以通航，大船是不能利用的，因此绝大多数运河、上塘河、下塘河以及余杭塘河的船只并不能直达钱塘江，而安徽省东部、江西省、福建省，甚至广东省的交通全都利用此江。但往来于钱塘江水系的船只，不仅大运河，连城河也不可能直接进入，在河港必须重新装卸。因此，运河至钱塘江水系之间商品的转移一旦起货，就需要先装小艇，再装大船。由运河等南下的大船只是不能直接进入钱塘江的，这就是北新关选址的重要条件。

因此，北新关选址在运河南流尚未进入杭城之前，南下船只过了此关，许多货物就要卸货交易或转入钱塘江；而经钱塘江北上大运河的船只无论怎样经过杭州城，都要经此继续北行，所以，北新关起到了“关卡”的作用。在杭州城北、城西还有上塘河、下塘河、余杭塘河等河流，设置了小关来稽查来往于这些河流与运河、钱塘江之间的船只，如东新关和打铁关是为了稽查上塘河上经过船只而设置；板桥关、良犬关、良马关设在下塘河上；观音关在余杭塘河稽查（图9–16）。

大关居各水道交汇处，据京杭运河要冲，小关把守各支流水路。钞关的水道关口功能在此表现得非常明确。

（2）浒墅关

浒墅关选址“在苏州府治西北……东距虎丘二十里，西距阳山一十三里，南距枫桥二十里，北距望亭二十里”[194]。这样的选址也有其深意，“吴郡治西北三十里浒墅关为南北往来要冲，舟航喧集商贾骈比，课额甲于他省，地广从不过三里而居民鳞次栉比，不下数千户，洵吴忙巨镇也”[195]。

运河南从吴江而来，在苏州城东南与护城河相接绕城而过，由城西北继续西北行，运河的主干由城西北阊门一支经虎丘北上；在苏州城西，还有几条河流与城市和运河相通，胥江由太湖经木渎镇东流而来，经横塘处分为三支，一条向东北在胥门与城河相通，向西连接盘门水道，一条则向北通往运河；阊门西出还有一条水道，在枫桥与胥江南来的水道相汇，向北分两条流入运河。

运河及苏州城周围的水系共同组成了城内外密集的水网，是城市工商业稳定发展的重要因素。尤为繁华处在阊门和胥门附近，可谓“万船云集，百舸争流”。在这样繁华且水网密布的城市，选择设置钞关十分必要且选址也很关键。

“浒墅当九达之冲”[196]，关居众多水道汇合之干流，是舟楫必经之地，选址十分成功（图9–17）。

（3）扬州关

扬州位于长江下游北岸，京杭运河经此向南，在扬子镇分为两支，一条向南经瓜洲入江，一条往西南经真州入江。扬州早在唐代就十分繁华，“富庶甲天下，时人称扬一益二”[197]，繁荣的重要原因是地理位置的重要。扬州地处江淮水陆要冲，由长江北上船只无论从真州还是瓜洲入运河，都要经由扬州，由扬州城东南继续北上。因此扬州是河道必经之地，此处设关征税，据“重江复关”之险。扬州钞关宣德四年（1429年）设于旧城东南濒临运河处，至清代未变（图9–18）。

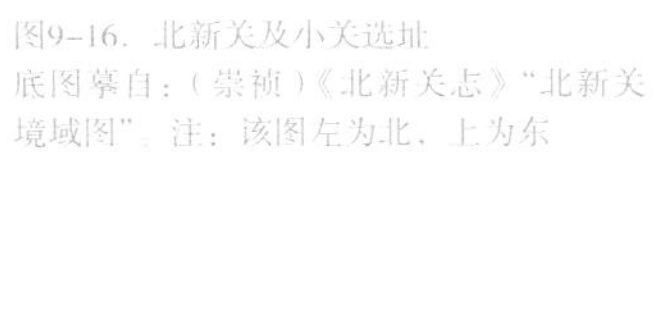

图9-16. 北新关及小关选址
底图摹自：(崇祯)《北新关志》"北新关境域图"。注：该图左为北，上为东

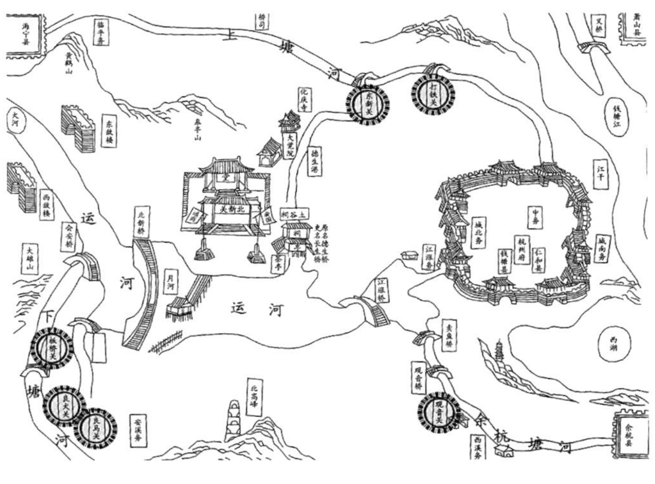

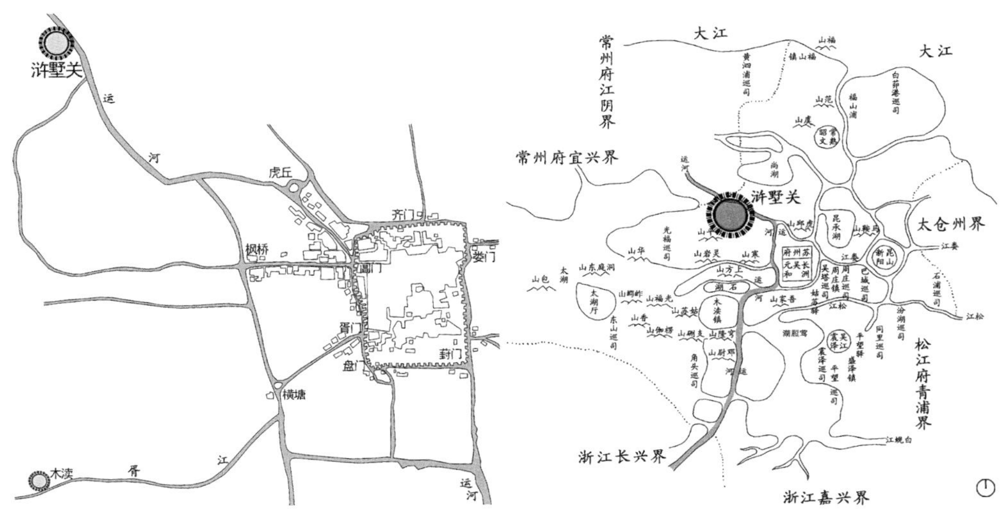

图9-17. 浒墅关选址
底图摹自：陈泳. 古代苏州城市形态演化研究. 城市规划汇刊2002年第5期，2底图摹自《嘉庆一统志》"苏州府图"

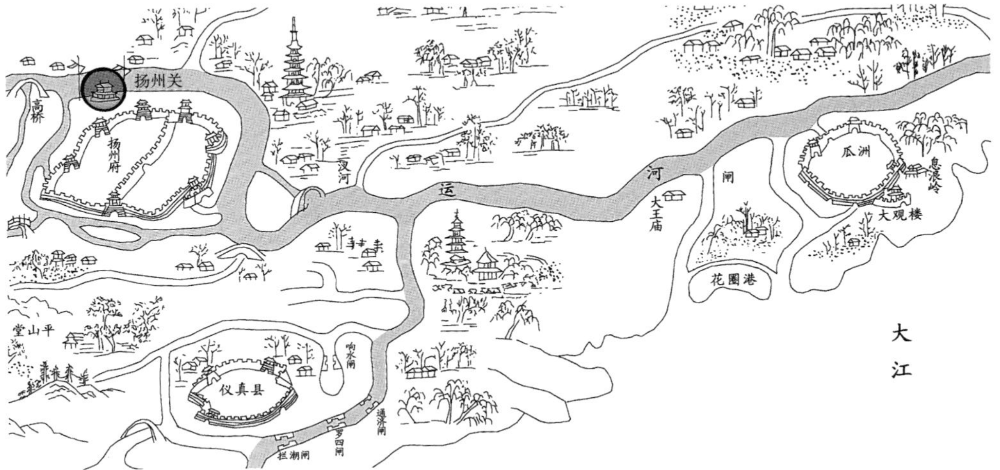

图9-18. 扬州钞关选址
底图摹自：《行水金鉴》运河图

（4）临清关

“临清为古清河郡，据南北要冲，合汶卫二水以济运道，于是舟车辐辏，商贾云集”[198]。临清关选址在往来船只必经之会通河一侧，“临清居运河冲要，南接淮关，北接天津关。帆樯并集，百货流通，商贾操厥奇赢，趋利若骛，藉而税之，以寓逐末者、意亦事之当然者”[199]。大学士丘浚（1421~1495年）曾说“会通河之极处，诸闸于此乎尽，众流于此乎会……是凡三千七百里之漕河，此其要害也”[200]，因而“户部榷税分司署明宣德年（1426~1435年）设在会通河新开闸西许”[201]。

6. 钞关对所在城市的影响

作为商船必经之地，钞关和码头相连，钞关附近以及钞关通往重要交通节点（如城门、码头）之间的道路往往发展成为商业街和市场，一些城市的钞关甚至影响了城市主要商业街的走向与分布。

（1）天津

天津钞关设于清代，康熙元年（1662年），将河西务关移往天津[202]（图9-19）。这是户部所属的钞关，位于天津北门外三百米左右的南运河北岸浮桥旁，人称大关，征收水陆出入货物水印[203]。

水道运输的繁忙，使钞关周围商业兴盛，并影响了天津北门外商业街的分布（图9-20）。

钞关到城北门的道路被称为“北大关”，以此道路为中心，连接着两边东西走向三条街巷：针市街、竹竿巷、估衣街（延伸至锅店街）。从清中叶起，这一街区成为天津最繁华的商业中心。

竹竿巷清代聚集着实力最雄厚、足以左右天津市场的棉纱庄、票号、杂货贸易庄等三十余家。与竹竿巷紧邻的针市街是潮、闽、广三帮商人的聚集地。估衣街是商业零售中心，随北大关一带的繁荣而兴起[204]，清代估衣街有19个行业，130多家店铺。其中知名的有谦祥益、瑞蚨祥、瑞林祥、瑞昌祥、元隆、敦庆隆、成记等店铺，最著名的瑞蚨祥在清代闻名遐迩[205]。

这三条街的一端与钞关相连，另一端通向渡口、码头[206]，交通便利促进商业繁荣。街道沿河自发形成，结构明显受到运河及钞关影响。

清末统计，主要由北大关和三条街巷组成的北门外街区，商号店铺占了将近一半，有近60%的居民是经商者[207]（表9-2）。

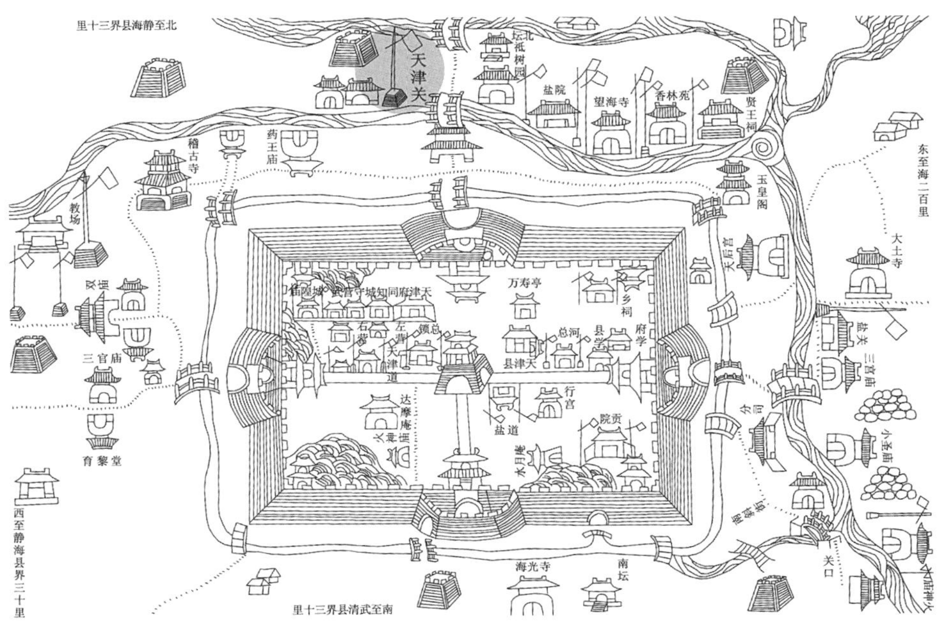

图9-19.（乾隆）《天津府志》"天津府城图"中的钞关

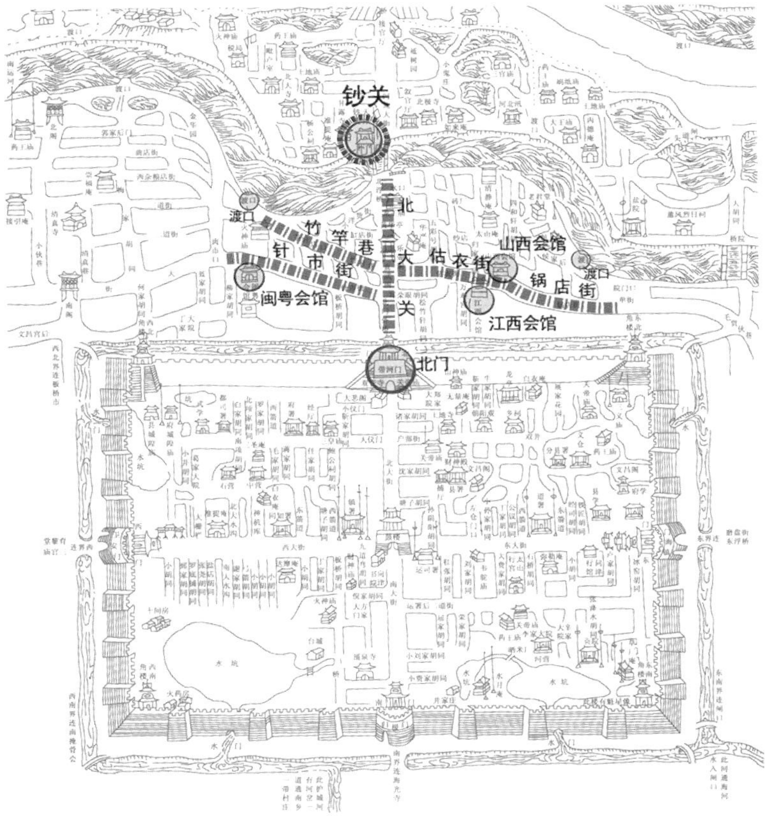

图9-20. 天津钞关以及北大关附近商业街的繁华

左底图摹自：贺业钜．中国古代城市规划史．北京：中国建筑工业出版社，1996年3月第一版，2002年5月第二次印刷：662-663，"清代天津北门外图"、"清代天津城概貌图"，左上引自：近代天津图志：103，右下引自：近代天津图志：104.

图9-21. 临清钞关及院落

天津北门外社会职业及所占百分比（1846年） **表9-2**

绅衿	盐商	铺户	烟户	土住	应役	佣作	负贩	船户	医卜	乞丐
1.5	0.7	48.3	21.5	0.4	6.4	6.3	12.0	1.9	0.1	0.1

引自《空间与社会——近代天津城市的演变》：55

（2）临清

临清钞关是现存保留最好的钞关，门楼、房屋仍有遗存，钞关周围的前关街、后关街以及钞关与运河的关系都仍旧保持（图9-21）。

临清段运河十分繁忙，明万历年间（1573~1620年），钞关所在运河“商贾往来日夜无休时”[208]。万历六年（1578年），山东一省税课折银八千八百六十十两，仅及临清一州的十分之一稍多[209]，清代地位仍然重要[210]。临清钞关设在新城，“新城，州四方贸易地”[211]，钞关对商业街的布局产生了一定影响。

首先钞关周围形成繁华商业区。钞关前的卸货口是汶河沿线船只上下岸的重要码头，钞关东西两侧均形成商业街：前关街、后关街十分繁华；钞关以西考棚街延伸至大寺街，与南北向的三里有余长街——锅市街、青碗市街、马市街构成了中洲商业街的骨干；钞关向东通往鳌头矶的吉市街、观音嘴大街也是繁华之地。

其次，钞关影响到沿水道的商业街分布。钞关作为征收船只税务的机构，工作效率并不那么令人满意，船只过关往往要等待很久甚至几天[212]，船只在河道中等待时，与当地手工业者、商人、小贩等进行交易，形成了运河两岸繁华的商业街。“每届漕运时期，帆樯如林，百货山积，经数百年之取精用宏，商业勃兴而不可遏。当其盛时，北起塔湾，南至头闸，绵亘数十里，市肆栉比，有肩摩毂击之势”[213]。其中沿汶河北岸的鼓楼以西街形成了粮食交易市场，并向北延伸；鼓楼以东形成了临清最大的柴市[214]。

天桥两岸也是如此[215]，由于过往船只的停留，天桥南北两岸的估衣街、油篓巷、后铺街等均形成了繁华的商业街，经营品种也多种多样。

（3）扬州

明宣德四年（1429年）扬州钞关设置于旧城外东南角，钞关码头是运河船只经过、进出扬州城的必经之路，关务所在，游民骈集。由于运河的重要作用，在明初扬州旧城外，靠近运河形成了居民聚居区。嘉靖年间（1522~1566年），“倭寇突起，蹂躏郡邑，无城者多被残掳”[216]，位于旧城外的居民多遭劫难，“外城百八十家多遭焚截者”[217]，为防倭寇修建新城，东面与南面以运河为城河[218]，嘉靖三十五年（1556年）建成。新城集中了扬州的工商业区，建城后发展迅速，筑城前被倭寇“为灰烬者，悉焕然为栋宇”，且“民居鳞然”，“商贾犹复具于市，少者扶老羸，壮者任戴负……”，从此商民“无复移家之虑”[219]，于是“四方之托业者辐辏焉”[220]。

扬州新城的道路、建筑分布均自发形成。在新城道路形成过程中，钞关影响很大。一是钞关附近多列名肆，且商业街向城内外发展。为交通方便，特在运河上架设钞关浮桥，浮桥“在新城挹江门外，明弘治间（1488~1505年）通判杨丑建，后榷关者时加修正”[221]，可以看到市肆不断向城外扩展的趋势。

其次，从钞关码头辐射出来的三条街道形成新城的主要交通干道（图9-22）。

其一为埂子街至南柳巷至北柳巷至天宁门大街到天宁门，“埂子上一为钞关街，北抵天宁门，南抵关口”[222]。“钞关至天宁门大街三里半。近钞关者谓之埂子上，上为南柳巷、北柳巷至天宁门，谓之天宁门大街”[223]。这是一条南北向的主要通道，为扬州外出要道[224]，西面临河，十分繁盛。

其二为河下街（图9-23），由钞关起，向东再向北沿城墙直到利津门（东门）。“钞关东沿内城脚至东关为河下街。自钞关至徐宁门，为南河下；徐宁门（至）缺口门，为中河下；缺口门到东关，为北河下，计四里”[225]。河下街因临运河而得名，码头林立。货船运载的大批物资，包括食盐、粮食、南北货、生活用品等，分别在缺口、钞关、南门等码头停泊装卸，河下街一带极其热闹。

第三为达士巷经湾子街到利津门，之中还有翠花街、梨头街、打铜巷等小巷。明初这里尚处城外，这条斜街是驿站报马的捷径[226]，连接运河上的钞关码头与东关码头，“湾子上为城中斜街……新旧二城斜街，惟湾子上一街，如京师横街、斜街之类，盖极新城东北角至西南角之便耳”[227]。

钞关、东门、天宁门都是交通要道，并与码头相连，它们之间的道路是新城中十分重要的交通、商业街。

钞关辐射出去的商业街特别是河下街附近聚集了众多的会馆，有湖北会馆、湖南会馆、江西会馆等。在清代可考的十二座会馆中，有十座位于钞关辐射出的这三条街附近，足以看出作为来往船只必经之地，钞关及其码头对新城的道路走向、商业分布的重要影响。

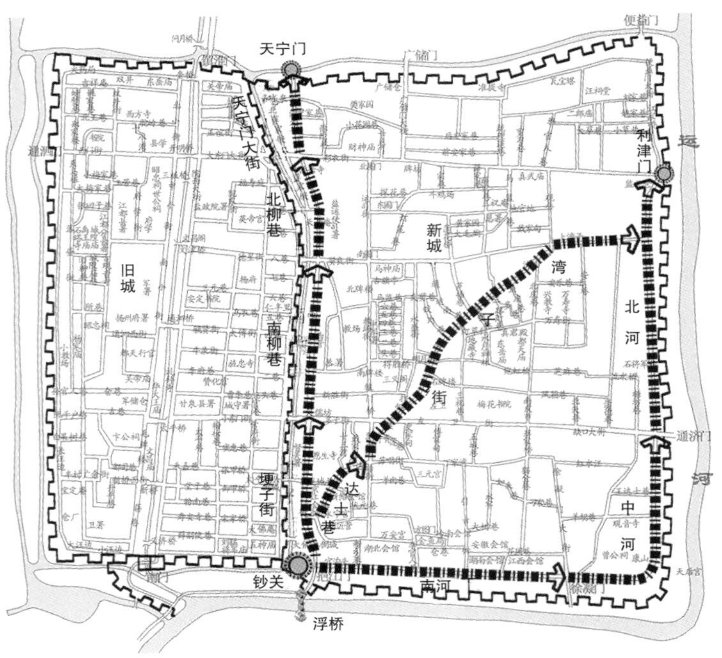

图9-22．扬州钞关及对周围街道的影响
底图自：刘捷．扬州城市建设史略．东南大学硕士学位论文，指导老师：陈薇，2002年，“清代晚期扬州地图”

图9-23．扬州南河下街巷及民居

7．小结

钞关是明清运河沿线的重要建筑类型，是商品经济发展和政府税收财政制度的产物。最初分布于运河沿线征收过税，后逐步扩大到长江沿线，清代扩展到全国。

运河钞关只有临清关有建筑遗存，但因重修数次，基本形制已遭破坏；北新关、浒墅关、淮安关还存有关志，这几本关志是研究钞关的原始资料。

钞关的形制是功能的直接反映，主要包括收税及官员办公的钞关公署、验放船只的“栅”，和稽查以防漏税的小关。

钞关公署有明显的中轴线，分布着牌坊、仪门（大门）、大堂、二堂、后堂等建筑，规制整齐，等级分明。一般在仪门前两侧设有收税房间，征收船税和商税。主轴线两侧还有次要轴线，用作办公和其他辅助用房。明显的中轴线表现出权力的象征，明确了这里是国家机构，行使国家权力。

钞关公署有明确的功能分区：仪门之外是对外部分，收取船税和商税，或有土地祠在轴线一侧；仪门之内则是户部官员办公、居住之所，尽端多有园林、亭堂。钞关公署多位于运河之滨，前设码头，商人船户由此上岸缴税。

钞关在河道中或河道旁设置关口，拦截、验放船只，通常称为“栅”，关口置楼或亭，上有人看守；栅和公署关系密切，船只在公署纳税后，由把栅人验放。

船只有时为逃避缴税会另走他途，为防止船只绕道而行，在钞关周围水道支流还设有“小关”，最初小关只有稽查职能，后权力逐渐扩大，甚至监管了坐税的征收。

钞关公署、“栅”、小关这三个基本单位紧密配合，行使过税征收职能。

出于税收目的，钞关选址十分重要，是否位于“要冲”直接关系到各关的收入情况，因此如遇水道分支，大关通常选址在干流上，起到“关卡”作用，并不受位于在城市中、城市边缘还是在城郊地带之限制；为稽查船只，防止漏税，在运河支流多设有小关，也选址在分支水道的重要位置。

最初为征收过税而设的钞关在发展的过程中地位愈加重要，许多钞关后期接管了当地坐税的征收，由此看出明清税收制度的一些变化，并反映钞关为国家税收服务的本质。

钞关的设置对所在城市商业布局的影响是显而易见的，作为码头和关口，钞关所在之处通常商业密集，钞关与各交通要冲之间的道路也形成商业街。钞关作为交通节点、商业节点，对所在城市的道路、商业布局起到了重要的作用。

三、元明清运河沿线与运河有关的祠庙

1. 元明清运河沿线与运河有关的祠庙概述

“神之有庙，所谓有公德于民，则祀之，又所谓山村川泽能出云为风雨见怪物，则祀之”[228]，运河沿线的神庙大率类是。由于航运、漕运需要，运河沿线居民对能庇佑船只平安、使城镇避免水患的神灵均立庙祭祀。我们并不能严格限定这类祠庙，但概括起来大约有大王庙、治河名臣庙、河神庙等。

大王庙泛指金龙四大王、黄大王、白大王、朱大王、栗大王等，这些大王都有原型，对漕运平安、河工通畅有所贡献，陆续被统治者封为“大王”，运河两岸居民供奉、祭祀这些大王，以保平安。

其中金龙四大王最为著名。金龙四大王是指谢绪[229]，成祖年间（1403~1424年），谢绪开通黄河壅塞处，拯救遇险船只，屡显灵异。嘉靖年间（1522~1566年），朝廷下令立庙祭祀，后被封为“金龙四大王”[230]，是第一个被帝王诏封的河神。其后，谢绪又因护漕而成为运河之神。清顺治二年（1645年）十二月封黄河神为显佑通济金龙四大王之神，运河神为延休显应分水龙王之神[231]，“江淮一带至潞河，无不有金龙大王庙”[232]，“其后拥护漕河，往来粮船，惟神是赖”[233]。

除了金龙四大王，明清两代又先后诏封了宋大王、白大王等运河大王。宋大王是宋礼，白大王是白英，都是明朝永乐年间（1403~1424年）人，对治理运河有一定建树。他们去世后，百姓沿河修庙祭祀，奉之为神灵。清光绪年间（1875~1908年），二人被敕封为大王。

明清两代，有许多著名的治河专家对运河及其周边水系进行卓有成效的治理，为纪念他们的功绩，运河沿线也立庙祀之，其中包括平江伯陈瑄、潘季驯等。

除了“大王”及治河名臣，运河沿线还祭祀和航运有关的河神及龙王。从运河沿岸百姓所崇拜、祭祀的这些“大王”及治河名臣中，既可以体会到运河文化中“人定胜天”的气质精神，又反映了人们对自然的畏惧心态。

2. 运河诸神祠庙的分布

由于漕运风浪颠簸，漕工普遍祈求神灵护佑，于是运河诸神祠庙多分布在滨河地带。船家在行船的过程中就可以与之交流，进行膜拜和祈福，这构成了运河城市独特的生活画卷，也形成了运河沿线重要的景观。

（1）临清

临清清代至少有四座大王庙，均位于水道旁边，其中二座位于板闸、砖闸附近，还有一座在浮桥边上，运河中行驶的船只在经过、停留时可与岸边形成互动（图9–24）。

（2）济宁

济宁与运河相关的祠庙类型有很多。报功祠在东小门外运河岸上南池之右，康熙六年（1667年）建："济州城南天井闸之东有祠曰报功，祀宋康惠而下治河诸名臣于其中"[234]。陈恭襄侯祠（祀陈瑄）在南门外河干。靳文襄公祠（祀靳辅）在天井闸，康熙四十二年（1703年）建。"龙神祠庙旧在南门外，洪武二年（1369年）建，万历时尚书舒应龙移建于运河北岸"[235]。李尧民龙神祠记略：济宁故尝漕艘孔道，商民帆樯往来其地者，无不乞灵龙神、河神两祠下，龙神旧祠湫隘，不容旋马，而河神亦仅附报功祠前……改建于城东南大河之阳，分之左龙右河，岿然对峙[236]。总河李公祠在龙神庙内，旁祀总河李清，时乾隆三十三年（1768年）运河道，今总制姚公立德率属建，捐银三百两，生息以备祭[237]。

济宁与运河相关的祠庙位于河道或闸口旁，方便船家祭祀。

（3）徐州

徐州大王庙也分布在运河岸边及闸口附近（图9–25），"金龙四大王庙一在北门外堤上，一在河东岸，一在房村"[238]。船只在停留的时候可上岸或直接在河道中向祠庙方向祭拜，求神保佑船只航行、过闸顺利，所谓"凡舟逾洪必祷焉"[239]。

徐州的龙王被神化的功劳巨大，因之建庙祭祀，"龙王庙在云龙山北，敕建一在架山，明隆庆四年（1570年）八月庚戌诏建河神祠于夏镇、梁山各一，赐名洪济昭灵，命夏镇闸、徐州洪主事以春秋致祭，先是河道都御史翁大立欲浚治梁山，河祷于神，忽水落成渠，可以通舟，大立以为此神助，非人力也请建祠宇，从之。"[240]

（4）清江浦

清江浦有数量不少的祭祀治河名臣的祠庙：陶公祠、马公祠，皆在西坝关帝庙内。一祀两江总督陶文毅公澍，道光年（1821~1850年）建，一祀两江总督马新贻，同治间（1862~1874年）建[241]；陈潘二公祠，在禹王台西，原名陈公祠，建于明正统六年（1441年），祀平江恭襄侯陈瑄，谈迁在他的游记中特别提到了陈恭襄祠："乙丑，访平江侯陈恭襄祠。恭襄经画漕运，利赖百世"[242]，"逮乾

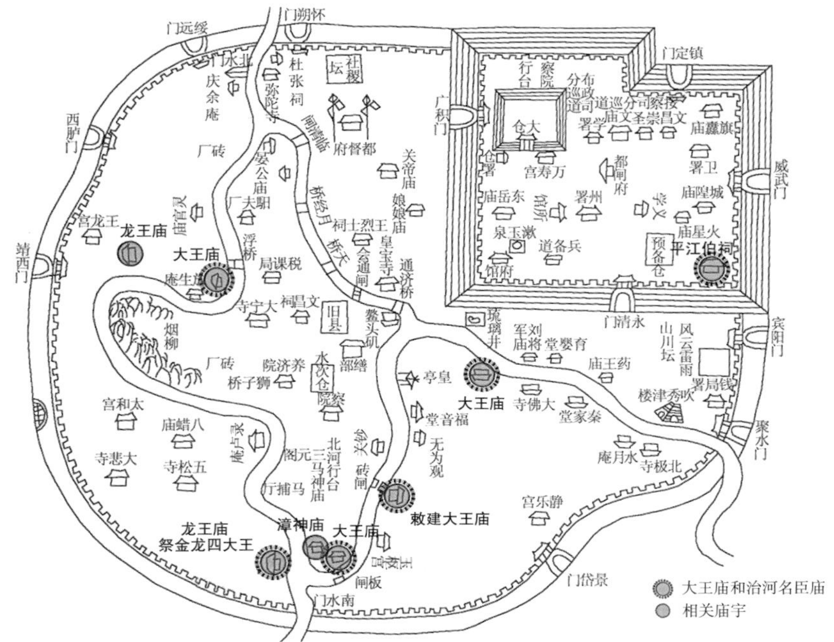

图9-24. 清代临清大王庙分布
底图摹自：（乾隆）《临清州志》"州城图"

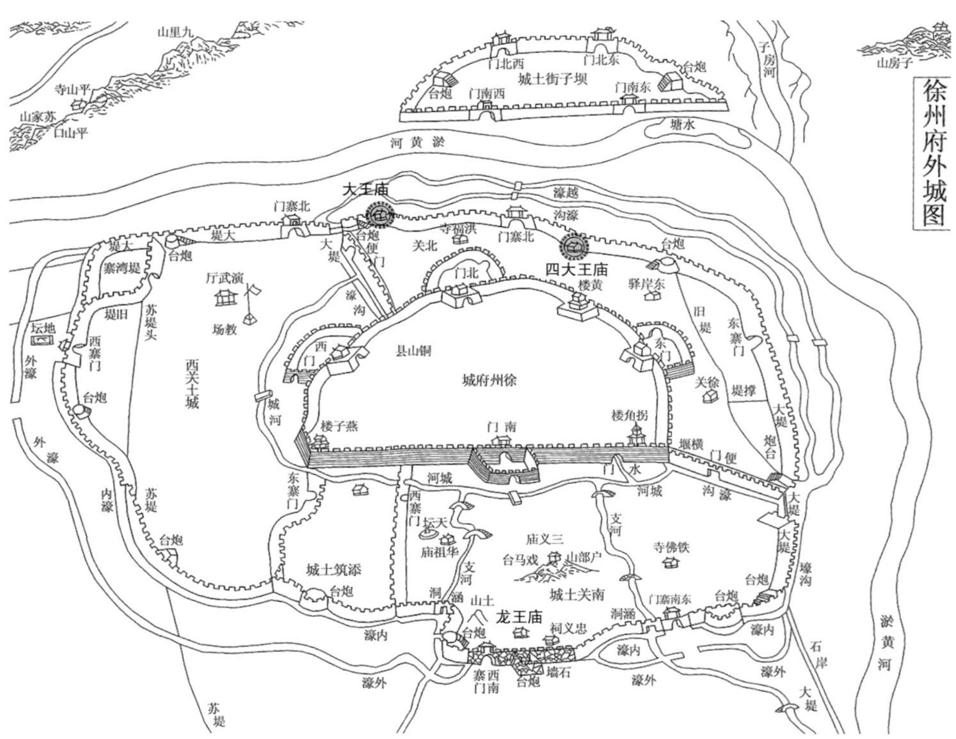

图9-25. 清代徐州的大王庙与四大王庙
底图摹自：（同治）《徐州府志》"徐州府外城图"

隆二十二年（1757年）附祀潘公季驯，改今名，正殿倾颓不易修复余屋皆已修整”[243]；“北岸有祠曰四公，祀国朝靳文襄公辅、齐悫勤公苏勒、嵇文敏公曾筠、高文定公斌，皆官河督，有功德于民者”[244]，又有四公祠在海神庙西[245]；“文公祠在洋浮桥南，祀漕督文彬，光绪七年（1881年）建；黎公祠在西门内行台东，祀漕督黎文肃公培敬，光绪十二年（1886年）建；徐公祠，丰济仓东南，祀总河徐端”[246]；“吴公祠，广前坊，祀漕河总督吴棠；文公祠在栗大王庙东，祀漕督文彬；栗大王庙，运河南岸，祀总河栗毓美；王公祠，海神庙东，祀明漕抚王宗沐；黎公祠，先农坛东南，祀总河黎世序”[247]等。

除此之外还有与运河有关的祠庙多处：风湖大王庙[248]，风神庙[249]，海神庙[250]，淮渎庙[251]，河神庙[252]，三神庙[253]，龙王庙[254]，惠济龙王庙[255]，显应祠[256]，龙神庙[257]等。

清江浦的运河诸神庙多集中在运河两岸，清江闸附近是最集中的地方，岛上和岸南都有大王庙，陶公祠、马公祠也在附近的关帝庙中（图9–26）。

（5）无锡

运河流经无锡城外，要经过号称“天关”、“地轴”的黄埠墩、西水墩（又名太保墩、灵墩）（图9–27）。它们均位于河口处，不仅是运河沿线的景观[258]，还与运河崇拜密切相关。

西水墩上建有西水仙庙。“先是湖溪渔人祀水神于此，谓之水仙庙，明季尝祀御倭寇诸义士于水仙庙”[259]，明天启元年至四年（1621~1624年），刘五纬（字梦凤）任无锡知县，“本邑天授、青城、万安三乡，圩田千顷，通涝成巨浸，五纬躬率圩民挑筑，及成，遂为沃壤……甃官塘五十里，民立碑其上，曰‘刘公塘’。五纬去三十余年，民犹思之”[260]。他踏勘地势、发动民众，修筑芙蓉湖堤圩，为消除水患作了很大贡献。邑人铭其功绩，清顺治初，西水墩水仙庙改建刘侯庙以祀之。该庙于清咸丰十年（1860年）毁，同治年间（1862~1874年）由渔民集资修建，称水仙庙。

西水仙庙与水神和治水名臣崇拜有密切关系，并因其位置四面临水，往来船只祭拜十分便利。

3. 小结

运河沿线所信奉的诸神如“大王”及治河名臣大多都有原型，是关于人的神话。这些神灵同一些既赐福又能致祸的神灵不同，他们专为人间赐福，解决治水等实际

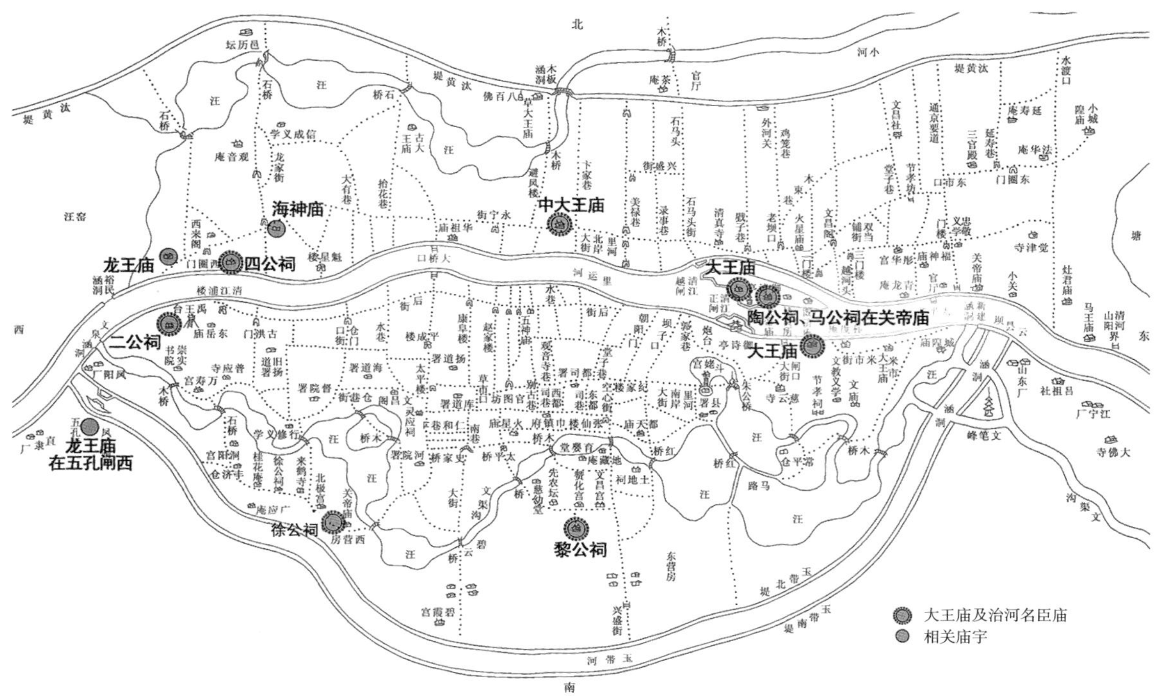

图9-26. 清代清江浦的大王庙、海神、龙王庙与治河名臣祠庙
底图据：(咸丰)《江苏清河县志》"清江浦图"

图9-27：无锡的黄埠墩、西水墩位置与西水仙庙
底图摹自民国"无锡县城图"、右：西水仙庙现状

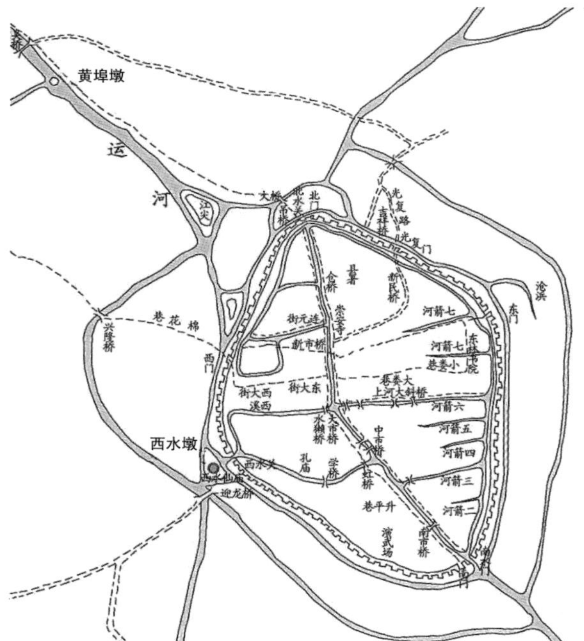

问题。明清两代，很多运河神都取得了封号，成为从民间到统治者都尊崇的神灵。

运河城镇这些祠庙分布很普遍，为祭祀方便，多位于河道两岸。祭祀和崇拜活动也影响运河沿线船民及官员的生活，在船只行前、过程中、过闸时常有祭拜活动，官员们也把对这些神灵的祭祀作为解决水患问题的重要途径。除此之外，在一些地方对运河神灵的崇拜活动还成为市民娱乐生活的一部分。

四、元明清运河沿线的运河管理机构

元明清的运河管理机构主要是指漕运管理机构和河道管理机构，其职责是为保证运河、漕运畅通。明清时期管理运河漕运、河道等有关事务的最高衙署均设立在运河沿线重镇。

漕运、治河机构正式建立后，曾有过合并、短期裁撤。如明代万历七年（1579年），漕运总督“加兼管河道”，河漕合并，合并后南方由漕运总督负责治河，山东、直隶则交巡抚“兼管河道”[261]；清雍正十三年（1735年），“罢设总督”，治河与防务交由地方巡抚负责[262]。

1. 漕运总督府

漕运官员的设立始于唐代，主要职责是将各地征集的粮食、贡品等验收、保管、运输，并组织人力押送、护运，管理漕运船舻，还监督沿运河百姓不得盗用漕河之水“溉田”，以保证运河的水量。

北宋设“发运使司”，置发运使、副使、判官等官员。沿运河各地均设分司，置漕臣。各地漕臣负责本地漕粮的集运，听候调用。

元代前期，基本无运河漕运，京城元大都需要的南方漕米、贡品，主要靠海运。京杭运河开通后，南方漕米才通过运河运往京师。起初，漕运均交各省巡抚派员负责，沿运河漕运则有行都水监协助。元惠宗至元二年（1336年），在“京畿都漕运司添设提调官、运副、运判各一员”[263]，负责管理漕运，这个机构驻节京师，大凡具体的漕运、防务仍由各行省负责。

明代初年曾仿元制，洪武年间（1368~1398年）“尝置京畿都漕运司，设漕运使”[264]，负责南方粮米贡品的河运事宜。漕运使正四品，下设知事（正八品）、提控案牍（从九品）等官员。永乐年间（1403~1424年），“设漕运总兵官，以平江伯陈瑄治漕”[265]，总兵官为军职，此即以军兵代理漕运防护事宜。至景泰二年（1452年），“因漕运不继，始命副都御史王竑总督，因兼巡抚淮、扬、庐、凤四府，徐、和、滁三州，治淮安”[266]。这是正式设立的漕运总督，正二品，并兼任当地巡抚，官衙设在淮安[267]。成化年间（1465~1487年），任命的漕运总督不再兼任巡抚，嘉靖四十年（1561年），“改总督漕运兼提督军务”[268]。漕运总督兼任漕运军职，成为明代后期及清代常见的模式，军政合一在漕运管理中有着重要的意义，它有利于漕运管理的稳定，体现着漕运机构的重要地位与特色，是发展漕运、促进沿河经济繁荣的组织保障。

清政府基本上继承明代的漕运组织管理制度，并根据具体情况进行调整。即以漕运总督为核心，顺治元年（1644年）置，官秩从一品，长驻淮安，总理各直省粮储，转漕以输京师。“掌督理漕挽，以足国储。凡收粮、起运、过淮、抵通，皆以时稽覈催攒，综其政令”[269]，“直隶、山东、河南、江南、江西、浙江、湖广等省文武官员经理漕务者，皆属管辖”[270]。其下属防务机构“标兵及左右营如制，将领九或八人，兵共四千有奇”[271]。

明初因漕运总督制度未十分完善，府署位置也多有变化：起初“其署在旧城南府街”[272]，“万历七年（1579年）都御史凌云翼移治于淮安卫，是为今之总漕公署，即元廉访司署又总管府也”[273]，此后位置就确定下来，一直延续到清代。漕运总督府的设置，对周围街道布局有一定的影响，据乾隆《淮安府志》载，淮安旧城主要有三条南北方向的街道：中长街（自南门抵漕院，过县学前，直抵北门）、东长街（亘南北，抵城下）、西长街（亘南北，抵城下）[274]；东西方向也有三条主要干道：东门街（自东门过府前抵西城下）、县前街（东至东长街，西抵城隅）、西门街（自西门抵西长街中），向西延伸为漕院前街（东自青龙桥，西抵西长街）[275]。将这些街道以淮安1945年城图为底图绘出，可见漕运总督府最后雄踞淮安旧城中心（图9–28），南邻镇淮楼，北靠淮安府署。与南门形成了一条重要的南北轴线，使得中长街在漕运总督府前折而向西连接北门；东西主要街道两条位于漕运总督府，且相距很近，一条位于总督府后淮安府署前。这样的街道分布可以看出漕运总督府地位之重。

有关漕运总督府的建筑设置，天启《淮安府志》载，漕运总督府中轴线上设大门、二门、大堂、二堂、大观楼、淮河节楼、后院等；东侧有官厅、书吏办公处、东林书屋、正值堂、水土祠、一览亭等；西侧有官厅、百录堂、师竹斋、来鹤轩等；在大门外东西两侧各有一座牌坊，大门对面有照壁，大门前还有元代从波斯运来的青石狮子一对[276]，乾隆《淮安府志》中的记载与此基本相仿[277]。当地文物部门主要对中轴线进行了考古挖掘，考古挖掘及现存遗址情况与文献记载基本吻合[278]（图9–29）。

图9-28. 淮安漕运总督府位置、镇淮楼与府署
底图为淮安1945年城图

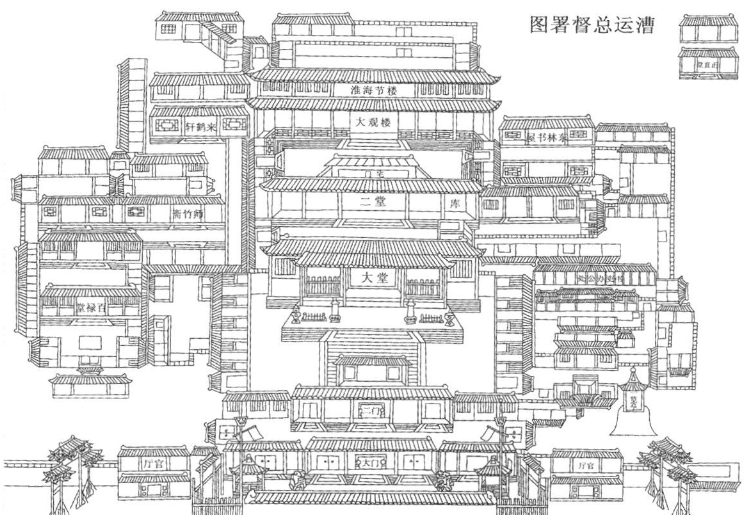

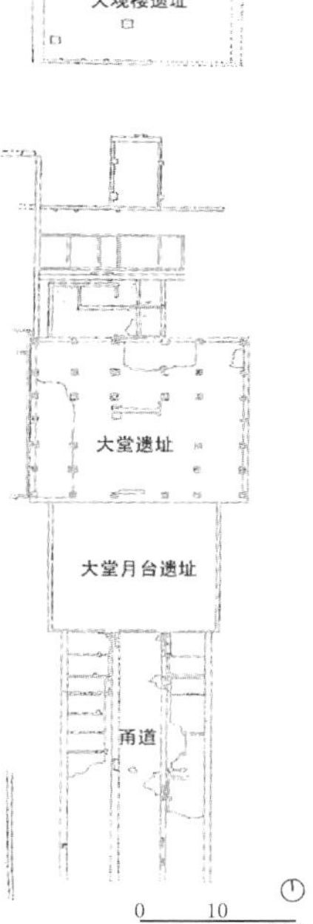

图9-29. 淮安漕运总督府、总督府发掘平面和总督府遗址
左上摹自：（乾隆）《山阳县志》，右淮安市文物部门提供

2. 河道总督府

河道总督是管理运河水运水利的官员。水运水利的设官制度比较早，唐宋元三代均设“都水监”，以统筹治水，管理河道。元至正六年（1346年）五月，“以连年河决为患，置都水监，以专疏塞之责……至正八年（1348年）二月，河水为患，诏于济宁、郓城立行都水监。十一年（1351年）二月，立河防提举司，隶行都水监，掌巡视河道，从五品”[279]。这当为最早的运河、黄河河道管理防务机构，其职员范围是，督卒治河，调集人员物料，节制管河官员，及巡抚三司军卫，提督军务，护运道，缉“盗贼”等，以确保“河道安流，运无误”[280]。

明代河道总督府设在济宁，成化七年（1471年），始称其职官为总督河道，或叫河道总督。嘉靖三十一年（1552年），“以都御史加工部衔，提督河南、山东、直隶河道。隆庆四年（1570年）加提督军务”[281]。

清初河道总督仍驻济宁，“顺治元年（1644年）因明旧设河营，随总督河道都御史驻扎济宁州，领以副将、游击、守备、千总、把总。每营经制马步兵壹千名，领以都司、守备、千总、把总，存城分汛，统于河标”[282]。康熙四十四年（1705年），山东河道由山东巡抚管理。雍正二年（1724年），又以河南堤工紧要，设副总河一人，管理河南河务，驻山东济宁州，以总河兼理南北两河，副总河专管北河。四年（1726年），山东河务改由副总河监管。七年（1729年）改总河为总督江南河道，副总河为总督河南、山东河道，分管南北两河。八年（1730年），以直隶河工紧要，增设河道水利总督一人，驻扎天津。乾隆二年（1737年），裁直隶河道水利总督，河道事务归直隶总督兼管。“自是，北河、南河、东河为三督”，共同“掌治河渠，以时疏浚堤防，综其政令，营制视漕督”[283]。咸丰十年（1860年），江南河道总督裁撤，南河事务改由漕运总督兼管[284]，由于清代黄、淮、运的许多问题交织在一起，所以黄、淮、运管理机构难以截然分开，其建制一直延续到清光绪罢河停运。

济宁元明清三朝都有治运机构的设置，对城市建设产生一定影响。“总督河院在州治东，或曰元总管府旧治，明永乐九年（1376年）工部尚书宋礼建。弘治间尚书陈某、隆庆间都御史翁大立重修”[285]（图9-30）。其下属的各级各类机构很多，总督河道衙门在济宁设置的下属机构有运河道署、运河同知署、泉河通判署、管河通判署等；服务于漕运的军事机构有运河兵备道署、运河标营署、守备署、卫署等；此外，还有朝廷派驻的巡漕使院、抚按察院、布政司行台、按察司行台、治水行台等机构。元明清三代驻济宁的各级各类治运、司运机构数量很多。因而，济宁有“七十二衙门”之说。

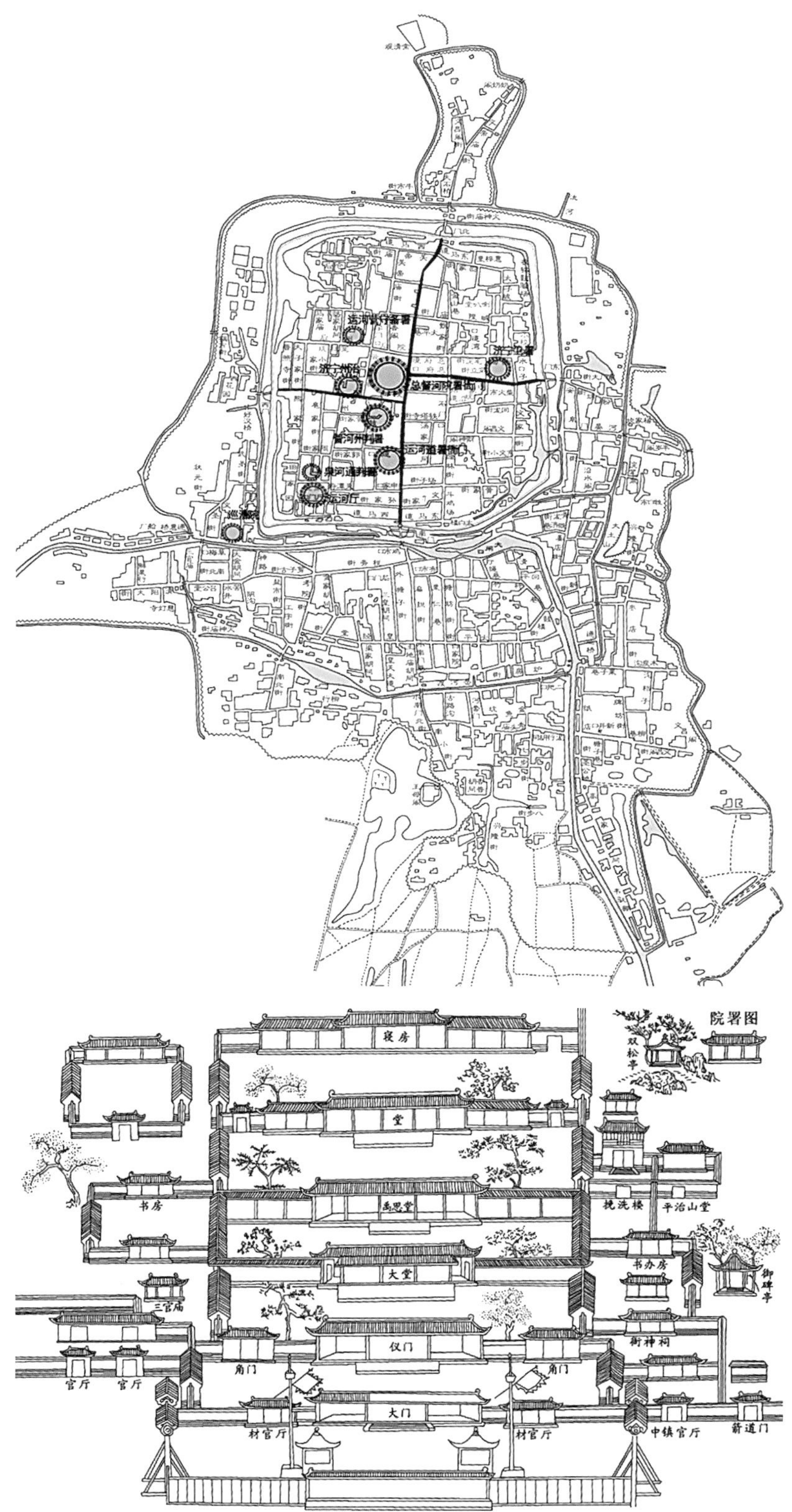

图9-30．济宁主要治河及其相关机构分布和河道总督府格局
上底图为[民国]《济宁县志》“济宁城乡图”，下摹自：（乾隆）《济宁直隶州志》院署图

根据调研及济宁博物馆资料，整理出济宁主要治河机构分布图，可知总督河院位于城中心位置，其前后为运河道署和管河州判署。还可知济宁卫署、运河营守备署、泉河通判署、运河厅、巡漕院等机构的位置。除此之外，城中必定还有其他相关机构的分布，只是我们不知其确切所在。由此可见，济宁城中分布有众多治河相关的政府机构，占据着主要城市位置，并影响街道布局。

3. 小结

运河管理机构是设在运河沿线的重要建筑类型，负责管理漕运与水道。漕运总督府与河道总督府所在的淮安、济宁（清后期分驻济宁、天津、清江浦）都是运河沿线重镇。在这些城市里，运河管理机构位于城市中心位置，地位之重要甚至超过了州、府衙门，对城市布局产生重要影响。

五、结语

元明清时期的大运河像光彩的珠链，镶嵌在我国东部大地上，它营造了新的自然环境、经济环境、社会环境和文化环境，极大地促进了地文大区（详见第十五章）的发展。选择运河沿线的转运仓库、钞关、与运河有关的祠庙、运河及漕运管理机构加以分析，希望从运河区域角度，认识这一时期运河流域这些建筑类型的概况。

这些建筑类型因运河而生，其发展、变迁受到国家政治经济政策及所在区域环境、人们价值观念、文化取向等多种因素的影响。如转运仓的发展离不开强大中央集权控制的漕运活动；而钞关则是国家税收体系中不可缺少的一部分；其他各种建筑类型也是为保证运河运输所产生和发展的。本文根据不同的对象选择不同的角度和层面进行剖析。

同样重要的是，作为建筑史的研究我们更关注这些建筑类型及其变迁对所在区域空间结构的影响，或者说给城市带来了怎样的变化。通过对这些建筑类型本身以及它们与所在区域变迁的相互关系的研究，可以认识到运河流域这些建筑类型的一般性与特殊性，并为这些建筑的保护以及进一步研究运河流域的建筑与城市提供借鉴。

注释：

1 明史．卷七十九．食货三．漕运仓库．

2 明初当地有海运仓仓廒九十一座，九百一十九间，储量高达百万石左右，俗称“百万仓”．见［明］钱素乐修，张采纂．（崇祯）太仓州志．明崇祯十五年刻本．

3 同1.

4 同1.

5 同1.

6 同1.

7 同1.

8 同1.

9 同1.

10 明会典．卷二十一．户部八．仓庾．

11 明书．卷六十九．河漕志．

12［清］高成美，胡从中等纂．（康熙）淮安府志清康熙二十四年刻本，卷八．漕运．

13［清］于睿明修，胡悉宁纂．（康熙）临清州志．清康熙十二年刻本，序．

14［清］夏燮撰，王日根、李一平、李珽、李秉乾等校点．明通鉴．岳麓书社，1999年8月．61．卷二十六．景泰五年：“辛酉命学士江渊振淮北饥。渊前后条上军民便宜十数事，并请筑淮安月城以护常盈仓，广徐州东城以护广运仓，悉议行”．

15 明史．卷七十九．食货三．漕运．

16 同15.

17 同15.

18 清史稿．卷一百二十二．食货三．漕运．

19 清史稿．卷一百二十二．食货三．漕运：“其运京仓者为正兑米……其运通漕者为改兑米”．

20［明］马麟纂，［清］杜琳等重修．淮安三关统志．清康熙二十五年刻本，卷二．建置．

21 同20.

22［清］谈迁．北游录．北京：中华书局，1960：19.

23 通州仓通常和北京仓库并称为“京通二仓”，很多研究者均把通州仓和北京仓即“京通二仓”一并研究，如高寿仙．明代京通二仓述略．中国史研究，2003年1期．

24 杨宏，谢宏．漕运通志．卷六．漕仓表．

25 冯柳堂．中国历代民食政策史．十九：“明代常平仓及仓廒建筑法”．北京：商务印书馆，1998：142.

26［清］薛柱斗修、高必大纂．（康熙）天津卫志．民国23年9月校，艺文：李东阳．创造天津卫城记．

27 元史．卷六十四．河渠一：“漕运粮储及南来诸物商贾舟楫，皆由直沽达通惠河”；新元史．卷四十六．河渠二：“元之运河，自通州至京师为通惠河，自通州至直沽为白河，自临清至直沽为御河，自东昌须城县至临清为会通河，自三汉口达会通河为扬州运河，自镇江至常州吕城堰为镇江运河，南逾江淮，北至京师”；海陆兼运路线见新元史．卷六十八．食货八：“运浙西粮涉江入淮，达于黄河，逆水至中滦旱站，运至淇门，入御河接运，以达京师。后用总管姚焕议，开济州泗河，自淮入泗，自泗入大清河，由利津河口入海。因海口壅沙，又从东阿旱站运至临清，入御河，并开胶莱河道，通直沽之海运。”

28［清］薛柱斗修、高必大纂．（康熙）天津卫志．民国23年9月校，艺文：胡文璧与伦彦式书：“东南贡赋，……由海道上直沽，……舟车攸会，聚落始繁，有宫观，有接运厅，有临清万户府，皆在大直沽”．

29［清］薛柱斗修、高必大纂．（康熙）天津卫志．民国23年9月校，艺文．

30 元史．卷十五．世祖十二．

31 元史．卷八十五．百官一，据傅崇兰考证，广通仓也位于小直沽。见傅崇兰．中国运河城市发展史．成都：四川人民出版社，1985：73—74.

32 明史．卷一五三．陈瑄传．

33 明史．卷一五三．陈瑄传：“建百万仓于直沽，城天津卫。参见傅崇兰．中国运河城市史．成都：四川人民出版社，1985：73.

34 来新夏主编，郭凤岐编著．天津的城市发展．天津：天津古籍出版社，2004：49.

35［清］薛柱斗修、高必大纂．（康熙）天津卫志．民国23年9月校，卷一．仓廒：“宣德间增置三仓，俱在天津道衙门西”．

36［清］薛柱斗修、高必大纂．（康熙）天津卫志．民国23年9月校，卷一．仓廒．

37 李树德修，董瑶林等纂．［民国］德县志．民国24年铅印本，卷四．舆地志．

38 李树德修，董瑶林等纂．［民国］德县志．民国24年铅印本，卷五．建置仓库：“将陵仓在北厂，金天会七年（1129年）建。”

39 李树德修，董瑶林等纂．［民国］德县志．民国24年铅印本，卷三．河渠．

40 李树德修，董瑶林等纂．［民国］德县志．民国24年铅印本，卷七．漕政．

41 李树德修，董瑶林等纂．［民国］德县志．民国24年铅印本，卷五．建置仓库．

42［清］王道亨修，张庆源等纂，（乾隆）德州志．清乾隆五十五年刻本，卷一．沿革．

43［清］王道亨修，张庆源等纂，（乾隆）德州志．清乾隆五十五年刻本，卷五．仓库；又见李树德修、董瑶林等纂．［民国］．德县志．民国24年铅印本，卷四．仓库．

44 同41.

45 明史．食货志．仓库．“临濠”府的治所在今安徽凤阳，是朱元璋的故乡和祖宗陵墓所在地，当时已被定为“中都”，他将此地作为仓储重地自是情理中事；而在远方的临清，当时能与临濠并列，可见其在朱元璋心目中的重要。明太祖实录．台北中研院校印本，洪武十二年二月、洪武二十三年七月、洪武二十四年五月载：洪武年间（1368—1398年），朱元璋曾先后派信国公汤和、西凉侯濮玙以及汉、卫、谷、庆、宁、岷诸亲王练兵于临清，并在临清储粮，以给训练之兵．

46 同1.

47 同1.

48 张自清修，张树梅、王贵笙纂．［民国］临清县志．民国23年铅印本，建置一．廨署．

49 张自清修，张树梅、王贵笙纂．［民国］临清县志．民国23年铅印本，建置一．廨署：“水次仓在中洲马市街，明洪武间创名水次兑军仓。”

50 丘浚．漕运河道议．见：明经世文编．卷七一．

51 分支处为防水流冲刷，在河叉处垒砌石坝。坝形如翘首鳌头，会通、新开二闸列其左右，宛如鳌足，广积桥在后，犹如鳌尾。明正德年间（1506~1521年）知州马纶因其形题名“鳌头矶”，俗谓之观音嘴，并筑观音阁于上．

52［清］石杰修，王峻纂．（乾隆）徐州府志．清乾隆七年刻本，卷一．建置沿革．

53［清］石杰修，王峻纂．（乾隆）徐州府志．清乾隆七年（1742年）刻本，卷一．城池．

54 同53.

55［清］石杰修，王峻纂．（乾隆）徐州府志．清乾隆七年刻本，卷一．城池：“明洪武初复治旧城，……垒石甃甓，周九里有奇，高三丈三尺，……濠深广各二丈许，堞凡二千六百三十八，角楼三，门四，东曰河清，西曰通汴，北曰武宁，南曰迎恩”，“垒石甃甓，周九里有奇，高三丈三尺，址广如之巅仅三之一，……濠深广各二丈许，堞凡二千六百三十八，角楼三，门四，东曰河清，西曰通汴，北曰武宁，南曰迎恩”，［明］马暾纂修.（弘治）重修徐州志. 明弘治七年刻本，卷一. 城池“隍深一丈五尺，阔七尺，……雉堞凡二千六百三十八，……铺五十一。”

56［明］马暾纂修.（弘治）重修徐州志. 明弘治七年刻本，卷一：“广运仓在城南三里，元武安州故址上，永乐十三年（1415年）判官梁逊建，宣德五年（1430年）增设廒，前后共一百座。”

57［清］石杰修，王峻纂.（乾隆）徐州府志. 卷六. 公署：“广运仓在城南二里许，东临河干，即元武安州故址。明永乐十三年（1415年）为漕运转输建，宣德五年（1430年）增置仓廒百座。”

58［明］马暾纂修.（弘治）重修徐州志. 明弘治七年刻本，卷一. 公署.

59［明］郭大纶修，陈文烛纂.（万历）淮安府志. 明万历元年刻本，卷三. 建置.

60 明漕运志. 转引自陈薇. 元明清京杭大运河沿线集散中心城市的兴起. 建筑师第85期，1998年12月.

61［清］高建勋等修，王维珍等纂.（光绪）通州志. 光绪五年刻本，卷三. 漕运.

62 元书. 卷六十二. 郭守敬传；又见［清］高建勋等修，王维珍等纂.（光绪）通州志. 光绪五年刻本，卷八. 漕运.

63［清］高建勋等修，王维珍等纂.（光绪）通州志. 光绪五年刻本，卷三. 漕运：“至元二十八年（1291年），都水监郭守敬奉诏兴举水利，建言并实施开凿通惠河；又见《元史》卷六四，河渠志：……首事于至元二十九年（1292年）之春，告成于三十年（1293年）之秋，赐名曰通惠”.

64［清］高建勋等修，王维珍等纂.（光绪）通州志. 光绪五年刻本，卷三. 漕运.

65［清］高建勋等修，王维珍等纂.（光绪）通州志. 光绪五年刻本，卷二. 城池：“元末……始编篱为城”.

66［清］高建勋等修，王维珍等纂.（光绪）通州志. 光绪五年刻本，卷三. 漕运.

67［清］高建勋等修，王维珍等纂.（光绪）通州志. 光绪五年刻本，卷二. 城池：“明洪武元年（1368年），大将军徐达偕常遇春、郭英定通州，裨将孙兴祖督军修城。城在潞河西，即今所称旧城也。砖甃其外，中实以土，周围九里十三步，连垛墙高三丈五尺。门四：东曰通运，西曰朝天，南曰迎薰，北曰凝翠。”

68 明太宗实录. 台北中研院校印本，卷七三. 永乐五年十一月戊辰条. 台北中研院校印本.

69 明太宗实录. 台北中研院校印本，卷九四. 永乐七年七月丁丑、戊戌条. 台北中研院校印本.

70 李东阳. 重修通州新城记. 见［清］高建勋等修，王维珍等纂.（光绪）通州志. 光绪五年刻本，卷十. 艺文.

71 陈日光. 古代的通州粮仓. 中国流通经济（双月刊），1998年第2期：“东仓隆庆三年（1569年）并入中仓”.

72 明宣宗实录. 台北中研院校印本，卷八五. 宣德六年十二月庚戌条.

73 明英宗实录. 台北中研院校印本，卷一四. 正统元年二月丁未条.

74 明英宗实录. 台北中研院校印本，卷二零二. 景泰二年三月戊辰条；卷二三二. 景泰四年八月辛丑条；卷二五〇. 景泰六年二月丙申条.

75 明英宗实录. 台北中研院校印本，卷三零零. 天顺三年二月庚午条；卷三零九. 大顺三年十一月辛巳条；卷三一六. 天顺四年六月丙辰条；卷三二六. 天顺五年二月戊午条.

76 明孝宗实录. 台北中研院校印本，卷一零七. 弘治八年十二月癸丑条.

77 顾炎武. 天下郡国利病书. 卷三. 北直二.

78 同77.

79 同77.

80 同70.

81 同70.

82 周之翰. 通粮厅志. 卷二. 仓庾志.

83［清］高建勋等修，王维珍等纂.（光绪）通州志. 光绪五年刻本，卷二. 城池.

84 陈日光. 古代的通州粮仓. 中国流通经济（双月刊），1998年第2期.

85 来往于这条路车马行人很多，雨季道路泥泞，行走困难，雍正年间（1723~1735年）修成石道，并一直通往北京朝阳门.

86 同70.

87 同70.

88［清］王道亨修，张庆源等纂，（乾隆）德州志. 清乾隆五十五年刻本，卷一. 沿革.

89 同88.

90 同88.

91 李树德修，董瑶林等纂.［民国］德县志. 民国24年铅印本，卷四. 舆地志：“明洪武三十年（1397年）都督张文杰、指挥徐福等改建砖城”.

92［明］何洪修，郑瀛纂，（嘉靖）《德州志》，1990年上海书店上海影印明嘉靖七年刻本，卷一. 城廓.

93［清］王道亨修，张庆源等纂，（乾隆）德州志. 清乾隆五十五年刻本，卷五. 建置.

94［清］王道亨修，张庆源等纂，（乾隆）德州志. 清乾隆五十五年刻本，卷二. 纪事：“十一月景隆败绩，奔回德州。建文二年（1400年）四月，景隆与燕兵战于白河沟，败绩，奔回德州，燕兵随攻德州。五月，景隆奔济南。燕将陈亨、张信陷德州，收粮百余万石。八月，盛庸、铁铉领兵复德州。帝以庸为平燕将军，屯德州，三年（1401年）三月，盛庸合兵二十万，与燕兵战于夹河绩，奔回德州”.

95［清］王道亨修，张庆源等纂，（乾隆）德州志. 清乾隆五十五年刻本，卷二. 纪事.

96 同93.

97［清］王道亨修，张庆源等纂，（乾隆）德州志. 清乾隆五十五年刻本，卷一. 沿革.

98［清］王道亨修，张庆源等纂，（乾隆）德州志. 清乾隆五十五年刻本，卷五. 建置：“十二连城于卫城北，以护北厂仓储，今废。北厂之北，北厂之东向有废址形迹”.

99 张自清修，张树梅、王贵笙纂.［民国］临清县志. 民国23年铅印本，建置一. 城池.

100 明史. 卷七十九. 食货三.

101 明宣宗实录. 台北中研院校印本，宣德六年九月；又见明史. 卷七十九. 食货三：“增造临清仓，容三百万石”.

102 阎闳. 修理三仓记. 见：张自清修，张树梅、王贵笙纂.［民国］临清县志. 民国23年铅印本，艺文.

103 明史. 卷七十九. 食货三：“移德州广积仓于临清之永清坝”.

104 同99.

105 王直. 临清建城记. 见：张自清修，张树梅、王贵笙纂.［民国］临清县志. 民国23年铅印本，艺文.

106［明］袁宗儒修，陆釴等纂.（嘉靖）山东通志. 明嘉靖十二年刻本，卷十二．城池．临清州城．

107 ［清］张度、邓希曾修，朱钟纂．（乾隆）临清直隶州志．乾隆五十七年刻本，卷二．建置．

108 张自清修，张树梅、王贵笙纂．［民国］临清县志．民国23年铅印本，建置一．城池："景泰时，始徙今治（砖城中）"．

109 同107．

110 明中叶的漕粮运输政策实行了变通的办法，"许粮户赍银径赶水次收买"（万历会计录．卷三十五．漕运）；还有运军在江南交兑时就卖掉漕粮，用所得银两"置买私货，于沿途发卖"，及至交粮时"反买仓米"上纳（明宪宗实录．台北中研院校印本，卷八十四），运军在运输中大量卖买漕粮，使运河两岸形成了粮食供销市场，在粮仓附近，势豪巨贾多预先收购粮食囤放在运河两岸，以便与运军交易．

111 ［清］张度、邓希曾修，朱钟纂．（乾隆）临清直隶州志．乾隆五十七年刻本，卷十一．市廛："其有从汶河来者，济宁一带粮米也"．

112 ［清］张度、邓希曾修，朱钟纂．（乾隆）临清直隶州志．乾隆五十七年刻本，卷十一．市廛："临清为四方辐辏之区，地产谷不敷用，尤取资于商贩。从卫河汛舟东下者，豫省为多"．

113 ［清］张度、邓希曾修，朱钟纂．（乾隆）临清直隶州志．乾隆五十七年刻本，卷十一．市廛．

114 ［清］夏燮撰，王日根、李一平、李珽、李秉乾等校点．明通鉴．岳麓书社，1999年8月．761．卷二十六．景泰五年："辛酉……广徐州东城以护广运仓，悉议行"．

115 万历三十一年（1603年）黄河在山东决口，夺了改线后的新河道，明政府于次年（1604年）开凿泇河运河，即从夏镇李家口引水会泇河和沂河，南下到邳州直河口入黄河。这就是中运河的前身，也就是后来清代漕运经过的河道。泇河运河通航之前，每年数以万计的漕船，商船都必须经徐州治北上或南下，万历三十二年（1595年），泇河运河基本竣工时，"漕船由泇河新运道通过的已占三分之二,万历三十三年（1605年）通过泇河漕船达八千多艘"；万历三十八年（16l0年）徐州附近黄河决口倒灌运河后，漕船就全部由邳州直河口经泇河运河北上了．

116 ［清］吴世熊、朱忻修，刘庠、方骏谟纂．（同治）徐州府志．清同治十三年刻本，卷十六．建置．万历中阳舒公言．

117 同116．

118 同116．

119 同116．

120 明史．卷八一．食货五．商税；参见大明会典．卷三十一．钞法．卷三十五．钞关．明宣宗实录．台北中研院校印本，卷五五等．

121 明史．卷八十一．食货五．商税；又见明会典．卷三十二．户部十七．

122 明会典．卷三十二．户部十七．

123 正统四年（1439年），革去济宁、徐州二处钞关（明英宗实录．台北中研院校印本，卷五七）；正统十一年（1446年），将漷县钞关移至河西务；景泰元年（1450年）始，先后增置苏州浒墅关、杭州北新关、九江、湖广金沙洲四处钞关（明会典．卷三五．商税）；成化八年（1472年），又增置了凤阳正阳关钞关（马卿．查复钞关预处供给高墙疏．明经世文编．卷一六九）；嘉靖六年（1527年）废南京上新河钞关（明会典．卷三五．商税）；崇祯三年（1630年），又增置了芜湖钞关（明史．卷八一．食货五）．

124 芜湖钞关是明末才增置的，凤阳正阳关和湖广金沙洲二钞关其税金专供凤阳高墙庶人支用，概不解京（详见马卿．查复钞关预处供给高墙疏．金沙洲税收专供贵州各卫军士官员俸给，又见明宪宗实录．台北中研院校印本，卷二七〇，明武宗实录．台北中研院校印本，卷一三六），而且其税收数额又相对较小，所以明政府在计算、申呈钞关税收时，一般都不将它们列入在内．

125 明会典．卷三五．商税．

126 吴兆莘．中国税制史（下册）．北京：商务印书馆．1998年：74．

127 顺治年间设关榷税档案选．第三件．户部尚书巴哈纳等题为九江湖口抽税事本．历史档案，1982年第4期．

128 乾隆年间户部所辖钞关共三十一处，总计分设口岸达四百七十五处，见何本方．清代户部诸关初探．南开学报，1984年3期，据清朝文献通考、大清会典、中国第一档案馆藏．户科题本．及地方志24种统计．

129 何本方．清代户部诸关初探．南开学报，1984年3期："（户部）诸关依其所处的地理位置不同可以划分为三种类型：其一，沿海诸关，分布于东南沿海一带，即四海关；其二，沿河诸关，多扼南北大运河、珠江水系、长江水系，黄淮水系之冲要，如天津关、淮安关、北新关、九江关等处；其三，内陆诸关，多地处通衢大道之咽喉，如崇文门，山海关、杀虎口、打箭炉等处，其中张家口、凤凰城中江税务带有陆路边关的性质，前者径收与俄罗斯贸易之商税，后者径收与朝鲜人贸易之商税。"

130 ［清］凌寿祺等修．（道光）浒墅关志，清道光七年刻本，卷十一．禁令．

131 同130．

132 明史．卷八十一．食货五．商税："……各差御史及户部主事监收"．

133 顾炎武．天下郡国利病书．卷二十一．

134 明史．卷八十一．食货五．商税："漷县、济宁、徐州、淮安、扬州、上新河、浒墅、九江、金沙洲、临清、北新诸钞关，量舟大小修广而差其额，谓之船料，不税其货。惟临清、北新则兼收货税"．

135 明穆宗实录．台北中研院校印本，卷三三："户部给事中郑大经奏重榷务一事，言各钞关商税岁入不赀，而独委柄于一主事，利权所在易以不肖之心乘之。若近旧工部主事杨纳是也。自后当选清望考有才名者以往其征榷事务，仍敕各该府，按于府同知通判推官选委一员佐之。几遇商船到，官令赴部官报数。部官如例定拟税银填革给委官称收，仍同委官籍记听收之数，送府既库。该府按季解京，岁终各皆以籍上备本部参阅"．

136 竹木抽分及其抽分厂局始于洪武皇帝试图让工部自给自足之后出现的。其最基本的项目，即竹木抽分与一般税收相分离。明史．卷八十一．食货五．商税中提及13个竹木抽分厂局。其中两个在南京附近，五个在北京附近。在北直隶真定、南直隶芜湖（太平府）湖广沙市（荆州府）、浙江杭州、陕西兰州（今属甘肃）、辽东的广宁卫各设有一处；按照大明会典．卷二百四，抽分中还有淮安附近的清江浦和北直隶的保定．

137 黄仁宇．十六世纪明代中国之财政与税收．生活·读书·新知三联书店，2001年6月北京第1版．2004年8月北京第3次印刷：312："1471年以前几个竹木抽分场局的征收工作并不在工部的管理之下，但在那一年，工部尚书王富获得皇帝的允许，派遣工部属官去沙市、芜湖和杭州三处税课使司，专理抽分，为期一年。这时的抽分工作是省级官员以工部的名义进行管理。淮安的抽分厂总是由管理那一地区河道的工部官员监管，龙江则由南京工部监管。当税收征以实物时，松木税额为十分取二。"

138 黄仁宇．十六世纪明代中国之财政与税收．生活·读书·新知三联书店．2001年6月北京第1版．2004年8月北京第3次印刷：300.
139 吴兆莘．中国税制史下册．北京：商务印书馆．1998：74；又见［日］香坂昌纪．清代的北新关与杭州．杭州师范学院学报，1998年1月："工关主要以建筑材料为收税对象，设置数量有限，税额也较少，而户关则以除建筑材料以外的一般商品为征课业务，设置数量多，其税额也巨大。对中国所有商品流通带来极大影响的即是户关。"
140 倪岳．灾异陈言．皇朝经世文编．卷七八.
141 王樵．方麓集．卷一．考核差满属官事．转引自许檀．明清时期运河的商品流通．历史档案．1992年1期.
142 中国第一历史档案馆藏档案．山东巡抚喀尔古善乾隆十一年七月二十三日折.
143 许檀．明清时期运河的商品流通．历史档案，1992年1期.
144 参见黑广菊．明清时期的榷（钞）关研究概述．历史教学，2004年4期.
145 大清会典．卷二百三十四、二百三十五．关税.
146 吴建雍．清前期榷关及其管理制度．中国史研究，1984年1期中根据天府广记．卷一三、清代录副奏折关税类统计："明代运河钞关，即使算上天启年间（1621~1627年）的各种加派，其税收不过514000余两，而在清代却高达2469000余两。"
147 许檀．清代前期流通格局的变化．清史研究，1999年3期；许檀．明清时期运河的商品流通．历史档案，1992年第1期中对此也有研究；许檀．清代商税问题初探．中国经济史研究，1990年第2期中谈到清代关税收入由康熙二十四年（1685年）时的122万两增加到嘉庆十七年（1812年）时481万两，其在国家财政岁入中的所占比例由4．1%升到14．6%，成为国家第三大财政收入.
148 参见明史．卷八一．食货五．商税.
149［明］王宫臻纂修．（崇祯）北新关志．明崇祯九年刻本，卷四经制．［清］许梦纂修．（雍正）北新关志．清雍正九年刻本，卷十三．税则详细地说明了税款缴纳要求：商税依据种类不同分为十七类，其中以绫缎绸等织物为主（关志明确记载了每类商品的许多品名、课税单位以及单位税银数，在此不详述）。船税以船式分为五类（关志中图示了七十五种船式，可见各地来北新关船只的多样性，这样才根据构造不同，装载量大小，将船分为五种），梁头五尺以上，每尺税银数有记载。大多数附近居民的小船均为五尺以下，没有成为船税征收的对象.
150［明］王宫臻纂修．（崇祯）北新关志．明崇祯九年刻本，卷四．经制.
151 同150.
152［明］王宫臻纂修．（崇祯）北新关志．明崇祯九年刻本，卷四．经制；［清］许梦纂修．（雍正）北新关志．清雍正九年刻本，叙述大致相仿："本关法制，凡商品出入，先具报单，尽书所携之物……上书某府县商人某人，某货若干，由某处出某处字样……长船、沙船之类，梁头及船户姓名，装载某客某货……上书某府某县船户某人，梁头计若干，装载某客某货若干……早关定巳刻，晚关定于未刻。凡商贾先投报单，令大单厂书，照单誊写，发算房科银数，送内衙朱签，后即出堂收税，收毕即放关。恐书算人等有稽留之弊。必时加约束……商人赴柜纳银毕，即给印票。"
153 在明代设置的这七座主要钞关中，淮安关、苏州浒墅关、杭州北新关还有关志存留，包括《淮安三关统志》；《浒墅关志》；（道光）《浒墅关志》；（崇祯）《北新关志》；（雍正）《北新关志》等。这些关志是探讨钞关形制、了解其功能与影响因素的重要史料，其余资料多散见于钞关所在城市的地方志等.
154［清］陈常夏修，孙珮纂．［清］孙鼎增修．（康熙）浒墅关志．清康熙十二年刻，乾隆增修本，卷十一．官署"榷使署即户部分司".
155［明］马麟纂．［清］杜琳等重修．淮安三关统志．清康熙二十五年刻本，卷五．公署.
156［明］马麟纂．［清］杜琳等重修．淮安三关统志．清康熙二十五年刻本，自序.
157［明］王宫臻纂修．（崇祯）北新关志．明崇祯九年刻本，卷十三．公署.
158［明］王宫臻纂修．（崇祯）北新关志．明崇祯九年刻本，卷十三．公署："（小署）三间，每季小委官一员，如三司府卫首领之类皆居于此".
159［明］王宫臻纂修．（崇祯）北新关志．明崇祯九年刻本，卷十三．公署："（听事官房）楼房一间，听事官在此看守关栅，今易以延宾客焉。万历壬寅员外郎蒋公光彦重修，颜曰'事友堂'".
160［明］王宫臻纂修．（崇祯）北新关志．明崇祯九年刻本，卷十三．公署："（枋亭）本关一应枋文，张挂于此，今呈部将应行事以刊立木枋，永为遵守。署中所贮器用不具载，大都经诸贤建置备矣".
161［清］陈常夏修，孙珮纂．［清］孙鼎增修．（康熙）浒墅关志．清康熙十二年刻，乾隆增修本，卷十一．官署.
162 同161.
163［明］马麟纂．［清］杜琳等重修．淮安三关统志．清康熙二十五年刻本，卷五．公署.
164［明］马麟纂．［清］杜琳等重修．淮安三关统志．清康熙二十五年刻本，卷五．公署："（鼓亭），辕门内，东西各一间".
165［明］马麟纂．［清］杜琳等重修．淮安三关统志．清康熙二十五年刻本，卷五．公署："（土地祠）在大门内东，员外夏国考建，今题匾曰'津梁保障'。"
166［明］马麟纂．［清］杜琳等重修．淮安三关统志．清康熙二十五年刻本，卷五．公署："（委官厅），主事杜学大建，前主黄日敬已建馆在署墙之后，故再建之，今仅留基址，久作马圈矣。"
167［明］马麟纂．［清］杜琳等重修．淮安三关统志．清康熙二十五年刻本，卷五．公署："库楼三间，在正堂之东，主事杜学大建，后遭火焚，主事他纳库重建。"
168［明］马麟纂．［清］杜琳等重修．淮安三关统志．清康熙二十五年刻本，卷五．公署："（皂隶房），三间，在仪门内，库楼南，供关帝神像。"
169［明］马麟纂．［清］杜琳等重修．淮安三关统志．清康熙二十五年刻本，卷五．公署："东房，在正堂西南隅。"
170 在［清］卫哲治等修，叶长扬、顾栋高等纂．（乾隆）淮安府志．清咸丰二年刻本，卷十一．公署中对当时钞关公署的建筑也有所记载："督理钞关公署……放关楼三间，鼓亭二座，大门三间，延宾堂三间，委官厅三间，仪门一座，正堂三间，库楼三间，卷房、皂隶房、门吏房各三间，庖福所三间，穿堂、中正堂，各三间，后为望淮亭，又宽简居三间，经国楼一座，寝室五间，东西厢房各三间，中廷前厅书房各三间，小隐斋池亭花园一所，东院子退堂三间，今为译清处"，所记载与关志中基本吻合.
171［清］王俊修，李森纂．（乾隆）临清州志．清乾隆十四年刻本，卷九．关榷.
172［清］程凤文等修，吴廷华纂．（乾隆）天津府志．清乾隆四年刻本，卷七．公署.
173 同163.
174［明］王宫臻纂修．（崇祯）北新关志．明崇祯九年刻本，卷十三.

公署．

175［清］许梦纂修．（雍正）北新关志．清雍正九年刻本，卷五．法制．

176 同150．

177［清］陈常夏修，孙珮纂．［清］孙鼎增修．（康熙）浒墅关志．清康熙十二年刻，乾隆增修本，卷十一．官署．

178 卢耀西．清末民初的淮安关．淮安文史资料第四辑，1986年10月出版．附注：作者的祖父卢紫湘在清光绪年间做过淮安关文案、伯父卢筱香在关署当过书记员，父亲卢郁文也曾在关上工作过。作者在童年、少年时代常听他们谈论淮安关的情况。此文据回忆写成．

179 张自清修，张树梅、王贵笙纂．［民国］临清县志．民国23年铅印本，建置志一．钞关．

180［清］许梦纂修．（雍正）北新关志．清雍正九年刻本，卷七．钤辖．

181 ［明］王宫臻纂修．（崇祯）北新关志．明崇祯九年刻本，卷八．钤辖．

182 同180．

183 同181．

184［清］李卫、嵇会筠等修，沈翼机、傅王露等纂．（雍正）浙江通志．清雍正十三年修，乾隆元年（1736年）刻本，卷八十六．榷税．

185 同184．

186［清］陈常夏修，孙珮纂．［清］孙鼎增修．（康熙）浒墅关志．清康熙十二年刻，乾隆增修本，卷四．管辖．

187 张自清修，张树梅、王贵笙纂．［民国］临清县志．民国23年铅印本，建置一．城池．

188［清］张度、邓希曾修，朱钟纂．（乾隆）临清直隶州志．乾隆五十七年刻本，卷九．关榷．

189 同172．

190 同172．

191 同180．

192［明］王宫臻纂修．（崇祯）北新关志．明崇祯九年刻本，北新关四境图说．

193 城河是由闸北等地向北流，由此可知河岸高度。见［日］香坂昌纪．清代的北新关与杭州．杭州师范学院学报．1998年1月．

194［清］陈常夏修，孙珮纂．［清］孙鼎增修．（康熙）浒墅关志．清康熙十二年（1673年）刻，乾隆增修本，卷一．乡镇．

195［清］凌寿祺等修．（道光）浒墅关志．清道光七年刻本，重修浒墅关志序．

196 同195．

197 资治通鉴．唐昭宗景福元年条．

198 同188．

199 同188．

200 明经世文编．卷七一．漕运河道议．

201 同191．

202 清史稿．卷一百二十五．食货六，又见［清］沈家本等修，蔡启盛等纂．（光绪）重修天津府志．清光绪二十五年刻本，卷三十三．榷税："税额原额河西务三万五千八百四十七两二钱，顺治十三年（1656年）四千九百四十七两二钱，康熙元年（1662年）移驻天津关并征天津道税银四千一百八十两，二十二年（1683年）增五千三百八十四两。"

203 张焘．津门杂记．卷二．

204 刘海岩著．空间与社会——近代天津城市的演变．天津：天津社会科学院出版社，2003：54．

205 张云凤．天津老街——估衣街．中国地名，2000年5期．

206 刘海岩著．空间与社会——近代天津城市的演变．天津：天津社会科学院出版社，2003：40："租界建立之后，海运港口设立租界海河沿岸，运河码头仍在城的北面。"

207 刘海岩著．空间与社会——近代天津城市的演变．天津社会科学院出版社，2003年9月：55．

208 周思兼．周叔夜先生集．卷五．

209［清］顾炎武．天下郡国利病书．卷三十五．山东形势．

210［清］于睿明修，胡悉宁纂．（康熙）临清州志．清康熙十二年刻本，卷一．城池："户部榷税分司明宣德十年（1435年）设关，以御史或郡佐无专职，正统（1436~1449年）成化（1465~1487年）间再罢。景泰（1450~1456年）弘治（1488~1505年）初再复，乃岁出主事一人，督收船料、商税之课，课无定额。大约岁至四万金不盈。百贯者谓之小税，掌于税课。庚戌以东昌府幕一人为监收。官旧罢。皇清间设满汉各一员并莅，课二万余金。"

211［清］于睿明修，胡悉宁纂．（康熙）临清州志．清康熙十二年刻本，卷一．城池．

212 黄仁宇．十六世纪明代中国之财政与税收．北京：生活・读书・新知三联书店，2001：304："钞关的运作很不协调，从来也没有任命一位主管有系统地组织工作。官员没有长期从事这项工作的兴趣。部里的官员仅作为份内之事完成责任，而省级官员却把征收工作看作是本地区的财政负担。普遍的反商业思想阻碍了官僚提高商人的利益、拓展他们商业活动的空间。无论是对日常必需品还是奢侈品，没有人试图使得货物在内陆水运网中更加方便地流通。"

213 张自清修，张树梅、王贵笙纂．［民国］临清县志．民国23年铅印本，经济志．商业．

214 柴市的形成源于明代把烧造皇家贡砖的地点选在临清，［清］张度、邓希曾修，朱钟纂．（乾隆）临清直隶州志．乾隆五十七年刻本，旧序："户部官属莅之国家，凡有营建，恒需砖，临清因帆樯之集而以砖附之"，作为烧造贡砖的必需，柴薪主要由附近州县及济南、兖州二府所属十八县领价办纳，多沿汶河输送至临清，因此在汶河进入东水门内沿线形成柴薪市场．

215 天桥是汶河上的往来重要路上通道，原名弘济桥，见［清］于睿明修，胡悉宁纂．（康熙）临清州志．清康熙十二年刻本，卷一．城池："弘济在汶南，支都御史翁世资协昔维舟，久废。永济知县奚杰协制，石如闸，以木四十丈撑水中，上为大筏绝河，望之如飞虹，俗名天桥。"

216［清］金镇纂修．康熙扬州府志．康熙十四年刻本，卷三八．

217［清］五格，黄湘纂修．（乾隆）江都县志．清乾隆八年刻本，卷三．疆域城池．

218［清］金镇纂修．（康熙）扬州府志．康熙十四年刻本，说明新城："东南即运河以为濠。"

219 同217．

220 高士钥．重修天宝观碑记．（乾隆）江都县志．卷十七，寺观．

221［清］五格，黄湘纂修．（乾隆）江都县志．清乾隆八年刻本，卷三．

222［清］李斗撰，周春东注．扬州画舫录．济南：山东友谊出版社，2001年5月．卷九．小秦淮录．

223 同222．

224 李家寅编著．名城扬州纪略．江苏文史资料编辑部出版发行，1999年1月．65．

225 同222．

226 董鉴泓主编．中国城市建设史（第二版）．中国建筑工业出版社，1989年7月版．

227［清］李斗撰、周春东注．扬州画舫录．济南：山东友谊出版社，

2001年5月．卷九．小秦淮录．

228 ［清］陈常夏修，孙珮纂．［清］孙鼎增修．（康熙）浒墅关志．清康熙十二年刻，乾隆增修本，卷十四．神庙．

229 谢绪为宋末重臣谢达之孙，谢太后之侄，居钱塘。当时，国事败坏，宋室将亡。谢绪痛苦失望，隐居金龙山。宋亡，元兵入杭州，谢绪叹云："生不能回报朝廷，死当奋勇以灭贼。"作诗自悼，随即投江而死。元末，朱元璋率军起义。谢绪托梦乡人，说是新主已出，要他们归顺新主，并表示要保佑新主，次年春吕梁之战，当力助明军。次年，明将傅有德与元将李二战于徐州吕梁洪，明军士卒，见空中一神拉甲前来助战，元兵大溃。此后，谢绪就开始在黄河显灵。分析起来，谢绪成为漕运之神是个很偶然的现象。他本来是因朱元璋试图激发人们的反元意识，以"死当奋勇以灭贼"的谢绪来鼓舞士气。谢是宋室外戚，重臣之后，自然影响力较大。朱元璋又造出谢绪会保佑他们的神话，并以徐州吕梁洪一战谢绪"出助"为证。徐州位于黄运交界处，谢绪曾经在那里显"灵异"，此后那里附近黄河中的很多"灵异"，都使人们想起曾在这里"显灵"的谢绪。故被封为黄河之神。又恰巧金龙山是他的隐居之处，"金龙"又很容易使人联想到水神。谢绪就成了黄河、后来还成为运河之神"金龙四大王"．

230 "金龙四大王"何时被封，各种记载并不相同，［明］朱国桢．涌幢小品．卷十九．云隆庆中（1567～1572年）被封为"金龙四大王"；又一种说法据［清］翟灏．通俗编．引金龙大王圣迹记．云明太祖时，为感谢谢绪助明军，就封他为金龙四大王，立庙黄河之上；还有［清］胡德琳等修，周永年等纂．［清］王道亨增修，盛百二增纂．（乾隆）济宁直隶州志．清乾隆四十三年（1778年）刻．五十年（1785年）增修本，卷十．建置坛庙："天启四年（1624年）诏封护国济运金龙四大王。"

231 ［清］吴世熊、朱忻修，刘庠、方骏谟纂．（同治）徐州府志．清同治十三年刻本，卷十六．建置；（乾隆）济宁直隶州志云"康熙四年（1665年）总督河道张鹏翮奏请奉旨加封显佑通济昭灵效顺金龙四大王。"

232 ［清］赵冀．陔余丛考．卷三五．

233 ［清］姚东升．释神・方祀．

234 ［清］胡德琳等修，周永年等纂．［清］王道亨增修，盛百二增纂．（乾隆）济宁直隶州志．清乾隆四十三年刻．五十年增修本，卷七．坛庙．靳辅重修济宁报功祠碑记略．

235 ［清］胡德琳等修，周永年等纂．［清］王道亨增修，盛百二增纂．（乾隆）济宁直隶州志．清乾隆四十三年刻．五十年增修本，卷七．坛庙．

236 同235．

237 同235．

238 ［清］吴世熊、朱忻修，刘庠、方骏谟纂．（同治）徐州府志．清同治十三年刻本，卷十六．建置；卷十四．祠祀考："洪神庙在百步洪上，旧有庙，称灵源宏济王或称金龙四大王。"

239 ［清］吴世熊，朱忻修，刘庠、方骏谟纂．（同治）．徐州府志．清同治十三年刻本，卷十四．祠祀考．

240 同239．

241 刘云寿等修，苑昆纂．［民国］续纂清河县志．民国10年修．十七年刻本，卷二．建置．

242 ［清］谈迁撰，汪北平点校．北游录．中华书局，1960年4月第1版．1997年12月湖北第3次印刷：19．

243 同241．

244 ［清］完颜麟庆．鸿雪因缘图记．袁浦留帆．

245 ［清］孙云锦修，吴昆田、高延第纂．（光绪）淮安府志．光绪十年刻本，卷四．清河县城池："四公祠，海神庙西，祀总河靳辅，齐苏勒，嵇曾筠，高斌"．

246 同241．

247 ［清］孙云锦修，吴昆田、高延第纂．（光绪）淮安府志．光绪十年刻本，卷四．清河县城池．

248 ［清］吴棠修，鲁一同纂．（咸丰）江苏清河县志．清咸丰四年刻本，卷三．建置："风湖大王庙在清江闸下南岸，乾隆二十八年（1763年）建，道光十一年（1831年）重建，有御赐额。"

249 ［清］吴棠修，鲁一同纂．（咸丰）江苏清河县志．清咸丰四年刻本，卷三．建置："风神庙在清口，康熙五十四年（1715年）建，西向，雍正十年（1732年）增修，乾隆十四年（1749年）总河高斌重建，南向增大之，有御赐额。"

250 ［清］吴棠修，鲁一同纂．（咸丰）江苏清河县志．清咸丰四年刻本，卷三．建置："海神庙在小河北，西北向，顺治十年（1653年）、道光十五年（1835年）修，有御赐额。"

251 ［清］吴棠修，鲁一同纂．（咸丰）江苏清河县志．清咸丰四年刻本，卷三．建置："淮渎庙在清口，明正德三年（1508年）建，康熙乾隆中累奉御书匾额。"

252 ［清］吴棠修，鲁一同纂．（咸丰）江苏清河县志．清咸丰四年刻本，卷三．建置："河神庙在顺黄坝，乾隆四十三年（1778年）建。"

253 ［清］吴棠修，鲁一同纂．（咸丰）江苏清河县志．清咸丰四年刻本，卷三．建置："三神庙在束清坝西岸，本大王庙，乾隆中改建"．

254 ［清］吴棠修，鲁一同纂．（咸丰）江苏清河县志．清咸丰四年刻本，卷三．建置："龙王庙在运河南岸五孔闸之西，乾隆四十九年（1784年）御赐匾额并赐玉如意一枝，一在北岸太史庄，明崇祯年（1628～1644年）建，道光四年（1824年）改建，一在御黄坝，嘉庆二十三年（1818年）建。”

255 ［清］吴棠修，鲁一同纂.（咸丰）江苏清河县志. 清咸丰四年刻本，卷三. 建置：“惠济龙王庙在南头坝，嘉庆二十五年（1820年）建。”

256 刘云寿等修，苑昆纂.［民国］续纂清河县志. 民国10年修. 17年刻本，卷二. 建置：“显应祠祭河淮海三神，在草湾。明万历四年（1576年）六月草湾河工成，淮河大涨而不浸城。总河奏建河淮海三神庙宇，赐名显应。”

257 刘云寿等修，苑昆纂.［民国］续纂清河县志. 民国10年修. 17年刻本，卷二. 建置：“龙神庙在渔沟镇北。旧名龙君庙，其神祈雨辄应，光绪间漕督松椿奏加封号，乡人醵资重修庙宇。”

258 黄埠墩和运河关系密切，［明］王永积《锡山景物略》云“旧建文昌阁、环翠楼、水月轩，垂杨掩映，不即不离。登阁九峰环列，风帆片片，时过几案间”，黄埠墩位于三汊河口，四面皆水，是运河上一处重要景观.

259 ［清］裴大中、倪咸生修，秦缃业等纂.（光绪）无锡金匮县志. 清光绪七年刻. 二十九年重印本，十二. 祠祀.

260 顾文璧主编，夏刚草、石泉森、冯普仁副主编. 无锡胜迹. 上海：上海人民出版社，1992：160.

261 明史. 卷七十三. 职官二.

262 ［清］杨士骧等修，孙葆天纂.（宣统）山东通志. 清宣统三年修.［民国］4年山东通志刊印局牵引本，卷十六. 兵防.

263 元史. 卷九十二. 百官志八.

264 明史. 卷七十三. 职官二.

265 同264.

266 同264.

267 因此明初漕抚还管理地方事务，如修建城墙等，在方志中多有类似记载.

268 同264.

269 ［清］纪昀. 历代职官表. 卷六十. 漕运各官、国朝管制.

270 ［嘉庆］户部漕运全书. 卷二一. 督运职掌.

271 清史稿. 卷一百三十一. 兵志二. 绿营.

272 ［清］卫哲治等修，叶长扬、顾栋高等纂.（乾隆）淮安府志. 清咸丰二年刻本，卷十一. 公署：“明初未设文臣，以勋戚大臣督漕事，其署在旧城南府街。景泰年间（1450~1456年）始以都御史王竑督漕务，淮安知府程宗即平江伯陈瑄旧居建都察院，成化五年（1469年），通判薛准重修，正德十一年（1516年）知府薛斌增建，嘉靖十六年（1537年）都御史周金改建于府城隍庙东察院。”

273 ［清］卫哲治等修，叶长扬、顾栋高等纂.（乾隆）淮安府志. 清咸丰二年刻本，卷十一. 公署.

274 ［清］卫哲治等修，叶长扬、顾栋高等纂.（乾隆）淮安府志. 清咸丰二年刻本，卷五. 城池.

275 同274.

276 ［明］宋祖舜秀，方尚祖纂.（天启）淮安府志. 明天启六年刻，清顺治五年增刻本，卷一. 建置.

277 ［清］卫哲治等修，叶长扬、顾栋高等纂.（乾隆）淮安府志. 清咸丰二年刻本，卷十一. 公署：“总督漕运公署：大照壁一座，鼓亭二座，大门五间，角门三间，仪门三间，大堂五间，中厅五间，东西耳房四间，大观楼五间，后厅五间，东西耳房各三间，厨房七间，东西案房六间，书吏房二十余间，东西皂隶房五间，工字厅三间，花厅三间，亭东耳房四间，大堂西院一宅，共十五间，东西耳房、厢房、穿廊，共三十二间，水土神祠三间，寅宾馆三间，司道府县厅共九间，中军旗鼓卫官厅共二十间，兵勇各房三十余间，清美堂共十五间，旧称前察院，洪武三年（1370年）知府姚斌建，隆庆五年（1571年）知府陈文烛重修为待宾之所，后增修不一，改为笔贴士翻译处。”

278 淮安镇淮楼内介绍展板。据介绍，由于考古挖掘限制，只对中轴线上的建筑在布局、开间、尺寸上有准确的了解，且方志中记载也较为详细，两侧次要轴线均为据记载及图推测.

279 元史. 卷九十二. 百官志八.

280 ［明］潘季驯. 河防一览. 卷一.

281 明史. 卷七十三. 职官二. 据［清］杨士骧等修，孙葆天纂.（宣统）山东通志. 清宣统三年修. 民国4年山东通志刊印局铅印本，卷十六. 兵防载，为北方运河的防护，永乐十八年（1420年），曾遣行军司马，提马步兵拾万镇守济宁。正德年间（1506～1521年）之后，遣都御史负责沿运防务。隆庆四年（1570年），由河道总督“加提督军务。辖南北直隶、河南、山东。各兵备道皆听调遣”。永乐五年（1407年）在济宁驻防的济宁卫。拥兵5600人，隶济宁兵备道管辖，是河道总督署下设的专职防务机构。明史. 卷九十一. 兵防三载：“治河之役，给事中张贞观请益募士兵，捍淮、扬、徐、邳”，经皇帝允准，这四地驻兵也曾由河督节制以护卫河道.

282 ［清］杨士骧等修，孙葆天纂.（宣统）山东通志. 清宣统三年修. 民国4年山东通志刊印局铅印本，卷十六. 兵防。清史稿. 卷一百三十五. 兵六：“河道总督标营凡二十营”。清史稿. 一百三十一. 兵二. 绿营兵载：“定山东官兵经制，设副将或游击以下将领八，兵凡三千，备河防护运。”河道总督辖河标中军署，中军又称为将军，专司运河河道的防务.

283 清史稿. 一百六十. 职官三. 河道总督.

284 张德泽著. 清代国家机关考略. 北京：学苑出版社，2001.

285 ［清］徐宗幹修，许瀚纂.（道光）济宁直隶州志. 清道光二十一年刻本，卷四. 公署.

Chapter 10

Slender West Lake: the Combination of Lake, Willow, Moat and City Wall

Chen Wei

第十章　城河湖水一带　绿杨城郭一体

——扬州瘦西湖

陈　薇

一、城市发展和水系沿革与瘦西湖

图10-1. 扬州瘦西湖现状
摄于2009，2008年。

扬州瘦西湖以“瘦”著称。它的“瘦”构成园林的形态、园林的趣味、园林的特质（图10-1）。但是透过它“瘦”的形成，我们更可以认知园林与城市发展和水系沿革在物质形态上的密切关联。

1. 邗沟与邗城；蜀岗与广陵

扬州城市的形成和发展，与扬州山水关系密切。瘦西湖和城市的关联，也正是在这样的基础上以及人们长期对山水与城市互动发展的智慧认识所得。

春秋时期，吴王夫差十年（公元前486年），“吴城邗，沟通江淮”[1]。当时江面较宽近蜀岗，邗城便建于蜀岗上，即今扬州城的前身。邗沟在邗城边经过，直接通江，引江水北流入淮，并作为邗城的护城河，实用和防卫结合，为明智之举。这是重要的山水和扬州城关联的发端（图10-2）。

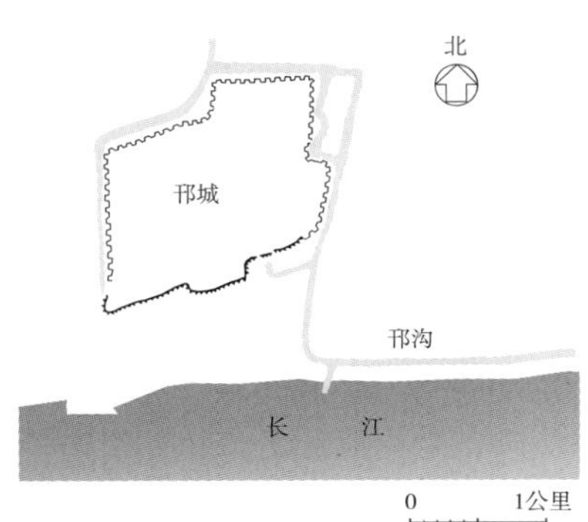

图10-2. 邗城与蜀岗、邗沟、长江

说到山体，“扬州山以蜀岗为首，嘉靖志云：蜀岗上自六合县界，来至仪征小帆山入境，绵亘数十里，接江都县界。迤逦正东北四十余里，至湾头官河水际而微。”[2]可见蜀岗规模较大。又“陆深知命录云：蜀岗盖地脉自西北来，一起一伏，皆成冈陵，志谓之广陵。”[3]扬州汉代至东晋叫广陵，城址就在蜀岗。“鲍照芜城赋云：掩以漕渠，轴以昆冈。”[4]是说蜀岗和漕河密切相关，汉晋时蜀岗又隔长江与金陵相对。但东晋、南朝时，广陵附近江岸南移，长江北岸边滩大幅度淤长，蜀岗下形成“土甚平旷”[5]的长江冲积平原。

2. 保障河与罗城；护城河与大城

隋代蜀岗下平原不断发展，隋文帝改制，广陵始称扬州[6]，之后定于唐代[7]。隋文帝死后隋炀帝曾“改州为郡”扬州遂为江都郡。而对于扬州而言，重要的是隋炀帝开凿的大运河，繁荣了扬州经济，同时带来城市人口聚集和城

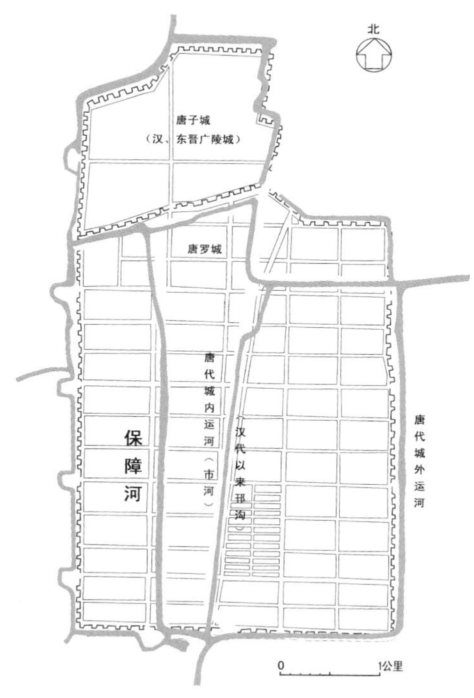

图10-3. 扬州唐城与保障河等水系

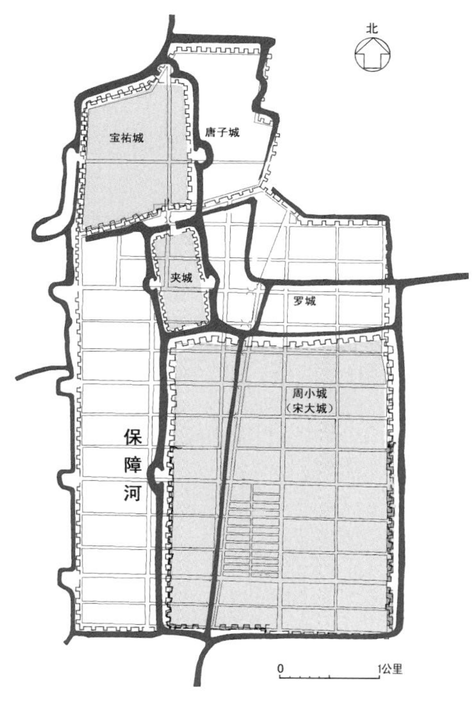

图10-4. 扬州宋大城与保障河

市规模扩大，进而形成城市性质的变化。唐代蜀岗与长江间的河滩地渐成重要的江南物资转运集散港埠，蜀岗下河道两侧慢慢形成市街和码头，并建设有初步的路、桥，至中晚唐修筑罗城城池并规划街道[8]。唐代诗人李颀《送李昱》有“鸬鹚山头片雨晴，扬州郭里见潮生”之句，可知有罗城之郭墙。而由于扬州子城仍于蜀岗高地并沿用汉、六朝广陵城址[9]，其时主要繁华地是在罗城。

“富庶甲天下，时人称扬一益二”[10]，扬州的繁华是与运河的发展相关的。唐代蜀岗下的罗城东与邗沟古运河一脉相连，并发展绕罗城东南入江，而罗城内原邗沟古道则成为繁华的市河，其西侧还有一条南北向的运河，称保障河，北通与邗沟相通的北罗城城壕，南接南城壕，这条河保障城内繁忙交通和商业运输的畅通（图10–3）。1978年3月，扬州市工程建设中发现两条古河道，距蜀岗仅3公里，都是南北向。一条宽度为31米，与隋代开凿邗沟宽度接近。第二条河道位于第一条古河道东面，相距350米，河道较窄。这两条河道应是唐罗城内的两南北向河道在北端的地下存留。其中第一条宽河，可能是运河保障河或其前身。

唐末五代之际，扬州经历了数次兵燹之害，繁荣经济受到严重破坏，“江淮之间东西千里，扫地尽矣”[11]。就扬州城的变化而言，后周世宗于955~958年出兵南唐，后周显德五年（958年）周世宗占据扬州，此时扬州由于战乱，城大空虚难守，“遂于故城内就东南别筑新垒”[12]，新筑的城比唐城小许多，因而称周小城，周小城的范围北濠即柴河，南濠、东濠为运河，西侧以保障河作为护城河[13]。

继后周小城，宋三城（北–宝祐城于蜀岗，南–宋大城沿用周小城，中–夹城）中的宋大城西侧的护城河，继续利用了唐代城中西侧的一条运河保障河（图10–4），一方面具备运输功能，另一方面城壕则更多起到军事防御作用。

3. 保障河与保障湖；保障湖与瘦西湖

元代扬州城袭用宋大城，蜀岗上的宋宝祐城以及中部夹城逐渐荒废。

唐代扬州的保障河，在后周和宋代被利用作为护城河后，保障河名称未变。至元末保障河西北颓圮，明嘉靖十八年（1539年）疏浚[14]，变成水面略宽的保障湖。原宋大城西壕南段成为头道河和二道河两重护城河。之前明初因旧城虚旷难守截城西南隅为明初城，嘉靖三十四年（1555年），倭寇侵掠扬州，“外城萧条，百八十家多遭焚截者”[15]，为防倭寇而建新城。保障湖在明嘉靖后也确实成为扬州明城的西湖（图10–5）。

清代扬州城沿袭明城，保障湖于城外西北侧。“砲山河小志，一名保障河，一名保障湖，在平山堂下岁久淤浅”[16]。又“砲山河受蜀岗、金匮、甘泉诸水，由二十四桥出，是桥，乃得与保障湖通，故砲山河亦名保障河。尹太守记云：襟带蜀岗，绕法海寺以南”[17]。而近年在瘦西湖内西北方向考古发现的唐代罗城西侧北门，说明后来的瘦西湖也利用唐罗城西城壕的北段部分（图10–6）。《平山揽胜志》一书记载盐商领袖汪应庚疏理整治了原有的水系并加以连通，而成为瘦西湖。其实就是将保障河、唐西护城河连系并延伸，于蜀岗下东环，成为蜀岗山水流向运河的泄洪通道，更逐渐成为名胜郊地（图10–7）。后来的瘦西湖也因此名砲山河、保障河、保障湖、长春湖。

“保障河受西山诸水汇蜀岗前，回环曲折而南至于砚池，两岸园亭如绮，交绣错然。”[18]清代保障湖一带，如时咏“两堤花柳全依水，一路楼台直到山”。

如上所述可知，瘦西湖这个扬州城外西湖并非天然湖泊或人造湖泊，而是与扬州城市发展及水系的变化与利用密切相关。其从运河，到护城河，再到城外湖的相沿袭又动态变化的过程，是审时度势、因地制宜、化腐朽为神奇的智慧结晶（图10–8）。

值得提出的有两点。

一是唐代保障河是官河，是城内物资供应、商品交易的重要通道，河长，桥梁亦多，名声最著者当数二十四桥。唐代诗人杜牧“二十四桥明月夜，玉人何处教吹箫？”唐代诗人韦庄“二十四桥空寂寂，绿杨摧折旧官河”，说的都是扬州二十四桥。后来瘦西湖上的二十四桥景色“红桥春柳碧条条，十五桥中第一桥；多少游人浑不识，独留才子听吹箫”[19]，出处于此。也因为这二十四桥，也有了和西湖的关联诗句，如宋代文学家欧阳修“都将二十四桥月，换取西湖十顷秋”。

二是瘦西湖也是城市的水利工程湖，由于它位于蜀岗与运河及长江之间，旱时通过它，从蜀岗西侧的雷塘[20]得到补给并传输给运河，涝时通过它将山洪进行排泄，清《扬州营志》便有这样的图示和说明[21]（图10–9）。在防汛和守卫层面，

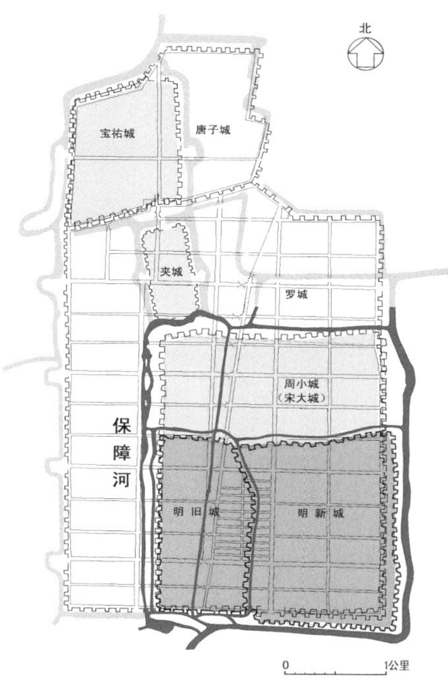

图10-5．扬州明城与保障湖

图10-6．扬州瘦西湖2008年将发掘唐西侧北门址进行保护的现场

图10-7．扬州清代城市与瘦西湖

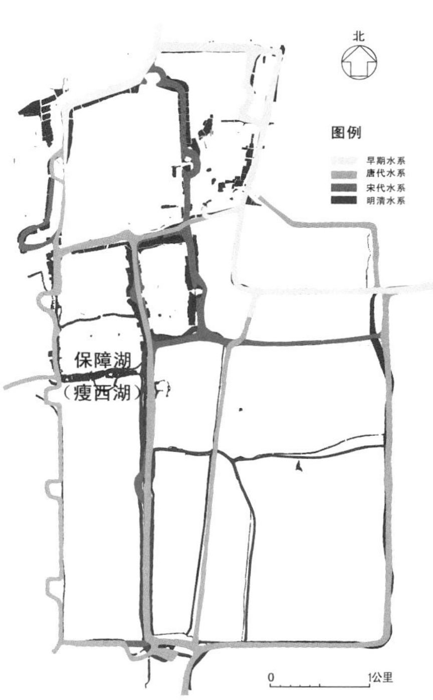

图10-8．瘦西湖与扬州历史城市形态及水系动态发展关系图

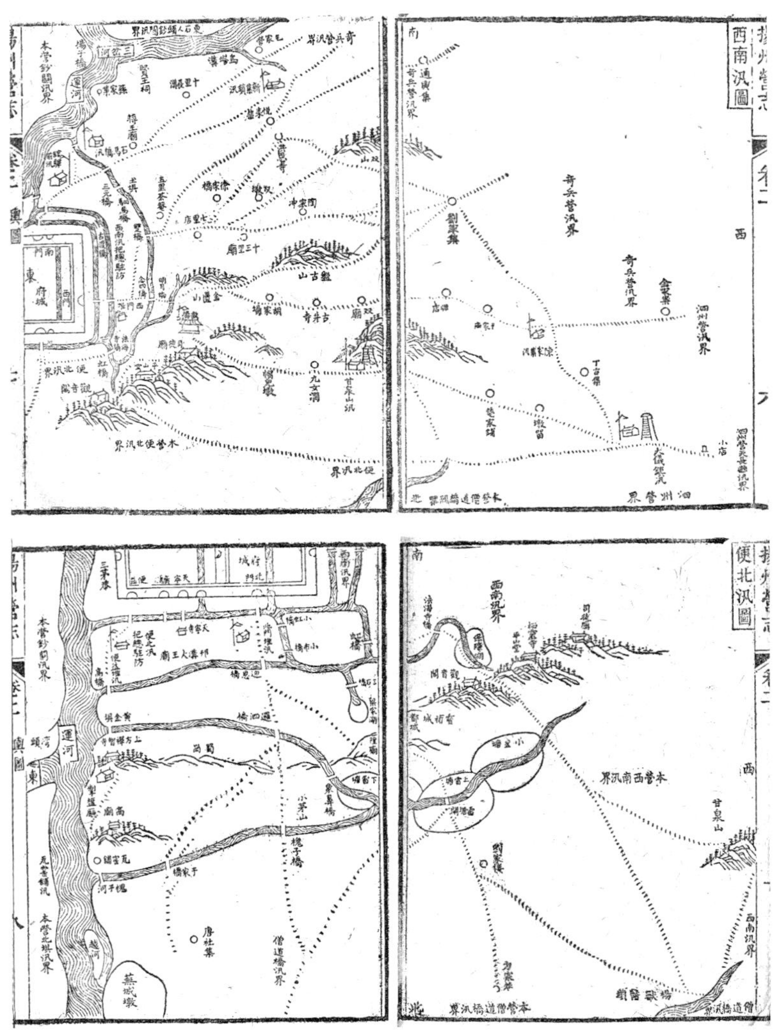

图10-9．西南汛图，便北汛图
［清］道光十一年七月，陈述祖撰，《扬州营志》（第一册）卷二舆图，江苏扬州古旧书店刊印．

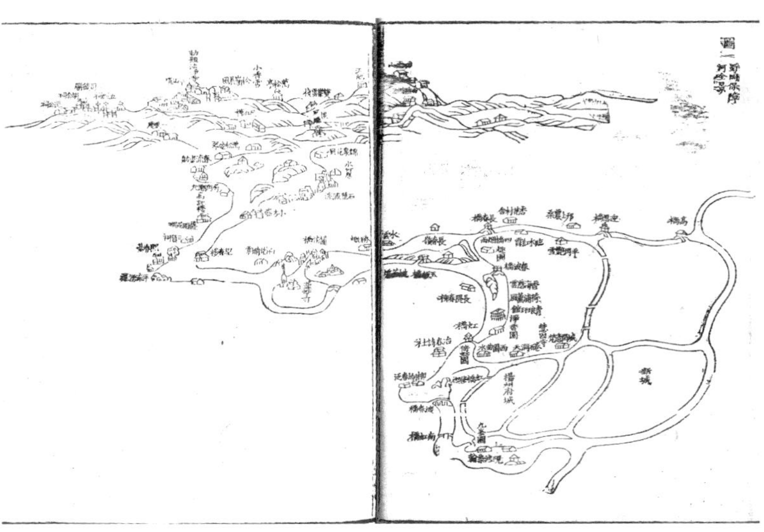

图10-10．蜀岗保障湖全景
［清］郭庆藩，《平山堂图志》名胜全图，图一，三吾机裔欧阳利见重刊，光绪九年九月．

这一带倍受重视，“西南汛，迢递崇山，远通陕豫；便北汛，域限芜城，虽属弹丸之汛，脉绵蜀阜，洵增营，镇之雄”。[22]均说明清代瘦西湖不仅是景观湖，还是重要的城市功能湖。疏浚也是常事，陈章《重浚保障湖》曰：“举臿如云集水工，五塘分溜百泉通，莫言开浚无多地，也有星辰应鼊东”[23]。

二、城市文化和商业活动与瘦西湖

保障湖变为瘦西湖，其瘦水乃必然，因为前身是河。但保障湖被瘦西湖名称替代或并存，许是因为景观，特别是植物和造景奢靡（图10–10）。杭州人汪沆来扬州游玩曰：“垂杨不断接残芜，雁齿红桥俨画图。也是销金一锅子，故应唤作瘦西湖”。这大概是保障湖在民间改名为瘦西湖的基本缘由。

说到扬州植物，和扬州由来已久的城市文化——扬州之名相关。对此古今聚讼纷纭，概有四说。一说，与杨树有关，宋沈括《梦溪笔谈》云：“扬州宜杨，荆州宜荆”[24]；一说，与水有关，东汉刘熙《释名・释州国》云：“扬州州界多水，水波扬也”；一说，与地气有关，《春秋元命苞》云：“厥土下湿而多生杨柳，以为名，其地北距淮，东距海”；一说与人性有关，东汉李巡《尔雅注》云：“江南其气躁劲，厥性轻扬，故曰杨。杨，扬也”，《隋志》亦谓江都人性躁劲，风气果决。

其实哪说无关紧要，却道出扬州的自然风土和人文气质。也恰如其分地适用于对扬州瘦西湖与城市文化和生活关联的理解。因地置园和应人成景，构成瘦西湖最突出的品性。

1. 因地种柳和因人为杨的杨柳

唐代诗人白居易《隋堤柳》描述有盛景：“大业年中炀天子，种柳成行夹流水。西自黄河东至淮，绿阴一千三百里。大业末年春暮月，柳色如烟絮如雪。南幸江都恣佚游，应将此柳系龙舟。”说的就是隋炀帝征召大批民夫开挖运河的同时，接受虞世基的建议在河堤两岸大量载插柳树的事，柳树还有系舟的功能。此“隋堤柳”[25]，也受赐与炀帝同宗姓杨，曰杨柳。

明王士祯《浣溪沙》：“北郭清溪一带流，红桥风物眼中秋，绿杨城郭是扬州。西望雷塘何处是，香魂零落使人愁，淡烟芳草旧迷楼。”其中“绿杨城郭是扬州”，可见杨柳已成扬州郭城的标志、特征和重要内容，尤自北而东柳树几成郭墙，而保障湖在扬州城西，雷塘萧瑟，和记载嘉靖前保障湖颓废也互有印证。

图10-11. 长堤春柳和韩园
[清] 赵之壁编纂,《平山堂图志》名胜全图, 韩园、长堤春柳部分, 三吾机裔欧阳利见重刊, 光绪九年九月。

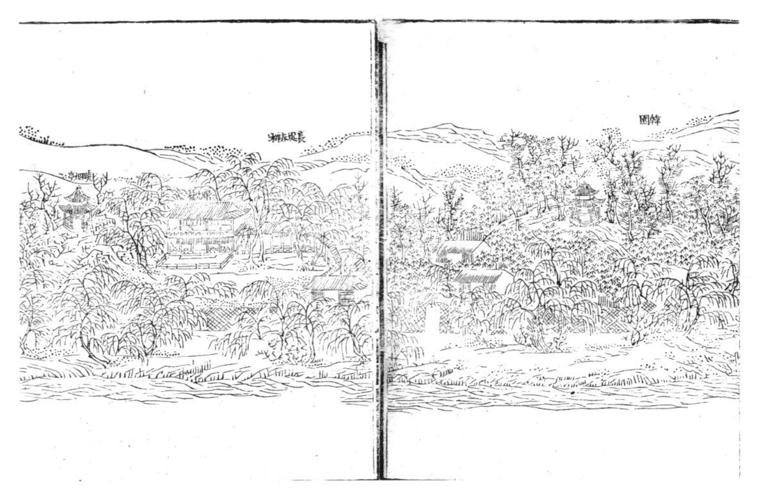

图10-12. 瘦西湖钓鱼台堤岸桃李间植
摄于2009年。

明人陈子龙《扬州》:“淮海名都极望遥，江南隐见隔南朝。青山半映瓜洲树，芳草斜连扬子桥。隋苑楼台谜晓雾，吴宫花月送春潮。汴河尽是新栽柳，依旧东风恨未消”。新栽柳，应该是明中期后继承扬州城市文化传统新栽杨柳以延续历史的实事。

清人有诗:“澹荡轻风静碧沦，堤笼丝柳拂船唇，沿隄缇骑非严跸，为挈银牌赐老人”[26]。可以见得从隋代到清代杨柳是扬州文化的重要一部分。同时，杨柳于扬州风土易栽易活也是广植的成因。“扬者宜杨。在堤上者更大。冬月插之，至春即活”[27]。

瘦西湖因杨柳置景处也比比皆是。如“柳湖春泛在渡春桥西岸。土阜蓊郁，利于栽柳。洪氏构草阁，题曰辋川图画”[28]；又如“虹桥即红桥，在保障湖中……朱阑跨岸，绿杨盈堤……彩虹卧波，丹蛟截水，不足以喻。而荷香柳色，曲栏雕楹，鳞次环绕，绵亘十余里”[29]。“梦香词云：扬州好，第一是虹桥。杨柳绿齐三尺雨，樱桃红破一声箫。处处住兰桡”[30]。再如长堤春柳，“沿堤高柳绵亘百余步，为浓阴草堂，堂左由长廊至浮春栏，廊外遍植桃花，与绿阴相间”[31]（图10-11）。

扬州瘦西湖种柳也很有讲究，一是不丛植，可列行沿河，似取中古“隋堤柳”意境；二是杨柳三、五步一株，中间夹植桃花。如钓鱼台堤岸（图10-12），柳绿如莺歌燕舞，桃红似姹紫嫣红，徐徐微风下则有“柳叶乱飘千尺雨，桃花斜带一溪烟”的况味。

2. 瘦西湖置景多与扬州文化中的植物相配，而植物又常和历史及人物有关

据《扬州府志》和《甘泉县志》记载，琼花开始种植于唐代，到了宋代，生长在扬州后土庙里的一株木本花卉，先后经过历任扬州地方长官王禹偁、韩琦、欧阳修题诗著文，才名声大振，成为“淮扬一枝花，四海无同类”的奇葩。如王禹偁为这朵后土庙琼花写过《琼花诗》两首，其一为：“春冰薄薄压枝柯，分与清香是月娥。忽似暑天深涧底，老松擎雪白婆娑。”与琼花齐名的要数扬州的芍药了。欧阳修有诗云：“琼花芍药世无伦”，苏东坡亦有诗句“扬州芍药天下冠”。荷花也与柳、芍药成为扬州代表，如明人王祎《扬州》：“春满扬州廿四桥，何人骑鹤听吹箫？荷花芍药犹闲事，且访平山旧柳条”[32]。菊花也一直享有盛名。清咸丰年间做过知府的徐兆英晚年回归故里，曾作《扬州竹枝词》，中有“赏菊傍花村里坐”的词句。

具体到瘦西湖因植物成景或配景的，多颇有神采。如“九峰园畔换轻舟，古郡城西初度游，二十四桥虽莫辨，紫薇犹足缅风流”。“时节逮花朝，百卉舒韶光，驻跸有余暇，爰再游山堂。远迎坡梅红，近拂堤柳黄，夹堤多名园，时复一徜徉。”“春光满眼已撩人，梅白茶红倚翠筠，屈指长桥过廿四，风流谁是紫薇伦？”“柳绿阴浓曲岸头，缓移画舸惠风柔，青琅玕馆凝神盼，谁道寻常竹有秋。”[33]在这里，紫薇、红与白梅、茶花、竹等，十分丰富。根据《扬州画舫录》等文献描述，作图如下（图10-13），可以看出清代以瘦西湖为主的扬州植物配置，丰富饱满、间隔有序、神采有韵。

这些植物和建筑结合，形成瘦西湖的一幅幅图画和美景。如白塔晴云亭“后有堂，颜曰‘桂屿’；又后为‘花南水北’之堂，堂西为‘积翠轩’；轩前为半阁，阁右穿竹径、度桥，由长堤沿山麓而西，山上梅花如雪；水际编朱竹为篱，掩映有态……”[34]。其中桂香、竹翠、梅白、朱篱与山水、建筑相间相衬，亦主亦辅，层次丰富，情态各异，又连续舒展。又如康熙年间“御碑亭亭右为香悟亭，盖取释氏闻木樨香之义。再右为涵光亭，亭右为双清阁，阁右为荷花池，右古松参天，与榆槐相间，松下有亭曰听涛。斗姥宫在其后，又西为曲廊水榭，低点水际。其北为邃室，室西长廊数折为厅，颜曰绿杨城郭；厅左为栖鹤亭，老松数株，鹤巢其上，故名。庭前稍右西出为芍园。”[35]则展现出以乔木为主、花色为辅，但均取意植物特质的建筑风貌与园景风情。

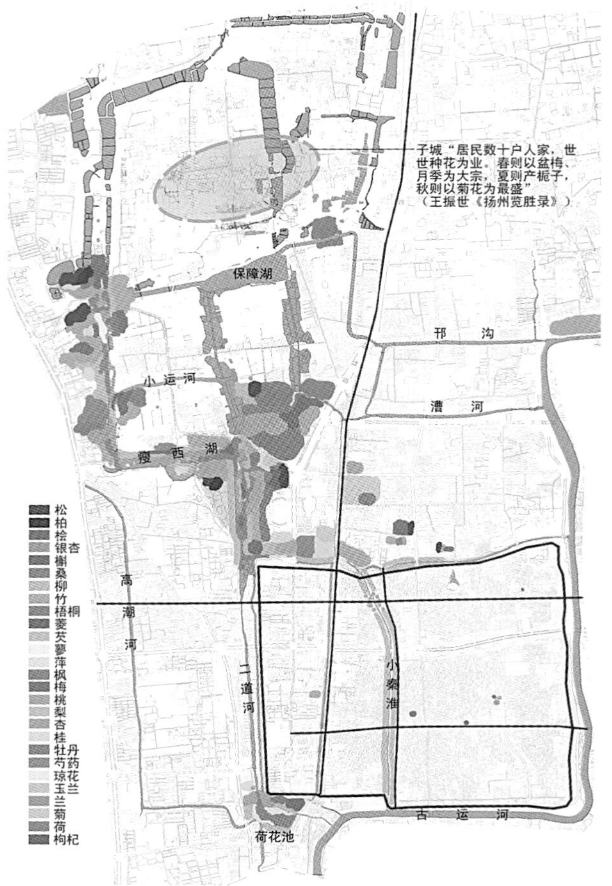

邗上农桑	桑
杏花村舍	桑、柳、松、荷
平冈艳雪	梅、竹、荷
临水红霞	桃、梅、竹、牡丹、荷、梧桐
竹西芳径	竹
傍花村	菊
梅花岭	梅
卷石洞天	竹、柳、桂
西园曲水	梅、荷花、柳、萍
虹桥揽胜	柳、荷
冶春诗社	竹
砚池染翰	牡丹、荷、梅、柳、萍
影园	桃、柳、荷
荷浦薰风	柳、竹、槲、桐、菊、荷
香海慈云	荷
四桥烟雨	松、梧、竹、柳、菊、桂
水云胜概	竹
长堤春柳	柳
桃花坞	桃、松、柏、竹、荷
梅岭春深	梅、荷
白塔晴云	梅、芍药、竹、柳
石壁流淙	竹、梅、牡丹、菱、芡、蓼、兰
锦泉花屿	梅、竹、牡丹
春台祝寿	荷 竹
筱园花瑞	芍药、牡丹
蜀岗朝旭	荷、竹、柳、桂、梅
万松叠翠	松、竹、桂、梅、蓼
尺五楼	竹
双峰云栈	柳 竹
万松岭	松柏
小香雪	梅
听箫园	桃、杏
李园	菊
天宁寺	竹、梧桐
重宁寺	竹
都天庙	银杏
慧因寺	桂
秋雨庵	桂、竹
莲性寺	柏
法净寺	桂、梅、杏、牡丹
铁佛寺	枫
得胜湖	荷
北、南水关	萍

图10-13．清代扬州瘦西湖为主的扬州植物配置一览
据《扬州画舫录》等文献绘
原载于：祁昭、陈薇．扬州历史城市绿化与格局．华中建筑．2009（08），Vol.147.

3．瘦西湖也有极具特色的商业内容和场景，城市商业活动的躁劲之风盎然

首先要说画舫。画舫即经装饰美化的船，画舫在瘦西湖漫游，活动很多。如"画舫多以弈为游者。李啸村贺园诗序有云：香生玉局。花边围国手之棋。是语可想见湖上围棋风景矣"[36]。高手输赢不定时，一直在船上博弈。又如，堂客船实为妓舟，"妓舟齐出，罗帏翠幕，稠叠围绕。韦友山诗云：佳话湖山要美人。谓此"[37]。再如，灯船，"灯船多用鼓棚，楣枋楞檐，有钻有瓛，中覆锦棚，垂索藻井，下向反披，以宫灯为最丽，其次琉璃。一船连缀百余……诸商各于工段

临水张灯，两岸中流，交辉焕采”[38]。还有，“花船于市会插花画舫中，大者用磁缸，小则瓶洗之属。一瓶值千金，插花多意外之态”[39]。

其次要提虹桥。虹桥毗邻酒家，才是情趣处。“画舫日将斜，红桥对酒家，歌声传水调，女伴折荷花，明月临城树，凉风乱野蛙，竹西骑马客，归路不言赊”[40]。虹桥码头更有许多商业活动，“其下旧为采菱、踏藕、罱捞、沉网，诸船所泊”[41]，虹桥码头为长堤之始，“长堤春柳、桃花坞、春台祝寿、筱园、蜀岗朝旭五景，皆在堤上。城外声技饮食集于是。土风游冶，有不可没者”[42]。

再看长堤。“乔姥于长堤卖茶……称为乔姥茶桌子，每龙船时，茶客往往不给钱而去”[43]；还有担糖卖食、卖豆腐脑和茯苓糕，又夏月卖洋糖豌豆，秋月卖芋头芋苗子，“唤声柔雅，渺渺可听”[44]；清晨堤上有携白翎雀学黄鹂声者；秋天堤上多蝉，有长竿黏落、沿堤货之者；堤上还有玩奇技、演猴戏、叫嗓子肩担戏、耍杂技、裸体相扑、玩西洋镜等，有的“如燕雀腾飞，轧轧有声”，有的“金鼓喧嗔”，遂“湖山春色阑矣”[45]。

“画舫多食于野”[46]。这样如平山堂下，“绿杨城外平山路，五里香尘消暖雾，水碧迢迢，溪北溪南出画桥。酒旗闲向青溪拎，黄鸟一双篱外啭，堤畔人家，风细秋千影半斜”[47]。

从中，我们了解瘦西湖正是由于充满这些人文历史、商业活动，才万象隆富，也为风尚花离之所，形成与城市文化和商业生活互动的园林。当然，瘦西湖在清代的大力发展，还有重要事件之动因，即天子南巡。其前后的变化在《扬州画舫录》袁枚序中表达十分清楚：“记四十年前，余游平山堂，从天宁门外，拕船而行，长河如绳，阔不过二丈许，旁少亭台，不过堰潴细流，草树卉歙而已。自辛未岁天子南行，官吏因商民子来之意，赋工属役，增荣饰观，奢而张之”[48]。关于此，另有专文，不是本文重点。

城市与园林，当我们从物质层面和非物质层面同时去挖掘其中的密切关联，其实已分不清园林和城市的分野，这也正是本文进行跨越研究以发现园林真正创意和价值所在。当一种园林根植于城市本土和文脉、浸濡于城市文化和风情，就有了得天独厚的魅力，就有了跨越时空的慧果，永久熠熠生辉。扬州瘦西湖与城市发展和水系沿革、城市文化和商业生活在历史上的不解之缘，便是这样一种互为表里的诠释。可谓：城河湖水一带，绿杨城郭一体。

（注：虹桥、红桥为一处，古典文献及诗词各有不同，引文以原文录之。之外行文中均用虹桥）

注释：

1《左传》周敬王三十四年.
2［清］李斗撰，《扬州画舫录》卷十六“蜀岗录”，中华书局，1960年4月第一版：364.
3 同2.
4 同2.
5《南齐书》卷十四，州郡志上.
6 最早提到扬州一词的书是《尚书》，其中《禹贡》篇里说“淮海惟扬州”，意指淮海和大海之间，范围很大。城市扬州是隋文帝时改北周吴州之旧所称，见《隋书．高祖记》.
7 徐谦芳，《扬州风土记》：“广陵郡被扬州之名，肇于隋文帝开皇九年，再见于唐高祖武德九年，三定于唐肃宗乾元元年。”
8 中国社会科学院考古研究所、南京博物院、扬州市文化局、扬州城考古队，扬州城考古工作简报，《考古》1990年1期：“罗城从初步发掘资料来看，未见隋唐以前的遗迹，初步判定建于中唐或晚唐”；又见王勤金，扬州唐宋城址的发现，《东南文化》2001年增刊，扬州博物馆建馆五十周年纪念文集：“在解剖罗城北城冈时，城墙基之下发现有唐代墓葬群，表明罗城之始建只能晚于唐早期”。唐罗城的城墙建造最早的文献记载为《资治通鉴》卷二二九：“唐建中四年（783年）十一月，淮南节度使陈少游将兵讨李希烈，屯盱眙，闻朱泚作乱，归广陵，修堑垒，缮甲兵。”与考古发掘的结论大致相同.
9 南京博物院，扬州古城1978年调查发掘简报，《文物》，1979年9期.
10《资治通鉴》唐昭宗景福元年条.
11《资治通鉴》卷二百五十九，景福元年七月条.
12《旧五代史》卷一百一十八，周书第九，世宗纪五，显德五年二月.
13（万历）《江都县志》古迹.
14 参见：《天一阁藏明代方志选刊．嘉靖惟扬志》卷之十，军政志，1963年9月上海古籍书店据宁波天一阁藏明嘉靖残本景印，上海古籍书店影印，1981年11月重印.
15［清］五格、黄湘纂修，（乾隆）《江都县志》卷三，疆域城池，清乾隆八年（1743年）刻本.
16［清］赵之壁编纂，《平山堂图志》卷一，三吾机斋欧阳利见重刊，光绪九年(1883年)九月.
17［清］李斗撰，扬州画舫录．卷十三，桥西录，北京：中华书局，1960年4月第一版：305.
18［清］赵之壁编纂，《平山堂图志》凡例，三吾机斋欧阳利见重刊，光绪九年九月.
19［清］赵之壁编纂，《平山堂图志》卷五，艺文三，三吾机斋欧阳利见重刊，光绪九年九月.
20 雷塘汉时称雷陂。《嘉庆新志》曰：“雷塘在城西北十五里；上塘长广共六里余；下塘长广共七里余，小新塘接连。上雷塘东西阔一百丈，其水注上雷塘，转入下雷塘，由槐子河东流入官河，长广共二里余。”转引自［清］刘文淇撰，徐炳顺标点注释，《扬州水道记》，天马图书有限公司，香港，2004年2月：35-36.
21［清］道光十一年七月，陈述祖撰，《扬州营志》（第一册）卷二，舆图：西南汛图，便北汛图；（第二册）卷三，建置，江苏扬州古旧书店刊印.
22［清］道光十一年七月，陈述祖撰，《扬州营志》（第三册）卷五，形势附，江苏扬州古旧书店刊印.
23［清］赵之壁编纂，《平山堂图志》卷六，艺文四，三吾机斋欧阳利见重刊，光绪九年九月.
24［宋］沈括《梦溪笔谈》杂志篇.
25［宋］司马光，《资治通鉴·卷第一百八十》载“渠广四十步，渠旁皆筑御道，树以柳”，北京出版社，2006.
26［清］赵之壁编纂，《平山堂图志》卷首，三吾机斋欧阳利见重刊，光绪九年九月.
27［清］李斗撰，《扬州画舫录》卷十三，桥西录，北京：中华书局，1960年4月第一版：295.
28［清］李斗撰，《扬州画舫录》卷十，虹桥录上，北京：中华书局，1960年4月第一版：236.
29［清］李斗撰，《扬州画舫录》卷十，虹桥录上，北京：中华书局，1960年4月第一版：240.
30［清］李斗撰，《扬州画舫录》卷十一，虹桥录下，北京：中华书局，1960年4月第一版：251.
31［清］赵之壁编纂，《平山堂图志》卷二，名胜下，三吾机斋欧阳利见重刊，光绪九年九月.
32 同31.
33 同31.
34 同31.
35 同31.
36［清］李斗撰，《扬州画舫录》卷十一，虹桥录下，中华书局，1960年4月第一版：260.
37［清］李斗撰，《扬州画舫录》卷十一，虹桥录下，中华书局，1960年4月第一版：261.
38 同37.
39［清］李斗撰，《扬州画舫录》卷十一，虹桥录下，中华书局，1960年4月第一版：262.
40［清］赵之壁编纂，《平山堂图志》卷六，艺文四，孙枝蔚，红桥，三吾机斋欧阳利见重刊，光绪九年九月.
41［清］李斗撰，《扬州画舫录》卷十一，虹桥录下，中华书局，1960年4月第一版：262.
42 同41.
43 同41.
44［清］李斗撰，《扬州画舫录》卷十一，虹桥录下，中华书局，1960年4月第一版：263.
45［清］李斗撰，《扬州画舫录》卷十一，虹桥录下，中华书局，1960年4月第一版：263-264.
46［清］李斗撰，《扬州画舫录》卷十一，虹桥录下，中华书局，1960年4月第一版：266.
47 同23.
48 同36.

Chapter 11

Water System and Gardening in Suzhou

Wang Jin

第十一章 苏州水系与园林

王 劲

一、苏州水系特色与变迁

1. 网状水系

苏州古城外通运河，内以干河为骨架，为活水水系；城内“水陆平行，河街相邻”，为双棋盘式空间格局[1]。它们构成苏州水系的网状特征（图11-1）。

苏州水系分为三个层次：一是外部城河及城外运河；二是被称为“三横四直”的干河系统；三是派生于干河的诸多支河（主要多为横河）。其中外城河除防御之外，更有与城外运河及城内水系沟通之功用；城内干河，主要用于联系和调节各横向支河之水，使全城水位、流速大体保持一致，水深河宽，历来为官方重视并进行疏浚，称为“官河”；而其余支河联络全城沟渠，为城内住家防洪泄水以及交通之用。苏州水系如此构成，完整而稳定，也是江南低湿地域太湖水网系统的关键一环。

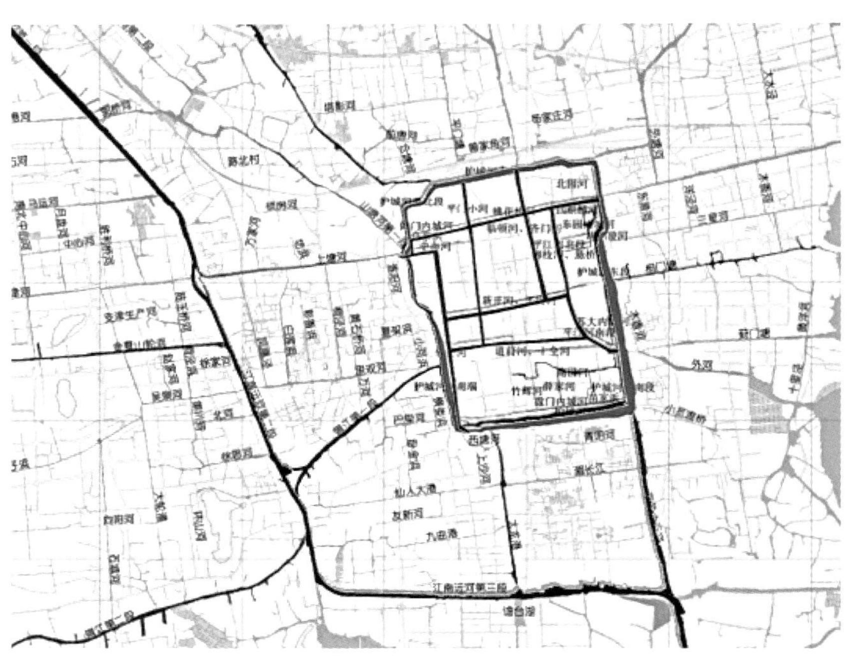

图11-1. 苏州水网体系图

2. 水系作用

整个太湖流域地势为从西南向东北倾斜，太湖湖水的下泄便经由苏州境内诸港再转入三江——胥江、娄江（下游称浏河）、吴淞江（下游称苏州河）[2]入海，故有“东南民命，悬于水利，水利要害，制于三江”[3]的说法。是故，苏城水系在整个江南水网体系中也作为下流节点，不可避免地承担起洪涝期防灾排水的关键任务[4]。

除防灾外，也在水利和漕运方面有重要作用。

明清两代“天下财赋多仰东南，东南财赋多出吴郡……于是在廷之臣，争言水利”[5]，苏州水系的渊源与农田水利设施相关，其中尤以“圩”为特色。

江南地区的圈圩筑堤可追溯到三国时期[6]，至唐宋间在沼泽或淤滩上建堤围圩已十分普遍[7]。这类“围田于内，挡水于外”的“圩田”，按其规模“每一圩，方数十里，如大城”[8]，而圩田之内又开有深阔的塘浦，“五里、七里为一纵浦，又五里、七里为一横塘”；一圩之间，正是一个“纵则有浦，横则有塘，又有门（闸）、堰、泾、沥而棋布之”的完整水利系统。

苏州古城方四十余里，正与一大圩相仿，其间“三横四直”的干河与其他支河的功能分配，正与“以塘行水，以泾均水”[9]的农田水利配置方式类似。

唐末以后，随着江南经济地位的提升，太湖地域的水利修治工程开始逐步为中央朝廷重视。两宋时期，更是一直以苏州府为中心而对江南水利多有整治。同时依托水网进行漕运组织。

北宋熙宁三年（1070年）苏州昆山人郏亶即向朝廷呈《吴中水利书》，详陈了对太湖地区治水治田的建议：“天下之利莫大于水田，水田之美无过于苏州，然自唐末以来，经营至今，未见其利者，其失有六……”，总结了唐末以来的水利经验，“五里、七里为一纵浦，又五里、七里为一横塘”的水利体系正是至此作为一个成熟的经验得到肯定的。苏州的城市水系正是在此环境中，进一步稳固了其固有水网格局且稳步发展的。

3. “平江图”水系及明代发展

南宋建炎四年（1130年），苏州城一度为金军入侵遭受破坏，此后一直处于浩大的修复工程中，城墙及主要水路均得以用砖石改筑，直到嘉定十六年（1223年）工程才修整完毕。以此为契机，南宋绍定二年（1229年），石刻《平江图》[10]

（图11–2）得以问世，苏州古城水道的全貌也才首次真正得到全面的反映。

此图所绘水路“吐纳交贯，舟楫旁通，井邑罗落”[11]，陆路则多与河道平行，街坊宅园皆有标识。王謇先生在所著《宋平江城坊考》[12]一书，对其中地名、桥梁，作出了详尽考述。根据这些考证，再参考相关研究成果，笔者在今苏州市域地形图上制成了南宋绍定年间的苏州古城及水系道路复原图（图11–3）。

据图分析，不难发现南宋时期，城北的水道比城南的明显繁多，其形态也更为齐整与渠化。其中尤以处于城西一、二直河之间的水道最为密集，横向支河多达八条，支河之间正合是“前街后河，河街围绕”的居住街坊。《平江图》上对这一地段也标注有“太平坊”、“乐圃坊”、“清嘉坊”等众多街坊名称。相较之下，城南的水系显得稀疏凌乱，多有自然水体，少见规划整齐的水街水巷。与此类似的是同处城北的东部长洲县境内横向支河也比西部吴县境内的支河明显稀少，尤其第四直河至东城墙内河之间的横向支河仅有三条。这些区域《平江图》上所标注的地名也多为“×家桥”、“×家田头”、“×家村”等与村社有关的名称，或是“威果二十八营”、“北军寨”、“威果四十一营”等与驻军有关的名称。

明洪武年间始，苏州城再次重修，开阊、胥、盘、葑、齐、娄六门，除胥门外，其他都有水门。苏州城内在明代多有水道开辟并时常疏浚，水道总长度也于明中期达到历史最高峰。

明崇祯十二年（1639年），江南巡抚张国维纂成《吴中水利全书》[13]，录有《苏州府城内水道图说》[14]，指出，入明后因国力强盛且重视水政，苏州城内河道一直在疏浚发展，水路运输也十分繁盛。到嘉靖年间，苏州城内水道长度为历史之最。而明隆庆、万历以后，城内河道已经开始被侵占或是淤积，呈现出缩减的趋势。

张国维在此文后附有《苏州府城内水道图》（图11–4），记载了长短水道百余条，桥梁340座；标注名称的有桥梁338座、衙署20处、粮仓10个、城门6座以及山、洲、江、河、湖、潭、池等共389处，是南宋《平江图》之后又一幅以水道、桥梁为主体的苏州古城地图。

在参考这些研究成果的同时，笔者也在今苏州市地形图之上制出了明崇祯年间的苏州古城及水系道路复原图（图11–5）。

将明崇祯年间水系与宋《平江图》的复原水系进行叠加比较，可知由宋至明的苏州水系减少得极少，增多的支河却有10余处之多，主要集中在城东与城南，也正是南宋城内水系发展未及之处。

对于这些明代新增的具体水路，细究原因，最突出的乃明朝政府对苏州府水利与赋税的重视，官仓亦多。这一时期苏城城东长洲县内第四直河至东城墙内河

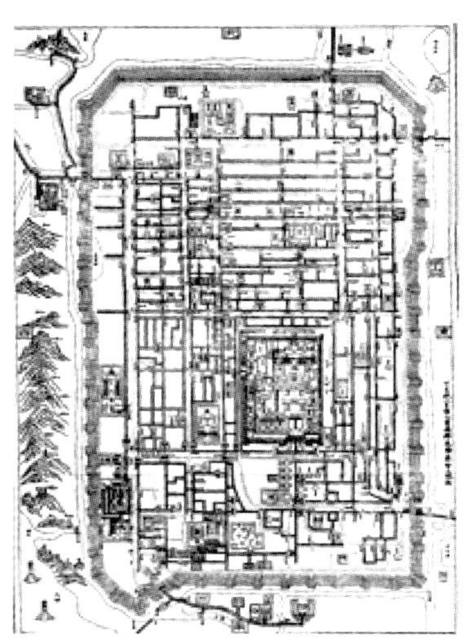

图11-2. 宋《平江图》
张英霖. 苏州古城地图集. 苏州：古吴轩出版社，2004.

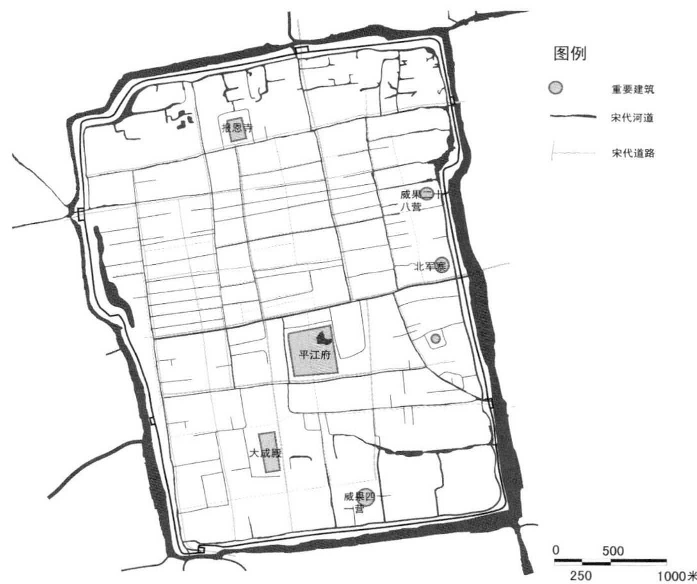

图11-3. 南宋绍定年间的苏州古城及水系道路复原

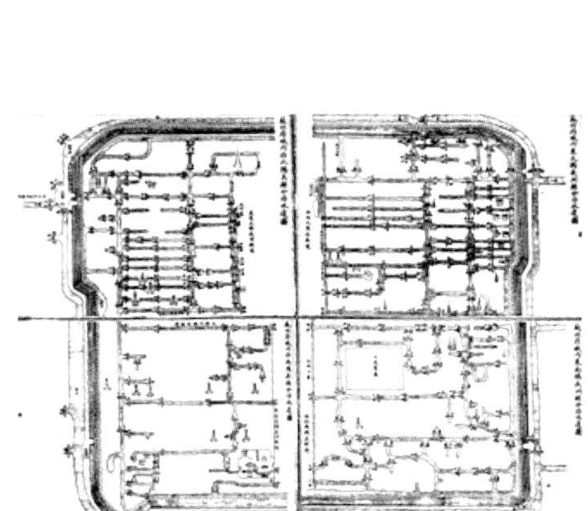

图11-4. 苏州府城内水道（四隅分治图）
张英霖. 苏州古城地图集. 苏州：古吴轩出版社，2004.

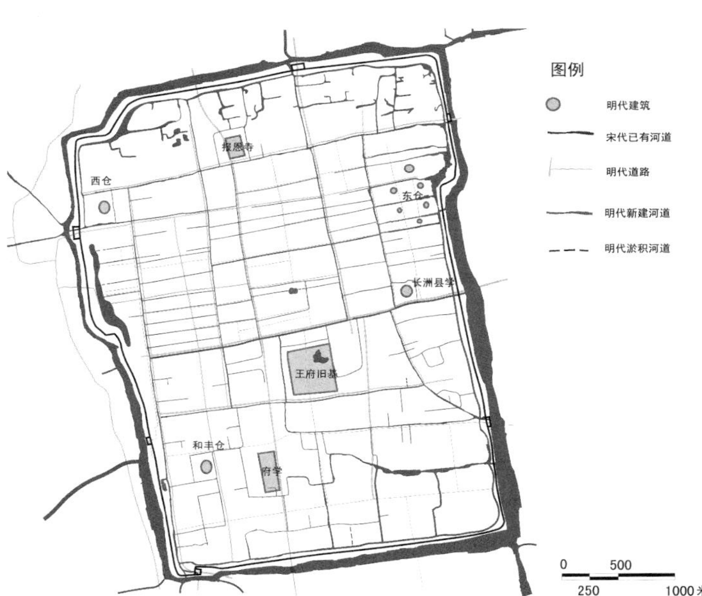

图11-5. 明崇祯年间的苏州古城及水系道路复原

之间的横向支河增加了5条。这除长洲县自身的发展因素之外，更与东仓的建设直接相关。据康熙《长洲县志》卷十五“仓庾”记载：“青丘、席墟、狄溪、苏巷、济农五仓在娄门内东城下，总名东仓。”这些仓廪“廒宇轩豁，垣墙周峻，前后凿垣为门，门皆临水。”新开通的支河正是为了方便船只停靠回转。与东仓相似，城西阊门内的西仓（浒溪仓）东侧与城南和丰仓西侧也分别新开了一条直向支河。由此算来，明代新开的水路有半数跟苏州府官仓建设及粮运相关。

除仓廪运输之外，值得一提的则是旧学的变迁导致水系调整。如长洲县学原在玄妙观后，但随着水路繁盛，接近闹市过于喧嚣[15]，于明嘉靖二十年（1541年）“乃即城东之福宁寺，迁而新之”[16]。迁址后的县学东侧也新开了一条直向支河，与原有河道一并形成环绕县学的环河，水可直接引入学内。与长洲县学相似，城南的苏州府学在明代也新挖了人工水路。本来府学前只有一条西向的横河与城内水网连通，“形家言东水未入，西水反泄，秀不能钟”[17]；而入明后逐步打通了沧浪亭至府学前的东向水路引水入学，同时还新开了府学南部一系列支河并与之相接。至此，苏州府学与沧浪亭一带的水系得以相互连通，经纬交织。

然盛者必衰，按《苏州府城内水道图说》中所提到的“城内河流……隆万后，水政废弛，两厓植木甃石，渐多侵占，及投瓦砾秽积，河形大非其故”，可知明中期隆庆、万历以后，苏城河道就已呈现出缩减趋势。张国维于明末绘《苏州府城内水道图》的一个原因也正是防备日后城内河道淤塞不存时，有图可查，按图疏浚。对此张国维身体力行，于《吴中水利全书》付梓来年，也就是明崇祯十年（1637年）疏浚城内河道。吴县知县牛若麟在所撰《阊门重建虹桥记》便记载其“疏导四纵三横之内渠，凡通输贯而利民者，不遗余力”。也可以说，张国维等地方官对水利水道的重视，是明末城内河道还能大体维持全盛时期状况的原因之一。

4. 清初急剧退化

对于苏城水系退化问题，大多数学者认为清末开始急剧退化。对此，本文研究有不同看法，苏城内的河道急剧退化其实开始得更早，清初、最迟清中前期起城内水系已急剧退化。

此通过古地图与水系复原的方式可以证明。清乾隆年间的《姑苏城图》[18]（图11-6）为可查到的清代最早也最详细的苏州古地图。对照此图，笔者制作了清乾隆年间的苏州古城及水系道路复原图（图11-7）。

乾隆时期的苏州城复原水系与明代的进行比较，明显发现，除“三横四直”的主干河道基本保持完整外，横向支河已削减十分严重。尤其西北繁华区（第一

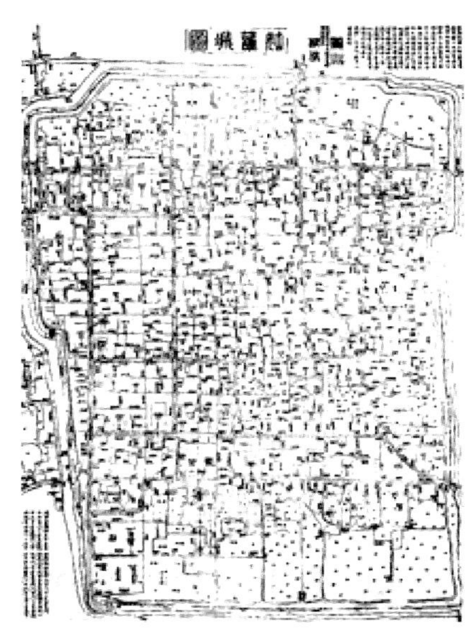

图11-6. 乾隆姑苏城
张英霖. 苏州古城地图集. 苏州：古吴轩出版社，2004.

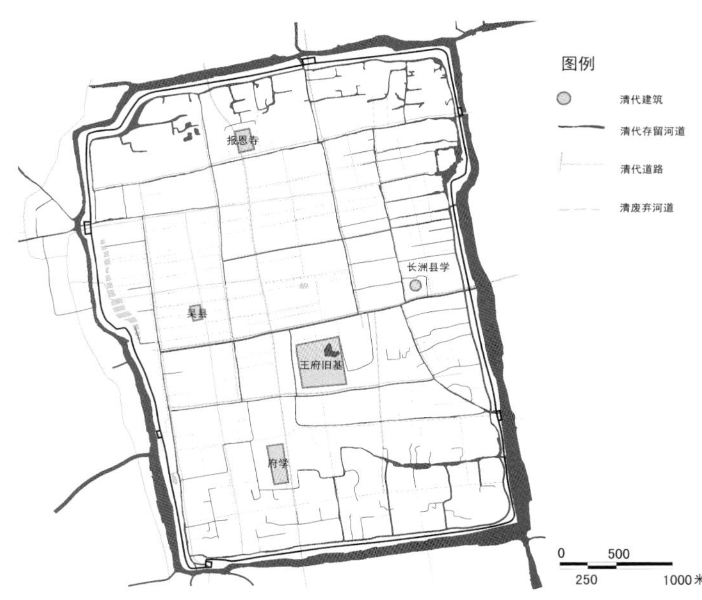

图11-7. 清乾隆年间的苏州古城及水系道路复原

横河与第二横河之间），第一直河与长洲县今平江河及临顿路河一段。其他还有一些历史悠久的水系，如平门至蛇门的水道[19]以及阊门内的夏驾湖[20]更是不见踪迹，王府废基东侧水系也已部分湮塞。

再查看清嘉庆二年（1797年）的石刻《苏郡城河三横四直图》[21]，所绘河道与《姑苏城图》的大体相仿，仅城东支河略微缩减。这也可以证明苏州城内河道的急剧退化并非始于清末，而是在明崇祯至清乾隆的这百年间就发生了。

如此急剧退化，其原因值得推敲。

首先可以排除的是明清朝代更迭经历战火的影响。虽然清兵南侵对江南破坏严重，毁城屠杀的情况十分普遍，但苏州恰恰例外。清顺治二年（1645年）清兵南下时，南明苏州守将杨文骢率部弃城逃逸，苏州民庶则各书“顺民”二字于门，持羊酒开城请降。遂未见苏州城有遭受破坏的记载。

同样，清前期水政不勤论据不足。据统计[22]从明弘治六年（1493年）至崇祯三年（1630年，“苏州府城内水道图”付梓前六年）的137年中，苏州疏浚城内河道仅4次（弘治六年，万历三十四年、四十五年，崇祯三年）；而从清康熙四十八年（1709年）至乾隆十一年（1746年，乾隆“姑苏城图”成图后一年）的37年中，共疏浚河道5次（康熙四十八年、六十一年，雍正六年，乾隆四年、十一年）。也就是说，清代前期大约7年疏浚一次，反较明代中后期约34年才浚河一次的水政要勤得多。

故此，笔者倾向将水系退化的原因放诸整个江南低湿地域的发展大背景下进行探讨。正如明代中期苏州水系发展达到顶峰的背后有对江南低湿地域开发过度的主因一样，清前期的水系退化也与苏州府乃至整个江南地区的过度发展及“人口危机”不无关系。

其实，江南的土地在明代中晚期已开发殆尽，时人指出：江南“生聚加多，而地狭人众，至不能容”。至清代，江南人口迅速增加并不断创造历史峰值[23]，加剧了人水争地的现象。

从苏州周边的农业水利角度来看，当时太湖及周边河流附近的淤地、因水位差异而盈缩的沙滩均被开垦占为私有，且列入国家征赋范围[24]，人水争地现象已经给周边水网造成了压力。

从苏州城市角度看，过剩人口不断进入城市，成为棚民或佃户。明后期的苏州已是全国的工商业重地，商品经济繁荣，清初更盛，相关文献表明苏州府地区多士绅商贾，农民进城为佃户、雇农[25]。又据《苏州市志》[26]统计：至嘉庆十五年（1810年），苏州府已突破300万人，10年后增至600万人，城内也有50万人以上，达到有史以来苏州人口的顶峰。综合城市人口激增带来的居住空间紧张以及商品经济繁盛之下个人开始侵蚀城市公共空间两大因素，苏州商业区的民舍店铺开始“渐占官路，人居稠密，五方杂处，宜乎地值寸金矣”[27]。与此同时，“叠屋营构，跨越侵逼。且烟火稠密，秽滞陈因”[28]的填河侵河现象也就不可避免了。

从复原图上水道削减的区域特点分析，可明显发现以城西北吴县的繁华商业区的横向支河削减为最；而城东明代城市化扩张区新挖掘的横向支河却大体保存完整。这从一个侧面可推论：清初水道骤减的根本原因在于商品经济的繁荣以及区域人口的骤增，导致向河道征用空间的填河侵河现象。

5. 清末民国持续退化

清前期苏州城水系开始骤然退化，一直延续至清末民国。虽然消失的水道数量不如前惊人，但作为干河骨架的“三横四直”主河道却开始缩减

最早在民国16年（1927年）印制的《最新苏州市全图》[29]（图11–8）上，流经市区最繁华地区的第二直河已经在今景德路至干将路一段出现局部断流。到了民国29年（1940年），在《吴县城厢图》[30]（图11–9）可见这一段直河已完全被填为陆地。

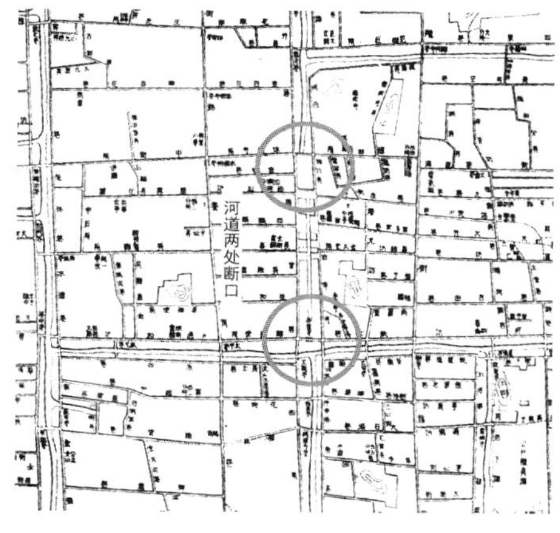

图11-8. 民国16年（1927年）《最新苏州市全图》（局部）
张英霖. 苏州古城地图集. 苏州：古吴轩出版社，2004.

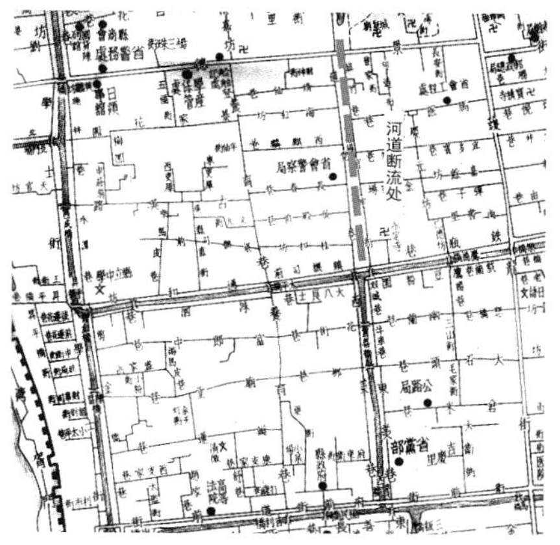

图11-9.《吴县城厢图》（局部）
张英霖. 苏州古城地图集. 苏州：古吴轩出版社，2004.

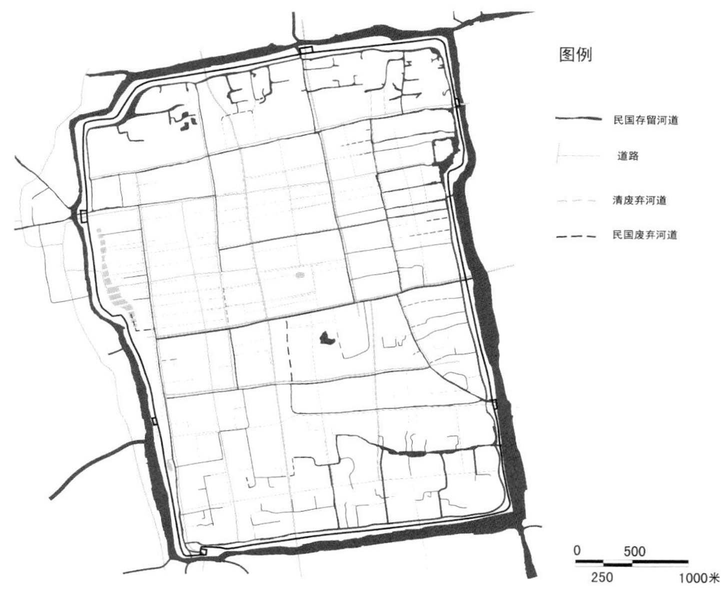

图11-10. 民国年间的苏州古城及水系道路复原

《吴县城厢图》作为民国时期绘制最为精确的一幅苏州古城地图，是对照其他古地图与苏州市域航拍图及CAD地形图的关键，也是笔者进行古城水系复原的重要参照。对照其中水路与地名桥名的记载，笔者制成了民国年间的苏州古城及水系道路复原图（图11-10）。

将1940年的苏州复原水系与明、清两代的复原水系进行叠加比较，可以发现这一时期苏州城内的河道缩减主要是直河的断流。除第二直河部分断流外，第一直河北端也已断头。另外城南锦帆泾被填没，明代挖通的沧浪亭至府学的河道又再次中断，其他横向支河被填没或中断者也不少。

对于这一时期河道削减的原因，笔者认为除类似清中前期商住侵占水路以及水政松懈等因素外，清末民国开始的近代市政建设，导致人为破坏成为主因。清末的太平天国战争中，太平军有在闹市区烧毁房屋的举动，一定程度上加重了淤塞河道。市民的侵占、战乱的破坏、废弃的水政，共同导致了清末水系恶化，加剧了闹市区河道大面积的消失。

进入民国后，国民政府面对的是清政府遗留下的“所有城市河道几尽成纳垢藏污之沟渠……既失交通之便，而堆积垃圾更非卫生之道”[31]的状况。对此，当时的苏州政府并没有采取传统的疏浚手段恢复城市河道往日活力，而是大举进行填河筑路，并以此作为政府整治环境的重要措施。新型道路的规划和铺设一定程度上解决了卫生问题，但对原有水路却是更致命且不可逆转的破坏。

1949年后，这样的市政建设也一直延续，故今日的苏州古城水道已面目全非。对此，《苏州市志》上有地方文物研究者进行了研究与估算：“清代填去河道47条（段）约23.830公里，民国时期填去河道8条（段）约6.670公里，新中国成立后填去23条（段）约16.317公里。”[32]

二、苏州造园发展、分布与水系

对于苏州这样的特殊水城而言，早期住民往往逐水而居。唐人杜荀鹤《送人游吴》诗中有云“君到姑苏间，人家皆枕河”，生动地道出了苏州人居与水的关系。

私家园林作为古代文人士绅阶层的一种理想人居模式，也与苏州普通宅居一样，在相当长一段时间内有着天然的亲水性，成为苏州水文化中的一个重要组成部分。

笔者针对苏州私家园林的发展历史，综合各个时代与版本的苏州方志文献记载，对其中所述私家园林的具体位置进行考证研究；并集中整理出两宋时期位于苏州城内部的私家园林21处、元代城内园林10处、明代44处、清代81处，共计216处位于苏州城内的私家园林情况。在此基础上，将位置与宋、明、清等各代苏城水系复原图进行叠加，可以发现水系与造园发展的互动关系。

1. 早期园林简溯

苏州造园活动与水系一样历史悠久，最早当属春秋时期吴王阖闾利用古城城郊一带的自然山水辟建的吴都宫室及别馆。如姑苏台、长洲苑、华池、华林园、南城宫等，在古籍、书画以及随笔游记中均有记载[33]。其中的长洲苑更常与秦汉上林苑相提并论，被认为是江南园林之始源[34]。

魏晋时期，陆机在“吴趋行”中吟道：“阊门何峨峨，飞阁跨通波。重栾承游极，回轩启曲阿。”描述的即是吴郡的林苑盛况。

而苏州私家园林的肇始，大约为晋朝顾辟疆兴造的辟疆园。《吴郡志》称其：“今莫知遗迹所在”[35],《吴郡图经续记》则称：“辟疆园唐时犹在……今莫知其所”[36];《吴门表隐》称：“辟疆园，晋顾辟疆所筑，为郡中第一，志载失考，实在西美巷中，郡署东偏”[37]。由此可说明，辟疆园确实兴建于苏州古城内、街坊中，与早期选址多近郊野的苑囿大为不同。

此后苏州城内私家园林日趋兴盛。至唐代，名士戴颙、陆龟蒙、任晦等均在苏州置有宅园，除戴颙宅择址松江外，其他均在古城内，亦有说任晦宅即在晋辟疆园故址[38]。

唐末五代，苏州归属钱氏割据政权吴越国统治，由于当时统治者好治林圃，造园之风兴起。据北宋朱长文《乐圃记》载：“钱氏时，广陵王元璙者实守姑苏，好治林圃，其诸从徇其所好，各因隙地而营之，为台为沼，今城中遗址颇有存者”。钱璙以降，大小官僚贵戚也多有私园营造，如外戚孙承佑所建的园池，就是其后北宋名园沧浪亭的前身。

2. 宋元园林分布与水系

两宋时期，苏州延续了五代以来的造园之风，私家园林十分常见。北宋末年，徽宗赵佶为在东京营苑囿“艮岳”，于苏州设应奉局，令朱勔采江南奇花异石，客观上推动了苏州造园。南宋政治中心移到临安后，江南一带城市多为贵族官僚聚居，苏州私家园墅兴建未有停歇。

受年代较远、记载不确以及收集资料不足等原因所限，对于这一时段苏州的私家园林，经笔者确证位于苏州古城内的仅有21处（表11–1）。其余有稽可查的官宦富绅所建私园别墅，则更多位于城外近郊或是更为郊野的石湖、尧峰山、天池山、洞庭东西山等风景名胜之地。

两宋苏州古城内私家园林 **表11-1**

园名	园主	园址	备注
乐圃	朱长文	今环秀山庄	北宋州学教授朱长文建，南宋一度改为学道书院、兵备道署
五柳堂	胡峄	临顿里，今拙政园	隐士胡峄父子居，元代为大弘寺。
沧浪亭（韩园）	苏舜钦 韩世忠	今沧浪亭、可园	北宋苏舜钦建，南宋时为韩世忠宅院。
南园	钱文奉	葑门内	五代钱元璙子文奉建，宋末花石纲取材毁园，南宋张仲几得之重建。
隐圃	蒋堂	今侍其巷	记载见龚明之《中吴纪闻》
梅家园	梅尧臣	沧浪亭旁	
范家园	范周	今范庄前址	范仲淹侄孙范周建，古“雍熙寺”后。
小隐堂	叶清臣	城北不详	《吴都文粹》有记载。
梅园（章园）	梅氏，章氏	今“桃花坞”	故汉五亩园，梅氏，章氏各具园。
同乐园	朱勔	孙老桥东南	朱勔别墅。
蜗庐	程致道	城北不详	程致道《迁居蜗庐》“有舍仅容膝，有门不容车”。
西园	赵思	阊门	
双节堂	萧氏	醋坊桥东	萧氏“双节堂”，后周虎易名“闲贵堂”。
藏春园	孟忠厚	间丘坊	
招隐堂	胡元质	昼锦坊	
昼锦园	赵氏	府学西南	
万华堂	蓝师稷	资寿寺后	
万卷堂	史正志	葑门西阔家头巷	南宋史正志建，网师园前址。
郭氏园	郭云	饮马桥西南	
石涧书隐	俞琰	府学西采莲里	陈谦《石涧书隐记》有记。
东庄	钱文奉	葑门内	《吴郡志》引《九国志》有记。

这21处两宋苏州城内的私家园林，除了叶清臣的小隐堂与程致道的蜗庐两园只知其位于古城城北而无详细园址记载外，其余19处园林有14处散布在城南或是城北的偏僻地区，仅乐圃、范家园、万华堂、藏春园、双节堂等5处园林处于古城核心的繁华地带，即城中北部规整的“前街后河，河街围绕”的居住街坊之中。

通过复原园林分布（图11–11），可发现这一时期的私家园林大多紧邻城市河系，无论是城北规划整齐的水街水巷还是城南形态凌乱自由的自然河道，园林几

图11-11 两宋苏州古城水系园林分布

乎都紧临河系兴建。

其中文献记载较详的几处名园——沧浪亭、乐圃、隐圃、石涧书隐，均为典型的宋代文人园林，并均有明确诗文记载其有对周边城市水系的利用乃至引水入园的做法，十分生动地展示了早期园林理水与城市水系之间的联系。另有南园、同乐园为达官贵族之园圃，更为富贵奢华，虽无诗文详述园林引水究源之细节，但对园中水体水景的描述也有相当笔墨。

两宋苏州私家园林的一些共性，首先是造园多近郊野，或尽量选择城内接近城郭的外围地带，追求僻静隐逸的生活情境。而具体选址也多临近水道，常有引水入园之举，重视从城市水系得水景之便。

元代苏州园林与苏城水系一样，可考文献最少。笔者查找确证的仅有8处私家园林以及大云庵、狮子林两处有园林性质的佛家静修之所，位于古城城内（表11-2）。

元代苏州古城内园林 **表11-2**

园名	园主	园址	备注
大云庵		今沧浪亭	延续至明，沈周《草庵记游并引》有记。
狮子林	天如禅师	城东北潘儒巷	
乐圃林馆	张适	今环秀山庄	元末姚广孝《题张山人适乐圃林馆十首》有记。
绿水园	陈惟寅	孙老桥东南	元至正间陈惟寅兄弟购得同乐园旧园并改名。

续表

园名	园主	园址	备注
松石轩	朱廷珍	苏州古城正中	
束季博园池	束季博	文庙前	
程园	不详	城内不详	
叶园	不详	城内不详	
俞园	不详	城内不详	
东庄	吴孟融	葑门内	元末明初吴孟融建，李东阳《东庄记》有记

其中程园、叶园、俞园三处园址具体不详。笔者将确证位置的7处私家园林在南宋时期的古城水系复原图上示意（图11-12），可见除参政朱廷珍的宅园松石轩位于苏州城正中之外，其余都散布在古城东、南、西、北四隅。细查园史也可发现这些散布古城边缘的元代私家园林多为宋代之旧，或据宋园旧址，无太多发展。

相比反而是一处禅师静修之所“狮子林”取代众多私家园林成为元代苏州园林的代表。按记载，虽有水涧之景，但更重山石欣赏，元代危素《狮子林记》云：“林中坡陀而高，山峰离立，峰之奇怪而居中最高，状类狮子……其余乱石垒块、或起或伏，状如狻猊，故名狮子林。”[39]

由此或也预示苏州园林在延续宋代私家园林与城市河系关系的同时，元代及其后造园的追求与欣赏趣味也逐步发生转向。

图11-12. 元代苏州古城水系园林分布

3．明代园林的发展与分布

明代苏州随着商品经济日趋繁荣，大小富绅争相择地造园。大概于明嘉靖前后苏州兴起造园高潮。

按乾隆《苏州府志》卷二十八“宅第园林”中对前代园林记载统计，终明一代苏州地区的私家园林共计271处。除去散布于苏州城周边吴江、常熟、昆山、嘉定、崇明等郊县或乡间的园林，位于城内的私家园林还余41处，另有阊门外至虎丘一带商业区附近的园林3处（表11–3）。

明代苏州古城内园林 **表11–3**

园名	园主	园址	备注
拙政园	王献臣	娄门内东北街	明正德四年（1509年）王献臣筑。
归田园居	王心一	娄门内迎春坊	崇祯年间侍郎王心一建。
沧浪亭		今沧浪亭	明嘉靖年间，知府胡缵宗改“妙隐庵”为韩蕲王祠，和尚文瑛于重建“沧浪亭”。
东原， 适适园	杜琼、 申时行	今环秀山庄	宣德间，杜琼构“东原”。 万历间，宰相申时行构适适园。
泌园	张世伟	盘门内孙老桥东南	明崇祯年间张世伟购得。
狮子林		城东北潘儒巷	高启《狮子林十二咏序》有记。
锦春园	张士信	王府基后	
槐树园	皇甫信	南仓桥西	
废园		桃花坞	嘉靖有碑记：“四周流水，界绝尘境”。
辟疆馆	况钟	和丰坊五显庙南偏	正统年间建。
葑溪草堂	韩雍	葑门内姜家巷	韩雍韩永熙所居，溪流环绕，宅东有园。
墨池园	孔镛	清道桥南孔副司巷	
徐园	徐源燕	府学西	
顾家园	顾凤川	碧凤坊	
晚圃	钱孟浒	憩桥巷	弘治间钱孟浒所筑，伊乘有《晚圃歌》咏之。
桐园	王世材	苏州城东甫桥	
归氏园 洽隐山房	归湛初 胡汝淳	苑桥巷	归湛初所治，后归胡汝淳，改名“洽隐山房”。
洽隐园	归湛初	南显子巷	
桃花庵	唐寅	今唐寅故居	
息圃	王弘经	西蒲帆巷	
水竹庄	顾荣夫	临顿东	文徵明、祝允明多有诗述及。

续表

园名	园主	园址	备注
醉颖堂 药圃	袁祖庚 文震孟	阊门文衙弄 今艺圃	袁祖庚所建，时名“醉颖堂”。后归文徵明曾孙文震孟，其西花园名“药圃”。
小漆园	张凤翼	小曹家巷	嘉靖年间张凤翼所构。
五峰园	杨庄简	阊门西街	嘉靖间尚书杨庄简治，俗称“杨家园”。
求志园	张凤翼	苏州城东北隅	钱叔宝绘有《求志园图》，王世贞有《求志园记》。
梅园	张朴泉	城内不详	
苏家园 密庵旧筑	苏怀愚 李模	阊门内后板厂	万历年间建，又名“杨柳岸”，俗称“北园”。后兵备道李模购得，改名“密庵旧筑”。
有怀堂	韩菼	娄门内直街	万历间，韩菼祖父始建。
芳草园 （花溪）	顾凝远	齐门石皮巷内 今新苏丝织厂	金宝树《芳草园记》有记。
多木园	顾云龙	宝城桥北	万历年间筑。
管园（北园）	管正心	油车巷	
管家园	管正心	胡厢使巷	
绿荫园	顾豫	仁孝里	
竹梧园	顾醉竹	旧学前	
二株园	徐汧	吴趋坊周五郎巷	
笑园	不详	学士街升平桥弄	
圆峤仙馆 琢园别业	徐波第 祝寿眉	悬桥巷	徐波第宅，后归祝寿眉。
淡园，小园	顾贞孝	西白塔子巷瓦片街	中部名“淡园”，西部名“小园”。
月驾园	皇甫汸	西麒麟巷三太尉桥	
东庄	吴孟融	今葑门内苏州大学	元末明初吴孟融建，李东阳《东庄记》有记。
徐氏东园	徐泰时	今留园路留园	明袁宏道《园亭记略》有记。
紫芝园	徐默川	阊门外石盘巷	嘉靖年间建，文徵明、仇英布画，后归项家。
真趣园	吴一鹏	阊门外李继宗巷	

此44处园林除张朴泉的梅园无详细园址记载外，其他43处园林笔者按其位置进行标示（图11–13），与宋元苏州园林分布图对比，明显发现繁盛很多。其趋势为：散布于古城外围地带接近城郭处的园林仍延续两宋的趋势继续增长，占据城内园林数量大半；余下的园林几乎都集中于古城东北部的人工河道密集地带；而不变的是西北吴县县界的商业最繁华街坊区，依然只有宋乐圃林馆旧园址上所建的一处私园。

即是说，真正的变化出现在明代长洲县一二横河与三四直河之间的范围（主

图11-13. 明代苏州古城水系园林分布

要是今苏州平江区）。宋时，这一带有记载的只是双节堂（闲贵堂）一处小型庭园，明代却骤然集中兴建了10余处私园或是庭院。

这一明显变化，源于明代苏州水道在城东的长洲县得到长足发展，园林骤增区域正是位于城东新增的六条人工河道附近，尤其集中在这些河道西偏地带。一方面由于水路交通的便利以及园林引水问题的解决带来了新的住民，另一方面如张国维语："西属吴邑者，貌似繁华；东属长洲，萧条光景不堪名状"[40]，这一带相比城西的吴县繁华区仍属偏僻，应有大量空地可供造园及宅居发展，故而在城市水系新开之后，伴随着城市东渐，成为私家园林兴建的得天独厚之地。

而这一造园分布的发展新趋势是否也影响到了明代造园追求与欣赏趣味的新变化呢?

进一步研究各类文献中对这一时期园林的详细记载，可以发现明代私园仍多处于古城近城郭处。较为突出的如明拙政园、东庄、桃花坞、怡老园、息圃、密庵旧筑、葑溪草堂、芳草园等8处园林，在文献中均与古城水系有联系，尤其集中于城西北角桃花坞一带以及城东葑门内两片水系密集地区。

创造的水景较为野趣自然，常与园外田园风光融为一体，如东庄更接近于庄园。

4. 苏州清代园林发展与分布

清初以来苏州一直延续明嘉靖开始的造园高潮，所谓“康乾盛世”更使大小官吏富绅争相造园。清初诗人吴伟业有《望江南》：“江南好，聚石更穿池。水槛玲珑帘幕隐，杉斋精丽缭垣低，木榻纸窗西。”[41]沈朝初也有《忆江南》：“苏州好，城里半园亭。几片太湖堆崒嵂，一篇新涨接沙汀，山水自清灵”，说的便是清朝前期苏州园林风物之美和第宅园林之盛。这一时期的苏州城也达到前所未有的繁华，《盛世滋生图》（俗称《姑苏繁华图》）描绘的就是这一时期的苏州景物。

虽然咸丰同治年间太平天国的战乱令苏州一度萧条，园林也遭受破坏，但同治后战争结束，又有大批官吏富绅涌回苏州，大造园林宅第，掀起新一轮造园高潮。这一时期的苏州私家园林在数量上空前未有，即使一般城市宅地、乡村民居，也多在房前屋后开辟小型庭园、池山，培花植树。

笔者通过对康熙苏州府志、乾隆苏州府志、同治苏州府志[42]、民国《吴县志》等苏州地方志中记载的清代园林进行整理，对其详细园址确证后，统计出真正位于古城内的园林（主要是私家园林）76处，另有城外阊门一带园林5处，共81处园林（表11–4）。

清代苏州古城内园林 **表11–4**

园名	园主	园址	备注
拙政园		娄门内东北街	其间分合，包括复园、书园、补园等
沧浪亭		今沧浪亭	已非私家园林
耕荫义庄 环秀山庄	汪氏	今环秀山庄	先后归蒋楫、毕源、孙补山，清道光年间，归汪氏，改名耕荫义庄，又称汪氏义庄
叶氏花园	叶昌炽	今“桃花坞”	
依园，息园		闾丘坊	钱咏《履园丛话》记载在藏春园遗址上构建
网师园 瞿园 苏邻小筑	宋宗元 瞿远村 李鸿裔等	葑门西阔家头巷	乾隆间，宋宗元筑，后归瞿远村，同治归李鸿裔，更名“苏邻小筑”
扫叶庄	薛雪	府学西采莲里	故石涧书隐
狮子林 涉园	黄云衢等	城东北潘儒巷	乾隆时将佛寺与园景分开，后归黄云衢兄弟，更名“涉园”
顾家花园	顾其蕴	苑桥项	故洽隐山房，明末清初归顾其蕴，后废

续表

园名	园主	园址	备注
洽隐园 惠荫园	韩馨	南显子巷	清顺治六年，韩馨重构，康熙时遭火，乾隆时重修，易名“皖山别墅”。同治时李鸿章抚苏改为安徽会馆，又名“惠荫园”
沈太翁园 桃花仙馆	沈明生	今唐寅故居	清顺治初年沈明生得之，乾隆时，并祀唐寅、祝允明、文徵明，名“桃花仙馆”
敬亭山房 艺圃	姜采	阊门文衙弄 今艺圃	清初，莱阳姜采更名“敬亭山房”，后其仲子实节辟为“艺圃”
有怀堂	韩菼	娄门内直街	清乾隆时韩菼重修
芳草园 廉石山庄	周茎等	齐门石皮巷内 今新苏丝织厂	清初为周茎所居，康熙间徐干学得之，乾隆间归金传经，后半归陆氏，更名“廉石山庄”
笑园	枫江渔夫	学士街升平桥弄	康熙时有自号枫江渔夫者居此
绣谷	蒋垓	阊门内后板厂	蒋垓构园掘地得石，有“绣谷”二字，遂名
雅园 桤林小隐	顾予咸	史家巷南 今雅园巷	今雅园巷有遗址
秀野园	顾嗣立	乘鲤坊	顾予咸之子顾嗣立筑
涉园 耦园	陆锦 沈秉成	娄门新桥巷东	顺治年间，保宁太守陆锦筑涉园 光绪年间，归湖州沈秉成，改名“耦园”
留卧园	王汾	娄门内	康熙年间王汾所建
亦园	尤侗	葑门内滚绣坊	
李果宅	李果	大石头巷	割李广文园一隅而成
葑湄草堂	李果	葑门鹭鸶桥	李果别筑
志圃	孙彤	太平桥南	康熙年间，孙彤于宅旁构“志圃”
自耕园 凤池园 省园	顾汧	銮驾巷 今钮家巷	清顾氏族人月隐君治为“自耕园”，康熙年间顾汧修“凤池园”；清末，东部归陈大业，易名“省园”，中部仍名“凤池园”
慕家花园 毕园 遂园	慕天颜 毕沅 刘树仁	黄鹂坊 今苏州儿童医院	康熙年间慕天颜筑，后毕沅割其东部题名“小灵岩山馆”，俗称“毕园”，宣统年间归刘树仁，更名“遂园”
渌水园	朱襄	碧凤坊	
汪氏庭园	汪氏	东花桥巷	
五柳园	石韫玉	金狮巷	康熙年间何焯“赍砚斋”故址，乾隆年间石韫玉重修更名“五柳园”
可园		沧浪亭对面 今苏州医学院内	雍正年间尹继善构“乐园”亦名“近山林”，乾隆时改称“可园”
（北）半园	沈世奕	白塔东路 苏州第三纺机厂	沈世奕筑，后售于周氏，改名“朴园”，清末归陆氏，易名“半园”

续表

园名	园主	园址	备注
（南）半园	史杰	仓米巷	咸丰同治年间，史杰所筑
鸥隐园	潘功甫	城之西偏	
勺湖	方还	阊门东	
娱晖园	顾培元	城内不详	乾隆年间，顾培元所建
闲圃	蒋坦庵	城内不详	乾隆年间，蒋坦庵所筑
觇园（柴园）	柴安圃	醋库巷	同治年间柴安圃居此，世称柴园
小辟疆园	顾嗣芳	崇甫巷	顾嗣芳初名“试饮草庐”，后其玄孙重构
庞宅花园	庞氏	颜家巷	
辟疆小筑	顾沅	甫桥西街	道光二十年（1840年）顾沅建
秋绿园	吴嘉洤	城内不详	皮日休故居，道光年间吴嘉洤构园
退园	吴嘉洤	城东井仪坊巷	吴嘉洤于咸丰初年筑此园
萧家园	萧氏	梵门桥附近	道光年间建，不详
楼园	王鸿皋	马医科巷	不详
慕园		今富仁坊邮电局	传为太平天国慕王府花园
三景园	沈归愚	沧浪亭对面	原为沈归愚讲堂，后为“三景园”
壶园	郑文焯	竹隔桥	
双塔影园	袁学澜	官太尉桥	袁学澜别业。园因在西双塔近侧得名
怡园	顾文彬	尚书里	同治年间，顾文彬在“春荫山庄”之东建园
韬园	金鹤望	濂溪坊	同治年间，金鹤望所建
曲园	俞樾	马医科巷	同治十二年，俞樾购得建此园
荆园	田绍白	马医科巷东口	本文徵明之侄文彦可旧宅，清末归田绍白
鹤园	洪鹭汀	韩家巷	光绪三十三年（1907年），洪鹭汀建
听枫园	吴云	金太史巷，	光绪年间，吴云所建
之园		长春巷	即“全浙会馆”
畅园	王氏	庙堂巷	
残粒园		装架桥弄	清末，某盐商住宅
西圃	熊万荃	白塔西路	太平天国熊万荃王府，光绪间潘遵祁所得
万宅花园	万氏	王洗马巷	光绪间，曾归铁瓶巷任氏，后归万氏
任宅东花园	任筱源	铁瓶巷	光绪年间任筱源宅
植园		文庙之左	清末巡抚陈启泰命知府何刚德所建
费家花园	费仲琛	桃花坞大街	
庞家花园	庞衡裳	马医科巷	原为庞家宗祠花园
吴家花园	吴氏	梵门桥弄	
王宅花园	王氏	西花桥巷	
晦园	汪冠群	东美巷	光绪年间汪冠群建

续表

园名	园主	园址	备注
静中院	詹氏	闾丘坊	
张氏庭园	张氏	绣线巷	
周氏庭园	周氏	马大箓巷	
季氏庭园	季氏	马大箓巷	
叶氏庭园	叶启英	西花桥巷	
潘宅花园	潘氏	卫道观前	
种梅书屋	韩葑	东北街	韩葑宅园，民国《吴县志》有记
河南会馆		通和坊	
钱江会馆		桃花坞大街	
茧园	彭南屏	葑门苏家巷	
东斋	吴枚庵	城东槐树里	吴枚庵园第，园小，有假山石
寒碧山庄 留园	刘恕	阊门外 今留园路留园	清嘉庆初，刘恕在明东园故址建寒碧庄，又名“刘园”，后谐音改名“留园”
赵园	赵成铁	阊门外李继宗巷	赵成铁得真趣园重修
三山会馆		阊胥路泰让桥畔	清代福建商人建
顾家花园	顾氏	申庄前	

对此81处园林，除秋绿园、闲圃、东斋、鸥隐园、娱晖园5处记载过于不详无从定位外，其他76处园林分布位置，笔者均在前一节所作的清代苏州古城及水系道路复原图上标出（图11–14）。

从选址分布上看，清代新造园林更大部分集中于古城中北部闹市区，只有不少大型园林以及历史悠久的名园遗迹仍散布于接近城郭的地带。由此可知清代园林与城市水系关联趋弱，甚至颠倒过来，这也使得新造之园大多无水可引，多为小型庭院。文献记载中唯凤池与绣谷二园以及现存的耦园还有些水景营造。

由此，笔者认为在清代私家园林极度繁盛的同时，城市水系在过重负载下日趋脆弱，这或也导致清代苏州私园在理水手法甚至造园追求与欣赏趣味的一种普遍转变。对世俗真实的追求和繁华市井生活的依赖导致这一时期新建园林更多作为住宅的延续，成为生活的场所；而这一时期的园林造景、理水叠山也不得不更注重象征，讲求以小见大，正如文震亨在《长物志》中提出的“一峰则太华千寻，一勺则江湖万里”，或为其时造园倾向产生转变的写照。此时，城市与园林的发展与水系互动减少，人口的过速增长以及造园风气的过度兴盛，使得人们在向城市水系争夺城市空间过程中，逐渐丧失水给园林的真实生命力。

图11-14. 清代苏州古城水系园林分布

三、苏州园林理水案例

1. 沧浪亭的解体与重构

沧浪亭位于苏州城南三元坊附近，西邻文庙，是苏州现存古典园林中历史最悠久的一处。园林倚水而建，因水立意，也以水而名冠吴中。但从现存园林布局来看，园内却以山为主，主景水面位居园外，成为外景，临水则建有复廊沟通园内外景观（图11-15）。这样的构园方式在现存的苏州古典园林中显得十分特殊。

对此，少有人意识到沧浪亭今天所展现出的这种兼具内外向的空间格局以及借水园外的理水方式乃是园林解体废弃直至清代时的重构结果。而笔者通过多方史料研究，进一步发现早期沧浪亭主景沧浪之水其实位于园内，与今保留的清代园林模样截然不同。

（1）两宋沧浪亭——居中理池，水际安亭

两宋时期，上起孙承佑别馆，经由苏舜卿时沧浪亭，下至其后的章园、韩世忠园，“沧浪亭”其实一直是一个典型的园中理池型早期私家园林范例。对此段历史略作考述如下：

图11-15. 今沧浪亭平面
刘敦桢. 苏州古典园林. 北京：中国建筑工业出版社，2005.

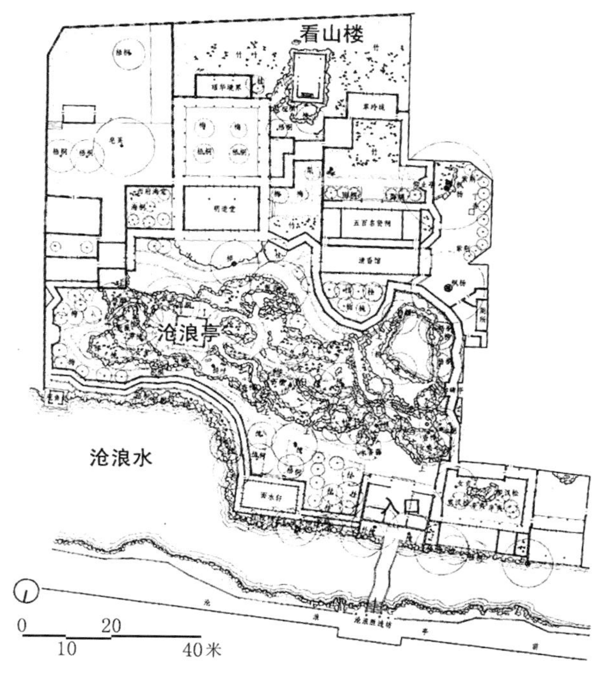

五代末（北宋开宝年间），吴越国中吴军节度使孙承佑即在今沧浪亭一带营建了别墅，为苏舜卿沧浪亭的前身。根据苏舜卿《沧浪亭记》“钱氏有国，近戚孙承佑之池馆也”的记叙；而《石林诗话》[43]则将其误记为五代吴越广陵王的池馆；后《吴郡志》、《名胜志》等地方志引用后造成一定误传；今亦有研究者因此误用其说。而清《同治苏州府志》编者冯桂芬详加考辨，确证了孙承佑池馆故址为沧浪亭前身。[44]

北宋庆历五年（1045年），苏舜卿流寓苏州，以四万钱买下孙园废基，重建园亭作为归隐别墅；并撰写“沧浪亭记”记叙下了这段轶事。

“予以罪废，无所归。扁舟吴中，始僦舍以处。时盛夏蒸燠，土居皆褊狭，不能出气，思得高爽虚辟之地，以舒所怀，不可得也。

一日过郡学，东顾草树郁然，崇阜广水，不类乎城中。并水得微径于杂花修竹之间。东趋数百步，有弃地，纵广合五六十寻，三向皆水也。杠之南，其地益阔，旁无民居，左右皆林木相亏蔽。访诸旧老，云：‘钱氏有国，近戚孙承佑之池馆也。’坳隆胜势，遗意尚存。予爱而徘徊，遂以钱四万得之，构亭北碕，号‘沧浪’焉。前竹后水，水之阳又竹，无穷极。澄川翠干，光影会合于轩户之间，尤与风月为相宜。

予时榜小舟，幅巾以往，至则洒然忘其归。觞而浩歌，踞而仰啸，野老不至，鱼鸟共乐。形骸既适则神不烦，观听无邪则道以明；返思向之汩汩荣辱之场，日与锱铢利害相磨戛，隔此真趣，不亦鄙哉！”

此记出后，其友欧阳修、梅圣俞等同代名家也都纷纷作诗酬唱，沧浪亭之名从此大著。

庆历八年（1048年）苏舜钦死于家中，园林为章惇、龚明两家各得其半。南宋初，园林又被韩世忠所占[45]。

从这一时期的记载来看，由孙承佑池馆至韩园始终，园林均属私园，而其园林基址规模乃至理水格局也大体保持了延续与稳定。

对此，笔者推测园林大致囊括有今沧浪亭与可园之地甚或更大，沧浪池水居于园中，水南北并有两山相峙，池南自苏舜卿建沧浪亭后即一直为园中众景之核心（图11–16）。

关于园林范围的推断，有以下文献可循。

按范成大《吴郡志》卷十四的记载：“亭北跨水有名洞山者，章氏并得之。既除地发其下，皆嵌空大石。人以为广陵王时所藏”[46]。既然章园时期水北岸仍有孙承佑时期的洞山，可判明由孙氏园至章氏园时期，水北岸均为园林范围。

另按明代卢熊《苏州府志》记载：“绍兴初……韩氏作桥两山之上，名曰：‘飞虹’，张安国书匾，山上有连理木，庆元间犹存。山堂曰寒光，傍有台曰冷风

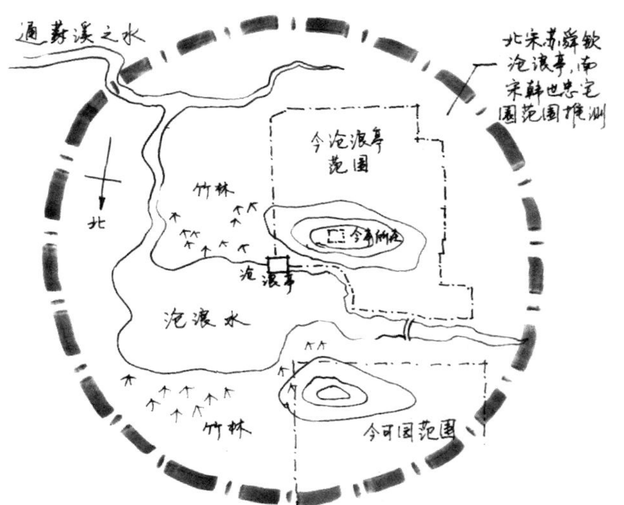

图11–16. 苏舜钦沧浪亭格局示意

亭，又有翊运堂，耿元鼎作记。池则有濯缨亭，梅之亭曰瑶华境界，竹之亭曰翠玲珑，桂之亭曰清香馆，其最胜则沧浪亭也。”按文意可推断韩世忠亦并得章氏留下的南北两山，并加建飞虹桥于其上，营造出两山相峙的格局。

再从苏舜钦《沧浪亭记》中记载的“构亭北碕，号沧浪焉。前竹后水，水之阳又竹无穷极”等语句描写来看，亦强调了沧浪水北岸的竹林。据此也可印证北宋苏舜钦时期沧浪亭范围包括了沧浪水北岸的范围。

此外，从文献记载的园基规模与今之园林面积比较，可看出一些端倪。如今的沧浪亭面积约十六亩，合10600平方米，即1.06公顷。而两宋时期的园林即便按《沧浪亭记》中“弃地纵广合五六十寻”算，一寻八尺，以宋尺0.31米计，则地块大小当在124米到148米见方。约合1.55到2.22公顷，合宋亩当在30亩以上，当是今天园林面积的1.5到2倍。考虑到当时的水面比现今更为广阔，陆地比例更少，也可证实当时的园林范围确实要比今天大得多。

可以判明的是两宋沧浪池水应该源于自然水系连带的湿地积水。

湿地积水的性质可在《吴郡志》中“积水弥数十亩……积土为山，因以潴水”以及《石林诗话》中“积水弥数十亩，旁有小山，高下曲折，与水相萦带”等文献记载中得到证实。其中“潴水”、“积水”等语与《水经注》中“渚水潴涨，方广数里”语意相类，足以解释园林水体在孙、苏造园之前均类属自然湿地积水。

苏舜钦时，这废园所留“弥数十亩”的沧浪之水仍保留着较为自然的形态及与周边水系的天然联系。苏舜钦在《沧浪亭记》中称这一带“三向皆水也”，可说明沧浪池水多有枝蔓溪流甚至是河塘与南岸的土山相萦绕。“予时榜小舟，幅巾以往”则说明这些水系支蔓或与城市水网相通，故而苏舜钦才可以随时驾舟往来于园林与家居之间。由于这些水系在南宋《平江图》中无相应的记载和标示，按笔者推测正是被认为分属园林池沼或自然水体，有别于人工河系而被忽略不计。也即是说，苏舜钦很好地利用和梳理了当时沧浪水既方广而有支蔓，自然且无组织的态势，令其舟船可由城市人工水道经由周边弥漫田间的溪流河塘之后进而驶入园内，使沧浪池水在成为园中主景的同时亦保留了自然郊野的形态与活性。

此外，苏舜钦在此水系格局下“构亭北碕”，进一步明确了园内的景观核心及主题立意。此举也正合于后世《园冶》所总结的经典做法“花间隐榭，水际安亭，斯园林而得致者”[47]。

此后的章、韩两家则均是在苏舜钦沧浪亭的基础上对园林进一步发展增建。从韩园“其最胜则沧浪亭”的记载及濯缨亭、翠玲珑等建筑名称来看，园林主体立意并未有改变。新添的景点建筑以及浚池填山逐步营造出两山隔水相峙的格局，仍是以沧浪水为中心的延续。

（2）元明剧变——水道新辟，园址两分

元时沧浪亭旧址一带仍余有寺庙僧舍。按清代石韫玉所撰《重修大云庵记》中记载："吴城东南隅有古刹曰大云庵，元时善庆和尚开山，后有僧名吉草，住持于此，俗遂为结草庵。平野空旷，竹木丛生，西距沧浪亭，宋苏子美幽栖之所，南望先农坛封疆大吏岁修耕之礼于此，东为平畴，阡陌交错，葑溪之水自东来，环寺门而西行，地虽当阛阓之间，而幽深绵邈，有山林之趣。"即当时的寺庙大云庵（结草庵）大致位于今沧浪亭东的苏州美术馆（颜文梁纪念馆）一带，属宋沧浪亭的一部分。而真正对其后沧浪亭重构及蜕变产生深远影响的，是二百年后明代嘉靖年间发生在此地的两大建设事件。

记载最确切的是明嘉靖二十五年（1546年）结草庵僧人文瑛追寻苏舜钦沧浪亭遗迹，重建亭子于水边。并请归有光作《沧浪亭记》详记其事。其所记如下：

浮屠文瑛，居大云庵，环水，即苏子美沧浪亭地也。亟求余作沧浪亭记，曰："昔子美之记，记亭之胜也；请子记吾所以为亭者"。

余曰："昔吴越有国时，广陵王镇吴中，治园于子城之西南。其外戚孙承佑，亦治园于其偏。迨淮南纳土，此园不废。苏子美始建沧浪亭。最后禅者居之。此沧浪亭为大云庵也。"

有庵以来二百年，文瑛寻古遗事，复子美之构于荒残灭没之余，此大云庵为沧浪亭也。夫古今之变，朝市改易。尝登姑苏之台，望五湖之渺茫，群山之苍翠。泰伯虞仲之所建，阖闾夫差之所争，子胥种蠡（文种范蠡）之所经营，今皆无有矣。庵与亭何为者哉！

虽然钱镠因乱攘窃，保有吴越，国富兵强，垂及四世。诸子姻戚，乘时奢僭，宫馆苑囿，极一时之盛，而子美之亭乃为释子所钦重如此。可以见士之欲垂名于千载，不与澌然而俱尽者，则有在矣。文瑛读书喜诗，与吾徒游，呼之为沧浪僧云。

按此内容看，文瑛这次重建沧浪亭的主要原因是出于对苏舜钦文章道德的"钦重"，欲求复其古迹而彰显大云庵二百年来的底蕴与历史脉络。但此举却与"园"无关，甚至着意强调其"亭"与"园"、"苑"之别。也是从这时起，沧浪亭开始有了性质上的转变，"沧浪亭"其名开始如"滕王阁"、"兰亭"一般更多作为一种景观名胜乃至文化象征出现，是否反映宋代园林原貌反而不是重点。

嘉靖年间对沧浪亭一带水系河道进行整理，新挖了一条人工河道将故沧浪池纳入城市人工河道系统。《吴中水利全书》卷七"河形""府学四环河"对此有

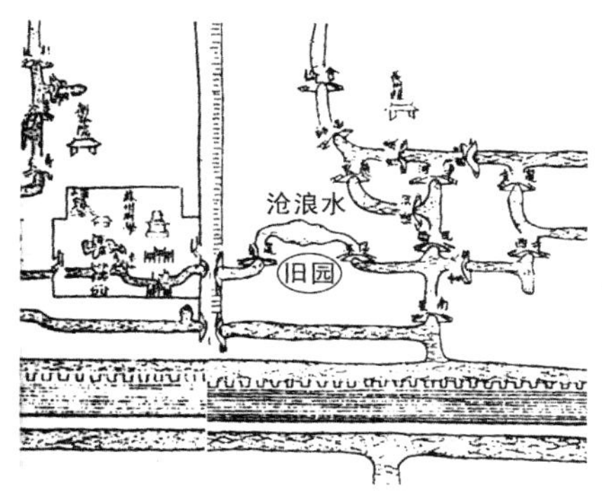

图11-17. 苏州府城内水道总图所绘沧浪亭一带水系
张英霖. 苏州古城地图集. 苏州：古吴轩出版社，2004.

记："沧浪池西，转南经韩襄毅公祠，绕南禅寺，过龙须桥，迤东南转西至卧龙桥，长一百六十四丈，阔一丈。卧龙桥从南至洗马池东口，长一十四丈四尺，阔二丈。以上引东来之水入学宫。形家言：'东水未入，西水反泄，秀不能钟'。考嘉靖以前学中科名鼎盛，东来水道未凿，似有可信。"

这说明大致在嘉靖之前，沧浪亭一带水系尚自独立，东有葑溪之水，却恰与其西部府学前的水系不相关联；而嘉靖年间，正是出于府学用水与风水格局的考虑挖浚了一段新水道，将此二者连接起来。

新开水道在《吴中水利全书》所附的《苏州府城内水道图》中可以得到直观认识（图11-17）。它们主要包括两部分，一段自寺西桥经沧浪亭转至府学前，主要是横向支河引东来之水入府学，另一段自府学南部南星桥经天灯桥转至奚公桥，主要将南部水系通过横向支河相联并最终汇入与府学、沧浪亭一线水系。

至此，沧浪之水开始并入姑苏古城经纬交织的人工水网系统之中，沧浪池也成为调节和沟通府学与东部、南部人工水网的一个重要节点。

随着沧浪池水纳入城市水系后开始逐步渠化，使得两宋时期的园林旧基被东西向的水系与伴随道路彻底地一分为二，入清以后更是逐步分化发展成为今沧浪亭与可园两个独立的园林。

（3）清代重构——水分二园，亭移山巅

文瑛所重修的沧浪亭或随大云庵的毁弃而再次湮灭，直至清初未再见有记载。清康熙三十五年（1696年），巡抚宋荦另建沧浪亭于土埠上，并建轩、廊等建筑，其名多取自苏舜钦诗文中，又临河道造石桥作为新园之入口，成为今沧浪亭的园林布局基础，亦有别于宋代园林的新"沧浪亭"园林的开始。

清雍正六至九年（1728~1731年）尹继善受任江苏巡抚，在宋荦所建沧浪亭北隔水建园林"近山林"，取孔子

"智者乐山，仁者乐水"意，又名"乐园"。

至此，宋时沧浪亭之地正式以水为界一分为二。南部宋荦所建的沧浪亭部分为前代沧浪亭主体部分之所在，也得承旧园之名与立意。然而宋荦的这次修建活动虽名为重修，其实是一次全新的布局与规划。对此，将宋荦所写《重修沧浪亭记》部分节录如下：

构亭于山之巅，得文衡山隶书"沧浪亭"三字揭诸楣，复旧观也。亭虚敞而临高，城外西南诸峰，苍翠吐欲檐际。亭旁老树数株，离立拏攫，似是百年以前物。循北麓，稍折而东，构小轩曰"自胜"，取子美记中语也。迤西十余步，得平地，为屋三楹，前亘土冈，后环清溪，颜曰"观鱼处"，因子美诗而名也。

清康熙时王翚绘有《沧浪亭图》（图11-18），其中景物与宋荦所记文字可一一对应：亭子改建在土山之上，前有古木掩映，沿水建筑稀落，东部桥畔有一水轩当是"自胜轩"，西部有三间临水小屋则应是"观鱼处"。从画中山水环境来看，土山感觉比今日要高，占据了园的中心，而沧浪池水已经接近带状，且北岸与水平行的小径清晰可见，水面仅东段稍阔，留有旧时"沧浪池"遗意。

宋荦之后，长洲县令许同溪，巡抚吴存礼、雅尔哈善，布政使梁章钜等又都在宋荦沧浪亭的基础上各自进行了修改加建，但园林的意境格调却是每况愈下。

先是乾隆年间，乾隆帝南巡屡驻此园，园林南部为此特别增筑拱门并有御道，并于乾隆三十八年（1773年）在园西新建中州三贤祠，于是沧浪亭由地方名胜又加上了皇家别馆的性质。其后道光七年（1827年）梁章钜等对园林重加修葺，又于园林南部建"五百名贤祠"，将地方名人画像描摹刻石，砌于壁间，沧浪亭开始成为地方官绅文士宴客观剧的场所。对此，嘉庆年间《苏台竹枝词》中

图11-18. 清康熙时王翚《沧浪亭图》
刘敦桢. 苏州古典园林. 北京：中国建筑工业出版社，2005.

曾有诗嘲讽："新筑沧浪亭子高，名园今日宴西曹。夜深传唱梨园进，十五倪郎赏锦袍。"

与此相对，水对面的"乐园"却因某大吏将"乐"字误解为行乐之意，认为不妥，于乾嘉年间更名"可园"[48]。其地先作沈德潜讲堂及生祠，再变为茶肆、花圃。道光七年（1827年）布政使梁章钜修沧浪亭"五百名贤祠"的同时也重修可园，"稽故牍而还之书院，并缮葺"[49]，并命其名为存古学堂。

从乾隆三十六年（1771年）《南巡盛典》中的沧浪亭图（图11-19）中可以大致看到这一段时期的园林景象。图中水南沧浪亭一带有别于康熙时期的疏旷与野趣，建筑密度增大，院墙规整，南部御道、拱门清晰可见，确实有皇家别馆的气派；而沧浪水北的可园却更多是一幅零散院落的模样。

咸丰同治年间的太平天国战乱令重构才过百年的沧浪亭、可园及书院等又再次被毁，其地一片荒芜[50]。

同治十二年（1873年）江苏布政使应宝时、巡抚张树声重建沧浪亭，仍按乾隆年间格局建亭于假山之巅，轩榭亭馆也多沿用旧名，增筑看山楼和形制恢宏的明道堂，诸堂构以廊贯通，这一格局基本保持至今[51]。此时园林西邻中州三贤祠，西南为南禅寺，东南至施家桥，东、北均以水为界。光绪十四年（1888年），可园也得到复建，与沧浪亭隔水为界，更无联系。

图11-19. 清乾隆《南巡盛典》所绘《沧浪亭图》
南巡盛典名胜图录. 苏州：古吴轩出版社，1999.

图11-20．清光绪年间石刻《沧浪亭图》
刘敦桢．苏州古典园林．北京：中国建筑工业出版社，2005.

这一时期沧浪亭的面貌从光绪年间的石刻《沧浪亭图》（图11-20）上可以得到一直观认识。

从图上看同治时期沧浪亭与今貌相差无几，只明道堂对面更多一戏台（今“瑶华境界”处），左右有观剧长厢，规制比今天更为壮观。或许正是明道堂这一带建筑的壅塞，阻碍了视线，加上园林历代多次毁弃导致园中土山的日趋倾颓；此时的沧浪亭于亭中已经不能做到遥望城南诸峰，故才在明道堂及戏台之南另建看山楼作为补救。或可说，清初同时收山、水之景而合一的沧浪亭此时只能将功能一分为二，与看山楼共同分担。更有甚者，即便观水一项，也因面水轩、观鱼处之间的新建临水复廊造成了一定程度上的视线阻碍。

再往后，沧浪亭前后水系更见缩减，明代开掘的那条连通府学的水道于清末壅塞，民国后仅余些许流水向南穿过三贤祠。20世纪70年代因将三贤祠改建职工住宅，此南下水道终被填没[52]，从此沧浪亭只剩下北面临水，至今水面仅余7.3亩。

刘敦桢先生在评价沧浪亭时曾指出：“北侧池岸缺乏高下变化，叠石又欠斟酌，都是不足之处”[53]。细节上的驳岸手法改变，其背后所体现的却是水体不断渠化、意境随之更迭的历史变迁。“清兮”、“浊兮”，名园的无常，未尝不是这历史起落清浊、时代浮华治乱的注记。

2．拙政园的分合与理水意向的转变

拙政园是苏州古城内现存最大的一处古典园林，占地约72亩。位于苏州城东北角，分东、中、西三部分，布局以水景为主，约占总面积的五分之一；水面有聚有分，于园内处处沟通，互相穿插，层次丰富，为江南大型私家园林理水的典型代表。

（1）园史简述

今拙政园址一带，据传三国时期为东吴郁林太守陆绩的宅邸，东晋时为高士戴颙宅[54]，晚唐时为诗人陆龟蒙宅第。其后，宋代胡稷言的五柳堂、元代的大宏寺也均建于此。元末张士诚据吴，地属其婿潘元绍驸马府范围。[55]

明正德四年（1509年），因官场失意而还乡的御史王献臣[56]因元代大弘寺址拓建造园，活动持续十六年之久，直到明嘉靖三年（1524年）才告完成。园名取意西晋潘岳《闲居赋》"灌园鬻蔬，以供朝夕之膳，此亦拙者之为政也"，名拙政园。

园林为王献臣与文徵明等共同设计营构的，园建成后，文徵明十分喜爱，曾亲植紫藤，并作《王氏拙政园记》，五次做拙政园图[57]。按其记图所言，当时的园林利用原来的洼地积水疏浚以为水池，环以林木和亭台楼阁，是一个以水为主的自然山水园。明隆庆《长洲县志》称其"广袤二百余亩，茂树曲池，胜甲吴下。"

王献臣卒后，其子一夜豪赌，将园子输给徐氏，时称徐鸿胪园。徐氏居此园五世，家族开始衰落，拙政园日渐荒废，此后园宅易主三十余次。

其中，园林东部于崇祯四年（1631年）为明万历进士、御史、刑部侍郎王心一购得，另造"归田园居"[58]，自成一脉。今此园虽并入拙政园内，但景致已无联系，故在此不作详考[59]。

王氏旧园核心部分则在明末清初大抵保存为一，然其间历经钱谦益[60]、陈之遴[61]、祖大寿、吴三桂婿王永宁[62]等人，康熙十八年（1679年）更一度改作苏松常道新署，已不复王氏旧园之状。对此，康熙二十二年《长洲县志》称其"二十年来屡易主，虽增葺壮丽，无复昔时山林雅致"。

乾隆初，这部分园林一分为二，太守蒋棨修复中园，取名"复园"。太史叶士宽购得西园，改建为"书园"。其中，中部"复园"建于乾隆三年（1738年），沈德潜与赵翼、钱大昕等常往来赋诗，留有《复园记》，蒋氏姻亲袁枚也曾寓居园中。此园后经海宁查世倓、平湖吴璥，日久萧条。而西部"书园"则先经道台叶士宽、沈元振、太常博士汪美基所居，后又分属程、赵、汪姓。东偏宅第于道光十二年（1832年）为部郎潘师益父子改筑瑞棠书屋。

咸丰十年（1860年）太平军攻入苏州，李秀成合旧时拙政园三园建忠王府，但尚未全部完工之际，苏州又被清兵夺回，忠王府也随即被改作李鸿章的巡抚行辕。按当时李鸿章所述"忠王府琼楼玉宇，曲栏洞房，真如神仙窟宅……花园三四所，戏台两三座，平生所未见之境"。

后园林又再次分而为二，中部为"八旗奉直会馆"，西部则为汪姓宅园，光绪三年（1877年）吴县富商张履谦购得此园，修建了"补园"，主要建筑保留至今。

而后日军侵占苏州，三园重又合一。1935年9月，国民政府创办的社会教育学院迁入借为校舍。新中国成立后，园林先作为苏州专员公署，1951年11月，苏南区文物管理委员会才正式接管园林，几十年来不断整修，才恢复了今拙政园的面貌。

笔者参考苏州市地方志编纂委员会于1986年编纂的《拙政园志稿》中的“拙政园历史沿革表”将园林的分合变迁汇总成一张示意图（图11–21）。

（2）拙政园水系分合变迁

拙政园从王献臣建园至今，建筑风格变化最大，水系形态在园林分合变迁中亦多有改变，只园林的总体范围与格局仍算稳定。

首先，按王献臣时期的园林规模与最初界址而言，从文徵明《王氏拙政园记》中“美竹千挺”、“柑橘数十本”、“江梅百株”、“果林弥望”等语句可见其大。文字描述中还可以推断园林西部包括今浮翠阁与倒影楼一带水面，园的东部则包括归田园居基址。按《拙政园志稿》记载新中国成立初的发掘情况看，水面多联通，由此大致可以断定拙政园的原有规模应该包括今天园林的中、西、东三部分。

至于园内景致格局及水系情况对照文徵明《王氏拙政园记》首段文字描写，有文如下：

槐雨先生王君敬止所居，在郡城东北界娄、齐门之间。居多隙地，有积水亘其中，稍加浚治。环以林木。为重屋其阳，曰梦隐楼；为堂其阴，曰若墅堂。堂之前为繁香坞，其后为倚玉轩。轩北直梦隐，绝水为梁，曰小飞虹。逾小飞虹而北，循水西行，岸多木芙蓉，日芙蓉隈。又西，中流为榭，曰小沧浪亭。亭之南，翳以修竹。经竹而西，出于水澨，有石可坐，可而濯，曰志清处。至是，水折而北，滉漾渺弥，望若湖泊，夹岸皆佳木，其西多柳，日柳隩。东岸积土为台，曰意远台。台之下植石为矶，可坐而渔，曰钓。往北，地益迥，林木益深，水益清驶，水尽别疏小沼，植莲其中，曰水花池。池上美竹千挺，可以追凉，中为亭，日净深。循净深而东，柑橘数十本，亭曰待霜。又东出梦隐楼之后，长松数植，风至泠然有声，曰听松风处。自此绕出梦隐之前，古木疏篁，可以憩息，曰怡颜处。又前循水而东，果林弥望，曰来禽囿。囿缚尽四桧为幄，曰得真亭。亭之后，为珍李坂，其前为玫瑰柴，又前为蔷薇径。至是，水折而南，夹岸植桃，日桃花沜，沜之南，为湘筠坞。又南，古槐一株，敷荫数弓，曰槐幄。其下跨水为杠。逾杠而东，篁竹阴翳，榆樱蔽亏，有亭翼然，西临水上者，槐雨亭也。亭之后为尔耳轩，左为芭蕉槛。凡诸亭槛台榭，皆因水为面势。自桃花沜而南，水流渐细，至是伏流而南，逾百武，出于别圃丛竹之间，是为竹涧。竹涧之东，江梅百株，花时香雪烂然，望如瑶林玉树，曰瑶圃。圃中有亭，曰嘉实亭，泉曰玉泉。凡为堂一，楼一，为亭六，轩、槛、池、台、坞，涧之属二十有三，总三十有一，名曰拙政园。

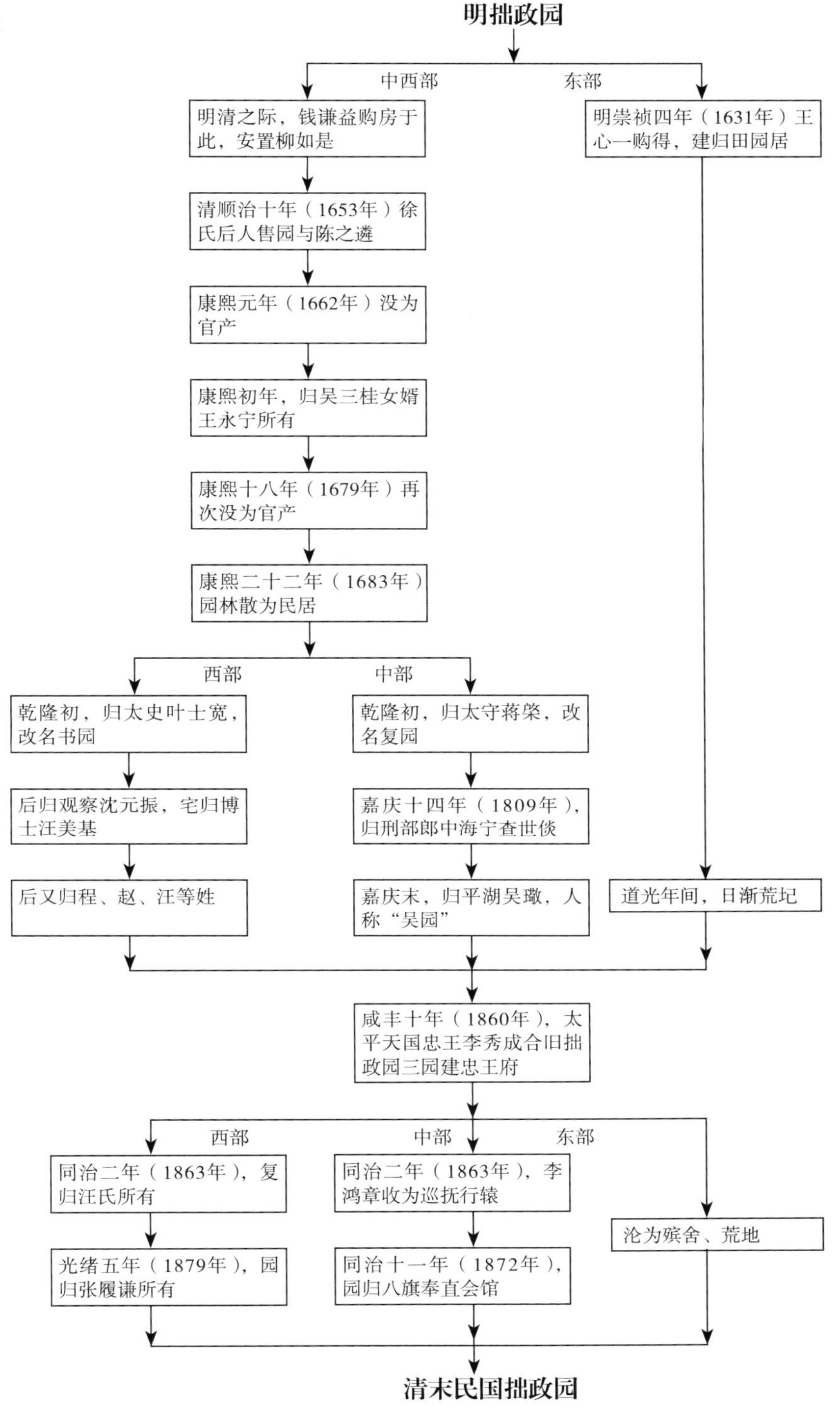
明拙政园
中西部
东部
明清之际，钱谦益购房于此，安置柳如是
明崇祯四年（1631年）王心一购得，建归田园居
清顺治十年（1653年）徐氏后人售园与陈之遴
康熙元年（1662年）没为官产
康熙初年，归吴三桂女婿王永宁所有
康熙十八年（1679年）再次没为官产
康熙二十二年（1683年）园林散为民居
西部
中部
乾隆初，归太史叶士宽，改名书园
乾隆初，归太守蒋棨，改名复园
后归观察沈元振，宅归博士汪美基
嘉庆十四年（1809年），归刑部郎中海宁查世倓
后又归程、赵、汪等姓
嘉庆末，归平湖吴璥，人称“吴园”
道光年间，日渐荒圮
咸丰十年（1860年），太平天国忠王李秀成合旧拙政园三园建忠王府
西部
中部
东部
同治二年（1863年），复归汪氏所有
同治二年（1863年），李鸿章收为巡抚行辕
沦为殡舍、荒地
光绪五年（1879年），园归张履谦所有
同治十一年（1872年），园归八旗奉直会馆
清末民国拙政园
图11-21. 拙政园历史沿革

据此记载，刘敦祯先生曾总结认为："今日远香堂位置原为若墅堂，倚玉轩一带明时亦有此轩，轩北隔水和梦隐楼相对，二者之间有小飞虹桥相通。现有池中两座土山及其北水面尚未形成……今之柳荫路曲、见山楼及此园西部一带都是竹树翳邃、水色渺猕的自然风光。北是松林，向东是果园、花园和竹林，全园建筑仅一楼一堂及亭轩八处而已"[63]。

进一步依据文徵明《王氏拙政园记》的记载作出明拙政园的平面推测示意图（图11–22）。与今天拙政园的中西部平面图（图11–23）对比，笔者认为除园林北部的差异较大之外，其南部水系（今天"香洲—小沧浪"与"留听阁—塔影亭"两段向南延伸的水系）的差异也值得关注。

具体来说，当时芙蓉隈大约在今香洲处，而香洲以南却不见有水系记载；当时小飞虹则在梦隐楼之前，若墅堂北，横跨沧浪池；小沧浪亭亦非今之小沧浪，应在芙蓉隈更西的"水中流"，推断"与谁同坐轩"或是其对面的位置上。这一点参考文徵明《拙政园图》（图11–24）及图咏中描写小沧浪"依然绿水绕虚楹，岂无风月供垂钓"等语句，发现其立意正合"与谁同坐轩"的前身。

由此，按笔者的推想，今小飞虹与小沧浪一带，在明时当为一脉涓涓细流，正从南边园林入口假山前"玉泉"处引来。今天拙政园在这一带也仍可发现断流的水道痕迹。

值得一提的是，这一假设恰好与《红楼梦》第十七回"大观园试才题对额，贾宝玉机敏动诸宾"中所描写的从"曲径通幽"的山洞中转出时见到"一带清流，从花木深处曲折泻出于石隙之中"的景象相似。对于曹雪芹笔下大观园的景致，历来就多有以拙政园为摹本的说法，有不少学者曾加以考证研究，徐恭时先生写的《芹红新语．记曹雪芹姑苏生活的传闻》[64]一文中就提到《红楼梦》大观园进门假山以及潇湘馆等取材于拙政园的一些口碑资料。从时间上看，曹寅于清初康熙年间出任苏州织造，曹雪芹所参照的拙政园正是这一时段的园林。

对于中部的复园水系演变成今之小飞虹、小沧浪形貌推测应该发生在清乾隆以后。乾隆初园林中西部开始分家，由于水面被水廊一分为二，原来的小沧浪亭被分到西部，与中部断绝，而中部也因水面被分割显得局促。故名为复园的中部园林很可能在园林分割开后仍试图复全其旧日景点，这才将小飞虹换位重建，小沧浪也照搬了过来，于香洲以南对旧日园林西部的水景进行摩写。在清同治年间吴儁所绘的《拙政园图》（图11–25）可发现，香洲至小沧浪一带布局正是如此。

另外，园林西部补园部分，笔者的推想则是其南向延伸的水系，本可以直通东北街横河。对此，各种文献上虽未有记载，但查此水道形貌与位置，却似引水渠道。

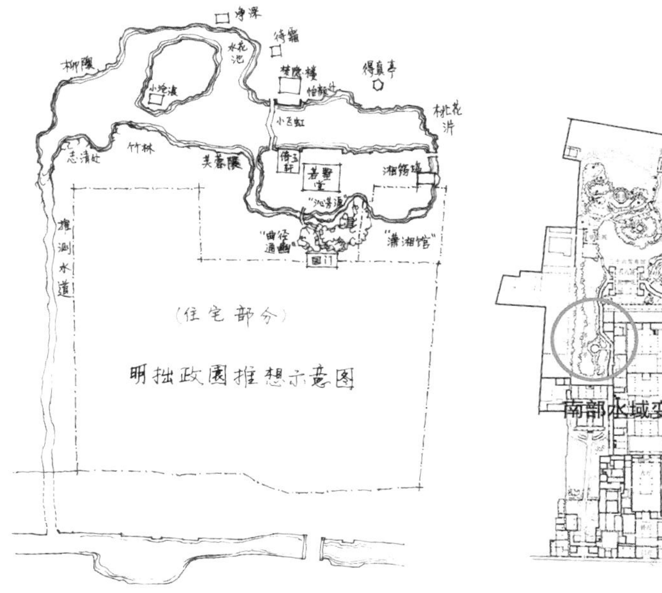

图11-22. 明拙政园推测示意

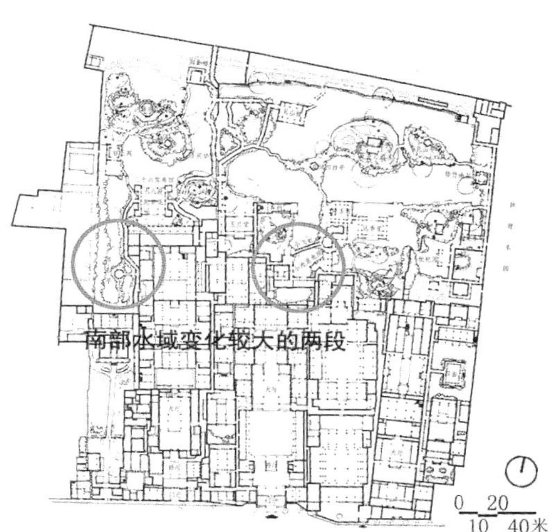

图11-23. 拙政园平面
刘敦桢. 苏州古典园林. 北京：中国建筑工业出版社，2005.

图11-24. 文征明《拙政园图》中所绘小飞虹（左）小沧浪（右）

图11-25．吴儁所绘拙政园（香洲小飞虹一带）
刘敦桢．苏州古典园林．北京：中国建筑工业出版社，2005．

其一，王献臣建园之初，并未有西南部宅院、周边多是荒野。位于西南角僻地处的这条水流完全可能正是沟通园林内部水系与城市水网的水道所在。而到乾隆之后，园林散为民居，各家均在南部广建宅院，水道的南部才被侵占断绝。

其二，从张履谦《补园记》中可知，光绪年间张履谦买下此园时，狭长水道断头正对前宅的入口。故而张所整修的补园在尽端处建塔影亭作为收头，且通过在亭旁布置石磴，盘旋而下直抵水面，引导人置身其下，造出深涧的感觉，试图以此来挽救狭长水面在此突然结束的尴尬。也可说明，此水道断头另有来历。

今水道南端为苏州博物馆新馆所在，贝聿铭先生在设计新馆时有意将博物馆北面庭院与一墙之隔的拙政园西花园相呼应。其中水庭向北延伸，在平面上作势与旧补园的南向狭长水道相接，想必也是贝先生以建筑师的敏锐察觉到此段水流"意犹未断"之故吧。

除此两段水体的形态因由园林分合变化之外，拙政园北部的主体水面也在园林分合变迁的过程中受到影响。其在形态边界上虽没有显著变化，但于园林分裂时水面被廊道从中分为两部，不再相通，只能通过池底泉眼与地下水的联系保持水质更新。后园林又再合成一家，两边水面却仍有高差存在，但通过水口互相沟通。从现状来看，此水口设置在水廊北端的滚水坝（图11-26），水流由此从西花园水池流入中部花园的北部水面，与园林外部的城市水系水流方向一致。

与沧浪亭相比，拙政园由于水系自成体系，对城市河系的依赖不那么明显，故其在理水相关手法的转变上虽也与周边城市情况有关，但更多的源于自身的分合变迁及其造园意象上的转变，这种转变也正是与明清时期苏州的城市发展以及市民文化的繁荣同步的。

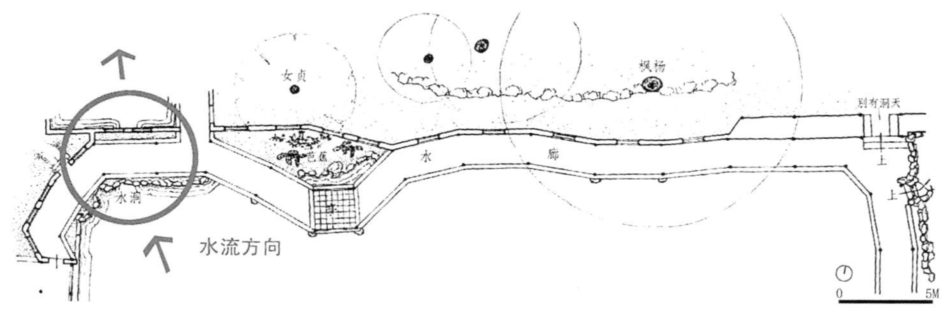

图11-26. 拙政园中西部水池的水口位置
刘敦桢. 苏州古典园林. 北京：中国建筑工业出版社，2005.

3. 留园、网师园引水入园的手法变迁

与沧浪亭、拙政园此类依据自然水系或湿地积水营建园林大幅水景的园林不同，苏州古城不乏通过引城市水系入园为池造景的园林。清中期时，留园与网师园即采用了相似的引水入园的手法，而其引水水口、水道也都因各自原因于清末民国之后湮灭无存。

（1）留园盛期历史

留园，位于苏州阊门外留园路（史称阊门外下塘花步里），为本文所讨论园林中唯一不在古城城圈范围之内的案例。

明代万历二十一年（1593年），太仆寺少卿徐泰时罢官后归故里，在苏州阊门外同时建造了东、西两园；西园后来被徐泰时的儿子徐溶舍宅为寺，也就是现在的西园戒幢律寺，东园即今天留园的前身。

明代的东园景象，以时人袁宏道所著《袁中郎先生全集》[65]卷十四《园亭纪略》记载最为详尽：

"徐冏卿园，在阊门外下塘，宏丽轩举，前楼后厅，皆可醉客，石屏为周生时臣所堆，高三丈，阔可二十丈，玲珑峭削，如一幅山水横披画，了无断续痕迹，真妙手也。堂侧有土垅甚高，多古木，垅上太湖石一座，名瑞云峰，高三丈余，妍巧甲于江南。相传为朱勔所凿，才移舟中，石盘忽沉湖底，觅之不得，遂未果行。后为乌程董氏购去，载至中流，船亦覆没，董氏乃破赀募善没者取之，须臾忽得其盘，石亦浮水而出，今遂为徐氏有。范长白又为余言，此石每夜有光烛空然，则石亦神物矣哉"。

此文写于万历二十四年（1596年），正值徐氏建园不久，从记载来看，当时园林重视堆山，尤其以宋代花石纲遗物瑞云峰以及叠石高手周时臣所叠石屏著称，于理水并无特别描写。

刘敦桢先生曾言："现留园中部池北、池西假山下部以黄石堆叠，似为当时遗物。上部后经多次修理，杂置湖石，较琐碎而零乱。"[66]联系袁宏道所记来看，此假山正合于袁宏道文中所写的"堂侧有土垄甚高"，推测明代的东园大致也就是今天的留园中部地区。

明末，徐氏园林逐渐衰败，清初，曾一度废为踹布坊，宅院仅一峰独存，其余不可复识。至乾隆四十四年（1779年），因皇帝南巡要到苏州，更把瑞云峰移到了织造府行宫的花园之中（今苏州市第十中学）。

乾隆五十九年（1794年），园林才为刘恕所得，花了五年时间修葺和扩建，使之面目一新。因其中白皮松居多，取名寒碧庄[67]，又名"花步小筑"，俗称"刘园"。这一时期，寒碧庄内奇石林立、花木交荫、文人雅集、擅胜吴下，是为园林第一个全盛期；留园的传世古画也多做于这个时期，其中刘懋功所画的"寒碧山庄图"（图11–27）为这一系列古画中，最为完整写实的一幅。从图上看，寒碧庄范围应主要还是今园林的中部地区，园有内园、外园之分，内园即刘恕住宅部分（今留园宅院），外园即今留园中部一带。

寒碧庄历经乾隆、嘉庆、道光三朝均十分繁盛，道光三年（1823年），园林甚至对外开放，往来游者甚众，轰动一时。咸丰十年（1860年）太平天国的战乱延及苏州，阊门外街衢巷陌，均毁圮殆尽，惟寒碧庄虽因此荒芜，却基本保存了下来。

同治十二年（1873年），园林为常州人盛康[68]购得，并于光绪二年（1876年）修葺落成。由于寒碧庄时期园主一直姓刘，当地百姓已经习惯称园林为"刘园"，故而盛康就以"刘"的同音字"留"为园名，并以此暗喻园林"长留天地间"。

图11–27．刘懋功所画的"寒碧山庄图"（摹本）
刘敦桢．苏州古典园林．北京：中国建筑工业出版社，2005.

光绪时期的留园，比寒碧庄时期更增雄丽。著名学者俞樾作《留园记》，称其“泉石之胜，花木之美，亭榭之幽深，诚足为吴下名园之冠”。此时的园林、祠堂、住宅合在一起占地约40余亩，为园林第二个全盛期。

（2）留园盛期理水手法

今之留园范围与光绪全盛时期相差不远，景点建筑也与当时所记载多相符合，唯园林水系已不复当日情形。

从留园现状平面图上看（图11-28），留园现存水体主要有两部分：中部水池与西部土山下的山溪。山溪两岸均为条石驳岸，宽约1.5米，深约2米，至山脚后逐渐开阔，水阁“活泼泼地”横跨其上。但现状此一池一溪之间为土山及院墙建筑所隔，并不沟通；溪水与园外运河水系也不连接。

事实上，光绪年间留园的第二盛期正是通过此山溪由相通河汊将园外上塘河之水引入园以造水景的。

而更早的乾隆年间的寒碧庄，虽无“缘溪行”、“活泼泼地”等景点，但此水道却已经存在。乾隆五十九年（1794年）翟大坤所绘园图与嘉庆二年（1797年）

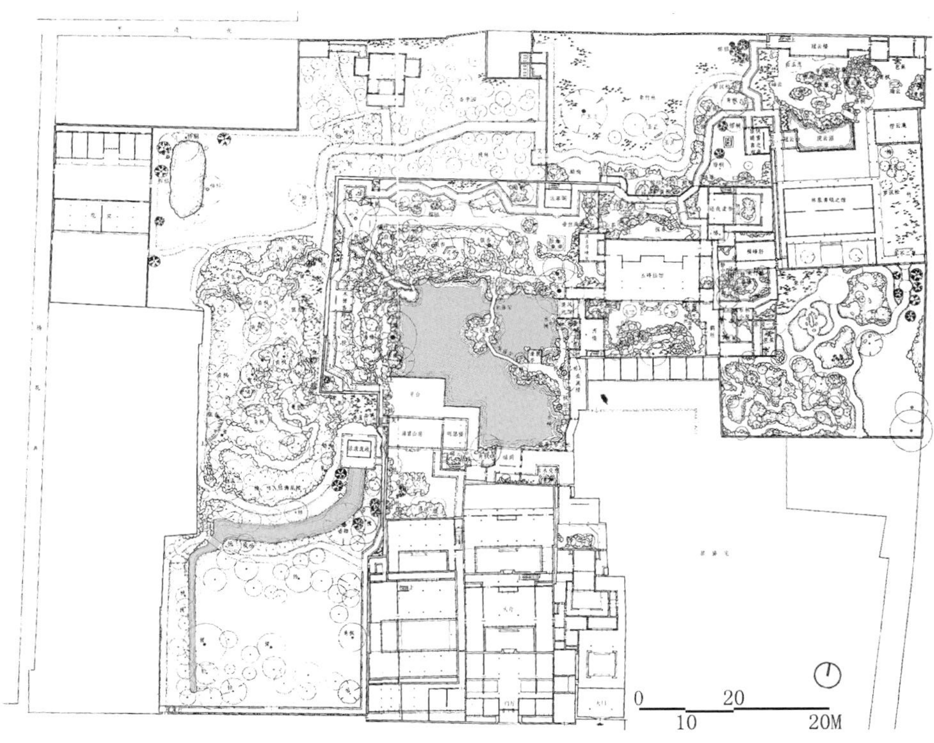

图11-28. 留园现状平面
刘敦桢. 苏州古典园林. 北京：中国建筑工业出版社，2005.

的刘懋功所画的“寒碧山庄图”上均可见到中部池塘西南角上靠近假山处水流入园的水口（图11-29）。翟大坤图上水流从桥下拱洞流入园内池塘；刘懋功“寒碧山庄图”上则可见板桥后溪流状之水流正从今“活泼泼地”一带而来。

至光绪时期留园增辟东西两园后，这一条原图绘之上引水入园的山溪则也成了园内的景物，并从“活泼泼地”阁底穿过，汇入中部池塘。直到清末民国园林多次重修后，才因新修的院墙、廊道，将水阁至中部池塘的那一段水道隔断并填没。细看今之水阁“活泼泼地”（图11-30）也不难发现水阁下部条石有新旧两种，中间将水流阻断的条石与石灰砂浆混合砌筑，当属后世修葺不假。

故今人有在品评留园“活泼泼地”一带景物时，认为山溪到此水阁下隐去，好像穿阁而过，水虽止而动意未尽，为园林典型的假水口理水之法；实是不了解园林水系变迁历史而得出的一个误解。“活泼泼地”得名自唐司空图在《诗品》：“生气，活气也。活泼泼地，生气充沛，则精神迸露，远出纸上。”早期手法正应了景点之名，为充满了自然风景活泼生气的活水，实是园林理水中顺应自然的妙着，使人满眼生气，精神舒畅。如今以假当真的理水手法只能是无可奈何的下策而已。

另，“活泼泼地”水阁向南则自“缘溪行”一带山溪本通向园外河汊引来上塘河的河水，今这一段景色仍近田野之自然风光；溪畔嵌有“缘溪行”三字刻石，两岸遍植桃柳，与《桃花源记》中“缘溪行”所见情景相符。但山溪如今在园林外墙处被截断，原水口以石块堵塞（图11-31），按此位置推断旧时水道由此出园后向西南可通过一条名为“野芳浜”[69]的河汊与上塘河相通。如今河道虽然已经填没，旧址上却有一石拱桥残存（图11-32），桥上并刻有“民国十五年留园重修”一行字，足以证明，直到民国15年（1926年），留园的水系还以此与外部的城市水系相通。

（3）留园的水道断绝

民国以后，留园引水入园之手法已不可见，原因即是外部城市的近代化、现代化致使相通的水道河湾被筑成路面，水源断绝所致。

据苏州市金阊区地方志编纂委员会2002年所编《苏州市金阊区志》记载，民国初，留园大门之前还是田野间的小径，名花步里。民国5年（1916年），园主盛杏荪病逝，盛家为办丧事，举行大出殡，将泥泞小道拓宽，铺上石子，而后，从留园至广济桥一段逐渐成为苏州较早的一条马路。从此时起，留园外的道路体系开始转变，也预示着周边河汊被逐步侵占的开始。

民国16年（1927年），北伐军二十一师司令部进驻园内[70]，这一时期留园遭

乾隆五十九年翟大坤绘

刘懋功《寒碧山庄图》（摹本）

图11-29. 古画上的留园水口（左为翟大坤图，右为刘懋功图）
刘敦桢. 苏州古典园林. 北京：中国建筑工业出版社，2005.

图11-30. 留园"活泼泼地"水阁

图11-31. 今留园园南水口断绝处（左图为园内断口，右图为园外对应位置）

图11-32. 残存"民国十五年留园重修"石桥

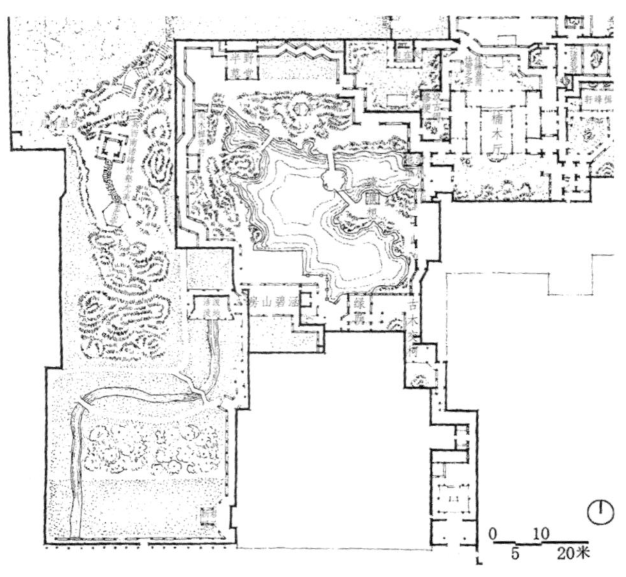

图11-33．童寯先生所绘留园平面图（局部）童寯．江南园林志．北京：中国建筑工业出版社，1963．

到巨大破坏，很多改变即由此开始。

1929年，留园改由吴县县政府派员管理，当年6月18日，园林经修葺后开放游览；大多建筑被修整完好，古树参天，远望气势蓊郁，为当时苏州第一游览胜处。

从童寯先生在《江南园林志》中勾勒的这一时期留园平面草图（图11-33）上看，20世纪30年代前后修复的留园，由“活泼泼地”水阁至中部水池一带的水流已被院墙、廊道隔断填没了。而“缘溪行”山溪所对园外水道是否被填没则不可知。

抗日战争沦陷时期，留园经日军蹂躏，“尤栋折榱崩，墙倾壁倒，马屎堆积，花木萎枯，玲珑之假山摇摇欲坠，精美之家具搬取一空”[71]。留园以西为日本兵占为养马之处，抗战胜利后，继续为国民党部队驻军养马之所，附近路段也均为驻军所占。留园周围的田野水道很可能则是在这一情况下被逐步填没的。

1953年，人民政府拨款对留园进行抢修，1961年3月国务院将其列入首批全国重点文物保护单位。1991年初，再将原盛家祠堂和住宅部分收归留园，并重新修复，使留园进一步趋于完整，恢复了原有的景观。

但此时留园周边历来繁华的苏州金阊地区，次一级的河汊水道在城市现代化进程中已随着其生活功用的减弱而迅速地退化乃至消失；这也使得留园本来精妙的引水系统失去了源头，虽经修葺，却只能徒复其形，理水手法的本质已难再现。

（4）网师园历史简介

网师园位于苏州城东南葑门内带城桥一带，南接阔家头巷，北靠十全街网师巷（古名王思巷）。全园占地八亩余，以简洁精致著称，历来为众多园林学家所推崇，为苏州中小型园林中的精品。同样，网师园理水也属小园理水的经典案例，其与城市水系的联系及变迁历史也与留园十分类似。

网师园的前身可以追溯到南宋绍兴年间，侍郎史正志因反对张浚北伐而被劾罢官，于淳熙初年（1174年前后）在此建万卷堂[72]，其花圃名“渔隐”[73]。史正志之后，几经转手，园渐荒废。

直到清乾隆三十年（1765年），长洲宋宗元购得部分荒园，修建别业于此；园成更名“网师小筑”，既取史正志“渔隐”旧义，且与所在巷名“王思”谐音[74]。此时园林有十二景，在沈德潜《网师园图记》中有记[75]。

宋宗元之后，园林又日渐颓圮。至乾隆嘉庆之交（1796年），太仓富商瞿远村购得废园，增置亭台竹木，部分恢复园林旧观。当时园林有梅花铁石山房、小山丛桂轩、月到风来亭、竹外一枝轩、云冈诸胜[76]。这一时期的园林变迁有钱大昕的《网师园记》为佐证。

瞿远村据园三十年后，将园转手于天都人吴嘉道[77]。咸丰同治年间经历太平天国的战乱，网师园因地处偏僻而幸免于兵祸，清军收复苏州，园林一度成为长洲县衙。光绪后，园又归江苏按察使李鸿裔，李以在苏舜钦沧浪亭之东故，易名“苏东邻”，或称“东邻小筑”。

光绪三十三年（1907年），园林为退居苏州的将军达桂购得，达桂对其大加修葺，复园林旧观[78]。民国6年（1917年），有冯姓一度居此，后张作霖以30万两银购得此园，送与前奉天将军张锡銮，易名“逸园”，俗称“张家花园”。民国21年（1932年），张善孖、张大千兄弟与书法家叶恭绰共同租赁花园居住此园近四年，其间整理修复了不少亭台建筑，并曾在园内养一乳虎作临摹之用。

抗日战争爆发后，张氏兄弟先后离去，园林于1940年为收藏家何亚农购得，何亚农费时三年，努力恢复名园旧观，除复用“网师园”旧名外，亲手摹画，又全面进行了一次整修。1950年，何之子女何怡贞、何泽明等将园献交国家。后园林曾为军队及医学院占用，直到1958年园林才被园林管理处接管并开始抢修，1974年再度修理后开放至今。

（5）网师园的理水变迁

从今网师园现状平面（图11-34）上看，水体只余中部“彩霞池”与西部“涵碧泉”，与城市水系并无地表联系。其中“彩霞池”居园中央，池面近方形，

图11-34. 网师园平面（局部）
刘敦桢. 苏州古典园林. 北京：中国建筑工业出版社，2005.

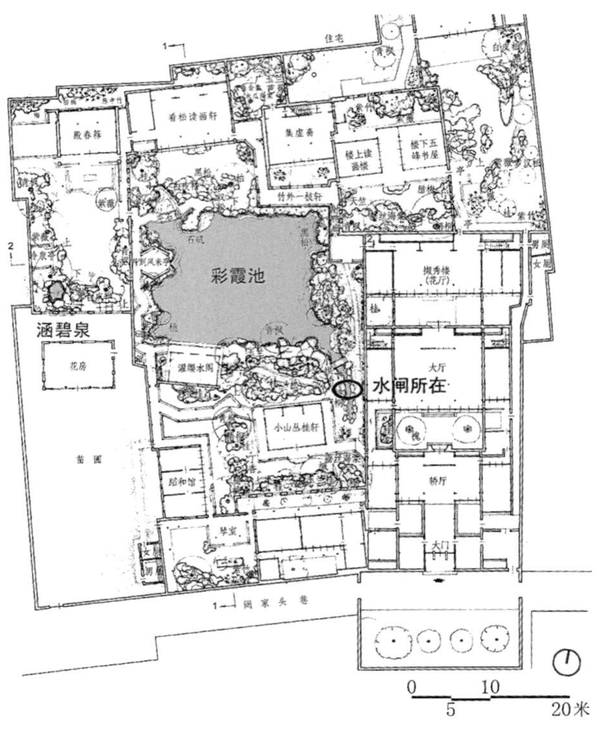

图11-35. 网师园水闸

明净开朗，为园中主景。东南、西北各有一条小溪作水尾状，但均在园林内就断头了。

对此，学者多认为这是园林理水中以断水示意水源的高妙手法。刘敦桢先生曾说："中部水池面积约半亩，略呈方形，水面聚而不分，仅东南和西北两角伸出水湾……池面开阔，池岸低矮，黄石池岸叠石处理成洞穴状，使池面有水广波延与源头不尽之意"[79]。陈从周先生也有类似评语："俯视池水，弥漫无尽，聚而支分，去来无踪，盖得力于溪口、湾头、石矶之巧于安排，以假象逗人。桥与步石环池而筑，犹沿明代市桥之惯例，其命意在不分割水面，增支流之深远。"[80]

但其实，东南、西北这两处现看似断头浜的水道，却很可能就是清初中期时园林引水入园的水道所在。尤其东南支流在引静桥南侧近端头处还十分隐蔽的设置有一水闸（图11-35），足见其早先另有相通，故才会设置水闸以对彩霞池池水进行控制。按《网师园志》初稿记载，1980年2月至4月，网师园清理池塘，除去淤泥9千多担，而在清淤抽水的过程中，网师园东部的圆通寺水池也被抽干；由此可知即便现今网师园水系也并非平面图上所见的孤立水体那么简单。

对此，曹汛先生在《网师园的历史变迁》一文中也认为清宋宗元至瞿远村两代网师园东南、西北均另有水系延伸，西北方向还设有水门，直到光绪时期，李鸿裔对园林大加改建，割裂、侵占水面，才导致水门废除，水面缩小。

曹汛先生对于西北方向水系延伸有水门的推测，主要依据在于一些关于网师园的诗文记载以及园林的方位关系。

其中有关宋宗元时期园林水系的文字记载主要有两个，一是沈德潜《网师园图记》中记载："于网师旧圃筑室构堂，有楼、有阁、有台、有亭、有陂、有池、有艇"。另一则是署名苏叟的《养疴闲记》在卷三中有记："宋副使悫庭宋元网师小筑在沈尚书第东仅数武，中有梅花铁石山房……溪西小隐、度香艇……"。曹先生认为"度香艇"、"西溪小隐"两处景点名称已暗示了园西另有水门，渔舟游艇可以出入。

此外，这一时期的相关诗词唱和之中，有更为直接之佐证。如沈德潜在《宋悫庭园居》诗中有"引棹入门池比镜"之句，自注云"引河水从桥下入门，可以移棹"；彭启丰在《网师小筑吟》诗中也有"江湖余乐，同泛吴船……踔尔游赏，烟波浩然"等语句。

到了翟远村时期，类似诗词更多。如潘奕隽在《小园春憩图为瞿远村》诗中有云"相从溪上斟流霞，科头时复来君家"，在《网师园二十韵为瞿远村赋》诗中云："途回宜巾车，濠通可理榜"。洪亮吉在《网师园》诗中也有云："太湖三万六千顷，我与此君同枕波"，"他日买鱼双艇子，定应先诣网师园"。其他还有朱惠元在《罗申田观察以和陈筱石中丞与汪柳门少宰同游网师园作见示次韵和之》诗中有云"鱼呗隔墙声隐度，沧浪有水路堪通"，周光玮在《游瞿氏网师园》诗中有云"路转有桥通，芸窗雾阁中"等[81]。

以上所列诗词文字，足可说明从宋宗元至翟远村时期，网师园水面与园林外部的城市河系均有水路相通，渔舟游艇可直接驶入园内。剩下需要考证的只是当时园林水门的位置所在。

对此水门位置，曹汛先生在其《网师园的历史变迁》一文作出了如下的推断：

"网师园前临街后倚河。陆门开在东南巽位，水门正该开在西北乾位，这才合乎布局的情理，也符合人们避凶趋吉的风水心态。推测殿春簃前的庭院原来是水面，芍药圃还在它的南面，即早年平面图上标为苗圃的那处别院。蹈和馆北侧

> 廊道西端门额有‘宜春院’三字篆刻，原是芍药圃的入口。水门应该就是殿春簃和它的西挟屋一带。有一个证据表明殿春簃前的水面是光绪初填起来的。同治年间顾文彬新建怡园，从苏州各名园选择蓝本，怡园的水面据说是仿自网师园。怡园的水池正是从西北向东南铺展，东西一大一小，中间以小桥分割，东部大池中间又有五曲桥。当年宋氏瞿氏网师园的水面，直到同治年间应该都是这样的格局，所以才为怡园所取，照搬过去。网师园的水面比现在大得多，才能有‘碧流渺弥，芙蕖娟靓’，‘沧浪渺然，一望无际’那样的情景”。

对曹先生的考证，笔者认为水门开在西北乾位可以确定无疑。除了曹汛先生所提的建筑布局风水理由外，更可以从前文所提到的诗句中找到踪迹。如沈德潜“引河水从桥下入门，可以移棹”，以及“路转有桥通，芸窗雾阁中”等语句中均强调了“桥”这一线索；当时园林由城市河道——“桥”引出旁支水道入园，水门正开在这一方位。查古代苏州地图（图11-36）可知，带城桥正是最靠近网师园的一座古桥。南北向的带城桥南为带城桥街，在网师园西侧，向南与阔家头巷相接，诗句“路转有桥通，芸窗雾阁中”正合这个意思。而带城桥下是东西向的带城桥横河，可以直通葑门，此河也正靠网师园之北。所谓“引河水从桥下入门，可以移棹”应该说的就是船由西向东穿过带城桥后，转往向南开辟的水道就到达了网师园的水门。

至于东南方向水系原有延伸的推测，曹汛先生则主要依据今天撷秀楼前轩前庭一带的地面走路时咚咚有声，疑是下空，以及中部水池于园东一墙之隔的圆通

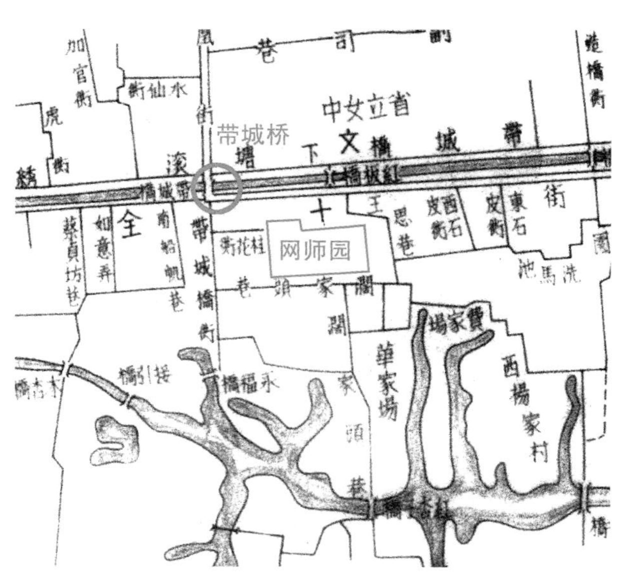

图11-36. “吴县城厢图”中所示带城桥位置
张英霖. 苏州古城地图集. 苏州：古吴轩出版社，2004.

寺水池相通认为李鸿裔时在今天撷秀楼（花厅）、大厅、轿厅一带填掉大片水池建造了今天的这“三厅”。

而笔者根据今天引静桥附近溪流驳岸景物等配置以及水闸设置的情况推测，认为当时东南向的溪水再延伸就是出园的水道，未必有过大面积的水景水面。

首先是对此狭长溪水一带的年代推测。引静桥为苏州园林中最小的一座石桥，桥顶刻有一圆形六道轮回浮雕，线条柔和，图形秀美；桥两侧雕刻12枚太极图案，蕴含阴阳互生之义；桥下溪涧壁上刻有“盘涧”二字。据光绪时期将军达桂居此园时宴饮所吟“网师园诗”中所记：“池南有石刻二字，系宋时物”；岸边石上刻有“待潮”二字，取“春江潮水连海平，海上明月共潮生”之意。综合看来，引静桥以南景物或造型古朴，或取意深远，年代当较久远。其水道两侧驳岸黄石、湖石相杂，将水闸藏于其中，手法与池南黄石假山相似，亦当是前代产物。故推测这段水涧在宋、翟两家据园时便已成型。且此处水涧中设置水闸正是为在枯水期保证中部水池的水位，即是说水闸以南当为园林出水口所在，其水道应与古圆通寺水池甚至可能与阔家头巷以南的散乱水系相通。也正是这一原因，出水道受水闸控制，水面也不会过大。

（6）留园、网师园理水小结

留园与网师园，均为紧邻城市水巷河汊、占据一区街坊的中型园林；在理水手法上也都曾采用了开水道引城市水入园的办法，皆因地制宜、妙手佳构。

其中留园位于城外，占地更大，距水更远，引水先由河汊入园为溪而最终入池，更多变化且层次更丰；而网师园池沼与城市水系则连通更密更为便捷、外向，甚至可以直接舟船进出。

但这类开通水道引水入园的手法因其手笔大又变化多，也使得园林自身的理水与造景对其地域周边水网环境及其他园林要素的依赖也更强。故两园在发展后期，园内池沼与城市河系相联系的水道也都消失得十分彻底，甚至几乎无迹可循。由于此类园林理水模式对周边发展状况以及城市河系保全状况的依赖，也使我们在试图保护与恢复这类园林的同时，当重新审视园林所依托的水系与城市背景。

同时，留园的假山与网师园的池岸均也说明，今天我们于园中看到的，看似以断水营造水源不尽意象的手法未必就是历史的真貌。由真源活水到以假当真的手法变化，由“大水分”至“小水聚”的格局变化，其后所反映的也许正是园林内部水体的侵蚀及外部环境的改变。又或者，今日所见园林假山、驳岸、溪口、湾头、石矶营造之巧妙，究竟是得益于造园追求的转变抑或是受累于周边环境的改变，其中所现之园林应变的成败也实难以一言蔽之了。

4．耦园

耦园坐落在苏州古城东部平江历史街区内的仓街小新桥巷深处，其址僻静，三面萦河，一面通街，前后均设有河埠，占地约12亩，是现存苏州小型园林的理水范例。

与留园、网师园通过水道引水入园不同，耦园直接向所临河道开水口引水入园内池塘；且因其所处的平江历史街区保存了古城内最完好的河道、桥梁和水巷体系，这一引水造景手法也得以延续至今。

（1）耦园历史简述

耦园的历史并不久远，始于清初；变迁也不复杂，大致可以分为“涉园”与“耦园”两个时期。

清初，园林只有今园东部一带，原名“涉园”，又名“小郁林”，为雍正年间保宁太守陆锦所筑私园。其名乃是取陶渊明《归去来辞》中“园日涉以成趣”的意思，园中有观鱼槛、吾爱亭、藤花舫、浮红漾碧、宛虹桥诸胜。

涉园时期的园林历史见载于清代程亦增所写的《涉园记》中：“主人流真陆先生以保宁太守致政家居……所居之东，偶得地一区，割其半置义仓……跨虹而南，三面皆临流。先生凿池引流，以通其中。建得月之台，畅叙之亭。绕曲槛不加丹雘，以掩朴素。庭中杂卉乔木，惨淡萧疏，无浓荫繁葩，壅障风月，更不令栋宇多于隙地，即所谓涉园也。”

陆锦之后，园林一度由书法家郭风梁赁居，当时园林多有名流往来，诗酒宴会不断。郭风梁之后转手于崇明祝氏，咸丰时期受到太平天国战争的波及导致荒废破败，“涉园”时期结束。

同治十三年（1874年），园林进入“耦园”时期，辞官退隐的苏松太道道台湖州沈秉成购得涉园废址，又延聘画家顾沄等为其筹划设计，并将园址西扩，最终于光绪二年（1876年）落成东西两园，成为今日园林格局。沈秉成好金石字画，精于收藏，其继配严永华也娴词赋，工书画，为隐喻夫妇相与啸吟终老之意[82]，也因宅有东西两园，故沈氏将这座新的园林改名“耦园”（“耦”通“偶”）。光绪十年（1884年），沈秉成复出至安庆为官，园亭渐渐荒芜。光绪十六年（1890年），沈妻严永华病卒于安庆，光绪二十一年（1895）沈秉成回家后病卒于耦园。

沈秉成之后，耦园的繁盛时期也随之结束，逐步租赁他人散居，导致园林荒秽不治。民国时期乃至新中国成立后一段时间，园林也经屡次转手。直到1960年耦园收归市园林管理处，才开始正式修复；至1965年4月，东花园修复完毕。修复过程中，著名园林专家刘敦桢、陈从周两位教授均有参与。而园林西花园仍一直被园林技工学校使用，直到1985年技校迁出园林才最终恢复到今天的面貌。

（2）耦园“引水”手法

耦园“引水”手法十分简单明了，从耦园平面布局来看（图11–37），正宅居于园中，花园分居东、西两侧，布局均衡。其中以东花园为耦园的精华所在，城市水也是由此园东墙下水口引入园内，汇聚成池。

这一水口也是苏州园林中现存最完好的一处，基本还反映了清代的水口构筑原貌。其做法也很巧妙，直接设在贴墙而建的长廊之下，长廊于水口上部向园内方向做成水榭模样以显其水脉深远，园外方向做法则仍做院墙状，并不过多表现，只在墙基处以条石砌成水洞。做出耦园水口剖透视图（图11–38）后，其构造也就一目了然了。

周边廊道下部均由条石杂砌作为墙基，只水口边界用石较为齐整，砌筑所成水洞洞口宽115厘米，水口上方为六条45厘米×180厘米的石板横跨水洞两端，并作为上部廊榭铺地，结构简单合理。水洞内侧为三块约为30厘米×115厘米的条石竖直排列封住水口，园内池水水面与外河水面基本持平，处于最底部条石石面之下少许，一旦园内或园外水面涨过此线，园内外之水即可通过两条石之间缝隙沟通。此种水口做法正可在不完全隔断园林内外水流沟通的基础上保证园内池中观赏鱼类不至游弋出园。

而这一简单的水口营造手法也为园林带来一个问题，就是园内池水水面始终与园外河道水面相平；而耦园临近娄门，其东临河道为城市水系出口之一，水位较低，园内池景则受制于此。对此，耦园特将水池做成南北狭长形，并造黄石假山相萦绕；一山一池形成高下对比，理水立意亦是从此入手。

这一池山也在苏州园林假山之中颇具盛名。其山气势雄浑，古朴自然，悬葛垂萝，堪与真山媲美，在山、池组合中占据了强势。最精妙处是在东部临水处突然转为绝壁，直泻低洼水面，两相对比更显险峻苍劲，为全山气势之最壮之处。与此相配，绝壁之后东南方设有磴道，依势转至池边，形成台阶式驳岸，手法自然。整体来看，陡山与低池相得益彰，营造出山谷水涧的景境。

对此，刘敦桢先生在考察后曾言：东园内的黄石假山“不论绝壁、蹬道、峡谷、叠石，手法自然逼真……和明嘉靖年间的张南阳所叠上海豫园黄石假山几无差别。可能是清初涉园的遗物，也是当地可贵的历史文物之一”[83]。进一步联系《涉园记》中“凿池引流，以通其中”的记载，可以推测这组池山与引水之法均在清初涉园时就已成型；今虽历经修复与整理，但仍具清初遗意。

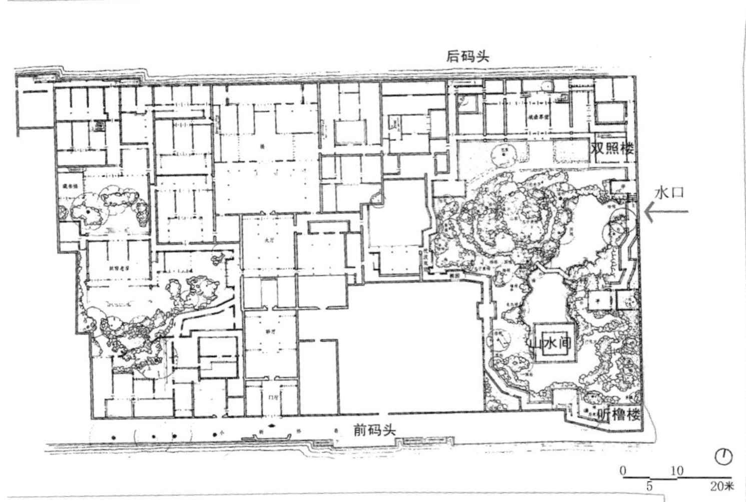

图11-37. 耦园平面
刘敦桢. 苏州古典园林. 北京：中国建筑工业出版社，2005.

图11-38. 耦园水口

此外，刘敦桢先生亦曾指出：“此园临池建筑缺乏高下曲折变化，池中石桥过高，是不足之处。”[84]而这些弊病正是园林在历次修复过程中对园林理水原意理解不当造成的失误。尤其是20世纪60年代对耦园东花园所作的全面修复，对不少园林建筑做了较大程度的改动。

按照苏州市园林管理局修志办公室耦园志编写组于1990年所编写的《耦园志（初稿）》中的记载：“……这次整修，工程浩繁，侧重东花园，因此区为全园精华。请了著名建筑学家刘敦桢、陈从周教授现场堪称指导，先行整修了黄石假山与沿水驳岸假山……后整修建筑与回廊，廊基在整修中曾变过两次……特别是‘山水间’水阁系整个拆除后重建，地平面放低了70厘米。放低水阁，当时曾有争议，一种主张贴近水面，取近水楼台意；另一种认为应将水池视为谷地，不宜沉降”。笔者认为正是此次改造中降低“山水间”，才造成其正前的石桥显得过于高大突兀，同时也令水池周围景观感受发生了较大的变化。

为了清楚前人造涉园时理水叠山的真实意图，不妨再回到前所述园林引水口造就的理水先决条件。通过对园林东墙水口一带进行测绘（图11–39），可以发现园林所引入的池水水面与外河水面确实较低——比整个东花园的平均硬地地平面（以城曲草堂前地平为准）低了1米多。

故前人就此一面临水垒砌黄石假山，凸显其高大雄奇；同时在池水另一侧的山水间东、听橹楼北一带做土坡陇起，同隔岸黄石假山遥相呼应。这一两边高起

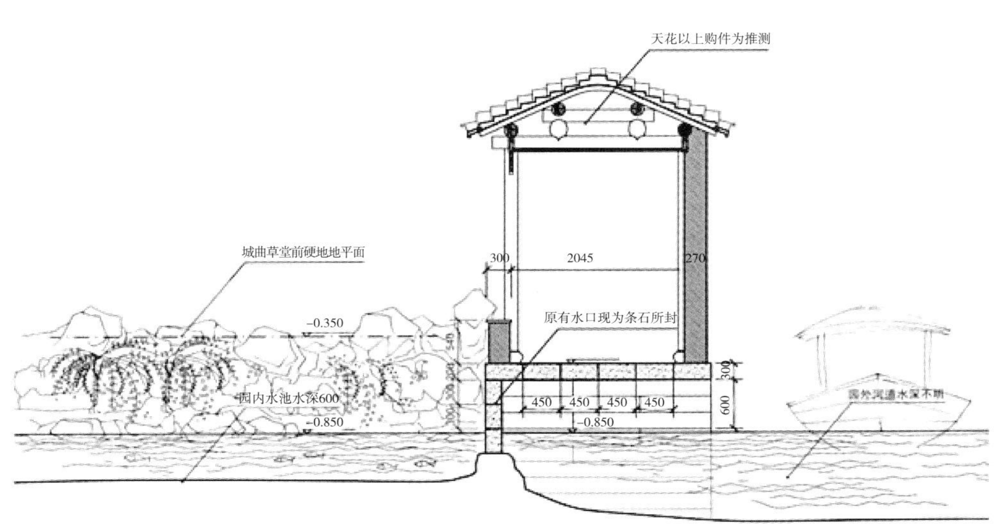

图11–39. 耦园水口剖面

的形势，正令池水显得更为幽深，产生了涧谷深潭的意味。而水面石桥正位于水面最紧窄处，同时紧接黄石假山山背盘旋至水面的石蹬道，故而其最初做法也应当是贴近水面，甚至采用点步石的手法才更具水涧意味。

从池山周围建筑布局来看，临池建筑原也分高下变化。在水池东北断水口处，沿墙连廊即跨水挑出水阁，此段连廊与水阁因与外墙临河面共享驳岸基础，故而地平均压得很低，已有近水楼台的意味，同时也暗示了水之脉络，当属于《园冶》所说“临溪越地，虚阁堪支”[85]的做法。因而在水池南端收尾处的“山水间”水阁已无须重复“近水楼台”的概念，反而高踞台上，造成一个下临深潭的意境，同时也可以在视线上绕过偏向一侧的黄石假山，与水北的城曲草堂呼应。故新中国成立后改建“山水间”的做法实为时人对园林原有理水理念理解的一个错误。

此外，沈秉成时期的耦园，除了始于涉园时期的东花园内水池外，西花园内也曾存有水假山，《耦园志（初稿）》中认为当时的水假山就在今天“织帘老屋”处。由于现今西花园内已无任何当年水假山的痕迹遗留下来，故而其时西花园理水情况与是否引水外河均难断言。然就现存园林布局中东西花园的关系来看，有学者研究认为耦园布局与其他苏州古典园林“师法自然”、“不拘朝向”不同，刻意讲究方位、位置，其中还含有易学原理，并以“太一下行九宫图”为布局蓝本[86]，因而西花园与东花园之间也形成相对的关系，如东花园用黄石假山属阳，西花园则用湖石假山属阴等。那么，当时在西花园中采用水假山，或是运用与东花园相类似的引水手法也都是有可能的。

（3）耦园“借水”手法

耦园对城市水的利用，除直接引水入园之外还巧妙地利用了园林三面环水的优势，全方位地借景园外水街河道。“以楼环园，以水环楼”[87]，正是这一布局的写照，陈从周先生对此解释为：“耦园之外为城河，风帆出没，橹声欸乃，故景、声、影，皆能一一招纳园内，赖楼以出之，而关键在一‘环’字。造园固难，品园不易，游园更忌草草，有形之景，兴无限之情，庶几不负名园也”[88]。

耦园从“景、声、影”等多方位借水于园外的造园理念在东部园林景点中均得以贯彻，这从其中主要建筑的名称中就能看出：

由门厅转入东花园内，沿曲廊最先到达的小客厅就名“枕波轩”，“枕波”二字取自《水经注》：“凭墉藉阻，高观枕流”，指的即是此轩面临流水的意思。

“枕波轩”之北有小轩面北而立，即是耦园船厅，俗称“旱船”。“旱船”之北就是后河水巷的水码头（图11-40），这组建筑名副其实地是与“水”相关的交

图11-40. 耦园园北水码头

通功用建筑。

"旱船"之东是东园的主体建筑"城曲草堂"。由"城曲草堂"登楼则是"双照楼"。"双照"取自晋王僧儒《广弘明集》卷十五中："道之所贵，空有兼忘。行之可贵，其假双照"，字面上看取的是隐居学道之意，与水景无关，然此处旧为书楼，并突出于墙外，三面开窗，正是观赏园内外水景的最佳处，立意不可能不及此。"双照"也是对楼昼夜分别有日、月双照，正适合收四方之景的暗喻，堂内所悬挂的楹联："卧石听涛，满衫松色；开门看雨，一片蕉声"正可作注脚，其中"听涛"、"看雨"正是由声、景两方面借自然水景的绝妙写照。

与"双照楼"隔池相对的园之东南角更有一角楼名"听橹楼"，因旧时行船橹声不断而名。登楼园东园南两条城市河道均可尽收眼底，越过城墙更可眺望城外城河景色。

耦园东园正是通过这些厅堂与楼阁，纳水景，收水声，得水境，成为苏州城内现存最具江南水乡风韵的古典园林。

（4）耦园与城市水系的保护发展

通过对耦园理水的研究，再次发现城市水系对于园林的意义。

耦园可以称作苏州城内最具水乡风韵的古典园林，一个重要的原因就是其所处的平江历史街区内保存有苏州古城内最完整的河道、桥梁和水巷体系。这才使得园林三面萦河的水环境以及园林引城市河道水入园的传统引水手法得以保存。

然而这所谓的保存也仅是相较其他苏州园林而言；就耦园自身而言，其周边水环境已较清代有严重破坏。虽然表面上看，三面萦河的水系格局保存完好，然而河道的水文状况却已经改变，如今耦园三面所临的水道水体几乎不再流动，成为一潭死水，水质也开始变坏，虽因旅游的考虑在耦园后码头恢复了旧时行船，却更接近于摆设，已无法再现当年园林"风帆出没，橹声欸乃"，"景、声、影，皆能一一招纳园内"的意境了。

造成这一缺失的原因，却不在耦园本身的保护，也不

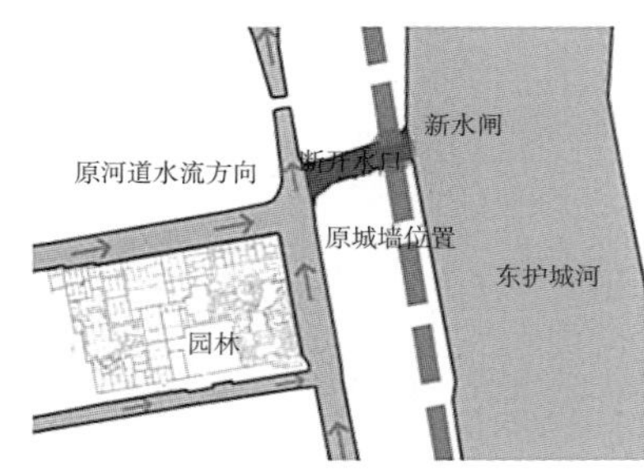

图11-41. 耦园周边水道环境

图11-42. 耦园园外水关

只在于平江历史街区的保护；而关乎整个苏州古城水系的破坏情况。

历史上，苏州城内水道一贯通畅，由宋至清，虽然城市河系有盛衰，长度有增减；然而整个三横四直河道体系乃至各支河的引水、排水的路线一直保持稳定。整个苏州古城的水系主要流向大致有两个：由西向东，由南至北；主要有两个进水口：西北引枫江运河水入阊门进第一横河；西南引胥江太湖水入盘门进第一直河；两个出水口：东北由第一横河汇北半城水出娄门入娄江；东南由第三横河汇南半城水出葑门分流娄江、吴淞江。耦园正处于城东北接近娄门出水口的位置，正是将东北纵横水网联入第一横河的枢纽地段，为水运便利之地，这才有当年的“风帆出没，橹声欸乃”。考当年的环园水道水流方向，应当也是前后横河水流由西向东，汇入园东直河后自南向北流向娄门（图11-41）。

然而新中国成立后城市由于水系破坏严重，原有河道水量水质流速均变化很大，在这一情况下，苏州在护城河系与城内水网之间新开通了一系列水口水关，西部有长船湾新开河、北码头桥下河，北部有平四桥下原第二直河、第三水厂西楚胜桥所跨支河，东部有相门第二横河及东南城角内城河等。这些新开水口均设置有水闸调节水位水速，目的在于保持原有进水、排水的基本路线不产生根本改变。然而在考察过程中我却发现，一些水闸在人工抽水调节水位时却与古城原有的排水方向相反，耦园东北部紧邻城河处就有这么一个水关，将东护城河的水反抽入城内河系，形成局部倒流（图11-42）。这是违反古城水流自西向东的自然常理的，也直接导致了耦园一带的水系河道由于原有水位差被改变，形成了不流动的死水，耦园原有园林水口的调节功能与园林借景立意也随之丧失了意义。

综上所述，再次说明了园林中的理水与造景与整个城市乃至地域的水网水系都有着紧密的联系，古人造园相地之时也莫不关注于此；今天我们在保护与恢复古典园林的同时，也势不能回避园林所依托的城市背景。

结语：苏州园林理水类型、变迁轨迹与城市水系

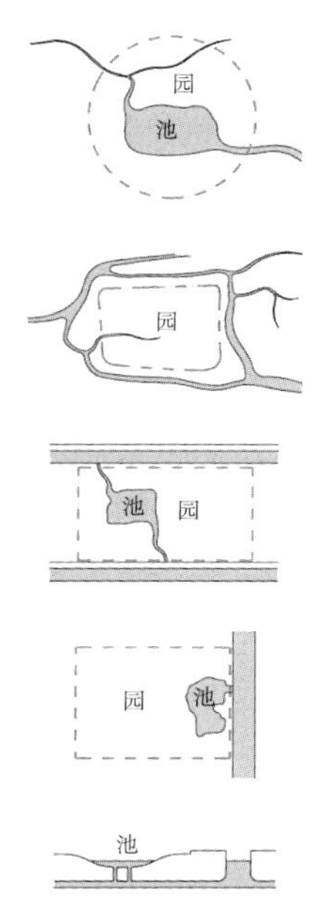

图11-43．苏州城市水系发展关系

上述实例既是苏州园林的重要内容，也是园林理水的代表，不但有特色，还体现出与苏州城市水系发展的必然关系，可以概括为"酾流为沼"、"河溪周流"、"坊间水道引水"、"坊间水窦引水"和"凿井通池"（图11-43）。

"酾流为沼"——以大水景取胜，为苏州城内早期私园多用方法，最典型且有迹可循的是两宋时期的沧浪亭。其以低地积水为基础，外通自然水系葑溪，多有支蔓与园相绕，为园林营造了自然河湖与溪流之景。此外，两宋可考的南园、同乐园、隐圃，均运用"酾流为沼"手法。明代的拙政园、怡老园亦用此法。

"河溪周流"——园林边界临河和溪，依赖城市支流的丰富形态，分别营造港、浜、池、湾、濠等水景，使园林成为内外景色交融的场所。宋代石涧书隐园运用了该法，明代东庄、桃花坞、葑溪草堂、芳草园也以"河溪周流"为特色。

"坊间水道引水"——从前街后河的水道引水造园。《吴地记》[89]记载，唐代长洲、吴县共有"古坊六十所"，白居易有诗"水道脉分棹鳞次，里闾棋布城册方"[90]。宋代里坊解体，原有里坊转为街坊，《平江图》有跨街而建"坊表"65处，居住街坊因废弃了旧时坊墙、坊门，开始直临城市河道，形成"前街后河，河街围绕"的格局。典型的居住街坊一般由南北向的干河与相邻街道隔断东西，南北则由大量并联于干河之上的东西向横河与横巷隔开；这些横河之间间隔多在60~80米，正好是5~7进住宅的尺度。大、中型私家园林往往可以直贯用地南北，开水道将街坊前后横河水流贯通，引入园内营造池沼；而小型庭院更为多样，或分为南北两户，或前宅后园，引水入园的方式也更多。宋代乐圃和网师园乃为"水道引水"；明代密庵旧筑、息圃、乐圃林馆采取"坊间水道引水"手法，其中密庵旧园还并用了"临河借景"手法。

“坊间水窦引水”——通过水窦将人工河水入园造池。清代涉园（耦园）水窦设在园林东端，紧邻城市直河，通过水窦引水入园，并顺势修池筑山组成园中主景。这样的手法在一些规模稍小的园林中更为适用，其方式也更为灵活。

“凿井通池”——通过向下凿井通池，使园内地表水与地下水沟通，从而改善水质并解决水源问题。此理水方式与早期农庄蓄水塘较相似。苏州古城河湖纵横交错，水量丰富，地下水也储量丰富且水位高，凿井方便。怡园中部水池底便有两个水井，其他如拙政园、狮子林、听枫园、畅园、鹤园、壶园、顾家花园（洽隐园）、凤池园、绣谷等处水池内也都掘有一定深度的水井[91]。

苏州园林这些理水方法一方面和城市水系变化有关，另一方面也体现出造园审美情趣的改变。宋代苏州城荒地多，水多自然水体，园林理水多以自然河湖为“源”，文人造园意象多野趣自然隐逸。除了园林，“亭馆”建筑也多临水体，朱长文《吴郡图经续记》[92]卷上“亭馆”目中有记载：“临水之亭，《图经》所载者四。今漕渠之上，增建者多矣，曰按部，曰缁衣，曰济川，曰皇华，曰使星，曰褒德，曰旌隐之类，联比于岸矣”。

明代市民文化繁荣，造园更为普遍，文人阶层更多地向官绅阶层转化，土地兼并十分严重，近城市边缘的园林理水在追求野趣自然的同时，对土地与水系的占据而呈现农庄现象更为明显；市中园林在追求“护宅便家”的思想下，以人工河道摒俗或引水之法也形成一定模式；园林中的水门、水窦、水闸、水坝等各类引水设施与配水设施纷纷出现，理水技术工程逐渐成熟。

清代苏州过度繁荣膨胀，一方面城市水系日趋退化，另一方面造园进一步市民化、富绅化，致使清苏州晚期园林日趋世俗化，手法极尽精巧雕琢。园内理水多求稳妥，也相对孤立，如绣谷与凤池园，即便周边有城市河道可以依靠，也不采用直接引水入园法，而是靠掘地引泉来营造园林水景。这也反映出清代苏州园林极度繁盛的同时，城市水系则不堪重负，从而导致理水手法普遍转变的倾向和必然。

注释：

1 道路呈南北或东西走向，组成比较规整的方格网状；同时河道汇合而成的城内水网也与路网相似，形成双重棋盘式的格局.
2 此为古三江说法，见［清］顾炎武于《天下郡国利病书》原编第四册“苏上”。至明清时期的“三江”地区一般即指吴淞江、浏河、望虞河等，另明末华亭人陈继儒认为，三江即指北面的娄江、中间的吴淞江、南面的东江即黄浦江.
3［明］沈几：《东南水利议》，载［明］张国维撰：《吴中水利全书》卷二二《议》四库全书本.
4［明］徐贯：《治水奏》，载（嘉靖）《南畿志》卷十五《郡县志十二·苏州府·艺文》，即认为：“上流不浚，无以开其源；下流不浚，无以导其归。”
5［明］李乐：《见闻杂记》卷十一，上海古籍出版社1986年影印万历间刻本。按，“见闻杂记”影印内容中标题则作“见闻杂纪”.
6 今青弋江、水阳江下游一带的当涂大公圩、宣城金宝圩、芜湖万春圩等圩均始筑于三国东吴时期，大公圩更有江南首圩之称.
7［宋］范成大．吴郡志·水利下．南京：江苏古籍出版社，1986.
8 引自范仲淹《范文正公集．答手诏条陈十事》四部丛刊本.
9“吴之为境居东南最卑处，故宜多水……以塘行水，以泾均水，以塍御水，以埭储水，遇淫潦可泄以去，逢旱岁可引以灌，故吴人遂其生焉。”见［宋］朱长文．吴郡图经续记．治水．南京：江苏古籍出版社，1986：51.
10《平江图》南宋绍定二年（1229年）平江知州李寿明主持绘制，同年刻石，今藏苏州文庙。古吴轩出版社2004年出版的由张英霖主编的《苏州古城地图集》收录有此图.
11 王謇．宋平江城坊考．南京：江苏古籍出版社，1986：卷首“叙目”转引自明《姑苏志》.
12 王謇．宋平江城坊考．南京：江苏古籍出版社，1986.
13《吴中水利全书》为江南巡抚张国维所纂，于明崇祯九年（1636年）付梓，崇祯十二年（1639年）刊成.
14“苏城四绕外濠深广，增雄天堑，具区宣泄之水所共繇也。至葑关忽隘，而以一桥为束，使南来运道统归胥江，形势负险，古人建议之意良可深思。城内河流，三横四直之外，如经如纬者尚以百计，皆自西趋东、自南趋北，历唐宋元不湮。入我明，屡经疏浚。嘉靖以前，仕宦烜赫，居民丰裕，盖吴壤以水据胜，水行则气运亨利，更随巷陌舟楫通驶，凡载运薪粟，无担负之烦，殷殷富庶有以哉。隆万后，水政废弛，两厓植木甃石，渐多侵占，及投瓦砾秽积，河形大非其故。先齿庐舍，西属吴邑者，貌似繁华；东属长洲，萧条光景不堪名状。而水流关系盛衰，实有征验。翻阅郡邑各志，摹勒成图，水道大半挂漏舛错，盖城广地寛，方幅诚难布置，而笔法粗疏，则非楮狭之故矣。今先绘总图以全城区，画两邑辖界，次析四隅为四图，曲肖各河远近，表识桥梁疏密，即久壅淤，旧迹按图可稽，则斯图之点拨位置，不綦难乎？曰欲理苏城血脉，何敢自惜苦心。”
15（隆庆）《长洲县志》卷四“学宫”记载：“长之师生以学宫逼于市嚣，弗称，佥谓城东福宁寺于例应毁，又殿阁崇丽，基址广袤，面临通衢，与吴学相直”.
16（宣统）《吴县志》卷二十六“文庙”“长洲县学”目.
17《吴中水利全书》卷七“河形”“府学四环河”目.
18《姑苏城图》于清乾隆十年（1745年）苏州知府傅椿主持绘制，乾隆四十八年（1783年）苏州知府胡世铨重刻。古吴轩出版社2004年出版的由张英霖主编的《苏州古城地图集》收录有此图.
19 此水道旧与锦帆泾相通，明《姑苏志》：“锦帆泾，即旧子城濠也。世传吴王曾作锦帆以游，故名。在大街东，贯乐桥南北市，直抵报恩寺。”其中的“大街”即今人民路，所谓“直抵报恩寺”的当是此水道.
20［清］徐崧，张大纯．百城烟水．卷二“吴县”、“夏驾湖”目记载夏驾湖原“连运河而水浸广”“后南北淤塞”.
21《苏郡城河三横四直图》为清嘉庆二年（1797年）江苏巡抚费淳主持绘制，江宁刘征恒卿氏刻石，今藏府城城隍庙内。古吴轩出版社2004年出版的由张英霖主编的《苏州古城地图集》收录有此图.
22 王卫平．明清时期江南城市史研究．北京：人民出版社，1999.
23 曹树基．中国移民史（第六卷）．福建：福建人民出版社，1997：19.
24［清］顾炎武．天下郡国利病书．原编第七册“常镇备录”所引《巡抚路御史疏》.
25 见（正德）《姑苏志．卷十三．风俗》；（乾隆）《吴江县志．卷三十八．生业》；嘉庆《吴门补乘．卷一》.
26 苏州市地方志编纂委员会．苏州市志（全三册）．南京：江苏人民出版社，1995.
27［清］顾公燮．消夏闲记摘抄（涵芬楼秘籍）．北京：北京图书馆，2000.
28 费淳．《重浚苏州斌河记》(碑刻收于苏州历史博物馆编，文字可见《明清苏州工商业碑刻集》，南京：江苏人民出版社，1981年，第305-306页）.
29《最新苏州市全图》民国16年印制，高元宰编绘，苏州小说林出版社发行，属民国时期公开发行的最大挂图。古吴轩出版社2004年出版的由张英霖主编的《苏州古城地图集》收录有此图.
30《吴县城厢图》民国29年为汪伪江苏省政府建设厅技术室绘制，是民国时期绘制最精确的一幅苏州古城地图，未曾公开出版。古吴轩出版社2004年出版的由张英霖主编的《苏州古城地图集》收录有此图.
31 见苏州市地方志编纂委员会．苏州市志（全三册）．南京：江苏人民出版社，1995.
32 同31.
33［宋］朱长文．吴郡图经续记．南京：江苏古籍出版社，1986．第42页“传言阖闾作姑苏台，一曰夫差也……盖此台始基于阖闾，而新作于夫差也。以全吴之力，三年聚材，五年而后成，高可望三百里，虽楚‘章华’，未足比也”；第55页“长洲苑，吴故苑名，在郡界”；第56页“华池、华林园、南城宫，故传皆在长洲界，阖闾之故迹也”.
34［汉］班固．《汉书．枚乘传》．上海：中华书局，1962；枚乘上谏吴王刘濞时有云：“修治上林，杂以离宫，积聚玩好，圈守禽兽，不如长洲之苑，游曲台，临上路，不如朝夕之地”.
35［宋］范成大．吴郡志．南京：江苏古籍出版社，1986：185.
36［宋］朱长文．吴郡图经续记．南京：江苏古籍出版社，1986：62.
37［清］顾震涛．吴门表隐．南京：江苏古籍出版社，1986：20.
38［宋］朱长文．吴郡图经续记．南京：江苏古籍出版社，1986：63．“鲁望诗云：‘吴之辟疆园，在昔胜概敌……不知清景在，尽付任君宅。’据此，殆即辟疆之园耶”.
39 见苏州博物馆1857年善本《狮子林纪胜集》，明代僧人道恂编集，清乾隆元年苏州人渚茶山氏顾小痴手抄、校录，后为黄复收藏，于清咸丰七年，狮林寺住持杲朗及文人徐立方交付刊印.
40 见张国维《吴中水利全书》中录有《苏州府城内水道图说》一文，于明崇祯九年付梓，崇祯十二年刊成.
41［清］吴伟业．吴梅村全集．卷二一．诗后集十三．上海：上海人民出版社，1990.
42 同治《苏州府志》是清代最后一部官修的苏州府志。由冯桂芬总纂，谭钧培《序》称其为《重修苏州府志》，题签标有“同治”字样。因为在光绪八年由江苏书局开雕印行，所以有人又称为光绪《苏州府志》.
43［清］何文焕．《历代诗话》．北京：中华书局，1981，录有叶梦得.

石林诗话．卷二：“姑苏州学之南，积水弥数顷，旁有一小山，高下曲折相望，盖钱氏时广陵王所做。既积土山，因以其地潴水，今瑞光寺即其宅，而此其别圃也”．

44 冯桂芬《苏州府志》语：“按承子美记文而来，则亭为钱氏近戚孙承佑废地，决无可疑。盖当时相去不甚远，必无传闻之误。《吴郡图经续记》亦如此。乃自《吴郡志》据《石林诗话》，以为钱元璙池馆。增入或云近戚孙承佑所作，积土为山，以潴水数语，各志多因之。至《名胜志》亦引《石林诗话》，迳为广陵王所作。可谓承伪袭谬，未一详考者也。《名胜志》又云‘今瑞光寺即其宅，而此其别圃’，尤为再误。所以致误之点，只须仍以子美记文正之。记云：郡学东南，则今之方向，确是孙址无疑。元璙宅为郡学南，今瑞光寺地方。其向亦合，与孙承佑之废地截然为二，不必牵混。”

45［明］卢熊《苏州府志》：“绍兴初，韩蕲王提兵过吴，意甚欲之，章殊不悟，即以随军转运檄之，章窘迫，亟以为献。”

46《吴郡志》如前文所述，误将孙承佑别墅当作广陵王池馆，但仍可用以说明沧浪水北岸属于园林范围之内．

47［明］计成著．陈植注释．园冶注释．立基篇．（五）亭榭基．北京：中国建筑工业出版社，1988：76．

48 见［清］朱珔《可园记》：吾又闻“可园”本名“乐园”，取诸知仁乐山水，而人或误为行乐之乐，乾隆间大吏为行乐不可训也，遂易之曰可园云．

49 见［清］朱珔．可园记．见录于苏州市园林管理局修志办公室沧浪亭志编写组．沧浪亭志（初稿）．苏州:苏州市地方志编纂委员会，1987．

50 见［清］袁学澜《游南园沧浪亭记》：乙丑暮春廿七日……经南禅寺，绿树成荫；入中州三贤祠，都料匠聚为工作所，残毁过半。登沧浪亭，老树当阶，残碑仆草，石棋枰芜没荆棘中；望郡学巍然，新建隔岸紫（阳）正（谊）两书院及可园，仅存败堵，目之所见，盖无非毁者．

51 见［清］冯桂芬《苏州府志》：同治十二年巡抚张公树声重修有记。亭建原所，其南为明道堂，堂之后，东畜、西爽。折而西为五百名贤祠。祠之南翠玲珑，亭以北面水轩。静吟、藕花水榭，皆临水。余如清香馆，闻妙香室、瑶华境界，见心书屋、步碕、印心石屋，看山楼，大半就地结构，仍题旧额．

52 苏州市园林管理局修志办公室沧浪亭志编写组．沧浪亭志（初稿）．苏州:苏州市地方志编纂委员会，1987．

53 刘敦桢．苏州古典园林．北京：中国建筑工业出版社，2005：64．

54［明］王鏊．正德姑苏志．北京图书馆古籍珍本丛刊．北京：书目文献出版社，1992．

55［清］钱咏．履园丛话．上海：中华书局，1998．丛话二十．园林目．

56 王献臣，字敬止，号槐雨，于明代弘治六年（1493年）中进士，升至御史，但仕途不顺利，先后两次被东厂诬陷，受过刑，坐过牢，被贬为广东驿丞，后任永嘉知县，罢官后家居，当年约四十多岁．

57 现存《拙政园图》为其嘉靖十二年(1533年)第三次所作，图依园中景物分31幅，并配以诗句，一画一诗．

58 王心一能诗画，辟荷池广四五亩，叠假山数处，广植桂树梅花，自作记。园门东临小巷，临街有王氏及他人宅第，北墙外为家田，园有兰雪堂、放眼亭、涵青池、缀云峰等胜景．

59 王氏归田园居，雍正六年(1728)，沈德潜曾作《兰雪堂记》，称“园中古藤奇木，名葩异卉，山禽怪兽，种种备焉”，而西邻拙政园则“莽为丘墟、荡为寒烟”。乾隆中其后嗣刊行王心一遗著《兰雪堂集》，因王在明末谋起兵抗清，事泄饮鸩，有人以此谮毁，家人惧祸他徙，园渐荒芜亦未能出售。至道光初虽有王氏子孙居此，园已成菜畦草地。同治初，大部归贝氏．

60 崇祯末钱谦益构曲房于此，供柳如是居住。见陈寅恪．柳如是别传．北京：三联书店出版社，2001．

61 顺治十年(1653年)，徐氏后人将园林售与大学士海宁陈之遴，陈曾花费重金将园林修葺一新，当时园林之华丽，江南仅见。见《拙政园志稿》陈之遴《拙政园诗余序》．苏州：苏州市地方志编纂委员会，1986．

62 康熙三年(1664年)，园归苏松常道署，后又归还陈子，不久售与吴三桂婿王永宁。见清代沈德潜《复园记》与叶梦珠《阅世篇》均有记载，见《拙政园志稿》. 苏州：苏州市地方志编纂委员会，1986.

63 刘敦桢. 苏州古典园林. 北京：中国建筑工业出版社，2005：56.

64 见载于《上海师范学院学报》（社会科学版）1980年第一期.

65［明］袁宏道. 袁中郎先生全集. 钱伯城. 袁宏道集笺校. 上海：上海古籍出版社，1981.

66 见刘敦桢.《苏州古典园林》. 北京：中国建筑工业出版社，2005：60：注2.

67 留园内有残碑刻有刘恕所记："拮据五年，粗有就绪，以其中多植白皮松故名寒碧庄".

68 盛康号旭人，为退休官僚，曾任庐州、宁国知府和浙江杭嘉湖兵备道、按察使等职，其子盛宣怀是清廷重臣和洋务派先锋.

69 苏州市金阊区地方志编纂委员会所编《苏州市金阊区志》："野芳浜，原名冶坊浜。南起上塘河，北通山塘河，中段已填没建厂。残长500米，平均宽度10米。"

70 见1927年9月8日《明报》报道. 见苏州市园林管理局修志办公室留园志编写组.《留园志》（初稿）. 1985年11月.

71 苏州市园林管理局修志办公室留园志编写组.《留园志》（初稿）. 1985年11月.

72 见元. 陆友仁《吴中旧事》："藏书四十二厨，号万卷，因以'万卷堂'名之".

73 明《姑苏志》、隆庆《长洲县志》引《施氏丛钞》云："正志，扬州人，造带城桥宅及花圃费一百五十缗，仅一传，圃先废。"

74 清钱大昕《网师园记》："宋时为史氏万卷堂故址，与南园沧浪亭相望，有巷曰'网师'者，本名'王思'"。见录于苏州市园林管理局修志办公室留园志编写组. 网师园志. 1986.

75 清沈德潜《网师园图记》："命其家于网师旧圃筑室构堂，有楼、有阁、有台、有亭、有陂、有池、有艇，名'网师小筑'"。见录于苏州市园林管理局修志办公室留园志编写组. 网师园志. 1986.

76 清钱大昕《网师园记》："有堂曰'梅花铁石山房'，曰'小山丛桂轩'；有阁曰'濯缨水阁'，有燕居之室曰'蹈和馆'；有亭于水者曰'月到风来'；有亭于崖者曰'云岗'；有斜轩曰'竹外一枝'；有斋曰'集虚'"。见录于苏州市园林管理局修志办公室留园志编写组. 网师园志. 1986.

77 见童寯《江南园林志》："道光时瞿远村增筑之，遂称瞿园，后归吴嘉道".

78 见清. 达桂《网师园记》. 见录于苏州市园林管理局修志办公室留园志编写组. 网师园志. 1986.

79 刘敦桢. 苏州古典园林. 北京：中国建筑工业出版社，2005.

80 陈丛周. 苏州网师园. 园林谈丛. 上海：上海文艺出版社，1980.

81 以上诗词均可见于钱仲联编选，杨德辉等注释.《苏州名胜诗词选》. 苏州：苏州市文联印，1985.

82 建园之前，沈秉成即有诗云："何当偕隐凉山麓，握月担风好耦耕。"

83 刘敦桢. 苏州古典园林实例篇. 七耦园. 北京：中国建筑工业出版社，2005：67.

84 同83.

85［明］计成著. 陈植注释. 园冶注释. 相地篇. 北京：中国建筑工业出版社，1988：56.

86 居阅时，钱怡. 易学与苏州耦园布局. 中国园林. 2002年04期.

87 陈从周《怡园与耦园》："'以楼环园，以水环楼'，此我品耦园之论".

88 陈从周《怡园与耦园》，资料来源："陈从周纪念馆"网站，遗作文选（12）：http://mem. netor. com/.

89［唐］陆广微. 吴地记. 南京：江苏古籍出版社，1986.

90 见［唐］白居易全集. 卷4. 九日宴集，醉题郡楼，兼呈周、殷二判官. 北京：人民文学出版社，1979.

91 刘敦桢. 苏州古典园林. 总论（三）理水. 北京：中国建筑工业出版社，2005：23.

92［宋］朱长文. 吴郡图经续记. 南京：江苏古籍出版社，1986.

Chapter 12

Emperor Qianlong's Six Southern Tours and His Palaces

Shen Liping

第十二章　乾隆六下江南与行宫建设

申丽萍

一、乾隆六下江南对南巡行宫建设的影响

清朝乾隆皇帝在位期间（1736~1795年），沿运河六巡江南，从乾隆十六年至四十九年（1751~1784年）30余年间，分别在十六年（1751年）、二十二年（1757年）、二十七年（1762年）、三十年（1765年）、四十五年（1780年）、四十九年（1784年）六次南巡。南巡路线从京师至浙江省杭州府，沿途经过直隶、山东、江苏、浙江四省，数十个城市。为配合南巡，沿途修建大量行宫，对运河区域和城市建设，特别是江南地区的政治、经济、文化的发展产生了重大影响（表12-1）。

乾隆帝历次南巡时间 **表12-1**

	起銮	返程	回銮	历时（天）	备注
乾隆十六年第一次南巡行 辛未年（1751年）	正月十三日	三月十二日	五月初四日	109	
乾隆二十二年第二次南巡行 丁丑年（1757年）	正月十一日	三月初六日	四月二十六日	104	
乾隆二十七年第三次南巡行 壬午年（1762年）	正月十二日	三月十三日	五月初四日	110	
乾隆三十年第四次南巡行 乙酉年（1765年）	正月十六日	闰二月十九日	四月二十一日	125	闰二月
乾隆四十五年第五次南巡行 庚子年（1780年）	正月十二日	三月十三日	五月初九日	117	
乾隆四十九年第六次南巡行 甲辰年（1784年）	正月二十一日	三月二十五日	四月二十三日	121	闰三月

资料来源：根据《清高宗纯皇帝实录》、《乾隆帝起居注》总结。

乾隆帝在《御制南巡记》中说："予临御五十年，凡举二大事，一曰西师，一曰南巡。"[1] 可见，他将南巡视为执政生涯中最为重要的两件事迹之一。其南巡目的有以下特点：

在"效法圣祖"外为经济稳定。如果说康熙帝南巡的目的是"政治"，而乾隆时江南政局较为稳定，六次南巡主要为解决水患，维系民心，笼络江南士大夫和优待商人、稳定社会和经济。

二为加强水利工程建设。从南巡前后30余年（乾隆十六年至乾隆四十九年1751~1784年）看，江南一带面临的最大危机是"水患"——在乾隆四十九年（1784年）的《御制南巡记》中提到"南巡之事，莫大于河工"[2]。而乾隆帝六次南巡至淮安清口、徐州毛城铺、浙江海宁等地视察河工海塘可以看出，南巡的重

要目的之一是指导水利工程的建设。

六次南巡目的的最大共同点是稳定国家、保证江南一带社会和经济的发展以保障清朝的江山长治久安。而其中第六次南巡还有一个目的就是让随驾南巡的几位皇子学习治理国事的方法。

根据对六次南巡的时期和背景分析，行宫建设经历了下面四个阶段：

第一次南巡——草创阶段

第二、三次南巡——发展阶段

第四次南巡——成熟阶段

第五、六次南巡——成熟后期

初次南巡，行宫设置12座，为六次增幅最多，但大多数为利用原有行宫建筑，占总数83%（图12–1）。乾隆帝南巡后对此次南巡的评价是“诸事草创”[3]，也证明了初次南巡接驾准备不足的情况。再者，当时国库存银3249万两[4]，社会风气尚朴素，亦建设量较小原因之一，这一点乾隆帝首次南巡至苏州时曾欣慰地说：“……大江南北、土沃人稠，重以百年休养，户口益增，习尚所趋，盖藏未裕……以勤劳补其不足，时时思物力之艰难……将见康阜之盛益臻，父老子弟共享升平之福，朕清跸所至有厚望焉。”[5]。

第二次南巡，比第一次增设9座行宫。增幅为后五次南巡之首。其中山东、江南分别增设3座，除浙江外另几省均有新建行宫（图12–2）。根据乾隆朝奏折内容，第二次承办接驾差务，各省有了上次的经验可循，愈加熟练。时年国库存银量4015万两[6]，比乾隆盛期常年国库存银六七千万两尚不富裕，故行宫奢靡之风尚属初期，数量增幅较大尚属南巡发展期承办皇帝驻跸的基本需要，在情理之中。

第三次南巡时国库存银4192万两[7]，与第二次南巡时国力相当，共增设行宫6座。直隶省新增思贤村、太平庄2座行宫。从距离上解决了赵北口行宫与红杏园行宫之间距离较远的情况（图12–3）。山东省此次新建郯子花园行宫1座，时任巡抚阿尔泰强调“非兴（新）作不先奏请”[8]。江苏省新设置行宫2座，其一为顺河集行宫，地方大吏以省驼装而建，而另一座云龙山行宫为满足皇帝到徐州视察水患河工而建。浙江新增的海宁县行官亦为皇帝至海宁视察海塘时利用县衙驻跸的。总的来说，第三次南巡行宫的增设行为与第二次南巡相同，仍是对南巡中皇帝的需要而补充，其目的仍为满足皇帝行程之必须。所不同的是，由于各省间因接驾而引起争向皇帝示好而攀比的风气已经渐渐增长，皇帝南巡到达杭州时说道：“乃今自渡淮而南。凡所经过，悉多重加修建，意存竞胜”[9]，说明他也察觉。

第四次南巡，新增设行宫7座，各省行宫建设基本满足皇帝出巡程途驻跸所需（图12–4）。南巡后，乾隆帝曾有“不再南巡”的决定。第四次南巡后，南巡

图12-1. 乾隆帝第一次南巡行宫
《清高宗纯皇帝实录》卷380~卷388；底图“明清京杭运河图”来源于安作璋主编《中国运河文化史》

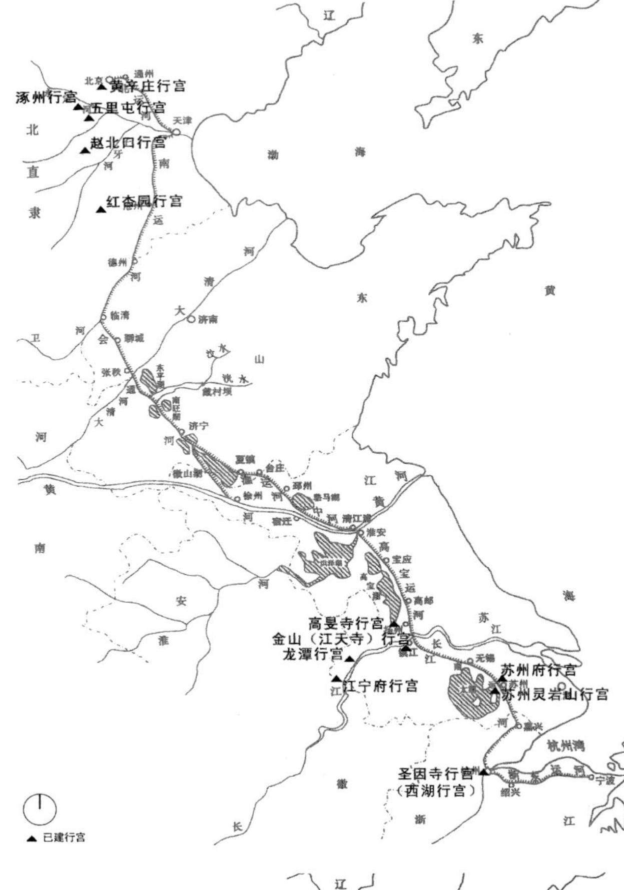

图12-2. 乾隆帝第二次南巡行宫
《清高宗纯皇帝实录》卷405~卷537；底图“明清京杭运河图”来源于安作璋主编《中国运河文化史》

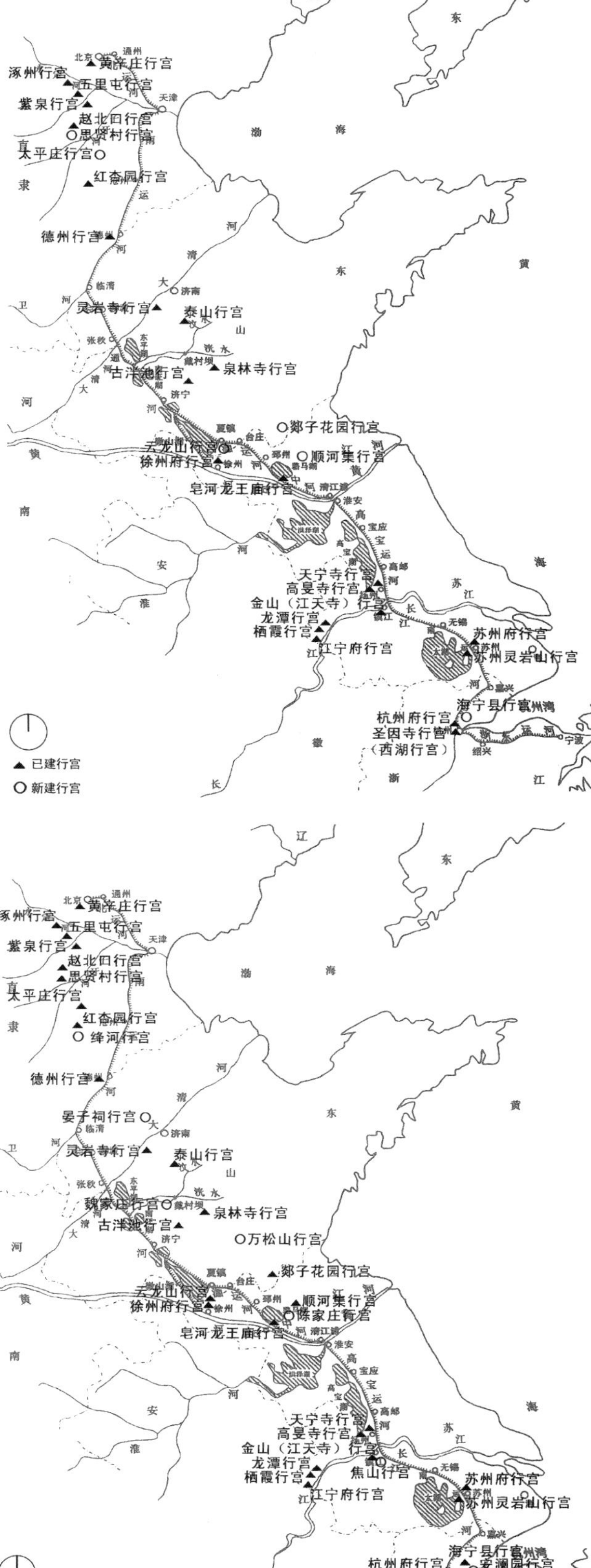

图12-3. 乾隆帝第三次南巡行宫
《清高宗纯皇帝实录》卷652~卷660；底图"明清京杭运河图"来源于安作璋主编《中国运河文化史》

图12-4. 乾隆帝第四次南巡行宫
《清高宗纯皇帝实录》卷727~卷735；底图"明清京杭运河图"来源于安作璋主编《中国运河文化史》

行宫建设进程进入相对成熟阶段。时年（乾隆三十年，1765年）皇帝尚未进入老年，身体强健。而6033万两[10]的国库存银量，较前三次南巡时已有较大提高。另外，当时国家尚未经历乾隆三十年至四十年（1765~1775年）间的缅甸之役及大小金川之役，皇帝也还没经历乾隆四十二年（1777年）皇太后的离世，国家和皇帝的状态都处于最盛时期，故各省行宫建设经过四次南巡达到分布均匀、基本饱和的状态，是六次南巡中相对成熟合理的时期，不似后两次南巡时皇帝所叹的"民风易趋华靡"[11]。

第五、六次南巡，时间均在距第四次南巡15年后，由于战事消耗，国库存银比起第四次南巡时增幅不大，均为7000万余两[12]。加上社会华靡风气日长，行宫建设剧增，出现有的地方官甚至只为了皇帝一、两天的停留便新建一座行宫的现象。另外后两次南巡的行宫建设还有一个特点，就是为了让年事已高的皇帝在南巡途中减少劳累，缩短了两个驻跸地点间的距离，因而增建了一些供交通中转的行宫（图12-5、图12-6）。

从区域上看，各省南巡行宫建设则有以下特点（表12-2）：

第一，根据行宫设置的数量分析，直隶省九座，山东省十七座，江苏省十九座，浙江省四座，江苏省数量最多。山东省虽然有十七座行宫，但是其中八座是为了皇帝东巡而设置的。从严格意义上讲，山东省境内因为乾隆帝南巡而设置的行宫数量只有九座。所以，从南巡行宫数量上分析，江苏省远远多于其他三省，表明乾隆帝六次南巡在江苏省境内固定的驻跸点最多，这从侧面说明乾隆帝南巡对江苏省的关注要多于其他三省。

第二，根据乾隆帝六次南巡在各省行宫驻跸总的天数分析，直隶省九座行宫共驻跸80天，平均每次在直隶省停留13.3天；山东省十七座行宫[13]共驻跸49天，平均每次在山东省停留8.2天；江苏省十九座行宫[14]共驻跸173天，平均每次南巡在江苏省停留28.8天；浙江省四座行宫共驻跸65天，平均每次南巡在浙江省停留10.8天。

江苏省以173天（28.8天/次南巡）远高于其他三省，探寻其原因，江苏省南巡行宫总数最多是一方面。另一方面，根据单个行宫驻跸天数，按照数量前十位中有60%均在江苏省境内，这一点证明了乾隆帝南巡的主要目的是保证江南长治久安以稳固清朝政府的统治，也说明皇帝对江南的喜好。

第三，根据南巡停留各城市时间分析，乾隆帝六次南巡停驻时间最长的城市排名前五位分别是：杭州（57天）、苏州（52天）、扬州（36天）、江宁（今南京）（35天）和镇江（22天），而南巡驻跸天数最多的十座行宫中的七座为：西湖圣因寺行宫（48天）、苏州府行宫（35天）、天宁寺行宫（26天）、金山行宫（21天）、

图12-5. 乾隆帝第五次南巡行宫
《清高宗纯皇帝实录》卷1098~卷1106；底图"明清京杭运河图"来源于安作璋主编《中国运河文化史》。

图12-6. 乾隆帝第六次南巡行宫
《清高宗纯皇帝实录》卷1197~卷1205；底图"明清京杭运河图"来源于安作璋主编《中国运河文化史》。

	历次使用行宫总数	直隶省历次使用行宫数	黄新庄行宫	涿州行宫*	五里屯行宫	紫泉行宫	赵北口行宫	思贤村行宫	太平庄行宫	红杏园行宫	绛河行宫	山东省历次使用行宫数	德州行宫	曲陆店行宫(D)	李刘庄行宫(D)	晏子祠行宫	潘村行宫(D)	崮山行宫(D)	灵岩寺行宫	泰安府行宫(D)	泰山行宫(D)	魏家庄行宫	中水行宫(D)	古泮池行宫(D)*
		直隶省										山东省												
驻跸天数前十位行宫			⑧	⑨						⑩														
			计12天	计12天	计1天	计10天	计11天	计8天	计8天	计12天	计6天		计9天	计2天	计1天	计3天	计1天		计7天	计3天		计3天	计2天	计3天
第六次南巡(1784年)	41座	8座	1/1	1/2		1/1	1/1	1/1	1/1	1/1	1/1	15座	1/1	0/1	0/1	0/1	0/1		0/1	0/2		0/1	0/2	0/[illegible]
第五次南巡(1780年)	35座	8座	1/1	1 1		1/1	1/1	1/1	1/1	1/1	1/1	11座	1/1	0/1		0/1			0/1	0/1		0/1		
第四次南巡(1765年)	30座	8座	1/1	1/1		1/1	1/1	1/1	1/1	1/1	1/1	7座	0/1			0/1			0/1			0/1		
第三次南巡(1762年)	25座	7座	1/1	1/1		1/1	1/1	1/1	1/1	1/1		5座	1/1						1/1					1/[illegible]
第二次南巡(1757年)	20座	5座	1/1	1/1		1/1	0/1			1/1		4座	1/1						1/1					1/[illegible]
第一次南巡(1751年)	12座	5座	1/1	1/0	1/0		1/1			1/1		0座												

	直隶省	山东省
各省行宫驻跸途经里程	512里	938里
各省行宫总数量	九座	十七座
各省行宫驻跸总天数	80天	50天
各省行宫现存遗址	一座	二座

注：（1）b/a　b 南巡回程行宫驻跸天数；a 南巡去程行宫驻跸天数　（2）"*"表示现存有遗址的行宫　（3）（D）表示为乾隆帝东巡而建的行宫　（4）本一览表

资料来源：根据《南巡盛典》、《清高宗纯皇帝实录》、《乾隆帝起居注》、《清高宗御制诗集》总结。

江苏省

江苏省历次使用行宫数	郯子花园行宫	龙泉庄行宫	顺河集行宫	林家庄行宫	陈家庄行宫	桂家庄行宫	杨家庄行宫	天宁寺行宫*	高旻寺行宫*	金山行宫*	焦山行宫	苏州府行宫*	灵岩山行宫*	钱家港行宫	龙潭行宫	栖霞行宫	江宁府行宫	徐州府行宫	云龙山行宫*	柳泉行宫
								③		④		②	⑥			⑦	⑤			
	计4天	计2天	计4天	计2天	计3天	计1天	计1天	计26天	计10天	计21天	计1天	计35天	计17天	计1天	计8天	计15天	计20天	计1天	计3天	计2天
15座	0/1	0/1	0/1	0/1	0/1		0/1	3/3	0/1	1/2		2/2	0/2	1/0	1/0	3/0	4/0			2/0
13座	0/1	0/1	0/1	0/1	0/1	0/1		3/3	0/1	2/2		2/3	0/3		2/0	3/0	2/0			
12座	0/1		0/1		0/1			3/3	1/1	2/2	1/0	4/5	1/2		1/0	3/0	4/0		1/0	
10座	0/1		0/1					2/3	0/1	2/2		3/4	0/2		1/0	3/0	3/0		2/0	
9座								1/2	0/2	2/1		2/3	1/3		1/0	3/0	3/0	1/0		
6座									1/2	2/1		2/3	1/2		2/0		4/0			

浙江省

浙江省历次使用行宫数	海宁县行宫	安澜园行宫*	杭州府行宫	西湖圣因寺行宫*
				①
	计2天	计6天	计9天	计48天
3座		0/2	0/2	0/7
3座		0/2	0/2	0/7
3座		0/2	0/2	0/10
3座	0/2		0/2	0/8
2座			0/1	0/7
1座				0/9

	江苏省	浙江省
	2157.3里	347里
	十九座	四座
	173天	65天
	六座	二座

实录》、《南巡盛典》、《清高宗御制诗》及各省府志县志整理总结研究而成。

江宁府行宫（20天）、灵岩山行宫（17天）、栖霞行宫（15天），充分证明了江南城市在南巡活动中的重要及皇帝的偏爱。

上述驻跸最多的五个城市都具有突出的山水园林之美，是乾隆帝偏爱的原因。如杭州西湖之美使乾隆帝六次南巡在西湖圣因寺行宫驻跸达48天，时间之长为首；苏州则由于有园林之盛和灵岩山可一览太湖碧波万顷，六次南巡期间也将皇帝留在苏州达52天（其中，苏州府行宫35天，苏州灵岩山行宫17天）；而镇江金山之秀似水中“玉峰”可眺望大江“碧寥之天，汪洋之水”[15]，六次南巡期间皇帝留驻金山江天寺行宫21天。正如皇帝在初次南巡前所说的“江南名胜甲于天下，诚亲掖安舆眺览山川之佳秀，民物之丰美……”[16]，说明乾隆帝在南巡视察政务民情之余，纵情于山水园林之美是一大喜好。

第四，根据各省历次使用行宫数量的变化和位置分布来分析，直隶省在第四、五、六次南巡时，乾隆帝使用行宫均为八座，平均间距为64里。乾隆帝后三次南巡在直隶境内行宫数量不再增减，主要因为直隶省主要以交通、途经功能为主，行宫的分布主要依据路线方便而设置。经过前三次南巡后，直隶境内的路线固定，行宫建设也成熟并固定下来。

山东省经过六次南巡，供乾隆帝驻跸使用的行宫数从零座到十五座，行宫的平均间距为58.6里。后两次南巡增加的行宫均于德州与曲阜之间，但多为皇帝东巡之用，如果东巡的6座行宫不计，其增幅也就比较平均了。而第三次南巡之后，皇帝回銮经过山东境内均走水路，所以随着程途的固定，行宫建设的频率也就放缓下来。

江苏、浙江两省的情况则不同，不似直隶、山东两省的主要以交通、途经为目的，江浙行宫的分布主要以南巡到达的城市为主，而沿途路程若相隔较远则扎水营宿于御舟。不过根据统计，每日停留驻跸的平均间隔仍保持在60里左右。

总的来说，南巡期间行宫的设置与皇帝的活动安排紧密相关，在有活动安排的区域，行宫设置以到达的城市为主，在以交通为主的沿途，行宫的安排就取决于路线而定。同时，行宫若设置于城内，一般是在经济发达的重要城市，如府城；而对于较小的县城一般仅作途经，选取城外适合的地点设置行宫。

二、南巡行宫的选址与建造方式

乾隆帝效法圣祖康熙皇帝，奉皇太后南巡，往返一次需时约四个月。去程在直隶、山东境内先走陆路，入江苏再换水路前往浙江。随皇帝南巡的，除皇太后、宫眷和若干亲信大臣、都院官员外，还有大批匠役、侍卫和兵丁。通常情况下仅章京和侍卫官员就有六、七百人，侍卫兵丁则多达两三千人。三千来人的队伍，需马六七千匹，官船近千艘。还有用于途中物品运送的数以百计的驼只和车辆，如此庞大的队伍，往返几千余里，中途必须要设置多个站点驻扎休息，称为“驻跸”。如此长途跋涉，皇帝南巡路途中的驻跸之地的选择和建造是首先考虑的重要问题。

1. 南巡行宫的选址

皇帝南巡驻跸行宫的选址主要根据南巡程途的安排来确定，通常在出巡前一至两年就必须确定程途安排。由于是皇家巡典，且有宫眷随驾，皇帝会钦定一名亲王担任总管，称为总理行营王大臣，如“总理行营事务和硕庄亲王允禄”（第一、二、三次南巡）、“总理行营事务和硕简亲王丰纳亨”（第四次南巡）、“总理行营事务和硕庄亲王永瑺”（第五、六次南巡）。

总理行营王大臣负责南巡事务的总体组织、安排和向皇帝汇报有关巡幸的各种重要事宜。南巡的程途通常由各省大员拟定具体路线后，会同总理行营王大臣上折奏请皇帝批准，然后根据程途的安排来选择驻跸的地点。《南巡盛典》程途章节初始有云：“圣天子时巡南国……由直隶而山东而江南而浙江，其间计里置顿并率由祖制……”，“帐殿计日按程预筹”，“而且视河工则往复巡行，临海塘则改途速驾……”[17]，可见程途安排为南巡首要问题。

乾隆帝南巡程途的安排要考虑多种因素而定。

（1）受圣祖康熙皇帝南巡程途的影响

乾隆十四年（1749年）十一月十九日，第一次南巡前选择路线之初，山东巡抚准泰上奏，从山东到江南有中路和东路可行。中路是通过德州经兖州至韩庄，然后进入江南；东路则是由泰安府，经沂州府、红花埠至江南。由于康熙帝南巡时台庄（今台儿庄）以下河道很浅，如果选择中路，还要纤道宿迁然后登御舟南下，比较麻烦。东路虽较长，但行走方便，所以康熙帝南巡时选择走东路。到乾隆帝时台庄以下的运河已修通，皇帝的御驾可从滕县走宽阔的道路直达黄林庄码头再登舟南下，这样既便捷又方便。不过乾隆皇帝认为“圣祖仁皇帝时多由东路……”[18]，所以最终还是选择了康熙帝走过的东路南下，并且随后的五次南巡均按照这条路线经沂州府从红花埠进入江南（图12–7）。

乾隆帝对康熙帝的遵从和敬爱不仅在南巡程途的安排和路线的选择上，还体现在对行宫地点的选择方面，如山东境内泉林行宫的设置，乃因为康熙二十三年

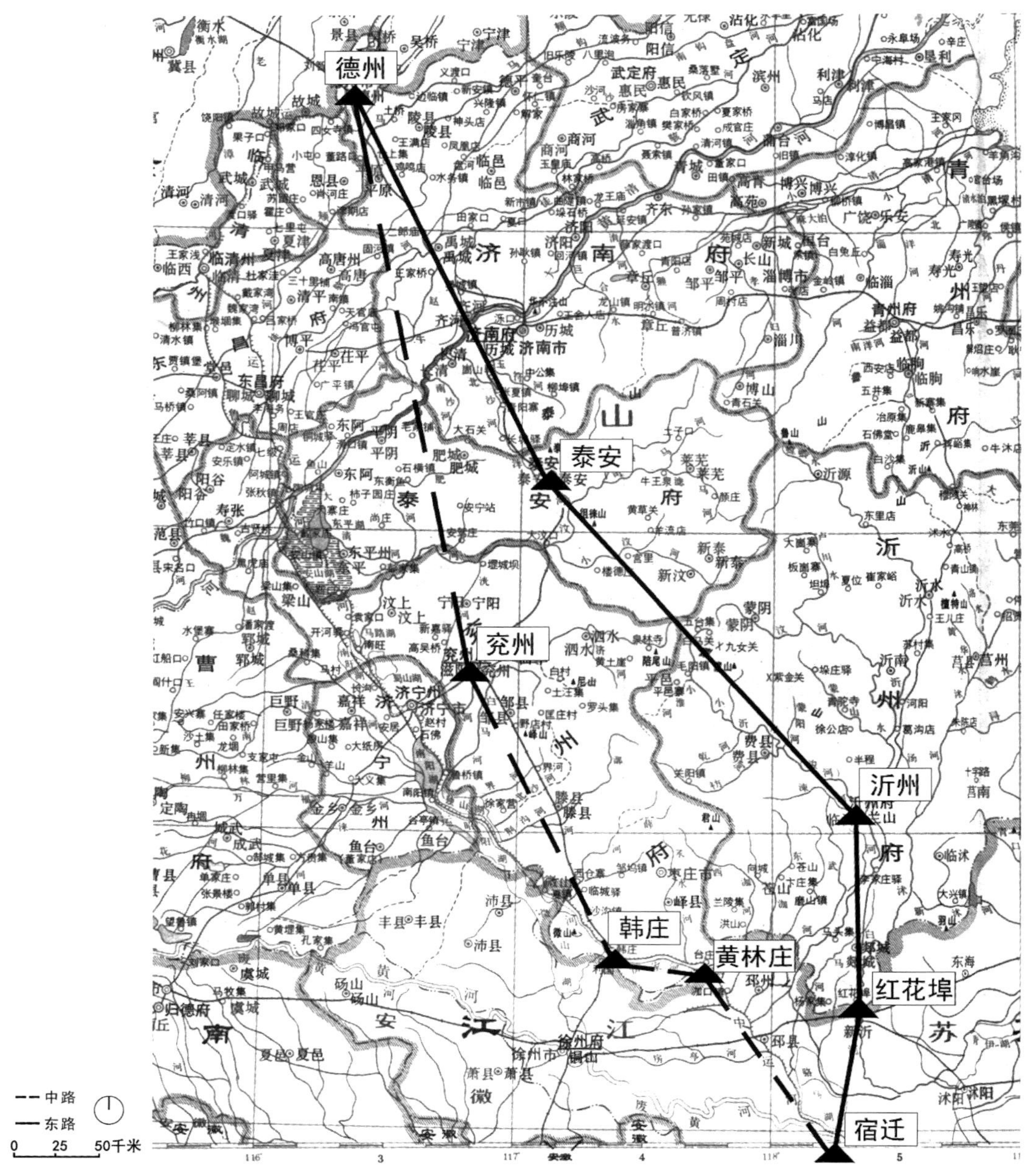

图12-7．作者根据《南巡盛典》绘制的山东境内南巡路线
《中国历史地图集》第八册，"清时期"，嘉庆二十五年（1820年）山东图。

南巡时在该处题诗纪文并留有御碑亭，于是乾隆二十一年（1756年）“于御碑亭后恭建行殿”[19]建成泉林行宫。

（2）受每日行进路程的影响

乾隆帝南巡的程途，分为陆路和水路。根据“古者吉行日五十里，用是和门帐殿盈缩以此为准……”，“计里置顿”[20]的标准来安排。通常陆路每隔二三十里设置一尖营，六七十里设置一行营或行宫供皇帝驻跸休息。水路一般不设尖营，因“水行约倍于陆行”，水大营设置距离较陆大营稍远，为八十里左右。

从第一次南巡的“草创”、到二、三次南巡的日趋合理，到第四次南巡时，已经形成了较为固定和合理的南巡路线；而后两次南巡，皇帝年事已高，南巡程途的安排和行宫间距的设置更加缩短。此选取第四次南巡的日行里程作为分析日行里程对行宫选址影响的主要数据较有代表性。

以第四次南巡为例，南巡从直隶出发，从陆路行至江南淮安府登舟，从水路到达杭州共62天，除去重复同一驻跸地点的时间，其陆路共行进26天，共行进1610.9里，日平均61.9里，相当于现代40公里/天[21]；水路共行进14天，共行进1091里，日平均77.9里。南巡时皇帝、宫眷和官员多为马匹和车辇代步，但大批兵丁均用步行，按照现代人步行5公里/小时的时速，南巡队伍平均每天要走8个小时。加上中途用膳和沿途视察走走停停，还要照顾到皇太后和嫔妃，行宫间的距离平均在60~70里，笔者认为这是影响驻跸地点和行宫选址的一个重要因素。

根据笔者统计，各省行宫中有距离记载的47座[22]行宫中，行宫间距在50~69里之间的数量占行宫总数的一半以上，加上间距在70~80里之间的行宫数，共占比例70%[23]。同时从黄新庄行宫到杭州府行宫共停驻45站（第四次南巡）水路行程共2822.3里，平均每站间隔为62.7里[24]（表12-3）。

各省行宫间距与数量关系 **表12-3**

距上站 行宫 数（座）	40（清）里以下	40~49（清）里	50 ~69（清）里	70~79（清）里	80（清）里以上
直隶境内		1	6	2	
山东境内		3	10		2
江南境内	5	2	6	5	1
浙江境内			3		1
数量	5	6	25	7	4

注：根据《南巡盛典》及《清高宗纯皇帝实录》归纳。

（3）受南巡中活动内容安排的影响

乾隆在《御制南巡记》中说："予临御五十年，凡举二大事，一曰西师，二曰南巡。"[25]乾隆帝把南巡作为平生最重要事功之一。他希望通过南巡深入了解和解决江南地区的社会问题。他五次阅视黄淮治理工程[26]，四次到徐州阅视河工，四次亲勘浙江海塘[27]，指示清理杭州西湖[28]，多次到曲阜祭孔，到文庙行礼，到书院临视，奖励文学，优礼高年，眷顾旧属，慰赐各级官员，致祭历代先贤勋臣忠烈祠墓，奖饰豪富商人，颁布体恤民情的法令，检阅军队等[29]，以达到督促水利，笼络各级官员，维系民心，整饬武备的目的，从而稳固清王朝的统治地位。

概括说来，乾隆帝南巡途中的活动主要有：视察政务、盐务、军务；考察民情、民风；加强宗教和思想的统治；勘察河务、海防；优待文人、发掘人才；游览名胜。这些活动安排对南巡行宫选址有重要影响。

受这些影响，历次南巡在江浙一带皆是乘御舟沿京杭大运河南下，清河、扬州、镇江、苏州、无锡、常州、杭州、江宁等当时江浙一带较为繁华的城市都在巡视之列。行宫直隶9座，其中3座非为南巡所建；山东17座，其中8座为东巡所建；而江苏19座，浙江4座均为南巡所建。所有49座行宫中为南巡而建的为38座，其中江苏和浙江的南巡行宫总数为23座，占所有南巡行宫总数的60%。

2. 南巡行宫的建造方式

行宫的建造特色与南巡的时间、规模和当地的地域环境分不开。根据历次南巡从最初的草创到后来的成熟，行宫建造的方式有"利用"，"改、扩建"，"新建"，"搭建"四大类。

（1）利用

南巡途中利用南巡以前修建的行宫作为驻跸行宫，只需要洒扫洁净，或者仅仅是简单地修葺一下即可使用。特别是在头一、两次南巡时，利用已有的行宫驻跸在所有驻跸行宫数量上占到相当的比例。

例如初次南巡，各项准备都没什么经验，可以说是"初次筹备、诸事草创"，南巡途中设置的行宫驻跸点中有83%是利用南巡前已经有的行宫。

第一次南巡时，利用原用行宫设置的南巡行宫有：黄新庄行宫、五里屯行宫、赵北口行宫、高旻寺行宫、金山行宫、苏州府行宫、苏州灵岩山行宫、江宁府行宫、龙潭行宫、圣因寺行宫，共10座，占初次南巡行宫总数的83%[30]。其中，按照行宫南巡前的用途又大致分为两类：

沿用康熙皇帝的行宫：乾隆帝巡视江南是效法圣祖康熙皇帝而行，南巡途中也常使用康熙皇帝修建的行宫，以表达乾隆帝对圣祖康熙皇帝的敬仰和遵从。同时，也符合他在南巡中一直希望的“毋事浮靡，务从简”之意。

以赵北口行宫为例（图12-8），是康熙帝“举水围之典”而建的四座行宫之一，始建于康熙十四年（1749年），“在任丘县北五十里……圣祖仁皇帝举水围之典葺治行殿”，虽然地处北地，却有江南风景，素为康熙帝所喜，是康熙皇帝为了在白洋淀水上行猎而建造的四所行宫中规模最大的（另外三所为端村行宫、郭里口行宫和圈头行宫）。赵北口行宫也是乾隆帝到白洋淀行水围时驻跸之地。行宫于白洋淀傍水而建，“湖光烟霭，帆影云飞，水槛风廊，环映于莲……”，尤其西轩建于淀池之上，乾隆皇帝赐名“湛持轩”，其朝向水面一侧窗棂安装玻璃，人于轩内便可俯览淀池万顷“烟波渺弥晴空一碧”，乾隆帝十分喜欢，又赐匾额“天水相与永”，地方大员也多次在此呈上烟火供皇帝、皇太后欣赏[31]。乾隆帝六次南巡共在此驻跸十二天。

又如江浙境内扬州府高旻寺行宫（始建于康熙三十八年，1699年）、苏州府行宫（始建于康熙二十三年，1684年）、龙潭行宫、杭州府行宫（始建于康熙二十八年，1689年）、杭州圣因寺行宫（始建于康熙四十四年，1705年）等。在后来历次南巡时，这些行宫依然是乾隆帝主要驻跸的行宫。

利用其他出巡所建行宫作为南巡的行宫：乾隆帝除了南巡，还常到曲阜祭孔，称为东巡；到东北盛京祭祀祖陵，称为北巡；巡幸五台山礼佛，称为西巡；还有秋巡木兰行猎，到西陵拜谒皇父雍正皇帝等。这些巡幸也建有行宫供皇帝驻跸，乾隆帝南巡时也利用了一些东巡和到西陵拜谒修建的行宫。

例如山东境内为了乾隆帝东巡祭孔而建造行宫有：古泮池行宫建于乾隆二十年（1755年）、中水行宫建于乾隆三十六年（1771年），泰安府白鹤泉行宫建于乾隆三十六年（1771年），李刘庄行宫建于乾隆三十六年（1771年）等。

以古泮池行宫为例（图12-9），坐落于曲阜城内东南隅，位置传为孔子课余与弟子游憩处（《诗经·鲁颂》有“鲁侯戾止，在泮饮酒”句）。明代六十一代衍圣公孔弘泰在池渚之上建别墅。乾隆二十年（1755年），山东抚臣为迎接乾隆二十一年（1756年）东巡，在其地址新建行宫。行宫分为中、东、西三路院落，分别为皇帝及宫眷休憩之所，宫门前设朝房、值事房、茶膳房等辅助用房，行宫南侧以便殿通向古泮池，于水面之上建有四照亭和水心亭。乾隆帝第二、三、六次南巡曾驻跸于此。原建筑今已不存，其遗址曾为小学，现场遗存一门一屋，按

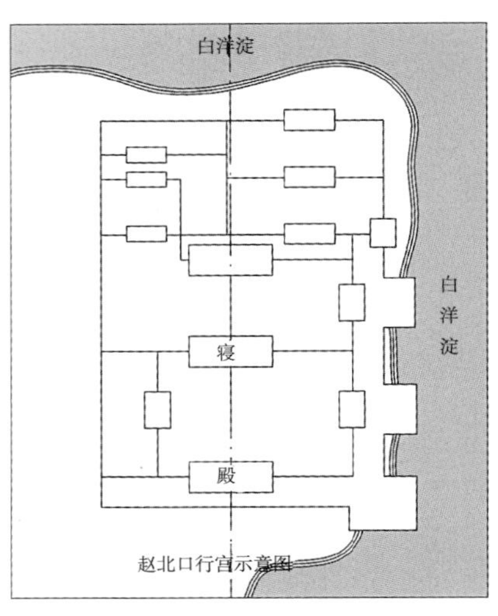

图12-8. 左为《南巡盛典》中直隶省任丘县赵北口行宫，右为作者整理的行宫平面布局示意
《南巡盛典》卷九十五，名胜。

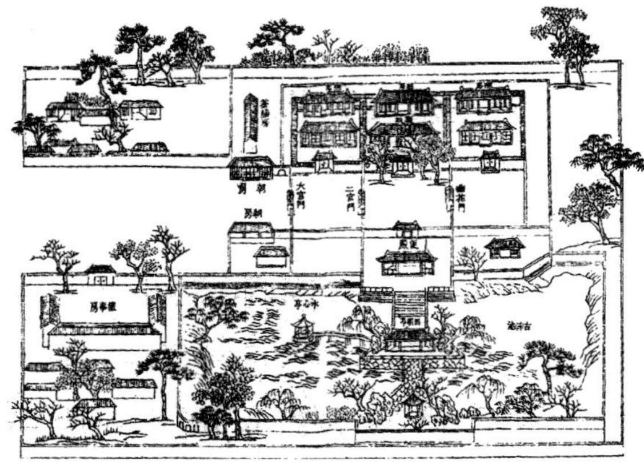

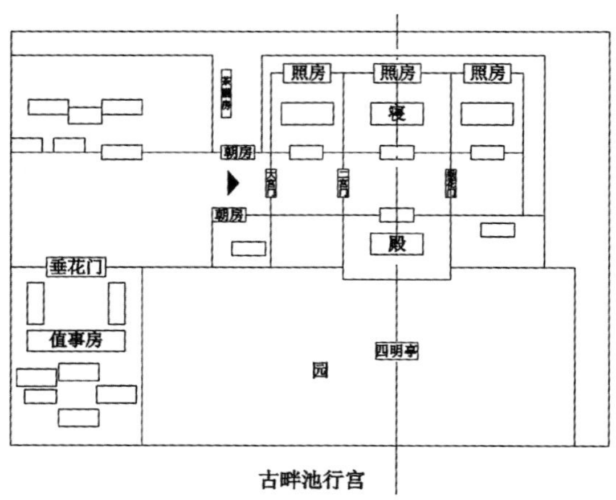

图12-9. 上为《南巡盛典》中山东省曲阜县古泮池行宫，下为作者整理的行宫平面布局示意
《南巡盛典》卷九十六，名胜。

《南巡盛典》中图推测，可能为西路院落的一部分。

这些行宫虽然不是专为南巡而建造的，但由于建于南巡路线附近，乾隆帝南巡时将这些行宫加以利用，也充分表现了他处处提倡节俭，反对“踵事增华”之意。

（2）改、扩建

改建指在南巡经过途中选取规模适合、建制较完好的建筑群改建为可供皇帝驻跸的行宫，保持原来的规模，改变原建筑的性质。扩建为对于南巡途中经过的某些名人祠堂或著名庙宇等，选择其邻近一侧或以其为基础进行扩建，供皇帝驻跸，但原建筑性质不变。

改扩建江南三织造[32]衙署作为南巡行宫：

《清会典》记载：“织造在京有内织染局，在外江宁、苏州、杭州有织造局”，清代的织造通常分为两个部分：“织造衙署”，是督理织造官吏驻扎及管理织造行政事务的官署；“织局”，是织造生产的官局作场（图12-10）。南巡中改、扩建作为行宫的就是前一部分。

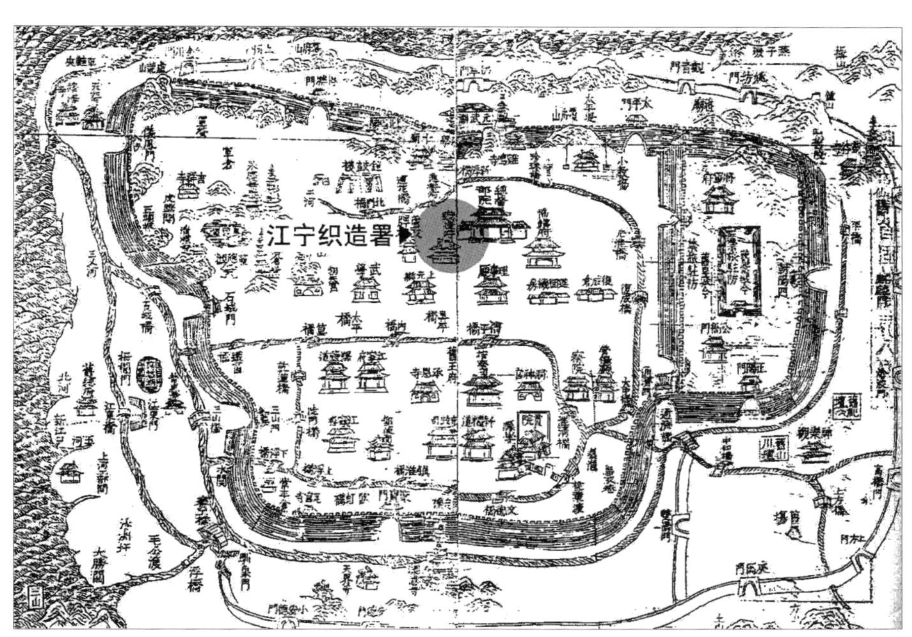

图12-10. 康熙二十三年（1684年）《江南通志》中“江南省城之图”（图示为江宁织造署位置）
康熙二十三年（1684年）《江南通志》卷之第一。

江宁织造一职由曹玺一家三代四人任职达60余年，其身份就是无常品的皇室包衣、内务府官员。皇帝选取亲信担任该职，为直接掌握江南一带一手的政治、经济、人文等信息，以保证江南一带的繁荣及国家的稳定。既然江南三织造实际就是皇帝设在江南三地的"皇家办事处"，那么皇帝出巡到这三个地方，以江南三织造衙署为行宫驻跸自然顺理成章，所以，无论是康熙帝南巡、还是乾隆帝南巡，在江南三织造所在之地均以织造衙署为行宫驻跸。

以江宁府行宫为例，由江宁织造署改建而成，康熙帝南巡时就有多次驻跸织造府行宫的记录[33]，《康熙上元县志》卷二记载："南巡至于上元，以织造府为行宫"。

乾隆帝六次南巡皆至江宁府行宫驻跸，又以康熙帝行宫为基础改建而成。康熙《江宁府志》中记载："织造府在督院前"[34]，乾隆十六年（1751年）《上元县志》中记载："江宁织造署在督院前街内，有圣祖行宫。"[35]进一步解释道："康熙驻跸之旧以织造公署改建行在而葺新之。"乾隆三十六年（1771年）《南巡盛典》中记载道："江宁行宫，地居会城之中，向为织造廨署。乾隆十六年（1751年），皇上恭奉慈宁巡行，南服大吏改建行殿数重，恭备临幸。"[36]说明乾隆帝南巡之初便将康熙帝曾驻跸过的两江总督衙署改扩建为行宫使用。

嘉庆《江宁府志》记载："江宁织造署，旧在府城东北，督院署前。乾隆十六年（1751年），以改建行宫。时藩司兼管织造，故无署，乾隆三十三年（1768年），织造舒，买淮清桥东北民房改建织造衙署。"[37]由此得知"江宁织造署"改建"行宫"的过程，督理织造事务由"藩司"兼管，不另设织造衙署，至乾隆三十三年（1768年），织造事务恢复由专任织造官员督理，另买民房改建织造衙署。

同书又云："江宁行宫在江宁府治利济巷大街，向为织造廨署，圣祖南巡时，即驻跸于此。乾隆十六年（1751年），大吏改建行殿，有绿静榭、听瀑轩、判春室、镜中亭、塔影楼、彩虹桥、钓鱼台诸胜。内贮历年奉颁法物……"以上记载明确了江宁府行宫选址及其大致的建情况。

《道光上元县志》卷首《行宫》："向为织造廨署，是年大吏改建，临吉祥街"。《同治上江两县志》卷一《圣泽》："南巡至于上元，以吉祥街织造署为行宫"卷五《城厢》："大行宫，向为织造廨，圣祖南巡时，驻跸于此。"（图12-11）等记载，可确定乾隆行宫的范围北边毗邻两江总督署的西南侧，向南至太平南路北段今（原名吉祥街），西至碑亭巷附近，东至利济路今科巷附近，即"进御机房"（江宁织造局）以西，可见行宫规模宏大，与两江总督署相当。

两江总督一职厘治军民，掌管三省，政治地位仅次于直隶总督，在皇帝南巡期间，接驾事务也成为时任两江总督之臣的重要大事。

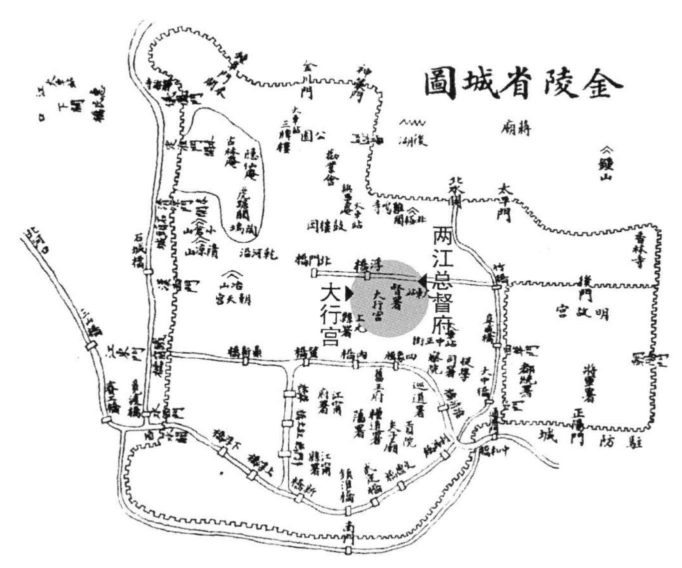

图12-11.（光绪）《金陵省城图》中图示大行宫及两江总督府
转引自藏逸：《清两江总督与总督府》: 51.

尹继善（1695~1771年）是历任两江总督中担任两江总督次数最多（4次）、任职时间最长之臣（前后长达三十年）[38]。乾隆帝六次南巡，尹继善接驾四次。乾隆十六年（1751年），为了迎接乾隆帝第一次南巡，尹继善将江宁织造署改扩建为行宫，成为历次南巡乾隆帝驻跸之所。根据后任的两江总督高晋编撰的《南巡盛典》中的《江宁行宫图》，可以清楚地表明，行宫分中、东、西三轴线院落空间，中线有朝房、两重宫门、前殿、中殿、宫门、寝宫、照房等七进院落，东路有执事房，西路有朝房、便殿、寝宫、箭亭、游园等。经过改扩建后的行宫，体现了皇家宫殿建筑的中、东、西三路轴线“廊院式”院落布局（图12-12）。

正如《南巡盛典》云：“江宁行宫，地居会城之中，向为织造廨署。乾隆十六年（1751年），皇上恭奉慈宁，巡行南服，大吏改建行殿数重，恭备临幸。窗楹栋宇，丹雘不施，树石一区，以供临憩。西偏即旧池重浚；周以长廊，通以略彴；俯槛临流，有合于鱼跃鸢飞之境。”这里提到的“旧池”即是原江宁织造署中西花园的旧池。另有绿树榭、听瀑轩、判春室、钟亭、塔影楼、彩虹桥、钓鱼台等[39]。

乾隆帝晚年下诏令后人“不再举南巡”，行宫废除，部分范围划归两江总督署的西花园，至于是哪一部分没有文献记载。再经过咸丰三年（1853年）洪秀全对两江总督署的改、扩建及同治光绪年间的重建，乾隆江宁行宫的遗迹早已无存，现存于中国近代史博物馆的模型可作为参考，以感受江宁府行宫昔日的辉煌。

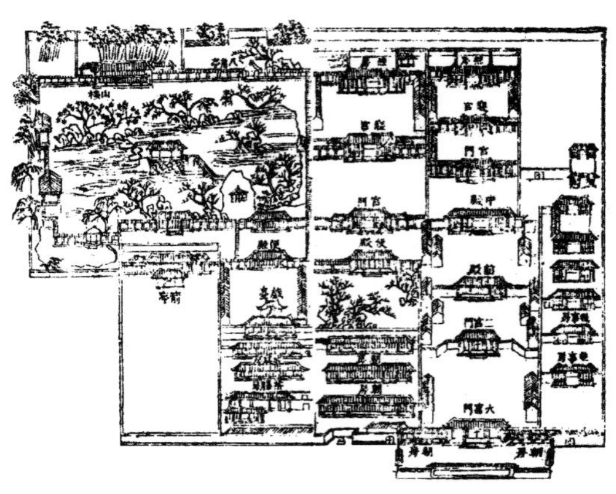

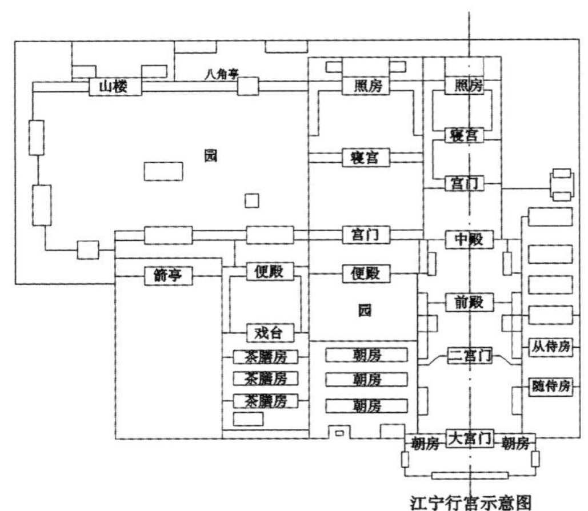

图12-12．上为《南巡盛典》中江苏省江宁府行宫，下为作者整理的行宫平面布局示意
《南巡盛典》卷一百一，名胜：2.

改、扩建衙署作为南巡行宫：

徐州府行宫和海宁县行宫以当地府署改建而成，均为皇帝首次徐州和海宁察看河工海塘时驻跸之所。与利用江南三织造衙署改建行宫不同的是，南巡后江南三织造改建的行宫作为皇家行宫保留，而织造衙署另辟他地，但衙署改建的行宫仅为初次到该地时暂时驻跸，南巡后仍为政府衙署，而皇帝再到该地巡视时，即已准备了新的行宫供皇帝驻跸。

以徐州府行宫为例，乾隆二十一年（1756年），黄河铜山北岸孙家集河水漫溢，灌入微山湖下及荆山桥河，铜、邳、桃、海、沭诸州县被淹。乾隆二十二年（1757年）二月二十二日南巡至苏州时，皇帝命白钟山、张师载、嵇璜、高晋前往徐州确勘形势……[40]。同时乾隆帝决定："一切应浚应筑奏牍批答，自不如亲临相度，又得以随处指示也，拟于回銮渡淮后由顺河集前往徐州……"[41]。

南巡回銮时，乾隆帝从水路舟行至直隶厂水大营登陆，于四月初四、初五两日在徐州驻跸视察水情，而皇太后及其他随驾宫眷则仍按照原计划路线经顺河集至泰安府附近之灵岩寺行宫驻跸，等候皇帝视察完徐州河工之后至灵岩寺行宫会合一并回京。

这次南巡，因是南巡途中突然决定前往，所以徐州尚未准备行宫接驾，临时改建徐州府署作为行宫接驾，而皇帝回銮后，该行宫仍将恢复徐州府署功能。

徐州府署位于铜山县中心轴线北端，府署建筑为"廊院式"布局，重要建筑院落居中布置，由东西廊将主、次要院落串联，而在东西廊的外侧和后殿之后又有数个纵向串联、横向并列的附属院落空间，其间以连廊相连组成为一个有主有从，前后功能明确的有序整体。推测行宫利用府署的布局，即按照"前朝后寝"的功能布局将府署为前后两部分院落，前为听政处理公务之办公场所，后为居住场所（图12–13，图12–14）。

由于徐州府署作为南巡行宫的暂时性，而乾隆帝在乾隆二十二年（1757年）首次到徐州视河之时曾有谕："一二年后，朕将亲临考察……"[42]。于是为日后皇帝再次视察时接驾所需，地方大吏遂准备择地为皇帝建造真正意义的南巡行宫。在乾隆帝后三次至徐州视察河工时分别增设了云龙山行宫及柳泉行宫。乾隆帝在乾隆二十二年（1757年）之后便不再驻跸徐州府署。徐州府行宫目前现状为徐州市委机关北大院，遗址无存。海宁改建文渊阁大学士陈元龙宅第陈园为安澜园行宫给皇帝驻跸，是另一南巡后改建的案例。

改、扩建名人祠堂、故居或庙堂为行宫：

在设置行宫时还有一个特点是常以南巡途中经过的名人祠庙、著名庙宇为基础，改建或扩建成皇帝驻跸的行宫。这说明了皇帝对儒家文化的崇尚，并通过这种方式从思想上、文化上笼络文人，维系民心。

这一类行宫在南巡途中常见有直隶涿州行宫（原祀黄帝）、任丘县思贤村行宫（韩婴）、太平庄行宫（毛苌）、献县红杏园行宫（河间献王）、齐河县晏子祠行宫（晏子）、山东费县注经台行宫、扬州天宁寺行宫（谢安）、苏州灵岩山行宫等。

如直隶省涿州行宫，建于乾隆十六年（1751年），乾隆帝第一次南巡经过涿州北大营，回銮时即于此行宫驻跸。"涿州古涿鹿之地，黄帝所都也……东南六十里有涿鹿城，城东一里有版泉，泉上有黄帝祠，今州城南庙祀黄帝为药王……"[43]，药王庙传至十二代明宽和尚在此庙东院开设丛林，定名"保庆寺"，清乾隆十六年（1751年）在保庆寺基础上扩建为行宫，《南巡盛典》记载"辛未年葺行殿于左平

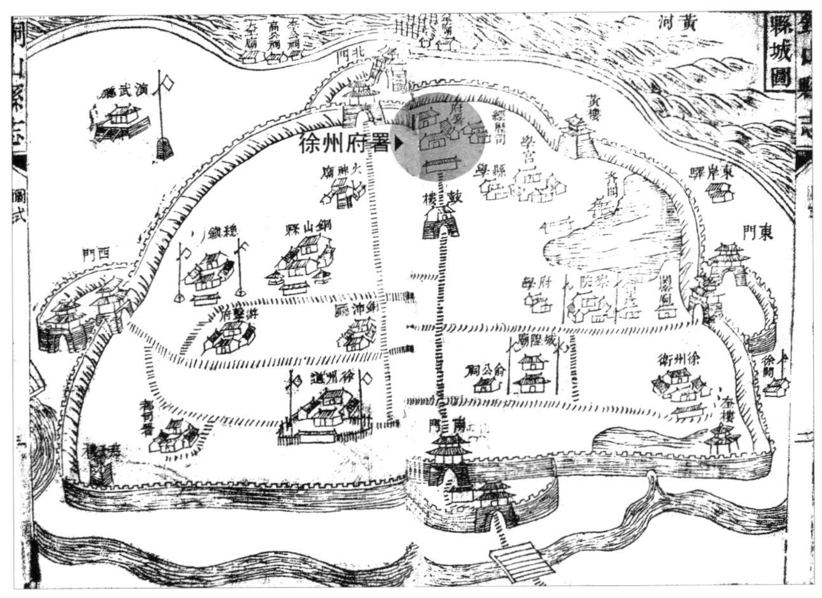

图12-13.《铜山县志》"铜山县城图"（图示为徐州府署所在地）
（道光）《铜山县志》图式：2-3.

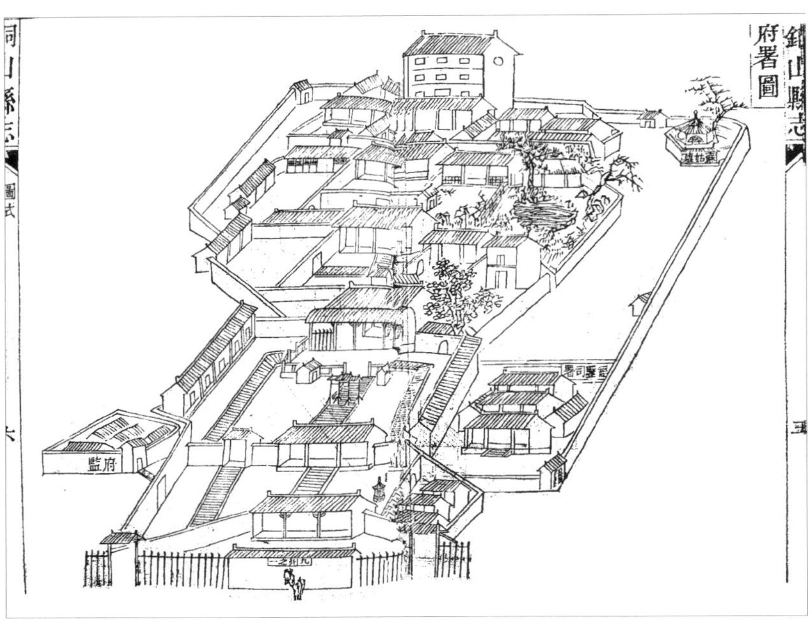

图12-14.《铜山县志》中徐州府署
（道光）《铜山县志》图式：5-6.

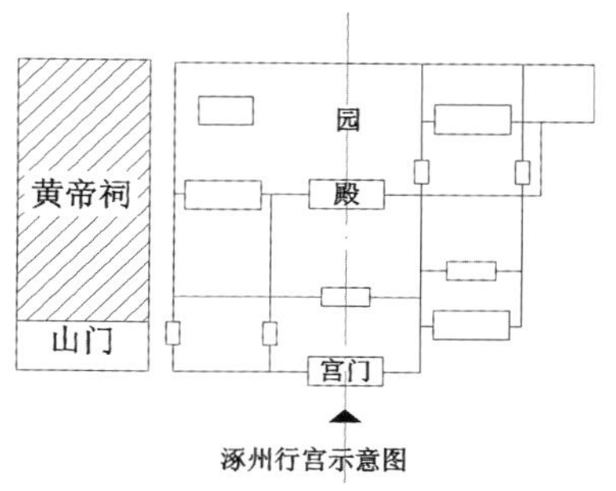

图12-15. 左为《南巡盛典》中直隶省涿州行宫，右为作者整理的行宫平面布局示意
《南巡盛典》卷九十五，名胜：6.

冈，迤逦环若屏障，石径纡折，亭馆周通飞阁构其旁……”（图12-15）。

乾隆三十年（1765年）《涿州志》卷三“行宫”云：（涿州行宫）在城南，乾隆十六年（1751年）建，距城里许。宫门外东西朝房分列，进宫门而东过值房，其后为太后宫，正殿三楹，正殿之后为后殿。进宫门而西过值房，其北为轩，制如卷棚者三，为复室。正中为门，门内假山如列屏然，左右为径而入，中为大殿，殿之西有长廊通西轩，殿之东为回廊，廊转而北为皇后宫，旁为东西厢。循廊这西数十步为六角亭，亭当大殿后。西转数十步为楼，曰观风楼。西偏一门折而东可百步，树木阴翳，中有箭亭。又东为陂陀蜿蜒，而有小亭可以眺远，周墙缭焉。规模俭约，仰体朝廷去奢朴意也[44]。

行宫建成后与西侧的寺庙相互呼应，将寺庙中高塔借景入行宫，形成“云连万室，塔影浮空”的场景，“信为辅雄形胜之最”[45]。行宫建筑布局分为三路，建有宫门、腰门、正殿、配殿、后殿、亭廊、假山等，中间院落应为乾隆帝驻跸之处，为前殿后寝的布局，西院为行宫园林，东侧院落为随驾南巡的宫眷驻跸之处。

据《涿州志》所载行宫图（图12-16），可见行宫中建筑多为小式园林建筑的简朴风格，不带斗栱，皇帝行殿和太后殿等重要建筑均为悬山或硬山卷棚脊，各殿各宫各轩多以廊子相连和庭院隔墙，太后宫后出抱厦，东侧设置净房以便夜间所用。皇后宫前设左右配房，太后宫前和西轩之前设朝房，大门外又有影壁和值班朝房，行殿后有六角亭及假山。在庭园西北角建了一座卷棚歇山顶的观风楼。建筑之后，又辟箭道，作为骑马习武射箭之地，符合乾隆帝作为满族统治者的生活习惯。

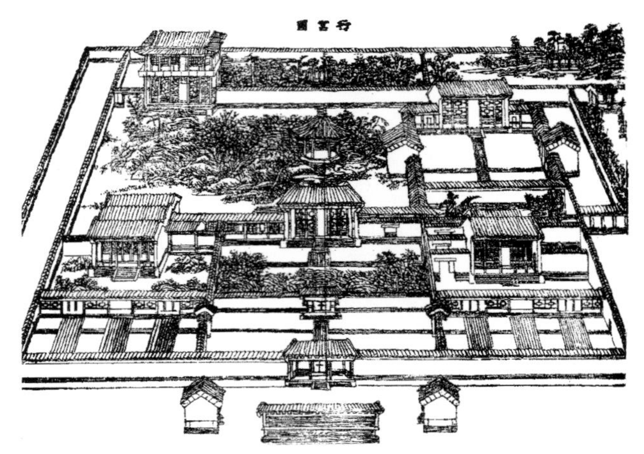

图12-16. 乾隆三十年（1765年）《涿州志》载涿州行宫
乾隆三十年《涿州志》卷首。

六次南巡后，乾隆帝命后世“不再举南巡”，敕命地方所建行宫还原或改宅用，涿州行宫逐渐荒废，道光年间有重修记载。后卖给僧家重建寺院，在乾隆十六年（1751年）所建五间卷棚行宫的位置上后来重建的保清寺五间大殿，将屋架加高，卷棚屋顶改为带螭吻的大脊的佛殿，正殿前还添建了东西配殿各3间，正殿之后又增建了后殿等。现存带正脊吻兽的五间大殿，应是道光年间行宫遭到变卖后所建的寺院大殿遗存。

新中国成立后，行宫遭到拆除。至1985年市文物部门接管时，昔日的皇家行宫只剩一座五间殿和一座假山，大殿之后已成为一片空地，原行宫东部皇太后等宫眷驻跸的宫殿的地块更是早已建成住宅，行宫建筑荡然无存。行宫现存正殿为硬山单檐布瓦顶，小式做法。面阔五间21米，进深三间11.7米，占地245.7平方米，总高9.2米。

最近在涿州文管所的牵头下，涿州清行宫修复工程开始启动。工程涉及的临建拆除、场地清理工作已完成，正在进行下一步订烧砖瓦构件等准备工作。预计完工后将用于陈列保所近年来征集的历代碑刻[46]。

（3）新建

随着历次南巡进行，各省均在皇帝南巡沿途择地新建行宫。

在风景区新建行宫：

乾隆帝生性风雅，素喜吟诗书画，且重“孝治天下”。他曾说“朕巡幸所至，悉奉圣母皇太后游赏，江南名胜甲于天下，诚亲掖安舆，眺览山川之佳秀，民物之丰美，良足以娱畅慈怀……”[47]奉太后遍览江南风光也是乾隆帝南巡中的一项

图12-17.《南巡盛典》中江苏省江宁府栖霞行宫
《南巡盛典》卷一百，名胜：6.

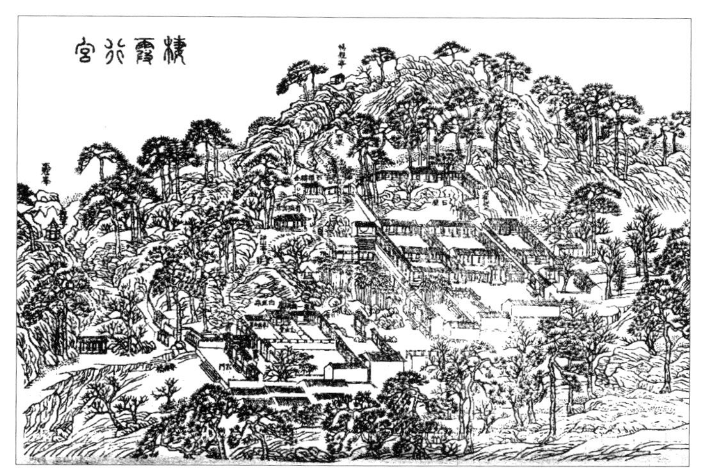

重要活动。这一类型的行宫大多选址在风景优美的名胜区，如紫泉行宫、绛河行宫、泰安府行宫、魏家庄（四贤祠）行宫、栖霞行宫、焦山行宫、泉林行宫、万松山行宫等。

这中间修建时间较长，又深得乾隆帝喜爱的当属江宁栖霞行宫。

栖霞行宫位于江宁府城外栖霞山，栖霞山位于“江宁府东北，山多药草，可以摄生，故名摄山。又以重岭如织名伞山……山有三峰，中峰屹立，东西拱抱……”，“行宫于中峰之左”[48]。从乾隆十六年（1751年）始，历时六年，到乾隆帝第二次南巡首次驻跸，后历次南巡回銮途径江宁府皆至栖霞行宫驻跸（图12-17）。

根据《南巡盛典》记载，第二次南巡时已经建好的有白下卷阿、太古堂、春雨山房、话山楼、有凌云意、笠亭、畅观亭、石梁精舍；第三次南巡增加了武夷一曲精庐；第四次增加了景致铺翠、停云、夕佳楼……[49]栖霞行宫没有按照行宫常用的中、东、西三路建筑院落的布局，而是依山势而建，结合山景营造殿堂馆舍，自成院落。并与栖霞山其他景致如白鹿、白乳诸泉、天开岩、待月亭、紫峰阁、品外泉等融为一体。

行宫的建筑形式简练、色彩淡雅，《南巡盛典》记载：“瓦屋练椽，不施绘藻，而阴阳高下位置天然……”[50]，因而深得乾隆帝喜爱。乾隆帝六次南巡在栖霞行宫共驻跸十五天，除第一次南巡外，后五次均驻跸栖霞山行宫，期间共题诗约119首，书写楹联、匾额50余幅，御碑3块[51]。

栖霞山乾隆行宫毁于清咸丰五年（1855年）战火，昔日规模宏大建筑无存。但是经过现场察看，仍能发现一些建筑柱础、台基等遗存（图12-18）。台基采

图12-18. 上为江苏南京栖霞山乾隆行宫建筑构件遗存，下为江苏南京栖霞山乾隆行宫台基遗存。

用栖霞特有的含锰山石垒砌而成，整体顺应山势布局，还有深达五六米的水道蜿蜒于建筑台基和御道之间，可以看出昔日建设水道时顺应山势精心营造景观形成小瀑布、急流等。

据栖霞山管理处的工作人员介绍，整个栖霞行宫的遗址范围十分广阔。据统计，占地1500多亩，有大小2000多间房屋，建筑面积达到两万余平方米，而水道为长达十余公里的地下通道。推测有三个用途：结合山泉形成景观，并作雨季泄洪之用；乾隆帝驻跸期间，供皇室成员在行宫生活之污水排放；特别时刻作为逃生的通道。

水道在露天之处形成行宫里的天然河流景观，现状还可以看到很多涵洞和石桥的遗迹。其中一座保存较好的石桥，其桥拱大石上还留有时任两江总督尹继善的题名“春雨桥”以及其落款“尹继善”，字迹清晰可见，与《南巡盛典》行宫门前的春雨桥位置相当，考察时大量建筑台基遗迹位于桥后，遗址应为春雨桥遗存（图12-19、图12-20）。

南巡中途转换使用：

此类用途的行宫多设在交通便利，周围又有市镇之便，如德州行宫、曲陆店行宫、李刘庄行宫、钱家港行宫、潘村行宫、中水行宫、问官里行宫、顺河集行宫、林家庄行宫、陈家庄行宫、桂家庄行宫、杨家庄行宫、柳泉行宫、崇家湾行宫等。

以江苏境内陈家庄行宫、林家庄行宫等中转行宫为代表。

陈家庄行宫位于江苏桃源县境内，为南巡进入江苏境内第四程（图12-21）。

历次南巡均在其附近鲁家庄设置大营，而进入江苏至登舟五程共三百余里，仅在第二站顺河集有一座行宫。乾隆二十九年（1764年），时任两江总督尹继善拟于第四站鲁家庄营盘再新建一座行宫，但经过查勘“鲁家庄营盘旧基地势低洼，两旁尚有积水，于建房不甚相宜，随勘至西北有陈家庄，地方规模豁敞，地身高燥，去鲁家庄四里有余”，“于此处起建房屋甚属合式”，于是在乾隆二十九年（1764年）十一月向皇帝请旨，改在陈家庄修建行宫。同时

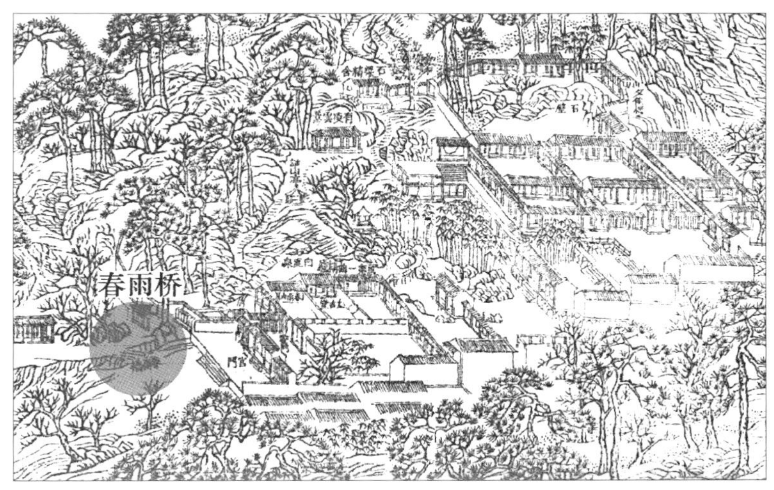

图12-19.《南巡盛典》中“春雨桥”位置示意

图12-20. 上为江苏南京栖霞山乾隆行宫春雨桥遗存，下为江苏南京栖霞山乾隆行宫春雨桥题名落款“尹继善”。

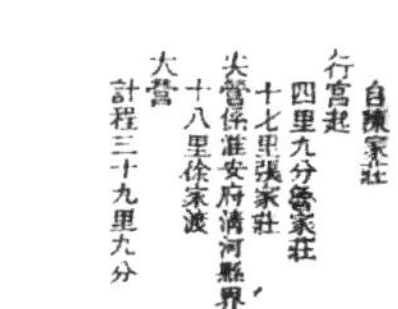

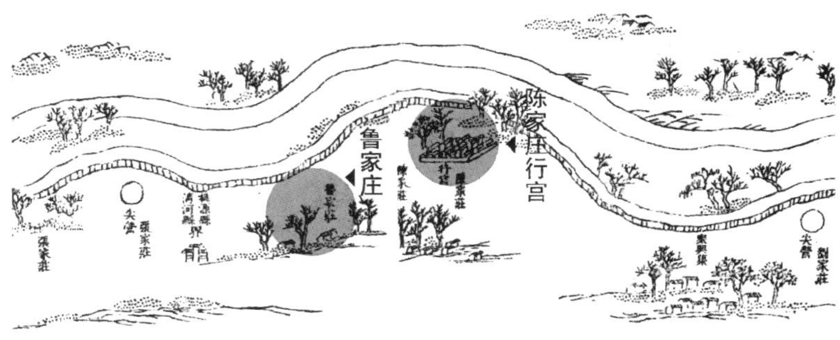

图12-21.《南巡盛典》中江苏省桃源县陈家庄行宫位置
《南巡盛典》卷九十二，程途：26.

由于临时决定更换地址，“为期已迫，不便迟缓”，于是早在十月“一面立定方向挖筑地基”，“于十月十六日上梁立柱，十一月内即可告成”[52]，到上奏皇帝时行宫已近完工。

陈家庄行宫的主要功能是满足南巡中转的需要，同时因为临视改址而建，因此建筑简单朴素、不加修饰。《南巡盛典》中记载陈家庄行宫建设“采榆不斫”。而尹继善也上奏皇帝因为完工之时距离南巡开始“为期已近，若新建房屋加以油饰，惟恐不能即干，尚有气息”，因此决定“俱存本色，打磨洁净，不令加油”。这也符合中转行宫建设力求简朴的特点，因而甚合乾隆帝心意，朱批“甚好”。[53]不过行宫装饰虽简，布局仍保持常有模式，从《南巡盛典》的陈家庄行宫图中所示，布局保持三路建筑院落群，中轴线上前设置朝房、宫门，后为前朝后寝的两重院落，东西线建筑群从南至北各成院落，建筑间以东西向廊子相连。保持了较为完整的行宫建筑的格局（图12–22）。

乾隆四十四年（1779年），地方大吏又分别于进入江苏首程建龙泉庄行宫，在第三程大营原址新建林家庄行宫，和第五程位于清河县境内李家庄运口建设桂家庄行宫。这样一来，南巡队伍从进入江苏至到达直隶厂水大营的五日陆路行程皆有行宫可以驻跸（自进入江苏境内5日陆路分别驻跸龙泉庄行宫、顺河集行宫、陈家庄行宫、林家庄行宫、桂家庄行宫），这些为了中转而新建的行宫都有一个共同的特点就是建筑简朴，不加修饰而保持较为完整的行宫格局。

如林家庄行宫修建“诸从朴斫，弗施丹雘”[54]，顺河集行宫修建仅“土香阶草”、“数宇瓦房”[55]，但保持行宫建筑群格局。同期建设的中转行宫还有山东境

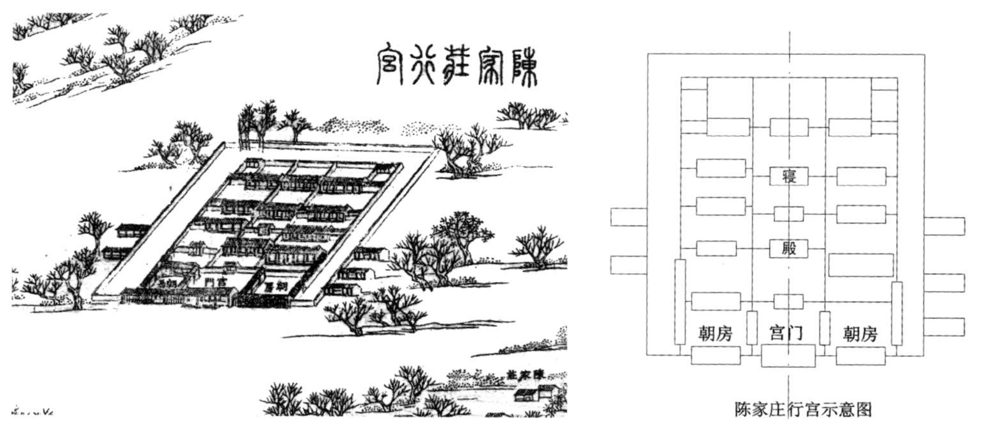

图12–22. 左为《南巡盛典》中江苏省桃源县陈家庄行宫、右为行宫平面布局示意
《南巡盛典》卷九十七、名胜：3.

内的注经台行宫和问官里行宫，其建设情况也与江苏境内中转行宫相仿，对此乾隆帝第五次南巡时曾有评价："江南龙泉庄、林家庄、桂家庄三处，山东注经台、问官里二处，上四次南巡均御行营，此次该督换以驼载省费为诸因各建行馆，维结构朴素而计费已不啻中人十家产矣……"[56]。

这样的中转行宫，"采檐不斫"、"不施丹雘"，减少修饰，而结构上仍保持较为完整的行宫格局，其花销达"中人十家产"的程度，而其余正规新建的行宫，其规模、豪华程度则应该远超过"中人十家产"的花费了。

（4）搭建临时的行营：大城蒙古包

《南巡盛典》卷首云："六巡江浙，法祖攸行，崇实黜华，悉归俭约，自燕赵而齐而鲁，銮舆所憩大率平陆高原，则仅如周礼之设幄张毡供其舍事，即或葺为数椽之屋，亦俱朴略无文……"[57]。

历次南巡时，乾隆帝除了在行宫驻跸，在未设置行宫之处均以行营驻跸，也就是由蒙古包组成的营地。特别是头几次南巡，在行宫设置不多的情况下，以蒙古包行营驻跸基本是皇帝的主要驻跸方式。

蒙古包是满族对蒙古族牧民住房的称呼。"包"，满语是家、屋的意思。在此之前的古代称蒙古包为穹庐、毡帐或毡包等。

清代皇帝长时间出巡时常常以蒙古包组成的行营驻跸，是满族统治者自关外带来的传统，凡是皇帝举行较大规模的出巡活动，如皇帝南巡、西巡或者每年的木兰行围等，在途中没有行宫驻跸的情况下均以行营驻跸。而以康熙、乾隆时期出巡时最盛。

乾隆皇帝更制定了《行营》的规制，乾隆二十年（1755年）对皇帝大规模出巡时使用的蒙古包行营制定了较为详细的规范："行营之制，内方外圆。中建黄幔城，外加网城，结绳为之。设连帐百七十有五为内城，启旌门三，每门植纛二。东镶黄，西正黄，南正白。外设连帐二百五十有四，为外城，启旌门四，每门植纛二，东镶白，西镶红，南以正蓝、镶蓝分日植之，北正红。外围设宿卫警跸，各帐皆以八旗护军官校环卫焉"[58]。皇帝出巡设置行营，建帐殿、立旌门（即插满彩旗的门），还要用绳索结网围于四周，称网城。设行营三重。内里行营摆连帐175座，设网城一重，旌门三道。在网城连帐十丈以外设外城，周围设连帐254座，设旌门四道。在外连帐六十丈（约180米）以外为警跸区。警跸区立帐房40座，各建旗帜，有八旗护军专司之。外城正南，为皇帝拟发谕旨的军机处、负责城防的提督衙门、管理民族事务的理藩院以及兵、刑、礼、工、吏、户六部营帐，东、西、北为随班八旗各部。行营外圆内方。层层设防，戒备森严；行营所驻各部职

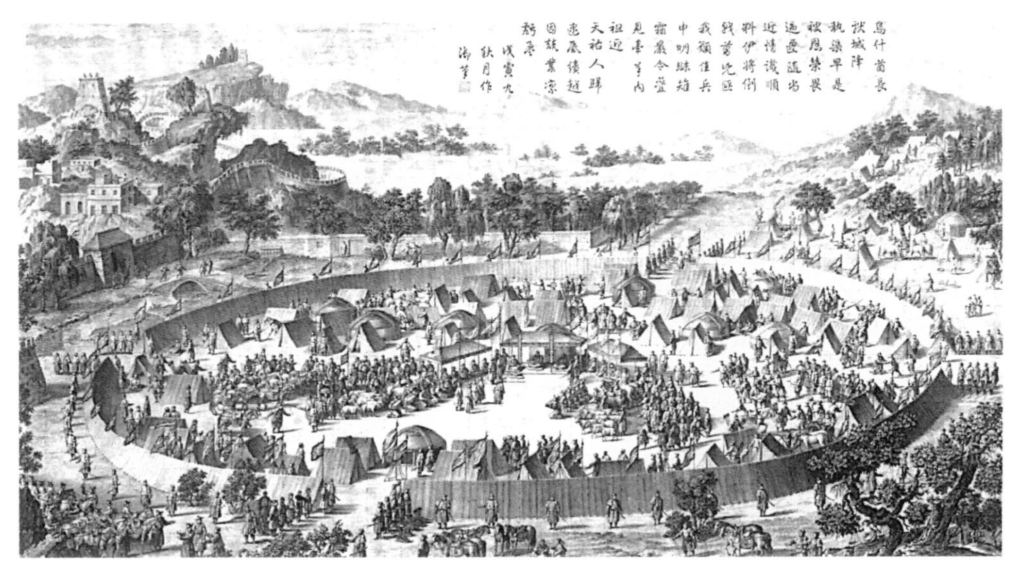

图12-23.《平定西域战图》中乾隆帝御营
《清代宫廷绘画》第186页。

能俱全，保证了皇帝在出巡期间能同样像在皇宫中的工作和生活（图12-23）。

所谓大城蒙古包，是清代官方文献中对皇帝出巡时专用的蒙古包帐房的称呼。通常情况下，在南巡途中，或在御舟水上大营驻跸，或择平整开阔之地，临时搭设帐篷旱营驻跸，水大营或旱大营统称御营。

御营虽为临时驻跸之处，但建制仍基本符合行营定制：中为皇帝下榻的御幄，围以带旌门的黄髹城或黄布幔城，外面是一层网城。护军营在网城百步外设警跸帐房，前锋营官兵还要在网城外一二里设卡，夜间巡更，对在卡内行走者要坐以军法。

南巡期间，行营的搭建向由工部武备院负责，一般是在历次南巡之前，由工部武备院将需要准备扎营物资的奏折汇总至总理行营王大臣处，由总理行营王大臣统一向皇帝请旨执行。例如乾隆十五年（1750年）初次南巡前夕，工部营缮司上报了南巡筹备计划之后，由当时的总理行营王大臣和硕庄亲王允禄统一向乾隆帝请旨，在允禄十一月十二日的奏折中对旱路行营的准备工作布置如下："皇太后、皇上旱路搭营所需大城蒙古包帐房等项据照今秋河南之例带往二分，工部应备黄城椿橛等项亦令照例带往，所用驼支及茶膳房等处应需驼支车辆交各与各处照例预备，皇上至徐家渡过河，至直隶厂地方留驻旱营一日阅视高堰堤工所用大城蒙古包帐房等项应先期运往搭营等候……"[59]。

皇上驻跸水营时也有统一安排，如乾隆十五年（1750年）十月初五日武备院奏折："皇上南巡至水营，皇上陛跸船上居住，若不备带四方帐房，倘遇有风或有住居不变之处均未可定，请将三丈四方帐房一架，二丈正房圆顶帐房一架，一丈五尺卧房圆顶帐房一架，帐房四架，净房帐房二架带往至马头大营处支盖应用，于每日清早拆卸先行赶赴支盖……"[60]。从奏折中同时还得知皇帝驻跸所用蒙古包帐房的功能和尺寸。

清代李斗的《扬州画舫录》中也对皇帝驻跸扬州期间路途中使用的大营蒙古包尺寸有所记载："马头皆距府州县城门一二里或三四里。马头大营例五十丈，皇太后大营例二十五丈，居住船上备带三丈四方帐房一架，二丈正房圆顶帐房一架，一丈五尺帐正房帐房一架，耳房帐房一架，于马头支盖，清早拆卸"。由此可知皇帝使用的蒙古包帐房，无论水营旱营均等级明确、功能齐备，以保证皇帝无论在水路旱路均保证如同在宫中一样的工作起居生活。

南巡期间同时也规定，大营帐房外围的黄布城由各地方官按照营盘大小准备，例如，第四次南巡前总理行营处规定按照往届南巡之例："圣驾南巡江苏省境内自龙泉庄起旱……所需大城蒙古包帐房等项俱奉内廷带出……所需外围黄布城俱系地方官各按营盘制备……"[61]

大城蒙古包行营是乾隆帝南巡期间重要的驻跸方式，也是对南巡行宫数量不足或者行宫之间间隔距离较远时的重要补充。

三、南巡行宫的建造实例

1. 由"衙署"改、扩建的苏州府行宫

（1）修建苏州府行宫的背景

清代苏州为江南一大都会，并且是清代"江南三织局"之一。乾隆二十七年（1762年）《新修陕西会馆记》中写道："苏州为东南一大都会，商贾辐辏……上至帝京，远连交广，以及海外诸洋……"。苏州一府，"纵横无过三百里，幅员不广"，但是工商繁盛、财物殷富，远过他郡。而且"声名文物"、"人才艺文"，向为"江左名区"，居于全国之先。因此，为康熙帝、乾隆帝南巡必至之地。乾隆时期著名苏州画家徐扬[62]于乾隆二十四年（1759年）绘制的《盛世滋生图》最为

形象真实地记载了乾隆年间苏州的繁华和鼎盛。

乾隆帝在苏州驻跸行宫有二，府城内以苏州织造衙门改扩建为苏州府行宫，府城外在灵岩山巅设置行宫。乾隆南巡时均顺运河由水路至苏州，一般先至苏州城内行宫驻跸，视察政务；然后移驾城外驻跸灵岩山行宫，驻跸期间顺便游览苏州名胜，如狮子林、虎丘、香雪海、寒山千尺雪等，均是乾隆帝每次必游的景致（图12–24）。乾隆帝六次南巡共在苏州驻跸52天，平均每次8.7天，而在苏州府行宫驻跸就达35天，为所有行宫第二多，除了因为苏州即是重要的江南重镇，同时又是苏州织造所在，皇帝本身对苏州及其景物的喜爱也是其中的因。

（2）修建苏州府行宫的过程与建筑格局

清代苏州织造署又称织造府、织造衙门，在葑门内带城桥下塘，与江宁、杭州织造署并称“江南三织造”。

苏州织造局早在明天启七年（1627年）奉旨终止织作，以致到了20年后的清初，织造局的房屋均已颓坏，甚至无存；工匠亦因停织和战乱而改行或逃亡。清顺治三年（1646年）“命内工部侍郎陈有明总理其事，即明嘉定伯周奎故宅改建”，初称织造局，又名总织局，俗呼南局，“康熙十三年（1674年）始专为苏州织造衙门”，亦称织造府或织造署，总织造局迁至衙门以北“孔副使巷”。织造衙门西有行宫，为康熙、乾隆“六飞南巡驻跸之所”[63]（图12–25）。

康熙四十二年（1703年），苏州织造署在署左添建了一大片[64]，织造署西部花园正式改建为行宫，亭阁廊房幽深曲折，翠竹碧梧交荫于庭，高悬御题“修竹清风”匾。

乾隆帝效法圣祖南巡，在苏州选择的两座行宫均为昔年康熙帝驻跸过的地方大致修葺而成。乾隆十五年（1750年）正月初四日首次南巡前，大学士公傅恒奏言：“……江宁苏州旧有行宫均在织造衙门之内，尚多完整，应照旧式修理粘补，亦估定修费会同江宁苏州两织造分修……”。[65]之后乾隆帝六次南巡均会前往，总共驻跸35天，仅次于驻跸最多的杭州圣因寺行宫（48天）。

根据乾隆《南巡盛典》中的记载，行宫以织造衙门分为左右两部分（图12–26），每部分各自布局为以连廊相接的院落空间，其中，左边的院落因为是康熙帝南巡时期即扩建为接驾的行宫，布局更加完整，中轴线包含了前部的宫门、朝房，中部以大殿为中心和后部以寝殿为中心的“前殿后寝”院落空间，另外还有东西线的辅助建筑群。其中与皇室日常活动相关的如礼佛祭祀、看戏娱乐密切相关的佛堂、戏台建筑规模也大于很多行宫，自成院落布置。外围以更路，将主轴线两侧的辅助建筑如从房、侍房、更房等相连，既可便捷服务皇室，又达到了围合以

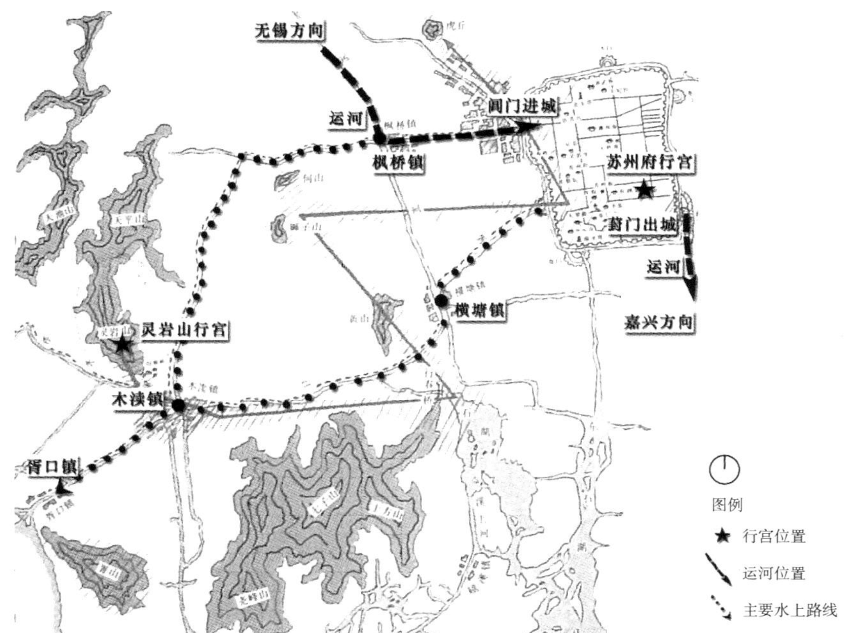

图12–24. 苏州府南巡行宫方位示意
根据《清高宗纯皇帝实录》绘制，底图来源：辽宁省博物馆、中国历史博物馆编. 盛世滋生图. 北京：文物出版社，1986：1.

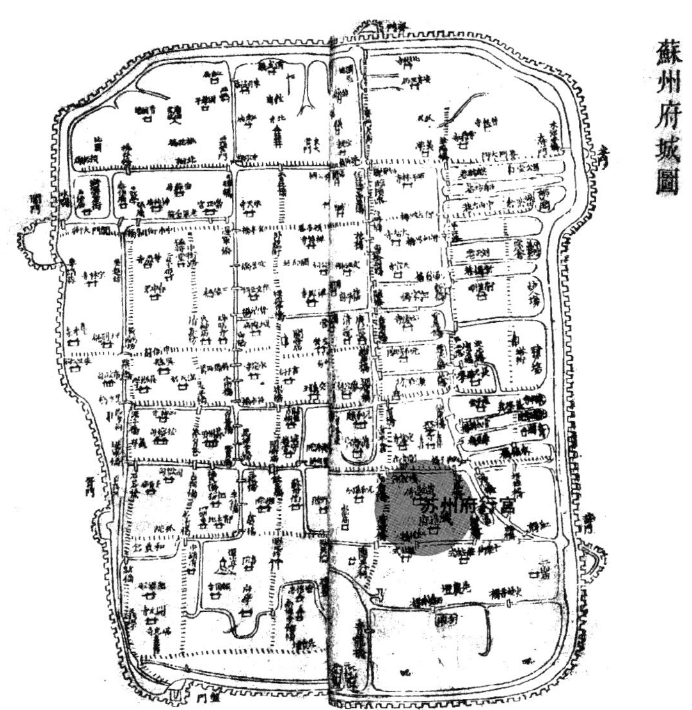

图12–25. 苏州府城与行宫（图示为织造府位置）
乾隆十三年（1748年）《苏州府志》附图.

图12-26.《南巡盛典》中苏州府行宫
《南巡盛典》卷九十七，名胜：2.

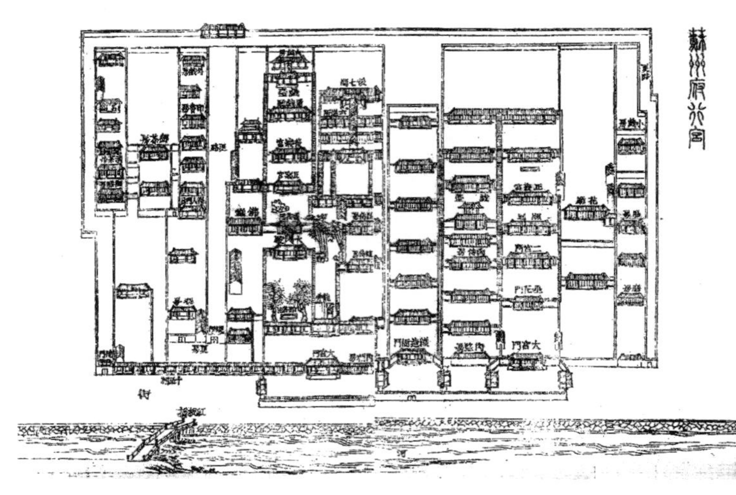

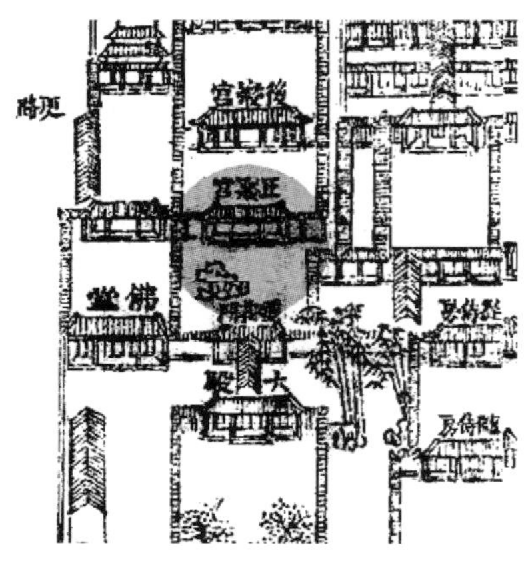

图12-27.《南巡盛典》苏州府行宫图中乾隆帝寝宫位置
《南巡盛典》卷九十七，名胜：2.

防卫的目的，而茶膳房的布置也非常合理，由御茶房、清茶房、御膳房及用作库房的辅助廊庑一起围合成院落较大的建筑群，设置于行宫西北角，与行宫主体隔以更路，这样既能保证随时为皇室成员服务，又避免了随行携带的大量家畜及杂物等对皇室成员的主要起居空间造成影响。

织造衙门右边的院落布局规模略简于左边，文献中只提到“织造衙门西有行宫”，没有对这部分的扩建情况进行描述，若从《南巡盛典》苏州府行宫图中推测，两侧应同样围以辅助院落空间，包括规模相对较小的佛堂、膳房和戏台等。

织造衙门东西两侧行宫均以东西向廊庑及围墙围合，通过设在整个行宫外围的更路将两边相连，这样各自完整又相对独立的布局，在四十八座南巡行宫中为独有。根据乾隆帝历次南巡对织造衙门以西行宫中所居“凝怀堂”的诗句，如第二次南巡御制诗《凝怀堂》附言“在苏州织造衙门旁行宫内，康熙年间赐名也，适来居之，辄是成咏。”[66]。又如第六次南巡御制诗《题凝怀堂》：“径入绿琳琅，三间别有堂。据床引绮思，列架发芸香……”[67]，证明历次南巡乾隆帝均住在西边行宫圣祖康熙帝赐名的凝怀堂里，推断东侧应为皇太后或其余内庭主驻跸之所。同时也证明图中正寝宫所示位置为乾隆帝寝殿所在（图12-27）。

而正寝宫前景石，为乾隆四十四年（1779年）移入

图12-28. 现存瑞云峰照片

行宫之江南名石“瑞云峰”。

(3)瑞云峰与苏州府行宫营造意匠

乾隆四十四年(1779年),原在东园(留园前身)遗址的瑞云峰被移入行宫。

民国《吴县志》记载：瑞云峰为一太湖石奇峰。传为北宋徽宗时“花石纲”遗物。当年应奉局特使朱勔采自太湖洞庭西山，称“小谢姑”，拟北运汴京，“才移舟中，石盘忽沉湖底，觅之不得，遂未果行”。明代为南浔董份所得。万历中归其婿太仆寺卿许泰时，载回苏州阊门外下塘东园，即今留园前身，名为“瑞云峰”。时称“大江南北花石纲遗石”以此“为祖”。清乾隆四十四年(1779年)，织造使者全德为迎接乾隆第五次南巡，迁瑞云峰至织造署西行宫内，立在水池中央，池周叠湖石假山陪衬。瑞云峰高5.12米，连盘座高6.23米，宽3.25米，厚1.3米，嵌空突兀，柔曲莹润，玲珑剔透，四面入画，有“妍巧甲于江南”之誉。[68](详见11.3.3留园盛期历史，图12-28)

苏州府行宫在建筑布局上功能合理，虽隔着织造衙门分隔为东西两部分，仍保持各自完整但合为一体的格局，行宫中似乎没有相对独立的行宫园林设置，只是在主轴线上大殿前有一小池，名为“砧花池”。而乾隆帝也从未对凝怀堂之外的景观赋过诗，推测因为苏州城内外名胜甚多，行宫内没必要占用大面积来营造园林。

瑞云峰的移入，正好弥补了苏州府行宫中没有专设园林的遗憾，作为江南三大名石之一，其在行宫营造中起到了妙笔点睛的作用。而其本身的美，更不必多用言语表达。清初李渔《闲情偶寄》有云：“言山石之美者，俱在透、漏、瘦三字。此通于彼，彼通于此，若有道路可行，所谓透也；石上有眼，四面玲珑，所谓漏也；壁立当空，孤峙无倚，所谓瘦也。”[69]用这个标准来衡量瑞云峰，无一不合。

(4)苏州府行宫遗存及现状

咸丰十年(1860年)战乱，苏州府行宫除假山外，建

图12-29. 苏州行宫遗址现存抱鼓石

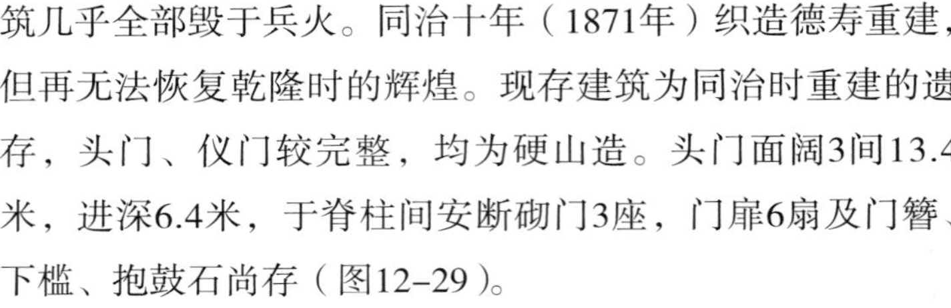

筑几乎全部毁于兵火。同治十年（1871年）织造德寿重建，但再无法恢复乾隆时的辉煌。现存建筑为同治时重建的遗存，头门、仪门较完整，均为硬山造。头门面阔3间13.4米，进深6.4米，于脊柱间安断砌门3座，门扉6扇及门簪、下槛、抱鼓石尚存（图12-29）。

民国时期，地方人士用其旧址创建振华女校，即今苏州第十中学前身（图12-30）。现存牌刻有清顺治《织造经制记》及顺治、乾隆、同治修建碑记等。包括以瑞云峰为中心的行宫遗址在内。苏州织造署旧址是“江南三织造”中现存遗迹最多的一处。

图12-30. 苏州行宫遗址现存头门

2. 用“捐输”改、扩建的扬州高旻寺行宫

（1）修建高旻寺行宫的背景

清代扬州乃盐策之要区，虽非江南省会，却具极重要的商业地位。因此，扬州也是历次皇帝南巡必至之地，除了视察盐务和漕运等情况，还会到盐商修建的行宫园林驻跸赏玩。

滨临东海的两淮地区素为食盐重要产地，扬州为两淮中心所在，盐务衙门即设于此，其“南暨荆襄，北通漳洛河济之境，资其生者，用以富饶”[70]。扬州盐商利用清政府给予的特殊政策——官方特许专卖，在盐业经营中积累巨额财富。清人汪中在《从政录》中估计：“向来山西、徽歙富人之商于淮者百数十户，蓄资以七八千万（两）计。”[71]而《清朝野史大观》中称：“百万以下皆称为小商”[72]。根据乾隆四十年（1775年）正月二十九日大臣奏报中可知，乾隆元年至三十九年（1736~1774年）的户部库银存银数目最多时为乾隆三十九年（1774年），为7894万余两。盐商积累的商业资本竟然可与清朝国库存银相当。

盐商为了表达对皇帝和政府的感恩，同时进一步不断得到政府的支持，常常采取各种形式捐输报效，据嘉庆《两淮盐法志》记载，从康熙十年到嘉庆九年（1671~1804

年）的100多年间，盐商前后向朝廷捐输银两3930.219万两。如乾隆三十八年（1773年）因平定大、小金川，盐商一次就捐输四百万两。而承担皇帝出巡的接驾任务，也是扬州盐商向朝廷捐输，以得到皇帝赏识的另一种重要方式。《扬州画舫录》中记载：为迎接乾隆帝南巡，“自高桥起，至迎恩亭止，两岸排列档子，淮南北三十总商分工派段，恭设香亭，奏乐演戏，迎銮于此。”[73]不仅如此，盐商们也会主动出资承修皇帝南巡在扬州驻跸的行宫。

乾隆帝南巡至扬州，共有两处行宫供他驻跸，分别是天宁寺行宫和高旻寺行宫（图12-31）。其中，天宁寺行宫为盐商出资建成，而具有官商合建背景的高旻寺行宫相比之下更有代表性。

高旻寺行宫，又名三汊河行宫、塔湾行宫或茱萸湾行宫。三汊河在江都县西南五十里，扬州运河之水至此分为二支：一支从仪征入江，一支从瓜州入江。岸上建塔名为天中塔，登寺内中天塔远眺，南可见镇江金、焦两山，北可望蜀岗，其地亦名宝塔湾，盖以寺中之天中塔而名之者也，圣祖仁康熙皇帝南巡时，书赐“高旻寺”，赐名茱萸湾。

高旻寺为扬州八大名刹之一，创建于隋，后屡兴屡废。清顺治间南河总督吴惟华复建。康熙三十八年（1699年）两淮盐商又捐金重建，“寺大门临河，右折，

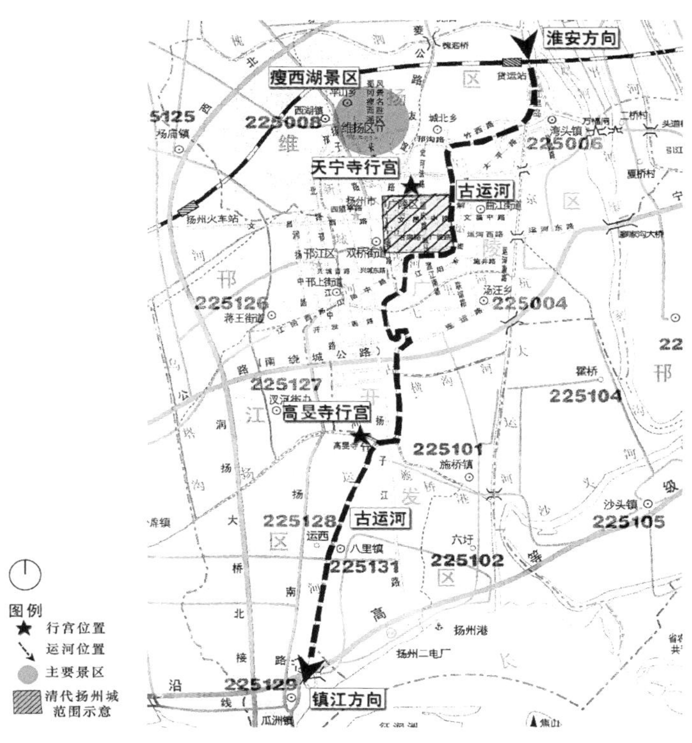

图12-31. 扬州府南巡行宫方位示意
根据《清高宗纯皇帝实录》绘制，底图来源：2007年扬州交通地图

图12-32. 扬州高旻寺临运河的大门
陈薇摄于2005年。

大殿五楹，供三世佛。殿后左右建御碑亭，中为金佛殿。殿本康熙年间撤内供奉金佛，送寺中供奉，故建是殿。殿后天中塔七层，塔后方丈，左翼僧寮……”[74]，为郡城八大刹之一（图12-32）。

康熙四十二年（1702年）起，时任两淮盐运史曹寅、苏州织造李煦和两淮盐商在高旻寺西修建行宫，名茱萸湾行宫，亦谓之塔湾行宫，行宫的主要出资人同样是扬州众盐商，而曹寅和李煦也分别捐银万两用以行宫建设。

据曹寅于康熙四十三年（1704年）十二月初二日的奏折称：“所有两淮商民顶戴皇恩，无由仰报，于臣未点差（指赴任两淮盐运御史）之前，敬于高旻寺西起建行宫。工程将竣，群望南巡驿，共遂瞻天仰圣之愿”。康熙帝虽在奏折上朱批：“行宫可以不必了”。但并未严加制止，实际上是一种默许[75]。

康熙四十四年（1705年）春，康熙帝第五次南巡，驻跸新建的高旻寺行宫。见行宫规模之大，气势雄伟，遂在赐纪荫和尚的诗里就说：“春梦深沉新刹中，陡闻清磬在林东”[76]。几乎将行宫误以为是另一座新建的寺庙。清人张符骧写的《竹西词》中所说：“三汊河干筑帝家，金钱滥用比泥沙”，描写虽然较为夸张，但也侧面反映了修建行宫花费之巨和宫室的奢靡华贵。

康熙帝在《述怀近体诗》序言中道：“茱萸湾之行宫，乃系盐商百姓感恩之诚而建，虽不与地方官吏，但工价不下数千。尝览汉书，文帝惜露台百金，后世称之。况为三宿，所费十倍于此乎？故作述怀近体一律以自警，又粘之壁间，以示淮扬之众。”诗云：“又驻塔湾见物华，先存□屋重桑麻。惠风遍拂维扬市，沛泽均沾吴越家。作鉴道君开艮岳，长嘘炀帝溺琼花。浇胸经史安邦用，莫遣争能纵欲奢”。[77]可见行宫豪华，让康熙帝借用隋炀帝沉湎扬州之乐而江山易主来警示自己和扬州官商。

不过对于行宫的舒适，康熙帝还是赞许的，为了嘉奖曹寅等人修建行宫的劳绩，康熙帝在这次南巡途中传谕：“前经降旨，命盐商修建宝塔湾之塔，后立即建成。而并未降旨命建朕宫室，亦在塔湾西建成宫室。此皆盐商自身出银建造者。着问曹寅，彼等出银若干，议奏给以虚衔顶戴。况且我们在外口建房之人及捐助银两者，也已议叙给予加级。曹寅、李煦、李灿既皆捐助银两，着议给彼等职衔。黄加正既亦出过力，着一并议奏。钦此钦遵。”当月，内务府等衙门即保奏：“曹寅等在宝塔湾修建驿宫，勤劳监修，且捐助银两。查曹寅、李煦各捐银壹万两。彼等皆能尽心公务，各自勤劳，甚为可嘉。理应斟酌捐银数，议叙加级，惟以捐银数目过多者，不便加级。因此，请给彼等以京堂兼衔：给曹寅以通政司衔；给李煦以大理寺卿衔；给李灿以参政道衔。通州分司黄加正，于修建行宫时既很勤劳，请加二级；台州分司刘日辉、淮安分司金浩林，来文中亦称勤，请给刘日辉、金浩林各加一级”。康熙当日便朱批“钦此”二字，以示同意。

康熙历次驻跸高旻寺，均赐有诗作和墨迹，如高旻寺名。康熙四十三年（1704年）九月又作《高旻寺碑记》，命勒于石，记载了高旻寺及行宫建设的始末。

（2）高旻寺行宫的特殊地位

从康熙帝最后一次南巡到乾隆帝第一次南巡，相隔44年。在乾隆六次南巡所驻跸的各地行宫中，高旻寺行宫地位特殊。乾隆帝六次南巡均驻跸高旻寺行宫，虽多次下旨令不许豪华陈设、踵事增华，但独高旻寺行宫除外。

乾隆帝在乾隆二十年（1755年）上谕中说：“此次南巡，除扬州高旻寺行宫，原系商人自行置办，仍听预备，但须交收清楚外，其余各处行宫，概无得陈设玩器。惟洁净轩窗，布置裀褥，足供顿宿可矣。若罗列膺鼎，以图饰观，甚属无味，殊可不必。将此传谕该督抚等，务各凛遵。尚仍前预备，必于尹继善、喀尔吉善等是问。”[78]

有了这道圣旨，高旻寺除了建筑富丽堂皇和庭院清幽别致，其内部便可陈设书画珍宝以悦上颜。

乾隆帝对高旻寺偏爱有加，如第一次南巡回銮再驻高旻寺时写《高旻寺行宫即事》一诗中，就曾透露这种心情：“塔影遥瞻碧水隈，北来驻跸又南来。风光一日更春夏，俯仰几时经往回。燕蹴残红点瑶席，鹤行浓绿印苍苔。江城畹晚犹牵兴，堤外兰舟且漫催。”[79]又如在第六次南巡时御制诗中曰：“最古行宫朴不华，奎章拈韵六之麻。一心无系于何系，四海为家此即家。熟路重来识堂构，行春宁为赏烟花。庸歌六度依成句，□笔于斯兴正奢”。[80]乾隆南巡到扬州，都“先驻是地，次日方入城至平山堂”，他在《自高旻寺行宫再游平山堂即景杂咏六首》诗中有“纡棹平山路”句，诗注云：“自高旻寺行宫策马度郡，至天宁行宫，易湖船，归亦仍之。以马便于船，且百姓得以近光。”谓此。“盖丁丑以前皆驻跸是地，天宁寺仅一过而已。迨天宁寺增建行宫，自是由崇家湾抵扬，先驻天宁行宫，次驻高旻寺行宫。由瓜州回銮，先驻高旻行宫，次驻天宁行宫。”[81]

乾隆帝六度驻跸高旻寺，作诗数十首。其中很多是描述高旻寺风物的。如五言律诗《高旻寺》："兰若青莲宇，浮图碧落天。名湾真不愧，埋雁亦堪传。未纵清明望，谁忘言象诠。金山不速客，暂尔随江烟"。他还为高旻寺行宫的一些宫室赐名，如罨画窗（用避暑山庄中窗名）、得闲堂、承煦堂等，并都有诗题咏。

（3）高旻寺行宫的建筑格局

对于高旻寺行宫建筑格局，府县志和《扬州画舫录》等地方文献中均语焉不详。惟《南巡盛典》中所绘高旻寺行宫图（图12-33），可以对高旻寺的面貌有一比较全面的认识。

清代高旻寺和行宫所占范围很大，但行宫占地约4/5，寺院仅占1/5左右。而且行宫大宫门居中，高旻寺在行宫东侧，又比行宫围墙东南角后缩数丈，处于从属地位。

《扬州画舫录》卷七对高旻寺行宫有以下描述："行宫在寺旁。初为垂花门，门内建前、中、后三殿、后罩房。左宫门前为茶膳房，茶膳房前为左朝房。门内为垂花门、西配房、正殿、后照殿。右宫门入书房、西套房、桥亭、戏台、看戏厅。厅前为闸口亭，亭旁廊房十余间，入歇山楼。厅后石板房、箭厅、万字亭、卧碑亭。歇山楼外为右朝房，前空地数十弓，乃放烟火处。郡中行宫以塔湾为先，系康熙间旧制。"[82]可见与南巡盛典图中规制相同。

高旻寺大门在寺院东南角，东向临河而开，和现在的形制大体一样。进门右折，寺内主体建筑为大殿五楹。殿后左右建御碑亭两座。再后为金佛殿，专为供奉康熙所赐的内府金佛而建，又称京佛殿。以上建筑四周围以高墙为前院。围墙北开左右二门通后院。后院内为天中塔和藏经楼、念佛堂等建筑。前院和后院的东廊房外，又分别围成前后两个院落，僧寮客舍，大多建于院内。

行宫在高旻寺之西，有高大的围墙与寺院隔开，夹巷的前段和后段，各有大门和过道，分别与寺院的前后两院相通。

整个行宫分为两部分，采用行宫建筑群布置的格局，左边为花园，右边为东、中、西三路建筑院落。中轴大宫门对面，有大影壁，过垂花门，建有前殿、中殿、后殿，为乾隆帝起居所在，轴线最后为罩房。东路为朝房和茶膳房，次为书房，以北入东垂花门，门内依次建有正殿、后罩殿和罩房，是为皇太后及其余内庭主驻跸之处。西路最前亦为朝房和茶膳房，次为书房，向北入西垂花门，有一小建筑群，自成院落，是为三机房。三机房后建有卧碑亭。行宫中还设置有佛堂两座，虽然《南巡盛典》行宫图中没有标明具体位置，但记载乾隆帝第二次南巡驻跸高旻寺行宫时，曾为行宫佛堂御赐对联："法云回荫莲华路，慈照长辉贝

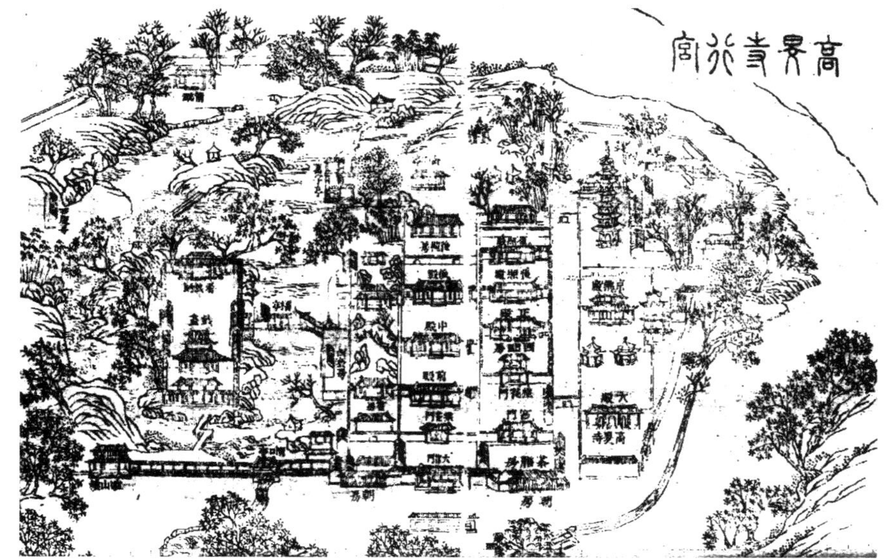

图12-33.《南巡盛典》中扬州高旻寺行宫
《南巡盛典》卷九十七，名胜：11.

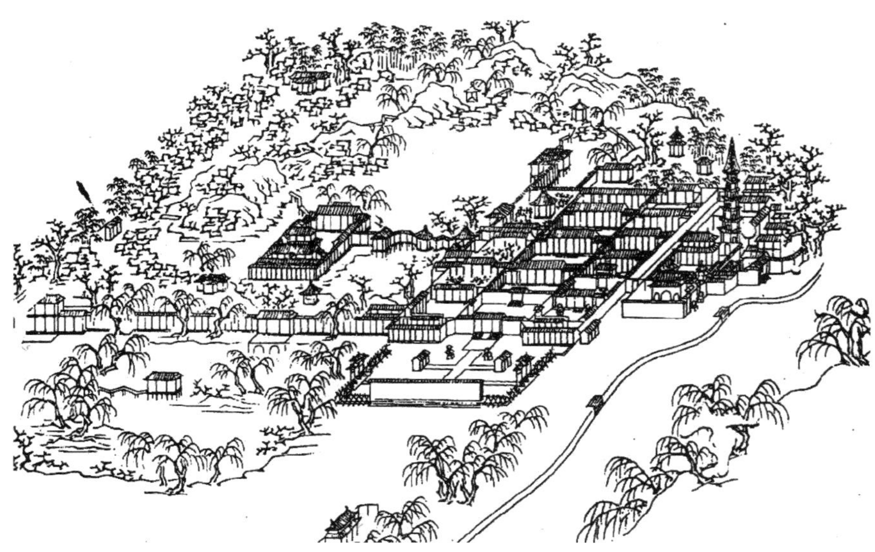

图12-34.《乾隆南巡游记》中扬州高旻寺行宫
《中国古代建筑大图典》：208.

叶经”，西所佛堂联：“塔铃便是广长舌，香篆还成妙鬘云。”[83]据此推断，其中一座佛堂应布置在西路院落之中（图12–34）。

左侧花园中有面积较大的水池，水为活水，通过花园南侧水闸引水渠与运河相连，闸上建闸口亭。池中有岛，岛上建戏台，为看戏娱乐之处。岛的东、南、西三面，均有桥通岸上。东面一桥较大，桥上建有桥亭。池四周植奇花异木，叠假山怪石，中间点缀建筑，为箭厅、歇山楼、石板房、万字亭等，构成清幽别致的花园，同时也体现了皇帝平时除勤政之外的活动，如尚武、游园、看戏等。园中临水而建万字亭，尤得乾隆帝的喜爱，乾隆帝形容其“曲折临水，致有佳趣”，并以避暑山庄建筑窗之名赐名曰“罨画窗”，在第三次南巡御制诗《罨画窗》中表达了他对这座精致的临水万字亭与山水相融意境的喜爱：“虚窗正对绿波涯，名借山庄号水斋。却似石渠披妙迹，水容山态各臻佳。”[84]

高旻寺和行宫的总体布局和主要建筑，大体完成于康熙四十年到四十五年（1701~1706年）间。雍正十二年（1734年）曾奉旨有一次规模较大的修缮。乾隆历次南巡前，也都有所维修和扩建。虽历次修建未有详细记载，但都未改变原有格局和基础。变动较大的是池中岛上的建筑。乾隆八年（1743年）修的《江都县志》所绘高旻寺图，岛上仅有疏篱、垂柳、竹林、茅舍，尚无戏台，可见戏台当为后建，为满足皇帝喜好增建之为。

（4）高旻寺行宫的现状情况

清代高旻寺及行宫经过康乾兴盛，至道光以后逐渐式微。特别是咸丰三年至六年（1853~1856年）间，高旻寺和行宫全部毁于兵火，宫室荡然无存。同治年间到光绪初年，相继在寺僧住持下，募建殿堂恢复庙宇。寺内存至近代的主要殿宇及亭台僧舍，多数为该时期建筑。而行宫无法恢复则产权他落。民国八年（1919年），来果（1881~1953年）法师任高旻寺住持，先后收回寺东放生河及行宫产地权，提高全寺地基高度1.65米，并建六角亭、宝塔、大雄宝殿、禅堂、延寿堂、如意寮等，仅天中塔因抗日战争爆发，未复建成功。新中国成立后，寺院在“文革”中又遭破坏，寺院及行宫地为工厂所用。1984年5月1日，来果弟子德林从上海回寺任住持，发大愿修复高旻寺，并重建天中塔和普同塔院，修缮了老禅堂、老会议室、康熙行宫遗址等。使高旻寺及行宫又得完整，不过与当年行宫为主、寺院为辅不同，行宫因寺院复兴得以重建，仅占局部，当年盛时景象不再（图12–35）。

图12-35. 扬州高旻寺
高旻寺官方网站http://www.gaominsi.org/index.asp.

3. 为“法祖”改、扩建的杭州西湖行宫

杭州府为浙江省会，京杭大运河终点所在，所谓“三吴都会，钱塘自古繁华”，是江南三织造中杭州织造府所在，也是清朝康乾两帝南巡的目的地。两帝历次南巡在杭州逗留时间较长，一般七八日，多则十余日。

杭州府设有行宫两处，为杭州府行宫和西湖行宫（图12-36）。其中西湖行宫为乾隆帝“法祖南巡”的终点，西湖行宫同时得到康熙和乾隆两位皇帝的驻跸和喜爱，乾隆帝历次南巡更是在此长驻共计48天，为南巡所有行宫驻跸天数最多者。

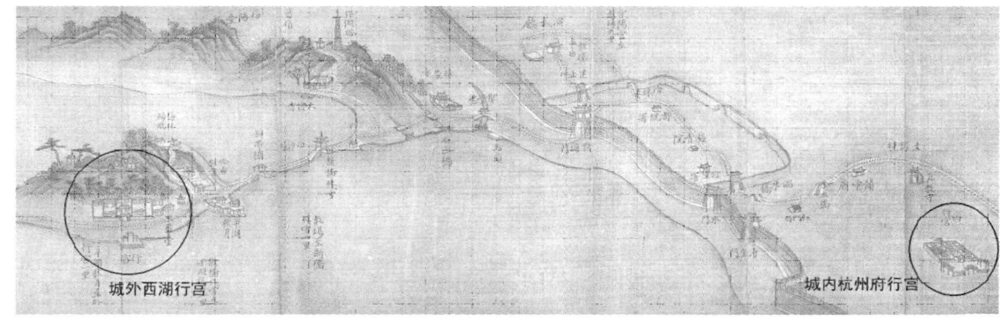

图12-36. 杭州两座行宫与杭州城关系
[清]内务府造办处舆图房绘制《西湖行宫图》(中国国家图书馆善本特藏精品)，浙江古籍出版社，2002.

（1）杭州西湖圣因寺行宫建置沿革

西湖圣因寺行宫位于西湖孤山正中，原为南宋时期的帝王苑囿，并建有西太乙宫和西圣延祥观等建筑。元人灭宋后一无所存。明代也未曾加以兴建。康熙四十四年（1705年）浙江巡抚奏准在孤山之南选址建造行宫，康熙帝曾奉皇太后銮舆在此驻跸十日之久。行宫正殿曰“澄观斋”，内层曰“涵清居”，东面为“西湖山房”、“揽胜斋”，匾联皆康熙题写。[85]雍正五年（1727年），浙江巡抚李卫奏请改孤山行宫为圣因寺，李卫奏称“孤山耸峙湖心，碧波环绕倚云，耀日泼翠流丹，为西湖最胜处，唐白居易诗‘蓬莱宫在水中央’正谓此也”。

雍正帝于雍正五年（1727年）效古明“舍宫为寺”，发谕旨将行宫改建为佛寺，其西边御苑也同时改成寺院园林。同年八月雍正皇帝钦定寺名为圣因寺，又御书寺额，并题大雄宝殿“泽永湖山”匾额。改建后主殿前部供奉菩萨，后部供奉圣祖牌位，称“圣祖神御殿”[86]。首进为弥勒殿，二进为大雄宝殿，三进为观音殿，四进为大门，五进为圣祖牌位。东侧为揽胜斋、西湖山房、涵清居、第一楼等，为王公显贵休憩处；西侧为方丈、法堂、僧人起居处。

（2）乾隆时期西湖圣因寺行宫格局

乾隆十六年（1751年）乾隆帝初次南巡，在圣因寺西面扩建行宫，宫殿规模超过原先，称西湖圣因寺行宫，并设“行宫八景”：四照亭、竹凉处、绿云径、瞰碧楼、贮月泉、鹫香庭、领要阁、玉兰堂。乾隆中期翟灏《湖山便览》一书中对西湖行宫有载：“乾隆十六年（1751年），皇上法祖勤民，亲奉皇太后銮舆，巡幸江浙，驻跸西湖。恭建行宫于圣因寺西，适当孤山正中，面临明圣湖，群山拱卫，规制天成。御题正殿额曰‘明湖福地’，进垂花门殿额曰‘月波云岫’。后为园，自园径拾级而登……有亭巍然，湖光山色，环绕辉映。御题曰‘四照亭’。亭下修竹万竿，清阴茂密，御题曰‘竹凉处’。循曲径而西，乔柯奇石，目不给赏……南为步廊，接崇楼，楼俯全湖，晴波绮谷，摇荡几牖，御题曰‘瞰碧楼’。楼下文石为台，面临曲沼，有泉出崖石间，演清漾碧，上挹天光，御师曰‘贮月泉’……其上恭建御碑亭，敬摹宸章，云汉昭回，焕耀天宇。数千年明圣之符，实征于今日云”[87]。与图中相符（图12-37）。

根据乾隆三十年（1765年）第四次南巡后出版的《南巡盛典》中行宫图所示，行宫主体仍采用宫殿常用之“廊院式”格局，乾隆帝驻跸主要使用的起居空间于行宫中轴线布置，前部为朝房与宫门组成，后部为“前殿后寝”的起居空间。主轴线两侧为皇太后及内庭主起居之次要院落，最西边相邻的院落为“阿哥所”，为随驾南巡的皇子们使用。行宫最南侧还设有膳房，最北侧与孤山相接处

图12–37.《御览西湖志纂》中乾隆时期西湖行宫八景
[清]梁诗正、沈德潜、傅王露等撰:《西湖志纂》卷一：39~40，文渊阁《四库全书》原文电子版，济南开发区汇文科技开发中心编制，武汉大学出版社。

设置净房，均为随驾南巡之侍从工作、起居使用所在，行宫最东侧与圣因寺相连，并隔以更路。随驾大臣们议事的“军机处”则安排在紧邻行宫的东南侧院落中。乾隆前四次南巡时，基本保持上述格局。第五次南巡前，将原方丈室法堂建筑改成了头进为东茶膳房九间，过垂花门二进内是前寝宫五间，因皇太后仙逝，将位于乾隆帝使用之中央院落东侧后寝宫五间改为贮存《古今图书集成》之所，又称藏书堂[88]。根据《清宫御档》中乾隆西湖行宫图，进一步确定有关行宫布局如下：

乾隆西湖行宫在圣因寺基础上扩建而成，由孤山山麓的行宫院落和延伸至孤山的由行宫八景主要构成的行宫花园组成。

行宫中规模最大的中轴线院落有独立的更路围合以保安全，其奏事殿（面阔五间）、寝宫（面阔七间）和后罩房（面阔九间）按照“前殿后寝”的院落式布局，且规制为整个行宫最高，应为乾隆帝驻跸起居之处。

行宫中轴线以东的院落也有独立的更路，安全系数较高，为皇太后及皇后的寝宫。同时后两次南巡因皇太后仙逝将第三进后寝宫五间改为藏书堂，所以皇太

图12-38.《清宫御档》中西湖行宫
《清宫御档》第二函《乾隆南巡御档》第一册，附图二《西湖行宫图》，中国第一历史档案馆编，华宝斋书社，2001.

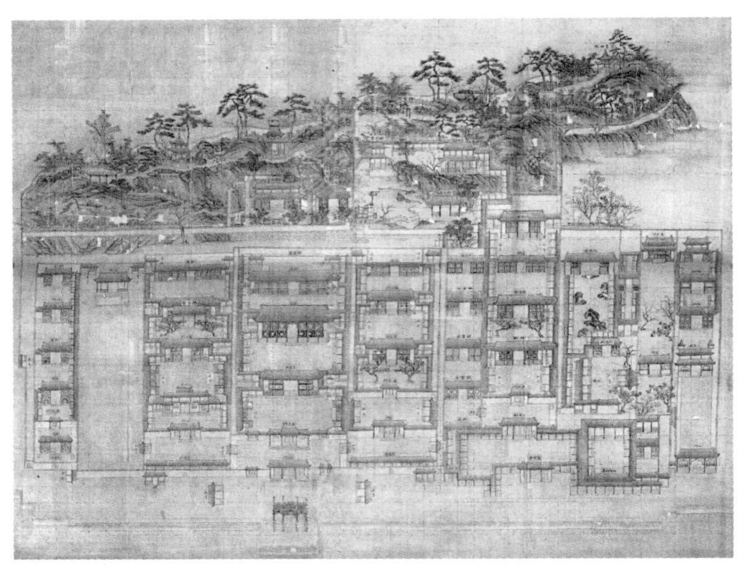

后起居在后寝宫。而前寝宫应为皇后或随驾之级别较高的内庭主起居之处。

而行宫布局最大的改动，或者说对行宫建设最大的发展，即是乾隆四十八年（1783年）左右将中轴线东侧院落包括前寝宫、藏经堂、罩房等直至宫墙间所有建筑全部拆除以及最北侧连同罩房前后之空地，改建文澜阁（包括藏书阁、水池、假山、月台、趣亭等），用以存放《四库全书》（图12-38）。

（3）西湖圣因寺行宫的发展——文澜阁的建置

乾隆四十七年（1782年）七月，第一份《四库全书》缮成。乾隆帝认为："……江浙为人文渊薮，朕翠华临莅，士子涵儒教泽，乐育渐摩，已非一日，其间力学好古之士、愿读中秘书者自不乏人。"于是他发谕旨"着交四库馆再缮写全书三分，安置各该处，俾江浙士子得以就近观摩誊录，用昭我国家藏书美富，教思无穷之盛轨"。为了落实此项举措，同日他又下谕旨给福隆安、和珅，令传谕闽浙总督兼浙江巡抚陈辉祖、两淮盐政伊龄阿、浙江布政使署理杭州织造盛住落实三阁藏书事宜。其中有关浙江的他明确指出："杭州圣因寺后之玉兰堂，着交陈辉祖、盛住改建文澜阁，并安置书格备用。"至于修建书格等项工费，则命"浙江商人捐办"。他认为浙江商人"情殷桑梓，于此等嘉惠艺林之事，自必踊跃观成，欢欣从事也。"[89]

乾隆皇帝的上述谕旨到达浙江后，闽浙总督兼浙江巡抚陈辉祖会同浙江布政使署理杭州织造盛住立即前往实地勘察，发现玉兰堂逼近山根，地势潮湿，难以藏贮书籍，惟玉兰堂之东有藏书堂，曾经是皇太后驻跸处，后改作藏贮《古今图书集成》之用。藏书堂后地盘宽阔，后照三楹，拟在此处仿照文渊等阁改建为文渊阁，以便收贮《四库全书》。陈辉祖、盛住将上述情况于八月初十日专折奏报乾隆，“并绘图进呈”。奏折并附盐商何永和等表示愿承担改建造费用及“雇觅书手缮写全书之费”的建议。同年九月初二日乾隆又发上谕，表示原则同意陈辉祖、盛住意见，“现在盛住奏请陛见，且俟伊到京后询明该处情况，将文渊阁样式带去，再行办理”。至于改建费用，考虑到浙江盐商“情殷桑梓，踊跃输忱，尚可准行”，至于缮写《四库全书》的费用，按原定仍由朝廷动用官帑办理。[90]

再据闽浙总督富勒浑乾隆四十七年（1782年）十二月初九日奏折：“令盛住将玉兰堂后地盘形势详细绘图，并将需用工料先行估计，俟赴京时奏请训示。”[91]盛住赴京汇报请示在十二月中旬以后，故文澜阁兴建大致在四十八年（1783年）春。又据军机处乾隆四十八年（1783年）十一月二十二日档载：“杭州西湖添建文澜阁，所有碑刻匾额，现奉旨发下墨宝四张，贵督即遵照卷幅背面所开办理可也。”[92]此时文澜阁尚在建造之中。待到乾隆帝第六次南巡时在四十九年（1784年）正月，到杭州时为三月辛丑，此时文澜阁已建成。从雍正、乾隆、光绪三个时间段的西湖全图中可以看到文澜阁，且方位正好位于圣因寺与乾隆行宫之间（图12–39）。

《两浙盐法志》卷二《文澜阁图说》：“阁在孤山之阳，左为白堤，右为西泠桥，地势高敞，揽西湖全胜。外为垂花门，门内为大厅，厅后为大池。池中一峰独耸，名仙人峰。东为御碑亭，西为游廊，中为文澜阁。”规制取法于宁波天一阁，并仿照文渊阁，外观两层实为三层（用清代流行的省工省料“偷工造法”建造），顶层通作一间，取“天一生水”之意，底层六间，取“地六成之”之义，屋面重檐歇山顶，背山轩立。顶上覆盖深绿琉璃瓦，黄色剪边（图12–40）。

阁前凿水池中有奇石耸立，名仙人峰。再前有御座房，有狮虎群假山一座，上建月台、趣亭，遥遥相对，假山中开洞窟，可穿越、可登临，玲珑奇巧。

乾隆帝第六次南巡时亲览其地，赐题敷文观海匾额并作《题文澜阁》诗：“四库抄成藏次第，因之絜矩到南邦。班佣此实官帑发，卢径彼殊众力扛。究钺必公慎取舍，淄渑细辨斥蒙庞。范家天一于斯近，幸也文澜乃得双。”[93]

又登假山上之“趣亭”、“月台”，赋诗各一：《趣亭》“文源取式逮文津，亦有趣亭栖碧峋。寄语将来抄书者，文澜不外史经循。”《月台》“叠石为山路不长，月台重肖米襄阳。限于地异平湖好，登望微嫌似面墙。”[94]并可知文澜阁假山一人多高，西湖被遮住而望不见，乾隆帝“微嫌”美中不足。

西湖行宫与御花园、文澜阁均于咸丰十年（1860年）毁于兵火。今仅存文澜阁，为光绪六至七年间（1880~1881年）按原样重建。主持者参考原有规制“临

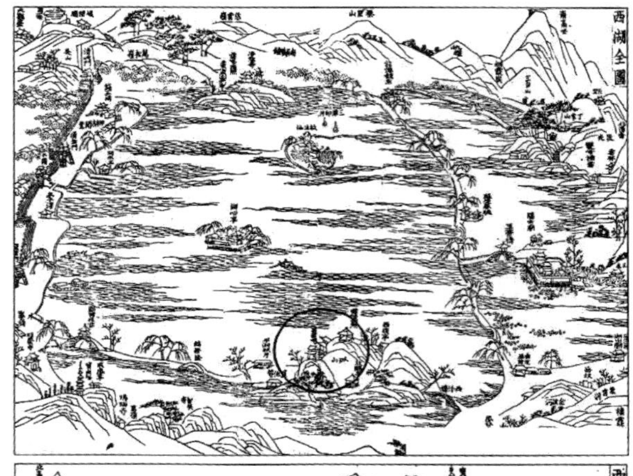

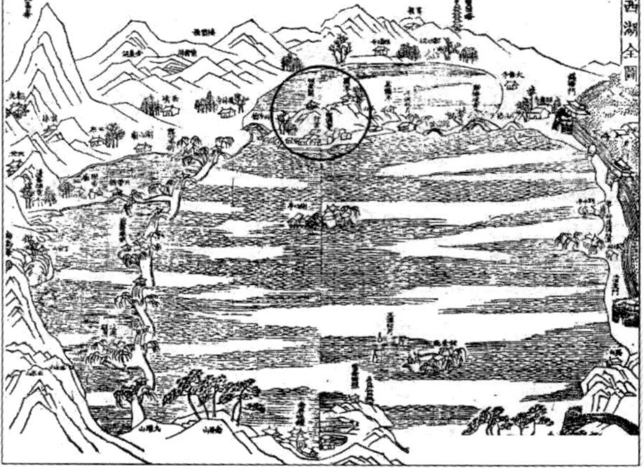

◯ 各时期西湖行宫位置

图12-39．上为《西湖志》中雍正西湖全图，行宫位置为圣因寺；中为《御览西湖志纂》中乾隆西湖全图，行宫位置为圣因寺和行宫；下为《杭州府志》中光绪西湖全图，行宫位置为圣因寺、文澜阁和行宫。黑色圆圈为各时期西湖行宫位置示意。

（雍正）西湖全图《西湖志》卷三，（乾隆）西湖全图《西湖志纂》卷一，（光绪）西湖全图，（光绪）《杭州府志》附图。

图12-40.《文澜阁志》中文澜阁
[清]《文澜阁志》,《西湖文献集成》,杭州出版社,2004.

湖竖坊一座,建垂花门、宫门各三,东西边门二、角门二。其左为待漏房,内为阁之前门。阁前旧有池,池之南建平厅五,迤西为廊为亭,东为御碑亭站台。池之北就旧址筑阁三成,阁之东别创太乙分青室,为士子愿读中秘书者憩息之所。又向西为书室五,内外庖湢器用毕具。山石荦荦,整迭苴补,杂植花木,甃砌妥贴,四周缭以院墙,凡六百八十丈",次年重建工作告竣,文澜阁基本恢复原貌。为表示尊崇,地方官吏还特别奏请光绪皇帝赐满汉合璧"文澜阁"匾额一方,悬挂阁上。[95]这次修复,基本还文澜阁旧观。假山、水池仍是旧物,整体格局、位子、面积,基本与原先一致。阁、御碑亭、围墙等为重建,厅中新建平房五间,阁边门外增建太乙分青室三间,专供士子阅抄书之用。

(4)杭州西湖圣因寺行宫及文澜阁现状

行宫和御苑的位置,约当今浙江省博物馆和所属文澜阁藏书楼及中山公园,历史文献记载和遗址均不甚清楚。而乾隆时期的行宫御苑情况,以及现存遗址遗物,乾隆乙酉(1765年)翟晴江《湖山便览》记录甚详,与现存遗址对照还依稀可辨。

现状西湖行宫的位置,即今中山公园的位置。大门临湖,现有的公园大门已非原来所存乾隆御题"明湖福地"之原物,但门前石狮尚属旧物。入门之后,已成一片空阔广场,广场之内,石砌殿宇、廊庑台基石阶,重重相接,遗址依稀可辨。通过广场中的殿路遗址,迎面石壁屏立,上写"孤山"二字,自此沿石级上登,即可达山间旧时行宫御苑。

山间历代帝王苑囿遗迹,残件甚多,础石、基台大多为清代之物。行宫其余部分已荡为平地。其东面圣因寺已建为浙江博物馆，其西面乾隆寝宫改为中山公园，戏台、箭道等地成了浙江图书馆。

而文澜阁因重建，今所见到的面貌与原貌相较也有一定的差异。阁坐北朝南，背山面湖。四面围墙，长约百步，宽三十余步。入围墙大门，内为待漏房九间和垂花门，建筑经过重建。过门、假山似墙迎面，假山上东为月台，西为趣亭，假山中有洞为道，过假山是厅。厅前建有大水池，环绕三边为太湖石，一边为石栏。池中矗立太湖巨石“仙人峰”，因石形似人故名，与杭州曲院风荷之“绉云峰”、苏州留园之“冠云峰”合称“江南三名石”。厅分二道：西往游廊，东通御碑亭。碑正面刻乾隆帝《题文澜阁》七律诗，背面刻乾隆四十七年（1782年）复抄江南三部《四库全书》上谕。池北为文澜阁。

文澜阁与七阁[96]一致，均仿宁波明藏书楼天一阁式样，但有所改动。原阁为歇山顶，重修改成硬山顶。

从乾隆四十七年（1782年）圣旨中“将文渊阁式样带去”知道，文澜阁建筑图非重新设计，鉴文渊阁式样，而庭院、假山、水池等布置，仅是参照，有自己特色。而文渊阁样式又源于宁波“天一阁”（四库七阁均取天一阁之式[97]）。天一阁为硬山顶，文渊阁改为歇山顶，文澜阁原阁也是歇山顶，从嘉庆《文澜阁志》上所绘文澜阁图可以得到佐证。阁脊两头为龙头，檐端前后各有两尊神像（图12-40）。

今阁硬山顶，顶用黑色筒瓦。阁为木结构，双檐，东西两面砖甃风火墙，以防火。明二层，内中夹一暗层为三层，较天一阁多一层，楼六间，其中西一间为楼梯，取“天一成水，地六成之”意。窗扉皆为绿色，意取水色克火。阁上檐中间悬挂“文澜阁”满汉文匾额。原匾额字为乾隆帝御书，已毁，今匾字本请光绪御书。阁东有小御碑亭，碑正面刻“文澜阁”满汉文，字与匾额同，背面刻光绪七年上谕，由浙江巡抚谭钟麟书写。整个文澜阁景区阁苑相合，宽朗清雅，疏密得宜，错落有致，有山有水，有亭有石，回廊曲径，松柏苍郁，桂花飘香，面积较天一阁增倍。据工作人员介绍，文澜阁在最近一次大修中将尽量“整旧如旧”，包括屋顶本应该为琉璃瓦，而现在为砖瓦；亭柱原来是墨绿色，而现在有的为红色，有的为绿色；路面原为方砖，而现在为水泥地面……修缮后的文澜阁将会体现出其初建时的风貌。

4. 为“阅河”、新建的徐州云龙山行宫

乾隆帝在《御制南巡记》中有云“南巡之事，莫大于河工”[98]，乾隆帝六次

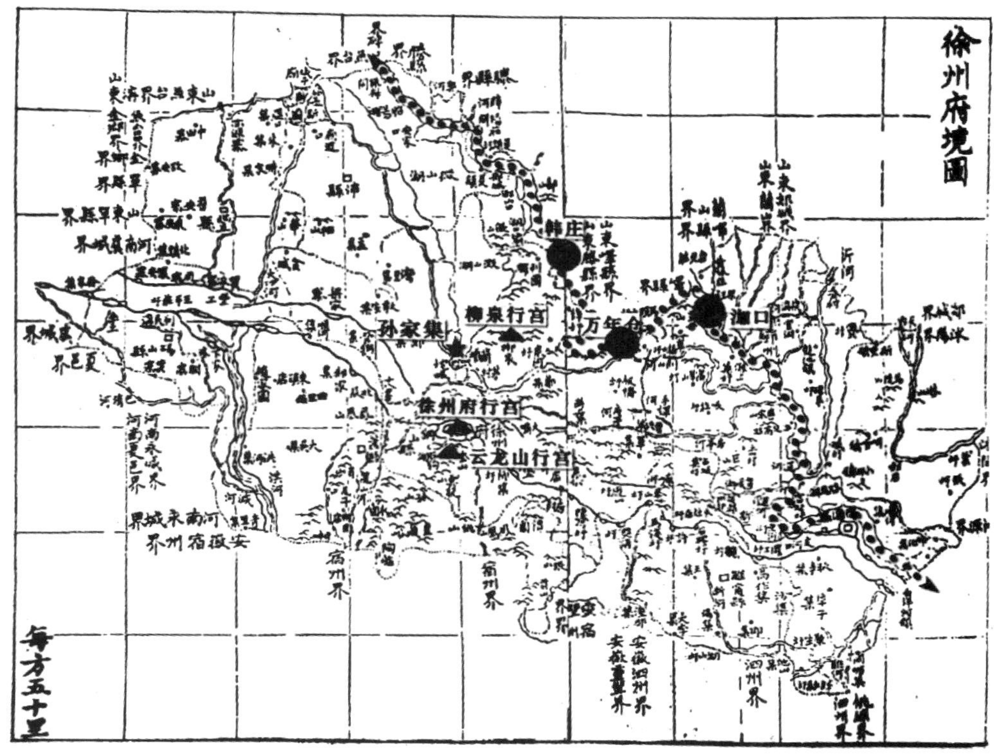

图12-41．徐州府境内南巡行宫方位示意
根据《南巡盛典》绘制，底图来源：赵明奇主编：《全本徐州府志》附图“徐州府境图”，中华书局出版，2001.

南巡，四次到徐州视察，其直接原因就与河工水情密切相关。而为了至徐州阅河，也直接影响到后几次南巡回銮路线的转变。例如首次南巡因不至徐州阅河，南巡回銮仍从来时路回京。后几次南巡，包括第五次南巡未至徐州阅河时，回銮均于江苏宿迁改道西北，从山东滕县经曲阜回京。

乾隆帝四次到徐州一共有三处行宫：城内的徐州府行宫、城外云龙山麓的云龙山行宫及府城东北的柳泉行宫（图12-41）。

徐州三座行宫的分布基本位于距离运河、徐州府城及河工阅视重点地孙家集的周围，以方便皇帝视察政务和水工。其中，徐州府行宫为初次到徐州时改建城内的徐州府衙署而成，乾隆帝回銮后仍恢复其衙署的功能；于府城稍远的柳泉行宫，建成于第六次南巡前夕，由于乾隆帝至孙家集视察河工路线的改变，由前几次从韩庄水大营登陆改为从万年仓水大营登陆，考虑到中途休整所需而建。乾隆帝于上述两座行宫均只驻跸一宿。

（1）修建徐州云龙山行宫的背景

研究徐州云龙山行宫的兴建与当时黄河水患的背景分不开。

历史上黄河就以“善淤、善决、善徙”著名，尤其是黄河下游河道变迁极为复杂。据文献载，从先秦到新中国成立前约3000年间，黄河下游决口泛滥达1593次，平均三年两次决口，对黄河下游城市造成极大威胁，重要改道26次[99]。清代咸丰五年（1855年）六月黄河在兰阳铜瓦厢（今河南兰考）决口，在山东寿张县张秋镇穿过运河，挟大清河入海。之前，徐州一带一直为清代黄河河工重要之地。

“乾隆二十一年（1756年），黄河铜山北岸孙家集河水漫溢，灌入微山湖下及荆山桥河，铜、邳、桃、海、沭诸州县被淹”。乾隆皇帝闻讯后，急命主管工程的董役在徐州修筑堤岸，堵塞决口。乾隆二十二年（1757年）二月二十二日，皇帝发上谕“淮徐各工，亿万民生攸系，朕宵旰忧勤，时殷轸念者，翠华南迈，再莅江南，于清黄交汇处，及高堰石工虽已亲临阅视，而徐州一郡，地处上游，南北两岸相距甚迫，远承陕豫诸水，一遇盛涨，时有溃决之患，特命白钟山、张师载、嵇璜、高晋前往确勘形势……一切应浚应筑奏牍批答，自不如亲临相度，又得以随处指示也，拟于回銮渡淮后由顺河集前往徐州……”[100]。这次南巡回銮时，乾隆帝从水路舟行至直隶厂水大营，然后离舟登陆，于四月初四、初五两日在徐州驻跸视察水情。乾隆帝亲莅临徐州视察灾情并下令“增建石工四段，长一千五百六十六丈，使新旧石工相连，徐州一带，深资保障”[101]。这次因是南巡途中突然决定前往，所以徐州尚未准备行宫接驾，即将徐州府署设为行宫供乾隆帝驻跸。

由于徐州府署作为南巡行宫的暂时性，而乾隆帝在乾隆二十二年（1757年）首次到徐州视河之时曾有谕：“一二年后，朕将亲临考察……”[102]，后第三、四次及第六次南巡，乾隆帝都亲至徐州视察石工，所以对徐州至韩家山一带尚存的空档四百三十丈进行处理，并于“壬寅年（乾隆四十七年，1782年）已告工竣”[103]。

（2）修建徐州云龙山行宫的择地过程

为了安澜及日后到徐州视察河工之便，乾隆帝在乾隆二十二年（1757年）南巡之后，有旨在徐州“择地建龙王庙”。同时“酌量修建房屋以为勘工驻跸之所”[104]。地方大吏得旨后，自然不会真如皇帝所言随便修建几间房屋，而是择风景之地修建一座真正讨皇帝喜的行宫（图12–42）。

乾隆二十二年（1757年）五月初三日，两江总督尹继善奏言：“……臣谨遵谕旨于恭送圣驾后回至徐州亲行查勘，彭城地处洼下，高燥平坦之区甚少，北门外虽旧有大王庙，但地势窄狭，两旁俱系民房。城外周回查阅，西门外地势虽宽，一遇阴雨即有积水，惟云龙山旁有隙地十余丈可以建庙……西北有地数十丈

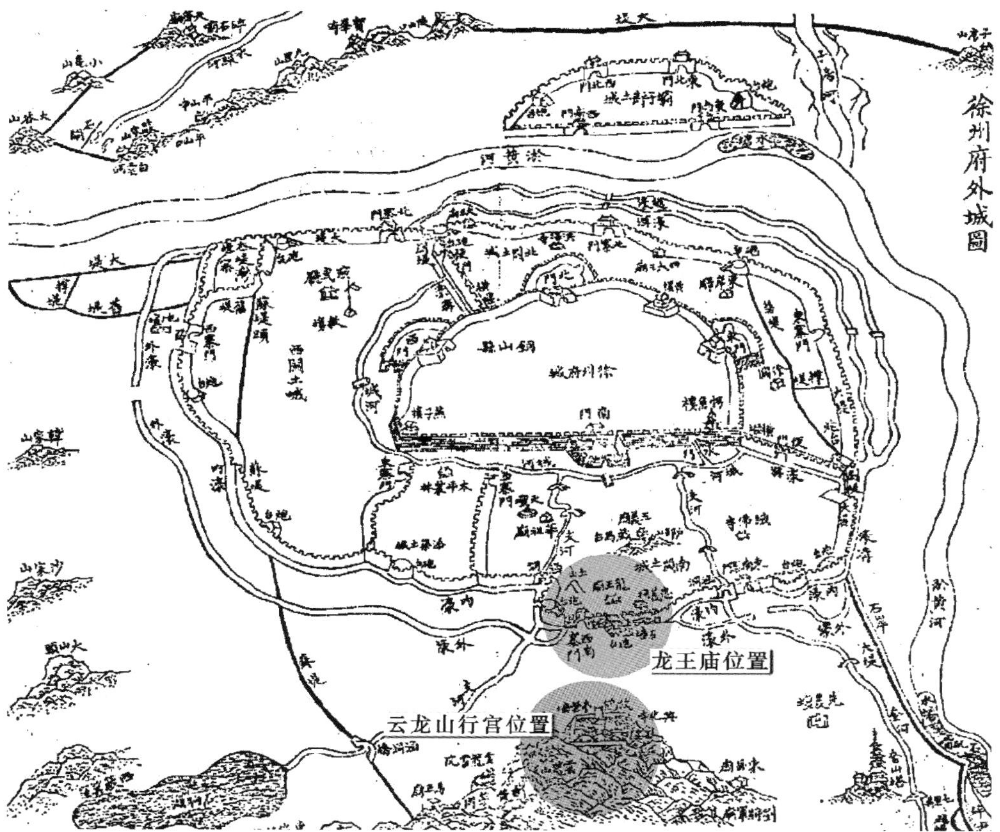

图12–42．徐州云龙山行宫及龙王庙位置示意
据赵明奇主编:《全本徐州府志》附图“徐州府外城图”，中华书局出版，2001年12月图绘制。

高爽平坦可建行宫，其地在郡城之南云龙山之北，远近适中……”[105]。从尹继善择地来看，并不是“十余丈”的建庙用地，而是为了选出位于风景俱佳、地势宽阔的“数十丈”建行宫的用地，这与皇帝的初衷不符，乾隆帝怎能看不出大臣的“良苦用心”，但是皇帝的主要意图是建立龙王庙以“答灵贶嗣”，所以皇帝在回复的上谕中说：“不必另择地，此不过在庙旁就便一宿之地可耳，何须多费庙墙，周围宽展足容数间憩息一宿为妙。”[106]半年之后乾隆帝又想到这件事，并感觉到大臣正在默默抓紧建设，于是向尹继善问起：“……朕批示不必另择地基……乃距今日久，所办为何未经奏到，此等处不过数年一至，信宿言旋何必多费以示美观，该督勿因前已估计兴工，遂谓成事不说，所以非体朕意也。着传谕尹继善，务遵前旨将现在所办情形即行具奏……”[107]。地方看到皇帝已经觉察到行宫的建设行为，无法再用“先建后奏”的方法，尹继善于是在奏折中委婉说起行宫的建造仅仅是“臣佯体圣心，诸从简朴办理，随即亲行相度，即于庙基之旁拟建行宫三层，从房亦不多盖，止期朴实不事华美，约计费用不过八九千两……明春即可告成”[108]。然而，究竟行宫的规模是否真如尹继善所报告的规模？从《南巡盛典》中记载的行宫图看来，并不止是“行宫三层，从房亦不多盖”那么简单。

（3）徐州云龙山行宫的建筑布局及遗存现状

从清代《南巡盛典》所载徐州乾隆行宫的全图可见，行宫及龙王庙为一个整体，其范围北至土山，南抵云龙山，东接御桥。行宫虽是在惠佑龙王庙一侧扩建，但规模大大超过龙王庙，有“喧宾夺主”之意。可见在贯彻皇帝之意时，地方大吏将主次颠倒，为皇帝建造了一座真正意义上的行宫（图12-43）。

从乾隆帝亲自为行宫撰写的两副对联“名园依绿水，野竹上青霄”，“户外一峰秀，阶前众壑深”[109]可知，乾隆帝虽然对尹继善修建云龙山行宫的规模过大不满，但是对行宫的选址和构建颇为满意，这也表明了皇帝对地方大吏这一建设行为的暗许，并可想见当年行宫景色的秀丽宜人。

徐州云龙山行宫整组建筑分为东西两部分，西侧为以惠佑龙王庙及药王庙为主体的院落，规模较小。东侧为行宫主体，保留皇家宫殿建筑中、东、西三轴线院落布局。《铜山县志》载：“行宫在云龙山北麓，乾隆二十二年（1757年）奉敕建，道光四年（1824年）徐道耆德同沛同知胡晋重修。”[110]。从图中可见，重建的行宫基本保持了乾隆时期的布局，中轴线上保持了“前殿后寝”的功能分区，“行宫前殿，驻跸批折、向军机大臣发旨及宣召地方大臣咨询政务之地方”[111]，而后殿院落则是皇室人员休息之地（图12-44）。

清末以后，行宫建筑大多已毁。现状存有大殿和东西配房各三楹，为道光时期建筑（图12-45）。大殿依山而建，结构完整，坐北朝南，正对云龙山，面阔

图12–43.《南巡盛典》中徐州云龙山及云龙山行宫示意
《南巡盛典》卷一百一．名胜：11.

图12–44.《铜山县志》中徐州云龙山行宫
（道光）《铜山县治》图式：10.

图12–45. 民国时期徐州云龙山行宫照片
徐州博物馆考古部提供。

13.3米，进深6.8米，四梁八柱，全系川柏建造。单檐挑角，黄釉筒瓦，椽檩彩绘，虽然从彩绘和琉璃件可以得知行宫等级不高，但廊楣绘有金龙，金碧辉煌，建筑造型朴实稳健，体现了行宫建筑作为官式建筑的威严；而四周围以柱廊，与背傍的青山互为倚靠，又体现了与自然环境中营造行宫的自得。据工作人员介绍，内部构造规整考究，自底而上层层相扣，线条匀称坚固结实，既具有装饰性的美感，又节省材料和增加空间，并能分散顶盖的强大压力，体现了清代工匠高超的建造技巧，即使在300年后的今天，多数构件仍无错缝、变形的现象。

再据工作人员介绍，云龙山行宫内部彩绘题材广泛，内容丰富，形象反映清代社会经济、文化、生活乃至社会意识的若干侧面，是研究清代历史珍贵的第一手物质资料。惜今无法看到。

新中国成立后对云龙山行宫进行了一系列的保护维修工程，1959年将行宫辟为博物馆，成为徐州博物馆的三大景区之一。1980年5月对乾隆行宫大殿进行了翻修。1982年公布为市级文物保护单位。1996年决定在原址辟地扩建博物馆，新馆于1999年5月竣工开放。占地面积2.3万平方米，建筑面积1.2万平方米，由陈列楼、乾隆行宫与湖山杨氏石刻碑园、土山汉墓3大展区组成。2005年4~5月间进行绘梁加色、油漆、地面维修、基台维修等维修工程。现状为2005年装修后的景象（图12-46）。

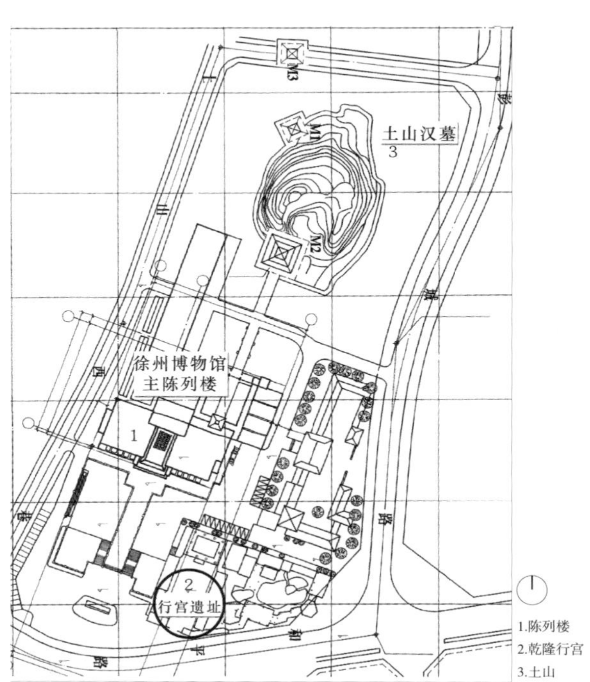

图12-46．现状徐州博物馆三部分位置示意
徐州博物馆考古部提供。

四、南巡行宫建造的功能特色

行宫是帝王在离开正宫出巡的途中处理政务和居住的场所，是帝王出巡活动中重要的建筑类型，具有与皇宫建筑类似的布局形式，功能布局以满足日常政务、生活起居、游憩等活动的需要。而行宫因地处郊野之地，景观优美，集聚宫殿与园林于一体的特色。

1．政务起居

（1）朝寝制度

清代皇帝日常处理政务的活动，在官方文献中称为“勤政”；而皇帝日常用膳和就寝的活动则为最基本的“起居”。皇帝出巡期间的政务和起居活动也在行宫中相应的“朝”、“寝”空间进行。

南巡行宫建筑的等级远不如皇宫，相应的朝寝空间自然不如紫禁城宫中由三大殿组成，但其布局、位置相仿，以保证皇帝出巡期间正常的政务起居生活（图12–47）。

从整体上仿造皇帝正宫“前朝后寝”制，较明确地区分了理政和起居的空间。朝寝空间之间采用宫门及垂花门分隔。但由于营造条件限制，行宫常将朝寝空间分隔为不同轴线的院落空间。也有用地宽阔的将皇帝、皇太后及其余内廷主的生活空间各自为院落设置，连娱乐的戏台设置也是各自一套。

行宫布局中主要建筑采用中轴线对称布局，大致分中、东、西三路，中路为皇帝的“朝寝”空间。两侧为奉皇太后和其余内廷主休息的院落，其中皇太后和皇后一般居于中轴线东侧院落。

在利用官衙府署为行宫的方式中，常于官衙府署一侧改、扩建行宫接驾，其行宫一般规制完整，布局时仿照皇宫的形制，行宫布局的主轴线空间“朝寝”区分明确。

如江南三织造衙署为行宫的方式中，主要的朝寝院落

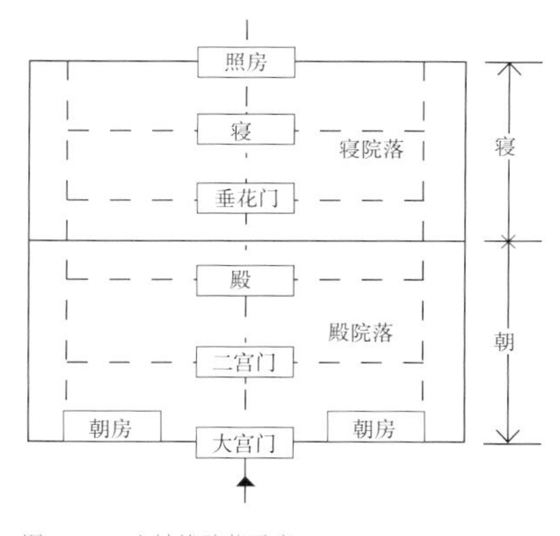

图12–47. 主轴线院落示意

于建筑群居中设置，特别是苏州府行宫，主轴线位于织造衙门西侧先建的行宫建筑群的居中位置，而后建的地织造衙门东侧行宫建筑群虽然建筑规模略小，但其中心轴线也位于东侧建筑群居中位置，形成有主有次，功能分区明确的两路行宫院落空间（图12–48、图12–49）。

在以先贤祠堂及故居为行宫的方式中，常于祠堂故居一侧改、扩建设置行宫。改、扩建的部分在中轴线上仍尽量保持“前朝后寝”布局，而行宫和祠堂故居虽布局上成为整体，但功能互不干涉。

如直隶省涿州行宫、思贤村行宫及山东省魏家庄行宫，其改、扩建成为行宫的虽然规模不大，有的仅仅是扩建了几个院落，但仍然按照“前殿后寝”的格局进行布置（图12–50、图12–51）。

还有一类南巡行宫是在寺庙一侧扩建而成，其布局也有类似的特点，如扬州高旻寺行宫、天宁寺行宫及杭州西湖圣因寺行宫（图12–52、图12–53）。

新建的南巡行宫，更是以三轴线进行行宫布局，中轴线“前殿后寝”格局，例如山东郯子花园行宫、德州行宫及江苏陈家庄行宫等（图12–54、图12–55）。乾隆帝南巡中的政务起居活动就是围绕这样的核心空间而进行。

（2）政务活动

南巡中皇帝要处理的政务有：批阅奏折、召见臣工、引见庶僚、接见当地文人等。

皇帝在南巡中批阅的奏折分为两部分，本省本地的奏折由地方官员递送至皇帝行宫或行营，外省的奏折由兵部安排驿马，沿南巡途中各省设置的台站，将各地送至京城的奏折日夜驰递送至皇帝行在，如“本报事件关系紧要，向例皆由马上驰送，每一时限行三十里计算，昼夜限行三百六十里”[112]，而“限日行六百里”的“军机文报关系紧要，自应就近接递以期迅速……”[113]。这样保证了皇帝在南巡中仍然能即时地处理各省政务、军务。御制诗中就有隔日阅奏章的记载，《阅本》附言：每间两日京中封奏一至，过节开印则兼有阁部本章[114]。

除了批阅奏折，接见官员，听取地方官员汇报政务和接受引见官员也是行宫中政务活动的重要部分。

行宫中大殿或前殿的设置就是为了满足勤政活动的要求的政务活动场所。

地方大吏们在这里向皇帝汇报政务、引见官员、庶僚等，而被接见的地方官员、庶僚也会向皇帝呈送礼品，例如乾隆二十二年（1757年）二月二十二日，乾隆帝在苏州府行宫接见在籍官员沈德潜时，就接受了沈德潜上呈的贡礼[115]。

殿与殿前的宫门就组成了行宫中心最重要的院落空间——政务空间。

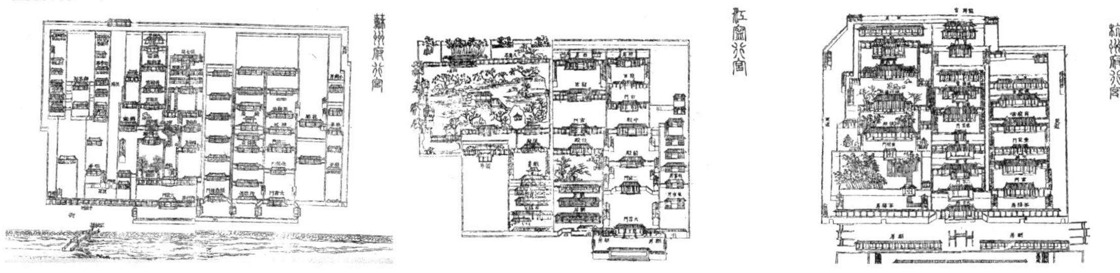

图12-48. 江南三织造行宫（左：苏州府行宫，中：江宁行宫，右：杭州府行宫）
据《南巡盛典》名胜图绘制。

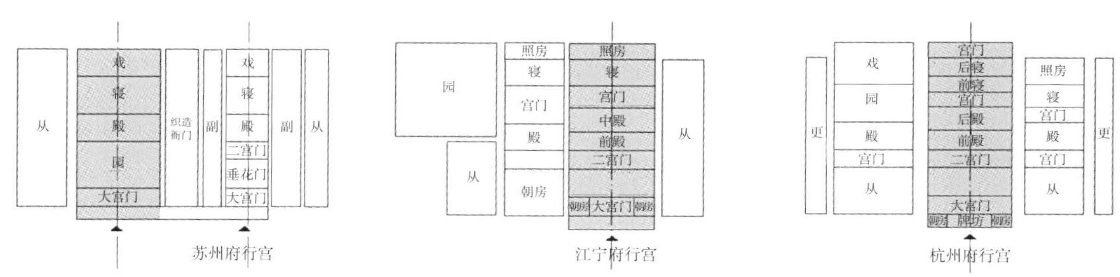

图12-49. 江南三织造行宫结构，其中阴影部分为行宫中轴线院落（左：苏州府行宫，中：江宁行宫，右：杭州府行宫）
据《南巡盛典》名胜图绘制。

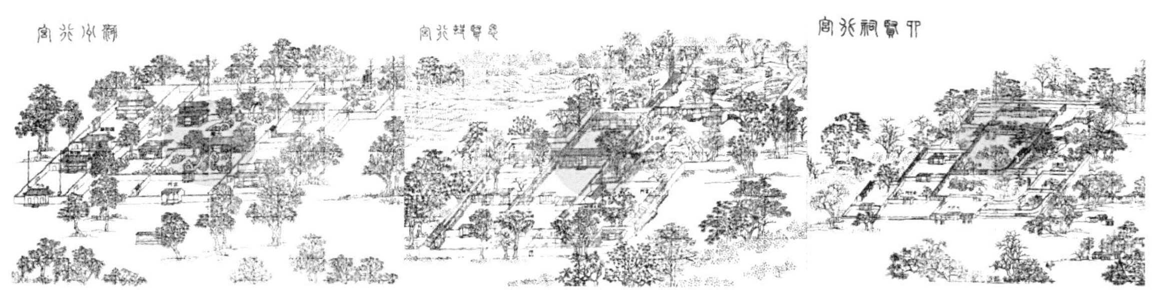

图12-50. 改扩建祠堂故居行宫（左：直隶省涿州行宫，中：直隶省任丘县思贤祠行宫，右：山东省泰安县魏家庄（四贤祠）行宫）
据《南巡盛典》名胜图绘制。

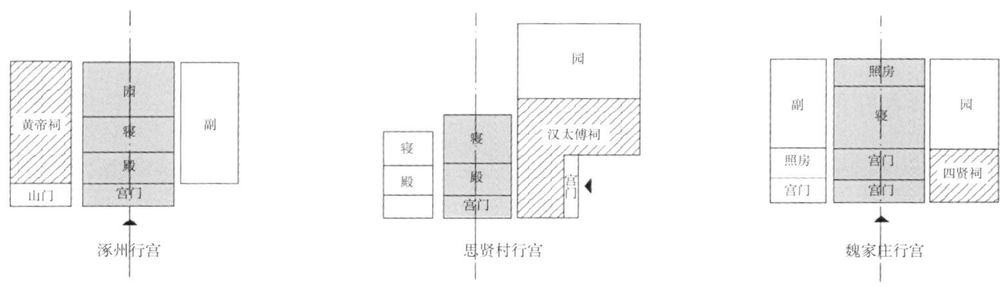

图12-51. 改扩建祠堂故居行宫结构，其中阴影部分为行宫中轴线院落（左：苏州府行宫，中：江宁行宫，右：杭州府行宫）
据《南巡盛典》名胜图绘制。

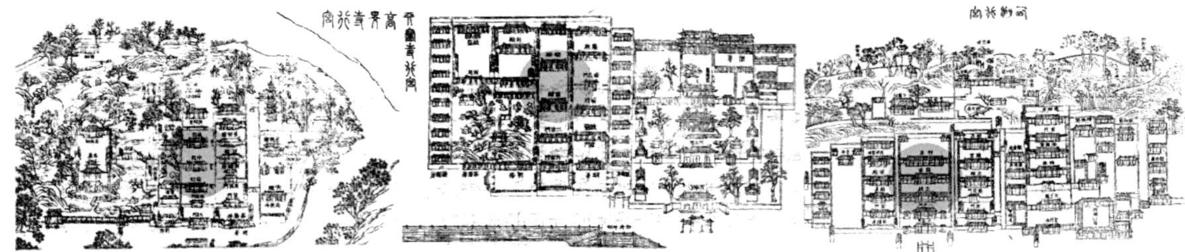

图12-52. 改扩建寺庙行宫（左：扬州高旻寺行宫，中：扬州天宁寺行宫，右：西湖圣因寺行宫）
据《南巡盛典》名胜图绘制。

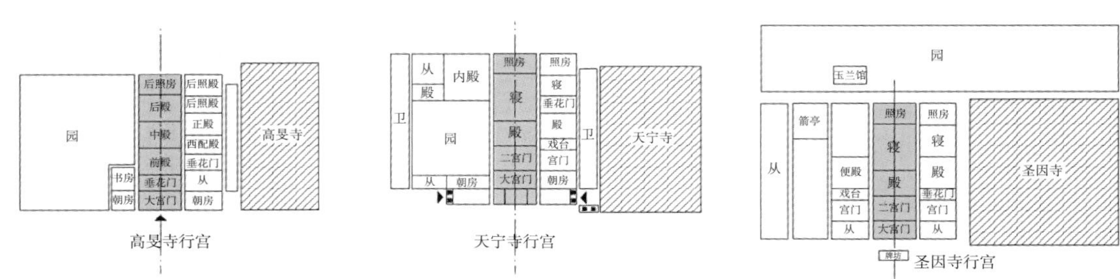

图12-53. 改扩建寺庙行宫结构，其中阴影部分为行宫中轴线院落（左：扬州高旻寺行宫，中：扬州天宁寺行宫，右：西湖圣因寺行宫）
据《南巡盛典》名胜图绘制。

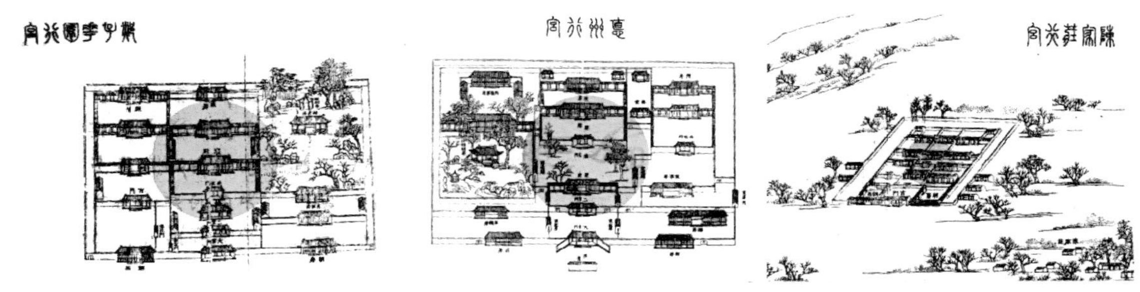

图12-54. 新建行宫（左：山东省郯城县郯子花园行宫，中：山东省德州行宫，右：江苏省桃源县陈家庄行宫）
据《南巡盛典》名胜图绘制。

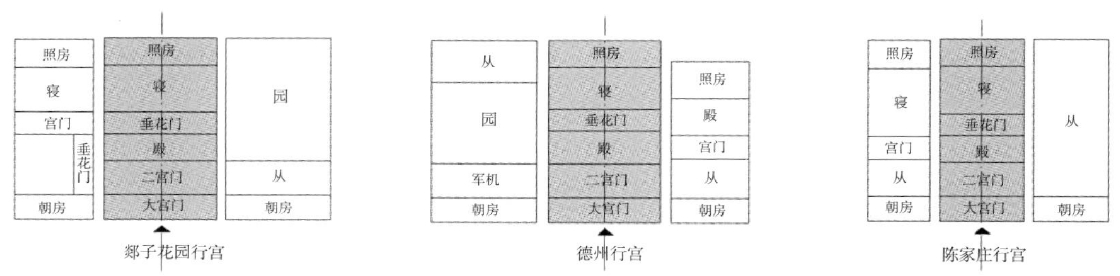

图12-55. 新建行宫结构，其中阴影部分为行宫中轴线院落（左：山东省郯城县郯子花园行宫，中：山东省德州行宫，右：江苏省桃源县陈家庄行宫）
据《南巡盛典》名胜图绘制。

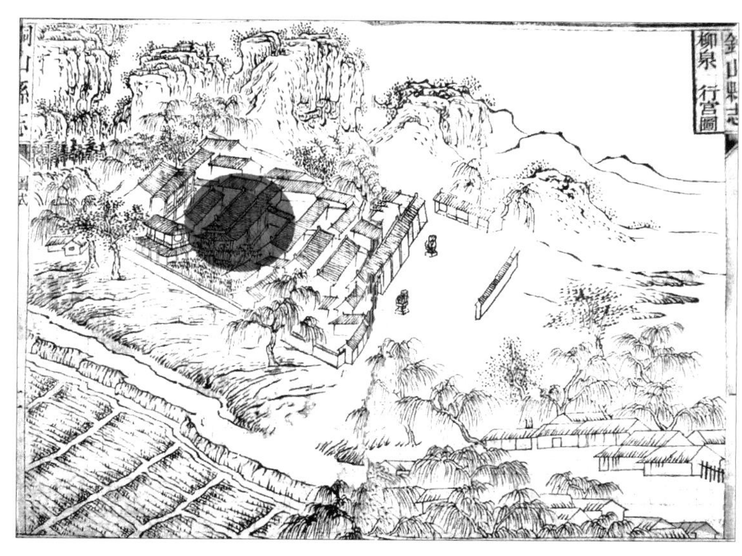

图12–56.《铜山县志》中载柳泉行宫（图示为推测之“春霭堂”）
道光《铜山县治》图式：11.

第六次南巡期间，乾隆帝在描述新建的柳泉行宫的“春霭堂”时，对他于前殿的主要政务活动有较详细描述，《柳泉行宫八景》“春霭堂：是堂为行宫前殿，驻跸批折、向军机大臣发旨，及宣召地方大吏咨询政务之后，方一游目睹景也”[116]，其中不仅描述了皇帝南巡期间的政务活动，还表明皇帝在行宫驻跸首日的忙碌“昨朝甫到颇无暇”，只有处理完政务之后，第二天才“今日言旋适有闲”得以赏行宫中的景致。

根据《铜山县志》柳泉行宫图中所示（图12–56），位于建筑群中央的殿宇建筑，体量大于其余建筑，屋顶为重檐歇山顶，等级亦高，可以推断即为乾隆帝处理政务的行宫前殿“春霭堂”。

南巡行宫中还有“军机房”、“朝房”的设置，是主要的朝政空间的从属部分。

军机房——军机处于雍正帝时期为及时了解和指挥西北用兵而设，专办一切军需事宜。乾隆帝一度曾废除军机处，改设总理事务处，但乾隆三年（1738年）又重新予以恢复。实际上是协助皇帝办理一切重要朝政的管理机构。

南巡期间，由于有军机大臣随驾巡幸，为满足军机大臣办理政务，等候皇帝召见之需，部分行宫设置有军机房（如万松山行宫、德州行宫、晏子祠行宫等）。军机处位置一般位于宫门附近，靠近朝房，用于随驾南巡的军机大臣随时等候皇帝召见，办理皇帝交办的一切政务。清代李斗《扬州画舫录》中记载了南巡期间军机处的人数：“皇帝巡行在外，军机处随行。乾隆时定为满汉两班各八人，后增至四班三十二人”[117]。

朝房——《南巡盛典》记载，随驾南巡的官员有数百名之多，因南巡期间规定，皇帝驻跸行宫时，每当皇帝晨起听政之前“随从大臣官员均有应办事务即兵丁人等亦俱各有差使自应前赴宫门伺候……”[118]。在朝政空间大宫门两侧大量的廊房多设置为朝房，供前来奏事的官员们等候皇帝召见时休息之用。如德州行宫、万松山行宫、古泮池行宫等。

（3）起居活动

根据《乾隆帝起居注》南巡期间的记载，皇帝驻跸行宫期间的日常生活一般如下：

寅时卯时：起床、向皇太后请安、用早膳

辰时巳时：处理政务或外出巡幸

午时未时：午休、用晚膳

申时酉时：巡幸、娱乐、用晚点或酒膳

戌时亥时：做佛事，就寝

南巡中皇帝的起居活动主要是就寝和用膳，行宫中路或中轴线院落的后殿和寝殿即是皇帝就寝的场所。

皇帝用膳一般有固定的时间，但没有固定的地点，多在皇帝寝宫或日常办事活动的地方[119]。

例如，乾隆三十年（1765年）第四次南巡，于二月十五日抵达扬州城外的崇家湾大营，根据南巡期间《起居注》及《乾隆三十年江南节次膳底档》[120]对照，可以看到南巡途中皇帝用膳地点随皇帝活动地点而决定：

二月十五日，南巡御舟抵达崇家湾，晚膳在崇家湾大营码头进。

二月十六日，御舟开往扬州，早膳在水路船上进，进入扬州后在高桥易舟前往天宁寺，到达天宁寺行宫后，晚膳在行宫进。

二月十七日早膳在九峰园进，早膳后处理政务，遣官祭江渎之神等；游莲性寺、功德林、平山堂后返回天宁寺行宫，晚膳在西边花园进。

二月十八日早膳在漪虹园进，并赐两淮盐政高恒等食，游净香园、趣园、水竹居、再游平山堂后回天宁寺行宫，晚膳在行宫西边花园进。

二月十九日早膳在天宁寺行宫进，处理政务，遣官祭贤良祠、赏水手及拉纤河兵等，晚膳在高旻寺行宫进。

二月二十日在瓜洲锦春园进早膳，阅京口水师，在镇江金山寺行宫进晚膳

根据乾隆帝二月十七、十八两日在扬州的巡幸路线，可知乾隆帝在扬州驻跸的两日里用膳的地点并不固定，但是传膳的地点间距离相近，这是因为皇帝出巡

与在京城皇宫中的起居时间大致一样，按照固定的时辰用膳、起居等。

另外根据《乾隆三十年江南节次膳底档》、《乾隆四十五年节次膳底档》、《乾隆四十九年节次膳底档》、《乾隆三十年江南额食底档》[121]等，还可看出南巡中乾隆帝用膳的喜好和规律。

2．游憩文化

虽然在古代官方文献中，皇帝文化生活鲜有系统记载。而实际上，宫廷或行宫中的文化、艺术生活相当丰富。通过对南巡行宫中休闲功能的建筑设置，可以从侧面了解皇族的闲暇生活。

（1）赏园活动

乾隆帝自诩“山水之乐，不能忘于怀”[122]，对造园很感兴趣也颇有见解。他在南巡期间驻跸的行宫或是选择驻跸的地点大部分均有园林或园林化的建置。

乾隆六巡江南深慕江南造园艺术，同时也像康熙那样保持着祖先的骑射传统，喜欢游历名山大川，对大自然山水林木怀着特殊的感情。他认为造园不仅是“一拳代山、一勺代水”对天然山水作浓缩性的模拟，其更高的境界应该是身临其境的直接感受，“若夫崇山峻岭，水态林姿；鹤鹿之游，鸢鱼之乐；加之岩斋溪阁，芳草古木，物有天然之趣，人忘尘市之怀。较之汉唐离宫别苑，有过之无不及也”[123]。

行宫园林的营造常体现皇家园林与江南园林风格的交流。

一方面，江南南巡行宫中建筑布局具有中轴对称的皇室建筑特有样式，另一方面，行宫园林中为满足乾隆帝对江南造园风格的喜好，特别于北地行宫园林营造中常体现“江南园林”的风格。在讲究工整格律、浓艳典丽的宫廷色彩中，或多或少地融入了江南文人园林的清沁雅致、如诗如画的情趣。

更进一步说，乾隆帝六次江南巡视，足迹遍及江南园林精华荟萃的扬州、苏州、无锡、杭州、海宁等地。凡他所喜爱的园林，均命随行画师摹绘为粉本“携图以归”，作为建园的参考。乾隆帝这种对江南园林风格的偏好不仅影响到南巡行宫的园林营造，还直接影响着整个隆一朝的皇家园林的建设。

例如，苏州四大名园之一的“狮子林”，元代画家倪云林曾绘《狮子林图》，乾隆南巡时三次游览此园，并且展图对照观赏（图12-57）。倪云林图中所表现的狮子林着重在突出叠石假山和参天古树的配合成景，乾隆帝对此意境非常赞赏，乾隆二十七年（1762年）南巡至狮子林曾作诗《游狮子林得句》赞道：“一树一

图12-57.《南巡盛典》中狮子林
《南巡盛典》卷九十九，名胜：4.

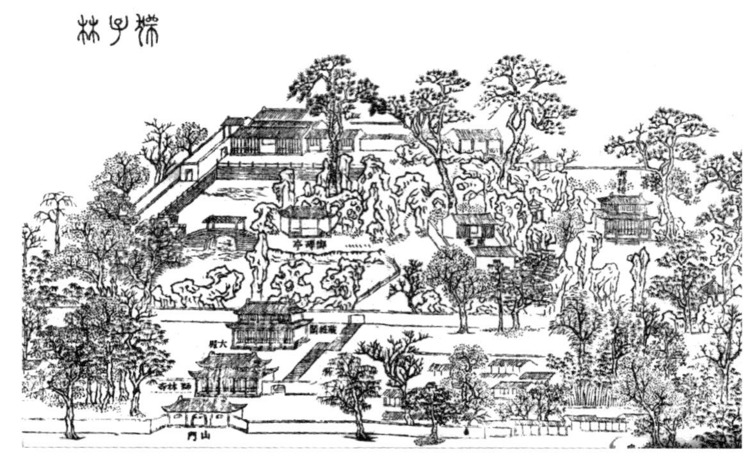

峰入画意，几弯几曲远尘心”[124]。回京后先后在北京的长春园和承德的避暑山庄内分别建置园中园“狮子林”，取其意，并以假山叠石结合高树茂林造景。

可以说，由于乾隆帝偏好园林艺术，促成了南北造园艺术的融糅，行宫园林因得到民间养分的滋润而丰富了园林的内容。

（2）诗文活动

乾隆帝喜作诗，每逢宫廷节庆之日，乾隆帝赐臣工诗篇，联络感情。宫中常常在正月初二日于重华宫或乾清宫的宴会上举行君臣联句活动。乾隆帝的这一爱好也被他带到南巡中。

历次南巡，凡遇正月十五上元节，乾隆帝必在行幄或者行宫中与群臣摆宴吟诗联句，廷臣争相献诗，高宗也赐臣工诗篇，参加这一项活动的儒臣中，张照[125]、汪由敦[126]、钱陈群[127]、沈德潜[128]等最受倚重。

南巡期间的吟诗联句活动，逢上元节常与观烟火赏灯相关。宴时，按照宫中之例，皇帝御行宫正殿，王公西配殿，大臣坐东配殿。东西配殿设摆矮桌多张，每张桌上摆茶碗、果盒及笔墨纸砚。等皇帝在行宫正殿坐定以后，与宴诸臣向皇帝一叩首，然后才能入座。以皇帝为首，按规定的题目作诗联句。联句内容多为对景物节令的赞颂。由于历次南巡逢上元节时多行进至赵北口行宫，所以设宴联句的活动则在赵北口行宫中举行，通常为了赏烟火观灯，将宴会设于朝向白洋淀水面的行宫院落，而且每逢此时，地方大吏还会在白洋淀冰面上进行“冰嬉”表演，以助诗性，南巡御制诗中多次提到这一场景，第三次南巡时还以“咏冰嬉”主题进行联句[129]。

另外，每逢灯节诗宴，按例还要于行宫中“结彩楼以奉皇太后楼上观灯”，第四次南巡时，因太后年事已高，乾隆帝特地下旨将彩楼“改设平屋”，以免太后“高年登涉之劳”[130]。

第四次南巡《齐河县行馆作》(图12-58)：“晏子祠边十亩居，春风初度驻銮舆。虽然数宇朴欣此，尚觉中人产廑予。地久自饶老松柏，几间相伴古诗书。龙门合传无须读，比此伊周远逊诸。”[131]将行宫地点、周围环境、营建情况、驻跸情形以及个人好恶一一道出。

(3)戏曲活动

乾隆帝也是一个热衷于戏曲音乐的皇帝。皇帝每次南巡，都有南府太监演员数十人跟随，在行宫里演戏，同时地方大吏也会投皇帝所好，专门预备戏班呈献给皇帝。李斗《扬州画舫录》中记载了为迎接乾隆帝驻跸天宁寺行宫“两淮盐务例蓄花、雅两部以备大戏”[132]，所谓花部，是指各地方戏剧剧种，而雅部则专指昆曲。为了看戏而建的戏台及看戏殿等建筑在南巡行宫布局中也就随处可见。

南巡行宫中戏台的形式一般有两种，单独的戏台和小型的戏院(院落)。多数行宫都在边轴线院落一侧或寝殿附近设置戏台，如江苏江宁府行宫、龙潭行宫、杭州西湖行宫中的戏台均此布局(图12-59)。

有的行宫中同时设置两处戏台，如扬州府天宁寺行宫，其两处戏台位于中轴线两侧的院落，一处位于前殿附近，一处位于寝殿附近，前殿戏台一般为皇帝邀请官员们一起看戏，而寝殿附近的戏台多为皇太后及内庭主们看戏使用。

有的行宫除了设置单独的戏台，还在皇帝使用的中轴线院落寝殿附近设置规模较大的戏台和看戏厅或看戏殿围合而成的戏院，有的除了看戏厅和戏台，还设置内戏房。如扬州高旻寺行宫、苏州府行宫、杭州府行宫等(图12-60)。

3. 阅兵武备

清代帝王在京时每年都会进行“春狩、秋狝”，保持他们骑射传统，使八旗训练有素，国家防务常备不懈。乾隆帝南巡期间除了水上乘御舟而行，平时陆路多骑马而行，以示对武备传统的重视。

南巡期间“阅兵”、“阅水师”也是乾隆帝的重要活动之一(图12-61)。乾隆二十二年(1757年)第二次南巡二月二十七日到达杭州府，当地官兵接驾时，乾隆帝发现“接驾之绿营兵丁有奏箫管细乐者”很为恼火，他批评道：“夫身隶行伍，当以骑射勇力为重，戍楼鼓角，不过用肃军容……若吹竹弹丝技……此等绿

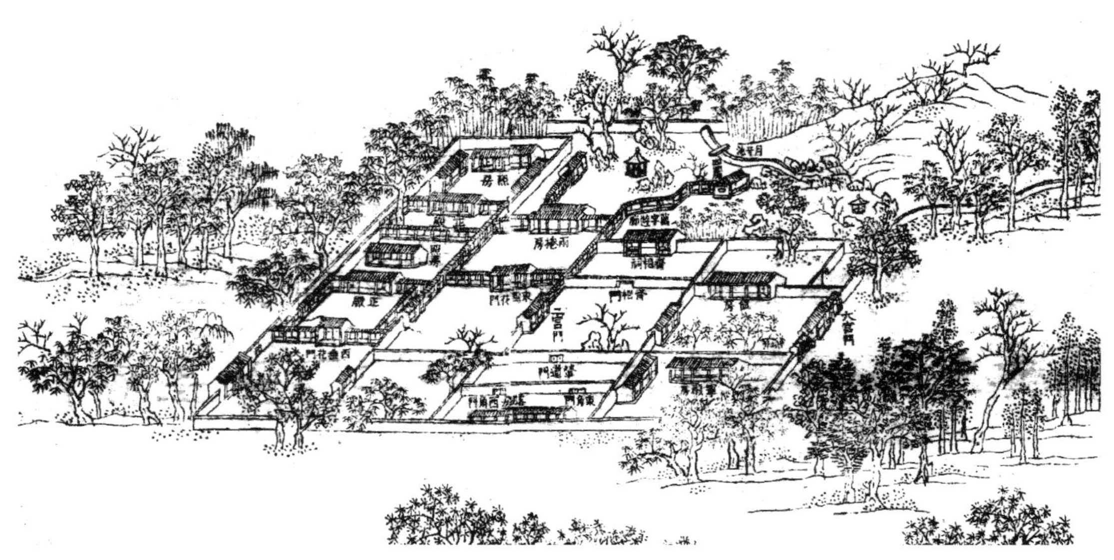

图12-58.《南巡盛典》中齐河县晏子祠行宫
《南巡盛典》卷九十六，名胜：3.

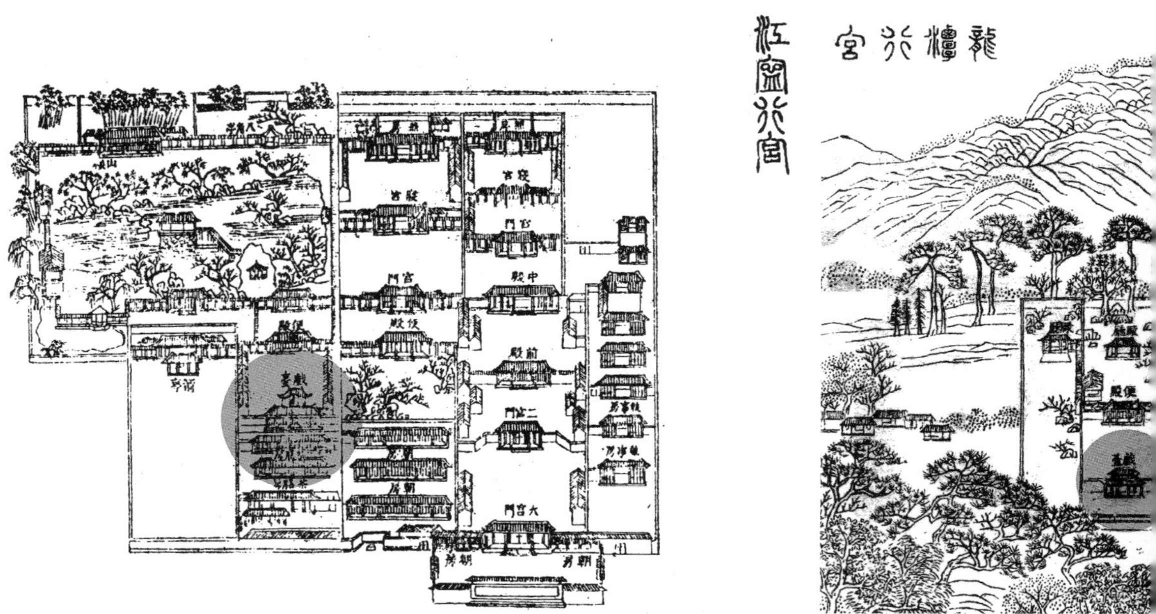

图12-59. 行宫中戏台位置示意（左：江苏省江宁行宫，中：江苏省句容县龙潭行宫，右：杭州西湖圣因寺行宫）
据《南巡盛典》名胜图绘制。

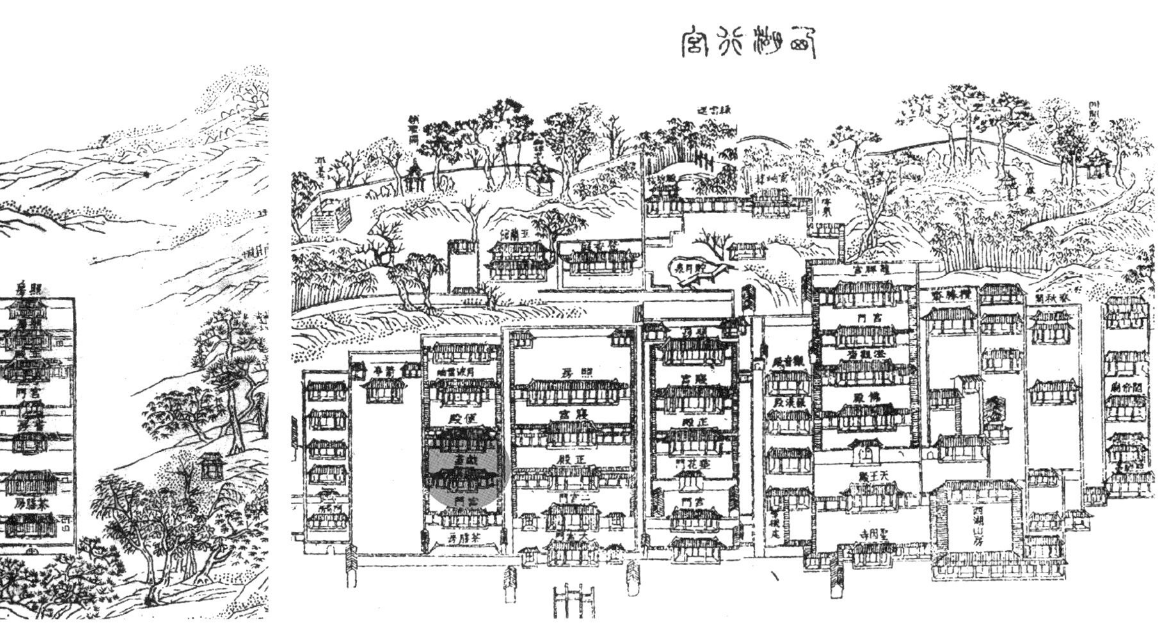

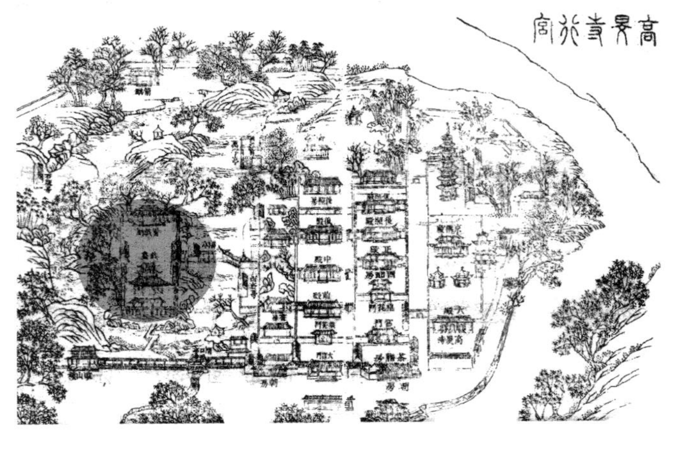

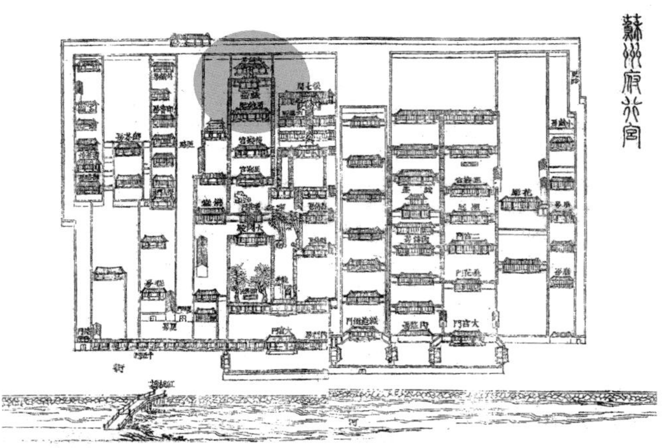

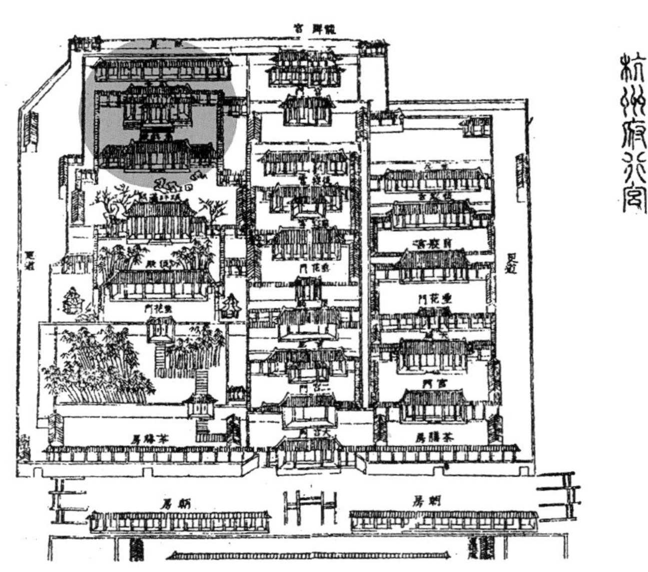

图12-60．行宫中戏台及看戏殿院落位置示意（上：扬州高旻寺行宫，中：苏州府行宫，下：杭州府行宫，图中圆形阴影为戏台及看戏殿院落位置）
据《南巡盛典》名胜图绘制。

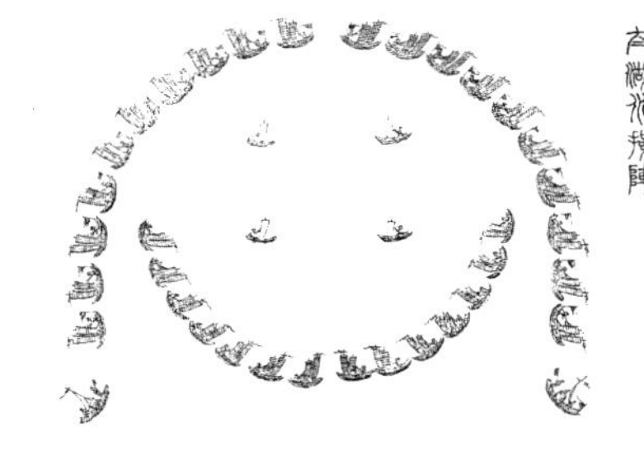

图12-61.《南巡盛典》中太湖水操阵
《南巡盛典》阅武，卷八十七：12.

营陋习，各省均所不免，可传谕各该督抚提镇等，转饬所属标营，嗣后营伍中但许用钲鼓铜角，其箫管细乐概行禁止”，次日，上阅兵，又训谕：“驻防将军及绿营之提镇，出行则皆乘舆，夫将军提镇，有总统官兵之责，若养尊处优，自图安逸，亦何以表率营伍而作其勇敢之气，况旗人幼习骑射，即绿营中亦必以其弓马优娴……嗣后将军提镇，既不许乘舆，其编设轿夫并着裁革，如有仍行乘坐者照阿违制例治罪。”[133] 可见乾隆帝十分重视武备和“骑、射”的传统。

南巡行宫内仿照京城皇宫设置“箭亭”。如紫泉行宫、泉林行宫、四贤祠行宫、高旻寺行宫、江宁行宫、西湖行宫、龙潭行宫等行宫中都设有箭厅（图12–62）。箭厅一般设置于皇帝寝宫部分的花园开阔地之中。箭亭的设立，标志着帝王不忘骑射和武备的祖训。箭亭的设置仿照皇宫中的箭亭，虽名为“亭”，实际是一座独立的殿堂。虽然具体建筑的形式无从查证，但我们可从皇宫中的箭亭得到参考。箭亭外观亭角微翘，屋脊成人字形墁坡，由二十根朱漆大柱承托回廊屋架，这种形式取代了汉族传统建筑中斗栱重叠的形式。每当皇帝跑马射箭之时，亭前摆起箭靶，八扇大门全部打开，人于亭内开弓放箭，列队两旁的武士摇旗擂鼓以助兴。

4. 宗教祭祀

皇帝每天早晚进佛堂烧香，每月初一还要读佛经，并到各殿神佛前拈香。在内庭各主要宫殿里设有佛像、佛龛，皇帝们不仅信佛、拜佛，而且雍正、乾隆等皇帝对佛学都有很深造诣，写过禅味文章。

很多南巡行宫选择建在寺庙一侧，如山东灵岩行宫、镇江金山行宫、苏州灵岩行宫、扬州天宁寺和高旻寺行宫等。

有的行宫中还专门为皇帝及皇太后等宫眷设置佛堂。如德州行宫、苏州府行宫等。

这一功能的存在是为了满足乾隆帝和其他皇室成员在南巡途中的需要，也说明礼佛已经成为皇帝生活中很重要的部分。

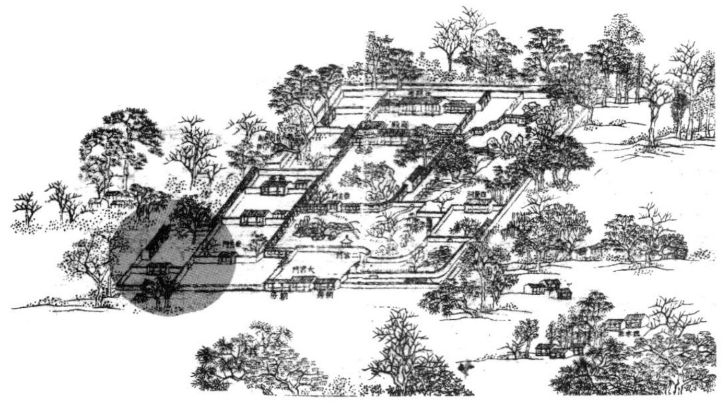

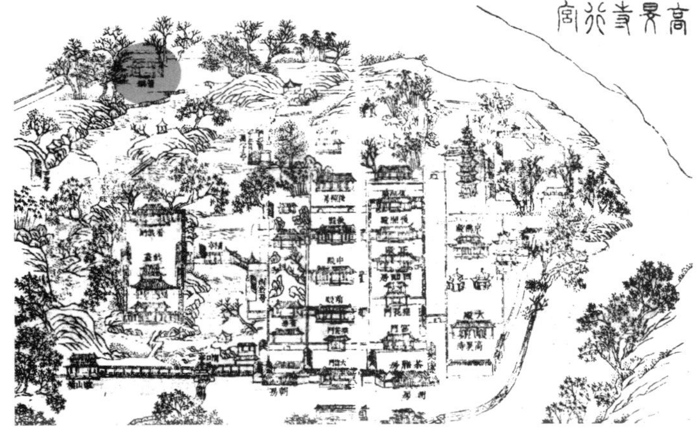

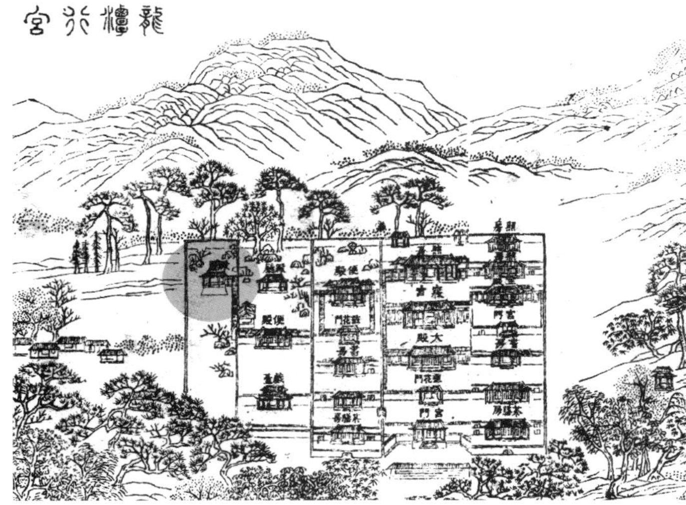

图12–62. 行宫中箭亭位置示意（左上：山东省泰安县四贤祠行宫、左中：扬州高旻寺行宫、左下：江苏省句容县龙潭行宫、右下：江宁行宫）
《南巡盛典》名胜图。

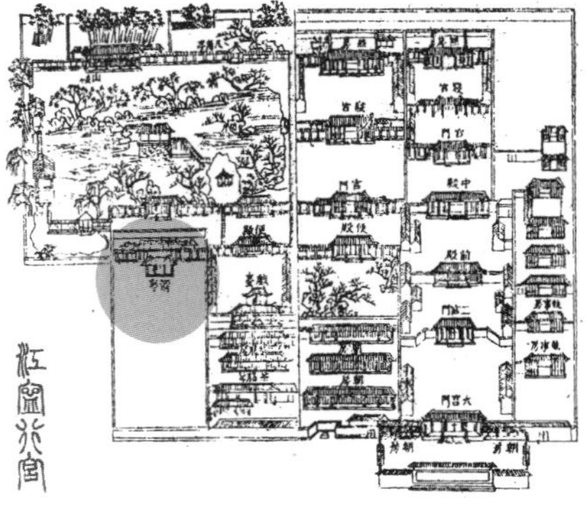

5. 杂务

除了主要的殿堂承担着皇帝政务、起居、游憩等的活动，行宫布局中还有很多用于辅助功能的建筑，是维系行宫布局及保证皇帝出巡期间正常工作起居的重要组成部分，包括防卫、更路、膳房、值房及贮库、买卖街等。这些建筑物的特点是建筑制度级别低下，外形简单，一般处于主要朝寝大殿较远的地方。即使安排在附近，也只能占用辅助位置，如廊庑、配房等，其位置根据它们的使用功能来确定。

（1）防卫

皇帝的出巡首当其冲的便是安全防卫的问题，行宫安全至关重要。清会典对皇帝出巡的行宫行营安全有如下规定："行宫、行营重地，宿卫宜严……驻跸行宫各门凡侍卫所管之门，即与乾清门无异。王公大臣等不准带领护卫、宫弁、家奴等随入进班。侍卫官员及太监等铺盖、饭盒均不准家奴民夫送进……沿途行宫墙外周围，晚间俱有绿营兵弁排灯守护"[134]。行宫里外的巡守防卫与皇宫相差无几。

乾隆帝历次南巡都有大量官兵随营，据《南巡盛典》记载，随营兵丁中就有"侍卫三班，前锋护军一千名、八旗兵丁一千名，章京四十名，虎枪侍卫一百三十七名"等，"兵丁共计二千五百五十九名"。皇帝驻跸行宫时，除应行值宿兵丁随驾留在行宫，其余兵丁"如离水次在十里以内者俱令仍回船住宿"，"若离水次甚远，则于附近寺院歇店……"，或于行宫附近选取开阔地带"施帐房布罩，立风旗识别，掘地为土灶。夜悬晃灯于旗杆上，杆下拴马匹。割草打柴，设草厂柴关，晚出帐巡逻……"。至江南水路，兵丁减半，如"虎枪侍卫一百三十七员中拣派四十……"，"皆给船乘载"[135]。随驾值宿于行宫的护军侍卫，其在行宫内一般居于行宫较偏的廊房内，但他们的责任重大而且是从皇帝亲信之上三旗六班侍卫中选出，所以负责值宿的护军都配有弓箭、撒袋、长刀等军器。

如扬州天宁寺行宫，其后宫门附近的廊房在南巡期间即为"诸有司居之"，"小门为进膳房，外一层为营造局、牲口房，又一层为官厅堆房、兵房"，除了防卫还兼具"泼水、点更、提铃之属"[136]。所以很多行宫内还设置了更路，有的用地较为宽裕，还为专司打更之员设置了更房（如苏州府行宫等）（图12-63）。

除了行宫内部的防卫，对行宫中一干人等出入的管理也相当严格。在京时，皇宫中供役之人，如苏拉（杂役）、工匠、厨师等均配备有相应的管理衙门配发的腰牌，上面记有该人的姓名、旗分及特征，作为出入凭证。南巡期间，行宫各门守卫同样严格，"各水旱门皆派兵稽查。凡工商、亲友、仆从、料估、工匠、

图12-63. 苏州府行宫中更路示意
《南巡盛典》卷九十七、名胜：2.

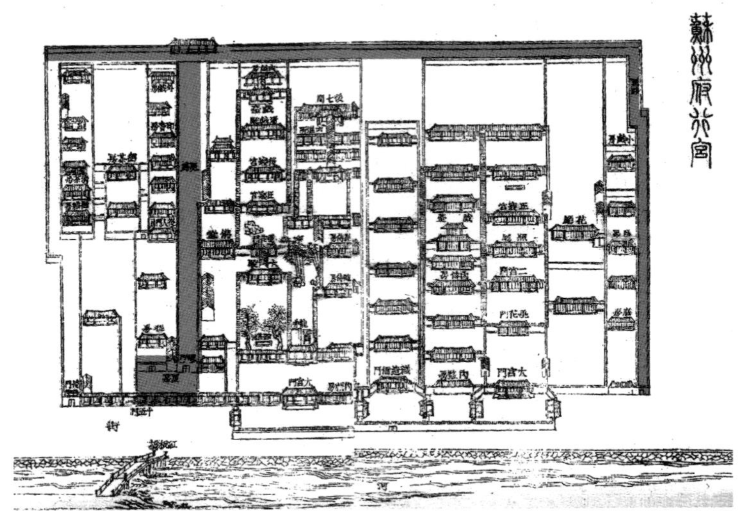

梨园等，例配腰牌，验明出入。”而腰牌“由巡盐御史司之”[137]。可见行宫的防卫森严，与宫中相当。

（2）膳房

除了防卫，膳房在行宫的辅助用房中也具有重要地位。在京时，宫中乾隆帝的茶膳房在其起居之所养心殿南面的一座院落里，皇太后的慈宁宫中有寿膳房，其余包括皇后在内的内廷主的茶膳房在各自的宫中。

南巡期间，皇帝及皇太后的茶膳房均有人员随行，以第四次南巡为例，跟随乾隆帝的有“茶膳房承应厨役人等一百零七名”[138]，而寿康宫（皇太后居住）随行的也有“茶膳房官六员拜唐阿厨役人等七十名”[139]。

行宫之中，膳房有两种设置方式，一种于大宫门和二宫门一侧的厢房或廊房中，如江苏龙潭行宫、杭州府行宫等。或毗邻朝房如德州行宫、江宁府行宫等。还有一种是设置偏于行宫一隅，如晏子祠行宫等。

无论是哪种方式，作为辅助用房，均位于行宫中较偏的地方，与行宫主要的院落保持距离，或以围墙隔离或以花园隔离，如山东古泮池行宫（图12-64）、扬州天宁寺行（图12-65）。

皇帝南巡期间使用的牲畜，如乳牛、羊只等，除茶膳房随行携带一定数量外，还需再选取部分牲畜提前送至江南固定的地点存放喂养，以便茶膳房届时取

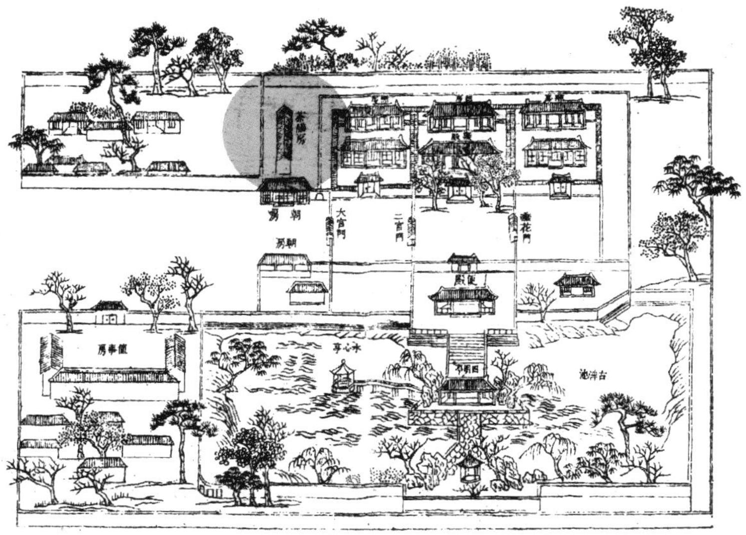

图12-64．山东省曲阜县古泮池行宫茶膳房位置示意
《南巡盛典》卷九十六，名胜：13.

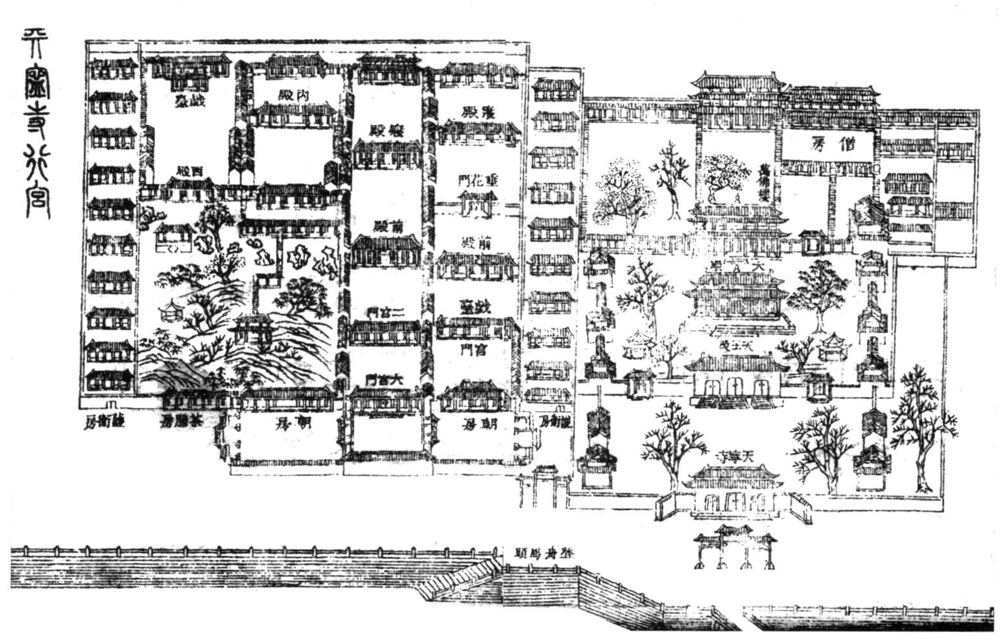

图12-65．扬州府天宁寺行宫茶膳房位置示意
《南巡盛典》卷九十七，名胜：7.

用。如：第二次南巡之前，内务府便“照十六年之例，由京城备带茶房所用乳牛七十五头，膳房所用羊三百只。预前送往宿迁县乳牛三十五头、羊三百只，镇江府羊四百只喂养等候……”[140]。

茶膳房一路上还必须带着一定数量的乳牛、羊和水等。例如，南巡期间，乾隆帝食用水有严格规定，在直隶省食用京城带来的玉泉山泉水、在杭州附近则食用虎跑的泉水……

茶膳房周围的院落应该较为开敞，用于存放“内务府米、粮、饽饽、酒、醋，广储司冰茶膳房备带什物”[141]，如苏州府行宫。

（3）值房、从房、执事房等辅助用房

行宫中的值房，一般是随驾的太监和宫女居住的地方。由于历次南巡均有皇太后（前四次）和内廷主的随行。还设置了内值房和外值房。内值房一般设置在靠近内廷主或皇太后寝宫院落附近，负责皇太后及内廷主的生活起居的宫女太监在内值房居住（如郯子花园行宫等）（图12–66）。而外值房则供负责洒扫、坐更、传递文书等的太监居住，在茶膳房、药房服役的太监也在外值房居住（如万松山行宫等）（图12–67）。

负责皇帝及内廷各主南巡中生活起居的除了太监和宫女，还有很多内务府七司三院的官员。以第二次南巡为例，南巡随驾的就有内务府都虞司、广储司、掌礼司、营造司、庆丰司、会计司、上驷院、武备院的官员及笔帖式等。他们居住的地方是执事房。一般也偏于行宫一隅，远离主的朝寝空间。同时，南巡期间皇帝虽然礼节从简，不带金大八件[142]出巡，如乾隆四十五年（1780年）的内务府奏效档就记载了皇帝决定该次南巡（第五次）遵照从前之例，不

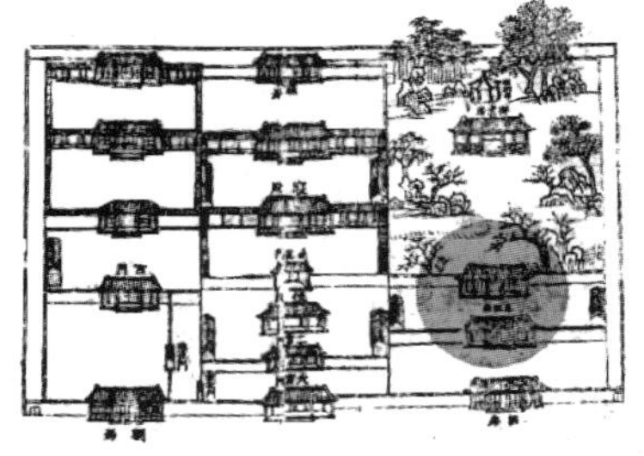

图12–66．山东省郯城县郯子园行宫内值房位置示意
《南巡盛典》卷九十六，名胜：18.

图12–67．万松山行宫外值房位置示意
《南巡盛典》卷九十六，名胜：17.

图12-68．皇帝出巡时御药房携带的药袋（大袋上缝有一百多个小袋，小袋装药材并书其名称于袋上）
《清代宫廷生活》：199.

带金大八件，“初九日，总管内务府谨奏为奏，皇上巡幸江浙所有金大八件遵照前例仍毋庸带往，谨此”[143]。但是内务府各司携带生活用品是非常多的[144]（见附录四的内务府档案），行宫中往往设置从房及执事房对这些物品统一管理，如江宁行宫等。

皇帝出巡时，太医院医官及药房官员亦跟随前往，如第四次南巡随驾有“太医院堂属官四员披甲人二名，药房催掌一名甲一名”[145]。常用药材用药袋携带（图12-68），较为大量的药材也由广储司携带，存放在从房或执事房中辟出的贮库中。

五、与南巡行宫修造工程关的管理问题

南巡行宫在清朝的地位较大内、圆明园、避暑山庄、西苑、南苑等处于较低等级。根据乾隆帝“法祖攸行，崇实黜华”的政策，似乎并不将南巡行宫作为一项正式国家建筑进行记载，根据《南巡盛典》录：“仰惟六巡江浙，法祖攸行，崇实黜华，悉归俭约，自燕赵而齐而鲁，銮舆所憩大率平陆高原，则仅如周礼之设幄张毡供其舍事，即或葺为数椽之屋亦俱朴略无文，至于江浙之间如扬州行宫，则在天宁寺之右，江宁栖霞行宫则在中峰，之在杭州西湖行宫则在圣因寺之右，盖东南名胜，梵宇云连，本多庄严闳敞，恭值翠华临幸，为大吏者每就琳宫胜地少加修治，以肃观瞻，而实则未尝特建。臣等恭辑盛典若专列行宫一门，殊乖纪实之体，谨志修葺大略附见于名胜……[146]”。可知，皇家记载所承认六次南巡的行宫建设仅仅是“修葺”而非“新建”的行为。

虽然部分南巡行宫的修建还是有一套“选址”、“上报”、“奏销”、“岁修”的程序，但是由于很多的行宫建设行为是等到皇帝南巡至当地时才得知的，所以见于皇家记载的工程档案更是难得。从目前掌握的史料可针对南巡行宫工程相关的问题进行以下探讨。

1. 南巡行宫纪建设相关的经费问题

乾隆帝六下江南，所有南巡的开销“一切出自内府”[147]，这跟乾隆时期强大的国力分不开。

魏源在《圣武记》卷十一《兵志兵饷》中，总论乾隆年间国库存银之多时，作了如下的概括：“康熙六十一年，户部库存八百余万。雍正间渐积至六千余万，自西北两路用兵，动支大半。乾隆初，部库不过二千四百余万，及新疆开辟之后，动帑三千余万，而户库反积存七千余万。及四十一年两金川用兵，费帑七千余万，然是年诏称库帑仍存六千余万，及四十六年之诏，又增至七千八百万。且普免天下钱粮四次，普免七省漕粮二次，巡幸江南六次，共计又不下二万万两，而五十一年之诏，仍存七千余万。又逾九年而归政，其数如前，是为国朝府藏之极盛也。”[148]

据《清高宗实录》记载，六次南巡时期，国库存银分别为：

十六年（1751年），3249万余两；二十二年（1757年），4015万余两；二十七年（1762年），4192万余两；三十年（1765年），6033万余两；四十五年（1780年），7000万余两；四十九年（1784年），7000万余两；[149]

乾隆帝于乾隆四十六年（1781年）八月和九月的两道上谕，讲述了国库的情形。其中说道：“今户部帑项充盈，各省藩库积存充裕。”乾隆即位初年，户部库银不过三千万两，四十余年来，三免天下钱粮，两免八省漕粮，以及赈灾，用银“总计何啻万万”，用兵新疆、金川，又用了大量军费，但“赋税并未加增”，库银却已增至七千余万两。并且库银之增加，又“非如汉武帝之用桑弘羊，唐德宗之用裴延龄”，“以掊克为事，而致府藏充盈也”。[150]

“府藏之极盛”，就是乾隆年间国库充盈、藏银巨万、空前绝后情形的简明概括，这也为乾隆帝普免钱粮、六下江南等活动提供了物质条件。

（1）南巡行宫经费来源

南巡经费来源“所有行营供顿悉出内帑，丝毫不以累民，道路桥梁原准开销正款，且更特赐公项俾通融协济”[151]，这里的内帑指的是内务府广储司负责管理的银库，而“正款”出自国家及地方银库。

国家银库由户部管理，也称为部库；地方一般出自藩库或运库。其中，国库（户部）与内库（广储司）是两个最高财政机关，虽然国库筹划国家度支，内府办理皇室供应。然而，乾隆时期，除了户部拨解内府的60万两常年经费外，非常支出时更多的是内务府拨款支持户部。自康熙年间起，内帑银两存储逐渐增多，乾隆时维持在200万两左右，其余六七百万两均拨给户部应用[152]。乾隆四十六年

（1781年）高宗上谕有云："以内帑论，乾隆初年内务府尚有奏拨部银备用之事，今则裁减浮费，厘剔积弊，不但无须奏拨，且每岁将内务府库银拨归户部者动以百万计。"[153]

正如《清实录》和《南巡盛典》的记载，历次南巡乾隆帝皆会向地方拨款，以协助地方办差。每次数万至数十万不等，每次南巡之后又令各省上呈详细开销的清单以便奏销。

另外，商捐及公捐也是南巡的经费来源。

所谓商捐，指的是各省商人自愿向朝廷提供银两以供各种差务之用，是各省商人向皇帝表忠的手段。以两淮盐商和闽浙盐商的商捐最为多见。

如第一次南巡，闽浙盐商就捐银五十万两以供南巡办差使用。而两淮盐商财力更为惊人，第三、五及六次南巡两淮商捐每次俱为一百万两（表12-4）。《两淮盐法志》中记载了乾隆年间扬州盐商恭迎皇帝南巡捐输银两表[154]。

嘉庆《两淮盐法志》中记载乾隆年间扬州盐商恭迎皇帝南巡捐输银两　　表12-4

年代	捐输者	捐输原因	款项（万两）
乾隆九年	程可正等	备内务府公事之用	31
乾隆十一年	程可正等	因南巡蒙"加斤捆重"，捐银备内务府公事之用	30
乾隆十二年	程可正等	备内务府公事之用	16
乾隆十三年	程可正等	备内务府公事之用	20
乾隆十四年	程可正等	资公用	100
乾隆二十二年	黄源德等	备南巡赏赍之需	100
乾隆二十五年	黄源德等	贺皇太后七旬寿诞	10
乾隆二十六年	黄源德等	供皇太后巡江赏赍之用	100
乾隆三十二年	黄源德等	备赏用	100
乾隆三十六年	江广达等	贺皇太后八旬寿诞	20
乾隆四十五年	江广达等	备南巡赏赍之用	100
乾隆四十九年	江广达等	备南巡赏赍之用	100
乾隆五十五年	洪箴远、程俭德等	贺乾隆八旬寿诞	200
合计	959		

注：朱正海主编. 盐商与扬州. 南京：江苏古籍出版社，2001：198-199.

所谓公捐，是指各省大臣自愿将养廉银提供朝廷作为南巡差务之用。如第五次南巡，直隶省公捐养廉银五万两，山东省公捐养廉银十三万八千五百余万两，江苏省公捐养廉银十二万三千七百万两等。

皇帝一般将商捐和公捐返至各省使用，有时还会拨款退还公捐银两。但对于民众的捐输在南巡之初就严令禁止。乾隆帝曾在乾隆十五年（1750年）十一月二十六日的上谕中说："朕为海内苍黎蠲免正供至数千万尚所不惜，岂因省方盛举转借多费数十万金，而需民力捐输耶，即谓感恩趋事实出群情所愿，而农民非富商可比，该督抚亦应明谕朕旨早行禁止方为知轻重之大臣……"，即是乾隆帝申饬"一切悉出内帑，丝毫不以累民"的含义。[155]

（2）南巡行宫经费使用与奏销

行宫的修建费用以及历年的维护费用还要看该行宫的承办人而定，一类是商人承办的行宫，如扬州高旻寺行宫、金山行宫等；一类织造承办的行宫，如苏州府行宫；还有一类是地方大吏承办的行宫。

由商人承办的行宫，其修建和维护费用一般不由地方正项开销；织造承办的行宫，其开销由织造承担；而大部分由地方大吏承办的南巡行宫，按照南巡经费使用的规定"道路桥梁马头营尖茶棚等类系例应报部者着动支藩库钱粮，行宫名胜及附近上山道路并铺垫陈设等类不应报部者着动支运库商捐银两"[156]，其开支来源按规定可动支运库商捐银两。不过地方大吏为了表示其政务理财能力，一般不会动用正项开支，而是运用其理财的收入来解决。例如第四次南巡之后，时任两江总督的大臣高晋向皇帝上报江苏省境内南巡行宫的开支就来自"平市银两典商生息"、"通州马厂公田租息"、"江宁后湖鱼息"等多处。[157]

行宫及相关建筑、工程的奏销过程十分严格，相关大臣必须将所有动用款项以奏折加附清单的形式拟成正负两册，分别送呈皇帝御览及上报军机处审查后归各部核销。[158]

很多行宫的修建清册上报不够细致全面，不合规范的更时常有见。但凡工部遇到这样的奏销折，往往会打回让地方经过修改、删减后重新上报，有时往返多年仍无法核销。地方官只好上折奏请皇帝特批。

如乾隆二十二年（1757年）第二次南巡结束后，时任两江总督尹继善上报江南南巡工程核销的奏折，由于无法通过工部审查，历时四年往返多次仍无法核销，后尹继善于乾隆二十六年（1761年）六月二十三日专门为此上折请皇帝特批才予以通过。[159]

又如第三次南巡之后，浙江省上报的有关南巡工程奏销的折子，由于"未将应用各项详细声明"因而无法核销。之后三位承办大臣（时任江苏巡抚庄有恭、浙闽总督杨廷璋、浙江巡抚熊学鹏）联名向乾隆帝呈上密奏，恳请特批。[160]皇帝虽然同意了他们的请求，但仍申饬："此系出自朕之特恩，不可视为常例……笼统开销以至不肖官吏得以从中取利，一经查出则惟该督抚是问"[161]。

2. 与南巡行宫建设相关的策略问题

南巡行宫的修建与众多宫殿建筑修建的不同之处在于：很多行宫的修建并未按照一般皇家建筑的建造顺序。皇家建筑工程一般有工官督理、招商承包，经济核算、设计及施工管理，十分缜密。在这一管理体制下，凡是工价银超过五十两、料价银在二百两以上的国家建筑工程，均要呈报朝廷，上奏皇帝钦派承修大臣组建工程处，作为特派管理机构，负责工程的规划设计和施工。同时，还要钦派所谓勘估大臣组建勘估处，专门负责审计工程处编制上报的工程预算。向皇帝奏准后，再转咨工程处，按预算向管理国家财政的户部支领经费，进而招商重修。工程竣工后的验收，也由勘估处负责，再由工程处造具《销算黄册》奏销。

南巡初期，乾隆帝告诫各地官员，"行营宿顿不过偶一经临，即暂停亦不过逾旬日"，"至名山古迹，南省尤多，亦只扫除洁净足备临观而已"[162]。但是，地方官员哪肯放过一次向皇帝表忠邀功的机会，他们对这些上谕表面遵从，实际上置若罔闻，惟求逢迎献媚。于是历次南巡就成了乾隆帝不断强调"节俭"而地方官唯唯诺诺之后，各省行宫不断增设的现象。

（1）乾隆帝对行宫修建的政策

早在乾隆十四年（1749年）十月初五日，乾隆帝宣布南下巡视的决定时，就曾经宣布"清跸所至，简约仪卫……行营宿顿不过偶一经临……前岁山左过求华丽，多耗物力，朕甚弗取，曾经降旨申饬……江南俱不可仿效……"[163]。

乾隆帝在这里提到的"前岁山左"，指的是乾隆十三年（1748年）二月东巡山东，可见地方官抓住皇帝巡视这一机会向上"表忠"并不是南巡期间独有的现象。

而第一次南巡之前的乾隆十五年（1750年）十一月十五日，乾隆帝又委派向导大臣到各省传谕，"着兆惠努三就近自开封府驰驿前往并传谕该督抚等，一切供顿料理务从简朴，毋得徒尚纷华以致靡费，钦此"[164]。

乾隆十五年（1750年）十二月十六日，乾隆帝在上谕中又一次郑重告诫各省地方大吏："前于大学士九卿等议准两江总督黄廷桂等一折已降旨谆切晓谕，又特遣向导大臣兆惠努三等前往面传谕旨，务从俭约……凡地方大吏职任旬宣自能仰体朕心，遵旨办理。但恐地方有司奉行不善或穷乡僻壤未及周知，是用再行申谕各该督抚及所属官民人等，尚其凛遵前旨共期撙节以敦善俗以导淳风，如所在行宫，与其远购珍奇杂陈玩好，不如明窗净几洒扫洁除足供信宿之适也；经过道路，与其张灯悬彩徒侈美观，不若蔀屋茅檐桑麻在望，足觇盈宁之象也……"[165]

皇帝的告诫可谓恳切，然而作用似乎不够明显，除了直隶省因为是在天子脚下办差，较为注意，也得到皇帝赞扬，乾隆帝在乾隆二十年（1755年）三月二十日的上谕中道："……直隶州县朕岁时经历，其办差悉从简便，近年以来复经核定章程，于官民丝毫无累……"[166]。而山东省办差官员因为乾隆十三年（1748年）接驾时"过求华丽"，几次被乾隆帝批评，还借此告诫道："……专务浮华，此风一开，于吏治民风所关者甚大，嗣后寻常行幸，槩不准行，违者以违制论，并谕中外知之……"[167]，在这样的情况下，第一次南巡在山东境内没有设置一处南巡行宫，而江南，浙江的情况也让乾隆帝不满，不过皇帝认为两地均属初次接驾，予以谅解。在乾隆二十年（1755年）三月二十日宣布第二次南巡的上谕中他特传谕于两江总督尹继善，希望他在这次办差过程中能注意从简，上谕到："……此次南巡与从前初次筹备诸事草创者不同，如各处行宫及名胜之地，前次既经修建，虽已阅数年，亦只需稍加葺治可资顿宿而备观览足矣……尹继善等谅所深知，自能仰体，至前次沿途罗列台阁故事，一切务为美观，不但徒滋靡费不必踵行，且朕车驾所经周览闾阎省亲视农……又何用此粉饰增华，徒溷人意也……"[168]。当年五月十四日，又特传谕闽浙总督喀尔吉善："前经临幸各处止须略加葺治，以资顿宿，备观览足矣，上次过于繁费，此番俱可不必……诸事较前务加简朴，称朕观风省俗之意，其或过于靡费，务事华饰，不惟不能邀朕喜悦将转致取咎矣……"[169]。

同时针对南巡行宫中的繁复装饰、各式玩器以及南巡途中各地搭建彩棚及灯船焰火之事，乾隆帝同时连发上谕下令禁止。乾隆二十年（1755年）六月初三日上谕"……前者巡幸南省时屡饬各督抚务从简朴，而所至尚觉过于华饰喧溷耳目，此次行宫及名胜憩息之地悉仍旧观，但取洒扫洁除，概毋增一椽一瓦，毋陈设玩器，城市经途毋张灯演剧，毋踵事增华……若其徒事华靡致饰观美耗有用之财侈无益之，费适以自滋罪戾甚无取焉，各督抚及所属官民人等尚其善体朕心，以副朕观风问俗行庆施惠之至意。"[170]

从上谕的语气可以看到，从乾隆帝本人的角度对"踵事增华"的反对和希望地方大臣们"办差简便"的愿望。在皇帝的恳切谕旨和不断申饬之下，对第一二次南巡皇帝的不满还不是十分明显。第二次南巡回銮后，乾隆帝还评价"今年南巡办理差务，一切俱早定章程，地方有司较前更为熟练，比之乾隆十六年（1751年）生手初办大相径庭"。[171]但是随着历次南巡的进行以及乾隆一朝的逐渐繁华，地方大臣接驾时的繁华布置以及地方之间的互相攀比风气逐渐强烈起来。

乾隆二十七年（1763年）二月十三日，乾隆帝第三次南巡驻跸扬州时，因为哈萨克使臣策伯克入觐，扬州地方官曾预备灯船烟火，二月十八日，乾隆帝即将行至苏州，因预见到各省官员必定预备烟火，特传谕："向来巡幸所至，地方大吏预备灯船烟火，颇觉繁俗，顷在扬州不过为哈萨克陪臣入觐瞻仰，聊示内地民情和乐之意，是以听其预备，倘苏杭等处悉仿更属不必，现已降旨停止，恐部文到彼稽迟，先将此速行传谕知之。”[172]

从此也得知，灯船烟火一项向为接驾惯例，且各省之间相互仿效，屡禁不止；同样的惯例还有彩亭灯棚一项，各省也是屡禁不减，然而这一项却是与乾隆帝的政策有关，乾隆帝曾在乾隆二十七年（1762年）三月三十日驻跸金山行宫时对随驾南巡的直隶总督方观承说："朕车驾所经，惟桥梁道路，葺缮扫除，为地方有司所宜修补，其彩亭灯棚一切饰观之具，屡经降旨斥禁，今江浙两省途巷尚有踵事因仍者，此在苏扬盐布商人等，出其余赀，偶一点缀，本地工匠贫民，得资力作，以沾微润。所谓分有馀以补不足，其事尚属可行若地方官专欲仿而效之，以为增华角胜，则甚非奉职之道，嗣后督抚等，其实力禁止，一切屏去浮靡，以崇实政，如有仍蹈故习者，将惟该督抚是问……"[173]可见，乾隆帝虽然明确态度，但如彩亭灯棚一项各次南巡都无法禁止（图12-69）。

随着乾隆一朝社会长期的稳定发展，社会上追求奢华的风气也愈盛，几十年前皇帝对这方面的担心也越来越在实际中体现。第五次南巡回銮途中乾隆帝曾有感叹："朕自三十年南巡以后，迄今十又五年。东南土俗民风易趋华糜……自启跸以来所过在直隶江南一切行宫供顿不过就旧有规模略加修葺，办理尚为妥协，

图12-69.《清宫藏画》中《康熙南巡图》第十卷（局部）江宁街道迎驾搭建彩棚的景象
《清代宫廷绘画》：32.

而从事浮华，山东已开其端，至浙江为尤甚。朕心深所不取……督抚大吏不能善体朕心，朕亦将引以为愧……”[174]，可见，虽然皇帝一再要求地方大臣在接驾时“毋事华靡”，然而这种华靡的风气不但没有减少，反而愈来愈多，令皇帝也无可奈何。尤其是在行宫建设方面，对于地方官的建设行为，乾隆帝除了批评其“从事浮华，朕心深所不取”外，多数情况下只好以“成事不说”作罢。

到了乾隆四十八年（1783年）准备第六次南巡时，皇帝对禁止办差奢华的谕旨更像是一种无可奈何的例行之事，连谕旨的内容也与第五次南巡时一字不差：“……所有各处行宫坐落俱就旧有规模略加葺治，毋得踵事增华致滋繁费……”[175]。

总体来说，对于地方大吏的“热情”接驾，乾隆帝最初的严加申饬还有些许的警示作用，也起到了一定的效果，但是随着历次南巡的举行，加上社会的长期繁荣稳定及奢靡之风的盛行，南巡行宫及相关建设的浮华布置和踵事增华已经成为各省迎接皇帝南巡的惯例之举，以致皇帝到了后来也只能“成事不说”及“引以为愧”，而对于这种办差糜费的行为无可奈何。

（2）地方对行宫修建的对策

在乾隆帝对南巡行宫建设及相关接驾活动持有态度和政策的同时，各地方官也采取了相应对策。

第一次南巡，由于乾隆帝再三申谕，再加上各地是初次承办南巡，各省在行宫营建及相关接驾的建设活动还比较注意，例如直隶省当年南巡行宫均利用原有或稍加改建而成。山东大吏因为十三年乾隆帝东巡接驾“过求华丽”在乾隆帝一再警告下，这次采取较为观望的态度，本次没有新建行宫。江苏和浙江两省由于初次办差，并无新建行宫的行为，不过沿途“灯船烟火”、“彩亭灯棚”不断，是以遭到乾隆帝批[176]。

第二次南巡时，直隶大臣办差依然如前，并未增设行宫。而山东大吏通过上次的观望，见皇帝对江苏浙江的“灯船烟火”、“彩亭灯棚”并无实质性的惩戒，也开始进行接驾的行宫建设，不过考虑到皇帝一再下旨“概毋增一椽一瓦”，于是采取“先斩后奏”的方式，待行宫快要完工之时再行禀报，乾隆二十二年（1757年）乾隆帝南巡至山东境内第一站之德州，在新建的德州行宫写诗《德州行宫示山东大小吏》“……由来不说惟成事，此后无需慎戒诸。”而在诗的附言中提到“去岁巡抚爱必达于德州建行宫以备南巡入东境首程宿，顷将讫工乃入奏，因成事不说，故仍之，然朕所不取也。（图12–70）”[177]

第三次南巡，直隶大吏即以任丘县“旧无行宫”、“添构数楹，即可省备劳行营驼装之力”为由，“以四善村汉太傅韩婴故居”改建为思贤祠行宫（图12–71），

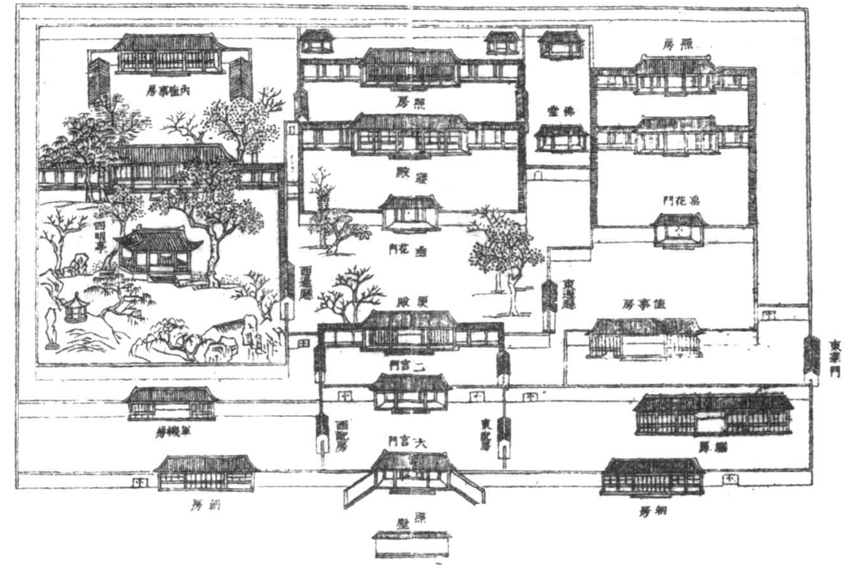

图12-70.《南巡盛典》中德州行宫
《南巡盛典》卷九十六，名胜：2.

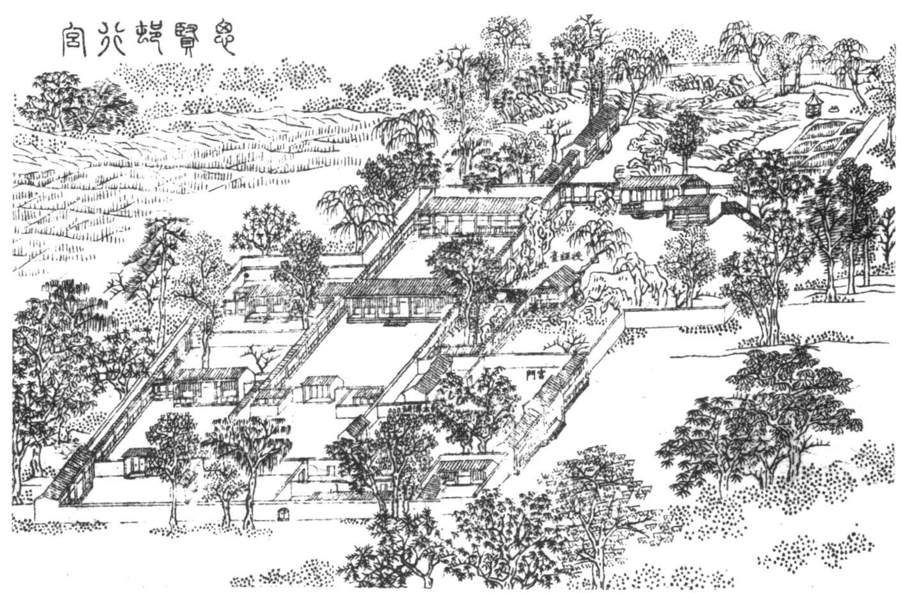

图12-71.《南巡盛典》中思贤祠行宫
《南巡盛典》卷九十五，名胜：9.

又在河间县南毛公祠一侧扩建行宫（太平庄行宫）[178]，乾隆帝南巡得知，认为其建制简朴，且已完成，作罢。而山东大吏又建郯城行宫，这一次建行宫的是刚由山东布政使擢升为山东巡抚的阿尔泰，其理由是郯城行宫不是新建的，“因地名郯子园之旧，增葺数椽，用备临憩”所以没有请奏于皇帝，乾隆帝知道后批评“阿尔泰以事非兴作不先奏请，然非朕所取也”[179]，但看在其“行宫规模俭朴，无台沼观游之胜”[180]并没有继续追究。

当乾隆帝进入江南境内，发现江南第一站之顺河集处，从前皆为大营，这次突然建成行宫，有诗说到“登舟尚迟四朝程，尽可修除张幕城，何事居然亦室宇……”可见江苏大吏此次也使用了“先斩后奏”的方法，才会让皇帝那么突然，不过皇帝考虑到该行宫“规制朴而且小遂听之”，又没有追究，皇帝在《顺河集行馆作》中接着说“稍欣未致大经营，土香阶草绕苏纽，风细盆梅欲放荣”字里行间甚至还对其环境布置略有称赞之意[181]。

不管地方大吏的建设行为其初衷有多么“体贴周到”，然而随着历次南巡的进行，乾隆帝曾经担忧的“不肖官吏从中取利”的情况还是发生了，如山东巡抚国泰和浙江巡抚王亶望就是其中两个地方大吏，第五次南巡时国泰曾经“于德州界上仿热河普陀宗乘之庙建立喇嘛寺以申庆祝”。乾隆帝虽然认为“黄教乃蒙古习俗所尚非齐鲁所宜”，然而又是因为成事不说未予以追究，还赐名“普陀广教之庙”，后“未经两三年，以构筑弗坚已就倾废，而国泰亦旋以勒索属员事发抵罪”[182]，乾隆帝后评价道“前国泰为山东巡抚时，于一路行馆皆求华美，费工无益甚不惬怀，曾严行申饬，后以勒索属员事发觉实抵罪并不以此宽彼也”。

而同样是第五次南巡时浙江巡抚王亶望任用王□“惟务奢靡增饰葛岭马瑙寺等处坐落，所费者盐商之资，而伊二人尚于其中作威福以牟利”后因“贪黩营私贬露抵罪”，乾隆帝第六次南巡到杭州时曾以此给浙江大吏训话，并赐诗提醒之“浙省大吏所宜引为前鉴也”[183]。而乾隆帝当时对待这样的大臣采用的“彼时即知其必败”的放任态度，同样也是大吏们一再试法的缘由之一。

3. 关于南巡行宫的后续问题

即便是在乾隆帝执政最盛时期，皇帝甚至直接下旨将南巡行宫中较好的用材拆运进京，供圆明园建设使用。

乾隆二十七年（1762年）三月，乾隆帝第三次南巡至杭州驻跸时看中了杭州内行宫（杭州府行宫）西所宫殿的木料，回京后即安排西宁专程拆掉运送进京，西宁在复命的奏折中“跪奏”：“奴才于三月十八日恭送圣驾后，回杭即择吉于三月二十八日动工……应拆宫门前便殿廊檐共计五十六间……检点查得房间上盖椽之望板等项俱多朽烂，两□山柱□□糟朽，缘西所房间系康熙年间盖造……南方地气潮湿熏蒸年久一经拆卸势必致此，通盘计算共木料□八成余，除朽烂木料不运外，将拆梁□柱等项木料共计二十六万一十付，扎成木筏二十节……于五月二十七日自杭州起程由水路运送进京……送至圆明园……”[184]西宁的奏折较为详细地讲述了这一过程，但是这段记录并没有收录在《南巡盛典》当中，并且在日后的两次南巡中并没有发现重建拆走的西所房间的记录，可见南巡行宫在皇家的宫殿中等级极低。

除了将南巡行宫中的好木料拆回京城使用外，对于南巡行宫中的新式装修装潢，乾隆帝采取的仍然是拆运进京的处理方法。乾隆四十九年（1784年）闰三月十四日至二十五日，乾隆帝第六次南巡回銮至扬州，一直驻跸在天宁寺行宫，对于行宫中的西式装潢非常喜爱，驻跸长达十二日，起跸前一日还命两淮盐政伊龄阿“将西洋式装修拆卸运京”，后又于四月二日命伊龄阿“止须将厅内陈设之玻璃镜运京备用”，伊龄阿奉旨“将之一同由水路运京”[185]。

可见，乾隆帝认为好的木料和优秀的装修都应该用在京城自己常驻的几个宫殿中，而不是几年偶尔一驻的南巡行宫之中。当乾隆朝以后不再举南巡之典，皇帝的活动范围主要限于京城周围，南巡行宫也就加速衰落，直至消失。

有意味的是，乾隆帝六次南巡建设的行宫很多，而这样大的建设量为何《南巡盛典》中未予以单列一章记载？而诸多的官书典籍中，对行宫的建设、花费问题轻描淡写或不予提及，《南巡盛典》中就表示“若专列行宫一门，殊非纪实之体”[186]。其背后的原因十分复杂，甚至有部分学者认为南巡的行为和南巡行宫建设的大量花费是造成清代由盛转衰的直接原因。在看到乾隆六次南巡采取蠲免钱粮、治理水工、加恩缙绅、培养士类等措施，客观上稳定了江南一带的经济民生之外，也应该看到行宫建设无形中助长了地方官员们“意在竞胜”的行为，引导了整个社会崇尚华靡的攀比作风，这一点是乾隆帝始料未及的，所以在他的晚年对军机章京大臣吴熊光说道：“朕临御六十年，并无失德，惟六次南巡，劳民伤财，作无益，害有益，将来皇帝南巡，而汝不阻止，必无以对朕。”[187]表示了对南巡造成的弊端的一定悔意，而正是这样的“天朝物产丰富”，社会百姓醉心奢靡生活的营造和攀比的全国风气，闭关锁国，不重视科学技术在国家发展方面的应用，再加上嘉庆以后年年内乱的战争以及对应的西方各国科技的突飞猛进，才使得国家的发展越来越落后于人，最终在1840年西方的坚船利炮中败下阵来。这一点，才是我们今天的国家发展和社会进步历程中需要引以为戒的。

注释：

1《清高宗纯皇帝实录》卷1201，中华书局影印本，1986年4月版，第61页.
2《清高宗纯皇帝实录》卷1202，中华书局影印本，1986年4月版，第62-63页.
3《南巡盛典》卷三，恩论，点石斋版本，光绪八年六月，"乾隆二十年三月二十日上谕".
4《康雍乾户部银库历年存银数》引录军机处《上谕档》,《历史档案》1984年4期.
5《清高宗纯皇帝实录》卷383，中华书局影印本，1986年4月版，第35页.
6《康雍乾户部银库历年存银数》引录军机处《上谕档》,《历史档案》，1984年4期.
7 同4.
8《南巡盛典》卷二十二，天章，点石斋版本，光绪八年六月.
9《南巡盛典》卷三，恩论，点石斋版本，光绪八年六月.
10 同4.
11《清高宗纯皇帝实录》卷1102，中华书局影印本，1986年4月版，第757页.
12 萧一山，《清代通史》卷中，第二册，第234页.
13 山东省行宫总共十七座，但是其中崮山行宫和泰山行宫没有驻跸的记录，所以在本项统计中按有效行宫 十五座计算.
14 江苏省行宫总共十九座，但是其中杨家庄行宫为桂家庄行宫迁建而成，所以在本项统计中应该算为一座，所以江苏省行宫数量按十八座计算.
15《御制诗四集》卷七十三，第14页，乾隆帝第五次南巡回銮驻跸金山行宫时作《金山妙高台再和苏轼韵》中有诗句"上则碧寥天，下则汪洋水".
16《乾隆南巡御档》，第三册，第406页.
17《南巡盛典》卷八十九，程途，点石斋版本，光绪八年六月.
18《南巡盛典》卷七十八，程途，点石斋版本，光绪八年六月.
19《南巡盛典》卷九十六，名胜，点石斋版本，光绪八年六月.
20 同17.
21《南巡盛典》卷九十二，程途，点石斋版本，光绪八年六月.
22 乾隆帝南巡行宫有记载的共有49座，其中崮山行宫、泰山行宫虽在《南巡盛典》有记载，但是在《清高宗纯皇帝实录》中没有驻跸记录，所以没有进行统计，所以进行统计的行宫总数为47座.
23 根据《南巡盛典》中记载的行宫间距统计，若两座行宫间设有大营的，则以行宫距离上一站距离为准.
24 根据《南巡盛典》及《清高宗纯皇帝实录》归纳。第五、六次南巡时乾隆帝已届高龄，驻跸的距离大大缩短，参见第一章；所以笔者在本节的论述会主要选择乾隆帝青壮年时期第一、第四次南巡来分析.
25《清高宗纯皇帝实录》，卷1201，中华书局影印本，1986年4月版，62-63页.
26 第一至五次南巡，根据《南巡盛典》统计.
27 第三至六次南巡，根据《南巡盛典》统计.
28《南巡盛典》卷一百十五，奏议，点石斋版本，光绪八年六月.
29 参照第一章内容.
30 根据《清高宗纯皇帝实录》卷335至388统计.
31 同17.
32 清代皇帝设在江南的直属机构，织造官员一般为皇帝的亲信，如康熙朝的曹寅世家，乾隆时期的高晋等等，织造官员除了负责管理织造局以向皇家供应织品，还是皇帝设在江南的"耳目"，用以了解江南包括下雨情况、米价、官员关系、百姓民生等等所有情况，所有情况织造官员通过定期的密摺直接向皇帝报告.
33 根据《康熙起居注》记载，康熙帝在康熙二十三年（1684年）、二十八年（1689年）、三十八年（1699年）、四十二年（1703年）、四十四年（1705年）六次南巡均至江宁，其中第一次驻跸江宁将军署，其余五次均驻跸江宁府行宫，《康熙起居注》，中国第一历史档案馆编。北京：中华书局，1984.
34 康熙七年，《江宁府志》，卷七，"建置".
35 乾隆十六年《上元县志》卷3，廨署.
36《南巡盛典》卷一百一，名胜，点石斋版本，光绪八年六月.
37 嘉庆《江宁府志》卷12，建置，第21页.
38 赵尔巽等撰，《清史稿》列传九十四，中华书局，1976年7月点校本.
39 同36.
40《清高宗纯皇帝实录》卷五三三，中华书局影印本，1986年4月版，第719页.
41《南巡盛典》卷四十三，河防，点石斋版本，光绪八年六月，第4页.
42《清高宗纯皇帝实录》卷五三六，中华书局影印本，1986年4月版，第759页.
43《南巡盛典》卷九十五，名胜，点石斋版本，光绪八年六月.
44《涿州志》卷三，行宫，乾隆三十年.
45 同43.
46 涿州文报所《涿州文物信息》2007年第4期（总029期）.
47《南巡盛典》卷二，恩论，点石斋版本，光绪八年六月.
48《南巡盛典》卷八十七，点石斋版本，光绪八年六月，第3页.
49《南巡盛典》卷一百，名胜，点石斋版本，光绪八年六月.
50 同48.
51 根据《清高宗纯皇帝实录》及《南巡盛典》中记载统计.
52《南巡盛典》卷九十四，点石斋版本，光绪八年六月，第9页.
53《南巡盛典》卷九十四，点石斋版本，光绪八年六月，第10页.
54《南巡盛典》卷八十四，点石斋版本，光绪八年六月，第2页.
55《南巡盛典》卷八十四，点石斋版本，光绪八年六月，第1页.
56《南巡盛典》卷十六，点石斋版本，光绪八年六月，第2页.
57《南巡盛典》卷首下，点石斋版本，光绪八年六月，第17页.
58 赵尔巽等撰，《清史稿》卷090，志六十五，礼九（军礼），中华书局，1976年7月点校本.
59《南巡圣典》卷一百八，奏议，点石斋版本，光绪八年六月，第2页.
60《南巡圣典》卷一百九，奏议，点石斋版本，光绪八年六月，第5页.
61 中国第一历史档案馆编，《乾隆南巡御档》第六册，华宝斋书社出版，2001年5月版，第1060页.
62 徐扬，生卒年月不详，字云亭，苏州府吴县人。于乾隆十六年乾隆帝南巡驻跸苏州期间进献画册，乾隆帝命充画院供奉（同治重修《苏州府志》），据《国朝院画录》记载，自乾隆十六年（1751年）任清宫画院供奉，后又得钦赐举人，官至内阁中书.
63（同治）《苏州府志》卷二十二，公署二，第41页.
64（道光）《苏州府志》，卷二十一，第30页.
65《南巡盛典》卷一百六，点石斋版本，光绪八年六月，奏议.
66《南巡盛典》天章，点石斋版本，光绪八年六月，卷四.
67［清］蒋溥，于敏中等奉敕编，《御制诗五集》卷七，《钦定四库全书》，文渊阁《四库全书》原文电子版，济南开发区汇文科技开发中心编制，武汉大学出版社，第11页.
68《苏州市志》卷四十九，第976页.
69［清］李渔.《闲情偶寄》居室部."山石第五".天津：天津古籍出版社，1996.

70（嘉庆）《两淮盐法志》，嘉庆十一年（1806年）刊本，卷55.

71［清］汪中，《从政录》"姚司马德政图叙"，《江都汪氏丛书》1925年编，卷二.

72《清朝野史大观》卷十，江苏广陵古籍刻印社，1981.

73［清］李斗撰，周春东注，《扬州画舫录》卷一，"草河录上"，山东友谊出版社，2001年5月版，第20页.

74［清］李斗撰，周春东注.《扬州画舫录》卷七，"城南录". 济南：山东友谊出版社，2001：191.

75《清康熙朱批谕旨》，《文献丛编》第九辑，故宫博物院文献馆编，民国19年版，第11页.

76《圣祖仁皇帝御制文集》卷三《赐赠纪荫诗并跋》，文渊阁《四库全书》原文电子版，济南开发区汇文科技开发中心编制，武汉大学出版社.

77 同76.

78《南巡盛典》卷二十六，点石斋版本，光绪八年六月，第6-7页.

79《高旻寺行宫即事》，《南巡盛典》卷二，点石斋版本，光绪八年六月，第31页.

80《塔湾行宫六依皇祖诗韵》，《南巡盛典》卷二十，点石斋版本，光绪八年六月，第27页.

81《自高旻寺行宫再游平山堂即景杂咏六首》，《南巡盛典》卷四，点石斋版本，光绪八年六月，第14页.

82［清］李斗撰，周春东注.《扬州画舫录》卷七，"城南录". 济南：山东友谊出版社，2001：192.

83《南巡盛典》卷二十，点石斋版本，光绪八年六月，天章.

84《南巡盛典》卷十，点石斋版本，光绪八年六月，天章.

85［清］梁诗正，沈德潜，傅王露等撰，《西湖志纂》卷三，文渊阁《四库全书》原文电子版，济南开发区汇文科技开发中心编制，武汉大学出版社，第2页.

86［清］梁诗正，沈德潜，傅王露等撰，《西湖志纂》卷三，文渊阁《四库全书》原文电子版，济南开发区汇文科技开发中心编制，武汉大学出版社，第4-5页.

87［清］翟灏，《纪盛》，《湖山便览》，上海古籍出版社，1998年版，卷一.

88 乾隆四十三年（1778年）《杭州府志》.

89 中国历史第一档案馆编. 纂修四库全书档案. 上海：上海古籍出版社，1997：1589.

90 中国历史第一档案馆编. 纂修四库全书档案. 上海：上海古籍出版社，1997：1636.

91 中国历史第一档案馆编. 纂修四库全书档案. 上海：上海古籍出版社，1997：1692.

92 军机处为知会文澜阁御笔碑刻匾额墨宝致浙江巡抚咨文，中国历史第一档案馆编，《纂修四库全书档案》，第1752页.

93［清］蒋溥，于敏中等奉敕编，《御制诗五集》卷六，《钦定四库全书》，文渊阁《四库全书》原文电子版，济南开发区汇文科技开发中心编制，武汉大学出版社，第2页.

94［清］蒋溥，于敏中等奉敕编，《御制诗五集》卷六，《钦定四库全书》，文渊阁《四库全书》原文电子版，济南开发区汇文科技开发中心编制，武汉大学出版社，第3页.

95［清］邹在寅，《重建文澜阁纪事》，《文澜阁志》卷下，《西湖文献集成》，杭州出版社，2004年版.

96 七阁，指清乾隆年间建造专用于存放《四库全书》的七座藏书楼，其造型皆仿宁波"天一阁"之式。七阁为内廷四阁（避暑山庄之文津阁、圆明园之文源阁、紫禁城之文渊阁、盛京（沈阳）故宫之文溯阁），及江南三阁（扬州大观堂之文汇阁、镇江金山行宫之文宗阁、杭州西湖行宫之文澜阁）.

97 乾隆三十九年（1774年）六月二十五日谕："浙江宁波府范懋柱家所进之书最多……闻其家藏书处曰'天一阁'纯用砖甃，不畏火烛。自前明相传至今，并无损坏，其法甚精。著传遵寅著亲往该处，看其房间制造之法若何？是否专用砖石，不用木植。并其书架款式若何？详细询察，烫成准样，开明丈尺，呈览。"寅著遵旨至范氏家查看后"即行复奏"："天一阁在范氏宅东，坐北向南。左右砖甃为垣。前后檐，上下俱设窗门。其梁柱俱用松杉等木。共六间：西偏一间，安设楼梯。东偏一间，以近墙壁，恐受湿气，并不贮书。惟居中三间，排列大橱十口，内六橱，前后有门，两面贮书，取其透风。后列中橱二口，小橱二口，又西一间排列中橱十二口。橱下各置英石一块，以收潮湿。阁前凿池，其东北隅又为曲池。传闻凿池之始，土中隐有字形，如'天一'二字，因悟'天一生水'之义，即以名阁。阁用六间，取'地六成之'之义。是以高下、深广，及书橱数目、尺寸俱含六数。特绘图具奏。"于是，乾隆帝即仿其式分建内廷四阁，及江南三阁.

98《清高宗纯皇帝实录》卷1201，中华书局影印本，1986年4月版，第62页.

99 王育民. 中国历史地理概论. 上册. 北京：人民教育出版社，1987：50.

100《清高宗纯皇帝实录》卷533，中华书局影印本，1986年4月版，第719页.

101《南巡盛典》卷四十三，河防，点石斋版本，光绪八年六月，第4页.

102《清高宗纯皇帝实录》卷536，中华书局影印本，1986年4月版，第759页.

103《南巡盛典》卷二十三，点石斋版本，光绪八年六月，第29页.

104《南巡盛典》卷八十二，点石斋版本，光绪八年六月，第11页.

105 中国第一历史档案馆编. 乾隆南巡御档. 第六册. 华宝斋书社出版，2001：984-986.

106《南巡盛典》卷九十四，名胜，点石斋版本，光绪八年六月，第7页

107 同106.

108《南巡盛典》卷九十四，名胜，点石斋版本，光绪八年六月，第8页.

109《南巡盛典》卷二十八，天章，点石斋版本，光绪八年六月，第9页.

110 道光《铜山县治》卷十二.

111《南巡盛典》卷二十三，点石斋版本，光绪八年六月，第30页.

112《南巡盛典》卷一百十，奏议，点石斋版本，光绪八年六月，第4、5页.

113《南巡盛典》卷一百十五，奏议，点石斋版本，光绪八年六月，第1、2页.

114《南巡盛典》卷二十九，天章，《阅本》，奏议，点石斋版本，光绪八年六月.

115 中国第一历史档案馆编. 乾隆南巡御档. 第七册. 华宝斋书社出版，2001：1130.

116《南巡盛典》卷二十三，天章，奏议，点石斋版本，光绪八年六月，第30页.

117［清］李斗撰，周春东注. 扬州画舫录. 卷四. "新城北录中". 济南：山东友谊出版社，2001：129.

118《南巡盛典》卷一百八，奏议，点石斋版本，光绪八年六月.

119 清代皇室沿袭东北满族的饮食习惯，一天早晚两次正餐。乾隆帝每日用早晚两膳，早膳多在卯时（早上六七点左右），有时推迟到辰正（早上八九点左右）；晚膳一般在午时或者未时（中午十二点至下午两点左右）。皇帝出巡时和宫中一样，皇帝身边总有几个御膳房太监专门负责"背膳桌"，南巡中常常是行到哪里，到固定时间，皇帝一声"传膳"令下，背桌子的太监立即将三张膳桌一字摆开，铺上桌单，手捧红色漆盒的太监们将各种菜肴、饭点、汤羹等迅速

端上饭桌。御膳的食谱每天由内务府大臣划定，做御膳时，内务府大臣负责监督。皇帝就座后，传膳太监先查看每道饭菜中的试毒牌变色不变色，再亲口尝尝，然后皇帝才开始吃。皇帝吃饭是一个人单独吃，一般是主菜八品、小菜四品，再加火锅、粥、汤等。主食有米饭、面食及糕点多种。如果没有旨意，任何人都不能和皇帝一起吃饭。两次正餐后，各加一顿小吃。如果临时需要吃什么，就随时传人送过来。由于晚上的小吃通常有酒，又称酒膳，通常在晚上五点至九点间.

120 第一历史档案馆藏《乾隆三十年江南节次膳底档》(手抄).

121 第一历史档案馆藏《乾隆四十五年节次膳底档》、《乾隆四十九年节次膳底档》、《乾隆三十年江南额食底档》(手抄).

122［清］英廉等奉敕编. 日下旧闻考. 御制静宜园记. 北京：北京古籍出版社，1983.

123《热河志》卷二十五，《避暑山庄后序》.

124《南巡盛典》卷二十四，天章，《游狮子林得句》.

125 张照（1691~1745年），字得天，号泾南，亦号天瓶居士，江南娄县人。清代著名书法家，清代前期帖学代表人物。乾隆皇帝曾在《满汉名臣传》中评价他的书法：“书有米之雄，而无米之略。复有董之整，而无董之弱。羲之后一人，舍照谁能若。即今观其迹，宛似成于昨。精神贯注深，非人所可学。”《清史稿》列传九十一.

126 汪由敦（1692~1758年），字师茗，浙江钱塘人，原籍安徽休宁。雍正二年进士，授编修。乾隆十四年，以随驾平定金川军功，加授太子少师、协办大学士。十九年，再加太子太傅。次年，转刑部尚书，后又转工部、吏部尚书。乾隆帝外出谒陵、塞外围猎及四方巡幸，多命汪由敦随行。由敦笃内行，记诵尤淹博，文章典重有体，词简意深，朝中典章诰词多出其手笔。书法力追晋、唐大家。内直几三十年，以恭谨受上知。二十三年，卒，上亲临赐奠，赠太子太师，谥文端。谕称其“老诚端恪，敏慎安详，学问渊深，文辞雅正”。《清史稿》列传八十九.

127 钱陈群（1686~1774年），字主敬，浙江嘉兴人。康熙四十四年，圣祖南巡，迎驾吴江，献诗。六十年，成进士，引见，上谕及前事。改庶吉士，授编修。雍正七年，世宗谕奖为“安分读书人”。乾隆元年，以母丧去官。服除，高宗命仍督顺天学政，除原官。三迁内阁学士。七年，擢刑部侍郎。二十二年，上南巡，令在籍食俸。二十六年，偕江南在籍侍郎沈德潜诣京师祝皇太后七十寿，命与香山九老会，加尚书衔。二十七年，南巡，陈群偕德潜迎驾常州，上赐诗称为“大老”。三十年，南巡，复迎驾。是岁陈群年八十，加太子太傅。三十五年，上六十万寿，命德潜至嘉兴劝陈群毋诣京师。三十六年，上东巡，陈群迎驾平原，进登岱祝釐颂。是冬，复诣京师祝皇太后八十万寿，命紫禁城骑马，赐人葠，再与香山九老会。陈群进和诗有句云“鹿驯岩畔当童扶”，上赏其超逸，复为图赐之。每岁上录寄诗百馀篇，陈群必赓和，亲书册以进，体兼行草，屡蒙奖许。三十九年，卒，年八十九。上谕谓：“儒臣老辈中能以诗文结恩遇、备商榷者，沈德潜卒后惟陈群。”加太傅，祀贤良祠，谥文端。四十四年，上制怀旧诗，列五词臣中。《清史稿》列传九十二.

128 沈德潜（1673~1769年），字礴士，江南长洲人。乾隆四年，成进士，改庶吉士，年六十七矣。七年，高宗莅视，问孰为德潜者，称以“江南老名士”，授编修。十二年，命在上书房行走，迁礼部侍郎。是岁，上谕诸臣曰：“沈德潜诚实谨厚，且怜其晚遇，是以稠叠加恩，以励老成积学之士，初不因进诗而优擢也。”十四年，仍令校御制诗集毕乃行。谕曰：“朕於德潜，以诗始，以诗终。”且令有所著作，许寄京呈览。赐以人葠，赋诗宠其行。德潜归，进所著归愚集，上亲为制序。十六年，上南巡，命在籍食俸。是冬，德潜诣京师祝皇太后六十万寿。十七年正月，上召赐曲宴，赋雪狮与联句。又以德潜年八十，赐额曰“鹤性松身”，并赉藏佛、冠服。德潜归，复进西湖志纂，上题三绝句代序。二十二年，复南巡，加礼部尚书衔。二十六年，复诣京师祝皇太后七十万寿，进历代圣母图册。入朝赐杖，上命集文武大臣七十以上者为九老，凡三班，德潜为致仕九老首。二十七年，南巡，德潜及钱陈群迎驾常州，上赐诗，并称为“大老”。三十年，复南巡，仍迎驾常州，加太子太傅，赐其孙维熙举人。三十四年，卒，年九十七。赠太子太师，祀贤良祠，谥文悫。四十三年，东台县民讦举人徐述夔一柱楼集有悖逆语，上览集前有德潜所为传，称其品行文章皆可为法，上不怿。下大学士九卿议，夺德潜赠官，罢祠削谥，仆其墓碑。四十四年，御制怀旧诗，仍列德潜五词臣末。《清史稿》列传九十二.

129《南巡盛典》卷二十一，天章.

130《南巡盛典》卷二十九，天章.

131 同130.

132《扬州画舫录》卷五，“新城北录下”，第131页.

133《清高宗纯皇帝实录》卷五三三，第726页.

134《清会典》卷十七，第22页.

135《南巡盛典》卷一百十，奏议.

136《扬州画舫录》卷四，新城北录中，第122页.

137《扬州画舫录》卷四，新城北录中，第125页.
138《乾隆南巡御档》卷六，第1082页.
139《乾隆南巡御档》卷六，第1084页.
140《南巡盛典》卷一百十五，奏议.
141《乾隆南巡御档》卷六，第971页.
142 皇帝卤簿中的重要金器，分别为金交椅、金水瓶、金唾壶、金香盒、金杌、金提炉、金盥盆和金拂尘.
143 乾隆朝 内务府奏销档 胶卷号：111乾隆四十五年，第193页.
144 乾隆朝 内务府奏销档 胶卷号：110乾隆四十四年十至十一月，第85页至第94页.
145《乾隆南巡御档》卷六，第1087页.
146《南巡盛典》卷首下，点石斋版本，光绪八年六月，第17页.
147《南巡盛典》卷一，点石斋版本，光绪八年六月，第2页.
148［清］魏源，《圣武记》《兵志兵饷》，中华书局出版，1984年版，卷十一.
149《康雍乾户部银库历年存银数》引录军机处《上谕档》，《历史档案》1984 年 4 期.
150《清高宗纯皇帝实录》，中华书局影印本，1986年4月版，卷1139及卷1140.
151《南巡盛典》卷二十五，点石斋版本，光绪八年六月，第9页.
152 赖惠敏："乾隆朝内务府的当铺与发商生息（1736~1795年）"，《台湾研究院近代史研究所集刊》第28期，1997年12月.
153《清高宗纯皇帝实录》，中华书局影印本，1986年4月版，卷1139及卷1140.
154 转引自朱正海主编．盐商与扬州．第三章．南京：江苏古籍出版社，2001：198–199.
155《南巡盛典》卷二十五，点石斋版本，光绪八年六月，第10–11页.
156《南巡盛典》卷八十九，奏议，点石斋版本，光绪八年六月，第19页.
157 第一历史档案馆编《宫中朱批奏折（财政类）》，乾隆三十一年六月十六日朱批奏折，档案号0095.
158 清册例子，见附表三.
159 第一历史档案馆藏《乾隆朝汉文朱批奏折》档案号0694–028，缩微号047–0692.
160 中国第一历史档案馆编．乾隆南巡御档．第六册．华宝斋书社出版，2001：1029–1035.
161《南巡盛典》卷二十七，恩论，点石斋版本，光绪八年六月，第12页.
162《南巡盛典》卷一，点石斋版本，光绪八年六月，恩论.
163 乾隆十四年十月初五日上谕档.
164 乾隆十五年十一月十五日上谕档.
165 中国第一历史档案馆编．乾隆南巡御档．第三册．华宝斋书社出版，2001：411–414.
166《南巡盛典》卷二十六，恩论，点石斋版本，光绪八年六月，第1页.
167《清高宗纯皇帝实录》卷三八七，中华书局影印本，1986年4月版，第85页.
168《南巡盛典》卷二十六 恩论，点石斋版本，光绪八年六月，第1页.
169《南巡盛典》卷二十六 恩论，点石斋版本，光绪八年六月，第4页.
170《南巡盛典》卷二十六，恩论，点石斋版本，光绪八年六月，第6页.
171《南巡盛典》卷三，点石斋版本，光绪八年六月，恩论.
172《清高宗纯皇帝实录》卷六五五，中华书局影印本，1986年4月版，第328页.
173《清高宗纯皇帝实录》卷六五七，中华书局影印本，1986年4月版，第358页.
174《清高宗纯皇帝实录》卷一一〇二，中华书局影印本，1986年4月版，第757页.
175《南巡盛典》卷三十，恩论，点石斋版本，光绪八年六月，第1页.
176《南巡盛典》卷二十五，点石斋版本，光绪八年六月，第20页.
177《南巡盛典》卷十四，天章，点石斋版本，光绪八年六月，第73页.
178《南巡盛典》卷九十五，点石斋版本，光绪八年六月，名胜.
179《赐山东巡抚阿尔泰》附言，《南巡盛典》卷二十二，点石斋版本，光绪八年六月，天章.
180《南巡盛典》卷九十六，点石斋版本，光绪八年六月，名胜.
181《顺河集行馆作》，《南巡盛典》卷二十三，点石斋版本，光绪八年六月，天章.
182［清］蒋溥，于敏中等奉敕编，《经普陀广教之庙作》附言，《御制诗五集》卷二，《钦定四库全书》，文渊阁《四库全书》原文电子版，济南开发区汇文科技开发中心编制，武汉大学出版社，第27页.
183［清］蒋溥，于敏中等奉敕编，《赐浙江巡抚福崧》附言，《御制诗五集》卷五，《钦定四库全书》，文渊阁《四库全书》原文电子版，济南开发区汇文科技开发中心编制，武汉大学出版社，第25页.
184 "乾隆朝汉文录副奏折"中国第一历史档案馆，档案号1120–040.
185 "乾隆朝汉文录副奏折"中国第一历史档案馆，档案号1135–010.
186《南巡盛典》卷首，下，点石斋版本，光绪八年六月，第18页.
187 赵尔巽等撰，《清史稿》列传，吴熊光，中华书局，1976年7月点校本.

Chapter 13

Grand Canal and Urban Clubs

Shen Yang

第十三章　大运河城市会馆

沈　旸

一、大运河城市会馆的勃兴

会馆是一种地方性的同乡群体利益整合组织，以敦乡谊、叙桑梓、答神庥、互助互济为宗旨；趋利共享是其整合驱动力，避祸共存、权益分担是群体的心理依托。外籍人士在客地的自身发展中有着殊途同归的心理需求："政治上的维护心理需求、市场上的赢利心理需求、客地上的相依心理需求、权益上的捍卫心理需求、文化上的交融心理需求、管理上的自治心理需求、风险上的避害心理需求和前景上的开拓心理需求"。[1]会馆是地缘性的乡土关系在异地的维系纽带，外籍身份使得会馆在城市中也是以外来者形象出现。其初创时的所在地大多在城市边界，随着外籍人口的不断壮大，会馆在城市中所扮演角色亦越来越重要，并且代表了一种弱势群体向主体靠拢和融入的过程。

大运河沿线城市会馆尤其表现出这种特征。大运河的开通和畅通，是元明清商业发展最直接的原因，尤其在明清稳定时期，经济发展带动了大量人口的迁移，包括从商人员、科举人员、移民等，而这正是会馆在大运河沿线得以兴盛的社会因素。因此，研究大运河沿线会馆非局限于建筑本身，其中包含的经济、移民、社会机制等因素，非常重要，也依此从另一个角度去看待明清地方经济型城市的发展过程。

明清大批沿运河城市兴起与繁荣，如通州、直沽（天津）、沧州、德州、临清、东昌（聊城）、济宁、徐州（明万历后已不在运河航线上）、淮安、扬州、镇江、常州、苏州、嘉兴、杭州等，伴随城市繁盛的是大量外籍人口的进入。流动人口意味着走向陌生的环境、分占他方的资源，并也给所在城市带来新生力量。这期间势必矛盾多重，如何保存自己、化解困难、求得长久的彼此相安、相助、相利乃至相长，都需求有一种务实的解决途径。由此，会馆这种民间的自发性社会组织应运而生。

会馆的共同点在于地缘是其基本结合纽带，是弱势群体在异地的民间组织机构和场所。这其中"既有地域政治观念以及由此而孕生的地方观念的影响，又有土著与流寓、流寓与流寓之间在经济政治利益分配上形成冲突的促成。既有民间与政府之间统治与被统治的交相补充，又有二者之间的相互对抗。既有流寓外乡乡井氛围的失落，又有在客地复制乡井以求自我实现的追求"[2]。正是在诸多因素的交互作用下，上自封建政府及其代表其利益的各级官员，下至一般民众，都自觉投入或关注会馆的建设，从而导致会馆的勃兴。而市场机制的建立、人口流动和科举制度的发展又是明清会馆兴盛的社会背景。大运河城市会馆大致分三类：官绅会馆、科举会馆、商人会馆。前两类主要集中在北京，大运河沿线地方城市的会馆大多属于后者。

从时间范畴看，随着时间推移和社会发展，会馆变化也呈现出明显的阶段性特征。一般起始时，会馆是作为城市中一种动态的、富有活力的构成因素，寻求机遇，获取发展空间；而当会馆步入正轨，则表现出一种相对静态、稳定的特质，犹如磁铁和容器，为本籍人员的集聚交流提供场所。

1. 性质及特点

北京作为元明清时期的都城，是会馆发生、发展的集中地，这是由京师作为政治、经济、文化中心的核心地位所决定的。最早出现于北京的会馆就是中国封建社会晚期最早的会馆，它仅作为官僚仕宦的聚乐场所，后来有的会馆继续保持这样的传统，也有的添进服务科举的新功能，还有的专设试馆。与此同时，侨居于京师的商人或投资于上述会馆，或者另外建立商人会馆，呈现出多头并存的兴旺景象。

有的以两省为单位，有的则小到以县邑为单位。不少省、府、州、县都在京师设立2所或2所以上的会馆，有的把会馆还作了区分，如山东有试馆1所，会馆1所，前者服务于科举考试，而后者则可能兼顾其他。广州会馆有2所，一为“士大夫私焉”，一为“商人私焉”[3]。不仅不同省份在京会馆数多有差异，而且各省会馆的分布区位亦各有侧重，这表明各省流寓京师之人在谋求发展的道路选择上也不一样。譬如江西会馆有66所之多，其中有29所集中分布在正阳门外大街，多把服务于科举放在首位，从而形成了明清时期江西籍官员把揽朝政的显赫局面。而在山西会馆中，商人则占很大成分。如颜料会馆、临襄会馆、晋冀会馆、潞安会馆、河东会馆、临汾会馆、盂县会馆、襄陵会馆、浮山会馆等都是服务于商人的会馆。

京师的官绅会馆、科举会馆、商人会馆的发展是相互依存和消长的。南方人由科举谋求发展与北方人由经商谋求发展形成了互补共进的态势，“北京工商业之实力，昔为山左右人操之，盖汇兑银号、皮货、干果诸铺皆山西人，而绸缎、粮食、饭庄皆山东人。”当然，比较多的会馆并没有这种职业的分工与偏重，而是对“历来服官者、贸易者、往来奔走者”尽行收容[4]。

吕作燮先生认为：“清朝北京的445座会馆……纯属同乡会馆，只要是同乡旅京人士，均可到会馆聚会和居住，而每三年一次的科举考试时，这些会馆都必须接待同乡士子住宿……更多的会馆是多用途的。”[5]此论似太绝对，但对大部分京师会馆来说，多用途实有其必然性。“会馆之设，始自明代，或曰会馆，或曰试馆，盖平时则以聚乡人，联旧谊。大比之岁，则为乡中试子来京假馆之所，恤寒峻而启后进也”[6]。如安徽歙县会馆初对“初授京官与未带眷属或暂居者，每月计房一间输银三钱，以充馆费，科场数月前，务即迁移，不得久居”。其后又规定：“非乡会试之年，谒选官及来京陛见者，均听于会馆作寓，每间月出银一钱，按季送司年处”[7]。

2. 作用及影响

明清时期一批大运河沿线的新兴商业城市发展起来，它们或利用本地的资源优势发展起闻名遐迩的独具特色的手工业，或利用便利的地理条件吸引来自八方的大小商人前来经商，于是，有的旧城商业化了，有的小村、小镇变成了商业都市。会馆栖止于这些地区，扮演并发挥辐射中心的作用便理所当然，并且成为明清商帮发展历程和地方城市兴盛的双重见证。

就商帮言，如山西商帮在清乾嘉年间（1736~1820年）在沿运城市始建会馆，至清中叶，聊城、临清，东阿、张秋、馆陶、恩县、武城、东平、德州、冠县、阳谷等地，先后有大小十几处山西会馆，与此同时，济南、长清、济阳、菏泽、临朐，诸城、费县等地也都有晋商设立的山西会馆。山西商帮的雄厚实力，通过会馆的恢宏规模和尺度气势得以展示。由晋商为首出资兴建的聊城山陕会馆，即是一规模宏大的建筑群。由山门、戏楼、左右夹楼、鼓楼等楼阁台亭组成，来往商人络绎不绝。冠县山西会馆“院宇宏敞”，每当“佳节丽晨，晋商云集”。张秋的山西会馆楼屋栉比，为当地建筑之冠。反映出当时山西商资本的兴盛[8]。

就城市言，如苏州的48所会馆中有27所为商人专门出资兴建，其他21所为官商合建。作为商业城市，“姑苏为东南一大都会，五方商贾，辐辏云集，百货充盈，交易得所，故各省郡邑贸易于斯者莫不建立会馆”[9]。由于苏州地处交通枢纽，南来北往的官绅很多，因而即使是商人建立的会馆，经常也能容纳官绅。又如潮州会馆规定：“凡吾郡士商往来吴下，懋迁交易者，群萃而憩游燕息其中。”[10]金华会馆“实统有数邑人士，或从懋迁之术，或挟仕进之思，莫不往来于吴会。乾隆初年始倡议募资于金阊门外南濠地，创构会馆，供奉关圣帝君，春秋祭祀，于是吾郡通商之事，咸于会馆中是议”[11]。八旗奉直会馆则主要服务于往来于苏州的游宦，“吴趋东南一大都会也。吾乡官斯土者代有名贤，故游宦之人日萃集焉。八旗奉直会馆之设，为游宦者群集之所，亦以协寅恭敦乡谊也。”[12]吴兴会馆“虽为绉绸业集事之所，而湖人官于苏者，亦就会馆团拜，以叙乡情，故不曰公所而曰会馆也”[13]。这些都程度不同地反映了商官结合。但商人设置的会馆和专为商业服务的会馆却占绝大多数。

在沿运河的地方城市中，由于商人势力相对较大，在多半在会馆中都扮演主角，有些会馆采取官管、商资的形式，体现了官商的彼此融合。

二、沿运河城市会馆个案研究

1. 首善繁盛北京会馆

明清都城北京，“朝廷尊而后成其为邦畿，可为民止。故曰：‘商邑翼翼，四方之极。会极会此，归极归此。’此谓之‘首善’，非他之通都大邑所得而比也”[14]。其社会人口流动性远胜于一般省城、府城，“京师居北辰之所，惟人文之薮，观其山川。览其形势，四境九衢，甲于省郡”，“都城之中，京兆之民十得一二，营卫之兵十得四五，四方之民十得六七。”[15]“四方之民”即流动的人群，包括官员、求学士子、工匠、军队、商人、僧道方士、艺人、外国人、流民等。在都城社会流动人员中除官员外，流动频繁的当推商人和士子，催生了会馆的出现。

明初到中叶，可以看作北京会馆形成阶段。据民国《芜湖县志》卷十三《建置》载：“京师芜湖会馆在前门外长巷上三条胡同。明永乐年间（1403~1424年）邑人俞谟捐资购屋数椽并基地一块创建，”这是目前关于会馆创建的最早记载。俞谟为芜湖籍京官，购地建馆，或为亲朋寓居之所，或为同乡人会聚之地。而当他辞官回乡时，亦将该份产业捐出作为芜湖会馆[16]。它没有正式的规制，也没有顾及其后的维持办法，此时的会馆仅为满足旅京官宦共叙乡情和旅京同乡人的生活之便。江西浮梁会馆位于“北京正阳门外东河沿街，背南面北，其一在右，明永乐间邑人吏员金宗舜鼎建”[17]；据同治七年（1868年）《重修广东旧义园记》载，广东会馆由永乐间王大宗伯忠铭、黎铨部岱与杨版曹胪山所倡建，后会馆改建于达摩厂。明中叶以后，诸如此类会馆如雨后春笋般在京师蓬勃而出。“京师五方所聚，其乡各有会馆，为初至居停，相沿甚便”[18]。当时会馆功能比较单一，“止供乡绅之用，其迁除应朝者皆不堪居也。”[19]“或省设一所，或府设一所，或县设一所，大都视各地京官之多寡贫富而建造之”[20]。

明清两朝是科举制度极盛时期，每有考试，各地士子纷纷进京。来自不同地域的官吏们受宗族及地域因素影响，寄希望于本乡子弟科举及第、入朝为官，加强自身的朝中势力。于是，每年春、秋闱时，打扫会馆，为应试士子提供住所、饮食之便利，科考完毕，会馆便又恢复其原有功能，为在京官绅服务。各省居京官绅所设会馆由自用逐渐服务于“公车谒选”，一时蔚然成风。《帝京景物略》载：“内城馆者，绅是主；外城馆者，公车岁贡是寓”，每年“八月十五日放贡举应试……其诸处贡院前赁待试房舍，虽一榻之屋，资金不下数十楮”。一般举子负担不起昂贵的资金，便有一部分士子住在附近寺院或会馆。为了解决住处不足或容纳不下的现实局面，一些寓京官绅便开始在外城购置基地，创建专门服务于科举士子的会馆，以便更充分、方便地提供服务。“数十年来，各省争建会馆，甚至大县亦建一馆，以至外城房屋基地价值昂贵”，且“盖士之至京师者多，则设会馆不能俭”[21]。

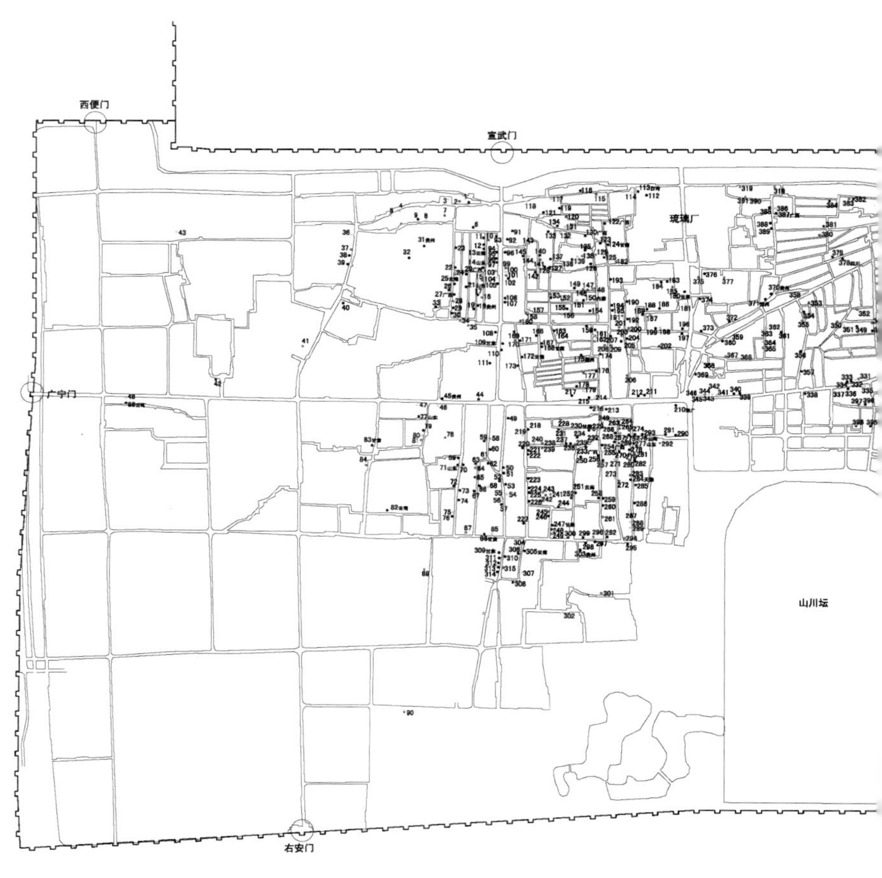

图13-1. 北京外城会馆分布

说明：①内城会馆数量寥寥，且分布较散，故研究范围限定在外城；②位置无从考证者未标出；③外城西部（宣武区）会馆分布参照《宣南鸿雪图志》；④外城东部（崇文区）会馆资料参照胡春焕、白鹤群合著《北京的会馆》，底图来源：中国社会科学院考古研究所编辑、徐苹芳编著．清乾隆北京城图．北京：地图出版社，1986年版；⑤图中数字为会馆名称索引。

与此同时，部分商人也开始加入投资与官绅合建会馆的行列。然而，受当时重仕轻商的风气影响，一些官绅会馆、科举会馆却严禁商人居住。这样一些同籍商人便开始集资筹建专门服务于商业的会馆，以满足同乡人之间的交往，实施自我管理和约束。

清代乾隆嘉庆年间（1736~1820年）是各省、州、府、郡、县兴建会馆、发展最快的时期，当时各省、州、府、郡、县争相建馆，甚至出现了两县合建、三县合建、七邑合建、一县多建等现象。到光绪间（1875~1908年），在京兴建的各省会馆达500多所。而有的县在京兴建会馆达5所之多，四川省在京有会馆12所（1949年调查），其中省馆7所，府、州馆4所，县馆1所[22]。

北京会馆这样的发展过程，也表征在分布上（图13-1），并和运河发展有关。

明末，北京的会馆仍以官绅会馆和服务于科举的试馆为主，有的是由官绅集资购买民房而建，有的则是官绅舍宅为馆，多集中于内城，分布于城东的多于城西。这种特征与明代漕运有关，城东朝阳门至通州的道路，既是陆路转运漕粮之转换，也是由水路进京、离京人员的必经之路，“自朝阳门至通州四十里，为国东门孔道。凡正供输将，匪颁诏糈，由通州达京师者，悉遵是路……四海九州岁致百货，千樯万艘，辐辏云集。商贾行旅，梯山航海而至者，车毂织络，相望于道”[23]。

顺治元年（1644年）清王朝定都北京，并议准“城内分置八旗，拱卫皇居”[24]，驻军全部占据了内城。顺治五年（1648年）京师实行“满、汉分城居住”[25]，除“寺院庙宇中居住僧道勿动……八旗投充汉人不令迁移外，凡汉官及商民人等，尽徙南城居住”[26]，致使城市结构发生重大变化。于是，明代遗留的内城会馆递废，而外城会馆日兴。与此同时，在外城一带，商业性会馆亦纷纷创建，“京师为天下首善地，货行会馆之多，不啻计百倍于天下各外省，且正阳、崇文、宣武门外，货行会馆之多，又不啻计百倍于京师各门外。”由于各籍会馆数量悬殊颇大，所以分布区域和范围各不相同，但同籍会馆基本上体现了就近的原则，这与同乡之间倡导互助扶持的精神有关。显然，会馆的分布从明代的内城分散走向清代的外城集中，与明清政府不同的文化政策密切相关。

外城不但成为全城的商业和娱乐中心，而且在其西部，形成了汉族士人聚居的独特城市景观。士人聚居于宣南，一方面是由于旗、汉分城居住造成，另一方面又与外城的社会结构和明以来的士人居住特点密切相关。明内城“勋戚邸第在东华门外，中官在西安门外，其余卿、寺、台、省诸郎曹在宣武门”，宣武门内的铁匠、手帕等胡同“皆诸曹邸寓”，[27]由于官员们集中在宣武门内居住，于是宣武门外也就成了他们常去游乐、燕集的场所，“独入都之税驾，与出都之饯别，莫便于宣武门外。”[28]同时，由于进京应试的举子多来自于北京以南地区，进京路径多经卢沟桥入广安门，落脚宣南自然最为便利。以上种种，造就了宣南成为全国士人和汉人官宦的最大聚集地。

随着士人向宣南地区的集中，会馆的分布重心也由东部向西部转移。如清初同乡会馆在选址上仍沿袭明代习惯，建于外城东部，但由于士人多住于西城，崇文门外反显偏僻，至乾隆间（1736~1795年），新建会馆时已选址于宣外地区[29]。这一趋势和士人宅院的变化是一致的，都表现为向宣南集聚的特征。光绪三十二年（1906年）北京外城巡警右厅对宣南地区的会馆进行了调查，共查得会馆254家，分布于宣南108条胡同、街道之中，其中有5座以上会馆的有11条胡同或街道，最多的是宣武门外大街，有11座会馆。其他如：米市胡同、潘家胡同、粉房琉璃街各有8座会馆；虎坊桥大街、骡马市大街、贾家胡同各有7座会馆；烂缦胡同、保安寺街各有6座会馆；丞相胡同、西柳树井胡同各有5座会馆；其他胡同、街道多为1~4座会馆。只有少数街道胡同没有会馆分布。胡春焕、白鹤群《北京的会馆》逐一叙述了在京会馆的人文详情[30]，笔者据此择出会馆与城市关联的史实，忝列如下，以窥会馆在北京外城建筑密集区夹缝中的生存点滴。

（1）街巷因会馆而名

浙江姚江会馆原是道光十年（1830年）进士、漕运总督邵灿的私邸，传至其子邵维埏时，又集资购得南院和西院，始具当时之规模。过去该处无名，胡同又窄又短，只有几户人家，自姚江会馆建成后，始有姚江胡同一名，民国时称此地为姚家馆夹道（实为姚江会馆夹道）。

山西平阳太平会馆因置高庙一所，固又名晋太高庙会馆。但由于地处偏僻，四周多为各省义地，故太平乡人又购苇田数亩，做为义园，每年设祭享，笃乡谊。实际上该馆成了太平在京人的仪馆。此地旧无名，统称南下洼子或四平园，时值乱草蓬蒿一片。自从山西平阳府太平会馆建成后，始称晋太高庙，新中国成立后定名为晋太胡同。

福建福州老馆坐落于旧时虎坊桥南下洼子，与同籍的福清会馆一墙之隔。福州会馆《闽中会馆志》中记："老馆本在东城某巷，建于明末，后为八旗没收，乃另购（南）下洼地。"会馆大门外旧时为空地，闽籍人每逢过年在此燃放烟火，这一点是在诸省各郡州县会馆中独有的。届时外城西部的官民、市人多来观看，喧阗街巷，直到天明。随着时间推移，福州老馆与北京的其他会馆一样，统一交给了北京房管部门，正因为福州会馆的声望，原来没有地名的空地从此有了名字，它联同崇兴寺胡同，被命名为福州馆街。

（2）最初所选基址位置较偏，对外交通不便，故在会馆逐渐成熟时迁移

福建建宁会馆原在粉房琉璃街南下洼南头，因入城较远，故于康熙年间（1662~1722年）将旧馆出售，购得今日此馆之地。

台湾会馆兴建较晚，据说是后铁厂的全台会馆地势偏僻，卖旧置新。

（3）会馆所在位置名声不雅，有碍会馆声誉，故易位

福建龙岩会馆旧馆因在石头胡同，地势不佳，故馆之人多要变卖旧馆，别择新址而建新馆。究其原因，北京的妓院地区称为"八大胡同"，而石头胡同即为其一。

（4）会馆实力悬殊，会出现相互吞并现象

实力强大的会馆会在原有基址上得到扩充与壮大，而实力微弱的会馆由于馆产被吞，则不得不另择他址或倒闭消失。

福建福清会馆前原有空地，为福建义园和泉郡义园。民国初因义园无人管理，荒草丛生，被北侧湖广会馆侵占。福清人郑凯臣特地从家乡到京与湖广会馆交涉，但苦于无契据，无证可凭，案两年未决。一日，福州会馆修理坟墓园墙，湖广会馆也来人在一旁观看。在墙基下得一碑，系乾隆五年（1740年）游绍安所撰石碑。双馆人争看内容，读罢，湖广会馆人员自知理亏，遂作出让步，空地仍归福清会馆，以后二馆和好如初。

甘肃肃州会馆在南柳巷路东，在陕西华州会馆里面。华州会馆原来并不大，因咸丰后（1851年后）赶考举子日益增多，华州会馆便不断将附近的房产购下，随之，肃州会馆被华州会馆从南、东、北三面合围在里面。光绪初（1875年）肃州会馆售与华州会馆，成为华州会馆中的天、地、玄、黄、宇五院中的地院，而肃州会馆迁至南城官菜园路西，称为甘肃南馆。

（5）会馆入口大门变动，对会馆兴旺亦起到一定作用

陕西延安会馆于光绪二十五年（1899年）高价购得馆东侧的一私宅后，将延安会馆馆门从棉花上四条路南，改到四川营路西。馆门的这一改动，大大提高延安籍的文人士气，他们每次到会馆，再也不用进西草厂，经裘家街，穿小巷，过坟园，而是直接从骡马市大街进入宽阔的四川营胡同，顺利地到达延安会馆。

至清帝国晚期，封建王朝摇摇欲坠，满汉分治的政策也名存实亡，故清末及民国初期，内城又见会馆建设，但数量寥寥。如奉天会馆、吉林会馆均在内城，而与奉天会馆隔街相对的是广东蕉岭会馆后门。奉天试馆在东城区东观音寺路北，建于光绪二十六年（1900年），原为东北在京同乡京官聚会和举子科考习书之地。

2. 海河畿辅天津会馆

天津原名直沽，元时江南漕粮北运，不论从内河，或者由海上漕运粮米，都要直抵直沽，然后转运张家湾、通州，再送大都。直沽作为海运终点，也因此繁华起来。“东南贡赋……由海道上直沽……舟车攸会，聚落始繁，有宫观，有接运厅，有临清万户府，皆在大直沽。”[31]明初，山东会通河未通，漕运仍仰仗海运，终点仍为天津。永乐十三年（1415年）“海陆二运皆罢”，[32]漕运为运河代替。但山东至天津间仍有海运，并于天顺元年（1457年）“由水套新开二沽开浚新河

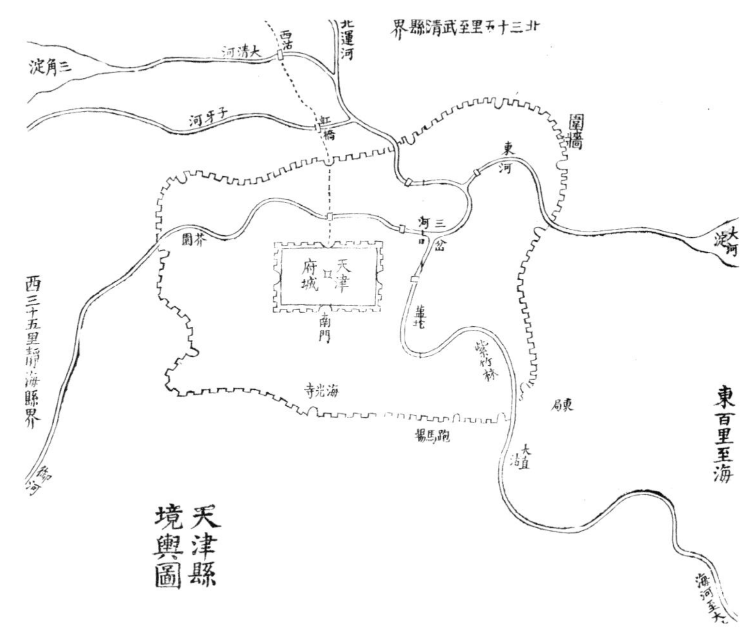

图13-2. 天津县境城舆图
[清]张焘《津门杂记》

一道，计四十里，通接潮水，以便海运”[33]。入清，政府对漕运愈发重视，天津在河运方面的经济职能随之加强，这种情况直至道光五年（1825年）都很稳定。道光六年（1826年）又开始“试行海运”[34]。但天津以南的部分河道和天津以北至通州的河道，始终航，来往漕船不断[35]。

天津城东西长，南北短（图13-2），但实际上在城外东北沿河地区分布近半数城市居民，清中叶，天津全部居民20万人左右，城里占10万多，东门外与北门外沿河地区占8、9万[36]。由于经运河和海上来津的众多船只大多集中在三岔河口，为交通方便，明万历十六年（1588年）又在这一区域设置了众多渡口[37]。海河联系海上交通，南北运河联系南北水路，这是天津城市形成和发展的基本条件。所以清道光（1821~1850年）前的天津城市范围应当包括三岔河口及其上下的沿河两岸以及城内[38]。由于天津在漕运中承担转输与储粮的繁巨事务，常年有大批船只进出天津，大批理漕、管河、验收漕粮的官吏，护漕的士兵，成千上万的舵工、水手、搬运工络绎不绝地进出天津，吃住消费，购销货物，积数相当巨大，这也是促使明清天津城市商业迅速发展的重要因素。就陆路交通而言，其城内为南北主干道和东西主干道交会，以鼓楼为中心，呈十字交叉的干道出四门，向四面延伸。东门大道过浮桥，直连东门外商业区，北门大道与北门外商业区相连，渡过南运河与京津驿道衔接。对外交通亦十分发达，至北京、济南、保定、遵化、临榆及塘沽港口均有干道[39]。庞大的水陆交通体系，为天津商业繁荣提供了有力保证。

明弘治（1488~1505年）以前天津城厢有五集，到弘治六年（1493年）又添五集一市，共十集一市[40]。这些集市是当时天津城市商业集中的场所，一直延续到清末和民国初年。概括起来，天津城市商业布局由三个主要基层商业网构成[41]：东城外及北城外两个综合商业区，内城1个。而南城外和西城外商市，因未形成规模，只能依附于内城（图13–3）。

其中繁华尤以三岔河口为最。漕船频频经过的三岔河口形成居民聚落。漕运耗费甚大，为维持运输，漕船搭运商货，回程的漕船也不空返，将北方特产载往南方。南来北往的漕粮和客货船只，在三岔河口装卸各种货物，运往京师及其他地方。而且船上人员都要到此处的天后宫焚香许愿、祈求平安，客观上也带动了这里的繁华。三岔河口逐渐从航运枢纽发展为南北交通和物资交流的中心，使天津成为京师的水上门户，船只往来、运输繁忙。岸上房舍相连，街巷宽绰，店铺林立（图13–4）。

早期建立的会馆多集中于三岔河口一带，如闽粤会馆、江西会馆、山西会馆（2家）、济宁会馆、怀庆会馆、邵武公所、吴楚公所等，均位于天津城以北、南运河以南的城厢[42]地带，这也是天津最繁华的沿运河地带。最早出现的是闽粤会馆。[43]早在17世纪初，由广东、福建、潮州商家组成的商船队就驶入天津经商。他们的商船船头油成红色，上画大眼鸡，俗称“大眼鸡船”。每年春天，季风刮起，船只便满载货物，浩浩荡荡沿海北上，顺海河进入天津，人称广东帮、潮州帮和福建帮，并在天津建立了类似同乡会的组织：广东帮有“常丰盛公所”，潮州帮有“万世盛公所”，福建帮有“苏万利公所”。由于地域接近、语言相通，同时为了营业、团聚方便，三方同乡会后于乾隆四年（1739年）联合建立闽粤会馆，三帮轮流值年管理会馆。道光末年（1850年）广东帮值年，因经手人亏欠公款造成矛盾，潮州帮和福建帮拒绝广东帮值年，并不许其查看账目，广东帮在闽粤会馆陷入被排斥的境地，这直接导致了光绪三十三年（1907年）广东会馆的创建，用城内鼓楼南大街原盐运使署旧址（图13–5）。

位于海河以北的中州会馆、安徽会馆、云贵会馆等则建于同治（1862~1874年）以后，从另一侧面反映了天津沿运河地带范围的扩大。而城内的浙江会馆、卢阳公所、江苏会馆、广东会馆等建立也较晚，体现了会馆分布由城市边缘逐渐向主体靠拢和进入的过程，表明了会馆在城市中的地位是逐渐提高的。但这些城内的会馆都基本上位于城市的东部。究其原因，运河乃绕城东而过，会馆选址还是充分考虑到与运河的就近原则，从而方便来往城市具有生长性，街道及其命名都是逐步形成的，只有当这些道路布满或基本布满店铺和住宅时，才需要产生

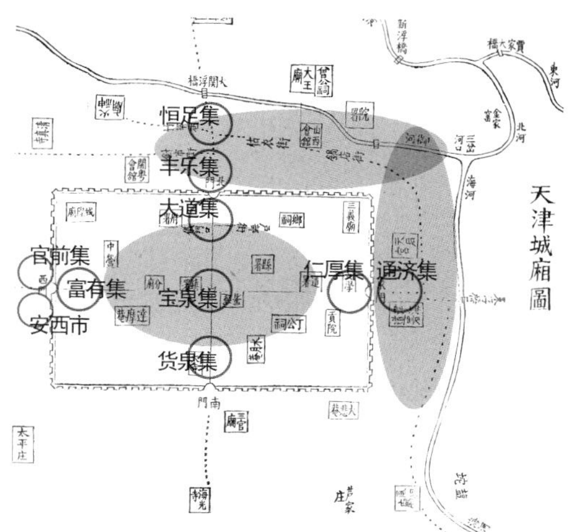

图13-3. 天津明清商业分布
［清］张焘《津门杂记》《天津城厢图》

图13-4. 津门竞渡
［清］麟庆《鸿雪因缘图记》第三集上册

图13-5. 广东会馆与鼓楼的空间关系
左：天津戏曲博物馆《天津戏曲博物馆·广东会馆》；右：摄于2004年3月。

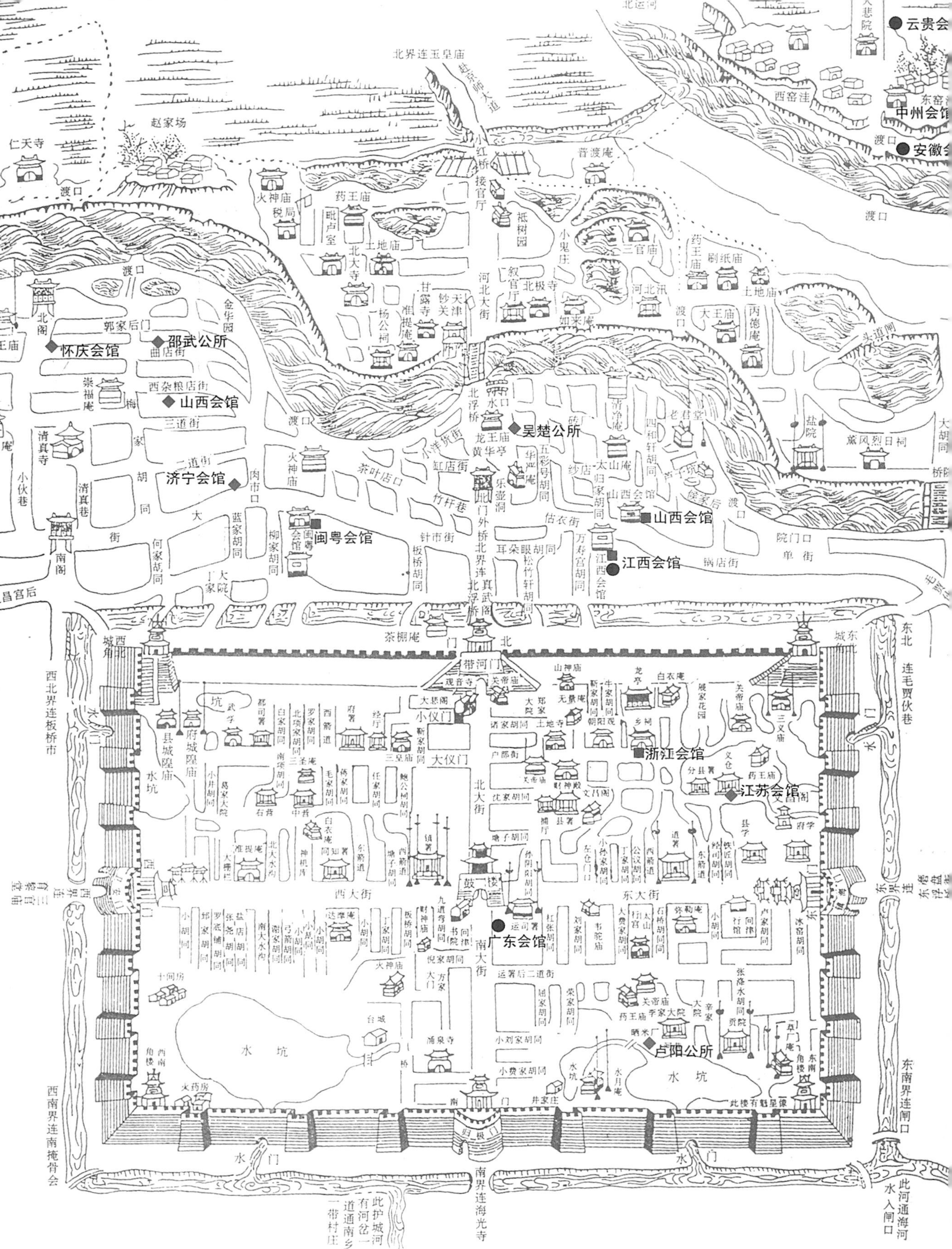

图13-6. 天津会馆分布

《清代天津北门外图》、《清代天津城概貌图》，均载《津门保甲图说》，引自贺业钜《中国古代城市规划史》：662-663。

山东会馆成立于1933年，所在地大沽南路已属民国时城市扩充地带，不属本文论述范围，故未标。

一个统一的名称，而这也是商品经济的发展所造成的，会馆在这一过程中也起到一定的作用。如河北区老地名中有安徽会馆后街；浙江会馆于光绪十九年（1893年）在会馆西侧建房成巷，以浙江会馆西箭道为巷名；江苏会馆位于东门里，南起仓廒街，向北转东至小药王庙北，建于光绪十八年（1892年），后附近形成里巷，遂以江苏会馆为巷名（图13–6）。

3. 凤凰水城聊城会馆

聊城又名凤凰城，因明代所筑城池形状得名：北门为重叠门似凤头，东、西二门的扭头门向南似凤翅，南门的扭头门向东似凤尾。尽管古城历史悠久，但却是一个随着元代会通河开挖、入清以后才真正兴盛起来的商业都市。

“聊摄为漕运通衢，南来客舶，络绎不绝”，“自国初至康熙间（1662~1722年），来者踵相接”[44]。大运河的畅通，交通的便利，使得聊城的商业迅速崛起，嘉庆道光（1796~1850）年间，仅山陕商人在聊城开设的商号即有三四百家[45]。据山陕会馆所保留的碑记统计估算，清中叶聊城的商业店铺作坊大约500~600家[46]。整个城市“廛市烟火之相望，不下万户”，形成了“商业发达，水陆云集，车樯如织，富商林立，百货山积”的“东省之大都会”[47]。

穿越聊城城区的一段运河，南起龙湾，北迄北坝。城外东关大街东首设有一闸，名“通济闸”，本地人称之为“闸口”，是运河流经聊城的咽喉要地。南北交通货运经聊城，皆取道。由于船多，时常发生堵塞，为疏通船只，又于闸口以东开凿小河，名“越河”——跨越大河之意，河两岸迅速形成一个新的闹市区。东关运河和越河一带，船如梭，人如潮，店铺鳞次栉比，作坊星罗棋布，一派繁荣昌盛景象[48]。东关运河崇武驿大码头一带成为物资集散的重要港口，南来北往的漕船络绎不绝，停港待卸的商舶绵延数里。从崇武驿大码头南望，舳舻相连，帆樯如林，有“崇武连樯”之称（图13–7）。聊城至今仍流传“金太平、银双街、铁打的小东关”歌谣，生动反映了当时这一带的繁华景象。金太平，即大闸口以南的街道、紧靠越河处。此街有百余家殷富商号的仓库、堆栈，可谓货如山积。街北即越河，出后门即临水，运河来货，可直接将船泊于后门外交卸，交通便利。银双街，即闸口向南运河西岸的街道，并与东关大街、米市街等相连接，形成广阔的商业网区。山陕帮、江西帮、苏杭帮等的大型商号，多数建于这一带。铁打的小东关，即东关越河圈的东面偏北，该地当铺众多，都是崇楼巨厦，高垣峻屋，街之东西两头，筑有阁门，街四周圩墙坚固。为防盗防火，有人日夜巡逻，警戒森严，故以“铁打”形容。[49]城内商业布局则以光岳楼为中心枢纽，向

图13-7. 东昌八景之崇武连樯
[清]高晋《乾隆南巡盛典》

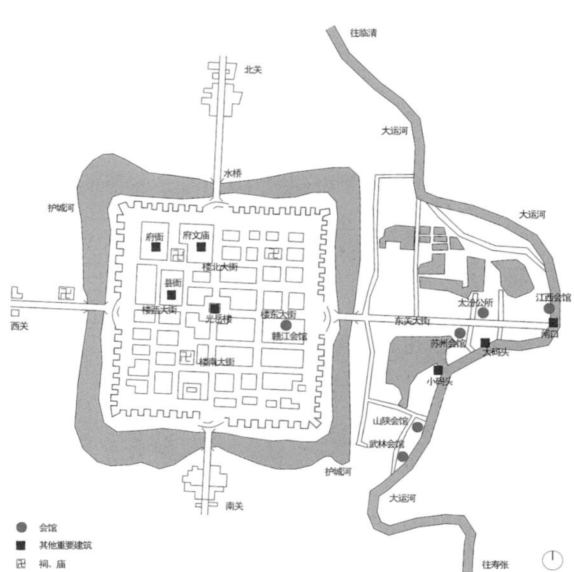

图13-8. 聊城会馆分布
《皇清聊城县舆地全图》、《2000年江北水城·聊城交通旅游图》

图13-9. 大运河与聊城山陕会馆
李国华摄于2003年2月

四外辐射，辟为四条通衢。因为邻近县衙，进出办事人员众多，大小饭庄林立。楼东大街直达运河，故大型商号鳞次栉比，行人如织。出东门，即青石满铺的东关大街，南北店铺招牌耸立云霄，市招高飘当空。聊城的会馆亦随着商业的兴盛，纷纷在东关大闸口、大码头一带的南、北、西面运河沿岸建立（图13-8）。聊城有“八大会馆”[50]，目前有文字可考和碑碣记载的计6处[51]。太汾公所为聊城会馆之滥觞[52]，会馆大多傍河而立（图13-9），惟山陕会馆保留至今。由于“东昌为山左名区，地临运漕，四方商贾云集者不可数。而吾山、陕为居多，自乾隆八年（1743年）创建会馆”。其主要作用是“祀神明而联桑梓”[53]，即祭神——关羽关帝爷和山、陕客商乡谊的公共场所。由之，山陕会馆是一座庙宇和会馆相结合的建筑群体。从会馆碑碣中可以了解到，山陕会馆先后进行过8次扩建和重修[54]。最初建筑规模不大，只有正殿、戏台和群楼，“中祀关圣帝君，殿宇临乎上，戏台峙其前，群楼列其左右，固已美轮美奂，炳若禹皇矣。”但南北空旷，“艮巽二隅一望无涯，未免有泄而不蓄之憾。”于是乾隆三十一年（1766年）重修时“议欲增修之……遂庄材鸠工，陶甓取髹，因前制而缮焉。旁增看楼二座”[55]。乾隆三十七年（1772年）和乾隆四十二年（1777年）二次重修规模均不大。第四次从嘉庆八年迄嘉庆十四年（1803~1809年），历七年而告竣，是诸次重修中工程最大、用工最多的一次。增筑屋舍使整个建筑群体更加完整，会馆也基本扩展到了现在的规模。道光二十一年（1841年）“正初演剧，优人不戒于火，延烧戏台、山门及钟鼓二亭。”后于道光二十五年（1845年）集资重建，即今日戏台、山门、钟鼓楼。第五次重修充分体现了山、陕籍商贾的思乡之情和会馆的地域特色，“斯役也，梓匠觅之汾阳，梁栋来自终南，积虑劳心，以有今日。今众商聚集其间者，盹然蔼然，如处秦山晋水间矣”[56]。其后分别于同治六年（1867年）、光绪二十三年（1893年）、民国2年（1913年）重修。

其他如苏州会馆亦有山门、戏楼、看楼、钟鼓楼、大殿、春秋阁等，形制如山陕会馆，但规模较小，玲珑雅致，有“小会馆”之称，据说建造会馆的砖木皆由江南运来，会馆到处都是精美的砖雕花饰，处处体现着江南纤巧精细的建筑风格，惜于20世纪40年代毁于战火；江西会馆有山门、魁星楼、戏楼、看楼、大殿、春秋阁等，现只存有道光十年（1830年）特制瓷香炉一座[57]。

修建会馆是为了更好地“悦亲戚之情，话慰良朋之契阔。虽在齐右，无异登华巅而泛汾波也。”[58]如山陕会馆逢重大节日和关公祭日，所有的山、陕商人都要聚集于此，联络乡情，互叙生意场上的喜怒哀乐。同时请戏班演戏娱神，并免费接待城乡群众。每逢演戏，人山人海。正月十五上元节，城关的寺庙、街衢、商号都有灯棚，各会馆也都展示自己具有本籍特色的花灯，山陕会馆的花灯尤为悦目。据说，山陕会馆极盛时期，内外共有各种花灯350多盏[59]。可见，尽管会馆为客商所建并使用，但其所办各式活动，亦对聊城本地的社会生活和城市形态注入了新的活力，产生了一定的影响。

4. 盐艖孔道淮安会馆

淮安早在汉武帝元狩六年（公元前117年）即置有射阳县，地当今淮安市楚州区及宝应县之半。唐、宋间城池屡有修治。南宋孝宗（1163~1189）时重加修葺，金国使臣过淮，见楚州城雉坚新，叹为“银铸城”。但元时淮安呈现的是荒芜破败景象，不过与淮安古城冷落形成鲜明对比的，则是在元运河所绕过的旧城北之北辰坊一地，有工商业者聚集、聚落不断繁盛的景象，因北接淮河，由此促进了这里的繁荣，同时也为新城之兴提供了条件。新城“去旧城一里许，山阳北辰也。元末张士诚伪将史文炳守此时，筑城临淮。”这个地方临近末口，古邗沟就是经末口入淮。“自北辰堰筑，而末口变为石闸，自新城筑，而石闸变为北水关”。明嘉靖三十九年（1560年）倭寇犯境，考虑到旧、新二城分别防卫有困难，“漕运都御史章焕奏准建造”联城——“联贯新旧二城”[60]。至此，明清淮安旧城、新城、联城的位置和规模基本确定，俗称“淮安三城”。

淮安地处南北要冲，是河、漕、盐、关重地[61]。其中，“城西北关厢之盛，独为一邑冠”[62]，“任艖商者，皆徽（州）、扬（州）高赀巨户，役使千夫，商贩辐辏；夏秋之交，西南数省粮艘衔尾入境，皆泊于城西运河，以待盘验牵挽，往来百货山列。”[63]所谓西北关厢，即指位于淮安新城之西、联城西北的河下。明人邱浚曾作《过山阳县》诗：“十里朱旗两岸舟，夜深歌舞几时休。扬州千载繁华景，移在西湖嘴上头。”西湖嘴在运河东岸，即河下，今河下紧接运河堤的南北向大街，还叫湖嘴大街。

河下兴盛与运河和盐运密切相关。明代淮北盐场发明滩晒制盐法，此法与煎盐相比，花工少、成本低、产量高、盐质好，使淮盐在全国盐业生产上迅速独占鳌头。而明中叶后黄河全流夺淮入海，苏北水患日趋频仍，安东等地时常受到洪水的威胁。在这种形势下，盐运分司改驻淮安河下，而淮北批验盐引所改驻河下大绳巷，淮北巡检也移驻乌沙河，“盐策富商挟资而来，家于河下，河下乃称极盛。”[64]大批富商巨贾卜居于此，使河下迅速形成“东襟新城，西控板闸，南带运河，北倚河北，舟车杂还，夙称要冲，沟渠外环，波流中贯，纵横衢路，东西广约五六里，南北袤约二里”[65]的闹市名区。

大量客商寄寓淮安，这正是会馆兴建的基本条件。淮安会馆之设，大致始于清乾嘉（1736~1820年）以后。先是从业质库的徽州人，借灵王庙厅事同善堂为新安会馆。此后，侨寓淮安的各地商贾纷纷效仿[66]。据目前已知的资料统计，明清淮安会馆计有10家[67]。除位于西门堤外的江西会馆，其余均在河下（图13-10）。这些会馆均表现了各自的商业贸易特点，如浙江籍浙绍会馆，经营绸布业；山西籍定阳会馆，从事放债、收取印子钱，也就是放高利贷；江苏镇江籍人润州会馆，主要是开药店[68]。为行商方便，会馆设立充分考虑了与大运河的交通联系。如位于北角楼观音庵的润州会馆，在运大堤上便可对其一览无遗（图13-11）。

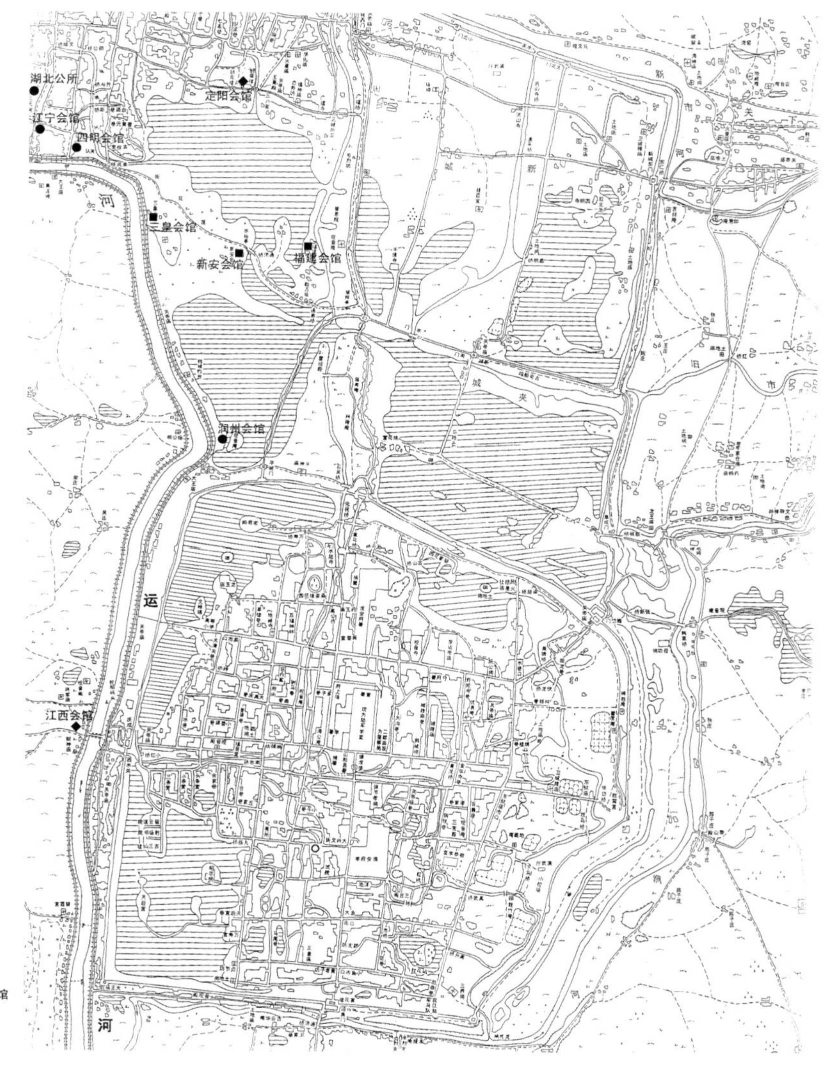

图13-10. 淮安会馆分布

江北陆军学堂测绘《淮安城市附近图》，1908年4月、《2003年淮安市工商交通旅游图·楚州城区图》。浙绍会馆只知所在地点名，故未标。

图13–11. 大运河东岸淮安润州会馆现状
摄于2004年4月，大运河碑为20世纪80年代初立。

淮安会馆的兴盛和没落轨迹非常明显。道光年间（1821~1850年）因票运改经西坝而纲盐废止，河决铜瓦厢而漕运停歇，淮安城西北关厢的河下一带，“自更纲为票，利源中竭，潭潭巨宅，飙忽易主，识者伤焉。捻寇剽牧，惨遭劫灰，大厦华堂，荡为瓦砾，间有一、二存者，亦摧毁于荒榛蔓草中”。[69] 很明显，河、漕、盐三大政的骤变——盐政制度的改革，淮北盐运线路、掣验场所和集散地的变迁，都直接影响了河下的繁华寂寞。河下的会馆都是商办组织，大运河衰落了，河下的商业就衰落了，会馆的辉煌遂不复存在。

5. 盐商麇集扬州会馆

元至正十七年（1357年）朱元璋军队攻克扬州，兵燹劫余，在原扬州宋大城西南隅改筑城垣，此为明扬州旧城。扬州为“自南入北之门户”，“留都股肱夹辅要冲之地。两京、诸省官舟之所经，东南朝觐贡道之所入，盐舟之南迈，漕米之北运”[70]，都经由此地。宣德四年（1429年）于扬州旧城东南濒临运河处设广陵钞关。至万历时（1573~1620年）又调整机构，仅存河西务、临清、淮安、扬州、苏州、杭州、九江共7处，扬州钞关成为常设机构而闻名。清袭明制，仍设钞关署[71]。钞关既是关务所在，又为城中去外埠的交通孔道，所以游民骈集。新城位于宋大城东南角，西接旧城，用旧城的大东门和小东门，北开三门，天宁、广储和便益，东有利津门和通济门，南侧有挹江门和徐凝门。东南以运河为护城河，运河从新城南面、东面流过，自挹江门可进入城市，城墙比前代更靠近运河。新城建成后发展迅速，以致商民“无复移家之虑”，足见新城保护了居民利益，于是“四方之托业者辐辏焉”[72]，新城迅速繁荣。

由于明清时期扬州最大商业有两项：盐业和南北货[73]，因此，扬州会馆的建置者也大多以盐商和南北货商为主。发现于扬州南门外皮革厂的《东越庵义冢碑》载“庵与冢建于乾隆己丑庚子二载”[74]，即乾隆三十四年（1769年）。此碑对扬州浙绍会馆的建立年代提供依据。又据达士巷54

号现居会馆内谢庠林回忆："会馆中悬挂匾额上书乾隆二十年（1755年）"[75]。这是所知最早的扬州会馆。从职能上说，浙绍会馆营绸布业，湖南会馆营湘绣，湖北会馆营木业，江西会馆营瓷器，岭南会馆营南糖等货，安徽会馆营盐业，山陕会馆营钱业等[76]，这些会馆是商人们进行公共活动的场所，既经常在这里上演戏剧，也在这里共商大事，有些会馆还是盐商经营的地方，如山陕会馆就设有裕川盐商店号，湖南会馆在民国时也设有豫太祥、豫太隆等盐号[77]。

从分布上看，盐商主要居住在新城沿运河一线，"巨室如云，舆马辐辏"[78]，居扬城豪华住宅之首。商人用来公共聚会、议事叙情的会馆也大多汇聚于此（图13-12）。目前有据可查的13家会馆，除旌德会馆，山陕会馆[79]其余都位于南河下和引市街附近（图13-13）。旌德会馆、山陕会馆在东关街，从唐至明清一直是贯通扬州城的东西主干道。位于东关街首的东门处在运河黄金水道的关口上，物资运输和水路交通方便，使得这一带也很繁忙。

从会馆的特点看，受扬州习俗影响，会馆、书院、茶肆、餐馆，甚至妓院、浴池常以园林方式兴建[80]。湖南、江西和安徽等会馆，集中在盐商聚居的南河下街，对门而居，夹道成巷，由于均有园林修筑，因而此处也被称为"花园巷"[81]。其中湖南会馆历史最久、规模最大、构筑最精，占地数十亩，其花园原为包松溪家的"棣园"（图13-14），"园中亭台楼阁，妆点玲珑，超然有出尘之致，宛如

图13-12.（同治）《扬州府治城图》中的会馆
扬州市地名委员会《江苏省扬州市地名录》（同治）"扬州府治城图".

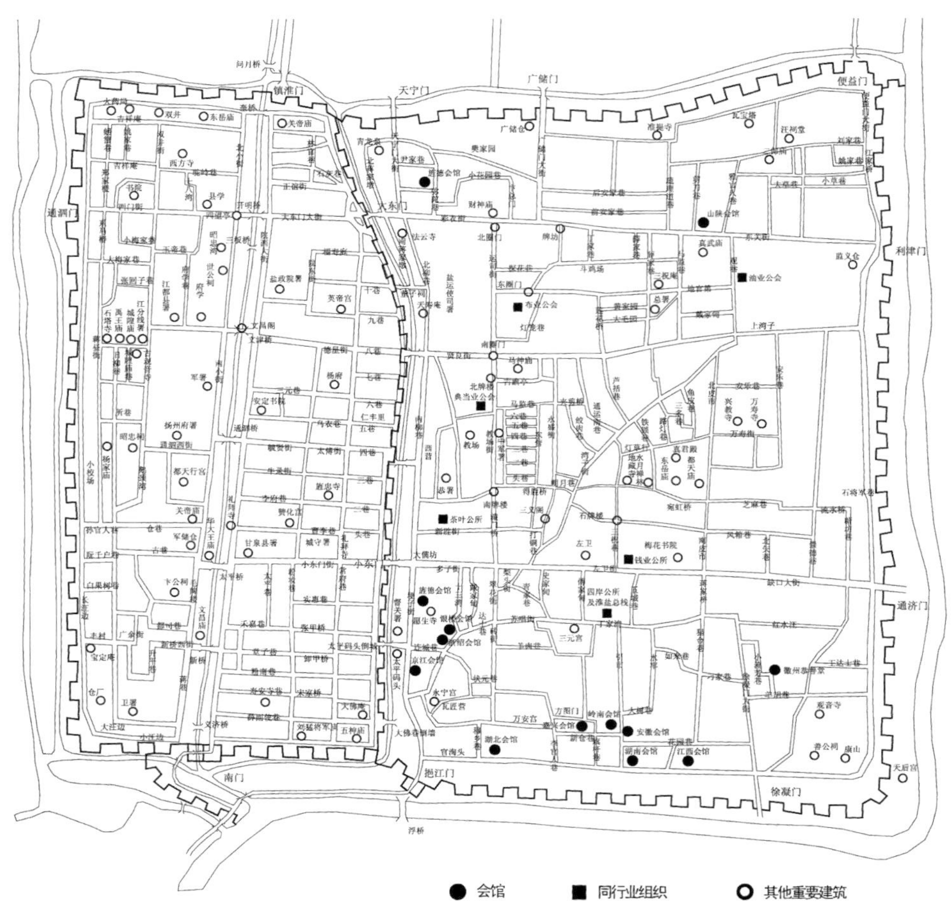

图13-13．扬州会馆及同行业组织分布
刘捷《扬州城市建设史略》图45“清代晚期扬州地图”．

图13-14．[清]《包松溪辑》棣园图
刘流．《中国历史文化名城丛书·扬州》：121．

蓬壶方丈、海外瀛洲，洵为城市仙境。光绪间，湘省鹾商，购为湖南会馆。湘乡曾文正公（曾国藩）督两江时，阅兵扬州，驻节园内。园西故有歌台，一日，鹾商开樽演剧，为文正寿，”[82]此处因是两江总督曾国藩寄住过的地方，因而成为会馆中最为显赫的地方。直至民国时，每年正月初一至初五，扬州人过年仍必到湖南会馆游园。江西会馆位于湖南会馆东，“园基不大，而点缀极精。花木亭台，各擅其胜，颇有‘庾信小园’之遗意”，故又称庾园，“园南故有歌楼一座，每年正月廿六日，为许真人圣诞，鹾商张灯演戏，以答神庥。座上客为之”[83]。

6. 阛阓喧腾苏州会馆

苏州的会馆最早出现于明万历年（1573~1620年），比北京最早的会馆晚了一个世纪。“苏州为水路要冲之地，凡南北舟车，外洋商贩，莫不毕集于此……其各省大贾，自为居停，亦曰‘会馆’”[84]。苏州会馆自清康熙间（1662~1722年）逐渐增多，乾隆时期（1736~1795年）大量增多，至嘉道时（1796~1850年）则臻于极盛，其后渐趋衰落。清末，太平天国战乱，苏州遭受了严重的战火破坏，会馆最为集中的阊门外、南北两濠和虎丘山塘一带，“昔之列屋连云，今则荒丘蔓草矣。”[85]尽管随后经济渐渐复苏，会馆也偶有建设，但已不复往日辉煌。[86]（表13-1、图13-15、图13-16）

苏州会馆创建时代统计 **表13-1**

明代	康熙	雍正	乾隆	嘉庆	道光	同治	光绪	宣统	不明年代	合计
3	19	1	15	2	1	4	5	1	5	56

苏州的会馆大体分为三类：第一类为工商业者建的会馆，占会馆总数的65%弱；第二类为仕、商共建的会馆，占会馆总数的23%弱；第三类为官僚、军人建的会馆，占会馆总数的4%强；不明建馆者身份的，占会馆总数的8%强。

苏州会馆整体上表现出强烈的工商业色彩。“仕商往来吴下，懋迁交易者，群萃而游燕憩息其中”[87]的会馆，主要还是为了“便往还而通贸易。或存货于斯，或客栖于斯，诚为集商经营交易时不可缺之所”，既商议经营事务，又堆贮商货，同时也从事贸易。乾隆四十年（1775年）当杭州商人建立的钱江会馆被署苏督粮厅官员刘复借作公馆、妨碍商务时，众商竟向两江总督呈词控告。经两江总督批转、苏州府吴县承办处理纠纷，明确指出：“会馆为商贾贸易之所”、“本不可为当仕公馆”[88]。这充分说明苏州的会馆主要是服务于工商业者利益的。

图13-15.《1931年苏州城厢地图》中的会馆
白石会馆、钱业会馆2家为同行业组织。

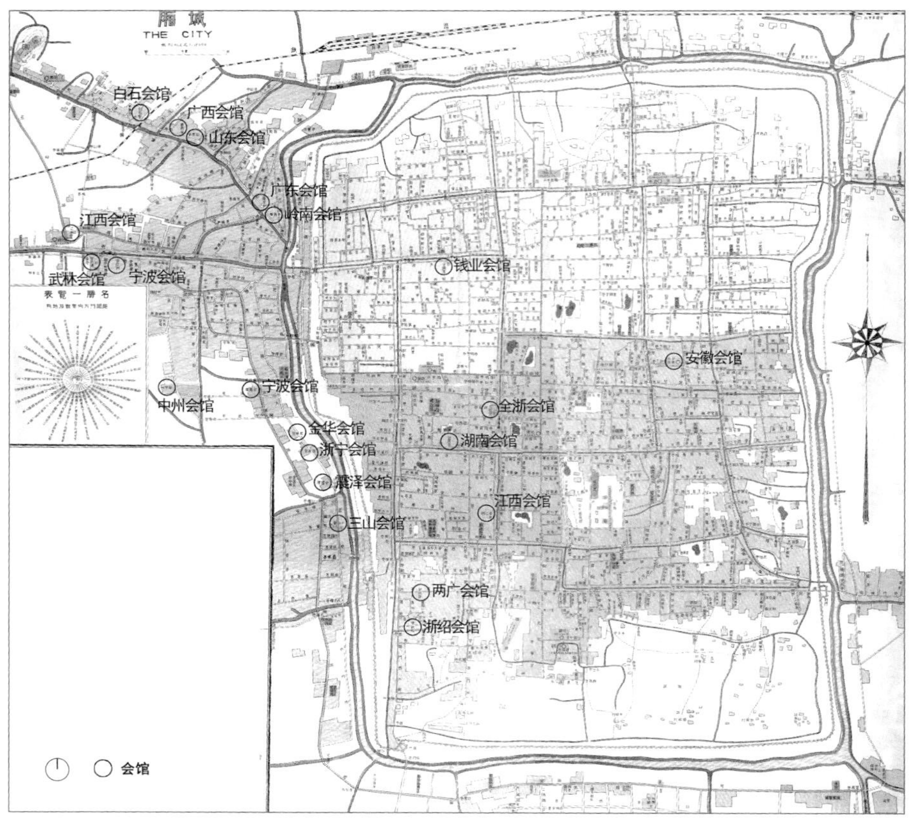

图13-16. 苏州会馆分布
《1931年苏州城厢地图》、《2003年苏州城区交通旅游图》，并参照《姑苏城图》、《姑苏全图》修正、补全。

从布局上看，苏州会馆大量分布于城外，以城市商业中心区阊门为核心，沿运河生长出阊门——枫桥、阊门——虎丘和阊门——胥门三条伸展轴，是主要集中地。而有明一代及清前期，苏州城东南部一直比较荒凉。直到乾隆后期，葑门开辟为苏州最大的海鲜水产市场，才跃为万家烟火的热闹地区[89]。城南部主要是西南部（即胥、盘二门之间）仍然是政治中心区。所以城内会馆相对较少，其分布和城市功能匹配（图13-17）。西北部分布密度最高，而东南部由于兴起最晚，故会馆建设寥寥。同时，会馆在选址上还会充分考虑本身所从事的商业活动与相关市场的地理关系。如苏州木材市场分布在齐门东西汇和枫桥，至迟在道光年间（1821~1850年）木商已在齐门西汇建立了大兴会馆，同治四年（1865年）又加重建[90]。而乾隆间（1736~1795年）山东东昌帮与河南及苏州当地的枣商在阊门外鸭蛋桥共建了枣业会馆，却由于枣通常由粮船运苏，存于胥门外枣市（图13-18），商人就近活动，会馆逐渐荒废。

而从时间上看，苏州的会馆建设则逐渐由城外向城内转移，由商业区向城市其他功能区扩张。通过以上解读可见：苏州会馆在时空上的演进与城市发展和功能布局是休戚相关的（表13-2）。

苏州会馆时空分布 **表13-2**

	明代	康熙	雍正	乾隆	嘉庆	道光	同治	光绪	宣统
城外	0	3	0	6	0	0	3	3	0
城内	3	16	1	9	2	1	1	2	2

注：宣统间（1909~1911年）两所会馆中全晋会馆为建于康熙间（1662~1722年）的山西会馆迁建城内。

苏州城与运河的联系，有两条主要路线，一条是偏西北经白公堤汇入运河，“运河南自杭州来，入吴江县界，自石塘北流经府城，又北绕白公堤出望亭入无锡县界，达京口。”[91]另一条在正西至枫桥入运河，“运河自嘉兴石塘由平望而北绕府城为胥江，为南濠，至阊门。无锡北水自望亭而南经浒墅、枫桥，东出渡僧桥交会于阊门。”[92]两条与运河连接的水路交会于阊门附近（图13-19），为南来北往的人必经之地，因此阊门在明清时期成为苏州的商业中心并非偶然。如潮州商人最初于明代在南京建立了会馆，清初则迁到了苏州北濠，康熙间（1662~1722年）又迁至阊门外山塘，从此以后，“凡我潮之懋迁于吴下者，日新月盛”[93]。

水运繁忙，作为停船卸货的码头也随着商品经济的发展多了起来。尤其在清代，苏州出现了许多商业码头，其中大多为外商会馆修建。陕西、山西、河南等商在苏州阊门外南濠，建有北货码头；在苏州从事烟业的大多为河南、福建商，

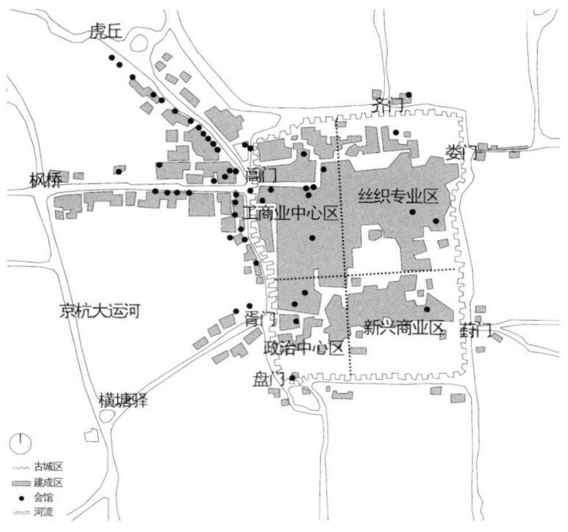

图13-17．会馆与苏州城市功能分区
陈泳．古代苏州城市形态演化研究．城市规划会刊．2002（5）

图13-18．［清］徐扬《盛世滋生图》胥门枣市街段
徐扬《盛世滋生图》

图13-19．苏州周边水系

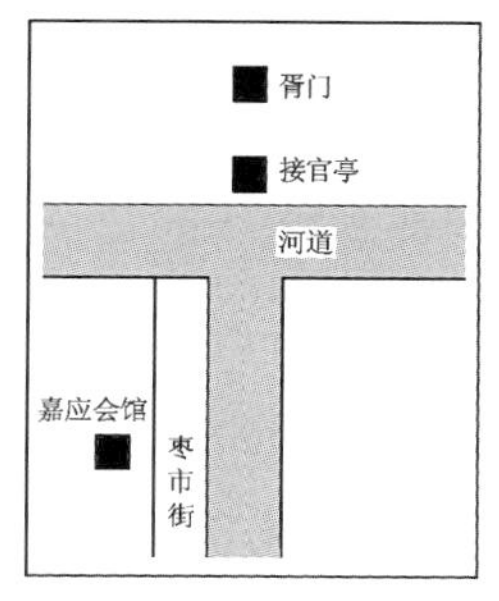

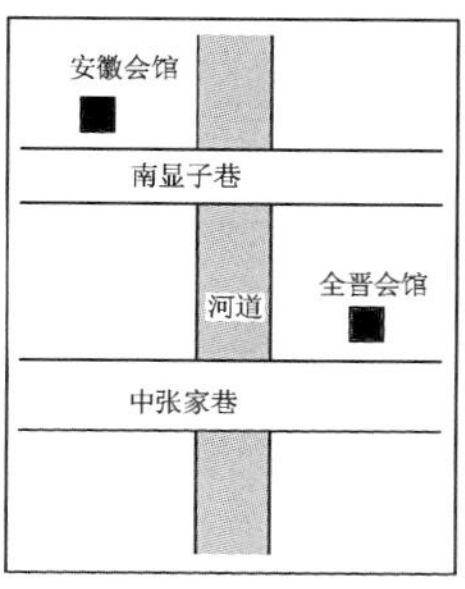

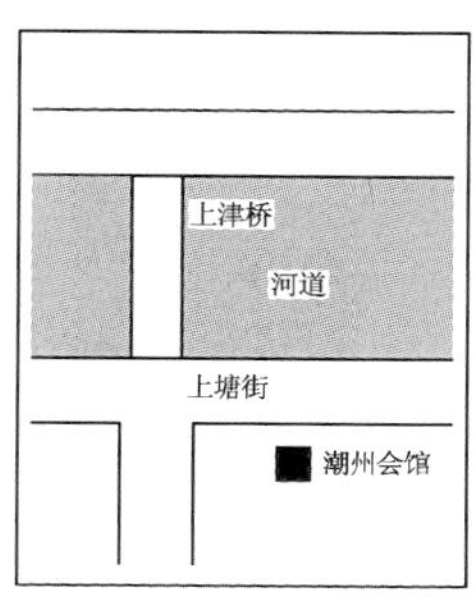

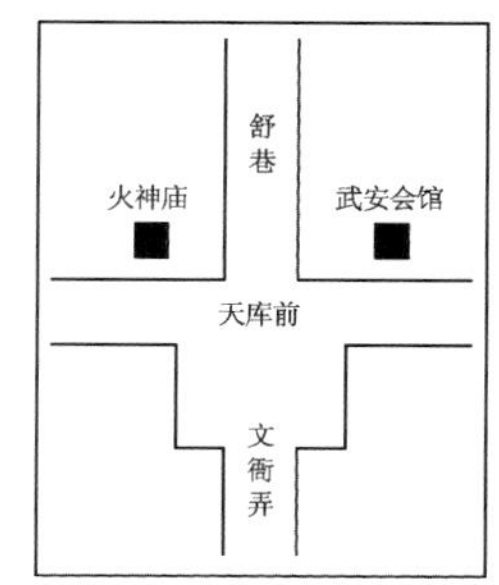

图13-20．部分会馆周边环境

乾隆年间（1736~1795年）他们在阊门外专门设立了公和烟帮码头，作为停船起货之所，而外来货船不得在此停靠[94]；安徽商于光绪年间（1875~1908年）也设立了专用码头，位于北濠“二摆渡至杨玉庙北首墙边起，至四摆渡止，立界为作安徽码头”[95]；更有甚者，广、潮、嘉三府商人最初在阊门外莲花斗建立了海珠山馆，作为上下河岸及贮货用[96]，至光绪八年（1882年）广东商索性联合广西商将其扩建成了两广会馆。

在具体选址上，会馆与水道、码头分布密切相关。据笔者踏勘，大多会馆面河而筑，并设有河埠码头及水边踏道（图13-20）。但20世纪50年代末的填河运动使许多水道消失，如全晋会馆昔日门前还有河埠及弧形隔河照壁，墙嵌“乾坤正气”四字，均毁于此次运动[97]。

苏州会馆建立与分布，和城市发展之间的影响又是双向的。商人因为经营需要和利益所在，也积极投身到地方公益事业中，在城镇建设中尤为突出。乾隆十三年（1748年）阊门外跨越运河的渡僧桥，因遭火灾而倾坏，致使交通孔道受阻，当年就有8家布商捐资修复之[98]。再以徽商为例：明正德年间（1506~1521年）祁门富商汪琼就曾捐资治理阊门外的河道，以便交通。“阊门流激善覆舟……（琼）前后捐金四千，伐石为梁，别凿道由丁家湾而西折南，逶迤五六里至路公遥，与故山道会，舟安行，民利之。”[99]阊门外之南濠为徽商聚居处，他们对这里的消防亦关心之至。乾隆时（1736~1795年）徽商汪尚斌“廛于吴市之南濠。南濠为南北都会，市廛皆比栉次鳞，左右无隙地，每火作则汲道不通，炎炎莫可救。公（尚斌）请于大吏，辟廛居左右各一丈，所费数千缗……及今商民尚赖其利焉”。道光时（1821~1850年）婺源木商金辑熙又以独资“修齐门吊桥，靡费千金”。他们还在沿长江一带疏浚航道，设置航标，改善商业运输条件。婺源人戴振伸于苏州从事木材交易，他“洞悉江河水势原委，丹徒江口向有横越二闸倾坏，后水势横流，船往来，迭遭险厄。道光年间，大兴会馆，董事请伸筹画筑二闸，并挑唐、孟二河。比工告竣，水波不兴，如涉平地”[100]。

其实修桥铺路、建造渡口，都与商人的切身利益密切相关：码头不备、河道失修，自然不利于货物运输。尽管外商跨出了以会馆为中心的聚落，从事社会福利事业，扩大了其地域社团的功能和影响，这是城镇社会结构和功能变化的一个重要趋势，但这些作用是有限的，与他们对家乡以及他们寓居的社区的投入和影响相比是微不足道的，这些自觉地对城市建设作贡献的行为还处于自发的过渡阶段。

除了这些以会馆为依托的各地商人的自觉行为外，会馆的建立和发展，在无形中也促进了苏州城市中聚落和街巷的形成。雍正元年（1723年）署江苏巡抚何天培论及苏州治安时说：“福建客商出疆贸易者，各省马头皆有，而苏州南濠一带，客商聚集尤多，历来如是。查系俱有行业之商”[101]。苏州织造胡凤翚也发现“阊门南濠一带，客商辐辏，大半福建人氏，几及万有余人”[102]。福建各府商人都建有会馆，并且有明显的群聚效应。明万历间（1573~1620年）闽商于阊门外兴建了三山会馆，并不断修葺与扩大。漳州会馆创始于康熙三十六年（1697年），位于阊门外上山塘，“漳人懋迁有无者，往往奔趋寄寓其中，衣冠之胜，不下数十百人。”[103]兴化府商人因“莆、仙两邑宦游贾运者多”[104]，于康熙间（1662~1722年）建立了兴安会馆。泉州温陵会馆亦于同期建于城西。邵武会馆建于康熙五十年（1711年），“虽地势稍隘，未若三山会馆之宏敞，而结构精严，规模壮丽。”[105]汀州一府“贸迁有无遨游斯地者不下数千百人”[106]，会馆创建于康熙五十六年（1717年）。延平、建宁二府的延宁会馆建立最晚，始于雍正十一年（1733年），但“宫殿崇宏，垣庑周卫，金碧绚烂”[107]（图13-21）。再如徽商，康熙三十六年（1697年）宁国商因“乡人既多，不可无会馆以为汇集之所”[108]，乾隆初（1736年）扩为宣州会馆，嘉庆间（1796~1820年）泾县、旌德、太

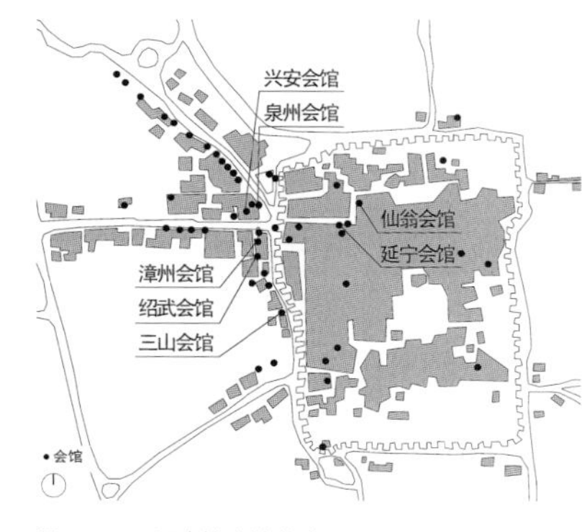

图13-21．福建籍会馆分布

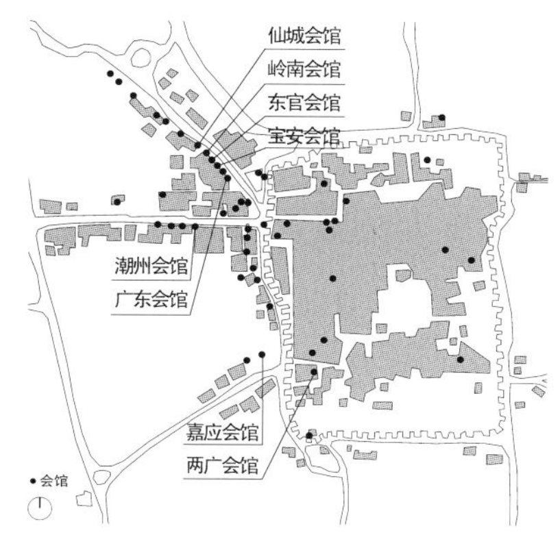

图13-22. 广东籍会馆分布

图13-23. 会馆弄
弄内为宝安会馆，摄于2002年8月。

平各县商人各设公所附属其下，同治六年（1867年）又同安徽其他商人合建成安徽会馆。而广州商人早在明万历间（1573~1620年）就在阊门外山塘建立了岭南会馆，康熙间又事修葺，扩而新之。该府东莞商人又于天启五年（1625年）在岭南会馆旁兴建东莞会馆（后改名为宝安会馆）。新会商人则于康熙十七年（1678年）在宝安会馆东建立了冈州会馆。一府商人差不多在同时同地建立了三所会馆于苏州是独一无二的（图13-22）。

比照历史上各个时期绘制的苏州城图，并非所有的街道都有命名。只有当这些道路布满或基本布满店铺和住宅时，才需要产生一个统一的名称，而这也是商品经济的发展所造成的。在苏州山塘街，紧挨着宝安会馆的一条很小的弄堂入口门楣上，赫然镌着"会馆弄"三个大字（图13-23）。很显然，这条在地图上不会标出的小弄堂，完全是因为会馆而有了自己的名字。其实，在全国许多城市都有这种因为会馆存在而出现的地名，如上海、长沙、汉口等都有属于自己的会馆街。

三、沿运河会馆的建筑设置与特点

1. 功能布局

就北京会馆而言，初期的多为单独建造，如四川会馆是为了纪念四川女杰秦良玉，在其驻军处所建造的。中后期多为旧有住宅或祠庙改造建成，如安徽会馆原为明末学者孙承泽住宅后归翁方纲、刘位坦所居，后李鸿章购得此宅，改建为会馆[109]。无论是舍宅为馆，抑或购房为馆，都表明民房、官房均可转化为会馆，许多就是标准的四合院结构，会馆的外观常常也是用围墙围成的合院。但是由于会馆不是作为一个家庭或家族聚会的私人庭院，所以无论在平面布局或建筑结构或环境氛围等方面，都与私宅有所区别。“宣武门外大街南行近菜市口有财神会馆，少东铁门有文昌会馆，皆为宴集之所，西城命酒征歌者多在此，皆戏园也”[110]。“凡得鼎甲省份，是日同乡京官开会馆，设宴演戏，遍请以前各科鼎甲，迎新状元，其榜眼探花亦如之。”[111]由此可见，会馆也是同籍官员为本籍科举考试成绩优异者举行庆贺仪式的场所。“堂会演戏，多在宣外财神馆、铁门文昌馆。至光绪甲午（1894年）后，则湖广馆、广州新馆、全浙馆继起，而江西馆尤为后进，率为士大夫团拜宴集之所，以此记载观之，是财神馆当时本为堂会演戏之所，非专属于闽人，他省人亦可借用之”[112]。表明有些会馆并非大型住宅，而是娱乐场所蜕变的一种类型。“盖士之至京师者多，则设会馆不能俭。”[113]人们竞相攀比，以致会馆渐趋华奢，与当时整个社会的奢侈享乐之风相仿佛，会馆的建筑设置“大都视各地京官之多寡贫富而建设之”。[114]比较完备的会馆大多高屋华构，追求符合礼制，在中轴线上布置主要房屋，坐北朝南，最南端为戏楼，次为客厅，再次为正厅和东西两厢房。有的会馆还设有魁星楼，如四川会馆、安徽会馆（图13-24）皆有。有的会馆中呈现出园林化的发展趋向，如安徽休宁会馆原是明相国许维祯宅第，内有三大套院和一个花园，面积达9000多平方米。

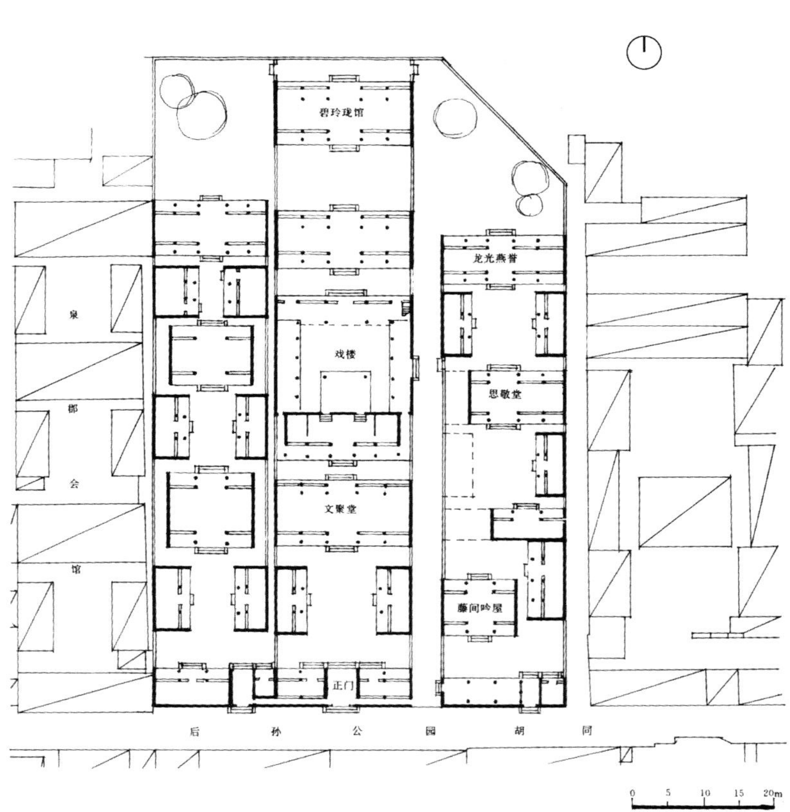

图13-24. 北京安徽会馆平面图
王世仁. 宣南鸿雪图志. 北京：中国建筑工业出版社，1997：136.

会馆的大多数院落都是打通的，可自由往来，少用影壁或屏风遮挡。主轴上正房不住人，或是乡祠、或为公议堂，有的北墙也被打通，参仿南方民居过厅形式，正中布置乡贤牌位，牌位屏风背后的北墙正中开一门；更有把主轴线上的房屋前后墙皆打通开门，所谓“九门相照”者。院落群组配置并不完全遵循背北面南的原则，乃因会馆集中的北京城南大多没有经过规划，而是明中叶增建外城以前，随着人们趋向前三门踏出的道路自然形成的，因此有许多斜街，从而限制了会馆兴建时房屋院落轴线方位的选择。会馆大门方向较为随意，主要是受制于街道走向。但较注重风水观念，如：向北开门能使业务兴隆，东南开门有利财运，西北开门有利向外发展等。更多的大门在设计时着眼于气派宏阔，或适于进货进车，直贯而入，而不是方位。

从整体上看，无论建置者来自江南，还是西北诸省，北京的会馆建筑形式大多遵循最流行的四合院房屋配置结构，而照搬本乡民居形式，应是为适应北京气候条件和文化传统的一种选择。

大运河沿线地方城市的会馆多为商人兴办，因此某些功能有别于京师会馆。一般包括提供行业组织、同乡会常设机构办事、聚会、议事及娱乐场所，同时设有接待同行商旅、同乡会旅客住宿用房，而且大多数会馆由于行业性质或地域文化关系信奉某种神灵、崇拜某种偶像而设有特定拜祭空间。会馆建筑的功能除上述之外也常被作为婚丧祭事、假日聚会的场所。会馆的这类聚会使人气兴旺，显示行帮的声势。因此会馆建筑是一种多功能、多空间构成的综合性公共建筑（图13–25）。

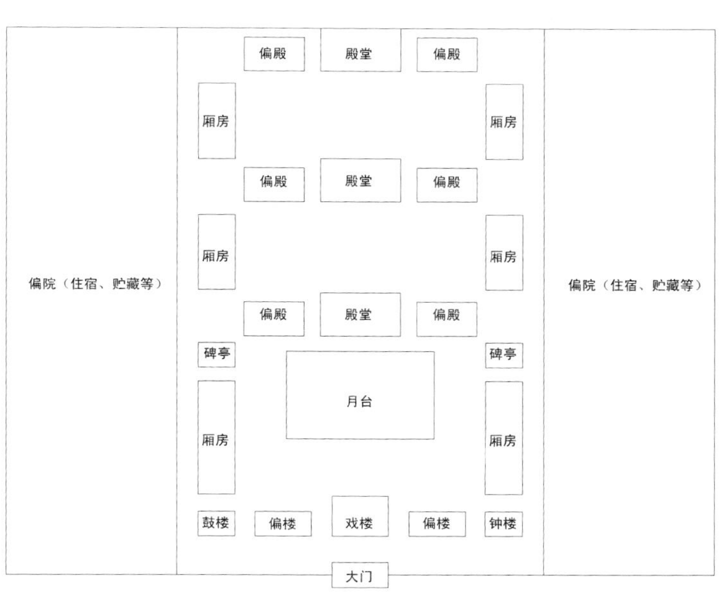

图13–25　会馆建筑格局示意图

会馆建筑在空间构成上相较其他古代公共建筑（宫殿、神庙等）特点显著，一般沿两至三条平行纵轴线展开，各自形成封闭内院，对外封闭、对内开敞，且多采取民居建筑尺度。

会馆建筑的空间构成及布局方式除满足必要的使用要求之外，受到社会观念及习俗的影响，各种行业、帮会为了炫耀其势力及行业中的权威作用，并受礼制观念的影响，在建筑空间布局上大多沿主轴线布置大门、牌楼，戏台及殿堂，以便供祭行业崇拜的神灵或宗师，借以建立精神支柱。主轴线一般殿堂高大，庭院空间宽敞，两侧再连接厢楼、廊庑形成封闭院落空间，暗示外籍人士的自我保护格局。这种空间布局方法有别于一般民居，带有宫殿、庙宇的色彩。但在会馆的其他部分则兼收民居建筑的精华，办公议事及住宿部分空间布局自由，空间尺度宜人，构造方式多样，因此它又明显区别于官式建筑，显示出会馆建筑特有的空间环境氛围及文化格调。如天津广东会馆光辅房、住房就有300多间，并且在会馆东南修建了南园，栽花种树，设立医药房，供广东同乡休息养病。

会馆设戏台相当普遍，反映会馆建筑公共活动及娱乐的功能特点。一般利用大门上层楼面作为戏台，同时利用殿前内院作为观众厅。而举行祭祀仪式时，内院也是聚会的场所。会馆建筑的前院一般都在两侧用廊庑或厢楼把戏台与前殿连接起来，形成四周封闭的庭院。两侧厢楼内可作小型聚会之用，外廊则为看戏时的看台，使用方便。规模较大的会馆在两侧厢楼上建钟鼓楼或亭阁。而后殿则常建楼阁，较多是从后殿两侧伸出厢楼与前殿相接，形成较小后院，前后殿及厢楼围合一个共享空间，供内部使用，环境相对安静。

2. 风格兼容

会馆建筑是在商业、手工业发展的同时所产生的一种城市公共建筑，无论来自城镇的商人或来自乡村的工匠，都会给会馆建筑带来许多民间的世俗文化以及强烈的乡土观念、不同的信仰、不同的生活习俗，加上行业之间的自我保护与竞争，促成了会馆建筑文化的形成。

与其他类型的建筑比较，除了建筑的空间环境构成及建筑形态之外，这种建筑文化特征最明显的表征在装饰艺术上。会馆在中国古代礼制等级制度下，既不能超越宫殿、庙宇等建筑的等级及形制，但又要比富比强，因而多在形式上追求丰富、多姿和奇特，并表现雍容华贵、绚丽精巧，借以显示其实力与气派，尤其是门楼、屋顶、戏台等部位做得十分复杂而精巧。

建筑装饰常常不拘一格、尽其所能，调动各种手段及材料来达到目的。从油

图13-26．天津广东会馆体现了南北做法的融合
摄于2004年3月

图13-27．聊城山陕会馆山门及钟鼓楼
摄于2002年12月

漆彩画、石雕、砖雕、泥塑、木雕、琉璃、铜、铁饰件乃至彩色瓷片等都用于装饰，呈现一定的商业色彩。其装饰题材内容则是神话人物、历史故事、戏曲场景、花草鱼虫、珍禽异兽、山水风景无所不包。装饰重点一般集中在门楼、戏台、正殿及廊庑，规模较大的会馆聘请名匠主持，做工精巧，追求华丽而烦琐，使人眼花缭乱，世俗气息很浓。

由于会馆建筑多半是由商人、手工业者或其他同业人员在旅居地所建，因此必然带来原籍各地的技术、文化及习俗。在建设过程中虽然主要使用当地的材料及聘请当地的工匠，参照当地的建筑形制，但因为会馆建筑是一种地方行业集团社会势力的体现，因此必然注入原籍地方传统文化观念、技术及工艺，从而在建筑形式和装饰手段上兼容并蓄乃至混合使用，与其他民间建筑有很大区别。如天津广东会馆的砖瓦木料大多从广东购买，瓦顶与墙体为北方做法，而石柱、曲枋、六角窗、内檐装修、五花山墙及精美的雕刻，又都很有岭南特色，是建筑艺术交流糅合的产物（图13-26）。

除表现形式外，在装饰材料的选用上，南北方也各不相同。一般说来，北方受官式建筑的影响较大，采用琉璃、石材、油漆彩画较多。山西、陕西的会馆建筑喜欢大量使用琉璃件作重点装饰，除在屋脊上用琉璃做出各种人物、动物造型之外，还用不同颜色的琉璃瓦在屋面上拼成图案，这在保存较好的聊城山陕会馆建筑中体现得尤为明显（图13-27）。

3．特殊功用

（1）祀神

在会馆建筑设置中，神灵设置是保持其完整性的首要条件和重要内容，是会馆赖以生存的精神支柱，它凝聚了社会环境的熔冶，也规范了会馆的发展方向。

在会馆设置的最初阶段，乡土神是最基本的崇祀对象。

不少地方很便利地就确立了自己的乡土神，如江西人奉许逊为许真君，福建人奉林默娘为天后圣母，山西人奉关羽为关圣大帝，江南人祀准提，浙江人奉伍员、钱镠为列圣，云贵人奉南霁云为黑神，广东人奉慧能为南华六祖，湖北麻城人奉帝王，长沙人奉李真人等。同乡籍神灵是寓外同乡人最易认同的旗帜。但是，实际上并非乡乡都有自己的乡土神，而且就说乡土，本身就难断界域，乡土的范围总是相对的，可大可小。因此，乡土神作为会馆的一部分，其意义并不仅仅在乡土神本身，而关键在于神灵的设置为会馆这一社会组织树立了集体象征。

考寻各地寄籍同乡会馆，其祠祀神灵存在互有异同的现象。如徽州人在苏州兴建的大兴会馆、徽宁会馆都造殿阁以“祀关帝”。[115]苏州的浙江金华会馆亦祀关帝。广东会馆也有祠祀天妃的等。像关帝、天妃本属全国通祀之神，却也可以成为人们联络乡土关系的精神纽带。

正像民间普遍供奉多神一样，许多会馆也并非以仅供一神为满足。如徽商会馆大多奉祀乡土神朱熹，而设在吴江盛泽镇的徽宁会馆则把烈王汪公大帝（即汪华，当隋季保有歙、宣、杭、睦、婺、饶六州，称吴王，封越国公）、张公神（即张巡，唐代的忠臣良士）也放到同等重要的地位。山西商在北京的会馆也不仅单祀关帝，雍正时（1723~1735年）晋冀会馆“中厅，关夫子像，左间，金龙大王，右间，玄坛财神”[116]，光绪时（1875~1908年）的临襄会馆内供“协天大帝、增福财神、玄坛老爷、火德真君、酒仙尊神、菩萨尊神、马王老爷诸尊神像”。[117]康熙间（1662~1722年）很多绍兴商到北京开店营业，一些经营银号和金店的商人在外城西河沿建立正乙祠，“正殿祀正乙、玄坛祖神、关圣帝君、增福财神等十余个神。”[118]而颜料业祭的神是“真武大帝、玄坛祖师、梅（福）仙、葛（洪）仙”[119]。如此种种，不胜枚举。

祀神在会馆功用中占有如此重要的地位，其神灵所居大殿在会馆也处在主导建筑的地位。如聊城山陕会馆，中间复殿为关公殿，北大殿为财神殿，南大殿为文昌火神殿，正殿后为春秋阁院。

（2）合乐

会馆的合乐在祀神之际或在节庆之余，为流寓人士提供了聚会与娱乐的空间，而合乐所必备的设施——戏楼（台）等也成为会馆所必有的建筑之一。举例如下：

北京湖广会馆戏楼（图13-28）：湖广会馆建于清嘉庆十二年（1807年），位于虎坊桥西南角。其中戏楼建于道光十年（1830年）。舞台为方形开放式，正中挂有“霓裳同咏”的匾额，两侧对联是：“魏阙共朝宗，气象万千，宛在洞庭云

图13-28. 北京湖广会馆外观及内景
摄于2004年3月

图13-29. 天津广东会馆戏楼及藻井
摄于2004年3月

梦；康衢偕舞蹈，宫商一片，依然白雪阳春。”台沿有矮栏，坐南朝北，台前为露天平地（后改为室内），三面各有两层看台，可容千人。

天津广东会馆戏楼（图13–29）：建于光绪年间（1875~1908年），戏楼坐南朝北，是会馆的主体建筑。舞台伸出式，三面敞开，深10米，宽11米。顶上有2层，每层正面用12块隔板封闭。舞台正中悬一横匾，上书：熏风南来。其下为一大木雕隔扇，雕仙女采荷图。隔扇两边是上下场门。舞台顶部有弯曲的木条构成“鸡笼式”，使戏楼具有很好的视听效果。舞台前三面为看楼，楼上设包厢可容200余人。池内设散座。整个戏楼结构精巧，造型典雅，为典型的民族风格的室内剧场。

聊城山陕会馆戏楼：戏楼山门为三洞重楼式，屋顶盖黄绿二色的琉璃瓦。山门与戏楼后墙架一座小过楼，两旁有钟鼓楼。

苏州全晋会馆戏楼：乾隆年间（1736~1795年）由山西钱行商人集资创建。戏台呈凸字伸出型，演出人员上下楼都在后台，其面积是前台的5倍。

戏楼在会馆建筑中的重要性体现出荣耀乡里的浓郁意味，而会馆聚集乡人观戏与缅怀先贤亦包含了传统文化美德的教化意义。

（3）义举

义举，崇义而善举也。会馆在完成其“祀神明，联桑梓”的功能外，义举便成为会馆乡民共同心愿。于是，他们广结善缘，集思广益，同倾囊资，共谋同乡义事，为同乡人提供全方位服务。会馆还设义园、义冢以救济贫乏，安葬无资之死者。以达“答神庥，笃乡谊”的目的。

除此之外，会馆还可以为同乡人租用，举办婚礼喜寿等宴会，或在省籍馆内接待本省来的达官显宦。兴办义学，亦是会馆义举之一。他们整修院舍，开辟学堂，重视教育，服务社会。

注释：

1 中国会馆志编纂委员会，中国会馆志:1.

2 王日根，乡土之链：明清会馆与社会变迁:24.

3 碑刻《仙城会馆记》，引自：李华，明清以来北京工商会馆碑刻选编：1.

4 ［清］夏仁虎，旧京琐记，卷九，市肆.

5 吕作燮．明清时期的会馆并非工商业行会．中国史研究．1982（2）.

6 ［民国］陈宗蕃，〈闽中会馆志〉序.

7 ［日］寺田隆信．关于北京歙县会馆．中国社会经济史研究．1991（1）.

8 庄维民，近代山东市场的变迁：303.

9 碑刻《嘉应会馆碑记》，引自：苏州历史博物馆，明清苏州工商业碑刻集：350.

10 碑刻《潮州会馆碑记》，引自：苏州历史博物馆，明清苏州工商业碑刻集：340.

11 碑刻《重修金华会馆碑记》，引自：苏州历史博物馆，明清苏州工商业碑刻集：359.

12 碑刻《八旗奉直会馆名宦题名碑》，引自：苏州历史博物馆，明清苏州工商业碑刻集：365.

13 碑刻《吴兴会馆房产新旧契照碑》，引自：苏州历史博物馆，明清苏州工商业碑刻集：48.

14［清］孙承则，天府广记.

15［清］朱彝尊，〈天府广记〉序.

16［民国］芜湖县志，卷四十八，人物志・宦绩.

17（乾隆）浮梁县志，卷七，建置志.

18［明］沈德符，万历野获编，卷二十四.

19［明］刘国桢，涌幢小品，卷四.

20［清］徐珂，清稗类钞，第一册.

21［清］汪启淑，水曹清暇录.

22 胡春焕、白鹤群，北京的会馆：4–5.

23［清］于敏中，日下旧闻考，卷八十八.

24（嘉庆）大清会典事例，卷一一一二.

25（嘉庆）大清会典事例，卷一一二0.

26 清实录，顺治五年八月.

27［明］史玄，旧京遗事：5–26.

28 北京档案馆编，北京会馆档案史料：1365.

29 北京档案馆编，北京会馆档案史料：1335.

30 胡春焕、白鹤群，北京的会馆：42–278.

31《胡文壁与伦彦式书》，引自：（康熙）新校天津卫志.

32 明史，卷七十九，志第五十五・食货三・漕运、仓库.

33（康熙）新校天津卫志，卷一.

34（同治）重修天津府志，卷六.

35 傅崇兰．中国运河城市发展史．成都：四川人民出版社，1985：244.

36 王绣舜、张高峰，天津早期商业中心掠影，引自：天津文史资料选辑，第十六辑：61.

37（康熙）新校天津卫志，卷一：真武庙渡，在城东北隅。北马头渡，在城北河下。晏公庙渡，在河北。冠家口渡，在城东南十里余。宝船渡口，在城东南五里余。西沽渡，在城北三里。大直沽渡，在城东南十里.

38 道光二十年（1840）后，天津逐渐沦为半殖民地半封建城市，其殖民性对城市格局产生了很大的影响，不属本文论述范围.

39 贺业钜．中国古代城市规划史．北京：中国建筑工业出版社：660.

40（康熙）新校天津卫志，卷一：宝泉集在鼓楼，仁厚集在东门内，货泉集在南门内，富有集在西门内，大道集在北门内，通济集在东门外，丰乐集在北门外，恒足集在北门外，永丰集在张官屯，官前集、安西市在西门外.

41 贺业钜．中国古代城市规划史．北京：中国建筑工业出版社：661.

42 城门是进出城内外的通道，而城门外的附近地区，则谓之“关厢”。《说文》云：“厢，廓也”。人们沿着城门外的道路进出城内外，久之便在城门外附近及道路两侧形成店肆民居，并沿着道路延伸，如同走廊，故称关厢.

43 浙江旅津同乡于康熙七年（1668年）将已废的明镇仓关帝庙改建成乡祠，尽管已有会馆之实，但至光绪八年（1882年）始称浙江会馆.

44 碑刻《旧米市街太汾公所碑记》，存于聊城山陕会馆.

45 许檀，明清时期山东运河沿线的商业城市，引自：中国商业史学会，货殖：商业与市场研究，第三辑.

46 陈清义，中国会馆：63.

47 碑刻《春秋阁碑文》，存于聊城山陕会馆.

48 中共聊城市委宣传部、聊城市政府办公室，中国历史文化名城・聊城：113–114.

49 竟放，地方史志资料丛书・聊城：70.

50 同46.

51 聊城会馆概况，详见：明清聊城的会馆与聊城，表1《聊城会馆一览表》，华中建筑，2007年第2期：160.

52 碑刻《旧米市街太汾公所碑记》，存于聊城山陕会馆.

53 碑刻《山陕会馆众商重修关圣帝君大殿、财神大王北殿、文昌火神南殿暨戏台、看楼、山门并新建飨亭、钟鼓楼序》，存于聊城山陕会馆.

54《山陕会馆碑文》，引自：竟放，全国重点文物保护单位・山陕会馆：52–88.

55 同46.

56 碑刻《重修陕山会馆戏台、山门、钟鼓楼记》，存于聊城山陕会馆.

57 根据聊城博物馆竟放先生、陈清义先生提供的资料整理.

58 同46.

59 见原稿P262.
60（天启）淮安府志，卷三.
61（同治）重修山阳县志，序.
62（同治）重修山阳县志，卷一.
63（光绪）淮安府志，卷一.
64［民国］王光伯，淮安河下志，卷一，疆域.
65 淮雨丛谈·考证类.
66 王振忠，明清徽商与淮扬社会变迁.
67 淮安会馆概况，详见：大运河兴衰与清代淮安的会馆建设，表1《淮安会馆一览表》，南方建筑，2006年第9期：74.
68 傅崇兰. 中国运河城市发展史. 成都：四川人民出版社，1985：335.
69［清］王锡祺，〈山阳河下园亭记〉跋.
70［明］张宪，侍御金溪吴公浚复河隍序，引自：（嘉靖）维扬志，卷二十七，诗文序十一.
71（嘉庆）重修扬州府志，卷二十.
72［清］高士钥，《重修天宝观碑记》，引自：（乾隆）江都县志，卷十七，寺观.
73 傅崇兰. 中国运河城市发展史. 成都：四川人民出版社，1985：341.
74 碑刻《东越庵义冢碑》，清嘉庆十七年（1812）十二月谷旦浙绍同人公立，存于扬州南门外扬州皮革厂.
75 李家寅，名城扬州记略：161.
76 傅崇兰. 中国运河城市发展史. 成都：四川人民出版社，1985：346-347.
77 王瑜、朱正海，盐商与扬州：211.
78［清］李斗，扬州画舫录，卷六.
79 原址在南门，亦属于会馆集中区，是毁后才移至今址.
80 王瑜、朱正海，盐商与扬州：210.
81 2004年3月笔者踏勘时，花园巷已被民居侵占.
82［民国］王振世，扬州览胜录，卷六，新城录.
83［民国］王振世，扬州览胜录，卷六，新城录.
84［清］纳兰常安，宦游笔记，卷十八，引自：范金民，明清江南商业的发展：146.
85［清］天悔生，金蹄逸史，引自：吕作燮，明清时期苏州的会馆和公所，中国社会经济史研究，1984（2）.
86 苏州会馆概况，详见：明清苏州的会馆与苏州城，表1《苏州会馆一览表》，建筑史，第21辑：158-159.
87 碑刻《潮州会馆碑记》，引自：苏州历史博物馆，明清苏州工商业碑刻集：344.
88 碑刻《吴县永禁官占钱江会馆碑》，引自：苏州历史博物馆，明清苏州工商业碑刻集：22.
89［清］顾公燮，消夏闲记摘钞（中）.
90 散见：苏州历史博物馆，明清苏州工商业碑刻集.
91［清］顾炎武，天下郡国利病书，引自：上海古籍出版社影印，续修四库全书.
92（光绪）苏州府志，卷五.
93 碑刻《潮州会馆碑记》，引自：苏州历史博物馆，明清苏州工商业碑刻集：344.
94 散见苏州历史博物馆，明清苏州工商业碑刻集.
95 碑刻《元和县严禁在安徽码头作践滋扰碑》，引自：苏州历史博物馆，明清苏州工商业碑刻集：315.
96 道光二十二年（1842）五月十五日《禁民粪船在粤籍海珠山观河面停泊》碑抄件，存于南京大学历史系.
97 陈晖，苏州市志（第三册）：978.
98 王瑞成，明清商业聚落与城镇社区，中州学刊，2000年第1期.
99（万历）祁门县志，卷三.
100（光绪）婺源县志，卷三十四.
101《雍正朱批谕旨》，雍正元年（1723）五月四日何天培奏，雍正十年（1732年）刻本.
102《雍正朱批谕旨》，雍正元年（1723）四月五日胡凤翚奏.
103［清］蔡世远，漳州天后宫记，（乾隆）吴县志，卷一百六，艺文.
104［清］廖必琦，兴安会馆天后宫记，（乾隆）吴县志，卷一百六，艺文.
105［清］谢钟龄，绍武会馆天后宫记，（乾隆）吴县志，卷一百六，艺文.
106［清］黎致远，汀州会馆天后宫记，（乾隆）吴县志，卷一百六，艺文.
107［清］林鸿延，延宁会馆天后宫记，（乾隆）吴县志，卷一百六，艺文.
108［清］叶长扬，宛陵会馆壮缪关公庙记，（乾隆）吴县志，卷一百六，艺文.
109 孙大章. 中国古代建筑史·清代建筑. 北京：中国建筑工业出版社，24.
110［民国］李家瑞，北平风俗类征：317.
111［民国］李家瑞，北平风俗类征：328.
112［民国］李景铭，闽中会馆志，卷一，福建会馆.
113［民国］李家瑞，北平风俗类征：336.
114［清］徐珂，清稗类抄，第一册.
115 碑刻《徽宁会馆碑记》，苏州历史博物馆，明清苏州工商业碑刻集：356.
116 碑刻《重建晋冀会馆碑序》，李华，明清以来北京工商会馆碑刻选编：37.
117 碑刻《修建临襄会馆碑记》，李华，明清以来北京工商会馆碑刻选编：23.
118［日］加藤繁，中国经济史考证，第三卷：102.
119［日］加藤繁，中国经济史考证，第三卷：106.

Chapter 14

Huaiyang Urban Culture and Education

Shen Yang

第十四章　淮扬城市文化教育图景

沈　旸

明清两代的大运河和食盐专卖为淮扬地区在帝制晚期的繁荣提供了基础。扬州“为南北襟喉，漕运盐司，关国家重计，皆莅斯土”[1]，“东南三大政，曰漕，曰盐，曰河。广陵本盐策要区，北距河、淮，乃转输之咽吭，实兼三者之难。”[2]淮安同样拥有这种物流优势，它在扬州北边、淮河与大运河交汇处附近，是漕、河管理重镇，“河、漕国之重务，治河与治漕相表里。欲考河、漕之原委得失，山阳实当其冲……天下榷关独山阳之关凡三，今并三为一而税如故……产盐地在海州，掣盐场在山阳，淮北商人环居萃处，天下盐利淮为上。夫河、漕、关、盐非一县事，皆出于一县”[3]。

淮扬作为盐鹾总汇，殷实富商鳞集骈至，对该地区的社会变迁产生了极其深刻的影响。鹾商雄踞闭关时代三大商（盐、典、木）之首，举手投足具有很强的示范性，“奢靡风习创于盐商，而操他业以致富者群慕效之”[4]。其中，执明清商界之牛耳的徽商扮演了极为重要的角色。徽商在淮扬社会构成中比重很高，他们在这里留下的最为持久的遗产，就是城市文化。

明清时期商人出现侨寓、定居化趋势，徽商也大规模定居淮扬，形成颇具影响的河下盐商社区。“新安多大贾，其居盐策者最豪。”[5]消耗在侨寓地的资金主要有两大项：建设性开支、奢侈性消费。其中，建设性开支包括盐业生产、城市和文化建设等[6]。徽商们积极参加淮扬城市营建，诸如慈善机构、学校、道路、桥梁、救生船和救火工具等，有效创建了城市基础设施和功能。文化的主题是教育，徽商对教育建筑的资金投入不遗余力，并使得淮扬的徽商精英家族成员与地方行政和盐政部门官员之间形成对话和协商关系，从而在城市机制的创建和维护方面产生了重要意义。

王振忠先生指出：“淮扬徽商通过模仿、消融苏州文化的特质，逐渐掺以徽州的乡土色彩，最终蕴育出独具特色的淮扬城市文化。任何一种文化都是多层次的，高层次的精英文化总是植根于较低层次的大众文化之上，从而成为整个文化的表征。东南地区的文化中心城市汇集了本地区较大范围内的文化菁华，因此成为主流文化模式的象征。”[7]如果说苏州文化代表了东南传统文化的主流之一，那么，淮扬的城市文化则以徽州文化为代表，突起于明中叶的东南，其城市文化及教育的建设也打上徽州的地方文化烙印。此后，随着淮扬城镇的衰落，文化式微，原先作为全国文化中心之一的淮扬地区，也就蜕变为一个地区性的文化中心。

一、淮扬城市与徽商社区

图14-1．扬州河下石板街
摄于2007年11月

明成祖朱棣迁都北京后，使得皇朝的政治中心远离富庶的东南地区，但官俸军饷和日用百货仍仰给江南，永乐初年即对江南漕运采用海陆兼运法，及至永乐十三年(1415年)罢海运粮，平江伯陈瑄造船、疏浚漕路。明代的运河治理使南北运河运输江南物资至京城较为通畅，政府规定漕船可携带附载土宜，在沿途自由贩卖，免征钞税。淮扬地区为“自南入北之门户”，“留都股肱夹辅要冲之地。两京、诸省官舟之所经，东南朝觐贡道之所入，盐舟之南迈，漕米之北运”，都经由此地[8]。

明清扬州新、旧二城功能分区明确：“新城盐商居住，旧城读书人居住。”[9]旧城的基本功能是官署区（扬州府署、扬州卫署、江都县署、盐政署院及军署、军储仓）及与其相关的文化建筑（府学、文昌阁）、寺院区（城隍庙、禹王庙、石塔寺等）。新城则主要是商业与居住区，靠近运河的地区是城市的边缘地带，集中了与运河转运作用密切相关的城市功能，运河的繁忙造就了沿线的繁荣。[10]“钞关东沿内城脚至东关，为河下街。自钞关至徐宁门，为南河下；徐宁门至缺口门，为中河下；缺口门到东关，为北河下。计四里”[11]。南河下往北的引市街则是商人们交易“盐引”的地点。因河下一带行盐方便，徽商主要居住在新城沿运河一线，形成了徽商社区。据统计，新城建成后至清康熙年间，除个别盐商还宅居旧城外，绝大多数都集中于扬州新城，其中一半以上位于北河下到南河下长达四里的狭长地带[12]（图14-1）。

无独有偶，淮安的徽商聚居地亦名曰“河下”。明代中叶以后黄河全流夺淮入海，苏北水患日趋频仍。淮北批验所本在安东（今涟水）南六十里的支家河，“淮北诸场盐必榷于此，始货之庐、凤、河南，”批验所旧基在淮河南岸，

图14-2．淮安河下石板街
摄于2007年11月

"当河流之冲"，[13]弘治、正德年间多次圮毁，后虽移至淮河北岸，但洪水困扰仍未减轻。安东为"盐鹾孔道，土沃物丰，生齿蕃庶，士知学而畏法，近罹河患，丰歉不常"。[14]在这种形势下，盐运分司改驻淮安河下，而淮北批验盐引所改驻河下大绳巷，淮北巡检也移驻乌沙河，"夏秋之交，西南数省粮艘衔尾入境，皆泊于城西运河，以待盘验牵挽，往来百货山列……"[15]"盐策富商挟资而来，家于河下，河下乃称极盛。"[16]大批富商巨贾卜居于此，使河下迅速形成"东襟新城，西控板闸，南带运河，北倚河北，舟车杂还，夙称要冲，沟渠外环，波流中贯，纵横衢路，东西广五六里，南北袤约二里"[17]的闹市名区。"诸商筑石路数百丈，遍凿莲花……谈者目为'小扬州'"[18]。石板街迄今犹存（图14-2）。

淮安人自诩"仙人好楼居"。园林可以无山，但不能无楼。淮地大多苦于痺湿，长夏炎蒸，如不能"自择清凉界，稳处洞壑幽"，只有临水建楼阁，庶几"酷暑未尝到，清风长自来"。园中厅堂斋屋多居高爽地，门前石砌数级台阶，临水建筑多好构筑月台。厅阁轩榭四围很少用实墙，多以窗棂隔扇为之，可装可卸。夏日，前后长槅尽除，即为敞厅。一般民家"筑圃虽能临绿水"，然"开窗自惜乏青山"。为远观、俯察，纳凉、避水，即便草楼，也要建一间，聊胜于无。[19]此中常有一种以芦苇为主要建材的屋宇，"淮民编芦作屋，贫家皆然……名曰'淮屋'"[20]素朴无华，颇有野趣，且造价低廉，房体较轻，若不为水久泡，可经百年。明后期，淮安沦为洪水走廊，黄、淮泛滥成灾，楼居则可在受灾时免去露宿之苦。河下沿河临街之楼阁，往往借助建于其上的魁星楼、文昌阁，街心的二帝阁、过街楼以及桥亭、望楼等连成一体。嘉靖年间，倭寇犯淮，当地民众依靠家家户户楼阁相连、地下藏兵洞洞相通，构成道道立体防御，借此运兵设伏有效歼灭倭寇，河下得以幸免于劫[21]。

二、徽商兴盛文化教育

出自“东南邹鲁”、“朱子阙里”的徽商历来尚文，表之于行动，不外乎：寓居家中请名师以课子侄；侨寓地广设义塾、义学，倡建书院，资助府学、县学；收藏、刊印儒家典籍，频繁举办诗文之会等[22]。尤其在两淮改纲为票以前，“徽扬学派，亦因以大通”[23]。明代两淮盐商进士106名，清代进士139名，有清一代扬州府进士总数多达348名，11名一甲进士[24]。为淮扬科举繁盛的明证，这与盐商介入息息相关。富裕的盐商通过将财富转化为科举及第以及仕宦上的成功，可以大大获得社会声望，还可以自立为官商，保护其权益。

1. 解决子弟教育问题

“扬州之盛，实徽商开之，扬盖徽商殖民地也。故徽郡大姓，诸如汪、程、江、洪、潘、郑、黄、许诸氏，扬州莫不有之，大略皆因流寓而著籍也”[25]。淮安“郡城著姓，自山西、河南、新安来业鹾者，有杜、阎、何、李、程、周若而姓……”[26]。伴随之，徽商子弟教育问题则成了亟待解决的问题，途径主要有二：一为官学体制，一为宗族教育。

“明制设科之法，士自起家应童子试，必有籍，籍有儒、官、民、军、医、匠之属，分别流品，以试于郡，即不得他郡试。而边镇则设旗籍、校籍；都会则设富户籍、盐籍，或曰商籍；山海则设灶籍。士或从其父、兄远役，岁岁归都郡试不便，则令各以家所业闻，著于籍，而试于是郡”[27]。可见“商籍”乃关系到侨寓商人子弟科举考试的关键问题。所谓“商籍”，即“商人子弟，准附于行商省份”[28]，因此，客商为了其子弟就学和科举入仕提供便利，争“商籍”或入籍当地，不胜枚举。

明时淮扬地区“商籍”只有山、陕商人子弟，徽商子弟不在其中。“至贡生一途，其目有五，大抵出于学校。明万历中定商、灶籍，两淮不立运学，附入扬州府学，故盐务无册籍可稽。且有西商，无徽商，亦偏而不全”[29]。此情况下，徽商子弟往往附入侨寓地官学求学，如扬州徽商子弟求学于扬州府学、江都县学、甘泉县学、仪征县学、兴化县学等。康熙十六年（1677年）扬州为盐商和灶户后代建立了一所学校，但北方商人强烈反对把徽商子女包含其中[30]。入清后，淮扬山、陕商逐渐势衰，而徽商又未占“商籍”[31]，以致“两淮商籍，现在额多人少”。[32]乾隆四十四年（1779年），“商、灶裁归民籍，更无区别”[33]。

“商籍”仅是“附籍”，是临时性户籍，由于科举考试注重本籍，“国家取士，从郡县至乡试，具有冒籍之禁”[34]。“贾而好儒”的徽商所到之处，求田问舍，争取尽快土著化，即所谓“占籍”、“入籍”。清时政策“其实有田户、坟墓在江南，与入籍之例相符者，准其呈明于居住之州、县之籍”[35]，入籍条件并不苛刻，在侨寓地有田产、坟墓二十年以上者即可[36]。于淮安安东（今涟水）业鹾的徽人程朝宣，因其善举“邑人德之，许其子弟占籍入学”[37]。更有甚者，侨寓淮安灌南的徽商竟购地建镇，名曰“新安镇”[38]。

除官学体制外，建立完善的宗族教育体系亦是重要一环，包括家学、族学、义学等。徽州的每一个宗族都把设学堂、培育宗族子弟作为族规、家训，书于宗谱之中、张于祠堂之上[39]。徽商之家多延师课子，是最为直接简便的方式。徽商重视科举教育程度，可从两淮客商子弟的科第、仕宦人数中见一斑（表14–1）。

顺治二年至嘉庆十年（1645~1805年）两淮徽、陕、山籍商人子弟科第、仕宦人数比较　　表14–1

商人籍贯	科第人数			仕宦人数		
	进士	举人	贡生	京官	地方官	武职
徽州	85人	116人	55人	26人	74人	1人
陕西	11人	25人	9人	2人	3人	无
山西	6人	11人	5人	无	6人	无

制表资料来源：张海鹏、王廷元. 徽商研究：212–213.

2. 支持地方文化教育

明清两代扬州教育发达，起大作用的是盐衙、盐商，“两淮八总商，歙商恒居其四”[40]，盐商中又以徽商为翘楚。随着财富的积聚和分化，明代徽商就产生“上、中、下”贾的区别。其中大富之家输金兴学，投资教育打破了一家一族的限制，联合几个宗族办学，或者参与族外的官学、私学、书院的建设。除在家乡热衷建书院、设考棚，在侨寓之地，也同样如此。

乾隆元年（1736年）世居扬州的歙商汪应庚见扬州官学（府学、县学）“岁久倾颓，出五万余金亟为重建，辉煌轮奂，焕然维新。又以二千金制祭祀乐器，无不周到，以一万三千金购腴田一千五百亩，悉归诸学，以待岁修及助乡试资斧，且请永著为例”[41]。“士人称为‘汪项’”[42]。扬州所辖仪征的盐商在县学建设上亦不吝财力，广博善名（表14–2）。其中徽人许氏以五世建县学，至今为世人乐道。仪征“县学旧在城东门，洪武初因州学址重建。万历初，知县事樊养凤徙于资福寺基，明末颓废”[43]。入清后，许氏五代建学（表14–3）。许氏一族为商宦世家，积五世建学之功成文化弘扬之表率，并成为仪征当地的著名乡绅，是徽州移民与当地结合的典型家族。

仪征县学捐资情况 **表14–2**

时间	捐款概况	捐建活动
隆庆二年（1568年）	明巡盐御史孙以仁捐购江田113亩，交仪征县官。至道光年间其田仍然保存，岁入租银22两，由盐院掌管	收租资助贫窭生员
顺治十年（1653年）	两淮盐运司运副朱懋文捐出商人公费	维修县学明伦堂
康熙六年（1667年）	巡盐御史宁尔讲与县学教谕舒文灿合捐俸银	修理县学东庑
康熙二十九年（1690年）	徽人汪文芷捐资	修缮倾圮的县学居仁、由义两学斋
康熙四十二年（1703年）	巡盐御史罗瞻、县令许承澎	重葺奎光楼
乾隆十一年（1746年）	徽州人许瑗	重修文昌阁正厅
乾隆二十年（1755年）	生员吴文杰捐圩田28亩	补助月课费用
乾隆五十五年（1790年）	两淮盐政捐拨银1000两，并拨修武庙余银4000两，县人捐输300两	大修文庙
嘉庆十年（1805年）	商人捐银1000两	重修文庙大成殿

制表资料来源：冯尔康，生活在清朝的人们：清代社会生活图记：189–191.

仪征许氏五代建学 **表14–3**

时间	许氏建学概况
康熙十四年（1675年）	许承远创建大成殿及两庑，后病卒，临终命其子许松龄续修明伦堂
康熙二十三年（1684年）	许松龄建明伦堂成，并葺居仁、由义二斋
康熙二十八年（1689年）	知县马章玉会同乡绅郑为旭、许松龄、许桓以及盐政曹寅、运判黄家再修明伦堂
康熙五十三年（1714年）	许松龄子许彪复建尊经阁
雍正十三年（1735年）	尊经阁遭大风，许彪子许华夫捐资修缮
乾隆十八年（1753年）	许华夫子许天球增葺之

制表资料来源：［清］王鸣盛，西庄始存稿，卷二十七，仪征县许氏五世建学记，引自［清］焦循：扬州足征录，卷二十三：428.

扬州书院以安定、梅花、乐仪三者最有成就，书院经费充裕，薪俸从优，还是凭借商人。雍正十一年（1733年）巡盐御史高斌、运使尹会一“以广陵名郡，人文渊薮，亟宜振兴”[44]，倡复书院，谕商公捐。众商捐资7000两，将安定书院修葺一新。雍正十二年（1734年）祁门人马曰琯更以一己之力，独资重建梅花书院，“独任其事，减衣节食，鸠材命工……不期月而落成”[45]。众商的捐助行为为地方官称道：“扬州故属郡治，两淮商士萃处于斯，资富能训，英才蔚起，咸踊跃欢迎，原光盛典”[46]。乾隆三十三年（1768年）仪征乐仪书院初创，盐商首领张东冈等以子弟在书院就学为由捐建。书院设立之初，收正课生、附课生，以后陆续扩大范围，至道光中，收生员正、附、随课生及童生正、附、随课生，计达240名，规模甚巨。自乾隆五十九年至嘉庆五年（1794~1800年）书院每年开支在1800~1900两之间，盐商原定额捐不足支用，但据实给予新的资助，每年约计共捐2200两。如此巨资，自始即为盐衙和盐商捐助。书院亦因经费来源于盐务，生徒名额扩大及膏火银额数悉由盐院决定。[47]

为使学子衣食有着、生活无忧、安心向学，书院还付给诸生膏火费。书院学生分生员、童生两种级别，每级别再分正课、附课、随课三种，并按级别付与膏火银不等，住院学习者于常额外日增膏火银。此外每遇科试，停课三至五月，预给学生膏火。中举者，则予以树旗杆、送匾额之荣。当然，书院学生之间竞争亦激烈，以考试分等，由地方官主持的为官课，由书院掌院进行的为院课。“每年二月甄别，后每月初二日官课，十六日馆课，按月升降。开课后，仍令投考三次。每月另课、小课随卷之多寡录取，亦无定额。”[48]奖励优等者银两，连续获奖者升等。

充足的经费来源，使得书院得以延请大量一流名师。扬州梅花、安定两书院在“康、雍、乾三朝，主讲席者多海内大师……故得士称盛”。“风规雅俊，奖诱后学，四方肄业之士赖以成名者甚众”，学习有名师教诲、生活无经济之忧，以致“安定、梅花两书院，四方来肄业者甚多，故能文通艺之士萃于两院者极盛”[49]。

在书院建设同时，义学也是靠盐课供给。歙人程朝聘，迁淮北安东，其子程增“移家山阳，使二弟学儒……设义田、义学以养疏族人而聚教之”[50]。乡党之谊反映了徽商的群体意识，并且这种乐善好施的义行，不仅囿于宗族内部。嘉庆五年（1800年）商人洪箴远等因郡城广大，义学太少，愿捐资于扬州城12座城门处各设1所，得到盐衙允准。后棠樾人鲍志道建12门义学，供贫家子弟就读[51]。次子鲍勋茂念及“江南会城地广人稠，特立崇义堂以资诸生课读、集英堂以教贫家子弟”[52]。

淮扬徽商捐资官学、书院等学校，方便了本族子弟的入学教育，并以其善举得到当地官、民赞誉，利于更好地、尽快地融入侨寓地社会中，也对自身经商行盐、就官入仕有莫大裨益。如徽商汪应庚“守仁好施与，岁辄以数万，力修扬州文庙诸巨工，亲旧无不被其惠者，赐光禄寺卿”[53]。

3. 举行园林诗文之会

徽商“贾而好儒”，但大多为附庸风雅、标榜文化之徒。明时大儒湛若水

（甘泉先生）“在南太学时讲学，其门生甚多，后为南宗伯。扬州、仪征大盐商亦皆从学，甘泉呼为‘行窝中门生’。此辈到处请托，至今南都人语及之，即以为笑柄。甘泉且然，而况下此者乎”[54]。清代学者汪中本为徽人，却看不起本乡商人[55]。不过，徽商中“儒贾”亦不在少数，“其上焉者，在扬则盛馆舍，招宾客，修饰文采”[56]。囊中资财大量用于文化建设和举办各种活动。

徽商大族家中除刊刻、贮藏图书，供有学之士观览和流传外，还常举行诗酒之会，延致名士、结社吟诗，以活跃文化气氛和推动艺术创作。“扬州诗文之会，以马氏小玲珑山馆、程氏篠园及郑氏休园为最胜。至会期，于园中各设一案，上置笔二，墨一，端一，端砚一，水注一，笺纸四，诗韵一，茶壶一，碗一，果盒、茶食盒各一。诗成即发刻，三日内尚可改易重刻，出日遍送城中矣。每会酒肴俱极珍美。一日共成矣，请听曲……”[57]。

值得注意的是，如程氏篠园（图14-3）和郑氏休园（图14-4），以园林场所提供了一种特殊的社会空间。正如清人全祖望的描述：出园门数步，多尘的小路和肮脏的溪流令人避之尤恐不及，而园内的宁静氛围则令人感到如临仙境[58]。这些园主同时具有大贾和康、雍、乾时期文人圈子中核心人物的双重身份，这种身份的认同通过园林的活动又得到了实现。“扬城鹾商中有三通人，皆有名园。其一在南河下，即康山，为江鹤亭方伯（江春）所居……一时觞筵之盛，与汪蛟门（汪懋麟）之百尺梧桐阁，马半槎（马曰琯）之小玲珑山馆，后先媲美，鼎峙而三”[59]。汪氏百尺梧桐阁的遗址，湮没已久，近来找到一些蛛丝马迹。位于东关街南侧的马氏小玲珑山馆，只剩下两堵破壁残垣。至于江氏康山草堂（图14-5），只留下了一条街名[60]。在这些著名园林中，篠园比较特殊，位于保障湖北段，与城市保持着一定距离。

同样，淮安徽商与文人学士的交游也是以园林为载体的，且盛名不输扬州，名胜鳞次栉比，“南始伏龙洞，北抵钵乾山，东绕盐河五带约十数里，皆淮之胜境地”[61]。自明嘉靖间迄至清乾、嘉时期，河下构筑园亭计有114例，大多为徽商所有[62]。其中曲江楼、菰蒲曲和荻庄（曾预作乾隆南巡时的行宫）尤负盛名，与扬州马氏小玲珑山馆、郑氏休园和程氏筱园等南北唱和，成为江淮间著名园林名胜，“聚大江南北耆宿之士会文其中”[63]，文人墨客与徽商相互览胜访古，文酒聚会，质疑访学，每逢“晚清月出，张灯树杪，丝竹竞赛，雪月交映，最为胜集”[64]。类似的文人雅集，几乎月月有，通过与文人间的宾朋酬唱，徽商的人文素质得到了提高，如徽商大姓程氏一族就先后出现程嗣立、程崟、程梦星、程晋芳四位诗人[65]，“倡文社，执牛耳，招集四方知名之士，联吟谈艺，坛坫之盛，甲于大江南北”[66]，其中有三人寓居河下。

图14-3. 程氏篠园
［清］赵之壁《平山堂图志》《名胜全图·篠园花瑞》

图14-4. 郑氏休园
［清］郑庆祜《扬州休园志》，乾隆三十八年（1733年），引自［澳］安东篱《说扬州：1550-1850的一座中国城市》：56图5.

图14-5. 江氏康山草堂
［清］麟庆《鸿雪因缘图记》第二集下册《康山拂槎》

三、文化教育建筑类辑

明清苏中地区童生按律须赴扬州府参加府试，苏北地区赴淮安府，由此可看出淮扬地区在国家教育体系和大运河城市中举足轻重。加之以徽商为代表的客商在侨寓地对文化教育不遗余力，淮扬地区的教育体系甚为完备，如学校类建筑就包括了府学、县学、试院、书院、义学、社学等几乎所有中国古代教育建筑类型。祈祝文运的各类建筑比比皆是，且塔、阁、楼、宫等多种建筑形式并存，再加上收藏、刊印图书等与普及文化相关的建筑等，共同构成了丰富齐全的城市文化教育体系和景观。儒学（府学、县学）关乎国家体制和尊儒政策，体制最为完备，由专祀孔子的文庙和学校两部分组成，理所当然成为城市文化教育的龙头，其建筑群内泮池、棂星门、大成殿、魁星楼、文昌阁等祈祉类建筑和明伦堂、尊经阁、藏书楼等教学类建筑一应俱全，随等级不同形制相应变化。扬州一城，因行政设置，清时有扬州府学、江都县学、甘泉县学三所儒学；淮安府用山阳县辖地，故有淮安府学、山阳县学，西北面的清江浦在入清后建清江县学，不可避免地也影响着城市的发展和建设。

1. 学校类建筑

京杭大运河将中国东部的北京、南京、杭州等几大文化中心联为一体，极大地促进了运河区域的文化发展，成为人才荟萃之地，运河沿线书院林立为重要表征。淮扬自古即为文化盛地，海内共仰，及至明、清，更为沿运河城市表率。近人柳诒征赞曰："江宁布政使所属之文化，以扬州为首。两淮鹾利甲天下，书院之膏火资焉。故扬州之书院，与江宁省会相颉颃"[67]。可见，盐务繁盛、盐商捐资是淮扬书院璀璨的一大要因（表14–4、表14–5）。

扬州部分书院一览 **表14–4**

书院名称	创建时间	建置概况
资政书院	景泰六年（1455年）	位府治东。明知府王恕建，以教郡邑学弟子。内有群英馆，知府邓义质建。厥后知府冯忠重修，后圮。
正谊书院	正德前（1506年以前）	位新城北柳巷。正德间改正谊祠，祀汉儒董仲舒，入清，康熙赐"正谊明道"额，遂名董子祠。
维扬书院	嘉靖五年（1526年）	位府西门内仰止坊。明巡盐御史雷应龙建，徐九皋改新，陈蕙、洪垣相继修饰。内有六经阁祠堂，祀周、程、张、朱。

续表

书院名称	创建时间	建置概况	
甘泉书院	嘉靖六年（1527年）	位广储门外。明国子监祭酒湛若水扬州考绩讲学，贡生葛涧为其师在广储门外建“甘泉行窝”作讲道之所。嘉靖三十七年（1558年）废圮，后巡盐御史朱廷立改建为甘泉山书馆。万历三十三年（1605年）改名崇雅书院。	
资贤堂	明	位资贤门	明湛若水有记，厥后御史彭端吾、杨仁愿复葺，后圮，位置恐有误。
志道堂	明	位丽泽门	
安定书院	康熙元年（1662年）	位府治东北三元坊。清巡盐御史胡文学建，祀宋儒胡瑗（安定先生）。康熙二十年（1681年）废，惟安定祠存。康熙南巡，赐‘经术造士’额悬其上，后再废。雍正十一年（1733年）巡盐御史高斌、运使尹会一，议即旧址重建，谕商公捐。乾隆八年（1739年）定诸生膏火在运库支给。咸丰三年（1853年）太平军陷城遭毁。同治七年（1868年）建于东关街疏理道巷口官房，用梅花书院址。	
敬亭书院	康熙二十二年（1683年）	位北桥。清两淮商人捐建，因御史裘充美论湖口税商疏，感其德建此，令士子诵读其中，后仅只纪念，而未尝校课。	
虹桥书院	康熙间（1662~1722年）	位北门外。清总督于成龙创始，集郡士肄业，后废。	
梅花书院	雍正十二年（1734年）	位广储门外梅花岭、甘泉山书院旧址。知府刘重选倡建，盐商马曰绾捐建。乾隆四年（1739年）定诸生膏火在运库支给。四十二年（1777年）曰琯子振伯呈请归公，运使朱孝纯谕商捐修，创立号舍，更新其制。咸丰三年（1853年）太平军占领扬州，夷为平地。同治五年（1866年）盐运史丁日昌建于东关街疏理道巷口官房，书画名家吴让之书写“梅花书院”额。七年（1868年）移建于左卫街，原地改为安定书院开课。原委生童额数，并与安定书院同。从前孝廉堂[68]会课，本附梅花书院，今仍附入。	
乐仪书院	乾隆三十三年（1768年）	位仪征县天宁寺坊。清知县卫晞骏建，生童膏火由纲埠捐输，乾隆五十三年（1788年）归并盐务，六十年（1795年）运使曾燠添设正、副课额数；嘉庆十年（1805年）重葺，十四年（1809年）鹾政阿克当阿增设生童额数，并加给膏火，咸丰三年（1753年）毁。同治六年（1867年）开课暂借太平庵，十二年（1873年）增定正、副课额数，考课之法与安、梅书院同。光绪元年（1875年）即旧址重建。	
广陵书院	乾隆四十六年（1781年）	位东关街。清知府恒豫、马慧裕先后建，专课童生。原为康熙五十一年（1712年）知府赵宏煜创建于府治西侧的义学。乾隆二十五年（1760年）知府劳宗发曾改名竹西书院。	
艾湖书院	乾隆五十七年（1792年）	位甘泉县绍伯镇。	
邗阳书院	道光四年（1824年）	位江都县翠屏洲。邑人捐建。咸丰毁于兵，光绪间重建。	
安石书院	不详	位甘泉县绍伯镇。	
谢公书院	不详	位甘泉县绍伯镇。	

制表资料来源：（康熙）江南通志．卷九十．学校志·书院·扬州府；［清］李斗．扬州画舫录．卷三．新城北录：62-63；［民国］柳诒征．江苏书院志初稿：49-54；冯尔康．生活在清朝的人们：清代社会生活图记：196；王瑜、朱正海，盐商与扬州：236.

淮安部分书院一览 **表14-5**

<table>
<tr><th>所属区位</th><th>书院名称</th><th>创建时间</th><th colspan="2">建置概况</th></tr>
<tr><td rowspan="14">淮安府</td><td>仰止书院</td><td>正德十一年（1516年）</td><td colspan="2">位府城东南名臣祠内。明提学张鳌山建。</td></tr>
<tr><td>忠孝书院</td><td>正德十四年（1519年）</td><td colspan="2">位府城东门外。明巡按成英毁尼寺建书院，以祀宋徐绩。陆秀夫设六馆以肄多士。</td></tr>
<tr><td>正德书院</td><td>万历中</td><td colspan="2">原为唐开元五年（717年）开元寺，明嘉靖间废寺，改建为文节书院，后改正德书院，民国为昭忠祠。</td></tr>
<tr><td>志道书院</td><td>万历中</td><td colspan="2">位府学南。明推官曹于汴建。</td></tr>
<tr><td>淮阴书院</td><td>乾隆初</td><td colspan="2">位城内天妃宫后。旧为君子堂，有号舍十余间以居学者。清漕督常安建，后漕督顾琮益振之。</td></tr>
<tr><td>丽正书院</td><td>乾隆二十八年（1763年）</td><td colspan="2">位城东南隅。清漕督杨锡绂迁建淮阴书院于此。</td></tr>
<tr><td>勺湖书院</td><td>乾隆中</td><td colspan="2">位城西北隅勺湖。原为阮学浩别业，学浩延师课士，后毁于水。光绪间顾云臣复修，学生膏火由漕督善后局拨给。</td></tr>
<tr><td>奎文书院</td><td>乾隆中</td><td colspan="2">位城西北隅。清知府陶公建。先名惜阴书塾，同治间由联城迁旧城内，房屋凡百余间。光绪十年（1884年）知府孙云锦筹款增生额。</td></tr>
<tr><td>养蒙书院</td><td>同治三年（1864年）</td><td>位河下镇</td><td rowspan="3">三书院皆绅士经理，规制类义学。</td></tr>
<tr><td>节孝书院</td><td>不详</td><td>位城外节孝祠内</td></tr>
<tr><td>明德书院</td><td>不详</td><td>位城外安定祠内</td></tr>
<tr><td>射阳书院</td><td>光绪六年（1880年）</td><td colspan="2">位城内西南留云道观内。清山阳知县陆元鼎建。</td></tr>
<tr><td>袁江书院</td><td>光绪二十三年（1897年）</td><td colspan="2">位东门内。清邑令侯绍瀛建，延师讲授，肄业其中者颇极一时之盛，光绪三十二年（1906年）停。</td></tr>
<tr><td>犹龙书院</td><td>光绪二十三年（1897年）</td><td colspan="2">位小水门内（一说老子山）。清邑令侯绍瀛建，未久即废。</td></tr>
<tr><td rowspan="3">板闸镇</td><td>翁公书院</td><td>康熙十五年（1676年）</td><td colspan="2">位板闸镇堡房之右。奉祀前都督翁英，日久倾圮。乾隆三十八年，公孙嘉谟任漕运总督，据地藏庵住持僧人禀请重修，特捐资命役鸠工，整饬如旧，并置有香火田亩。</td></tr>
<tr><td>图公书院</td><td>康熙四十四年（1705年）</td><td colspan="2">位板闸镇大关楼南运河东岸。奉祀前都督图兰。乾隆十八年（1753年）重修，后倾圮。</td></tr>
<tr><td>文津书院</td><td>乾隆元年（1736年）</td><td colspan="2">创设讲席于爱莲亭。嘉庆三年（1798年）阿厚庵莅任，整肃颓风，观光问俗，遴聘主讲，振作人才。仍侨居于翁公祠。嘉庆十年（1805年）李如枚捐俸采购署东南魁星阁外地址，建造书院。</td></tr>
<tr><td rowspan="2">清江县</td><td>崇正书院</td><td>隆庆五年（1517年）</td><td colspan="2">位清河县。明知县张性诚以如意庵改建。立号舍二十间，置斋长二人领袖诸生，中有讲堂买地为园，以资膏火。天启间圮。</td></tr>
<tr><td>临川书院</td><td>康熙三十二年（1693年）</td><td colspan="2">位清河县渔沟镇距县四十里。清知县管巨以渔沟士民辐辏，子弟多向学、思造就之，乃建书院，令就学焉。</td></tr>
</table>

续表

所属区位	书院名称	创建时间	建置概况
清江县	荷芳书院	乾隆十五年（1750年）	位清江浦河道总督署西花园清晏园内，为河道总督高斌（孝贤皇贵妃之父）为迎接乾隆第一次南巡而建，仅一座明三暗五厅堂，面临荷池。
	崇实书院	不详	位清江浦海神庙西。咸丰十年（1860年）毁，重建；同治元年（1862年），漕运总督吴棠置经费、田109顷79亩。

制表资料来源：（康熙）江南通志．卷九十．学校志・书院・淮安府；［清］杜琳等．续纂淮关统志．卷十二．古迹：378、卷九．公署：299-301；［民国］王光伯．淮安河下志．卷三．学堂：616-70；［民国］柳诒征．江苏书院志初稿：74、78、84．

扬州书院最著者为府城的安定（图14-6）、梅花（图14-7）和仪征的乐仪书院。此外，还有专为童生肄业的课士堂、邗江学舍、角里及广陵书院等。淮安自清乾隆初即增设若干书院，道光中各种文、武书院多达16所，较著名者为丽正、奎文、勺湖、文津书院。较之扬州，淮安书院功能较为芜杂，如虽冠名书院，行纪念奉祀之实者有二。康熙十五年（1676年）建于淮安板闸镇堡房之右的翁公书院，为纪念前都督翁英"政尚宽简，商民感德"。该镇似乎有奉祀父母官的传统，去时不远，康熙四十四年（1705年）又于大关楼南运河东岸建图公书院，乃"里人为前都督图兰建"[69]。书院是一个多样性、多功能的建筑组群，讲学、藏书、供奉先贤[70]为书院"三大事业"，与之对应，讲堂、祠堂、藏书楼（尊经阁）即为书院的主要建筑。同时兼有老师与士子生活、休闲、学术交流等用，因有斋舍、庖厨、浴湢、射圃等。而祈祉类建筑（如文昌阁、魁星楼等）因关乎文运科举，亦为常设之举。如始建于康熙元年（1662年）的扬州安定书院，历七十余年"堂庑旋毁，廨宇亦倾，惟寝堂以安定祠故，特存……其东西偏，则土著侵居，甚且盗鬻"。雍正十三年（1735年）"仿省会辟书院，檄使者卜居于兹，乃集商士清故址，正方位"，规模甚巨。中轴为讲院，东为学舍，中伫立文昌阁，西为庖厨，其西为安定祠，祠西北藏书，西南为书院掌教住宿。书院庭院深深，"四周复道，缭以重垣，高壮悉称"[71]。

扬州社学始于南宋嘉泰二年（1202年），"教授乔行简建堂，曰'养正'，设两序，东曰'上达'，西曰'幼仪'"[72]。为一进三合院，规制较小，不能与官学、书院比肩。明万历、崇祯间先后修设。清初康熙朝即"复议修学延儒"，分立南门内、西门内、小东门内、大东门内4处。扬州所辖仪征县见诸记载者2所，一在小市口大街，一在东门内大街[73]。扬州原有义学3间，后增为5所。嘉庆间徽商鲍志道建十二门义学，供贫家子弟就读。时人赞曰："自古繁华今返朴，满城风雨读书声"[74]。次子鲍勋茂念再建崇义堂、集英堂。另有扬州营义学在马神庙，监

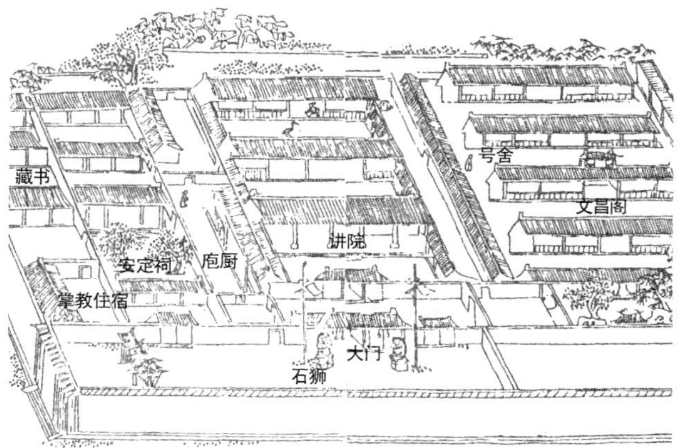

图14–6. 安定书院形制

底图据：光绪《增修甘泉县志》卷十六《学校》，引自韦明铧《画笔春秋（扬州名图）》：20.

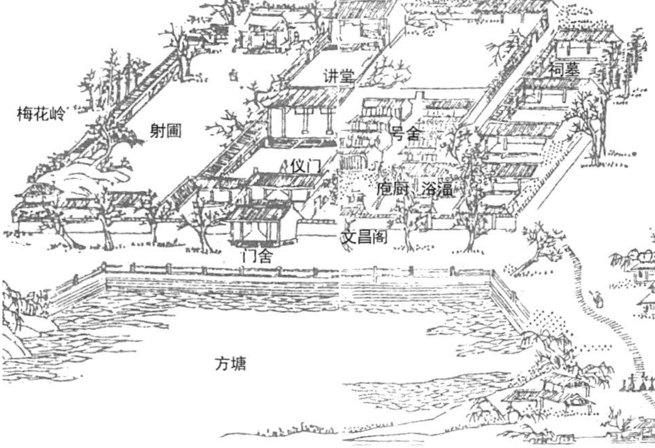

图14–7. 扬州梅花书院形制（左图为东北望入口空间，右图为西北望空间）

（上）［清］麟庆《鸿雪因缘图记》第二集下册《梅花校士》；（下）光绪《增修甘泉县志》卷十六《学校》，引自韦明铧《画笔春秋（扬州名图）》：18.

捕营义学在马市口。城外西北计有陈家集、刘家集、公道桥、黄珏桥、槐子桥等5处设学，东南则邵伯镇（名甘棠义学）、朴树湾、施家桥、永安镇、全陈陵、仙女镇等6处。义学后毁于太平天国。

淮安社学以“春夏秋冬”四季名之，曰“春诵”、“夏弦”、“秋礼”、“冬书”，分别位于融铁巷三官殿、西长街节孝总祠、漕署西、府署东观音寺。另有闺余社学位育婴堂前，养蒙社学位衙署西首，“门楼一座，匾曰‘三物宾兴’，社学三间。”[75]大致建于康熙中，后废，惟秋礼社学存。同治中“次第修复，多赁屋而居”，夏弦社学更名为孤儿社学。另所辖清河县2所，一在县学东百步，一在兴国寺，正房三间，门一座。周边乡镇尚有河下三元宫、板闸、平板、高家堰、黄家渠、山阳沟及顺河集等7所[76]。

“义学、社学之课程，止于读书习字、粗通文艺，不能如书院之极深研几。”[77]开蒙导学的初级教育宗旨，使得义学、社学的入学门槛较低、创建较易，且数量众多，遍布乡镇，对普及文化教育功不可没。

2．祈祉类建筑

顾炎武《日知录》云：“以魁为文章之府，故立庙祀之。”[78]明弘治九年（1496年）扬州知府叶同元为沟通市河两岸，以便直达府学，于河上建文津桥。因该河流经县学、府学、文庙，故更称文河、汶河。万历十三年（1585年），两淮巡盐御史蔡时鼎倡建文昌阁（又称文昌楼）于桥上，祀奉文昌帝君，以资宏开文运、昌明圣学，阁后毁于火。万历二十四年（1596年），江都知县张宁就原址重建。其后迭经修葺，倍加壮丽。文昌阁为三层八角形砖木结构，每层檐口均呈圆形，盖以筒瓦，类于天坛祈年殿。底层四面设门，东、西门可入。阁上四周有窗格，可登楼远眺。此外，汶河南端新桥西有文昌庙一座（创建情况不详）及汶河北端有奎桥一座，明显与魁星崇拜有关。

按照风水理论，教育建筑或城市选址背靠主山，面对案山，必然科甲发达。案山之形，如几案、笔架、三台、三峰、天马、文笔、文峰等都是绝妙形状，即使所选之地无上述形胜，亦可人工增加类似笔锋山形以补缺憾。[79]扬州城外大运河上文峰塔创自明万历十年（1582年），“盖邗水迅驶直下，东南风气偏枯，故造塔以镇之……文笔矗起，厥利科名，自是捷南宫者倍昔，盖其应云”[80]，系砖木结构，七层八面，塔基为石砌须弥座，塔身砖建，每层有木构塔檐和平座栏杆，塔平面内方外八角，开四门，内壁上下交错，重叠成八角形，至第七层，内外壁统一为八角形，底层塔檐伸展尤宽，塔底层柱上有精美雕刻与典丽彩绘，塔刹短细，塔内尚存长形石碑“文峰禅寺”。

淮安文通塔则利用原佛寺浮屠，位于大运河东岸，原为木塔，属龙兴寺，始建于隋仁寿三年（603年），重建于唐中宗景隆二年（708年），北宋太平兴国九年（984年）改建为七层砖塔。明崇祯二年（1629年）重修时易名文通塔[81]。今为砖结构空心塔，七层八面，塔身收分趋势较为明显，稳固雄伟。

作为一种封建礼教的特有产物，敕命建造的各类旌表牌坊，明中叶以后在地方城市中大量涌现，洪武二十一年（1388年）“廷试进士赐任亨泰等及第出身，有差上命，有司建状元坊以旌之。圣旨建坊自此始。”[82]至清代范围更加广泛，并形成定制，“牌坊盖表厥里居遗意，国制凡贡生、举人、进士，官授牌坊银。则是岁贡以上，皆得建坊，不必功德巍巍也。”[83]许多以旌表牌坊出现在城市主要街道，数量众多，成为城市景观和限定空间的重要因素之一。以淮安河下为例，区区弹丸之地，坊表竟达59座之众，“朝廷绰楔之典，所以表彰人伦，为后世法也。膺之者荣于华衮焉。河下一隅，坊表累累，于斯为盛，”大致可分为地名标志、名胜指要、人文旌表等三类，以后者最具代表性[84]（表14-6）。旌表乃为倡导向学之风，提醒子弟以表彰人物为榜样。

淮安河下人文旌表类坊表一览 **表14-6**

坊表之所在	坊名（旌表人物）
湖嘴	谏议坊、进士坊（张侃），冠英坊（张宸）
竹巷至广惠桥	象贤坊、地官尚书坊、持宪坊（叶淇），状元坊（沈坤），谏议坊（臧珊），恩荣坊（史敏），经魁坊（沈清），擢桂坊（毕玉），登庸坊（史效），进士坊（史毓、叶淇、李瓒、毕玉、臧珊）世科坊（齐谏）
城外相家湾西、义桥西	登金榜坊（尹珍），登桂籍坊（孙荣），步蟾宫坊（王耕），崇贤坊（崔纶），步云坊（朱容），国宾坊（韦斌），进士坊（尹京、韦斌）
城外罗家桥、常家桥、羊肉巷	跨金鳌坊（沈演），文魁坊（林昂），昼锦坊（罗铨），三桂坊（高云），秀实坊（万瓒），造士坊（陈让），登科坊（许鹏），绣衣坊（吴节、吴扁），进士坊（吴节、吴扁、陈让）
窑沟	京兆坊、光禄坊（丁璋）

制表资料来源：［民国］王光伯. 淮安河下志. 卷三. 坊表：70-72.

学校建筑群内部的祈祉之设形式多样。资财雄厚者造楼建屋，专祀文昌或魁星，如雍正十三年（1735年）扬州安定书院立文昌阁于讲堂东南之斋舍中心部位，“礼魁宿，兆文明也。”[85]嘉庆十三年（1808年）梅花书院于院后“创构文昌楼五楹，每月集多士校艺于此，就其左为使者临莅时所暂息，其右即名状元厅，使与试者皆观感而兴起焉”[86]。书院层次较高，政府出力及社会捐助不断，非普通开蒙导学之社学、义学所能企及，后者多以神像供奉，非专于一室。如扬州营义学“旧在关帝庙文昌殿，延师课读兵家子弟”，后移至火神殿。关帝庙众神济济，有观音大士、药王、马神、火神、痘神、文昌、城隍等[87]，场地条件简陋，美好愿望的表达分毫未减，民间众神集聚一堂，也体现了下层民众懂得变通的中庸之道。

3. 藏书类建筑

清代扬州《四库全书》馆（文汇阁，又称御书楼）的建设，要归功于其作为全国盐业中心的地位。乾隆四十五年（1780年）阁建成，乾隆四十七年（1782年）《四库全书》告成，分贮于北京紫禁城文渊阁、京郊圆明园文渊阁、沈阳故宫文溯阁、承德避暑山庄文津阁、镇江金山寺文宗阁、扬州大观堂文汇阁、杭州圣因寺文澜阁7处。这种分布证实了长江下游三角洲作为清代文化生产力核心所在的非凡意义。与北方分馆不同，南方分馆为众所公认的学者大儒们所用[88]。文汇阁“以恭贮《图书集成》，赐今名，并‘东壁流辉’额”[89]。“凡三层……最下一层中供《图书集成》，书面用黄色绢。两畔橱皆经部，书面用绿色绢。中一层经史部，书面用红色绢。上一层左子右集，子书面用玉色绢，集用藕荷色绢。其书帙多者用楠木作函贮之。其一本、二本者用楠木版一片夹之，束之以带，带上有环”[90]。文汇阁的存在确认了扬州在全国的文化地位。

商贾之中也不乏藏书者。“扬州藏书向推马氏小玲珑山馆，藏书八万余卷。”马曰琯“家多藏书，筑丛书楼贮之”[91]（图14-8）。“百年以来，海内聚书之有名者，昆山徐氏、新城王氏、秀水朱氏其尤也，今以马氏昆弟所有，几几过之。”[92]乾隆时修四库全书，诏征江浙藏书家秘本，马氏呈送书籍被采用者多达776种，受赐《古今图书集成》一部，艺林深以为荣。小玲珑山馆除具藏书美名外，“马版”刻书也为后世仰羡，谢国桢先生在《明清史谈丛》中

图14-8．个园中的丛书楼
摄于2007年11月

感慨道："我曾得到过清雍正己酉（1729年）扬州马氏小玲珑山馆仿宋雕刻的《韩柳年谱》，是一部雕刻精美的书籍"[93]。溢美定评实不为过。但小玲珑山馆的位置无法确认，直到1980年代（清）张庚有关该馆的画作被发现，才了解到该建筑落入扬州首商黄至筠之手，乃黄氏个园中[94]。位置和规模都可能非复当年。此外，"其有与马氏匹者，惟陈氏（陈征君）'瓠室'最知名于时"[95]，再如程晋芳，聚书五万余卷，筑藏书楼名"桂宧"（因楼前有桂树）。淮安富商类同于扬州，儒贾共备，家中书塾多有藏书，只不过所居宅院，园亭之名更胜，藏书闻名者寡。

四、城市文化教育图景

淮扬城市与这一时期中国其他城市的双核模式大体一致：有城市固有发生、发展的老城；也有因交通、经济发展形成的新城。观扬州、淮安二城，文化教育建筑的地理空间分布与城市功能分区紧密相关，均脱不开城市固有文化模式的辐射，即从老城向新城的渗透。

扬州文化教育建筑大多位于旧城之内，或环旧城外护城河，尤其以城市内文昌阁、文昌庙等建筑周边集中。一般而言，此祈祉类建筑多位于城市或学校类建筑群的东南方位，其文运泽被处乃在其西，"形家言异方卑下，非以振文明也。"[96]直至清末同治间（太平军乱后），扬州才将建设重点移于新城之内，使得城市文化教育资源比较平衡（图14-9、图14-10）。

淮安比较复杂，河道频繁变迁使得观察视角不应局限于府城之内，应将淮安府城，沿运河北上、因漕运而兴的板闸镇、清江浦等都纳入范围。淮安旧城内部的文化教育建筑与扬州旧城类同，均匀分布以使文化教育平衡。联城、新城因其出于军事考虑而形成的城市结构身份，一直没有得到较大发展和繁荣，文化教育建筑也罕见。尽管如此，在城外西北面与联城、新城毗连的河下，教育建筑密度之大和类型之多十分突出。与淮安府城相附着的空间地理身份，使河下表现出更为明显的游离于侨寓地之外的徽文化特质，齐备的城市基础设施保证了其更为独立的自治性。徽州是个文风极盛的地区，其乡土背景在淮安河下的侨寓徽商身上表现明显，表之于城市形态，则是多处祈祝文运的建筑建造。沿运河北上不远的板闸镇和清江浦城市结构和发展脉络也十分清晰，城镇的发生、发展完全源于运河和漕运，文化教育建筑的创建和分布与城市扩展轨迹同步，在流经城镇的运河两岸呈环抱之势（图14-11、图14-12）。

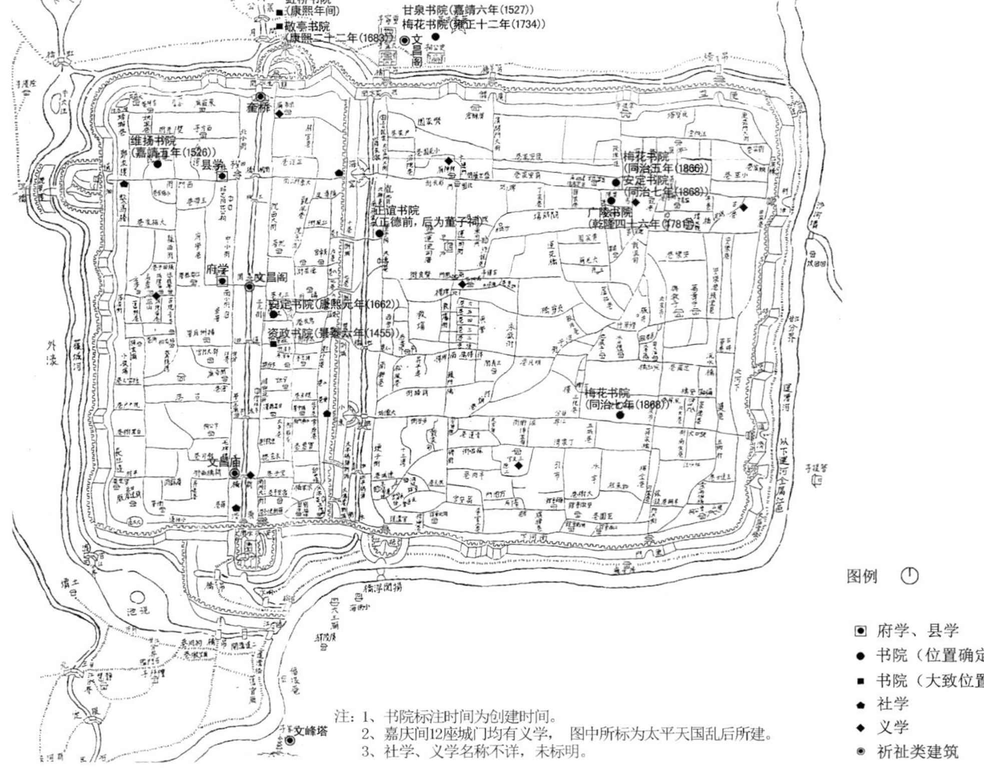

图14-9. 扬州文化教育建筑分布
（同治）《扬州府治城图》，引自扬州市地名委员会《江苏省扬州市地名录》

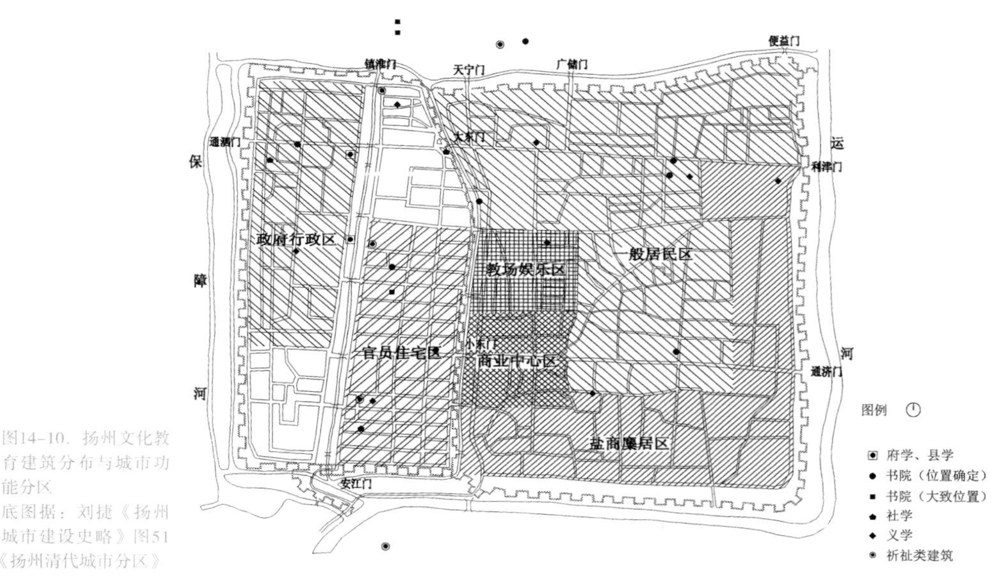

图14-10. 扬州文化教育建筑分布与城市功能分区
底图据：刘捷《扬州城市建设史略》图51《扬州清代城市分区》

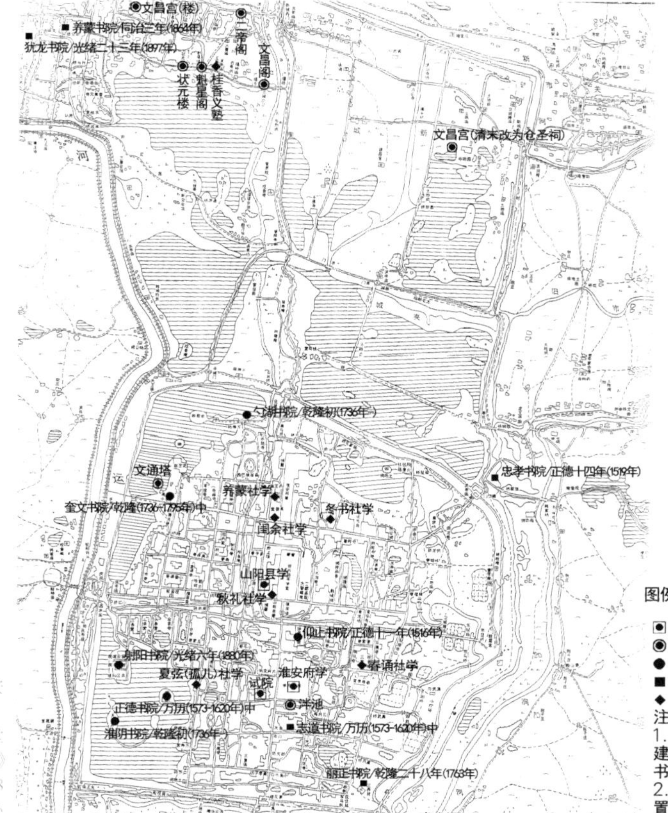

图14-11. 淮安（淮安府）文化教育建筑分布
底图据：江北陆军学堂测绘《淮安城市附近图》（光绪三十四年，1908年），淮安楚州区文物办提供

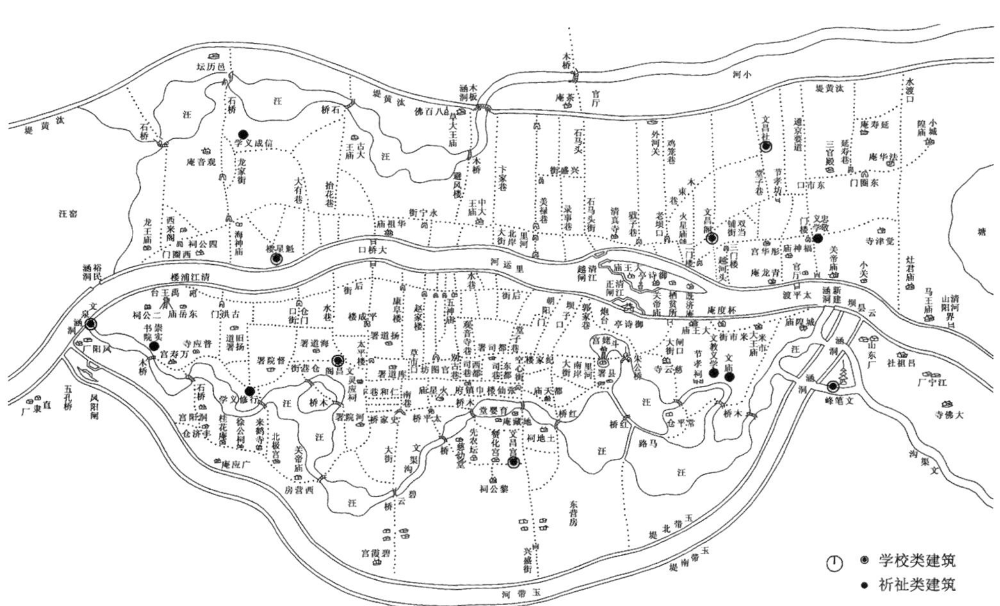

图14-12. 淮安（清江浦）文化教育建筑分布
底图据：刘捷摹自（咸丰）《江苏清河县志》《清江浦图》

1．扬州图景

从唐代扬州地图可知长江与扬州近在咫尺。为减少长江的直接冲激，宋真宗天禧间，江淮发运使贾宗由仪扬运河和瓜洲运河之交汇处扬子桥引江入运，开凿扬州新河，经新河湾，绕扬城南，连接古运河，通向黄金坝、湾头镇东行，史称“近堰漕路”。此举减少坝堰三座，以免漕船驳卸之烦。为减慢水速，新河在扬州城南故意曲折迂回，俗称“三湾”。[97]“明万历十年（1582年），僧镇存募建浮图七级，因并建寺，俱以‘文峰’名。”[98]三湾遂称“宝塔湾”。扬州旧有民谣“宝塔有湾湾有塔，琼花无观观无花”，宝塔即为文峰塔（图14–13）。

旧时，宝塔湾一带河阔地广，林木扶疏，宝塔巍峨，古刹庄严，为乘舟进入扬州城第一胜景。文峰塔为楼阁式塔，八面七层，如孤峰耸秀，矗入云霄，可镇江淮之水，收吴楚之胜，“登塔之最上层，南眺隔江京口三山，北顾蜀冈三峰诸胜，临风放歌，慨然有遗世之志。”[99]俯观塔下殿宇静谧安详，运河流淌，形成动静对比。不远处即荷花池，池在“九峰园，旧称南园，世为汪氏别业”[100]，塔影倒悬运河之中，荷池居绿荫之内。扬州人将塔喻笔，池喻砚，一笔一砚，互为借景，有“砚池染翰”一景（图14–14）。清人郝譬《文峰塔》诗云：“拔地浮图

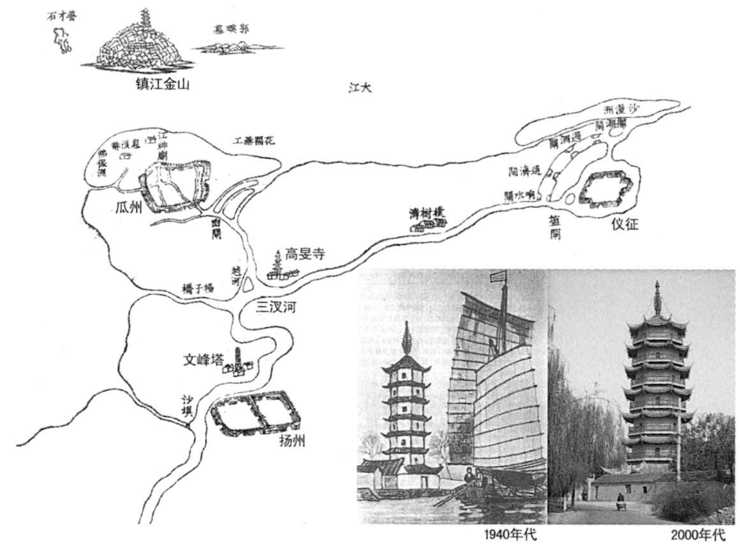

图14–13．大运河上扬州文峰塔
［清］高晋《南巡盛典》卷五十三《河防图·瓜州图》；（下左）［美］威廉·H·斯科特（William Henry Scott）绘，引自韦明铧《画笔春秋（扬州名图）》：202；（下右）摄于2007年11月．

图14-14. 扬州砚池染翰全景
为数图拼合，底图据：［清］高晋《南巡盛典》卷九十七《名胜图·江南名胜·九峰园》，［清］李斗《扬州画舫录》卷七《城南录》：167.

蘸水涯，借来天笔焕文葩。瓣珠不必三王子，已见云升五斗霞。”北眺为扬城通衢大街，向南极目则长江静如练。塔外有“古运河”碑，当年鉴真东渡曾从此扬帆远航，康熙、乾隆南巡均由此过。古往今来，宝塔湾一地成为扬州塔、寺、园合一之景观佳处。

自大运河逶迤入南门为汶河，原为明旧城中纵贯南北之市河，南起南水关，北至北水关，可通保障河。唐代称官河，宋、元时称市河。唐人韦庄《过扬州》诗云：“二十四桥空寂寂，绿杨摧折旧官河。”诗中之官河，即后之汶河。过义济桥、新桥，达文昌庙，此为城内祀文昌、主文运之第一所。

再往北过太平桥、通泗桥，即为壮丽文昌阁。登阁西瞰扬州府学，北眺江都县学，学校有此文昌庇祐，心之所往自是祈求科场捷报频传。文昌阁四周开阔，每逢喜庆之日，阁上华灯齐放，光耀数里，蔚为壮观。清时楼西有草堂，为萧畏之所居。其人乃“江都布衣。喜为诗，放荡不羁。小筑数椽，闲莳花树。庭有西府海棠一株，高出檐，花时烂如锦”。[101]清末河道多处淤塞，新中国成立后1952年平河筑路，名曰汶河路。[102]填河筑路后，文津桥淹埋地下，阁仍矗立于汶河路上，成为扬州城重要标志。

汶河过北门（镇淮门）与护城河交汇，城内以奎桥为北至端点，桥取魁星之意。一条普通的市河因城市对于文运亨通的美好愿望，而具有了现实之外更多的城市文化义。

护城河北岸、小秦淮北端为天宁寺，即清帝南巡行宫，四库全书馆藏之地——文汇阁坐落于此，在“御花园中。园之正殿名大观堂。楼在大观堂之旁"[103]（图14-15）。"阁下碧水环之，为字。河前建御碑亭，沿池叠石为山，玲珑窈窕，名花嘉树，掩映修廊。"[104]（图14-16）天宁寺后为重宁寺，"本平冈秋望故址，为郡城八景之一。""迤东有门。门内由廊入文昌阁。凡三层。登者可望江南诸山。"此为又一处文昌阁，夹重宁寺、东园之间，与城中文昌阁遥相呼应。梅花书院位天宁寺东侧，万历二十年（1592年）扬州城开浚城濠，积土为岭，树以梅，因名梅花岭，梅花书院得名于此。至乾隆四十三年（1778年）"浚方塘，种柳栽苇……更以浚塘之土，累积于右，树以梅，以复梅花岭旧观"。"岭上构数楹，虚窗当檐。檐以外凭墉而立，四望烟户，如列屏障。下岭则虚亭翼然，树以杂木。"[105]扬州书院景观佳处无其右者。

沿河北岸河房林立，"仿京师长连短连、廊下房及前门荷包棚、帽子棚做法，谓之'买卖街'。令各方商贾辇运买珍异，随营为市，题其景曰'丰市层楼'"（图14-17）。刻意模仿北京建筑风格的举动，明显暗示了扬州当地迎合圣意的心理。沿河南岸为新城西北区，乃是城外园林景观和城内世俗生活的交汇转折点，许多文人墨客（如郑板桥、黄慎等）曾逗留此处小住。因之小秦淮，再是画舫码头集中地，可便捷通达各道城门，向西入旧城，向北出至天宁寺[106]。

护城河西折，不远即虹桥，此为扬州西北保障河（瘦西湖）风景绝佳处之起点，"虹桥修禊"与冶春诗社之所在（图14-18）。

"修禊"本为古人消除不祥之祭，也称"拔禊"，多在每年阴历三月上旬巳日于水滨以香薰草药淋浴，借此拔除不祥。王羲之《兰亭诗序》有云："暮春之初，会于会稽山阴之兰亭，修禊事也。"[107]后演变为游春宴饮，而清代扬州的修禊活动，则成了官吏、工商业者、文人吟诗作对、宾朋酬唱的文化活动。清初虹桥修禊，局限于"诸名士"之间，至乾隆二十二年（1757年）两淮都转运使卢见曾于"丁丑修禊虹桥"，则"其时和者七千余人，编次得三百余卷，并绘《虹桥览胜图》，以纪其胜。自是，'虹桥'之名著于海内。故当时四方贤士大夫来扬者，每以虹桥为文酒聚会之地"[108]。

虹桥西岸之冶春诗社与之相对，"康熙间，虹桥茶肆名冶春社。"当时王士禛等人在这里游宴，"香清茶熟"，"击钵赋诗"[109]。此后，随王士禛"冶春诗独步一代"而名气大振，于是"过广陵者多问虹桥"，而到虹桥者必饮冶春茶肆之茶，此处实际成了文人雅集之所。在冶春社茶肆旁，原为"王山蔼别墅"，"后归田氏，并以冶春社围入园中，题其景曰冶春诗社。"

以虹桥为原点，挟文人诗酒余韵北上可览保障河上好风光，南下折而东又见巍巍文峰、砚池染翰。不禁惹人遐思：乘扁舟一叶，即可环扬州城市文化教育胜景，不亦快哉（图14-19）。

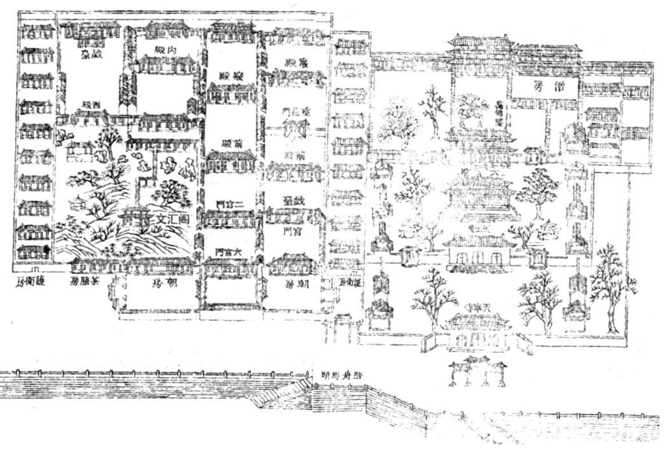

图14–15．扬州天宁寺行宫形制
［清］高晋《南巡盛典》卷九十七《名胜图·江南名胜·天宁寺》

图14–16．扬州文汇阁
［清］麟庆《鸿雪因缘图记》第二集下册《文汇读书》。有关文汇阁的历史画作（其他有（清）李斗《扬州画舫录》卷四《新城北录中》：85、嘉庆《两淮盐法制》书前插图等）中均为两层，与文字记载三层不符，原因不明。

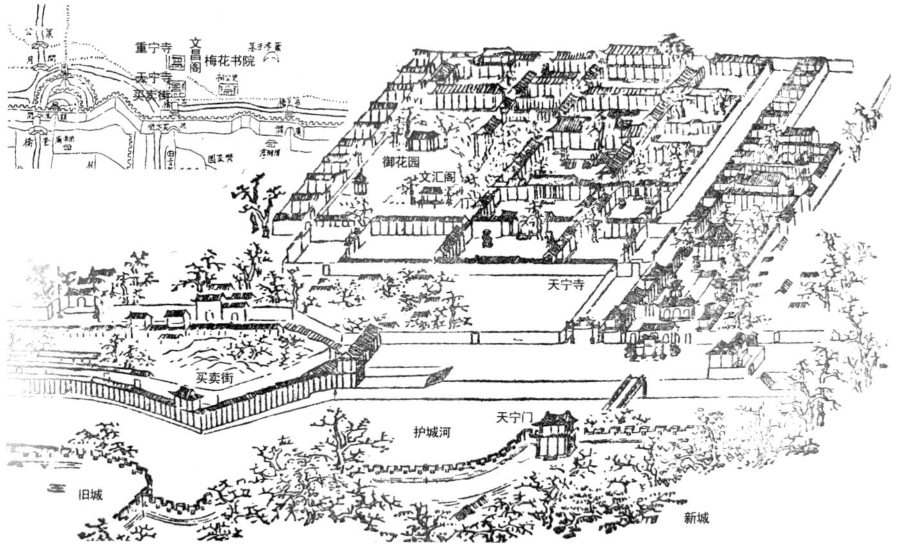

图14–17．扬州天宁寺行宫全景
底图据：［清］李斗《扬州画舫录》卷四《新城北录中》：85；同治《扬州府治城图》，引自扬州市地名委员会《江苏省扬州市地名录》

图14-18. 虹桥修禊全景

底图据：［清］李斗《扬州画舫录》卷六《城北录》：147、149、卷十《虹桥录上》：218、237.

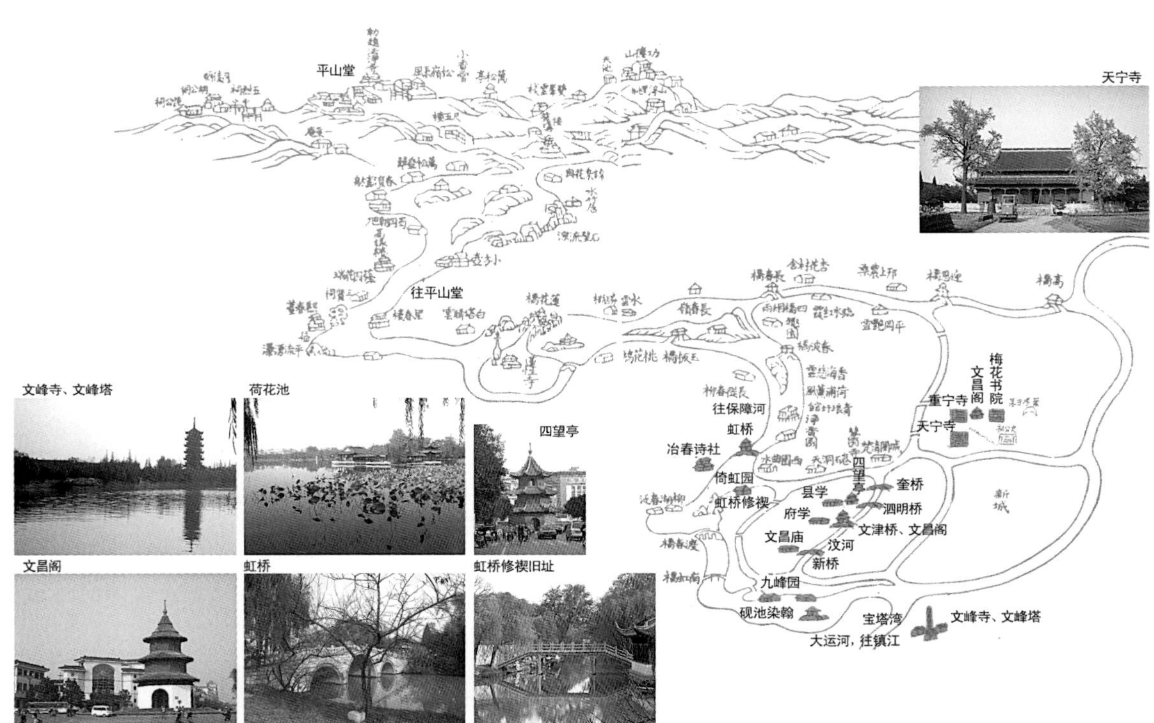

图14-19、扬州城市文化教育图景

底图据：［清］赵之璧《平山堂图志》《名胜全图・蜀冈保障河全景》；（同治）《扬州府治城图》，引自扬州市地名委员会《江苏省扬州市地名录》。图片摄于2007年11月。

2．淮安图景

淮安因河凭湖，得水之趣，可谓因水而兴，因河而盛。“春风吹，秋风洗，青熏衣，绿染指”[110]，平湖镜泊随处可见，且拥有丰富的水岸轮廓线，城市内外既可畅览烟景，也可舟楫往来。城市文化教育图景，便与水光山色密不可分,而最具显著者就在淮安的三湖一渠之中。

淮安城内文渠类同于扬州汶河，是贯穿旧城、联城、新城的城内河流。分别由响水闸（旧西水关）引运河水入城和由旧城巽关引玉带河水入城，流贯城内四方，使三城可以内外通舟，“为民间食用所赖，文风所系，”乃“一郡风气，血脉所关”。[111]文渠上有水关9处，可控水之进出，既防水患，也利舟楫。至清光绪时，文渠上有桥55座（图14–20），青云、起凤、三思、清平、广济、文津、文府等桥名，皆有典故，显现的是淮安的人文荟萃。最盛处当属淮安府学前的泮池，与蜿蜒于城市内外的文渠相通，较为开阔。每逢科考之日，文渠放闸，民众欢腾，滚滚渠水带来文运亨通，最直接惠及的就是在试院笔耕的考生们。

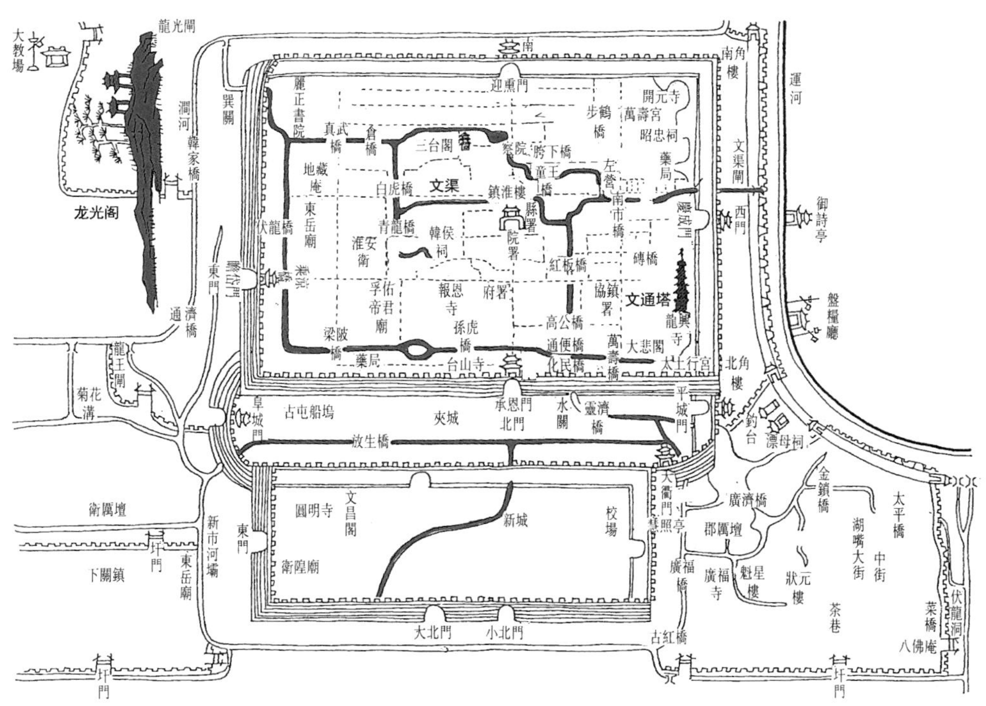

图14–20．淮安文运风水形势（文通塔、文渠与龙光阁）
底图据：阮仪三《神州鸟瞰系列—·古城留迹》：54《淮安城图》（同治十二年，1873年）．

图14-21. 淮安文通塔
摄于2007年8月

沿文渠往城西南隅，即为月湖（又名万柳池），水平如镜，鱼翔碧水，鸟戏绿苇，昔时“古刹接峙……暖水流香”，有灵慈宫“在水中央，长桥蜿蜒，横跨水面。”明宣德间，改灵慈宫为天妃宫，为漕运“祝厘福地”。唐开元五年（717年）建开元寺，明嘉靖间废寺，改建为文节书院，万历中又改建为正德书院[112]；与此同时，漕督刘东星捐俸建水亭，创木桥，又建厅堂名“君子堂”，有号舍十余间，清乾隆六年（1741年）改为讲堂，造桥立亭，并“周立廊庑”。商绅踊跃襄助，“岁捐金数百以佐院费……而淮阴书院以成。”两任督漕相继“旬宣时登讲堂，进诸生而训勉之”，一时肄业者多至百余人，于是“淮阴之盛不异于省会之区矣”[113]。乾隆二十八年（1763年）迁往城东，改名丽正书院。

勺湖在城西北隅，以水面弯曲如勺得名，乃因构筑修补城墙取土而成，水面洁净，菰蒲飘香，为寄情怀、避尘嚣的绝好去处。自晋代建城后，环勺湖先后有法华禅院、文通寺、龙兴寺、千佛寺、老君殿等诸多名胜，清代刘鹗《老残游记》中多有记述。清乾隆间阮学浩任湖南学政，“乞归，即其地为草堂，讲课其中，遂为勺湖草堂”。后为勺湖书院。奎文书院（今淮安中学之前身）与勺湖书院隔湖南北相望。湖西南有巍峨的文通塔（图14-21），塔下碧波潋滟，湖堤蜿蜒，桥榭点缀。建于明崇祯二年（1629年）的淮安城南门护城岗上的龙光阁，其门西向，与文通塔南北相应。两处“文峰”，一东南，一西北，壮淮安一地文风。

萧湖与勺湖隔堤相望，自“联城东建，运堤西筑，中间洼下之地，乃悉潴而为湖，以成一方之胜概”。昔时萧湖西岸运河堤旁，“韩侯钓台屹然耸立，”钓台南有乾隆的“御诗亭”，其南为周宣灵王庙，新安（徽州）旅人所建，以栖同乡之士。明清两代萧湖周围名园环筑，如明代恢台园，清代曲江园、荻庄、柳衣园等。湖中遍长菰蒲、鸦鹭相逐，“南北知名之士，宴集其中，文酒笙歌殆无虚日”[114]。

此三湖与扬州保障湖均为湖光名胜，且俱有诗社文会活动其间，更添风采。早在明后期，淮安就曾是无锡东林党人活动的重点地区，崇祯末年和清顺治初年，北方的一批志士仁人、骚人墨客、皇室贵胄纷纷沿京杭大运河南逃，其中不少人滞留、聚居淮安。他们和淮安当地名流一起，感时伤怀，发而歌诗。一时淮安诗人之众，诗名之大，诗作之盛，甲于全国，故被称为“诗城”。淮安举城降清后，清政权并未过分干涉其活动，遂于顺治元年（1644年）成立望社。望社著名社事计有顺治年间重阳尊经阁（淮安府学内）大会、康熙初年五月端午萧湖大会、中秋曲江楼大会等[115]。乘舟游观，相互唱和，歌管之乐，声闻数里。这些聚会地点均在运河岸边（除重九尊经阁大会），故多有以运河为题材的诗作。望社从成立至云散，大约持续近40年。多数社员逐步顺应潮流，和清政府合作，纷纷取得功名，踏入仕途。

萧湖东北即河下镇，竹巷街“是河下的精华和景眼所在，南侧众巷直通萧湖之滨，环境清幽，为历史上文化名人、达官显贵、豪商巨贾聚居之所。”[116]竹巷玉皇殿西有砖桥，“是桥也，面城带河，南通萧家田，北连礼字坝、单家园，东为三城往来咽喉，西为茶巷、花巷、西湖嘴外卫，洵竹巷之保障，水陆之要津也。”康熙二十五年（1686年）徽商集资在“桥之上，起建更楼，与状元里楼、广惠楼相为犄角，东西门户，严为启闭。”魁星像原在耳楼之中，“嘉庆中，楼就圮，程一庵司马昌鸣出五百金重建。道光末年，王献南学正琛、紫垣内阁辅等捐资重修。奉魁星像，居正楼之中。”奉祀地位更为突出，或许是诚心所至，不久“黄芷升孝廉即以壬子科登贤书。”[117]广惠楼位灵济祠内，供文昌，楼名文昌楼，祠乃徽商供都天大帝，旧时河下著名的徽州风俗“小都天会”于此举行[118]，与扬州“都天会”遥相呼应。状元里楼亦为徽商捐资，三楼俱“虔祀魁星（文昌）于其上，文光四射，”希望冥冥苍天福祐徽商子弟“弦诵鼓歌、科第骈集。”[119]此外，茶巷有始建于唐贞观时的古天兴观，观东有文昌楼[120]，“河下士人致祭、会文之所。”[121]河下镇诸多祈祝文运建筑，各安其位，拱宸相向，福祐文风长盛不衰。故有“善青乌者言：南向有文峰塔为笔，火药局为砚，主文风；粉章巷中旗杆在丁位，主人寿；东以新城楼为起，西以至杨宅不见为伏，主财。极为合法”。[122]（图14-22）。

自大运河往西北行，约十里即达板闸镇，乃淮安钞关重地所在，关署东南有文津书院。乾隆元年（1736年）书院初创时“蜗寄唐公创设讲席于爱莲亭”，只是一小型书院，且无自身房产。书院址在“里之巽方”，符合古人尚风水，祈文运的心理诉求。前有新建石桥，因名文津，“清流西来，环绕而东。南望淮，气象苍郁[123]（图14-23）。”

板闸再西北约十里达漕运转输重镇——清江浦（图14-24）。自明代始，随着清江浦开凿、四道闸修建、转运仓落成、造船厂投产，遂逐渐繁华，淮安的漕运

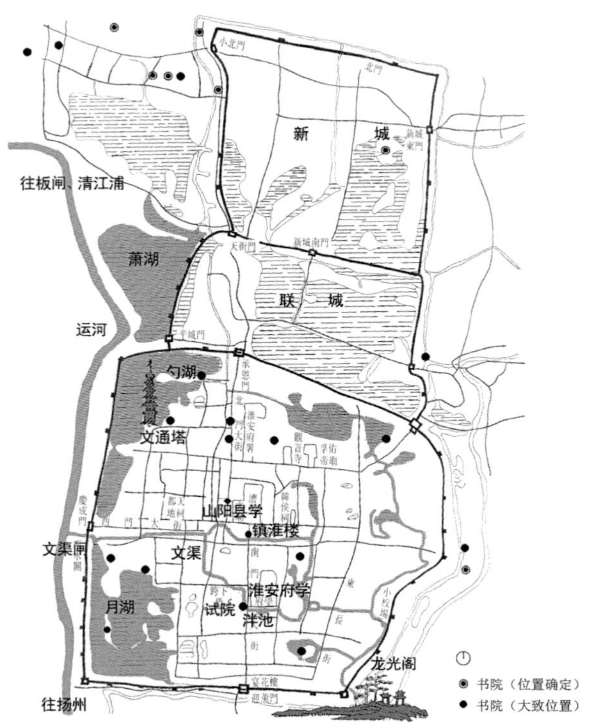

图14-22. 淮安城市文化教育图景

底图据：阮仪三《神州鸟瞰系列一·古城留迹》：54《淮安城图》（同治十二年（1873年））；55《淮安城图》（1945年）.

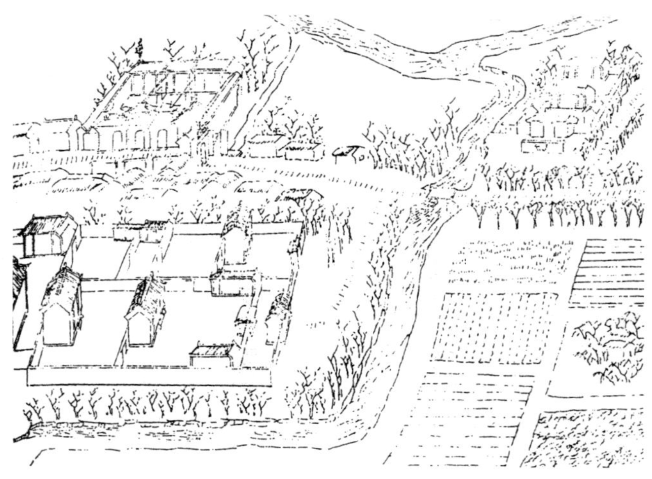

图14-23. 淮安文津书院

［清］杜琳等《续纂淮关统志》：37《文津书院图》.

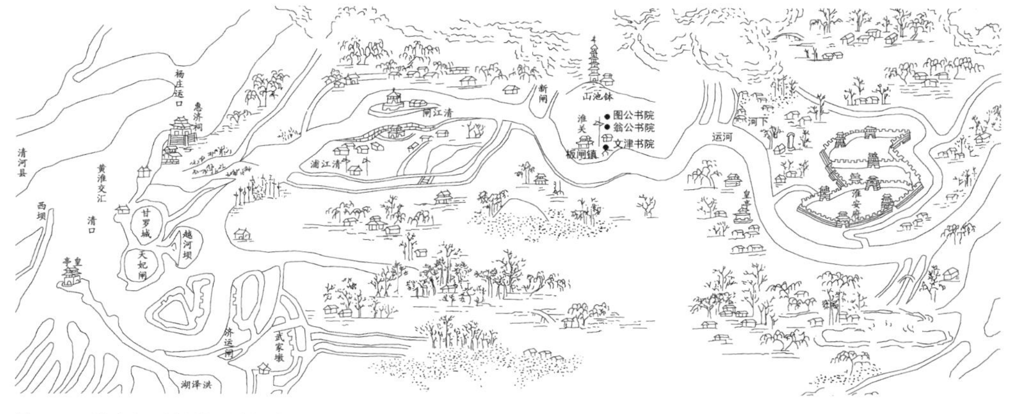

图14-24. 淮安府、板闸镇、清江浦
刘捷摹自［清］傅泽洪《行水金鉴》

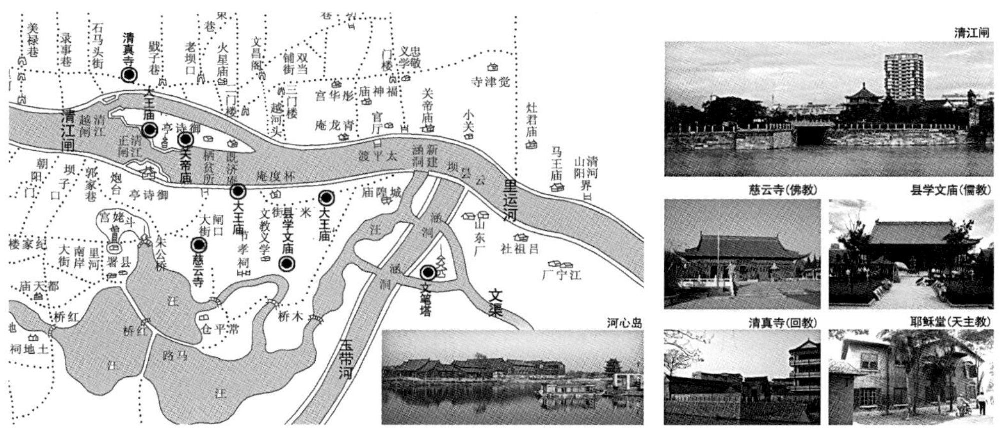

图14-25. 清江闸五教环伺
刘捷摹自（咸丰）《江苏清河县志》《清江浦图》；
图片摄于2007年8月

咽喉地位在很大程度为其所取代。淮安文渠文泽亦至，达清江文峰塔止，汇入玉带河。明时清江闸南原有清江书院，后因河道总督驻节清江浦，乃建县学。乾隆二十六年（1761年）移清河县治清江浦，又为清江县学，[124]此为清江浦文化教育之统领。因之运河极重之关隘所在，清江闸周遭舟货云集、寺观林立，迄至清末形成“五教合一”的蔚为大观：县学文庙祀孔子，慈云寺乃佛教圣地，大王庙奉金龙四大王，乃清江都天会之所，关帝庙亦民间祭祀之地，内供关帝外，有专祀陶公、马公等治河名臣（图14-25）。

五、铅华褪尽悉待从头

乾隆晚期两淮食盐专卖开始遇到问题，并降低了对客商的吸引力，食盐定额越来越难以完成，走私愈发猖獗。乾隆六十年（1795年）淮北盐区与淮南一样，开始出现商人消失现象[125]。大运河和食盐专卖是带给淮扬地区巨大财富的两项历史支撑，人去财逝，城市的文化教育亦逃不过衰落的命运，及至19世纪上半期，江北的盐业贸易和水利系统都步入了一个危机阶段。水利管理的低谷与盐业贸易的问题前后出现，同时又要对付外来海盗和越来越严重的鸦片贸易压力。

咸丰三年（1853年）太平天国运动波及扬州，给这个恢复能力极弱的地区带来了粉碎性的打击，城市文化教育建筑基本覆没。儒学文庙，兵燹后“乐器荡焉无存”。[126]文汇阁至咸丰四年（1854年）遭太平军毁，文汇阁《四库全书》被洗劫；文峰塔，只余塔心孤零零伫立，直至民国初年（1912年），“城内外丛林僧集合江南北各住持募资修复，十二年（1923年）落成。”[127]书院，仅广陵书院幸存，其他无一幸免。[128]

光绪二十年（1894年）曾于扬州任天主教牧师的康治泰事实上已经以寓言的方式诠释了这段历史，破落的文昌阁为象征：“原先它是这座城市的荣耀，鼓舞了当地诗人的兴致，激发了所有路过者的好奇心。现在，它是一个屈辱和悲伤之物，仅剩下一具骷髅。长毛（太平军）砸碎了它的所有装饰品，三十年来没有一分钱用于它的维修”[129]。

淮安，则影响因素更为繁多，衰落更为迅速而彻底，简述如下：

以徽商聚居的河下为例，“自更纲为票，利源中竭，潭潭巨宅，飙忽易主，识者伤焉。捻寇剽牧，惨遭劫灰，大厦华堂，荡为瓦砾，间有一、二存者，亦摧毁于荒榛蔓草中”。[130]整个河下皆为圯墙、破寺和废圈。很明显，河、漕、盐三大政的骤变——盐政制度的改革，淮北盐运线路、掣验场所和集散地的变迁，都直接影响了河下的枯荣。随着徽商的衰落，淮安河下文风骤然衰歇，淮上诗社文坛黯然失色，“盐鹾事业尽尘沙，文酒芳名挂龄牙”[131]，乾隆、嘉庆年间扶助风雅、宾朋酬唱的文人雅集，已成过眼烟云。

清末同治、光绪年间，清廷曾一度振作，由盐务与徽商鼎力打造的文化教育建筑得到部分复兴。然复兴并不顺畅，时感捉襟见肘。其时盐务鼎盛已过，淮扬经济大不如昔。当局虽竭力再造文化盛况，惜力有不逮，没有了强大的经济后盾，没有了商人的倾力支持，难复旧观。如扬州梅花书院改为省立实验小学校。社学、义学等也顺应时势，纷纷改制，如光绪二十九年（1903年）淮安河下的两处义学均改为公立初等小学堂[132]。此外，大量外地客商的同乡组织——会馆亦融入兴办学校的滚滚洪流，它们大多占据徽商衰落后遗留下的宅邸及园林，因此多聚集于淮扬两地河下，如淮安河下的新安会馆在民国初改为新安小学（闻名于世的新安旅行团最早即由该校学生组成）。

从某种意义上说，河下徽商社区宾朋酬唱、诗文相和的文化精神在新式教育的建筑载体上得到了部分延续，如今，文昌阁、文峰塔之类的建筑，还静静地伫立在淮扬大地上，历沧海桑田，阅风云流变。

注释：

1 （万历）《扬州府志》序.
2 （嘉庆）《重修扬州府志》序.
3 （同治）《重修山阳县志》序.
4 ［民国］《歙县志》卷一《舆地志·风土》.
5 ［明］汪道昆《太函集》卷二《汪长君论最序》.
6 张海鹏、王廷元《徽商研究》：189.
7 王振忠《明清徽商与淮扬社会变迁》：127.
8 ［明］张宪《侍御金溪吴公浚复河隍序》，引自嘉靖《维扬志》卷二十七《诗文序十一》.
9 ［清］董玉书《芜城怀旧录》卷一：42.
10 刘捷《扬州城市建设史略》：45.
11［清］李斗《扬州画舫录》卷九《小秦淮录》：191.
12 王振忠《明清徽商与淮扬社会变迁》：80.
13（嘉庆）《两淮盐法志》卷三十七《职官六》.
14（乾隆）《淮安府志》卷十一《公署》.
15（光绪）《淮安府志》卷一《疆域》.
16（民国）王光伯《淮安河下志》卷一《疆域》：23.
17［清］程钟《淮雨丛谈·考证类》，引自荀德麟《〈淮安河下志〉前言》：4.
18［清］黄钧宰：《金壶浪墨》卷一《纲盐改票》，引自王振忠《明清徽商与淮扬社会变迁》：91.
19［清］黄均宰《金壶七墨》，引自高岱明《淮安园林史话》：31.
20［清］阮葵生《茶余客话》，引自高岱明《淮安园林史话》：32.
21 高岱明《淮安园林史话》：31-32.
22 详见梁仁志、俞传芳《明清侨寓子弟的教育科举问题》，《安徽师范大学学报》（人文社会科学版）2005年第33卷第1期P73-75；李琳琦、王世华《明清徽商与儒学教育》，《华东师范大学学报》（教育科学版）1997年第3期：80-82.
23［清］陈去病《五石脂》：309.
24 该数据见何炳棣《明清社会史论》第二章，引自王振忠《明清徽商与淮扬社会变迁》：127.
25［清］陈去病《五石脂》：309.
26《淮雨丛谈·考证类》，引自王振忠《明清徽商与淮扬社会变迁》：57.
27［清］许承尧《歙事闲谭》第二十九册，引自张海鹏、王廷元《明清徽商资料选编》：324.
28（嘉庆）《大清会典》卷十一《商籍》.
29（嘉庆）《两淮盐法制》卷四十七《科第表上》.
30（康熙）《两淮盐法制》卷七，引自（澳）安东篱《说扬州：1550-1850的一座中国城市》：111.
31 就两淮徽商"商籍"问题，史界多有争论，未成定义，笔者持王振忠先生"行政区划"说。简述如下：明代徽州府与两淮运司所在的南直隶同属一省，并不存在"商籍"一别，因此两淮"商籍"有山、陕商，而独无徽商，乃明时行政区划所定。至清顺治二年（1645年）南直隶改为江南省，康熙六年（1667年）江南省分置江苏、安徽二省，淮扬徽商的"商籍"问题才应运而生，并以康熙五十七年（1718年）五月十七日苏州织造李煦上折《徽商子侄请准在扬考试并乡试另编商籍字号折》为发端。后康熙、乾隆年间就徽商在淮扬的"商籍"问题多有讨论，然始终未有结果。有关该问题之诸多学术文献详见王振忠《明清徽商与淮扬社会变迁》：516-62.
32［清］素尔纳《钦定学政全书》卷六十七《商学条例》，引自王振忠《明清徽商与淮扬社会变迁》：60.
33（嘉庆）《两淮盐法制》卷四十七《科第表上》.
34［明］谢肇淛《五杂俎》卷十四《事部二》.
35［清］周庆云《盐法通志》卷九十九《杂记三·两淮商灶籍学额》.
36 如嘉庆《如皋县志》卷四《赋役一·户口》："其客户、外户有田地、坟墓，二十年听于所在隶名，即编为户"；道光《重修仪征县志》卷二《食货志一·户口》："其客户、外户有田地、坟墓二十年者准其入籍，俱为民户，无田地者曰白水丁。"
37［民国］王光伯《淮安河下志》卷十三《流寓》：377.
38（乾隆）《新安镇志·户口》，引自王振忠《明清徽商与淮扬社会变迁》：64.
39 阎广芬《试论明清时期商人与教育的关系》，《河北大学学报》（哲学社会科学版）2001年第26卷第3期（总第105期）：53。如：歙县《谭渡孝里黄氏族谱·家训》"子姓十五以上，资质颖敏，苦志读书者，应加奖劝，量佐其笔札膏火之费。另设义学，以教宗党贫乏子弟。"休宁《茗州吴氏家典》"族内子弟，以器宇不凡，资禀聪慧而无力从师者，当收而教之，或附之家塾，或助以膏火，培植得一个两个好人作将来楷模，此是族党之望，实祖宗之光，其关系匪小。"
40［民国］《歙县志》卷一《舆地志·风土》.
41 歙县《汪氏谱乘·光禄寺少卿汪公事实》，引自张海鹏、王廷元《明清徽商资料选编》：321.
42［清］许承尧《歙事闲谭》第十三册，引自张海鹏、王廷元《明清徽商资料选编》：322.
43［清］王鸣盛《西庄始存稿》卷二十七《仪征县许氏五世建学记》，引自［清］焦循《扬州足征录》卷二十三：428.
44（嘉庆）《两淮盐法志》卷五十三《书院》.
45（光绪）《增修甘泉县志》卷十六《学校》.
46（嘉庆）《两淮盐法志》卷五十五《杂记四》.
47 具体数额及使用情况详见冯尔康《生活在清朝的人们：清代社会生活图记》：192.
48（光绪）《增修甘泉县志》卷十六《学校》.
49［民国］王振世《扬州览胜录》卷六.
50［民国］王光伯《淮安河下志》卷十三《流寓》：3716-379.
51（嘉庆）《两淮盐法志》卷五十三《书院》.
52［民国］《歙县志》卷九《人物·义行》.
53 同52.
54［明］何良俊《四友斋丛说》卷四.
55［清］陈去病《五石脂》：311.
56［民国］《歙县志》卷一《舆地志·风土》.
57［清］李斗《扬州画舫录》卷八《城西录》：180-181.

58［澳］安东篱《说扬州：1550–1850的一座中国城市》：177.

59［清］梁章钜《浪迹丛谈》卷二《小玲珑山馆》.

60 韦明铧《风雨豪门：扬州盐商大宅院》：149.

61［清］黄钧宰：《金壶浪墨》卷一《纲盐改票》，引自王振忠《明清淮安河下徽商研究》，《江淮论坛》1994年第5期：74.

62 详见［清］李元庚《山阳河下园亭记》，［清］李鸿年《〈山阳河下园亭记〉续编》，［清］汪继先《〈山阳河下园亭记〉（补编）》.

63［清］李元庚《山阳河下园亭记》：531《依绿园、柳衣园》条.

64［清］李元庚《山阳河下园亭记》：536《菰蒲曲》条.

65［民国］王光伯《淮安河下志》卷十三《流寓》：377.

66［民国］王光伯《淮安河下志》卷一《疆域》：21.

67［民国］柳诒征《江苏书院志初稿》：49.

68 孝廉堂为举人肄业的书院，太平天国乱后附入梅花书院，之前情况不详.

69［清］杜琳等《续纂淮关统志》卷十二《古迹》：378.

70 淮扬书院祭祀人物详见上文表4、5书院建置概况.

71［清］尹会一《重建安定书院纪略》（雍正十三年（1735）），引自陈谷嘉、邓洪波《中国书院史资料》中册：10216–1029.

72［民国］柳诒征《江苏书院志初稿》：92.

73［民国］柳诒征《江苏书院志初稿》：102.

74［清］林苏门《邗江三百吟》卷二《大小义举・义学馆》：24.

75［清］杜琳等《续纂淮关统志》卷九《公署》：295.

76［民国］柳诒征《江苏书院志初稿》：97、111.

77［民国］柳诒征《江苏书院志初稿》：92.

78 万书元．中国书院建筑的语义结构与纪念性特征．华中建筑．Vol.113. 200611：79.

79 杨布生、彭定国《中国书院与传统文化》：178.

80［清］魏禧《善德纪闻录》，引自［清］焦循《扬州足征录》卷二十二：413.

81 淮阴市文化局《淮阴文物志》：65.

82《古今图书集成》卷七十四《坊表部・纪事》.

83《古今图书集成》卷七十四《坊表部・杂录》.

84［民国］王光伯《淮安河下志》卷三《坊表》：70–75.

85［清］尹会一《重建安定书院纪略》（雍正十三年（1735年）），引自陈谷嘉、邓洪波《中国书院史资料》中册：10216–1029.

86［清］阿克当阿《文昌楼孝廉会文堂碑记》（嘉庆十三年（1808年）），引自陈谷嘉、邓洪波《中国书院史资料》中册P10316–1039.

87 道光《扬州营志》卷九《署舍》.

88 吴哲夫《四库全书纂修之研究》：264.

89［清］麟庆《鸿雪因缘图记》第二集下册《文汇读书》.

90［清］李斗《扬州画舫录》卷四《新城北录中》：104.

91［清］董玉书《芜城怀旧录》卷一：40.

92［清］全祖望《丛书楼记》，引自韦明铧《风雨豪门：扬州盐商大宅院》：93.

93 韦明铧《风雨豪门：扬州盐商大宅院》：92.

94［澳］安东篱《说扬州：1550–1850的一座中国城市》：181.

95［清］董玉书《芜城怀旧录》卷一：40.

96［清］严安儒《重修睢宁书院碑记》，引自邓洪波《中国书院史》：511.

97 韦明铧《画笔春秋（扬州名图）》：203.

98［民国］王振世《扬州览胜录》卷五.

99［民国］王振世《扬州览胜录》卷五.

100［清］赵之壁《平山堂图志》：24.

101［清］董玉书《芜城怀旧录》卷一：10.

102 韦明铧《画笔春秋（扬州名图）》：81.

103［清］李斗《扬州画舫录》卷四《新城北录中》：104.

104［清］麟庆《鸿雪因缘图记》第二集下册《文汇读书》.

105［清］李斗《扬州画舫录》卷三《新城北录》：61.

106［清］李斗《扬州画舫录》卷九《小秦淮录》：196–198.

107 傅崇兰．中国运河城市发展史．成都：四川人民出版社．1985：402.

108［民国］王振世《扬州览胜录》卷一.

109［清］李斗《扬州画舫录》卷十《虹桥录上》：221.

110 高岱明《淮安园林史话》：21.

111 天启《淮安府志》卷一.

112 马超骏、程杰《淮安古迹名胜》：36–39.

113［民国］柳诒征《江苏书院志初稿》：78.

114［清］黄钧宰《金壶七墨》，引自马超骏、程杰《淮安古迹名胜》：39.

115 荀德麟等《运河之都——淮安》：124–125.

116 荀德麟《关于河下竹巷街保护、恢复和开发的具体意见》，引自马超骏、程杰《淮安古迹名胜》：39.

117［民国］王光伯《淮安河下志》卷四《祠宇》：82.

118［民国］王光伯《淮安河下志》卷四《祠宇》：90.

119［清］胡从中《重建魁星楼记》，引自（民国）王光伯《淮安河下志》卷四《祠宇》：82.

120［民国］王光伯《淮安河下志》卷四《祠宇》：107.

121［民国］王光伯《淮安河下志》卷四《祠宇》：81.

122［民国］王光伯《淮安河下志》卷四《祠宇》：85.

123［清］李如枚《新建文津书院碑记》，引自［清］杜琳等《续纂淮关统志》卷十四《艺文》：445.

124 马超骏、程杰《淮安古迹名胜》：54.

125［澳］安东篱《说扬州：1550–1850的一座中国城市》：272.

126［清］魏禧《善德纪闻录》，引自［清］焦循《扬州足征录》卷二十二：413.

127［民国］王振世《扬州览胜录》卷五.

128［民国］柳诒征《江苏书院志初稿》：54.

129［澳］安东篱《说扬州：1550–1850的一座中国城市》：278.

130［清］李元庚《山阳河下园亭记》：513《自序》.

131［清］朱玉汝《吊程氏柳衣、荻庄二废园》，原载［清］黄钧宰《金壶浪墨》卷四《元夕观灯》，引自王振忠《明清淮安河下徽商研究》，《江淮论坛》1994年第5期：78.

132［民国］王光伯《淮安河下志》卷三《学堂》：70.

Chapter 15

Architectural Cultures Stemmed from the Grand Canal and its Spread

Zhao Lin

第十五章　大运河建筑文化及其传播

赵　林

一、大运河建筑文化的特点

1. 地文大区的文化交融

大运河建筑文化的区域性是特殊的。其主要是由于大运河自北至南沟通了海河、黄河、淮河、长江及钱塘江五大水系，从而，也由北向南穿越了燕赵文化区、齐鲁文化区、荆楚文化区及吴越文化区等，是中国封建社会晚期经济和文化最为发达的区域。

在大运河贯通之前，由于长期历史发展和自然地理的相对稳定性，诸文化区特色显著。燕赵地区背靠燕山、太行山山脉，气吞华北大平原，天然是控四夷而制天下之处，自春秋的诸侯国到辽金元的帝国多建都于此，使其成为首善地区和政治中心。齐鲁地区地处华北大平原，是正统儒学的发祥地，文化底蕴深厚，民风淳朴，遵循“动不违时，财不过用”的人生法则。荆楚地区地处两淮，是旱地农业文化圈和稻作文化圈交界区，物产丰富，民众富于商才与机巧；然而自然灾害严重，战乱频繁，民风彪悍。吴越地区位于江南水乡，土地肥沃、物产丰饶，加上优越的地理自然条件和方便畅达的交通商道，成为国家漕粮基地，民众生活精致，崇尚自然，不过气候闷热，潮湿多雨。建筑文化在如此背景下便呈现不同特色，如大都建筑宏大雄壮，宫殿金碧辉煌，崇楼峻宇，体现自燕而后诸都城帝王君临天下的气势；而江南地区建筑清秀素雅，通透开敞，园林著名。

然而，大运河这条人工开凿的河流，像一根竹签串糖葫芦一样把这几个文化区更加便捷地串联起来，打破了彼此之间的相对隔膜，文化交流洞开，在思想意识、价值形态、社会理念、生活方式、文化艺术、风情民俗等领域，广角度、深层次地交流融合，使运河区域建筑文化形成多元共融的状态（图15-1、图15-2）。

运河流域建筑文化相融的决定因素是运河商业文化。虽说运河作为人工河，其开凿与运营很大程度和统治者的政治、军事目的及服务有关，很长时间内运河严格限制漕运以外的商业航运，但商业行为还是透过漕运、物资和相关人员的交流在一定程度上得到实现[1]。随着运河的商业运营规模越来越大，商品经济越加繁荣，漕运便不单是在向朝廷运输漕粮和贡品，而且成了商品流通的黄金水道。商业文化强大后，对原有流域的地区文化必然产生冲击，改变原有的民风民俗，互容互补又促进原有文化发展。如济宁地处有深厚儒家传统的鲁西南，历来民风俭朴，士大夫重伦理、尚仁义、尊中庸，对经商嗜利往往不齿。明嘉靖

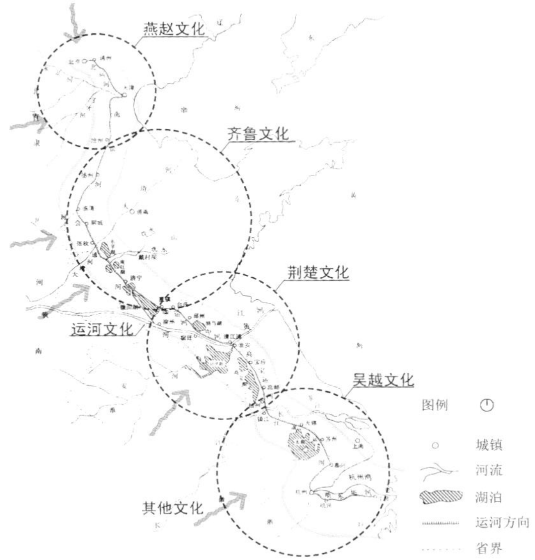

图15-1. 运河流域文化流布
底图据安作璋主编.《中国运河文化史》

图15-2. 大运河流域建筑显相（自北而南）

万历后，济宁地区“服食器用，鬻自江南者十之六七”[2]，在外来经济文化冲击下，士大夫们也成了“儒服市心，力求垄断，满口驵侩”的嗜利之徒，其地“民竞刀锥，趋末者众”。[3]高建军先生在《运河民俗的文化蕴义及其对当代的影响》一文中，描述在运河商业文化影响下，“运河区域城乡广大居民有着共同的节日习俗，甚至各地的饮食习俗也因运河而广泛交融。旧时，江南的扬州、江北的济宁居民煮茶皆取运河之水，天津居民饮食亦‘皆运汲于河水。’扬州富商宴席上‘饵燕窝，进参汤’，德州人照样把‘燕翅席’作为高档享受，曲阜孔府宴中招待贵宾宴席为‘鱼翅四大件’，‘海参三大件’，故海参、鱼翅、燕窝、鱿鱼、火腿等贵重食品充斥于运河城镇市场，如济宁城区就有多家海鲜行。此外，像通州的雪酒、泰州的枯酒、高邮的木瓜酒、宝应的乔家白酒以及绍兴的老酒等，皆为诸市场上的寻常之品。同时随着南北风情文化的趋同，甚至在行业语言中，流行着南北各地商人共同熟悉的江湖切口，举凡称谓、建筑、起居饮食、家具衣饰、动物、器械、人体、身份职业、行业、数目、姓氏乃至天文地理等方面，都广泛使用暗语或特定的手势，此类词汇数目达三四千个，成为运河区域民间文化的一个突出现象”[4]。

运河民俗与信仰从另一方面反映出商业文化对地区文化的整合作用。运河是人类为生存与自然抗争的象征，所以在运河流域民俗与神话中，与沿海敬龙王、妈祖，东北三江及长江流域敬江神、鼋神的海洋民俗和江河民俗有很大不同，运河沿岸，百姓的祭祀重点不在这些自然神，而是虔诚崇拜神化人——大王。大王，各地各朝所奉不一，元代有金龙四大王谢绪、晏公、萧公，明代加入宋礼、白英、黄守才，清代有朱之锡、栗毓美、王仁福、张有年等，这些都是传说或历史上的治水英杰。运河百姓以为这些大王是可以降服那些龙王、鼋神等孽神的，庇祐船只航运平安、城镇避免水患，所以有的一县会有五、六处大王庙[5]。这些大王庙、功臣祠分布在运河沿岸地带，或在闸坝旁，或在仓库浮桥边，方便过往船民上岸祭拜，亦可直接在行船过程中与之遥望祈福。从这一信仰习俗中可深切体会运河这条人工河的内在精神。关帝崇拜在运河流域亦为盛行，关帝庙遍布各地，不少工商会馆本身就是一个大关帝庙。

运河流域在经济繁荣下导致一批运河城市兴起，从北京南下，北段有通州、天津、沧州、德州等，中段有临清、聊城、济宁、徐州、淮安等，南段有扬州、镇江、常州、无锡、苏州、嘉兴、杭州、绍兴，直到宁波。这些市镇商业繁荣、客商云集、货物山积、交易繁盛，是运河上一个个重要的商品集散地。如济宁、聊城、天津、北京等都有一条名为竹竿巷的繁华商业街。北方不产竹，而竹器交易却如此普遍，这类以竹器业为主的街巷名，深深烙有运河商业文化的印痕。

商业文化在诸方面影响着运河流域的人民生活。这样，运河流域各地区建筑文化在商业文化浸润下，在运河流域这条线形区域内形成一个多元一体、动态开放的运河流域建筑文化。其主体是商业文化，并突出反映在沿运河建筑特点上——在南北固有差异的基础上产生南北共融。

2. 大运河承载建筑文化传播

传播是人类通过符号和媒介交流信息以期发生相应变化的活动[6]。有三要素：信息、载体和受众。建筑文化在运河流域内发展与传播是必然的。概括起来，体现在三个方面：

生活智慧。建筑文化贯穿着人的生存智慧和生活方式。运河流域的人们依靠自己的聪明才智和经验积累，创造了各种营造手段来适应自然生存环境。如北方风沙大，四合院高墙厚重，江南空气湿润，民居通透开放。运河的畅通，让运河流域的人们更易体验到异地不同的建筑环境和风格，从而有可能异化，创造新的生活方式和建筑特点。如在通透开放的江南民居中盛行的“罩”，传播到了厚重高墙的北方四合院中，北方住宅内亦有了流动通透的空间。

审美情趣。运河流域不同地区有着不同的审美情趣，所营建的建筑体现了审美差异和取向。如南方园林与北方园林，审美情趣不同，风格相异，但乾隆皇帝南巡江南后，接受了南方园林营建者的审美取向，并传递到北方皇家苑囿，以至于集仿江南园林技术与意象成为清代北方皇家园林的一大特征。

象征意味。运河流域是元明清时期中国的政治、经济、文化中心，建筑丰富多彩，在建筑文化的传播中，象征意味的内容往往是决定性的。如明代南京宫殿与北京宫殿的建设，后者承袭前者，规制类似，是政治象征意味的传播。

二、官方行为和制度推动大运河建筑文化发展与传播

1. 政治斗争与官式建筑影响

运河的开凿与开发，直接目的是政治与军事需要。自元代大运河开通以来，每当政权更替或时局动荡之际，发生在运河流域的战争最具决定意义。朱元璋灭元朝、朱棣的靖难之役、清军扫荡弘光小朝廷、清廷与太平天国决战等，均在运

河流域大规模展开。从某种意义上讲，谁控制了运河，谁就能取得战争的胜利，谁就能建立起稳定的对全国的政治统治。

运河流域的政治斗争，深刻地影响着运河流域建筑文化的传播。朱元璋经过十七年的斗争，最后推翻元朝的统治，建都南京。这就意味着元朝在北京费尽心血兴建的宫殿、苑囿、坛庙等有君权意义的建筑将被新政权摧毁或取代。新政权为镇压或避开前朝“王气”，为了自己的万年基业，重新兴建新的宫殿坛庙。明初朱元璋先后定都中都、南京，兴建了中都、南京的宫殿坛庙，而原来元大都的宫殿则被拆建为朱棣王府。“靖难之役”后，朱棣为迁都而在北京大兴土木，几乎完全摧毁了元朝的宫殿坛庙建筑。朱棣迁都后，尽管仍留南京作为“陪都”，宫殿如旧制并派官员留守，实际上却是放任自流，不再修饬，使其呈现破败的景象，此举和规定同样是出于压制金陵原有王气的思想。

政权的更替导致部分建筑的更替，亦导致建筑风格的变迁。元代特有的社会机制使皇室建筑呈现出汉地传统和蒙古习俗相结合的风格。如宫室建筑中的门阙角隅之制都沿用了中国传统的方法，但在后宫的布置上采用了较为自由的布局；在宫中除有严整规则的汉式建筑群以外，还有一些散布的纯蒙古式帐幕建筑。这种异族色彩在元朝灭亡后被明代的官式建筑所否定。明初统治者为了标榜自己的正统地位，力图恢复汉族文化传统，政治上从“周礼”，建筑形制极力趋合规制要求，对元代建筑中不合“古制”的做法一律去除，使无论是建筑群的整体还是单体建筑的结构都严谨规矩。

明初宫殿在吴王宫基础上，经过洪武八年至十年（1375~1377年）的改建、洪武二十五年（1392年）的扩建，终成完整的明南京宫殿布局。明南京宫殿承“周制”，三朝五门，前朝后寝，左祖右社，十分规整。而永乐迁都北京后，“凡庙社、郊祀、坛场、宫殿、门阙，规制悉如南京”[7]，便将系列的皇家建筑一南一北联系起来（图15-3、图15-4）。如宫殿大门午门，洪武十年（1377年）“改作大内宫殿成。阙门曰午门，翼以两观，中三门，东西为左右掖门。”[8]《春明梦余录》卷四说：“午门添两观。”可见原来吴王宫的午门没有两观，只是长方形的城台。南京宫殿的午门利用了吴王宫的午门城台，在两端往南加建了两观，从而形成倒“凹”形平面形制[9]。既符合礼仪，又体现了皇宫的威严与崇高。永乐十八年（1420年）落成的北京宫殿午门，形制一如南京，但“宏敞过之”。南京宫殿午门城台东西长约89.40米，中间城台南北宽28.10米；北京宫殿午门城台东西长126.90米，中间城台南北宽38.40米。从南京宫殿午门城台顶的遗存柱础推测，正楼面阔九间，进深五间，两侧方亭面阔五间；北京宫殿午门正楼面阔九间，进深五间，两侧方亭面阔五间（图15-5）。又如南京孝陵，根据丘陵地带的

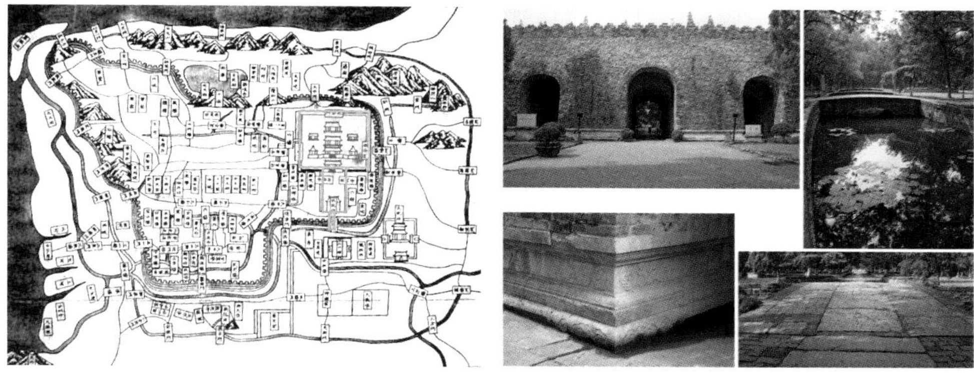

图15-3．南京明故宫位置及遗址现状
左：据《洪武京城图志》明南京皇城图绘制；右：明故宫遗址

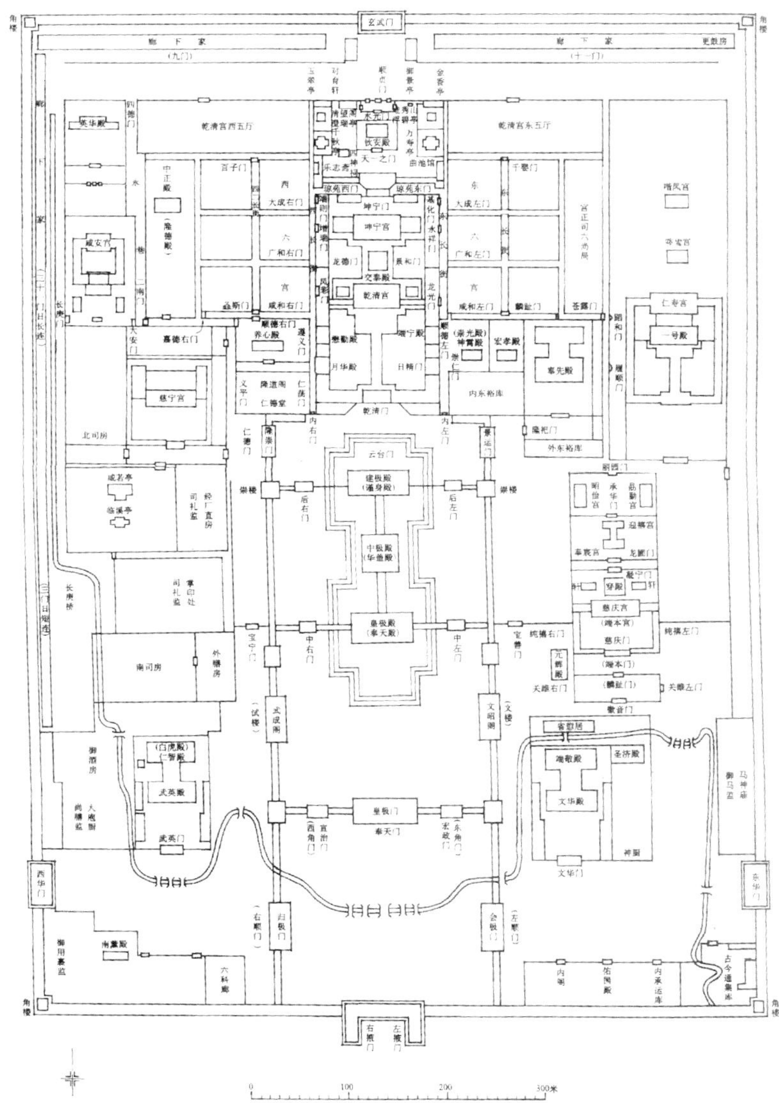

图15-4．明代北京紫禁城殿宇位置
潘谷西主编．中国古代建筑史（第四卷）．北京：中国建筑工业出版社，2009:107.

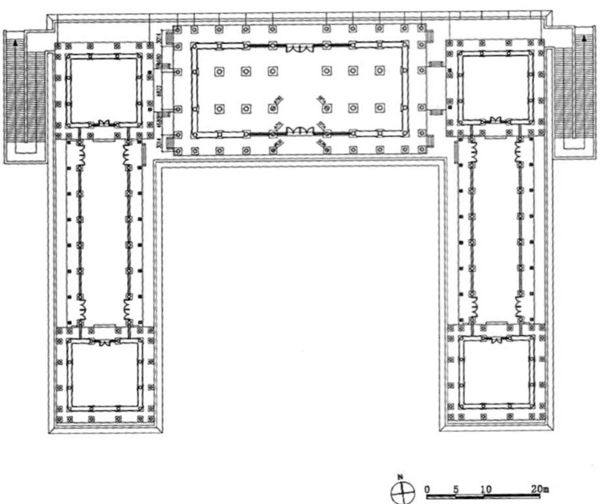

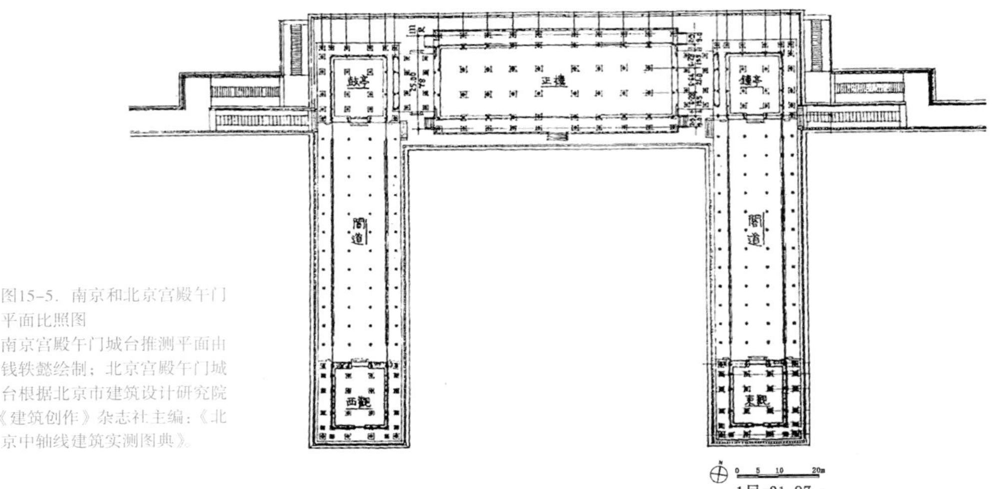

图15-5. 南京和北京宫殿午门平面比照图
南京宫殿午门城台推测平面由钱轶懿绘制；北京宫殿午门城台根据北京市建筑设计研究院《建筑创作》杂志社主编：《北京中轴线建筑实测图典》。

图15-6. 南京明孝陵御道和北京十三陵御道石刻比照

特点采用曲折神道，以及依南方雨水多对于陵体进行包砖砌筑形成宝顶的创造，均在后来的北京明十三陵形制中得到传承，并延续到清陵。甚至于在具体的石刻上，都可以看到一脉相承的印迹（图15-6）。

永乐年间，朱棣营建北京，征调工匠约二三十万北上京师，并役使民工近百万。这些工匠有常年固定在工部作坊的“住匠”，有由全国匠户中按时征调的“输班”，在这两次大规模的征调中南北流动，使南北民间建筑技术大集中，建筑文化南北大交流，酝酿了明官式建筑的产生。同时，逐渐颁布制度，对建筑开间、色彩、屋顶形式、材料、纹样等在内的建筑形式作出规定，包括宫室、王府、庙宇等以礼制的形式，强化建筑中的封建等级制度，遂使建筑制度与艺术表现形式的秩序化逐渐成形，经由发展，最终体现在清《工部工程做法》中。

2. 政治教化与文化建筑传播

明清统治者在建立君主集权专制的同时，在思想领域也推行文化专制。国家取士以八股文为准，以四书五经为据。国家各级学校从国子监到府学、县学和社学也以此为教学内容，把知识分子的思想束缚在孔孟之道和程朱理学中。运河流域是文化发达地区，尤其是东南地区，堪称全国之最。以科举为例，顺治、康熙、雍正、乾隆四朝钦点状元61名，江浙占据51名，占状元总数的83%，其影响力异常突出。然而，封建社会的许多社会问题，使江南地区思想活跃的知识分子不满和抵触，引发许多文化事件。如明代东林党人的政治斗争、江南复社的政治活动、清代的庄氏《明史》案等。为了国家的稳定，特别是清代统治者为减轻江南地区对清朝的反抗情绪，安抚江浙文人，加恩江浙士绅。

康熙和乾隆的南巡，除了视察江南河务和海塘、减免江南赋税、游览名胜外，一个重要的方面是向江南地区表现优待文人、尊重儒学的姿态，并通过祭奠帝王陵墓和孔庙，从思想上、文化上笼络汉族士人，使其对清政府产生“认同”意识。帝王南巡是一项国家政治活动，乾隆每次南巡前一年，就指定亲王一人任总理行营事务大臣，勘察沿途道路，制定巡幸计划。所到之处的地方官员就要准备“接差”，提前修路，建行宫。乾隆沿途纵情山水，挥霍享受，回京后，还在北京、承德不惜人力、物力、财力仿建东南名胜，再现江南风光。在扬州，据《扬州行宫名胜全图》记载，两淮盐商为迎接乾隆南巡扬州，曾先后集资修建和再建宫殿楼廊5154间和亭台196座，并购置其中的陈设景物，使扬州成为异常繁华之城[10]。行宫是皇帝巡幸活动驻跸的场所，因此具有与皇宫建筑类似的布置形式，如“前朝后寝”，气势雄伟，富丽堂皇；同时，由于行宫多处于风景优美地区，其规制与宫城中的宫殿颇有不同，

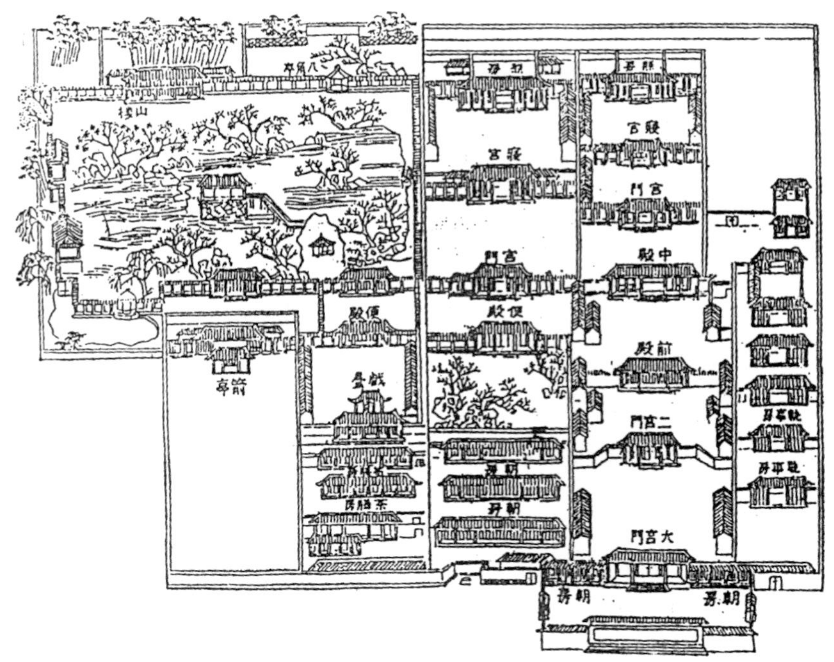

图15-7．乾隆江宁行宫图《南巡盛典》

如结合地形布置而非强求对称，园林的规模很大，堆山叠石，建亭台飞阁等；设置戏台、箭亭等娱乐设施，建设中或多或少融入了当地的建筑风格（图15-7）。《工段营造录》是李斗所著《扬州画舫录》中的第十七卷，成书于清乾隆六十年（1795年）。此书基本上是清《工部工程做法》的节录，详简不匀，且多是殿式、大式做法及料例。这些官式做法被录入一本介绍扬州风物的书籍中，王世仁先生认为是因为乾隆南巡，扬州官僚富商大建馆阁园庭借以逢迎，大抵这时所建的行宫均由内务府按《工部工程做法》发给民间匠师承包，或北京匠师南下承包建造，因而所录都是官式建筑名称，也有一些园林建筑和装修，仍反映出南方民间建筑特点[11]。

《四库全书》是乾隆年间编纂的一部大型丛书。为加强对思想领域及民间书籍的控制，乾隆皇帝于乾隆三十八年（1773年）开四库全书馆，征求天下书籍，历时十余年编成《四库全书》，书成之后，分抄七部，分别建七阁藏书。它们是北京紫禁城的文渊阁、圆明园的文源阁、盛京皇宫的文溯阁、承德避暑山庄的文津阁、扬州大观堂的文汇阁、镇江金山寺的文宗阁和杭州西湖的文澜阁。其中江南三阁的藏书对士子开放，以显示朝廷对江南文人的重视。七座藏书阁的建筑形制均为模仿浙江宁波范氏藏书楼天一阁（图15-8），"四库书成欲藏之，范家天一仿而为"[12]。天一阁得名于《周易》中"天一生水，地六生之"之辞，取其以水克火之意，所以天一阁开间为六间，高下深广及书橱的数目尺寸俱含"六"数。阁前凿水池，既可防火又可添美景。紫禁城壮观的文渊阁也仿其制，位于文华殿

图15-8．宁波天一阁书楼六开间

图15-9．紫禁城文渊阁
于倬云、周苏琴编．中国建筑艺术全集（宫殿卷）.北京：中国建筑工业出版社．2003：301．

图15-10．淮安漕运总督府复原设计鸟瞰
刘捷摄自镇淮楼展板

以北，面阔六间，前后出廊造。阁前有一方池子，引金水河水注之。水池周边环境布局手法，装修、彩画、碑亭的形式也多借鉴江南风格（图15-9）。客观来说，乾隆修四库全书，起到了对传统文化遗产整理和总结的作用，同时亦传承了建筑的深厚文化内涵。

3．运河管理与相关机构建设

明永乐迁都北京，为了实现南粮北运，在元代京杭运河的基础上，着重对运河某些重要运段进行了多次整治改造，使京杭大运河贯通定型，并围绕运河建立了一整套管理制度，同时建立相应的管理机构。如漕运总督府、河道总督府、织造府、钞关、水利设施、仓库等，这些政府机构的建筑一般都规模宏大，气势恢宏，在当地占据显赫位置，对当地的建筑文化有一定的影响作用。

漕运总督府是明清两代总督运河漕运的官署。政府异常重视，派出二品以上的勋爵大臣担任漕运总督，兼提督军务，以保障漕运的顺利运行。漕运总督权力显赫，"直隶、山东、河南、江南、江西、浙江、湖广等省文武官员经理漕务者，皆属管辖"[13]，下设总兵府、漕储道、淮场道、盐道、船道、漕运刑部、工部、吏部、户部、礼部分司等十余机构，职能广泛。漕运总督府衙门设在运河咽喉淮安，位于旧城南北中轴线上，位置显要，地位尊崇（图15-10）。南邻淮安都统司酒楼（镇淮楼），北靠淮安府衙。作为中央一级机构，漕运总督府规模宏大，据天启《淮安府志》建置载，漕运总督府中轴线上设大门、二门、大堂、二堂、大观楼、淮河节楼、后院等；东侧有官厅、书吏办公处、东林书屋、正值堂、水土祠、一览亭等；西侧有官厅、百录堂、师竹斋、来鹤轩等；在大门外东西两侧各有一座牌坊，大门对面有照壁。共有厅堂二百三十多间。漕运总督府建筑规整，格局对称，并雄踞城市中轴，不可避免地对城市布局产生影响。河道总督府是管理运河水利的官署。运河是一条穿越五大水系的人工河，运道复杂，黄、淮出事频繁。为保证漕运安全，明清两代朝廷派出总河——都水司——分司机构系统，与地方官府派出的监司——丞倅机构系统双重官司体系来管理河道，河道总督是最高职官。明代与清前期，河道总督府设于山东济宁，“总督河院在州治东，或曰元总管府旧治，明永乐九年（1411年）工部尚书宋礼建。弘治间陈某、隆庆间都御史翁大立重修”[14]。规模大致如下：大门三间，左右石狮子一对，两旁有吹鼓亭各一座；左右为东西辕门，东辕门额曰：“砥柱中原”，西辕门额曰：“转漕上国”；辕门内外有内道厅、旗鼓厅、中军厅、巡捕厅等；正对大门的是一座大影壁；大门三间，正堂三间，额曰：“四思堂”；后堂三间，额曰：“禹思堂”；左右为椽房、茶房；后部为部院宅，有“帝咨楼”，“百乐圃”，“射圃”；再后为部院后宅[15]。总督河道衙门下属的各级各类机构很多，仅在济宁设置的机构就有运河道署运河同知署、泉河通判署、管河通判署、巨金嘉管河主簿署等；河标中军副将署在济宁设置的军事机构有运河兵备道署、运河标营署、守备署、卫署等；此外，还有朝廷派驻的巡漕使院、抚按察院、布政司行台、按察司行台、治水行台等机构。再加上省道府州县的行政机构或由其派驻的机构，元明清三代驻济宁的各级各类治运司运以及行政监察机构比比皆是。因而，济宁旧有“七十二衙门”之说[16]（图15-11）。

康熙十六年（1677年），河道总督府以江南河工紧要由济宁移驻江苏清江浦。“国朝河院又移驻于此，舟车鳞集，冠盖喧阗，两河市肆第比数十里不绝。”[17]清江浦因河道总督府移驻，加上漕运事业发达，地位日益重要，乾隆年间升为清江县治所，于是经济文化繁荣，文人墨客荟萃，宅邸园林棋布。河道总督府亦建有后花园。康熙十七年（1678年）河道总督靳辅驻节于此，在明管仓户部公署旧址“凿池植树，以为行馆”，名曰“淮园”。后来历任河督驻此，都对后花园进行经营。乾隆十五年（1750年），河督高斌营建“荷芳书院”以迎接乾隆南巡。乾隆四十九年（1784年）乾隆第六次南巡再次临幸荷芳书院。嘉庆五年（1800年）河督吴璥将园名改为“清宴园”，取“河清海晏”之意。道光十三年（1833年）麟庆在任，对清宴园进行一番精心修整，使“有亭屹然，有桥亘然，有廊翼然，有堂轩然”（图15-12）[18]。清宴园经过数十年经营，颇具规模，刚柔并济，兼具南方神秀和北方雄奇的风格，在两淮地区影响颇深，成为一座名园。

4. 驿传制度与驿站特色

驿站是古时供传递公文的人或往来官员途中歇息、换马的处所。历代的驿站有以下特点：（1）官办、官管、官用，是历代政府机构的组成部分；（2）以“传

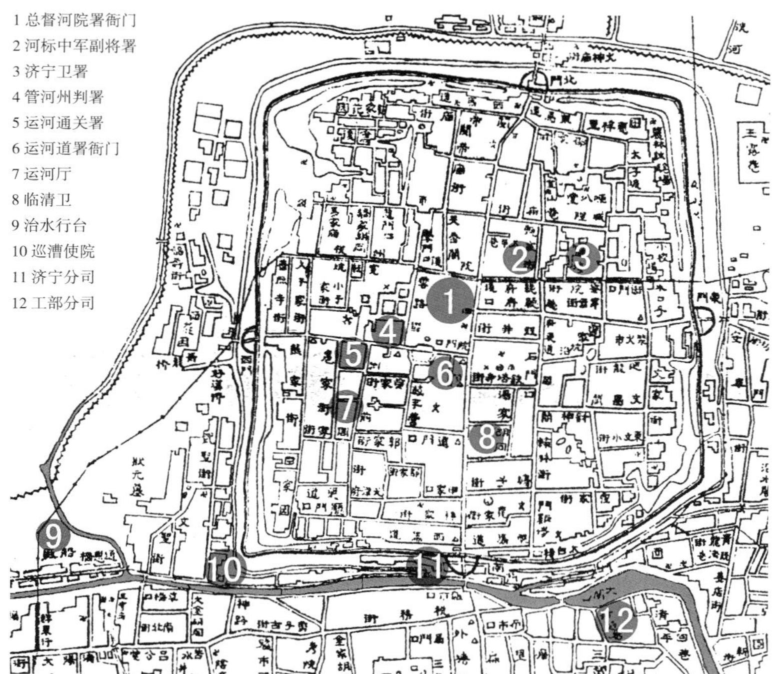

图15-11．明清时期济宁水司衙门示意
底图据民国《济宁直隶州志续志》

图15-12．淮安清宴园现状

命”为主旨，融通信、交通、馆舍三位一体；（3）以人力或人力与物力相结合的方式，接力传递，逐程更替。[19]

驿站数量庞大，星罗棋布，在辽阔的中国疆域组成一个系统有效的交通信息网络，对中国古代的政治、军事、经济起了非常大的作用，成为贯通中国文明体系的经络。

明清时期驿传制度获得进一步完善。明代建立之初，朱元璋就认为："驿传所以传命而达四方之政，故虽殊方绝域不可无也"[20]，十分重视邮驿的建设，建成了以南京为中心的通达全国的邮驿系统。永乐年间运河贯通后，北京成为全国驿站系统的中心。运河沿线的邮驿系统受到相当重视，"自京师达于四方设有驿传，在京曰'会同馆'，在外曰'水马驿'并'递运所'"[21]。驿站分马驿和水驿，马驿的交通工具为马；水驿交通工具为船；而水马驿，则是有马有船的驿站。明代从北京到南京之间的运河驿道很繁忙，之间设置了数十个水马驿。为了使经行的商旅行人方便熟悉沿途的交通形式，有人汇编《水驿捷要歌》，收录了概括南北大运河的驿程：

> 试问南京到北京，水程经过几州程？
> 皇华四十有六处，途远三千三百零。
> 从此龙江大江下，龙潭送过仪真坝。
> 广陵邵伯达盂城，界首安平近淮阴。
> 一出黄河是清口，桃源才过古城临。
> 锺吾直河连下邳，新安防村彭城期。
> 夹沟泗亭沙河驿，鲁桥城南夫马齐。
> 长沟四十到开河，安山水驿近章丘。
> 崇武北送清阳去，清源水顺卫河流。
> 渡口相接夹马营，梁家庄住安德行。
> 良店连窝新桥到，砖河驿过又乾宁。
> 流河远望奉新步，杨清直沽杨村渡。
> 河西和合归潞河，只隔京师四十路。
> 逐一编歌记驿名，行人识此无差误。[22]

歌中提到了46个水马驿，方便了行人的行程安排（图15-13）。按法律规定，驿站仅为因公政府人员提供服务，商人是不能驻驿的。但是驿站成了商人们计算路程的标志性建筑，可见运河沿岸的驿站规模宏大醒目。明时驿站

图15-13. 南北大运河的驿程

图15-14. 盂城驿后厅明代构架

的营建修缮归工部所管，驿舍建筑非常讲究，多考虑在自然条件较好的地理位置建设。驿站一般建设在城外水陆驿道旁，同时又靠近城门交通便利处，近旁常常聚集而成繁荣的贸易商市。站内建有供办公接待的堂、客人休息的厅、用膳娱乐的轩、驿丞的府邸及各种配套设施如厨房、马厩、吏舍等。有的还有牌坊、报时的驿楼、休闲的园林等。江苏高邮盂城驿是大运河边上一处重要驿站，是明代运河沿线州府驿站的代表。从遗存的后厅明代构架上可看到童柱上雕有卷草叶，梁栿上有类似梁眉的痕迹，接近江南建筑技艺（图15-14），但在规制上，主厅运用斗栱，为官式建筑之制。高邮扼守通往盐城及沿海各大盐场的主要水上通道南澄子河，“南北差使，势若云集”，[23] 是南北建筑文化、官式和民间特色交流的重要缘由。

上述由于官方行为和制度带来的大运河沿线部分建筑活动、制度、特色的关联性十分突出，这种力量渗透广布于城镇布局、建筑形态、空间组成、建筑细部以及营建技术上，表现为一种自上而下的、自官式而民间的传播。其影响不仅深刻地深入人民的生活，同时传递出一种地文大区特有的官式建筑文化色彩。使得我们得以理解除坛庙、宫殿、仓库、城垣、寺庙、王府等政府工程之外的一些地方建筑具有官式特点的来由。

另一方面，清中期以后，官府工程由官办转为民办，政府临时指派专员招商承包，这又形成沿运河的官府建筑在遵循建筑秩序的前提下，由地方建设，从而地方做法与官式建筑制度产生融合。

三、经济形态成为大运河建筑文化发展与传播的制约因素

经济形态包括经济形式和发展水平。当大运河流域的经济形式产生需求时，经济水平又为建筑文化的发展提供可能和限制，于是便为运河建筑文化的传播规定了方向和空间。

1. 三种大运河沿线经济形式

在大运河经济带中，商贸经济繁荣活跃。概括起来，这些城市有三种经济形式：生产基地及贸易经济，转口贸易经济和消费经济。

生产基地及贸易经济是对江南地区经济形式的概括。自古以来，便有“苏湖熟，天下足”的说法，在运河畅通的明清两代，江南苏杭一带不仅保持农业领先地位，是朝廷的漕粮基地，而且长时期的经济成熟发展也使该地区成为全国工商经济中心。尽管通过运河，“燕赵、秦晋、齐梁、江淮之货，日夜商贩而南；蛮海、闽广、豫章、南楚、瓯越、新安之货，日夜商贩而北”[24]，但分析一下南北两地流通的商品结构可以看出，运河北部地区输出的商品主要是棉花、麦豆及干鲜果品等低附加值的农产品，而运河南部地区输出的商品则是棉布、丝绸、铁器、瓷器、纸张、茶叶等高附加值的手工业制品。由此南方的经济远远领先于北方。“大都东南之利，莫大于罗、绮、缯，而三吴为最”[25]，丝织业的重镇有南京、苏、杭、嘉、湖等地。江南是棉布主要产地，其中松江、嘉定、常熟是集中产区，“所产布匹，日以万计”，机杼之声，遍布村野。如扬州则以镶器、玉器、竹器、香粉和雕版印刷等特色手工业见长，“天下香料，莫如扬州”，“竹不产于扬州，扬州制品最精”[26]。这些地方的商品，通过运河销往外地。如常州布“捆载舟输行贾于齐鲁之境者

常什六”。[27] 在丝绸贸易中心的杭州，“秦晋、燕周大贾，不远数千里而求罗、绮、缯、币者，必走浙之东也”；另外，杭州的丝绸、布席、脂粉、折扇、漆器、金银锡箔等商品，通过海运商船“转贩往海澄贸易，遂搭船开洋往暹罗，吕宋等处发卖，获利颇厚”[28]。扬州通过运河和长江向江南及安徽、两湖等地转运淮南盐场的盐，从江南、湖广一带贩进木材转运北方。苏州尽管产米并不十分丰富，但其处于湖广之米到浙江、福建、广东要道上，故在清中叶，其成为全国有名的米粮市场。苏州无论财富之所出，还是百技淫巧之所辏集，驵侩寿张之所倚窟，堪称天下第一雄郡（图15-15）[29]。肥沃的土地、丰饶的物产，加上优越的地理自然条件和方便畅达的交通商道，使江南附近运河城市不仅是行销产品的生产基地，也是贸易经济的中心。这种多个支柱的经济形式使这些城市得到较为稳健的发展。

消费经济是对北京经济的概括。明代永乐迁都北京后，“朝廷尊而后成其为邦畿，可为民止。故曰：商邑翼翼，四方之极。会极会此，归极归此。此谓‘首善’，非他之通都大邑所得而比也。”[30] 然而“北方田收薄，除正粮无余物”，供给仍然“仰给于江南”，南粮北运成为关键。每年数百万石的漕粮源源不断地由南方运到北京。北京是皇宫所在地，王亲贵族、官僚豪绅靡集，同时有大批的赶考应召士大夫阶层，清代还有占北京人口大约三分之一、不从事生产的八旗人，使北京城里的大部分人直接或间接地靠吃皇粮过日。日常开支庞大，使北京的商业非常发达。各省商贾云集京城，从事商贸活动，贩运各地货物进京销售。“向来南省各项商贾货船，运京售卖，俱由运河经

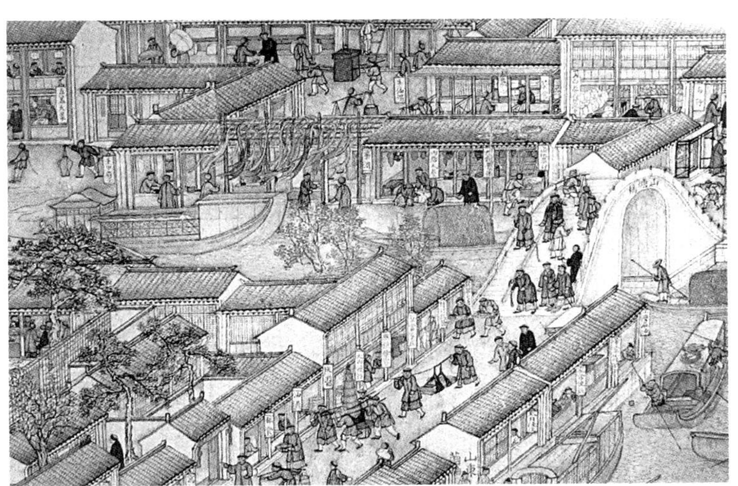

图15-15．苏州繁华市井
［清］徐扬《姑苏繁华图》局部

行。”[31]北京的制造业主要有三个行业，首先是建筑材料业，与皇家建造城池、宫苑、陵墓有关；其次是特种工艺、服装制作、文房四宝等与宫廷官宦生活需求密切相关的行业；第三是京郊蔬菜花木种植，也是为宫廷服务的。因此，北京的商业和制造业经济是围绕宫廷官宦的需求发展的，消费逐渐成为京师主要的经济形式。

转口贸易经济是对在京师和江南之间城市经济形式的概括。由于经济交流，刺激和促进了一大批商业城镇的兴盛，“不下数十城”。[32] 这些城镇，有的原来是军事要塞，如天津，明初设卫，凭借运河、海河与渤海的优势，成为联系京师、关东与山东的枢纽总汇；至明末，天津已有“虽为卫，实则即一大都会所莫能过”[33] 之说。如通州，早为北方军事重镇，自永乐迁都、运河通航后，遂发展为“上拱京阙，下控天津”，“舟车辐辏，冠盖交驰”[34] 的商业重镇。有些城镇原来则是小村镇，如张秋、河下、夏镇等，因运河新开，“当河流之冲”，成为“绾毂南北，百货所据”[35] 商贸重镇。这些城镇的经济形态主要是依托运河的转口贸易经济。如临清，“为南北都会，萃四方货物，塴鬻其中”[36]，像江浙的茶叶、苏杭的布绸、广东的铁锅、江西的瓷器、陕西的皮货、辽东的毛皮药材等，通过陆转水运抵达临清，然后由此转口到其他地区。其中大量的布绸贸易使临清有“冠带衣履天下”[37]之称。因此，在临清各地商贾很多，其中“十九皆徽商占籍”，[38] 其次是江浙及山陕商人。如济宁，“江淮、吴楚之货，毕集其中”[39]，鲁南及西南所产的棉花、梨枣、药材等也都运集济宁，通过运河转输江南等地。同样，济宁城充斥全国各地商人，“其居民之鳞集而托处者不下数万家，其商贾之踵接而辐辏者亦不下数万家”[40]。而东昌，“海运未行以前，运河实通南北之气脉，东昌最为繁盛之区，嗣因黄河东徙，运道中梗，此路遂成荒寂。”可见，转口贸易经济状况决定这类城市的兴衰。

2. 在三种经济形式影响下的建筑文化与传播

（1）经济优势下的建筑文化与传播

奢靡之风。明清两代的江南商贾在多年经商中积聚大量财富，必然要挥霍。其中一项为大兴土木，营建深宅大院和园林亭台。“凡家累千家，垣屋稍治，必欲治一园。若士大夫之家，其力稍赢，尤以此相胜。大略三吴城中，园苑棋置，侵市肆民居大半”，[41]“江南城镇，随地有园”。明嘉万以来，凡“豪门贵室，导奢导淫”，竞以“侈靡相耀”。[42]“郡邑之盛，甲第入云，名园错综，交衢比屋，求尺寸之旷地而不可得。缙绅之家，交织密戚，往往争一椽一砖之界，破面质成，宁挥千金而不恤。”[43]“以侈靡争雄长，燕穷水陆，宇尽雕镂，臧获多至千指”。[44]

图15-16. 杭州胡雪岩宅邸芝园与宅邸百狮楼
高念华. 胡雪岩故居修复研究. 北京：文物出版社，2002:66，53.

如松江商贾董太起建新园，月内耗资三四十万钱，单单请匠师堆山叠石之费在时也是“非千金不可”，其父董志学“平生善居积致富，而其子绪余，供之一园之费”[45]。

如堪称清末第一豪宅的杭州胡雪岩宅邸，是清代红顶商人胡雪岩在财富、地位节节攀升的时候营建的，“其构造宏丽，雕镂纤巧，甲于近代”。[46]胡氏宅邸创建于清同治十一年（1872年），位于杭州元宝街，占地面积10.8亩，耗资估计达二三百万两白银。[47] 有密集的建筑，亦有独立的园林。工程质量和工艺极为讲究，其建筑的梁、柱、隔扇等均以铁梨木、楠木乃至红木等名贵材料作成，并施以工艺精巧的雕刻。如宅内原配夫人住的百狮楼，栏杆上装饰100个紫檀磨成的狮子，狮子眼睛均用黄金做成，光芒四射，华丽之极。其宅院园林“芝园”的大假山费金八万两，所置松石花木，也都备具奇珍。芝园的大水池为了防止渗漏，更是不惜代价用铜皮满池铺底。当时昂贵的维新洋货大量运用，如西洋彩色玻璃、大穿衣镜、水法流苏吊灯、电话等，极尽豪华奢侈之能事（图15-16）。

诉求政治恩宠。封建社会中，存在“士、农、工、商”的等级秩序，商是最末等的。这种排列不仅仅是职业的分工，更是身份和社会地位的差序。尽管江南商人富可敌国，但在重农抑商国策的严重压制下，社会地位很低，远在小官僚、小地主甚至“务本”的农民之下，子弟还不能应试科举，被拒绝仕途。所以他们社会压力很大，由此大兴土木、购置良田，把经商的部分利润变为不动产来求保险。同时，千方百计地想提高社会地位，如巴结政府、邀宠皇帝等。在建筑的表现上，以运河另一端——北京的特有形式为追求理想。

以扬州盐商为例。两淮盐商的资本在那个时代算得上极其雄厚，“富者以千万计”，“百万以下者，皆谓之小商”。[48]他们对清政府的效劳和巴结，极大加强了他们的地位及与政府的关系。如清政府治河经费不足，扬州盐商“输银三百万两以佐工需”；嘉庆年间，盐商鲍漱芳积极向清政府捐款输饷以助剿灭白莲教，于是清政府赏给他一个盐运使头衔。据光绪《两淮盐法志》载：“乾隆二十七年（1762年）二月十四日奉上谕：朕此南巡，所有两淮商众承办差务，宜沛特恩，以示奖励：其已加奉宸苑卿（正三品）衔之黄履、洪征治、江春、吴禧祖各加一级（从二品）”。这样，他们在扬州的身份就成了“侨寓半官场”，“购买亭园亦主，经营盐典仕而商”[49]。

乾隆皇帝六下江南，每次都经过扬州，给扬州盐商提供了直接向皇帝邀宠的机会。看出乾隆在乎山水之间，盐商将献媚重点放在乾隆水上游线的瘦西湖上，不惜挥洒万金争地构园，聘名士创稿，集中南北名师巧匠，在瘦西湖两岸修建十里楼台一路相接，形成了沿水上游线连续展开的园林群。从乾隆第一次南巡后仅仅十几年间，亭榭台阁，洞房曲室，花木竹石，争奇斗丽，从扬州城里到平山堂，号称“一路楼台直到山”。求“御赏”，盼“赐额”，祈“诗文”，成为盐商们最大的愿望，以此达到利禄兼收的目的。乾隆为了笼络盐商，则到处为“鹾商园林，宸翰留题”，扬州四大名园“如汪氏之净香园，黄氏之趣园，洪氏之倚虹园，汪氏之九峰园等，皆高宗亲书园名赐之，或并赐联额诗章。各鹾商均以石刻供奉园中，以为荣宠。”[50] 而一夜建白塔的传说，最能说明盐商的财力和盐商对皇帝邀宠的迫切心态。《清稗类钞》记载道：“高宗巡幸至扬州，时江某为盐商总，承办一切供应。某日，高宗幸大虹园，至一处，顾左右，曰：此处颇似北海之琼岛春阴，惜无塔耳。江闻之，及以万金贿近伺，图塔状，既得图，乃鸠工庀材，一夜而成。次日又幸园，见塔巍然，大异之。以为伪也，即之，果砖石所成，询之其故，欢曰：盐商之财力伟哉！”[51]（图15-17）。传说虽不可信，但说明这种喇嘛教特有的白塔，在扬州出现不是因为宗教的需要，而是因为皇帝观瞻的需要，说到底是商人为提升自身地位的需要。

商人想提高自身的社会地位的渴望，表现在建筑上则以追求细部装饰上为多。三雕中的内容如有“琴棋书画”、“渔耕樵读”的，往往会突出“书”、“读”部分，有“福禄寿”，突出“禄”，以教化后代子孙要在仕途出人头地。狮子作为建筑装饰内容之一，不仅具有神圣的意义和威慑的力量，而且代表着喜庆和吉祥。宫殿、王府、官府衙门、寺庙等门前，皆可看到凶猛威武的石雕或铜雕狮子。尽管狮子未被皇家御用，商贾之家仍然不敢明目张胆在自家门前摆上一对威猛的大狮子。但商人在装饰上却热衷大量使用狮子形象，并假以“狮”与“事”、“嗣”谐音，双狮并行是表示“事事如意”；狮佩绶带表示“好事不断”，雌狮伴

图15–17. 扬州瘦西湖白塔

图15–18. 杭州胡雪岩宅邸的九狮砖雕 高念华. 胡雪岩故居修复研究. 北京：文物出版社，2002：156.

幼狮是预祝“子嗣昌盛”，狮子咬住绣球则是将有喜事上门的吉兆。实质上商人尊崇的是狮子隐含的权势的含义，以“狮子滚绣球”意味对权力的掌控，反映出这一具有经济实力的阶层试图在社会上层占一席之地的愿望（图15–18）。

（2）消费经济下的建筑文化与传播

消费经济产生的文化传播的特点是综合性。沿运河最突出的是戏曲。元大都已是北杂剧的中心，人才辈出，光彩夺目，如关汉卿、王实甫、杨显之、马致远、秦简夫等。其中关汉卿的《窦娥冤》、《拜月亭》、《单刀会》等都是元代杂剧的杰作。

杂剧促成了中国式戏楼的形成。唐、宋时期戏台为四面观，在杂剧盛行后，因为杂剧表演有明确的方向性，于是有了前、后台的划分，戏楼的观看角度从四面观向三面观转移。

京杭大运河开通后，北杂剧演出流布不断沿运河向南伸展，北杂剧艺人足迹遍及淮安、扬州、建康、苏州、松江、杭州、湖州等地。久居大都的剧作家如关汉卿、马致远、白朴等不顾年迈来到南方，为南方的繁华所震惊。关汉卿叹道：“满城中绣幕风帘，一哄地人烟凑集”，“看了这壁，觑了那壁，纵有丹青下不得笔。”[52]其他的剧作家如郑光祖、乔吉、秦简夫、钟嗣成也纷纷定居江浙。一些来自北方的剧作家如马致远、肖德祥、任元亨等以南方盛行的南戏为蓝本写作南戏剧本。与此同时，有杭州的南戏作家踊跃着手将杂剧改写为南戏，如南戏《拜月亭》改写自关汉卿的杂剧《拜月亭》。南戏以此得以发展演变，沿运河北上流传全国各地，再与当地方言、音乐结合后，产生明代传奇戏的四大声腔：海盐腔、余姚腔、弋阳腔和昆山腔。中国的戏曲重心已由大都移向经济发达的江南。

明代，昆曲又不断沿运河北上。在北方地区，原来柔媚清丽的风格受北方文化的影响，形成豪放、刚健的“北昆”，在万历年间占领了北京戏台。

运河沿线明清戏曲的繁盛及传播，使戏楼建筑的建设呈现出繁荣景象，许多运河城市的商业闹市区集中着不少经常性演出场所，如北京正阳门外的大栅栏、天津北大关、南京夫子庙与秦淮河两岸、苏州阊门等，都是“戏馆数十处”。戏楼功能日益完善，许多戏楼由过去独立的亭榭式建筑纳入庙宇、会馆、祠堂或戏园等整体结构中，成为建筑群中不可分割的一部分。台口加宽，舞台进深缩小。在戏台上建立固定隔扇式木墙，把前后台正式分开。明后期到清代，戏曲表演的技术和场面变大，以前那种单座戏台建筑形制又发展出多种样式。

乾隆五十五年（1790年），乾隆将徽班“大庆班”调入北京，徽班以徽调、楚调为基础，广泛吸收昆腔、京腔、梆子等戏目的技巧，到清代后期形成京剧，占据了北京戏台。此时戏曲演出由以前不经常性和临时性发展为稳定演出的状态，戏楼建筑发展成为一面建台，围绕着戏台三面起楼，用四面包围的建筑实体把过去的露天剧院各不相属的戏台、看楼及戏台与看楼之间的看戏坪用建筑物连成一体，形成了一个具有相当空间的室内剧场，使演出质量有了很大的改善。这种戏楼称京式戏楼。

颐和园的德和园大戏楼是其中的代表。德和园大戏楼戏台总面阔17米，总进深16米，总高度22米，为了演出特殊需要，柱网布局每面仅四柱，疏朗，不影响观看的视线。内部用巨大的搭于柱上的抹角梁承托上层结构。德和园戏楼的观戏殿堂是面阔七间的颐乐殿，与戏楼相距约15米，地面标高比戏台首层台面稍高，这样使在颐乐殿中的观戏位置处在最佳视听范围，不仅可以舒适地观看主要表演层“寿台”的表演，而且三层戏台都被包括在仰视范围内（图15-19）。

颐和园的德和园大戏楼的建成是准备用于庆祝慈禧太后的六十寿辰的，全部工程耗银71万两。据升平署档案和有关资料记载，慈禧从光绪二十一年到光绪三十四年（1895~1908年）间在德和园看了十三年的戏，共看过不同内容的戏达二百多出，特别是在她十月十日万寿节期间更是连日演戏不断。慈禧太后倾心于观戏，从光绪十九年（1893年）开始，打破宫廷演剧封闭格局，频繁有民间戏班整班进宫演戏，如“二黄班有三庆、四喜、双奎、双合、春台、福

图15-19. 德和园大戏楼视线分析

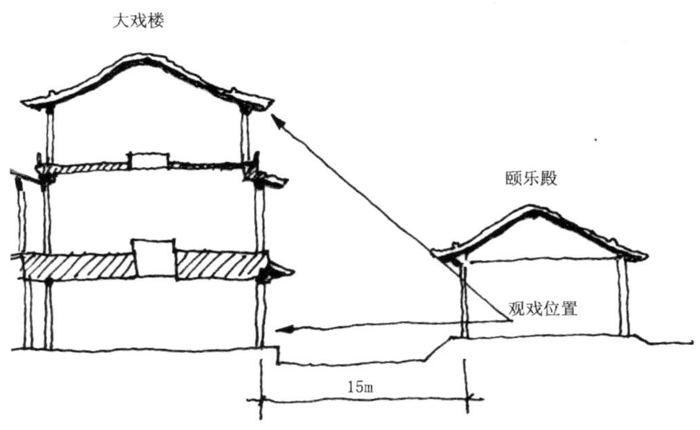

寿、小丹桂、小天仙、同春。梆子班则有广和成、玉成、宝胜和、义顺和、万顺奎、万顺和、永胜奎、吉利、全胜和、太平和、鸿顺合”。[53]一些当红名伶如谭鑫培、杨隆寿、王楞仙、陈德霖等也供奉内廷，使民间剧团的经典流行剧目得以在宫廷大戏台上演出。内廷与民间趣味趋于相同，促进了戏曲活动的兴旺，使京剧在晚清时走向成熟，最后在民国时期达到辉煌。

(3) 转口贸易经济下的建筑文化与传播

以转口贸易兴起的运河沿岸的城市，各地商人占了城市人口相当一部分比例，对当地文化的影响非比寻常，“重义轻利”的传统价值观念被强烈冲击，出现一股自上而下的经商之风，导致在物质生活方面，奢靡享乐取代朴素俭约的风气。影响了建筑文化的转变。

济宁是很典型的例子，被誉为“江北小苏州”。运河横穿市区，与越河、洸河、府河纵横交错，整个城市水波荡漾，俨然江南水城风貌。其中很重要的一项是临河有一条与江南苏州相似的街巷——竹竿巷以及与它相连接的几条街道。开通运河之后，江南竹子由运河向北方贩运。济宁是大码头，自然也多在此地上岸交易。竹商也便随之于济宁上岸谋生，竹器铺在运河沿岸很快就发展成为山东最大的竹器市场。房屋皆濒河而筑，街道也是随运河蜿蜒而建。既然是南方竹商建铺，则必然沿用南方样式，是那种南方常见的风窗阁楼式建筑，面街是全敞开式板搭门面，并且不设隔扇，最大限度地利用了空间。同时形成门前交易、后门泊船装货的南方水乡特征。而这种商业店铺、手工业作坊与民居融而为一的建筑样式，很快在竹竿巷内被大量模仿采用，使竹竿巷这一片建筑呈现北方四合院的矜

图15-20. 济宁竹竿巷现状

持稳重和江南粉壁飞檐轻柔灵巧相结合的特点，与济宁其他街巷建筑迥然不同（图15-20）。

济宁被称为“江北小苏州”的另一重要因素，就是济宁城区密布的园林。商业的发展使济宁城区聚集了相当多的富商大贾，富商手中有巨额财富，很自然要追求生活优裕、附庸风雅或争强斗富，便纷纷建造府第园林。截至民国初期，济宁城区达官富商私人宅第园林，已达30多处。虽规模大小有异，但是在园林营造技术和艺术上基本上借鉴了苏州、扬州盐商园林的风格，尤其是其被誉为全国之冠的扬州叠山技法，在北方四合院建筑的基础上加以南方典型的造园手法，园隔水曲，巧妙布局。如西园是济宁商界“四大金刚”之一刘氏的宅第园林，此园林是其先辈举人刘锡纶于清光绪间所建，因曾居官扬州，因而造园技法上多有扬州派风格。园不大，约六七百平方米，却布局得当，小中见大。北有书斋3间，雕花门窗，前出卷棚，名曰：“眄柯山房”。中有假山，山上有洞，洞名“别有洞天”，山间有溪桥，山顶建亭，名“夕佳亭”。如涸园由济宁清光绪年间附贡生、候选训导刘衍聚始建，这所宅第园林也借鉴了扬州造园风格，时人夏联钰在他的《涸园记》中描绘说：“山则巍然而山乍山容，溪则濯然而纡曲，亭则翼然而高敞。怪松瘿柏、朱藤碧梧之属立山之脊、临溪之唇、俯亭之肩背。名花异卉，绿径偎栏，含蕊藉芳于四时中。山以南，修竹千竿，时时作风雨声；山北，有堂缭以回廊，通乎奥室；园中，罗列盆盎，杂植花株，大小高矮以百数连卷，俪危崔错，发骨丸如蛟舞，如鸾翔，如猛兽蹲踞”[54]。

3. 沿运河城市会馆建筑的文化特色

会馆产生于明代而盛于清代，是“易籍同乡人士在客地设立的一种社会组织”[55]。

明清商品经济发展，大量商人随着商品流通而在全国各地流转。在经商过程中，异地的商人经常与本地商人产生利益矛盾，很难融入本地的社会和文化当中；同时，流寓的生活也使商人贫富不定，生死无常。于是，会馆在因经济的发展变化进行的社会整合中产生、发展，是综合性的民间社会管理组织及其设施，在其“敦乡谊，叙桑梓，答神庥，议商事，办义举”发挥作用的同时，还起了管理流动外籍商人、仲裁商务纠纷、规范市场行为的作用，是商人自发设立的自治团体和社区保障组织。全国许多商业城市中都建有会馆，其数量多寡与规模，与所在城市的商品经济规模成正比。明清时期北京兴建各省会馆达500多所，天津有16所，聊城有太汾公所、山陕会馆、苏州会馆、江西会馆、赣江会馆、武林会馆等八大会馆傍运河而立，淮安会馆有10所，而东南大都会的苏州会馆数则达59所[56]，星罗棋布于城内外水陆交通要道旁。

从具体平面形制上看，运河流域的会馆建筑大体相似，一般都是由正殿、戏台、厢房三部分围成四合院。这是会馆的主要活动场所，观戏、祭神、交易、庙会等皆可在此举行。所不同的在以下几点：一是经济能力的高下，营建的规模和用工有所差异，如运河沿岸几大集散城市，所建的会馆数量多，规模大，等级高，建筑的艺术成就也高。二是因为行业不同，或供奉的神灵不同，会馆建筑的主题也就不相类似。

会馆的特殊性质，使其成为流寓异地的商民对自己本乡文化进行宣扬的场所。而会馆恢宏壮丽的建筑，则成为本乡文化的外在表现。另一方面讲，也是展现商人自己经济实力、反叛政治压制、求得社会认同的表现。

聊城山陕会馆，乾隆八年（1743年）由山西、陕西商人为“祀神明而联桑梓”集资合建，位于聊城东关运河西岸，坐西朝东，面河而立。山陕会馆的第一个功能是“祀神明”——关公，即一座关帝庙。关公是山西人，在山西、陕西一带对他格外尊敬，把他视为保祐平安、发财走运的神灵。从山门“协天大帝”匾额可看出关公地位之高，其下才是“山陕会馆”的匾。浓郁的山西乡情文化亦体现在楹联上。两侧的木质方柱上刻有一副楹联：“本是豪杰作为，只此心无愧圣贤，洵足配东国夫子；何必仙佛功德，惟其气冲塞天地，早已成西方圣人。”这副楹联主要是歌颂关公的，把关公与孔子相提并论。表现出山陕商人追求一种心理上的平衡，山东有文圣孔子，山西有武圣关羽，同样是圣人，同样让人自豪。在孔子的故乡敢于提出如此大气的口号，也表明了商业文化对传统儒家文化的一种抗争（图15-21）。

山陕会馆由山门、戏楼、南北看楼、碑亭、献殿、大殿、配殿、春秋阁等建筑单体组成三进院落的建筑群。这些建筑体现着山西地方建筑的风格与情趣。如山门（图15-22），为面阔三间，进深一间，为八柱三楼歇山式牌坊

图15-21. 聊城山陕会馆山门

图15-22. 聊城山陕会馆山门大样

图15-24. 聊城山陕会馆关帝大殿

图15-23. 聊城山陕会馆鼓楼

图15-25. 聊城山陕会馆大殿柱础

门，两侧带有八字照壁墙。明楼檐下为十三踩如意斗栱，次楼为十一踩如意斗栱。明楼前出一抱厦。大门斗栱出跳多，建筑出檐大，双步梁架，角梁为刀把式，起翘较高。门框均为石作，中间雕刻凤凰麒麟，两侧刻飞鹤彩云。整个建筑造型精美，构件雕刻华丽，具有山西地方建筑特点。此山门重建于道光年间，据会馆存碑记载：道光二十一年（1841年），“正初演剧，优人不戒于火，延烧戏台、山门及钟鼓楼二亭”。后于道光二十五年（1845年）集资重建，“斯役也，梓匠觅之汾阳，梁栋来自终南，积虑劳心，以有今日。今众商聚集其间者，盹然蔼然，如处秦山晋水间矣”[57]（图15-23）。

山门之后是“遮雨过楼”，它把山门与戏楼联为一体，通往会馆第二进庭院的甬道上面即为戏楼。戏楼两层重檐，正脊为歇山，于左右各出歇山，北面屋面再出厦屋，形成十个翼角，犬牙交错如凤凰展翅，有宋画中鹳雀楼的韵味。每年在特定的日子，商人在戏楼前的看楼上，观看家乡的戏班演出，念思乡之情。与戏楼隔着院子相对峙的便是关帝大殿及配殿——由献殿和复殿组成（图15-24、图15-25），前后左右共六殿，开间均为三间。主殿献殿是人们祭祀关公或商贾聚会的地方，石柱上有一阴文楹联：“非必杀身成仁，问我辈谁全节义；漫说通经致用，笑书生空读春秋”。是尊崇关公的，也表现了在资本主义萌芽时期，商人对传统读书求仕思想的挑战，同时也在调侃的语气中暗含着商人在政治上的无奈。献殿后面是过廊，过廊后面是复殿。复殿内供奉着关圣及关平周仓，配殿供奉财神、水神、火神，都是掌管财运与福祸的。其柱础、阑额有精美繁杂的雕饰，无一类同，尽显山陕商人的财大气粗。大殿后为两层的春秋阁，面阔五间，进深两间，单檐歇山顶，为山陕会馆最高大的建筑物，二楼墙壁原有仿孔子圣迹图而绘的关于关羽生平的连环画。春秋阁得名于关羽读春秋的故事，仿孔庙的尊经阁而建，亦内含山西人读山东书之意，与山门上的楹联前后呼应，令人回味。

四、建造技术因素对于大运河建筑文化发展与传播的影响

大运河流域高度的社会生产发展水平，支撑起人们的建造能力和营造智慧，使建造技术在地文大区得到很大发展。各地区的自然、文化、经济、传统等诸多因素，使建造技术有着特定的脉络和源泉，表现出较稳定的适宜。而在大运河流域这个系统中，流动性是其特性。使人们对自然条件和社会生活产生了新的认识和理解，同时在特定地区条件下进行最为有效和便捷的选择，使建造技术表现出复合和适宜性，建筑文化也借以传播。

1. 园林技艺

明初，朱元璋有祖训："凡诸王宫室，并不许有离宫别殿及台榭游玩去处。"[58]明朝前期各地造园较少记录。至明中期，商品经济发展，禁令逐渐松弛，奢靡之风继起。正德、嘉靖两朝，皇室在北京大事兴作西苑，上行下效，各地官员也放胆在住所建造园林。首善之区北京、官僚集中的留都南京和经济文化发达的江南地区相继兴起造园之风。北京的私家园林的主人以官僚、贵戚、文人为多，使园林的内容既具有北方的刚健沉雄意味，又有几分雅逸清新的文人园林风格。

文人园的大本营是江南地区，多以追求雅逸和书卷气来满足园主人逸隐归真的思想。江南一些现存名园如南京瞻园、无锡寄畅园、苏州拙政园等都创于明正德、嘉靖年间。这些名园都是文人园，且造园技巧有长足发展。大运河的畅通，使江南造园技艺由南向北传播提供了更为便捷的通道。这主要表现在两个方面：一是南方技艺高超的造园匠师的频繁北上；二是有关园林的理论著作刊行于世。

在为数不少的北上流动匠师中，张南垣、张然父子是其中佼佼者。张南垣，名涟，江南华亭人，生于明万历十五年（1587年），毕生从事叠山造园。据戴名世《张翁家传》载："少时学画，为倪云林、黄子久笔法，四方争以金币来购。君治园林有巧思，一石一木，一亭一沼，经君指画，即成奇趣，虽在尘嚣中，如入岩谷。诸公贵人皆延翁为上客，东南名园大抵为翁所构也。常熟钱尚书、太仓吴司业，与翁为布衣交。翁好诙谐，常嘲两人，两人弗为怪。益都冯相国构万柳堂于京师，遣使迎翁至，为之经画，遂擅燕山之胜。自是诸王公园林，皆成翁手。会有修葺瀛台之役，召翁治之，屡加宠赉……畅春园之役，复召翁至，以年老，赐肩舆出入，人皆荣之。事竣，复告归，卒于家"。[59]可见，张南垣因叠石技艺成名于东南，名播于京师；不仅为江南大贾构筑园林，而且亦为朝廷王公经画。与一般匠师不同的是，张南垣文化素养较高，对造园有自己见解，认为"惟夫平岗小坂，陵埠陂陁，版筑之功可计日以就，然后错之以石，棋盘其间，缭以短垣，翳以密条，若似乎奇峰绝嶂，累累乎墙外，而人或见之也。其石脉之所奔注，伏而起，突而怒，为狮蹲，为兽攫，口鼻含呀，牙错距跃，决林莽，犯轩楹而不去，若似乎处大山之麓，截嵠断谷，私此数石者，为吾有也。"[60]这是对传统以小体量的假山来缩移模拟真山的革新，开创了一个叠山艺术的新流派，对北方皇家园林中大气魄、可入可游的堆山有一定影响。

张然，字陶庵，张南垣次子。早年在苏州洞庭东山一带为人营造私园之叠山已颇有名气。顺治十二年（1655年）北上京城参与重修西苑。康熙十六年（1677

年）张然再次北上，在北京城内为大学士冯溥营建万柳堂，为兵部尚书王熙改建怡园，此后，不断为诸王公士大夫营建私园，名满京师。康熙十九年（1680年）供奉内廷，先后参与了重修西苑瀛台、新建玉泉山行宫以及畅春园的叠山、规划事宜。康熙二十七年（1688年）赏赐还乡，晚年为汪琬的“尧峰山庄”叠造假山，极为成功。汪琬为此写诗《赠张铨侯》：“虚庭蔓草秋茸茸，忽然幻出高低峰；云根嵯牙丛筱密，直疑天造非人工。”评价很高。

像张南垣父子这样的造园工匠，在江南地区为数不少，这些匠师各有绝技，与文人在造园过程中相互切磋，大大提高了造园的效率和内涵，并在广泛实践的基础上积累了大量创作和实践经验，理论得到升华，著作刊行于世。《园冶》、《一家言》、《长物志》是其中有代表性的著作。

《园冶》作者为计成，江苏吴江人，生于明万历十年（1582年）。计成因为偶然的叠石而获得好评后，后半生便专门为人规划设计园林，实践之余，总结其丰富经验，写成《园冶》一书于崇祯七年（1634年）刊行。其中在总论中提到的“巧于因借，精在体宜”、“虽由人作、宛自天开”的两句话也被后人誉为《园冶》的精髓，并成为造园的“金石名言”和判断园林作品高下的试金石。

《一家言》又名《闲情偶寄》，作者李渔，钱塘人，生于明万历三十九年（1611年）。第四卷“器玩部”是关于建筑和造园的理论，强调“雅”是造园的艺术标准之一，竭力反对墨守成规，提倡勇于创新。认为园林筑山不仅是艺术，还需要解决许多工程技术上的问题。提倡土石相间或土多于石的土石山做法，认为用石过多会违背天然山脉的构成规律而流于做作。李渔推崇以质胜文，以少胜多，这都是宋以来文人园林的叠山传统。

《长物志》的作者是文震亨，苏州人，生于明万历十三年（1585年）。《长物志》共十二卷，其中直接涉及建筑与园林的有：室庐、位置、几榻、花木、水石、蔬果、禽鸟等七卷，其余的虽属室内器物和生活用品，但却是中国园林特有的内容，也能从另一个角度反映中国士文化的特色。如在水石卷，作者认为“石令人古，水令人远，园林水石，最不可无”，将水、石提到了人生哲学的高度，由此进一步分析了园林中各种水池、瀑布以及山石的形态与布置。

《园冶》、《一家言》、《长物志》以及其他不少有关园林理论总结的专著在同时期先后刊行于江南地区，作者都是知名的文人，也意味着诗、画艺术浸润于园林艺术的深刻程度，这些文人能诗善画，多才多艺，对园林有比较系统的见解，且游历颇广。如计成中年曾漫游北方及两湖；李渔平生漫游四方，遍访各地名园胜景，先后在江南、北京为人规划设计园林多处，晚年定居北京，为自己营造“芥子园”；文震亨作过官，晚年定居北京。所以这些著作一方面凝聚着作者广泛的造园经验，另一

图15-26. 北京半亩园
［清］麟庆《鸿雪因缘图记》

方面随着江南文人沿运河北上和著作流传，使得南北园林得到进一步交融。

北京半亩园是清康熙年间的名园，李渔参与了规划设计[61]。园内叠山为李渔所作，多为土石山，充分体现了李渔提倡土石相间的堆山叠石思想。半亩园是北方园林，曾多次改建，其密集规整的建筑、上人的平屋顶、叠石采用北方的片状青石等，体现了燕地刚雄的气度。同时，在这“半亩”小园中，可看出江南园林影响的痕迹，如宅与园之间有南北向夹道以为过渡，类似苏州狮子林的祠与园的处理方式；在北京内城水源匮乏的情况下仍力图于咫尺间表现大自然山水等（图15-26）。

在艺术层面，清代北京皇家园林不仅继承了北方园林的传统，更大量汲取当时江南私家园林在造园艺术方面的成就，清漪园是其中佼佼者。该园在乾隆亲自主持下历经15年连续经营而成。规划伊始即刻意写仿杭州西湖，正如乾隆在《万寿山即事》中所写：“背山面水地，明湖仿浙西。琳琅三竺宇，花柳六桥堤”，万寿山对应于西湖孤山，大报恩延寿寺的位置正好与孤山行宫的位置相符；西堤及西堤六桥则是对杭州西湖苏堤及苏堤六桥的直接写仿，西堤全长约2600米，自北而南蜿蜒于湖面上，与西湖苏堤的走势如出一辙。而以万寿山、西堤划分而成的里湖、外湖、后湖水域亦大致相当于以孤山、苏堤划分而成的外西湖、西里湖、里湖、岳湖等水域。游人走在清漪园西堤上，可隔水借景玉泉山及西山，与苏堤上隔着西湖眺望北高峰南高峰的感觉仿佛。这种写仿手法及其对江南景色的点题，还运用在圆明园的诸景色塑造中。以至于皇家园林呈现从“雅集”向“合集”的发展趋势。

2. 装饰工艺

砖雕是明清时期普遍兴起的一项装饰艺术。明清制砖业大发展，出现了高质量的雕凿用砖，并形成“凿花匠”这一专业工种。明代砖雕多采用《营造法式》中的“剔地起突”手法（南方俗称高肉雕），清代砖雕则在明代剔地雕的基础上，大胆吸收木雕技法，形成更为多样化的构图，如脊花等处的透雕，墀头部位的高浮雕，透空的砖雕花窗，整条横枋表面的缠枝花卉及戏剧故事等手卷式构图等，并借鉴嵌雕手法，用砖榫卯挂镶立体花卉等。

大运河流域砖雕应用较多的是北京地区和江南地区。江南地区中，苏州砖雕历史较久，现有明代砖雕实例不少。以苏州东山民居砖雕为例，雕刻广泛，一是与苏州制砖业发达有关，苏州西北的陆墓盛产各种装饰用砖，质量达到很高水平，带来和促进砖饰技术的发展；二是与苏州东山人拥有雄厚的经济实力有关，当时东山人经商和做官的特别多；再就是附近有经验丰富、技术高超的“香山帮”工匠队伍。苏州东山住宅砖雕的使用部位集中在大门的门楼或墙门上。门楼的上下枋、垂莲柱、牌科及字碑运用砖雕最多。上枋常雕有纤细的花卉，下枋常用多块砖拼雕成鲤鱼跳龙门或其他横向画面，上枋的上面是用各种异型砖加工成各种构件拼装而成的仿木构的牌科。枋上模仿木构包袱彩画进行雕刻，常雕有瑞祥动物、人物轶事、戏曲故事以及武将宦臣等题材，垂莲柱亦仿木结构（图15-27）。

图15-27. 苏州网狮园门楼砖雕

北京的砖雕工艺发展较晚，从实例来看，估计在乾隆时期受南方影响而推广[62]。可能由于黑活[63]不受等级制度限制，加之相对木雕，砖雕有一定的耐久性，适合作外檐装饰材料；而相对石雕，砖雕较易获得材料，成本低，易于雕凿，北京大量的民居、祠堂、会馆多有采用。四合院是北京民居的代表，砖雕多用在墀头的戗檐砖及博缝头、清水脊的盘子、平草砖、攒尖宝顶、什锦窗边框、砖影壁及廊心墙的中心四岔雕花等处。四合院如意门的砖雕装饰是重点，十分考究（图15-28）。值得一提的是，讲究的四合

图15-28. 北京礼士胡同四合院门楣砖雕
马炳坚. 北京四合院. 天津：天津大学出版社，1999：144.

图15-29. 北京礼士胡同四合院廊门筒子砖雕
马炳坚. 北京四合院. 天津：天津大学出版社，1999：139.

图15-30. 北京圆明园乐寿堂内罩
楼庆西. 中国传统建筑装饰. 北京：中国建筑工业出版社，1999：102.

院，正房、厢房均有抄手游廊串通形成一个环形交通系统，在廊端，留有门洞供人通行，成为廊门筒子。其上方为门头板，此处砖雕精美丰富，板心处雕饰题字，蕴涵丰富，意境深远（图15-29）。与南方砖雕不同的是，北京砖雕的题材较少人物故事类，而多自然花草、吉祥博古图案、锦纹蕃草图案类，特别是福禄寿三星题材广受欢迎，反映了各地不同的文化传统及心理渴望。

装修因气候因素在南北方风貌有异。南方夏天气候闷热，建筑室内通风是很重要的问题。所以，江南地区的许多建筑的隔扇窗皆可拆卸。同时，室内采用罩来分隔空间。在梁枋以下，两柱之间，用木条组成透空花纹，紧贴于梁下柱边，中间留出空洞，称之为罩。两端下垂不到地者为飞罩，下垂及地者称为落地罩，罩下空间或圆或方，多呈不规则形式，罩上不设门窗，可以自由通行（图15-30）。这种空透的隔断，既取得空间相续、隔而不断的流动空间的效果，也使空气流动顺畅，解决通风问题。如苏州拙政园的林泉耆硕之馆，主体建筑是前后两个并联的鸳鸯厅，两厅之间用落地圆光罩分隔，两厅使用空间分明，但互相渗透，当周围窗扇打开，周围院落微风便能穿透建筑内部，形成穿堂风。这种隔断除了各种罩，还有博古架、纱隔等最为突出，是把宋元时代的丝帐罗帷的构思建筑化的创造（图15-31）。这种盛行

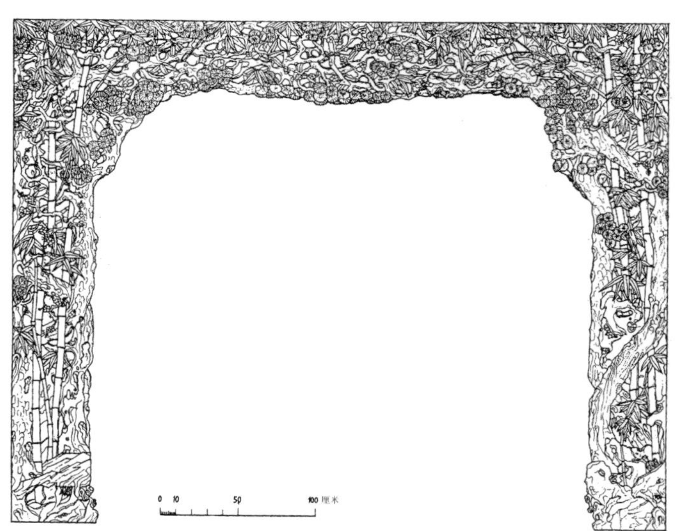

图15-31. 苏州耦园山水间水阁落地罩
苏州民族建筑学会、苏州园林发展股份有限公司编. 苏州古典园林营造录. 北京：中国建筑工业出版社，2003.

于温和湿润的南方地区的装修方式随着人员的流动，也传到了北方。同治十三年（1874年）重修圆明园，仅天地一家春一座殿，即安设葡萄式天然栏杆罩、子孙万代天然罩、瓜蝶天然罩等14樘[64]。这是由于清宫样式房、如意馆中皆有许多南匠供役，楠木作、硬木装修多由南方工匠掌案。其中一些大型装修如宫室中的罩类，于南京制样开雕，然后运北京安装[65]。

3. 材料技术

建筑材料是建筑物质存在的基础，地方材料的特色为建筑提供了条件和限制。在中国大一统专制统治下，君王占据了全国最好的资源，征调各地的优良建筑材料到京城建设，大运河成为建筑材料流动的最理想载体。

明代砖瓦材料发展迅速并普遍用于建筑建造。运河一线分别建立窑厂烧制砖瓦。其具体分布地点：琉璃窑厂，在京师，以烧制琉璃瓦为主；砖窑厂，一在北直隶的武清县，一在山东东昌府的临清，一在江南的苏州。在运河沿线设置砖瓦窑厂，主要考虑就是运输方便，漕运船只带砖，有明文规定。《明会典》记："洪武间令各处客船量带沿江烧造官砖于工部交纳"。对粮船、料船、沙船、民船等都有明确带砖规定。如明初"临清砖就漕船搭解，后遂沿及民船装运。今（乾隆五十年，1785年前后）仍复漕船运解通州"。[66] 明代有八千到一万条运河船，[67] 带砖量极为可观。

临清境内为黄河冲积平原，沿运河两岸多为细腻的褐潮土，俗称"莲花土"，是烧制砖瓦的优质材料。朝廷"差工部侍郎一员于临清管理烧造，提督收放"[68]，使临清的砖窑厂成为当时全国规模最大的官窑制砖厂，生产规模为"岁额城砖百万"。[69] 临清砖窑厂专为皇家烧造修筑皇宫城陵及长城工程的用砖，因此，官府对砖的制作规格和烧造质量要求极为严格。窑厂烧造的砖分"城砖、副砖、券砖、斧刃砖、线砖、平身砖、望板砖、方砖"八个品种，仅方砖就有"二尺、尺七、尺五、尺二"四种不同的规格[70]。烧制出来的成品，必须棱角分明，光滑平正，色呈豆青，敲之无哑声者方为合格。然后每块成砖用黄裱纸包好，搭装漕船或民船运往通州，再转运京师及工程用地。在北京，使用临清砖修建的各大宫殿城陵，历经数百年仍坚固完好，其生产质量之高，制作技术之精湛于此可见（图15-32）。

苏州陆墓的御窑，因它在明朝初叶先后为南京、北京皇宫烧制御用金砖而得名。陆墓镇御窑村的土质上乘，细腻坚硬，"黏而不散，粉而不沙"，被苏州府选为烧制金砖的地方，所以"陆墓窑户如鳞，凿土烧砖"。[71] "黄阁罔下得宝墨，古人烧砖坚

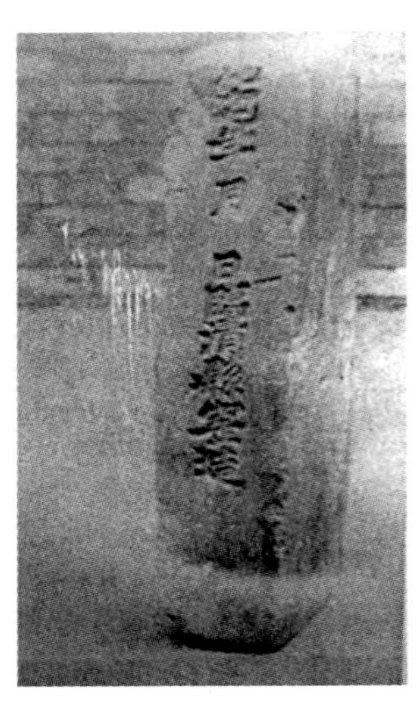

图15-32. 临清砖
傅崇兰. 中国运河城市发展史. 成都：四川人民出版社，1985.

图15-33. 北京紫禁城太和殿金砖墁地

于石”，金砖是大型方砖的雅称。这种方砖颗粒细腻，质地坚实，面平如砥，光滑如镜，“断之无孔，敲之有声”，像一块乌金，故称“金砖”。北京紫禁城宫殿的室内都用这种金砖墁地，规格有二尺、二尺二寸两种，每块重量一般有一百斤左右（图15-33）。烧制金砖的工艺独特，制作考究，工序繁复，耗时长久。从选土练泥、踏熟泥团、制坯晾干、装窑点火、文火熏烤、熄火窨水，到出窑磨光，往往需要一年半时间。每到限期，督造人员选择“颜色纯青、声音响亮、端正完全、毫无斑驳”[72]的金砖，从运河运到京城。

明清时期，运河流域经济发达，房屋营造量较大，建造技术则在实践中不断提高，自然就在匠师中间形成一个地区定型的程式。文化悠久的北京地区和江南地区都有若干成套的建筑经验，或某一工种的定型做法。但正如明代张瀚所说：“今天下财货聚于京师，而半产于东南，故百工技艺之人亦多于东南，江右为多，浙直次。”[73]经济的势能差使建筑技艺的传播呈现由南往北的态势。

大运河流域这个地文大区由线而面几乎跨越中国东部地区，它所流经的地域原有的地区文化并不完全由运河而生，但是在大运河贯通后，这些地区文化即受到大运河的影响而部分变异，产生新的地区文化，纳入整个大运河流域文化当中。同样地，建筑文化在大运河流域内是复杂而丰富多彩的，非一文所能涵盖。但应该说，如果把大运河流域建筑文化作为一个整体建筑体系来研究的话，商业文化无疑起着主导作用，并由此构成大运河建筑文化多元交织的特色。虽然南北建筑文化差异依然存在，但大运河流域内建筑文化的地区消融与趋同在发展着，并对后世产生了重要影响。

注释：

1 据《明会典》卷二十九载，为了提高漕运兵卒与运户的积极性，明政府采取了一系列优恤措施，其中之一便是准许漕舟免税搭载私货，在沿运码头贩卖.
2 万历《兖州府记》卷四，《风土志》.
3 康熙《济宁州志·》卷八，《风俗》.
4 高建军. 运河民俗的文化蕴义及其对当代的影响. 济宁师专学报. 2001（4）.
5 同4.
6 邵培仁. 传播学. 北京：高等教育出版社，2007：5.
7 《明太宗实录》卷二三二.
8 《明太祖实录》卷一一五.
9 南京午门的两观，在民国时仍有遗迹，现已无存.
10 安作璋主编. 中国运河文化史. 济南：山东教育出版社，2001：1500.
11 王世仁. 明清时期的民间木构建筑技术. 古建园林技术. 1985（3）.
12 乾隆《题文津阁》.
13 嘉庆《户部漕运全书》卷二一，督运职掌.
14 道光《济宁直隶州志》卷四，公署.
15 刘广新. 清代济宁"河道总督衙门". 安徽史学. 1996（4）.
16 刘玉平、贾传宇、高建军编著. 运河之都风采. 北京：中国文史出版社，2003：22.
17 乾隆《淮安府志》卷五，城池.
18［清］麟庆《鸿雪因缘图记》.
19 刘广生、赵梅庄. 中国古代邮驿史（修订版）. 北京：人民邮电出版社，1999：5.
20《明太祖实录》卷一六六.
21《明会典》卷驿传.
22［明］程春宇，《士商类要》.
23［清］蒲松龄，《高邮驿站》.
24 李鼎《李长卿集》卷十九，借箸编.
25 徐光启《农政全书》.
26 李斗《扬州画舫录》卷九.
27 嘉靖《常熟县志》卷四，《食货志》.
28 王在晋《越镌》卷二十一，《通番》.
29 王世贞《弇州山人续搞》卷6，送吴令湄阳傅君人觐序.
30 孙承泽《天府广记》.
31《清高宗实录》卷一四五三.
32 于慎行，东昌府重修碑记，载《谷城山馆文集》.
33 康熙《天津卫志》.
34 朱彝尊《日下旧闻考》卷一零八，京畿·通州一.
35 万历《兖州府记》卷四，《风土志》.
36《古今图书集成》《职方典》卷二五四，东昌府物产考.
37《古今图书集成》《职方典》卷二五四，东昌府物产考.
38 谢肇淛《五杂俎》卷十四，事部.
39 万历《兖州府志》卷四，风土志.
40 道光《济宁直隶州志》［明］杨定国：《义井巷创修石路记》.
41［明］何良俊，《何翰林集》卷12.
42 顾炎武《菰中随笔》.
43［明］叶梦珠，《阅世编》卷十，居第一.
44 万历《上海县志》卷一，地理.
45［明］谢肇淛，《五杂俎》.
46［民国］胡怀深编，《虞初近志》卷九.
47 高念华. 胡雪岩故居修复研究. 北京：文物出版社，2002：42.
48《清朝野史大观》.
49 白沙《望江南百调》.
50 王振世，《扬州览胜录·湖山识略》：3，凤凰出版社，2002年12月.
51《清稗类钞》第2册.
52［元］关汉卿《南吕·一枝花.·杭州景》.
53 幺书仪. 晚清宫廷演剧的变革. 文学遗产. 2001（五）.
54 刘玉平、贾传宇、高建军编著. 运河之都风采. 北京：中国文史出版社，2003：108.
55 王日根. 乡土之链：明清会馆与社会变迁. 天津：天津人民出版社，1996：28.
56 据沈旸. 明清大运河城市与会馆研究. 南京：东南大学硕士论文，指导教师：陈薇，2004.
57 碑刻《重修山陕会馆戏台、山门、钟鼓楼记》，存于聊城山陕会馆.
58《大明会典》卷一八一，王府条.
59［清］戴名世，《张翁家传》.
60［清］吴伟业，《张南垣传》.
61［清］麟庆《鸿雪因缘图记》三，"半亩营园"："李笠翁客贾幕时，为葺斯园，叠石成山，引水作沼，平台曲室，奥如旷如。"
62 孙大章主编. 中国古代建筑史（第五卷）. 北京：中国建筑工业出版社，2009：469.
63 清代工匠术论中称砖雕工艺为"黑活".
64 清代档案史料《圆明园》三八零"总管内务府奏，遵旨酌拟天地一家春等殿内桌张尺寸摺"中叙述同治十三年重修圆明园天地一家春，殿内计用各类花罩14樘。转自孙大章主编. 中国古代建筑史（第五卷）. 北京：中国建筑工业出版社，2009：528.
65 朱启钤《样式雷考》"嘉庆中，大修南苑工程，家瑞承办楠木作内檐硬木装修，至南京采办紫檀、红木、檀香等料，并开雕于南京"。转自孙大章主编. 中国古代建筑史（第五卷）. 北京：中国建筑工业出版社，2009：528.
66 乾隆《临清直隶州志》卷九.
67 江太新等. 漕运史话. 北京：社会科学文献出版社，2011：138.
68《明会典》卷一九零，《工部十》.
69 乾隆《临清州志》卷七.
70《明会典》卷一九零，《工部十》.
71《吴门补乘》.
72 据江苏巡抚张渠在乾隆四年的奏报.
73［明］张瀚《松窗梦语》卷四，百工记.

Chapter 16

Baifu Springwater, Du Longwang Temple and Longquan Temple

Zhang Jianwei

第十六章　白浮泉、都龙王庙与龙泉寺

张剑葳

郭守敬引北京昌平白浮泉作为通惠河和元大都水源，为大都增加了运输、景观和生活用水，并为大运河能够通航至大都城内起到了关键作用。对此，历史地理学者、水利史学者已有论述和介绍。其中首推侯仁之先生与蔡蕃先生的论述[1]。白浮泉的历史也因此颇为世人所知：白浮泉所在地龙山的山顶，保存有一座都龙王庙；白浮泉还拥有九座龙头石雕喷水的壮丽景观，“九龙池”如今已成为了白浮泉的代名词。然而围绕白浮泉，其相关的建筑和景观历史尚有许多方面不为世人所知，甚至有所误解。涉及以下几方面问题：

首先，白浮泉所在地龙山上的都龙王庙与龙泉寺，分别有着怎样的建筑史？“都龙王庙”的名号是什么意思？凭借“朝廷官方意识”与“地方社会观念”差异、对抗的视角，本文将试图解读都龙王庙与龙泉寺在建筑历史、社会意义上的关联，从而解释为什么白浮泉会有两座与“龙”有关的祠庙。

其次，本文首次将白浮泉和都龙王庙、龙泉寺共置于“水利设施——龙王庙”这一系统框架中加以考察，在此框架中发掘其所反映的龙王庙这一中国传统建筑类型的日常功能、社会功能以及象征功能。

第三，扒梳史料，配合样式分析，辨析天寿山“九龙池”与白浮泉“龙泉喷玉”这两处泉景，考察白浮泉九龙头石雕的建造年代，并借此阐释其作为一处景观名胜之丰富内涵。

一、白浮泉与元大都的水利

1. 郭守敬引白浮泉水开通惠河

历史上自北京成为都城之后，漕运和城市供水要求不断增加，水源问题就成为历代水利工作者不断探索和努力解决的问题。

元代建大都，粮饷供给大部分依靠江南，因此元初朝廷很重视漕运。至元十三年（1276年）穿济州漕渠，十七年（1280年）浚通州运量河，二十六年（1289年）浚沧州御河，开会通河。用了十几年时间，开通了京杭运河的大部分河段，使得江南漕粮可以北达通州，然后再沿坝河运至大都。此外，从至元十九年（1282年）开始试行海运，这些漕粮大部分也须经通州运至大都。[2]

但通州至大都仅有一条坝河水道可通漕，运量有限，又常患浅涩。陆路运输又道路不平，若“方秋霖雨，驴畜死者不可胜计”，与大都对漕运的要求矛盾很大。这时郭守敬经过对北京地区水资源及地形的详细勘查，提出从北京北部昌平山区引水开浚通惠河的宏伟计划，获得元世祖的批准并大力实施。通惠河工程经一年施工，于至元三十年（1293年）秋竣工，漕船可直达大都城内积水潭，获得了空前的成功。

“守敬因陈水利十有一事，其一大都运粮河，不用一亩泉旧原，别引北山白浮泉水，西折而南，经瓮山泊，自西水门入城，环汇于积水潭，复东折而南，出南水门，合入旧运粮河，每十里置一闸，比至通州，凡为闸七，距闸里许，上重置斗门，互为提阏，以过舟止水。帝览奏，喜曰：“当速行之”。于是复置都水监，俾守敬领之。帝命丞相以下皆亲操畚锸倡工，待守敬指授而后行事。

先是，通州至大都，陆运官粮，岁若干万石，方秋霖雨，驴畜死者不可胜计，至是皆罢之。三十年，帝还自上都，过积水潭，见舳舻蔽水，大悦，名曰通惠河，赐守敬钞万二千五百贯，仍以旧职兼提调通惠河漕运事。”[3]

白浮泉等泉被引作通惠河的水源，漕船才得以从通州开至大都城内。从这个意义上说，白浮泉正是元代京杭运河最北段的水源（图16-1）。通惠河通航后，既缩短了运距，中途也不再盘倒。据计算，这样可节省运输损耗1.5%，到元代中后期，每年可节省漕粮损耗三万余石[4]。白浮泉的利用，对元大都的城市生活、航运、景观用水具有相当重大的意义。

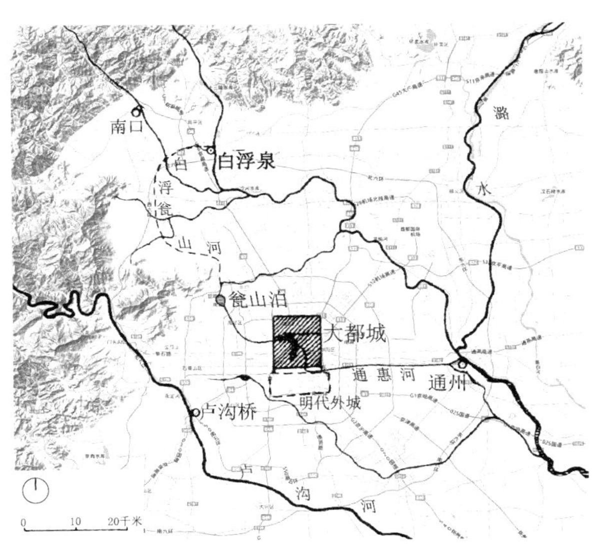

图16-1. 白浮泉区位
引自侯仁之. 侯仁之文集. 北京：北京大学出版社，1998：73；地形底图引自Google地图

2. 白浮瓮山河的供水路线

白浮瓮山河是指白浮泉到瓮山泊（今昆明湖）的这一段引水渠[5]。这条水道的路线自白浮村起，西折南转，到达瓮山泊。之所以要开挖这样一条引水渠，是因为大都与昌平之间有沙河和清河两条河谷低地，白浮泉水无法向东南越过这两个河谷而直接引至大都。面对这种地形条件，郭守敬设计的线路不是把白浮泉（高程海拔54米左右）直接引向东南，而是向西至西山麓；然后大体沿50米等高线南下，避开河谷低地，沿途拦截沙河、清河上源及西山诸泉，再向东南注入瓮山泊。这个线路，以现在的技术水平来看仍是最佳选择。现代水利工程京密引水渠，自白浮村至昆明湖这一段的线路，大体走向也基本与元代故道一致，仅小有调整，足证当初地形勘测之精确[6]。

白浮瓮山河一路汇聚导引的泉水，据《元一统志》载：

"自至元三十年（1293年）浚通惠河成。上自昌平白浮村之神山泉下流，有王家山泉、昌平西虎眼泉、孟村一亩泉、西来马眼泉、侯家庄石河泉、灌石村南泉、榆河温汤龙泉、冷水泉、玉泉诸水闭合，遂建澄清闸于海子之东。"[7]

郭守敬首先筑堰把白浮泉（神山泉）截住，绕神山（今龙山）南麓西行，过今凉水河村南，向西行有王家山泉汇入；过下捻头村南，有虎眼泉汇入；再向西，在横桥村西北过关沟水，向南转弯后，穿过今京密引水渠，过土城村西，有一亩泉、马眼泉在辛庄附近汇入；再过八口村，经东贯市村东南，有灌石村南泉汇入；再往南，又有温汤龙泉等泉水汇入；西北旺附近的冷水泉汇入之后，白浮瓮山河向南折，在翁山泊又有玉泉汇入。

水利史学者蔡蕃先生详细考证了白浮瓮山河线路及沿途各泉的历史位置（图16–2）。

郭守敬为了成功地把水通过白浮瓮山河引入瓮山泊，不但对供水路线作了十分周密的安排，对这条引水渠上的水利工程也精心布置。除了在白浮瓮山河全线两岸修筑堤防，筑堰将各条泉水阻断、导入水渠，还在每一条泉水汇入处设置了"清水口"交叉工程。

"清水口"，又称"笆口"，就是用荆笆编笼装石砌成溢流堰形式，堰顶可以溢流以便宣泄水势。同时这也是一种"自溃坝"，如果来水过大过猛，就会把荆笆石笼冲泄到下游去，从而通过垮坝来增大泄洪能力，以保证安全。[8]

白浮瓮山河水蓄入瓮山泊，使之成为大都城西北一座人工水库。这样通过调蓄，可保证运河与城市用水，在发挥漕运、灌溉、防洪等效益上，更好地实现综合利用。从瓮山泊流入大都城的河水又汇入京杭运河终点码头所在地积水潭，同时供漕运、城市园林用水、生活用水等，起到进一步调蓄作用。

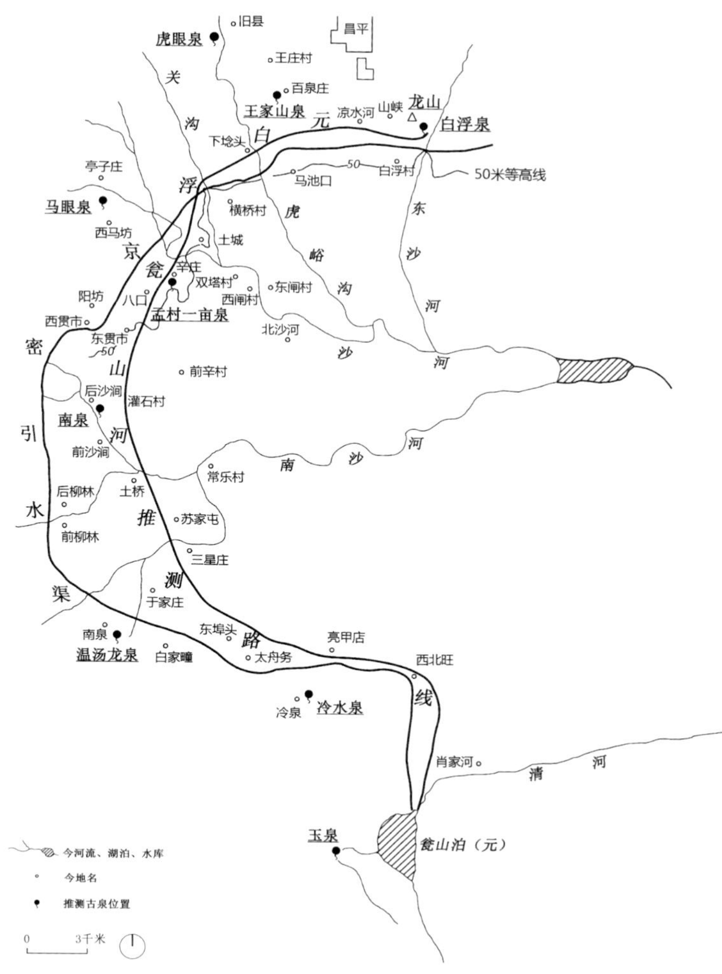

图16-2-1．白浮瓮山河经行路线推测

引自蔡蕃. 北京古运河与城市供水研究. 北京：北京出版社，1987：67.

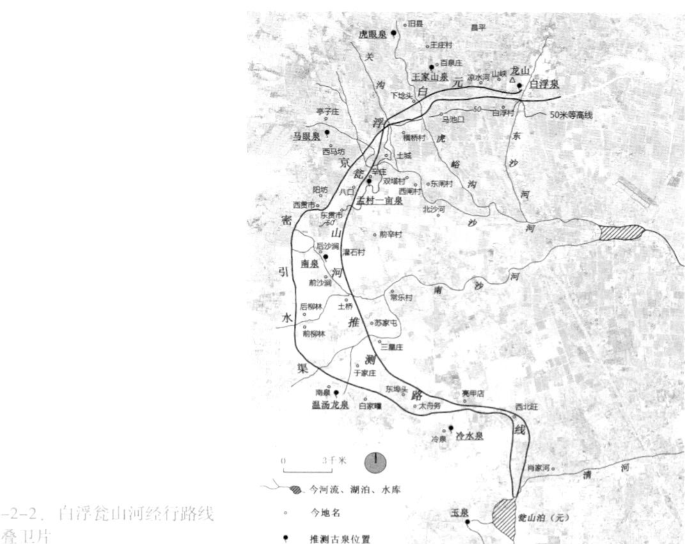
图16-2-2．白浮瓮山河经行路线图－叠卫片

3. 白浮瓮山河的湮废

白浮瓮山河是一条设计巧妙的人工引水渠，但这条长达60多里的引渠，与诸多山水相交十几次。正如水利史专家所指出的："这些交叉工程受当时技术、经济及工程条件限制，只能采取简单的平交方式。平交水道而无闸门节制，一遇山洪暴发，清水口处交叉工程难免被冲决"[9]。实际上元代确实数次发生全渠冲毁过半的情况，如《元史·河渠志》载：大德七年（1303年）"山水暴涨，漫流堤上，冲决水口"，役军夫993人，用了十天才修复。十一年（1307年），河堤又"崩三十余里"，花费半年时间修笆口11处。皇庆二年（1313年）因"白浮瓮山堤多低薄崩陷处"，历时半年修治了37里余。延祐元年（1314年）、泰定四年（1327年），直到元末至正十四年（1354年），都有较大规模修治。[10]

在经常修治疏通的情况下，白浮瓮山河能够保证使用。元末战乱，明初大都改为北平，这期间白浮瓮山河三十余年无人管理而湮塞殆尽。明初永乐五年（1407年）五月，北京行部曾奏请重修白浮河道："自昌平县东南白浮村至西湖景东流水河口一百里宜增置十二闸，请以民丁二十万，官给费用修置"。结果只批准以运粮军士疏浚治河道，而置闸之事从缓。[11]这次疏通白浮河道，未加筑其他工程，仍易被冲毁。通惠河也就逐渐失去了白浮瓮山河这条上源。

永乐七年（1409年）开始于白浮村以北二三十余里的天寿山修筑长陵，此后明代各帝陵均建在此附近。这以后仍数次有人提议重引白浮水济通惠河，但均以影响帝陵风水为理由遭到反对，如成化七年（1471年）吏部尚书姚夔等请开通惠河时，户部尚书杨鼎、工部尚书乔毅等人曾亲至昌平县踏勘，结论是："白浮泉水往西逆流，经过山陵，恐于地理不宜。"[12]

因此，成化年间疏通通惠河时，"元时所引昌平三泉俱遏不行，独引一西湖，又仅分其半，河窄易盈涸。不二载，涩滞如旧。"[13]这时，虽然白浮等泉虽然仍水量不小，却不再被引用。白浮瓮山河道湮废不用，以后也未见修治。

同时，嘉靖六年（1527年）御史吴仲在分析通惠河屡次疏通不利的原因时认为：妨碍帝陵风水、"黑眚"之说只是表面说辞，而根本原因在于权势阻挠，某些利益相关者从中作梗。任事官员也办事不力，才导致"所费不赀，功卒不就"[14]。

这样，运河和北京城的水源又回复到元代开通惠河以前的旧况。这在北京的水利史上，可以说是一种倒退。

二、都龙王庙——龙泉寺：两座祠庙的建筑史

明清两代，白浮泉虽不再作为北京城的水源，却仍然是昌平的一处重要水源和祈雨之地，承载了重要的社会功能和意义。其所在地自元代以来出现的两座祠庙，即是此段历史的重要见证。

元《析津志》载："白浮泉，源出（昌平）县东神山，流经本县东，入双塔河，为通惠、坝河之源。"神山，即白浮泉源出之白浮山，史志记载名称不一，还有龙泉山、龙王山、龙山、凤凰山等名称[15]。这座小山的山麓有白浮泉，山顶则有一座"都龙王庙"。《明一统志》载："浮山在昌平州南一十里，上有二龙潭，流经白浮村。元郭守敬引此水西折而南经瓮山泊流入积水潭，以通漕运。今潭上有龙神祠。"[16]可知至迟明代已有龙神祠。据清乾隆十七年（1752年）《都龙王庙置庙田碑记》：

"吾州东南去城五里许有山蔚然深秀，山下有泉水縠潺湲，峰回路转中有庙翼然者三，一白衣庵，一龙泉寺，其峰头则都龙王庙在焉。远近村墟有祷常获甘霖之沛，而守是邦者亦时戒祷于此。庙在，故山亦曰龙山，泉亦—龙泉。"[17]

可知乾隆年间龙山上曾有庙三座，其山顶的一座，即都龙王庙（都龙王祠）。昌平泉多，与龙、泉相关的祠庙亦多，其名常有重复，而同一座祠庙名称有时又记载不一，如都龙王庙，有时称为都龙王祠，有时称龙王庙，有时称龙神祠，给人造成混乱。同在龙山的都龙王庙、龙泉寺，也常被史志混淆。《（康熙）昌平州志》就曾把龙山山顶的都龙王庙认作龙泉寺：

"龙泉寺：有二，一在芹城北，天祐元年（904年）建。一在州治东南五里龙泉山顶。"[18]

但同时也说：

"都龙王庙：在龙泉山顶。明洪武八年（1375年）重修。"[19]

经现场勘查可知，山顶面积有限，仅能容下都龙王庙。龙泉寺应当位于山麓而非山顶。白衣庵现已无遗迹可考（图16-3~图16-5）。

都龙王庙、龙泉寺、白浮泉（龙泉）同时位于一座小山上，恐非偶然。都龙王庙、龙泉寺的建筑历史及二者的关系值得学者深究。

1. 都龙王庙的建筑历史

白衣庵与龙泉寺现在均已不存，其址建为龙山度假村。龙泉山顶的都龙王庙1989年修缮，现仍存有大部分建筑。都龙王庙位于山顶一块边长约50米见方的平

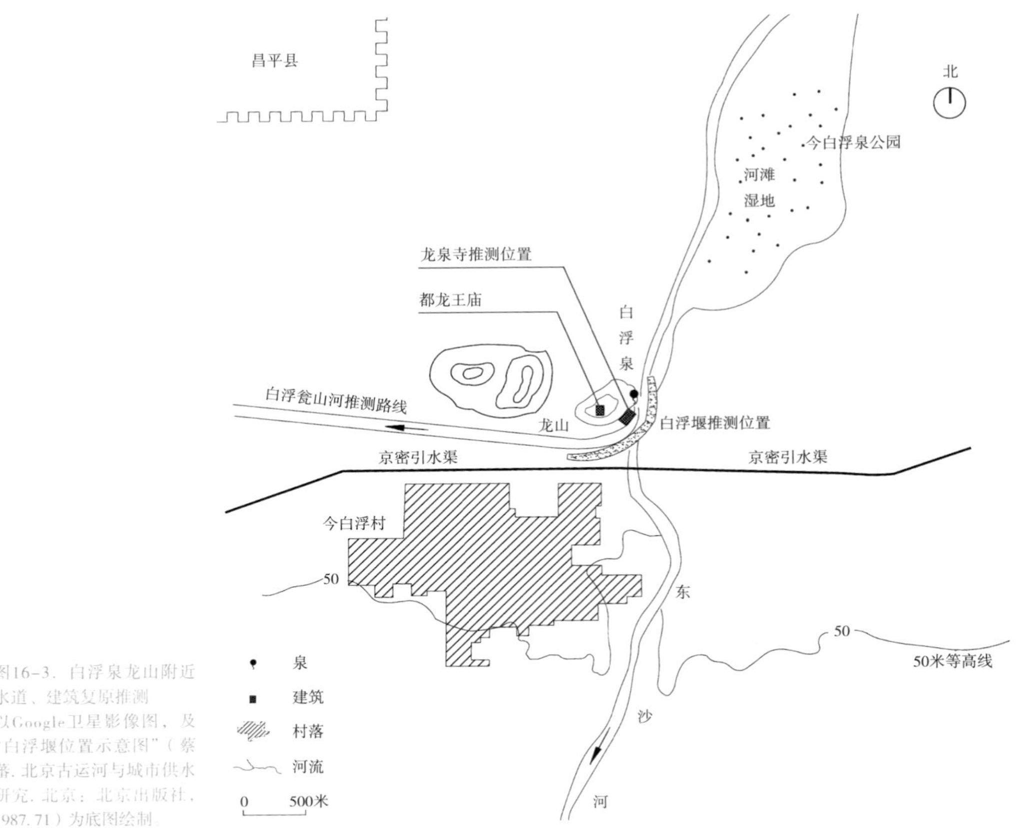

图16-3. 白浮泉龙山附近水道、建筑复原推测
以Google卫星影像图，及"白浮堰位置示意图"（蔡蕃. 北京古运河与城市供水研究. 北京：北京出版社，1987. 71）为底图绘制。

图16-4. 龙山现状照片（摄于2008年）
从龙山东侧向西北方向看龙山。山顶建筑即都龙王庙。

图16-5. 龙泉喷玉（龙泉漱玉）
引自［清］吴都梁修，潘问奇等纂.（康熙）昌平州志. 卷一 绘图志. 清康熙十二年（1673年）澹然堂刻本. 中国地方志集成 北京府县志辑第4册. 上海书店、巴蜀书社、江苏古籍出版社：12.

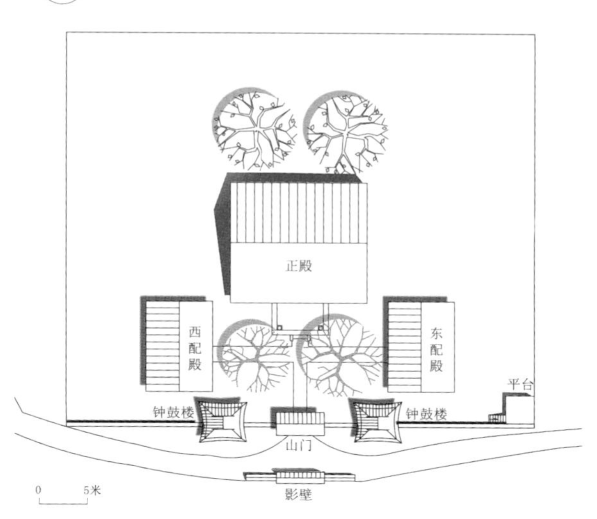

图16-6. 都龙王庙总平面示意

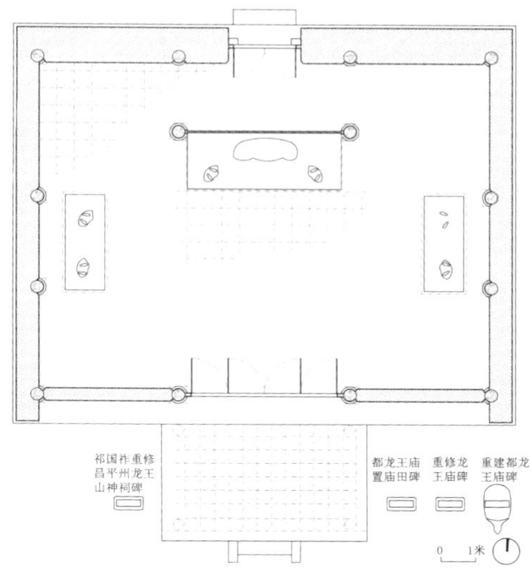

图16-7. 都龙王庙正殿平面示意

图16-8. 都龙王庙正殿现状照片
摄于2008年

地上，围以矮墙。主体建筑坐北朝南，自南向北沿中轴线布置照壁、山门、钟鼓楼、东西配殿、正殿（图16-6）。

钟楼、鼓楼均为单开间二层楼阁，歇山顶。东、西配殿为面阔三间的硬山建筑，均为近年修缮。正殿北侧有一块空地，可能原有后殿，但现从地面已观察不出痕迹。整个都龙王庙院落的东南角内侧，紧贴围墙内侧有一约1.9米高、边长3米的平台，功能未知。

正殿面阔三间、进深三间，正面明间前有月台。月台四角各有一柱础，推测以前曾有前殿或香亭。正殿为硬山屋顶，灰色布瓦，正面明间部分屋面使用了琉璃瓦。檐下无斗栱，梁头直接承檐檩。柱头施额枋、平板枋。屋内安天花，看不见上部梁架。由可见部分推测，通进深为九檩。柱子无卷刹，柱础均为鼓镜柱础（图16-7、图16-8）。

正殿正立面明间用四扇五抹头隔扇门，次间安槛窗。背立面仅中央开一拱券门，无其他隔扇、槛窗。室内仍有部分梁枋保留了原有彩画，其余均为修缮时新绘。彩画为清式雅伍墨旋子彩画。整体表现出清式建筑特征。

殿内供奉人形龙王像，配以从神。雕像及石雕须弥座均为近年新造。惟东、西、北三面壁画为旧物，惜已漫没不清，难以辨认画面题材。

院内现存有几块石碑，记录了都龙王庙明清时期的几次修缮工程。据明弘治八年（1495年）《重建都龙王庙碑记》：

“尝谓山不在高，有仙则名；水不在深，有龙则灵。昌平东南五里许白村北凤凰山上有都龙王庙，乃前朝所勅造，今犹存。盖以其山下有龙穴，所谓龙王渊金井龙所居也。”[20]

白浮泉既为元大都的重要水源，元时于其山头建立都龙王庙，亦合情合理，因此都龙王庙很可能确实为元代始建。具体是否为皇家敕造，现暂未找到元代文献证据。

该碑记录事宜，是位于昌平的天寿山钦差守备、司礼监太监郭福等人，于明弘治八年（1495年）至都龙王庙祈祷获雨，因而组织捐资重修都龙王庙。

此后未见明代其他修缮记录。清康熙五十一年（1712年）至五十二年（1713年），昌平的地方军事长官祁国祚前来祷雨获灵应，因而倡捐修缮了都龙王庙，同时也整修了龙山的山路。清康熙五十二年（1713年）《重修昌平州龙王山神祠碑记》有载：

“犹忆其时，方苦旱也，步祷昌平州龙王山神祠下，辙大雨，四境告霑足焉。噫！神之灵叹何往者！每徐徐验而兹之独立应叹。明年癸巳春，公念祠之残也，以神有功于民，大非他寺院可比。捐俸倡先，诸属吏随属其后，鸠工庀材，委摄州□顺义杨公督理而重修焉。”[21]

清康熙五十三年（1714年）《重修龙王庙碑记》继有记录：

“适值岁旱，辄步祷龙山祈求甘霖，目见殿宇倾颓，圣像损坏，墙垣残破，遂捐俸修理，更委署州事顺义县正堂杨老爷具□其事。鸠工庀材不惮，辛勤阅数月而五十二年春遂告成功焉。向诣龙山路甚促狭，不得坦平，今宽可客车。凡祈祷者不致有崎岖之叹。”[22]

至清乾隆年间，都龙王庙香火更盛，不仅每年都有社戏集会，龙山附近六十六村的村民还专门集资为都龙王庙购置了庙田，交与僧人耕种，自给自足。见清乾隆十七年（1752年）《都龙王庙置庙田碑记》：

“每年六月十三日报赛尊神演剧三朝，结社鸠资，香火繁盛。已岁，同社相谓曰：尔年为下寺，僧代焚修，晨昏钟鼓保无间断乎。曷若以余资筑僧舍而居之，以专司香火。屋成延僧至月者。于是诸村善士于捐银四十两买白姓地十八亩，外又劝捐一百五十金，以至月自功德林来，议赎功德林典与任姓地一顷二十亩，分六十亩以还功德林，下六十亩以作此处永远庙田，盖两泽相益而调剂适均焉。”

碑阴记有庙田之位置：

“大清乾隆十四年（1749年）六月置白姓地十八亩，坐落白浮村北东至刘姓，西至吴姓，南至王姓坟地，北至官道。十七年二月置功德林地一顷二十亩，分到龙王山陆十亩，坐落娄子庄，南至河沟，北至道，东至屈姓地，西至分与功德林地，共用银一百九十两整。”

一百多年后，光绪四年（1878年）前后华北大旱，山西、河南受灾尤其严重，昌平地区也受到影响，时任直隶霸昌道的续昌率部众至都龙王庙祈雨，“不三日而大霖。近畿一带亦于是日霑足甘雨”。大旱逢甘霖，意义非同小可。乡绅、地方官员专门报请李鸿章，请光绪皇帝御赐匾额一块。同时由附近乡绅集资，于光绪五年（1879年）对都龙王庙进行了修缮。记载见于《（光绪）昌平州志》卷一：

“上谕：李鸿章奏神灵显应，请颁匾额等语。直隶昌平州属凤凰山，旧有都龙王庙，灵应素昭。本年春夏间，雨泽衍期，经该州官民祈祷，仰赖神灵默佑，膏泽普霑，实深寅感。着南书房翰林恭书匾额一方，交李鸿章祗领，敬谨悬挂昌平州凤凰山都龙王庙，用答神庥。钦此。光绪四年。”

“李鸿章奏据署霸州道顺天府治中萧履中，详据昌平州知州吴履福，转据该州绅士候选助教朱莨等禀称：该州白浮村村北凤凰山旧有都龙王庙，每遇水旱祈祷辄应。本年自春徂夏，天久不雨，谷生黏虫。官绅及远近绅民诣山虔祷，旬日间甘霖大霈，谷之被虫蚀损者得雨复生，秋成共庆。现拟醵金重修庙貌。公恳奏颁扁额等情转详请奏前来……”[23]

光绪七年（1881年）《重修凤凰山山顶龙王庙碑记》[24]的记载亦可与此相印证，此不赘录。匾额的内容见于《（光绪）昌平州志》卷九：

“光绪四年祈雨有灵。奏请御赐‘祥征时若’扁额，重修殿宇。”[25]

2. 龙泉寺的建筑历史

龙泉寺（龙泉禅寺）现已不存，推测原位于龙山山麓东侧，即现龙山度假村的位置。白浮泉位于龙山东北侧，泉水汇聚成一片水面之后向南流出。龙泉寺可能就在这条泉水与龙山山体之间。据清曹天锡《晚留白浮山庄》：

“贫家偏好客人，移席就山庄。枣栗供新摘，壶觞出旧藏。微风残叶坠，落景晚砧凉。遥见龙泉寺，龛灯水一方。”[26]

白浮山庄在龙山南侧的白浮村，从那里能看见龙泉寺位于水边的灯火，表明龙泉寺大约在龙山山麓东侧或东南，傍泉水而建。

龙泉寺的始建年代，史志无考。据《敕赐龙泉禅寺开山记》碑[27]，可知其开山年代应为明景泰七年（1456年）。碑文模糊难以辨认，但仍能得出不少信息，兹录如下：

（碑首）敕赐龙泉禅寺开山记

□……□

□……□经兼 赐□……□宗

光禄大夫少傅兼太子太师礼部尚书□□太子宾客□□

京都之东北七十余里乃顺天府昌平县永安城，而其□东不五里

密高□白浮之泉水环流，而龙山之形此□□□□□舞翔翔□

天寿山龙蟠虎踞之地，则又羽翼居庸叠□之□□□□□□□□□

唐都龙王庙在焉，庙则灵应甚多而凡祭□……□

朝廷谕祀则民无不咸宁，叹惟□□则□……□

酉间幸遇

神宫监□御翟公□贵潘公林□□□ □……□

展无□□重开其西□……□

东斋堂禅堂廊庑□……□

致而□然□之所以□……□

御用监太监贾公□録其□……□

敕赐额曰龙泉禅寺，特命□……□

中贵信官□公开黎公瞻□……□

特焉。是岁丙子冬兴建□座□……□

佛□来之周包含宇宙，遍彻恒沙，贝□理□应万事□无为□□

图而俯□生于莫测所以弘斯道则必得□□□禅所兴造

□能□超云外师祖之道□能续大善知识息□翁之传□……□

□□亦以永刊中□……□金帛复起舍利□……□

□□□岁在□……□

碑文落款年代不可辨，但碑文中有官员职衔“光禄大夫少傅兼太子太师礼部尚书□□太子宾客”，翻检史书，符合此职衔的应为明代中前期历事六朝的老臣胡濙。据《明史·胡濙传》及李贤《礼部尚书致仕赠太保谥忠安胡公濙神道碑

铭》，胡濙于明仁宗时任太子宾客，宣宗时进礼部尚书，景帝时进太子太傅，景泰三年（1452年）进少傅、加兼太子太师，景泰四年（1453年）赐诰命、进阶光禄大夫[28]。碑文中提到兴工年代为“丙子’，则应为景泰七年（1456年）。此时胡濙的所有职衔均已加授，在时间上与此碑符合。

碑文中提到“唐都龙王庙在焉”，把都龙王庙的始建年代提早至唐。这亦非不可能，但并无可靠的证据；而更有可能的情况是：碑文有意无意地把龙山上的都龙王庙与昌平芹城的龙泉寺混为一谈了。前引《（康熙）昌平州志》芹城的龙泉寺始建于唐天祐元年（904年），又据《（光绪）昌平外志》及《昌平金石录》:

“神山在昌平县东三十余里芹城村。村有龙潭约九亩，有古龙泉寺，天祐元年造舍利宝塔。”[29]

可知，此芹城神山并非白浮泉与都龙王庙所在之神山（龙山）。《敕赐龙泉禅寺开山记》可能错把两座“神山”当成了一处；也很可能是故意混淆两座神山，从而把龙泉寺的始建年代上追至唐代。

要之，龙泉寺始建于明景泰七年（1456年）。其署名的倡建人不仅有宫廷内的高级别太监，也有德高望重的朝廷重臣，更获得了皇帝御赐的匾额“龙泉禅寺”。倡建者还试图将寺庙的历史追溯至唐代。碑文中所记载的寺院建筑至少有斋堂、禅堂、廊庑。存在斋堂、禅堂，说明寺中应有相当数量的常驻僧人。廊庑的作用可以是划分、围合院落，也可在多个建筑中起联系作用。这说明龙泉寺中有多座建筑，还可能有多个院落。因此，龙泉寺可以说是一座有皇家背景，建筑具备一定规模，规制较高的佛教寺庙。

据《重修建龙泉禅寺碑记》[30]，崇祯十五年（1642年），龙泉寺创建近两百年后进行了一次修缮。因该碑残损大半，无法获知这次修缮的更多情况。但可知倡捐者包括当时的天寿山提督等（据《明史》，该职由内官出任[31]）。

3. 都龙王庙考略

都龙王庙的独特之处在于一个“都”字。称“都龙王庙”的龙王庙，检索各地方志，在全国比较罕见。析其意义：

第一，昌平拱卫京城，因此“都”在此可能是“都城”的意思，“都龙王”即“都城的龙王”。

第二，“都”也有总的、首要的、核心的意思，如“都头”、“都督”、“都判”（阴曹的判官，为鬼卒的头目）、“都柱”（秦汉时建筑或墓室平面正中央的柱子）。《汉书》“都护之起，自吉置矣。”颜师古注曰：都犹总也，言总护南北之道[32]。

"都龙王"应指最重要的龙王、众龙王之首领。

中国古代官方正式册封龙神为王始于宋代，宋徽宗大观二年（1108年），下诏天下五龙神皆封王爵：青龙神封广仁王，赤龙神封嘉泽王，黄龙神封孚应王，白龙神封义济王，黑龙神封灵泽王[33]。并无"都龙王"，《元史》中亦无"都龙王"的封号。检索文献，未发现明、清时人对都龙王庙意义进行解释。但是，除了在北京、昌平有关史志中找到都龙王庙的记录外，还在《（乾隆）甘肃通志》中发现有"都龙王庙"的记录：

"都龙王庙：在'西宁府'城西；碾伯县在东关北隅。"[34]

《（乾隆）西宁府新志》亦载：

"都龙王庙：在城西三里许，侧有湫泉。岁旱邑民祷雨于此。总镇殷泰有碑记。"[35]

有青海学者论及青海的龙王信仰时提到：

"青海民间对龙王和水神的信仰是比较普遍的。就庙宇而言，建置早的府、县、厅、卫都建有龙王和水神的庙宇。在（20世纪）二三十年代以前，西宁府、西宁县、大通县、贵德县、丹噶尔厅（今湟源）等地均建有龙王庙。西宁府还建都龙王庙，丹噶尔厅还建小龙王庙。"[36]

从"都龙王庙"、"小龙王庙"并列的意义来看，"都龙王"似可理解为龙王之大者，而并非一定与京都、都城相关。

又如甘肃南部的洮州（今临潭），明代以来当地农业基层组织"青苗会"供奉十八路龙神。这十八路龙神多以明代名将为原型，加上封号而成为龙神，如：徐达为"陀龙宝山都大龙王"，安世魁为"镇守西海感应五国都大龙王"，朱亮祖为"南部总督三边黑磁都大龙王"，胡大海为"洮河威显黑池都大龙王"，常遇春为"总督三边常山盖国都大龙王"等[37]。这里的"都大龙王"亦可理解为总的、首要的，而与都城无关。正如宋代官属"都大"者，如"都大提举茶马"、"都大提点坑冶铸钱"等均与京城无关[38]。

因此，将都龙王庙理解为"总的龙王之祠庙"比理解为"都城的龙王庙"更为贴切。这也能解释为什么西宁也可能出现"都龙王庙"了。人们总是愿意看到，他们供奉的神不仅是本地的小神，而是法力无边、掌管天下的大神。

当然，因为昌平地近京城，在普通民众的意识中（尤其是昌平本地民众的意识中），龙山都龙王庙既是"都城的"、也是"总的"龙王的祠庙。

另一方面，位于都城中的皇帝、朝廷高官未必会对昌平的"都龙王"以为然，他们显然更愿意相信，如果存在"都龙王"（实际上明、清朝廷并未加封过这个名号），那么它的庙宇也应该是在帝都北京城内，或者最远也应该在北京近郊——就像他们规定的“都城隍庙”与“都土地庙”一样。为了说明这一点，我们可以先以材料相对丰富、学者早有讨论的“都城隍庙”和“都土地庙”为例：

据《上清灵宝大法》，都城隍神至迟出现于南宋[39]，但当时并无专门的都城隍庙。元代以朝廷名义在大都建城隍庙，可以认为这是都城隍庙的肇始。明代正式在典制中明确规定了与帝国行政体制同构的都、府、州、县四级城隍神系统，京师城隍（都城隍）统率各府州县，权威达于天下。都城隍庙正式出现在北京、南京和中都。《清史·礼志》载：“都城隍庙有二”，一座在沈阳，一座在燕京[40]。但实际上不仅某些省会，其他各级行政级别的聚落也都常有都城隍庙存在。据《都城隍庙考》，京城以外的都城隍庙有以下几种：近京都处，如热河都城隍庙；地方首郡城隍庙升级为省城隍庙时，直接改称为“都城隍庙”或“省都城隍庙”；所奉之神主号称为天下城隍，因而称都城隍庙等[41]。

在明清朝廷的官方意识形态中，都城隍庙必须于京城；但在民间社会，道教系统中作为天下总城隍庙的都城隍庙却并不因为官方礼制的规定而仅存在于都城。各地、各级城镇出现了不少都城隍庙，说明地方民众观念与官方意识并不一致——他们不觉得都城隍庙只能在都城，他们乐于本地有高级别的城隍庙。同样的，都土地庙不仅存在于北京，山东登州府、东昌府等地也都有都土地庙或都土地祠。

面对这样的观念差异和对立，官方的态度和措施有三种：要么予以纠正，如清代对明代遗留的南京都城隍庙：“若都城隍之号义系宅京，其祀当革者也”；对明代遗留的南京都土地庙：“都土地之号当革，义同都城隍者也”[42]。要么尝试用正统的意识去圆其说，如对清代西安的都城隍庙：“《会典》：京师始有都城隍遣祭之礼。此言都者，盖长安本古都，故云”[43]。而对大多数存在于州县乡里的都城隍庙，就只有睁一只眼闭一只眼，不追究，但也不支持。

明确了朝廷之官方意识与地方之民间观念的这种差异和对立以及官方进而对此的态度和措施，就可进一步理解都龙王庙与龙泉寺之间的深层关系了。

4. 都龙王庙与龙泉寺：地方民间观念与朝廷官方意识

龙被认为居于各种水体中，大至海、江、河，小至潭、泉、井，都可以是龙的居所。都龙王庙选址于龙山，显然与白浮泉（龙泉）有关。其所供奉之龙神，因掌管雨水，直接关系着一方农业之水旱丰歉，从而受到周围地区民众的崇祀。在元代，白浮泉不仅灌溉昌平本地，同时也是大都城市生活、运输用水之源头，其意义重大，因此这里的龙王被认为是比其他龙王等级高的“都龙王”是合情合理的。虽然现在缺乏更多确凿证据证明都龙王庙确为元代敕建（明弘治碑提到这一点），但考虑到白浮泉的重要地位，如果说“都龙王”称号的确认以及都龙王庙宇的建立都曾得到元代朝廷的支持，也是很有可能的。因此，在元代，都龙王庙可能同时受到朝廷和地方两方面的崇奉。

明初，白浮瓮山河湮废，白浮泉不再作为京城水源。天寿山明陵开始营建以后，向西流淌的白浮瓮山河甚至被认为于地理不利。这时，龙山都龙王庙在朝廷的官方意识中，就已经不存在像元代那样，能作为“都龙王”具备凌驾其他龙王之上的重要性了。但在民间观念中，尤其是白浮泉周围的民众和地方守备官员眼中，都龙王庙仍然是个关乎生计、有求必应的重要庙宇，完全配得上称“都龙王”。弘治八年（1495年）《重建都龙王庙碑记》就说：“凡境内遇水旱，有求必应，民受其利。可谓有功于山川，有裨于社稷，有益于生民”，因此“名曰都龙王良有以也，前人所以设其庙宇，以妥其神灵，俾之得以庙食百世，非谄也，宜也”。

于是，朝廷的官方意识与地方的民间观念在“都龙王庙”的名号上就产生了差异和对立。但是，中国以农业为本，靠天吃饭，雨水之于农业、之于社稷至关重要。据统计，旱灾是明清时期北京地区发生频率最高的自然灾害。在明代十六朝的二百七十七年（1368~1644年）中，北京地区平均约每21年出现一次特大旱灾，每4.6年出现一次重大旱灾；旱灾（包括特大、重大和一般旱灾）发生的总频率为平均1.8年一次，大大高于水灾发生的频率[44]。而在明清两代北京地区各州县中，昌平的旱灾指数综合又是最高的[45]。严峻的旱灾形势，使明朝帝王都在京师及近郊举行祀神祈祷，希望天降甘霖，解民悬困。在明代十四帝德《实录》里，举凡有天旱灾害，都有祈雨祭祀的记录。同时，自明太祖开始，明朝皇帝就经常下诏郡县访求应祀神祇，立庙建祠致祭，其中也包括能招致甘霖的龙神[46]。因此，位于旱情严重的昌平州、一向祈雨颇为灵验的龙山都龙王庙也必然成为明朝廷所关注的对象。

然而官方的礼制系统并不认可昌平的“都龙王”。朝廷对该都龙王庙采取不追究也不支持的态度，而在龙山敕建一座新的庙宇，即龙泉禅寺。

对比都龙王庙与龙泉寺的建筑形制和历次捐建人背景等因素，可明显看出这两座祠庙的差异及其分别折射出的朝廷官方意识与地方民间观念（表16–1）：

都龙王庙与龙泉寺对比分析 **表16-1**

对比项目	始建年代	宗教属性	建筑形制	历次工程捐建人身份	历次工程操办主持者身份	御赐匾额
都龙王庙	元	龙神祠祀，后又与佛教混合	主殿、配殿为硬山建筑，有小型钟、鼓楼。 建筑形制较低。	1. 出镇地方的高级别太监 2. 地方守备的中、下层官员，中、下层太监 3. 地方守备下属的各行工匠 4. 附近乡绅 5. 附近六十六村普通村民	1. 僧人 2. 乡绅 3. 地方行政官员	清末才得到御赐匾额："祥征时若"
龙泉寺	明景泰七年（1456年），号称唐代始建	佛教，禅寺	主殿不详。有禅堂、斋堂、廊庑等附属建筑。 建筑具备一定规模。	1. 朝廷重臣 2. 内廷高级别太监 3. 出镇地方的高级别太监 4. 乡绅、民众参与情况不详	不详	建寺时就有御赐匾额："龙泉禅寺"

都龙王庙崇奉龙神龙王，从宗教系统上来说，本应与虫神庙、关帝庙、八蜡庙、东岳庙、马神庙等同属祠庙，与佛教、道教寺观不属同类。但由于佛教传入中国后，梵文释典的雨神那伽（Naga）被翻译为龙，与中国古代相传的神龙混合，从而产生称为龙王的雨神，称为崇祀的对象[47]。因此龙神信仰也混入了佛教的色彩，对民众来说，经常分不清（也没必要分清）龙王庙究竟是神祠还是佛寺。于是都龙王庙在史志记录中，有时是"祠"，有时是"庙"。按说神祠的住持本不应是僧人，但都龙王庙的住持常常是僧人，这也反映了都龙王庙在宗教属性上的模糊性及民间祠庙较为随意的性质。

龙泉寺的宗教属性则一直很明确，在明景泰《敕赐龙泉禅寺开山记》中就确定为"禅寺"。该《开山记》提到"唐都龙王庙在焉，庙则灵应甚多"，有意或无意地混淆龙泉寺与都龙王庙的历史，将建寺史遥追至"唐都龙王庙"。而开山时却仍然使用"龙泉禅寺"的名称，显示其与都龙王庙（祠）的明确区别。

从建筑形制来看，都龙王庙形制较低，主殿仅为硬山屋顶。龙泉寺的具体形制虽无考，但据前文分析，龙泉寺有多座建筑，还可能有多个院落，建筑形制明显高于都龙王庙。

从历次工程的捐建人来看，都龙王庙的捐建人中，级别最高的为司礼监太监、天寿山钦差守备郭福（后转官内监太监）。虽然明代司礼监的掌印太监地位很高——“权如外廷元辅”[48]，但郭福主倡的这次工程并不是敕建。郭福在此次修缮工程中，是以其外派职衔“天寿山钦差守备”的身份倡导的捐建活动。弘治八年（1495年）《重建都龙王庙碑记》记录了这次工程的署名捐助人，有郭福下属的诸守陵太监，陵区驻防军事长官，昌平县行政长官、众多下层官吏、太监以及白浮村周围的普通民众。其中：

属于天寿山帝陵神宫系统的有：长陵等五神宫监太监，左少监、右少监，左监丞、右监丞，奉御狄庸，长随内史；工部厂监工官长随内史，司礼监长随内史。

属于天寿山附近军事守备系统的有：钦差守备黄花镇都知监右监丞，长陵等五卫指挥、掾房、千户、百户、总旗、五卫镇抚。

属于昌平地方行政系统的有：昌平县知县、县丞、典史、管工写字。

本次工程的各作工匠有：土作、石作、木作、瓦作、搭材、铁作、画作、塑作、油作。

以及白浮村及周边民众。

清康熙五十二年（1713年）都龙王庙修缮工程的捐助人为“特调整饬霸昌道兼理屯田驿传粮饷事□参政军功加六级祁讳国祚”（地方军事长官），“署州事顺义县正堂杨老爷”（地方行政长官），“昌平州廪膳生员”、“乡耆”（士人、乡绅）。乾隆十七年（1752年）都龙王庙修缮工程的捐助人为“六十六村众善人”。光绪四年（1878年）都龙王庙修缮工程的捐助人为昌平城乡的信众。[49]

可见，都龙王庙在当地具有很广泛的民众信仰基础，地方军、政长官，白浮村周边乡绅、民众会自发组织起来修缮建筑，购置庙田供养。应注意：镇守一方的官员、内官带头集资的修缮工程，均出于主事官员自发意愿，而不代表朝廷。

与此形成对比的是，龙泉寺署名的倡建人不仅有神宫监、御用监等宫廷内的高级别内官，也有胡濙这样德高望重的朝廷高官。更为关键的是，御赐匾额“龙泉禅寺”说明该寺的建立代表了皇帝的意愿，同时胡濙礼部尚书的身份也多少体现了龙泉寺属于官方认可的正统体制。

都龙王庙于光绪年间也终于获得皇帝赐额，但牌匾内容却是“祥征时若”而非“都龙王庙”，说明朝廷即使认可都龙王庙祈雨灵应，却仍然不承认“都龙王”的名号，未将其纳入官方认可的系统中。

综上所述，可以看出都龙王庙是一座有广泛民众信仰基础的地方神祠，代表了地方的民间观念；龙泉寺则是皇帝敕建的、官方背景深厚的佛寺，代表了朝廷的官方意识。元代以来都龙王庙在昌平的地方民间意识中具有比较久远的历史和信仰传统，其名号却不为明清朝廷的官方意识所认可。朝廷在龙山白浮泉这一

“祈雨灵验”的历史环境中，以号称久远的建寺历史和明确的佛教属性以及更大的建筑规模、更高的建筑形制，创建了龙泉寺这座全新的佛寺，试图抗衡都龙王庙，从而主导历史上颇为灵应的龙泉（白浮泉）祈雨。社会史学者在讨论明清洪洞地区的水案与乡村社会时认为：由国家权力机构取代地方精英进行水神祭祀活动，能够强化官方权威的影响力，使国家在处理地方事务时更具有利地位。“国家对民间信仰由不承认到默许直到亲自参与、组织和领导，说明国家已认识到民间祭祀这一形式的重要性，开始将权力通过这一途径向乡村扩展”[50]。由于史料的不足，现在并无证据表明龙泉寺建成后，朝廷开始在龙泉寺进行官祭以取代或主导都龙王庙的祈雨——事实上，碑文显示都龙王庙的民间祈雨一直流行至清末。但是，以上从地方民间观念与朝廷官方意识对抗这一角度来阐释都龙王庙与龙泉禅寺的建筑历史，或可合理解释为什么小小一座龙山集中了两座与龙、泉相关的祠庙。

三、水利设施——龙王庙：研究模型中的都龙王庙和龙泉寺

如果我们画一张北京地区龙王庙分布图的话，会发现很大程度会与京城的水源、水工设施等水利系统节点相重合。换句话说，许多水利设施，包括水源、水库、闸坝附近都有龙王庙。龙王是管理水的，因此在水利设施附近建龙王庙可以方便人们祭祀。但笔者认为，不应简单看待这个建筑现象，而应当将水利设施与其附近的龙王庙视作一个系统，在这个系统中，两者在建造历史、文化意义、社会功能等方面可能存在综合的关联和互动。杜赞奇（Prasenjit Duara）在分析华北农村基层社会的文化和权力结构时，已经注意到：在华北农村中，“平行于层级的水利系统，还有一套层级的龙王庙礼制系统与之大致对应”[51]。这里提出“水利设施——龙王庙”系统这一研究模型，对水利设施及其附近的龙王庙进行联合考察，旨在初步揭示龙王庙作为中国传统建筑的一种建筑类型，其建筑功能以及建筑符号的象征意义。

1. 龙王庙：以祠庙为载体的日常管理建筑

众所周知，龙王庙是祭祀龙神的场所，人们在此祈求甘霖或祈求安澜。但是，龙王庙作为水利工程日常管理建筑的功能却未被学界重视。现以位于北京门

头沟三家店村的一座龙王庙为例，略作说明。三家店村位于京西古道的要冲，是永定河的总出山口。永定河在历史上以难以利用著称，但三家店村的村民组织起来，用石头、石灰砌成漫水坝（名为兴隆坝），将位于军庄村南段的永定河拦截入引水渠道，用以灌溉农田。据《京都胜迹》载：

“（三家店村）村西有座龙王庙，院落严谨精巧。正殿三间，两厢配殿各三间，前有精致的小门楼。庙创建于明代，称为龙兴庵。清代顺治、乾隆、咸丰、光绪朝多次重修……据庙内的碑文记载，明崇祯十四年（1641年）村人侯印在三家店购买了大量土地，并欲引用永定河水灌溉，后因‘甲申春’（李自成进京事）寇患剥肤，农无宁畛。嗣清朝定鼎、惊鸿渐集，因援前旨白于计曹。复得按土者理业，以获有秋。从顺治年期开始兴建永定河上的水利设施——兴隆坝，至乾隆五十一年（1786年），已是‘沃野千畴，川涂沟浍灌溉以时，民之食其利也多矣！’”

“兴隆坝是京西民间兴办的水利灌溉渠道。它有固定的管理机构，办事公所就设在龙王庙内。据考察，兴隆坝有坝头、副坝头、正账先生，由兴隆坝沟渠流经的三家店、老店、麻峪、广宁坟、高井、五里索六个村落乡绅公举。”

“传说每年六月十三是龙王爷生日，庙会三天，收益村落地亩主人，都来庙中上香膜拜龙神。并在此时向兴隆坝交纳用水银钱，叫‘抽水费’。这笔钱用于堤坝、水渠的维修，管理人员的酬金。完全由兴隆坝自己掌管，统筹使用。”[52]

龙王庙作为水利工程管理建筑的案例还有通济渠上的某座龙王庙：

“堰上龙王庙、叶穴龙女庙并重新修造，非祭祀及修堰不得擅开、容闲杂人作践。仰堰首锁闭、看管、洒扫、崇奉、爱护碑刻，并约束板榜。”[53]

由于缺少元代文献的证据，昌平的都龙王庙是否曾作为元代白浮瓮山堰源头段的日常管理建筑暂不可考。但是，据乾隆《都龙王庙置庙田碑记》碑文记载，白浮村等六十六村的村民为都龙王庙捐赎的庙田就位于白浮村，与附近村民的田地同属白浮泉灌溉系统，那么可以推测，白浮泉水源的日常管理机构应当就设在白浮泉边上的都龙王庙或者龙泉寺。

2. 龙王庙：社会公共生产与生活的纽带

“水利设施——龙王庙”系统中的龙王庙，除了祈雨的功能，更与其附近水利设施控制的水体相关，又具体承担了水利设施的管理空间的功能，因此，它的建筑就承载了更加复合的、关乎民生根本的社会功能。

中国农村经济主要以家庭为耕作生产单位，但水利工程的建设和维护需要大规模团体合作，属于社会化生产，需要集中原本分散的个体生产力量。水利工程建设是社会公共生产，庙会、演戏是社会公共生活，后者以祭祀、酬神为表象，正如杨庆堃先生所论，“在农村社区，祭祀农业神的主要庙宇起到了整合农民社群的作用”[54]。本文认为，水利工程系统中的龙王庙作为一种建筑，此时所承担的社会功能和意义，与其他民间祭祀农神、虫神的建筑相比，无疑又更进了一步。因为“水利设施——龙王庙”系统中的龙王庙不仅更加具体地指向其系统内的水利设施，其所提供的空间功能也超越了单一的礼制和仪式功能，而更具现实意义。

三家店龙王庙的案例，很好说明了这一点。庙会、演剧、供神这样的社会公共生活是必不可少的表象，以此象征受到神佑，前一轮的公共生产得以顺利完成，同时更重要的是受益者在此时向兴隆坝交纳用水银钱，叫“抽水费”。这笔钱用于堤坝、水渠的维修，管理人员的酬金，从而为下一轮社会公共生产活动提供切实的动力。龙王庙在这个循环过程中，为两者的交替、转换提供了空间。

《都龙王庙置庙田碑记》记载都龙王庙“每年六月十三日报赛尊神演剧三朝，结社鸠资，香火繁盛”。也正体现了“水利设施——龙王庙”系统中，都龙王庙所起到的这种纽带作用。考虑到龙山山顶面积有限，庙会、演剧有可能不仅只在都龙王庙举行，在山麓的龙泉寺亦可能举行相关活动。据报载：“早年山脚下曾有戏楼。坐南朝北，10米见方，高5米，楼顶为单檐起脊。戏台5米见方，前面有木制护栏”[55]。该史料为附近居民口述，其具体数字未可尽信，但山脚下原有戏台建筑，应当是可信的。

3. 龙王庙：治水的建筑象征与权威空间体现

龙王庙的象征功能通过两方面体现：象征了工程实践上的治水或精神上的治水。

“水利工程——龙王庙”系统中的龙王庙，是国家、民间治水工程实施之后的另一实体见证。龙王庙的建立，意味此处有了供奉龙王的场所，因此本地获得了龙神的庇护。这种外在的表现形式，实际传达的是本地已经实施了水利工程，故本地的农业生产、社稷民生将会比工程实施之前得到改进，更有保障。即使工程与龙王并无实际上的关联，这一切在理论上也仍需龙王的保佑。例如堤坝漫口，抢险救灾工程完成后，须至龙王庙行礼：

“庚午以两江节钺底定李家楼漫口，合龙后，至龙王庙行礼竣，僚属以至卒徒，均叩谢且贺。”[56]

同时，对于非“水利工程——龙王庙”系统中的龙王庙来说，其建立可能与水利工程无关，但求雨、祭祀行为作为一种精神上的治水，也传达了龙王庙作为治水标识的象征功能。

龙王庙象征功能的另一重要方面，在于它是各级管理者建立、表现权威的空间。

朝廷敕建龙泉寺，可以理解为皇帝、国家试图通过建立一座新庙，主导龙泉祭祀，在昌平农村的基层社会建构权威；地方官祭祀祈雨、组织都龙王庙的修缮，是地方官在所辖区域树立权威的反映；乡绅带头祈雨、倡议修缮都龙王庙，也是其社会权威的体现。

以上论述了龙王庙的三种功能和意义的可能。可惜由于都龙王庙现在仅存有几座新修的建筑，龙泉寺又全无遗迹，本文无法对其建筑空间进行进一步的分析。在此社角下，北京的西山玉泉、昆明湖、积水潭、广源闸等水源或水利设施与其附近的龙王庙之间的关系都值得探讨分析；京杭运河沿线的南旺分水龙王庙、宿迁安澜龙王庙等其他许多著名龙王庙，亦可进行重新分析、阐释。

四、“龙泉喷玉”与“九龙池”的迷思：白浮泉的景观史

昌平泉多，以龙命名之泉、潭不只一处[57]，但在各个龙泉中，惟白浮泉不仅在水利上曾具有较重要的意义，且一直是著名景观。明清以来的“燕平八景”（昌平古称燕平）之“龙泉喷玉”，指的就是白浮泉（后改称“龙泉漱玉”）。（康熙）《昌平州志》云：

“龙泉喷玉：按州东南五里有龙泉山，上建都龙王庙。山之东麓泉涌山下石窦，潆洄如玉，喷吐清冽可爱。州之游观者无间四时，盖以此为便云。余见艺文志。喷字伤雅，今易漱字。”[58]

白浮泉遗址于1989年经北京市古代建筑研究所设计、整修，现归北京市一商局龙山度假村管理使用。整修之后的白浮泉遗址，水流汇成一片水池。石砌的池壁上嵌有九座龙头石雕。龙头一字排开，中央一座稍大且吻部突出较多，龙口喷水。两旁对称布列其余八座龙头，流水从龙口下的石洞喷涌而出，颇有气势（图16–9、图16–10）。新中国成立初期白浮泉仍有较大水量，后来水量渐小。现在龙口喷出的水已不是泉水，而是循环使用的景观水[59]。池边建有一座仿元代风格的亭，亭内有石碑，碑阴为侯仁之先生撰文之《白浮泉遗址整修记》，其中提到：

“白浮水导引入京，始于元初……及至明朝，白浮引水断流，而泉水喷溥如旧。水出石雕龙口共九处，下注成池，遂有九龙泉之称。山上有元朝都龙王庙

图16-9．白浮泉遗址现状照片
摄于2008年

图16-10．白浮泉九龙头石雕现状
摄于2008年

旧址，明代重建。”[60]

又据北京市市级文物保护单位档案“白浮泉遗址——九龙池、都龙王庙”条：

“明永乐年间曾两度修复通惠河，并于此源头处修建了九龙池。池壁以花岗岩石砌成，龙首均为汉玉石雕成后嵌入石壁。”[61]

由此，白浮泉、都龙王庙、九龙池这三者就联系到一起了。现在常有文化遗产爱好者寻至白浮泉遗址游玩、怀古，见到白浮泉九龙口喷水，便认为白浮泉即“九龙池”。

但是，史志记载，昌平还有一处名胜景点“九龙池”，与白浮泉并不在同一处。见（康熙）《昌平州志》“九龙池”条：

“‘九龙池’在昭陵右侧，泉出山麓，凿九龙以注池。详见刘侗小记。”[62]

《明实录》、明《寰宇通志》、清《天府广记》等文献也均提到过此九龙池。现在有些论著认为此“九龙池”即白浮泉之“九龙口吐水”（北京市文物保护单位档案即持此说）。对九龙池与白浮泉的混淆，尤以报纸、互联网上的各种文章为甚。这些关于白浮泉的文章多数是游记、介绍，却也不乏文化遗产爱好者以及历史学人的考证文章。而九龙池现已不存，如果再不加以扒梳辨析，若干年后事实终将难辨。因此，笔者认为，对白浮泉之“龙泉喷玉”与“九龙池”进行一番认真辨析，不仅能够正民众之视听，也具有学术意义。

1. 龙泉喷玉

（康熙）《昌平州志》中，除了对“龙泉喷玉”有专门记载，志图中也存有图景（图16-5）。

从“燕平八景”之“龙泉漱玉”（龙泉喷玉）图可以看出，龙山上共有三组建筑。山顶上建筑应为都龙王庙，山麓右侧靠水的一组建筑推测为龙泉寺，画面左侧的一组建筑应为白衣庵。泉水自画面右侧，从相对较高的山岩间流下，形成小水瀑，然后蜿蜒向画面左侧流出。画面右上角题曰“龙泉漱玉”。此图中并没有九龙头石雕，画面右侧的小水瀑表达的应当就是龙泉（白浮泉）的源头。虽然志书中的景图以表意境为主，未必会把全部细节在画中表达出来，但该志山川志与志图描写一致，均表明泉水是从乱石间流出，而没有提到九龙头：

“龙泉山：在州治东南五里。山之绝巅有敕建龙王祠。祠之西山腰间一洞，尝有人梯石而下，初狭渐敞。行里许，水声汹涌，不敢前。洞之北麓有龙潭，深不可测。潭之东有数泉出乱石间，清洌可濯，遇旱往祷辄应。山水颇佳，为一郡游观之所。即八景龙泉喷玉处。”[63]

再看（康熙）《昌平州志》、（光绪）《昌平州志》中明、清时人关于“燕平八景”的题咏[64]：

明崔学履题咏“燕平八景”的七言律诗《龙泉喷玉》：

“凭虚喷薄泻飞泉，矫矫翔龙出九渊。峭壁危崖愁绝倒，琼珠玉粒讶空悬。风定涧头声细细，雨余谷底水涓涓。怪来爽气清人骨，过客临流思欲仙。”

五言绝句《龙泉喷玉》：

“龙泉喷寒玉，汩汩无时停。道人对澄澈，游子扬清冷。”

佚名咏“燕平八景”《龙泉喷玉》：

“苍翠云际岑，泉流清且深。常疑有龙伏，喷玉解为霖。”

清杨自牧《夏日游龙泉山》：

“十里沙平出郭长，翠微一点拥僧房。日廻水榭晴溪绿，雨散山门杂树香。卧爱苔痕生座石，醉宜荷气入流觞。飞禽不去游鱼静，疑是相同趁夏凉。”

清卢永祯《阻雨龙王山寺》：

“千山烟雾拥孤亭，忽讶林皋失远青。细雨到池萍叶乱，凉风拂水藕花馨。难为去住商诸友，聊借依栖听梵铃。爱客有僧知解榻，蒲团相对夜谭经。”

这其中，没有一首诗文明确点出白浮泉（龙泉）之水源出九座龙头石雕。或以为崔学履诗中提到“矫矫翔龙出九渊”即象征九道泉水从九座龙口中吐出。但应注意，“九渊”之义早已形成相对固定的含义，其典出《庄子·应帝王》：“鲵桓之审为渊，止水之审为渊，流水之审为渊。渊有九名，此处三焉”[65]。或《庄子·列御寇》：“夫千金之珠，必在九重之渊，而骊龙颔下”[66]。因此“九渊”在此难以解释为九座龙头或九道泉水。

归纳志图与诗文对“龙泉喷玉”的描摹，可以看出，其中没有任何直接描写或隐喻九座龙头石雕、或九道流水的字句。白浮泉在明、清时人心中的主要景观意象是：野趣较浓，水量很大、可以形成流瀑，泉水喷泻而出，水花飞溅，泉积水深，疑有龙伏，泉水清洌等。“龙泉喷玉”之得名，并不一定非要泉水从龙口喷出；（康熙）《昌平州志》即明确表示是因为泉水“源出汹涌，俱得以龙称”[67]。

光绪五年（1879年）修订《昌平州志》，经实地考察，修订了旧志的一些谬误，如旧志曾将白浮山、龙泉山认作两座不同的山。该志此处对泉的描述仍然是“泉出乱石间”。对京师名胜考证详细的《日下旧闻考》，以及对河渠考证尤为详实的（光绪）《顺天府志》此处也均为“泉出乱石间”，未提到九龙头[68]。

可见，截至清光绪五年修志之前，白浮泉“龙泉喷玉”，是否有九座龙头石雕的景致，是值得怀疑的。

2. 九龙池

与“龙泉喷玉”形成鲜明对比的是，昌平的另一处“九龙池”景却以九座石雕龙头喷水而为明清时人熟知，明清时不少地理文献对九龙池都有记载。这座“九龙池”在昌平城北天寿山中，位于明昭陵之西南（图16-11、图16-12）。

明景泰年间（1450~1457年）的《寰宇通志》中已录有“九龙池”条：

“九龙池：在天寿山中西南。泉出九穴，穴凿石为龙吻，水从龙吻喷出，潴而为池，缭以短垣。盖备车驾临幸处也。”[69]

（康熙）《昌平州志》艺文志载有明人程敏政《九龙池纪略》：

“成化戊戌春有事于西陵，自昌平抵齐，约商懋衡、李世贤两太史寻九龙池，跨马迤西山而南绝小石间……池方广踰十丈，重垣护之，覆以黄甓，石琢九龙首嵌西垣下，呀然张颏喷泉沫入池……听陵卒道文祖驻跸泉上事，久之乃去。”[70]

可见这座九龙池有黄瓦重垣围合，且有看护陵园的陵卒住在附近，其制甚高，很可能属于皇家陵园的一部分。陵卒所言来泉参观驻跸的是“文祖”，即明成祖朱棣[71]。

因此，九龙池至迟于明景泰年间就已存在，其年代极有可能早至明初永乐年间。至于九龙池的功用，据《世宗实录》卷15：

“嘉靖元年六月……庚子，康陵神宫监太监刘杲奏讨天寿山空地并九龙池菜园栽种果菜，以备四时供献。命户部给之。”[72]

顾炎武《昌平山水记》：

“九龙池在昭陵西南，于山崖下凿石为龙头，泉出其吻，潴而为池。上有粹泽亭，中一间，旁各三间，门二道，东向，缭以周垣，为车驾谒陵事毕临幸之所。嘉靖十五年，世宗所敕建也。”[73]

以及袁宏道《陪祀昭陵看山纪略》：

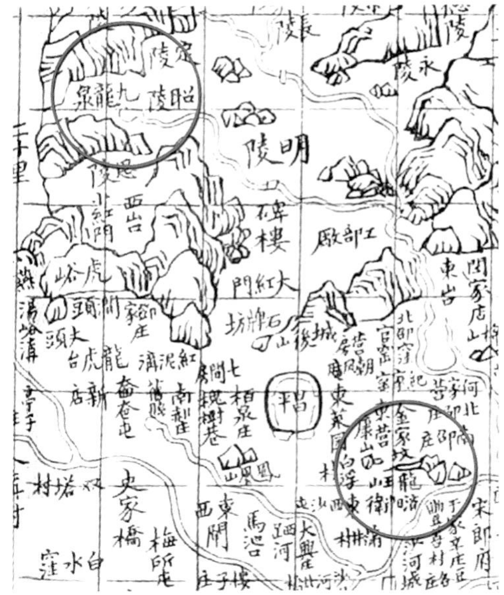

图16-11. “昌平州图”中的白浮泉与九龙池
引自［清］万青黎、周家楣修，张之洞、缪荃孙纂.（光绪）顺天府志. 卷十九 地理志图. 中国地方志集成 北京府县志辑第1册. 上海书店、巴蜀书社、江苏古籍出版社.

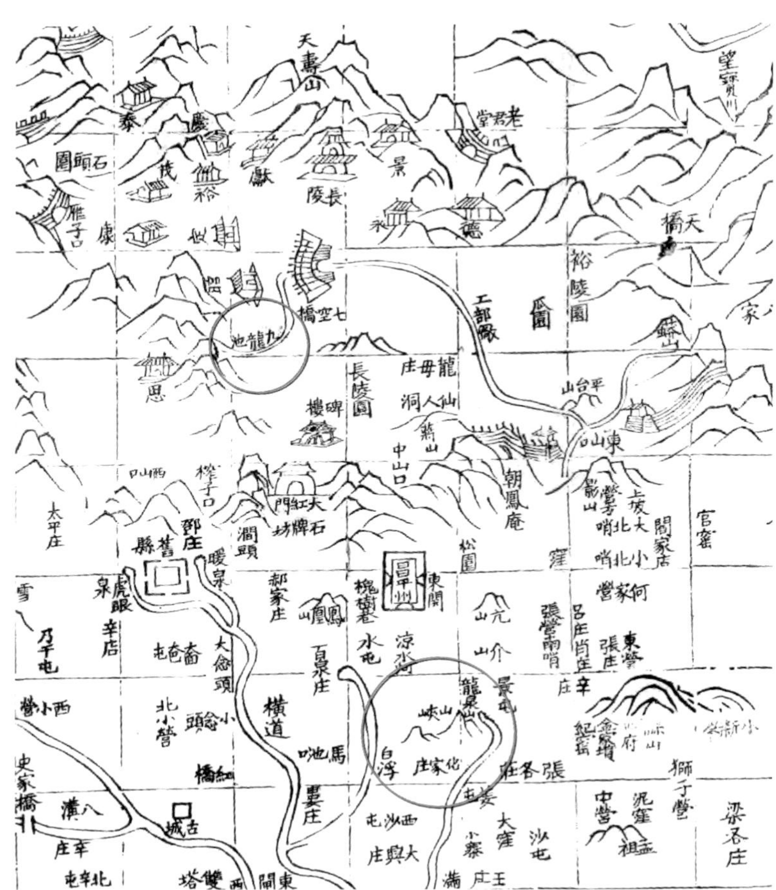

图16-12. “昌平州舆地图”中的白浮泉与九龙池
引自［清］吴履福等修，缪荃孙等纂.（光绪）昌平州志. 卷二 舆图记. 清光绪十二年（1886年）刻本. 中国地方志集成 北京府县志辑第4册. 上海书店、巴蜀书社、江苏古籍出版社.

“清明日与曾太史退如、刘民部元定陪祀昭陵，诸山尖秀生动令人意勃勃。初至九龙池观水，随谒今上寿宫。”[74]

可知此九龙池确属皇家陵园的附属景观，为皇帝谒陵之后常临幸之处。陪祀、谒陵之文人、官宦或先至九龙池观景，或谒陵后至九龙池休息，留有不少诗文。

如明刘侗《帝京景物略》卷八“九龙池”条描写甚详：

“泉得山英，石得山雄。不知其地中土也，视其石，濡而密致，泐之而柔，五土四备已。不知其气行地中也，酌其泉而甘，权他泉而重焉，熟之速，凉之迟焉，四气春夏备已。九龙水，出翠屏山之阳。泉出为池，池方十丈。池出为溪，溪五里。谒泉者沿溪入，石濑左右，溪以浅深，蒲苇以浅深。溪行者以盘折藏露，望前菁林中，晃晃黄甓出缭垣上，九龙池也。望林端百尺，云头层层，瞰池危立，大声出其间者，池上壁，壁间泉也。泉脉乎石者怒，而其脉九，凿九龙吐之。非龙，其势亦吐，不缭缭而帛，则珠珠而帘耳。吐泉破池，池面创，水虢散，雾沫所及，桧竹桃李，夹池丛丛。水之定处，见峰影苍黑，当池之南稍东。而池影又动，水趋关逐渠绕绕，西入山田，去作农务矣。世宗谒陵过池，命构一亭、一台于池之北，亭曰粹泽也。今陵卒伙颐，道列圣驻跸事。”[75]

又有明人题诗多篇，选录三首如下[76]：

“绩溪胡松《从观九龙池水殿》：水殿新营御幄西，上皇曾此数登跻。千秋古树凌云上，九道甘泉瀑布齐。柳带年光含白雾，花将春色上黄鹂。从游拟献长杨赋，臣朔无能媿不稽。”

“上元许谷《九龙池》：九位时乘石作龙，穿池引水水含空。风前活活骊珠吐，地底原原碧汉通。缇幕尽悬金榜外，翠华齐降碧岩中。即看在藻思鱼跃，还与微臣望幸同。”

“歙县汪道昆《九龙池》：水殿三秋爽，山泉九派清。寻源迷径入，倚槛忽云生。星沫悬河鼓，风波动石鲸。敢论临太液，或恐象昆明。”

直到明末，九龙池始终都是昌平的一处与帝陵相关的重要景观。明万历朝曾在皇帝关心下专门加以修治：

“万历十一年四月……庚午，命工部挖九龙池到石底止。若无石底，往下再挖三尺。工部言九龙池原无石底，恐深挖致倾石岸。本池与昭陵切近，龙脉所关，尤当慎重。上是。”[77]

入清以来，九龙池逐渐败落。康熙年间，粹泽亭即已倾圮：“粹泽亭何在，空余水一池”[78]。现今池已不存，龙头石雕仅余三座，其中一座较为完整（图16–13），其余两座已残破，位于昌平区昭陵村内。

图16-13. 九龙池龙头石雕

3. 白浮泉九龙口喷水的年代

可以看出，九龙池最有特点之处就是有九座石雕龙头，九道泉水从龙口而出，气势可观。围绕这一特点予以题咏是自然而然之事，可是，“燕平八景”之“龙泉喷玉”在北京、昌平的方志中却没有发现任何与九座龙头石雕有关的记载，在艺文、金石中也找不到半句描述九龙头的题咏和记录。何以相同的地理文献，对一座“九龙池”之九龙头详加描述，却对另一座同样著名的“九龙池”之九龙头绝口不提呢？这不能不让人心生疑惑——龙山白浮泉在明、清时期是否存在有九座龙头石雕？现在白浮泉的九龙头石雕究竟是什么时候的作品？

据蔡蕃先生20世纪80年代初调查白浮泉时的描述：

“山麓西北有泉，过去出水甚旺，现址潭侧有石雕九龙头。新中国成立初仍可见泉涌，但出水已比民国初年减小（近年更微，由于改用抽水机提至山顶供饮用，现已不见出流了）。”[79]

文中同时附有1981年白浮泉九龙头遗址照片，可惜印刷质量不佳，难以看清。但可以肯定的是，白浮泉遗址在1989年修缮之前，就已经有九座龙头石雕，现在所见白浮泉之九龙头石雕，不是近年新造的仿制品[80]。

据笔者在白浮泉现场采访的记录可知，九龙头石雕于20世纪50年代已经存于白浮泉遗址：

“亭子是1980年代建的，九龙头是这以前早就有的，很久以前就有。1980年代我曾陪一些客人来参观游览，记得就曾有一位当时五十来岁的女士来这。看到石雕龙头、水不大，她说在她小的时候（20世纪50年代初）到过龙山白浮泉这，那时这些石雕龙头全在水里面，上面只见汪汪地往上冒水泡，水大得很。再说1950年代龙山已经归我们一商局管理，是干休所（养老院），老人应该都知道那时有这石雕龙头。”[81]

据此，白浮泉九龙头石雕的建造下限可推定为1949年，为新中国成立之前的作品。

再从石雕龙头的样式上分析：白浮泉九龙头石雕中，位于两旁的八座石雕，呈低头下视水面状，其吻部相对浑圆，不向外突出；双肩展开、小臂下垂。泉水并非从兽口中流出，而是从石雕下方的石洞流出。这种形象的石兽，在元代一般不作为吐水兽，而作为"吸水兽"装饰于桥梁之拱顶石，或水工设施之岸边，起到镇水的作用，应为所谓"龙生九子"之"虮蝮"[82]。其特征为低头下视水面，双肩展开、小臂下垂，吻部不开洞吐水。例如北京元代石桥万宁桥之拱顶石，故宫内元代石桥断虹桥之拱顶石[83]，均为这种形象。元代运河沿岸两旁常见四肢完整的镇水兽石像，如通州庆丰闸河岸边之镇水兽。

位于中央的龙头石雕，个头比两旁八座稍大，吻部向前伸出，呈张口吐水状。此种形象的龙头，与天寿山九龙池之吐水龙头当属同类，均为宋《营造法式》所描绘之"螭首"[84]。明清故宫三大殿台基即以这种石螭首装饰排水口，积水可从螭兽口内吐出。

为了推断白浮泉石雕的年代，须从石雕的形象细节、雕工、意义等几方面予以分析、对比，详见表16–2：

北京地区部分吸水兽、吐水兽石雕对比 **表16–2**

镇水兽	年代	地点	图片	爪	角	发须	细节刻画、雕工
万宁桥拱顶石	元	地安门北侧，前海东侧		已漫没难看清，约为四爪。	于前三分之一处略有分叉，端部略向内卷曲。两角之间夹角大。	第一对发须压住龙角，后又稍微向内绕回。	虽然表面磨蚀严重，仍可看出雕工立体感强，表面肌理丰富，细节刻画入微。
断虹桥拱顶石	元	故宫内金水河上，武英殿东		四爪	于前三分之一处分叉，端部略向内卷曲。两角之间夹角小。	第一对发须压住龙角，并向两侧飘散。	雕工立体感强，表面肌理丰富，各部位细节刻画入微。
庆丰闸岸边	元	通州庆丰闸		四爪	分叉于中部，端部略向内卷曲。两角之间夹角小。	不明显	头部较瘦长。雕工精当，立体感强。
白浮泉	不详	昌平龙山		四爪	于根部略有分叉，端部竖直。两角之间夹角大。	第一对发须压住龙角，后又绕回被龙角压住。	雕工刻痕较浅，较为扁平。表面未刻画肌理细节。石色较新。

续表

镇水兽	年代	地点	图片	爪	角	发须	细节刻画、雕工
九龙池	明	昌平天寿山明昭陵附近		无	刻画突出。于接近中部处略有分叉，端部略向外侧延伸。两角之间夹角小。	无	吻部前伸距离较大。上唇至鼻子明显向后翻起。雕工立体。
白浮泉	不详	昌平龙山		刻画不明显，似为三爪。	刻画不突出。于根部附近略有分叉，端部大幅度向内卷曲。两角间夹角大。	第一对发须压住龙角，后又稍微绕回，部分被龙角压住。	吻部前突距离小，鼻子上翻不明显。雕工刻痕较浅，较为扁平。石色较新。

通过样式对比，可以得出几点认识：

第一，白浮泉之虮蝮石雕在形象上与北京的几座元代吸水兽石雕较相似。其中尤以万宁桥拱顶石吸水兽与之最为相似：爪、角、发须有较高相似度。但因为白浮泉的虮蝮石雕被设计为吐水龙头，而其既有之设计造型是不从口中吐水的，设计者便在石雕下方另行开洞吐水。

第二，虽然形象相似，但就雕工来说，白浮泉之虮蝮石雕与元代的几座石雕风格相去甚远，不仅在肌理、细节刻画上粗陋许多，其塑造的立体程度也远不如元代的石雕。

第三，从石雕的意义上看，元代各虮蝮石雕，均为吸水兽，附加于水工设施，象征能在水位过高时吸走泛滥的洪水，起镇水作用。而白浮泉却使用8座虮蝮吐水，可见，白浮泉龙头石雕的设计者对虮蝮的使用意义存在理解偏差，与元代其他实例不符。以白浮泉在元代的重要地位，这种理解偏差是不大可能在元代发生的。因此，白浮泉龙头石雕为元代遗物的可能性不大。

第四，白浮泉9座石雕，虽有螭首、虮蝮之分，但其风格、雕工一致，应为同时完成。据上述三点认识，它们应当都不是元代之物。白浮瓮山河曾于明永乐五年疏浚，那么白浮泉的九龙头石雕会不会是那次工程的产物？这首先没有文献上的证据支持。其次，白浮泉螭首的样式、雕工均与昭陵九龙池之明代螭首有明显差别，应当不是同一时代的产物。

此外，白浮泉龙头石雕的石色均比较新，就此判断，恐怕年代不会久远。加之其雕工扁平，立体感弱，似晚近之物。

因此本文推测，白浮泉九龙头石雕的建造年代上限可能晚于清光绪五年

（1879年），甚至更晚，但早于1949年的下限。

结合都龙王庙的历史，本文进一步推测：光绪五年（1879年）大旱之后，都龙王庙因祷雨灵应而获修缮，白浮泉可能受其影响，也得到整饬，九龙头石雕有可能就在此时被添加到了白浮泉。当时（光绪）《昌平州志》已开始编纂，故没有增补这方面的记录。而《重修凤凰山山顶龙王庙碑记》可能主要目的是记录都龙王庙灵应、修缮事宜，"至若山水之明秀，禅林之幽佳，即志载八景之所谓龙泉漱玉者也。其形势名胜述之已详，不再叙。"推论是否成立，还有待今后进一步检验。

从白浮泉的历史，我们看到：泉首先提供了水，既保障了生活，也造就了泉景；泉因为灵应，先后促成了两座祠庙的建立，引起了各阶层的关注；祠庙增强了泉的地位，并为泉增添了新景。白浮泉整体作为中国大运河文化遗产的一节点，从最初单纯的泉景、水利设施逐渐生发出相关的建筑和景观，成为一处内涵丰富的景观名胜，在昌平的社会生活中担任了重要角色，凝结了丰富的内涵和意义。

都龙王庙的始建年代可能早至元代，虽然形制等级不高，却是当地一座具有广泛民众信仰基础的地方神祠。龙泉寺是明代敕建的寺庙，官方背景深厚。由于"都龙王庙"具有"首要"之含义，以及祈雨灵应在旱灾严重地区的重要意义，白浮泉的这两座祠庙成了"地方的社会观念"与"朝廷的官方意识"的具体反映。朝廷在龙山敕建龙泉寺，可能就是为了与都龙王庙抗衡，主导白浮泉的祈雨祭祀。

而将白浮泉、都龙王庙、龙泉禅寺纳入"水利设施——龙王庙"这一研究模型，对龙王庙这一中国传统建筑类型的诸多功能有了更深的认识：龙王庙不仅是祭祀龙神的场所，还具有水利工程日常管理建筑的功能；龙王庙的建筑空间承载了关乎民生的社会功能，是社会公共生产与社会公共生活的纽带；龙王庙这一建筑符号，象征了工程实践上的治水或精神上的治水，同时也是祭祀者（朝廷、地方官员、乡绅等）建立、体现权威的场所。

至于昌平白浮泉之"龙泉喷玉"与天寿山之"九龙池"，应不是同一景观，它们在明代是两处不同的著名泉景。白浮泉现在九龙头喷水的景观，很可能是清光绪年间或更晚才有的。天寿山九龙池则是昌平的著名景点，虽然清康熙年间已经倾废，但其名声想必白浮泉九龙头的设计者应当知晓，那么在白浮泉也设计9座龙头石雕吐水的景观，或许为有意之举。即在白浮泉再造一个"九龙池"，既可以沿用、继承盛名，又可为白浮泉的景观增添气势。总之，无论设计者是有心还是无心地将九龙头喷水的题材附加到白浮泉，客观上，白浮泉的景观视觉效果得到了人为加强。

注释：

1 侯仁之：〈白浮泉遗址整修记〉，载《晚晴集：侯仁之九十年代自选集》(北京：新世界出版社，2001.)，页169–171；蔡蕃．北京古运河与城市供水研究．北京：北京出版社，1987.

2《元史·世祖本记》，见宋濂．元史．北京：中华书局，1997年，卷九：178；卷十五：322，324；(元)赵世延、揭傒斯等（纂修)，[清]胡敬（辑)《大元海运记》，《续修四库全书》：第835册影印南图藏清抄本（上海：上海古籍出版社，1995年)，卷上：411–15。关于北京城水利史之系统研究，见蔡蕃：《北京古运河与城市供水研究》：61–62.

3《元史·郭守敬传》，见《元史》，卷一百六十四：3851–52.

4 见蔡蕃：《北京古运河与城市供水研究》：152。根据《大元海运记》卷下记载元大德三年（1299年）中书省奏准户部的规定计算.

5 有的文献称白浮泉至瓮山这条河道为“白浮堰”。按“堰”当指拦河坝，本文从蔡蕃先生《北京古运河与城市供水研究》及《元史·河渠志》之说，称这条河道为“白浮瓮山河”。“白浮堰”则特指在白浮瓮山河起点拦截、引取泉水向西流的堰坝。见蔡蕃：《北京古运河与城市供水研究》：615–71.

6 蔡蕃：《北京古运河与城市供水研究》：68；及侯仁之：〈白浮泉遗址整修记〉：169.

7 [元]孛阑盻等（撰)，赵万里（校辑)：《元一统志》(上海：中华书局，1966年)，卷一：15.

8 蔡蕃：《北京古运河与城市供水研究》：72.

9 同上注：172.

10《元史·河渠志》，见《元史》，卷六十四：1594；[清]张之洞，缪荃孙（纂)：《(光绪)顺天府志》，《中国地方志集成 北京府县志辑第1册》(上海书店、巴蜀书社、江苏古籍出版社，2002年)，卷四十六：七（总页793).

11《明太宗实录》卷六十七，永乐五年五月丁卯条。见《明实录》第11册（南港：中央研究院历史语言研究所，1962年)，卷六十七：二（总页938).

12 顾炎武：《昌平山水记》，《续修四库全书》第721册（上海：上海古籍出版社，1995年)，卷上：二十二（总页575)；《明史》卷八十六对此亦有记载.

13 张廷玉：《明史》(北京：中华书局，1997年)，卷八十六：2111.

14 同上注；及《天下郡国利病书》：“御史吴仲曰：臣谨按通惠河即元郭守敬所修故道也。入国朝百六十余年，沙冲水击、几至湮塞，但上有白浮诸泉细流常涓涓焉。成化丙申偿命平江伯陈锐疏通，以便漕运。漕舟曾直达大通桥下。父老尚能言之，射利之徒妄假黑眚之说，竟为阻坏。正德丁卯又偿命工部郎中毕服、户部郎中郝海、参将梁玺复疏通之，所费不赀，功卒不就。其势虽压于权豪要之，三人者亦不能无罪焉。嗣是屡有言者多不得其要，空言无补。”见顾炎武：《天下郡国利病书》，《四部丛刊三编》第27册（上海：商务印书馆，1936年)，第一册：五十四.

15 按（康熙)《昌平州志》误将白浮山、龙泉山录为两座不同的山，并称前者上有“龙神祠”，后者上有“都龙王祠”，造成混乱。此后引述该志的（雍正)《畿辅通志》等文献沿用此误。(光绪)《昌平州志》纠正了此误：“城东南五里曰龙泉山，旧名白浮山。旧志龙泉山即白浮山，在城东南五里，上有都龙王祠。”见吴履福等（修)，缪荃孙等（纂)：(光绪)《昌平州志》清光绪十二年（1886）刻本，《中国地方志集成 北京府县志辑第4册》(上海书店、巴蜀书社、江苏古籍出版社，2002年)，卷五 山川记:384。(光绪)《顺天府志》于此处援引（光绪)《昌平州志》.

16 李贤等（撰)：《明一统志》，《四库全书》第472册（上海：上海古籍出版社，1987年)，卷一：12.

17 此碑位于龙山顶都龙王庙内正殿前，笔者录于2008年2月15日。方框内字表示根据碑文现状及上下文推测，下同。国家图书馆亦藏有此碑拓片，题为《龙王庙碑》，编号「京8935」，见北京图书馆金石组（编)：《北京图书馆藏历代石刻拓本汇编》，第70册（郑州：中州古籍出版社，1989年)：179–80.

18 吴都梁（修)，潘问奇等（纂)：(康熙)《昌平州志》，清康熙十二年（1673年）澹然堂刻本，《中国地方志集成 北京府县志辑第4册》(上海书店、巴蜀书社、江苏古籍出版社，2002年)，卷十八 杂志：二（总页130).

19 同上注：四（总页131).

20 此碑位于龙山顶都龙王庙内正殿前，笔者录于2008年2月15日。国家图书馆亦藏有此碑拓片，题为《龙王庙碑》，编号「京8809」，见《北京图书馆藏历代石刻拓本汇编》，第53册，页37.

21 此碑位于龙山顶都龙王庙内正殿前，笔者录于2008年2月15日.

22 此碑位于龙山顶都龙王庙内正殿前，笔者录于2008年2月15日.

23（光绪)《昌平州志》，卷一 皇德记，页十三（总页298).

24 国家图书馆亦藏有此碑拓片，编号「京8827」，《北京图书馆藏历代石刻拓本汇编》，第85册，页54.

25（光绪)《昌平州志》，卷九 祠庙记，页五（总页438).

26（康熙)《昌平州志》，卷廿四 艺文志六，页三十二（总页238).

27 此碑位于龙山度假村院中，笔者录于2008年2月15日.

28《明史》，卷一百六十九，页4535–37；《礼部尚书致仕赠太保谥忠安胡公濙神道碑铭》，见焦竑（辑)：《焦太史编辑国朝献征录》，《续修四库全书》第526册（上海：上海古籍出版社)，卷三十三，页611–14.

29 麻兆庆（纂)：(光绪)《昌平外志》，清光绪十八年（1892）刻本，《中国地方志集成 北京府县志辑第4册》(上海书店、巴蜀书社、江苏古籍出版社，2002年)，卷四 金石．页十六（总页634)；麻兆庆（考)《昌平金石记》，《石刻史料新编第3辑》第23册（台北：新文丰出版公司)，页291.

30 此碑位于龙山度假村院中，笔者录于2008年2月15日.

31“(崇祯九年以后）时张元佐以兵部右侍郎出守昌平，同时内臣提督天寿山者即日往”。见《明史》，卷二百五十四，页6569.

32 班固：《汉书》(北京：中华书局，1997年)，卷九十六，页3874.

33 徐松：《宋会要稿》(北京：北平图书馆，1936年)，第十一册 礼（一)，礼四之一九。关于中国古代祀龙祈雨历史的详细论证，参见樊恭炬：〈祀龙祈雨考〉，《新中华》，(上海）复刊第6卷第4期（1948年2月)，页36–38；及陈学霖：〈旧北京的祈雨与祀龙〉，《中国文化研究所学报》新第12期（2003年)，页183–223.

34 许容等（监修)，李迪等（编纂)：《甘肃通志》，《四库全书》第557册(上海：上海古籍出版社，1987年)，卷十二，页六十一（总页406).

35 杨应琚：《西宁府新志》，乾隆十二年（1747）刻27年增刻（西宁：青海省人民政府文史研究馆，1954年)，卷十五，页二.

36 许英国：〈龙凤图腾崇拜及其民俗纵横谈〉，见http://www. gg-art. com/talk/index. php?single=1&termid=125. 2004-016-13。作者为青海民族学院教授。“二十三年代”可能为“二三十年代”之误.

37 范长风：〈青藏高原东北部的青苗会与文化多样性〉，《中国农业大学学报（社会科学版)》第25卷第2期（2008年6月)，页121–128.

38 马端临：《文献通考》，《四库全书》第611册（上海：上海古籍出版社，1987年)，卷六十二，页七–九（总页424–25).

39 金允中：《上清灵宝大法》，《道藏》第三十一册（文物出版社、上海书店、天津古籍出版社，1988年)，卷二七，页521。现代论述见张传勇：〈都城隍庙考〉，《史学月刊》2007年第12期，页45–51.

40 赵尔巽：《清史稿》(北京：中华书局，1977年)，卷八十四，页2544.

41 张传勇：〈都城隍庙考〉。尚有其他几种情况，详见原文。本文与都城隍庙相关的内容均参考该文研究成果.

42 莫祥芝、甘绍盘等（修）:《（同治）上江两县志》，清同治十三年刊本，《中国方志丛书华中地方第四一号》（台北：成文出版有限公司，1970年），卷一〇 祠祀志，页二（总页182）.

43 翁柽（修），宋联奎（纂）:《（民国）咸宁长安两县续志》，民国25年（1936）铅印本，《中国方志丛书华北地方第二二九号》（台北：成文出版有限公司，1969年），卷七 祠祀考，页三十三（总页407）.

44 尹均科、于德源、吴文涛:《北京历史自然灾害研究》（北京：中国环境科学出版社，1997年），页147.

45《北京历史自然灾害研究》根据正史、实录等史料，综合评价明、清京师地区历年旱灾的长短、受灾面积、赈济缓急等因素，最终以年份和州县为单位，分别统计出明代和清代北京地区的旱灾指数。见上注：1416-149.

46 陈学霖:〈旧北京的祈雨与祀龙〉.

47 同上注。关于佛教以Naga为雨神的论述，详见Lowell W. Bloss, "The Buddha and the Naga: A Study in Buddhist Folk Religion," History of Religion 13（1971）, pp. 36-53.

48《明史》，卷七十四：1821.

49 见康熙五十二年《重修昌平州龙王山神祠碑记》、康熙五十三年《重修龙王庙碑记》、乾隆十七年《都龙王庙置庙田碑记》、《重修凤凰山山顶龙王庙碑记》。《重修凤凰山山顶龙王庙碑记》提到：「爰拟分募城乡共新庙貌」.

50 行龙:〈明清以来洪洞水案与乡村社会〉，见行龙（主编）:《近代山西社会研究》（北京：社会科学出版社，2002年）：70-100.

51 Prasenjit Duara, Culture, Power, and the State: Rural North China, 1900-1942.（Stanford: Stanford University Press, 1988）, p. 31.

52 胡玉远（主编）:《京都胜迹》（北京：北京燕山出版社，1996年）：1815-188.

53〈范石湖书通济堰碑（乾道五年）〉，载李遇孙（辑），邹柏森（校补）:《栝苍金石志》，《续修四库全书》第912册（上海：上海古籍出版社，1995年），卷五 宋三：32.

54 C. K. Yang. Religion in Chinese Society: A Study of Contemporary Social Functions of Religion and Soome of Their Historical Factors.（Berkeley and Los Angeles: University of California Press, 1961）, p. 70.

55 高文瑞:〈白浮泉与白浮堰〉，《北京日报》，2009年3月1日（第6版）.

56 佚名:〈名人轶事・百文敏轶事〉，载《满清野史四编第十五种》，《中国野史集成》：第五十册（成都：巴蜀书社，1993年），页三十九（总页768）.

57 例如（康熙）《昌平州志》载："龙泉：有二，一在州东都龙王祠下。一在州西神岭山下，亦有龙潭，与都龙王祠下者不少让。大抵源出汹涌，俱得以龙称。"见（康熙）《昌平州志》，卷四 山川：十二（总页28）.

58（康熙）《昌平州志》，卷四 山川：十七（总页30）.

59 据李富厚:〈九龙池与白浮堰〉，《北京日报》，2008年1月27日（第6版）:「1959年8月，水利部门勘测白浮泉水的日流量为22. 37吨」。白浮泉水的现状据笔者现场探勘时，由时任北京市一商局龙山度假村管理处经理的霍轶君先生口述介绍，20016-2-15.

60 侯仁之:〈白浮泉遗址整修记〉：169.

61《北京市市级文物保护单位档案》，见http://www. bjww. gov. cn/, 2010-2-7。检索"白浮泉"可进入该条目.

62（康熙）《昌平州志》，卷四 山川：九（总页26）;《天府广记》、《寰宇通志》、《明实录》所引部分详见后文.

63（康熙）《昌平州志》，卷四 山川：二（总页23）.

64（康熙）《昌平州志》，卷二十五 艺文：四至五十一（总页243-66）。（光绪）《昌平州志》，卷十七 丽藻录：一至九十一（总页5315-82）。光绪志与康熙志所录与白浮泉有关的诗文基本相同，无甚增补.

65《庄子》，《四部备要》：第1408册（上海：中华书局，1936年），卷三：十八.

66 同上注，第1411册，卷十：十二.

67 见注60.

68《日下旧闻考》引（雍正）《畿辅通志・山川志》云："龙泉山在州东南五里，山顶有都龙王祠。山半一洞，当有人附石而下，初狭渐广，行里许，水声砰訇，不敢前。洞北麓有潭，深不可测。潭东有泉出乱石间，清湛可濯，为州人游观佳境。"查《畿辅通志》："龙泉山：昌平州东南五里。山之巅有龙王祠。祠西下有洞，梯石而下，初狭渐敞，行里许水声汹湧。山之北有龙潭，潭之东有数泉，清冽可濯，祷雨辄应。"该志系引（康熙）《昌平州志》，但对细节有所省略。见于敏中等（编纂）:《日下旧闻考》（北京：北京古籍出版社，1983年），卷一百三十四：2158；［清］唐执玉、李卫等（监修），田易等（纂）:《畿辅通志》，《四库全书》：第504册（上海：上海古籍出版社，1987年），卷十七：333；万青黎、周家楣（修），张之洞、缪荃孙（纂），《（光绪）顺天府志》，《中国地方志集成 北京府县志辑第1册》（上海书店、巴蜀书社、江苏古籍出版社，2002年）：341.

69 陈循等．寰宇通志．台北：广文书局，1968年，卷一：十五.

70（康熙）《昌平州志》，卷二十一 艺文：三十九（总页186）.

71 清初成书的《春明梦余录》、《天府广记》相同段落均作"听陵卒道文庙驻跸泉上事，久之乃去。"文庙即文宗，但明文宗为明末代小朝廷皇帝绍武帝，显然于时间不符。明成祖谥"文"，故"文祖"应指"成祖文皇帝"，即朱棣。见孙承泽:《天府广记》（北京：北京古籍出版社，1982年），卷三十六：537；孙承泽:《春明梦余录》，《四库全书》第869册（上海：上海古籍出版社，1987年），卷六十九：二十四（总页292）.

72《明实录》第71册（南港：台湾研究院历史语言研究所，1962年），卷十五：495-497.

73 顾炎武:〈昌平山水记〉，卷上：页十四（总页571）.

74（康熙）《昌平州志》，卷二十一 艺文：三十七（总页185）.

75 刘侗:《帝京景物略》，《续修四库全书》第729册（上海：上海古籍出版社，1995-1999年），卷八：十（总页501）.

76 同上注：501-502.

77 张惟贤等（监修）:《明神宗实录》，见《明实录》第102册（南港：台湾研究院历史语言研究所，1962年），卷一三六：2540.

78 曹天锡:〈游九龙池〉，见（康熙）《昌平州志》，卷二十四 艺文：三十二（总页238）.

79 蔡蕃:《北京古运河与城市供水研究》：64.

80 承蒙北京市古代建筑研究所王世仁先生对此予以证实，并指出：在他主持的1989年白浮泉遗址修缮工程中，没有更换九龙头石雕.

81 由时任北京市一商局龙山度假村管理处经理的霍轶君先生口述，20016-2-15.

82 关于"龙生九子"之传说，有数个版本，大同小异。常见李东阳:《怀麓堂集》卷七十二，杨慎《升庵外集》等。陈元龙《格致镜原》卷九十对几种说法有具体辨析，见《四库全书》第1032册（上海：上海古籍出版社，1987年）；648。本文认为白浮泉的八座石雕龙头为"性好水，故立于桥上"之虮蝮.

83 有学者认为断虹桥为明代所建。本文根据林梅村:〈元宫廷石雕艺术源流考（下）〉，《紫禁城》第162期（2008年7月）：194-203一文之分析，认为断虹桥为元代石桥.

84 图样见李诫:《营造法式》，《四库全书》第673册（上海：上海古籍出版社，1987年），卷二十九：九（总页633）.

参考文献

1 ［元］李阑昐等撰，赵万里校辑，《元一统志》，上海：中华书局，1966年.

2 ［明］陈循等撰，《寰宇通志》，台北：广文书局，1968年.

3 ［明］李贤等撰，《明一统志》，《四库全书》第472册，上海：上海古籍出版社，1987年.

4 ［清］万青黎、周家楣修，张之洞，缪荃孙纂，《（光绪）顺天府志》，《中国地方志集成 北京府县志辑第1册》，上海书店、巴蜀书社、江苏古籍出版社，2002年.

5 ［清］吴都梁修，潘问奇等纂，《（康熙）昌平州志》，清康熙十二年（1673年）澹然堂刻本，《中国地方志集成 北京府县志辑第4册》，上海书店、巴蜀书社、江苏古籍出版社，2002年.

6 ［清］吴履福等修，缪荃孙等纂，（光绪）《昌平州志》清光绪十二年（1886）刻本，《中国地方志集成 北京府县志辑第4册》，上海书店、巴蜀书社、江苏古籍出版社，2002年.

7 ［清］麻兆庆纂，《（光绪）昌平外志》，清光绪十八年（1892）刻本，《中国地方志集成 北京府县志辑第4册》，上海书店、巴蜀书社、江苏古籍出版社，2002年.

8 ［清］高建勋等修，王维珍等纂，（光绪）《通州志》，清光绪五年（1879年）刻本.

9 ［清］李梅宾、程凤文修，吴廷华、汪沆纂，（乾隆）《天津府志》，清乾隆四年（1739年）刻本.

10［清］朱奎杨、张志奇修，吴廷华等纂，（乾隆）《天津县志》，清乾隆四年（1739年）刻本.

11［清］吴惠元修，蒋玉虹、俞樾纂，（同治）《续天津县志》，清嘉庆（元1796—1820年）末年修，同治九年（公元1870年）续修刻本.

12［清］程凤文等修，吴廷华纂，（乾隆）《天津府志》，清乾隆四年（1739年）刻本.

13［清］薛柱斗纂、修，（康熙）《新校天津卫志》，民国二十三年（1934）铅印本.

14［明］唐文华修，李伦纂，（万历）《德州志》，明万历四年（1576年）刻，天启（1621—1627年）增修本.

15［明］何洪修，郑瀛纂，（嘉靖）《德州志》，1990年上海书店上海影印明嘉靖七年（1528年）刻本.

16［清］王道亨修，张庆源等纂，（乾隆）《德州志》，清乾隆五十五年（1790年）刻本.

17［清］张度、邓希曾修，朱钟纂，（乾隆）《临清直隶州志》，清乾隆五十七年（1785年）刻本.

18［明］袁宗儒修，陆釴等纂，（嘉靖）《山东通志》，明嘉靖十二年（1533年）刻本.

19［清］胡德琳等修，周永年等纂，［清］王道亨增修，盛百二增纂，（乾隆）《济宁直隶州志》，清乾隆四十三年（1778年）刻，五十年（1785年）增修本.

20［明］马暾纂修，（弘治）《重修徐州志》，明弘治七年（1494年）刻本.

21［清］吴世熊，朱忻修，刘庠、方骏谟纂，（同治）《徐州府志》，清同治十三年（1874年）刻本.

22［明］马麟纂，［清］杜琳等重修，《淮安三关统志》，清康熙二十五年（1686年）刻本.

23［明］王宫臻纂修，（崇祯）《北新关志》，明崇祯九年（1636年）刻本.

24［清］许梦纂修，（雍正）《北新关志》，清雍正九年（1731年）刻本.

25［明］薛斌修，陈艮山纂，（正德）《淮安府志》，明正德十三年（1518年）刻本.

26［明］郭大纶修，陈文烛纂，（万历）《淮安府志》，明万历元年（1573年）刻本.

27［明］宋祖舜修，方尚祖纂，（天启）《淮安府志》，清顺治六年（1640年）刻本.

28［清］高成美修，胡从中等纂，（康熙）《淮安府志》，清康熙二十四年（1685年）刻本.

29［清］卫哲治等纂修，陈琦等重刊，（乾隆）《淮安府志》，乾隆十三年（1748）修，咸丰二年（1852）重刊本.

30［清］孙云锦修，吴昆田、高延第纂，（光绪）《淮安府志》，清光绪十年（1884年）刻本.

31［民国］石国柱等修，许承尧纂，《歙县志》，民国二十六年（1937年）铅印本.

32［民国］王光伯原辑，程景韩增订，荀德麟、刘功昭、朱崇佐、刘怀玉点校，《淮安河下志》，淮安市地方志办公室编，《淮安文献丛刻》，北京：方志出版社，2006年4月.

33［清］朱元丰纂修，（乾隆）《清河县志》，清乾隆十五年（1750年）刻本.

34［清］吴棠修，鲁一同纂，（咸丰）《江苏清河县志》，清咸丰四年（1854年）刻本.

35［明］朱怀幹修，盛仪纂，（嘉靖）《惟扬志》，明嘉靖二十一年（1523年）刻本.

36［明］杨洵修，徐銮纂，（万历）《扬州府志》，明万历三十三年（1605年）刻本.

37［清］雷应元纂修，（康熙）《扬州府志》，清康熙三年（1664年）刻本.

38［清］金镇纂修，（康熙）《扬州府志》，清康熙十四年（1675年）刻本.

39［清］五格，黄湘纂修，（乾隆）《江都县志》，清乾隆八年（1743年）刻本.

40［清］高士钥、五格等纂，（乾隆）《江都县志》，清光绪七年（1881年）重刊本.

41［清］赵之壁编纂，《平山堂图志》，三吾机裔欧阳利见重刊，光绪九年九月.

42［宋］范成大，《吴郡志》，南京：江苏古籍出版社，1986年.

43［宋］朱长文,《吴郡图经续记》, 南京：江苏古籍出版社,1986年.
44［明］王鏊,《正德姑苏志》, 北京图书馆古籍珍本丛刊, 北京：书目文献出版社, 1992.
45［清］祝圣培修, 蔡方炳、归圣脉纂,（康熙）《长洲县志》, 清康熙二十三年（1684年）刻本.
46［清］李铭皖、谭钧培修, 冯桂芬纂,（同治）《苏州府志》, 清光绪八年（1882年）江苏书局刻本.
47［明］宋濂,《元史》, 北京：中华书局, 1997年.
48［清］张廷玉,《明史》, 北京：中华书局, 1997年.
49 赵尔巽,《清史稿》, 北京：中华书局, 1977年.
50《明实录》, 南港：台湾研究院历史语言研究所, 1962年.
51［明］李东阳等撰, 申时行等重修,《大明会典》, 扬州：广陵书社, 2007.
52［清］《清高宗纯皇帝实录》, 中华书局影印本, 1986年4月.
53［清］陈梦雷编纂, 蒋廷锡校订,《古今图书集成》, 民国二十三年（1934）中华书局影印版.
54［清］徐松,《宋会要辑稿》, 北京：北平图书馆, 1936年.
55［清］黄鸿寿,《清史纪事本末》, 上海书店, 1986年.
56［清］《南巡盛典》, 点石斋本, 光绪八年六月.
57 中国第一历史档案馆编,《乾隆南巡御档》, 华宝斋书社出版, 2001年5月版.
58［宋］马端临,《文献通考》,《四库全书》第611册, 上海：上海古籍出版社, 1987年.
59［元］赵世延、揭傒斯等纂修,［清］胡敬（辑）《大元海运记》,《续修四库全书》：第835 册影印南图藏清抄本, 上海：上海古籍出版社, 1995年, 卷上：411-15.
60［明］顾祖禹,《读史方舆纪要》.
61［明、清］孙承泽,《天府广记》, 北京：北京古籍出版社,1982年.
62［明、清］孙承泽,《春明梦余录》,《四库全书》第869册, 上海：上海古籍出版社, 1987年.
63［明、清］刘侗,《帝京景物略》,《续修四库全书》第729册, 上海：上海古籍出版社, 1995-1999年.
64［清］吴长元,《宸垣识略》, 北京：北京古籍出版社, 1983年.
65［清］于敏中等编纂,《日下旧闻考》, 北京：北京古籍出版社, 1983年.
66［明、清］顾炎武,《昌平山水记》,《续修四库全书》第721册, 上海：上海古籍出版社, 1995年.
67［明、清］顾炎武,《天下郡国利病书》,《四部丛刊三编》第27册, 上海：商务印书馆, 1936年.
68［清］麻兆庆考《昌平金石记》,《石刻史料新编第3辑》第23册, 台北：新文丰出版公司.
69［清］麟庆,《鸿雪因缘图记》.
70［清］铁保撰,（嘉庆）《两淮盐法制》, 同治九年（1870）扬州书局重刊本.
71［清］李元庚著、［清］李鸿年续、［清］汪继先补, 刘怀玉点校：《山阳河下园亭记（续编、补编）》, 淮安市地方志办公室编,《淮安文献丛刻》, 北京：方志出版社, 2006年4月.
72［清］董玉书著, 蒋孝达、陈文和点校,《芜城怀旧录》,《扬州地方文献丛刊》, 南京：江苏古籍出版社, 2002年10月.
73［明］张国维撰,《吴中水利全书》, 四库全书本.
74［清］李斗撰, 周春东注,《扬州画舫录》, 中华书局, 2001年.
75［清］李渔,《一家言居室器玩部・工段营造录》, 上海科学技术出版社, 1984年.
76［民国］王振世,《扬州览胜录》, 江苏古籍出版社, 2003年.
77［明］焦竑辑,《焦太史编辑国朝献征录》,《续修四库全书》第526册, 上海：上海古籍出版社, 卷三十三, 页611-14.
78［清］钱咏撰,《履园丛话》, 上海：中华书局, 1998年.
79 苏州历史博物馆编,《明清苏州工商业碑刻集》, 南京：江苏人民出版社, 1981年2月.
80 傅崇兰,《中国运河城市发展史》, 重庆：四川人民出版社, 1985年11月.
81 蔡蕃,《北京古运河与城市供水研究》, 北京：北京出版社, 1987年.
82 岳国芳,《中国大运河》, 济南：山东友谊出版社, 1989年.
83 北京图书馆金石组（编）,《北京图书馆藏历代石刻拓本汇编》, 郑州：中州古籍出版社, 1989年.
84 王振忠,《明清徽商与淮扬社会变迁》, 北京：生活・新知・三联书店, 1996年4月.
85 王日根,《乡土之链：明清会馆与社会变迁》, 天津：天津人民出版社, 1996年5月.
86 北京档案馆编,《北京会馆档案史料》, 北京：北京出版社, 1997年12月.
87 傅崇兰,《运河史话》, 中国大百科全书出版社, 2000年.
88 安作璋主编,《中国运河文化史》济南：山东教育出版社, 2001年2月.
89 侯仁之,〈白浮泉遗址整修记〉, 载《晚晴集：侯仁之九十年代自选集》, 北京：新世界出版社, 2001年, 页169-171.
90 中国会馆志编纂委员会编,《中国会馆志》, 北京：方志出版社, 2002年11月.
91 行龙主编,《近代山西社会研究》, 北京：社会科学出版社, 2002年.
92 刘敦桢,《苏州古典园林》, 北京：中国建筑工业出版社, 2005年.
93 陈学霖,〈旧北京的祈雨与祀龙〉,《中国文化研究所学报》新第12期（2003年）, 页183-223.
94 Prasenjit Duara, *Culture, Power, and the State: Rural North China*, 1900–1942.（Stanford: Stanford University Press, 1988）.
95 C. K. Yang. *Religion in Chinese Society: A Study of Contemporary Social Functions of Religion and Some of Their Historical Factors.*（Berkeley and Los Angeles: University of California Press, 1961）.

POSTSCRIPT

Chen Wei

后记

陈　薇

I was told that the book of *Walking on the Canal Line – a Study of the Historical Cities and Architectures along the Grand Canal* would be soon off the press. To me, the birth of the book is by no means the end of the contemplations. Looking back on all the things we did on the book, the word *change* is always there.

The first change is the identity of the Grand Canal, a subject of the study. In China, the Grand Canal is named for its implications. For example, the Grand Canal was a state route in ancient times, while it could be a bypass or an abandoned route in today's term. Whatever the changes it has had, the Grand Canal is a national heritage and treasure under the protection of today's authorities, and a candidate that may win the UNESCO's World Heritage title. The raised status and the newly found values prompted more curiosities about the Grand Canal. In this context, the publication of the book hits the right notes, though exceeding the expectation we have had when starting the project a decade or even two decades ago.

The next change we observed is the change of the cities bordering the canal and their buildings. The three-decade reform allows China to open more widely to the outside world, which spurs up the vigorous development of urban areas along with the massive construction of buildings. The same change has happened to the canal cities and their architectures. They are the physical carriers that used to count their own rise and fall on the fate of the Grand Canal. In the last decade or so, the canal cities have been changing in an upbeat manner, enjoying a sustained economic development. As a result, more bridges were built, roads paved, and residential structures erected. It is worth noting that many demolition and construction activities were staged without the awareness of the heritage value embedded in the canal. Consequentially, one can no longer find the scene showing the slow and leisurely motion of horse carriages we photographed ten years ago in Liaocheng and Linqing towns. Instead, modern private sedan cars can be seen everywhere now, making the selection of photos for the book a difficult task.

The number of canal researchers is changing, too. In China, researchers from different disciplines have long been studying the evolution of the Grand Canal, an important civilization carrier embedded with the political, economic, technological and cultural information in the past. Thanks to the progress that the canal study has been listed by China Ministry of Science and Technology as a research project under the 11th five-year plan, and a World Heritage candidate by the State Administration of Cultural Heritages, an increasingly enlarged contingent of researchers have been working on the canal related topics. I am fortunate to be part of two canal research projects, and gratefully learned many things from my colleagues from other disciplines.

Meanwhile, I'm delighted to see the matured touch of young researchers. Some twenty years

《走在运河线上——大运河沿线历史城市与建筑研究》虽已进入付梓之际，但这项研究并非尘埃落定，回忆这项工作，最大的体会是“变化”二字。

一曰变化：大运河作为被研究主体的身份。中国大运河是有所特指的，在古代是国道；在现代是辅道，甚至是弃道；而在当今，它是“国保”（全国重点文物保护单位）和“国宝”——今年被正式向联合国教科文组织申请为世界文化遗产。它的身份在提高，它的价值被发掘，它蕴含的潜力也将得到发挥。本书出版生逢其时，这是我们在十年前甚至二十年前开展此工作时难以预估的。

二曰变化：大运河沿线城市和建筑的状态。中国近三十年是国家改革开放、城市快速发展、建筑建设规模骤增的时期，作为大运河沿线城市和建筑——那些曾经依托黄金水道快速发展、经济萧条又迅速衰败的物质载体，也悄然发生着变化，尤其近十年来随着经济稳定发展，一些运河城市也在复兴，造桥修路，建房扩城，也蔓延到大运河沿线，甚至在不了解大运河遗产价值的前提下大拆大建。十年前我们在聊城和临清拍摄的马车缓行逍遥的场景已不复存在，私家车以前所未有的速度增长并疾驰在大街小巷，以至于我们在挑选照片时进退两难。

三曰变化：研究者数量迅速增长。由于大运河是中国古代留存下来的政治与经济、科技与文化蕴含其中的重要文明载体，一直有不同专业的学者致力研究，也是我们开展此工作的基础。不过自科学技术部将大运河纳入“十一五”科研项目、国家文物局将大运河作为“十二五”申遗重点以来，研究者人数剧增并形成队伍，我有幸参加了这两项工作，并领略和学习到诸专业互通有无的业务切磋和进步，充满感激。

四曰变化：学术传统延续下新人成长壮大。我开展此项工作伊始，应该追溯到二十余年前协助潘谷西先生完成《中国古代建筑史》（元明卷）中的地方城市研究，因为时间背景是元明两朝，所以在撰写地方城市时，我必然想到三条线的城镇——沿长城、沿运河和沿海——两朝的诸多事件都离不开的区域，但当时单枪匹马，研究不很深入。本著作则是我带领的学术团队——我和我培

ago, I was doing the part of local cities when assisting Mr. Pan Guxi to compile his *The History of Ancient Chinese Architecture (Yuan and Ming Dynasties)*. My work inevitably focused on the cities along the Great Wall, the Great Canal and the coastal lines, as they are the sites where major historical events occurred. At that time, I was on my own, and not able into an in-depth study. This book is the result of the concerted efforts of a research team led by me with my doctoral and master's students as members. In addition to the investigations and discussions we had together, what intoxicated me is their scholarly growth, the enthusiasm they have put into the work, and the pursuit they have never lost when studying the historical part of Chinese architecture and culture that is associated with the canal.

A worth mentioning change is the change of the publishers. A few years ago, Southeast University Press accepted the preliminary results of this study for experts' review. For various reasons, the publication of the book is eventually materialized by China Building Industry Press, thanks to the strong support of the publisher and the National Publication Fund. Despite the fact that the ultimate publisher changed hands, I'm grateful to the mutual understanding, support, trust and respect displayed by the both publishers.

Evidently, both things and people are changing. The publication of the book only makes a wave in the multi-disciplinary sea of canal study. Looking down to the roots with due attention to the edges is the starting point that defines the angle and structure of this book, despite the fact that the development of the Grand Canal has never departed from the centralism and center, whether in the past or today. The World Heritage title people are expecting may spur up another round of intensive developments of the canal cities and trigger up the massive construction of architectural structures, or simply become a focus in the limelight. I hope the nutrients, rules, calmness and experience told by the book may allow people to see the essence embedded in the canal culture that can be utilized to improve the quality of a city and its architectures, rather than brew the impulse to build an array of mimic ancient towns, or stage the after-waves.

I would like to express my gratitude to the following scholars and friends who helped me directly or indirectly all through the study and the publication of the book: Pan Guxi, Shan Jixiang, Fu Xinian, Qi Kang, Zhu Guangya, Wang Guixiang, Meng Xianmin, Hou Weidong, Mao Feng, Gu Feng, Yun Songtao, Dong Bing, Wang Bo, Xu Huichen, Yang Chengwu, Wang Lihui, Dai Li, Li Ge, Jiang Lai, Zhu Gejing, Bai Ying, Shi Fei among others.

Chenwei

October 31, 2013

Jinling Orchid Garden

养的博士及硕士的共同工作，除了一起考察、研讨外，对于我来说，最醉心的是他们的成长和付诸的热情以及通过此项工作对于运河相关的中国建筑史和历史文化的研究执着。

五曰变化：出版过程中的变动。几年前这份研究成果初步得到东南大学出版社的认可和支持，并组织了专家鉴定和推荐，由于种种原因，一年多前移师中国建筑工业出版社，并得到出版社领导的大力支持和积极推进，同时申请到国家出版基金。在这变动过程中，感谢两个出版社的相互理解和支持、信任和尊重。

可以发现，世事和人事都在变化，这本著作的出版，也一定只是浩繁多元研究大运河瀚海中的一片浪花。“眼光向下”、“关注边缘”，是这本著作的视角和架构出发点，但是大运河何曾离开过中央和中心呢？——不管是过去还是现在。随着大运河申遗的深入或者成功，也许未来大运河沿线的城市和建筑将会再度繁华和兴盛，或者成为关注焦点。希望浪花中的些许滋养、些许规则、些许冷静、些许经验，可以传承运河文化的精髓、光大城市和建筑的品质，而不是推动搭建一座座仿古新城和建筑后浪。

最后，由衷感谢直接或者间接给予帮助的学者和友人，他们是：潘谷西、单霁翔、傅熹年、齐康、朱光亚、王贵祥、孟宪民、侯卫东、毛锋、顾风、云松涛、冬冰、汪勃、徐会臣、杨成武、王莉慧、戴丽、李鸽、姜来、诸葛净、白颖、是霏等。

2013年10月31日于金陵兰园

作者简介

陈　薇

东南大学建筑学院

教授　博士生导师

钟行明

青岛大学旅游学院

讲师　博士（东南大学）

焦泽阳

南京大学城市规划设计研究院

总建筑师　博士（南京大学）

李国华

南京工业大学建筑学院

讲师　博士（东南大学）

王　劲

中山大学地理科学与规划学院

讲师　博士（东京大学）

刘　捷

北京交通大学建筑与艺术学院

副教授　博士（东南大学）

申丽萍

英国UKLA太平洋远景国际设计机构

总经理　博士（东南大学）

沈　旸

东南大学建筑学院

讲师　博士（东南大学）

赵　林

广西电力工业勘察设计研究院

国家一级注册建筑师　硕士（东南大学）

张剑葳

北京大学考古文博学院

博士后　博士（东南大学）

中译英：邹春申